Präpkurs Anatomie

Springer Nature More Media App

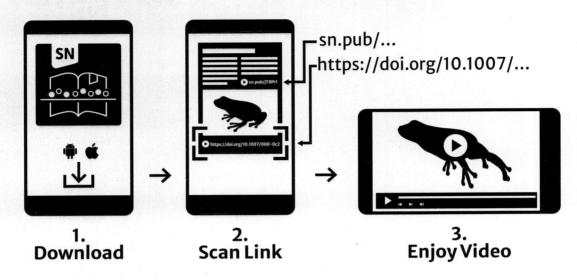

sn.pub/...

https://doi.org/10.1007/...

1.
Download

2.
Scan Link

3.
Enjoy Video

Support: customerservice@springernature.com

Bernhard N. Tillmann • Bernhard Hirt

Präpkurs Anatomie

Eine Anleitung für den Präpariersaal mit zahlreichen Videos

Mit Zeichnungen von Claudia Sperlich, Groß Wittensee, Mihnea Nicolescu, Universität Tübingen und zahlreichen Abbildungsbearbeitungen von L42, Berlin

Unter Mitarbeit von Dr. Andreas Wagner, Tübingen

 Springer

Bernhard N. Tillmann
Anatomisches Institut
Christian-Albrechts-Universität zu Kiel
Kiel, Deutschland

Bernhard Hirt
Institut für Klinische Anatomie und Zellanalytik
Eberhard-Karl-Universität Tübingen
Tübingen, Deutschland

Die Online-Version des Buches enthält digitales Zusatzmaterial, das durch ein Play-Symbol gekennzeichnet ist. Die Dateien können von Lesern des gedruckten Buches mittels der kostenlosen Springer Nature „More Media" App angesehen werden. Die App ist in den relevanten App-Stores erhältlich und ermöglicht es, das entsprechend gekennzeichnete Zusatzmaterial mit einem mobilen Endgerät zu öffnen.

ISBN 978-3-662-62838-6   ISBN 978-3-662-62839-3 (eBook)
https://doi.org/10.1007/978-3-662-62839-3

Die Deutsche Nationalbibliothek verzeichnet diese Publikation in der Deutschen Nationalbibliografie; detaillierte bibliografische Daten sind im Internet über http://dnb.d-nb.de abrufbar.

Fotonachweis Umschlag: Präparierkurs, Universität Tübingen. Foto von Manfred Mauz, Tübingen

Springer ist ein Imprint der eingetragenen Gesellschaft Springer-Verlag GmbH, DE und ist ein Teil von Springer Nature.
Die Anschrift der Gesellschaft ist: Heidelberger Platz 3, 14197 Berlin, Germany

Vorwort

» Diese Kunst will gelernt sein. Wo sie fehlt, ist von Anatomie keine Rede mehr. Ein geschickter Prosector ist bei weitem mehr werth als der geistreichste Professor … Das Prosectorenthum dagegen, … beginnt für gemein zu gelten; … Man findet es viel bequemer, an Kupfertafeln und künstlichen Präparaten … Anatomie zu dociren, als sich … die Hände zu beschmutzen. Ich kenne anatomische … Universitätslehrer, welche nie eine Injectionsspritze in der Hand gehabt … (Hyrtl 1860)

Der Wunsch nach einer neuen Präparieranleitung für den Makroskopischen Kurs wurde von Studierenden sowie von Kolleginnen und Kollegen an uns herangetragen.

Beim Springer Verlag nahm Frau Renate Scheddin den Vorschlag für das Projekt sogleich auf und bereitete den Rahmen für ein zeitgemäße Ausführung des Vorhabens. So wurden Texte und Abbildungen durch Videos zu einzelnen ausgewählten Präparationsschritten ergänzt.

Bei der Erstellung der Videofilme wurde der Ablauf der Präparation unter Präpariersaalbedingungen an Beispielen dargestellt; es sollen keine „fertigen" Präparate, sondern das Vorgehen zum Aufsuchen und Freilegen von Strukturen gezeigt werden. Es bestand auch nicht der Ehrgeiz, die Anfertigung von Sammlungspräparaten zu demonstrieren. Die Videofilme sollen neben den Abbildungen zu selbständigem Arbeiten anregen und die Angst nehmen, wichtige Strukturen beim Präparieren zu verletzen oder zu zerstören. Auf solche „Gefahren" wird bei der Präparation schwieriger komplexer Regionen im Text verwiesen. Die Videos bilden nicht den Präparierkurs ab, es handelt sich um ausgewählte Beispiele. So wird darauf verzichtet, z. B. Strukturen an Organen, die man mithilfe von Atlasabbildungen leicht aufsuchen kann, als Film zu zeigen.

Die Anleitung wendet sich primär an Studierende der Medizin und der Zahnmedizin sowie an Tutorinnen und Tutoren im Makroskopischen Kurs, an Lehrende im Fach Anatomie und an Präparatorinnen und Präparatoren.

Im Rahmen von „Reformen" des Medizinstudiums ist die Unterrichtszeit zur Durchführung des Makroskopischen Kurses in den vergangenen Jahren stark beschnitten worden. Ungeachtet dessen werden in der Präparieranleitung die in einer langen Tradition entstandenen bewährten Präparationsschritte unter Einschluss aller Körperregionen und -höhlen beschrieben.

Dabei wird nicht apodiktisch nur eine Vorgehensweise dargestellt; es werden auch alternative Präparationswege beschrieben. Einige „Alternativen", die wir Herrn Professor Dr. Gottfried Bogusch (Berlin) verdanken, haben wir im Rahmen der Zusammenarbeit bei der von der Anatomischen Gesellschaft initiierten Veranstaltung „Präparieren für Anatomen" kennen – und schätzen gelernt.

Da angesichts der zur Verfügung stehenden Unterrichtszeit nicht mehr alle Regionen in der hier beschriebenen Ausführlichkeit präpariert werden können, kann die Anleitung zur Herstellung von Demonstrationspräparaten dienen. Dies betrifft vor allem die Präparation der Gelenke.

Die Präparierkurse sind an den einzelnen Instituten unterschiedlich strukturiert und abhängig vom standortspezifischen Curriculum des Studienganges.

Die vorliegende Präparieranleitung wurde nicht als Kursskript konzipiert, in dem Präparationen einzelner Kurstage beschrieben werden. Es ist ein Lehrbuch, in dem unabhängig vom Kursskript der Ausbildungsstätte die Inhalte anwendungsbezogen aufgesucht werden können. Es dient der Vorbereitung während des Präparierkurses und kann zur Nachbereitung genutzt werden.

Bei der Präparation von Körperspenderinnen und Körperspendern gibt es Gemeinsamkeiten, die für jeden Präparationskurs Gültigkeit haben. Wir haben bei der Beschreibung der Präparationsschritte einen Weg gewählt, der unabhängig von der standortspezifischen Kursstruktur ist.

Das beschriebene Vorgehen bei der Präparation in den einzelnen Kapiteln folgt den anatomisch vorgegebenen Regionen, sodass zeitgleich in unterschiedlichen Regionen präpariert werden kann.

„Leichenanatomie ist nur das Mittel, und Systematik an sich ein toter Ballast" schreibt Herrmann Braus (1920) in seiner Widmung zur „Anatomie des Menschen".

Damit die „Leichenanatomie" im Präpariersaal kein toter Ballast wird, ist es unabdingbar, mit zuvor erworbenem theoretischem, systematischem Wissen die Strukturen am Präparat freizulegen und zu „entdecken". Ziel der Arbeit ist es, topographische Zusammenhänge zu erlernen und zu verstehen, mit deren Hilfe die Brücke zur klinischen Anwendung, z. B. in operativen Fächern oder zur Befunderhebung mithilfe bildgebender Verfahren hergestellt werden kann. Unter diesen Gesichtspunkten werden an ausgewählten Beispielen Beschreibungen komplexer topographischer Situationen den Anleitungen der zu präparierenden Regionen vorangestellt. Klinische Hinweise nehmen direkten Bezug auf die Strukturen im Präparat. Im Hinblick auf die körperliche Untersuchung steht am Anfang der einzelnen Kapitel eine Einführung in die „Anatomie am Lebenden". Da vor allem bei Anfängern Probleme auftreten können, wenn am Präparat von der Norm abweichende Strukturen vorliegen, werden die häufigsten und klinisch relevanten Varianten beschrieben[1].

Wir wünschen, dass die Präparieranleitung dazu beiträgt, den Makroskopischen Kurs als gewichtigen Teil im Fach Anatomie zu begleiten und zu unterstützen. Freuen würden wir uns, das Interesse am Studium der makroskopischen Anatomie und ihre Bedeutung für den Beruf als Ärztin oder Arzt geweckt zu haben.

Wir bitten die Benutzer der Anleitung, uns auf Fehler hinzuweisen oder Verbesserungsvorschläge zu machen.

Bernhard N. Tillmann, Bernhard Hirt

---

1   Die in diesem Werk verwendete Nomenklatur richtet sich nach dem zum Zeitpunkt der Drucklegung gültigen internationalen Standard, der „Terminologica anatomica" von 1998 des Federative International Programme on Anatomical Terminologies (FIPAT).
Gelegentlich sind wir von den derzeitig gültigen Festlegungen abgewichen, wenn deren Ableitung aus der lateinischen oder griechischen Sprache nicht korrekt ist, z. B. Hilus – nicht Hilum oder Glandula thyreoidea – nicht thyroidea (im Griechischen: θυρεόσ = großer Schild).

Danksagung

Wir danken den Körperspenderinnen und Körperspendern, die durch ihre Verfügung zur Körperspende eine Präparieranleitung in der vorliegenden neuen Form ermöglicht haben.
Bei der Arbeit an der Präparieranleitung haben wir vielfältige Hilfe erfahren, für die wir uns herzlich bedanken.

Für kritische Beratung und Hilfe beim Verfassen des Textes, für die Bereitstellung von Abbildungen sowie für technische Unterstützung danken wir im Anatomischen Institut zu Kiel
Herrn Priv. Doz. Dr. Andreas Bayer,
Herrn Otfried Frandsen,
Frau Stefanie Gundlach,
Herrn Prof. Dr. Ralph Lucius
Frau Dagma Niemeier,
Herrn Prof. Dr. Thilo Wedel.

Bei der Erstellung der Abbildungen war es sehr hilfreich, die Abgüsse der „Brodersen Sammlung" der Wissenschaftlichen Sammlung des Anatomischen Instituts der Universität Hamburg zu Rate ziehen zu dürfen. Dafür danken wir
Herrn Prof. Dr. Lars Fester (jetzt Bonn),
Herrn Prof. Dr. Adolf-F. Holstein,
Frau Prof. Dr. Gabriele Rune,
Herrn Dr. Ricardo Vierk.
Herrn Prof. Dr. Hans-Joachim Wagner, Universität Tübingen, danken wir für die kritische Beratung und wertvollen Hinweise.

Bei der Abfassung klinischer Hinweise haben uns
Herr Prof. Dr. Dirk Bauerschlag (Kiel),
Herr Prof. Dr. Sebastian E. Debus (Hamburg),

◘ Grabstätte für die Körperspenderinnen und Körperspender des Anatomischen Instituts der Eberhard-Karls Universität Tübingen. (Foto: Manfred Mauz)

Herr Dr. Marek Doniec (Kiel),
Herr Prof. Dr. Jan-Henrik Egberts (Kiel jetzt Hamburg),
Herr Prof. Dr. Norbert Frey (Kiel jetzt Heidelberg),
Frau Prof. Dr. Ulrike Ernemann (Tübingen),
Herr Priv.-Doz. Dr. Sven Becker (Tübingen),
Herr Prof. Dr. Alfred Königsrainer (Tübingen),
Herr Prof. Dr. Dr. Michael Krimmel (Tübingen),
Herr Prof. Dr. Hubert Löwenheim (Tübingen),
Herr Prof. Dr. Marcos Tatagiba (Tübingen),
dankenswerterweise unterstützt.

Unser besonderer Dank gilt Herrn Dr. Andreas Wagner. Er hat die Erstellung der Präparationsvideos koordiniert und bei den Präparationen in der Tübinger Anatomie sehr kompetent assistiert. Die Präparate wurden in der Tübinger Anatomie von Herrn Jürgen Papp und Frau Theresia Kiechle vorbereitet. Vorbereitende Präparationen wurden von Frau Theresia Kiechle, Dr. Thomas Shiozawa-Bayer sowie cand. med. Juli Luci Guillermin, cand. med. Sarah Kalmbach, cand. med. Anne-Sophia Metz, cand. med. Rebekka Wiedenhöfer durchgeführt.

Bei dem Medienteam der Tübinger Anatomie bedanken wir uns für die professionelle Videoproduktion: Die Bild- und Tonregie wurde von Herrn Klaus Fröhlich, Julia Büchler und Herrn cand. med. Sebastian Streich, der Videoschnitt von cand. med. Renée Arnhold, cand. med. Mirjam Braun, cand. med. Rieka Buchenau und cand. med. Ruth Steigmiller durchgeführt. Fotografien wurden von Herrn Manfred Mauz erstellt. Für die Koordination bedanken wir uns bei Frau Diana Hagen und Frau Charlien Wolf.

Eine Präparieranleitung „lebt" von den Abbildungen. Die bewährte Zusammenarbeit mit Claudia Sperlich bei der Gestaltung neuer Abbildungen war wieder erfolgreich und anregend zugleich.

Unser Dank gilt auch Herrn Michnea Nicolescu für die Erstellung von Abbildungen nach vorhandenen Skizzen, Fotos und neu angefertigten Präparaten.

Danken möchten wir Frau Michaela Baumann (Firma L 42) für die kompetente und harmonische Zusammenarbeit bei der Erstellung der Abbildungen und für ihre Hilfe bei graphischen Bearbeitungen.

Frau Dr. Dipl. Päd. Martina Kahl-Scholz hat das Manuskript im Lektorat betreut.

Bedanken möchten wir uns für die konstruktive und harmonische Zusammenarbeit bei den Mitarbeiterinnen des Springer Nature Verlages.

Unser ganz besonderer Dank gilt Frau Rose-Marie Doyon-Trust, die unsere Arbeit vom Beginn an und bis zu ihrem Ruhestand mit großem persönlichem Engagement und ihrem erfahrungsreichen Wissen begleitet hat. Auf die Zeit der harmonischen Zusammenarbeit blicken wir gern und dankbar zurück. Frau Dr. Astrid Horlacher hat das Projekt dankenswerterweise übernommen und gemeinsam mit Frau Ellen Blasig abgeschlossen. Frau Yvonne Schlatter (Production Editor, le-tex publishing services GmbH) danken wir für ihre kompetente Arbeit bei der Herstellung.

Über die Autoren

Professor Dr. med. Bernhard Tillmann

- Geboren 1939 im Sauerland, Besuch des Humanistischen Gymnasium Laurentianum in Arnsberg
- Studium der Humanmedizin in Köln, Graz und München, 1965 Staatsexamen, 1966 Promotion an der Universität zu Köln
- 1973 Venia legendi für Anatomie und Entwicklungsgeschichte (Habilitation) an der Universität zu Köln, 1974 Ernennung zum Wissenschaftlichen Rat und Professor (H3) an der Universität zu Köln
- 1977 Ernennung zum ordentlichen Professor (H4/C4), Lehrstuhl für Anatomie und Direktor des Anatomischen Institutes der Christian-Albrechts-Universität zu Kiel
- 1989 Ruf auf den Lehrstuhl für Anatomie an die Universität zu Köln, Ablehnung des Rufes
- 2004 Emeritierung
- Forschungsgebiete: Funktionelle Anatomie, Biomechanik und Zellbiologie der Organe des Bewegungsapparates, Klinische Anatomie des Kopf- Halsbereiches und der Organe des Bewegungsapparates
- Forschungspreise u. a. Konrad Biesalski-Preis, Carl Rabl-Preis, Albert Hoffa-Preis, Schoberth-Preis, Pauwels-Medaille, Anton-Waldeyer-Preis
- Korrespondierendes Mitglied der Deutschen Gesellschaft für Orthopädie und Traumatologie, Ehrenmitglied der Deutschen Gesellschaft für Hals-Nasen-Ohrenheilkunde/Kopf- und Gesichtschirurgie, Ehrenmitglied der Rumänischen Anatomischen Gesellschaft, Ehrenmitglied der Anatomischen Gesellschaft
- Verfasser mehrerer anatomischer Lehrbücher und Atlanten
- Ehrenurkunde der Anatomischen Gesellschaft für herausragende Leistungen in der Ausbildung des anatomischen Nachwuchses
- Rang 1 unter den evaluierten Lehrveranstaltungen der Medizinischen Fakultät der CAU zu Kiel bis zur Emeritierung
- 1994 Gründung des Zentrums für Klinische Anatomie
- 2005 Vorsitzender der 100. Versammlung der Anatomischen Gesellschaft in Leipzig
- 1985–1989 Mitglied des Künstlerischen Beirates des Landes Schleswig-Holstein
- 1998–2003 Mitglied des Kultursenats der Landeshauptstadt Kiel

Professor Dr. med. Bernhard Hirt

- Geboren 1971 in München.
- Studium der Humanmedizin in Tübingen, München und San Francisco (PJ)
  1999: Staatsexamen in München, 1999: Promotion in Tübingen
  1999: Weiterbildung zum Anatomen, Universität Tübingen
  2001: Weiterbildung zum HNO-Arzt, Univ.-HNO-Klinik Tübingen
  2007: Facharzt für HNO-Heilkunde
  2008: Oberarzt, Univ.-HNO-Klinik Tübingen
  2011: Venia legendi für Anatomie (Habilitation)
  2012: Facharzt für Anatomie
  2014: Professur für Anatomie (W2), Heinrich-Heine-Universität Düsseldorf
  2015: Professur für Anatomie (W3), Eberhard-Karl-Universität Tübingen
- Direktor des Instituts für Klinische Anatomie und Zellanalytik
- Forschungsgebiete: Klinische Anatomie, Zellbiologie, Biotechnologie; Translationale Forschung Kopf/Hals-Anatomie und Schädelbasischirurgie
- Zahlreiche Auszeichnungen: u. a. Waldeyer-Preis (Anatomische Gesellschaft), Ars legendi-Preis (Medizinischer Fakultätentag), Science2Start-Preis (BioRegio Stern), Fellowship Stifterverband der Deutschen Wissenschaft
- Zahlreiche Lehrpreise in den Studiengängen Humanmedizin und Medizintechnik: „Beste Vorlesung", „Bester Kurs", „Bestes Seminar", „Bester Dozent des Absolventenjahrganges", „Tübinger Fakultätenpreis"
- Mitglied der Anatomischen Gesellschaft, Deutsche Gesellschaft für Hals-Nasen-Ohren-Heilkunde, Kopf- und Halschirurgie, Vorstandsmitglied des Vereins BioMedTech e. V.
- Gründer der Plattform „Sectio chirurgica"
- Auszeichnung Deutschland, Land der Ideen (2015) von der Bundesregierung und dem Bundesverband der Deutschen Industrie

Einführung

Instrumente

Zum obligatorischen Präparierbesteck gehören (■ Abb. 10.1):
- Haut- und Muskelmesser
- Nerven- und Gefäßmesser
- stumpfe anatomische Pinzette
- spitze anatomische Pinzette
- spitze Schere
- Knopfschere
- Sonde

Die für spezielle Präparationen benötigten Instrumente (z. B. Meißel, Hirnmesser, Knochenzange, Rippenschere oder Knochensäge) werden vom Institut bereitgestellt.

Die anatomische Präparation kann mit **Messern mit feststehender Klinge** oder mit **Messern mit Wechselklingen** durchgeführt werden. Da bei der Benutzung von Messern mit feststehender Klinge das Schleifen des Messers zeitaufwendig und technisch anspruchsvoll ist, hat sich die Benutzung von Messern mit Wechselklingen im Präparierkurs weitgehend durchgesetzt. Die Präparation mit Messern mit feststehender Klinge hat gegenüber Messern mit Wechselklingen den Vorteil, dass das Messer zur „scharfen" und zur „stumpfen" Präparation verwendet werden kann. Bei Messern mit Wechselklingen ist die „stumpfe" Präparation aufgrund der leicht biegsamen Klinge von Nachteil.

Stumpfe anatomische Pinzetten kommen, z. B. beim Ablösen von Faszien und beim Halten von Strukturen (z. B. Muskeln) zum Einsatz. Die **spitze anatomische Pinzette** wird beim Freilegen von Nerven und Gefäßen eingesetzt.

Mit der **Knopfschere** lassen sich Hohlorgane, Gefäße und flächenhafte Strukturen schonend aufschneiden oder abtrennen. Mit der **spitzen kleinen Schere** kann z. B. das Freilegen von Leitungsbahnen unterstützt werden.

Präparationstechnik

Hautpräparation

Ziel der Hautpräparation (■ Abb. 10.2/Video 10.1) ist es, die Kutis an der Unterseite der Lederhaut (Dermis, Corium) von der Subkutis zu lösen. Die Subkutis mit den darin laufenden Leitungsbahnen soll zunächst als geschlossene Schicht erhalten bleiben. Bei korrekt ausgeführter Präparation befindet sich auf der Unterseite der abgelösten Lederhaut kein subkutanes Fettgewebe.

❶ Vor dem Legen der Hautschnitte die regional unterschiedliche Dicke der Haut beachten, damit die Leitungsbahnen innerhalb der Subkutis sowie die subfaszialen Strukturen bei zu tief geführtem Schnitt nicht verletzt werden.

Bei der Hautpräparation wird zur Schonung der Subkutis und der darin laufenden subkutanen Leitungsbahnen der Messerbauch zwischen Lederhaut und Subkutis geführt. Der Messerrücken ist der Subkutis zugewandt.

Es empfiehlt sich, mit der Hautpräparation an den Kreuzungsstellen der Hautschnitte zu beginnen. Dazu wird die Haut zunächst an einer Ecke der Kreuzungsstelle mit der anatomischen oder ausnahmsweise mit der chirurgischen Pinzette gegriffen und leicht angehoben. Sodann wird mit der Messerspitze am Hautzipfel die Lederhaut von der Subkutis scharf getrennt.

Bei fortschreitender Präparation soll die Haut flächenhaft abgelöst werden. Die abgelöste Haut wird dabei mit der Pinzette oder mit der Hand angehoben und straff gehalten. Es muss darauf geachtet werden, dass die Haut im Präparationsbereich auf einer Linie abgelöst wird, damit keine Hauttaschen oder Buchten entstehen, in denen die Subkutis wegen fehlender Sicht verletzt werden kann.

Nach vollständigem Ablösen der Haut im Präparationsgebiet die im subkutanen Gewebe sichtbaren Hautvenen aufsuchen und studieren.

Präparation der Hautvenen

Die oberflächliche Lage blutgefüllter Hautvenen bei schwach entwickeltem subkutanem Fettgewebe erleichtert deren Auffinden (◨ Abb. 10.3/Video 10.2). In diesem Fall zunächst das dünne, die Vene bedeckende Binde- und Fettgewebe mit dem Nerven-Gefäß-Messer entfernen und anschließend das Gefäß an den Seiten und an der Unterseite durch Abtragen des begleitenden subkutanen Gewebes vollständig freilegen.

❗ Beim Lösen des subkutanen Gewebes an der Unterseite der Vene die oberflächliche Faszie nicht verletzen!

Sind die Hautvenen bei stark entwickeltem subkutanem Fettgewebe nicht sichtbar, deren Lage zuvor im Atlas studieren. Anschließend die Subkutis im Bereich des vermuteten Gefäßverlaufs in Längsrichtung vorsichtig schichtweise spalten, bis die Vene sichtbar wird. Sodann die Hautvene durch Abtragen des begleitenden subkutanen Gewebes vollständig freilegen.

Präparation von Hautnerven und Gefäß-Nerven-Bündeln

Vor Beginn der Präparation (◨ Abb. 10.4/Video 10.3) die Lage der freizulegenden epi- und intrafaszialen Leitungsbahnen im Atlas studieren.

Nach anschließender Orientierung und Zuordnung am Präparat wird das subkutane Binde-Fett-Gewebe – wie beim Freilegen von Hautvenen – über den Leitungsbahnen in deren Verlaufsrichtung schichtweise gespalten, bis diese auf oder in der Faszie sichtbar werden. Beim Aufsuchen eines Nerven-Gefäß-Bündels erleichtern die meistens blutgefüllten Venen dessen Auffinden.

Sodann wird bei **epifaszialer Lage der Nerven und Gefäße** das begleitende Bindegewebe abgelöst und den Leitungsbahnen so weit wie möglich nachgegangen.

Bei **intrafaszialem Verlauf der Leitungsbahnen** wird zunächst die Faszie entlang der Leitungsbahnen mit der Spitze des Nerven-Gefäß-Messers vorsichtig gespalten; dabei ist so vorzugehen, dass zur Schonung der Strukturen der Messerrücken den Leitungsbahnen zugewandt ist. Anschließend werden die Gefäße und Nerven durch Ablösen des begleitenden Bindegewebes in Verlaufsrichtung der Leitungsbahnen vollständig freigelegt (s. o.).

Zum Freilegen von Hautnerven mit epi- oder intrafaszialem Verlauf ohne Begleitgefäße (z. B. Hautnerven an der oberen oder unteren Extremität) wird zunächst die Lage des Faszienaustritts des Nerven nach vorherigem Studium im Atlas am Präparat aufgesucht (variablen Faszienaustritt vorher im Atlas studieren). Dazu das subkutane Binde-Fett-Gewebe im Bereich der Nervenaustrittsstelle schichtweise abtragen, bis der Faszienaustritt des Nerven sichtbar ist. Anschließend den Nerven in Verlaufsrichtung freilegen, dabei den epi- und intrafaszialen Verlauf beachten.

Präparation von unmittelbar unter der Faszie liegenden Leitungsbahnen

Die Präparation von unmittelbar unter der Faszie liegenden Nerven und Gefäßen wird am Beispiel der hinteren Rumpfwand gezeigt (◘ Abb. 10.5/Video 10.4). Nach dem Studium der Lage und des Verlaufs im Atlas wird die lokal unterschiedlich dicke Faszie über den Nerven gespalten. Teilweise ist die Faszie so dünn, dass der Nervenverlauf unter der Faszie sichtbar ist. Zur vollständigen Freilegung der Leitungsbahnen muss das an einigen Stellen gut entwickelte subfasziale Bindegewebe abgetragen werden.

Ablösen der Faszien und Freilegen von Muskeln

Ziel des Ablösens von Faszien ist es, Muskeln in ihrem gesamten Verlauf freizulegen. Vor dem Ablösen der Faszien deren unterschiedliche Struktur und Schichtdicke studieren und einprägen. Durch die Faszie tretende Leitungsbahnen sollen geschont werden. Das Ablösen der Faszien erfolgt flächenhaft (◘ Abb. 10.6/Video 10.5).

Zu Beginn der Präparation wird die Faszie nach Orientierung über deren Schichtdicke in der Muskelmitte mit dem Muskelmesser in der Hauptverlaufsrichtung der Muskelfaserbündel vorsichtig gespalten.

❗ Bei der Durchtrennung der Faszie das Muskelgewebe nicht verletzen!

Danach die Schnittkante der gespaltenen Faszie mit der stumpfen Pinzette leicht anheben, sodass mit einem flach geführtem Muskelmesser das Epimysium zwischen Faszie und Muskelgewebe durchtrennt und die Faszie abgelöst werden kann. Anschließend wird der Vorgang auf die gesamte Länge des Muskels ausgedehnt. Dabei muss das abgelöste Faszienblatt mit der stumpfen Pinzette stets straff gehalten werden.

Das Vorgehen zum Erhalten von durch die Faszie tretenden Leitungsbahnen hängt von der Lokalisation des Fasziendurchtritts am Muskel ab.

Treten die Leitungsbahnen im Randbereich eines Muskels durch die Faszie, können diese durch einen quer vom Rand des Muskels bis zum Fasziendurchtritt geführten Schnitt isoliert werden.

Liegt der Fasziendurchtritt der Leitungsbahnen im mittleren Bereich eines flächenhaften Muskels, wird die Durchtrittspforte mit der Spitze des Nerven-Gefäß-Messers zirkulär umschnitten, anschließend kann das isolierte Gefäß-Nerven-Bündel mit der Pinzette von der Unterseite der abgelösten Faszie aus in Richtung Muskel durchgezogen werden.

Durchtrennen und Ablösen von Muskeln

Zur schichtweisen Freilegung von in der Tiefe liegenden Strukturen müssen oberflächliche Muskeln durchtrennt und abgelöst werden (◘ Abb. 10.7/Video 10.6). Die Durchtrennung erfolgt quer zur Hauptverlaufsrichtung der Muskelfaserbündel und zur Schonung der im Muskel laufenden Leitungsbahnen unter stetiger Kontrolle des tastenden Fingers.

❗ Beim Durchtrennen eines Muskels die darunter liegenden Strukturen nicht verletzen!

Können Leitungsbahnen beim Durchtrennen eines Muskels nicht in ihrem gesamten Verlauf erhalten bleiben, sollen diese erst nach eingehender Inspektion durchtrennt werden. Erst danach Muskel und Leitungsbahnen vollständig durchtrennen und anschließend die Muskelanteile ablösen.

Werden flache Muskeln mit geringer Schichtdicke durchtrennt und abgelöst, ist es ratsam, die Faszie auf der Unterseite zu belassen, damit die Kontinuität des Muskels erhalten bleibt.

Zur Schonung von durch das Muskelgewebe tretenden Nerven und Gefäßen wird, z. B. bei flachen Muskeln, ein Querschnitt vom Muskelrand bis zum Austritt der Leitungsbahnen vorgenommen. Beim Ablösen des Muskelanteils werden die Leitungsbahnen dann im Bereich der Einkerbung scharf aus dem Muskel- und Bindegewebe herausgelöst.

Freilegen von in der Tiefe liegenden Leitungsbahnen

Vor Beginn der Präparation die Lage der freizulegenden Gefäße und Nerven im Atlas studieren.

Zur Freilegung von Arterien, Venen sowie von Nerven (◧ Abb. 10.8/Video 10.7) wird das die Leitungsbahnen als Gefäß-Nerven-Bündel umhüllende Bindegewebe entfernt. Dabei die über das Bindegewebe zur Adventitia der Gefäße und zum Epineurium der Nerven ziehenden ernährenden Gefäße studieren.

Zunächst das die großen Leitungsbahnen begleitende lockere Bindegewebe schichtweise teils stumpf, teils scharf entfernen. Zur Trennung von Arterien, Venen und Nerven innerhalb eines Gefäß-Nervenbündels das zwischen die Leitungsbahnen dringende Bindegewebe zunächst scharf und anschließend stumpf lösen.

Anschließend die aus straffem Bindegewebe bestehende perivaskuläre Hülle von Arterien und Venen in Verlaufsrichtung der Leitungsbahnen inzidieren und ablösen.

Präparation der Gelenkstrukturen

In der Einführung werden nur allgemeine Präparationsschritte beschrieben (◧ Abb. 10.9/Video 10.8), die für die Präparation aller Gelenke der Extremitäten zutreffen. Spezielles Vorgehen wird bei der Präparation der einzelnen Gelenke beschrieben. Vor Beginn der Präparation die Gelenkstrukturen – artikulierende Anteile, über das Gelenk hinwegziehende Muskeln und Sehnen, Ausdehnung der Gelenkkapsel, kapselverstärkende Bänder, extrakapsuläre Bänder, intraartikuläre Strukturen – im Atlas studieren. Ziel der Gelenkpräparation ist es, die Gelenkkapsel sowie die kapselverstärkenden extrakapsulären Bänder darzustellen. Durch Eröffnen der Gelenkhöhle können die intraartikulären Strukturen inspiziert werden. Zur Vorbereitung der Gelenkpräparation werden über das Gelenk ziehende Muskeln zum Freilegen der Gelenkkapsel von dieser teils scharf teils stumpf abgelöst. Über das Gelenk ziehende Sehnen ca. 3–5 cm vor ihrem Ursprung oder Ansatz am Knochen durchtrennen. Vollständiges Belassen oder Ablösen von Sehnen erfolgt individuell (spezieller Teil der Gelenkpräparation). Im Rahmen des Ablösens von Sehnen, die gelenknahen Schleimbeutel aufsuchen und deren regelhafte oder variable Verbindung mit der Gelenkhöhle beachten. Die Gelenkkapsel und den Bandapparat bedeckendes lockeres Bindegewebe entfernen.

❶ Beim Ablösen von über Gelenke ziehenden Muskeln die Gelenkkapsel nicht verletzen. Beim Lösen und Durchtrennen von Sehnen die gelenknahen Schleimbeutel beachten!

Nach Freilegen und Studium der Ausdehnung der Gelenkkapsel werden zur Darstellung der kapselverstärkenden Bänder die nicht bandverstärkten Anteile der Gelenkkapsel abgetragen und die Gelenkhöhle eröffnet.

Vor dem Ablösen der Gelenkkapsel zur Schonung des Bandapparates Lage und Verlauf der Bänder inspizieren und palpieren, erst danach die nicht bandverstärkten Anteile der Gelenkkapsel entfernen und auf deren Innenseite die Synovialmembran sowie evtl. vorhandene Falten inspizieren.

Nach Begrenzung der Bänder die Hauptverlaufsrichtung der Kollagenfaserbündel mit der Messerspitze herausarbeiten.

❗ Beim Ablösen der Gelenkkapsel die kapselverstärkenden Bänder erhalten und nicht verletzen!

Nach Eröffnen der Gelenkhöhle deren Ausdehnung inspizieren, dazu dem Ansatz der Gelenkkapsel am Knochen nachgehen. Die Ausdehnung der von Gelenkknorpel bedeckten artikulierenden Gelenkflächen studieren, dabei die Knorpel-Knochen-Grenze beachten. Intraartikuläre Strukturen – Disci, Menisci, Ligamenta – aufsuchen (spezieller Teil der Gelenkpräparation).

Inhaltsverzeichnis

Kopf

Bernhard Hirt, Bernhard N. Tillmann

Inhaltsverzeichnis

Ergänzende Information
Die elektronische Version dieses Kapitels enthält Zusatzmaterial, auf das über folgenden Link zugegriffen werden kann https://doi.org/10.1007/978-3-662-62839-3_1. Die Videos lassen sich durch Anklicken des DOI Links in der Legende einer entsprechenden Abbildung abspielen, oder indem Sie diesen Link mit der SN More Media App scannen.

© Springer-Verlag GmbH Deutschland, ein Teil von Springer Nature 2022
B. N. Tillmann, B. Hirt, *Präpkurs Anatomie,* https://doi.org/10.1007/978-3-662-62839-3_1

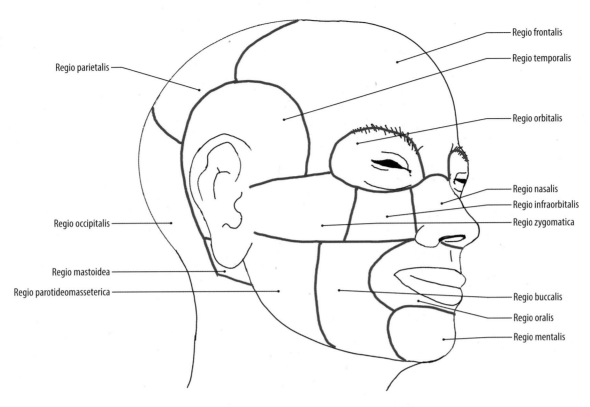

Regio parietalis

Regio frontalis

Regio temporalis

Regio orbitalis

Regio nasalis

Regio infraorbitalis

Regio zygomatica

Regio occipitalis

Regio mastoidea

Regio parotideomasseterica

Regio buccalis

Regio oralis

Regio mentalis

◻ Abb. 1.1   Regionen des Kopfes, Ansicht von rechts-seitlich [10]

Zusammenfassung

Das Kapitel „Kopf" beschreibt die Präparation in verschiedenen Schritten:

1) Die Präparation des Kopfes von außen kann am noch nicht abgesetzten Kopf erfolgen. Dargestellt wird das präparatorische Vorgehen in der oberflächlichen Schicht (Kutis und Subkutis, mimische Muskulatur, Leitungsbahnen) und in der mittleren Schicht (mimische Muskulatur, Parotisdrüse, retromandibulärer Raum). In der tiefen Schicht wird die Präparation der Unterschläfengrube und der Flügel-Gaumen-Grube sowie des Mundbodens beschrieben.

2) Die Präparation von medial erfolgt am abgesetzten und median-sagittal halbierten Kopf. Dargestellt wird die Präparation von Mundhöhle, Oropharynx sowie von Nasopharynx, Nasenhaupt- und Nasennebenhöhlen.

3) Die Präparation des Kopfes von kranial setzt das Eröffnen der Schädelhöhle und die Entnahme des Gehirns voraus. Hierfür werden zwei mögliche alternative Präparationswege beschrieben. Dargestellt wird anschließend die Präparation der Schädelbasis, der Orbita und des Schläfenbeins.

4) Die Gehirnpräparation wird am entnommenen Gehirn durchgeführt. Dargestellt wird die Präparation der Hirnhäute und -gefäße, des Ventrikelsystems, von Hirnstamm und Kleinhirn, von Projektionssystemen (Faserpräparation) sowie die Anfertigung von Horizontal- und Frontalschnittserien.

1.1   Einführung

Der Kopf enthält neben dem Gehirn und der großen Fernsinnesorgane (Riechorgan, Sehorgan, Gehör- und Gleichgewichtsorgan) auch Organe der Nahrungsaufnahme (Mundhöhle, Speicheldrüsen, Kauapparat) sowie Abschnitte des oberen Atemwegs (Nasenhöhle, Nasennebenhöhlen, Nasopharynx). Der knöcherne Schädel wird in Gesichtsschädel (Viscerocranium) und Gehirnschädel (Neurocranium) unterteilt. Verschiedene Höhlen des Kopfes sind entweder pneumatisiert (Cavum nasi, Sinus paranasales) oder beinhalten funktionell bedeutsame Organe (Cavum cranii, Cavum oris, Orbita).

1.2   Regionen und Oberflächenrelief

Die Gestalt des Kopfes wird durch den Gesichtsschädel, das knorpelige Nasenskelett und den Weichteilmantel geformt. Der Weichteilmantel besteht aus mimischer Muskulatur, Unterhautfettgewebe und Haut sowie aus der äußeren Kaumuskulatur (M. temporalis, M. masseter). Das individuelle Erscheinungsbild wird maßgeblich durch die Ausprägung des Arcus supraorbitalis des Os frontale, des Jochbogens, des knorpeligen und knöchernen Nasenskeletts, der Mandibula, dem Zustand des Ge-

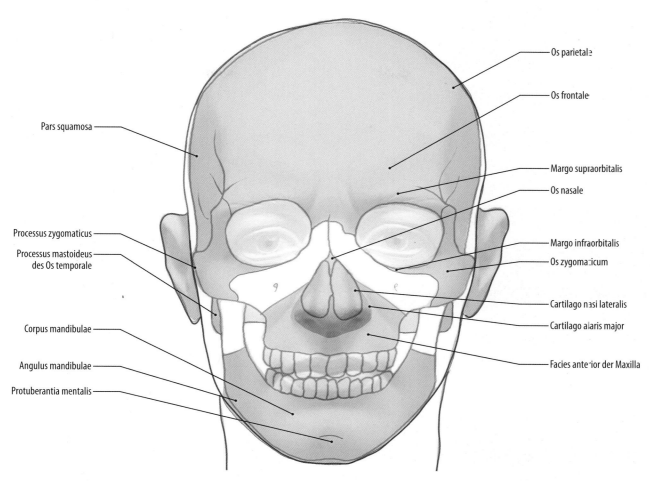

Pars squamosa

Processus zygomaticus

Processus mastoideus
des Os temporale

Corpus mandibulae

Angulus mandibulae

Protuberantia mentalis

Os parietale

Os frontale

Margo supraorbitalis

Os nasale

Margo infraorbitalis

Os zygomaticum

Cartilago nasi lateralis

Cartilago alaris major

Facies anterior der Maxilla

◘ Abb. 1.2 Tastbare Strukturen des Kopfes, Ansicht von vorn [10]

bisses sowie der Dicke des Unterhautfettgewebes (u. a. Lippen-, Wangen-, Kinnbereich) geprägt.

Die in der ◘ Abb. 1.1 genannten Regionen können am Präparat und am Lebenden studiert werden (◘ Abb. 1.1).

1.3   Tastbare Strukturen

Die in ◘ Abb. 1.2 genannten Strukturen können am Präparat und am Lebenden palpiert werden (◘ Abb. 1.2).

Die durch das Unterhautfettgewebe verschiebliche und regional unterschiedlich dicke Gesichtshaut kann am lebenden Probanden palpiert werden. Sie ist im Bereich der Augenlider und über dem Jochbogen weich und dünn. Das subkutane Fettgewebe ist meist im Wangen und Kinnbereich stärker ausgeprägt. Es fehlt im Bereich der Augenlider und über dem Jochbogen nahezu vollständig.

> **► Klinik**

Im Falle einer pathologischen Gewichtsreduktion (Kachexie) kommt es zum Abbau des Speicherfettdepots. Die

Reduktion des Corpus adiposum buccae (Bichat Wangen-Fettpfropf) in der Tiefe der Wangenregion führt zum Bild der eingefallenen Wangen. ◄

1.4   Anlegen der Hautschnitte

Die Hautschnitte werden entsprechend der roten Linien angelegt (◘ Abb. 1.3). Die Haut im Bereich der Augenlider, der Nasenöffnung und des Lippenrots bleibt zunächst erhalten.

☺ Topographie

Am äußeren Gesicht können fünf Schichten unterschieden werden:

1. **Kutis**: Sie besteht aus der Oberhaut (Epidermis) und der Lederhaut (Dermis).
2. **Subkutis** mit **Retinacula cutis**: Im subkutanen Fettgewebe (Unterhaut) befinden sich auch zu- und abführende Gefäße und Nerven. Bindegewebsstränge, die senkrecht verlaufen, werden als Retinacula cutis bezeichnet. Sie durchziehen die Subkutis und strahlen in die Lederhaut (Dermis)

1

Abb. 1.3   Schnittführung zum Anlegen der Hautschnitte, Ansicht von links-seitlich [10]

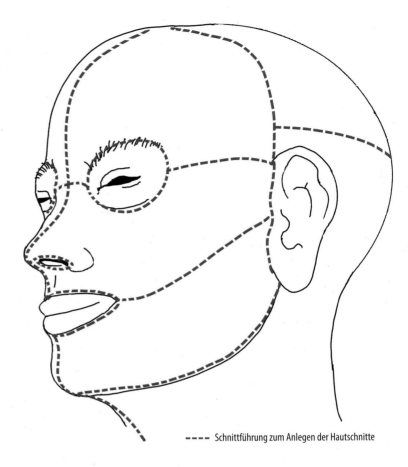

- - - - Schnittführung zum Anlegen der Hautschnitte

ein, wobei sie Nerven und Gefäße in die oberflächlichen Schichten mitnehmen. Die Retinacula cutis
verbinden Faszien und Periost mit der Haut und
beschränken deren Verschieblichkeit.

3. **Superfizielles muskuloaponeurotisches System
   (SMAS)**: Hierbei handelt es sich um eine fibro-
   muskuläre Gewebeschicht, die mit kollagenen
   und muskulären Fasern die mimische Muskulatur mit der Dermis verbindet.
4. **Tiefes Fettgewebe**
5. **Muskulatur, Periost**: Die mimische Muskulatur
   besitzt keine eigenen Faszien (Ausnahme: der
   M. buccinator wird von der *Fascia buccopharyngea*
   bedeckt). Die Muskulatur ist fest mit dem Periost verbunden. Aufgrund der fehlenden Verschiebeschicht wird die Muskelkontraktion auf die
   darüber gelegene Haut übertragen und als Mimik
   sichtbar.

   In der Regio temporalis können aufgrund der
   speziellen Faszengliederung (oberflächliche und tiefe
   Temporalisfaszie) weitere Schichten unterschieden
   werden.

▶ **Klinik**

Die Gesichtsalterung ist ein multifaktorieller Prozess mit
morphologischen Veränderungen an Knochen, Haltebän-
dern, Muskulatur, Faszien, Fett und Haut. Die meisten

dermatoästhetischen Therapien zielen auf die Wiederher-
stellung des Volumens in der oberflächlichen und tiefen
Fettschicht (z. B. Fillerinjektion) oder der Reduktion des
Muskeltonus einzelner Muskelanteile der mimischen Muskulatur (Botulinumtoxininjektion) ab. Bei der chirurgischen Gesichtsstraffung (Facelifting) werden verschiedene
Regionen von Gesicht und Hals mithilfe von Nähten gestrafft und an festen Strukturen verankert. Beim SMAS-
Lift wird gezielt das superfizielle muskuloaponeurotische
System gestrafft, was im Gegensatz zur reinen Haut-
straffung (Mini-Lift) zu einem langandauernden Ergeb-
nis führt. Die Kenntnis dermatoästhetischer Aspekte ist
auch für die Wiederherstellungschirurgie nach Traumata
oder Tumoroperationen relevant. ◀

1.5   Präparation des Kopfs von außen

1.5.1   Präparation der oberflächlichen seitlichen Gesichtsregion

Die Präparation der oberflächlichen seitlichen Gesichtsregion erfolgt an beiden Seiten. Eine schichtspezifische
Präparation wird im seitlichen Gesichtsbereich angestrebt.

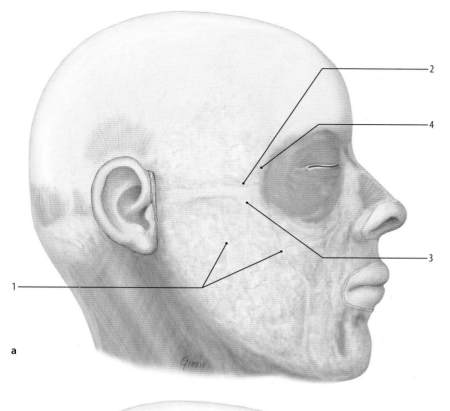

1 Retinacula cutis
2 Ligamentum zygomaticum
3 „buccomaxilläres Band"
4 Lateral-orbitale Bänder

a

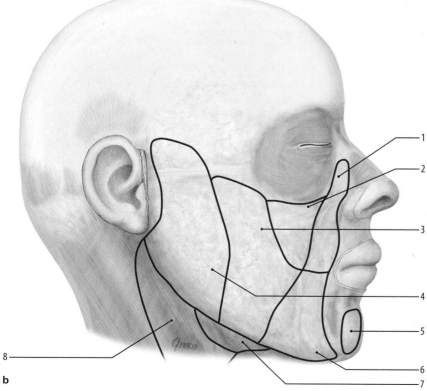

1 nasolabiales Fettkompartiment
2 mediales Wangenfettkompartiment
3 mittleres Wangenfettkompartiment
4 lateral-temporales Wangenfettkompartiment
5 Kinnfettkompartiment
6 Jowl Fettkompartiment
7 submentales Fettkompartiment

b

▪ **Abb. 1.4   a, b** Bänder und Fettkompartimente des Gesichts, Ansicht von rechts-seitlich [11]

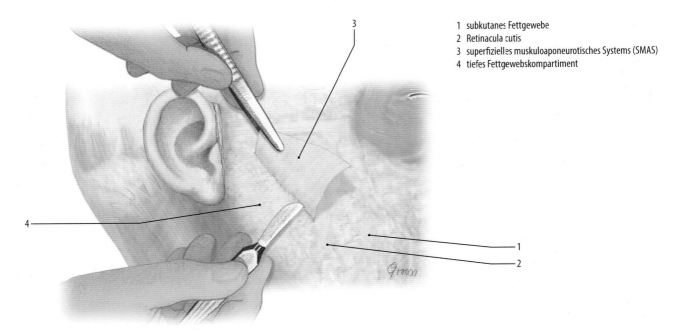

1 subkutanes Fettgewebe
2 Retinacula cutis
3 superfizielles muskuloaponeurotisches Systems (SMAS)
4 tiefes Fettgewebskompartiment

◧ Abb. 1.5   Präparation des superfiziellen muskuloaponeurotischen Systems (SMAS), Ansicht von rechts-seitlich [11]

❶ Die Schichten verlaufen im lateralen Gesichtsbereich (z. B. Regio zygomatica) nahezu parallel. Anders verhält es sich im medialen Gesichtsbereich. Medial einer gedachten Linie zwischen dem lateralen Augenwinkel und dem Mundwinkel verlaufen Fasern der mimischen Muskulatur schräg durch alle Schichten, sodass hier eine parallele Schichtpräparation nicht mehr möglich ist.

Scharfe Präparation der Kutis (1. Schicht) vor dem Tragus, sodass die einzelnen Haarfollikel in der Kutis identifiziert werden können (◧ Abb. 1.83/Video 1.1). Die Kutis wird abgelöst, die Subkutis (2. Schicht) bleibt zunächst erhalten (◧ Abb. 1.4a). Die feinen Bandstrukturen (Retinacula cutis, „unechte Bänder") (1), die das subkutane Fettgewebe durchziehen, werden inspiziert und bei der Ablösung der Haut durchtrennt.

⬡ Topographie

Die Retinacula cutis führen an einigen Stellen des Gesichtes zu einer Fixierung des Weichteilgewebes und zu einer Kompartimentierung des oberflächlichen Unterhautfettgewebes: Sog. „echte Bänder" befinden sich auch unterhalb des SMAS, inserieren am Periost und ziehen zur Kutis. Sie verankern und halten das Weichteilgewebe und die Kutis in ihrer Position. Echte Bänder sind das *Ligamentum zygomaticum* **(2)** oberhalb des Jochbogens („McGregors Patch") und anterior des Jochbeins („*buccomaxilläres Ligament*") **(3)** sowie lateral orbitale Bänder **(4)**.

Als „unechte Ligamente" werden in der Klinik Bandstrukturen bezeichnet, die oberflächlich vom SMAS ausgehend an die Kutis ziehen. Durch die „unechten" Bänder werden oberflächliche subkutane Kompartimente des Gesichtes abgegrenzt.

▶ Klinik

Die oberflächlichen Bandstrukturen führen zu einer Septierung, durch die eine oberhalb des SMAS befindliche Kompartimentierung des Unterhautfettgewebes entsteht (◧ Abb. 1.4b). Dies ist z. B. bedeutsam bei einer oberflächlichen Injektion im Gesichtsbereich, da sich Flüssigkeiten innerhalb dieser Kompartimente verteilen. Zu unterscheiden sind das nasolabiale Fettkompartiment **(1)**, das mediale **(2)**, mittlere **(3)** und lateral-temporale **(4)** Wangenfettkompartiment, das Kinnfettkompartiment **(5)**, das Jowl-Fettkompartiment **(6)**, das submentale **(7)** und zervikale **(8)** Fettkompartiment. ◀

❶ Bei der Hautpräparation im Gesicht muss das Messer mit scharfer Klinge exakt zwischen Kutis und subkutanem Bindewebe geführt werden. Die richtige Schicht kann an den Haarfollikeln in der Dermis identifiziert werden. Das Unterhautfettgewebe ist periorbital, am Nasenrücken und unterhalb der Unterlippe sehr gering ausgeprägt (sog. „Fettglatze"), sodass auf die sehr oberflächlich liegende mimische Muskulatur geachtet werden muss.

Das subkutane Fettgewebe **(1)** wird entfernt und die *Retinacula cutis* **(2)** werden durchtrennt (◧ Abb. 1.5). Freilegen des superfiziellen muskuloaponeurotischen Systems (SMAS, 3. Schicht) **(3)**. Das SMAS wird von lateral beginnend nach anterior freigelegt und umgeklappt.

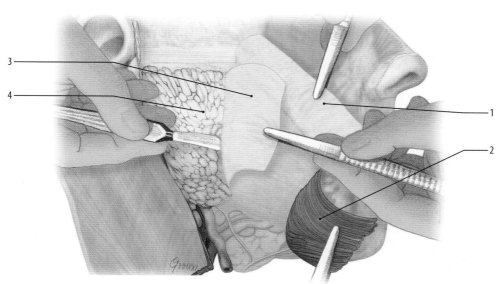

1 superfizielles musculoaponeurotisches
  System (SMAS)
2 Platysma
3 Fascia parotidea
4 Glandula parotidea

◘ Abb. 1.6 Freilegen der Ohrspeicheldrüse, Ansicht von rechts-seitlich [11]

Dadurch wird das tiefe Fettgewebekompartiment eröffnet (4. Schicht) **(4)** und kann schließlich vorsichtig mit dem Skalpell flächig abgetragen werden (◘ Abb. 1.84/Video 1.2). Darstellen der Fascia parotidea und der Fascia masseterica (5. Schicht).

⊖ Topographie

Das SMAS kann als Rudiment eines embryonal angelegten kranialen Platysma als eigenständige anatomische Entität verstanden werden. Oftmals ist jedoch die Darstellung der tiefen Fettgewebsschicht (4. Schicht) und somit eine Abgrenzung zwischen SMAS und der Fascia parotidea schlecht möglich.

Das SMAS sowie die tiefe Fettgewebsschicht **(1)** werden vollständig nach anterior abgetragen und entfernt (◘ Abb. 1.6), das *Platysma* **(2)** wird nach anterior geklappt. Spalten der *Fascia parotidea* **(3)** in der Mitte der Drüse. Abpräparieren der Faszie und Freilegen der *Glandula parotidea* **(4)** mit den Drüsenläppchen (◘ Abb. 1.85/Video 1.3).

❶ Bei der Präparation anterior der Glandula parotidea können die zwischen oberflächlichem und tiefen Anteil der Drüse randständig austretenden Äste des N. facialis leicht zerstört werden.

⊖ Topographie

In der Regio parotideomasseterica befinden sich die oberflächlich gelegenen Nn. lymphatici parotidei superficiales. Sie stellen eine Lymphknotenstation im Drainageweg aus den Bereichen der frontotemporalen Gesichtsregion, Nasenwurzel, Augenlider, Vorderwand des Meatus acusticus externus und der Paukenhöhle dar und leiten die Lymphe an die oberen tiefen Halslymphknoten weiter (Level II nach der Klassifizierung der American Academy of Otolaryngology) (▶ Kap. 2, ◘ Abb. 2.2).

Das die *Glandula parotidea* **(1)** umgebende Bindegewebe wird vorsichtig entfernt (◘ Abb. 1.7). Die Äste des N. facialis werden aus dem umgebenden Bindegewebe herausgelöst und bis zu den mimischen Muskeln verfolgt (◘ Abb. 1.86/Video 1.4). Die Gesichtsnervenäste werden den Fazialis-Hauptästen zugeordnet: Am Oberrand der Glandula parotidea treten die Rami temporales in der Mitte des Arcus zygomaticus aus. Die *Rami zygomatici* **(2)** für die Muskulatur des Unterlides verlassen die Parotis am oberen Rand und ziehen von hier über den Arcus zygomaticus in den M. orbicularis oculi. Die Rami zygomatici für die Muskeln der Oberlippe treten am oberen vorderen Rand aus und laufen schräg nach unten unter die Mm. zygomatici major et minor. Den Austritt der *Rami buccales* **(3)** findet man unterhalb des *Ductus parotideus* **(4)** mit dem sie zum Mundwinkel ziehen. Die Rami marginalis mandibulae – oft sind es zwei Äste – erscheinen am Übergang der Kopfspeicheldrüse in den Halsteil (Lobus colli) und laufen über den unteren Rand des Corpus mandibulae zu den Muskeln der Unterlippe. Der Ramus colli tritt an der Spitze des Lobus colli aus und gelangt von hier zum Platysma.

Freilegen des Ductus parotideus und Verfolgen des Ausführungsganges bis er vor dem M. masseter in die Tiefe zieht. Darstellen einer *Glandula parotidea accessoria* **(5)**. Die *A. transversa faciei* **(6)** verläuft unterhalb des Jochbogens und muss von den Rami zygomatici und Rami buccales des Gesichtsnervens sowie dem Ductus parotideus abgegrenzt werden.

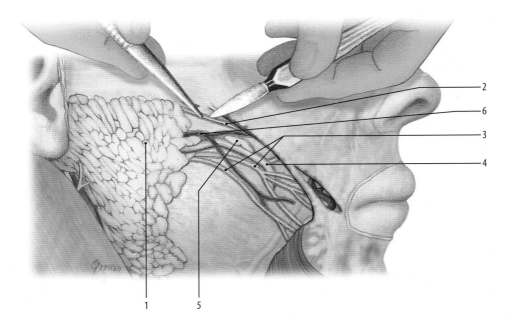

1 Glandula parotidea
2 Rami zygomatici des N. facialis
3 Rami buccales des N. facialis
4 Ductus parotideus
5 Glandula parotidea accessoria
6 A. transversa faciei

■ **Abb. 1.7** Präparation der Fazialisnervenäste, Ansicht von rechts-seitlich [11]

❗ Bei der Freilegung des Ductus parotideus ist auf das begleitende akzessorische Drüsengewebe (Glandula parotidea accessoria) zu achten.

▶ Klinik

Eine Läsion von peripheren Ästen des N. facialis führt zu einer Parese der entsprechenden mimischen Muskulatur. Es handelt sich um die häufigste Hirnnervenfunktions-störung. Der in der Klinik verwendete Ausdruck der „peripheren Fazialisparese" ist irreführend, da die dener-vierte Muskulatur und nicht der Nerv selbst eine Parese aufweisen kann. Aufgrund der Lähmung der mimischen Muskulatur kommt es zur Asymmetrie des Gesichtes, z. B. mit Herabhängen des Mundwinkels, Herabhängen des Unterlides mit Tränenträufeln oder fehlendem Lidschlag mit Austrocknung der Cornea.

Die idiopathische Parese der mimischen Muskulatur aufgrund eines Funktionsverlustes des N. facialis ohne Nachweis einer eindeutigen Ursache (Bell's palsy) macht 60–70 % der Fälle aus.

Kommt es zu einer Parese der mimischen Muskulatur in Folge von Verletzungen, Tumoren oder chirurgischen Eingriffen (z. B. in der Parotischirurgie) von Ästen des N. facialis, wird therapeutisch die primäre Nervennaht, das Interponieren eines Nerventransplantates (z. B. N. su-ralis, N. auricularis magnus), die neuromuskuläre Trans-position (Verlagerung eines innervierten Fremdmuskels) oder ein rein statisch-rekonstruktiver Eingriff wie die Zügelungsplastik angestrebt.

Bei der Muskelparese aufgrund einer Funktionsstö-rung des N. facialis im zentralen Abschnitt (in der Klinik „zentrale Fazialisparese" genannt) ist als Ursache eine Schädigung im Bereich des motorischen Kortex oder des Tractus corticonuclearis (z. B. durch einen Schlaganfall, Gehirntumore, entzündliche Erkrankungen wie z. B. Multiple Sklerose) zu suchen. Aufgrund der kreuzenden Bahnen befindet sich hier die Gehirnschädigung kontra-lateral zur Lähmung. Aufgrund der Doppelinnervation der entsprechenden Kerngebiete aus beiden Hemisphären bleibt die Stirnmuskulatur beweglich und der Lidschluss erhalten. ◀

Am kranialen Rand der *Glandula parotidea* (**1**) werden posterior des Austritts der *Rami temporales* (**2**) des Ge-sichtsnervens die *A. temporalis superficialis* (**3**) und die *V. temporalis superficialis* (**4**) aus dem umgebenden Bin-degewebe freigelegt (■ Abb. 1.8, 1.87/Video 1.5). Zum Aufsuchen des *N. auriculotemporalis* (**5**) das Bindegewebe vor dem *Tragus* (**6**) abtragen und den Nerv in einer Rinne zwischen Tragus und Vasa temporalia superficialia freile-gen. Die Gefäße und der Nerv werden in ihrem Verlauf auf dem *M. temporoparietalis* (**7**) und der *Fascia tempo-ralis* (**8**) verfolgt. Die Aufzweigung der A. temporalis superficialis in den *Ramus parietalis* (**9**) und den *Ramus frontalis* (**10**) wird dargestellt. Kranial des Jochbogens wird der Abgang der oft sehr feinen *A. zygomaticoorbi-talis* (**11**) aufgesucht.

❗ Der N. auriculotemporalis ist meist sehr dünn und kann bei der Präparation leicht verletzt werden.

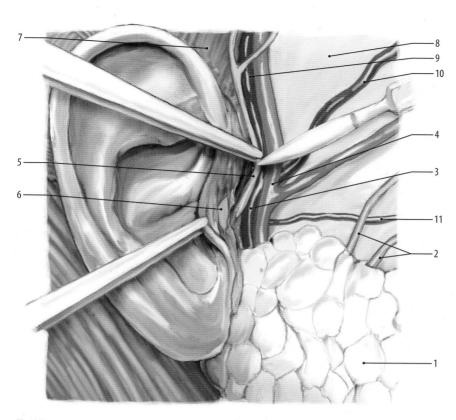

1 Glandula parotidea
2 Rami temporales des N. facialis
3 A. temporalis superficialis
4 V. temporalis superficialis
5 N. auriculotemporalis
6 Tragus
7 M. temporoparietalis
8 Fascia temporalis
9 Ramus parietalis der A. temporalis superficialis
10 Ramus frontalis der A. temporalis superficialis
11 A. zygomaticoorbitalis

Abb. 1.8 Präparation der oberflächlichen Leitungsbahnen der Schläfe, Ansicht von rechts-seitlich [11]

1.5.2 Präparation der oberflächlichen mittleren Gesichtsregion

Präparation der mimischen Muskulatur in der Regio frontalis, Regio temporalis und Regio orbitalis Mit einem scharfen Messer wird mit der Präparation des *Venter frontalis* des *M. occipitofrontalis* (1) begonnen (Abb. 1.9). Darstellen des *M. procerus* (2). Die Präparation des *M. corrugator supercilii* erfolgt bei Präparation der mittleren Schicht. Es folgt die Freilegung der *Pars orbitalis* des *M. orbicularis oculi* (3). Vorsichtige Entfernung der Kutis und des sehr gering ausgeprägten subkutanen Fettgewebes von der *Pars palpebralis* (4) des M. orbicularis oculi im Ober- und Unterlid (Abb. 1.88/Video 1.6). Oberhalb des *Ligamentum palpebrale mediale* (5) wird der Muskel vorsichtig angehoben und der Verlauf der darunter gelegenen *A. und V. angularis* (6) in die Tiefe bis zur Anastomose mit der V. ophthalmica superior verfolgt. Am Oberrand des M. orbicularis oculi werden die *A. und V. supraorbitalis* (7) dargestellt. Aufsuchen des *Ramus lateralis* (8) und *Ramus medialis* (9) des N. supraorbitalis. Am medialen Augenwinkel kann die Insertion von Muskelfasern am Ligamentum palpebrale mediale studiert werden. Am lateralen Augenwinkel werden die *Aa. palpebrales laterales* der A. lacrimalis (10), der *Arcus palpebralis superior* (11) und *Arcus palpebralis inferior* (12)

freigelegt. Aufsuchen der *A. zygomaticoorbitalis* (13) sowie der Endäste des *Ramus frontalis* der A. temporalis superficialis* (14). Am medialen Augenwinkel werden die *A. supratrochlearis* (15), der *N. supratrochlearis* (16) freigelegt. Anheben des unteren Randes des M. orbicularis oculi (Abb. 1.10) und Aufsuchen des *N. infratrochlearis* (17). Identifizieren der *Rami palpebrales inferiores* des *N. infraorbitalis* (18). Die *Rami zygomatici* (19) und *Rami temporales* (20) des Gesichtsnervens werden am lateralen Rand des M. orbicularis oculi dargestellt.

❗ Bei der Präparation der Pars orbitalis des M. orbicularis oculi sind im medialen Augenwinkel die Vasa angularia sowie die Nn. supratrochlearis und infratrochlearis zu schonen. Die dünne Haut im Bereich der Augenlider liegt direkt der Pars palpebralis des M. orbicularis oculi auf und kann leicht verletzt werden.

▶ **Klinik**

Der Lidrandschnitt am Unterlid (Subziliar-Schnitt) ermöglicht einen ästhetisch ansprechenden Zugang zum Orbitaboden. Alternativ kann in einer Hautfalte unterhalb des Tarsus (Subtarsalschnitt), am Orbitarand (Orbitarand-Schnitt) oder auf der Lidinnenseite durch die Bindehaut (Transkonjunktivalschnitt) eingegangen werden. ◀

1

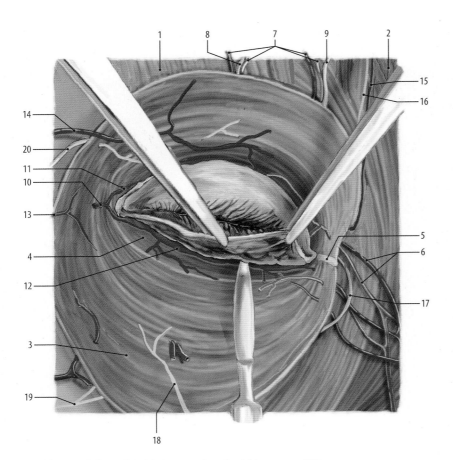

1 Venter frontalis des M. occipitofrontalis
2 M. procerus
3 Pars orbitalis des M. orbicularis oculi
4 Pars palpebralis des M. orbicularis oculi
5 Ligamentum palpebrale mediale
6 A. und V. angularis
7 A. und V. supraorbitalis
8 Ramus lateralis des N. supraorbitalis
9 Ramus medialis des N. supraorbitalis
10 Aa. palpebrales laterales der A. lacrimalis
11 Arcus palpebralis superior
12 Arcus palpebralis inferior
13 A. zygomaticoorbitalis
14 Ramus frontalis der A. temporalis superficialis
15 A. supratrochlearis
16 N. supratrochlearis
17 N. infratrochlearis
18 Rami palpebrales inferiores des
    N. infraorbitalis
19 Rami zygomatici des N. facialis
20 Rami temporales des N. facialis

◘ **Abb. 1.9**   Präparation der Augenregion, Ansicht von vorn [21]

◘ **Abb. 1.10**   Präparation der unteren
Augenregion, Ansicht von rechts-seitlich
[10]

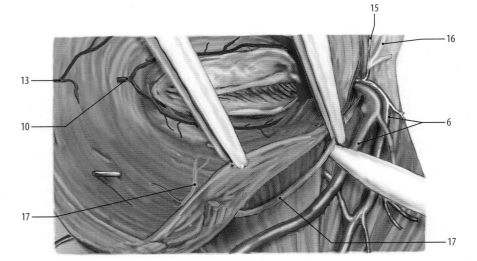

1 Venter frontalis des M. occipitofrontalis
2 M. procerus
3 Pars orbitalis des M. orbicularis oculi
4 Pars palpebralis des M. orbicularis oculi
5 Ligamentum palpebrale mediale
6 A. und V. angularis
7 A. und V. supraorbitalis
8 Ramus lateralis des N. supraorbitalis
9 Ramus medialis des N. supraorbitalis
10 Aa. palpebrales laterales der A. lacrimalis

11 Arcus palpebralis superior
12 Arcus palpebralis inferior
13 A. zygomaticoorbitalis
14 Ramus frontalis der A. temporalis superficialis
15 A. supratrochlearis
16 N. supratrochlearis
17 N. infratrochlearis
18 Rami palpebrales inferiores des N. infraorbitalis
19 Rami zygomatici des N. facialis
20 Rami temporales des N. facialis

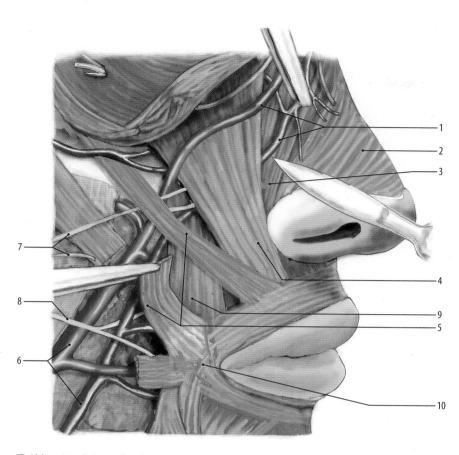

1   Vasa angularia
2   M. nasalis
3   M. levator labii superioris alaeque nasi
4   M. levator labii superioris
5   Mm. zygomatici major und minor
6   A. und V. facialis
7   Rami zygomatici des N. facialis
8   Rami buccales des N. facialis
9   M. levator anguli oris
10 Modiolus

Abb. 1.11   Präparation der mimischen Muskulatur in Nasen- und Mundbereich, Ansicht von rechts-seitlich [21]

Präparation der mimischen Muskulatur im Nasen- und Mundbereich   Unter Erhalt der *Vasa angularia* (**1**) werden auf beiden Seiten der *M. nasalis* (**2**), der *M. levator labii superioris alaeque nasi* (**3**), der *M. levator labii superioris* (**4**), die *Mm. zygomatici major* und *minor* (**5**) dargestellt (Abb. 1.11). Die Mm. zygomatici major und minor werden in ihrem mittleren Bereich durchtrennt und nach anterior geklappt (Abb. 1.89/Video 1.7). In der Tiefe können nun die *A.* und *V. facialis* (**6**) im Bereich des Überganges in die Vasa angularia freigelegt werden. Darstellung der *Rami zygomatici* (**7**), *Rami buccales* (**8**) und des Ramus marginalis mandibulae des N. facialis durch Entfernen des Bindegewebes. Identifizieren des *M. levator anguli oris* (**9**). Darstellung der radiär auf einen Punkt, den *Modiolus* (**10**), zulaufenden Muskelzügel am lateralen Mundwinkel (radiäres orales Muskelsystem).

In der Tiefe zwischen dem M. levator labii superioris und dem M. zygomaticus major verlaufen die Rami zygomatici des N. facialis sowie die A. angularis. Beide Leitungsbahnen ziehen in ihrem Verlauf unter den M. levator labii superioris und müssen geschont werden.

Topographie

Die A. und V. facialis gehen in Höhe der Nasenflügel in die A. und V. angularis über. Die A. facialis und A. angularis sind stark geschlängelt und haben oft einen tieferen und mehr medial gelegenen Verlauf als die V. facialis und V. angularis. Oft verläuft die A. facialis unterhalb des M. levator labii superioris, während die V. facialis oberhalb verläuft.

▶ Klinik

Ein Furunkel an Oberlippe oder Nasenflügel kann sich über eine Venenentzündung (Thrombophlebitis) der V. facialis und V. angularis nach kranial ausdehnen und über eine Anastomose mit der V. ophthalmica superior nach intrakraniell Anschluss an den Sinus cavernosus erhalten (▶ Abschn. 1.7.5). Die Entzündung und Thrombose des Sinus cavernosus ist eine lebensbedrohliche Erkrankung (▶ Abschn. 1.7.4). ◀

Im Mundbereich werden *M. risorius* (**1**), *M. depressor anguli oris* (**2**), *M. depressor labii inferioris* (**3**) und *M. mentalis* (**4**) präpariert (Abb. 1.12, 1.90/Video 1.8). Zum Freilegen des *M. orbicularis oris* (**5**) wird die periorale Haut bis zum Lippenrot mit flach geführtem Messer entfernt. Der M. risorius wird lateral an seinem variablen

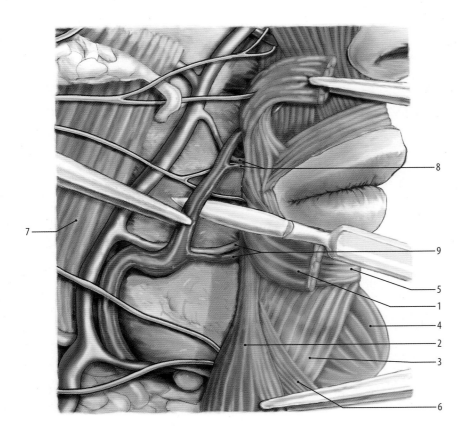

1 M. risorius
2 M. depressor anguli oris
3 M. depressor labii inferioris
4 M. mentalis
5 M. orbicularis oris
6 Platysma
7 M. masseter
8 A. und V. labialis superior
9 A. und V. labialis inferior

Abb. 1.12   Präparation der mimischen Muskulatur im Mundbereich, Ansicht von rechts-seitlich [21]

Ansatz an der Fascia masseterica oder der Fascia parotidea abgelöst und mitsamt dem kaudal anheftenden *Platysma* (**6**) nach anterior geklappt. Die Fascia masseterica wird entfernt, der *M. masseter* (**7**) wird dargestellt. Der geschlängelte Verlauf der Vasa facialia wird mit den Abgängen der *A.* und *V. labialis superior* (**8**) und *A.* und *V. labialis inferior* (**9**) studiert. Die A. facialis wird in ihrem Verlauf über das Corpus mandibulae in die Regio submandibularis verfolgt.

🔄 Topographie

M. levator anguli oris, M. zygomaticus major, M. buccinator, M. risorius, M. depressor anguli oris laufen radiär auf einen Punkt am Mundwinkel, den Modiolus, zu. Von medial strahlt der M. orbicularis oris in die Kreuzungsstelle ein. Lateral des Mundwinkels lassen sich die ineinander verwobenen Muskelfasern als knotenförmigen Punkt palpieren. Die Modioli beider Seiten wirken als fixe Basis für die Feinbewegung der Lippen, der Abdichtung des oralen Orifiziums sowie der Wirkung des M. buccinators. Sie spielen somit eine elementare Rolle bei der Nahrungsaufnahme (Saugen, Trinken) und der Artikulation. Eine Lageveränderung der Modioli führt zu einer Positionsänderung der Mundwinkel.

▶ **Klinik**

Die Läsion der Rami marginales mandibulae des Gesichtsnerven führt zu einer Lageänderung des Modiolus und somit zu einem hängenden Mundwinkel und einem inkompletten Verschluss der Mundöffnung bei der Nahrungsaufnahme.

Bei einer Entfernung der Unterkieferspeicheldrüse (Submandibulektomie) ist der Nerv in Gefahr. Die V. facialis wird bei der Operation durchtrennt und nach kranial umgeschlagen. Da der Ramus marginalis mandibulae die V. facialis überkreuzt, wird der Nerv durch dieses Vorgehen aus dem OP-Situs gezogen und geschützt. ◀

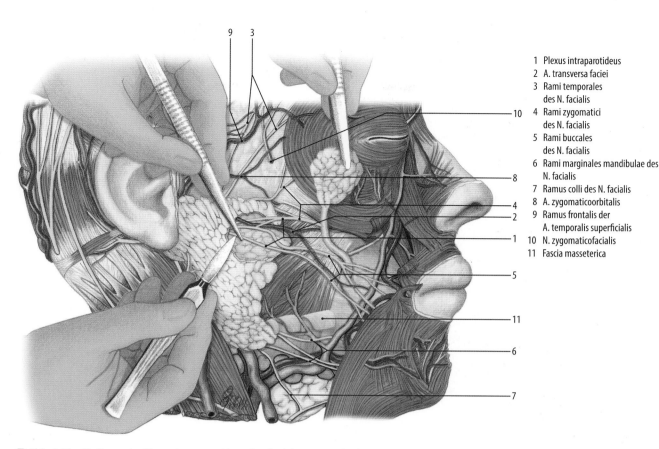

1 Plexus intraparotideus
2 A. transversa faciei
3 Rami temporales
  des N. facialis
4 Rami zygomatici
  des N. facialis
5 Rami buccales
  des N. facialis
6 Rami marginales mandibulae des
  N. facialis
7 Ramus colli des N. facialis
8 A. zygomaticoorbitalis
9 Ramus frontalis der
  A. temporalis superficialis
10 N. zygomaticofacialis
11 Fascia masseterica

Abb. 1.13 Freilegen des Plexus intraparotideus des Gesichtsnerven, Ansicht von rechts-seitlich [36]

1.5.3 Präparation der mittleren Schicht des Gesichts

Präparationsschritte dieses Kapitels können auch am median-sagittal halbierten Kopf durchgeführt werden. Dies hat den Vorteil, dass das Präparationsgebiet durch Drehen der Kopfhälfte leichter zugänglich gemacht wird. Die Halbierung des Kopfes nach Eröffnung der Schädelkalotte und Gehirnentnahme wird vom Institutspersonal durchgeführt (► Abschn. 1.6).

Präparation der Glandula parotidea und des Plexus intraparotideus des N. facialis Die peripheren Äste des N. facialis werden nach proximal bis zum Vorderrand der Glandula parotidea verfolgt. Der Austritt des Ductus parotideus aus der Drüse wird aufgesucht. Anschließend wird ein etwa 1 × 2 cm oberflächlich liegender Drüsenanteil, der den Ductus parotideus umgibt, vom übrigen Drüsengewebe abgetrennt, sodass der Ausführungsgang mit dem Drüsenanteil nach anterior umgeschlagen werden kann (■ Abb. 1.91/Video 1.9). Im Folgenden wird die Pars superficialis der Glandula parotis unter Erhalt des unter Erhalt des Plexus facialis abgetragen (■ Abb. 1.13). Hierfür wird der oberflächliche Anteil der Drüse radiär (im Verlauf der Fazialis-

nervenäste) gespalten und das Drüsengewebe vorsichtig unter Erhalt des *Plexus intraparotideus* (1) des N. facialis sowie der *A. transversa faciei* (2) mit dem Skalpell und der Pinzette entfernt. Freigelegt werden *Rami temporales* (3), *Rami zygomatici* (4), *Rami buccales* (5), *Rami marginales mandibulae* (6), *Ramus colli* (7). Aufsuchen der *A. zygomaticoorbitalis* (8) sowie des *Ramus frontalis* der *A. temporalis superficialis* (9). Der Austritt des *N. zygomaticofacialis* (10) kranial des Jochbogens wird dargestellt. Reste der *Fascia masseterica* (11) und Fascia parotidea werden komplett entfernt.

❗ Der N. facialis teilt sich im Plexus intraparotideus zwischen dem tiefen und dem oberflächlichen Anteil der Drüse in einer planen Ebene in die verschiedenen Nervenäste auf. Hat man einen intraglandulären Nervenast identifiziert, kennt man die Tiefe der planen Ebene des Nervenplexus und kann benachbarte Nervenäste leichter identifizieren. Der Äste des N. facialis im Plexus intraparotideus sind von Ausläufern des tiefen Blattes der Fascia parotidea umgeben.

Hilfreich kann es sein, wenn die Präparation der Nervenäste beginnend von der Peripherie nach zentral erfolgt. Das gesamte oberflächliche Blatt der Glandula parotidea wird abgetragen und der Plexus intraparotideus kom-

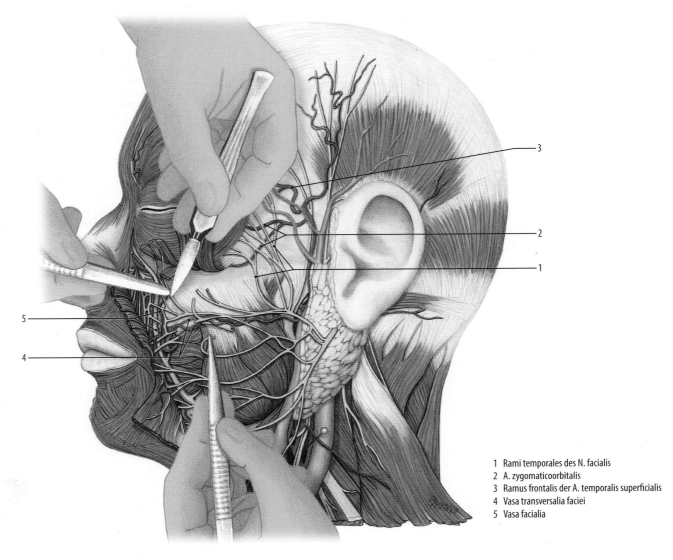

1 Rami temporales des N. facialis
2 A. zygomaticoorbitalis
3 Ramus frontalis der A. temporalis superficialis
4 Vasa transversalia faciei
5 Vasa facialia

■ Abb. 1.14   Mobilisieren der Gesichtsnervenäste, Ansicht von links-seitlich [36]

plett freigelegt (■ Abb. 1.92/Video 1.10). Die Fazialisäste werden bis zu den mimischen Muskeln verfolgt und dort abgeschnitten. Der Plexus intraparotideus wird mobilisiert und mit den Fazialisästen nach posterior umgeschlagen (■ Abb. 1.14). Die Kreuzung der *Rami temporales* **(1)** mit der *A. zygomaticoorbitalis* **(2)** und dem *Ramus frontalis* der *A. temporalis superficialis* **(3)** wird beachtet. Die *Vasa transversalia faciei* **(4)** werden dargestellt und bleiben erhalten. Die *Vasa facialia* **(5)** werden in ihrem Verlauf studiert.

▶ Klinik

Tumore der Glandula parotidea sind meist benigne (z. B. pleomorphes Adenom). Tritt bei einer Raumforderung der Glandula parotis eine Parese der mimischen Muskulatur auf, ist es ein Zeichen für infiltratives Wachstum und hinweisend auf ein Malignom. Bei der Parotischirurgie erfolgt die Freilegung des Plexus parotideus mithilfe eines OP-Mikroskops oder einer Lupenbrille aufgrund der anderen Haptik und der Möglichkeit des Neuromonitorings von der Nähe des Nervenaustritts am Foramen stylomastoideum beginnend in die Peripherie. ◀

Präparation des Corpus adiposum buccae und des M. buccinator   Das *Corpus adiposum* (= Bichat-Fettkörper) **(1)** wird in seiner Lage zwischen dem *M. masseter* **(2)** und dem *M. buccinator* **(3)** aufgesucht (■ Abb. 1.15). Der Fettkörper und das lockere Bindegewebe auf der Faszie des M. buccinator werden vorsichtig entfernt. Der *N. buccalis* **(4)** und die *Vasa buccalia* **(5)** werden freigelegt (■ Abb. 1.93/Video 1.11). In direkter Nähe zum *Ductus parotideus* **(6)** wird auf dem M. buccinator das *Organum juxtaorale* (= Chievitz-Organ) **(7)** identifiziert. Anschließend wird die Faszie des M. buccinator entfernt und der Muskel bis zum Mundwinkel dargestellt. Der Ductus

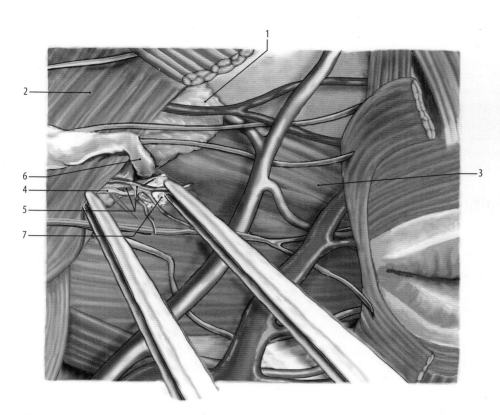

1 Corpus adiposum (= Bichat-Fettkörper)
2 M. masseter
3 M. buccinator
4 N. buccalis
5 Vasa buccalia
6 Ductus parotideus
7 Organum juxtaorale (= Chievitz Organ)

■ **Abb. 1.15** Präparation des Wangenfettkörpers und des M. buccinator, Ansicht von rechts-seitlich [21]

parotideus wird bis zu seiner Durchtrittsstelle durch den M. buccinator verfolgt.

🎓 Topographie

Das Organum juxtaorale (Chievitz-Organ) befindet sich in direkter Nachbarschaft zum Ductus parotideus auf dem M. buccinator. Es handelt sich um ein weißliches epitheliales Parenchymgewebe, das von einer Perineurium-ähnlichen Faszie umgeben ist, zahlreiche Nervenendigungen besitzt und Anschluss an den N. buccalis sowie den N. facialis hat. Vermutet wird eine Funktion als Mechanosensor im Wangenbereich. Das juxtaorale Organ kann in der klinischen Bildgebung als Tumor fehlinterpretiert werden.

❗ Bei der Entfernung des Corpus adiposum buccae und der Muskelfaszie des M. buccinator können A. und N. buccalis leicht verletzt werden.

> ► **Klinik**

Der Ductus parotideus (= Stenon Gang) kann über das Vestibulum oris mit einem feinen Endoskop inspiziert werden (Sialendoskopie). Speichelsteine können mit einer Zange oder Schlinge geborgen oder mittels Laser zertrümmert werden. ◄

Präparation der Nervenaustritte des ersten Trigeminusastes Der *Venter frontalis* des *M. occipitofrontalis* (1) wird oberhalb der *Arcus supraorbitalis* gespalten (■ Abb. 1.16). Der kraniomediale Rand der Pars orbitalis des M. orbicularis oculi wird abgelöst, nach kaudal geklappt. Das *Septum orbitale* (2) wird freigelegt. Aufsuchen des *M. corrugator supercilii* (3). Der Muskel wird am Ansatz durchtrennt und zur Seite geklappt. Palpation des Margo supraorbitalis des Os frontale. Präparation des *Foramen supraorbitale* (4) oder der *Incisura supraorbitalis* und Darstellung des Ramus lateralis des *N. supraorbitalis* (5) sowie der *Vasa supraorbitalia* (6). Anschließend wird die *Incisura frontalis* (7) aufgesucht und der Ramus medialis des *N. supraorbitalis* (8) freigelegt. Identifizieren der *A. supratrochlearis* (9) und des *N. supratrochlearis* (10). Im medialen Augenwinkel wird oberhalb des *Ligamentum palpebrale mediale* (11) der Austritt des *N. infratrochlearis* (12) aufgesucht und dabei die enge topographische Beziehung zur *V.* und *A. angularis* (13) beachtet. Der Durchtritt der Vasa angularia durch das Septum orbitale wird beidseits dargestellt.

🎓 Varia

Am oberen Augenhöhlenrand können der Ramus lateralis des N. supraorbitalis und die Vasa supraorbitalia durch ein Foramen supraorbitalis (50 %) oder eine Incisura supraorbitalis (50 %) ziehen. Im Falle

1

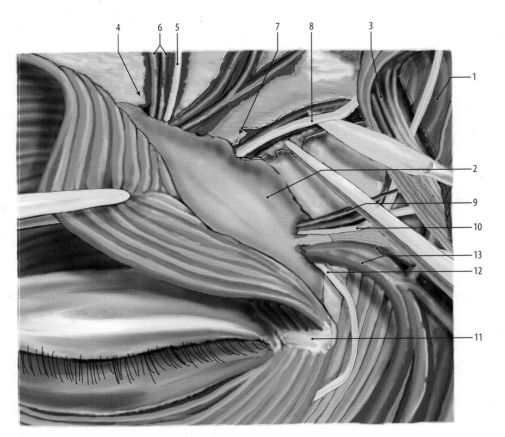

1 Venter frontalis des M. occipitofrontalis
2 Septum orbitale
3 M. corrugator supercilii
4 Foramen supraorbitale
5 Ramus lateralis des N. supraorbitalis
6 Vasa supraorbitalia
7 Incisura frontalis
8 Ramus medialis des N. supraorbitalis
9 A. supratrochlearis
10 N. supratrochlearis
11 Ligamentum palpebrale mediale
12 N. infratrochlearis
13 V. und A. angularis

◻ **Abb. 1.16**   Freilegen der Nervenaustritte des ersten Trigeminusastes, Ansicht von vorn [21]

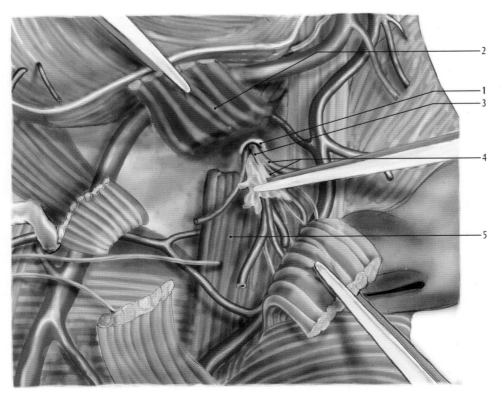

1 Foramen infraorbitale
2 M. levator labii superioris
3 N. infraorbitalis
4 Vasa infraorbitalia
5 M. levator anguli oris

◻ **Abb. 1.17**   Freilegen des Nervenaustrittes des zweiten Trigeminusastes, Ansicht von rechts-seitlich [21]

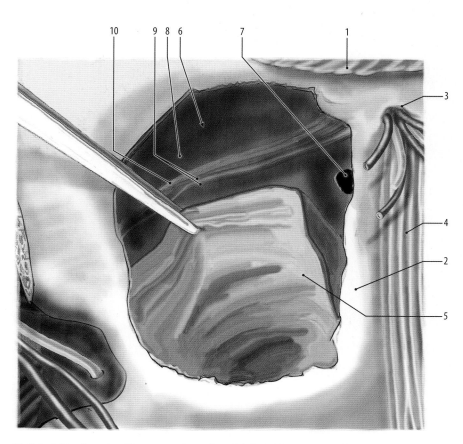

10 9 8 6   7   1

1 M. levator labii superioris
2 Maxilla
3 Foramen infraorbitale
4 M. levator anguli oris
5 Kieferhöhlenschleimhaut
   (= Schneider-Membran)
6 Sinus maxillaris
7 natürliches Kieferhöhlenostium
8 Kieferhöhlendach
   (= Orbitaboden)
9 Vasa infraorbitalia
10 N. infraorbitalis

Abb. 1.18 Anteriore Fensterung der rechten Kieferhöhle, Ansicht von vorn [21]

einer Incisura frontalis kann diese palpiert werden. Der Ramus medialis des N. supraorbitalis sowie die A. supratrochlearis ziehen meist durch eine Incisura frontalis, seltener (< 10 %) durch ein Foramen frontale. Gelegentlich findet man auch mehrere Nerven- oder Gefäßäste, die durch mehrere supraorbitale oder frontale Öffnungen ziehen.

Präparation des Nervenaustrittes des zweiten Trigeminusastes Zum Aufsuchen der aus dem *Foramen infraorbitale* (**1**) tretenden Leitungsbahnen *M. levator labii superioris* (**2**) durchtrennen und den Ursprungs- und Ansatzteil des Muskels nach kranial und kaudal verlagern (■ Abb. 1.17, 1.94/Video 1.12). Freilegen des *N. infraorbitalis* (**3**) und der *Vasa infraorbitalia* (**4**) durch Abtragen des umhüllenden Bindegewebes. Der *M. levator anguli oris* (**5**) bleibt erhalten.

❗ Bei der Durchtrennung des M. levator labii superioris können leicht die aus dem Foramen infraorbitale austretenden Leitungsbahnen verletzt werden.

▶ **Klinik**

Bei einer akuten Kieferhöhlenentzündung (Sinusitis maxillaris) ist aufgrund des Verlaufs des N. infraorbitalis am

Dach der Kieferhöhle der Nerv gereizt. Bei Druck auf den Nervenaustrittpunkt (Foramen infraorbitale) kommt es zu starken Schmerzen der gesamten Region. ◀

Anteriore transmaxilläre Fensterung der Kieferhöhle Der Sinus maxillaris kann durch eine vordere Fensterung der Maxilla (anteriore transmaxilläre Fensterung) oder von posterior durch das Tuber maxillae (▶ Abschn. 1.5.4) eröffnet werden. Bei der anterioren Fensterung wird der *M. levator labii superioris* (**1**) nach oben geklappt (■ Abb. 1.18). Der Knochen der Facies anterior der *Maxilla* (**2**) wird wenige Millimeter lateral des *Foramen infraorbitale* (**3**) und des *M. levator anguli oris* (**4**) mithilfe eines feinen Meißels perforiert und durch eine feine Knochenzange zu einem Fenster erweitert (■ Abb. 1.95/Video 1.13). Die Kieferhöhlenschleimhaut (**5**) wird eröffnet und entfernt, sodass der *Sinus maxillaris* (**6**) inspiziert und sondiert werden kann. An der medialen Wand kann im kranialen Abschnitt das natürliche Kieferhöhlenostium (**7**) dargestellt werden. Dreht man den Kopf nach kranial, kann das Kieferhöhlendach (= Orbitaboden) (**8**) inspiziert werden. Oftmals zeigt sich eine durchscheinende knöcherne Leiste, durch die die *Vasa infraorbitalia* (**9**) und der *N. infraorbitalis* (**10**) identifiziert werden können.

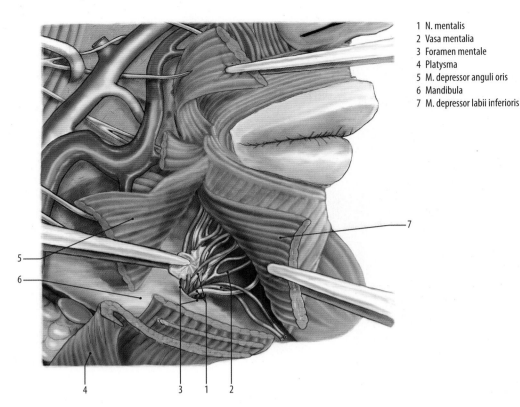

1 N. mentalis
2 Vasa mentalia
3 Foramen mentale
4 Platysma
5 M. depressor anguli oris
6 Mandibula
7 M. depressor labii inferioris

�‣ Abb. 1.19   Freilegen des Nervenaustrittes des dritten Trigeminusastes, Ansicht von rechts-seitlich [21]

🞂 Varia

Bei hochbetagten Menschen kann in Folge einer Osteopenie der Knochen am Dach des Sinus maxillaris (= Orbitaboden) sehr dünn sein oder stellenweise fehlen. Kieferhöhle und Augenhöhle sind an diesen Stellen nur durch die Schleimhaut der Maxilla und die Periorbita voneinander getrennt.

> ▶ Klinik

In der Zahnheilkunde wird die Schleimhaut der Kieferhöhle als Schneider-Membran bezeichnet. Sie stellt eine wichtige Barriere bei der Eröffnung der Kieferhöhle bei Eingriffen an den Zahnwurzeln des Oberkiefers dar. Beim Aufbau des Oberkieferknochens für ein Zahnimplantat wird Knochenmaterial zwischen Kieferhöhlenboden und Schneider-Membran eingebracht (Sinuslift). ◀

> ▶ Klinik

Am Kieferhöhlendach lässt sich gelegentlich eine eingewanderte pneumatisierte *Siebbeinzelle* (Haller-Zelle) identifizieren, die bei ungünstiger Lage den Sekretabfluss aus dem natürlichen Kieferhöhlenostium behindern kann und aus diesem Grund bei rhinochirurgischen Eingriffen entfernt wird.

Häufig findet man *Septen* in der Kieferhöhle, die einen sehr variablen Verlauf haben und selten auch die Kieferhöhle in Kompartimente unterteilen können.

Die sog. Underwood-Septen befinden sich am Boden der Kieferhöhle in einer lateromedialen Verlaufsrichtung und können die sichtbaren Vorwölbungen der Zahnwurzelspitzen in einzelne Nischen zusammenfassen. Underwood-Septen können ein Hindernis bei der oralchirurgischen Sinusbodenelevation zum Knochenaufbau im Oberkiefer darstellen. ◀

Präparation des Nervenaustrittes des dritten Trigeminusastes   Zur Darstellung des Austrittes des *N. mentalis* (**1**) und der *Vasa mentalia* (**2**) aus dem *Foramen mentale* (**3**) wird das *Platysma* (**4**) weggeklappt und der *M. depressor anguli oris* (**5**) medial an seinem Ursprung an der *Mandibula* (**6**) abgelöst und nach posterior geschlagen (◘ Abb. 1.19, 1.96/Video 1.14). Nun kann der posteriore Rand des *M. depressor labii inferioris* (**7**) an seinem Ursprung an der Mandibula abgelöst und so weit nach anterior präpariert werden, bis das Foramen mentale sichtbar wird. Der N. mentalis und die Vasa mentalia können nun freigelegt werden.

Präparation der Fossa retromandibularis   Die Glandula parotidea wird (teils stumpf, teils scharf) entfernt (◘ Abb. 1.20). Der M. masseter wird mit seiner *Pars superficialis* (**1**) und *Pars profunda* (**2**) studiert. Posterior des *Ramus mandibulae* (**3**) wird das Restdrüsengewebe des tiefen Anteils der Glandula parotidea vorsichtig durch Zupfen mit der Pinzette aus der Fossa retromandibula-

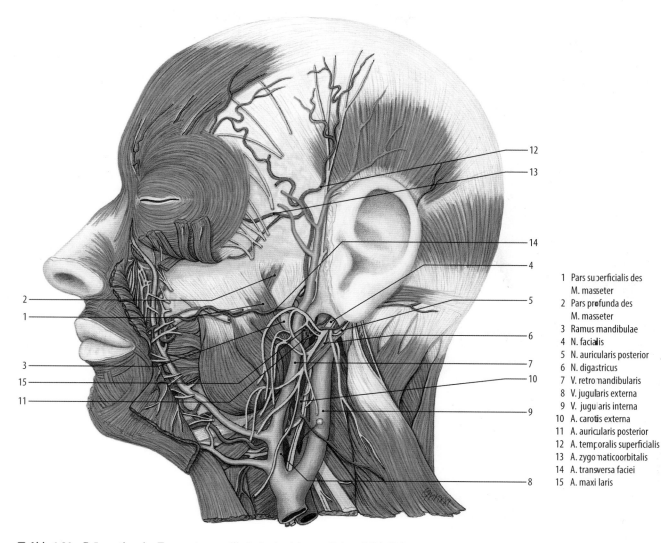

1 Pars superficialis des
  M. masseter
2 Pars profunda des
  M. masseter
3 Ramus mandibulae
4 N. facialis
5 N. auricularis posterior
6 N. digastricus
7 V. retromandibularis
8 V. jugularis externa
9 V. jugularis interna
10 A. carotis externa
11 A. auricularis posterior
12 A. temporalis superficialis
13 A. zygomaticoorbitalis
14 A. transversa faciei
15 A. maxillaris

Abb. 1.20 Präparation der Fossa retromandibularis, Ansicht von links-seitlich [36]

ris entfernt und die Leitungsbahnen werden aufgesucht (□ Abb. 1.97/Video 1.15).
Darstellen des *N. facialis* (**4**). Er wird bis zum Foramen stylomastoideum verfolgt. Darstellung der ersten Abgänge des N. facialis in der Fossa retromandibularis: *N. auricularis posterior* (**5**), *N. digastricus* (**6**) sowie die meistens vom Ramus buccalis abgehende Anastomose mit dem N. auriculotemporalis (Ramus communicans cum nervo auriculare). Die *V. retromandibularis* (**7**) wird mit ihren Zuflüssen freigelegt und nach kaudal bis zur variablen Einmündung in die *V. jugularis externa* (**8**), V. facialis oder *V. jugularis interna* (**9**) verfolgt. Medial der Vene die *A. carotis externa* (**10**) aufsuchen und die Abgänge der *A. occipitalis* und *A. auricularis posterior* (**11**) freilegen. Verfolgen der A. carotis externa bis in die *A. temporalis superficialis* (**12**) mit den Ästen *A. zygomaticoorbitalis* (**13**) und *A. transversa faciei* (**14**). Aufsuchen der *A. maxillaris* (**15**). Die Arterie wird bis zum Eintritt hinter den Ramus mandibulae verfolgt. Der

Plexus parotideus und die Äste des N. facialis werden nach posterior geklappt.

❗ Der proximale Anteil des Plexus parotideus und der Truncus nervi facialis können bei der Entfernung des Drüsengewebes aus der Fossa retromandibularis leicht übersehen und verletzt werden.

📷 **Varia**
Die A. transversa faciei kann aus der A. carotis externa oder aus der A. temporalis superficialis entspringen.

Präparation der Regio temporalis Entfernen von lockerem Bindegewebe oberhalb des M. masseter und des *Arcus zygomaticus* (**1**) (□ Abb. 1.21). Darstellen der *Pars superficialis* (**2**) sowie der *Pars profunda* (**3**) des *M. masseter*. Das *Ligamentum laterale* (**4**) sowie die *Capsula articularis* des Kiefergelenks (**5**) vorsichtig mit der Messerspitze präparieren (□ Abb. 1.98/Video 1.16). Die Vasa tempo-

1

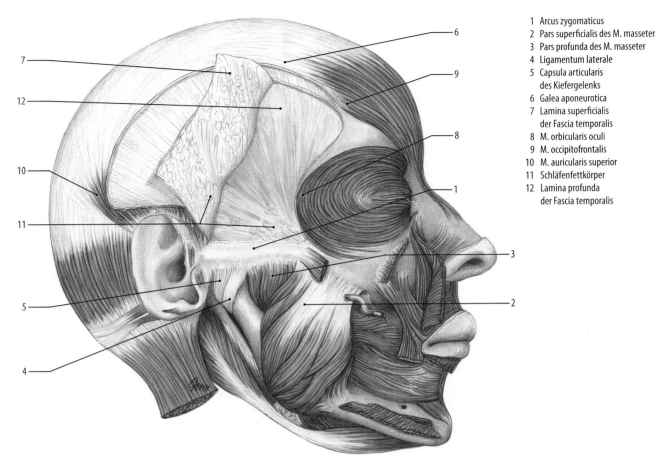

1 Arcus zygomaticus
2 Pars superficialis des M. masseter
3 Pars profunda des M. masseter
4 Ligamentum laterale
5 Capsula articularis
   des Kiefergelenks
6 Galea aponeurotica
7 Lamina superficialis
   der Fascia temporalis
8 M. orbicularis oculi
9 M. occipitofrontalis
10 M. auricularis superior
11 Schläfenfettkörper
12 Lamina profunda
   der Fascia temporalis

Abb. 1.21 Präparation der Schläfenfaszien, Ansicht von rechts-seitlich [29]

ralia superficialia und der N. auriculotemporalis werden vollständig freigelegt und mobilisiert. Die *Galea aponeurotica* (6) wird bogenförmig umschnitten, die direkt darunterliegende *Lamina superficialis* der *Fascia temporalis* (7) wird nun mit einem bauchigen Skalpell entlang der Grenzen der Regio temporalis umschnitten: posterior des *M. orbicularis oculi* (8) nach kranial und bogenförmig entlang des kaudalen Seitenrandes des *M. occipitofrontalis* (9) nach posterior bis zum Hinterrand des *M. auricularis superior* (10) (Abb. 1.99/Video 1.17). Vorsichtiges Mobilisieren der oberflächlichen Temporalisfaszie und Umklappen nach posterior unter Erhalt der Leitungsbahnen. Studium des Schläfenfettkörpers (11) und der unterhalb der Faszie verlaufenden V. temporalis media. Entfernen des Schläfenfettkörpers und Darstellung der *Lamina profunda* der *Fascia temporalis* (12).

⊘ Die Pars profunda des M. masseter muss komplett vom Ursprung am Jochbogen bis zum Ansatz am Ramus mandibulae abgesetzt werden, um den Arcus zygomaticus mobilisieren zu können. Die von medial in den M. masseter einstrahlenden N. massetericus und Vasa masseterica sollen beim Mobilisieren zunächst studiert und dann gezielt durchtrennt werden.

Mobilisieren des M. masseter Durchtrennen des tiefen Faszienblattes entlang des *Arcus zygomaticus* (1) (Abb. 1.22, 1.100/Video 1.18). Das Faszienblatt wird entlang der Ränder des *M. temporalis* (2) bogenförmig umschnitten, unterminiert und nach okzipital geklappt. Freilegen des M. temporalis und verfolgen der Muskelfasern bis unter den Jochbogen. Mithilfe einer feinen Säge (z. B. oszillierende Säge) den Jochbogen anterior der Insertion des *Ligamentum laterale* (3) und occipital vom Ursprung der *Pars profunda* des *M. masseter* (4) durchtrennen. Ein weiterer Sägeschnitt durch den Jochbogen erfolgt vor der Insertion der *Pars superficialis* des *M. masseter* (5). Der abgetrennte Teil des Arcus zygomaticus wird mit anhängendem M. masseter vorsichtig nach kaudal geklappt. Darstellung des N. massetericus und der Vasa masseterica.

Mobilisieren des M. temporalis Der Ansatz des *M. temporalis* (1) an der vorderen und seitlichen Fläche des *Processus coronoideus* (2) wird aufgesucht, seine kräftige Ansatzsehne bis in die *Fossa retromolaris* (3) verfolgt (Abb. 1.101/Video 1.19) (Abb. 1.23). Aufsuchen der *Linea obliqua* (4) am *Corpus mandibulae* (5), palpieren der *Crista terminalis* (6) und des medial der Christa ter-

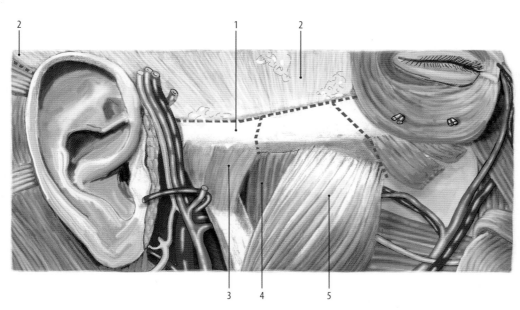

1 Arcus zygomaticus
2 M. temporalis
3 Ligamentum laterale
4 Pars profunda des M. masseter
5 Pars superficialis des M. masseter

- - - - Schnittführung zum Anlegen der Sägeschnitte und Absetzen der oberflächlichen Schläfenfaszie

◻ **Abb. 1.22** Schnittführung am Jochbogen, Ansicht von rechts-seitlich [21]

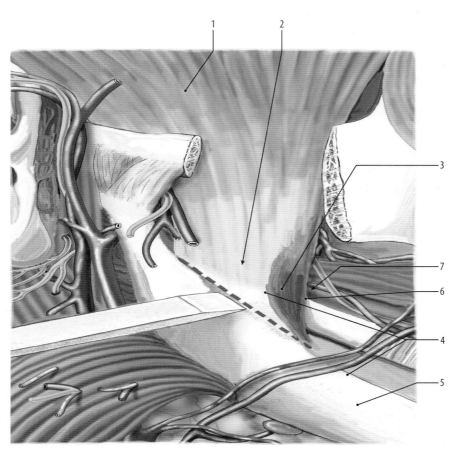

1 M. temporalis
2 Processus coronoideus
3 Fossa retromolaris
4 Linea obliqua
5 Corpus mandibulae
6 Crista terminalis
7 Trigonum retromolare

◻ **Abb. 1.23** Absetzen des Processus coronoideus, Ansicht von rechts-seitlich [21]

1

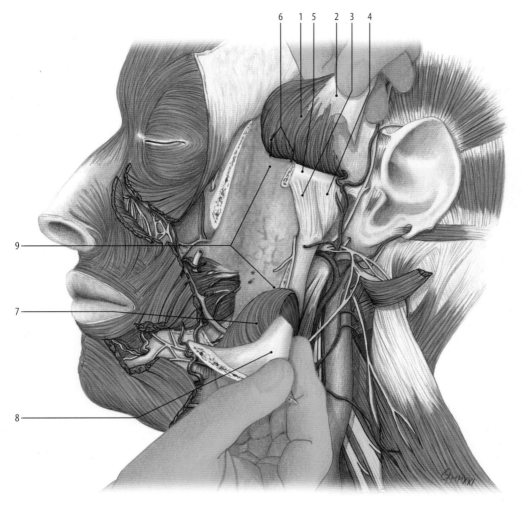

1 M. temporalis
2 Processus coronoideus
3 Ligamentum laterale
4 Capsula articularis
   des Kiefergelenks
5 Processus zygomaticus des
   Os temporale
6 Aa. temporales profundae anterior
   und posterior
7 M. masseter
8 Arcus zygomaticus
9 Fossa infratemporalis

◘ **Abb. 1.24**   Eröffnen der Fossa infratemporalis, Ansicht von links-seitlich [36]

minalis liegenden *Trigonum retromolare* (**7**). Zum Schutz der darunterliegenden Strukturen wird ein Pinzettengriff oder Spatel von vorne kommend auf die Innenseite des Processus coronoideus eingeführt. Dies erfolgt streng entlang des Knochens. Von außen wird die Kortikalis des Ramus mandibulae in Verlängerung des horizontalen Verlaufs der Linea obliqua vorsichtig angesägt (z. B. mit feiner oszillierender Säge durch das Institutspersonal) und anschließend mit einem Meißel durchtrennt. Mit einer feinen Knochenzange wird der Processus coronoideus mit anhängendem M. temporalis abgesetzt.

🖰 **Topographie**

Der M. temporalis zieht mit seinem Ansatz bis in die Fossa retromolaris.

🖰 **Varia**

Der zahnlose Unterkiefer weist eine allgemeine Rückbildung des Kieferkamms auf. Die ossäre Resorption ist buccal ausgeprägter als oral, ist jedoch abhängig

von der Dauer der Zahnlosigkeit (fehlende mechanische Belastung) auch generalisiert möglich.

❗ Knochensplitter stellen eine Verletzungsgefahr dar und müssen mit einer Knochenzange entfernt werden.

Eröffnen der Fossa infratemporalis   Der Hinterrand des M. orbicularis oculi sowie der M. occipitofrontalis und die seitliche Galea aponeurotica werden nach anterior gehalten. Der *M. temporalis* (**1**) mit dem abgesetzten *Processus coronoideus* (**2**) werden nach kranial umgeklappt (◘ Abb. 1.24). Das *Ligamentum laterale* (**3**) und die *Capsula articularis* (**4**) des Kiefergelenks bleiben am *Processus zygomaticus* des Os temporale (**5**) erhalten. Der M. temporalis wird weit nach kranial präpariert und vom darunterliegenden lockeren Bindegewebe abgelöst. Im Bindewebe zeichnet sich oberflächlich der eingebettete venöse Plexus ab. Die *Aa. temporales profundae anterior und posterior* (**6**) sowie die Nn. temporales profundi werden auf ihrem Weg zum M. temporalis freigelegt (◘ Abb. 1.102/Video 1.20). Der *M. masseter* (**7**) mit

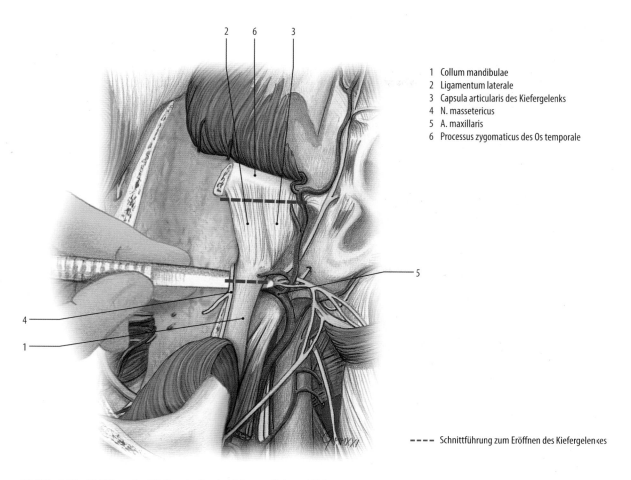

1 Collum mandibulae
2 Ligamentum laterale
3 Capsula articularis des Kiefergelenks
4 N. massetericus
5 A. maxillaris
6 Processus zygomaticus des Os temporale

- - - - Schnittführung zum Eröffnen des Kiefergelenkes

◻ **Abb. 1.25**   Eröffnen des Kiefergelenks, Ansicht von links-seitlich [36]

seinem Ursprung am *Arcus zygomaticus* **(8)** bleibt nach unten geklappt, sodass die *Fossa infratemporalis* **(9)** für die Präparation der tiefen Gesichtsregion zugänglich gemacht ist.

🜉 Beim Durchsägen des Processus coronoideus können der N. lingualis und der N. alveolaris inferior leicht verletzt werden. Beim Mobilisieren des M. temporalis sind der N. lingualis, A. und N. buccalis in Gefahr. Beim Umklappen des M. temporalis können die von medial in den Muskel einstrahlenden Vasa temporalia profunda und die Nn. temporales profundi zerreißen. Die letztgenannten Leitungsbahnen sollen zunächst dargestellt und dann gezielt durchtrennt werden, sodass der M. temporalis weit nach kranial hochgeklappt werden kann.

Eröffnen des Kiefergelenks   Von vorne kommend wird ein Pinzettengriff oder Spatel medial des *Collum mandibulae* **(1)** eingebracht, sodass das in der Tiefe befindliche Ligamentum sphenomandibulare geschont wird (◻ Abb. 1.25, 1.103/Video 1.21). Der Processus condylaris wird kaudal des Ansatzes des *Ligamentum laterale* **(2)** und der *Capsula articularis* **(3)** des Kiefergelenks durchgesägt. Der vor dem Unterkieferhals austretende *N. massetericus* **(4)** wird beachtet und geschont, ebenso die posterior in die Fossa infratemporalis eintretende *A. maxillaris* **(5)**. Absetzen des Ligamentum laterale und der Gelenkkapsel des Kiefergelenks durch einen Schnitt direkt unterhalb des Processus zygomaticus des *Os temporale* **(6)**. Der abgesetzte Processus condylaris mit Discus articularis und dem M. pterygoideus lateralis werden mit einer Pinzette vorsichtig nach anterior gehebelt und die obere Kammer des Kiefergelenks eröffnet. Der M. pterygoideus lateralis wird vorsichtig mobilisiert, ohne die Leitungsbahnen zu zerstören. Eröffnung der unteren Kammer des Kiefergelenks durch Schnitt durch die Gelenkkapsel unterhalb der bilaminären Zone. Absetzen der medial am Discus inserierenden Fasern der Pars superior des M. pterygoideus lateralis und mobilisieren des Discus articularis. Inspektion des Discus articularis im durchscheinenden Licht (Diaphanoskopie) und studieren des hinteren Bandes, der Intermediärzone und des vorderen Bandes. Inspektion der Insertion des M. pterygoideus lateralis an der Fovea pterygoidea des Processus condylaris.

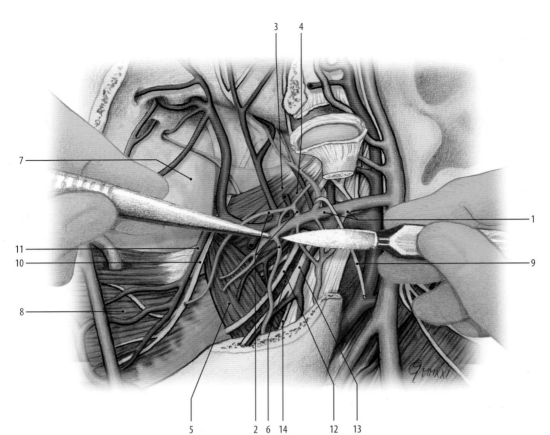

1   Vv. maxillares
2   Plexus pterygoideus
3   Caput superius des
    M. pterygoideus lateralis
4   Caput inferius des
    M. pterygoideus lateralis
5   Pars medialis des
    M. pterygoideus medialis
6   Pars lateralis des
    M. pterygoideus medialis
7   Tuber maxillae
8   M. buccinator
9   N. massetericus
10 N. buccalis
11 A. buccalis
12 N. lingualis
13 N. alveolaris inferior
14 N. mylohyoideus

◪ Abb. 1.26   Präparation der oberflächlichen Schicht der Fossa infratemporalis, Ansicht von links-seitlich [36]

❶ Die Gelenkkapsel muss vollständig (auch dorsale Fasern) vom Jochbogen entfernt werden. Während des Mobilisierens des Processus condylaris wird auch der mediale Ansatz der Gelenkkapsel am Jochbogen durchtrennt.

Freilegen des Canalis mandibulae   Am Ramus mandibulae wird die Kortikalis der Außenseite beginnend vom Sägerand vorsichtig nach kaudal mit einer feinen Knochenzange abgetragen (◪ Abb. 1.104/Video 1.22). Eröffnen des Canalis mandibulae und Darstellung der am Foramen mandibulae eintretenden Vasa alveolaria inferiora und des N. alveolaris inferior. Aufsuchen des Abgangs des N. mylohyoideus aus dem N. alveolaris inferior kurz vor dessen Eintritt in den Canalis mandibulae.

⊜ **Varia**

Vor dem Foramen mandibulae und dem variabel angelegten Sulcus mylohyoideus befindet sich ein kleiner Knochensporn, die Lingula mandibulae, an der das Ligamentum sphenomandibulare ansetzt. Beim atrophischen Unterkiefer kann die Lingula fehlen. Eine ausgeprägte Lingula mandibulae verdeckt den Eingang zum Canalis mandibulae. Ein knöcherner Sporn posterior des Sulcus mylohyoideus wird als Antilin-

gula bezeichnet. Eine Verbindung von Lingula und Antilingula kann den Sulcus mylohyoideus knöchern überbrücken.

▶ Klinik

Die Lingula mandibulae lässt sich von enoral palpieren und stellt eine Landmarke für die zahnärztliche Mandibularanästhesie dar. Die Injektion mit Lokalanästhetika wird etwa 1 cm oberhalb der Lingula mandibulae vorgenommen. ◀

1.5.4 Präparation der tiefen Schicht des Gesichts

Es empfiehlt sich, die Präparation der tiefen Gesichtsregion am median-sagittal halbierten Kopf (▶ Abschn. 1.6) durchzuführen, da durch Drehen der Präparate die Sicht verbessert werden kann.

Präparation der Fossa infratemporalis – oberflächliche Schicht   Studieren der *Vv. maxillares* **(1)** und des kräftigen Venengeflechts des *Plexus pterygoideus* **(2)** (◪ Abb. 1.26, 1.105/Video 1.23). Das lockere Binde- und Fettgewebe in der Fossa infratemporalis wird gemeinsam mit dem Venengeflecht vorsichtig unter Erhalt der restlichen Leitungsbahnen entfernt und die Muskulatur freigelegt. Studium des Faserverlaufs des *M. pterygoideus lateralis* mit *Caput superius* (3) und *Caput inferius* (4) sowie des *M. pterygoideus medialis* mit *Pars medialis* (5) und *Pars lateralis* (6). Aufsuchen des *Tuber maxillae* (7) und des *M. buccinator* (8). Freilegen des *N. massetericus* (9) und der meist zwischen die beiden Köpfe des M. pterygoideus lateralis ziehenden *N. buccalis* (10) und *A. buccalis* (11). Darstellung der kaudal des M. pterygoideus lateralis austretenden *N. lingualis* (12) und *N. alveolaris inferior* (13). Am N. alveolaris inferior wird kurz vor dem Eintritt in den Canalis mandibulae der Abgang des *N. mylohyoideus* (14) dargestellt.

🔄 Varia

Die A. maxillaris hat einen variantenreichen Verlauf in Bezug auf die innere Kaumuskulatur sowie auf die großen Äste des N. mandibularis. Die Arterie verläuft in ca. 70 % der Fälle oberflächlich, lateral des M. pterygoideus lateralis und kann in ihrem Verlauf bereits bei der eröffneten Fossa infratemporalis studiert werden. In ca. 30 % der Fälle verläuft die A. maxillaris medial des M. pterygoideus lateralis (tiefer Verlauf). In diesem Fall lässt sich üblicherweise lediglich ein kurzer Abschnitt der Arterie zwischen den Köpfen des. M. pterygoideus lateralis identifizieren, von der Äste wie die A. buccalis und die A. alveolaris superior posterior abgehen. Bei tiefem Verlauf der A. maxillaris zieht die Arterie in ca. 20 % der Fälle lateral der Nn. alveolaris inferior und lingualis und medial des N. buccalis in die Tiefe. In ca. 6 % der Fälle läuft die A. maxillaris medial der Nn. alveolaris inferior, lingualis und buccalis.

Bei oberflächlichem Verlauf der A. maxillaris wird die gesamte Pars pterygoidea der Arterie mit allen Abgängen freigelegt und im mittleren Abschnitt über dem M. pterygoideus lateralis durchtrennt. Die proximalen und distalen Gefäßanteile werden mitsamt der Abgänge nach anterior und posterior geklappt, sodass die Muskelfaszie des M. pterygoideus lateralis zugänglich gemacht wird. Die Faszien auf dem oberen und unteren Kopf des M. pterygoideus lateralis, dem seitlichen und mittleren Kopf des M. pterygoideus medialis sowie auf dem M. buccinator werden vollständig abgetragen und der Faserverlauf der Muskulatur wird studiert.

❗ Bei der Präparation der oberflächlichen Schicht der Fossa infratemporalis (ohne Dislokation des M. pterygoideus lateralis) müssen folgende Leitungsbahnen dargestellt und geschont werden:

A. buccalis, A. alveolaris superior posterior, N. lingualis, N. massetericus, N. buccalis, Rami alveolares superiores posteriores und N. alveolaris inferior mit Abgang des N. mylohyoideus kurz vor dem Eintritt in den Canalis mandibulae.

Präparation der Fossa infratemporalis – tiefe Schicht Der bereits mobilisierte *M. pterygoideus lateralis* (1) kann mit seinen beiden Köpfen, dem abgesetzten *Caput mandibulae* (2) und *Processus condylaris* (3) und, falls noch nicht entfernt, auch dem Discus articularis vorsichtig mit einer Pinzette gegriffen und unter Erhalt der ihn versorgenden Leitungsbahnen nach vorne umgeklappt werden (⏺ Abb. 1.27, 1.106/Video 1.24).

Studium der *A. maxillaris* (4) in allen Abschnitten: in der Pars mandibularis die Aa. auricularis profunda, tympanica anterior, *alveolaris inferior* (5), *meningea media* (6), meningea accessoria. In der Pars pterygoidea die *A. temporalis profunda anterior* (7), *A. temporalis profunda posterior* (8), A. masseterica, *A. buccalis* (9), A. alveolaris superior posterior sowie der *Rami pterygoidei* (10). Aufsuchen der zugehörigen Venen.

An der Schädelbasis werden medial vom Tuberkulumabhang der *N. mandibularis* (11) aufgesucht und die Abgänge präpariert. Bei der Freilegung des *N. lingualis* (12) wird auf den Erhalt der posterior abgehenden Chorda tympani geachtet. Der feine Nerv wird in seinem Verlauf bis zur Fissura petrotympanica in der Fossa mandibulae oder variabel bis zur Fissura sphenopetrosa verfolgt. Darstellung des proximalen Abschnitts des *N. alveolaris inferior* (13) und seine Beziehung zum *Ligamentum sphenomandibulare* (14) sowie der Vasa alveolaria inferiora. Identifizieren des nach posterior, parallel zur Schädelbasis verlaufenden *N. auriculotemporalis* (15). Darstellung der beiden Nervenwurzeln, die die A. meningea media umklammern. Freilegen der A. meningea media vom Abgang aus der A. maxillaris bis zum Eintritt in das *Foramen spinosum* (16) der Schädelbasis. Darstellung der weiteren proximalen Abgänge des N. mandibularis: N. massetericus, *N. buccalis* (17) sowie der Muskeläste für die *Mm. pterygoidei medialis* (18) und lateralis.

🔄 Topographie

Das Ganglion oticum lässt sich aufgrund seiner tiefen Lage medial des N. mandibularis direkt unterhalb des Foramen ovale in der Tiefe der Fossa infratemporalis nur schwerlich von lateral darstellen. Es liegt im Spaltraum zwischen dem N. mandibularis und dem M. tensor veli palatini. Leitstrukturen zum Auffinden des Ganglion von lateral können die Fasern der Chorda tympani und der Abgang des N. auriculotemporalis aus dem N. mandibularis sein. Einfacher gelingt die Darstellung des Ganglion oticum von medial am sagittal halbierten Kopf.

Präparation der Fossa pterygopalatina Die *A. maxillaris* (1) wird in ihrem Verlauf bis zur Endaufzweigung verfolgt (⏺ Abb. 1.28, 1.107/Video 1.25). Durch vorsichtiges Abtragen des umgebenden Bindegewebes wird die Arterie auf ihren Weg in die Fissura pterygomaxillaris freigelegt.

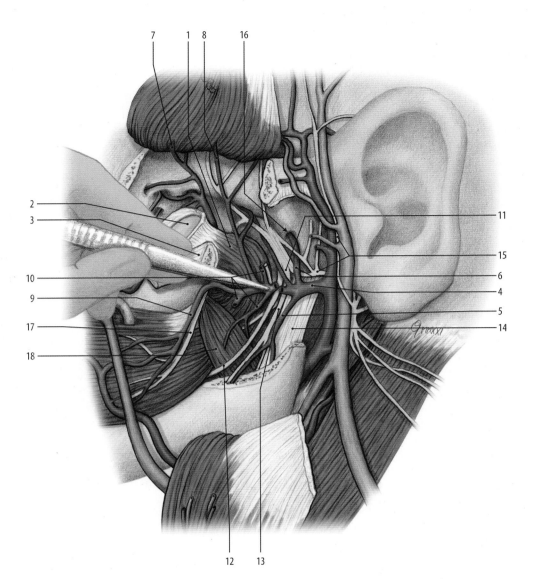

1 M. pterygoideus lateralis
2 Caput mandibulae
3 Processus condylaris
4 A. maxillaris
5 A. alveolaris inferior
6 A. meningea media
7 A. temporalis profunda anterior
8 A. temporalis profunda posterior
9 A. buccalis
10 Rami pterygoidei
11 N. mandibularis
12 N. lingualis
13 N. alveolaris inferior
14 Ligamentum sphenomandibulare
15 N. auriculotemporalis
16 Foramen spinosum
17 N. buccalis
18 M. pterygoideus medialis

Abb. 1.27 Präparation der tiefen Schicht der Fossa infratemporalis, Ansicht von links-seitlich [36]

Topographie

Die Fossa pterygopalatina wird durch folgende Strukturen begrenzt:

- kranial: Corpus ossis sphenoidalis
- kaudal: Canalis palatinus major, Canales palatini minores
- anterior: Tuber maxillae
- posterior: Processus pterygoideus und Vorderfläche der Ala major ossis sphenoidalis
- medial: Lamina perpendicularis ossis palatini
- lateral: offen in Richtung Fossa infratemporalis

Die Fossa pterygopalatina besitzt folgende Zugangswege:

- Foramen rotundum: zur Fossa cranii media
- Canalis pterygoideus: zur Unterfläche der Schädelbasis
- Canalis palatinus major: zum Gaumen
- Canales palatini minores: zum Gaumen
- Foramen sphenopalatinum: zur Nasenhöhle
- Fissura orbitalis inferior: zur Orbita
- Fissura pterygomaxillaris: zur Fossa infratemporalis

Aufsuchen der *Aa. alveolares superiores posteriores* **(2)** auf dem *Tuber maxillae* **(3)**. Darstellen der begleitenden Rami alveolares superiores posteriores aus dem N. maxillaris. Präparation der Endäste der A. maxillaris in der Fossa pterygopalatina: die *A. infraorbitalis* **(4)** wird bis zum Eintritt in die *Fissura orbitalis inferior* **(5)** verfolgt. Die *A. sphenopalatina* **(6)** wird so weit wie möglich in der Tiefe dargestellt.

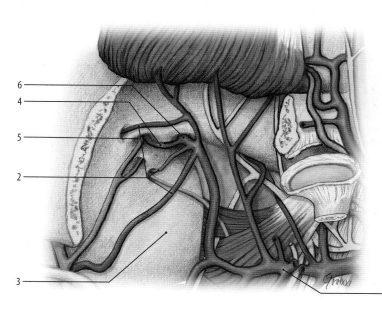

1 A. maxillaris
2 Aa. alveolares superiores posteriores
3 Tuber maxillae
4 A. infraorbitalis
5 Fissura orbitalis inferior
6 A. sphenopalatina

◻ **Abb. 1.28** Präparation der linken Fossa pterygopalatina von medial, Ansicht von links-seitlich [36]

🔄 Varia

Die A. sphenopalatina teilt sich oftmals bereits in der Fossa pterygopalatina in mehrere Endäste auf, die dann einzeln durch das Foramen sphenopalatinum in die Nasenhöhle ziehen.

🔄 Topographie

Das Ganglion pterygopalatinum sitzt sehr tief im kranialen Abschnitt der Fossa pterygopalatina unterhalb des N. maxillaris direkt vor der medialen Begrenzung der Fossa pterygomandibularis zur Nasenhöhle, der Lamina perpendicularis ossis palatini. Es kann von lateral in dem engen Spaltraum in aller Regel nur schwer erreicht werden. Die Präparation und Darstellung des Ganglion pterygopalatinum gelingt von medial nach Entfernen von Teilen der Lamina perpendicularis des Gaumenbeins in der Nasenhöhle (◻ Abb. 1.44).

Posteriores transmaxilläres Eröffnen des Sinus maxillaris Neben dem Eröffnen des Sinus maxillaris von anterior (◻ Abb. 1.18) kann die Kieferhöhle auch über das Tuber maxillae von posterior eröffnet und inspiziert werden (◻ Abb. 1.108/Video 1.26). Der dünne Knochen des Tuber maxillae wird vorsichtig mit einem Meißel perforiert. Die Öffnung wird mit einer Knochenzange zu einem Fenster erweitert. Entfernen der Schleimhaut. Sondieren und Inspektion des Sinus maxillaris. Von posterior lassen sich kranial des natürlichen Kieferhöhlenostiums Kieferhöhlensepten oder -zellen identifizieren.

🔄 Varia

In ca. 10 % der Fälle kommt kaudal des natürlichen Kieferhöhlenostiums ein akzessorisches Kieferhöhlenostium als Variante vor. Eine andere akzessorische Öffnung der Kieferhöhle stellt die sogenannte vordere Fontanelle dar. Dabei handelt es sich um eine Öffnung der Schleimhaut anterior des Processus uncinatus.

🔄 Topographie

In der Kieferhöhle befindet sich anterior des natürlichen Kieferhöhlenostiums hinter einer dünnen Knochenlamelle mit dem Ductus nasolacrimalis, der sich etwas vorwölben kann, der distale Abschnitt des nasolakrimalen Systems. Davor liegt medial häufig ein Recessus prelacrimalis, den man endoskopisch durch das natürliche Kieferhöhlenostium nicht einsehen kann. Kaudal lässt sich der Recessus alveolaris darstellen. Oft lassen sich in die Kieferhöhle ragende Zahnwurzelspitzen identifizieren. Am häufigsten ist das beim ersten Molaren der Fall.

▶ Klinik

Epistaxis (Nasenbluten): Im Falle einer Blutung aus der A. sphenopalatina (es resultiert ein massives Nasenbluten) kann über die Fensterung der Hinterwand des Sinus maxillaris die Fossae infratemporalis und pterygopalatina erreicht und der Endast der A. maxillaris aufgesucht und ligiert werden.

Odontogene Sinusitis maxillaris: Fortgeleitete Infektionen der Zähne oder des Zahnhalteapparats können zu einer chronischen Kieferhöhlenentzündung führen, die in ihrer klinischen Symptomatik den rhinogenen Kieferhöhlenentzündungen gleichen. Ursächlich können z. B. Mund-Antrum-Verbindungen nach Zahnextraktion, apikale Parodontitiden, radikuläre oder follikuläre Zysten sein. Therapeutisch ist die Behandlung der pathologischen Veränderung indiziert. ◀

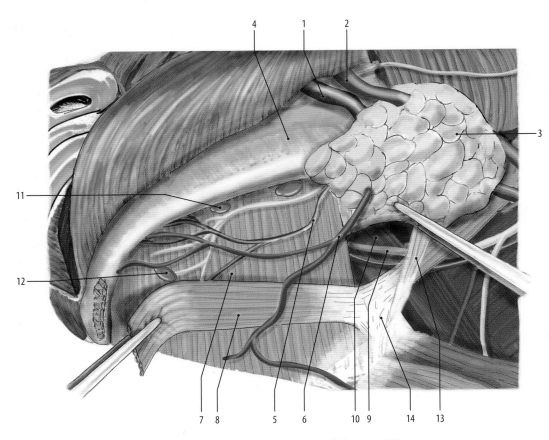

1	A. facialis
2	V. facialis
3	Glandula submandibularis
4	Mandibula
5	A. submentalis
6	V. submentalis
7	M. mylohyoideus
8	Venter anterior des M. digastricus
9	N. hypoglossus
10	M. hyoglossus
11	Nodi submandibulares
12	Nodi submentales
13	M. stylohyoideus
14	Zwischensehne des M. digastricus

Abb. 1.29 Präparation des Mundbodens von lateral, Ansicht von links-unten [21]

1.5.5 Präparation des Mundbodens von lateral

Tiefe Präparation von Trigonum submentale und Trigonum submandibulare Die Leitungsbahnen in den oberflächlich präparierten Trigona submandibulare und submentale werden vollständig vom Bindegewebe befreit (■ Abb. 1.29, 1.109/Video 1.27). Die *A. facialis* (1) und *V. facialis* (2) werden in ihrer Beziehung zur *Glandula submandibularis* (3) und *Mandibula* (4) studiert. Freilegen der *A. submentalis* (5) und *V. submentalis* (6), sowie deren Äste zum *M. mylohyoideus* (7) und zum *Venter anterior* des *M. digastricus* (8). Darstellen des *N. hypoglossus* (9) mit Begleitvene in seinem Verlauf auf dem *M. hyoglossus* (10) und verfolgen der Leitungsbahnen bis unter den M. mylohyoideus.

Identifizieren der *Nodi lymphatici submandibulares* (11) und *submentales* (12). Studium der Anheftung des *M. stylohyoideus* (13) und der Zwischensehne des M. digastricus (14) am Zungenbein. Durchtrennen des vorderen Bauchs des M. digastricus direkt an der Mandibula, sodass dieser nach dorsal verlagert werden kann. Freilegen des M. mylohyoideus: Entfernen der Muskelfaszie sowie des anheftenden Bindegewebes.

► **Klinik**

Der Lymphabfluss vor dem Sulcus terminalis der Zunge, im sublingualen Bereich, der Alveolarkämme sowie im Mundvorhof und Unterlippenbereich erfolgt über Lymphbahnen in die regionären *Nodi submandibulares* (1), *Nodi submentales* (2) und *Nodi linguales* (3) (■ Abb. 1.30). Lippenkarzinome, Zungenkarzinome und Mundhöhlenkarzinome metastasieren somit primär in Lymphknoten des Level I entsprechend der Klassifizierung der American Academy of Otolaryngology, Head and Neck Surgery (► Abschn. 2.2.2). Erst sekundär werden der *Nodus jugulodigastricus* (4) und *Nodi superficiales* (5) des Level II befallen. ◄

Präparation der Mundhöhle von lateral Die *A.* und *V. submentalis* (1) werden mobilisiert und vom *M. mylohyoideus* (2) abgehoben und gemeinsam mit dem *Ramus marginalis mandibulae* des *N. facialis* (3) nach kranial über den Mandibularrand verlagert (■ Abb. 1.31, 1.110/Video 1.28). Die Nodi lymphatici submandibulares und submentales werden entfernt. An einer Seite wird der M. mylohyoideus an seinem Ursprung, der Linea mylohyoidea, am Innenrand der Mandibula abgelöst und nach kaudal und dorsal verlagert.

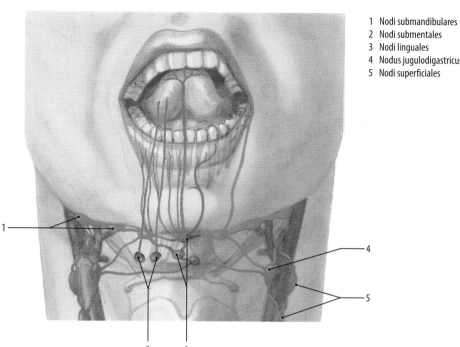

1 Nodi submandibulares
2 Nodi submentales
3 Nodi linguales
4 Nodus jugulodigastricus
5 Nodi superficiales

◻ **Abb. 1.30** Lymphbahnen der Mundhöhle, Ansicht von vorn [30]

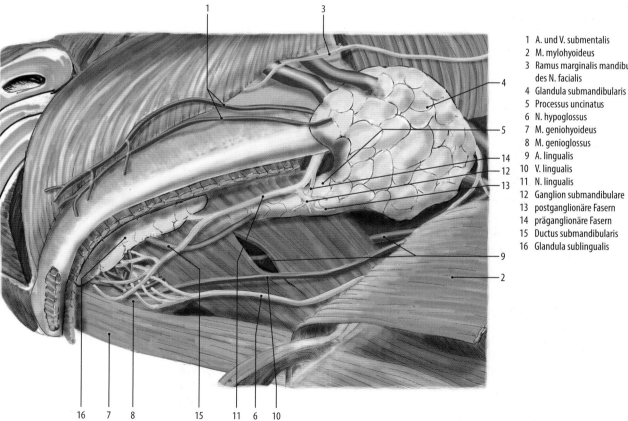

1 A. und V. submentalis
2 M. mylohyoideus
3 Ramus marginalis mandibulae
   des N. facialis
4 Glandula submandibularis
5 Processus uncinatus
6 N. hypoglossus
7 M. geniohyoideus
8 M. genioglossus
9 A. lingualis
10 V. lingualis
11 N. lingualis
12 Ganglion submandibulare
13 postganglionäre Fasern
14 präganglionäre Fasern
15 Ductus submandibularis
16 Glandula sublingualis

◻ **Abb. 1.31** Tiefe Präparation des Mundbodens von lateral, Ansicht von links-unten [21]

1

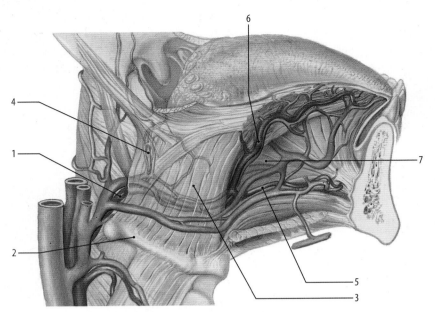

1 A. lingualis
2 Cornu majus des Os hyoideum
3 M. hyoglossus
4 Rami dorsales linguae
5 A. sublingualis
6 A. profunda linguae
7 M. genioglossus

Abb. 1.32 Verlauf der A. lingualis, Ansicht von rechts-seitlich [30]

Topographie

Der Mundboden (Diaphragma oris) wird von der su-
prahyoidalen Muskulatur gebildet, die sich zwischen
den beiden Ästen der Mandibula (Rami mandibulae)
aufgespannt: M. mylohyoideus. M. geniohyoideus,
M. digastricus, M. stylohyoideus. Die Mm. mylohyoi-
dei beider Seiten verschmelzen zu einer Muskelplatte
in einer medianen Raphe, die kranial vom M. geniohyoideus verdeckt wird.

Beim Ablösen des M. mylohyoideus können die darunterliegenden Leitungsbahnen leicht verletzt werden. Der
N. mylohyoideus muss beim Umklappen des M. mylohyoideus geschont werden. Bei der Präparation des
N. lingualis muss auf das Ganglion submandibulare und
die prä- und postganglionären Fasern geachtet werden.

Die Beziehung der *Glandula submandibularis* (**4**) zum
M. mylohyoideus wird beachtet. Der unter den M. mylohyoideus ziehende *Processus uncinatus* (**5**) der Drüse
wird studiert und vom M. mylohyoideus abgelöst. Vorsichtiges Befreien des *N. hypoglossus* (**6**) vom umgebenden Bindegewebe. Verfolgen der Nervenäste bis zum
M. geniohyoideus (**7**) und *M. genioglossus* (**8**). Die *A. lingualis* (**9**) wird bis zum Vorderrand des M. hyoglossus
dargestellt. Mobilisieren der *V. lingualis* (**10**) in ihrem
Verlauf auf dem M. hyoglossus. Vorsichtiges Spalten
des M. hyoglossus in Faserrichtung und Aufsuchen der
darunter verlaufenden A. lingualis. Die Präparation des
N. lingualis (**11**) erfolgt erst nachdem das *Ganglion submandibulare* (**12**) mit den postganglionären Fasern (**13**)
zur Glandula submandibularis und präganglionäre Fasern (**14**) vom N. lingualis freigelegt wurden. Verfolgen

des N. lingualis und Darstellung seiner Abgänge. Die
Überkreuzung durch den *Ductus submandibularis* (**15**)
wird beachtet. Verfolgen des Ductus submandibularis
bis zur *Glandula sublingualis* (**16**).

Varia

Die dünne Muskelplatte des M. mylohyoideus kann
durch einen Fortsatz der Glandula submandibularis
gespalten sein. Der Drüsenfortsatz ragt durch das Diaphragma oris in die Regio submandibularis und kann
leicht mit einem Lymphknoten verwechselt werden.
Nicht selten sind vorderer und/oder hinterer Bauch
des M. digastricus doppelt ausgebildet. In einigen Fällen sind die vorderen Muskelbäuche des M. digastricus
so stark verbreitert, dass sie in der Mitte zusammen-
stoßen und eine geschlossenen Muskelplatte bilden.
Es entsteht das Bild eines zweiten Diaphragma oris.

Topographie

Die *A. lingualis* (**1**) zieht in Höhe des Cornu majus des
Os hyoideum (**2**) horizontal unter den *M. hyoglossus* (**3**)
(Abb. 1.32). In Höhe des Hinterrandes des M. hyo-
glossus gibt sie die *Rami dorsales linguae* (**4**) ab. In
Nähe des Vorderrandes des M. hyoglossus bekommt
die A. lingualis einen vertikalen Verlauf in Richtung
Zungengrund. Dort teilt sie sich in die Endäste *der
A. sublingualis* (**5**) und *A. profunda linguae* (**6**) auf. Die
A. profunda linguae hat einen geschlängelten Verlauf
lateral des *M. genioglossus* (**7**) und wird vom N. lingua-
lis in Richtung Zungenspitze begleitet.

Eine Verletzung der A. profunda linguae (z. B. bei einem Zungenpiercing) führt meist zum nekrotischen Untergang der entsprechenden Zungenseite, da beide Zungenseiten durch das Septum linguae, einer sehnigen senkrechten Bindegewebsscheidewand in der Medianebene der Zunge, getrennt werden. Im Gegensatz zur A. sublingualis hat die A. profunda linguae keine wirkungsvollen Anastomosen mit der Gegenseite. ◄

❶ Um das Ganglion submandibulare mit den prä- und postganglionären Fasern zu schonen, empfiehlt es sich, den N. lingualis ausgehend von der Glandula submandibularis von kaudal aufzusuchen und freizulegen.

Eine Schädigung des N. hypoglossus führt zu einer Lähmung der Zungenbinnenmuskulatur der betroffenen Seite. Bei einseitiger Lähmung kommt es beim Herausstrecken der Zunge zu einer Abweichung der Zunge zur betroffenen Seite, da nur auf der gesunden Seite der M. genioglossus den Zungengrund anheben und nach anterior ziehen und die Binnenmuskulatur eine Versteifung der Zunge bewirken kann. Bei länger andauernder Schädigung kommt es zudem zu einer Zungenatrophie der betroffenen Seite. ◄

1.6 Präparation des median-sagittal halbierten Kopfes von medial

Der Halbierung des Kopfes ist die Eröffnung der Schädelhöhle und die Entfernung des Gehirns (► Abschn. 1.7) vorangestellt. Die Halbierung des Kopfes wird vom Institutspersonal durchgeführt. Zur Vorbereitung des Sägeschnittes werden median-sagittale Schnitte durch die Vorder- und Hinterwand von Oesophagus, Trachea, Larynx, Os hyoideum, Mundbodenmuskulatur und Zunge durchgeführt. An den Median-sagittal halbierten Kopfhälften bleibt auf einer Seite das Nasenseptum erhalten, auf der kontralateralen Seite wird die Nasenhöhle mit den Nasenmuscheln und den Nasengängen sichtbar.

1.6.1 Präparation der Mundhöhle und des Oropharynx

Inspektion von Mundvorhof, Mundhöhle und Oropharynx Inspektion der median-sagittal halbierten Kopfhälfte von medial (◘ Abb. 1.33). Aufsuchen der Vorderwand des *Vestibulum oris* (1). Untersuchen der Schnittkante des *M. orbicularis oris* (2) mit *Pars labialis* (3) und *Pars marginalis* (4). Aufsuchen des Schnittrandes der Aa. labiales superior und inferior mit ihrer variablen Lage dorsal oder ventral des M. orbicularis oris. Darstellen des Frenulum labii superioris und infe-

rioris an einer der beiden Kopfhälften. Inspektion der Schnittkante des *Palatum durum* (5) mit dem *Canalis incisivus* (6). Palpation der *Plicae palatinae transversae* (= Rugae palatinae) (7). Aufsuchen des *Arcus palatoglossus* (8) als posteriore Begrenzung der Mundhöhle. Inspektion der Zungenoberfläche: Darstellung des *Sulcus terminalis* (9) auf Höhe des vorderen Gaumenbogens. In der Pars presulcalis Inspektion der *Papillae vallatae* (10). Palpation der Papillae filiformes, fungiformes und nach Medialisierung der Zunge der Papillae foliatae. An der Schnittkante der Zunge wird die fächerförmige Faserrichtung des *M. genioglossus* (11) sowie unter der *Aponeurosis linguae* (12) die longitudinale Faserrichtung des *M. longitudinalis superior* (13) aufgesucht. Inspektion des Oropharynx: In der *Pars postsulcalis* der Zunge Darstellung des *Foramen caecum* (14) und der *Radix linguae mit Tonsilla lingualis* (15). Palpation der *Valleculae epiglotticae* (16) und *Plica glossoepiglottica mediana* (17). An der lateralen Pharynxwand werden identifiziert: *Tonsilla palatina* (18), *Plica triangularis* (19), *Fossa supratonsillaris* (20), *Arcus palatoglossus* (21).

Spitze Fremdkörper wie Fischgräten spießen sich häufig in die Schleimhaut der Valleculae epiglotticae ein und führen zu einem reflektorischen Würgereiz. Durch Zug an der Zunge wird der Zungengrund mit den Valleculae angehoben, sodass die Fremdkörper gelegentlich identifiziert werden können.

Unvollständig zerkleinerte Nahrung kann im Bereich des Oropharynx und Hypopharynx stecken bleiben und eine starke vagale Reaktion verursachen, die zur Bradykardie bis zum reflektorischen Herzstillstand führen kann (Bolustod). Die Differenzierung zwischen Erstickung und vagaler Reaktion als Todesursache ist oft schwierig. Patienten mit Schluckstörungen (Dysphagie) aufgrund neuromuskulärer Erkrankungen (wie z. B. Morbus Parkinson, Multiple Sklerose, amyotrophe Lateralsklerose) haben ein erhöhtes Risiko, einen Bolustod zu erleiden. ◄

Die Zunge wird nach kranial und medial luxiert, der Mundboden wird inspiziert (◘ Abb. 1.34). Aufsuchen der *Facies inferior linguae* (1), der *Plicae fimbriatae* (2), der *Plica sublingualis* (3), der *Caruncula sublingualis* (4) sowie des *Frenulum linguae* (5). Studium der Zähne am Unterkiefer: *Dens incisivus medialis* (6), *Dens incisivus lateralis* (7), *Dens caninus* (8), *Dens premolaris primus* (9), *Dens premolaris secundus* (10), *Dens molaris primus* (11), *Dens molaris secundus* (12) und *Dens molaris tertius* (= serotinus, = sapientiae) (13).

🔄 Topographie

Die Plicae fimbriatae sind ein Residuum der Unterzunge. Diese ist bei Halbaffen noch ausgebildet. Beim Menschen ist sie bis auf die Schleimhautfalten zurückgebildet.

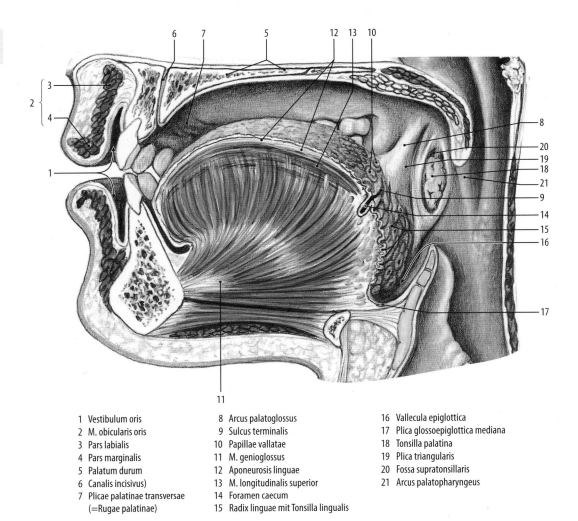

1	Vestibulum oris	8	Arcus palatoglossus	16	Vallecula epiglottica
2	M. obicularis oris	9	Sulcus terminalis	17	Plica glossoepiglottica mediana
3	Pars labialis	10	Papillae vallatae	18	Tonsilla palatina
4	Pars marginalis	11	M. genioglossus	19	Plica triangularis
5	Palatum durum	12	Aponeurosis linguae	20	Fossa supratonsillaris
6	Canalis incisivus)	13	M. longitudinalis superior	21	Arcus palatopharyngeus
7	Plicae palatinae transversae (=Rugae palatinae)	14	Foramen caecum		
		15	Radix linguae mit Tonsilla lingualis		

Abb. 1.33   Inspektion der Mundhöhle und des Oropharynx am sagittal-median halbierten Kopf, Ansicht von links-medial [29]

▶ **Klinik**

Für die Beschreibung der vorhandenen Zähne wird die „FDI-Zahnformel" verwendet, welche vom Zahnärzteweltverband als international gültiges Zahnschema verabschiedet wurde (◘ Abb. 1.35). Die Zähne werden dabei jeweils für die Hälfte des Ober- und Unterkiefers, beginnend mit dem mittleren Schneidezahn, mit Zahlen belegt. Jeder Quadrant besteht bei einem ausgewachsenen Gebiss aus zwei Schneidezähnen, einem Eckzahn, zwei Prämolaren und drei Molaren: 2-1-2-3 (4 × 8 = 32). Das Milchgebiss besteht zwischen der ersten (lactealen) Dentition und der zweiten (permanenten) Dentition aus zwei Schneidezähnen, einem Eckzahn, zwei Molaren: 2-1-0-2 (4 × 5 = 20). In der Zahnformel wird der obere rechte Quadrant mit der Zahl „1" belegt, oben links mit „2", unten links mit „3", unten rechts mit „4". Jeder Zahn erhält somit zwei Zahlen, durch die er einwandfrei benannt werden kann: der Zahn 25 (gesprochen: „Zwei-fünf") ist zum Beispiel der Dens premolaris secundus (Position 5) im linken Oberkiefer (Quadrant 2). ◀

Präparation des Mundbodens am lateralen Zungenrand   Die folgende Präparation wird in Analogie zur Präparation von lateral (▶ Abschn. 1.5.5) nun auf der Gegenseite von medial durchgeführt.

Medialisieren der Zunge und Inspektion des Überganges der Zungenschleimhaut in die Schleimhaut der Zungenunterseite und der Gingiva (◘ Abb. 1.36, 1.111/ Video 1.29). Die Schleimhaut über der Plica sublingualis wird vorsichtig abgetragen und bis zum Zungenrand nach medial und zum Alveolarkamm nach lateral entfernt. Abgrenzen der Fasern der *M. genioglossus* (**1**) und des *M. hyoglossus* (**2**). Die *Glandula sublingualis* (**3**) und der *Ductus submandibularis* (**4**) werden durch Entfernen des aufliegenden Bindegewebes freigelegt. Die *Caruncula sublingualis* (**5**) wird freigelegt. Freilegen der *A. sublingualis* (**6**) und *V. sublingualis* (**7**) sowie der *A.* und *V. profunda linguae* (**8**). Aufsuchen des *N. lingualis* (**9**) und Darstellen seines Verlaufs. Beachten, dass der N. lingualis den Ductus submandibularis unterkreuzt.

Abb. 1.34 Inspektion der Zungenunterseite, Ansicht von vorn [25]

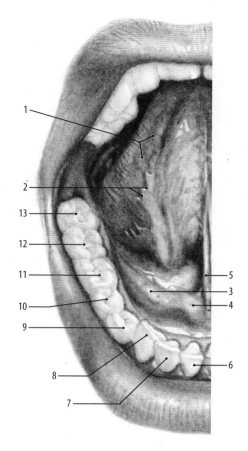

1 Facies inferior linguae
2 Plicae fimbriatae
3 Plica sublingualis
4 Caruncula sublingualis
5 Frenulum linguae
6 Dens incisivus medialis
7 Dens incisivus lateralis
8 Dens caninus
9 Dens premolaris primus
10 Dens premolaris secundus
11 Dens molaris primus
12 Dens molaris secundus
13 Dens molaris tertius
    (= serotinus, = sapientiae)

Abb. 1.35 Zahnschema [29]

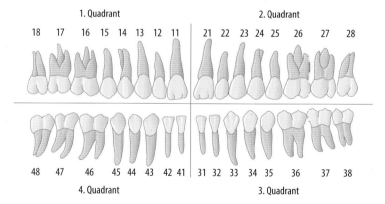

1. Quadrant 2. Quadrant

18 17 16 15 14 13 12 11   21 22 23 24 25 26 27 28

48 47 46 45 44 43 42 41   31 32 33 34 35 36 37 38

4. Quadrant 3. Quadrant

Posterior wird das Ganglion submandibulare mit seinen prä- und postganglionären Fasern aufgesucht. Auf der Glandula sublingualis werden die feinen *Nn. sublinguales* **(10)** sowie die kurzen direkten Ausführungsgänge **(11)** dargestellt.

In der Tiefe wird der Processus uncinatus der Glandula submandibularis am Hinterrand des M. mylohyoideus aufgesucht und der Austritt des Ductus submandibularis aus der Drüse gezeigt. Spalten der Schleimhaut im hinteren Zungendrittel am Übergang zwischen lateralem Zungenrand und Mundboden bei starkem Zug der Zunge nach medial. Der N. hypoglossus wird mitsamt der V. comitans n. hypoglossi aufgesucht.

Varia

Als Variante kommt selten ein Ganglion sublinguale am Hinterrand der Glandula sublingualis vor. Die präganglionären Fasern kommen aus dem N. lingualis, die postganglionären Fasern innervieren als Nn. sublinguales die Drüse.

1

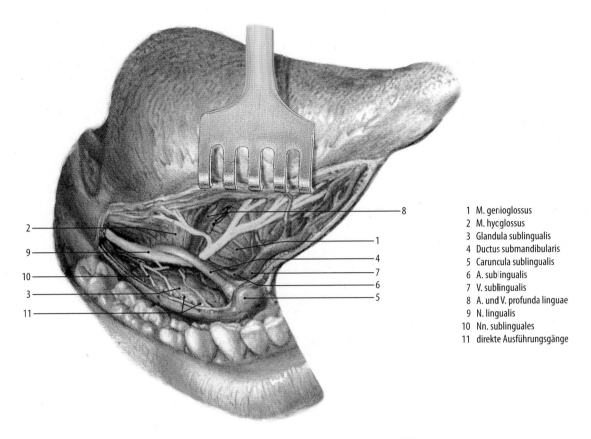

1 M. genioglossus
2 M. hyoglossus
3 Glandula sublingualis
4 Ductus submandibularis
5 Caruncula sublingualis
6 A. sublingualis
7 V. sublingualis
8 A. und V. profunda linguae
9 N. lingualis
10 Nn. sublinguales
11 direkte Ausführungsgänge

◘ Abb. 1.36   Präparation der rechten Unterzungenfalte, Ansicht von rechts-vorne [10]

Präparation des Gaumens   Inspektion und Palpation des weichen und harten Gaumens am Median-Sagittal-Schnitt. Beachten der unterschiedlichen Dicke der Schleimhaut im vorderen und hinteren Drittel des Gaumens. Studium des Schleimhautreliefs mit Papilla incisiva, Plicae palatinae transversae (= Rugae palatinae) und der Ausführungsgänge der Glandulae palatinae. Studium der Beziehung des Arcus palatoglossus zum Übergang in das Palatum molle.

Scharfes Ablösen der Schleimhaut vom harten Gaumen mithilfe eines scharfen Messers (◘ Abb. 1.37a,b, ◘ Abb. 1.112/Video 1.30). Die disseminierten und direkt unter der Schleimhaut liegenden *Glandulae palatinae* werden gemeinsam mit dem Bindegewebe entfernt. Die *A. palatina major* (1) und der *N. palatinus major* (2) werden an der Austrittsstelle, dem *Foramen palatinum majus* (3), aufgesucht und nach anterior verfolgt. Darstellen der *Rami gingivales* (4) zum Zahnfleisch. Aufsuchen der Austrittsstelle des *N. nasopalatinus* (5) aus dem *Foramen incisivum* (6). Den Durchtritt des Endastes der A. palatina major durch das Foramen incisivum beachten. Im Gebiet um das Foramen palatinum majus die *Nn. palatini minores* (7) und *Aa. palatinae minores* (8) beachten. Inspektion der Zähne des Oberkiefers: *Dens incisivus medialis* (9), *Dens incisivus lateralis* (10), *Dens caninus* (11), *Dens premolaris primus* (12), *Dens premolaris secundus* (13), *Dens*

molaris primus (14), *Dens molaris secundus* (15) und *Dens molaris tertius* (= serotinus, = sapientiae) (16).

☎ Topographie

Die A. palatina descendens zieht als tiefer Ast der A. maxillaris (Pars pterygoidea) nach kaudal. Nach dem Durchtritt durch das Foramen palatinum majus wird das Gefäß als A. palatina major bezeichnet. Im Bereich des Foramens gehen kleinere Äste ab, die Aa. palatinae minores, die nach kaudal absteigen und das Palatum molle und die obere Tonsillenregion versorgen. Die A. palatina major zieht in einer Vertiefung an der medialen Basis des Alveolarkammes in Richtung Canalis incisivus und gibt die Rami gingivales ab. Über den Canalis incisivus anastomosiert die Arterie mit den Rami septales posteriores der A. sphenopalatina.

Präparation des Oropharynx   Inspektion und Palpation des Arcus palatoglossus und des Arcus palatopharyngeus und der Tonsilla palatina, Der Fossa supratonsillaris und der Plica triangularis. Ablösen der Schleimhaut über den beiden Gaumenbögen und Darstellung des *M. palatoglossus* (1) und *M. palatopharyngeus* (2) (◘ Abb. 1.38, 1.113/Video 1.31). Darstellen des *M. constrictor pharyngis superior* (3). Schleimhautschnitt entlang des Unterpols der Gaumenmandel und Heraus-

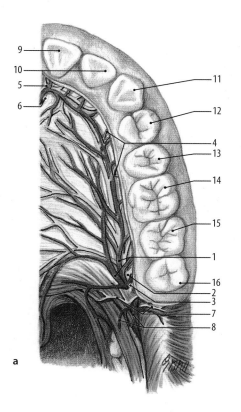

1 A. palatina major
2 N. palatinus major
3 Foramen palatinum majus
4 Rami gingivales
5 N. nasopalatinus
6 Foramen incisivum
7 Nn. palatini minores
8 Aa. palatinae minores
9 Dens incisivus medialis
10 Dens incisivus lateralis
11 Dens caninus
12 Dens premolaris primus
13 Dens premolaris secundus
14 Dens molaris primus
15 Dens molaris secundus
16 Dens molaris tertius (= serotinus, = sapientiae)

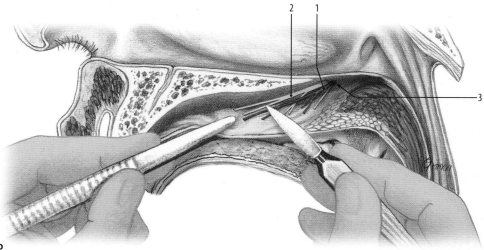

Abb. 1.37 Präparation der Leitungsbahnen des Gaumens. **a** Ansicht von unten, **b** Ansicht von links-medial [36]

lösen der *Tonsilla palatina* **(4)** von kaudal nach kranial (Abb. 1.38). Freilegen der Leitungsbahnen und Studium der Beziehung zum Tonsillenbett: Am Tonsillenoberpol werden die *Rami tonsillares* der *A. pharyngea ascendens* **(5)** sowie der Ramus pharyngeus der A. palatina descendens und Rami tonsillares der *Nn. palatini minores* **(6)** dargestellt. Am Tonsillenunterpol die *Rami tonsillares* der *A. palatina ascendens* **(7)**, Rami dorsales linguae der *A. lingualis* **(8)** sowie der *N. glossopharyngeus* mit *Rami tonsillares* **(9)**. Inspektion des Tonsillenbettes mit *Fascia tonsillaris* **(10)**.

⚠ Beim Auslösen des Unterpols der Gaumenmandel aus dem Tonsillenbett können der N. glossopharyngeus und die A. dorsalis linguae leicht verletzt werden.

▶ **Klinik**

Bei der entzündungsbedingten Hyperplasie der lymphoepithelialen Organe des Waldeyer-Rachenrings liegt in den meisten Fällen auch eine Tonsillitis der Gaumenmandel (Angina tonsillaris) vor. Eine Gaumenmandelentzündung kann akut, rezidivierend oder chronisch sein, sie kann ein- oder beidseitig auftreten und entsprechend des klinischen

1

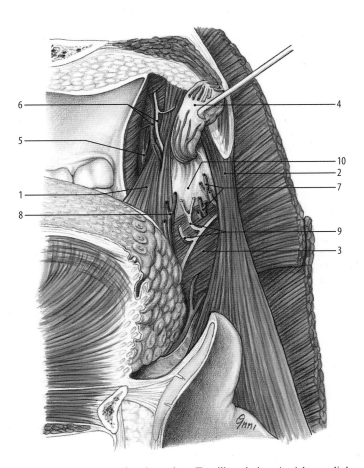

1 M. palatoglossus
2 M. palatopharyngeus
3 M. constrictor pharyngis superior
4 Tonsilla palatina
5 Rami tonsillares der A. pharyngea ascendens
6 Ramus pharyngeus der A. palatina descendens und
   Rami tonsillares der Nn. palatini minores
7 Rami tonsillares der A. palatina ascendens
8 Rami dorsales linguae
9 N. glossopharyngeus mit Rami tonsillares
10 Fascia tonsillaris

Abb. 1.38 Präparation der rechten Tonsilla palatina, Ansicht von links-medial [29]

Aspektes katarrhalisch (Schwellung, Rötung), follikulär (Stippchen auf den Krypteneingängen) oder lakunär (konfluierende fibrinöse Beläge) auftreten. Während die akute Tonsillitis in der Regel einen viralen Ursprung hat, ist die chronisch rezidivierende Tonsillitis meist bakteriell bedingt. Bei der chronischen Tonsillitis ist das Mandelgewebe vernarbt.

Als Komplikation einer bakteriellen Tonsillitis ist der Peritonsillarabszess gefürchtet, bei dem es zu einer Eiteransammlung zwischen der Gaumenmandel und dem oberen Schlundschnürer kommt. Die Gaumenmandel ist gerötet und einseitig vorgewölbt. Die Mundinspektion zeigt eine Asymmetrie der Schlundenge (Isthmus faucium) mit Deviation der Uvula. Durchdringt der Abszess den oberen Schlundschnürer, bricht Eiter in das Spatium parapharyngeum ein. Es entsteht ein Parapharyngealabszess. Dieser führt unbehandelt zu einer Mediastinitis und stellt eine lebensbedrohliche Situation dar. Bei einem Peritonsillarabszess sowie bei einem Parapharyngealabszess erfolgt die notfallmäßige Tonsillektomie mit Abszessspaltung von enoral mit antibiotischer Abdeckung. ◄

▶ Klinik

Eine Nachblutung nach einer kompletten Entfernung der Gaumenmandeln (Tonsillektomie) betrifft aufgrund der größeren Gefäßdurchmesser vor allem den Tonsillenunterpol. Die Blutgefäße werden beim Abgehen von Fibrinbelägen (Häufigkeitsgipfel nach vier Tagen) wieder eröffnet. Die Blutung kann massiv sein. Bei einer Tonsillotomie wird die Gaumenmandel gekappt, sodass Restgewebe und der Tonsillenunterpol belassen werden. Eine Nachblutung ist hier selten. ◄

1.6.2 Präparation der Nasenhöhle, Nasennebenhöhlen und Epipharynx

Präparation des Nasenseptums Inspektion und Palpation des Nasenseptums mit intakter Schleimhaut. Palpatorisch die Knorpel-Knochen-Grenze des Nasenseptums aufsuchen. Mit einem scharfen bauchigen Skalpell wird die Schleimhaut im Bereich des Sägerandes der horizontalen Platte des harten Gaumens, dem *Processus palatinus maxillae* (**1**), in Richtung des Nasenseptums abgelöst und nach kranial umgeschlagen (▫ Abb. 1.39, 1.114/ Video 1.32). Darstellung der *Crista nasalis* (**2**), die als sagittaler Knochenkamm der Maxilla und des Os palatinum den kaudalen knöchernen Anteil des Septums („Septumtisch") von der *Spina nasalis anterior* (**3**) zur *Spina nasalis posterior* (**4**) bildet. Freilegen der *Carti-*

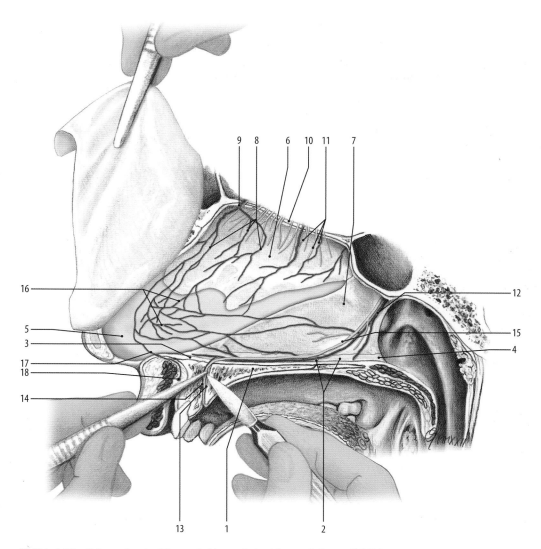

1 Processus palatinus maxillae
2 Crista nasalis
3 Spina nasalis anterior
4 Spina nasalis posterior
5 Cartilago septi nasi
6 Lamina perpendicularis
  des Os ethmoidale
7 Vomer
8 Rami septales anteriores
9 A. ethmoidalis anterior
10 Lamina cribrosa
   des Os ethmoidale
11 Nn. olfactorii
12 Rami septales posteriores
13 Canalis incisivus
14 A. palatina major
15 N. nasopalatinus
16 Locus Kisselbach
17 Ramus septi
18 A. labialis superior

Abb. 1.39 Präparation der Nasenscheidewand, Ansicht von links-medial [36]

lago septi nasi **(5)**, der *Lamina perpendicularis ossis eth-moidalis* **(6)** und des *Vomer* **(7)**. Identifizieren der *Rami septales anteriores* **(8)** aus der *A. ethmoidalis anterior* **(9)** unterhalb der *Lamina cribrosa* des *Os ethmoidale* **(10)**. Aufsuchen der *Nn. olfactorii* **(11)**. Freilegen der *Rami septales posteriores* **(12)**. Darstellung des *Canalis incisivus* **(13)** am anterioren Septumboden und Freilegen der Anastomose der Rami septales posteriores mit *der A. palatina major* **(14)**. Der *N. nasopalatinus* **(15)** lässt sich im kaudalen Vomerbereich durch Abheben einer dünnen Knochenlammelle mit dem Skalpell freilegen und bis zum Eintritt in den Canalis incisivus verfolgen. Dieser kann vorsichtig mit einem Meißel eröffnet wer-den und der Nerven- und Gefäßverlauf wird dargestellt. Am anterioren Septumabschnitt wird der kapilläre Ge-fäßplexus des Locus Kiesselbach **(16)** dargestellt. Die Anastomose mit dem *Ramus septi* **(17)** der *A. labialis superior* **(18)** wird aufgesucht.

Über dem knorpeligen Septum, im Gebiet des Kapillar-plexus im Locus Kiesselbach, ist die Schleimhaut sehr dünn und fest mit dem Perichondrium verwachsen.

▶ **Klinik**

Häufig lässt sich eine Septumdeviation oder ein Septums-porn (Tuberculum septi) identifizieren. Funktionell be-deutsam werden sie im Zusammenspiel mit hypertrophen unteren Nasenmuscheln. Die Einengung des Luftraumes mit konsekutiver Nasenatembehinderung kann durch eine Nasenseptumkorrektur und/oder durch eine untere Nasenmuschelplastik behoben werden.

Läsionen der dünnen Schleimhaut im vorderen Sep-tumbereich führen zur Eröffnung des Kapillarbettes im Locus Kiesselbach. Über 80 % der Fälle von Nasenbluten (Epistaxis) lassen sich diesem Bereich zuordnen und kön-nen leicht durch Zusammendrücken der Nasenflügel me-chanisch oder durch Verödung (z. B. Elektrokoagulation) behandelt werden. ◀

1

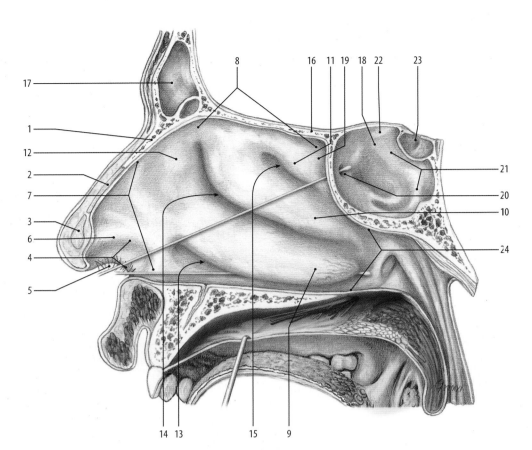

1	Os nasale
2	Processus lateralis der Cartilago septi nasi
3	Crus mediale der Cartilago alaris major
4	Vestibulum nasi
5	Vibrissae
6	Limen nasi
7	Pars respiratoria
8	Pars olfactoria
9	Concha nasalis inferior
10	Concha nasalis media
11	Concha nasalis superior
12	Agger nasi
13	Meatus nasi inferior
14	Meatus nasi medius
15	Meatus nasi superior
16	Lamina cribrosa des Os ethmoidale
17	Sinus frontalis
18	Sinus sphenoidalis
19	Recessus sphenoethmoidalis
20	Apertura sphenoidalis
21	Tuberculum arteriae carotidis internae
22	Tuberculum nervi optici
23	Fossa hypophysialis
24	Choana

Abb. 1.40   Inspektion der rechten Nasenhöhle, Ansicht von links-medial [36]

Inspektion der Nasenhöhle   An der Sagittalhälfte mit eröffneter Nasenhöhle werden die Schnittflächen des *Os nasale* (**1**), der *Processus lateralis* der *Cartilago septi nasi* (**2**) und des *Crus mediale* der *Cartilago alaris major* (**3**) aufgesucht (■ Abb. 1.40). Studium des *Vestibulum nasi* (**4**) mit *Vibrissae* (**5**) und *Limen nasi* (**6**). Abgrenzen der *Pars respiratoria* (**7**) und der *Pars olfactoria* (**8**) der Nasenhöhle. Identifizieren der Nasenmuscheln, *Conchae nasales inferior* (**9**), *media* (**10**) und *superior* (**11**). Vor dem vorderen Ansatz der mittleren Nasenmuschel liegt der Nasenwall, *Agger nasi* (**12**). Sondieren der Nasengänge, *Meatus nasi inferior* (**13**), *medius* (**14**), *superior* (**15**). Sondieren des Nasendoms unterhalb der Lamina cribrosa (**16**). Die variable Ausformung der Nasenmuscheln, der Stirnhöhle (*Sinus frontalis*) (**17**), der Keilbeinhöhle (*Sinus sphenoidalis*) (**18**), des *Recessus sphenoethmoidalis* (**19**) beachten. Sondieren der Keilbeinhöhle durch die *Apertura sphenoidalis* (**20**) von der Nasenhöhle aus. Im Sinus sphenoidalis das *Tuberculum arteriae carotidis internae* (**21**), das *Tuberculum nervi optici* (**22**) sowie die enge Nachbarschaft der Keilbeinhöhle zur *Fossa hypophysialis* (**23**) beachten. Lokalisieren des Übergangs (*Meatus nasopharyngeus*) der Nasenhöhle zur Pars nasalis des Pharynx. Die bogenförmige Grenze auf beiden Seiten ist die *Choana* (**24**).

Topographie

Der Agger nasi wird in etwa der Hälfte aller Fälle durch in der Tiefe angelegte lufthaltige Zellen vorgewölbt. Blickt man von vorne in den mittleren Nasengang, erkennt man hinter der Agger nasi die anteriore Aufhängung der mittleren Nasenmuschel (klinisch: Axilla). Am Eingang des Meatus nasi medius lässt sich im Blick von vorne an der lateralen Wand der variabel ausgeprägte Wulst des *Processus uncinatus* des Siebbeins erkennen. Selten liegt vor dem Processus uncinatus auch eine Dehiszenz der Schleimhaut vor (Zuckerkandl-Fontanelle). Oft erkennt man eine vertikale Linie (klinisch: Maxillarlinie) anterior des Processus uncinatus, die den darunterliegenden Ductus nasolacrimalis anzeigt. Meist korreliert dies am Schädelknochen mit der Sutura maxillolacrimalis und stellt eine Landmarke für die Tränengang-Chirurgie dar.

Im Bereich der Keilbeinhöhle kommt es in über 10 % der Fälle zu einer Einwanderung einer hinteren oberen Siebbeinzelle. Die Sphenoethmoidalzelle (= Ónodi-Grünwald-Zelle) steht in enger topographischer Beziehung zum lateral gelegenen Canalis opticus.

Abb. 1.41 Schnittführung zur Freilegung des Nasentränenganges, Sondieren der Kiefer- und Stirnhöhle, Ansicht von links-medial [36]

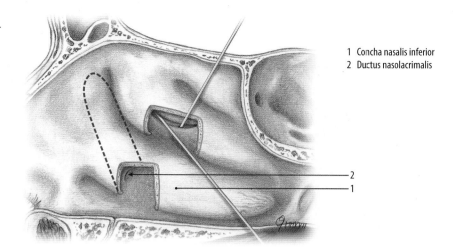

1 Concha nasalis inferior
2 Ductus nasolacrimalis

- - - - Schnittführung zur Freilegung des Tränennasenganges

Abb. 1.41 Schnittführung zur Freilegung des Nasentränenganges, Sondieren der Kiefer- und Stirnhöhle, Ansicht von links-medial [36]

▶ Klinik

Bei der Durchführung von transnasalen Abstrichen des Nasenrachenraums oder bei der endoskopischen Diagnostik ist die Positionierung des Kopfes zu beachten. Dies kann am sagittal halbierten Kopf leicht simuliert werden: Bei rekliniertem Kopf erreicht die durch das Nasenloch eingeführte Sonde den mittleren Nasengang. Nur bei aufrechter Kopfhaltung kann über den Meatus nasi inferior der Nasopharynx erreicht werden. ◀

Varia

Die mittlere Nasenmuschel ist in etwa einem Viertel aller Fälle pneumatisiert und bullös aufgetrieben (Concha bullosa). Dies führt zu einer Einengung des Meatus nasi medius.

Gelegentlich (< 10 %) ergibt sich bei der Inspektion des mittleren Nasenganges das Bild einer gedoppelten mittleren Nasenmuschel. Bei der lateralen Vorwölbung handelt es sich dann stets um den Processus uncinatus, der in die Frontalebene gedreht oder pneumatisiert vorliegt.

Gelegentlich findet man einen Tiefstand der Lamina cribrosa ossis ethmoidalis in Bezug zur Ebene der rechten und linken Pars orbitalis ossis frontalis. Die knöcherne Verbindung zwischen tiefstehender Lamina cribrosa und dem Os frontale ist dann meist sehr dünn und kann im Rahmen der endoskopischen Nasenchirurgie leicht verletzt werden. Eine Eröffnung der Fossa cranii anterior mit Verletzung der anheftenden Dura mater führt zu einem nasalen Hirnwasserfluss (Rhinoliquorrhoe) und bedarf einer aufwändigen Revisionsoperation mit plastischem Duraverschluss. In der präoperativen CT-Diagnostik wird ein Tiefstand der Lamina cribrosa als „gefährliches Siebbein" bezeichnet.

Präparation des Nasentränenganges Im vorderen Abschnitt der *Concha nasalis inferior* (**1**) wird unter Erhalt des anterioren Muschelrandes und des oberen Muschelansatzes ein rechteckiges Fenster ausgeschnitten. Die Öffnung des *Ductus nasolacrimalis* (**2**) kann mit einer feinen Sonde aufgesucht und sondiert werden (■ Abb. 1.41, 1.115/Video 1.33). Zur Freilegung des Ductus nasolacrimalis zunächst die Schleimhaut oberhalb seiner Mündung und des Kopfes der unteren Nasenmuschel ein einem ca. 5 mm breiten Streifen bis zum Agger nasi abtragen. Sodann den Knochen vorsichtig mit einem Meißel durchtrennen und die dünnen Knochenlamellen unter Schonung des darunterliegenden Venenplexus auf dem Ductus nasolacrimalis entfernen. Nach Inspektion des Venenplexus den Ductus nasolacrimalis freilegen.

Topographie

Im Bereich der Mündung des Tränennasenganges im Meatus nasi inferior befindet sich eine kleine Schleimhautfalte (Hasner-Klappe), die bei erhöhtem Nasendruck (Schnäuzen, Niesen) einen Reflux von Nasensekret in den Ductus nasolacrimalis verhindert. Die funktionelle Bedeutung im Erwachsenenalter wird kontrovers diskutiert.

Ist bei Neugeborenen der Tränennasengang noch nicht vollständig entwickelt und die Hasner-Klappe verschlossen, kommt es zur häufigsten ophthalmologischen Erkrankung bei Neugeborenen und bei Säuglingen, der Dacryocystitis neonatorum. Symptome sind Tränenträufeln, Schleimbildung, Bindehaut- und Augenlidentzündung.

Darstellen des Ostiomeatalen Komplexes Zur Freilegung der lateralen Wandstrukturen im *Meatus nasi medius* (**1**) wird der mittlere Teil der Concha nasalis media unter Erhalt der kranialen Muschelaufhängung rechteckig mit der Schere umschnitten und entfernt

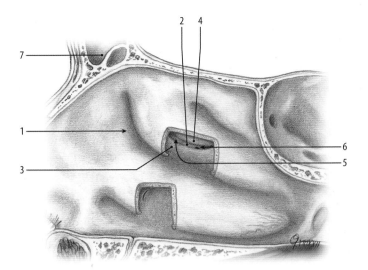

2   4

7

1

3

6

5

1 Meatus nasi medius
2 Hiatus semilunaris
3 Processus uncinatus des Os ethmoidale
4 Bulla ethmoidalis
5 Infundibulum ethmoidale
6 natürliches Kieferhöhlenostium
7 Sinus frontalis

Abb. 1.42 Inspektion des Ostiomeatalen Komplexes, Ansicht von links-medial [36]

(Abb. 1.42, 1.116/Video 1.34). Wird hierfür ein Skalpell verwendet, sollte zum Schutz der darunterliegenden Strukturen vorsichtig eine Pinzette von vorne nach hinten unter die mittlere Nasenmuschel geschoben werden. Alternativ kann die mittlere Nasenmuschel im vorderen und hinteren Drittel bis zum Ansatz eingeschnitten werden, sodass der mittlere Teil zur Inspektion des mittleren Nasenganges nach kranial geklappt werden kann. Aufsuchen des *Hiatus semilunaris* (2). Identifizieren seiner vorderen Begrenzung durch den Hinterrand des *Processus uncinatus ossis ethmoidalis* (3) und seiner hinteren Begrenzung durch die Vorderwand der variabel pneumatisierten *Bulla ethmoidalis* (4). Mit einer dünnen Sonde wird in den lateral und posterior des Processus uncinatus gelegenen trichterförmigen Spaltraum, dem *Infundibulum ethmoidale* (5), eingegangen (Abb. 1.41). Sondieren des natürlichen Kieferhöhlenostiums (6) im kaudal-posterioren Abschnitt des Hiatus semilunaris. Durch ein zuvor angelegtes Knochenfenster im Vestibulum oris, Os maxillare (▶ Abschn. 1.5.3, Abb. 1.18) oder dem Tuber maxillae (▶ Abschn. 1.5.4) kann das Eingehen der Sonde in die Kieferhöhle beobachtet werden. Vorsichtiges Einführen einer feinen Sonde von kaudal kommend über den Hiatus semilunaris durch das Infundibulum ethmoidale nach kranial. Bei durchgängiger Passage kann die Sondenspitze in den *Sinus frontalis* (7) geführt werden.

> ❗ In einigen Fällen wölbt sich die Bulla ethmoidalis weit in den Meatus nasi medius vor und kann bei der Fensterung der mittleren Nasenmuschel verletzt werden. Bei Variationen des Processus uncinatus (z. B. Frontalstellung, Pneumatisation) kann auch dieser verletzt werden.

Varia

Häufig lässt sich ein akzessorisches Kieferhöhlenostium identifizieren, das leicht mit dem natürlichen Ostium verwechselt werden kann. Das natürliche Kieferhöhlenostium befindet sich stets in der Tiefe des Hiatus semilunaris im kaudal-posterioren Abschnitt und kann ohne Entfernung des Processus uncinatus meist nicht eingesehen, sondern nur sondiert werden.

▶ Klinik

Der sog. Ostiomeatale Komplex oder die Ostiomeatale Einheit sind in der Klinik oft verwendete Begriffe, die die anatomischen Strukturen zusammenfassen, die bei der Drainage der Kieferhöhle, der Stirnhöhle und der vorderen Siebbeinzellen in den Meatus nasi medius eine Rolle spielen: Processus uncinatus, Infundibulum ethmoidale, Bulla ethmoidalis, die vorderen Siebbeinzellen und der Hiatus semilunaris. In der Literatur wird oft fälschlicherweise der Begriff osteo-meataler Komplex verwendet. Für die Drainage funktionell bedeutsam sind jedoch die Ostien und nicht die Knochen. Eine Verlegung der Drainagewege im ostiomeatalen Komplex z. B. durch anatomische Varianten oder eine Schleimhautschwellung ist oft ursächlich für die Entstehung von akuten oder chronischen Nasennebenhöhlenentzündungen. ◀

Topographie

Pneumatisierte Siebbeinzellen, die sich kranial der Bulla ethmoidalis befinden (in der Klinik als suprabulläre Zellen bezeichnet) sowie pneumatisierte Siebbeinzellen lateral des anterioren Aufhängung der mittleren Nasenmuschel (Agger nasi-Zellen) können den Drainageweg aus der Stirnhöhle in das Infundibulum ethmoidale behindern und dementsprechend auch die Sondierung der Stirnhöhle erschweren.

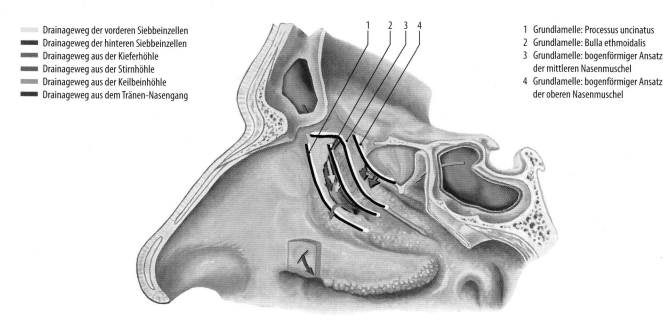

Drainageweg der vorderen Siebbeinzellen
Drainageweg der hinteren Siebbeinzellen
Drainageweg aus der Kieferhöhle
Drainageweg aus der Stirnhöhle
Drainageweg aus der Keilbeinhöhle
Drainageweg aus dem Tränen-Nasengang

1 Grundlamelle: Processus uncinatus
2 Grundlamelle: Bulla ethmoidalis
3 Grundlamelle: bogenförmiger Ansatz
  der mittleren Nasenmuschel
4 Grundlamelle: bogenförmiger Ansatz
  der oberen Nasenmuschel

Abb. 1.43 Drainagewege und Grundlamellen der rechten Nasenhöhle, Ansicht von links-medial [38]

Nun werden die mittlere und obere Nasenmuschel am Ansatz mithilfe einer Schere komplett abgesetzt. Die Orientierung der lateralen Wand des mittleren Nasengangs kann über die Identifizierung und Benennung der Grundlamellen erfolgen (Abb. 1.43). Durch Sondieren der Siebbeinzellen kann eine Differenzierung zwischen Cellulae ethmoidales anteriores (Drainage in den mittleren Nasengang) (gelbe Pfeile) und Cellulae ethmoidales posteriores (Drainage in den oberen Nasengang) (braune Pfeile) durchgeführt werden. Sondieren der Drainagewege aus der Kieferhöhle (roter Pfeil) über den Hiatus semilunaris und das Infundibulum ethmoidale, aus der Stirnhöhle (blauer Pfeil) über den Hiatus semilunaris und das Infundibulum ethmoidale und aus der Keilbeinhöhle (grüner Pfeil) über den Recessus sphenoethmoidalis. Sondieren des Tränen-Nasengang (dunkelroter Pfeil).

Topographie

Aufgrund der großen Variabilität in der Lokalisation und Ausdehnung anatomischer Strukturen im Bereich des ostiomeatalen Komplexes ist es ratsam, sich anhand der regelmäßig vorhandenen Strukturen zu orientieren. Als embryonal und fetal angelegte Strukturen lassen sich folgende Grundlamellen von anterior nach posterior staffeln:

1. Grundlamelle: *Processus uncinatus* (**1**)
2. Grundlamelle: *Bulla ethmoidalis* (**2**)
3. Grundlamelle: bogenförmiger Ansatz der mittleren Nasenmuschel (**3**)
4. Grundlamelle: bogenförmiger Ansatz der oberen Nasenmuschel (**4**)

► **Klinik**

In der funktionellen endoskopischen Nasennebenhöhlenchirurgie ist die Orientierung über die nasalen Grundlamellen essenziell. Durch Entfernung des Processus uncinatus (Uncinektomie) wird das Infundibulum ethmoidale eröffnet (Infundibulotomie). Die Entfernung der Bulla ethmoidalis erweitert den Zugang zum Kieferhöhlenostium, die Entfernung der suprabullären Zellen und der Agger nasi-Zellen erweitert den Zugang zur Stirnhöhle. Die Durchdringung der dritten Grundlamelle (Aufhängung der mittleren Nasenmuschel) werden die Cellulae ethmoidales posteriores, in der Klinik auch „das hintere Siebbein" genannt, erreicht. Die Ausräumung des hinteren Siebbeins ermöglicht es, die Vorderwand des Sinus sphenoidalis transethmoidal zu erreichen und diesen breit zu eröffnen. ◄

Freilegen der Fossa pterygopalatina und des Canalis palatinus major von medial Die Schleimhaut wird im Bereich des *Meatus nasopharyngeus* (**1**) durch einen Längsschnitt gespalten und scharf von den darunterliegenden Knochen (Lamina media des Processus pterygoideus ossis sphenoidalis, Lamina perpendicularis ossis palatini) gelöst und nach vorne bis zum Hinterrand der *Conchae nasales inferior* (**2**) und *media* (**3**) geklappt (Abb. 1.44, 1.117/Video 1.35). Zur Darstellung kommt das Foramen sphenopalatinum mit dem Austritt der oft aufgeteilten Äste der A. sphenopalatina. Durch den dünnen Knochen lassen sich oft bereits die Leitungsbahnen im *Canalis palatinus major* (**4**) identifizieren. Beginnend vom Hinterrand des Foramen sphenopalatinum wird der dünne Knochen mit einem schmalen Meißel oder einer feinen Knochenzange

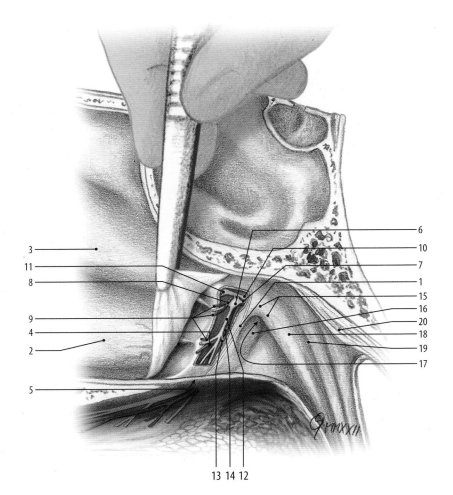

1	Meatus nasopharyngeus
2	Concha nasalis inferior
3	Concha nasalis media
4	Canalis palatinus major
5	Foramen palatinum majus
6	Ganglion pterygopalatinum
7	N. canalis pterygoidei
8	A. sphenopalatina
9	Aa. nasales posteriores laterales
10	N. maxillaris
11	N. infraorbitalis
12	N. palatinus major
13	Nn. palatini minores
14	A. palatina descendens
15	Torus tubarius
16	Torus levatorius
17	Ostium pharyngeum tubae auditivae
18	Plica salpingopharyngea
19	Recessus pharyngeus (= Rosenmüller Grube)
20	Tonsilla pharyngea

◘ Abb. 1.44   Freilegung der rechten Fossa pterygopalatina und des Canalis palatinus major von medial, Ansicht von links-medial [36]

vorsichtig entfernt und der Canalis palatinus major nach kaudal bis zum *Foramen palatinum majus* **(5)** freigelegt. Mithilfe einer spitzen Pinzette wird vorsichtig das Bindegewebe entfernt. Zur Darstellung kommen *Ganglion pterygopalatinum* **(6)**, postganglionäre Nervenfasern, der *N. canalis pterygoidei* **(7)** und die *A. sphenopalatina* **(8)** mit den Abgängen der *Aa. nasales posteriores laterales* **(9)**. Kranial des Ganglion pterygopalatinum können der *N. maxillaris* **(10)** und der *N. infraorbitalis* **(11)** am Dach der Fossa pterygopalatina identifiziert werden. Im Canalis palatinus major den *N. palatinus major* **(12)**, die Abgänge der *Nn. palatini minores* **(13)** sowie die *A. palatina descendens* **(14)** nach Entfernen des sie umgebenden Bindegewebes freilegen.

Präparation des Epipharynx und der Tuba auditiva   Studium der Schleimhautverhältnisse der Pars nasalis des Pharynx (= Epipharynx, = Nasopharynx) mit *Torus tubarius* **(15)**, *Torus levatorius* **(16)**, *Ostium pharyngeum tubae auditivae* **(17)**, *Plica salpingopharyngea* **(18)**, *Recessus pharyngeus* (= Rosenmüllersche Grube) **(19)** und *Tonsilla pharyngea* **(20)** (◘ Abb. 1.44).

☻ Varia

Die Tonsilla pharyngea ist im Alter atrophisch und lässt sich dann oftmals nur durch eine Rauigkeit der Schleimhaut identifizieren. Eine ausgedehnte epipharyngeale Raumforderung im Alter ist hinweisend auf einen Tumor.

Abtragen der Schleimhaut über dem Torus tubarius, Torus levatorius und dem knorpeligen Anteil der Tuba auditiva sowie der Plica salpingopharyngea mit einem feinen Skalpell (◘ Abb. 1.45, 1.118/Video 1.36). Freilegen der Pars cartilaginea der Tuba auditiva (bildet den Torus tubarius) mit seiner *Lamina lateralis* **(1)** und *Lamina medialis* **(2)**. Freilegen der kaudalen Anteile des *M. levator veli palatini* **(3)** (bildet den Torus levatorius) und des anterior gelegenen *M. tensor veli palatini* **(4)**. Beachten der Anheftung des M. tensor veli palatini an der Lamina lateralis des Tubenknorpels sowie an der *Lamina membranacea der Tuba auditiva* **(5)**. Freilegen des *M. salpingopharyngeus* **(6)** am kaudalen Rand des Tubenknorpels. Darstellung des Oberrandes und des Faserverlaufs der *Pars pterygopharyngea* des *M. constrictor pharyngis superior* **(7)**.

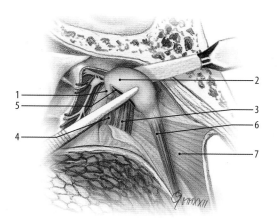

1 Lamina lateralis der Pars cartilaginea
  der Tuba auditiva
2 Lamina medialis der Pars cartilaginea
  der Tuba auditiva
3 M. levator veli palatini
4 M. tensor veli palatini
5 Lamina membranacea der Tuba auditiva
6 M. salpingopharyngeus
7 Pars pterygopharyngea
  des M. constrictor pharyngis superior

◻ Abb. 1.45　Präparation des knorpeligen und membranösen Teils der rechten Tuba auditiva, Ansicht von links medial [36]

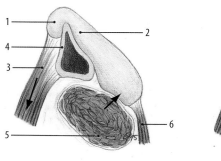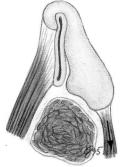

1 Lamina medialis der Pars cartilaginea der Tuba auditiva
2 Lamina lateralis der Pars cartilaginea der Tuba auditiva
3 M. tensor veli palatini
4 Lamina membranacea der Tuba auditiva
5 M. levator veli palatini
6 M. salpingopharyngeus

◻ Abb. 1.46　Die muskuläre Aktion bei der Tubenöffnung [29]

❗ Bei der Präparation der Schleimhaut muss der Ansatz des M. salpingopharyngeus an der Tuba auditiva erhalten bleiben.

🔄 Topographie

Aufgrund der topographischen Beziehung zwischen *Lamina medialis* (**1**) und *Lamina lateralis* (**2**) der Pars cartilaginea der Tuba auditiva mit dem *M. tensor veli palatini* (**3**) und der *Lamina membranacea* der *Tuba auditiva* (**4**) kommt es bei Zug des M. tensor veli palatini zu einer Öffnung des Ostium pharyngeum der Tuba auditiva (◻ Abb. 1.46). Die Bildung eines Muskelbauchs des *M. levator veli palatini* (**5**) beim Schluckakt unterstützt dabei die Rotation des Tubenknorpels. Es kommt zu einem Druckausgleich im Mittelohr. Der Zug des *M. salpingopharyngeus* (**6**) rotiert den Tubenknorpel zurück, das Ostium pharyngeum der Tuba auditiva wird geschlossen.

Eine Schleimhautschwellung im Bereich des Ostium pharyngeum der Tuba auditiva führt zu einer Belüftungsstörung des Mittelohres mit Druckgefühl, Ohrenschmerzen und Hörminderung. Durch den Unterdruck kann sich eine Flüssigkeitsansammlung im Mittelohr (Serotympanon) bilden, die bei einer Keimbesiedelung zu einer Mittelohrentzündung (Otitis media acuta) führt. Das Tubenostium kann im Kindesalter durch eine hypertrophierte Rachenmandel (sog. adenoide Vegetation) verlegt werden. Bei Kindern ist der knorpelige Anteil der Tuba auditiva kurz, der knöcherne Anteil eher horizontal orientiert. Dies begünstigt die Entstehung einer Mittelohrentzündung.

Auf dem Torus tubarius befindet sich ebenfalls Tonsillengewebe (Tonsilla tubaria), das bei Hypertrophie die Tubenöffnung behindern kann.

Auf der Plica salpingopharyngea befindet sich lymphatisches Gewebe. Dieses kann insbesondere nach einer Entfernung der Rachen- und Gaumenmandeln hypertrophieren. Im Falle einer Infektion spricht man von einer Seitenstrangangina. ◀

Sondieren des Ostium pharyngeum tubae auditivae. Mit einem kleinen Skalpell wird nun bei liegender Sonde der membranöse Teil der Tuba auditiva sowie die Lamina lateralis des Tubenknorpels scharf vom M. tensor veli palatini sowie der Tubenknorpel vom M. levator veli palatini gelöst. Ablösen und Abklappen nach kaudal des kranialen Teils des Tubenknorpels von der Schädel-

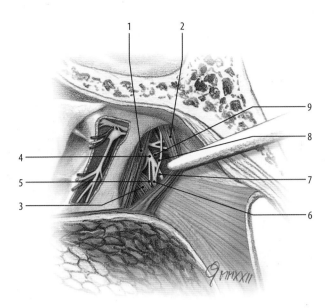

1 M. tensor veli palatini
2 M. levator veli palatini
3 M. pterygoideus medialis
4 N. mandibularis
5 N. pterygoideus medialis
6 N. lingualis
7 N. alveolaris inferior
8 Chorda tympani
9 A. maxillaris

Abb. 1.47 Präparation des Daches der rechten Fossa infratemporalis von medial, Ansicht von links-medial [36]

basis gemeinsam mit dem M. salpingopharyngeus. Der membranöse Anteil der Tuba auditiva kann nun nach posterior geklappt werden. Vollständiges Freilegen der Mm. tensor und levator veli palatini. Die pharyngeale Schleimhaut des weichen Gaumens wird ebenfalls entfernt. Vorsichtiges Freilegen der Lamina medialis des Processus pterygoideus und Freilegen des Hamulus pterygoideus. Durch Zug am weichen Gaumen kann nun die muskuläre Aktion des M. levator veli palatini und des M. tensor veli palatini mit Umlenkung durch den Hamulus pterygoideus studiert werden.

Präparation des Daches der Fossa infratemporalis mit N. mandibularis von medial Auseinanderdrängen des *M. tensor veli palatini* **(1)** und des *M. levator veli palatini* **(2)** (◘ Abb. 1.47, 1.119/Video 1.37). Im kaudalen Bereich kann nun der *M. pterygoideus medialis* **(3)** von medial kommend dargestellt werden. Vorsichtiges Abpräparieren der Muskelfaszie sowie Entfernung des Ligamentum pterygospinale.

> ► **Klinik**
>
> Das Ligamentum pterygospinale zieht von der Lamina lateralis des Processus pterygoideus zur Spina angularis ossis sphenoidalis und verbindet somit zwei Strukturen des Keilbeins. Es kann ganz oder teilweise verknöchern. In diesem Fall kommt es zu dem sog. Civinini-Foramen an der Schädelbasis, durch das die Äste des N. mandibularis ziehen. Eine Druckkompression des N. mandibularis kann zu Schmerzen und Empfindungsstörungen (Sensibilität) der Zunge führen. ◄

Aufsuchen des Stammes des *N. mandibularis* **(4)** im kranialen Abschnitt des Spaltes zwischen der Gaumense-

gelmuskulatur an der Schädelbasis. Darstellung der Abgänge des *N. pterygoideus medialis* **(5)**, *N. lingualis* **(6)** und *N. alveolaris inferior* **(7)**. Durch laterales Verlagern des *M. levator veli palatini* kann die *Chorda tympani* **(8)** von der Schädelbasis bis zur Einstrahlung in den *N. lingualis* dargestellt werden. Durch Vorverlagerung des *M. tensor veli palatini* kann es gelingen, das Ganglion oticum medial des *N. mandibularis* zu identifizieren. In der Tiefe kann die *A. maxillaris* **(9)** lokalisiert werden.

1.7 Präparation des Kopfes von kranial

Für die Darstellung des Neurocranium von kranial muss die Schädelhöhle eröffnet und das Gehirn entfernt werden. Die Gehirnentnahme wird durch die knöcherne Begrenzung des Schädels und die Kompartimentierung durch das Kleinhirnzelt erschwert.

Zwei verschiedene Wege zur Gehirnentnahme werden dargestellt:

— Die Gehirnentnahme über schrittweises Vorgehen *in situ* (► Abschn. 1.5.2) lässt sich trotz enger intrakranieller Kompartimente leicht durchführen und bietet die Möglichkeit des Studiums der Topographie der medianen Schnittfläche, des Hirnstammes und der Hirnnerven in der ursprünglichen Position. Durch Entfernen der Großhirnhemisphäre wird allerdings die Integrität des Gehirns zerstört, sodass eine Ventrikelpräparation, die Herstellung von Schnittserien oder eine Faserpräparation nur noch bedingt möglich sind.

— Die Gehirnentnahme *in toto* (► Abschn. 1.5.3) ist technisch anspruchsvoll und erfolgt über weite Strecken palpatorisch ohne visuelle Kontrolle. Das

1 Sutura coronalis
2 Sutura sagittalis
3 Sutura lamdoidea
4 Sutura squamosa
5 Bregma
6 Lambda
7 Pterion
8 Asterion

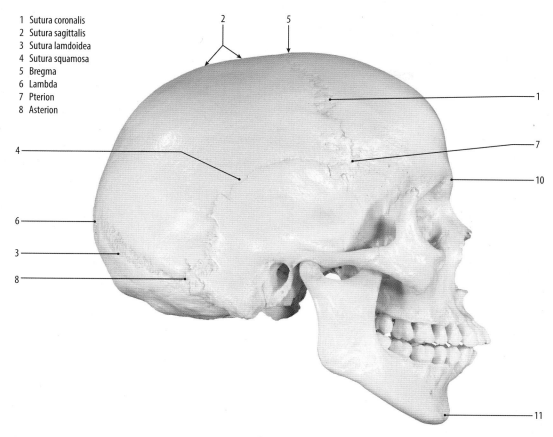

Abb. 1.48 Chirurgische und anthropologische Landmarken am Schädelknochen, Ansicht von rechts-seitlich [29]

Gehirn wird hierbei als Ganzes und bei vorbereitetem Wirbelkanal auch in Verbindung mit dem Rückenmark und Spinalnerven über einen okzipitalen (und spinalen) Zugangsweg entfernt. Es steht für sämtliche Präparationsschritte *ex situ* zur Verfügung (▶ Abschn. 1.6). Als eine Alternative zur Komplettentnahme des Gehirns bietet sich das Entfernen einer Kleinhirnhemisphäre *in situ* an. Dies ermöglicht das Studium der Topographie von Hirnstamm und Hirnnerven von posterior ohne die Entnahme einer Großhirnhemisphäre. Das Gehirn steht somit noch für eine Ventrikelpräparation, die Herstellung von Schnittserien oder eine Faserpräparation zur Verfügung.

1.7.1 Eröffnen der Schädelhöhle

Die Kopfhaut über der Schädelkalotte wird entfernt. Studium des M. epicranius mit seinem sehnigen Bereich (Galea aponeurotica) und den Übergängen zu seinen beiden muskulären Anteilen, den Mm. occipitofrontalis und temporoparietalis. Beachten der Verschieblichkeit der Aponeurose mit dem äußeren Periost der Schädelkalotte. Schnitt durch den M. epicranius von der Stirn bis zum Hinterhaupt in der median-sagittalen Ebene

sowie oberhalb eines Ohres zur Gegenseite. Abziehen der Galea aponeurotica von der Schädelkalotte. Studium der Schädelkalotte von außen. Identifizieren der *Sutura coronalis* (**1**), *Sutura sagittalis* (**2**), *Sutura lambdoidea* (**3**), *Sutura squamosa* (**4**) (■ Abb. 1.48). Aufsuchen der anthropologischen Messpunkte *Bregma* (**5**), *Lambda* (**6**), *Pterion* (**7**), *Asterion* (**8**).

🏠 Topographie

Anhand der anthropologischen Messpunkte lassen sich morphologische Schädelmerkmale für anthropologische, paläoanthropologische oder forensische Untersuchungen festlegen (Kraniometrie). Anthropologische Untersuchungen von Schädeln wurden jedoch auch herangezogen, um eine Korrelation von Schädelformen und Charaktereigenschaften herzuleiten (Franz Josef Gall, frühes 19. Jhd.) oder im Nationalsozialismus für eine Rassenideologie missbraucht.

▶ Klinik

In der Neurochirurgie werden die anthropologischen Messpunkte als chirurgische Landmarken zur Orientierung verwendet: Das Asterion markiert einen Punkt, der sich – auf die Schädelinnenseite projiziert – am Hinterrand des Sinus sigmoideus befindet. Posterior des Asterions wird der

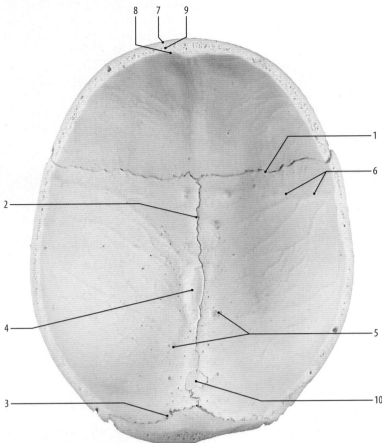

1 Sutura coronalis
2 Sutura sagittalis
3 Sutura lambdoidea
4 Sulcus sinus sagittalis superioris
5 Foveolae granulares
6 Sulci arteriae meningeae mediae
7 Lamina externa des Schädelknochens
8 Lamina interna des Schädelknochens
9 Diploe des Schädelknochens
10 Nahtknochen

■ Abb. 1.49   Schädeldach, Ansicht von innen [29]

„lateral suboccipitale Zugang" für die neurochirurgische Resektion eines Vestibularisschwannoms (im klinischen Sprachgebrauch meist „Akustikusneurinom" genannt) gewählt. Das Pterion dient als neurochirurgische Landmarke für den „Pterionalen Zugang" zu subfrontalen, temporalen, tentoriellen oder parasellären Läsionen. ◄

Die Schädelkalotte wird nun vom Institutspersonal zirkulär etwa zwei cm oberhalb der äußeren Ohren aufgesägt. Ablösen der Schädelkalotte vom periostalen Blatt der Dura mater. Studium des Innenrelief des Schädeldaches (■ Abb. 1.49): Sutura coronalis (1), Sutura sagittalis (2), Sutura lambdoidea (3), Sulcus sinus sagittalis superioris (4), Foveolae granulares (5), Sulci arteriae meningeae mediae (6), Laminae externa (7) und interna (8) sowie Diploe (9) des Schädelknochens. Varianten wie Nahtknochen (10) beachten.

🛈 Beim Sägen der Kalotte kann es leicht zu einer Verletzung der Dura mater und des Gehirns kommen. Bei der Eröffnung der Lacunae laterales sollen die Granulationes arachnoideales geschont werden.

Inspektion der intakten Dura über den Großhirnhemisphären. Aufsuchen von *Ramus parietalis* (1) und *Ramus frontalis* (2) der *A. meningea media* (■ Abb. 1.50) sowie der Begleitvenen. Palpieren des Sinus sagittalis superior. Die Dura mater cranialis (= encephali) wird mithilfe einer Schere oder dem Skalpell in der median-sagittalen Ebene durchtrennt und der *Sinus sagittalis superior* (3) über die gesamte Länge eröffnet. Koaguliertes Blut wird vorsichtig entfernt. Inspektion der Sinuswand: periostales Blatt, meningeales Blatt der Dura mater, Einmündungsstellen der *Vv. cerebri superiores* (4) am Boden des Sinus. Vorsichtige Eröffnung des periostalen Blattes über den Lacunae laterales und Darstellung der Mündungen der *Vv. meningeae mediae* (5) mit dem Skalpell. Identifizieren der pilzförmigen *Granulationes arachnoideales (= Pacchionische Granulationen)* (6) als gefäßlose Ausstülpungen des Subarachnoidealraumes. Umschneiden der Dura mater in der Temporalregion direkt am Knochensägerand über die gesamte Hemisphäre. Anheben der Dura und vorsichtiges Umklappen in Richtung des Sinus sagittalis superior. Identifizieren von Brückenvenen (7), die in den Sinus sagittalis superior münden. Auf der Gegenseite bleibt die Dura zunächst erhalten. Inspektion der *Arachnoidea mater cranialis (= ence-*

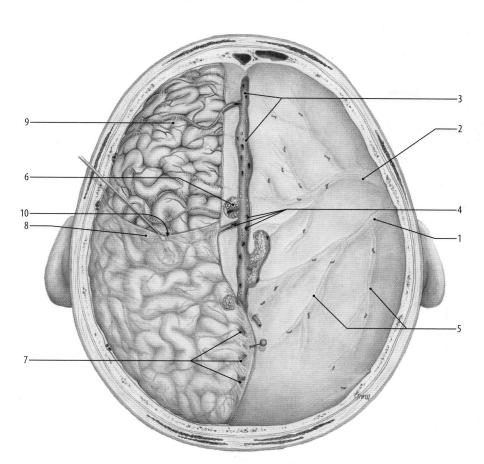

1 Ramus parietalis der A. meningea media
2 Ramus frontalis der A. meningea media
3 Sinus sagittalis superior
4 Vv. cerebri superiores
5 Vv. meningeae mediae
6 Granulationes arachnoideales
   (= Pacchionische Granulationen)
7 Brückenvenen
8 Arachnoidea mater cranialis (=encephali)
9 Pia mater cranialis (=encephali)
10 Spatium subarachnoideum
   (= leptomeningeum)

Abb. 1.50 Eröffnen der Dura mater, Ansicht von oben [36]

phali) **(8)**. Im frontalen Bereich wird die als Spinnweben-haut bezeichnete Arachnoidea mater cranialis entfernt und die *Pia mater cranialis (= encephali)* **(9)** dargestellt. Mit einer Sonde wird in das *Spatium subarachnoideum (= leptomeningeum)* **(10)** eingegangen und der Schnitt-rand der Arachnoidea angehoben. Die vollständige Ent-fernung der Arachnoidea mater cranialis erfolgt später am entfernten Gehirn.

🛑 Vorsicht bei der Durchtrennung der Dura mater: Zu tiefes Schneiden verletzt die Großhirnrinde. Beim Um-klappen der Dura mater können die Brückenvenen leicht abreißen.

▶ **Klinik**

Kranielle Blutungen können durch große Schädel-Hirn-Traumata, kleinere Bagatellverletzungen oder durch eine Blutdruckentgleisung (hypertensive Krise) entstehen. Es werden extra- und intrakranielle Blutungen unterteilt.
   Extrakranielle Blutungen:
 — Blutung oberhalb der Galea aponeurotica (Caput succedaneum), oft mit Ausdehnung über die gesamte Konvexität.

 — Subgaleatische Blutung zwischen Periost und der Galea aponeurotica, die Grenzen der Suturae über-schreitend.
 — Subperiostale Blutung (Kephalhämatom) zwischen Schädelknochen und Periost, keine Überschreitung der Schädelnähte.
   Intrakranielle Blutungen:
 — Epidurale Blutung aus der A. meningea media zwischen Schädelknochen und Dura mater, meist infolge eines Schädel-Hirn-Traumas mit Kalotten-fraktur. Typisch ist eine zweizeitige Bewusstlosigkeit bereits nach Minuten bis wenige Stunden aufgrund der Druckentwicklung durch die arterielle Blutung.
 — Subdurale Blutung aus Brückenvenen zwischen der Dura mater und der Arachnoidea, oft in Folge von kleineren Bagatellunfällen (z. B. Deszelerationstrau-mata) bei denen es zu einer Scherbewegung zwischen Gehirn und Dura mater kommt und Brückenvenen reißen. Typisch ist der prolongierte Verlauf über Wochen bis Monate mit der langsamen Entwicklung von oftmals irreversiblen zerebralen Schädigungen. Prädisponiert sind Personen mit blutverdünnenden Medikamenten oder Gerinnungsstörungen.
 — Subarachnodeale Blutung in den Subarachnodeal-raum, oft bei Riss eines arteriellen Aneurysmas bei

einer hypertensiven Entgleisung. Typisch sind die schlagartig einsetzenden Schmerzen.

— Intrazerebrale Blutung in das Hirnparenchym unterhalb der Pia mater, meist aus Arterien im Rahmen einer hypertensiven Entgleisung. ◄

1.7.2 Gehirnentnahme über schrittweises Vorgehen *in situ*

Entfernen einer Großhirnhemisphäre Durch die Entnahme einer Gehirnhemisphäre können die Hirnsichel (Falx cerebri) und das Kleinhirnzelt (Tentorium cerebelli) in-situ dargestellt werden.

Beginn mit der Durchtrennung der Mündungsstellen der Vv. cerebri superiores in den Sinus sagittalis superior. Eingehen in die Fissura longitudinalis superior mit den Fingerspitzen und vorsichtige Lateralisierung der Hemisphäre, bis das Corpus callosum sichtbar wird. Mit einem Skalpell werden unter Sicht steil von oben Corpus callosum, Boden und Vorderwand des III. Ventrikels (Dienzephalon), N. opticus, Chiasma opticum (sagittal), Tractus olfactorius (Bulbus olfactorius bleibt *in situ*) und A. carotis interna durchtrennt. Anheben des Temporallappens. Darstellung und Durchtrennung der Vv. cerebri inferiores, die in den Sinus transversus münden. Eingehen unter den Temporallappen mit einem langen und flachen Hirnmesser. Durchtrennen des Großhirnschenkels auf Höhe des Mesencephalons. Die Großhirnhemisphäre (mit vorderem Stammhirn) kann nun entfernt werden.

❗ Die Durchtrennung des Großhirnschenkels erfolgt auf Höhe des Mesencephalons knapp über dem Austritt des N. oculomotorius. Der N. oculomotorius kann dabei leicht verletzt werden.

Studium der *Falx cerebri* (1) von der Crista galli bis zur Protuberantia occipitalis interna und des *Tentorium cerebelli* (2) von der Felsenbeinkante zum *Sinus transversus* (3) (◘ Abb. 1.51). Anheben, im Bedarfsfall Inzision des Tentoriums im Bereich des medial gelegenen Tentoriumschlitz und Darstellung der *V. magna cerebri* (= Galen Vene) (4) und deren Einmündung in den *Sinus rectus* (5). Aufsuchen des *Sinus sagittalis superior* (6) und des oft schwach ausgebildeten *Sinus sagittalis inferior* (7). Inspektion und Palpation des *Sinus petrosus superior* (8) und des *Sinus petrosus inferior* (9). Der *Sinus cavernosus* (10) wird sondiert. Inspektion der median-sagittalen Schnittkante und der sichtbaren Anteile der Hemisphäre des Gehirns: *Corpus callosum* mit *Splenium* (11), *Truncus* (12), *Genu* (13) und *Rostrum* (14), *A. callosomarginalis* (15), *Plexus choroideus* (16), *Septum pellucidum* (17), *Fornix* (18), *Ventriculus tertius cerebri* (19), Vorwölbung durch den *Thalamus* (20), *Adhesio interthalamica* (21),

Commissura anterior (22), *Corpus mamillare* (23), *N. oculomotorius* (24), *N. opticus* (25), *A. carotis interna* (26), *Crus cerebri* (27), *Substantia nigra* (28), *Nucleus ruber* (29).

Als Vorbereitung zur Entnahme des Tentorium cerebelli und zur Freilegung der hinteren Schädelgrube erfolgt das gleiche Vorgehen auf der Gegenseite.

Ablösen von Dura mater, Falx cerebri und Tentorium cerebelli Das Tentorium cerebelli wird entlang der Felsenbeinkante und entlang des Sinus transversus abgelöst und nach medial umgeschlagen (Schnittlinie in ◘ Abb. 1.51). Gleiches Vorgehen auf der Gegenseite.

❗ Beim Ablösen des Tentorium cerebelli an der vorderen Ansatzstelle am Felsenbein kann der N. trochlearis leicht verletzt werden.

Darstellen der Arachnoidea auf der Kleinhirnoberfläche und der Erweiterung des Subarachnoidealraumes zur Cisterna ambiens. Aufsuchen und Ablösen der rostralen Befestigung der Falx cerebri im Bereich der Crista galli. Ablösen der kaudalen Befestigung im Bereich des Confluens sinuum. Durchtrennen der V. cerebri magna. Nun kann die Hirnsichel gemeinsam mit dem Tentorium entfernt und *ex situ* studiert werden.

> ► Klinik

Bei pathologisch erhöhtem Hirndruck innerhalb der mittleren Schädelgrube (z. B. durch Hirnblutung, -ödem, -tumor oder entzündlichen Ereignissen wie Hirnabszess) können kranial des Tentorium liegende mesencephale Hirnanteile oder auch Anteile des Temporallappens in den Tentoriumschlitz (Incisura tentorii) gedrückt werden, wodurch eine laterale Kompression des Mesencephalons resultiert. Man spricht von einer „oberen Einklemmung". Es kommt zu einem progredienten Bewusstseinsverlust, Störung der Pupillenreaktion, Pyramidenbahnzeichen (z. B. Babinski-Reflex) bis hin zum Vollbild des Mittelhirnsyndroms: Koma, lichtstarre Pupillen, Strecksynergismen (Dezerebrationsstarre), Hyperreflexie. Die vitalen Regelzentren der Medulla oblongata bleiben erhalten. ◄

Entfernen von Kleinhirn und Hirnstamm, Freilegen der hinteren Schädelgrube Zunächst wird der dünne N. trochlearis kaudal der Lamina tecti aufgesucht und aus den umgebenden Meningen herausgelöst. Vorsichtiges Medialisieren des Kleinhirns, sodass die Hirnnerven III–XII in dem Korridor zwischen Hirnstamm und Os temporale/Os occipitale identifiziert und möglichst nahe am Hirnstamm durchtrennt werden können. In Höhe des Meatus acusticus internus wird die A. labyrinthi dargestellt und durchtrennt.

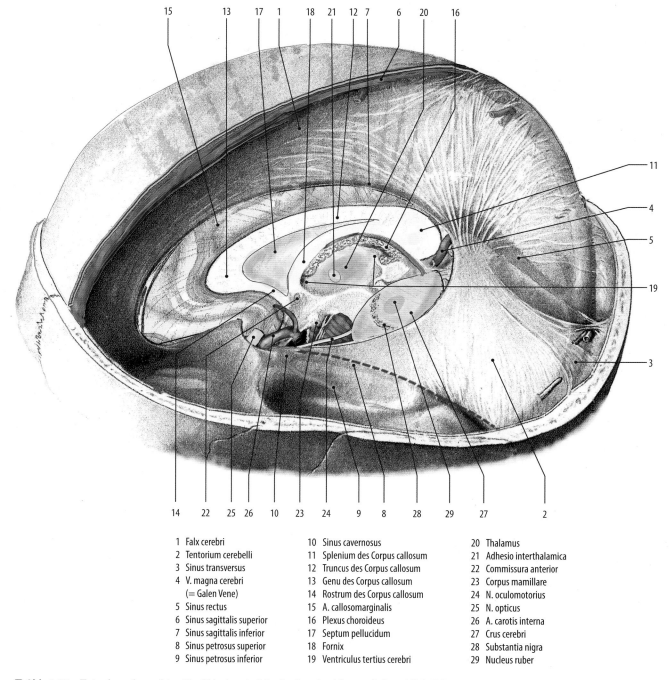

□ Abb. 1.51 Entnahme der rechten Großhirnhemisphäre in situ. Ansicht von links seitlich [36]

1 Falx cerebri	10 Sinus cavernosus	20 Thalamus
2 Tentorium cerebelli	11 Splenium des Corpus callosum	21 Adhesio interthalamica
3 Sinus transversus	12 Truncus des Corpus callosum	22 Commissura anterior
4 V. magna cerebri	13 Genu des Corpus callosum	23 Corpus mamillare
(= Galen Vene)	14 Rostrum des Corpus callosum	24 N. oculomotorius
5 Sinus rectus	15 A. callosomarginalis	25 N. opticus
6 Sinus sagittalis superior	16 Plexus choroideus	26 A. carotis interna
7 Sinus sagittalis inferior	17 Septum pellucidum	27 Crus cerebri
8 Sinus petrosus superior	18 Fornix	28 Substantia nigra
9 Sinus petrosus inferior	19 Ventriculus tertius cerebri	29 Nucleus ruber

⊕ Varia

Die A. labyrinthi entspringt in 85 % der Fälle von der A. inferior anterior cerebelli (in der Klinik AICA genannt, nach der englischen Bezeichnung „anterior inferior cerebellar artery"), seltener direkt aus der A. basilaris. Sie versorgt das Innenohr mit arteriellem Blut. Die A. inferior anterior cerebelli entspringt aus der A. basilaris und zieht im Kleinhirnbrückenwinkel zwischen dem N. trigeminus und den Nn. facialis und vestibulocochlearis zum Flocculus des Kleinhirns. Sie kann eine Schlaufe in den Meatus acusticus machen und erst dort die A. labyrinthi abgeben.

Durchtrennen der Radices spinales des XI. Hirnnervs auf Höhe des Foramen magnum. Das Kleinhirn kann nun mitsamt Hirnstamm aus der hinteren Schädelgrube herausgehoben werden. Studium der Oberflächenmorphologie des Kleinhirns. Die Präparation des Kleinhirns ist im ▸ Abschn. 1.8.3 dargestellt.

1

❗ Bei der Mobilisierung des Kleinhirns können die Hirnnerven leicht abreißen.

🔄 **Topographie**

Die Kleinhirnfolien haben einen parallelen Verlauf. Hier spiegelt sich die Mikromorphologie (Parallelfasern) in der Makromorphologie.

► **Klinik**

Als „untere Einklemmung" wird die Einklemmung der Kleinhirntonsillen (Tonsillae cerebellares) in das Foramen magnum bezeichnet. Dies kann durch eine pathologische Druckerhöhung in der hinteren Schädelgrube (z. B. durch Blutung, Ödem, Tumor oder entzündliches Geschehen im Kleinhirn oder Hirnstamm) oder als Folge einer Hirndrucksymptomatik des gesamten Gehirns gemeinsam mit einer „oberen Einklemmung" entstehen. Es resultiert die laterale Kompression der Medulla oblongata mit Störung der vitalen Regelzentren (Bulbärhirnsyndrom). ◄

1.7.3 Gehirnentnahme *in toto*

Bei der Gehirnentnahme *in toto* steht das Gehirn für eine Ventrikelpräparation, die Herstellung von Schnittserien oder eine Faserpräparation zur Verfügung. Für den Fall, dass die Gehirnentnahme am nicht abgesetzten Kopf erfolgt und im Rahmen der Präparation der dorsalen Rumpfwand der Durasack über dem Rückenmark exponiert wurde, kann auch eine Entnahme von Gehirn gemeinsam mit dem Rückenmark erfolgen. Die Gehirnentnahme *in toto* ist technisch sehr anspruchsvoll und sollte von erfahrenen Personen (Institutspersonal) durchgeführt werden.

❗ Die Schwierigkeit besteht darin, das Tentorium cerebelli zugänglich zu machen und von der Felsenbeinkante in situ abzutrennen sowie die Falx cerebri von der Crista galli zu lösen. Dies lässt sich in aller Regel nicht unter Sicht, sondern nur palpatorisch mit schwierigem Einbringen der Instrumente vollziehen. Bei Vorliegen eines unphysiologisch erweiterten subarachnoidealen Spaltraums infolge einer Hirnatrophie können die folgenden Präparationsschritte einfacher gelingen.

Präparation des okzipitalen Zugangsweges Entfernung des medialen Anteils der Hinterhauptschuppe (Squama occipitalis) durch zwei Sägeschnitte vom Foramen magnum bis zur horizontalen Sägekante in Höhe des Asterion auf beiden Seiten. Eingehen mit der flachen Hand in den Spaltraum zwischen Kalotte und Dura von posterior und vorsichtiges Medialisieren der Dura im Bereich des Kleinhirns (Fossa cranii posterior) und des Temporallappens (Fossa cranii media), sodass ein kleiner Korridor ober- und unterhalb der Anheftung des

Tentorium cerebelli entsteht und die laterale Anheftung des Tentorium cerebelli an der Felsenbeinkante palpiert werden kann.

❗ Da bei dieser und den folgenden Präparationen mit der flachen Hand in einen engen Raum zwischen Kalotte und Dura eingegangen wird, besteht Gefahr, sich an den scharfen Sägekanten der Kalotte zu verletzen. Es ist ratsam zwei Handschuhe übereinander zu tragen.

Entfernen von Dura mater, Falx cerebri und Tentorium cerebelli Inspektion des Durasackes, des durchtrennten *Arcus posterior atlantis* (1) und der kranial des Knochens in einer Rinne horizontal verlaufenden *A. vertebralis* (2) (◘ Abb. 1.52). Wegklappen des *M. rectus capitis posterior major* (3) und Aufsuchen des *Ganglion spinale II* (4). Eröffnen der *Dura mater* (5) in der mediosagittalen Ebene. Umschneiden der Dura im Bereich der *Cisterna cerebellomedullaris posterior* (6). Entfernung der *Arachnoidea* (7). Eingehen in den Subarachnoidealraum zwischen Kleinhirn und Dura mater (8) mit der flachen Hand. Palpation und Absetzen der Anheftung des Tentorium cerebelli unter Anheben des Okzipital- und Temporallappens von posterior kommend streng an der Felsenbeinkante. Diese Präparationsschritte erfolgen rein unter palpatorischer Kontrolle. Palpation und Durchtrennung des Tentorium cerebelli an seiner kaudalen Befestigung am Confluens sinuum. Das Tentorium cerebelli kann so auf beiden Seiten vollständig mobilisiert werden. Eingehen mit der flachen Hand in rostraler Richtung und vorsichtiges Anheben des Gehirns. Palpation der Anheftung der Falx cerebri im Bereich der Crista galli. Durchtrennen der Anheftungsstelle unter palpatorischer Kontrolle. Beginnend von rostral kann nun die Dura mit der Falx cerebri nach posterior gezogen werden. Die V. cerebri magna wird durchschnitten, sobald sie zur Darstellung kommt. Die Falx cerebri mitsamt Tentorium cerebelli werden nach posterior durch die Öffnung occipital aus der Schädelhöhle entfernt.

🔄 **Topographie**

Die A. vertebralis zieht im Halsbereich zwischen dem M. longus colli und dem M. scalenus anterior nach kranial. In Höhe des sechsten Halswirbels läuft die Arterie nach medial und tritt durch die Foramina transversaria der Processus transversi des sechsten bis ersten Halswirbels („Querfortsatzkanal"). Kranial des ersten Halswirbels (Atlas) zieht die A. vertebralis in einer Rinne, Sulcus arteriae vertebralis, auf dem Arcus posterior atlantis nach medial. Dort kann Sie unter dem M. semispinalis capitis im Trigonum suboccipitale aufgefunden werden. Sie tritt durch das Foramen magnum in die Schädelhöhle ein (► Abschn. 2.5, ◘ Abb. 2.33b).

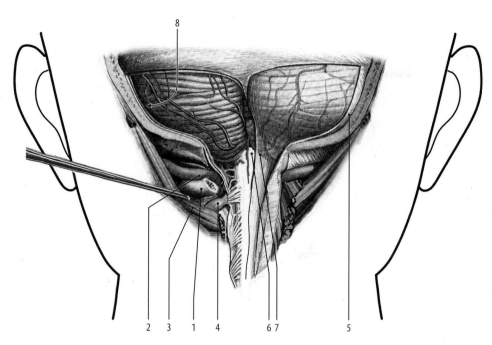

1 Arcus posterior atlantis
2 A. vertebralis
3 M. rectus capitis posterior major
4 Ganglion spinale II
5 Dura mater
6 Cisterna cerebellomedullaris posterior
7 Arachnoidea
8 Präparationsweg zwischen Kleinhirn und Pura mater

◻ **Abb. 1.52** Freilegen der hinteren Schädelgrube, Ansicht von hinten [38]

In der klinisch-topographischen Betrachtung werden vier Segmente (V1–4) der A. vertebralis unterteilt:

- V1: Pars prevertebralis; Vom Abgang der A. subclavia bis zum Eintritt in das Foramen transversarium von HWK 6
- V2: Pars transversaria; Verlauf durch die Foramina transversaria der HWK 6 bis 1
- V3: Pars atlantica; Vom Austritt des Foramen transversarium des Atlas bis zum Duraeintritt am Foramen magnum. Wird in der Klinik auch als „Atlasschleife" bezeichnet.
- V4: Intraduraler Verlauf bis zum Zusammenfluss mit der Gegenseite zur A. basilaris.

🔄 Varia

Die A. vertebralis tritt in ca. 90 % der Fälle in das Foramen transversarium der HWK 6, in 2 % der Fälle in Höhe der HWK 7, in 5 % der HWK 5, 2 % der HWK 4 und 1 % der HWK 1.

In der Pars atlantica (Segment V3) kann die A. vertebralis teilweise oder komplett knöchern vom Arcus posterior atlantis ummauert sein. Es entsteht der Canalis arteriae vertebralis (sog. Pontikulusbildung).

► Klinik

Bei hochgradiger Stenose der A. subclavia sinistra (selten der A. subclavia dextra) im Abgangsbereich entsteht bei körperlicher Belastung des Armes zur Deckung des Blutbedarfs eine Strömungsumkehr in der A. vertebralis der betroffenen Seite (Subclavian-Steal-Syndrom). Dies kann zu einer Minderdurchblutung des Gehirns mit Schwindel oder Synkopen führen. ◄

► Klinik

Ein Einriss der Wand der A. vertebralis (Vertebralis-Dissektion) kann spontan oder nach einem Bagatelltrauma entstehen. Es resultieren starke occipitale Kopfschmerzen und eine Ischämie im Versorgungsgebiet des Gefäßes (Schlaganfall). ◄

Alternative: Entfernen einer Kleinhirnhemisphäre und Studium der Topographie *in situ* Durchführung eines Mediansagittalschnittes durch den Vermis. Vorsichtiges Eingehen mit dem Zeigefinger und vorsichtiges Auseinanderdrängen der Kleinhirnhemisphären. Palpation und Durchtrennen des Kleinhirnstiels einer Seite mit dem Skalpell. Entfernung einer Kleinhirnhemisphäre. Studium des Arbor vitae an der Kleinhirn-Schnittkante, des IV. Ventrikels mit Plexus choroideus und der Aperturae medialis und lateralis, des Kleinhirnstiels, des Hirnstamms und der Hirnnerven XI-VII und V *in situ*.

🚫 Die Präparation und Durchtrennung des Kleinhirnstiels auf einer Seite gelingen nur unter palpatorischer Kontrolle. Die Mobilisierung der Kleinhirnhemisphäre muss vorsichtig und ohne ausladende Bewegungen erfolgen, weil sonst die Hirnnerven abreißen können.

Entfernen des Gehirns *in toto* Ist das Rückenmark knapp unterhalb der Medulla oblongata durchtrennt, kann das Gehirn mobilisiert und entfernt werden: Es wird nun von okzipital beginnend aus der hinteren Schädelgrube vor-

1

sichtig angehoben. Von hinten nach vorne werden unter Sicht in flachem Winkel die beiden Aa. vertebrales und schließlich die Hirnnerven durchtrennt: In der hinteren Schädelgrube beidseits die Nn. hypoglossi, accessorii, vagi, glossopharyngei, vestibulochochleares, faciales, trigemini, abducentes. Die Temporallappen werden vorsichtig aus der mittleren Schädelgrube luxiert. In der Hypophysenregion werden die Nn. trochleares, oculomotorii, der Hypophysenstiel (Infundibulum), die Aa. carotides internae, die Nn. optici sowie olfactorii (die Bulbi olfactorii bleiben *in situ*) durchtrennt. Das gesamte Gehirn mit Hirnstamm und ggf. Rückenmark kann nun durch die ausgesägte Öffnung an der Hinterhauptschuppe nach posterior gezogen und entfernt werden.

Alternative: Entfernen des Gehirns *in toto* mit anhängendem Rückenmark   In dem Fall, dass der Rückenmarkkanal bei der Präparation der dorsalen Rumpfwand langstreckig eröffnet wurde und der Kopf nicht abgesetzt ist, werden die Spinalnerven innerhalb des Durasackes durchtrennt und das Rückenmark von kaudal beginnend aus dem Durasack angehoben, ohne den Hirnstamm zu mobilisieren.

Alternativ kann auch die das Rückenmark umgebende Dura mater mit ihren segmentalen Ausstülpungen von allen Seiten freigelegt, mobilisiert und mit entfernt werden: Die spinalen Segmente werden distal der Spinalganglien in Höhe der Äste (Rami anteriores, posteriores, meningei und communicantes) durchtrennt. Durch Freilegen der peripheren Nerven ist es auch möglich, ein Präparat mit anhängendem Plexus lumbosacralis zu gewinnen.

Das Rückenmark, mit oder ohne anhängendem Durasack und spinalen Segmenten, kann nun von distal beginnend angehoben und in Richtung eröffnetes Foramen magnum luxiert werden. In Höhe des Foramen magnum werden die Aa. vertebrales aufgesucht und durchtrennt. Das Rückenmark kann nun gemeinsam mit dem Hirnstamm, Kleinhirn und schließlich Großhirn von okzipital nach rostral wie oben beschrieben aus dem Schädel entwickelt werden.

1.7.4 Präparation der Schädelgruben

Inspektion der Schädelgruben und Präparation der Arterien und Hirnnerven   In der Fossa cranii anterior werden die Bereiche des Orbitadaches (1) und des Daches der Nasenhöhle (2) abgegrenzt. Studium der *Crista galli* (3) und der Aufhängung der Falx cerebri (◻ Abb. 1.53). Auf einer Seite der *Bulbus* und der *Tractus olfactorius* (4) aus der Rinne über der *Lamina cribrosa* (5) luxiert und die Fila olfactoria studiert. Freilegen der *Rami meningei der Aa. und Nn. ethmoidales anteriores* und *posteriores* (6) durch Abtragen der Dura mater. Aufsuchen der *Ala minor des Os sphenoidale* (7) und des *Jugum sphenoidale* (8). Pal-

pieren der *Juga cerebralia* (9) und *Impressiones digitatae* (= *gyrorum*) (10).

In der Fossa cranii media werden als vordere Begrenzung die Hinterränder der kleinen Keilbeinflügel und das Jugum sphenoidale aufgesucht. Darstellen der *Processus clinoidei anteriores* (11). Als posteriore Begrenzung wird beginnend vom *Dorsum sellae* (12) mit den *Processus clinoidei posteriores* (13) die obere Knochenkante des Felsenbeins, Pars petrosa ossis temporalis, beachtet. Inspektion von Juga cerebralia und Impressiones digitatae (= gyrorum). Identifizieren der *Eminentia arcuata* (14) als Landmarke für den darunterliegenden vorderen Bogengang. Darstellung der Austrittstelle der *A. meningea media* (15) mit *Ramus frontalis* (16), *Ramus orbitalis* (17) und *Ramus parietalis* (18) am *Foramen spinosum* (19). Freilegen der Äste durch Entfernen der Dura mater. Der Ramus frontalis wird bis in die vordere Schädelgrube verfolgt. Darstellen des mit der A. meningea media ziehenden Ramus meningeus des N. mandibularis. Freilegen des *N. petrosus minor* und der *A. tympanica superior* (20) sowie des *N. petrosus major* und des *Ramus petrosus* der *A. meningea media* (21) kaudal des Foramen spinosum auf der vorderen Fläche der Felsenbeinpyramide.

🔄 Varia

Die A. meningea media verzweigt sich auf der Innenseite der Schädelkalotte und Schädelbasis. Der Ramus parietalis ist hier durch den Sägeschnitt durchtrennt.

An der Schädelbasis verzweigt sich die A. meningea media in

- Ramus frontalis, zieht nach rostral, anastomosiert gelegentlich mit dem Ramus meningeus anterior aus der A. ethmoidalis anterior
- Ramus orbitalis, zieht durch die Fissura orbitalis superior oder separate Foramina des Keilbeines, anastomosiert mit Ästen der A. ophthalmica
- A. tympanica superior, verläuft durch den Sulcus nervi petrosi minoris und zieht in den Kanal des M. tensor tympani. Sie versorgt den Muskel und umgebende Schleimhaut der Paukenhöhle
- Ramus petrosus superficialis, zieht in den Porus acusticus internus, versorgt den N. facialis und anastomosiert mit dem Ramus stylomastoideus der A. auricularis posterior
- zahlreiche kleine Äste zur Versorgung der Dura mater und des Ganglion trigeminale

In der Fossa cranii posterior Darstellen der *Margo superior partis petrosae* (22) des Schläfenbeins (anteriore Begrenzung) und der Innenseite des Os occipitale (posteriore Begrenzung).

Aufsuchen der Hirnnerven und Studium der Durchtrittstellen durch die Dura mater: *Tractus* und *Bulbus olfactorius* (4), *N. opticus* (23), *N. oculomotorius* (24), *N. trochlearis* (25), *N. trigeminus* (26), *N. vestibulocochlea-*

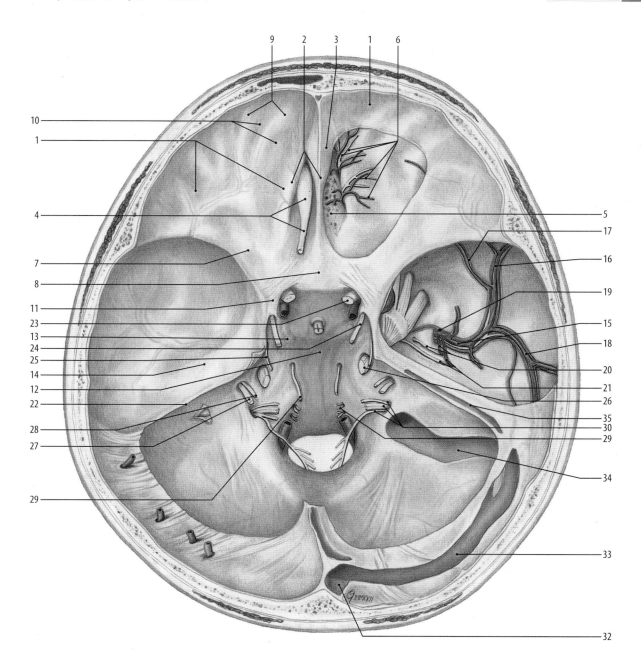

Abb. 1.53 Inspektion der Schädelgruben, Präparation der venösen Sinus, Ansicht von oben [29]

1 Orbitadach
2 Dach der Nasenhöhle
3 Crista galli
4 Bulbus und Tractus olfactorius
5 Lamina cribrosa des Os ethmoidale
6 Rami meningei der Aa. und
  Nn. ethmoidalis anteriores
  und posteriores
7 Ala minor des Os sphenoidale
8 Jugum sphenoidale
9 Juga cerebralia
10 Impressiones digitatae (=gyrorum)
11 Processus clinoideus anterior

12 Dorsum sellae
13 Processus clinoideus posterior
14 Eminentia arcuata
15 A. meningea media
16 Ramus frontalis der A. meningea media
17 Ramus orbitalis der A. meningea media
18 Ramus parietalis der A. meningea media
19 Foramen spinosum
20 N. petrosus minor und A. tympanica superior
21 N. petrosus major und Ramus petrosus
   der A. meningea media
22 Margo superior partis petrosae
23 N. opticus

24 N. oculomotorius
25 N. trochlearis
26 N. trigeminus
27 N. vestibulocochlearis
28 N. facialis
29 N. abducens
30 Nn. glossopharyngeus, vagus, accessorius
31 N. hypoglossus
32 Confluens sinuum
33 Sinus transversus
34 Sinus sigmoideus
35 Sinus petrosus superior

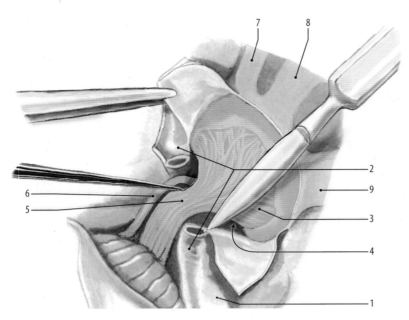

1 Tentorium cerebelli
2 Sinus petrosus superior
3 Ganglion trigeminale
   (= Ganglion semilunare,
    = Gasser Ganglion)
4 Cavum trigeminale
   (= Meckel Höhle)
5 Radix sensoria des N. trigeminus
6 Radix motoria des N. trigeminus
7 N. ophthalmicus
8 N. maxillaris
9 N. mandibularis

▣ Abb. 1.54   Freilegen des Ganglion trigeminale der rechten Seite, Ansicht von oben [29]

ris **(27)**, *N. facialis* **(28)**, *N. abducens* **(29)**, *Nn. glosspha-ryngeus, vagus, accessorius* **(30)** und *N. hypoglossus* **(31)**.

Präparation der venösen Sinus   In der hinteren Schädel-grube wird der *Confluens sinuum* **(32)** eröffnet und in Richtung beider *Sinus transversi* **(33)** bis zu den *Sinus sigmoidei* **(34)** verfolgt (▣ Abb. 1.53). Aufsuchen des in der Falx cerebelli eingebetteten Sinus occipitalis zwischen Confluens sinuum und Sinus marginalis am Rand des Fo-ramen magnum. Eröffnen des *Sinus petrosus superior* **(35)** an der Felsenbeinkante.

🔄 Topographie

Die Beziehung des Übergangs von Sinus transversus in Sinus sigmoideus zum Asterion (Kreuzungsstelle zwischen Sutura lambdoidea und Sutura squamosa) als neurochirurgische Landmarke beachten.

► Klinik

Entzündungen des Mittelohres oder der pneumatisierten Zellen des Mastoids können otogene intrakranielle Kom-plikationen nach sich ziehen. Diese stellen trotz moder-ner Diagnostik und antibiotischer Therapie ein lebens-bedrohliches Krankheitsbild mit einer hohen Mortalität dar. Am häufigsten ist die otogene Komplikation einer Meningitis aufgrund einer Mittelohrentzündung oder einer weitergeleiteten Entzündung des Warzenfortsatzes (Mastoiditis). Unbehandelt kann es zu einem Epidural-abszess und schließlich zu einem Hirnabszess kommen. Die Ausbreitung erfolgt z. B. über Diploevenen oder knö-cherne Dehiszenzen (z. B. häufig am Mittelohrdach, Teg-men tympani). Aufgrund der topographischen Beziehung erreicht ein entzündlicher Durchbruch durch das Tegmen

tympani die Meningen der mittleren Schädelgrube und den Temporallappen des Gehirns; eine Weiterleitung über die mediale Begrenzung des Mastoids kann zu einer sep-tischen Sinusvenenthrombose des Sinus sigmoideus (mit Ausbreitung in Richtung V. jugularis oder Sinus trans-versus) oder eine Affektion der Meningen der hinteren Schädelgrube oder des Kleinhirns bewirken.

Bei allen Formen der otogenen intrakraniellen Kom-plikation wird neben der antibiotischen Therapie ein mikrochirurgischer Notfalleingriff am Mittelohr durch-geführt, bei einer Mastoiditis dabei der Warzenfortsatz bis zum Sinus sigmoideus aufgebohrt und die Celluae mastoideae ausgeräumt (Mastoidektomie). Bei den mi-krochirurgischen Eingriffen an der lateralen Schädelbasis ist die komplexe topographische Beziehung zahlreicher funktionell wichtiger Strukturen zu beachten: N. facialis mit Ästen, N. vestibulocochlearis, Cochlea, Vestibular-organ, A. carotis interna, Sinus sigmoideus, Ossicula auditoria. ◄

Präparation des Sinus cavernosus und des Ganglion trige-minale   Der Sinus cavernosus wird an einer Seite von kranial, auf der Gegenseite durch Entfernen der lateralen Wand des Sinus cavernosus medial des Ganglion trigemi-nale (= semilunare, „Gasser Ganglion") eröffnet. Beginn mit der kranialen Präparation (▣ Abb. 1.54): Die Dura am Schnittrand des *Tentorium cerebelli* **(1)** mit dem darin verlaufenden *Sinus petrosus superior* **(2)** wird in Höhe des N. trigeminus eingeschnitten. Spalten der Dura über dem *Ganglion trigeminale* **(3)**, Eröffnen des *Cavum trigeminale* (= Meckel Höhle) **(4)**. Darstellen der *Radix sensoria* des *N. trigeminus* **(5)** und der unterhalb kreuzenden *Radix*

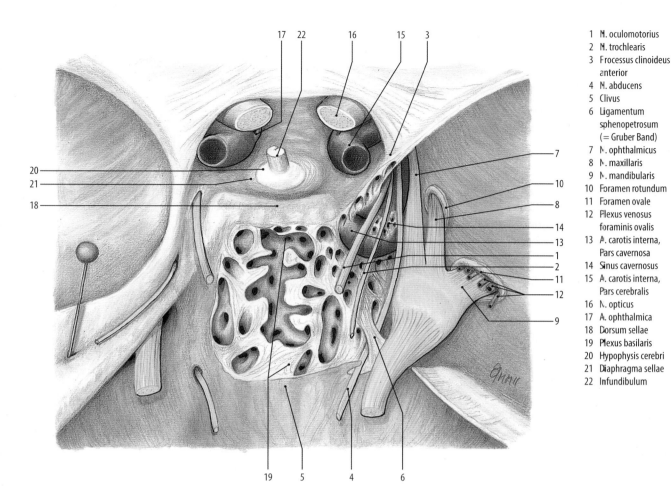

Abb. 1.55 Präparation des Sinus cavernosus, Ansicht von oben [29]

1 N. oculomotorius
2 N. trochlearis
3 Processus clinoideus anterior
4 N. abducens
5 Clivus
6 Ligamentum sphenopetrosum (= Gruber Band)
7 N. ophthalmicus
8 N. maxillaris
9 N. mandibularis
10 Foramen rotundum
11 Foramen ovale
12 Plexus venosus foraminis ovalis
13 A. carotis interna, Pars cavernosa
14 Sinus cavernosus
15 A. carotis interna, Pars cerebralis
16 N. opticus
17 A. ophthalmica
18 Dorsum sellae
19 Plexus basilaris
20 Hypophysis cerebri
21 Diaphragma sellae
22 Infundibulum

motoria des *N. trigeminus* (6). Freilegen von *N. ophthalmicus* (7), *N. maxillaris* (8) und *N. mandibularis* (9).

Vorsichtige Durapräparation nach medial und Freilegen des *N. oculomotorius* (1) und des direkt lateral verlaufenden *N. trochlearis* (2) (■ Abb. 1.55). Die Nerven werden nach rostral bis unter den *Processus clinoideus anterior* (3) verfolgt. Der *N. abducens* (4) wird unter der Dura an der Eintrittsstelle am *Clivus* (5) freigelegt. Darstellung des Verlaufs unter der durch das *Ligamentum sphenopetrosum* (= Gruber-Band) (6) gebildeten Abduzensbrücke (= Dorello-Kanal) und verfolgen des Nerven nach rostral.

Topographie

Der N. abducens zieht am Eintritt in den Sinus cavernosus unter dem Ligamentum sphenopetrosum durch den Dorello-Kanal. Eine Einengung des Dorello-Kanals, z. B. durch eine Verknöcherung des Bandes, kann zu einer Druckläsion des N. abducens führen. Es resultieren Doppelbilder.

► Klinik

Aufgrund des sehr langen extraduralen Verlaufs wird der N. abducens bei Schädelbasisfrakturen besonders häufig in Mitleidenschaft gezogen. ◄

Die Aufzweigung des N. trigeminus in seine drei Äste *N. ophthalmicus* (7), *N. maxillaris* (8) und *N. mandibularis* (9) wird unter der Dura freigelegt. Die Arachnoidea über dem Ganglion trigeminale wird von rostral kommend sondiert und schließlich entfernt. Der N. maxillaris wird bis zum *Foramen rotundum* (10) verfolgt. An der Durchtrittsstelle des N. mandibularis, am *Foramen ovale* (11), den *Plexus venosus foraminis venosus* (12) beachten. Bindegewebssepten und koaguliertes Blut werden vorsichtig entfernt. Freilegen der *A. carotis interna* (13) in ihrem Verlauf durch den Sinus cavernosus (Pars cavernosa) (14). In der Pars cerebralis der A. carotis interna (15) wird durch Anheben des kranial verlaufenden *N. opticus* (16) der Abgang der *A. ophthalmica* (17) dargestellt. Durch Abtragen der Dura mater am Clivus posterior und kaudal des *Dorsum sellae* (18) wird der *Plexus basilaris* (19) dargestellt. Die topographische Beziehung der Leitungsbahnen zur *Hypophysis cerebri* (20) studie-

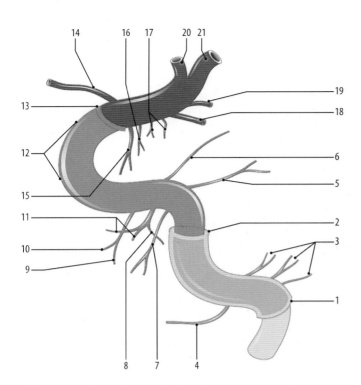

1   Apertura externa des Canalis caroticus
2   Apertura interna des Canalis caroticus
3   Aa. caroticotympanicae
4   A. canalis pterygoidei
5   Ramus marginalis tentorii
6   Ramus basalis tentorii
7   A. hypophysialis inferior
8   Rami ganglionares trigeminales
9   Ramus sinus cavernosi
10 Ramus meningeus
11 Rami nervorum
12 Siphon caroticum
13 Duradurchtritt
14 A. ophthalmica
15 A. hypophysialis superior
16 Ramus meningeus
17 Rami clivales (=clivi)
18 A. communicans posterior
19 A. choroidea anterior
20 A. cerebri anterior
21 A. cerebri media

Abb. 1.56   Abschnitte und Astfolge der rechten A. carotis interna, Ansicht von links-medial [29]

ren sowie das *Diaphragma sellae* (**21**) und das *Infundibulum* (**22**) der Hypophyse darstellen.

⊘ Bei der Entfernung von Bindegewebssepten im Sinus cavernosus können die dünnen Nn. trochlearis und abducens leicht abgerissen werden.

▶ **Klinik**

Hypophysenadenome sind gutartige Tumore aus dem Parenchym des Hypophysenvorderlappens (Adenohypophyse) oder -hinterlappens (Neurohypophyse) und machen über 10 % aller intrakraniellen Neubildungen aus. Entsprechend der Zelltypen der Hypophyse gibt es neben hormoninaktiven Tumoren auch zahlreiche hormonaktive Adenome, die entsprechend der immunhistochemischen Anfärbbarkeit klassifiziert werden. Mit etwa 30 % der Fälle ist das Prolaktin produzierende Adenom (Prolaktinom) gefolgt vom Wachstumshormon (Somatotropin) produzierende Adenom (10–20 %) am häufigsten. Neben der Hormonnebenwirkung der hormonproduzierenden Tumore (z. B. Prolaktinom: Galaktorrhoe; Somatotropin produzierender Tumor: Akromegalie) kommt es zu Funktionsausfällen aufgrund einer Druckläsion topographisch benachbarter Nerven. Häufig ist die bitemporale Hemianopsie (die Läsion des Chiasma opticum führt zu einer Einschränkung des temporalen Gesichtsfeldes durch Läsion der kreuzenden Bahnen), Doppelbilder durch Läsion der Augenmuskelnerven, Taubheitsgefühl durch Läsion der Trigeminusäste. Eine Kompression des III. Ventrikels kann zu einer Liquor-Abflussstörung und

zu einem Hydrocephalus führen. Je nach Ausdehnung und Symptomatik steht eine medikamentöse, chirurgische oder strahlenmedizinische Therapie zur Verfügung. Die chirurgische Resektion wird in der Regel durch die Nasenhaupthöhle und die Keilbeinhöhle (transsphenoidal) durchgeführt. ◀

Das Entfernen der Seitenwand des Sinus cavernosus oberhalb des Ganglion trigeminale erfolgt auf der Gegenseite. Die Nn. oculomotorius und trochlearis werden nach rostral umgeklappt. Anheben des Ganglion trigeminale und Studium der motorischen Portio minor an der Unterseite. Umklappen des posterioren Absetzungsrands des N. trigeminus nach anterior über das Ganglion trigeminale. Anschließend kann die Seitenwand des Sinus cavernosus abgelöst werden. Einschneiden der Dura an der Eintrittsstelle des N. abducens auf dem Clivus, eine Verbindung zum eröffneten Sinus cavernosus wird hergestellt. Vorsichtiges Entfernen von koaguliertem Blut und Bindegewebssepten aus dem Sinus. Darstellung des sigmoidalen Verlaufs der Pars cavernosa der A. carotis interna (Karotissiphon) von lateral. Freilegen des N. abducens in seinem extraduralen Verlauf durch den Sinus cavernosus bis zur Fissura orbitalis superior.

⊜ **Topographie**

Die A. carotis interna zieht mit ihrer Pars petrosa nach Durchtritt durch die *Apertura externa des Canalis caroticus* (**1**) in den Kanal und gelangt über die *Apertura interna* des Canalis caroticus (**2**) in das Schädelinnere (■ Abb. 1.56). Abgänge der Pars petrosa sind die *Aa. caroticotympanicae* (3) und die *A. canalis pterygoidei* (4). Sie gelangt in den Sinus cavernosus (Pars cavernosa). Die erste Biegung (hinteres oder erstes Knie) befindet sich in Höhe des Processus clinoideus posterior. Sie zieht dann nach rostral und ist dann vom N. trigeminus nur durch eine Durafalte getrennt. Sie gibt in der Pars cavernosa den *Ramus marginalis tentorii* (5) und den *Ramus basalis tentorii* (6) sowie die *A. hypophysialis inferior* (7), *Rami ganglionares trigeminales* (8), *Ramus sinus cavernosi* (9), *Ramus meningeus* (10) und *Rami nervorum* (11) ab. Unterhalb des Processus clinoideus anterior kommt es zu einer erneuten Biegung (vorderes oder 2. Knie). Der folgende Abschnitt wird als *Siphon caroticum* (12) bezeichnet. Erst danach kommt es zum Duradurchtritt (13). Die A. carotis interna gelangt in die Cisterna carotica. In der Pars cerebralis entspringt die *A. ophthalmica* (14), *A. hypophysialis superior* (15), *Ramus meningeus* (16), *Rami clivales (=clivi)* (17), *A. communicans posterior* (18) und *A. choroidea anterior* (19). Schließlich zweigt sich die A. carotis interna in die *A. cerebri anterior* (20) und *A. cerebri media* (21) auf.

> ► **Klinik**

Die A. carotis interna ist häufig von Stenosierungen aufgrund von arteriosklerotischen Wandveränderungen betroffen. Prädilektionsstelle ist die Pars cavernosa im Bereich des Karotissiphons. ◄

> ► **Klinik**

Die Pars cavernosa der A. carotis interna ist Prädilektionsstelle für krankhafte Aussackungen der Arterienwand, den Aneurysmen. Bei den meisten Hirnarterienaneurysmen ist eine angeborene krankhafte Schwächung der Arterienwände ursächlich. Aneurysmen der Pars cavernosa können asymptomatisch sein oder auch durch Druck auf Augenmuskelnerven Doppelbilder oder auf Trigeminusäste sensible Ausfälle oder Schmerzen bewirken. Bei einer Aneurysma-Ruptur kommt es zu einer schlagartigen und in der Regel massiven und lebensbedrohlichen Blutung in den Subarachnoidealraum (Subarachnoidealblutung, kurz: SAB) mit schlagartig einsetzenden massivsten Kopfschmerzen. Die Häufigkeit einer SAB bei einem unbehandelten nachgewiesenen Hirnarterienaneurysma liegt für das Individuum bei 2 % pro Jahr, eine Operationsindikation muss daher sorgfältig abgewogen werden. Für die notfallmäßige Versorgung einer SAB stehen offen-chirurgische Verfahren (z. B. „Clipping" oder „Wrapping") oder neuroradiologische Verfahren (z. B. „Coiling" oder „Stenting") zur Verfügung. ◄

> ► **Klinik**

Bei der Sinus-cavernosus-Thrombose handelt es sich um eine septische Thrombose aufgrund einer entzündlichen hämatogenen Weiterleitung von Erregern, z. B. eines

Furunkels im oberen Gesichtsbereich oder einer bakteriellen Sinusitis frontalis oder sphenoidalis. Die Patienten klagen über Kopfschmerzen und Druckgefühl im Kopf. Es kommt zu einer zunehmenden Somnolenz, Krampfanfällen, Taubheitsgefühl im Gesicht (N. trigeminus-Affektion), Doppelbildern (Affektion Nn. oculomotorius, trochlearis, abducens), Stauungszeichen am Augenhintergrund und Exophthalmus. Die Therapie erfolgt durch eine intravenöse Antibiotikagabe, einer antikoagulativen Therapie und, abhängig von der Ursache, der HNO-chirurgischen Sanierung der Erregerquelle (z. B. endoskopische NNH-OP). ◄

1.7.5 Präparation der Orbita

Der Zugang zur Orbita von kranial wird auf beiden Seiten unterschiedlich präpariert:

- Entfernen des Orbitadaches mitsamt Arcus superciliaris des Stirnbeins: Die Orbita wird mit allen intraorbitalen Strukturen exponiert.
- Entfernen des Orbitadaches bei Erhalt des Arcus superciliaris des Stirnbeins: Die orbitalen Strukturen werden lediglich bis zum anterioren Anteil des Augenbulbus exponiert. Die Stirnregion mit periorbitalen Strukturen bleibt erhalten.

⊜ **Topographie**

Aufgrund anatomischer und klinischer (chirurgische Zugangswege, Lokalisation von Tumoren) Gesichtspunkte werden in der Orbita unterschiedliche Gliederungen angewendet:

1. Gliederung in Bezug auf den Augenbulbus:
   a. **bulbärer Abschnitt**
   b. **retrobulbärer Abschnitt**
2. Gliederung in Bezug auf die kegelförmig angeordneten geraden Augenmuskeln:
   a. **zentraler Teil = intrakonaler Teil:** innerhalb der geraden Augenmuskeln
   b. **peripherer Teil = extrakonaler Teil:** außerhalb der geraden Augenmuskeln
3. Gliederung in Etagen
   a. **obere Etage:**
   Lokalisation: zwischen Orbitadach und Mm. levator palpebrae superioris und rectus superior
   Inhalt: N. frontalis, N. trochlearis, N. lacrimalis, A. supraorbitalis, A. supratrochlearis, A. und V. lacrimalis, V. ophthalmica superior (anterior, im bulbären Abschnitt)
   b. **mittlere Etage:**
   Lokalisation: zwischen den geraden Augenmuskeln = intrakonaler Teil
   Inhalt: N. oculomotorius, N. nasociliaris, N. abducens, N. zygomaticus, Ganglion ciliare, A. ophthalmica, V. ophthalmica superior (pos-

1

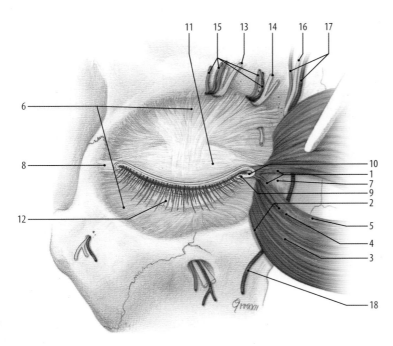

1	Pars palpebralis des M. orbicularis oculi
2	Pars lacrimalis (= Horner Muskel) des M. orbicularis oculi
3	Pars septalis
4	Pars tarsalis
5	Fasciculus ciliaris (= Riolan Muskel)
6	Septum orbitale
7	Ligamentum palpebrale mediale
8	Ligamentum palpebrale laterale
9	Papilla lacrimalis und Punctum lacrimale
10	Caruncula lacrimalis
11	Tarsus superior
12	Tarsus inferior
13	Ramus lateralis des N. supraorbitalis
14	Ramus medialis des N. supraorbitalis
15	Vasa supraorbitalia
16	N. supratrochlearis
17	Vasa supratrochlearia
18	A. infratrochlearis

Abb. 1.57   Freilegen des rechten Septum orbitale, Ansicht von vorn [36]

terior, im retrobulbären Abschnitt), Aa. ciliares posteriores breves und longae

c. **untere Etage:**
   Lokalisation: zwischen M. rectus inferior, M. obliquus inferior und dem Orbitaboden
   Inhalt: N. infraorbitalis, A. infraorbitalis, V. ophthalmica inferior

Die anatomische Präparation der Orbita erfolgt von kranial in die Tiefe. Aus diesem Grund findet in der folgenden Beschreibung die Gliederung in Etagen Anwendung.

Vorbereitung der Entfernung des Arcus superciliaris: Präparation der periorbitalen Region   Zur Vorbereitung des Eröffnens der Orbita mit Entfernen des Arcus superciliaris auf einer Seite wird zunächst die Präparation der periorbitalen Region fortgesetzt: Ablösen des M. orbicularis oculi am Ober- und Unterlid vom darunterliegenden Bindegewebe (◘ Abb. 1.57). Die *Pars palpebralis* (1) und die medial gelegene *Pars lacrimalis ("Horner Muskel")* (2) des M. orbicularis oculi werden abgegrenzt. In der Pars palpebralis wird zwischen der *Pars septalis* (3) und der *Pars tarsalis* (4) unterschieden. Der *Fasciculus ciliaris (= Riolan-Muskel)* (5) entlang der Lidspalte wird aufgesucht. Abklappen des Muskels nach medial. Darstellen von *Septum orbitale* (6), *Ligamentum palpebrale mediale* (7) und *Ligamentum palpebrale laterale* (8). Die *Papilla lacrimalis* und das *Punctum lacrimale* (9) des Ober- und Unterlids sowie die *Caruncula lacrimalis* (10) werden aufgesucht. Palpation des *Tarsus superior* (11) und *inferior* (12). Freilegen der Austrittsstellen des *Ramus lateralis* (13) und des *Ramus medialis* (14) des *N. supraorbitalis*, der *Vasa*

supraorbitalia (15), des *N. supratrochlearis* (16) sowie der *Vasa supratrochlearia* (17) und der *A. infratrochlearis* (18).

Präparation der Tränendrüse   Spalten des *Septum orbitale* (1) am Oberlid (◘ Abb. 1.58, 1.122/Video 1.40). Vorsichtiges Freilegen der oberflächlichen *Pars orbitalis* der *Glandula lacrimalis* (2). Befreien von Bindegewebe und Darstellung der Läppchengliederung und der *Ductuli excretorii* (3). Aufsuchen der Ansatzsehne des *M. levator palpebrae superioris* (4), die flächig durch die Tränendrüse zieht, am *Tarsus superior* (5) sowie am Septum orbitale ansetzt. Freilegen des tiefen Anteils der *Pars palpebralis* der Tränendrüse (6). Darstellen des *Tarsus inferior* (7) unterhalb der *Rima palpebrarum* (8).

Topographie

Der M. levator palpebrae superioris entspringt mit einer kurzen und schmalen Sehne oberhalb des Anulus tendineus communis an der Ala minor des Keilbeins und verläuft entlang des Orbitadaches in Richtung Oberlid. Distal spreizt sich der Muskel zu einer flächigen Aponeurose auf und bildet einen medialen und lateralen Strang. Der mediale Strang inseriert am Ligamentum palpebrale mediale und der Sutura frontolacrimalis. Der laterale Strang zieht durch die Glandula lacrimalis. Bei dem Durchtritt durch die Tränendrüse (Teilung in die Pars orbitalis und Pars palpebralis) inserieren glatte Muskelfasern des M. tarsalis (Müller-Muskel) an der Unterseite der sehnigen Aponeurose. Distal fächert sich die Aponeurose auf. Ein Teil zieht zur Insertionsstelle am Ligamentum palpebrale laterale und Tuberculum orbitale. Andere

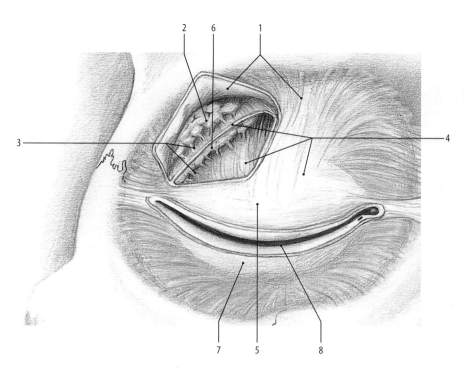

1 Septum orbitale
2 Pars orbitalis der Glandula lacrimalis
3 Ductuli excretorii
4 M. levator palpebrae superioris
5 Tarsus superior
6 Pars palpebralis der Tränendrüse
7 Tarsus inferior
8 Rima palpebrarum

Abb. 1.58 Spalten des Septum orbitale und Präparation der rechten Glandula lacrimalis, Ansicht von vorn [29]

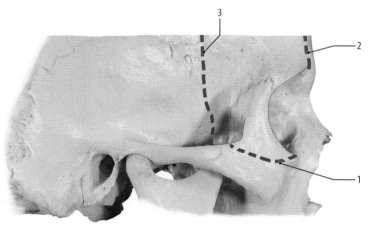

1 transversale Schnittebene
2 sagittale Schnittebene
3 frontale Schnittebene

---- Schnittführung zum Eröffnen der Orbita

Abb. 1.59 Schnittführung zum Eröffnen der rechten Orbita, Ansicht von rechts-seitlich [36]

Fasern ziehen zwischen dem Tarsus des Oberlids und der Pars palpebralis des M. orbicularis oculi.

▶ **Klinik**

Bei einem Ausfall des M. levator palpebrae superioris kommt es zu einem Herabhängen des Augenlids (Ptosis). Der Funktionsverlust kann angeboren (z. B. neurogene Ptosis bei Aplasie des motorischen Okulomotoriuskerns im vorderen Anteil des Mittelhirns) oder erworben (z. B. myopathische Ptosis bei der neurologischen Autoimmunkrankheit Myasthenia gravis) sein. ◀

Abtragen des Orbitadaches Auf beiden Seiten wird in der vorderen Schädelgrube über dem Orbitadach die Dura mater entfernt. Das Periost der Orbita, die Periorbita, wird von vorne kommend mobilisiert: Abtrennen des Septum orbitale am gesamten Orbitarand unter Erhalt der Nn. supraorbitalis und supratrochlearis sowie der Aa. und Vv. supraorbitales und supratrochleares mit einem scharfen Skalpell. Eingehen kranial des Orbitarandes mit einem flachen, stumpfen Instrument (Spatel oder Skalpellgriff) und vorsichtiges Mobilisieren des Weichteilgewebes streng entlang des knöchernen Orbitadaches.

Auf der Seite, auf der der Arcus superciliaris entfernt wird, werden Sägeschnitte mit einer oszillierenden Säge angefertigt (◻ Abb. 1.59, 1.120/Video 1.38):

- Durch das Os zygomaticum auf Höhe des Margo infraorbitalis in transversaler Schnittebene (1) nach lateral.
- Durch das Os frontale in Höhe der medialen Wand der Augenhöhle in sagittaler Schnittebene (2) nach kranial.
- Durch das Os sphenoidale in frontaler Schnittebene (3) durch den vorderen Bereich der Ala major, nahe des Margo zygomaticus.

Die Sägeschnitte durch das Os frontale und das Os sphenoidale werden bis zur zirkulären Schnittkante der Kalotteneröffnung erweitert und erreichen auf der Schädelinnenseite die Umschlagskante zum Orbitadach.

❗ Beim sagittalen Sägeschnitt durch das Os frontale kann die in der Ausdehnung variabel angelegte Stirnhöhle eröffnet werden. In diesem Fall muss auch die Stirnhöhlenhinterwand durchtrennt werden.

❗ Die Periorbita muss bei der Eröffnung der Orbita geschont werden, da sonst die aus der Fissura orbitalis superior kommenden Leitungsbahnen geschädigt werden können.

Auf beiden Seiten wird nun von kranial die dünne Knochenlamelle des Orbitadaches abgetragen.

- Für den medialen Absetzungsrand wird mit einer oszillierenden Säge eine feine Sägelinie wenige Millimeter lateral der Lamina cribrosa ossis ethmoidalis nach posterior in Richtung N. opticus gezogen.
- Für den lateralen Absetzungsrand wird beginnend vom N. opticus eine feine Sägelinie parallel zur Hinterkante der Ala minor des Keilbeines nach anterolateral in Richtung Margo zygomaticus der Ala major des Keilbeins gezogen. Auf der Seite mit der Entfernung der Arcus superciliare wird eine Verbindung mit dem Sägeschnitt in Frontalebene durch das Os sphenoidale hergestellt.

Abtragen des dünnen Knochendeckels am Orbitadach mittels eines feinen Meißels oder feiner Knochenzange. Auf der Seite mit der Entfernung des Arcus superciliare kann durch Druck mit dem Daumen auf der Innenseite des Os frontale in anteriorer Richtung der obere Augenhöhlenrand mitsamt dem Orbitadach weggehebelt werden. Im Falle eines Foramen supraorbitale werden die Nn. und Vasa supraorbitalia vorsichtig aus dem Foramen herausgezogen. Der Knochen wird herausgenommen.

Präparation der oberen Etage (◻ Abb. 1.60, **rechte Seite**) Spalten und Umklappen der Periorbita entlang der Längsachse (◻ Abb. 1.60, 1.121/Video 1.39). Vorsichtiges Freilegen des im retrobulbären Fettgewebe verlaufenden *N. frontalis* (1). Präparation der *Ramus medialis* (2) und *Ramus lateralis* (3) des *N. supraorbitalis* sowie des *N. supratrochlearis* (4) als Endäste des N. frontalis. Freilegen des *N. trochlearis* (5) medial des N. frontalis bis zur dorsalen Oberfläche des nasal liegenden *M. obliquus superior* (6). Darstellen von *A. und N. ethmoidalis anterior* (7) sowie *A. und N. ethmoidalis posterior* (8) medial des Muskels auf ihrem Weg durch die *Foramina ethmoidale anterius* und *posterius* in das Siebbein. Die *A. supraorbitalis* (9) wird in ihrem Verlauf auf dem *M. levator palpebrae superioris* (10) freigelegt. Die *V. ophthalmica superior* (11) wird abgegrenzt und in ihrem Verlauf bis unter den *M. levator palpebralis superior* und den *M. rectus superior* dargestellt. Aufsuchen der *A. lacrimalis* (12) und der *V. lacrimalis* (13) sowie des *N. lacrimalis* (14) am lateralen Orbitarand auf ihrem Weg zur *Glandula lacrimalis* (15).

❗ Bei der Eröffnung der Periorbita ist der direkt darunter verlaufende N. frontalis gefährdet.

Anschließend wird das Oberlid ausgelöst und mitsamt dem anhängenden M. levator palpebrae superioris nach hinten geklappt (◻ Abb. 1.61): Von vorne kommend wird das Oberlid an beiden Augenwinkeln oberhalb der Ligamenta palpebralia mediale und laterale durchtrennt. Anheben des Oberlids und scharfes Durchtrennen der Bindehaut am Übergang der *Conjunctiva tarsi* (1) in die *Conjunctiva bulbi* (2) mit einem Skalpell mit kleiner Klinge. Anheben des Oberlids gemeinsam mit dem *M. levator palpebrae superioris* (3) und Umklappen nach posterior.

❗ Beim Umklappen des M. levator palpebrae superioris kann am posterioren Bereich des Muskels der N. trochlearis, der den Muskel kreuzt, sowie der Ramus superior des M. oculomotorius, der unterhalb des Muskels verläuft, geschädigt werden.

🔄 **Topographie**
Die V. ophthalmica superior entsteht aus dem Zusammenfluss der V. angularis und der Vv. supratrochleares. Sie verläuft in der anterioren medialen Orbita oberhalb des M. levator palpebralis superior und zieht im weiteren Verlauf in die Tiefe unterhalb des M. rectus superior, überkreuzt den N. opticus und mündet über die Fissura orbitalis superior in den Sinus cavernosus.

Weitere Zuflüsse sind die Vv. palpebrales, ethmoidales, conjunctivales, vorticosae, ciliares, centralis retinae sowie die V. lacrimalis.

Zur klinischen Bedeutung ► Abschn. 1.5.2 und 1.7.4.

Präparation der mittleren und unteren Etage (◻ Abb. 1.60, **linke Seite**) Die Präparation erfolgt auf der linken

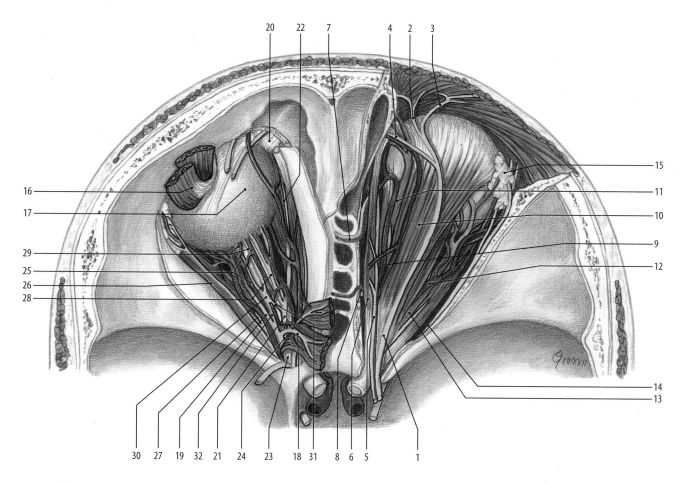

1 N. frontalis	12 A. lacrimalis	23 N. opticus
2 Ramus medialis des N. supraorbitalis	13 V. lacrimalis	24 A. ophthalmica
3 Ramus lateralis des N. supraorbitalis	14 N. lacrimalis	25 Aa. ciliares posteriores longae und breves
4 N. supratrochlearis	15 Glandula lacrimalis	26 M. rectus lateralis
5 N. trochlearis	16 M. rectus superior	27 N. abducens
6 M. obliquus superior	17 Bulbus oculi	28 Nn. ciliares longi
7 A. und N. ethmoidalis anterior	18 Ramus superior des N. oculomotorius	29 Nn. ciliares breves
8 A. und N. ethmoidalis posterior	19 Ramus inferior des N. oculomotorius	30 Ganglion ciliare
9 A. supraorbitalis	20 Trochlea	31 Radix sensoria
10 M. levator palpebrae superioris	21 N. nasociliaris	32 Radix parasympathica (=oculomotoria)
11 V. ophthalmica superior	22 N. infratrochlearis	

Abb. 1.60 Präparation der Orbitae; obere Etage auf der rechten Seite, mittlere und untere Etage auf der linken Seite, Ansicht von oben [36]

Seite bei erhaltenem Arcus superciliaris. Der *M. rectus superior* (16) wird aus dem Fettgewebe isoliert. Durchtrennung des Muskels kurz vor seinem Ansatz am *Bulbus oculi* (17) (■ Abb. 1.60, 1.122/Video 1.40). Vorsichtiges Umklappen des Muskels nach posterior. Darstellen des unter dem Muskel verlaufenden *Ramus superior* des *N. oculomotorius* (18) sowie des *Ramus inferior* des *N. oculomotorius* (19). Freilegen des M. obliquus superior mit dem aufliegenden N. trochlearis bis zur *Trochlea* (20) und Präparation des Muskelanteils von der Trochlea zur Insertionsstelle am Bulbus oculi. Aufsuchen des lateral und unterhalb des Muskels verlaufenden *N. nasociliaris* (21). Verfolgen seiner Äste: Nn. ethmoidales

anterior und posterior zu den Foramina ethmoidalia anterius und posterius, *N. infratrochlearis* (22) bis zum medialen Augenwinkel. Aufsuchen des *N. opticus* (23) sowie die medial aufsteigende und sich verästelnde *A. ophthalmica* (24). Präparation der Äste der A. ophthalmica: Die Aa. ethmoidales anterior und posterior sowie die *Aa. ciliares posteriores longae* und *breves* (25). Anschließend wird der *M. rectus lateralis* (26) im lateral gelegenen retrobulbären Fettgewebe freipräpariert und nahe dem Ansatz am Bulbus oculi durchtrennt. Der Muskel wird nach lateral gedrückt. Im hinteren Drittel wird der *N. abducens* (27) dargestellt und bis an den Anulus tendineus verfolgt. Das intrakonale Fettgewebe wird

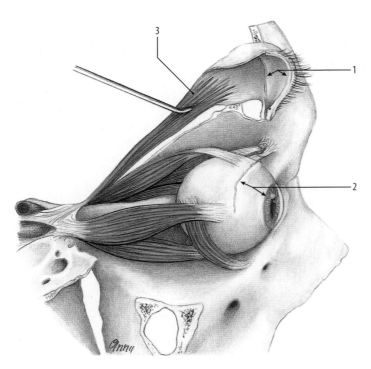

1 Conjunctiva tarsi
2 Conjunctiva bulbi
3 M. levator palpebrae superioris

Abb. 1.61   Auslösen des rechten Oberlids, Ansicht von rechts-seitlich [29]

mit einer spitzen Pinzette vorsichtig entfernt. Darstellen der *Nn. ciliares longi* **(28)** und *Nn. ciliares breves* **(29)**. Verfolgen der Nn. ciliares breves nach proximal zum *Ganglion ciliare* **(30)**. Vorsichtiges Freilegen des Ganglion aus dem Fettgewebe. Darstellen der Verbindungen zum N. nasociliaris (*Radix sensoria*) **(31)** und zum Ramus inferior des N. oculomotorius, der *Radix parasympathica (= oculomotoria)* **(32)**. Verfolgen des Ramus inferior des N. oculomotorius und Aufsuchen des M. rectus inferior in der Tiefe. Verfolgen des Nervenastes bis zum M. obliquus inferior. Zur Darstellung des M. obliquus inferior den Bulbus oculi leicht anheben. Gelegentlich kann man am dünnen Orbitaboden den N. infraorbitalis und die Vasa infraorbitalia in ihrem Verlauf zum Foramen infraorbitale durchscheinen sehen.

► **Klinik**

Das orbitale Kompartmentsyndrom tritt bei einer intraorbitalen arteriellen Blutung, z. B. im Rahmen eines Mittelgesichtstraumas oder eines chirurgischen Eingriffs als schwerwiegende Komplikation auf. Der intraorbitale Druck führt zu einer Kompression der venösen Drainage und der arteriellen Blutversorgung von Retina und Sehnerv mit der Gefahr der Erblindung. Notfallmäßig kann eine „laterale Kanthotomie und Kantholyse" durchgeführt werden: Die Durchtrennung des Ligamentum palpebrale laterale nimmt dem Augenbulbus das Widerlager. Das Auge kann nach anterior ausweichen, der intraorbitale Druck wird entlastet. ◄

► **Klinik**

Chronische Entzündungen oder Tumore im Bereich der Orbitaspitze (Orbitaspitzensyndrom) können zu einer kompletten oder inkompletten Ophthalmoplegie führen. ◄

Präparation des Unterlids   Zur Mobilisierung des Unterlids wird das Ligamentum palpebrale laterale (es fächert sich in zwei Schenkel auf) vollständig durchtrennt, die Tunica conjunctiva des Unterlids wird in der Umschlagfalte scharf umschnitten und das Unterlid nach medial geklappt und am Ligamentum palpebrale mediale belassen.

1.7.6 Präparation des Schläfenbeins

Die Dura mater über dem Felsenbein (Pars petrosa ossis temporalis) wird unter Schonung der *Nn. petrosus major* und *petrosus minor* vollständig entfernt. Aufsuchen des *Meatus acusticus internus* **(1)**. Die Oberflächenprojektion des *Ductus semicircularis lateralis* **(2)**, *Ductus semicircularis anterior* **(3)** (dieser führt zu einer Erhebung der Facies anterior partis petrosae des Schläfenbeins, der Eminentia arcuata), *Ductus semicircularis posterior* **(4)** sowie der *Cochlea* **(5)** wird studiert (Abb. 1.62). Einprägen der Orientierung der *Basis cochleae* **(6)** sowie des *Apex cochleae* **(7)**. An der Facies posterior des Felsenbeins (Pars petrosa ossis temporalis) **(8)** ist auf den Austritt des *Saccus endolymphaticus* **(9)** zu achten. Die Dura mater wird am

Abb. 1.62 Projektion von Innenohr, Gesichts- und Hörnerv der rechten Seite, Ansicht von oben [29]

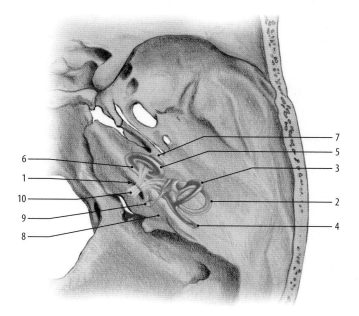

1 Meatus acusticus internus
2 Ductus semicircularis lateralis
3 Ductus semicircularis anterior
4 Ductus semicircularis posterior
5 Cochlea
6 Basis cochleae
7 Apex cochleae
8 Facies posterior des Felsenbeins
9 Saccus endolymphaticus
10 N. vestibulocochlearis

Abb. 1.63 Knochenabtragen mittels Meißel am linken Schläfenbein, Ansicht von oben [36]

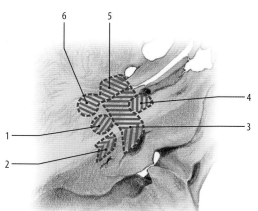

1 Bereich des vorderen Bogenganges
2 Bereich des hinteren Bogenganges
3 Dach des Porus acusticus internus
4 Bereich der Cochlea
5 Dach des Mittelohres (Tegmen tympani)
6 Dach des Antrum mastoideum

---- Begrenzung der Knochenabtragung mittels Meißel

Meatus acusticus internus unter Erhalt des N. facialis, des N. intermedius, des *N. vestibulocochlearis* **(10)** und der A. labyrinthi (oder der Schleife der A. cerebelli anterior inferior, die dann im Meatus acusticus interna die A. labyrinthi abgibt) entfernt.

Topographie

Der Saccus endolymphaticus ist das blinde Ende des Ductus endolymphaticus. Beide Strukturen besitzen resorptive und sekretorische Aufgaben und sind an der Regulation der Zusammensetzung der Endolymphe beteiligt. Der Saccus endolymphaticus stellt sich histologisch als ein epithelial-tubulöses System dar, welches in den Septen mit Fasern der Dura mater durchzogen und somit eng mit der Dura mater verwoben ist. In 60 % der Fälle reicht er an den Sinus sigmoideus heran, oft überlappt er diesen. Die Entfernung der Hirnhaut über dem Saccus endolymphaticus führt

zwangsläufig zum Abreißen der epithelial-tubulären Strukturen. Die oft bogenförmige Austrittsstelle des Saccus endolymphaticus an der Facies posterior des Felsenbeins, die Rima sacci endolymphatici, kann am Knochen dargestellt werden. Der Ductus endolymphaticus kann sondiert werden.

Freilegen des häutigen Labyrinths Ziel ist es, mit einem parallel zur Oberfläche geführten kleinen Meißel die knöcherne Bedeckung des häutigen Labyrinths an der Facies anterior partis petrosae des Schläfenbeins zu entfernen. Die erfolgt in fünf Schritten (Abb. 1.63):

1. Entfernen des Knochens im Bereich des vorderen Bogenganges an der *Eminentia arcuata* **(1)**
2. Entfernen des Knochens im Bereich des hinteren Bogenganges, Entfernung der Felsenbeinkante und der Facies posterior der *Pars petrosa ossis temporalis* (Felsenbein) **(2)**

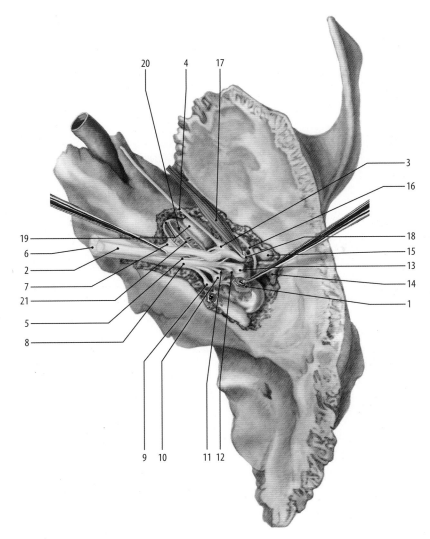

1 Canalis semicircularis ossei
2 N. facialis
3 Ganglion geniculi
4 N. petrosus major
5 N. intermedius
6 N. vestibulocochlearis
7 N. cochlearis
8 N. vestibularis
9 N. ampullaris posterior
10 N. saccularis
11 N. utricularis
12 N. ampullaris anterior
13 N. ampullaris lateralis
14 Corpus incudis
15 Caput mallei
16 Chorda tympani
17 M. tensor tympani
18 Processus cochleariformis
19 Cochlea
20 Canalis spiralis cochleae
21 Lamina spiralis ossea

Abb. 1.64   Freilegen von Hörnerv, Gesichtsnerv, Innenohr und Mittelohr der rechten Seite, Ansicht von oben [36]

3. Entfernen des Daches des Porus acusticus internus zur Darstellung des N. facialis, Ganglion geniculi, N. petrosus major (Erweiterung nach anterior) (3)
4. Entfernen des Knochens im Bereich der *Cochlea* (4)
5. Entfernen des Daches des Mittelohres (*Tegmen tympani*) (5) sowie des Daches über dem *Antrum mastoideum* (6)

❗ Die Darstellung des seitlichen Bogenganges (Ductus semicircularis lateralis) von kranial ist mit einem Meißel ohne Verletzung des Canalis nervi facialis nicht möglich. Schonender als mit dem Meißel können die Bogengänge mit einem Fräse-Bohrer-System dargestellt werden (Institutspersonal).

Aufsuchen der Öffnungen der *Canales semicirculares ossei* (1) und Eingehen mit einer feinen gebogenen Sonde (◻ Abb. 1.64). Der *N. facialis* (2) wird im Porus accusticus internus dargestellt und bis zum *Ganglion geniculi* (3) verfolgt. Aufsuchen der Abzweigung des *N. petrosus major* (4). Der N. facialis und der *N. intermedius* (5) werden vorsichtig angehoben und der unter ihm laufende *N. vestibulocochlearis* (6) aufgesucht. Die Aufspaltung in den anterior verlaufenden *N. cochlearis* (7) und posterior verlaufenden *N. vestibularis* (8) wird dargestellt. Falls nicht durch die Eröffnung des Porus acusticus internus entfernt, kann die Crista transversa als knöcherne Begrenzung zwischen dem Nn. facialis und intermedius sowie den Nn. cochlearis und vestibularis freigelegt werden. Beachten der Abgänge des N. vestibularis: *N. ampullaris posterior* (9), *N. saccularis* (10), *N. utricularis* (11), *N. ampullaris anterior* (12), *N. ampullaris lateralis* (13). Der Richtungswechsel des N. facialis nach posterolateral (tympanaler Teil des N. facialis) wird dargestellt. Unterhalb des Tegmen tympani werden der Ambosskörper (*Corpus incudis*) (14) und der Hammerkopf (*Caput mallei*) (15) freigelegt. Vorsichtiges Entfernen von Schleimhaut und Bindegewebe im *Recessus epitympanicus* des

Mittelohres. Darstellen der *Chorda tympani* **(16)** in ihrem Verlauf zwischen den Gehörknöchelchen (Ossicula auditoria). Der Steigbügel (Stapes) kann durch Drehen des Präparates in der Tiefe aufgesucht werden. Freilegen des *M. tensor tympani* **(17)** und seiner Sehne, die um den *Processus cochleariformis* **(18)** der medialen Wand des Mittelsohres als Hypomochlion umgelenkt wird und am Malleus ansetzt. An der eröffneten *Cochlea* **(19)** wird der *Canalis spiralis cochleae* **(20)** und die *Lamina spiralis ossea* **(21)** mit einer Lupe inspiziert.

Bei der Cochlea-Implantation wird bei hochgradig schwerhörigen oder ertaubten Patienten eine Stimulationselektrode in das knöcherne Labyrinth unter Schonung des N. facialis von posterior kommend eingeführt und in das Promontorium der basalen Schneckenwindung vorgeschoben (posteriore Tympanotomie und Kochleostomie). Verbunden ist die Stimulationselektrode mit einem Implantat, das in einem gefrästen Knochenbett im Mastoid verankert ist und durch die intakte Haut von einem Sprachprozessor mit Mikrophon angesteuert wird. Das Cochlea-Implantat führt eine Umwandlung der Schallenergie in elektrische Signale durch und stimuliert den Hörnerven. Erhalten taub geborene Kinder innerhalb der ersten drei Jahre ein Cochlea-Implantat, wird ein Spracherwerb ermöglicht. Erwachsene mit einer erworbenen hochgradigen Schwerhörigkeit oder Ertaubung können ebenfalls von der Cochlea Implantation profitieren. ◄

Eine chronisch-eitrige Mittelohrentzündung, zu der es z. B. durch chronischen Unterdruck mit Trommelfelleinziehung durch eine Einwucherung von Plattenepithel in die Mittelohrschleimhaut kommen kann, nennt man Cholesteatom. Es handelt sich um eine progredient destruierende Knocheneiterung der Gehörknöchelchen und des das Mittelohr umgebenden Knochens, die unbehandelt zu lebensbedrohlichen Komplikationen führen kann (z. B. Meningitis oder Hirnabszess). Therapeutisch wird das Gewebe durch einen mikrochirurgischen Eingriff entfernt. Eine medikamentöse Therapie steht nicht zur Verfügung. Da sich der Hammerkopf und der Ambosskörper im Recessus epitympanicus befinden, wird das Erkrankungsbild auch Otitis media epitympanalis bezeichnet. ◄

Der N. facialis kann bei seinem Verlauf im Schläfenbein im Rahmen einer Felsenbeinfraktur, einer Mittelohr- oder Warzenfortsatzentzündung verletzt oder geschädigt werden. Die Symptome bei einer sog. peripheren Fazialisparese hängen vom Ort der Schädigung im Verlauf des N. facialis und des Intermedius-Anteils ab. Liegt die Schädigung im Bereich des Ganglion geniculi, kommt es zur Parese der mimischen Muskeln (motorische Endäste) und des M. stapedius (Hyperakusis) sowie zur Ge-

schmacksstörung (Chorda tympani) und Beeinträchtigung der Tränen- und Speichelsekretion (N. petrosus major). Eine Schädigung des N. facialis distal des Abganges der Chorda tympani führt zu einer selektiven Parese der mimischen Muskulatur. ◄

1.8 Präparation des Gehirns

Dargestellt werden verschiedenen Arten der Gehirnpräparation: Präparation der Leptomeninx, Herstellung einer Horizontal- und Frontalschnittserie, Ventrikelpräparation, Faserpräparation, Präparation des Hirnstammes sowie Präparation des Kleinhirnes. Idealerweise stehen für die jeweiligen Präparationen jeweils vollständige Gehirne zur Verfügung. Stehen einer Arbeitsgruppe zwei Gehirne zur Verfügung, können auch an den vier Hemisphären alle wesentlichen Präparationen ausgeführt werden. Falls keine zusätzlichen Gehirne zur Verfügung stehen, können die Präparationsschritte zwischen zwei Arbeitsgruppen abgesprochen werden.

Die Verteilung der Präparation kann z. B. folgendermaßen erfolgen:

Gehirn 1:
- Oberflächenpräparation, Darstellung des Circulus arteriosus
- Ventrikelpräparation,
- Präparation des Temporallappens mit Hippocampusformatiion
- Kleinhirnpräparation
- Hirnstammpräparation
- Horizontalschnittserie

Gehirn 2:
- Oberflächenpräparation, Entfernung einer Großhirnhemisphäre
- Gehirnhälfte (Großhirnhemisphäre 1 mit Klein- und Stammhirn): Faserpräparation
- Isolierte Großhirnhemisphäre 2: Frontalschnittserie

1.8.1 Oberflächenpräparation

Präparation der Leptomeninx und der oberflächlichen Arterien und Venen des Gehirns Studium der leptomeningealen Umhüllung: Anheben der *Arachnoidea mater* **(1)** und Darstellung des Subarachnoidealraumes und der Pia mater (◘ Abb. 1.65). Studium der Granulationes arachnoideae beiderseits der Fissura longitudinalis cerebri. Die *Vv. superiores cerebri* (= Brückenvenen) **(2)** an der Mantelkante werden freigelegt. Aufgesucht werden die *Vv. frontales* **(3)**, die *V. anastomotica superior* (= Trolard Vene) **(4)**, *V. anastomotica inferior* (= Labbé Vene) **(5)**, *Vv. parietales* **(6)**, *Vv. occipitales* **(7)** sowie die leptomeningealen Arterien: *Ramus temporalis anterior* **(8)**, *Ramus frontobasalis lateralis* **(9)**, *Ramus temporalis medius* **(10)**,

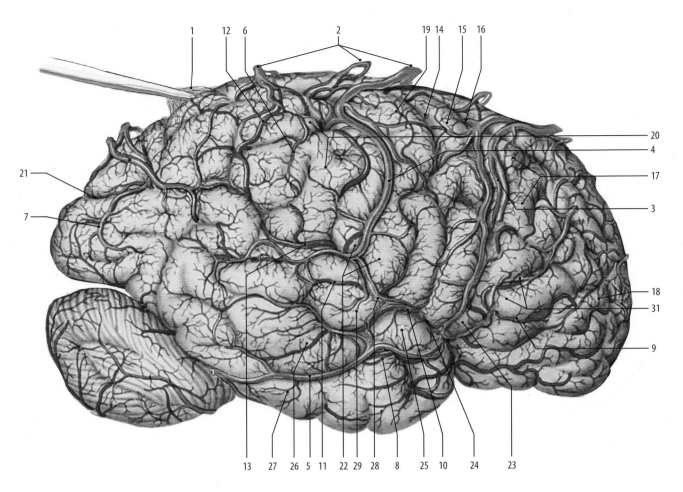

Abb. 1.65   Präparation der Leptomeninx und der oberflächlichen Gefäße des Gehirns, Ansicht von rechts-seitlich [38]

1 Arachnoidea mater	13 Ramus gyri angularis	23 Pars opercularis (=Operculum frontale)
2 Vv. superiores cerebri (=Brückenvenen)	14 Sulcus centralis (=Rolando Furche)	24 Sulcus lateralis (= Sylvius'sche Furche)
3 Vv. frontales	15 Gyrus precentralis	25 Gyrus temporalis superior
4 V. anastomotica superior (=Trolard Vene)	(= primärer motorischer Cortex, =Area 4)	26 Gyrus temporalis medius
5 V. anastomotica inferior (=Labbe Vene)	16 Sulcus precentralis	27 Gyrus temporalis inferior
6 Vv. parietales	17 prämotorischer Cortex (=Area 6)	28 primärer akustischer Cortex (=Area 41)
7 Vv. occipitales	18 präfrontaler Cortex	29 sekundärer akustischer Cortex
8 Ramus temporalis anterior	19 Gyrus postcentralis	(=Area 42 und 22)
9 Ramus frontobasalis lateralis	(= primärer somatosensibler Cortex, =Area 3, 1, 2)	mit sensorischem Sprachzentrum (= Wernike)
10 Ramus temporalis media	20 sekundärer somatosensibler Cortex (=Area 5 und 7)	30 motorisches Sprachzentrum
11 Ramus temporalis posterior	21 Sulcus parietooccipitalis	(=Broca Sprachzentrum)
12 Ramus parietalis	22 Operculum frontoparietale	

Ramus temporalis posterior **(11)**, *Ramus parietalis* **(12)**, *Ramus gyri angularis* **(13)**.

> ▶ **Klinik**
>
> Die äußeren Hirnarterien im Stromgebiet der A. cerebri anterior und media besitzen zahlreiche leptomenigeale Kollateralen, die im Falle eines akuten Schlaganfalles z. B. aufgrund eines thromboembolischen arteriellen Verschlusses das nachgeschaltete Hirnparenchym über einen Zeitraum von einigen Stunden mit Blut versorgen. Die moderne Schlaganfallbehandlung nutzt die funktionelle Wirksamkeit der leptomeningealen Kollateralen: Eine neuroradiologische Intervention zur mechanischen Revaskularisation von Stenosen ist oft nach Stunden noch möglich.
>
> Die leptomeningealen arteriellen Kollateralen sind außerdem die Grundlage der neuroradiologischen Perfusionsbildgebung im Rahmen der Schlaganfalldiagnostik. ◀

Studium der Oberflächenmorphologie der Hemisphären und Abgrenzung der einzelnen Hirnlappen (Lobus frontalis, Lobus parietalis, Lobus occipitalis, Lobus temporalis). Folgende Sulci und Gyri werden aufgesucht: *Sulcus centralis* (= Rolando Furche) **(14)**, *Gyrus precentralis* (= primärer motorischer Cortex, = Area 4) **(15)**, *Sulcus precentralis* **(16)**, prämotorischer Cortex (= Area 6) **(17)**, präfrontaler Cortex **(18)**, *Gyrus postcentralis* (= primärer somatosensibler Cortex, = Area 3, 1, 2) **(19)**, sekundärer somatosensibler Cortex (= Area 5 und 7) **(20)**, *Sulcus parietooccipitalis* **(21)**, *Operculum frontoparietale* **(22)**, *Pars opercularis* (= Operculum frontale) **(23)**, *Sulcus lateralis* (= Sylvius Furche) **(24)**, *Gyrus temporalis superior* **(25)**, *Gyrus temporalis medius* **(26)**, *Gyrus temporalis inferior* **(27)**. Vorsichtiges Aufspreizen des Sulcus lateralis und Darstellen der Gyri temporales transversi (= Heschl Querwindungen) und des primären akustischen Cortex (= Area 41). Aufsuchen des Anteils des primären akustischen Cortex im Bereich der *Gyrus temporalis superior* **(28)**. Beachten des sekundären akustischen Cortex (= Area 42 und 22) **(29)**, der auf der dominanten Gehirnhälfte (meist links) das sensorische Sprachzentrum (= Wernike-Sprachzentrum) beinhaltet. Dieses erstreckt sich bis auf das Planum temporale. Aufspreizen der Fissura longitudinalis cerebri und Darstellen des Sulcus calcarinus und des primären visuellen Cortex (= Area 17) sowie des extrastriären visuellen Cortex (= Area 18 und 19). Aufsuchen des motorischen Sprachzentrums (= Broca-Sprachzentrum) **(30)**.

An der Unterseite des Gehirns und des Hirnstammes werden die Cisterna cerebellomedullaris, Cisterna pontis, Cisterna interpeduncularis, Cisterna chiasmatica und Cisterna ambiens aufgesucht.

❶ Bei der Entfernung der Leptomeninx im Bereich der Cisterna ambiens können der N. trochlearis und die V. cerebri magna leicht beschädigt werden.

Aufsuchen der Hirnnerven An der Unterseite des Gehirns wird die Arachnoidea unter Schonung der Gefäße und der Hirnnerven abgelöst. Studium der Hirnnerven (◻ Abb. 1.66): *Tractus olfactorius* mit *Bulbus olfactorius* **(1)**, *N. opticus* mit *Chiasma opticum* **(2)** und *Tractus opticus* **(3)**, *N. oculomotorius* **(4)**, *N. trochlearis* **(5)**, *N. trigeminus* **(6)**, *N. abducens* **(7)**, *N. facialis* **(8)**, *N. vestibulocochlearis* **(9)**, *N. glossopharyngeus*, *N. vagus*, *N. accessorius* **(10)** und *N. hypoglossus* **(11)**.

Präparation des Circulus arteriosus (Willisii) Aufsuchen der Vereinigung der beiden *Aa. vertebrales* zur *A. basilaris* **(12)** unterhalb der Pons. Auf beiden Seiten werden folgende arterielle Abgänge freigelegt (◻ Abb. 1.66): *A. inferior posterior cerebelli* **(13)**, *A. inferior anterior cerebelli* **(14)** mit dem Abgang der *A. labyrinthi* **(15)**, *A. superior cerebelli* **(16)** sowie die unpaare *A. spinalis anterior* **(17)**. Freilegen der *A. communicans posterior* **(18)** aus der *A. cerebri posterior* **(19)** und verfolgen bis zu den *Aa. carotides internae* **(20)**. Aufsuchen der Abgänge aus der A. communicans posterior: *Aa. centrales posterome-*

diales **(21)** sowie *Rami chiasmaticus* und *hypothalamicus* **(22)**. Darstellen der *A. choroidea anterior* **(23)**, der *A. cerebri media* **(24)** und der *A. cerebri anterior* **(25)**. Aufsuchen der *A. communicans anterior* **(26)** sowie der *Aa. centrales anterolaterales* **(27)**.

Die Gefäße etwa 1 bis 2 cm distal der Abgänge oder Zuflüsse trennen und auf ein Blatt Papier kleben und beschriften; dabei die Varianten beachten.

❶ Bei der Präparation und der Entnahme des Circulus arteriosus können die Hirnnerven leicht abreißen.

🎓 **Varia**
Die Gefäßanatomie an der Gehirnbasis ist sehr variantenreich. In etwa 10 % der Fälle werden die Aa. cerebri anteriores aus der A. carotis interna nur einer Seite versorgt. In etwa 10 % der Fälle wird die A. cerebri posterior aus der A. communicans posterior und somit aus der A. carotis interna versorgt.

🖥 **Topographie**
Die Aa. centrales anterolaterales entspringen als mediale Gruppe aus der A. cerebri anterior und als laterale Gruppe aus der A. cerebri media kurz nach dem Abgang aus der A. carotis interna. Sie versorgen die Basalganglien, den mittleren Teil der Capsula interna und Anteile des Thalamus.

▶ **Klinik**

Arterielle Aneurysmen entstehen vorzugsweise im Bereich der basalen Arterien des Circulus arteriosus cerebri. Sie können angeboren oder erworben (z. B. durch jahrelangen Bluthochdruck) sein. Am häufigsten betroffen ist die A. communicans anterior, gefolgt von der A. carotis interna und der A. cerebri media. Durch Druck des Aneurysmasackes kann es zu Schädigungen von Hirnparenchym oder Hirnnerven kommen (plegisches Aneurysma). Bei Ruptur des Aneurysmasackes blutet es in den Subarachnoidalraum (Subarachnoidealblutung, SAB). ◄

▶ **Klinik**

Bei einem durch Atherosklerose oder Embolie hervorgerufenem Verschluss der A. cerebri media im Abgangsbereich kommt es zum Hirninfarkt mit schwerwiegenden Ausfällen: Kontralateral brachiofazial betonter Halbseitenlähmung mit Hypästhesie. Bei Ausfall der dominanten Hemisphäre können eine Aphasie, Agraphie und Alexie hinzukommen. Eine isolierte Ischämie bei Gefäßverschluss der Aa. centrales anterolaterales führt anhängig von der Ausdehnung zu einem lentikulostriatalen oder striatokapsulären Infarkt ohne kortikale Beteiligung.

Im Verlauf einer massiven Blutdruckentgleisung (hypertensive Krise) kann es zu einer Ruptur vorgeschädigter Hirnarterien kommen. Es resultiert oft eine Blutung in

1

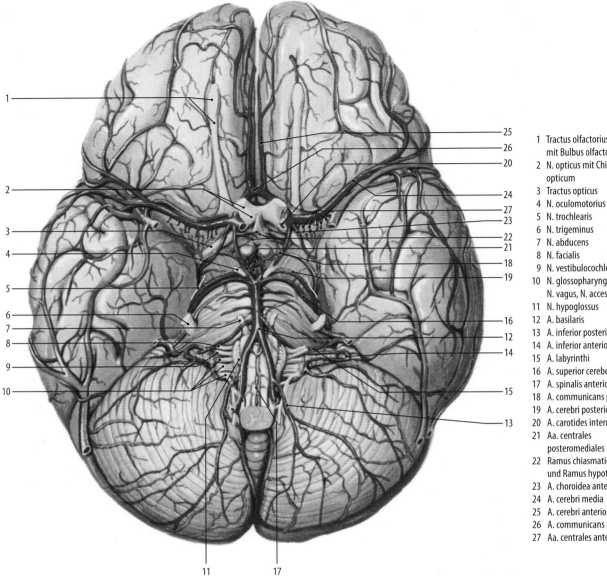

1 Tractus olfactorius
   mit Bulbus olfactorius
2 N. opticus mit Chiasma
   opticum
3 Tractus opticus
4 N. oculomotorius
5 N. trochlearis
6 N. trigeminus
7 N. abducens
8 N. facialis
9 N. vestibulocochlearis
10 N. glossopharyngeus,
   N. vagus, N. accessorius
11 N. hypoglossus
12 A. basilaris
13 A. inferior posterior cerebelli
14 A. inferior anterior cerebelli
15 A. labyrinthi
16 A. superior cerebelli
17 A. spinalis anterior
18 A. communicans posterior
19 A. cerebri posterior
20 A. carotides interna
21 Aa. centrales
   posteromediales
22 Ramus chiasmaticus
   und Ramus hypothalamicus
23 A. choroidea anterior
24 A. cerebri media
25 A. cerebri anterior
26 A. communicans anterior
27 Aa. centrales anterolaterales

Abb. 1.66   Freilegen von Venen, Arterien und Hirnnerven der Hirnbasis, Ansicht von unten [38]

das Hirnparenchym (Hirnmassenblutung). Eine Prädilektionsstelle ist der Bereich der Stammganglien. ◄

Entfernung einer Großhirnhemisphäre unter Erhalt von Hirnstamm und Kleinhirn   Die Entfernung einer Großhirnhemisphäre kann bereits *in situ* im Schädel erfolgt sein (► Abschn. 1.7.2). Wurde das Gehirn jedoch in toto entfernt, kann eine Trennung der beiden Gehirnhälften notwendig sein, um z. B. an einer Hemisphäre eine Frontalschnittserie anzufertigen und die andere Gehirnseite mitsamt Hirnstamm und Kleinhirn für eine Faserpräparation zu verwenden.

Bei einer Trennung der beiden Gehirnhälften in der Mediansagittalebene durch Eingehen mit einem angefeuchteten Gehirnmesser in die die Fissura longitudinalis cerebri werden auch der Hirnstamm und das Kleinhirn median-sagittal getrennt und stehen für eine Faserpräparation nicht mehr zur Verfügung.

Im Folgenden wird beschrieben, wie eine Großhirnhemisphäre bei Erhalt des Hirnstamms und des Kleinhirns entfernt werden kann. Beschrieben ist die Präparation bei erhaltenem Circulus arteriosus cerebri (Willisii). Sie kann auch nach Entfernung der Gefäße an der Hirnbasis durchgeführt werden. Die beiden Hemisphären werden durch Eingehen der Daumen in die Fissura longitudinalis cerebri vorsichtig auseinandergedrängt. Darstellung des Balkens und der darauf verlaufenden Abschnitte der Aa. cerebri anteriores beider Seiten, der Aa. pericallosae.

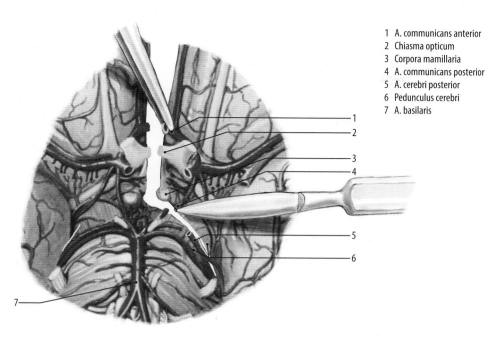

1 A. communicans anterior
2 Chiasma opticum
3 Corpora mamillaria
4 A. communicans posterior
5 A. cerebri posterior
6 Pedunculus cerebri
7 A. basilaris

Abb. 1.67 Ablösen der rechten Großhirnhemisphäre, Ansicht von unten [38]

Durch Anheben der okzipitalen Hirnseite wird der hintere Anteil des Balkens zur Darstellung gebracht und die A. cerebri posterior aufgesucht. Mit einem Messer wird nun der Balken von okzipital nach rostral unter Erhalt der Gefäße median-sagittal durchtrennt. Der Schnitt wird über das Genu corporis callosi geführt. Drehen des Gehirns. Der Schnitt wird an der Hirnbasis median-sagittal durch die *A. communicans anterior* (1) und das *Chiasma opticum* (2) bis unmittelbar hinter die *Corpora mamillaria* (3) verlängert (Abb. 1.67). Die *A. communicans posterior* (4) und die *A. cerebri posterior* (5) werden durchtrennt. Der Schnitt wird nach links-lateral geführt, sodass der linke *Pedunculus cerebri* (6) quer durchschnitten wird. Die linke Großhirnhemisphäre wird entfernt. Der Hirnstamm und das Kleinhirn verbleiben an der rechten Grosshirnhemisphäre. Hier können die Abgänge aus der *A. basilaris* (7) studiert werden.

1.8.2 Anfertigen von Schnittserien

Für eine **Horizontalschnittserie** werden parallele Schnittebenen mit einem angefeuchteten Hirnmesser gelegt (Abb. 1.68). Die Horizontalschnitte ergeben sich auch im Rahmen der Ventrikelpräparation (▶ Abschn. 1.8.3):
1. In Höhe der Balkenoberfläche **(1)**
2. In Höhe des Balkenknies und des Sulcus calcarinus **(2)**

Die Schnittflächen werden studiert, folgende Strukturen werden aufgesucht und mit Abbildungen aus dem Atlas verglichen: Balkenknie, Vorder- und Hinterhorn des Seitenventrikels, Insel, Septum pellucidum, Caput nuclei caudati, Thalamus, Putamen, Globus pallidus, Claustrum, Capsula extrema, Capsula externa, Capsula interna (mit Crus anterius und Crus posterius, Genu).

Für eine **Frontalschnittserie** werden folgende parallele Schnittebenen mit einem angefeuchteten Hirnmesser gelegt:
1. Am Vorderrand des *Genu corporis callosi* **(3)**
2. Am Hinterrand des *Genu corporis callosi* **(4)**
3. In Höhe der *Commissura anterior* **(5)**
4. In Höhe der *Corpora mamillaria* **(6)**
5. In Höhe der *Commissura posterior* **(7)**
6. In Höhe des *Splenium corporis callosi* **(8)**

Die Frontalschnitte werden nebeneinandergelegt, die Schnittflächen studiert und mit Abbildungen aus dem Atlas verglichen. Aufsuchen von Corpus callosum, Seitenventrikel, III. Ventrikel, Insel, Putamen, Globus pallidus, Corpus nuclei caudati, Thalamus, Corpus mamillare, Capsula interna.

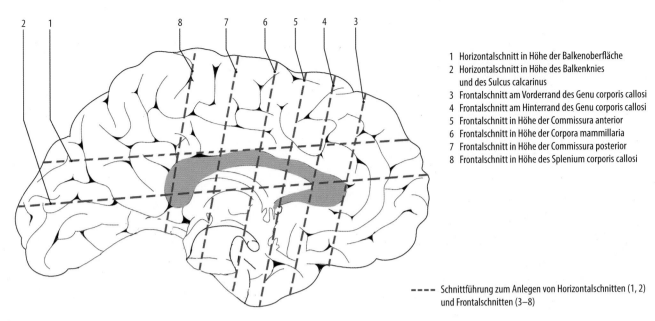

1 Horizontalschnitt in Höhe der Balkenoberfläche
2 Horizontalschnitt in Höhe des Balkenknies
  und des Sulcus calcarinus
3 Frontalschnitt am Vorderrand des Genu corporis callosi
4 Frontalschnitt am Hinterrand des Genu corporis callosi
5 Frontalschnitt in Höhe der Commissura anterior
6 Frontalschnitt in Höhe der Corpora mammillaria
7 Frontalschnitt in Höhe der Commissura posterior
8 Frontalschnitt in Höhe des Splenium corporis callosi

- - - - Schnittführung zum Anlegen von Horizontalschnitten (1, 2)
und Frontalschnitten (3–8)

◻ **Abb. 1.68**   Schnittführung zum Anlegen von Horizontal- und Frontalschnitten der rechten Großhirnhemisphäre, Ansicht von links-medial [36]

1.8.3 Ventrikelpräparation, Kleinhirnpräparation

Für die Präparation der Ventrikel wird idealerweise ein ganzes Gehirn verwendet, da dann der III. Ventrikel von kranial eröffnet und der IV. Ventrikel durch die Präparation des Kleinhirns studiert werden kann.

Findet die Ventrikelpräparation an einem Präparat nach Entfernung einer Großhirn- und Kleinhirnhemisphäre statt, kann die Präparation nur eines Seitenventrikels durchgeführt werden. Der III. und IV. Ventrikel können mit Blick von lateral studiert werden.

Vorbereitung zur Ventrikelpräparation   Über der Hemisphäre wird die Arachnoidea mitsamt der im Subarachnoidealraum verlaufenden Gefäße entfernt.

❗ Bei Entfernen der Arachnoidea mater im Bereich des Tectum mesencephali und der Cisterna ambiens können die V. cerebri magna, der N. trochlearis sowie die Glandula pinealis leicht verletzt werden.

Vorsichtiges Auseinanderdrängen der beiden Großhirnhemisphären in der Fissura longitudinalis cerebri mit dem Daumen. Mit einem angefeuchteten Gehirnmesser wird ein Horizontalschnitt knapp oberhalb des Balkens angelegt. Die Schnittfläche wird studiert (siehe Anfertigung Horizontalschnittserie, ▶ Abschn. 1.8.2). Die *A. pericallosa* (**1**) und die *Vv. cerebri anteriores* (**2**) und *V. posterior* (*= dorsalis*) *corporis callosi* (**3**) bleiben erhalten (◻ Abb. 1.69). Ausschneiden eines rechteckigen Areals und Herausbrechen des *Gyrus cinguli* (**4**) mit dem Zeigefinger. Beachten der

Striae longitudinales medialis und *lateralis* (**5**) und den Faserverlauf des *Truncus corporis callosi* (**6**).

Eröffnen eines Seitenventrikels   Die Eröffnung des Seitenventrikels kann durch Anfertigung eines Horizontalschnittes parallel zum ersten Horizontalschnitt in Höhe des Balkenknies erfolgen. Die Schnittfläche wird studiert (siehe Anfertigung Horizontalschnittserie, ▶ Abschn. 1.8.2).

❗ Der Horizontalschnitt muss oberhalb des Corpus fornicis erfolgen, um die schrittweise Eröffnung des III. Ventrikels zu ermöglichen.

Alternativ kann die Eröffnung durch schrittweise Präparation erfolgen, mit dem Vorteil einer präziseren Darstellung der topographischen Beziehung von Balken und Fornix: Abtasten des Bereichs lateral der Striae longitudinales laterales. Der darunterliegende Hohlraum des Seitenventrikels wird lokalisiert. Bogenförmiges Einschneiden mit dem Skalpell zunächst entlang der medialen Ventrikelkontur und Eröffnen des Seitenventrikels. Erweiterung des Schnittes in Richtung Vorder- und Hinterhorn. Das Umschneiden der lateralen Ventrikelkontur erfolgt unter Sicht. Das Dach des Seitenventrikels wird vollständig entfernt. Der Balken wird am Genu corporis callosi mit einer Pinzette gegriffen, mit einem Skalpell vom Septum pellucidum losgelöst und nach okzipital geklappt. Abpräparieren des Balkens vom Fornix, bis dieser vollständig mit dem sich verbreiternden Bereich der Commissura fornicis freiliegt.

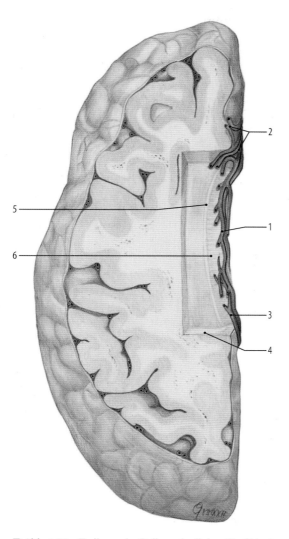

◻ **Abb. 1.69**   Freilegen des Balkens der linken Großhirnhemisphäre, Ansicht von oben [36]

❗ Bei der Entfernung des Ventrikeldaches an der lateralen Grenze auf den Nucleus caudatus achten. Das Skalpell schräg führen.

Am eröffneten Seitenventrikel werden folgende Strukturen studiert (◻ Abb. 1.70): *Pars centralis* des Ventriculus lateralis **(1)**, *Cornu frontale* (= anterius) des Ventriculus lateralis **(2)**, *Cornu occipitale* (= posterius) des Ventriculus lateralis **(3)**, *Foramen interventriculare* (= Monro Foramen) **(4)**, *Caput nuclei caudati* **(5)**, *Corpus nuclei caudati* **(6)**, *Stria terminalis* **(7)**, *V. thalamostriata superior* **(8)**. Aufsuchen des *Plexus choroideus ventriculi lateralis* **(9)**, der *V. choroidea superior* **(10)** und der *Rami choroidei ventriculi lateralis* der *A. choroidea anterior* **(11)**. Aufsuchen des *Calcar avis* **(12)**.

⬡ **Topographie**

Das Calcar avis (= „Vogelsporn") wird durch den tief einschneidenden Sulcus calcarinus hervorgerufen: Das okzipitale Marklager mit der Radiatio optica zieht um den Sulcus calcarinus und wölbt sich in das Lumen des Cornu occipitale.

Darstellung des Seitenventrikel-Unterhorns   Zum vollständigen Freilegen des Cornu temporale (= inferius) des Ventriculus lateralis wird ein etwas tieferer paralleler Horizontalschnitt angelegt, der in einer Ebene wenige Millimeter oberhalb des Foramen interventriculare (= Monro Foramen) liegt und durch den Bereich der Verbindung zwischen den beiden Crura fornicis zum Corpus fornicis geht. Dabei wird der Plexus choroideus ventriculi lateralis und die V. choroidea superior geschont und in ihrem Verlauf Richtung des Unterhorns des Seitenventrikels dargestellt (◻ Abb. 1.71). Der Nucleus caudatus wird schräg in lateraler und kaudaler Richtung geschnitten, sodass das Unterhorn des Seitenventrikels eingesehen werden kann.

Studium des *Cornu frontale* (= anterius) des *Ventriculus lateralis* **(1)**, *Cornu occipitale* (= posterius) des

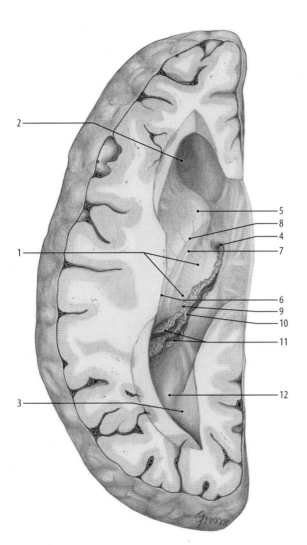

1   A. Pars centralis des Ventriculus lateralis
2   Cornu frontale (=anterius) des Ventriculus lateralis
3   Cornu occipitale (=posterius) des Ventriculus lateralis
4   Foramen interventriculare (= Monro Foramen)
5   Caput nuclei caudati
6   Corpus nuclei caudati
7   Stria terminalis
8   V. thalamostriata superior
9   Plexus choroideus ventriculi lateralis
10   V. choroidea superior
11   Rami choroidei ventriculi lateralis der A. choroidea anterior
12   Calcar avis

▪ Abb. 1.70   Eröffnen des Seitenventrikels der linken Großhirnhemisphäre, Ansicht von oben [36]

Ventriculus lateralis **(2)**, *Cornu temporale* (= inferius) des *Ventriculus lateralis* **(3)**, *Septum pellucidum* **(4)** und *Foramen interventriculare* (= Monro Foramen) **(5)**. Dem *Crus fornicis* **(6)** nach kaudal folgen und die Beziehung zum *Cornu ammonis* **(7)** studieren. Aufsuchen des *Pes hippocampi* **(8)** sowie des *Plexus choroideus ventriculi lateralis* **(9)** mit *Rami choroidei* der *A. choroidea anterior* **(10)** und *V. choroidea superior* **(11)**. Am *Polus temporalis* **(12)** Darstellen der Äste der *A. cerebri media* **(13)**. Am Ventrikelboden werden die *Eminentia collateralis* **(14)**, das *Trigonum collaterale* **(15)** und das angeschnittene *Calcar avis* **(16)** aufgesucht.

❶ Bei der Anfertigung des tiefen Horizontalschnittes kranial des Foramen interventriculare und des Plexus choroideus ventriculi lateralis bleiben.

Eröffnen des III. Ventrikels   Einschneiden des *Septum pellucidum* **(1)** am anterioren Rand hinter dem tan-gential angeschnittenen Genu des Corpus callosum (**▪** Abb. 1.72). Schnitt in Richtung *Foramen interventriculare* **(2)**. Durchtrennen der Columna fornicis mit dem Skalpell knapp oberhalb des Foramen interventriculare posterior der Commissura anterior. In dem Falle, dass beide Großhirnhemisphären vorhanden sind, werden beide Fornixschenkel durchtrennt. Der Fornix cerebri wird nach hinten geklappt (und nicht abgetrennt) und der III. Ventrikel eröffnet. Darstellen des *Plexus choroideus* **(3)** auf seinem Weg durch das Foramen interventriculare. Freilegen der *V. cerebri interna* **(4)** am Dach des III. Ventrikels mit den Zuflüssen aus den *Vv. septi pellucidi* **(5)**, *Vv. nuclei caudati* **(6)** über die *V. thalamostriata superior* **(7)**. Aufsuchen des Zusammenflusses beider Vv. cerebri internae zur *V. cerebri magna* (= Galen Vene) **(8)**. Nach vollständiger Eröffnung des Daches des III. Ventrikels Aufsuchen des *Crus fornicis* **(9)**, *Taenia fornicis* **(10)** und *Commissura fornicis* **(11)**. Die Arachnoidea über der Lamina tecti

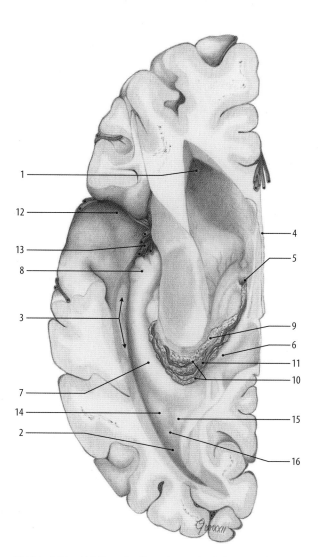

1 Cornu frontale (=anterius) des Ventriculus lateralis
2 Cornu occipitale (=posterius) des Ventriculus lateralis
3 Cornu temporale (=inferius) des Ventriculus lateralis
4 Septum pellucidum
5 Foramen interventriculare (=Monro Foramen)
6 Crus fornicis
7 Cornu ammonis
8 Pes hippocampi
9 Plexus choroideus ventriculi lateralis
10 Rami choroidei der A. choroidea anterior
11 V. choroidea superior
12 Polus temporalis
13 A. cerebri media
14 Eminentia collateralis
15 Trigonum collaterale
16 Calcar avis

Abb. 1.71   Eröffnen des Unterhorns des Seitenventrikel der linken Großhirnhemisphäre, Ansicht von oben [36]

wird entfernt. Der Fornix cerebri kann als Dach des III. Ventrikels wieder zurückgeklappt werden.

❗ Bei der Eröffnung des III. Ventrikels, der Mobilisation des Fornix und der Entfernung der Arachnoidea kann die Epiphyse verletzt werden.

❗ Bei der Entfernung der Arachnoidea von der Lamina tecti muss auf den N. trochlearis geachtet werden.

Präparation des Temporallappens mit Hippocampusformation   Von außen kommend den Sulcus lateralis aufklappen. Schnitt mit dem Skalpell in Verlängerung des Sulcus in Richtung des Hinterhorns. Dabei den Schnitt unterhalb der transversal verlaufenden Gyri breves führen. Drehen des Gehirns, sodass die basale Seite sichtbar ist. Mit dem Skalpell wird die mediale Wand des Unterhorns dorsal des Gyrus parahippocampalis durchtrennt. Der Uncus wird medial umschnitten, der Schnitt

entlang der Fissura choroidea weitergeführt. Nun kann der Temporallappen zusammen mit dem Occipitalpol sowie dem anhängenden Fornix in einem Stück abgenommen werden. Am isolierten Temporallappen Gehirngewebe am Boden des Cornu temporale vorsichtig mit dem Daumen wegbrechen und den Pes hippocampi freilegen. Rostral des Pes hippocampi einen Frontalschnitt mit dem Skalpell zur Darstellung des Corpus amygdaloideum durchführen. Mit dem Skalpell werden Reste der medialen Ventrikelwand des Unterhorns entfernt.

Folgende Strukturen können nun studiert werden (❑ Abb. 1.73): *Epiphysis cerebri* **(1)**, *Stria medullaris thalamica* **(2)**, *Recessus pinealis* **(3)**, *Plexus choroideus ventriculi tertii* **(4)**, *Adhesio interthalamica* **(5)**, *Commissura anterior* **(6)**, *Gyrus fasciolaris* **(7)**, *Fimbria hippocampi* **(8)**, *Gyrus dentatus* **(9)**, *Uncusbändchen* **(10)**, *Uncus* **(11)** und *Gyrus parahippocampalis* **(12)**.

1

⬛ Abb. 1.72   Blick in den Seitenventrikel und Eröffnen des dritten Ventrikels der rechten Großhirnhemisphäre, Ansicht von oben [36]

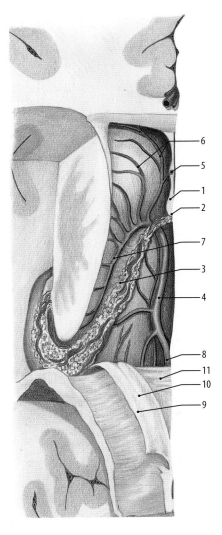

1   Septum pellucidum
2   Foramen interventriculare
3   Plexus choroideus
4   V. cerebri interna
5   Vv. septi pellucidi
6   Vv. nuclei caudati
7   V. thalamostriata superior
8   V. cerebri magna (=Galen Vene)
9   Crus fornicis
10 Taenia fornicis
11 Commissura fornicis

⬛ Abb. 1.73   Präparation des linken Temporallappens mit Hippocampusformation von medial, Ansicht von rechts-medial [36]

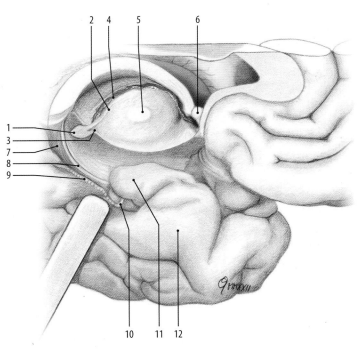

1   Epiphysis cerebri
2   Stria medullaris thalamica
3   Recessus pinealis
4   Plexus choroideus ventriculi tertii
5   Adhesio interthalamica
6   Commissura anterior
7   Gyrus fasciolaris
8   Fimbria hippocampi
9   Gyrus dentatus
10 Uncusbändchen
11 Uncus
12 Gyrus parahippocampalis

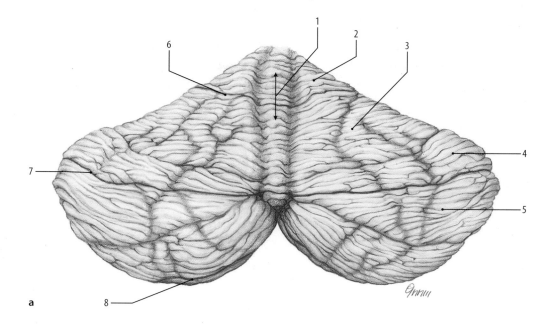

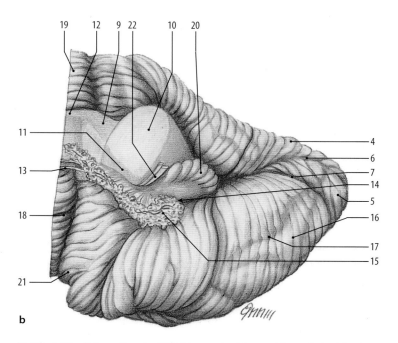

1 Vermis
2 Lobulus quadrangularis
3 Lobulus simplex
4 Lobulus semilunaris superior
5 Lobulus semilunaris inferior
6 Fissura prima
7 Fissura horizontalis
8 Fissura secunda
9 Pedunculus cerebellaris superior
10 Pedunculus cerebellaris medius
11 Pedunculus cerebellaris inferior
12 Velum medullare superius
13 Velum medullare inferius
14 Recessus lateralis ventriculi quarti
15 Plexus choroideus
16 Lobuli semilunares superior und
   inferior des Lobulus gracilis
17 Fissura biventer
18 Nodulus
19 Lobulus centralis
20 Flocculus
21 Tonsilla cerebelli
22 N. vestibulocochlearis

◼ **Abb. 1.74** Präparation des Kleinhirns. **a** Ansicht von hinten, **b** Ansicht von vorn [36]

Präparation des Kleinhirns und Eröffnen des IV. Ventrikels Studium der Oberflächenanatomie des Kleinhirns. Aufgesucht werden in der Ansicht von dorsal *Vermis* (**1**), *Lobulus quadrangularis* (**2**), *Lobulus simplex* (**3**), *Lobulus semilunaris superior* (**4**), *Lobulus semilunaris inferior* (**5**), *Fissura prima* (**6**), *Fissura horizontalis* (**7**) und *Fissura secunda* (**8**) (◼ Abb. 1.74a).

Das Kleinhirn wird dorsal in der median-sagittalen Ebene mit Schnitt durch den Vermis halbiert. Die Kleinhirnhälften werden vorsichtig gespreizt, der IV. Ventrikel eröffnet und der Plexus choroideus dargestellt. Auf der Seite, an der die Großhirnhemisphäre entfernt wurde, werden die Pedunculi superior, medius und inferior möglichst nahe am Kleinhirn durchtrennt. Entfernung der Kleinhirnhälfte und Studium in der Ansicht von ventral (◼ Abb. 1.74b). Aufgesucht werden die Schnittränder des *Pedunculus cerebellaris superior* (**9**), *Pedunculus cerebellaris medius* (**10**), *Pe-*

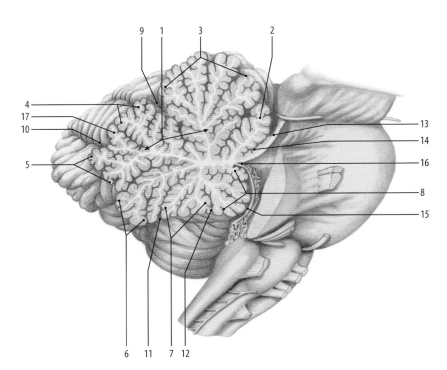

1 Arbor vitae
2 Lobulus centralis
3 Culmen
4 Declive
5 Tuber
6 Pyramis
7 Uvula
8 Nodulus
9 Fissura prima
10 Fissura horizontalis
11 Fissura secunda
12 Fissura posterolateralis
13 Velum medullare superius
14 Lingula cerebelli
15 Velum medullare inferius
16 Fastigium
17 Folium

◧ Abb. 1.75   Inspektion der linken Kleinhirnschnittfläche, Ansicht von rechts-medial [36]

dunculus cerebellaris inferior **(11)**, *Velum medullare superius* **(12)** und *Velum medullare inferius* **(13)**. Darstellen des *Recessus lateralis ventriculi quarti* **(14)** und des *Plexus choroideus* **(15)**. Im Bereich der Kleinhirnhemisphäre werden neben der Lobuli semilunares superior und inferior der *Lobulus gracilis* **(16)** der *Fissura biventer* **(17)** dargestellt. Aufsuchen des *Nodulus* **(18)**, *Lobulus centralis* **(19)** und *Flocculus* **(20)**. Beachten der *Tonsilla cerebelli* **(21)**. Der *N. vestibulocochlearis* **(22)** wird geschont.

Auf der Gegenseite wird die Schnittfläche des Kleinhirns mit dem *Arbor vitae* **(1)** dargestellt (◧ Abb. 1.75). Studiert wird die Schnittfläche durch den Vermis: *Lobulus centralis* **(2)**, *Culmen* **(3)**, *Declive* **(4)**, *Pyramis* **(6)**, *Uvula* **(7)** und *Nodulus* **(8)**. Aufsuchen der *Fissura prima* **(9)**, *Fissura horizontalis* **(10)**, *Fissura secunda* **(11)**, *Fissura posterolateralis* **(12)**. Darstellen der Schnittränder am *Velum medullare superius* **(13)** mit der aufliegenden *Lingula cerebelli* **(14)** und *Velum medullare inferius* **(15)**. Beachten des *Fastigium* **(16)** als dorsale Ausbuchtung des IV. Ventrikels. Betrachten eines *Folium* **(17)** mit der Lupe.

Zur Darstellung des Nucleus dentatus wird an der entfernten Kleinhirnhälfte ein leicht bogenförmiger Schnitt vom Ansatz des Velum medullare superius im Bereich des Fastigium nach posterior in Richtung Fissura horizontalis gemacht. Inspektion des gezackten Verlaufs des Nucleus dentatus an der Schnittfläche in der Transversalebene.

❶ Bei der Eröffnung des IV. Ventrikels sollte der Schnitt durch den Vermis nicht zu tief ausfallen, da sonst die Rautengrube und der Plexus choroideus verletzt werden können. Bei der Durchtrennung des Pedunculus medius den Schnitt lateral des Austritts des N. trigeminus setzen.

1.8.4 Präparation des Hirnstamms

Vor dem Absetzen des Hirnstamms vom Dienzephalon werden die Hirnnerven I und III–XII studiert:

N. opticus (= I. Hirnnerv) **(1)**, *N. oculomotorius* (= III. Hirnnerv) **(2)**, *N. trochlearis* (= IV. Hirnnerv) **(3)**, *N. trigeminus* mit *Radix motoria* **(4)** und *Radix sensoria* **(5)** (= V. Hirnnerv), *N. abducens* (= VI. Hirnnerv) **(6)**, *N. facialis* und *N. intermedius* (= VII. Hirnnerv) **(7)**, *N. vestibulochochlearis* (= VIII. Hirnnerv) **(8)**, *N. glossopharyngeus* (= IX. Hirnnerv) **(9)**, *N. vagus* (= X. Hirnnerv) **(10)**, *N. accessorius* (= XI. Hirnnerv) **(11)** und *N. hypoglossus* (= XII. Hirnnerv) **(12)**.

Aufsuchen von *Pedunculus cerebri* **(13)**, Fossa interpeduncularis und *Substantia perforata posterior* **(14)**, *Pons* **(15)**, *Sulcus basilaris pontis* **(16)**, *Oliva* **(17)**, *Pyramis* **(18)** und *Decussatio pyramidum* **(19)**.

Die verbliebene Kleinhirnhemisphäre wird durch Schnitte durch die Pedunculi cerebellaris superior, medius und inferior entfernt. Absetzen des Hirnstammes durch einen planen Schnitt durch die Crura cerebri in der Transversalebene, beginnend von anterior knapp unterhalb

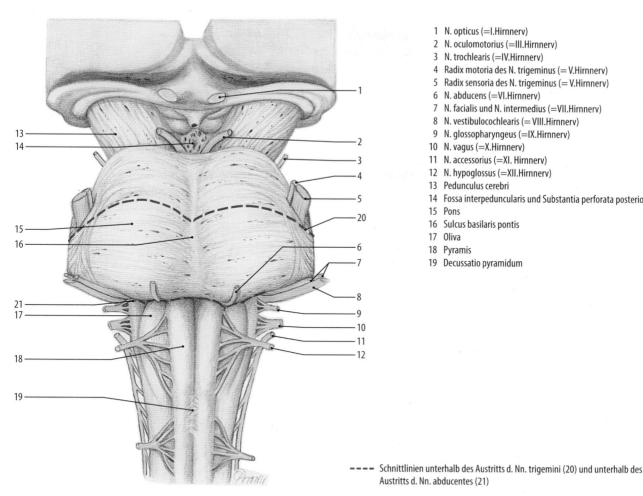

1 N. opticus (=I.Hirnnerv)
2 N. oculomotorius (=III.Hirnnerv)
3 N. trochlearis (=IV.Hirnnerv)
4 Radix motoria des N. trigeminus (= V.Hirnnerv)
5 Radix sensoria des N. trigeminus (= V.Hirnnerv)
6 N. abducens (=VI.Hirnnerv)
7 N. facialis und N. intermedius (=VII.Hirnnerv)
8 N. vestibulocochlearis (= VIII.Hirnnerv)
9 N. glossopharyngeus (=IX.Hirnnerv)
10 N. vagus (=X.Hirnnerv)
11 N. accessorius (=XI. Hirnnerv)
12 N. hypoglossus (=XII.Hirnnerv)
13 Pedunculus cerebri
14 Fossa interpeduncularis und Substantia perforata posterior
15 Pons
16 Sulcus basilaris pontis
17 Oliva
18 Pyramis
19 Decussatio pyramidum

- - - - Schnittlinien unterhalb des Austritts d. Nn. trigemini (20) und unterhalb des
Austritts d. Nn. abducentes (21)

◘ Abb. 1.76 Schnittführung durch den Hirnstamm, Ansicht von unten-vorne [36]

der Corpora mammillaria und kranial des Austritts der Nn. oculomotorii bis durch die kranialen Grenzen der Colliculi superiores. Studium der kranialen Schnittfläche des Mesencephalons: Abgrenzen von Mittelhirndach (Tectum mesencephali) und Mittelhirnhaube (Tegmentum mesencephali) und Crura cerebri. Identifizieren der Substantia nigra und des Nucleus ruber. Mit einer Sonde wird der zwischen Tectum und Tegmentum liegende Aquaeductus cerebri sondiert. Austrittstelle des N. oculomotorius in der Fossa interpeduncularis aufsuchen.

❗ Der Nucleus ruber besitzt seine typische Rotfärbung meist nur bei frischen, unfixierten Präparaten.

Drehen des Hirnstammes und Ansicht von dorsal.
Studium der Lamina tecti (◘ Abb. 1.77): *Colliculus superior* (**1**) mit dem Bindearm zum Corpus geniculatum laterale das *Brachium colliculi superioris* (**2**) sowie *Colliculus inferior* (**3**) mit dem Bindearm zum Corpus geniculatum mediale, *das Brachium colliculi inferioris* (**4**). Inspektion und Palpation der Vorderwand der Rauten-

grube (Fossa rhomboidea): *Eminentia medialis* (**5**), *Sulcus medianus ventriculi quarti* (**6**), *Sulcus limitans* (**7**), *Colliculus facialis* (**8**), *Area vestibularis* und *Recessus lateralis ventriculi quarti* (**9**), *Striae medullares* (**10**), *Trigonum n. hypoglossi* (**11**), *Trigonum n. vagi* (**12**). Kaudal wird die *Area postrema* (**13**) dargestellt. Aufsuchen der *Aperturae laterales* (= Foramina Luschkae) (**14**). Studium des Austritts des Plexus choroideus durch die Aperturae laterales („Bochdalek Blumenkörbchen") und der unpaaren Apertura mediana (= Foramen Magendii). Mit einer Sonde wird die Kommunikation der Hirnventrikel in den äußeren Subarachnoidealraum nachvollzogen. Im Bereich des *Obex* (**15**) wird der Übergang in den Zentralkanal des Rückenmarks (Canalis centralis) sondiert.

Studium der Medulla oblongata: *Tuberculum nuclei gracilis* und *Fasciculus gracilis* (**16**), *Tuberculum nuclei cuneati* und *Fasciculus cuneatus* (**17**) und Sulcus medianus posterior.

Für das Studium der einzelnen Hirnstammregionen werden transversale Schnitte durch den Hirnstamm angelegt und die Schnittkanten studiert (◘ Abb. 1.76).

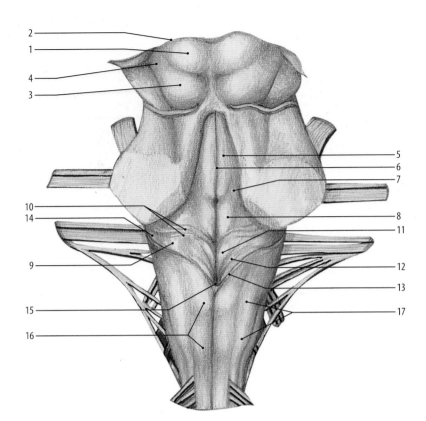

1 Colliculus superior
2 Brachium colliculi superioris
3 Colliculus inferior
4 Brachium colliculi inferioris
5 Eminentia medialis
6 Sulcus medianus ventriculi quarti
7 Sulcus limitans
8 Colliculus facialis
9 Area vestibularis und Recessus lateralis ventriculi quarti
10 Striae medullares
11 Trigonum n. hypoglossi
12 Trigonum n. vagi
13 Area postrema
14 Aperturae laterales (=Foramina Luschkae)
15 Obex
16 Tuberculum nuclei gracilis und Fasciculus gracilis
17 Tuberculum nuclei cuneati und Fasciculus cuneatus

Abb. 1.77   Inspektion des Hirnstammes nach Entfernung des Kleinhirns, Ansicht von hinten [36]

Schnitt durch den Pons von knapp unterhalb des Austritts der Nn. trigemini zum kranialen Ansatz des Velum medullare superius **(20)**. Durch die Medulla oblongata knapp unterhalb des Austritts der Nn. abducentes durch den kranialen Abschnitt der Pyramiden **(21)**.

1.8.5 Faserpräparation

Für die Darstellung von Kommissuren-, Assoziations- und Projektionssystemen werden Faserpräparationen durchgeführt. Als Instrument empfiehlt sich ein Holzspatel oder der Skalpellgriff.

❗ Vor der Durchführung der Faserpräparation empfiehlt es sich, das Gehirn mehrfach einzufrieren und wieder aufzutauen. Durch die Eiskristallbildung entlang der Axone wird die weiße Substanz aufgelockert, sodass Bahnsysteme in ihrem dreidimensionalen Verlauf „gefasert" werden können. Die Faserpräparation hat schichtweise zu erfolgen. Es sollte vermieden werden, größere Gewebeareale abzutragen. Das Gewebe der Hirnnervenkerne wird durch die Vorbehandlung (Einfrieren) weich und dadurch leicht verletzlich.

Faserpräparation von medial   Entfernung der Hirnrinde im Bereich des *Gyrus cinguli* und *Cingulum* **(1)** (Assoziationsbahn) zwischen dem Sulcus cinguli und dem Sulcus corporis callosi (■ Abb. 1.78). Anschließend das Cingulum mit dem Daumen von okzipital nach rostral herausbrechen. Der fächerförmige Faserverlauf des Corpus callosum wird dargestellt und bis zur Hirnrinde verfolgt: *Radiatio corporis callosi* **(2)**, *Forceps occipitalis* (= major) **(3)**, *Forceps frontalis* (= minor) **(4)**. Nahe der Hirnrinde die zwischen zwei benachbarten Gyri verlaufenden *Fibrae arcuatae breves* (= U-Fasern) **(5)** darstellen. Kaudal der *Stria medullaris thalami* **(6)** wird eine Faserpräparation des *Tractus mamillothalamicus* (= Vic d'Azyr Bündel) **(7)** zum *Corpus mamillare* **(8)** sowie des *Tractus habenulointerpeduncularis* **(9)** und der *Ansa* und des *Fasciculus lenticularis* **(10)** durchgeführt.

❗ Am okzipitalen und am rostralen Ende des Corpus callosum auf die umbiegenden Faseranteile achten (okzipital: Forceps occipitalis [= major]; rostral: Forceps frontalis [= minor]).

✉ Topographie
Aufgrund des u-förmigen Verlaufs der Fasern mit einem zentralen Kommissurenbereich im Corpus callo-

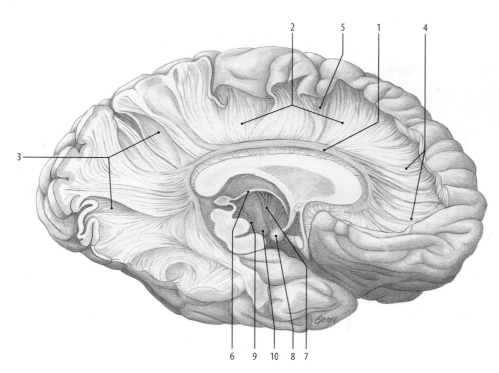

1 Cingulum
2 Radiatio corporis callosi
3 Forceps occipitalis (=major)
4 Forceps frontalis (=minor)
5 Fibrae arcuatae breves (=U-Fasern)
6 Stria medullaris thalami
7 Tractus mamillothalamicus
   (=Vic d'Azyr Bündel)
8 Corpus mamillare
9 Tractus habenulointerpeduncularis
10 Ansa und Fasciculus lenticularis

Abb. 1.78 Faserpräparation der linken Großhirnhemisphäre von medial, Ansicht von rechts-medial [36]

sum und der Spreizung der Fasern okzipital und rostral, entsteht in der Gesamtsicht beider Hemisphären das Bild einer Zange (= Forceps).

Faserpräparation von lateral Auf der halben Strecke zwischen Mantelkante und dem Sulcus lateralis bogenförmig einschneiden (■ Abb. 1.79a). Die oberflächliche Hirnrinde (Opercula frontale, frontoparietale und temporale) und das Mark werden entfernt und die Insula freigelegt (■ Abb. 1.79b). Aufsuchen der *Gyri breves insulae* (1) und des *Sulcus circularis insulae* (2). Ober- und unterhalb der Insel werden die Fasern von *Fasciculus longitudinalis superior* (3), *Fasciculus longitudinalis inferior* (4), *Fasciculus uncinatus* (5), *Fasciculus arcuatus* (6) und *Fasciculus occipitofrontalis superior* (7) dargestellt.

Faserpräparation der Capsula interna Umschneiden der Insel und Entfernen von Gewebe und des vorderen Teils des Temporallappens bis die sehr dünne Capsula extrema freigelegt ist. Abtragen der Capsula extrema und des darunterliegenden Claustrum. Freilegen der lateralen Oberfläche des Putamen. Vorsichtiges Herausschälen des Putamen sowie des Globus pallidus. Freilegen des strahlenförmigen Faserverlaufs (Corona radiata) der Capsula interna in ihren Abschnitten (■ Abb. 1.80) bis zu ihrem Eintritt in die Hirnschenkel: *Tractus frontopontinus* (1), *Tractus pyramidalis* (2), *Fasciculus parietooccipitalis* (3).

🛑 Bei der Faserpräparation in der Inselregion muss am kaudalen Rand der N. opticus geschont werden.

Faserpräparation der Sehbahn Für die Präparation der Sehstrahlung ist ein Gehirnpräparat nach Entfernung des Hirnstammes geeignet (■ Abb. 1.81). Aufsuchen des *N. opticus* (1), *Chiasma opticum* (2), *Tractus opticus* mit *Radix medialis* (3) und *Radix lateralis* (4). Abgrenzen des *Corpus geniculatum laterale* (5) vom *Pulvinar thalami* (6) und *Corpus geniculatum mediale* (7). Den Faserverlauf der *Radiatio optica* (= Gratiolet Sehstrahlung) (8) zum Hinterhorn des Seitenventrikels (= Meyer-Schleife) freilegen. Die Einstrahlung in den *Sulcus calcarinus* (9) präparieren.

Faserpräparation der Pyramidenbahn Einschneiden der Vorderseite des Pons oberhalb der Pyramide. Querverlaufende Fasern des Tractus corticopontocerebellaris werden entfernt, die darunterliegenden Fasern der Pyramidenbahn vom Hirnschenkel bis zur Decussatio pyramidum freilegen.

Faserpräparation der Kleinhirnschenkel und des Kleinhirns Faserpräparation des *Pedunculus cerebellaris superior* (1) (■ Abb. 1.82) bis zum Nucleus dentatus. Darstellen des Vließ (= Capsula des *Nucleus dentatus*) (2). Aufsuchen der überkreuzenden Fasern des *Tractus spinocerebellaris anterior* (3). Freilegen der Fasern des *Pedunculus cerebellaris inferior* (4). Beachten der kreuzenden Fasern des *Tractus olivocerebellaris* (5) sowie der Fasern des *N. trigeminus* (6) und *N. vestibulocochlearis* (7).

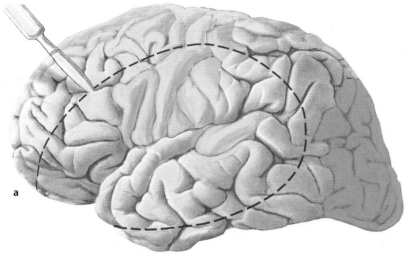

- - - - Schnittführung zur Eröffnung der Temporalregion für die Faserpräparation von lateral

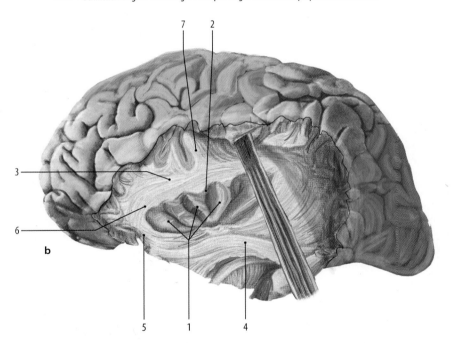

1 Gyri breves insulae
2 Sulcus circularis insulae
3 Fasciculus longitudinalis superior
4 Fasciculus longitudinalis inferior
5 Fasciculus uncinatus
6 Fasciculus arcuatus
7 Fasciculus occipitofrontalis superior

Abb. 1.79   a, b Faserpräparation der linken Großhirnhemisphäre von lateral, Ansicht von links-seitlich [36]

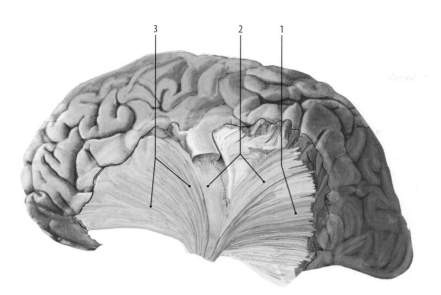

1 Tractus frontopontinus
2 Tractus pyramidalis
3 Fasciculus parietooccipitalis

☐ **Abb. 1.80** Faserpräparation der Capsula interna der linken Großhirnhemisphäre von lateral, Ansicht von links-seitlich [36]

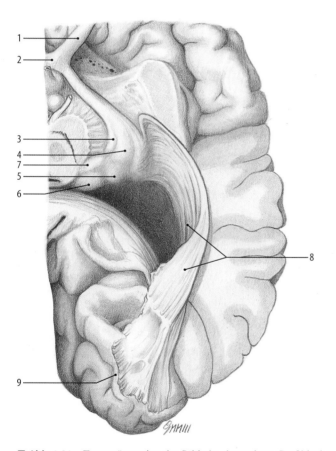

1 N. opticus
2 Chiasma opticum
3 Radix medialis des Tractus opticus
4 Radix lateralis des Tractus opticus
5 Corpus geniculatum laterale
6 Pulvinar thalami
7 Corpus geniculatum mediale
8 Radiatio optica (=Gratiolet Sehstrahlung)
9 Sulcus calcarinus

☐ **Abb. 1.81** Faserpräparation der Sehbahn der rechten Großhirnhemisphäre, Ansicht von unten [29]

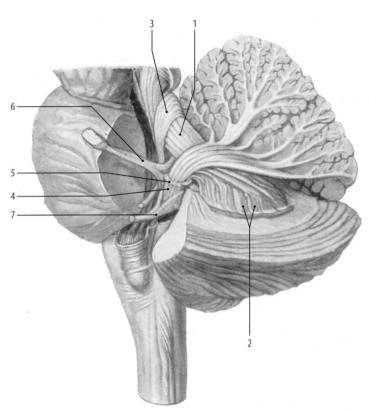

1 Pedunculus cerebellaris superior
2 Vließ (= Capsula des Nucleus dentatus)
3 Tractus spinocerebellaris anterior
4 Pedunculus cerebellaris inferior
5 Tractus olivocerebellaris
6 N. trigeminus
7 N. vestibulocochlearis

Abb. 1.82   Faserpräparation des Kleinhirns, Ansicht von links-seitlich [29]

1.9   Präparationsvideos zum Kapitel

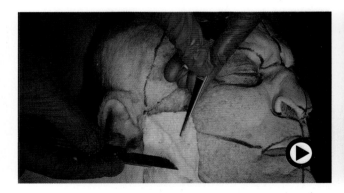

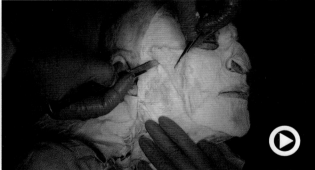

Abb. 1.83   Video 1.1: Präparation der seitlichen Gesichtsregion: Kutis. (▶ https://doi.org/10.1007/000-71d), © Institut für Klinische Anatomie und Zellanalytik der Universität Tübingen

Abb. 1.84   Video 1.2: Präparation der seitlichen Gesichtsregion: Subkutis, SMAS und tiefes Fettgewebe. (▶ https://doi.org/10.1007/000-708), © Institut für Klinische Anatomie und Zellanalytik der Universität Tübingen

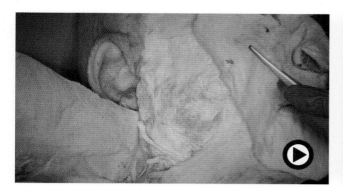

◼ **Abb. 1.85   Video 1.3: Präparation der seitlichen Gesichtsregion: Freilegen der Glandula parotidea.** (▶ https://doi.org/10.1007/000-709), © Institut für Klinische Anatomie und Zellanalytik der Universität Tübingen

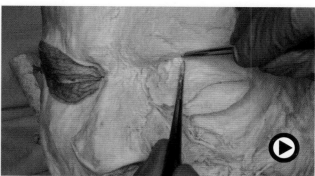

◼ **Abb. 1.88   Video 1.6: Präparation des Oberlids und des medialen Augenwinkels/Vasa supraorbitalia und Vasa angularia.** (▶ https://doi.org/10.1007/000-70c), © Institut für Klinische Anatomie und Zellanalytik der Universität Tübingen

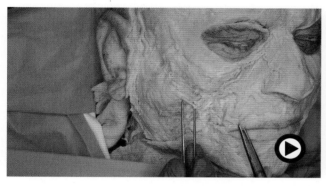

◼ **Abb. 1.86   Video 1.4: Präparation der seitlichen Gesichtsregion: Freilegen der Äste des N. facialis.** (▶ https://doi.org/10.1007/000-70a), © Institut für Klinische Anatomie und Zellanalytik der Universität Tübingen

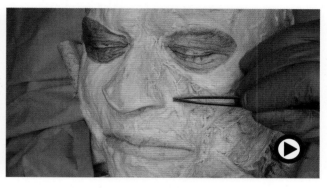

◼ **Abb. 1.89   Video 1.7: Präparation der mimischen Muskulatur im Nasenbereich.** (▶ https://doi.org/10.1007/000-70d), © Institut für Klinische Anatomie und Zellanalytik der Universität Tübingen

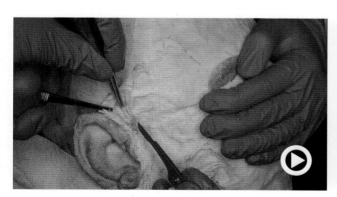

◼ **Abb. 1.87   Video 1.5: Präparation der Vasa temporalia superficialia und des N. auriculotemporalis.** (▶ https://doi.org/10.1007/000-70b), © Institut für Klinische Anatomie und Zellanalytik der Universität Tübingen

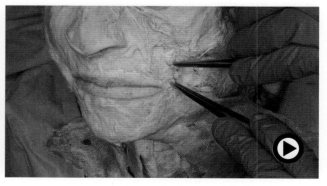

◼ **Abb. 1.90   Video 1.8: Präparation der mimischen Muskulatur im Mundbereich.** (▶ https://doi.org/10.1007/000-70e), © Institut für Klinische Anatomie und Zellanalytik der Universität Tübingen

1

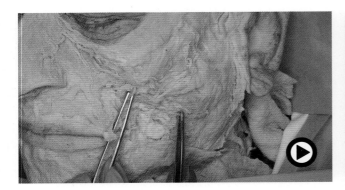

Abb. 1.91 Video 1.9: Absetzen des Ductus parotideus. (▶ https://doi.org/10.1007/000-70f), © Institut für Klinische Anatomie und Zellanalytik der Universität Tübingen

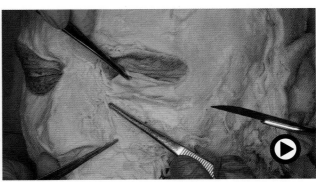

Abb. 1.94 Video 1.12: Präparation des N. infraorbitalis und der Vasa infraorbitalia. (▶ https://doi.org/10.1007/000-70j), © Institut für Klinische Anatomie und Zellanalytik der Universität Tübingen

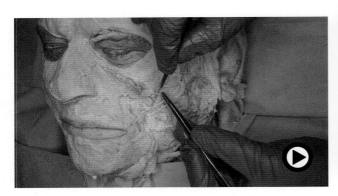

Abb. 1.92 Video 1.10: Präparation des Plexus intraparotideus. (▶ https://doi.org/10.1007/000-70g), © Institut für Klinische Anatomie und Zellanalytik der Universität Tübingen

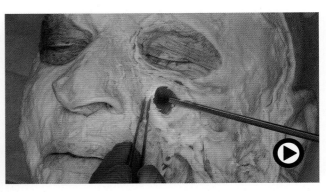

Abb. 1.95 Video 1.13: Transmaxilläre Fensterung der Kieferhöhle. (▶ https://doi.org/10.1007/000-70k), © Institut für Klinische Anatomie und Zellanalytik der Universität Tübingen

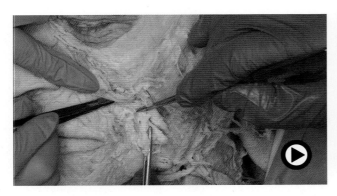

Abb. 1.93 Video 1.11: Präparation des Corpus adiposum buccae. (▶ https://doi.org/10.1007/000-70h), © Institut für Klinische Anatomie und Zellanalytik der Universität Tübingen

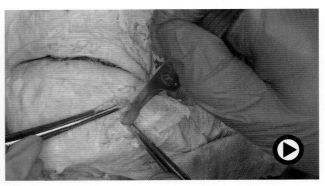

Abb. 1.96 Video 1.14: Präparation des N. mentalis und der Vasa mentalia. (▶ https://doi.org/10.1007/000-70m), © Institut für Klinische Anatomie und Zellanalytik der Universität Tübingen

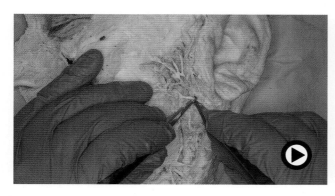

◨ **Abb. 1.97 Video 1.15: Präparation der Fossa retromandibularis.** (▶ https://doi.org/10.1007/000-70n), © Institut für Klinische Anatomie und Zellanalytik der Universität Tübingen

◨ **Abb. 1.100 Video 1.18: Mobilisation des M. masseter.** (▶ https://doi.org/10.1007/000-70r), © Institut für Klinische Anatomie und Zellanalytik der Universität Tübingen

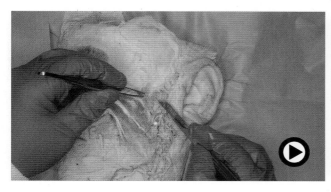

◨ **Abb. 1.98 Video 1.16: Präparation des Ligamentum laterale und der Capsula articularis des Kiefergelenks.** (▶ https://doi.org/10.1007/000-70p), © Institut für Klinische Anatomie und Zellanalytik der Universität Tübingen

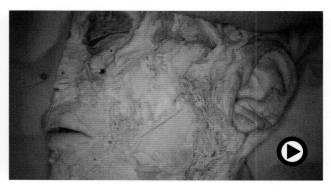

◨ **Abb. 1.101 Video 1.19: Mobilisation des M. temporalis.** (▶ https://doi.org/10.1007/000-70s), © Institut für Klinische Anatomie und Zellanalytik der Universität Tübingen

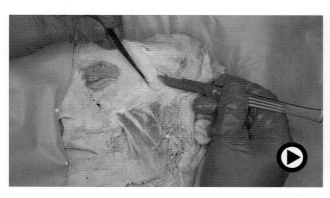

◨ **Abb. 1.99 Video 1.17: Präparation der Regio temporalis.** (▶ https://doi.org/10.1007/000-70q), © Institut für Klinische Anatomie und Zellanalytik der Universität Tübingen

◨ **Abb. 1.102 Video 1.20: Präparation der Vasa temporalia profundae.** (▶ https://doi.org/10.1007/000-70t), © Institut für Klinische Anatomie und Zellanalytik der Universität Tübingen

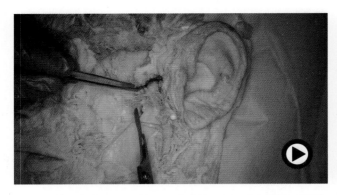

◘ **Abb. 1.103   Video 1.21: Video 1.21 Präparation des Kiefergelenks.** (► https://doi.org/10.1007/000-70v), © Institut für Klinische Anatomie und Zellanalytik der Universität Tübingen

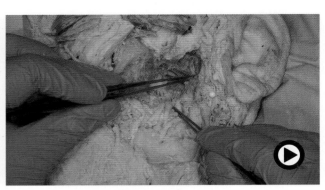

◘ **Abb. 1.106   Video 1.24: Präparation der Fossa infratemporalis, tiefe Schicht.** (► https://doi.org/10.1007/000-70y), © Institut für Klinische Anatomie und Zellanalytik der Universität Tübingen

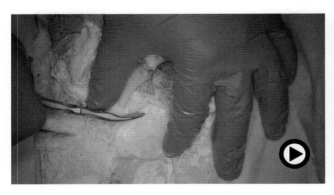

◘ **Abb. 1.104   Video 1.22: Freilegen des Canalis mandibulae.** (► https://doi.org/10.1007/000-70w), © Institut für Klinische Anatomie und Zellanalytik der Universität Tübingen

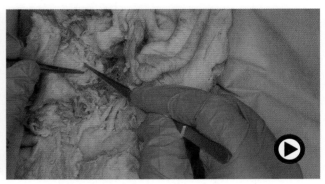

◘ **Abb. 1.107   Video 1.25: Präparation der Fossa pterygopalatina von lateral.** (► https://doi.org/10.1007/000-70z), © Institut für Klinische Anatomie und Zellanalytik der Universität Tübingen

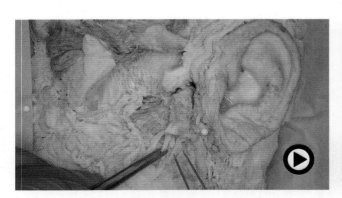

◘ **Abb. 1.105   Video 1.23: Präparation der Fossa infratemporalis, oberflächliche Schicht.** (► https://doi.org/10.1007/000-70x), © Institut für Klinische Anatomie und Zellanalytik der Universität Tübingen

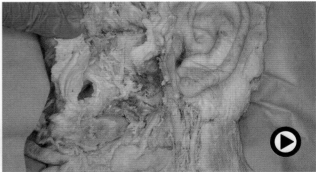

◘ **Abb. 1.108   Video 1.26: Posteriore Eröffnung des Sinus maxillaris.** (► https://doi.org/10.1007/000-710), © Institut für Klinische Anatomie und Zellanalytik der Universität Tübingen

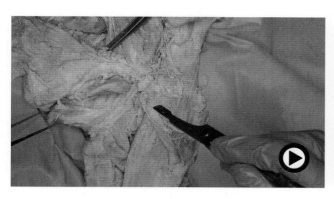

Abb. 1.109   Video 1.27: Tiefe Präparation von Trigonum submentale und Trigonum submandibulare. (▶ https://doi.org/10.1007/000-711), © Institut für Klinische Anatomie und Zellanalytik der Universität Tübingen

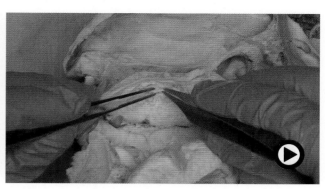

Abb. 1.112   Video   1.30:   Präparation   des   Gaumens. (▶ https://doi.org/10.1007/000-714), © Institut für Klinische Anatomie und Zellanalytik der Universität Tübingen

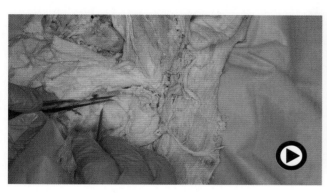

Abb. 1.110   Video 1.28: Präparation der Mundhöhle von lateral. (▶ https://doi.org/10.1007/000-712), © Institut für Klinische Anatomie und Zellanalytik der Universität Tübingen

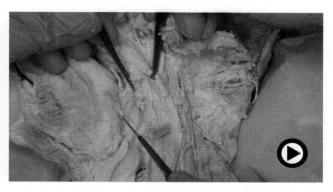

Abb. 1.113   Video   1.31:   Präparation   des   Oropharynx. (▶ https://doi.org/10.1007/000-715), © Institut für Klinische Anatomie und Zellanalytik der Universität Tübingen

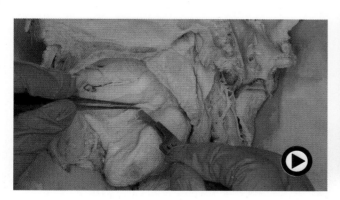

Abb. 1.111   Video 1.29: Präparation des Mundbodens am lateralen Zungenrand. (▶ https://doi.org/10.1007/000-713), © Institut für Klinische Anatomie und Zellanalytik der Universität Tübingen

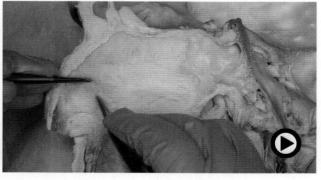

Abb. 1.114   Video   1.32:   Präparation   des   Nasenseptums. (▶ https://doi.org/10.1007/000-716), © Institut für Klinische Anatomie und Zellanalytik der Universität Tübingen

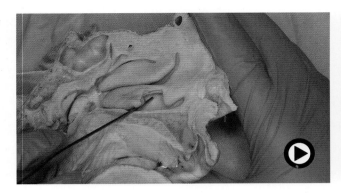

Abb. 1.115   Video 1.33: Präparation des Nasentränenganges. (► https://doi.org/10.1007/000-717), © Institut für Klinische Anatomie und Zellanalytik der Universität Tübingen

Abb. 1.118   Video 1.36: Präparation der Tuba auditiva. (► https://doi.org/10.1007/000-71a), © Institut für Klinische Anatomie und Zellanalytik der Universität Tübingen

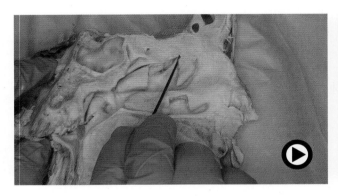

Abb. 1.116   Video 1.34: Darstellung des Ostiomeatalen Komplexes. (► https://doi.org/10.1007/000-718), © Institut für Klinische Anatomie und Zellanalytik der Universität Tübingen

Abb. 1.119   Video 1.37: Freilegen des Daches der Fossa infratemporalis von medial. (► https://doi.org/10.1007/000-71b), © Institut für Klinische Anatomie und Zellanalytik der Universität Tübingen

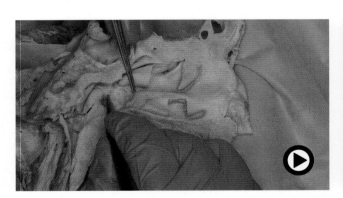

Abb. 1.117   Video 1.35: Freilegung der Fossa pterygopalatina von medial. (► https://doi.org/10.1007/000-719), © Institut für Klinische Anatomie und Zellanalytik der Universität Tübingen

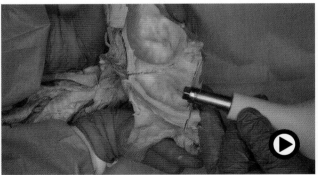

Abb. 1.120   Video   1.38:   Abtragung   Orbitadach. (► https://dci.org/10.1007/000-71c), © Institut für Klinische Anatomie und Zellanalytik der Universität Tübingen

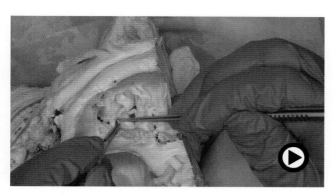

◘ **Abb. 1.121   Video 1.39: Präparation der Orbita, obere Etage.**
(▶ https://doi.org/10.1007/000-707), © Institut für Klinische Anatomie und Zellanalytik der Universität Tübingen

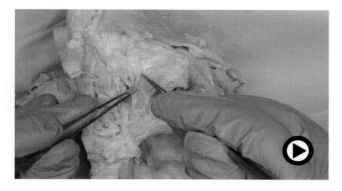

◘ **Abb. 1.122   Video 1.40: Präparation der Orbita, mittlere und untere
Etage.** (▶ https://doi.org/10.1007/000-71e), © Institut für Klinische
Anatomie und Zellanalytik der Universität Tübingen

Damp Stiftung

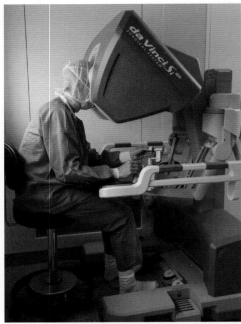
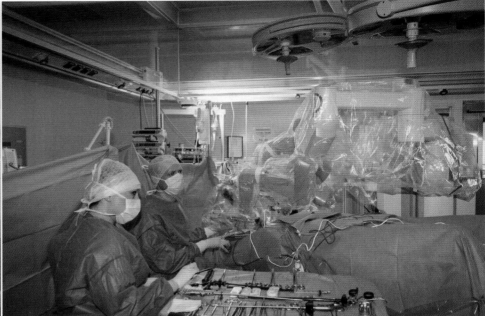

Förderung der roboterassistierten Chirurgie am Universitätsklinikum Schleswig-Holstein, Campus Kiel | Links: Steuer-Konsole, rechts: Patiententisch mit Roboter-Armen. Fotos: B. Solcher

Die Damp Stiftung wurde 2012 durch den früheren Haupteigentümer der Unternehmensgruppe Damp mit dem Sitz in Kiel gegründet.

„Damp" war ein gewachsenes Unternehmen, das in den 1970er Jahren zunächst im Tourismusbereich, später als Unternehmen der Gesundheitsbranche Bekanntheit erlangte. Zuletzt erwirtschaftete die Damp Holding AG im Geschäftsbereich „Gesundheit und Medizin" über 95 % des Gesamtumsatzes von rund € 500 Mio.. Mit diversen Akut- und Rehakliniken sowie Medizinischen Versorgungszentren in Schleswig-Holstein, Hamburg und Mecklenburg-Vorpommern war die Damp-Gruppe Norddeutschland größtes Gesundheitsunternehmen.

Durch die Damp Stiftung werden insbesondere die medizinische Forschung und Lehre sowie die Ausbildung von medizinischen Nachwuchskräften in den Ländern Schleswig-Holstein, Hamburg und Mecklenburg-Vorpommern gefördert.

Unabhängig von der oben dargestellten Fördertätigkeit im Bereich des Gesundheitswesens unterstützt die Damp Stiftung als Treuhänderin der Wübben Stiftung und auf der Grundlage einer Kooperationsvereinbarung das Programm „Einstein-Profil-Professuren" der Einstein Stiftung Berlin.

Einstein-Profil-Professuren sind gezielte Spitzenberufungen aus dem Ausland, die von herausragender strategischer Bedeutung für den Wissenschaftsstandort Berlin sind:

Mit Hilfe der Einstein-Profil-Professuren können die Berliner Universitäten in besonderer Weise Forschungsstrategien umsetzen, Profilbildungen vornehmen, neue Forschungsbereiche erschließen und voranbringen sowie Stärken stärken und Anziehungskraft für weitere Top-Talente entwickeln.

Die Damp Stiftung fördert mit 2,0 Mio. Euro pro Jahr
- insbesondere innovative Vorhaben
- aus dem medizinischen Bereich sowie
- aus dem Bereich des Gesundheitswesens
- ausgewählte Projekte aus dem sozialen Bereich
- an und mit Bezug zu den Standorten der früheren Damp Gruppe.

Sie engagiert sich regional für Vorhaben von Antragstellern in den Ländern Schleswig- Holstein, Hamburg und Mecklenburg-Vorpommern.

www.damp-stiftung.de

EINSTEIN Foundation.de

Hals

Bernhard Hirt, Bernhard N. Tillmann

Inhaltsverzeichnis

Ergänzende Information
Die elektronische Version dieses Kapitels enthält Zusatzmaterial, auf das über folgenden Link zugegriffen
werden kann https://doi.org/10.1007/978-3-662-62839-3_2. Die Videos lassen sich durch Anklicken des DOI
Links in der Legende einer entsprechenden Abbildung abspielen, oder indem Sie diesen Link mit der SN
More Media App scannen.

© Springer-Verlag GmbH Deutschland, ein Teil von Springer Nature 2022
B. N. Tillmann, B. Hirt, *Präpkurs Anatomie,* https://doi.org/10.1007/978-3-662-62839-3_2

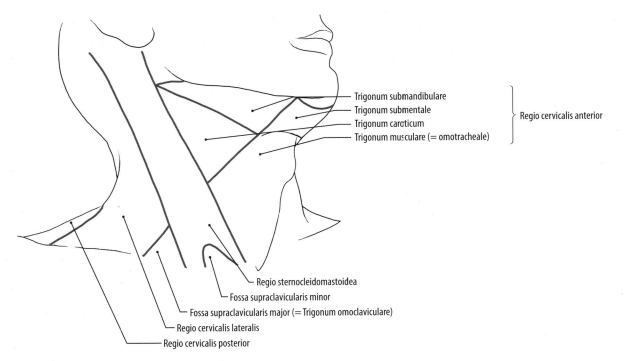

□ Abb. 2.1 Regionen des Halses, Ansicht von vorn rechts [10]

Zusammenfassung

Vor dem ersten Hautschnitt steht das Studium der Halsregionen und der sichtbaren und tastbaren anatomischen Landmarken. Die Beschreibung der Halspräparation erfolgt in zwei Schritten: Zunächst wird aufgezeigt, wie am nichtabgesetzten Kopf die Faszienschichten, Muskulatur, Organe und Leitungsbahnen in ihrer Kontinuität zu Halsorganen, Kopf und Thorax in einer oberflächlichen, mittleren und tiefen Schicht präpariert werden. Nach dem Absetzen des Kopfes (welches in diesem Kapitel zwar beschrieben wird, jedoch durch das Institutspersonal zu erfolgen hat) werden diese anatomischen Strukturen zunächst von ventral und anschließend von lateral/dorsal in ihrer Beziehung zueinander dargestellt. Am Ende der Präparation sind an den am Kopf anhängenden Halseingeweiden die Faszien entfernt, die Muskeln dargestellt, z. T. abgeklappt und die Leitungsbahnen bis zu ihren Zielorten freigelegt. Ein besonderer Fokus des Kapitels liegt auf der Darstellung der Präparation des Pharynx, des Larynx sowie der Schilddrüse mit Nebenschilddrüsen.

2.1   Einführung

Der Hals verbindet den Kopf mit dem Rumpf und den oberen Extremitäten. Halsorgane sind der Kehlkopf, die Schilddrüse und die Epithelkörperchen. Die Glandula submandibularis und der kaudale Teil der Glandula parotis ragen kranial in die vordere Halsregion ein.

Es werden am Hals vier Halsregionen (Regiones cervicales) unterschieden (□ Abb. 2.1), deren Begrenzungen am Körperspender palpiert werden können: Zwischen den Vorderrändern der beiden Mm. sternocleidomastoidei liegt die vordere Halsregion (*Regio cervicalis anterior*), über dem M. sternocleidomastoideus die *Regio sternocleidomastoidea* mit der kaudal liegenden *Fossa supraclavicularis minor*. Zwischen dem M. sternocleidomastoideus und dem M. trapezius befindet sich die seitliche Halsregion (*Regio cervicalis lateralis*), unterhalb des M. omohyoideus die *Fossa supraclavicularis major* (= Trigonum omoclaviculare). Die hintere Halsregion (*Regio cervicalis posterior*) liegt im Nacken über den Mm. trapezii beider Seiten.

Die Regio cervicalis anterior wird in vier Halsdreiecke (Trigona cervicales) unterteilt, deren Begrenzungen eindeutig erst im Verlauf der Präparation identifiziert werden können und wichtige anatomisch-chirurgische Landmarken darstellen: Das *Trigonum submandibulare* befindet sich zwischen dem Unterrand der Mandibula und den beiden Bäuchen des M. digastricus (Venter anterior und Venter posterior). Das unpaare *Trigonum submentale* wird durch den Venter anterior des M. digastricus beider Seiten nach lateral und durch das Os hyoideum nach kaudal begrenzt. Das *Trigonum caroticum* liegt zwischen Venter posterior des M. digastricus, Venter superior des M. omohyoideus und dem Vorderrand des M. sternocleidomastoideus. Das *Trigonum musculare* (= *omotracheale*) wird kranial durch

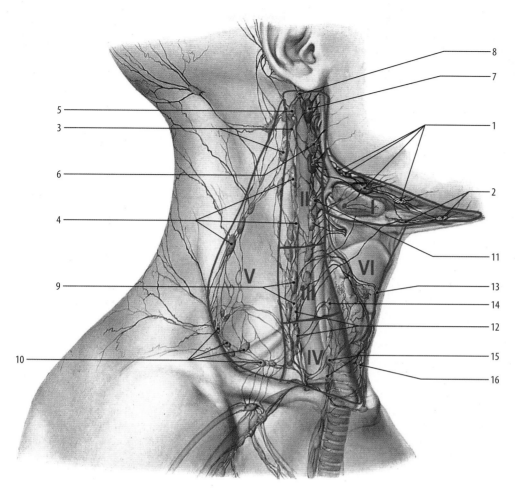

1 Nodi submandibulares
2 Nodi submentales
3 Nodi profundi superiores
4 Nodi superficiales
5 Nodi mastoidei
6 Nodus jugulodigastricus
7 Nodi parotidei
8 Nodi infraauriculares
9 Nodi profundi inferiores
10 Nodi supraclaviculares
11 Nodi linguales
12 Nodi juguloomohyoidei
13 Nodi prelaryngei
14 Nodi thyreoidei
15 Nodi paratracheales
16 Nodi pretracheales

Abb. 2.2 Lymphknoten des Halses in der onkologisch-chirurgischen Klassifizierung der American Academy of Otolaryngology, Head and Neck Surgery, Ansicht von rechts-seitlich [39]

das Os hyoideum, lateral durch den Venter superior des M. omohyoideus und den Vorderrand des M. sternocleidomastoideus, kaudal durch das Manubrium sterni und medial durch die Mittellinie des Halses begrenzt.

Hinter dem Ansatz des M. sternocleidomastoideus liegt zwischen Venter inferior des M. omohyoideus und Clavicula die *Fossa supraclavicularis major* (= Trigonum omoclaviculare).

> ► **Klinik**
>
> Von der topographisch-anatomischen Einteilung des Halses in Halsregionen und Halsdreiecke ist die onkologisch-chirurgische Klassifizierung der American Academy of Otolaryngology, Head and Neck Surgery, zu unterscheiden (❑ Abb. 2.2). Diese nimmt die Halslymphknotenstationen in den Fokus und unterscheidet sechs sog. „Level", die in ihrer Ausdehnung nicht den anatomischen Landmarken der Halsregionen und der Halsdreiecke entsprechen.
> — Level I: *Nodi submandibulares* (**1**), *Nodi submentales* (**2**)
> — Level II: Lymphknoten entlang der V. jugularis interna von Schädelbasis bis zur Karotisbifurkation: *Nodi profundi superiores* (**3**), *Nodi superficiales* (**4**), *Nodi mastoidei* (**5**), *Nodus jugulodigastricus* (**6**), *Nodi parotidei* (**7**), *Nodi infraauriculares* (**8**)
> — Level III: Lymphknoten entlang der V. jugularis interna von Karotisbifurkation bis zum kreuzenden M. omohyoideus: *Nodi profundi inferiores* (**9**), Nodi superficiales
> — Level IV: Lymphknoten entlang der V. jugularis interna vom M. omohyoideus bis zur Clavicula: *Nodi supraclaviculares* (**10**), Nodi superficiales
> — Level V: Lymphknoten im lateralen Halsdreieck: *Nodi supraclaviculares* (**10**), Nodi superficiales
> — Level VI: Lymphknoten im Trigonum musculare (= omotracheale): *Nodi linguales* (**11**), *Nodi juguloomohyoidei* (**12**), *Nodi prelaryngei* (**13**), *Nodi thyreoidei* (**14**), *Nodi paratracheales* (**15**), *Nodi pretracheales* (**16**) ◄

2

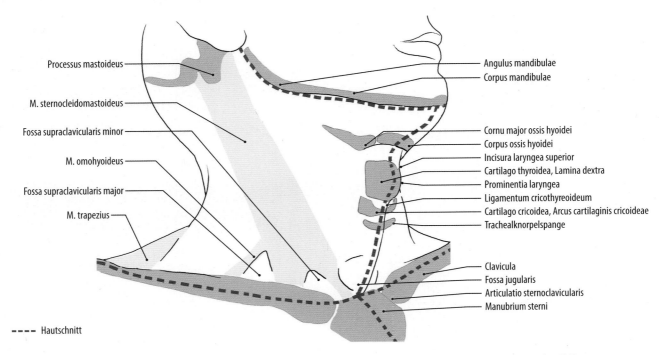

Processus mastoideus

M. sternocleidomastoideus

Fossa supraclavicularis minor

M. omohyoideus

Fossa supraclavicularis major

M. trapezius

Angulus mandibulae

Corpus mandibulae

Cornu major ossis hyoidei

Corpus ossis hyoidei

Incisura laryngea superior

Cartilago thyroidea, Lamina dextra

Prominentia laryngea

Ligamentum cricothyreoideum

Cartilago cricoidea, Arcus cartilaginis cricoideae

Trachealknorpelspange

Clavicula

Fossa jugularis

Articulatio sternoclavicularis

Manubrium sterni

- - - - Hautschnitt

▣ Abb. 2.3   Tastbare Strukturen des Halses und Schnittführung zum Anlegen der Halsschnitte, Ansicht von vorn rechts [10]

2.1.1 Oberflächenrelief und tastbare Strukturen

Vor Beginn der Präparation sollte das Oberflächenrelief des intakten Halses studiert werden (▣ Abb. 2.3). Am fixierten Körper gestaltet sich die Analyse des Oberflächenreliefs oft schwierig, daher empfiehlt sich das Studium am lebenden Probanden. Relevante Landmarken des Halses sind die quere Hautfurche am Übergang zwischen Mundboden und Hals (Projektion des Zungenbeins), der Schildknorpel des Kehlkopfes mit der insbesondere bei Männern leicht erkennbaren *Prominentia laryngea* (Adamsapfel) sowie die oberhalb des Manubrium sterni liegende Drosselgrube (*Fossa jugularis*). Der *M. sternocleidomastoideus* ist am Lebenden in seinem gesamten Verlauf tastbar. Vergrößerte Lymphknoten sowie der Puls der Halsschlagader können entlang des Vorderrandes des Muskels palpiert werden. An seinem kaudalen Abschnitt lässt sich an schlanken Probanden die Fossa supraclavicularis minor zwischen dem Caput sternale und Caput claviculare des M. sternocleidomastoideus identifizieren. Bei Kontraktion der Halsmuskulatur kann neben dem Platysma in der Regio cervicalis anterior auch der Venter inferior des M. omohyoideus in der Regio cervicalis lateralis als kraniale Begrenzung des *Trigonum omoclaviculare* (= *Fossa supraclavicularis major*) palpiert werden. Bei schlanken Menschen ist der Muskelbauch deutlich sichtbar. Der leicht zu identifizierende Vorderrand des M. trapezius (Pars descendens) bildet die Grenze zwischen seitlicher und hinterer Halsregion. Am Hals sind die Unterkante des *Corpus mandi-*

bulae bis zum *Angulus mandibulae*, am Schläfenbein der *Processus mastoideus*, am Zungenbein der *Corpus ossis hyoidei* und das *Cornu major ossis hyoidei* (bei schlanken Hälsen) tastbar. Folgende Strukturen können ebenfalls palpiert werden: am Kehlkopf der Schildknorpel (*Cartilago thyreoidea*) mit *Incisura thyreoidea superior*, beide *Laminae thyreoideae*, am Ringknorpel (*Cartilago cricoidea*) der *Arcus cartilaginis cricoideae*, an der Luftröhre die kranialen Trachealknorpelspangen. Kaudal lassen sich die *Clavicula*, die beiden Sternoclaviculargelenke (*Articulationes sternoclaviculares*) und die *Incisura jugularis* des *Manubrium sterni* tasten.

▶ **Klinik**

Bei akuter Luftnot kann es notwendig sein, durch die Inzision des *Ligamentum cricothyreoideum medianum* (= Ligamentum conicum) (▣ Abb. 2.3) eine Luftzufuhr unterhalb der Engstelle des oberen Respirationstraktes im Bereich der Stimmritze zu schaffen. Bei der Koniotomie wird der vordere Bogen des Ringknorpels, der *Arcus cartilaginis cricoideae*, palpiert, um das drüber gelegene Ligamentum conicum zu lokalisieren. ◀

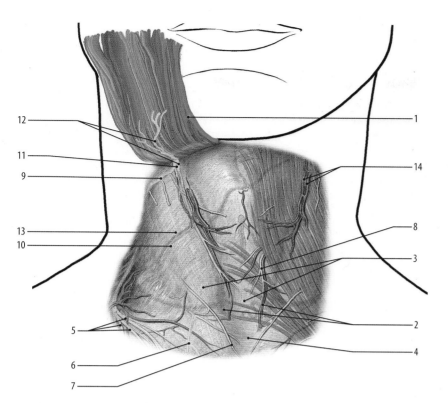

1 Platysma
2 V. jugularis anterior
3 Lamina superficialis fasciae cervicalis
4 Fossa jugularis
5 Nn. supraclaviculares laterales
6 Nn. supraclaviculares intermedii
7 Nn. supraclaviculares mediales
8 Rami cutanei des N. transversus colli
9 N. transversus colli
10 V. jugularis externa
11 Ansa cervicalis superficialis
12 Ramus colli des N. facialis
13 N. auricularis magnus
14 Hautäste der A. und V. thyreoidea superior

Abb. 2.4 Ablösen des Platysma, Ansicht von vorn [39]

2.2 Halspräparation am nicht-abgesetzten Kopf-/Halspräparat

2.2.1 Präparation der oberflächlichen Schicht

Anlegen der Hautschnitte – Präparation der Haut am Hals In der vorderen Halsregion und in der seitlichen Halsregion ist die Haut dünn und locker mit dem subkutanen Gewebe verbunden. Dadurch ergibt sich bei der Präparation eine spürbare Verschiebeschicht. Die Präparation des Halses erfolgt seitengleich auf der rechten und linken Seite. Die Präparation der Haut erfolgt von medial nach lateral streng zwischen Kutis und Subkutis. Das subkutane Bindegewebe bleibt zunächst als geschlossene Schicht erhalten.

Die Hautschnitte erfolgen mit einem (bauchigen) Hautmesser. Die kraniale Schnittführung erfolgt vom linken Ohrläppchen über den Ramus mandibulae entlang des Unterkieferrandes zum rechten Ohrläppchen (Abb. 2.3, 2.34/Video 2.1). Die kaudalen Hautschnitte erfolgen vom Akromion über die Clavicula, Incisura sterni, Clavicula der Gegenseite zum Akromion der Gegenseite. Es folgt ein Medianschnitt vom Kinn zur Incisura jugularis. Vorsichtiges Entfernen der Haut von medial nach lateral. Die Hautlappen werden dorsal bis

zur Vorderkante des M. trapezius abgelöst. Der Verlauf von sichtbaren Venen im subkutanen Bindegewebe kann nun studiert werden.

🚫 Die Hautpräparation muss streng in der Schicht zwischen Kutis und subkutanem Gewebe erfolgen. Zu tiefes Eingehen in das subkutane Gewebe birgt die Gefahr einer Verletzung des Platysma (es besitzt keine eigene Faszie!). Es ist darauf zu achten, dass das Platysma als Hautmuskel dicht unter der Kutis liegt. Es besitzt oft keine typische Muskelfärbung.

Präparation des Platysma, der epifaszialen Leitungsbahnen und des oberflächlichen Blattes der Halsfaszie Entfernen von subkutanem Fettgewebe auf dem *Platysma* **(1)** (Abb. 2.35/Video 2.2). Freilegung von Vorder- und Hinterrand des Muskels (Abb. 2.4). Dabei ist die variable Ausdehnung des Platysma auf die Gesichts- und Brustregion zu beachten. Aufsuchen der variabel verlaufenden *V. jugularis anterior* **(2)** zwischen den beiden Platysmaanteilen. Freilegen der Vene bis zu ihrem Durchtritt durch das oberflächliche Blatt der Halsfaszie (*Lamina superficialis fasciae cervicalis* (= *colli*)) **(3)** in der *Fossa jugularis* **(4)** durch Spaltung des Bindegewebes.

Das Platysma wird nun von kaudal nach kranial abgelöst. Dabei wird ein bauchiges Skalpell streng zwischen Muskelplatte und oberflächliche Halsfaszie geführt.

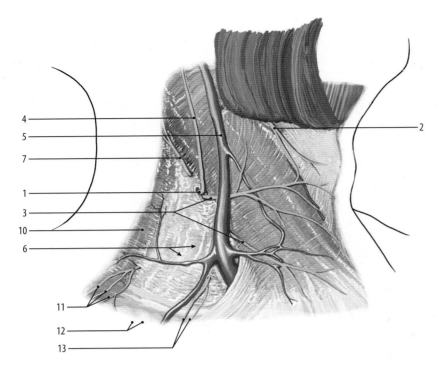

1	Punctum nervosum
2	Ramus colli des N. facialis
3	N. transversus colli
4	N. auricularis magnus
5	V. jugularis externa
6	Lamina superficialis der Fascia cervicalis (= colli)
7	N. occipitalis minor
8	N. accessorius
9	M. levator scapulae
10	M. trapezius
11	Nn. supraclaviculares laterales
12	Nn. supraclaviculares intermedii
13	Nn. supraclaviculares mediales
14	Rami musculares
15	Die Lamina profunda (= prevertebralis) der Fascia cervicalis

Abb. 2.5   Präparation der epifaszialen Leitungsbahnen der seitlichen Halsregion, Ansicht von rechts-seitlich [38]

Darstellung der *Nn. supraclaviculares laterales* (**5**), *intermedii* (**6**) *und mediales* (**7**) die zwischen den ausstrahlenden Faserzügen des Platysma auf Schulter und Thorax in Höhe der Clavicula aufgesucht werden können. Die *Rami cutanei* des *N. transversus colli* (**8**) ziehen durch das Platysma zur Haut.

❗ Beim Ablösen des Platysma vom oberflächlichen Blatt der Halsfaszie sind die unterhalb des Muskels laufenden Leitungsbahnen gefährdet: N. transversus colli, Ansa cervicalis superficialis, Ramus colli n. facialis, N. auricularis magnus, V. jugularis externa.

Präparation des *N. transversus colli* (**9**) an der Überkreuzungsstelle mit dem M. sternocleidomastoideus. Der Nerv wird in seinem variablen Verlauf auf der oberflächlichen Halsfaszie und in Beziehung zur *V. jugularis externa* (**10**) (Verlauf unter- oder oberhalb möglich) nach medial verfolgt, indem das umgebende Bindegewebe gespalten wird.

Aufsuchen der *Ansa cervicalis superficialis* (**11**) (Verbindung zwischen N. transversus colli und R. colli des N. facialis). Während des fortschreitenden Ablösens des Platysma nach kranial wird der *Ramus colli* des *N. facialis* (**12**) dargestellt. Der Nerv liegt im Bindegewebe in der Rinne zwischen Glandula submandibularis und dem Vorderrand des M. sternocleidomastoideus. Er wird bis zu seinem Verschwinden unter der Glandula submandibularis verfolgt.

Das Platysma wird auf beiden Seiten bis zur Mandibula mobilisiert und hochgeklappt.

❗ Bei der Präparation des Platysma in Höhe der Glandula submandibularis und der Mandibula die A. und V. facialis in ihrem Verlauf um den Mandibularrand schonen. Auf den Ramus marginalis mandibulae des N. facialis achten!

Die genannten epifaszialen Leitungsbahnen können nun studiert und der Verlauf der V. jugularis externa und des *N. auricularis magnus* (**13**) in ihrer Beziehung zum M. sternocleidomastoideus dargestellt werden.

Präparation der durch das Platysma ziehenden *Hautäste der A.* und *V. thyreoidea superior* (**14**).

▶ **Klinik**

Der N. auricularis magnus kann in der Kopf-/Hals-Chirurgie als leicht zu gewinnendes Nerveninterponat für die Rekonstruktion funktionell bedeutenderer Nerven verwendet werden. ◀

Präparation der seitlichen Halsregion: Punctum nervosum und N. accessorius   Zur Präparation der Hautäste des Plexus cervicalis wird die Eintrittsregion der Nerven am Erbschen Punkt (*Punctum nervosum*) (**1**) in der Regio cervicalis lateralis aufgesucht (Abb. 2.5, 2.36/ Video 2.3). Dazu kann der im Bereich der Verbindung mit dem *Ramus colli* des N. facialis (**2**) bereits dargestellte *N. transversus colli* (**3**) in seinem Verlauf über dem M. sternocleidomastoideus nach posterior verfolgt werden. Anschließend erfolgt die Darstellung des *N. auricularis magnus* (**4**) in seinem Verlauf über dem M. sternocleidomastoideus nach anterior und kranial.

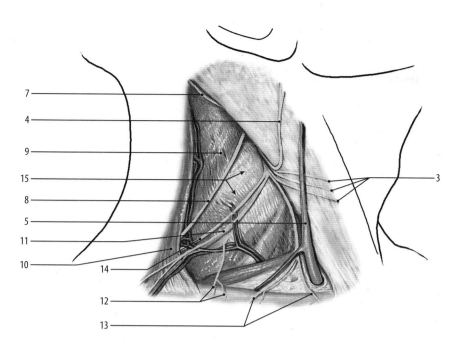

1	Punctum nervosum
2	Ramus colli des N. facialis
3	N. transversus colli
4	N. auricularis magnus
5	V. jugularis externa
6	Lamina superficialis der Fascia cervicalis (= colli)
7	N. occipitalis minor
8	N. accessorius
9	M. levator scapulae
10	M. trapezius
11	Nn. supraclaviculares laterales
12	Nn. supraclaviculares intermedii
13	Nn. supraclaviculares mediales
14	Rami musculares
15	Die Lamina profunda (= prevertebralis) der Fascia cervicalis

◻ **Abb. 2.6**   Präparation der Leitungsbahnen der seitlichen Halsregion, Ansicht von rechts-seitlich [38]

Der Nerv verläuft lateral – kranial der *V. jugularis externa* **(5)**.

Die Nerven werden durch Spaltung und Entfernung der Lamina superficialis der *Fascia cervicalis (= colli)* **(6)** freigelegt. Darstellung des *N. occipitalis minor* **(7)** (◻ Abb. 2.6). Hierfür den Hinterrand des M. sternocleidomastoideus etwas nach ventral klappen. Der Nerv liegt auf der Unterseite des Muskels, kranial der Höhe des N. transversus colli und der Austrittsstelle des N. auricularis magnus. Er wird durch Spaltung der Muskelfaszie freigelegt und am Muskelhinterrand nach kranial bis in die Okzipitalregion verfolgt. Aufsuchen des *N. accessorius* **(8)**, der im oberen Drittel an der Unterseite des M. sternocleidomastoideus austritt, den N. occipitalis minor am Punctum nervosum unterkreuzt und auf dem *M. levator scapulae* **(9)** durch das seitliche Halsdreieck in Richtung *M. trapezius* **(10)** zieht. Studium der nach kaudal ziehenden *Nn. supraclaviculares laterales* **(11)**, *intermedii* **(12)** und *mediales* **(13)**. Präparation von *Rami musculares* für den M. trapezius **(14)**. Die *Lamina profunda (= prevertebralis)* der *Fascia cervicalis (= colli)* **(15)** bleibt erhalten.

❷ Bei der Entfernung des lockeren Bindegewebes in der seitlichen Halsregion sind der M. omohyoideus, die A. cervicalis superficialis (oder variabel der Ramus superficialis der A. transversa cervicis) sowie das mittlere Blatt der Halsfaszie gefährdet. Über der Skalenusmuskulatur können das dünne Blatt der tiefen Halsfaszie und die Leitungsbahnen der Skalenuslücke verletzt werden.

▶ **Klinik**

Eine nicht sachgemäße Entfernung von Lymphknoten im seitlichen Halsdreieck kann zu einer distalen Schädigung des N. accessorius und zur Lähmung des oberen Anteils des M. trapezius führen. Betroffene Patienten weisen einen Tiefstand der Schulter und eine Lateralisierung der Scapula auf (sog. Schaukelstellung). Die Elevation des Armes über die Horizontale ist stark eingeschränkt oder nicht möglich. ◀

2.2.2 Präparation der mittleren Schicht

Präparation des mittleren Blatts der Halsfaszie, des M. omohyoideus, der infrahyoidalen Muskulatur   Die Faszienscheide der beiden Mm. sternocleidomastoidei als Teil der *Lamina superficialis fasciae cervicalis* **(1)** wird auf der rechten Seite durch einen medianen Längsschnitt vom Processus mastoideus bis zum Muskelursprung hin gespalten (◻ Abb. 2.7, 2.37/Video 2.4). Der Vorderrand des *M. trapezius* **(2)** und die *Fascia nuchae* **(3)** werden aufgesucht.

Die oberflächliche Halsfaszie wird von der gesamten Muskeloberfläche abpräpariert und auf beiden Seiten unter Erhalt der Leitungsbahnen entfernt. Studium der *Lamina media (= pretrachealis)* der *Fascia cervicalis (= colli)* **(4)** im Trigonum musculare sowie der *Lamina profunda (= prevertrebralis)* der *Fascia cervicalis (= colli)* **(5)** in der Regio cervicalis lateralis. Durchtrennen des *Caput sternale* **(6)** und des *Caput claviculare* **(7)** des linken M. sternocleidomastoideus am Ursprung (der rechte Muskel wird als Landmarke belassen und später

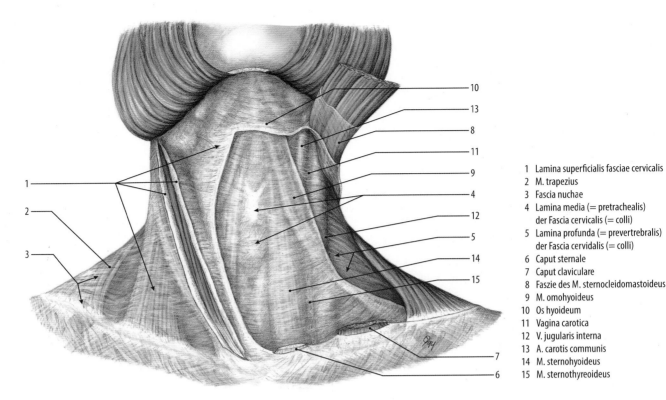

1 Lamina superficialis fasciae cervicalis
2 M. trapezius
3 Fascia nuchae
4 Lamina media (= pretrachealis)
   der Fascia cervicalis (= colli)
5 Lamina profunda (= prevertrebralis)
   der Fascia cervidalis (= colli)
6 Caput sternale
7 Caput claviculare
8 Faszie des M. sternocleidomastoideus
9 M. omohyoideus
10 Os hyoideum
11 Vagina carotica
12 V. jugularis interna
13 A. carotis communis
14 M. sternohyoideus
15 M. sternothyreoideus

■ **Abb. 2.7** Präparation der Halsfaszien, Ansicht von vorn [29]

präpariert). Der Muskel wird unter Erhalt des kreuzenden N. transversus colli und N. auricularis magnus nach kranial geklappt. Die V. jugularis externa sowie die Venenzuflüsse werden bei Bedarf durchtrennt. An der Muskelunterseite wird die eigene Muskelfaszie **(8)** dargestellt. Präparation der unter dem Muskel liegenden Äste des Plexus cervicalis. Studium des mittleren Blattes der Halsfaszie von der Mittellinie bis zum Vorderrand des M. trapezius. Palpation des *M. omohyoideus* **(9)** vom Eintritt in die seitliche Halsregion am Vorderrand des M. trapezius bis zur Insertion am *Os hyoideum* **(10)**. Studium der Beziehung des M. omohyoideus mit der *Vagina carotica* **(11)**. Durch Anheben der Zwischensehne des zweibäuchigen Muskels mit einer Pinzette kann nun die Erweiterung des Lumens der *V. jugularis interna* **(12)** studiert werden. Palpation der *A. carotis communis* **(13)**. Freilegen des M. omohyoideus. Präparation nach medial und Abtragung der Lamina media fasciae cervicalis im Trigonum musculare (= omotracheale). Die oberflächlich sichtbaren Anteile der infrahyoidalen Muskulatur, der *M. sternohyoideus* **(14)** und der *M. sternothyreoideus* **(15)** werden unter Erhalt der sie versorgenden Nerven und Gefäße freigelegt.

▶ **Klinik**

Bei Verletzung der V. jugularis interna (stumpfe oder offene Traumen) kann durch Kontraktion des M. omohyoideus Luft in die Vene gesaugt werden (Luftembolie). ◄

🛑 Im Trigonum musculare (= omotracheale) sind die oberflächliche Halsfaszie, die mittlere Halsfaszie sowie das vordere Blatt der Organfaszie (Fasciae viscerales) miteinander verschmolzen.

Präparation des Trigonum submandibulare und Trigonum submentale In den Trigona submandibulare und submentale wird die *Lamina superficialis fasciae cervicalis* **(1)** freigelegt (■ Abb. 2.8). Studium des *Ramus colli des N. facialis* **(2)**, des *N. transversus colli* **(3)** und der *Ansa cervicalis superficialis* **(4)**. Freilegen des *Ramus marginalis mandibulae* des *N. facialis* **(5)**. Präparation der epifaszial verlaufenden *Rami cutanei* **(6)**.

Darstellung der *Glandula submandibularis* **(1)** durch Spaltung und Entfernen der sie umgebenden Faszie (■ Abb. 2.9, 2.38/Video 2.5). Die Drüse wird aus der Faszienloge vorsichtig herausgeschält. Die *V. facialis* **(2)** wird in ihrem Verlauf am Hinterrand der Drüse (häufiger Verlauf durch die Drüse) erhalten. Studium der Faszienloge, des *Tractus angularis* **(3)** mit Beziehung zum Unterpol der Glandula parotis. Freilegen des *N. hypoglossus* **(4)** mit der Radix superior der *Ansa cervicalis profunda* **(5)**. Aufsuchen von *Nodi submandibulares* **(6)** am Unterkieferrand. Darstellen der *Fascia parotidea* **(7)** und der *Fascia masseterica* **(8)**. Der *Ramus marginalis mandibulae* des *N. facialis* **(9)** wird studiert. Abtragung der Faszie auf dem *Venter anterior* des *M. digastricus* **(10)** und Darstel-

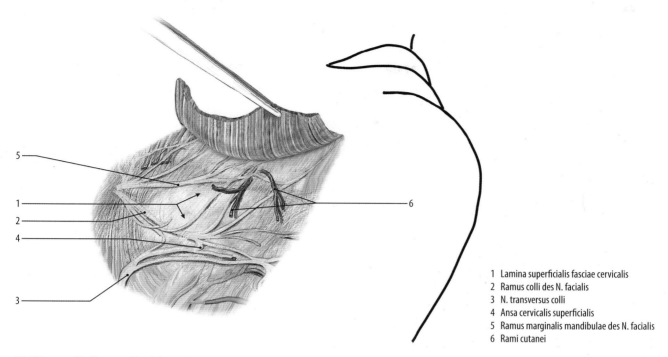

1 Lamina superficialis fasciae cervicalis
2 Ramus colli des N. facialis
3 N. transversus colli
4 Ansa cervicalis superficialis
5 Ramus marginalis mandibulae des N. facialis
6 Rami cutanei

☐ **Abb. 2.8**   Freilegen epifaszialer Leitungsbahnen im rechten Unterkieferdreieck (Trigonum submandibulare), Ansicht von seitlich-unten [39]

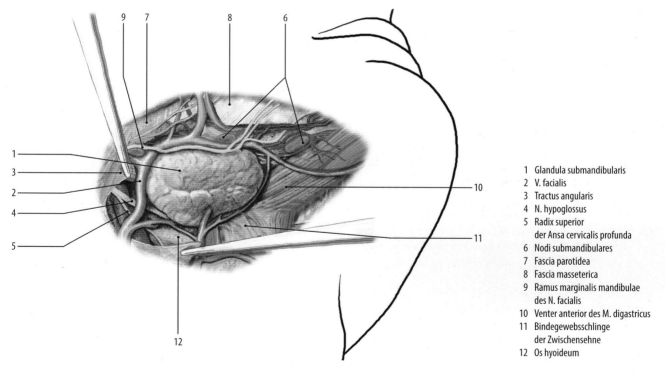

1 Glandula submandibularis
2 V. facialis
3 Tractus angularis
4 N. hypoglossus
5 Radix superior
   der Ansa cervicalis profunda
6 Nodi submandibulares
7 Fascia parotidea
8 Fascia masseterica
9 Ramus marginalis mandibulae
   des N. facialis
10 Venter anterior des M. digastricus
11 Bindegewebsschlinge
    der Zwischensehne
12 Os hyoideum

☐ **Abb. 2.9**   Präparation des rechten Unterkieferdreiecks (Trigonum submandibulare), Ansicht von seitlich-unten [39]

2

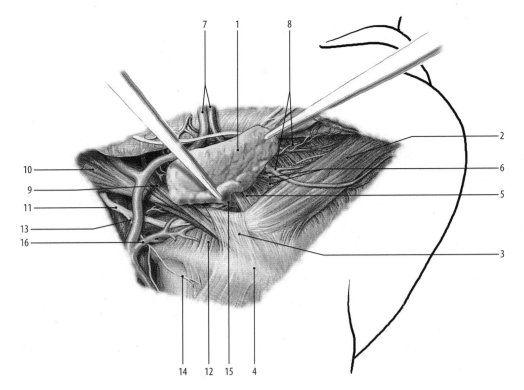

1 Glandula submandibularis
2 Venter anterior
   des M. digastricus
3 Bindegewebsschlinge
   der Zwischensehne
4 Os hyoideum
5 M. mylohyoideus
6 Rami musculares der V. und
   A. facialis
7 V. und A. facialis
8 V. und A. submentalis
9 M. stylohyoideus
10 Venter posterior
   des M. digastricus
11 N. hypoglossus
12 M. hyoglossus
13 Radix superior der
   Ansa cervicalis profunda
14 R. thyreohyoideus
15 Processus uncinatus
   der Glandula submandibularis
16 V. lingualis

◻ **Abb. 2.10**   Mobilisieren der rechten Unterkieferspeicheldrüse, Ansicht von seitlich-unten [39]

lung der Bindegewebsschlinge der Zwischensehne (11). Palpation des *Os hyoideum* (12).

▶ **Klinik**

Bei der Entfernung der Glandula submandibularis (Submandibulektomie), z. B. bei chronischer Entzündung (Sialadenitis) bei rezidivierenden Speichelsteinen (Sialolithiasis), muss insbesondere auf den Ramus marginalis mandibulae des N. facialis geachtet werden. Die Verletzung führt zu einem sichtbar herabhängenden Mundwinkel der betroffenen Seite. ◀

🛑 Bei der Präparation des Venter posterior musculi digastrici und des M. stylohyoideus können der N. hypoglossus und seine Begleitvene verletzt werden.

Die *Glandula submandibularis* (1) wird von der Faszie befreit und vorsichtig luxiert (◻ Abb. 2.10, 2.39/ Video 2.6). Der *Venter anterior* des *Musculus digastricus* (2) wird mit einer Pinzette stumpf unterminiert, die Zwischensehne (3) wird mit der Anheftung am *Os hyoideum* (4) dargestellt. Freilegen der Oberfläche des *M. mylohyoideus* (5) durch Entfernung der Muskelfaszie unter Erhalt der aus dem Muskel tretenden *Rami musculares* der *V.* und *A. facialis* (6). Die *V.* und *A. facialis* (7) sowie die *V.* und *A. submentalis* (8) werden in ihrem Verlauf dargestellt. Freilegen des *M. stylohyoideus* (9) und des *Venter posterior des M. digastricus* (10). Der *N. hypoglossus* (11) wird auf dem in der tiefe liegenden

M. hyoglossus (12) aufgesucht (◻ Abb. 2.40/Video 2.7). Studium seiner Beziehung zum Venter posterior musculi digastrici und M. stylohyoideus. Darstellung der Abgänge aus dem N. hypoglossus: Radix superior der *Ansa cervicalis profunda* (13) und *R. thyreohyoideus* (14) zum gleichnamigen Muskel. Verfolgen des Nervens (Unterkreuzung des Venter posterior des M. digastricus) bis zum Hinterrand des M. mylohyoideus. Studium des *Processus uncinatus* der *Glandula submandibularis* (15), der den N. hypoglossus überlagert und in die Tiefe auf die Oberseite des M. mylohyoideus zieht. Aufsuchen der *V. lingualis* (16).

📧 **Varia**

Der N. hypoglossus besitzt feine Begleitvenen und kann im Falle eines Truncus thyreolinguofacialis auch von einer größeren Vene überlagert werden.

▶ **Klinik**

Die Schädigung des N. hypoglossus (z. B. iatrogen im Rahmen einer Neck Dissection) führt zur Lähmung der Zungenmuskeln. Es resultiert beim Herausstrecken der Zunge eine Abweichung auf die betroffene Seite. ◀

Präparation des Trigonum caroticum, Präparation des Hals-Gefäß-Nervenstranges   Auf der linken Seite wird der kaudal abgesetzte M. sternocleidomastoideus nach oben geklappt. Die Vagina carotica wird im Trigonum caroticum kranial des kreuzenden *M. omohyoideus* (1) ent-

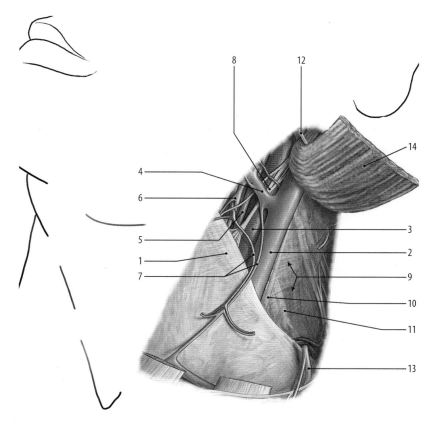

1 M. omohyoideus
2 V. jugularis interna
3 A. carotis communis
4 V. facialis
5 V. retromandibularis
6 V. thyreoidea superior
7 Rami sternocleidomastoidei
8 Ansa cervicalis profunda
9 Lamina profunda (= prevertebralis)
   der Fascia cervicalis (= colli)
10 N. phrenicus
11 Plexus brachialis
12 N. auricularis magnus
13 V. jugularis externa
14 M. sternocleidomastoideus

Abb. 2.11 Freilegen der Leitungsbahnen im linken Karotisdreieck (Trigonum caroticum) nach Umklappen des M. sternocleidomastoideus, Ansicht von lateral [39]

fernt und die in einer eigenen Bindegewebshülle liegende *V. jugularis interna* (**2**) sowie die *A. carotis communis* (**3**) werden freigelegt (■ Abb. 2.11). Darstellung der Zuflüsse zur V. jugularis interna: *V. facialis* (**4**), *V. retromandibularis* (**5**), *V. thyreoidea superior* (**6**), *Rami sternocleidomastoidei* (**7**). Aufsuchen der *Ansa cervicalis profunda* (**8**). Verfolgen der Nerven und Darstellung der Aufzweigung in die Rami musculares. In der Tiefe wird die *Lamina profunda (= prevertebralis)* der *Fascia cervicalis (= colli)* (**9**) dargestellt. Durch die Faszie können der *N. phrenicus* (**10**) sowie Anteile des *Plexus brachialis* (**11**) palpiert werden. Der *N. auricularis magnus* (**12**) bleibt erhalten. Die *V. jugularis externa* (**13**) muss beim Umklappen des *M. sternocleidomastoideus* (**14**) bei Bedarf durchtrennt werden.

😊 Varia

Die Zuflüsse zur V. jugularis interna können einzeln oder über einen gemeinsamen Truncus thyreolinguofacialis erfolgen.

😊 Varia

Die Höhenlage der Ansa cervicalis profunda variiert. Es können mehrere Schlingenbildungen vorliegen. Gelegentlich fehlt die Schlingenbildung zwischen Plexus cervicalis und N. hypoglossus.

Auf der rechten Seite erfolgt die Präparation bei erhaltenem *M. sternocleidomastoideus* (**1**) (■ Abb. 2.12, 2.42/ Video 2.9). Dieser wird nach lateral gedrängt. Entlastung kann durch Anheben des Kopfes und Beugung der Halswirbelsäule erfolgen. Die Vagina carotica wird entfernt und die *V. jugularis interna* (**2**) mit Zuflüssen, die *A. carotis communis* (**3**), der *N. hypoglossus* (**4**) sowie die *Ansa cervicalis profunda* (**5**) werden dargestellt. Präparation des *Ramus thyreohyoideus* (**6**). Aufsuchen des *N. vagus* (**7**). Dazu wird das perivaskuläre Bindegewebe zwischen Vene und Arterie stumpf gespalten und die Gefäße werden auseinandergedrängt. Den Gefäß-Nerven-Strang vollständig vom umgebenden Bindegewebe befreien. Die V. facialis wird nahe dem Zufluss in die V. jugularis interna abgesetzt und nach vorne geklappt, sodass die Arterien freigelegt werden können. Darstellung der Karotisgabel (*Bifurcatio carotidis*) (**8**), des *Glomus caroticum* (**9**), der *A. carotis interna* (**10**), *A. carotis externa* (**11**) mit deren ersten Abgänge (im Normalfall): *A. thyreoidea superior* (**12**), *A. lingualis* (**13**), *A. facialis* (**14**), *A. occipitalis* (**15**), *A. pharyngea ascendens* (**16**). Aufsuchen der *A. sternocleidomastoidea* (**17**) und der *A. auricularis posterior* (**18**). Präparation des Abganges der *A. laryngea superior* (**19**) aus der A. thyreoidea superior (■ Abb. 2.43/Video 2.10). Die Arterie wird dazu vorsichtig von Bindegewebe befreit und nach medial verfolgt. Darstellung der begleitenden

2

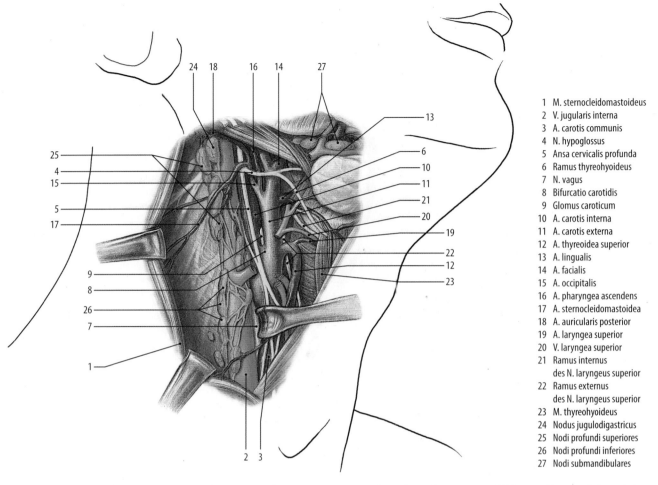

1	M. sternocleidomastoideus
2	V. jugularis interna
3	A. carotis communis
4	N. hypoglossus
5	Ansa cervicalis profunda
6	Ramus thyreohyoideus
7	N. vagus
8	Bifurcatio carotidis
9	Glomus caroticum
10	A. carotis interna
11	A. carotis externa
12	A. thyreoidea superior
13	A. lingualis
14	A. facialis
15	A. occipitalis
16	A. pharyngea ascendens
17	A. sternocleidomastoidea
18	A. auricularis posterior
19	A. laryngea superior
20	V. laryngea superior
21	Ramus internus des N. laryngeus superior
22	Ramus externus des N. laryngeus superior
23	M. thyreohyoideus
24	Nodus jugulodigastricus
25	Nodi profundi superiores
26	Nodi profundi inferiores
27	Nodi submandibulares

◘ Abb. 2.12 Präparation des rechten Karotisdreiecks (Trigonum caroticum) nach Luxieren des M. sternocleidomastoideus nach lateral, Ansicht von lateral [39]

V. laryngea superior (**20**). In Höhe des Zungenbeinhornes wird der von kranial kommende *Ramus internus* des *N. laryngeus superior* (**21**) aufgesucht. Der Nerv wird nach kranial verfolgt bis zur Aufgabelung des *N. laryngeus superior* in *Ramus internus* und *Ramus externus* (**22**). Darstellung des Verlaufs des Ramus internus gemeinsam mit den Vasa laryngea superiora bis zum Verschwinden unter dem *M. thyreohyoideus* (**23**). Der Ramus externus wird in Richtung Ringknorpel bis zum Eintreten in den unteren Schlundschnürer verfolgt. Die vollständige Präparation der Äste des N. laryngeus superior und der Vasa laryngea superiora erfolgt im Rahmen der Kehlkopfpräparation am abgesetzten Kopf. Aufsuchen von *Nodus jugulodigastricus* (**24**), *Nodi profundi superiores* (**25**), und *inferiores* (**26**) sowie von *Nodi submandibulares* (**27**).

❶ Bei der Faszienentfernung von der infrahyoidalen Muskulatur sind die Rami musculares der Ansa cervicalis profunda zu beachten und zu schonen. Bei Faszienentfernung vom M. thyreohyoideus den N. laryngeus superior und die A. laryngea superior nicht verletzen.

▶ **Klinik**

Die Neck Dissection beschreibt die chirurgische Ausräumung der Lymphknoten des Halses bei einem bösartigen Kopf-Hals-Tumor. Der Eingriff wird mit dem Ziel durchgeführt, lymphogene Metastasen zu entfernen und eine weitere Streuung des Tumors zu unterbinden. Eine Neck Dissection ist auch bei radiologisch nicht nachweisbaren Lymphknotenmetastasen indiziert, um mögliche Mikrometastasen zu entfernen (sog. prophylaktische Neck Dissection). Bei der radikalen Neck Dissection werden die Lymphknoten zusammen mit folgenden anatomischen Strukturen entfernt: V. jugularis interna (nur einer Seite möglich!), V. jugularis externa, M. sternocleidomastoideus, M. sternohyoideus, M. sternothyreoideus, M. omohyoideus, Glandula submandibularis, N. accessorius. Weiter unterscheidet man je nach Indikation (entsprechend der Tumorausdehnung) die modifiziert-radikale Neck Dissection (mindestens eine nicht lymphatische Struktur bleibt erhalten, z. B. N. accessorius, M. sternocleidomastoideus) und die selektive Neck Dissection, bei der nur

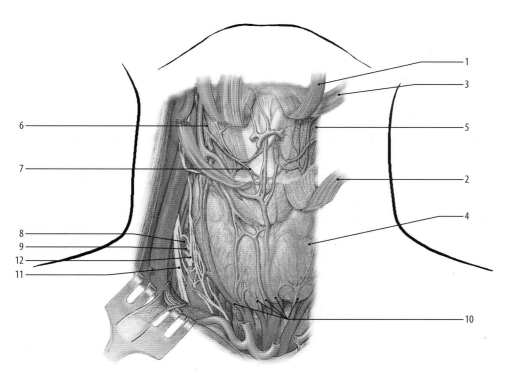

1 M. sternohyoideus
2 M. sternothyreoideus
3 M. omohyoideus
4 Glandula thyreoidea
5 M. thyreohyoideus
6 A. thyreoidea superior
7 Ramus cricoideus
8 A. thyreoidea inferior
9 V. thyreoidea inferior
10 Plexus thyreoideus impar
11 N. vagus
12 Truncus sympathicus

◻ Abb. 2.13   Freilegen der Schilddrüse und ihrer Leitungsbahnen, Ansicht von vorn [39]

bestimmte Regionen operiert werden (z. B. supraomohyoidale selektive Neck Dissection). ◄

Präparation des Trigonum musculare, Darstellung der Schilddrüse   Die Präparation des Trigonum musculare beginnt mit Absetzen der *Mm. sternohyoideus* (**1**), *sternothyreoideus* (**2**) und *omohyoideus* (**3**) am Ursprung (◻ Abb. 2.13, 2.44/Video 2.11). Die Muskeln werden nach kranial geklappt. Ablösen der Lamina pretrachealis von der *Glandula thyreoidea* (**4**). Studium des *M. thyreohyoideus* (**5**) und der darauf verlaufenden Äste der *A. thyreoidea superior* (**6**), dem *Ramus cricoideus* (**7**). Studium der Verbindung zu den Ästen aus der *A. thyreoidea inferior* (**8**). Darstellung der *V. thyreoidea inferior* (**9**). Im kaudalen Teil der Schilddrüsenlappen wird der kräftige Venenplexus, *Plexus thyreoideus impar* (**10**) freigelegt. Aufsuchen des *N. vagus* (**11**). In der Tiefe lässt sich der *Truncus sympathicus* (**12**) darstellen, der nach seinem Verlauf im tiefen Blatt der Fascia cervicalis im mittleren Bereich des Halses in die Vagina carotica tritt und in ihr nach kranial zieht. Durch Entfernung des Bindegewebes und der allgemeinen Organfaszie kann das *Ganglion cervicale medium* freigelegt werden (das kann auch später, am abgesetzten Kopf erfolgen).

🔄 **Topographie**

In ca. 10 % der Fälle liegt die Variation einer A. thyreoidea ima vor, die direkt aus der Aorta abgeht und im Rahmen von Schilddrüsenoperationen zu stärkeren Blutungen führen kann.

Anheben des linken Schilddrüsenlappens (**1**) (◻ Abb. 2.14, 2.45/Video 2.12). Studium der *Glandulae parathyreoideae* (**2**). Aufsuchen des *N. vagus* (**3**). Nach Entfernen von Bindegewebe werden der *Truncus sympathicus* (**4**), das *Ganglion cervicale medium* (**5**), die *Vena thyreoidea inferior* (**6**) dargestellt. Freilegen *A. thyreoidea inferior* (**7**) mit ihrem bogenförmigen Verlauf und Astabgängen zu Trachea, Oesophagus, Pharynx, Schilddrüse und Nebenschilddrüsen. Die *A. cervicalis ascendens* (**8**) wird im Bindegewebe aufgesucht. Die vollständige Präparation des Truncus thyreocervicalis erfolgt während der Präparation der tiefen Schicht. Aufsuchen des *N. laryngeus recurrens* (**9**) in der Rinne zwischen Trachea und Oesophagus. Studium seiner Beziehung zur A. thyreoidea inferior. Freilegen des Nervens bis zu seinem Endast (N. laryngeus inferior), der im *M. constrictor pharyngis inferior* (**10**) auf seinem Weg zur Kehlkopfbinnenmuskulatur verschwindet. Die vollständige Präparation der Schilddrüse (Durchtrennen des Isthmus, Ablösen von der Trachea) und der Äste des N. laryngeus inferior erfolgt am abgesetzten Kopf (▶ Abschn. 2.4.1).

❗ Bei der Präparation der A. thyreoidea inferior ist der N. laryngeus recurrens zu beachten.

▶ **Klinik**

Der N. laryngeus recurrens ist im Rahmen von Schilddrüsenoperationen in Gefahr. Er wird auf beiden Seiten während der Operation in seinem Verlauf und seiner Beziehung zur A. thyreoidea inferior mithilfe von ver-

2

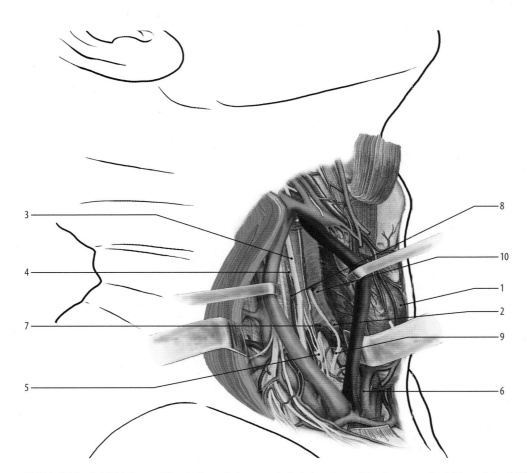

1 Lobus thyreoideus sinister
2 Glandulae parathyreoideae
3 N. vagus
4 Truncus sympathicus
5 Ganglion cervicale medium
6 V. thyreoidea inferior
7 A. thyreoidea inferior
8 A. cervicalis ascendens
9 N. laryngeus recurrens
10 M. constrictor pharyngis inferior

■ **Abb. 2.14**   Schilddrüse und ihre Leitungsbahnen nach Anheben des rechten Lappens, Ansicht von lateral [39]

größernden Verfahren (OP-Mikroskopie, Lupenbrille) dargestellt. Oft werden zur neurophysiologischen Verifizierung der Intaktheit des Nerven während der Operation evozierte Nervenreize abgeleitet (sog. Neuromonitoring). Eine iatrogene Durchtrennung des Nervens kann derzeit nicht durch ein rekonstruktives Verfahren funktionell saniert werden. Bei einseitiger „Rekurrensparese" resultiert eine ausgeprägte Heiserkeit durch einen Stimmlippenstillstand der betroffenen Seite. Bei beidseitiger „Rekurrensparese" kommt es zur Atemnot aufgrund der paramedianen Stellung beider Stimmlippen.

Im klinischen Alltag wird der Begriff „Stimmlippe" verwendet. Der Begriff „Plica vocalis" müsste eigentlich mit „Stimmfalte" übersetzt werden. Unter morphologischen und auch funktionellen Gesichtspunkten erscheint der Begriff „Lippe" statt „Falte" jedoch zutreffender und soll im Folgenden auch verwendet werden. ◄

🔄 Topographie

Die Beziehung des N. laryngeus recurrens zur A. thyreoidea inferior ist variabel: In etwa einem Drittel der Fälle kreuzt der Nerv die Arterie ventral, in einem Drittel der Fälle dorsal, in einem Drittel der Fälle wechselt die Lage des Nerven zwischen den Ästen der Arterie.

2.2.3 Präparation der tiefen Schicht

Entfernung der Lamina pretrachealis und Lamina prevertebralis   Für die Entfernung der Lamina pretrachealis in der Regio cervicalis anterior werden beide Mm. sternocleidomastoidei zur Seite geklappt. Aufsuchen der Leitungsbahnen in der Vagina carotica im Trigonum caroticum (■ Abb. 2.15): *A. carotis communis* **(1)**, *V. jugularis interna* **(2)**, *N. vagus* **(3)**. Entfernen der Reste des die Leitungsbahnen umgebenden Bindegewebes mitsamt der Vagina carotica unter Erhalt der *Ansa cervicalis profunda* **(4)** mit den *Rami musculares* **(5)** zu den infrahyoidalen Muskeln. Faszienreste um die infrahyoidale Muskulatur werden entfernt. Die A. carotis communis und V. jugularis interna werden nun nach medial gehalten und die tiefe Halsfaszie über der Wirbelsäule palpiert. Spalten der *Lamina prevertebralis* **(6)** und entfernen des Gewebes. Palpieren der darunterliegenden Muskulatur: *M. scalenus anterior* **(7)**, *M. scalenus medius* **(8)**, *M. scalenus posterior*. Der *N. phrenicus* **(9)** wird in seinem Verlauf auf dem M. scalenus anterior und der *Plexus brachialis* **(10)** mit seinem Austritt zwischen dem M. scalenus anterior und M. scalenus medius studiert.

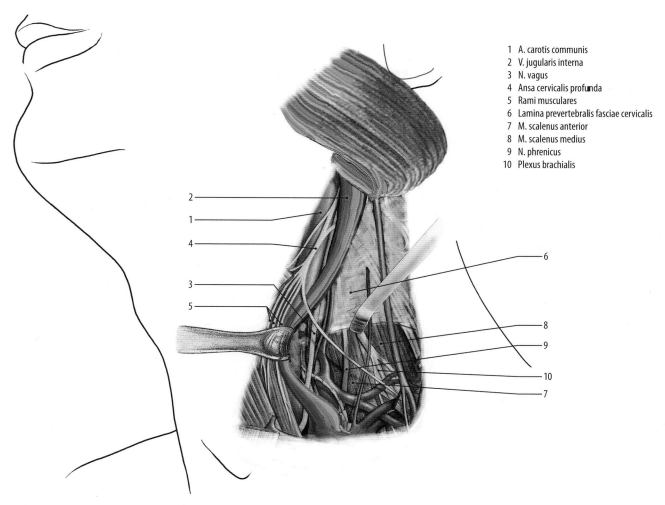

1 A. carotis communis
2 V. jugularis interna
3 N. vagus
4 Ansa cervicalis profunda
5 Rami musculares
6 Lamina prevertebralis fasciae cervicalis
7 M. scalenus anterior
8 M. scalenus medius
9 N. phrenicus
10 Plexus brachialis

◘ Abb. 2.15 Präparation der prävertebralen Halsfaszie und prävertebralen Leitungsbahnen der linken Halsseite, Ansicht von lateral [39]

Präparation des Truncus sympathicus Das Entfernen der allgemeinen Eingeweidefaszie sowie der Lamina prevertebralis der Halsfaszie kann am abgesetzten Kopf erfolgen. Möglich ist auch die Präparation von ventral: Der *Truncus sympathicus* **(1)** wird in seiner Beziehung zur Lamina prevertebralis dargestellt und scharf vom Fasziengewebe, in das die Nervenfasern eintreten, abgelöst (◘ Abb. 2.16). Freilegen des *Ganglion cervicale superius* **(2)** und kaudal des *Ganglion cervicale inferius* **(3)**. Die Fasern zum Ganglion cervicale medium sowie die Rami cardiaci werden dargestellt.

☺ Topographie

Der Truncus sympathicus verläuft im unteren Halsbereich im Bindegewebe der Lamina prevertebralis, tritt dann durch die allgemeinen Organfaszien und zieht nach Eintritt in die Vagina carotica nach kranial.

Das Ganglion cervicale inferius hat eine unregelmäßige Form und Lokalisation. Bei kaudaler Lage oberhalb der Pleurakuppel ist es oft mit dem ersten

Thorakalganglion zum Ganglion cervicothoracicum (= stellatum) verschmolzen (siehe ◘ Abb. 2.33).

▶ Klinik

Eine Schädigung des Truncus sympathicus im Halsbereich z. B. bei Traumata oder Halstumoren führt zur „Horner Trias": einer Lähmung der Mm. tarsales (enge Lidspalte), des M. dilatator pupillae (Miosis) und des M. orbitalis (selten deutlich sichtbar: Enophthalmus). Zusätzlich kommt es zu einer verminderten oder aufgehobenen Schweißbildung im Gesichts-, Hals- oder Armbereich (Hypo- oder Anhidrose). ◀

Präparation des Plexus cervicalis Darstellen der Nervenaustritte des *Plexus cervicalis* **(1)** (◘ Abb. 2.17). Freilegen des *N. phrenicus* **(2)** auf dem *M. scalenus anterior* **(3)**. Darstellen der parallel verlaufenden *A. cervicalis ascendens* **(4)** bis zu ihrem Ursprung aus der *A. thyreoidea inferior* **(5)**. Studium der *Mm. scalenus medius* **(6)** und *posterior* **(7)**. Freilegen der *A. cervicalis superficialis* **(8)**

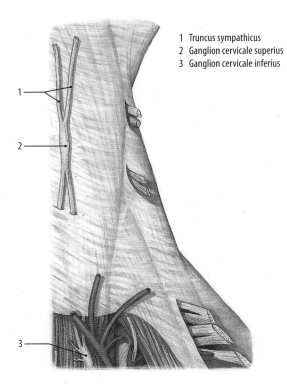

1 Truncus sympathicus
2 Ganglion cervicale superius
3 Ganglion cervicale inferius

Abb. 2.16   Grenzstrang und tiefe Halsfaszie, Ansicht von vorn [36]

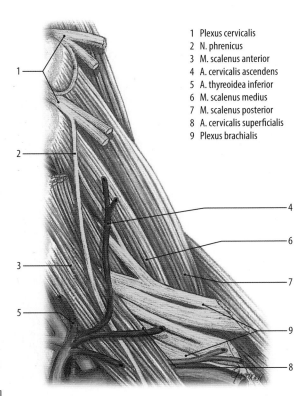

1 Plexus cervicalis
2 N. phrenicus
3 M. scalenus anterior
4 A. cervicalis ascendens
5 A. thyreoidea inferior
6 M. scalenus medius
7 M. scalenus posterior
8 A. cervicalis superficialis
9 Plexus brachialis

Abb. 2.17   Nervenaustritt des linken Zervikalplexus und Armplexus, Ansicht von vorn [36]

in ihrem Verlauf auf den Skalenusmuskeln bis zu ihrem Ursprung aus der A. thyreoidea inferior. Studium der Nervenaustritte des *Plexus brachialis* (**9**).

> ► Klinik
>
> Eine Schädigung des Plexus cervicalis, z. B. bei Traumata oder Halstumoren, führt zu Zwerchfellhochstand (Lähmung der Zwerchfellmuskulatur bei Läsion des N. phrenicus), Unsicherheit der Schulterbewegung (Störung der Propriozeption des M. trapezius; motorische Einschränkung durch Faserverbindungen zwischen Plexus cervicalis und N. accessorius) sowie zu sensiblen Ausfällen (Pleura, Perikard, Teile des Peritoneums). ◄

Präparation der Skalenuslücke und des Plexus brachialis   Die *Mm. scaleni anterior* (**1**), *medius* (**2**), *posterior* (**3**) sowie der *M. levator scapulae* und *M. splenius* (**4**) sind vollständig von der Lamina prevertebralis der Fascia cervicalis befreit (■ Abb. 2.18). Aufsuchen des Austritts des *N. dorsalis scapulae* (**5**) und des *N. thoracicus longus* (**6**). Darstellen des Verlaufs des N. dorsalis scapulae bis zum Verschwinden des Nervens zwischen dem M. scalenus posterior und dem M. levator scapulae. Freilegen des N. thoracicus longus bis zur oberen Thoraxapertur. Die Begrenzung der Skalenuslücke mit dem M. scalenus anterior, M. scalenus medius und der ersten Rippe mit dem darin verlaufenden *Plexus brachialis* (**7**) und der A. subclavia kann nun studiert werden. Der *N. accessorius* (**8**) sowie die Nerven des *Punctum nervosum* (**9**) bleiben

erhalten. Präparation der Trunci superior, medius und inferior des Plexus brachialis (siehe ■ Abb. 2.33, 3.21 und 3.23). Darstellen des Abganges des *N. suprascapularis* aus dem Truncus superior (paralleler Verlauf zum M. omohyoideus). Weiter kranial kann oft die variable Verbindung des Truncus superior zum N. phrenicus identifiziert werden. Freilegen der *A. transversa cervicis (= colli)* (**10**) in ihrem Verlauf zwischen der Trunci. Verfolgen des Gefäßes über die Mm. scaleni medius und posterior bis zur Aufzweigung in Richtung M. levator scapulae und M. trapezius. Im kaudalen Abschnitt der Skalenuslücke unterhalb des Plexus brachialis die A. subclavia freilegen. Die A. und *V. cervicalis superficialis* (**11**) bleiben erhalten.

❶ Beim Entfernen der tiefen Halsfaszie vom M. scalenus medius kann der N. suprascapularis und der N. thoracicus longus geschädigt werden.

> ► Klinik
>
> Eine Schädigung des N. dorsalis scapulae z. B. im Rahmen eines Traumas führt zum Abheben des Schulterblattes (Scapula alata) durch die Denervation der Mm. rhomboidei. Eine Schädigung des N. thoracicus longus führt durch die Denervation des M. serratus anterior zur Armheberschwäche und zur Scapula alata. ◄

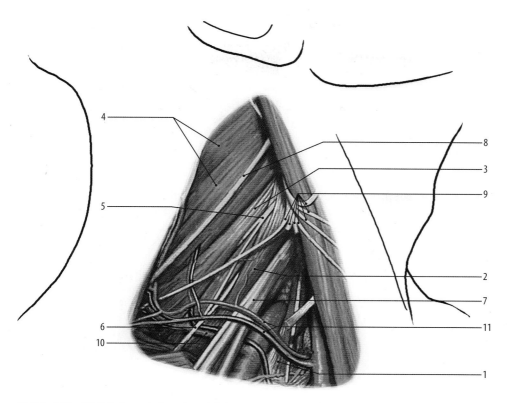

1 M. scalenus anterior
2 M. scalenus medius
3 M. scalenus posterior
4 M. levator scapulae und M. splenius
5 N. dorsalis scapulae
6 N. thoracicus longus
7 Plexus brachialis
8 N. accessorius
9 Punctum nervosum
10 A. transversa colli
11 A. und V. cervicalis superficialis

 Abb. 2.18 Tiefe Leitungsbahnen im seitlichen Halsdreieck der rechten Seite, Ansicht von lateral [38]

Varia

Die A. transversa cervicis (= colli) hat einen variablen Verlauf und kann z. B. direkt aus der A. subclavia entspringen.

► **Klinik**

Eine Schädigung des N. suprascapularis führt durch Denervation der Mm. supraspinatus und infraspinatus zu einer Schwächung der Rotatorenmanschette mit erhöhter Gefahr einer Schultergelenksluxation. Weitere Schädigungen des Plexus brachialis werden in Kap. 3 beschrieben. ◄

Präparation des Truncus thyreocervicalis und Ductus thoracicus Für die Präparation des Truncus thyreocervicalis ist es ratsam, die Clavicula am Sternoclaviculargelenk zu exartikulieren (► Kap. 3, Rumpf, ◘ Abb. 3.23a, b, Abb. [Video] 3.49) und die Clavicula nach kaudal zu mobilisieren. Zur Darstellung des *Ductus thoracicus* wird in der Fossa supraclavicularis der linken Seite das lockere Bindegewebe zwischen dem M. longus colli und dem M. scalenus anterior vorsichtig entfernt. Für eine bessere Erreichbarkeit wird der Gefäß-Nerven-Strang nach medial und der M. scalenus anterior nach lateral verlagert. Der Ductus thoracicus befindet sich am Zusammenfluss von V. jugularis interna sinistra und V. subclavia sinistra und ist oft durch einen postmortalen venösen Rückfluss dunkel gefärbt. Er kann leicht mit einer Vene verwechselt werden. Im Bereich des Venenwinkels befinden sich oft

Lymphknoten („Virchow-Drüse"), die vorsichtig entfernt werden. Der Ductus thoracicus wird so weit wie möglich nach kaudal verfolgt.

► **Klinik**

Eine Verletzung des Ductus thoracicus, z. B. iatrogen im Rahmen einer Neck Dissection, führt zu einem Austritt von Lymphflüssigkeit aus den postoperativen Drainagen („Lymphfistel"). Sollte der Lymphfluss nicht durch Kompressionsverbände zum Stillstand gebracht werden, muss eine Revisionsoperation angestrebt werden. ◄

2.3 Absetzen des Kopfes

Die folgenden Präparationsschritte sollten von erfahrenem Personal des Anatomischen Institutes durchgeführt werden. Zunächst werden die Halsmuskeln und die Leitungsbahnen beider Seiten mobilisiert: Absetzen der Halsmuskeln an Sternum und Clavicula. Beidseits Durchtrennen der A. carotis communis, der V. jugularis interna und des N. vagus in Höhe des oberen Sternalrandes. Freipräparieren und Verlagerung der Strukturen nach kranial. Aufsuchen und Durchtrennen des N. recurrens und der A. thyreoidea inferior. Palpation und Durchtrennung der Trachea kaudal des Schilddrüsenisthmus. Darstellung, stumpfes Mobilisieren und Durchtrennen des Oesophagus. Eingehen mit den Fingern in das Spatium retropharyngeum und stumpfes Lösen des Halseingeweides von der Lamina prevertebralis der Halsfaszie. Mobilisieren von Oesophagus, Pharynx, beidseits lateral der Leitungsbahnen der Halsgefäßscheide sowie des Halssympathikus nach kranial bis zur Schädelbasis.

> ❗ Erfolgt die stumpfe Mobilisierung des Halseingeweidetraktes nach kranial nicht bis zur Schädelbasis, ist ein Absetzen des Kopfes im Atlantookzipitalgelenk nicht möglich. Wird die Halswirbelsäule unterhalb des Atlantookzipitalgelenks durchtrennt, ist eine Eröffnung des Nasopharynx von posterior nicht möglich.

Palpation der Wirbelkörper. Queres Einschneiden des M. longus capitis auf Höhe zwischen Atlas und Os occipitale. Scharfes Präparieren nach lateral und Freilegen des Processus transversus atlantis auf beiden Seiten. Zuwenden zur dorsalen Nackenregion (Kap. 4). In maximaler Ventralflexion des Kopfes zunächst Palpation der Processus mastoidei sowie des posterioren Spaltes des Atlantookzipitalgelenks. Durchtrennung der Membrana atlantooccipitalis posterior, der Rückenmarkhäute sowie des Rückenmarks.

Alternative: Das gesamte Rückenmark mitsamt der Spinalwurzeln und Spinalganglien wird freigelegt und nach kranial umgeschlagen und in toto mit dem Gehirn entnommen. Das Freilegen des Atlantookzipitalgelenks muss in diesem Fall bei lateral- oder kranial verlagertem Rückenmark erfolgen.

Erneutes Palpieren des Gelenkspaltes bei Bewegung des Kopfes. Durchtrennung der Gelenkkapsel von lateral nach medial. Zur Erweiterung des Gelenkspaltes vorsichtiges Eingehen mit einem breiten Meißel. Palpation und Freilegen des Dens axis. Durchtrennen der Ligamenta alaria. Durchtrennen von Membrana tectoria, Ligamentum cruciforme und Membrana atlantooccipitale anterior. Die Schnittführung erfolgt von lateral nach medial, um die lateral liegenden Leitungsbahnen zu schonen. Der Kopf kann schließlich im Atlantookzipitalgelenks vollständig exartikuliert und mit anheftendem Halseingeweidetrakt von der Halswirbelsäule abgesetzt werden.

2.4 Halspräparation am abgesetzten Kopf-Hals-Präparat

2.4.1 Ventrale Präparation der Halsorgane und -leitungsbahnen

Präparation der A. laryngea superior und des N. laryngeus superior   Die *Mm. sternohyoideus* (1) und *omohyoideus* (2) werden auf beiden Seiten vollständig freigelegt und nach kranial verlagert (◻ Abb. 2.19, 2.46/Video 2.13). Der *M. sternothyreoideus* (3) wird am Ansatz am Schild-

knorpel abgesetzt oder ebenfalls nach oben umgeschlagen. Aufsuchen der *A. thyreoidea superior* (4) auf beiden Seiten und Darstellen des Abgangs der *A. laryngea superior* (5). Das Gefäß wird bis zum *M. thyreohyoideus* (6) freigelegt. Der *Ramus cricothyreoideus* (7) der A. laryngea superior wird freigelegt. Aufsuchen des *Ramus internus* (8) des *N. laryngeus superior*. Dieser wird bis zum M. thyreohyoideus verfolgt. Anheben des Hinterrandes des Muskels und Freilegen der Durchtrittsstelle des Nervens und der Gefäße. Alternativ kann der M. thyreohyoideus im mittleren Bereich durchtrennt und die durchtrennten Muskelanteile können nach kranial und nach kaudal verlagert werden. Der Ramus internus des N. laryngeus superior sowie der A. laryngea superior werden bis zum Eintritt in das Kehlkopfinnere durch die *Membrana thyreohyoidea* (9) verfolgt. Palpation und Inspektion der beiden *Mm. cricothyreoidei* (10) und des *Ligamentum cricothyreoideum medianum* (= conicum) (11). Freilegen, falls vorhanden, des *Nodus prelaryngeus* (12). Aufsuchen und Freilegen des Ramus externus des N. laryngeus superior in seinem Verlauf posterior des Schildknorpels. Er wird bis zur Pharynxmuskulatur und zum M. cricothyreoideus verfolgt.

> ▶ **Klinik**
>
> Eine Verletzung des N. laryngeus superior kann iatrogen (z. B. im Rahmen einer Neck Dissection) geschehen. Die Patienten haben einen Sensibilitätsausfall im Bereich des Endolarynx oberhalb der Rima glottidis (vermittelt über den Ramus internus). Aufgrund eines verminderten Schluckreflexes kommt es gehäuft zu einer Aspiration. Eine Lähmung des M. cricothyreoideus (Ramus externus) bedingt eine verminderte Spannung der Stimmlippe. Die Patienten klagen über eine Frequenzverschiebung der Stimme von bis zu einer Octave und eine verminderte Stimmmodulation. ◀

Präparation der Schilddrüse und der Nebenschilddrüsen von ventral   Die Schilddrüse wurde bereits in-situ inspiziert (▶ Abschn. 2.2.2) und soll nun am abgesetzten Kopf-Hals-Präparat präpariert werden. Die *Aa. thyreoideae inferiores* (1) (die beim Absetzen des Kopfes vom Truncus thyreocervicalis abgetrennt wurden) sowie der *Aa. thyreoideae superiores* (2) beider Seiten werden bis zur Schilddrüse verfolgt (◻ Abb. 2.20, 2.47/Video 2.14). Die Reste des mittleren Halsfaszienblattes sowie die Organkapsel der Schilddrüse werden nun vollständig entfernt und die Aufzweigung der Gefäße auf der Organoberfläche dargestellt. Die Ausbildung des *Lobus sinister* (3), *Lobus dexter* (4), des *Isthmus* (5) und, falls vorhanden, des *Lobus pyramidalis* (6) werden inspiziert. Aufsuchen des *N. laryngeus recurrens* (7).

> ▶ **Klinik**
>
> Eine Schilddrüsenvergrößerung kann durch eine diffuse (Struma diffusa) oder knotige (Struma nodosa) Gewebs-

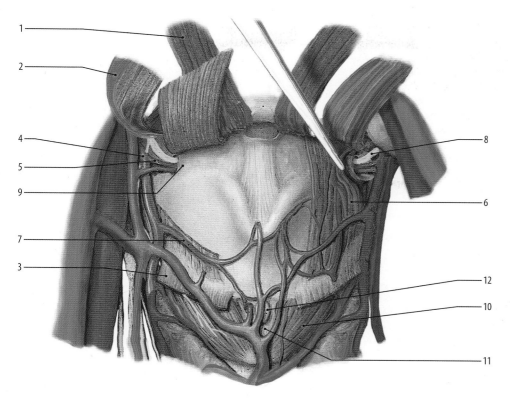

1 M. sternohyoideus
2 M. omohyoideus
3 M. sternothyreoideus
4 A. thyreoidea superior
5 A. laryngea superior
6 M. thyreohyoideus
7 Ramus cricothyreoideus
  des N. laryngeus superior
8 Ramus internus
  des N. laryngeus superior
9 Membrana thyreohyoidea
10 M. cricothyreoideus
11 Ligamentum cricothyreoideum
   medianum (=conicum)
12 Nodus prelaryngeus

■ **Abb. 2.19** Präparation der Leitungsbahnen des Kehlkopfes, Ansicht von vorn [39]

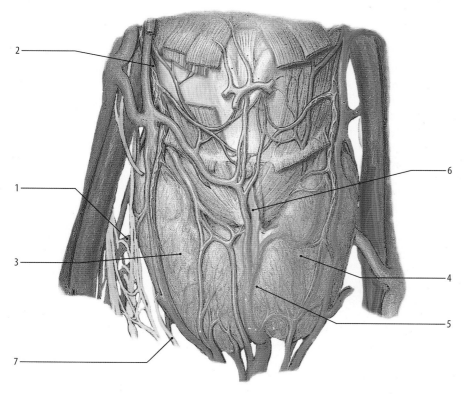

1 A. thyreoidea inferior
2 A. thyreoidea superior
3 Lobus sinister
4 Lobus dexter
5 Isthmus
6 Lobus pyramidalis
7 N. laryngeus recurrens

■ **Abb. 2.20** Präparation der Schilddrüse und ihrer Leitungsbahnen, Ansicht von vorn [39]

2

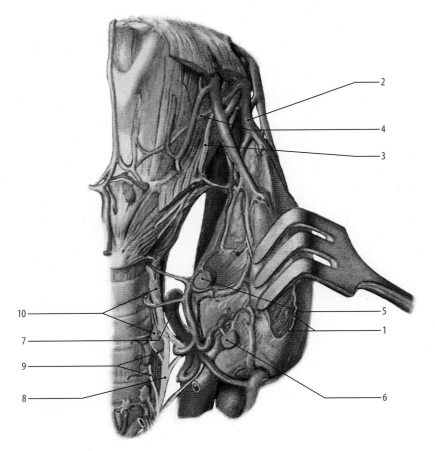

1   Schnittkante der Organfaszie
2   A. thyreoidea superior
3   N. laryngeus superior
4   Ramus cricothyreoideus der A. thyreoidea superior
5   Glandula parathyreoidea superior
6   Glandula parathyreoidea inferior
7   A. thyreoidea inferior
8   N. laryngeus recurrens
9   Rami tracheales und oesophagei
10   Nodi paratracheales

◻ Abb. 2.21   Lateralisieren der Schilddrüsenlappen und Präparation der Nebenschilddrüsen und Leitungsbahnen, Ansicht von vorn [39]

zunahme zustande kommen. Die Größe der Schilddrüse erlaubt keine Aussage über deren Funktionszustand (Hyper-, Hypo- oder Euthyreose). Eine Schilddrüsenvergrößerung kann bei Iodmangel, Autoimmunerkrankungen, Entzündungen, gut- oder bösartigen Tumoren vorliegen. ◄

Der variabel ausgeprägte Lobus pyramidalis kann bis über das Ligamentum cricothyreoideum medianum (conicum) ziehen und bei einer Koniotomie (notfallmäßig durchgeführte Inzision des Ligamentum cricothyreoideum zur Sicherung der Atemwege) ein Hindernis darstellen. ◄

Ein Lobus pyramidalis kann mit einem persistierenden Ductus thyreoglossus (fehlende embryonale Rückbildung nach dem Descensus der Schilddrüse entlang des Ductus thyreoglossus) vergesellschaftet sein. Tritt ein persistierender Ductus thyreoglossus durch die Haut nach außen, spricht man von einer medianen Halsfistel. Mündet der persistierende Ductus thyreoglossus in eine flüssigkeitsgefüllte Zyste, handelt es sich um eine mediane Halszyste. In beiden Fällen wird eine Exzision des Fistelganges oder

der Zyste und eine komplette Entfernung des persistierenden Ductus thyreoglossus mitsamt des Zungenbeinkörpers durchgeführt, da oft Residuen des embryonalen Gewebes durch den Knochen ziehen. ◄

Der Schilddrüsenisthmus wird median durchtrennt, die Schilddrüsenlappen werden von der Trachea abgelöst (◻ Abb. 2.21). Die beiden Schilddrüsenhälften werden an der Schnittkante **(1)** gegriffen und nach lateral geklappt. Aufsuchen der *Aa. thyreoideae superiores* **(2)**. Studium der Beziehung des Ramus externus des *N. laryngeus superior* **(3)** zum *Ramus cricothyreoideus* der *A. thyreoidea superior* **(4)**. Entfernung der Organfaszie auf der Rückseite der Schilddrüse. Freilegen der *Glandulae parathyreoideae superiores* **(5)** und *inferiores* **(6)**. Studium der variablen Lage und der Blutversorgung aus der A. thyreoidea inferior **(7)**. Beachten der Beziehung des *N. laryngeus recurrens* **(8)** zur A. thyreoidea inferior. Freilegen von *Rami tracheales* und *oesophagei* **(9)** sowie von *Nodi paratracheales* **(10)**.

⊜ Varia

Der Isthmus der Schilddrüse kann entwicklungsbedingt fehlen.

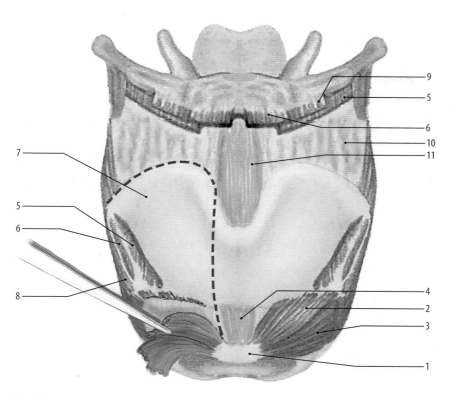

1 Arcus anterior der Cartilago cricoidea
2 Pars recta des M. cricothyreoideus
3 Pars obliqua des M. cricothyreoideus
4 Ligamentum cricothyreoideum medianum (=conicum)
5 M. thyreohyoideus
6 M. sternothyreoideus
7 Lamina dextra der Cartilago thyreoidea
8 M. constrictor pharyngis inferior
9 M. omohyoideus
10 Membrana thyreohyoidea
11 Ligamentum thyreohyoideum medianum

---- Schnittführung zum Ablösen und Herunterklappen der Lamina dextra des Schildknorpels

◻ **Abb. 2.22** Schnittführung zum Ablösen und Herüberklappen der rechten Knorpelplatte des Schildknorpels, Ansicht von vorn [39]

► **Klinik**

Bei der klassischen Tracheotomie (Luftröhrenschnitt) und Tracheostomie (permanente Eröffnung der Trachea) wird nach dem Auseinanderdrängen der infrahyoidalen Muskeln der Schilddrüsenisthmus median durchtrennt, sodass die Trachea und der laryngotracheale Übergang exponiert werden. Anschließend wird die Trachea unterhalb der 2. oder 3. Trachealknorpelspange eröffnet, ein kaudales Läppchen präpariert und dieses an die äußere Haut angenäht. ◄

Präparation der Kehlkopfmuskeln von ventral   Darstellen des *Arcus anterior* der *Cartilago cricoidea* (1), *der Pars recta* (2) und *Pars obliqua* (3) des *M. cricothyreoideus* und des *Ligamentum cricothyreoideum medianum* (= conicum) (4) (◻ Abb. 2.22, 2.48/Video 2.15). Auf der rechten Seite wird der *M. thyreohyoideus* (5) an seinem Ursprung und der *M. sternothyreoideus* (6) an seinem Ansatz an der Lamina dextra der *Cartilago thyreoidea* (7) abgelöst. Der Ansatz des *M. constrictor pharyngis inferior* (8) am Schildknorpel bleibt erhalten. Die *Mm. thyreohyoideus* (5), *omohyoideus* (9) und *sternohyoideus* (6) werden am Ansatz am Os hyoideum abgesetzt oder nach kranial umgeschlagen. Die *Membrana thyreohyoidea* (10) wird dargestellt, das *Ligamentum thyreohyoideum medianum* (11) wird abgegrenzt. Die Vasa laryngea superiora und der Ramus internus des N. laryngeus superior bleiben an ihrer Durchtritts-

stelle durch die Membrana thyreohyoidea erhalten. Die beiden Bäuche des M. cricothyreoideus werden am kaudalen Ansatz des Schildknorpels abgelöst. Der Muskel wird nach kaudal verlagert. Ablösen der Membrana thyreohyoidea am kranialen Rand des Schildknorpels. Das medial liegende Ligamentum thyreohyoideum medianum bleibt erhalten. Die Lamina dextra der Cartilago thyreoidea wird nun paramedian mit dem Messer oder bei fortgeschrittener Verknöcherung durch eine feine Knochenschere durchtrennt.

❗ Die Kehlkopfbinnenmuskulatur befindet sich direkt unterhalb der Schildknorpelplatte. Das Messer muss scharf am Knorpel oder Knochen auf der Innenseite geführt werden, sodass das Perichondrium (bei verknöchertem Kehlkopf: Periost) zunächst erhalten und dadurch die Binnenmuskulatur geschont bleibt.

🔄 **Topographie**
Die Kehlkopfknorpel verknöchern mit Ausnahme der Epiglottis vom dritten Dezennium an mit fortschreitendem Alter. Die Ausdehnung der Knochenbildung ist bei Frauen und Männern unterschiedlich.

Die Articulatio cricothyreoidea ist von Anteilen der Pars cricopharyngea des M. constrictor pharyngis inferior umgeben. Ertasten des Gelenks. Die über dem *Cornu inferius* des Schildknorpels (1) liegende Muskulatur

2

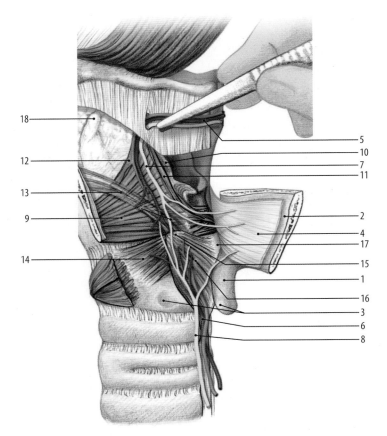

1 Cornu inferius
2 Schildknorpelplatte
3 Gelenkflächen der Articulatio cricothyreoidea
4 Perichondrium – Periost
5 A. laryngea superior
6 A. laryngea inferior
7 Ramus internus des N. laryngeus superior
8 N. laryngeus recurrens
9 Pars externa des M. thyreoarytenoideus
10 Plica aryepiglottica
11 Pars aryepiglottica des M. thyreoarytenoideus
12 M. thyreoepiglotticus
13 M. thyreoarytenoideus superior
14 M. cricoarytenoideus lateralis
15 Processus muscularis des Stellknorpels
16 M. cricoarytenoideus posterior
17 Lamina cartilaginis cricoidea
18 Sacculus laryngis

◘ **Abb. 2.23**   Kehlkopf nach Ablösen und Herüberklappen der linken Schildknorpelplatte, Ansicht von links lateral [36]

wird gespalten. Die Schildknorpelplatte **(2)** wird nach posterior geklappt, das Gelenk wird eröffnet und die *Facies articularis thyreoidea* **(3)** mit einer Lupe inspiziert (◘ Abb. 2.23). Das *Perichondrium* **(4)** (bei verknöchertem Kehlkopfskelett das Periost) und das Bindewebe werden vorsichtig entfernt. Die Äste aus *Aa. laryngea superior* **(5)** und *inferior* **(6)** sowie die Äste aus dem *Ramus internus* des *N. laryngeus superior* **(7)** und aus dem *N. laryngeus inferior* **(8)** werden vorsichtig freigelegt und geschont. Das von der Innenseite der Schildknorpelplatte gelöste Perichondrium und Periost wird vorsichtig abgetragen. Die *Pars externa* des *M. thyreoarytenoideus* **(9)** wird dargestellt.

🔵 Topographie

Die Pars externa des M. thyreoarytenoideus läuft von der vorderen Kommissur des Schildknorpels zum Stellknorpel. Ein Teil zieht zur *Plica aryepiglottica* **(10)**. Entlang der Plica aryepiglottica verläuft die *Pars aryepiglottica* des *M. thyreoarytenoideus* **(11)**. Als Varianten können ein *M. thyreoepiglotticus* **(12)** am kranialen Rand sowie ein schräg verlaufender *M. thyreoarytenoideus superior* **(13)** vorkommen.

Der *M. cricoarytenoideus lateralis* **(14)** kann dann von seinem Ursprung vom lateralen Rand des Ringknorpels bis zu seinem Ansatz am *Processus muscularis* **(15)** des Stellknorpels (*Cartilago arytenoidea*) freigelegt werden. Vom Processus muscularis zieht der *M. cricoarytenoideus posterior* **(16)** nach kaudal und posterior zur *Lamina cartilaginis cricoidea* **(17)**.

▶ Klinik

Als Laryngozele bezeichnet man eine sackförmige Ausstülpung, die vom *Sacculus laryngis* **(18)** des Ventriculus laryngis (= Sinus Morgagni) ausgeht. Sie kann angeboren oder bei wiederholt hohen Innendrücken im Kehlkopflumen (z. B. bei Glasbläsern) erworben sein. Sie kann innerhalb der Schildknorpelplatten lokalisiert sein (innere Laryngozele) oder sich auch durch die Membrana thyreohyoidea hindurch nach außen erstrecken (äußere Laryngozele). Eine äußere Laryngozele kann von außen beim Luftpressen palpiert werden. ◀

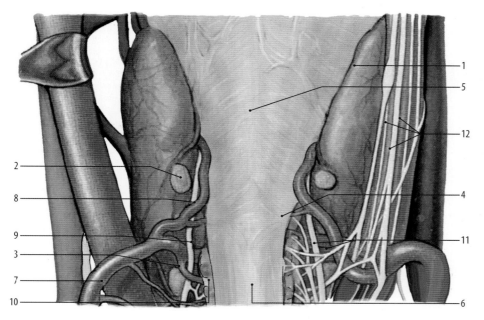

	1 Glandula thyreoidea
	2 Glandula parathyreoidea superiores
	3 Glandula parathyreoidea inferiores
	4 Nodi paratracheales
	5 allgemeine Organfaszie
	6 Ösophagus
	7 A. thyreoidea inferior
	8 A. laryngea inferior
	9 N. laryngeus recurrens
	10 Trachea
	11 Nn. cardiaci cervicales medii
	12 Plexus caroticus

■ **Abb. 2.24** Leitungsbahnen von Kehlkopf und Schilddrüse, Ansicht von hinten [39]

2.4.2 Dorsale und laterale Präparation der Halsorgane und -leitungsbahnen

Präparation der Schilddrüse und Nebenschilddrüsen von dorsal Die Lappen der *Glandula thyreoidea* (1) werden von dorsal inspiziert (■ Abb. 2.24). Aufsuchen der *Glandulae parathyreoideae superiores* (2) und der *Glandulae parathyreoideae inferiores* (3). Darstellen von *Nodi paratracheales* (4). Die allgemeine Organfaszie um die Leitungsbahnen wird vorsichtig abgetragen, die Faszie über der Pharynxwand (5) und Oesophagus (6) bleibt zunächst erhalten. Die *A. thyreoidea inferior* (7) mit dem Ast der *A. laryngea inferior* (8) wird vom Bindegewebe befreit. Aufsuchen des *N. laryngeus recurrens* (9) in der Rinne zwischen *Trachea* (10) und Oesophagus. Freilegen der *Nn. cardiaci cervicales medii* (11) und des *Plexus caroticus* (12).

Präparation der Pharynxwand von dorsal Reste der bereits von ventral entfernten Lamina profunda (= prevertebralis) der Halsfaszie werden abgetragen (■ Abb. 2.25). Zum Freilegen der Schlundschnürer die allgemeine Organfaszie (1) in der Mitte des Pharynx spalten und das Faszienblatt auf beiden Seiten von medial nach lateral ablösen (■ Abb. 2.49/Video 2.16). Freilegen der *Vv. pharyngeae* (2), des *Plexus venosus pharyngeus* (3), der Arterienäste aus der *A. pharyngea ascendens* (4) und der *A. thyreoidea superior* (5). Aufsuchen des Nervengeflechts aus den *Rami pharyngeales* des *N. glossopharyngeus* (6) und des *N. vagus* (im unteren Bereich). Darstellung der *Nodi retropharyngeales* (7). Durch die intakte Pharynxwand wird das *Cornu majus* des Os hyoideum (8) und das *Cornu superior* des Schildknorpels (9) ertastet.

Präparation der *Fascia pharyngobasilaris* (10). Freilegen der *Mm. constrictores pharyngis superior* (11), *medius* (12) und *inferior* (13) und Studium der Faserrichtung und der dachziegelartigen Überlappung. Die horizontal verlaufenden Muskelfasern der *Pars ceratopharyngea* (14) des M. constrictor pharyngis medius werden aufgesucht. Beim M. constrictor pharyngis inferior wird die *Pars cricopharyngea* (15) studiert: Zwischen der *Pars obliqua* (16) und der *Pars fundiformis* (= Pars transversa = Killian Schleudermuskel) (17) des Muskelanteils wird das muskelschwache Killian-Dreieck (18) aufgesucht. Zwischen dem unteren Schlundschnürer und dem Oesophaguseingang wird das Leimer-Dreieck (19) aufgesucht.

🔴 Zur vollständigen Darstellung der Fascia pharyngobasilaris müssen Reste des M. longus capitis an der Schädelbasis abgetragen werden.

► **Klinik**

An Orten der schwachen muskulären Pharynxwand kann sich durch erhöhten intraluminalen Druck und erhöhtem Muskeltonus des unteren Schlundschnürers eine Aussackung des Pharynxschlauches bei erhaltener Schleimhaut ergeben. Beim Zenker-Divertikel (1) handelt es sich um ein Pulsionsdivertikel (■ Abb. 2.26): Die Mucosa-Aussackung tritt meist im Bereich des Killian-Dreiecks (2) zwischen der *Pars obliqua* (3) und der *Pars fundiformis* (= Killian Schleudermuskel) (4) des unteren Anteils des M. constrictor pharyngis inferior, der Pars cricopharyngea, auf. Seltener ist das Divertikel im Laimer Dreieck (5) lokalisiert. Patienten klagen über Schluckstörung, Regurgitation nach dem Essen und Mundgeruch. ◄

2

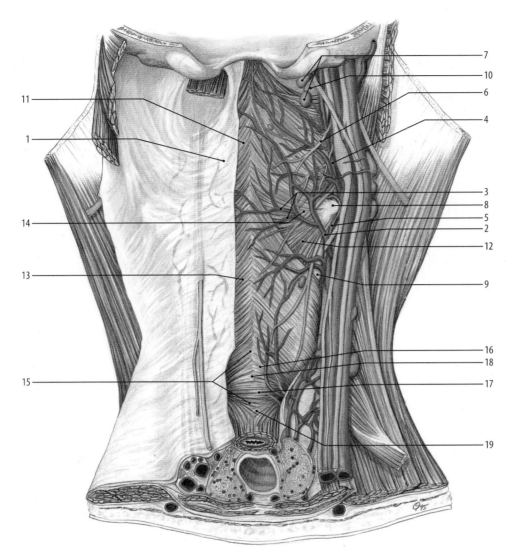

1 allgemeine Organfaszie
2 Vv. pharyngeae
3 Plexus venosus pharyngeus
4 A. pharyngea ascendens
5 A. thyreoidea superior
6 Rami pharyngeales
   des N. glossopharyngeus
7 Nodi retropharyngeales
8 Cornu majus des Os hyoideum
9 Cornu superior des Schildknorpels
10 Fascia pharyngobasilaris
11 M. constrictor pharyngis superior
12 M. constrictor pharyngis medius
13 M. constrictor pharyngis inferior
14 Pars ceratopharyngea
   des M. constrictor pharyngis medius
15 Pars cricopharyngea
   M. constrictor pharyngis inferior
16 Pars obliqua
17 Pars fundiformis (= Pars transversa
   = Killian'scher Schleudermuskel)
18 Killian-Dreieck
19 Laimer Dreieck

Abb. 2.25   Ablösen der allgemeinen Organfaszie und Freilegen des Pharynx, Ansicht von hinten [29]

Präparation des parapharyngealen Raums   Aufsuchen und vollständiges Freilegen der *A. carotis communis* (**1**), der *V. jugularis interna* (**2**), des *N. vagus* (**3**), des *Truncus sympathicus* (**4**) und des *Ganglion cervicale superius* (**5**) (Abb. 2.27, 2.50/Video 2.17). Die V. jugularis interna und der N. vagus werden bis zum Foramen jugulare an der Schädelbasis verfolgt. Der Abgang des *N. laryngeus superior* (**6**) vom N. vagus wird aufgesucht, der proximale Nervenverlauf wird verfolgt. Unterhalb des Foramen jugulare Darstellung des *N. glossopharyngeus* (**7**) und des *N. accessorius* (**8**). Der Nervus glossopharyngeus wird in seinem Verlauf auf dem *M. stylopharyngeus* (**9**) freigelegt (Abb. 2.51/Video 2.18). Aufsuchen des *N. hypoglossus* (**10**). Der Nerv wird mit seinem bogenförmigen Verlauf in die seitliche Halsregion verfolgt, der Abgang der *Radix superior* der *Ansa cervicalis* (**11**) wird studiert. Darstellung der Bifurkation der *A. carotis communis* (**12**)

in die *Aa. carotides interna* (**13**) und *externa* (**14**). Das *Glomus caroticum* (**15**) und der *Ramus sinus carotici* (**16**) des N. glossopharyngeus werden aufgesucht und aus dem Bindegewebe herausgelöst. Die A. carotis interna wird bis zur Schädelbasis verfolgt. Die Abgänge der A. carortis externa werden von Bindegewebe befreit und in ihrem Verlauf dargestellt: *A. thyreoidea superior* (**17**), *A. lingualis* (**18**), *A. facialis* (**19**), *A. pharyngea ascendens* (**20**), *A. occipitalis* (**21**). Die Darstellung der Endaufzweigung der A. carotis externa in die *A. maxillaris* ist nach vollständiger Entfernung von Drüsengewebe der Glandula parotidea in der Fossa retromandibularis möglich.

▶ Klinik

Im Rahmen einer Entfernung der Gaumenmandeln (Tonsillektomie) oder bei der Eröffnung eines Peritonsillarabs-

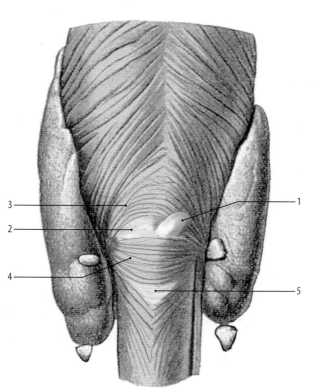

1 Zenker-Divertikel
2 Killian-Dreieck
3 Pars obliqua
4 Pars fundiformis
　(= Killian'scher Schleudermuskel)
5 Laimer Dreieck

�»� Abb. 2.26　Schwachstellen der hinteren Pharynxwand: Killian-Dreieck und Laimer Dreieck, Ansicht von hinten [39]

zesses kann es bei Vorliegen eines Variantenverlaufs der A. carotis interna mit Schleifenbildung (sog. gefährliche Karotisschleife, ca. 7 % der Fälle) **(1)** zu einer lebensgefährlichen akuten Blutung kommen (■ Abb. 2.28). Das Tonsillenbett mit der sog. *Fascia tonsillaris* (**2**) wird vom Retropharyngealraum nur durch den dünnen *M. constrictor pharyngis superior* **(3)** getrennt. Kommt es zu einer späteren Nachblutung nach einer Tonsillektomie, sind meist Äste der *A. pharyngea ascendens* **(4)** betroffen, die beim Ablösen von Fibrinbelägen wieder eröffnet werden. ◄

☺ Topographie

In 50 % der Fälle gehen die A. facialis, A. lingualis und A. thyreoidea superior aus der A. carotis externa oberhalb der Bifurkation ab. In 20 % der Fälle befindet sich der Abgang der A. thyreoidea in Höhe der Bifurkation, in 10 % der Fälle geht die A. thyreoidea superior an der A. carotis communis ab. Haben zwei oder drei Arterien einen gemeinsamen Stamm, liegt ein Truncus vor: Truncus lingofacialis (18 %), Truncus thyreolingualis (2 %), Truncus thyreolinguofacialis (1 %).

Eröffnung des Pharynx　Die muskuläre Pharynxwand wird median in der Raphe pharyngis bis zur Schädelbasis aufgeschnitten (■ Abb. 2.29, 2.52/Video 2.19). Die *Fascia pharyngobasilaris* **(1)** wird transversal durchtrennt, sodass beide Seiten des Pharynxschlauches weit aufge-

klappt werden können. Der endopharyngeale Raum wird ausgespült und gereinigt. Die Abschnitte des Pharynx können nun inspiziert und palpiert werden.

In der *Pars nasalis pharyngis* (= Epipharynx, = Nasopharynx) **(2)** werden am Dach, der *Fornix pharyngis*, Reste der *Tonsilla pharyngea* **(3)**, die *Choanae* **(4)**, der *Torus tubarius* **(5)**, der *Recessus pharyngeus* (Rosenmüller-Grube) **(6)**, die *Plica salpingopharyngea* **(7)**, das *Palatum molle* **(8)** aufgesucht (■ Abb. 2.53/Video 2.20). Durch die Choanae können Nasenseptum **(9)** und *Conchae nasales inferior* und *media* **(10)** inspiziert werden.

☺ Topographie

Ein verlängerter Processus styloideus (länger als 4 cm) kann von endopharyngeal durch die laterale Wand des Epipharynx palpiert werden. In seltenen Fällen ist die gesamte stylohyoidale Kette (fehlerhafte Rückbildung des zweiten Pharyngealbogens) verknöchert. Bei Kopfdrehung kann es zu einem Kompressionssyndrom der Nn. glossopharyngeus und vagus kommen (sog. Eagle-Syndrom). Patienten können unter Synkopen, Schluckbeschwerden, Reizung oder Druckläsion des N. laryngeus recurrens sowie Zwerchfellparesen leiden.

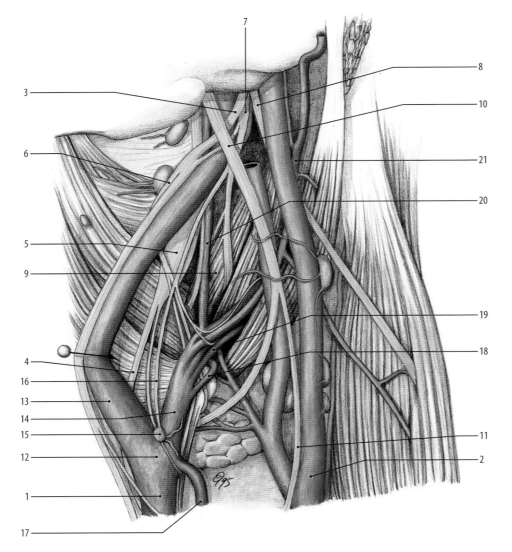

1	A. carotis communis
2	V. jugularis interna
3	N. vagus
4	Truncus sympathicus
5	Ganglion cervicale superius
6	N. laryngeus superior
7	N. glossopharyngeus
8	N. accessorius
9	M. stylopharyngeus
10	N. hypoglossus
11	Radix superior der Ansa cervicalis
12	Bifurkation der A. carotis communis
13	A. carotis interna
14	A. carotis externa
15	Glomus caroticum
16	Ramus sinus carotici
17	A. thyreoidea superior
18	A. lingualis
19	A. facialis
20	A. pharyngea ascendens
21	A. occipitalis

◻ Abb. 2.27   Präparation der Leitungsbahnen im rechten oberen parapharyngealen Raum, Ansicht von hinten [29]

☺ Topographie

Die Tonsilla pharyngea liegt im Alter nur noch atrophiert vor und kann am Präparat oftmals nicht eindeutig identifiziert werden.

▶ Klinik

Bei Kindern kann eine hypertrophierte Rachenmandel (adenoide Vegetation) die Choanen und den Zugang zur Tuba auditiva verlegen. Es resultieren rezidivierende akute Mittelohrentzündungen und schließlich chronische Mittelohrerkrankungen. Aufgrund der verlegten Nasenatmung atmen betroffene Kinder durch den Mund. Der typische Gesichtsausdruck mit geöffnetem Mund wird als Facies adenoidea bezeichnet.

Ausgedehnte Raumforderungen im Nasopharynx in der Adoleszenz und im hohen Alter sind verdächtig für Nasopharynxtumore (z. B. Nasopharynxkarzinom). Tumore, die sich in der Rosenmüller-Grube befinden, werden in der Routine-Untersuchung mit Spiegel oder Endoskop leicht übersehen. ◀

In der *Pars oralis pharyngis* (= Mesopharynx, = Oropharynx) **(11)** werden die *Uvula* **(12)** und auf beiden Seiten der *Arcus palatoglossus* **(13)**, *Arcus palatopharyngeus* **(14)**, *Tonsilla palatina* **(15)** und die *Vallecula epiglottica* **(16)** aufgesucht. An der Zungenwurzel wird die *Tonsilla lingualis* **(17)** inspiziert (◻ Abb. 2.54/Video 2.21).

☺ Topographie

Die Grenze zwischen Mundhöhle und Oropharynx ist der Sulcus posterior der Zunge und der vordere Gaumenbogen, *Arcus palatoglossus*. Bei einem Karzinom im Bereich der Zungenwurzel oder einer Gaumenmandel handelt es sich um ein Oropharynxkarzinom. Die

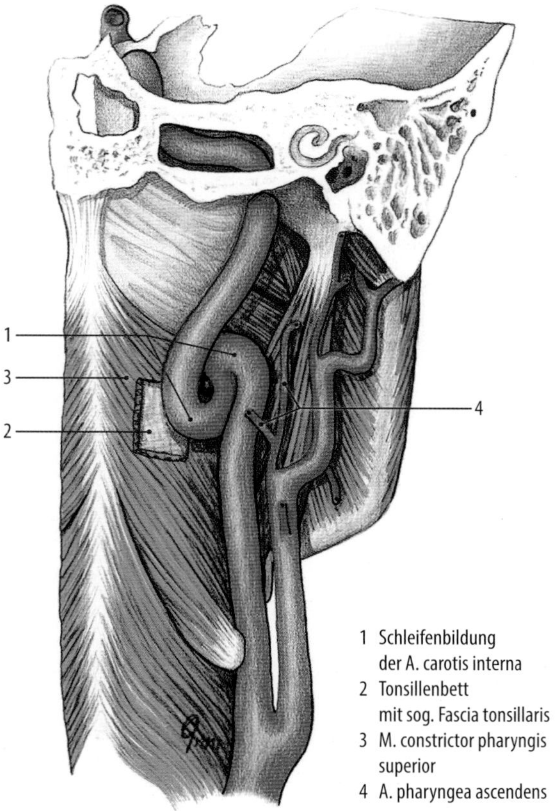

1 Schleifenbildung
 der A. carotis interna
2 Tonsillenbett
 mit sog. Fascia tonsillaris
3 M. constrictor pharyngis
 superior
4 A. pharyngea ascendens

Abb. 2.28 Schlingenbildung der Pars cervicalis der A. carotis interna (= sog. gefährliche Karotisschleife), Ansicht von hinten [29]

topographische Unterscheidung besitzt hohe klinische Relevanz: Ein Oropharynxkarzinom besitzt andere lymphogene Metastasierungswege als ein Mundhöhlenkarzinom.

► **Klinik**

Als Komplikation einer eitrigen Angina tonsillaris (bakterielle Entzündung der Tonsilla palatina) kann sich Eiter hinter der Tonsille im Tonsillenbett entwickeln (Peritonsillarabszess). Bei der enoralen Inspektion zeigt sich eine Deviation der Uvula zur Gegenseite und eine vorgewölbte Tonsilla palatina. Durchdringt der Eiter die dünne Wand des oberen Schlundschnürers, liegt der lebensgefährliche Befund eines Parapharyngealabszesses vor. ◄

Im Bereich der *Pars laryngea pharyngis* (= Hypopharynx, = Laryngopharynx) **(18)** wird die Begrenzung des *Aditus laryngis* **(19)** mit *Epiglottis* **(20)**, *Plica aryepiglottica* **(21)** und der *Incisura interarytenoidea* **(22)** studiert. In der Plica aryepiglottica werden die *Tubercula cuneiforme* **(23)** und *corniculata* **(24)** aufgesucht (**Abb. 2.55/ Video 2.22**). Den *Recessus piriformis* **(25)** austasten und die topographische Beziehung zum Schildknorpel, Ringknorpel und zur Plica aryepiglottica studieren. Die *Plica*

nervi laryngei superioris **(26)** aufsuchen. Den Übergang zum Oesophagus **(27)** inspizieren und die obere Oesophagusenge palpieren.

🔄 **Topographie**

Formveränderungen der Epiglottis, z. B. durch einer eingerollten Cartilago epiglottica, sind häufig. Durch den Aditus laryngis kann oftmals ein medial deviiertes Cornu superior des Schildknorpels ertastet werden.

► **Klinik**

In den Valleculae epiglotticae können große Fremdkörper (Nahrungsbestandteile) stecken bleiben und durch Druck auf die Epiglottis den Kehlkopfeingang verlegen (sog. Bolustod). ◄

Präparation der Pharynxmuskulatur von dorsal Im Bereich des Epipharynx wird die Schleimhaut über dem Torus tubarius, Torus levatorius, Plica salpingopharyngea, Velum palatinum abpräpariert und die darunterliegende Muskulatur wird studiert. Die vollständige Präparation der Schleimhaut erfolgt von medial am sagittal halbierten Kopf. Von dorsal wird im Bereich des Oropharynx die Schleimhaut über dem *Arcus palatopharyngeus* **(1)** und an der Radix linguae entfernt (**Abb. 2.30, 2.56/ Video 2.23**). Freilegen der *Rami linguales* des *N. glossopharyngeus* **(2)** sowie der *Rami dorsales linguae* der A. lingualis **(3)**. Im Hypopharynx wird die Schleimhaut im Bereich des *Recessus piriformis* **(4)** entfernt. Aufsuchen des *Ramus internus* des *N. laryngeus superior* **(5)** und Darstellen von *Rami pharyngei* **(6)** zur Konstriktormuskulatur. Freilegen des N. laryngeus superior bis zur Durchtrittstelle durch die Membrana thyreohyoidea. Aufsuchen der *A. laryngea superior* **(7)**. Auf der Gegenseite bleibt die Schleimhaut des Recessus piriformis und der aryepiglottischen Falte erhalten (die Präparation der Leitungsbahnen erfolgte hier von lateral). Freilegen des *N. laryngeus recurrens* **(8)**, dessen Endast nach Durchtritt durch den M. constrictor pharyngis inferior N. laryngeus inferior genannt wird. Studium des Verlaufs des *Ramus anterior* **(9)** und des *Ramus posterior* **(10)**. Die Verbindung zwischen *N. laryngeus superior* und *N. laryngeus inferior* (= Galen-Anastomose) **(11)** wird aufgesucht. Freilegen der *A. laryngea inferior* **(12)**.

Präparation des Larynx von dorsal Die Schleimhaut wird auf einer Seite der posterioren Ringknorpelplatte entfernt (**Abb. 2.31, 2.57/Video 2.24**). Die Bandverbindung zwischen der Ringknorpelplatte und dem Oesophagus, das *Ligamentum cricooesophageum* **(1)** wird abgelöst. Präparation der *Mm. arytenoidei transversus* **(2)** und *obliquus* **(3)** sowie des *M. cricoarytenoideus posterior* („Posticus") **(4)**. Die Abgrenzung zur Vorder- und Seitenwand des *M. constrictor pharyngis inferior* **(5)** wird herausgearbeitet. Die Vorderwand des Oesophagus **(6)** wird mitsamt des *Paries*

2

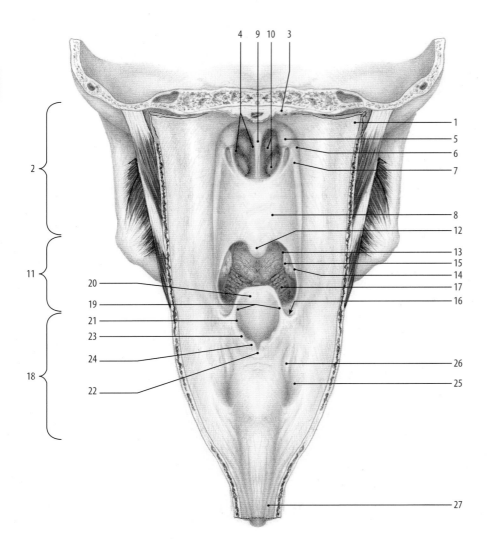

1	Fascia pharyngobasilaris
2	Pars nasalis pharyngis (= Epipharynx, = Nasopharynx)
3	Tonsilla pharyngea
4	Choana
5	Torus tubarius
6	Recessus pharyngeus (Rosenmüller-Grube)
7	Plica salpingopharyngea
8	Palatum molle
9	Septum nasi
10	Conchae nasales inferior und media
11	Pars oralis pharyngis (= Mesopharynx, = Oropharynx)
12	Uvula
13	Arcus palatoglossus
14	Arcus palatopharyngeus
15	Tonsilla palatina
16	Vallecula epiglottica
17	Tonsilla lingualis
18	Pars laryngea pharyngis (= Hypopharynx, = Laryngopharynx)
19	Aditus laryngis
20	Epiglottis
21	Plica aryepiglottica
22	Incisura interarytenoidea v
23	Tuberculum cuneiforme
24	Tuberculum corniculatum
25	Recessus piriformis
26	Plica nervi laryngei superioris
27	Ösophagus

Abb. 2.29 Inspektion des Schleimhautreliefs von Pharynx und Kehlkopfeingang nach Eröffnen der hinteren Pharynxwand, Ansicht von hinten [36]

membranaceus der Trachea **(7)** in kranialer Richtung mit einer Schere durchtrennt. Die Schnittführung wird median durch die Ringknorpelplatte und die Mm. arytenoideae transversus et obliquus bis zur Incisura interarytenoidea fortgeführt. Das Kehlkopfskelett kann nun nach lateral aufgeklappt und mit einem Interponat (z. B. Holzstäbchen) offengehalten werden.

Das Relief des Endolarynx mit *Aditus laryngis* **(1)**, *Vestibulum laryngis* **(2)**, *Plica vestibularis* **(3)**, *Ventriculus laryngis* (= Ventriculus Morgagni) **(4)** und *Plica vocalis* **(5)** kann nun studiert werden (□ Abb. 2.32).

Die *Pars intermembranacea* **(6)** und die *Pars intercartilaginea* **(7)** sowie die durch das mehrschichtige unverhornte Plattenepithel hervorgerufenen hellere Färbung am freien Rand der Plica vocalis beachten. Unterhalb des freien Randes der Stimmlippe die Schleimhaut **(8)** von der Spitze des Stellknorpels **(9)** bis zur vorderen Kommissur des Schildknorpels **(10)** vorsichtig durchtrennen. Anschließend das lockere Bindegewebe zwi-

schen Schleimhaut und *Ligamentum vocale* **(11)** lösen und den so geschaffenen Spalt (= Reinke-Raum) **(12)** mit der Sonde austasten. Den Verlauf des freigelegten Stimmbandes von der Spitze des Stellknorpels bis zur vorderen Kommissur des Schildknorpels studieren. Sodann die gesamte Schleimhaut an der Plica vocalis zunächst unter Erhaltung des *Conus elasticus* **(13)** ablösen. Den Übergang des Conus elasticus in das Ligamentum vocale inspizieren. Danach den Conus elasticus abtragen und zunächst den *M. vocalis* (Pars interna des M. thyreoarytenoideus, „Internus" im klinischen Sprachgebrauch) **(14)** freilegen. Die Insertionszonen des M. vocalis am Processus vocalis und an der Seitenfläche des Stellknorpels sowie im Bereich der vorderen Kommissur des Schildknorpels studieren. Am M. vocalis werden die *Pars thyreovocalis* **(15)** und *Pars thyreomuscularis* **(16)** studiert. Anschließend den *M. cricoarytenoideus lateralis* **(17)** und den inneren Teil des *M. cricothyreoideus* **(18)** freilegen. Auf der Schnitt-

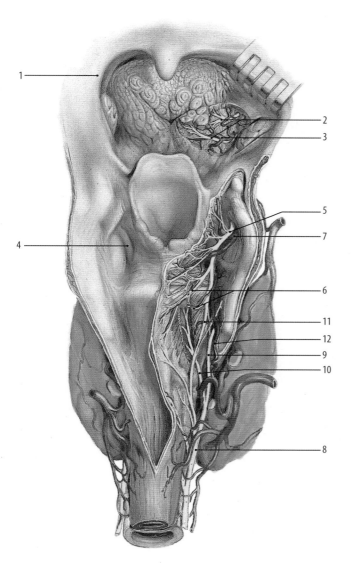

1 Arcus palatopharyngeus
2 Rami linguales des N. glossopharyngeus
3 Rami dorsales linguae der A. lingualis
4 Recessus piriformis
5 Ramus internus des N. laryngeus superior
6 Rami pharyngei
7 A. laryngea superior
8 N. laryngeus recurrens
9 Ramus anterior des N. laryngeus inferior
10 Ramus posterior des N. laryngeus inferior
11 Verbindung zwischen N. laryngeus superior und
N. laryngeus inferior (= Galen-Anastomose)
12 A. laryngea inferior

◘ **Abb. 2.30** Entfernung der Schleimhaut im Hypopharynx und Zungengrund und Freilegen der Leitungsbahnen, Ansicht von hinten [30]

fläche der durchtrennten Ringknorpelplatte die Knochenbildung beachten.

Eine unphysiologische mechanische (z. B. Schreien) oder toxische (z. B. Tabakkonsum) Belastung der Stimmlippen kann zu einer Flüssigkeitsansammlung im lockeren Bindegewebe des Reinke-Raums führen (sog. Reinke-Ödem). Dies führt zu einer veränderten Schwingfähigkeit der Stimmlippen (Öffnung und Verschluss der Stimmritze, Rima glottidis) sowie der Stimmlippen-Schleimhaut. Die stroboskopisch sichtbare und für die Tongenerierung (Phonation) funktionell wichtige Wellenbildung der Schleimhaut (Randkantenverschiebung) verändert sich. Es resultiert eine Heiserkeit (Dysphonie).

Auch Schleimhautveränderungen der Stimmlippen haben einen Einfluss auf die Phonation. Diese können benigne (Schreiknötchen, Polypen, Papillome) oder maligne (Kehlkopf-Karzinom) sein. Im oberen Respirationstrakt ist die Stimmlippenregion prädisponiert für die Entstehung maligner Tumore. Die histologische Änderung des Oberflächenepithels der Stimmlippe aufgrund der mechanischen Beanspruchung (sog. „epitheliale Kampfzone") macht die Stimmlippe anfällig für Noxen (Rauchen, Alkohol) und Erreger (z. B. humanes Papillomavirus). Tumore werden aufgrund der Funktionsstörung (Heiserkeit) oft frühzeitig erkannt. Die Prognose bei einem umschriebenen Kehlkopf-Karzinom ist gut. ◀

Abb. 2.31 Eröffnen des Kehlkopfes von dorsal, Ansicht von hinten [29]

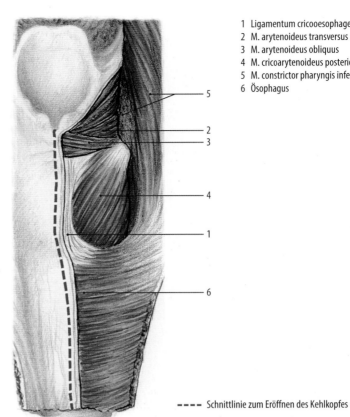

1 Ligamentum cricooesophageum
2 M. arytenoideus transversus
3 M. arytenoideus obliquus
4 M. cricoarytenoideus posterior („Posticus")
5 M. constrictor pharyngis inferior
6 Ösophagus

- - - - Schnittlinie zum Eröffnen des Kehlkopfes

Abb. 2.32 Präparation des Kehlkopfes von dorsal, Ansicht von hinten [21]

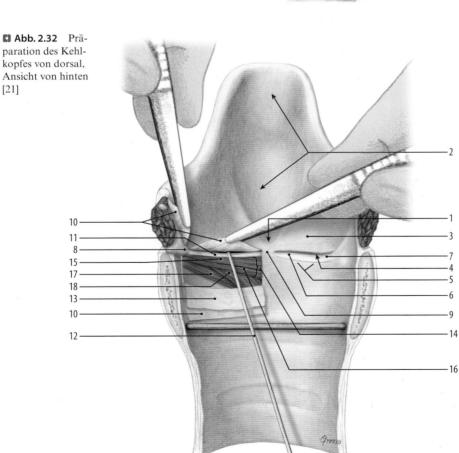

1 Aditus laryngis
2 Vestibulum laryngis
3 Plica vestibularis
4 Ventriculus laryngis
5 Plica vocalis
6 Pars intermembranacea
7 Pars intercartilaginea
8 Processus vocalis des Stellknorpels
9 Vordere Kommissur des Schildknorpels
10 abgelöste Schleimhaut
11 Ligamentum vocale
12 Sonde im Reinke-Raum
13 Conus elasticus
14 M. vocalis
15 Pars thyreovocalis
16 Pars thyreomuscularis
17 M. cricoarytenoideus lateralis
18 M. cricothyreoideus

2.5 Präparation der oberen Thoraxapertur und der prä- und paravertebralen Halsregion nach Absetzen des Kopfes

Ziel der Präparation ist es, nach Absetzen des Kopfes sowie der oberen Extremitäten die Strukturen in der prä- und paravertebralen Region freizulegen. Außerdem können nach Entfernen der Halsorgane die Präparation der zum Teil durchtrennten Leitungsbahnen abgeschlossen und die topographischen Beziehungen der Strukturen zur Pleurakuppel studiert werden.

Präparation der oberen Thoraxapertur Zunächst werden die beim Absetzen des Kopfes zum Teil durchtrennten Leitungsbahnen im Bereich der oberen Thoraxapertur aufgesucht und vollständig freigelegt (◻ Abb. 2.33a): *Truncus brachiocephalicus* (1), *A. carotis communis* (2), *A. subclavia* (3), Abgang der *A. vertebralis* (4) und der *A. thoracica interna* (5) aus der A. subclavia, *Truncus thyreocervicalis* (6) mit seinen variablen Abgängen *A. thyreoidea inferior* (7), *A. cervicalis ascendens* (8), *A. suprascapularis* (9) und *A. transversa cervicis* (= colli) (10). Lokalisieren der *Vv. brachiocephalicae dextra* und *sinistra* (11) mit einmündenden Venen. Auf der linken Seite die Einmündung des *Ductus thoracicus* (12) im Venenwinkel aufsuchen.

Zwischen den durchtrennten Anteilen von *V. jugularis interna* (13) und A. carotis communis den Stumpf des *N. vagus* (14) sowie in der Rinne zwischen *Trachea* (15) und *Oesophagus* (16) den *N. laryngeus recurrens* (17) aufsuchen. Vor dem Abgang des Truncus thyreocervicalis auf der A. subclavia die *Ansa subclavia* (18) mit der Messerspitze in der Tunica adventitia der Gefäßwand vorsichtig freilegen.

⊜ Varia

Zu den variablen Abgängen der Arterien aus dem Truncus thyreocervicalis ► Abschn. 3.3.8.; Varianten zu den aus dem Aortenbogen abgehenden Arterien ► Abschn. 7.4;

Präparation der prä- und paravertebralen Halsregion Nach Identifizieren und vollständigem Freilegen der bereits sichtbaren Strukturen die *Lamina profunda* der Fascia cervicalis (19) unter Schonung des *Plexus cervicalis* (20) mit dem *N. phrenicus* (21) sowie des *Plexus brachialis* (22) von den prävertebralen Muskeln und von den tiefen seitlichen Halsmuskeln scharf ablösen. Dabei den im unteren Teil des Halses in oder hinter dem tiefen Halsfaszienblatt laufenden *Truncus sympathicus* (23) freilegen. Vor Beginn der Präparation den vor dem Absetzen des Kopfes durchtrennten Truncus sympathicus an der Durchtrittsstelle durch das tiefe Halsfaszienblatt in Höhe des vierten Halswirbels aufsuchen.

❶ Beim Ablösen des tiefen Halsfaszienblattes N. phrenicus und Truncus sympathicus sowie die Nerven der Pars supraclavicularis des Plexus brachialis schonen.

Zunächst dem medial den Wirbelkörpern anliegenden *M. longus colli* (24) bis zum Atlas nachgehen (◻ Abb. 2.33b). Anschließend den lateral liegenden *M. longus capitis* (25) nach kranial bis zu seinem durchtrennten Ansatzbereich verfolgen. Mit fortschreitendem Ablösen des tiefen Halsfaszienblattes den Truncus sympathicus zunächst bis zum *Ganglion cervicale inferius* (26) freilegen (die Präparation des Ganglion cervicothoracicum erfolgt nach Freilegen der Pleurakuppel, s. u.).

Das Ablösen des tiefen Halsfaszienblattes nach lateral fortsetzen und die Mm. scaleni freilegen. Den bei der Präparation der ventralen Rumpfwand (3.3.6, ◻ Abb. 3.21a) bereits aufgesuchten N. phrenicus nun vollständig von seinem Abgang aus der *Radix inferior* des Plexus cervicalis (27) in seinem Verlauf auf dem *M. scalenus anterior* (28) bis zum Eintritt in die Brusthöhle präparieren, dabei auf das Vorliegen eines Nebenphrenicus achten. Die aus dem Truncus thyreocervicalis abgehende A. cervicalis ascendens auf dem M. scalenus anterior nach kranial verfolgen.

Die für das Absetzen der oberen Extremitäten durchtrennten Trunci des Plexus brachialis und A. subclavia bei ihrem Verlauf durch die Skalenuslücke zwischen M. scalenus anterior und *M. scalenus medius* (29) vollständig freilegen. Die Begrenzung der Skalenuslücke durch die Mm. scalenus anterior und medius sowie durch die erste Rippe (30) studieren und die gestaffelte Lage der *Trunci superior* (31), *medius* (32) und *inferior* (33) sowie der A. subclavia innerhalb der Skalenuslücke studieren. Auf das Vorkommen von Varianten im Bereich der Skalenuslücke achten (► Abschn. 3.3.8): Abnormer Verlauf von Trunci oder Trunkusanteilen durch den M. scalenus anterior; häufiges Vorkommen eines M. scalenus minimus (M. scalenus pleuralis), der vom siebten Halswirbel zur ersten Rippe und zur *Membrana suprapleuralis* (Sibson Faszie) (34) zieht. Aus den Trunci des Plexus brachialis (Pars supraclavicularis) abgehende Nerven aufsuchen: *N. dorsalis scapulae* (35), *N. thoracicus longus* (36), *N. suprascapularis* (37), *N. subclavius* (38).

Präparation der A. vertebralis Es wird empfohlen, den Verlauf der A. vertebralis im Halsbereich nur auf einer Seite zu präparieren. Zum Freilegen der Pars prevertebralis, Pars transversaria und der Pars atlantica der A. vertebralis und ihrer Begleitvenen auf einer Seite die prävertebralen Muskeln vollständig abtragen und die Wirbelkörper mit den Processus transversi freilegen. Sodann die A. vertebralis von ihrem Abgang aus der A. subclavia bis zum Eintritt in das *Foramen transversarium* des sechsten Halswirbels (39) verfolgen. Entsprechend die *V. vertebralis* (*Vv. vertebrales*) (40) vom Austritt aus dem

2

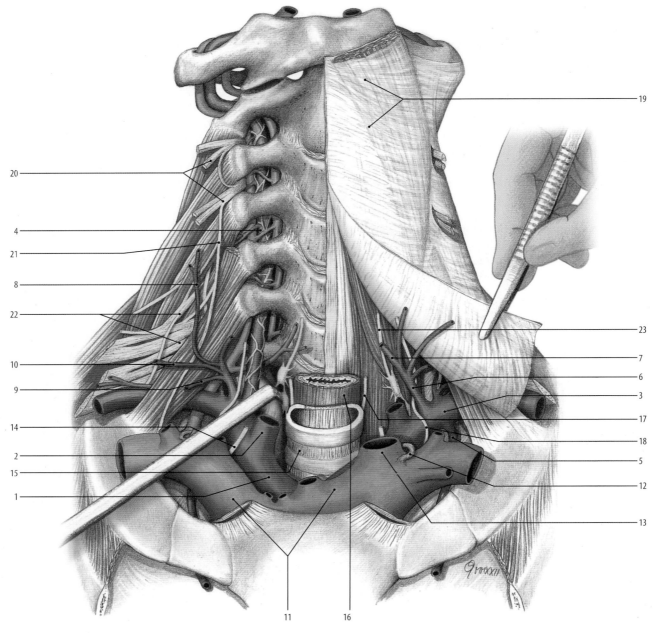

1	Truncus brachiocephalicus	8	A. cervicalis ascendens	13	V. jugularis interna	19	Lamina profunda der
2	A. carotis communis	9	A. suprascapularis	14	N. vagus		Fascia cervicalis
3	A. subclavia	10	A. transversa cervicis	15	Trachea	20	Plexus cervicalis
4	A. vertebralis	11	Vv. brachiocephalicae dextra	16	Oesophagus	21	N. phrenicus
5	A. thoracica interna		und sinistra	17	N laryngeus recurrens	22	Plexus brachialis
6	Truncus thyreocervicalis	12	Ductus thoracicus	18	Ansa subclavia	23	Truncus sympathicus
7	A. thyreoidea inferior						

⊟ **Abb. 2.33   a,b** Präparation der prä- und paravertebralen Halsregion nach Absetzen des Kopfes, Ansicht von vorn [36]

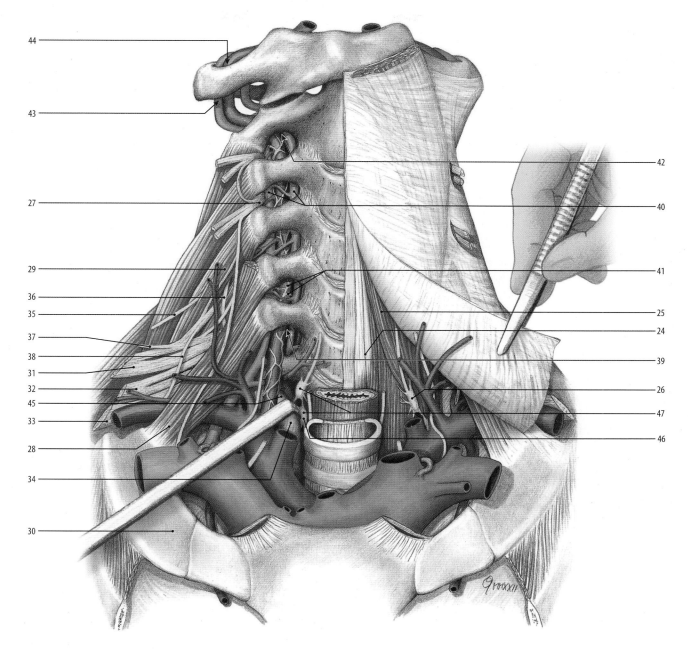

24 M. longus colli
25 M. longus capitis
26 Ganglion cervicale inferius
27 Radix inferior des Plexus cervicalis
28 M. scalenus anterior
29 M. scalenus medius
30 erste Rippe

31 Truncus superior
32 Truncus medius
33 Truncus inferior
34 Membrana suprapleuralis
35 N. dorsalis scapulae
36 N. thoracicus longus
37 N. suprascapularis

38 N. subclavius
39 Foramen transversarium des sechsten Halswirbels
40 Vv. vertebrales
41 Plexus vertebralis
42 Foramen transversarium des Axis
43 Foramen transversarium des Atlas

44 Sulcus arteriae vertebralis
45 Cupula pleurae
46 Ganglion thoracicum I
47 Ganglion cervicothoracicum (Ganglion stellatum)

◻ **Abb. 2.33 a,b** (*Fortsetzung*

Foramen transversarium des sechsten oder häufig des siebten Halswirbels bis zur Mündung in die V. subclavia oder in die V. brachiocephalica freilegen. Anschließend im Bereich der Querfortsätze Gewebsreste der Insertionszonen der prävertebralen Muskeln vollständig entfernen bis die A. vertebralis mit ihren Begleitvenen (Venenplexus) in den Lücken zwischen den Querfortsätzen freiliegt. Sodann mit der Messerspitze den *Plexus vertebralis* (41) aus dem N. vertebralis auf der Arterienwand darstellen.

❗ Beim Abtragen der Insertionszonen der prävertebralen Muskeln die Vasa vertebralia in den Lücken zwischen den Querfortsätzen nicht verletzen.

🏠 Varia

Die Aa. vertebrales zeigen große Variabilität in ihrem Abgang und Verlauf. Die linke A. vertebralis kommt in ca. 4 % der Fälle aus dem Aortenbogen. Selten entspringen rechte und linke A. vertebralis aus dem Aortenbogen. Die linke A. vertebralis kann in seltenen Fällen auch aus der A. carotis communis oder aus dem Truncus thyreocervicalis abgehen. Der Eintritt der A. vertebralis in das Foramen transversarium oberhalb – oder selten unterhalb – des sechsten Halswirbels variiert vor allem auf der linken Seite. Die A. vertebralis kann auf der rechten und linken Seite in unterschiedlicher Höhe in das Foramen transversarium eintreten.

Am Übergang von der Pars transversaria zur Pars atlantica zunächst den bogenförmigen Verlauf der A. vertebralis vom Austritt aus dem *Foramen transversarium* des *Axis* (42) bis zum Eintritt in das *Foramen transversarium* des *Atlas* (43) verfolgen. Sodann den Verlauf der Arterie vom Austritt aus dem Foramen transversarium im *Sulcus arteriae vertebralis* (44) des hinteren Atlasbogens präparieren. Dabei auf eine knöcherne Überbrückung des Sulcus arteriae vertebralis mit Ausbildung eines Canalis arteriae vertebralis (Pontikulusbildung) achten.

🏠 Varia

Am Atlas kann man nicht selten Defektbildungen in Form eines unvollständigen Verschlusses des Foramen transversarium sowie von Spaltbildungen im hinteren oder sehr selten im vorderen Atlasbogen beobachten.

Abschließend die *Cupula pleurae* (45) mit der sie bedeckenden Membrana suprapleuralis (Sibson-Faszie) freilegen und mit den benachbarten Strukturen studieren. Zum Aufsuchen des *Ganglion thoracicum I* (46) die Pleurakuppel etwas nach vorn verlagern, anschließend den Kopf der ersten Rippe und das darauf liegende Ganglion ertasten und freilegen. Abschließend die variable Verschmelzung der beiden Ganglien zum *Ganglion cervicothoracicum* (*Ganglion stellatum*) (47) studieren

(Präparation des Ganglion cervicothoracicum s. auch Video ◱ Abb. 7.40).

😊 Topographie

Folgende Strukturen haben enge topographische Beziehungen zur Pleurakuppel:

- A. subclavia
- V. brachiocephalica und V. subclavia
- A. vertebralis mit Begleitvenen
- Plexus brachialis
- Ganglion cervicothoracicum (Ganglion stellatum)
- N. phrenicus
- N. laryngeus recurrens
- erste Rippe und Halswirbelsäule

▶ **Klinik**

Beim Bronchialkarzinom in der Lungenspitze (Pancoast-Tumor) kann es in Folge von Infiltration und Druck zur Schädigung der benachbarten Strukturen (s. oben) kommen.

- Plexus brachialis: Lähmungen und Schmerzen im Schulter- und Armbereich
- Ganglion stellatum: Horner-Trias (enge Lidspalte, Miosis und Enophthalmus)
- N. laryngeus recurrens: Heiserkeit (bei intakter Schleimhaut)
- N. phrenicus: Lähmung des Zwerchfells auf der betroffenen Seite
- V. brachiocephalica/V. subclavia: Einflussstauung im betroffenen Einzugsgebiet
- Erste Rippe und Wirbelsäule: Schmerzen im betroffenen Bereich ◀

2.6 Präparationsvideos zum Kapitel

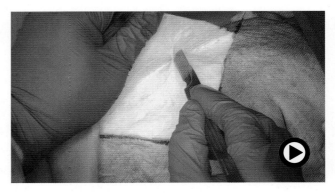

◱ **Abb. 2.34   Video 2.1: Hautschnitt.** (▶ https://doi.org/10.1007/000-725), © Institut für Klinische Anatomie und Zellanalytik der Universität Tübingen

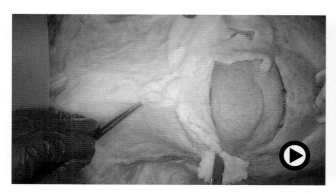

◪ **Abb. 2.35** Video 2.2: **Präparation des Platysma.** (▶ https://doi.org/10.1007/000-71g), © Institut für Klinische Anatomie und Zellanalytik der Universität Tübingen

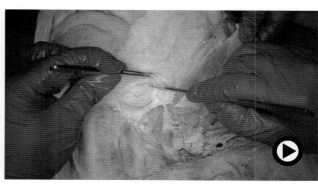

◪ **Abb. 2.38** Video 2.5: **Freilegen der Glandula submandibularis.** (▶ https://doi.org/10.1007/000-71k), © Institut für Klinische Anatomie und Zellanalytik der Universität Tübingen

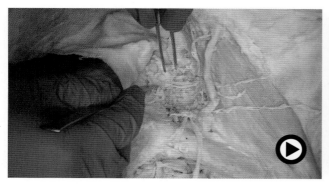

◪ **Abb. 2.36** Video 2.3: **Präparation der seitlichen Halsregion: Punctum nervosum.** (▶ https://doi.org/10.1007/000-71h), © Institut für Klinische Anatomie und Zellanalytik der Universität Tübingen

◪ **Abb. 2.39** Video 2.6: **Präparation der Regio submandibularis.** (▶ https://doi.org/10.1007/000-71m), © Institut für Klinische Anatomie und Zellanalytik der Universität Tübingen

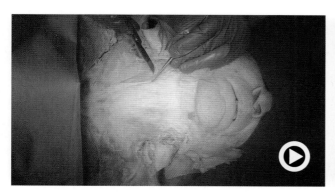

◪ **Abb. 2.37** Video 2.4: **Entfernung der Lamina superficialis der Fascia cervicalis.** (▶ https://doi.org/10.1007/000-71j), © Institut für Klinische Anatomie und Zellanalytik der Universität Tübingen

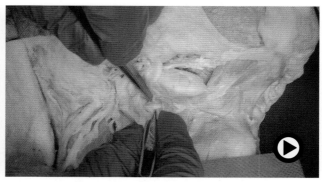

◪ **Abb. 2.40** Video 2.7: **Regio submandibularis – Präparation des N. hypoglossus.** (▶ https://doi.org/10.1007/000-71n), © Institut für Klinische Anatomie und Zellanalytik der Universität Tübingen

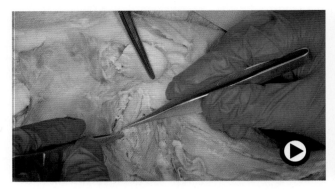

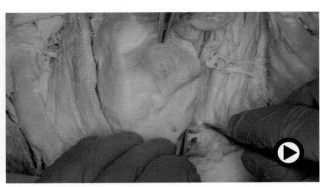

◘ **Abb. 2.41   Video 2.8: Freilegen des Hals-Gefäß-Nerven-Stranges im Trigonum caroticum.** (► https://doi.org/10.1007/000-71p), © Institut für Klinische Anatomie und Zellanalytik der Universität Tübingen)

◘ **Abb. 2.44   Video 2.11: Freilegen der Schilddrüse von vorne.** (► https://doi.org/10.1007/000-71s), © Institut für Klinische Anatomie und Zellanalytik der Universität Tübingen

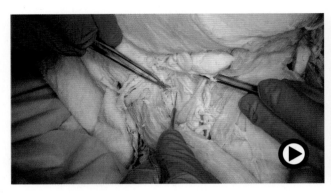

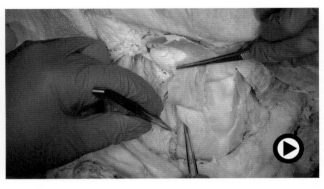

◘ **Abb. 2.42   Video 2.9: Präparation des Trigonum caroticum.** (► https://doi.org/10.1007/000-71q), © Institut für Klinische Anatomie und Zellanalytik der Universität Tübingen

◘ **Abb. 2.45   Video 2.12: Inspektion der Schilddrüse von der Seite.** (► https://doi.org/10.1007/000-71t), © Institut für Klinische Anatomie und Zellanalytik der Universität Tübingen

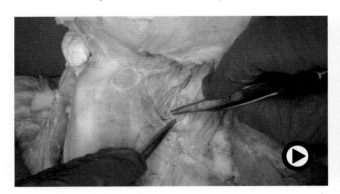

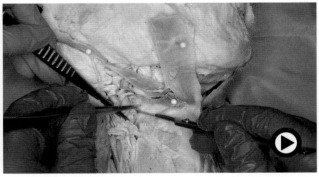

◘ **Abb. 2.43   Video 2.10: Präparation des N. vagus, Vasa laryngea superiora, N. laryngeus superior.** (► https://doi.org/10.1007/000-71r), © Institut für Klinische Anatomie und Zellanalytik der Universität Tübingen

◘ **Abb. 2.46   Video 2.13: Präparation A. laryngea superior und N. laryngeus superior.** (► https://doi.org/10.1007/000-71v), © Institut für Klinische Anatomie und Zellanalytik der Universität Tübingen

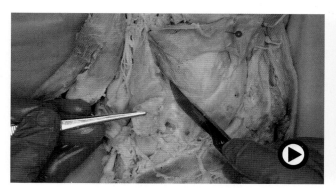

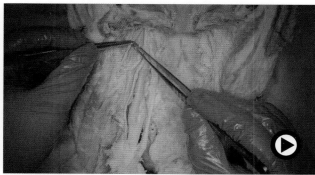

◼ **Abb. 2.47   Video 2.14: Präparation der Schilddrüse und Neben-schilddrüsen von ventral.** (▶ https://doi.org/10.1007/000-71w), © Institut für Klinische Anatomie und Zellanalytik der Universität Tübingen

◼ **Abb. 2.50   Video 2.17: Präparation des parapharyngealen Raums.** (▶ https://doi.org/10.1007/000-71z), © Institut für Klinische Anatomie und Zellanalytik der Universität Tübingen

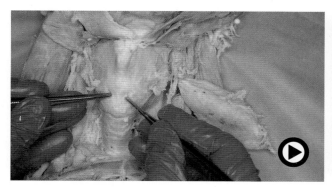

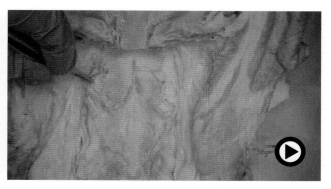

◼ **Abb. 2.48   Video 2.15: Präparation des äußeren Kehlkopfmuskels.** (▶ https://doi.org/10.1007/000-71x), © Institut für Klinische Anatomie und Zellanalytik der Universität Tübingen

◼ **Abb. 2.51   Video 2.18: Präparation des M. stylopharyngeus und N. glossopharyngeus.** (▶ https://doi.org/10.1007/000-720), © Institut für Klinische Anatomie und Zellanalytik der Universität Tübingen

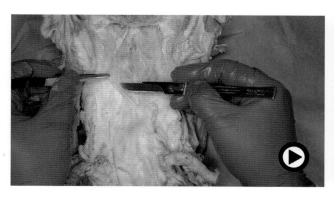

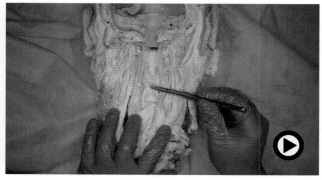

◼ **Abb. 2.49   Video 2.16: Präparation der Pharynxwand von dorsal.** (▶ https://doi.org/10.1007/000-71y), © Institut für Klinische Anatomie und Zellanalytik der Universität Tübingen

◼ **Abb. 2.52   Video 2.19: Eröffnen des Pharynx von dorsal.** (▶ https://doi.org/10.1007/000-721), © Institut für Klinische Anatomie und Zellanalytik der Universität Tübingen

2

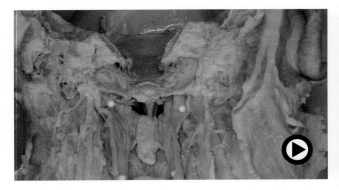

◘ **Abb. 2.53   Video 2.20: Inspektion der Pars nasalis pharyngis.** (► https://doi.org/10.1007/000-722), © Institut für Klinische Anatomie und Zellanalytik der Universität Tübingen

◘ **Abb. 2.56   Video 2.23: Präparation der Pharynxmuskulatur von dorsal.** (► https://doi.org/10.1007/000-71f), © Institut für Klinische Anatomie und Zellanalytik der Universität Tübingen

◘ **Abb. 2.54   Video 2.21: Inspektion der Pars oralis pharyngis.** (► https://doi.org/10.1007/000-723), © Institut für Klinische Anatomie und Zellanalytik der Universität Tübingen

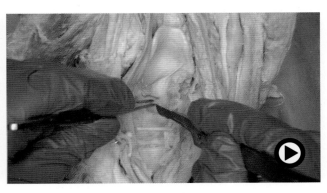

◘ **Abb. 2.57   Video 2.24: Präparation des Larynx von dorsal.** (► https://doi.org/10.1007/000-726), © Institut für Klinische Anatomie und Zellanalytik der Universität Tübingen

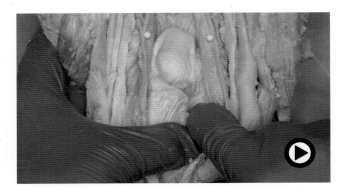

◘ **Abb. 2.55   Video 2.22: Inspektion der Pars laryngea pharyngis.** (► https://doi.org/10.1007/000-724), © Institut für Klinische Anatomie und Zellanalytik der Universität Tübingen

Ventrale Rumpfwand

Bernhard N. Tillmann, Bernhard Hirt

Inhaltsverzeichnis

Ergänzende Information
Die elektronische Version dieses Kapitels enthält Zusatzmaterial, auf das über folgenden Link zugegriffen werden kann https://doi.org/10.1007/978-3-662-62839-3_3. Die Videos lassen sich durch Anklicken des DOI Links in der Legende einer entsprechenden Abbildung abspielen, oder indem Sie diesen Link mit der SN More Media App scannen.

3

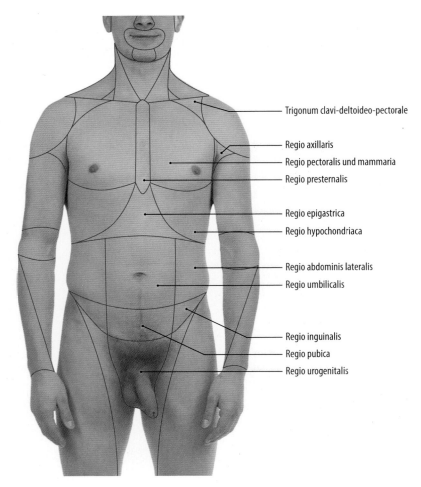

Trigonum clavi-deltoideo-pectorale

Regio axillaris

Regio pectoralis und mammaria

Regio presternalis

Regio epigastrica

Regio hypochondriaca

Regio abdominis lateralis

Regio umbilicalis

Regio inguinalis

Regio pubica

Regio urogenitalis

◙ Abb. 3.1   Regionen der vorderen Rumpfwand, Ansicht von vorn [29]

Zusammenfassung

Die Präparation an der ventralen Rumpfwand erfolgt nach dem Studium von Oberflächenrelief, Orientierungslinien, tastbaren Skelettanteilen und Höhenlokalisation entsprechend dem Aufbau von Brust- und Bauchwand in drei Schichten. Im Bereich der Brustwand wird im Rahmen der Freilegung der am Wandaufbau beteiligten Strukturen hinsichtlich der klinischen Bedeutung die Präparation der weiblichen Brustdrüse ausführlich dargestellt. Aus inhaltlichen und präparationstechnischen Gründen wird die Achselhöhle in die Präparation einbezogen. Die anatomisch vorgegebene Verbindung der Leitungsbahnen mit der Halsregion wird durch Freilegung der am Wandaufbau beteiligten Muskeln, Aponeurosen und Leitungsbahnen nach den anatomisch vorgegebenen Gegebenheiten sowie nach der klinischen Bedeutung der Strukturen zum Verständnis für arterielle und venöse Umgehungskreisläufe und für die Entstehung von Hernien im Bereich der vorderen Bauchwand und in der Leistenregion. Beschrieben wird außerdem die Präparation von Samenstrang, Hoden, Nebenhoden und ihrer Hüllen sowie des Penis und der weiblichen Dammregion von ventral.

3.1   Einführung

Bei der Präparation der ventralen Rumpfwand wird aus inhaltlichen und präparationstechnischen Gründen die Präparation der vorderen und seitlichen Halsregionen sowie der Vorderseite des Oberarms und des Oberschenkels durchgeführt. Die Präparation am Hals und an der Rumpfwand kann gleichzeitig beginnen; die Präparation der Vorderseite von Oberarm und Oberschenkel sollte in Abhängigkeit von den freigelegten Strukturen der vorderen Rumpfwand auf Oberarm und Oberschenkel ausgedehnt werden.

❯ Priorität haben zu Beginn die ventrale Rumpfwand und der Hals.

Zur **ventralen Rumpfwand** gehören die Regionen der vorderen und seitlichen **Brustwand** sowie die Regionen der vorderen und seitlichen **Bauchwand** (◙ Abb. 3.1). Die ventrale Rumpfwand beginnt kranial an den Claviculae und an der Incisura jugularis des Manubrium sterni; die kaudale Grenze erstreckt sich von den Darmbeinkäm-

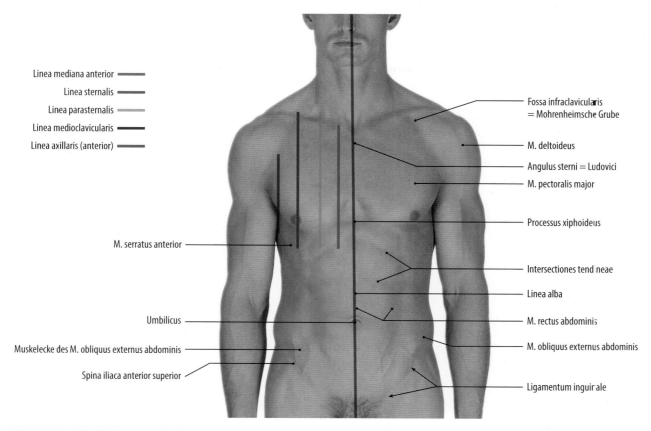

Linea mediana anterior
Linea sternalis
Linea parasternalis
Linea medioclavicularis
Linea axillaris (anterior)

Fossa infraclavicularis
= Mohrenheimsche Grube
M. deltoideus
Angulus sterni = Ludovici
M. pectoralis major
Processus xiphoideus
Intersectiones tendineae
Linea alba
M. rectus abdominis
M. obliquus externus abdominis
Ligamentum inguinale

M. serratus anterior

Umbilicus
Muskelecke des M. obliquus externus abdominis
Spina iliaca anterior superior

Abb. 3.2 Oberflächenanatomie der Brust- und Bauchwand bei einem jungen Mann in der Ansicht von vorn [37]

men über die Leistenbänder zum Tuberculum pubicum. Den Übergang zwischen Brustwand und Bauchwand bildet der Rippenbogen.

Die ventrale Rumpfwand setzt sich kranial in die Halsregionen, lateral in die Oberarmregion und kaudal in die Oberschenkelregion fort. Die Regionen der Brust- und Bauchwand gehen im Bereich der hinteren Axillarlinie in die Regionen der dorsalen Rumpfwand über.

Die **Brustwand** (*Pectus*) begrenzt gemeinsam mit dem Zwerchfell die Brusthöhle (*Cavitas thoracis – thoracica*), in der die Brustorgane und Leitungsbahnen liegen. Die knöcherne Grundlage der Brustwand bildet der Brustkorb mit den Anteilen des Thoraxskeletts (Brustbein, 12 Rippenpaare und 12 Brustwirbel). Die eigentlichen Brustwandmuskeln bilden die Zwischenrippenmuskeln (*Mm. intercostales*). Die auf den Brustkorb verlagerten Muskeln des Schultergelenks und des Schultergürtels sowie der Bauchwand und des Rückens gehören topographisch zur Brustwand.

Die **Bauchwand** ist Bestandteil des Bauches (*Abdomen*) und umhüllt die in der Bauchhöhle (Peritonealhöhle, *Cavitas peritonealis*) sowie die im Extraperitonealraum (*Spatium extraperitoneale*) liegenden Organe des Bauchraumes (*Cavitas abdominis*). Die Bauchwand besteht aus den Bauchmuskeln und ihren Aponeurosen, die sich zwischen Thorax und Becken ausspannen. Sie bilden

die „Bauchdecke". Die Bauchwand geht kontinuierlich in die Beckenwand über.

3.1.1 Oberflächenrelief

Vor Beginn der Präparation sollten das **Oberflächenrelief** von Brust- und Bauchwand (**Abb. 3.2**), die klinisch wichtigen **tastbaren Knochenanteile**, die **Orientierungslinien** für die vordere Rumpfwand sowie die **Höhenlokalisation der Organe** von Brust- und Bauchhöhle studiert werden. Da vor allem das Oberflächenrelief durch die Fixierung verändert ist, empfiehlt sich ein Studium am Lebenden.

Das **Oberflächenrelief der Brustwand** wird vom Skelett des Thorax und des Schultergürtels sowie von den Muskeln des Schultergürtels und des Schultergelenks geprägt.

Unterhalb der *Clavicula* senkt sich lateral die Haut zwischen *M. pectoralis major* und *M. deltoideus* zur *Fossa infraclavicularis* (Mohrenheimsche Grube) ein, in der die meistens durch die Haut sichtbare *V. cephalica* zum kostoklavikulären Raum zieht. Die Kontur des *M. pectoralis major* ist beim Mann insgesamt deutlich abgrenzbar, bei der Frau wird der Muskel zum größten Teil von der *Mamma* überlagert. Bei eleviertem Arm he-

3

ben sich die vom lateralen Rand des *M. pectoralis major* aufgeworfene vordere Achselfalte und die vom Ansatzbereich des *M. latissimus dorsi* hervorgerufene hintere Achselfalte mit der von ihnen begrenzten Achselgrube deutlich ab. Bei Elevation des Armes werden außerdem die kaudalen Ursprungszacken des *M. serratus anterior* auf der seitlichen Thoraxwand sichtbar, die mit den Ursprüngen des *M. obliquus externus abdominis* an den Rippen V bis IX die mäanderförmige Gerdysche Linie bilden. *Processus xiphoideus* und **Rippenbogen** sind bei normal entwickeltem Unterhautfettgewebe sichtbar. Sie bilden den *Angulus infrasternalis* (epigastrischer Winkel), dessen Größe von Alter, Geschlecht und Körperbautypus abhängig ist. Der epigastrische Winkel ist normalerweise beim Kleinkind und bei Frauen größer als beim Mann (ca. 70°).

Das **Oberflächenrelief der Bauchwand** zeigt große individuelle Unterschiede; es wird im Wesentlichen von der Entwicklung des subkutanen Fettgewebes, der Muskulatur sowie von der Menge des intraabdominalen Fettgewebes geprägt. Einfluss auf die Gestalt der Bauchwand haben auch die alters- und geschlechtsspezifischen Formen von Thorax und Becken. Bei muskelkräftigen, normalgewichtigen Menschen sieht man über der *Linea alba* eine Einsenkung der Haut. Die Konturen des *M. rectus adominis* mit den *Intersectiones tendineae* sowie der Übergang des *M. obliquus externus abdominis* in seine Aponeurose am lateralen Rand der Rektusscheide sind bei kräftig entwickelter Muskulatur sichtbar; besonders deutlich hebt sich der Muskel-Aponeurosen-Übergang etwa 3 cm oberhalb der Spina iliaca anterior superior in Form der sog. Muskelecke ab. Die subkutanen Venen (*V. epigastrica superficialis* und *V. thoracoepigastrica*) zeichnen sich bei starker Füllung durch die Haut ab.

3.1.2 Höhenlokalisation

(◼ Abb. 3.3)

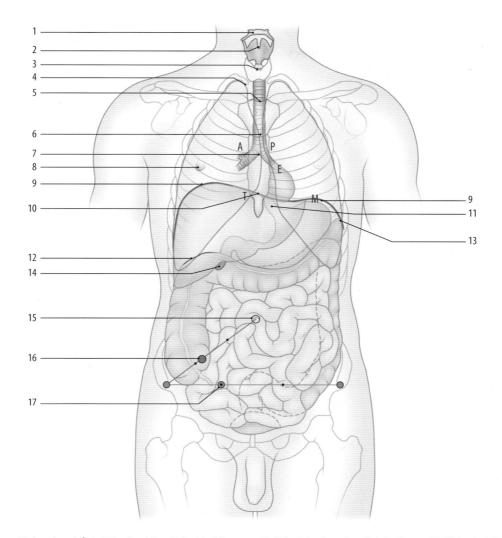

Abb. 3.3 Höhenlokalisation von ventral [29]

1. Zungenbeinkörper (Os hyoideum) 👆: in Höhe des dritten Halswirbelkörpers
2. Incisura thyreoidea und Prominentia laryngea (»Adamsapfel« beim Mann) 👆: in Höhe des fünften Halswirbelkörpers
3. Bogen des Ringknorpels 👆: in Höhe des sechsten Halswirbelkörpers, Übergang des Pharynx in den Oesophagus
4. Ganglion cervicothoracicum = stellatum: auf dem Kopf der ersten Rippe, etwas oberhalb des Schlüsselbeins
5. Incisura jugularis am Oberrand des Manubrium sterni (Drosselgrube) 👆: in Höhe des zweiten Brustwirbelkörpers
6. Angulus sterni 👆 (Ludovici): daneben die zweite Rippe 👆 (s. Auskultationsstellen des Herzens und Lungengrenzen)
7. Bifurcatio tracheae: Projektion auf den Sternalansatz der dritten Rippe (in Höhe des zweiten Interkostalraumes) (Höhe des vierten Brustwirbelkörpers, siehe Ansicht von dorsal, Abb. 4.4)
8. Brustwarzen beim Mann: in der Medioklavikularlinie in Höhe der vierten Rippe – vierter Interkostalraum – (Dermatom Th 5)
9. Zwerchfellkuppel in maximaler Exspiration – rechts: vierter Interkostalraum, links: fünfter Interkostalraum
10. Herzsattel (Centrum tendineum des Zwerchfells): in Höhe des 10. Brustwirbelkörpers
11. Cardia des Magens: linksseitig zwischen Processus xiphoideus und dem Knorpel des Rippenbogens (im Kostoxiphoidalwinkel)
12. rechte Kolonflexur (berührt die Eingeweidefläche der Leber – Impressio colica – in der Medioklavikularlinie in Höhe des siebten Interkostalraumes)

13. linke Kolonflexur (berührt die Eingeweidefläche der Milz): in der Medioklavikularlinie in Höhe des sechsten Interkostalraumes
14. Lage der Gallenblase am rechten Rippenbogen medial vom Rippenknorpel der 9. Rippe
15. Nabel: in Höhe des vierten Lendenwirbels (Dermatom Th 10)
16. Lage des Caecum: in der Projection des McBurney-Punktes; dieser liegt etwas nabelwärts vom lateralen Drittelpunkt der Verbindungslinie zwischen Spina iliaca anterior superior dextra und Nabel (Monro-Linie)
17. Der Lanz-Punkt liegt auf dem rechtsseitigen Drittelpunkt der Verbindungslinie der beiden Spinae iliacae anteriores superiores (Interspinallinie). Druckschmerzhaftigkeit im Bereich des McBurney-Punktes oder des Lanz-Punktes bei Wurmfortsatzentzündung (Appendizitis)

Auskultationsstellen des Herzens:

A: Aortenklappe: 2. Interkostalraum am rechten Sternalrand;
P: Pulmonalklappe: 2. Interkostalraum am linken Sternalrand;
T: Trikuspidaklappe: 5. Interkostalraum am Ansatz der 5. Rippe am rechten Sternalrand;
M: Mitralklappe : 5. Interkostalraum der linken Seite in der Medioklavikularlinie
E: Erbscher Punkt : im 3. Interkostalraum am linken Sternalrand (Mitral – und Aortenklappe)

Der Herzspitzenstoß ist auf der linken Seite im 5. Interkostalraum in der Medioklavikularlinie tastbar.

3

3.1.3 Orientierungslinien und tastbare Knochenanteile auf der ventralen Rumpfwand

Vertikale Orientierungslinien auf der ventralen Rumpfwand (◻ Abb. 3.4)

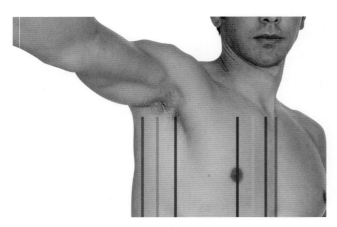

Orientierungslinien auf der ventralen Rumpfwand

Vertikale Orientierungslinien auf der ventralen Rumpfwand (Abb. 3.4):

— Linea mediana anterior (Linie durch die Mitte des Sternum)

— Linea sternalis (Linie entlang des Sternalrandes)

— Linea parasternalis (Linie zwischen Linea sternalis und Linea medioclavicularis)

— Linea medioclavicularis (von der Mitte der Clavicula gefällte Linie – (entspricht weitgehend der Mammilarlinie)

— Linea axillaris anterior (Linie auf der vorderen Achselfalte)

— Linea axillaris media (aus der Mitte der Achselgrube gefällte Linie)

— Linea axillaris posterior (Linie auf der hinteren Achselfalte)

◻ **Abb. 3.4** Orientierungslinien auf der ventralen Rumpfwand

3.1.4 Tastbare Knochenanteile

(◻ Abb. 3.5) Die Ober- und Vorderseite der Clavicula sind insgesamt tastbar; auch der Gelenkspalt an Sternoklavikulargelenk und Akromioclavikulargelenk kann palpatorisch lokalisiert werden.

Zur **Höhenlokalisation** der Rippen und der Interkostalräume wird am insgesamt tastbaren Brustbein der deutlich vorspringende Übergang zwischen Manubrium und Corpus sterni, *Angulus sterni* (-Ludovici), herangezogen. Er dient als Orientierungsmarke zum Abzählen der Rippen. Neben dem *Angulus sterni* liegt die **zweite Rippe**; die erste Rippe ist aufgrund der Überlagerung durch die Clavicula nicht oder nur schwer tastbar. Die nachfolgenden zum Sternum und zum Rippenbogen ziehenden Rippen können ebenfalls palpiert werden.

Knöcherne Orientierungsmarken im kaudalen Bereich der ventralen Rumpfwand sind *Crista iliaca*, *Spina iliaca anterior superior*, *Tuberculum pubicum* und *Symphysis pubica*.

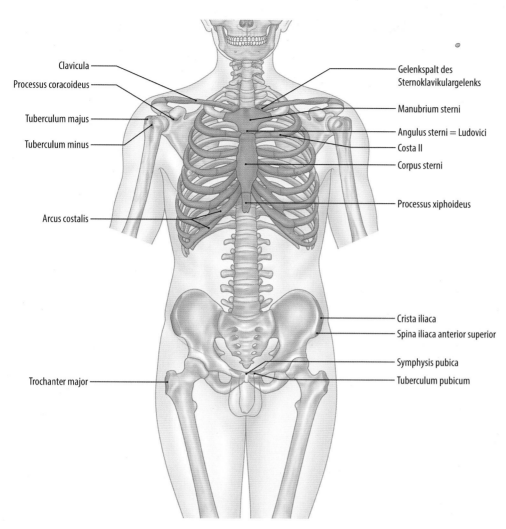

Abb. 3.5 Tastbare Knochenanteile [40]

3.2 Anlegen der Hautschnitte – Präparation der Haut

Anlegen der Hauschnitte (▶ Abb. 3.6)   Vor dem Anlegen der Hautschnitte mit einem (bauchigen) Hautmesser muss die regional und individuell unterschiedliche Dicke der Haut am Präparat untersucht werden, um beim Hautschnitt die Strukturen in der Subkutis nicht zu verletzen.

Präparation der Haut   Die Haut ist im Übergangsbereich vom Hals zur Brustwand, in der Achselhöhle und vor allem in der Leistengegend im Vergleich dünner als im übrigen Bereich der vorderen Rumpfwand.

❶ In diesen Regionen besteht die Gefahr, die subkutanen Strukturen beim Hautschnitt zu verletzen.

Die Präparation auf der ventralen Rumpfwand erfolgt seitengleich auf der rechten und linken Körperseite, bei Abweichungen wird darauf verwiesen.

❶ Da die Präparation bei abduzierten Armen erfolgt, muss darauf geachtet werden, dass dabei der Ansatzbereich des M. pectoralis major nicht zerreißt (Abduktion maximal 45°).

Die Präparation der Haut erfolgt von medial nach lateral streng zwischen Kutis und Subkutis. Das subkutane Bindegewebe bleibt zunächst als geschlossene Schicht erhalten. Den Verlauf von sichtbaren Venen im subkutanen Bindegewebe studieren.

❶ Bei der Präparation der epifaszialen Leitungsbahnen die Faszien unbedingt schonen.

3

◘ **Abb. 3.6**   Hautschnitte an der ventralen Rumpfwand [40]

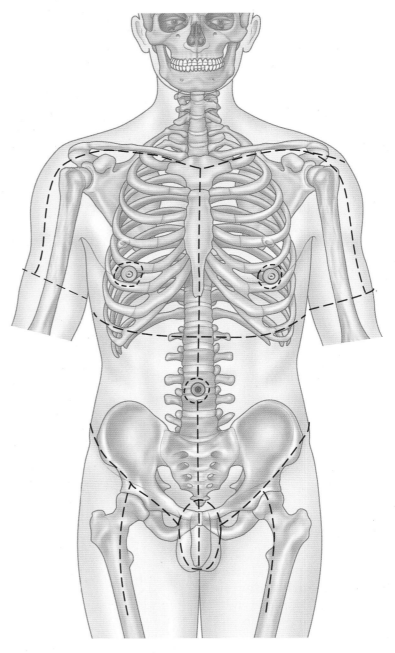

- - - - Hautschnitte an der ventralen Rumpfwand

3.3   Präparation der Brustwand

Die Präparation erfolgt nach der anatomisch vorgegebenen Dreischichtung der Brustwand.

🔄 Topographie
- **Oberflächliche Schicht**: Sie besteht aus Haut und
  subkutanem Bindegewebe sowie aus der oberflächlichen Körperfaszie und den epifaszialen Leitungsbahnen. Zur oberflächlichen Schicht zählen
  außerdem die Brust (Mamma) mit der Milchdrüse
  (Glandula mammaria).

- **Mittlere Schicht**: In der mittleren Schicht liegen die
  auf den Thorax verlagerten Muskeln von Schultergürtel und Schultergelenk sowie die Muskelursprünge der Bauchmuskeln mit ihren Leitungsbahnen.
- **Tiefe Schicht**: Die tiefe Schicht bilden das Thoraxskelett mit Rippen und Brustbein sowie die Zwischenrippenmuskeln mit den Leitungsbahnen der
  Interkostalräume, die innen von der Fascia endothoracica und von der Pleura parietalis bedeckt
  werden

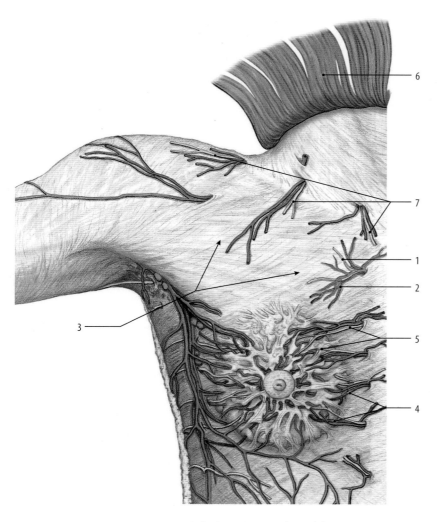

1 Rami cutanei anteriores (pectorales)
2 Rami perforantes der A. thoracica interna
3 Fascia pectoralis
4 Rami mammarii mediales der Rami perforantes
   der Vasa thoracica interna
5 Rami mammarii mediales der
   Rami cutanei anteriores (pectorales)
6 Platysma
7 Nn. supraclaviculares mediales,
   intermedii und laterales

Abb. 3.7 Oberflächliche Schicht der Brustwand bei der Frau, rechte Seite, Ansicht von vorn [29]

3.3.1 Präparation der oberflächlichen Schicht auf der vorderen Brustwand

(■ Abb. 3.7) Nach Abtragen der Haut erfolgt die Präparation des subkutanen Bindegewebes im Bereich der vorderen Brustwand mit dem Aufsuchen der epifaszialen Leitungsbahnen; dazu wird das subkutane Bindegewebe in der Mediane über dem Brustbein vorsichtig gespalten, bis das Periost sichtbar wird (■ Abb. 3.39/Video 3.1). Danach werden nach Lokalisation der Zwischenrippenräume beispielhaft am Rand des Brustbeins im zweiten

bis fünften Interkostalraum die *Rami cutanei anteriores* (pectorales) **(1)** der Interkostalnerven sowie die *Rami perforantes* **(2)** der Vasa thoracica interna bis zu ihrem Austritt aus der äußeren Thoraxfaszie (*Fascia pectoralis*) **(3)** aufgesucht. Beim Aufsuchen der Leitungsbahnen bilden die meistens Blut gefüllten Venen eine hilfreiche Leitstruktur. Die Leitungsbahnen werden anschließend teils stumpf, teils mit dem Nerven-Gefäß-Messer durch Abtragen des subkutanen Bindegewebes nach lateral freigelegt; dabei die Rami mammarii mediales der Rami perforantes der Vasa thoracica interna **(4)** sowie die Rami

3

mammarii mediales der Rami cutanei anteriores (pectorales) **(5)** nach lateral verfolgen. Bei einer weiblichen Körperspenderin den Eintritt der Leitungsbahnen in die Brustdrüse darstellen.

In Kooperation mit der Präparation der Halsregionen wird das sich in die obere Brustregion ausdehnende epifaszial liegende *Platysma* **(6)** freigelegt und anschließend von medial beginnend zur Darstellung der Nn. supraclaviculares von der oberflächlichen Faszie des Halses und der Brustwand abgelöst. Zur Schonung der über die Clavicula in die obere Brustregion tretenden *Nn. supraclaviculares mediales, intermedii* und *laterales* **(7)** das Muskelmesser unmittelbar an der Unterfläche des Platysma führen, dazu den Muskel mit der Hand – nicht mit der Pinzette – leicht angespannt fassen und nach lateral ablösen, ohne die Nn. supraclaviculares und im Halsbereich den N. transversus colli zu verletzen ◘ Abb. 3.40/Video 3.2 (Präparation der weiblichen Brustdrüse, ◘ Abb. 3.9, 3.42/Video 3.4).

3.3.2 Oberflächliche Schicht der seitlichen Brustwand

(◘ Abb. 3.8) Die Präparation der oberflächlichen Schicht auf der seitlichen Brustwand beginnt mit dem Aufsuchen der *V. thoracoepigastrica* **(1)**. Die Vene läuft zwischen vorderer und mittlerer Achsellinie und dient als Leitstruktur zum Auffinden der Vasa thoracica lateralia und thoracodorsalia sowie der lateralen Hautäste der Interkostalnerven (◘ Abb. 3.41/Video 3.3). Man findet die V. thoracoepigastrica nach Spalten des subkutanen Bindegewebes auf dem *M. serratus anterior* **(2)** etwa 2 cm neben dem lateralen Rand des *M. pectoralis major* **(3)** in Höhe des 4.–5. Interkostalraumes. Beim Freilegen der V. thoracoepigastrica die entlang der Vene liegenden *Nodi paramammarii* **(4)** aufsuchen. Die Vene dann nach kranial bis zum Verschwinden unter dem M. pectoralis major verfolgen.

❗ Zur Schonung des N. intercostobrachialis noch nicht in den Fettkörper der Achselhöhle vordringen. Faszie des M. serratus anterior zur Schonung des N. thoracicus longus zunächst noch erhalten.

Beim Freilegen der V. thoracoepigastrica nach kaudal in Kooperation mit der Präparation auf der vorderen Bauchwand die Verbindungen zu den epifaszialen Venen im Bereich des Nabels und zu den Ästen der *V. epigastrica superficialis* **(5)** aufsuchen. Im gleichen Präparationsschritt die *Vasa thoracica lateralia* **(6)** und die unter dem M. latissimus dorsi austretenden Äste der Vasa thoracodorsalia freilegen. Bei der Präparation der vertikal laufenden Gefäße die rechtwinklig unter – oder überkreuzenden *Rami cutanei laterales pectorales* **(7)** be-

achten und darstellen; dabei den unterschiedlichen Faszendurchtritt der medialen und lateralen Äste zwischen den Serratuszacken beachten.

Die zur Mamma ziehenden Äste, Rami mammarii laterales so weit wie möglich verfolgen. Ebenso die aus der A. thoracica lateralis abgehenden *Rami mammarii laterales* **(8)** sowie die medialen Äste der aus den Interkostalarterien entspringenden *Rami cutanei laterales* (= *Rami mammarii laterales*) bis zur Mamma freilegen. Die lateralen Äste über den Rand des M. latissimus dorsi bis zur Grenze des Präparationsgebietes verfolgen. Im zweiten (und variabel auch im dritten) Interkostalraum den lateralen Ast des *N. cutaneus lateralis pectoralis* (*N. intercostobrachialis*) **(9)** lokalisieren und zur medialen Seite des Oberarms verfolgen (die präparatorische Darstellung der Verbindung zum N. cutaneus brachii medialis erfolgt später).

Nach Präparation der Leitungsbahnen den kontinuierlichen Übergang der Faszien vom M. pectoralis major auf den M. serratus anterior und von diesem auf den M. latissimus dorsi studieren.

Bei der Erweiterung der Präparation auf Schulter und Oberarm das subkutane Bindegewebe vom Schulterdach nach distal bis zur Präparationsgrenze unter Erhaltung der *Fascia deltoidea* **(10)** und der Fascia brachii abtragen; dabei die *V. cephalica* **(11)** lokalisieren.

▶ **Klinik**

Die Nodi paramammarii liegen im „Level" I des Lymphabflusses der Brustdrüse. Über die V. thoracoepigastrica können sich kavo-kavale Anastomosen bei venösen Abflussbehinderungen, z. B. im Becken bilden. ◀

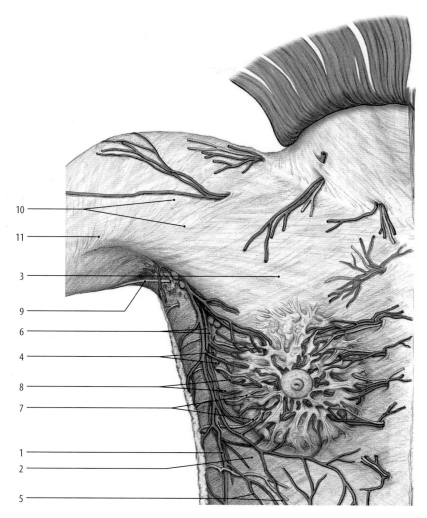

10

11

3

9

6

4

8

7

1

2

5

1 V. thoracoepigastrica
2 M. serratus anterior (unter der Faszie)
3 M. pectoralis major (unter der Faszie)
4 Nodi paramammarii
5 Äste der V. epigastrica superficialis
6 Vasa thoracica lateralia
7 Rami mammarii laterales der Rami cutanei laterales (pectorales)
8 Rami cutanei laterales der A. thoracica lateralis und
   Rami mammarii laterales der Aa. intercostales posteriores
9 N. intercostobrachialis
10 Fascia deltoidea
11 V. cephalica

▪ **Abb. 3.8** Oberflächliche Strukturen der seitlichen Brustwand, Ansicht von vorn [29]

3

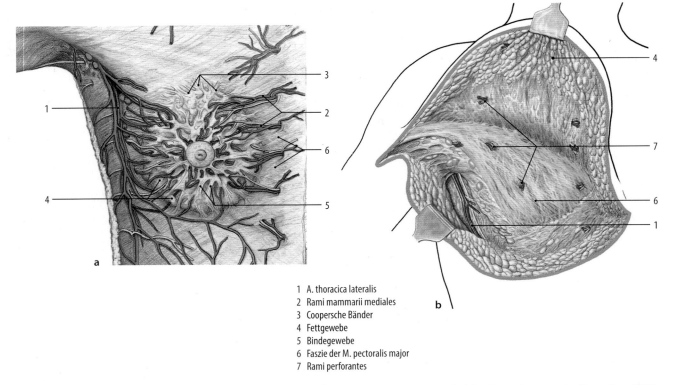

1 A. thoracica lateralis
2 Rami mammarii mediales
3 Coopersche Bänder
4 Fettgewebe
5 Bindegewebe
6 Faszie der M. pectoralis major
7 Rami perforantes

Abb. 3.9   **a** Strukturen und Leitungsbahnen der weiblichen Brustdrüse [29]. **b** Ablösen der weiblichen Brustdrüse von der Rumpfwand [34]

3.3.3 Präparation der weiblichen Brustdrüse

Vor der Präparation der weiblichen Brustdrüse deren Form, Größe und Verschieblichkeit auf der Faszie des M. pectoralis sowie das subkutane Venengeflecht im Bereich der Brustwarze (Plexus venosus areolaris) studieren. Zunächst die Präparation der zuführenden Arterien und ihrer Begleitvenen vervollständigen (▣ Abb. 3.9a,b):

- kranial: R. pectoralis der A. thoracoacromialis und A. thoracica lateralis (**1**);
- lateral: A. thoracica lateralis und Äste der A. thoracodorsalis;
- medial: *Rami mammarii mediales* (**2**) der A. thoracica interna;
- kaudal: Äste der A. thoracodorsalis.

Die vom kranialen Teil der Mamma in die Pectoralisfaszie einstrahlenden *Ligamenta suspensoria mammaria* (Coopersche Bänder) (**3**) mit der Messerspitze freilegen.

Topographie

Nach der Menopause besteht die Mamma infolge Atrophie des Drüsengewebes und eines großen Teiles des Bindegewebes überwiegend aus Fettgewebe.

▶ Klinik

Das Mammakarzinom ist der häufigste bösartige Tumor der Frau. Aus dem Epithel der auch nach der Menopause noch erhaltenen Drüsengänge kann sich ein Karzinom entwickeln. Am häufigsten tritt das Mammakarzinom im oberen äußeren Quadranten der Brustdrüse auf, da hier der größte Teil des Drüsengewebes lokalisiert ist. ◀

Das Fettgewebe (**4**) stumpf unter Erhaltung des Bindegewebes (**5**) herausschaben; dabei die zuführenden Leitungsbahnen zunächst noch erhalten (▣ Abb. 3.42/ Video 3.4). Nach ausführlichem Studium wird die Brustdrüse von der Pektoralisfaszie abgelöst (▣ Abb. 3.9b); dazu werden zunächst die versorgenden Leitungsbahnen an den Rändern durchtrennt. Danach wird die Brustdrüse – am unteren Rand beginnend – scharf mit dem Muskelmesser von der Pektoralisfaszie (**6**) abgetrennt, ohne diese zu verletzen. Beim Ablösen werden im Bereich der Interkostalräume die aus den Interkostalarterien in die Brustdrüse eintretenden arteriellen Rami perforantes und ihre Begleitvenen sichtbar (**7**). Nach dem Studium dieser Gefäße kann die Mamma nach Durchtrennung der perforierenden Gefäße und der Ligamenta suspensoria mammaria (**3**) vollständig von der Pektoralisfaszie abgelöst werden.

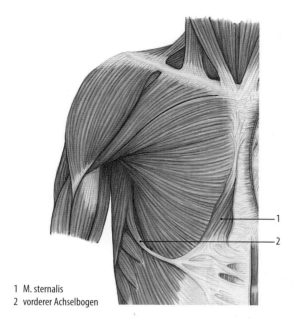

1 M. sternalis
2 vorderer Achselbogen

 Abb. 3.10 Muskelvarianten auf der ventralen Rumpfwand [29]

3.3.4 Präparation der mittleren Schicht

Bei der Präparation der mittleren Schicht werden die auf der Brustwand liegenden Muskeln der oberen Extremität und der Bauchwand mit ihren Leitungsbahnen freigelegt.

🔄 **Varia**

Vor Beginn der Präparation auf nicht selten vorkommende Muskelvarianten achten: *M. sternalis* (**1**), vorderer (**2**) und hinterer muskulärer Achselbogen (Abb. 3.10).

Dazu werden die oberflächlichen Faszien entfernt. Vor Abtragen der Faszien über den Mm. pectoralis major und deltoideus den *Sulcus deltoideopectoralis* (**1**) und die darin verlaufende *V. cephalica* (**2**) aufsuchen; das variable Verhalten der V. cephalica im Sulcus studieren (Abb. 3.11).

Zur Freilegung der häufig tief im Sulcus deltoideopectoralis von Bindegewebe eingehüllten V. cephalica die Muskeln stumpf auseinanderdrängen und das Bindegewebe um die Vene mit dem Nerven-Gefäß-Messer unter Schonung der dünnen Gefäßwand entfernen. Die Verbindung zu den Faszien von *M. pectoralis major* (**3**) und *M. deltoideus* (**4**) lösen. Danach die Vene bis zu ihrem Durchtritt durch die *Fascia clavipectoralis** (**5**) im *Trigonum clavipectorale** (**6**) im Bereich der Fossa infraclavicularis (Mohrenheimsche Grube) verfolgen[1].

Fascia pectoralis und Fascia deltoidea in Verlaufsrichtung der Muskelfasern von M. pectoralis und

---

1 1 Korrekter: Fascia clavideltoideopectoralis * 2 korrekter: Trigonum clavideltoideopectorale.

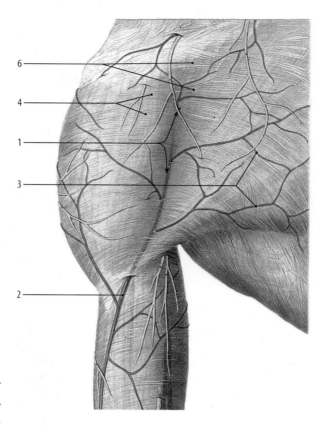

1 Sulcus deltoideopectoralis
2 V. cephalica
3 Fascia pectoralis
4 Fascia deltoidea
5 Fascia clavipectoralis
6 Trigonum clavipectorale
7 M. pectoralis major
8 Rami pectorales der A. thoracoacromialis
9 Nn. pectorales medialis und lateralis
10 M. pectoralis minor (von Faszie bedeckt)
11 M. subclavius (von Faszie bedeckt)
12 Fasziendurchtritt der V. cephalica

 Abb. 3.11 Epifasziale Strukturen im Bereich der Brustwand und der angrenzenden Schulterregion [31]

M. deltoideus durchtrennen und großflächig mit dem Muskelmesser von der Muskeloberfläche ablösen; dabei die bereits freigelegten epifaszialen Leitungsbahnen schonen.

❗ Beim Ablösen der Faszie über der Pars abdominalis des M. pectoralis major das äußere Blatt der Rektusscheide unbedingt erhalten.

3.3.5 Präparation des Trigonum clavipectorale

Die Präparation des Trigonum clavipectorale (Fossa infraclavicularis – Mohrenheimsche Grube, Abb. 3.11)

3

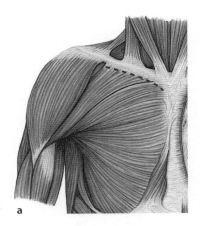

a

‑ ‑ ‑ ‑ Schnittführung zum Ablösen
der Pars clavicularis des M. pectoralis major

1 Sulcus deltoideopectoralis
2 V. cephalica
3 Fascia pectoralis
4 Fascia deltoidea
5 Fascia clavipectoralis
6 Trigonum clavipectorale
7 M. pectoralis major
8 Rami pectorales der A. thoracoacromialis
9 Nn. pectorales medialis und lateralis
10 M. pectoralis minor (von Faszie bedeckt)
11 M. subclavius (von Faszie bedeckt)
12 Fasziendurchtritt der V. cephalica

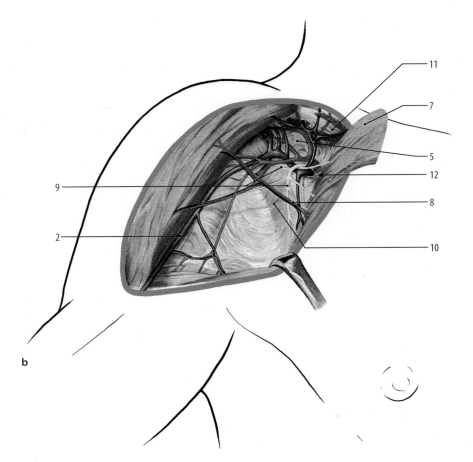

b

▪ **Abb. 3.12**   **a** Schnittführung zum Ablösen der Pars clavicularis des M. pectoralis major [29]. **b** Strukturen der Mohrenheimschen Grube [41]

beginnt mit dem Ablösen des Ursprungs des M. pectoralis major **(7)** an der Clavicula (▪ Abb. 3.12a, 3.43/Vi-
deo 3.5). Danach den Muskel durch scharfes Lösen von
der Fascia clavipectoralis nach medial-kaudal klappen
und dabei die durch die Faszie in den Muskel eintretenden *Rami pectorales* der *A. thoracoacromialis* **(8)** und die
Nn. pectorales medialis und *lateralis* **(9)** aufsuchen und
bis zum Fasziendurchtritt freilegen (▪ Abb. 3.12b).

> ❗ Beim Durchtrennen der Pars clacvicularis des M. pec-
> toralis major Ursprung des M. pectoralis minor nicht
> verletzen; dazu den Ursprungsbereich des Muskels er-
> tasten und beide Muskeln stumpf voneinander trennen.
> Beim Herüberklappen der Pars clavicularis die versor-
> genden Gefäße und Nerven nicht zerreißen.

Ausdehnung der Fascia clavipectoralis zwischen Clavicula und *M. pectoralis minor* **(10)** und *M. subclavius* **(11)**
studieren sowie den Durchtritt der *V. cephalica* durch die
Faszie **(12)** aufsuchen.

Vollständige Freilegung der Strukturen des Trigonum
clavi (-deltoideo-) pectorale bei der Präparation der tiefen Schicht der vorderen Brustwand.

3.3.6 Präparation der mittleren Schicht der seitlichen Brustwand

(▪ Abb. 3.14) Zur Freilegung der aus der Achselhöhle
zur seitlichen Brustwand ziehenden Leitungsbahnen
werden die Ursprünge der Pars sternocostalis und der
Pars abdominalis des M. pectoralis major **(1)** mit dem
Muskelmesser abgelöst (▪ Abb. 3.44/Video 3.6). Die
Präparation beginnt am lateralen Rand des M. pectoralis major mit dem Lösen noch bestehender Verbindungen des Muskels zur Faszie des M. serratus anterior und
zur Fascia axillaris.

> ❗ M. pectoralis minor **(2)** nicht gleichzeitig mit dem
> M. pectoralis major ablösen; dazu die beiden Muskeln
> stumpf voneinander trennen.

Vor dem Ablösen der Pars sternocostalis zur Erhaltung
der Rami cutanei anteriores und der Rami perforantes
der Vasa thoracica interna **(3)** den Ursprungsteil am Sternum in den Zwischenrippenräumen horizontal spalten,
die Leitungsbahnen in den angelegten Muskelspalten
mit dem Gefäß-Nerven-Messer vorsichtig freilegen und
danach den Muskel am Brustbein unter Schonung der

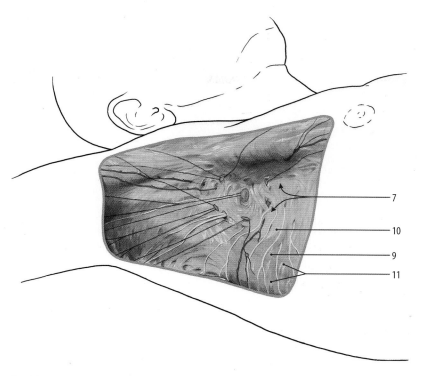

1 M. pectoralis major
2 M. pectoralis minor
3 Rami cutanei anteriores und
   Rami perforantes der A. thoracica interna
4 Leitungsbahnen des M. pectoralis major
5 Nodi pectorales
6 N. pectoralis lateralis
7 Fascia axillaris
8 A. thoracica lateralis
9 M. latissimus dorsi
10 Faszie zwischen den Mm. latissimus dorsi und
   serratus anterior
11 Faszie des M. latissimus dorsi
12 N. thoracicus longus
13 Serratuszacken
14 N. thoracodorsalis
15 Vasa thoracodorsalia

Abb. 3.13 Epifasziale Strukturen der Achselhöhle, rechte Seite, Ansicht von lateral [41]

Leitungsbahnen abtrennen. Anschließend den M. pectoralis major durch scharfes Ablösen seiner Ursprünge an den Rippen nach kranial-lateral verlagern.

❶ Beim Ablösen des M. pectoralis major und der Verlagerung nach kranial-lateral seine an der Unterseite in den Muskel eintretenden Leitungsbahnen (N. pectoralis medialis, Rami pectorales aus der A. thoracoacromialis mit Begleitvenen (4)) erhalten.

Bevor die den M. pectoralis major versorgenden Gefäße und Nerven auf der Unterseite des Muskels freigelegt werden, die *Nodi interpectorales* (Rottersche Lymphknoten) im fettreichen Bindegewebe aufsuchen; danach das Bindegewebe sowie die Faszie entfernen. Am lateralen Rand des nun frei liegenden M. pectoralis minor die *Nodi pectorales* (Sorgiussche Lymphknoten) (5) aufsuchen; danach die Faszie auf der ventralen Seite des M. pectoralis minor ablösen; dabei den häufig durch den Muskel zum M. pectoralis major ziehenden *N. pectoralis lateralis* (6) nicht verletzen.

Vor der vollständigen Präparation der aus der Axilla zur seitlichen Brustwand ziehenden Leitungsbahnen die *Fascia axillaris* (7) und den Fettkörper der Achselhöhle studieren (Abb. 3.13).

🔄 **Topographie**

Verbindungen der Fascia axillaris zur Faszie des M. pectoralis major, zur Faszie des M. latissimus dorsi und zur oberflächlichen Faszie der Bauchwand beachten.

A. thoracica lateralis (8) und ihre Begleitvenen am lateralen Rand des M. pectoralis minor aufsuchen und durch Entfernen der Faszie auf dem M. serratus anterior vollständig freilegen. Zur Präparation des N. thoracicus longus, des N. thoracodorsalis und der Vasa thoracodorsalia den lateralen Rand des *M. latissimus dorsi* (9) aufsuchen und die Faszienverbindungen (10) zwischen M. serratus anterior und M. latissimus dorsi scharf lösen.

❶ Beim Lösen der Faszien die unter dem lateralen Rand des M. latissimus dorsi austretenden Leitungsbahnen schonen.

Faszie auf dem M. latissimus dorsi bis zur Grenze des Präparationsgebietes abtragen und den lateralen Rand des Muskels umklappen (Abb. 3.45/Video 3.7); sodann den durch die Faszie des M. serratus anterior tast- und sichtbaren *N. thoracicus longus* (12) mit seinen Begleitgefäßen auf dem M. serratus anterior aufsuchen und durch Abtragen der Faszie freilegen; dazu die Faszie in Verlaufsrichtung der Muskelfasern spalten und die Serratuszacken (13) bis zum Übergang zum M. obliquus abdominis externus (Gerdysche Linie) in Abstimmung mit der Präparation der Bauchwand freilegen. Den N. thoracicus longus so weit wie möglich nach kaudal verfolgen. In kranialer Richtung dem Nerven zunächst bis zum Eintritt in das Fettgewebe der Achselhöhle nachgehen.

Zur Freilegung der auf der Unterfläche des M. latissimus dorsi liegenden *N. thoracodorsalis* (14) und *Vasa thoracodorsalia* (15) den lateralen Rand des Muskels anheben

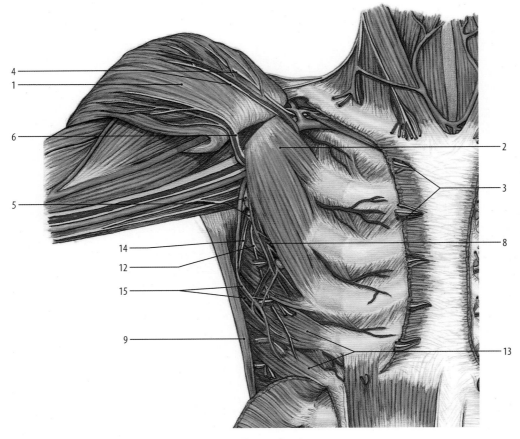

1	M. pectoralis major	9	M. latissimus dorsi
2	M. pectoralis minor	10	Faszie zwischen den Mm. latissimus dorsi
3	Rami cutanei anteriores		und serratus anterior
	und Rami perforantes der A. thoracica interna	11	Faszie des M. latissimus dorsi
4	Leitungsbahnen des M. pectoralis major	12	N. thoracicus longus
5	Nodi pectorales	13	Serratuszacken
6	N. pectoralis lateralis	14	N. thoracodorsalis
7	Fascia axillaris	15	Vasa thoracodorsalia
8	A. thoracica lateralis		

◻ **Abb. 3.14**   Strukturen der mittleren Schicht der seitlichen Brustwand, rechte Seite, Ansicht von vorn [29]

und umklappen; anschließend die Leitungsbahnen durch Abtragen der Faszie und des sie begleitenden lockeren Bindegewebes soweit wie möglich nach kaudal sowie nach kranial bis zum Fettkörper des Achselhöhle darstellen.

Präparation der Achselhöhle   ◻ Abb. 3.18 und 3.19

▶ **Klinik**

Der Lymphabfluss der Mamma wird nach der topographischen Lage der zugehörigen Lymphknoten zum M. pectoralis minor in drei Ebenen (Level) eingeteilt:
- Level I: lateral vom M. pectoralis minor
- Level II: unter dem M. pectoralis minor
- Level III: medial vom M. pectorallis minor

Bei operativer Entfernung der axillären Lymphknoten beim Mammakarzinom können der N. thoracicus longus sowie der N. thoracodorsalis geschädigt werden. Bei einer

Schädigung des N. thoracis longus ist eine Elevation des Armes über 90° stark eingeschränkt und es besteht eine Scapula alata.

M. pectoralis major und M. latissimus dorsi dienen mit ihren zu- und abführenden Gefäßen als Muskellappenplastik zur Deckung von Defekten im Brust-, Hals- und Kopfbereich. ◄

Präparation der tiefen Schicht (◻ Abb. 3.15)   Zur Darstellung der tiefen Strukturen der vorderen Brustwand wird nach Ablösen des *M. pectoralis major* **(1)** zunächst die äußere Faszie der Interkostalmuskeln abgetragen. Membrana intercostalis externa zwischen den Rippenknorpeln zunächst erhalten (◻ Abb. 3.46/Video 3.8). Nach dem Studium der unterschiedlichen Ausdehnung der Mm. intercostales externi und interni werden die Muskeln in den Zwischenrippenräumen zwei bis vier im vorderen

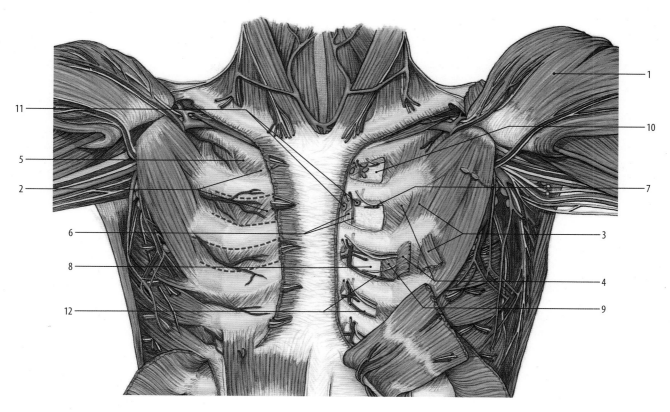

- - - - Schnittführung zur Eröffnung der Interkostalräume

1	M. pectoralis major	7	Leitungsbahnen der Interkostalräume
2	Membrana intercostalis externa	8	Pleura parietalis
3	M. intercostalis externus	9	M. intercostalis intimus
4	M. intercostalis internus	10	Fascia endothoracica
5	M. intercartilagineus	11	Nodi parasternales
6	A. und V. thoracica interna	12	Rami intercostales anteriores

◻ **Abb. 3.15** Tiefe Schicht der vorderen Brustwand, Ansicht von vorn; Schnittführung zur Eröffnung der Interkostalräume [29]

Bereich abgelöst und nach lateral verlagert, um die Leitungsbahnen in den Interkostalräumen sowie die Fascia endothoracica und die Pars costalis der Pleura parietalis darzustellen.

Die Präparation beginnt mit dem Entfernen der *Membrana intercostalis externa* (2) am Sternum und an den Rippenknorpeln. Anschließend wird der *M. intercostalis externus* (3) am Unter- und am Oberrand der Rippen abgetrennt und durch stumpfes Lösen vom *M. intercostalis internus* (4) bis zur Medioklavikularlinie nach lateral verlagert. Vor Ablösen des M. intercostalis internus den unterschiedlichen Verlauf seiner Muskelfasern im Bereich der Rippenknorpel (*M. intercartilagineus* (5)) und im knöchernen Anteil der Rippen beachten; die dünne Faszie auf dem Muskel erhalten.

🛑 Beim Durchtrennen der kurzen Sehneninsertionen an Sternum und Rippen die Vasa thoracica interna (6), die Leitungsbahnen in den Interkostalräumen (7) sowie die Pleura parietalis (8) nicht verletzen.

Vor dem Herüberklappen des M. intercostalis internus nach lateral seine Unterteilung durch die interkostalen Leitungsbahnen in M. intercostalis internus und *M. intercostalis intimus* (9) beachten; danach den M. intercostalis intimus von der inneren Thoraxfaszie lösen.

Zur Freilegung der Vasa thoracica (mammaria) interna (6) die parasternal durch die Interkostalräume ziehenden Ansätze des M. transversus thoracis vorsichtig unter Schonung der Gefäße entfernen; sodann das dünne Faszienblatt der inneren Thoraxfaszie und das darunterliegende lockere Bindegewebe der *Fascia endothoracia* (10) vorsichtig abtragen; dabei auf Lymphknoten entlang der Vasa thoracica interna, *Nodi parasternales* (11) und in den Interkostalräumen (Nodi intercostales) achten. Die Abgänge der *Rami intercostales anteriores* (12) aus der A. thoracica interna aufsuchen und in den Interkostalraum verfolgen. Zur vollständigen Freilegung der Pars costalis der Pleura parietalis und der interkostalen Leitungsbahnen die dünne innere Thoraxfaszie und die Fascia endothoracica abtragen.

❶ Beim Entfernen der inneren Thoraxfaszie und der Fascia endothoracica die Pleura parietalis nicht verletzen.

➲ Topographie

Die unterschiedliche Reihenfolge und Lage der Leitungsbahnen im Zwischenrippenraum beachten:

- Vene: kranial;
- Arterie: Mitte;
- Nerv: kaudal.

Im vorderen Brustbereich laufen die Leitungsbahnen im oberen Abschnitt des Interkostaraumes; im seitlichen und hinteren Bereich des Interkostalraumes liegen Interkostalvene und -arterie weitgehend geschützt in einem osteo-muskulären Kanal (Canalis intercostalis) zwischen den Anteilen des M. intercostalis internus im Sulcus costae.

▶ Klinik

Bei der Aortenisthmusstenose kommt es zur Bildung eines vertikalen Umgehungskreislaufes zur Versorgung der unteren Extremitäten und der vorderen Bauchwand zwischen A. subclavia und A. iliaca externa über die A. thoracica (mammaria) interna, A. epigastrica superior und inferior, ferner über die Aa. musculophrenica und ilium profunda. Die Bildung eines horizontalen Umgehungskreislaufes zur Versorgung der Brust – und Bauchorgane erfolgt zwischen A. thoracica interna und Aorta thoracica über die Rami intercostales anteriores und die Aa. intercostales posteriores; in Folge der Erweiterung der Interkostalarterien entstehen röntgenologisch erkennbare Rippenusuren. Über die Vv. thoracicae internae kann ein kavo-kavaler Umgehungskreislauf zustande kommen. Zur Vermeidung von Gefäßverletzungen wird die Punktion der Pleurahöhle im seitlichen Bereich des Thorax durchgeführt und die Punktionskanüle am Oberrand der Rippe eingeführt. ◄

3.3.7 Trigonum clavipectorale (Fortsetzung)

Zur vollständigen Darstellung der tiefen Strukturen im Trigonum clavipectorale (◘ Abb. 3.16a,b) den medialen Rand des *M. pectoralis minor* **(1)** lokalisieren und die *Fascia clavipectoralis* **(2)** am Muskel ablösen. Anschließend die in der Tiefe des Trigonum clavipectorale aus dem kostoklavikulären Raum ein- und austretenden großen Leitungsbahnen in ihrer topographischen Lage identifizieren und studieren

- medial: *V. subclavia – V. axillaris* **(3)**;
- in der Mitte: *A. subclavia – A. axillaris* **(4)**;
- lateral: die noch nebeneinander liegenden *Fasciculi medialis* **(5)**, *lateralis* **(6)** und *posterior* **(7)** des Plexus brachialis.

Einmündung der *V. cephalica* **(8)** in die V. axillaris sowie im Mündungsbereich liegende *Nodi apicales* **(9)** aufsuchen.

Anschließend die Faszie des M. subclavius **(10)** spalten und ihre Verbindung zur Wand der V. axillaris – V. subclavia **(11)** durch Anheben der Faszie mit einer Pinzette demonstrieren. Das Bindegewebe der in einer eigenen Bindegewebsscheide liegenden V. subclavia – axillaris entfernen und die einmündenden Venen aufsuchen. Danach die gemeinsame Gefäßnervenscheide der A. subclavia – axillaris und der Faszikel des Plexus brachialis studieren und zur Freilegung der abgehenden Arterien und Nerven das Bindegewebe vorsichtig entfernen. Die Abgänge der *A. thoracoacromialis* **(12)** – *Ramus acromialis* **(13)**, *Ramus clavicularis* **(14)**, *Ramus deltoideus* **(15)** und *Rami pectorales* **(16)** – aufsuchen und so weit wie möglich verfolgen. *N. pectoralis medialis* **(17)** bis zum Abgang aus dem *Fasciculus medialis* und *N. pectoralis lateralis* **(18)** zum Fasciculus lateralis nachgehen.

▶ Klinik

Aufgrund der Verbindung von Fascia clavipectoralis und der Wand der V. subclavia wird das Venenlumen über den Tonus des M. subclavius offengehalten und die Voraussetzung für den venösen Zugang (Vena – Subklavia – Katheter), z. B. im Kreislaufschock geschaffen.

Bei der infraklavikulären Plexusblockade erfolgt der Zugang zum Plexus brachialis in der Mitte zwischen Acromion und Fossa jugularis unmittelbar unterhalb der Clavicula; die Faszikel des Plexus brachialis liegen hier noch lateral von der A. axillaris (◘ Abb. 3.16b). ◄

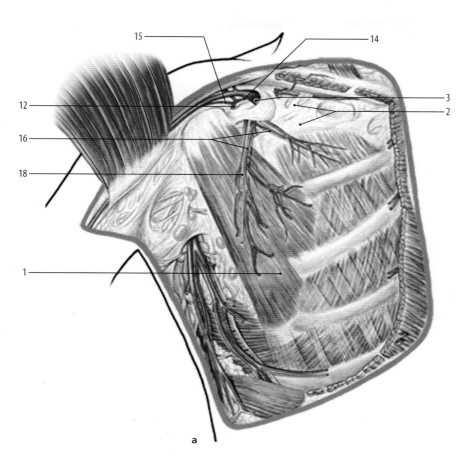

1 M. pectoralis minor
2 Fascia clavipectoralis
3 V. subclavia/axillaris
4 A. subclavia/axillaris
5 Fasciculus medialis
6 Fasciculus lateralis
7 Fasciculus posterior
8 Mündung der V. cephalica
9 Nodi apicales
10 Faszie des M.subclavius
11 Verbindung zwischen Faszie und
   V.subclavia-axillaris
12 A. thoracoacromialis
13 Ramus acromialis
14 Ramus clavicularis
15 Ramus deltoideus
16 Rami pectorales
17 N. pectoralis medialis
18 N. pectoralis lateralis

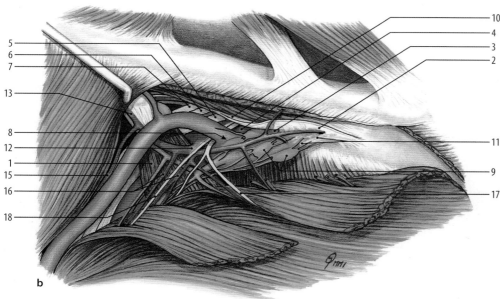

Abb. 3.16 **a** Trigonum clavipectorale, Fascia clavipectoralis, rechte Seite, Ansicht von vorn [34]. **b** Trigonum clavipectorale, freigelegte Strukturen, rechte Seite, Ansicht von vorn [29]

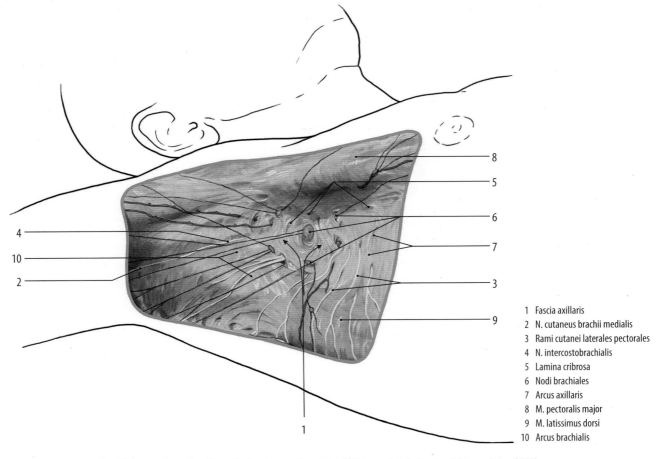

1 Fascia axillaris
2 N. cutaneus brachii medialis
3 Rami cutanei laterales pectorales
4 N. intercostobrachialis
5 Lamina cribrosa
6 Nodi brachiales
7 Arcus axillaris
8 M. pectoralis major
9 M. latissimus dorsi
10 Arcus brachialis

◨ **Abb. 3.17**   Oberflächliche Faszie und epifasziale Strukturen der Achselhöhle, rechte Seite, Ansicht von lateral [41]

3.3.8 Präparation der Achselregion

Vor Beginn der Präparation der Achselregion noch einmal die Oberflächenanatomie und die muskuläre Grundlage der Achselgrube (*Fossa axillaris*) wiederholen. Vor dem Eröffnen des Bindegewebsraumes der einer vierseitigen Pyramide gleichenden Achselhöhle (*Spatium axillare*) deren begrenzende „Wände" einprägen.

🔖 **Topographie**
- Mediale Wand: M. serratus anterior mit seiner Faszie;
- ventrale Wand: Mm. pectorales major und minor, Fascia clavipectoralis;
- laterale Wand: proximaler Humerusabschnitt, M. coracobrachialis und kurzer Bizepskopf;
- dorsale Wand: M. subscapularis, M. teres major, lateraler Rand des M. latissimus dorsi.

Die Präparation beginnt mit dem Abtragen des auf der *Fascia axillaris* **(1)** liegenden Fettkörpers (◨ Abb. 3.17); dabei die Äste des *N. cutaneus brachii medialis* **(2)** und *Rami cutanei laterales pectorales* der Interkostalnerven **(3)** freilegen. N. cutaneus brachii medialis bis zur

Verbindung mit dem *N. intercostobrachialis* (häufig Nn. intercostobrachiales) **(4)** am Faszienaustritt verfolgen (s. auch ◨ Abb. 3.18). Beim Entfernen des Fettgewebes aus den Lücken der siebartig durchlöcherten Achselhöhlenfaszie (*Lamina cribrosa*, **(5)**) auf die hier liegenden oberflächlichen axillären Lymphknoten (*Nodi brachiales*) **(6)** achten und diese zunächst erhalten.

❗ N. intercostobrachialis nicht verletzen.

Nach Darstellung der im Zentrum der Fascia axillaris liegenden Lamina cribrosa den lateralen Verstärkungszug (Achselbogen, Arcus axillaris) **(7)** zwischen *M. pectoralis major* **(8)** und *M. latissimus dorsi* **(9)** sowie den medialen Verstärkungszug am Übergang zum Oberarm (Armbogen, Arcus brachialis) **(10)** der Faszie aufsuchen.
  Lage des Gefäß-Nerven-Stranges (◨ Abb. 3.18) in der Tiefe der Achselhöhle ertasten. Danach das oberflächliche Blatt der *Fascia axillaris* **(1)** unter Schonung der Leitungsbahnen abtragen. *M. coracobrachialis* **(2)** lokalisieren und anschließend das die großen Leitungsbahnen umhüllende Bindegewebe (Fascia axillaris profunda) **(3)** teils scharf teils stumpf abtragen. Dabei die Verbindungen des Bindegewebes in der Achselhöhle zu

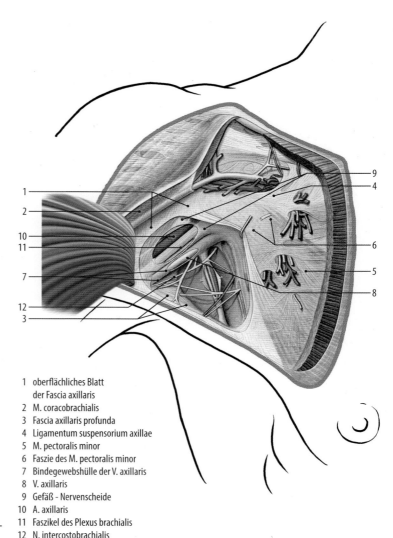

1 oberflächliches Blatt
   der Fascia axillaris
2 M. coracobrachialis
3 Fascia axillaris profunda
4 Ligamentum suspensorium axillae
5 M. pectoralis minor
6 Faszie des M. pectoralis minor
7 Bindegewebshülle der V. axillaris
8 V. axillaris
9 Gefäß - Nervenscheide
10 A. axillaris
11 Faszikel des Plexus brachialis
12 N. intercostobrachialis

◻ **Abb. 3.18** Faszien und Leitungsbahnen der Achselhöhle, rechte Seite, Ansicht von vorn [38]

den Nachbarregionen studieren: Es bestehen Verbindungen zur medialen und lateralen Achsellücke sowie
über die Faszienverbindung zwischen Fascia axillaris und
Fascia clavipectoralis über das *Ligamentum suspensorium
axillae* **(4)** zur Regio infraclavicularis.

Präparation des Gefäß-Nerven-Stranges (◻ Abb. 3.18,
3.19) Die Präparation des Gefäß-Nerven-Stranges und
der aus ihm hervorgehenden Gefäße und Nerven erfolgt
zunächst auf beiden Seiten unter Erhaltung des *M. pectoralis minor* **(5)**; später wird der M. pectoralis minor auf
der linken Seite am Ansatz abgelöst. Faszie **(6)** auf dem
M. pectoralis minor entfernen.

Zur Präparation des Gefäß-Nerven-Stranges zuerst
die in einer eigenen Bindegewebshülle **(7)** am weitesten
kaudal liegende *V. axillaris* **(8)** freilegen. Dabei die im
lockeren Bindegewebe entlang der V. axillaris liegenden
Lymphknoten (◻ Abb. 3.19a, Nodi *laterales* **(14)** und
Nodi centrales **(13)** aufsuchen.

Anschließend die gemeinsame Gefäß-Nerven-
Scheide **(9)** der *A. axillaris* **(10)** und der *Fasciculi* des
Plexus brachialis **(11)** scharf eröffnen und zur Demonstration des „Kompartimentes" eine stumpfe anatomische
Pinzettenspitze in die Bindegewebshülle schieben; danach das gesamte Bindegewebe teils stumpf, teils scharf
von den Leitungsbahnen lösen und zur vollständigen
Freilegung der A. axillaris mit ihren Abgängen sowie
der um die A. axillaris angeordneten Faszikel des Plexus
brachialis entfernen; *N. intercostobrachialis* **(12)** freilegen
(◻ Abb. 3.47/Video 3.9).

▶ **Klinik**

Bei der axillären Blockade des Plexus brachialis ist der
M. coracobrachialis eine wichtige Leitstruktur für die
großen Leitungsbahnen. Zur axillären Leitungsanästhesie des Plexus brachialis wird die Kanüle zur Ver-
abreichung des Anästhetikums in die schlauchartige
Gefäß-Nerven-Scheide der tiefen Achselhöhlenfaszie
gelegt. Bei der axillären Plexusblockade wird der N. mus-

3

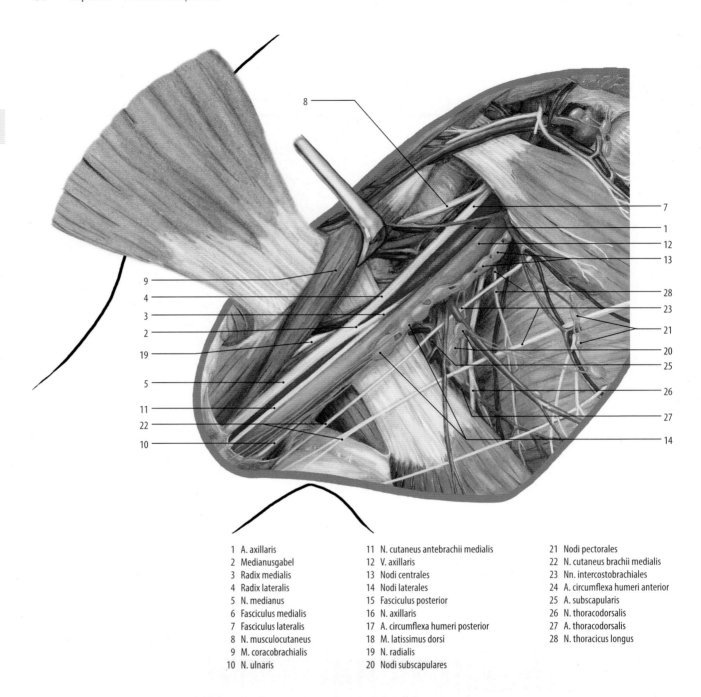

1	A. axillaris	11	N. cutaneus antebrachii medialis
2	Medianusgabel	12	V. axillaris
3	Radix medialis	13	Nodi centrales
4	Radix lateralis	14	Nodi laterales
5	N. medianus	15	Fasciculus posterior
6	Fasciculus medialis	16	N. axillaris
7	Fasciculus lateralis	17	A. circumflexa humeri posterior
8	N. musculocutaneus	18	M. latissimus dorsi
9	M. coracobrachialis	19	N. radialis
10	N. ulnaris	20	Nodi subscapulares

21	Nodi pectorales
22	N. cutaneus brachii medialis
23	Nn. intercostobrachiales
24	A. circumflexa humeri anterior
25	A. subscapularis
26	N. thoracodorsalis
27	A. thoracodorsalis
28	N. thoracicus longus

◘ **Abb. 3.19**   Strukturen der Achselhöhle, rechte Seite, Ansicht von vorn-seitlich [41]

culocutaneus wegen seines weit proximal liegenden Abganges gelegentlich nicht erreicht; folglich ist das von seinem Hautast, N. cutaneus antebrachii lateralis, versorgte Areal an der lateralen Seite des Unterarms nicht anästhesiert. ◄

Zuerst die auf der *A. axillaris* **(1)** liegende Medianusgabel **(2)** mit ihren *Radices medialis* **(3)** und *lateralis* **(4)** darstellen und den aus ihr hervorgehenden *N. medianus* **(5)**

bis zur Grenze des Präparationsgebietes nach distal verfolgen (◘ Abb. 3.19). Anschließend Radix medialis bis zum *Fasciculus medialis* **(6)** und Radix lateralis bis zum *Fasciculus lateralis* **(7)** proximalwärts nachgehen. Den weit proximal aus dem Fasciculus lateralis abzweigenden *N. musculocutaneus* **(8)** aufsuchen und bis zum Eintritt in den *M. coracobrachialis* **(9)** darstellen. Sodann die aus dem Fasciculus medialis abgehenden *N. ulnaris* **(10)** und *N. cutaneus antebrachii medialis* **(11)** bis zur distalen

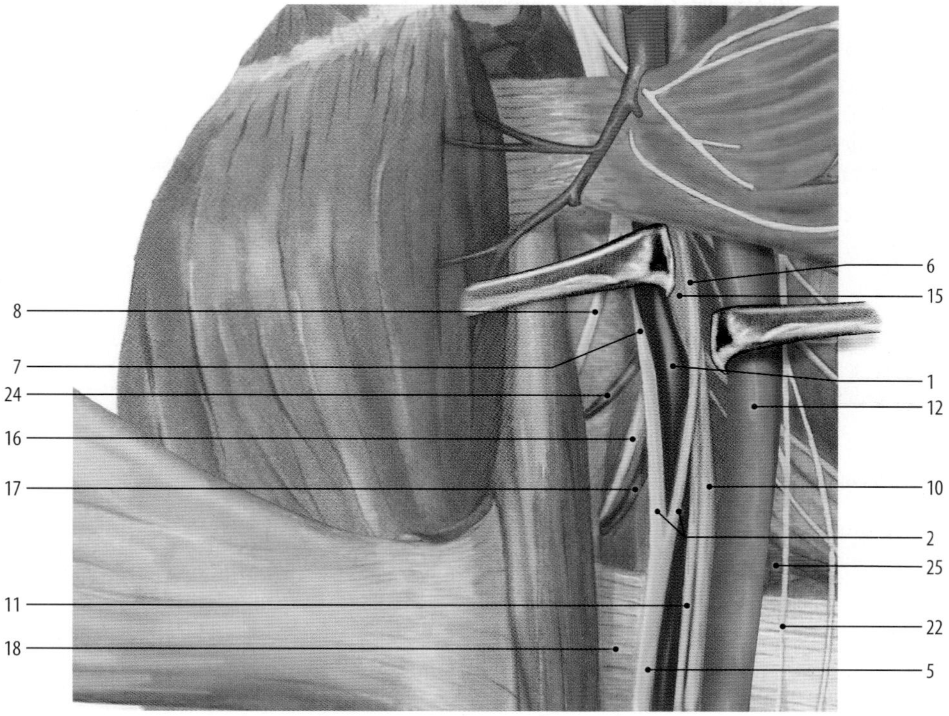

1 A. axillaris
2 Medianusgabel
3 Radix medialis
4 Radix lateralis
5 N. medianus
6 Fasciculus medialis
7 Fasciculus lateralis
8 N. musculocutaneus
9 M. coracobrachialis
10 N. ulnaris
11 N. cutaneus antebrachii medialis
12 V. axillaris
13 Nodi centrales
14 Nodi laterales
15 Fasciculus posterior
16 N. axillaris
17 A. circumflexa humeri posterior
18 M. latissimus dorsi
19 N. radialis
20 Nodi subscapularis
21 Nodi pectorales
22 N. cutaneus brachii medialis
23 Nn. intercostobrachiales
24 A. circumflexa humeri anterior
25 A. subscapularis
26 N. thoracodorsalis
27 A. thoracodorsalis
28 N. thoracicus longus

Abb. 3.20 Leitungsbahnen der rechten Achselhöhle mit freigelegtem Fasciculus posterior, Ansicht von vorn-seitlich [41]

Grenze des Präparationsgebietes freilegen. Dabei die bei der Präparation der *V. axillaris* **(12)** freigelegten *Nodi centrales* **(13)** und *Nodi laterales* (= *humerales*) **(14)** erhalten.

Zum Freilegen des Fasciculus posterior und der aus ihm abgehenden Nn. radialis und axillaris die bereits freiliegenden oberflächlichen Anteile des Gefäß-Nerven-Stranges mit zwei stumpfen anatomischen Pinzetten auseinanderdrängen und das Bindegewebe in der Tiefe scharf entfernen (Abb. 3.20). Dazu den *Fasciculus posterior* **(15)** zwischen A. axillaris **(1)** und V. axillaris **(12)** mit einer stumpfen anatomischen Pinzette anheben und das umgebende Bindegewebe vollständig entfernen; sodann den Abgang des *N. axillaris* **(16)** aufsuchen und den Nerven mit der ihn begleitenden *A. circumflexa humeri posterior* **(17)** bis zur lateralen Achsellücke darstellen. Den über die Ansatzsehne des *M. latissimus dorsi* **(18)** ziehenden *N. radialis* **(19)** bis zu seinem Eintritt in den M. triceps brachii verfolgen (Abb. 3.19).

Beim Freilegen des Fasciculus posterior die angrenzenden Leitungsbahnen nicht verletzen.

Zur Präparation der in der Tiefe der Achselhöhle liegenden Strukturen das lockere fettreiche Bindegewebe abtragen; dabei die Lymphknoten *Nodi subscapulares* **(20)** und *Nodi pectorales* (= Sorgiussche Lymphknoten) **(21)** beachten. *N. cutaneus brachii medialis* **(22)** aufsuchen und *N. intercostobrachialis* **(23)** bis zur Brustwand verfolgen.

Sodann *A. circumflexa humeri anterior* **(24)**, *A. subscapularis* **(25)** und N. subscapularis (s. Obere Extremität, Kap. 5) aufsuchen und Präparation des bereits freigelegten *N. thoracodorsalis* **(26)** sowie der *A. thoracodorsalis* **(28)** und des *N. thoracicus longus* **(28)** vervollständigen.

N. intercostobrachialis nicht verletzen; tiefe Achsellymphknoten schonen.

Varia

Die Medianusgabel variiert stark; sie kann auf den Oberarm verlagert sein oder in ca. 5 % der Fälle fehlen. In Folge des Durchtritts von Venen können eine oder beide Zinken gespalten werden und als doppelte Zinken erscheinen. Die laterale Zinke kann sehr dünn sein; sie läuft dann zunächst mit dem N. musculocutaneus und schließt sich erst in der Oberarmmitte dem N. medianus an. Ein Faseraustausch zwischen N. medianus und N. musculocutaneus kommt häufig vor.

Verbindungen der Achselhöhlenregion über den kostoklavikulären Raum mit den Halsregionen (Abb. 3.50/Video 3.12)
Die Präparation der aus der Halsregion durch den kostoklavikulären Raum in die Achselhöhle tretenden Leitungsbahnen erfolgt in enger Absprache mit der Hal-

spräparation. Beim Freilegen der Strukturen sollten die topographischen Verhältnisse unter klinischen Gesichtspunkten möglichst erhalten bleiben oder durch Rückverlagerung von abgelösten Muskeln sowie von Skelettanteilen wiederhergestellt werden können.

Für die Präparation stehen alternative Vorgehensweisen zur Verfügung:

Präparation auf der rechten Körperseite   Auf der rechten Körperseite sollten der **M. pectoralis minor** aufgrund seiner topographisch-klinischen Bedeutung, z. B. für die Einteilung der „Level" beim Lymphabfluss aus der Brustdrüse nicht abgelöst und die **Clavicula** zum Erhalt des kostoklavikulären Raumes nicht entfernt werden (◘ Abb. 3.21).

🖭 Topographie

Lageveränderung der Trunci und der Faszikel des Plexus brachialis vom Austritt aus der Skalenuslücke, bei der Passage des kostoklavikulären Raumes und des Trigonum clavipectorale bis in die Achselhöhle: In der Skalenuslücke treten die Trunci übereinander gestaffelt aus; im kostoklavikulären Raum und im Trigonum clavipectorale liegen sie lateral von der A. subclavia/axillaris; in der Achselhöhle sind die Faszikel um die A. axillaris angeordnet.

Zunächst die bei der Halspräparation freigelegten Strukturen wieder aufsuchen:

- Dem auf dem *M. scalenus anterior* (1) von der *A. cervicalis ascendens* (2) begleiteten *N. phrenicus* (3) bis zum Eintritt in die Brusthöhle folgen.
- Den aus dem *M. scalenus medius* (4) tretenden *N. dorsalis scapulae* (5) durch die seitliche Halsregion bis zum Verlauf unter den M. trapezius nachgehen. *N. thoracicus longus* (6) vom Austritt am M. scalenus medius nach kaudal folgen und in der Achselhöhle auf dem M. serratus anterior wieder aufsuchen.
- Die aus der Skalenuslücke tretenden vorderen Spinalnervenäste, die sich zu *Trunci superior* (7), *medius* (8) und *inferior* (9) des Plexus brachialis formieren sowie die *A. subclavia* (10) und die hinter oder durch den Plexus brachialis ziehende *A. transversa cervicis* (-*colli*) (11) studieren. Den aus dem Truncus superior abgehenden *N. suprascapularis* (12) aufsuchen. In der Tiefe der Skalenuslücke mit dem Finger die Pleurakuppel ertasten und ihre enge topographische Beziehung zum Plexus brachialis und zur A. subclavia einprägen.

Die Trunci des Plexus brachiales bis zum Eintritt in den kostoklavikulären Raum (13) verfolgen. Anschließend die hinter der *Clavicula* (14) ziehende *A. suprascapularis* (15) mit ihrer Begleitvene präparieren; dazu das die Leitungsbahnen umhüllende Bindegewebe teils stumpf teils scharf von der Hinterseite der Clavicula lösen und anschließend die Gefäße durch Entfernen des Bindegewebes freilegen.

❗

Beim Ablösen der Strukturen hinter der Clavicula die Gefäße nicht verletzen.

🖭 Varia

In einem Drittel der Fälle kommt ein M. scalenus minimus vor. Ein Teil seiner Ansatzsehne strahlt in die Fascia suprapleuralis (Sibsonsche Faszie) der Pleurakuppel ein. Ist die Muskulatur atrophiert, zieht ein bindegewebiger Strang zur Pleurakuppel (Ligamentum costo-pleuro-vertebrale oder Ligamentum transverso-cupulare, s. auch Präparation der Brusthöhle). Teile des Truncus inferior können durch den M. scalenus anterior in die seitliche Halsregion treten.

Sodann die aus dem kostoklavikulären Raum in das Trigonum clavipectorale eintretenden Strukturen aufsuchen und ihre Lage beachten: lateral die Faszikel des Plexus brachialis, in der Mitte die *A. axillaris* (16) und medial die *V. axillaris* (17) (s. auch ◘ Abb. 3.16b). Die Leitungsbahnen in ihrem Verlauf unter den *M. pectoralis minor* (18) verfolgen. Anschließend durch Verlagerung des Oberrandes des M. pectoralis minor nach kaudal die Abgänge der *A. thoracoacromialis* (19) aus der A. axillaris mit den *Rami deltoideus* (20) und *pectorales* (21) sowie der *Nn. pectorales medialis* (22) und *lateralis* (23) aus den Faszikeln des Plexus brachialis falls noch nicht erfolgt freilegen (s. Präparation des Trigonum clavipectorale, ◘ Abb. 3.16a,b).

Abschließend wichtige Strukturen in der Achselhöhle und am Oberarm nochmals studieren und einprägen (◘ Abb. 3.21b): *N. musculocutaneus* (1), *N. axillaris* (2) mit *A. circumflexa humeri anterior* (3), *N. radialis* (4), *A. profunda brachii* (5), *A. thoracica lateralis* (6), *A. subscapularis* (7) sowie ihre Abgänge *A. circumflexa scapulae* (8) und *A. thoracodorsalis* (9), *Nervi intercostobrachiales* (10), Medianusgabel (11), *N. medianus* (12), *N. cutaneus antebrachii medialis* (13), *N. cutaneus brachii medialis* (14), *N. ulnaris* (15).

▶ Klinik

Die Regionalanästhesie des Plexus brachialis erfolgt nach dem klinischen Bedarf: Interskalenäre Blockade innerhalb der Skalenuslücke; supraklavikuläre Blockade innerhalb der Fossa supraclavicularis; kostoklavikuläre Blockade im kostoklavikulären Raum; axilläre Blockade in der Achselhöhle.

Eine Schädigung des Plexus brachialis kann durch Überdehnung (z. B. Geburtslähmung) oder Nervenwurzelausriss (z. B. Motorradunfall) entstehen. Bei der oberen Plexusschädigung (Duchenne-Erbsche Form) sind vorwiegend die Segmente C5–C6, bei der unteren Plexusschädigung (Déjerine-Klumpke Form) die Segmente C8–Th 1 beteiligt. Druckschäden des Plexus brachialis können durch

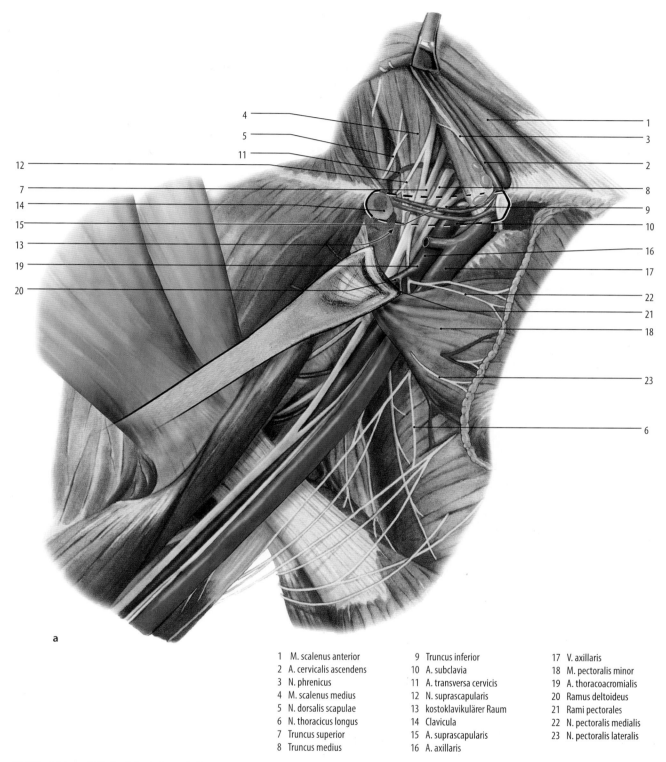

a

1	M. scalenus anterior	9	Truncus inferior	17	V. axillaris
2	A. cervicalis ascendens	10	A. subclavia	18	M. pectoralis minor
3	N. phrenicus	11	A. transversa cervicis	19	A. thoracoacromialis
4	M. scalenus medius	12	N. suprascapularis	20	Ramus deltoideus
5	N. dorsalis scapulae	13	kostoklavikulärer Raum	21	Rami pectorales
6	N. thoracicus longus	14	Clavicula	22	N. pectoralis medialis
7	Truncus superior	15	A. suprascapularis	23	N. pectoralis lateralis
8	Truncus medius	16	A. axillaris		

◾ **Abb. 3.21   a, b Verlauf der Leitungsbahnen aus dem seitlichen Halsdreieck durch den kostoklavikulären Raum in die Achselhöhle und zum Oberarm.** Zur Demonstration des Verlaufs der Leitungsbahnen durch den kostoklavikulären Raum wird die Clavicula im mittleren Bereich durchscheinend dargestellt. Ansicht von vorn [41]

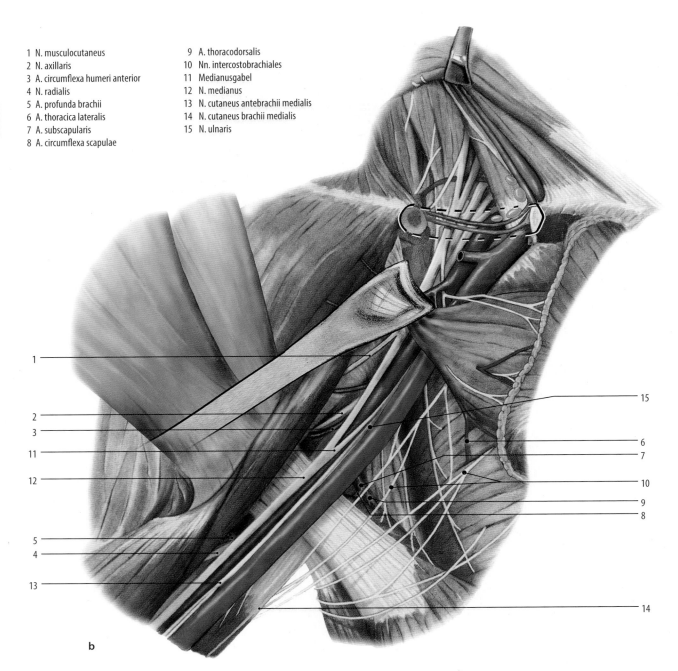

1 N. musculocutaneus
2 N. axillaris
3 A. circumflexa humeri anterior
4 N. radialis
5 A. profunda brachii
6 A. thoracica lateralis
7 A. subscapularis
8 A. circumflexa scapulae

9 A. thoracodorsalis
10 Nn. intercostobrachiales
11 Medianusgabel
12 N. medianus
13 N. cutaneus antebrachii medialis
14 N. cutaneus brachii medialis
15 N. ulnaris

b

◻ Abb. 3.21　a, b (*Fortsetzung*

einen Diskusprolaps, durch Spondylophyten bei degenerativen Veränderungen der Halswirbelsäule entstehen. Als Ursache von Engpasssyndromen mit Schädigung des Plexus brachialis kommen auch eine Halsrippe, die Einengung des kostoklavikulären Raumes, Tumore oder eine falsche Lagerung bei der Narkose in Betracht. Als Skalenusengpass-Syndrom bezeichnet man eine Kompression des Plexus brachialis bei seiner Passage der Skalenuslücke; Grund für ein solches Syndrom können eine Hypertrophie der Mm. scaleni anterior und medius, Muskelvarianten, z. B.

ein M. scalenus minimus oder der Verlauf von Teilen des Truncus inferior durch den M. scalenus anterior sein. ◄

Präparation auf der linken Körperseite Auf der linken Körperseite empfiehlt es sich, den **M. pectoralis minor** abzulösen (◻ Abb. 3.22a, 3.48/Video 3.10) und anschließend den kostoklavikulären Raum zu eröffnen, um den Verlauf der Leitungsbahnen aus dem Halsbereich in die Brustregion sowie zum Arm – und vice versa – bei guter Übersicht vollständig freilegen zu können. Dazu sollte

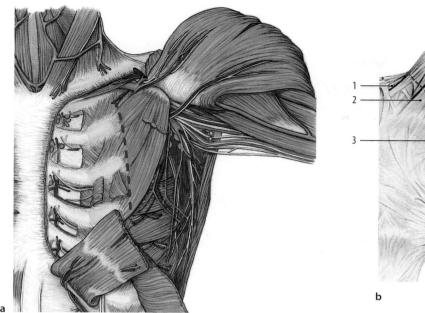

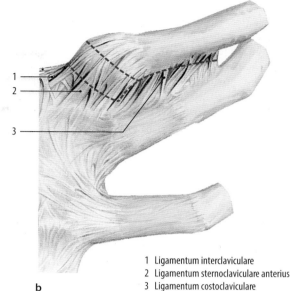

1 Ligamentum interclaviculare
2 Ligamentum sternoclaviculare anterius
3 Ligamentum costoclaviculare

b

- - - - Schnittführung zum Ablösen des M. pectoralis minor

- - - - Schnittführung für die Exartikulation des Sternoklavikulargelenks

Abb. 3.22 a Schnittführung zum Ablösen des M. pectoralis minor. **b** Bandapparat des Sternoklavikulargelenks, linke Seite, Ansicht von vorn, Schnittführung für die Exartikulation des Sternoklavikulargelenks [31]

die **Clavicula** im Sternoklavikulargelenk exartikuliert oder alternativ im mittleren Bereich durchtrennt und entfernt werden (**Abb. 3.23a**).

Exartikulation der Clavicula (Abb. 3.49/Video 3.11) Vor der Exartikulation der Clavicula (Institutpersonal) Caput claviculare des M. sternocleidomastoideus sowie – falls noch nicht erfolgt – Pars clavicularis des M. pectoralis major und Pars clavicularis des M. deltoideus ablösen. Anschließend die auf der Rückseite des Schlüsselbeins laufende A. suprascapularis und ihre Begleitvene freilegen und erhalten (s. Präparation auf der rechten Seite und **Abb. 3.23, [1]**).

Sodann den Gelenkspalt des Sternoklavikulargelenks durch Bewegungen in den Schultergürtelgelenken lokalisieren und palpieren; danach die *Ligamenta interclaviculare* (**1**)*, sternoclaviculare anterius* (**2**) und *costoclaviculare* (**3**) aufsuchen und den Verlauf der Kollagenfaserbündel der Bänder mit der Messerspitze darstellen (**Abb. 3.22b**). Ligamentum interclaviculare gelenknah durchtrennen. Die Eröffnung der zweikammrigen Gelenkhöhle mit Freilegen des Discus articularis erfolgt über zwei Schnitte durch das Ligamentum sternoclaviculare anterius; der erste Schnitt verläuft parallel zum Gelenkspalt an der Clavicula, der zweite Schnitt parallel zum Gelenkspalt am Sternum. Den nun freiliegenden Oberrand des Discus articularis mit der stumpfen Pinzette greifen und die beiden Gelenkhöhlen inspizieren. Ligamentum costoclaviculare an der Unterseite der Clavicula abtrennen und M. subclavius an der Clavicula ablösen. Anschließend auf der Rückseite der Clavicula das Ligamentum sternoclaviculare posterius und die Gelenkkapsel durchtrennen; dazu das Schlüsselbein leicht nach außen drehen und anheben.

❗ Beim Ablösen des dorsalen Kapsel-Band-Apparates des Sternoklavikulargelenks A. suprascapularis, die Mm. sternohyoideus und thyreohyoideus sowie die hinter diesen liegende V. brachiocephalica und die Vasa suprascapularia nicht verletzen. Bei der Exartikulation auf die Nähe zur Pleurakuppel achten.

Nach Durchtrennen und Ablösen der Strukturen das Schlüsselbein anheben und die Gelenkflächen von Clavicula und Sternum mit ihrem meistens aufgerauten Gelenkknorpel sowie den häufig in seinem Zentrum perforierten Discus articularis studieren. Sodann die exartikulierte Clavicula so weit wie möglich nach kraniallateral verlagern und in dieser Position bei der nachfolgenden Präparation halten lassen (**Abb. 3.23a**) Im Bedarfsfall die Pars clavicularis des M. deltoideus am Schlüsselbein ablösen.

Die Freilegung der durch die Exartikulation des Schlüsselbeins im Sternoklavikulargelenk zugänglichen Strukturen erfolgt aus topographischen Gründen gemeinsam mit der Präparation der Halsregionen.

Zur vollständigen Darstellung der Leitungsbahnen im Übergangsbereich zwischen den Halsregionen und der seitlichen Brustwand nach Ablösen des M. pectoralis minor das Bindegewebe unter dem Ansatzbereich des Muskels und im freiliegenden kostoklavikulären Raum entfernen (◼ Abb. 3.23a, 3.50/Video 3.12).

Zunächst die *A. suprascapularis* (**1**) und ihre Begleitvene vollständig freilegen (s. o.); die *V. suprascapularis* (**2**) im Bedarfsfall kürzen. Sodann die ursprünglich vom M. pectoralis minor bedeckten Abgänge der *A. thoracica lateralis* (**3**) und der *A. thoracoacromialis* (**4**) mit ihren Ästen – *Ramus acromialis* (**5**), *Ramus deltoideus* (**6**) und *Ramus pectoralis* (**7**) – aus der *A. axillaris* (**8**) wieder aufsuchen sowie die *A. subscapularis* (**9**) und ihre Aufzweigung in die *A. circumflexa scapulae* (**10**) und in die *A. thoracodorsalis* (**11**) – falls noch nicht erfolgt – präparieren. Auf Nodi subscapulares (◼ Abb. 3.20) im proximalen Bereich der Vasa subscapularia achten. A. circumflexa scapulae bis zur medialen Achsellücke verfolgen. Bei starker Ausbildung der Begleitvenen diese aus Gründen der Übersichtlichkeit kürzen.

N. thoracodorsalis (**12**) und *N. thoracicus longus* (**13**) auf der seitlichen Brustwand wieder aufsuchen und den Nerven nach kranial bis in die Halsregion nachgehen.

Studium der aus der Skalenuslücke tretenden Strukturen, s. Präparation der rechten Körperseite (◼ Abb. 3.21a).

Um die vom Schlüsselbein überlagerte Einmündung des *Ductus thoracicus* (**14**) freizulegen, *Caput sternale* des M. sternocleidomastoideus (**15**) ablösen sowie *V. jugularis interna* sinistra (**16**) nach lateral verlagern (◼ Abb. 3.51/Video 3.13). Sodann die Vereinigung von *V. subclavia sinistra* (**17**) und V. jugularis interna sinistra lokalisieren und den bogenförmigen Verlauf (Arcus ductus thoracici) der Pars cervicalis des Ductus thoracicus bis zur Einmündung im Venenwinkel darstellen. *Nodi supraclaviculares* (Virchowsche Lymphknoten) (**18**) im Bereich des Venenwinkels beachten.

❗ Bei der Präparation der V. subclavia sinistra und ihrer Äste die dünne Wand des Ductus thoracicus nicht verletzen.

🔄 Varia

Der Verlauf des Ductus thoracicus variiert; er kann vor der V. brachiocephalica laufen, in die V. jugularis interna sinistra oder in die V. subclavia sinistra münden. Nicht selten spaltet sich der Ductus thoracicus im Mündungsbereich in mehrere Äste auf.

🔄 Topographie

Da postmortal Blut aus den Venen in den Ductus thoracicus zurückfließen kann, ist der bogenförmige Halsteil mit einer Vene verwechselbar. Der Ductus thoracicus kann an seiner dünnen Wand im Vergleich mit den Venen diagnostiziert werden.

▶ Klinik

Metastasen von Tumoren aus dem Bauchraum, z. B. Magenkarzinom können über den Ductus thoracicus in dessen Mündungsbereich und von dort retrograd in die Nodi supraclaviculares gelangen; die Vergrößerung der „Virchowschen Drüsen" in der Fossa supraclavicularis ist sicht- und tastbar. ◀

Um die vormals vom Schlüsselbein und vom M. sternocleidomastoideus bedeckten Strukturen in der Fossa supraclavicularis freizulegen, *A. carotis communis* (**1**), *V. jugularis interna* (**2**) und *N. vagus* (**3**) unter Schonung des *Ductus thoracicus* (**4**) so weit wie möglich nach medial verlagern (◼ Abb. 3.23b).

Sodann dem Verlauf der *A. subclavia* (**5**) bis zum Eintritt in die Skalenuslücke nachgehen und dabei ihre Gefäßabgänge darstellen. A. subclavia leicht nach kranial verlagern und auf ihrer Unterseite den Abgang der *A. thoracica interna* (**6**) aufsuchen und deren Verlauf bis hinter das Manubrium sterni folgen. Die in den meisten Fällen gegenüber der A. thoracica interna entspringende *A. vertebralis* (**7**) und ihre Begleitvenen in der Tiefe freilegen und ihnen kranialwärts nachgehen. Den am medialen Rand des M. scalenus anterior abgehenden *Truncus thyreocervicalis* (**8**) und die Abgänge seiner Äste: *A. thyreoidea inferior* (**9**), *A. cervicalis ascendens* (**10**), *A. suprascapularis* (**11**) und *A. transversa cervicis* (*colli*) (**12**) identifizieren; sodann die bereits am Hals präparierten variablen Arterien bis zum Truncus zurückverfolgen. Bei der Präparation der Gefäßabgänge *Ansa subclavia* (**13**) erhalten. Der Truncus costocervicalis wird nach Absetzen des Kopfes am Halswirbelsäulenpräparat dargestellt.

Zum Abschluss werden wie auf der rechten Körperseite (◼ Abb. 3.22) die am Hals freigelegten Strukturen, z. B. N. phrenicus, A. cervicalis ascendens, A. dorsalis scapulae sowie die am Aufbau des Plexus brachialis beteiligten Anteile vom Austritt aus der Skalenuslücke bis zum Abgang der Nerven aus den Faszikeln am Oberarm studiert.

🔄 Varia

Die Anzahl der aus dem Truncus thyreocervicalis abgehenden Arterien variiert stark. In ca. 30 % der Fälle entspringen A. thyreoidea inferior, A. transversa cervicis (-colli) und A. suprascapularis aus dem Truncus thyreocervicalis. In ca. 10 % der Fälle kann auch die A. thoracica (mammaria) interna aus dem Truncus thyreocervicalis hervorgehen. In ca. 30 % der Fälle kommt die A. transversa cervicis (-colli) direkt aus der A. subclavia. Nicht selten entspringt auch die A. suprascapularis direkt aus der A. subclavia.

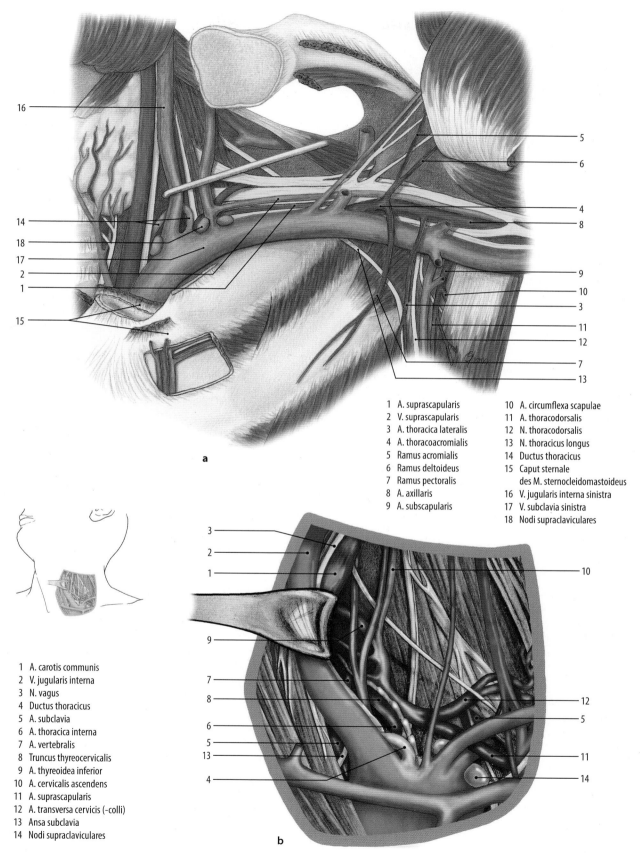

1 A. suprascapularis
2 V. suprascapularis
3 A. thoracica lateralis
4 A. thoracoacromialis
5 Ramus acromialis
6 Ramus deltoideus
7 Ramus pectoralis
8 A. axillaris
9 A. subscapularis
10 A. circumflexa scapulae
11 A. thoracodorsalis
12 N. thoracodorsalis
13 N. thoracicus longus
14 Ductus thoracicus
15 Caput sternale
    des M. sternocleidomastoideus
16 V. jugularis interna sinistra
17 V. subclavia sinistra
18 Nodi supraclaviculares

a

1 A. carotis communis
2 V. jugularis interna
3 N. vagus
4 Ductus thoracicus
5 A. subclavia
6 A. thoracica interna
7 A. vertebralis
8 Truncus thyreocervicalis
9 A. thyreoidea inferior
10 A. cervicalis ascendens
11 A. suprascapularis
12 A. transversa cervicis (-colli)
13 Ansa subclavia
14 Nodi supraclaviculares

b

◻ **Abb. 3.23** **a** Strukturen im seitlichen Halsdreieck, im kostoklavikulären Raum und in der Achselhöhle nach Exartikulation der Clavicula, linke Seite in der Ansicht von vorn [21]. **b** Strukturen in der Fossa supraclavicularis. Clavicula exartikuliert, linke Seite in der Ansicht von vorn [39]

3

3.4   Präparation der Bauchwand

Die Präparation der vorderen und seitlichen Bauchwand erfolgt – wie bei der Brustwand – nach der anatomisch vorgegebenen **Dreischichtung der Bauchwand**:

🔄 **Topographie**
Dreischichtung der Bauchwand
1. Oberflächliche Schicht: Zur oberflächlichen Schicht gehören Haut, Unterhaut, die oberflächliche Faszie (Fascia abdominis externa) sowie die epifaszialen Leitungsbahnen.
2. Mittlere Schicht: In der mittleren Schicht liegen die vorderen und seitlichen Bauchmuskeln mit ihren Eigenfaszien, Aponeurosen sowie die versorgenden Gefäße und Nerven.
3. Tiefe Schicht: Die tiefe Schicht besteht aus der inneren Bauchwandfaszie (Fascia transversalis = Fascia abdominis interna), aus der Tela subserosa und dem Peritoneum parietale.

3.4.1 Präparation der oberflächlichen seitlichen Schicht

Epifasziale Leitungsbahnen   (🔲 Abb. 3.24a,b) Nach Abtragen der Haut im gesamten Präparationsgebiet werden die epifaszialen Leitungsbahnen in der Subkutis freigelegt. Die Präparation des epifaszialen Venengeflechtes erfolgt im Hinblick auf ihre Verbindungen in enger Abstimmung mit der Präparation der Brustwand und der Vorderseite des Oberschenkels.

Die häufig im subkutanen Bindegewebe sichtbare *V. epigastrica superficialis* **(1)** im medialen Drittel der Leistenregion aufsuchen und durch Spaltung des fettreichen subkutanen Gewebes gemeinsam mit der sie begleitenden dünnen *A. epigastrica superficialis* **(1)** freilegen und bis zum Oberschenkel in den Bereich des *Hiatus saphenus* **(2)** verfolgen. Sodann den Aufzweigungen der V. epigastrica superficialis nach kranial nachgehen und ihre medialen Äste bis zur Nabelregion freilegen sowie mit ihren lateralen Ästen die Verbindung zur *V. thoracoepigastrica* **(3)** darstellen (🔲 Abb. 3.52/Video 3.14). In Abstimmung mit der Oberschenkelpräparation *V. und A. circumflexa ilium superficialis* **(4)** und *Vv. pudendae externae* **(5)** freilegen und die variable Einmündung der Venen in die V. saphena magna oder die V. femoralis darstellen (vollständige Präparation des Venensterns, s. Untere Extremität, 🔲 Abb. 6.31).

Zur Präparation *Rami cutanei anteriores* **(6)** aus den Nn. intercostales VI–XI sowie der Nn. subcostalis und iliohypogastricus das subkutane Gewebe in der Mediane spalten.

❶ Die Aponeurose der Bauchmuskeln (vorderes Blatt der Rektusscheide) nicht verletzen.

Sodann die Subkutis vorsichtig nach lateral ablösen, bis die epifaszialen Leitungsbahnen sichtbar werden, wobei die mit Blut gefüllten Venen das Auffinden erleichtern. Die Leitungsbahnen nach lateral unter Abtragung der Subkutis freilegen.

❶ Aponeurosen und oberflächliche Faszie nicht verletzen; das subkutane Venennetz der V. epigastrica superficialis erhalten.

Den *R. anterior* des *N. iliohypogastricus* **(7)** 1–2 cm oberhalb des äußeren Leistenringes aufsuchen.

🔄 **Topographie**
Beim Abtragen der Subkutis im Bereich der Regio pubica auf deren faszienartige Struktur mit membranartigen Bindegewebsplatten und Fetteinlagerungen, *Stratum membranosum* = Campersche Faszie **(8)** achten (🔲 Abb. 3.53/Video 3.15).

Die vom Stratum membranosum zur Clitoris (*Ligamentum fundiforme clitoridis*) **(9)** oder zur Peniswurzel (*Ligamentum fundiforme penis*, 🔲 Abb. 3.35b, [2]) ziehenden Faserbündel mit der Messerspitze darstellen; ebenso das von der Symphyse zur Clitoris ziehende *Ligamentum suspensorium clitoridis* **(10)** oder das im Bereich der Radix penis zum Penisrücken ziehende *Ligamentum suspensorium penis* (🔲 Abb. 3.35a, [3]) verfolgen.

Zur Darstellung der *Rr. cutanei laterales* **(11)** und ihrer Begleitgefäße das subkutane Bindegewebe in der mittleren Axillarline vorsichtig spalten und die Leitungsbahnen in den Interkostalräumen aufsuchen und freilegen. Sodann die Subkutis unter Erhaltung der epifaszialen Venenverbindungen zwischen Brust- und Bauchwand abtragen.

▶ **Klinik**
Bei Abflussbehinderungen im Bereich der V. cava inferior können sich kavo-kavale Anastomosen über die epifaszialen Venen der Bauchwand und über die V. thoracoepigastrica bilden. Bei Pfortaderhochdruck kann sich ein Kollateralkreislauf über die Vv. paraumbicales zwischen der Pfortader und den epifaszialen Venen der Bauchwand entwickeln; die sichtbaren erweiterten subkutanen Venen bezeichnet man als Caput medusae (selten) (Kap. 8, „Möglichkeiten der Kollateralkreislaufbildung"). ◄

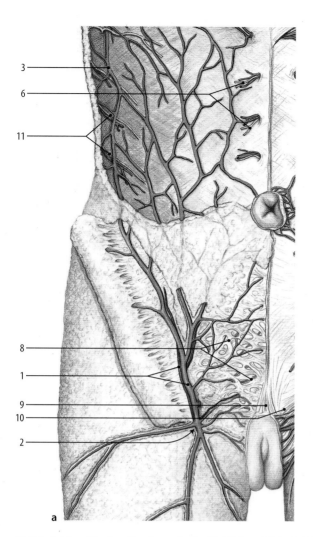

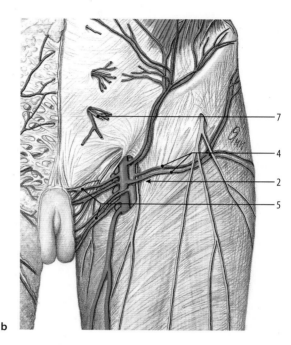

1 V. und A. epigastrica superficialis
2 Hiatus saphenus
3 V. thoracoepigastrica
4 A. und V. circumflexa ilium superficialis
5 Vv. pudendae externae
6 Rami cutanei anteriores
7 Ramus anterior des N. iliohypogastricus
8 Campersche Faszie
9 Ligamentum suspensorium clitoridis
10 Ligamentum fundiforme clitoridis
11 Rami cutanei laterales

◘ **Abb. 3.24** **a** Vordere Bauchwand, oberflächliche seitliche Schicht mit Camperscher Faszie, rechte Seite. **b** Vordere Bauchwand, oberflächliche seitliche Schicht, epifasziale Strukturen, linke Seite [29]

3.4.2 Präparation der mittleren seitlichen Schicht

Nach dem Studium der vorderen und seitlichen segmentalen Leitungsbahnen sowie der epifaszialen Venen mit ihren Anastomosen zwischen den Einzugsgebieten der V. axillaris und der V. femoralis sowie zu den Venen im Nabelbereich die oberflächliche Faszie auf dem *M. obliquus externus abdominis* **(1)** großflächig unter Erhaltung der epifaszialen Leitungsbahnen abtragen (◘ Abb. 3.25). Mit der Präparation an der lateralen Grenze des Präparationsgebietes beginnen, dabei das Messer in Richtung des Muskelfaserverlaufs führen.

❶ Im seitlichen Bereich die Rr. cutanei laterales beachten. Am Muskel-Aponeurosen-Übergang das vordere Blatt der Rektusscheide nicht verletzen.

Im Übergangsbereich zur Brustregion zwischen der 5.–9. Rippe die alternierenden Ursprungszacken des M. obliquus externus abdominis mit den Ursprüngen des M. serratus anterior, Gerdysche Linie **(2)** darstellen.

▶ **Klinik**

Bei der Laparotomie soll die Schnittführung für operative Zugänge beim Anlegen der Hautschnitte möglichst in Hautfalten unter Berücksichtigung der Spannungslinien der Haut, die weitgehend mit den Spaltlinien übereinstimmen, gewählt werden. Um bei der Durchtrennung von Muskeln die segmentalen Leitungsbahnen zu schonen, wird der Schnitt möglichst schräg in Verlaufsrichtung der Leitungsbahnen geführt. Faszien werden in der Hauptverlaufsrichtung der Kollagenfaserbündel durchschnitten. ◀

In der Leistenregion (◘ Abb. 3.26) zunächst das Leistenband **(3)** ertasten und anschließend den äußeren

3

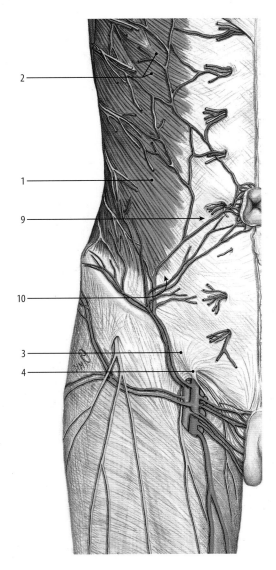

1   M. obliquus externus abdominis
2   Gerdysche Linie
3   Ligamentum inguinale
4   Anulus inguinalis superficialis
5   Crus mediale
6   Crus laterale
7   Fibrae intercrurales
8   Fascia spermatica externa
9   Übergang zur Aponeurose und in die Rektusscheide
10 Muskelecke
11 M. obliquus internus abdominis
12 N. subcostalis
13 N. iliohypogastricus
14 N. ilioinguinalis

🔲 **Abb. 3.25**   Vordere seitliche Bauchwand, mittlere Schicht, rechte Seite [29]

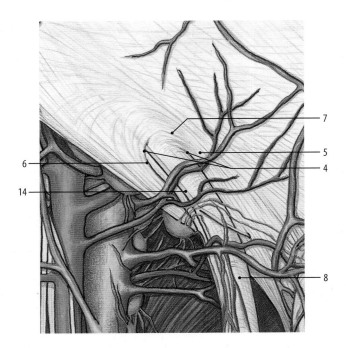

1   M. obliquus externus abdominis
2   Gerdysche Linie
3   Ligamentum inguinale
4   Anulus inguinalis superficialis
5   Crus mediale
6   Crus laterale
7   Fibrae intercrurales
8   Fascia spermatica externa
9   Übergang zur Aponeurose und in die Rektusscheide
10 Muskelecke
11 M. obliquus internus abdominis
12 N. subcostalis
13 N. iliohypogastricus
14 N. ilioinguinalis

🔲 **Abb. 3.26**   Vordere seitliche Bauchwand, Leistenregion, rechte Seite [29]

genförmig durchtrennen. Die Präparation des *Ligamentum reflexum* = Collesisches Band und der von der Fascia spermatica externa bedeckten, aus dem Leistenkanal tretenden Strukturen erfolgt später (🔲 Abb. 3.33 und 3.34).

❗ Fascia spermatica externa noch nicht entfernen.

Nach Abtragen der oberflächlichen Bauchwandfaszie folgende Strukturen studieren: Ausdehnung des M. obliquus externus abdominis mit seinen Ursprüngen und Ansätzen, Übergang des äußeren schrägen Bauchmuskels in seine Ansatzaponeurose **(9)**, vorderes Blatt der Rektusscheide, Muskelecke **(10)** (🔲 Abb. 3.2), äußeren Leistenring sowie die im ersten Präparationsschritt freigelegten Leitungsbahnen.

Leistenring, *Anulus inguinalis superficialis* **(4)** mit *Crus mediale* **(5)**, *Crus laterale* **(6)** und *Fibrae intercrurales* **(7)** darstellen; dazu die *Fascia spermatica externa* **(8)** am äußeren Rand des Anulus inguinalis superficialis bo-

3.4.3 Präparation der seitlichen Bauchmuskeln und der Rektusscheide

Danach erfolgt die schichtweise Präparation der seitlichen Bauchmuskeln und der Strukturen der Rektusscheide.

Alternative: Die Präparation kann auf beiden Körperseiten in gleicher Weise oder variabel nur auf einer Körperseite durchgeführt werden.

Freilegen des M. obliquus internus abdominis   Zum Freilegen des *M. obliquus internus abdominis* den M. obliquus externus abdominis und seine Aponeurose durchtrennen (◻ Abb. 3.27, 3.54/Video 3.16). Die Richtung des ersten Schnittes (I) verläuft von kaudal-medial nach kranial-lateral. Mit der Schnittführung zwei Zentimeter oberhalb des äußeren Leistenringes beginnen und von hier den Schnitt unter Zuhilfenahme des tastenden Fingers in Verlaufsrichtung der Muskelfasern nach kranial-lateral bis zur untersten Ursprungszacke des M. serratus anterior führen.

❶ Zur Erhaltung des äußeren Leistenringes und der Strukturen des Leistenkanals den Schnitt unbedingt oberhalb des äußeren Leistenringes legen. Bei der Durchtrennung des M. obliquus externus abdominis den M. obliquus internus abdominis nicht verletzen, Dicke des M. obliquus externus abdominis vorher abschätzen, Schnittführung unter stetiger Kontrolle des tastenden Fingers.

Der zweite Schnitt (II) beginnt im Bereich der Medioklavikularlinie in Höhe der 5. Rippe und wird unter rechtwinkliger Kreuzung des ersten Schnittes bis zum Muskelansatz in der Mitte der Crista iliaca geführt. Die vier durchtrennten Anteile des M. obliquus externus abdominis werden dann vorsichtig unter Sichtkontrolle mit dem Muskelmesser so weit wie möglich von *M. obliquus internus abdominis* (**11**) gelöst (◻ Abb. 3.28). Zur Stabilisierung des isolierten Muskels die Faszie auf der Innenseite des M. obliquus externus abdominis erhalten. Auf dem freigelegten M. obliquus internus abdominis die dünne äußere Faszie abtragen und dabei die *Nn. subcostalis* (**12**), *iliohypogastricus* (**13**) und *ilioinguinalis* (**14**) freilegen.

Vorbereitung der Präparation des Leistenkanals und des Hesselbachschen Dreiecks (◻ Abb. 3.29a,b; ◻ Abb. 3.30a,b; ◻ Abb. 3.55/Video 3.17)   Zur Vorbereitung der Präparation des Leistenkanals die Aponeurose des *M. obliquus externus abdominis* (**1**) nach außen klappen und den Ursprung des *M. obliquus internus abdominis* (**2**) an der Crista iliaca und am Leistenband (**3**) aufsuchen; anschließend den bogenförmigen Verlauf der kaudalen medialen

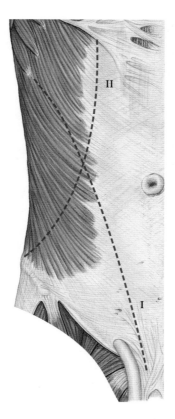

```
- - - -  Schnittführungen durch den
         M. obliquus externus abdominis
         zum Freilegen des
         M. obliquus internus abdominis
```

◻ **Abb. 3.27**   Schnittführungen durch den M. obliquus externus abdominis zum Freilegen des M. obliquus internus abdominis, rechte Seite [29]

Muskelanteile inspizieren, den unteren freien Rand des Muskels (**4**) („Dach" des Leistenkanals, ◻ Abb. 3.30a) ertasten und der Ansatzaponeurose bis zum Tuberculum pubicum und zur Rektusscheide nachgehen.

Das vom unteren Rand der Mm. obliquus internus abdominis und transversus abdominis, dem Transversussehnenbogen (-arkade = Tendo conjunctivus) (**5**) (s. u., ◻ Abb. 3.30b) und dem Ligamentum inguinale gebildete muskelfreie Dreieck = Hesselbachsches Dreieck (**6**) mit dem tastenden Finger umfahren und abgrenzen.

Beim Mann den Austritt des *Funiculus spermaticus* (**7**) (◻ Abb. 3.30a) sowie bei der Frau des *Ligamentum teres* (= *rotundum*) *uteri* (**8**) (◻ Abb. 3.29a) aus dem M. obliquus internus abdominis sowie den mit dem Samenstrang oder dem Ligamentum teres uteri durch den Leistenkanal ziehenden N. ilioinguinalis (**9**) aufsuchen und bis zum Verlassen des Leistenkanals am *Anulus inguinalis superficialis* (**10**) verfolgen. Beim Mann durch Spalten der *Fascia spermatica externa* (**11**) und der *Fascia cremasterica* mit dem *M. cremaster* (**12**) (◻ Abb. 3.30a,b) und den *Ramus genitalis* des *N. genitofemoralis* (**13**) freilegen.

3

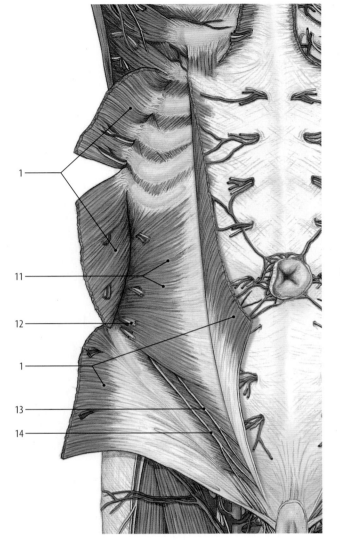

1 M. obliquus externus abdominis
2 Gerdysche Linie
3 Ligamentum inguinale
4 Anulus inguinalis superficialis
5 Crus mediale
6 Crus laterale
7 Fibrae intercrurales
8 Fascia spermatica externa
9 Übergang zur Aponeurose und in die Rektusscheide
10 Muskelecke
11 M. obliquus internus abdominis
12 N. subcostalis
13 N. iliohypogastricus
14 N. ilioinguinalis

◨ **Abb. 3.28** Vordere seitliche Bauchwand, M. obliquus internus abdominis und Leitungsbahnen freigelegt, rechte Seite [36]

(Vollständige Präparation des Samenstranges und der Hodenhüllen, s. Präparation von Samenstrang, Hoden, Nebenhoden und ihrer Hüllen, ◨ Abb. 3.33.)

3.4.4 Präparation der tiefen seitlichen Schicht

Freilegen des M. transversus abdominis   Zum Freilegen des M. transversus abdominis wird ein Y-förmiger Schnitt durch den M. obliquus internus abdominis gelegt (◨ Abb. 3.29a,b; ◨ Abb. 3.30a,b; ◨ Abb. 3.56/ Video 3.18).

Alternative: Es empfiehlt sich die Präparation nur einseitig durchzuführen.

Der erste Schnitt beginnt im Bereich des Muskel-Aponeurosen-Übergangs zwei – drei Zentimeter oberhalb des unteren Muskelrandes und wird von hier unter Tastkontrolle des Fingers bogenförmig nach lateral-kranial bis zur 12. Rippe geführt.

❶ Beim Ablösen des M. obliquus internus abdominis die Nn. iliohypogastricus **(14)**, ilioinguinalis **(9)** und subcostalis **(15)** unbedingt schonen.

Der zweite Schnitt beginnt in der Mitte des medialen Randes des ersten Schnittes und verläuft in Richtung der Muskelfasern schräg nach medial-kranial zum Rippenbogen bis in den Bereich des Muskel-Sehnen-Übergangs. Die nach der Muskeldurchtrennung entstandenen drei Teile des M. obliquus internus abdominis **(2)** werden vom *M. transversus abdominis* **(14)** unter Erhaltung der Leitungsbahnen und der inneren Faszie des inneren schrägen Bauchmuskels abgelöst.

Aufgrund der festen Verbindung zwischen den Mm. obliquus internus abdominis und transversus abdominis im kaudalen Bereich, lassen sich die Muskeln hier oft schwer voneinander trennen. Die bogenförmig zur Rektusscheide ziehende Ansatzaponeurose des M. transversus abdominis (Transversussehnenbogen) **(5)** wieder aufsuchen (s. o.).

Die auf dem freigelegten M. transversus abdominis ziehenden segmentalen Leitungsbahnen aus den kaudalen Interkostalräumen bis zum Eintritt in die Rektusscheide verfolgen: N. subcostalis **(16)** mit Begleitgefäßen, N. iliohypogastricus **(15)**, N. ilioinguinalis **(9)**.

Abschließend im muskelfreien Dreieck **(6)** die Verstärkung der Fascia transversalis **(17)** mit *Ligamentum interfoveolare* **(18)** und *M. interfoveolaris* palpieren, danach die *Fossae inguinales medialis* **(19)** und *lateralis* **(20)** lokalisieren. Abschließend durch kleinen Längsschnitt die Fascia transversalis im Bereich des Ligamentum interfoveolare spalten und die darin liegenden *Vasa epigastrica inferiora* **(21)** freilegen (◨ Abb. 3.30b).

❶ Beim Freilegen der Vasa epigastrica inferiora die Bauchhöhle durch Verletzen des Peritoneum parietale nicht eröffnen.

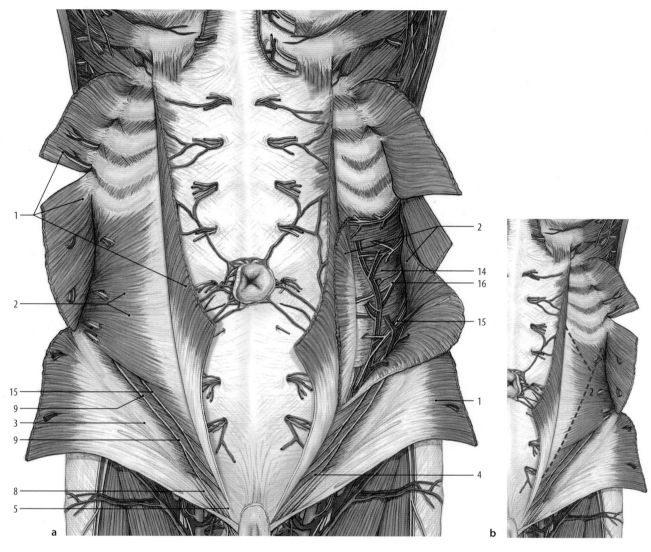

1 M. obliquus externus abdominis
2 M. obliquus internus abdominis
3 Leistenband
4 kaudaler Rand des
   M. obliquus internus abdominis
5 Transversussehnenbogen
6 muskelfreies = Hesselbachsches Dreieck
7 Funiculus spermaticus
8 Ligamentum teres (rotundum) uteri

9 N. ilioinguinalis
10 Anulus inguinalis superficialis
11 Fascia spermatica externa
12 M. cremaster
13 Ramus genitalis des N. genitofemoralis
14 M. transversus abdominis
15 N. iliohypogastricus
16 N. subcostalis

- - - - Schnittführungen durch den
   M. obliquus internus abdominis
   zum Freilegen des
   M. transversus abdominis

◻ **Abb. 3.29** **a** Ventrale Rumpfwand, Ansicht von vorn, M. obliquus internus (rechte Körperseite) und M. obliquus transversus (linke Körperseite) freigelegt. **b** Schnittführungen durch den M. obliquus internus abdominis zum Freilegen des M. transversus abdominis [36]

Abschließend die „Wände" des Leistenkanals noch einmal studieren:

- Obere Wand („Dach"): freie Ränder der Aponeurosen (medial) und der Muskulatur der Mm. obliquus internus und transversus abdominis (lateral)
- Untere Wand („Boden"): Ligamentum inguinale und Ligamentum reflexum (medial)

- Hintere Wand: Fascia transversalis mit Ligamentum interfoveolare = Hesselbachsches Band und M. interfoveolaris, Falx inguinalis = Henlesches Band, subperitoneales Bindegewebe und Peritoneum parietale
- Vordere Wand: Aponeurose des M. obliquus externus abdominis

3

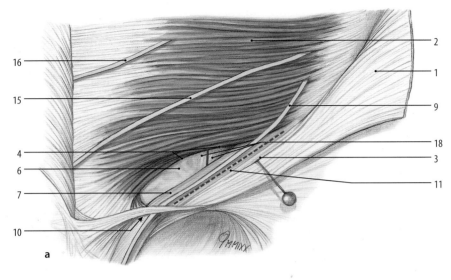

—— Längsschnitt durch die Fascia transversalis zur Freilegung
     der Vasa epigastrica inferiora
- - - - Schnittführung zur Durchtrennung der Fascia spermatica externa

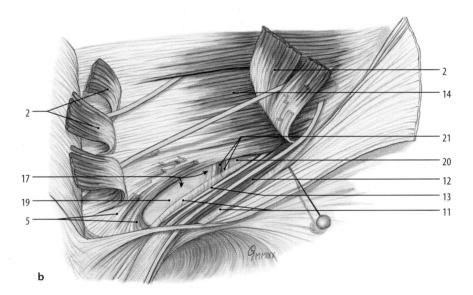

1   M. obliquus externus abdominis
2   M. obliquus internus abdominis
3   Leistenband
4   kaudaler Rand des M. obliquus internus
    abdominis
5   Transversussehnenbogen
6   muskelfreies = Hesselbachsches Dreieck
7   Funiculus spermaticus
9   N. ilioinguinalis
10 Anulus inguinalis superficialis
11 Fascia spermatica externa
12 M. cremaster
13 Ramus genitalis des N. genitofemoralis
14 M. transversus abdominis
15 N. iliohypogastricus
16 N. subcostalis
17 Fascia transversalis
18 Ligamentum interfoveolare
19 Fossa inguinalis medialis
20 Fossa inguinalis lateralis
21 Vasa epigastrica inferiora

◻ **Abb. 3.30**   **a, b** Leistenkanal und Hesselbachsches Dreieck; in **b** Freilegen der Vasa epigastrica inferiora [29]

▶ **Klinik**

Das muskelfreie Hesselbachsche Dreieck in der Fossa inguinalis medialis ist eine Schwachstelle in der vorderen Bauchwand; es ist Durchtrittsstelle der direkten (medialen) Leistenhernie; die Schichten des Bruchsackes bestehen aus Peritoneum parietale und Fascia transversalis. Äußere Austrittsstelle des Bruchsackes ist der Anulus inguinalis superficialis. Bei der erworbenen indirekten (lateralen) Leistenhernie liegt die innere Durchtrittsstelle lateral von den Vasa epigastrica inferiora in der Fossa inguinalis lateralis; Schwachstelle ist der Anulus inguinalis profundus. Der nur aus Peritoneum parietale bestehende Bruchsack schiebt sich in den Leistenkanal (Kanalhernie), tritt am Anulus inguinalis superficialis aus der Bauchwand und hat die Tendenz, sich in das Skrotum auszudehnen (Skrotalhernie). Bei Leistenhernienoperationen in Lokalanästhesie werden durch eine Infiltrationsanästhesie die Nn. iliohypogastricus, ilioinguinalis und genitofemoralis blockiert (Feldblockade). ◀

3.4.5 Präparation der vorderen Schichten – Rektusscheide und M. rectus abdominis

Eröffnung der Rektusscheide (■ Abb. 3.31, 3.32a,b) Zum Eröffnen der Rektusscheide das vordere Blatt (1) unter Schonung der austretenden Leitungsbahnen (2) in der Mitte durchtrennen (■ Abb. 3.31, 3.57/Video 3.19).

Alternative: Rektusscheide nur auf einer Seite eröffnen oder Rektusscheide auf beiden Seiten eröffnen, M. rectus abdominis aber nur auf einer Seite durchtrennen und herausklappen.

🚫 M. rectus abdominis nicht verletzen.

Nach vollständiger Durchtrennung des vorderen Blattes der Rektusscheide mit flach eingeführtem Finger zwischen den Intersectiones tendineae die Rektusmuskulatur stumpf von der Innenseite des vorderen Rektusscheidenblattes lösen. Anschließend die mit dem vorderen Rektusscheidenblatt verwachsenen Intersectines tendineae mit flach geführtem Muskelmesser von der Innenseite des vorderen Blattes scharf trennen (■ Abb. 3.58/Video 3.20). Die vollständig gelösten Teile des vorderen Blattes zur Seite klappen und den Verlauf des *M. rectus abdominis* (3) mit den *Intersectiones tendineae* (4) studieren; den variabel vorkommenden *M. pyramidalis* (5) darstellen.

Am lateralen Rand der eröffneten Rektusscheide die zur Versorgung des M. rectus abdominis in die Rektusscheide eintretenden segmentalen Leitungsbahnen (6) aufsuchen. Anschließend M. rectus abdominis so weit wie möglich stumpf vom hinteren Blatt der Rektusscheide lösen; noch vorhandene seitliche Verwachsungen der Intersectiones tendineae mit der Rektusscheidenwand mit dem Messer durchtrennen.

🚫 Segmentale von lateral in den M. rectus abdominis eintretende Leitungsbahnen sowie die auf der Rückseite des Muskels ziehenden epigastrischen Gefäße schonen.

Zur Darstellung der Vasa epigastrica inferiora und superiora und des hinteren Blattes der Rektusscheide den M. rectus abdominis etwas oberhalb des Nabels zwischen zweiter und dritter Intersectio tendinea durchtrennen (■ Abb. 3.32a,b). Bevor der kraniale Muskelabschnitt nach oben und der kaudale Muskelabschnitt nach unter verlagert werden, muss die topographische Lage zwischen epigastrischen Gefäßen und M. rectus abdominis geklärt sein. Laufen die Vasa epigastrica frei auf der Rückseite des Muskels, sollten diese stumpf vom Muskel gelöst und auf das hintere Rektusscheidenblatt verlagert werden. Bei intramuskulärem Verlauf der

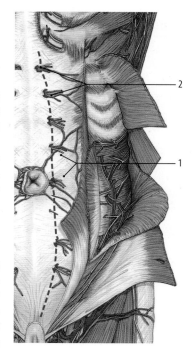

- - - - Schnittführung zum Eröffnen der Rektusscheide

1 vorderes Blatt der Rektusscheide
2 Leitungsbahnen – Rr. cutanei anteriores
3 M. rectus abdominis
4 Intersectiones tendineae
5 M. pyramidalis
6 laterale segmentale Leitungsbahnen
7 Lamina posterior der Rektusscheide
8 Linea – Zona arcuata
9 Vasa epigastrica inferiora
10 Vasa epigastrica superiora
11 Eintritt der Vasa epigastrica superiora
     am Trigonum sternocostale
12 Eintritt der Vasa epigastrica inferiora in die Rektusscheide

■ **Abb. 3.31** Schnittführung zum Eröffnen der Rektusscheide [36]

Gefäße werden die Gefäße gemeinsam mit dem Muskel durchtrennt. Vor Verlagerung der Muskelanteile nach kranial und kaudal die segmentalen Leitungsbahnen nochmals studieren und an der Eintrittszone in den Muskel durchtrennen.

Sodann kranialen und kaudalen Teil des Muskels aus der Rektusscheide herausklappen und den unterschiedlichen Aufbau der *Lamina posterior* (7) der Rektusscheide studieren; *Linea* (Zona) *arcuata* (8) durch Inspektion und Palpation lokalisieren. Verlauf der *Vasa epigastrica inferiora* (9) und *superiora* (10) nachgehen und ihren Eintritt in die Rektusscheide aufsuchen; dazu die Vasa epigastrica superiora bis zum Rippenbogen (Trigonum sternocostale = Larreysche Spalte) (11) und Vasa epigastrica inferiora bis zum kaudalen Ende der Rektusscheide (12) verfolgen. Abschließend zum Ver-

3

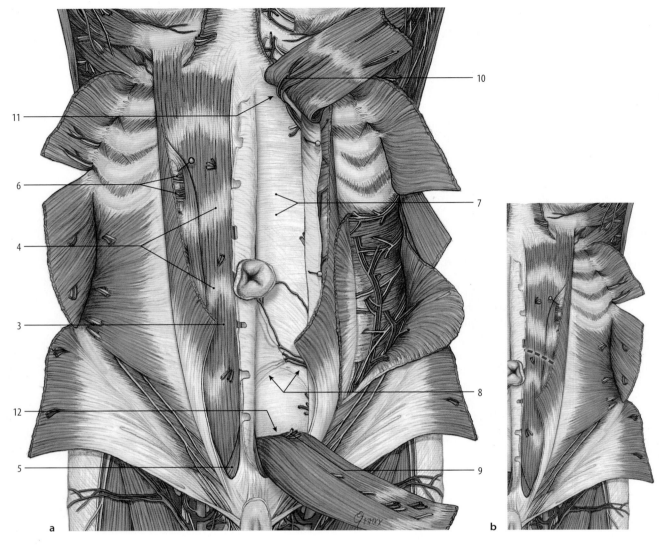

1   vorderes Blatt der Rektusscheide
2   Leitungsbahnen – Rr. cutanei anteriores
3   M. rectus abdominis
4   Intersectiones tendineae
5   M. pyramidalis
6   laterale segmentale Leitungsbahnen
7   Lamina posterior der Rektusscheide

8   Linea – Zona arcuata
9   Vasa epigastrica inferiora
10 Vasa epigastrica superiora
11 Eintritt der Vasa epigastrica superiora
    am Trigonum sternocostale
12 Eintritt der Vasa epigastrica inferiora
    in die Rektusscheide

- - - - Schnittführung zur Durchtrennung
    des M. rectus abdominis

■ **Abb. 3.32 a** Vordere Bauchwand. Rechte Körperseite: mittlere Schicht M. obliquus abdominis internus und M. rectus abdominis freigelegt. Linke Körperseite: tiefe Schicht M. transversus abdominis freigelegt, M. rectus abdominis durchtrennt und zur Freilegung des hinteren Blattes der Rektusscheide nach kranial und nach kaudal verlagert. **b** Schnittführung zur Durchtrennung des M. rectus abdominis [36]

ständnis möglicher arterieller und venöser Kollateralkreisbildungen über die Vasa epigastrica superiora und inferiora die Gefäßverbindungen auf der hinteren Rektusscheidenwand oder bei intramuskulärem Gefäßverlauf durch Zusammenfügen der durchtrennten Muskelenden studieren.

► **Klinik**

Kavo-kavale Anastomosen können sich zwischen V. subclavia und V. femoralis über die Vv. epigastricae inferior, superior und über die V. thoracica interna ausbilden. Die arterielle Kollateralkreislaufbildung bei der Aortenisthmusstenose entsteht über die Verbindungen zwischen Aa. thoracicae internae, epigastricae superiorae und epigastricae inferiorae (■ Abb. 3.15). ◄

► **Klinik**

Bei starker Überdehnung der Bauchwand durch Schwangerschaft, Tumor oder Aszites kann es zur Verbreiterung der Linea alba mit Auseinanderweichen der Mm. recti ab-

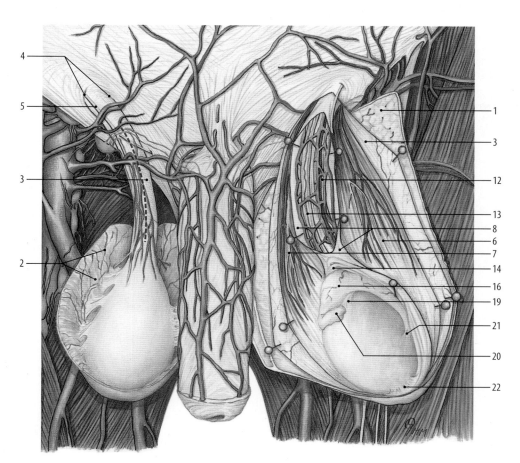

1 Tela subcutanea
2 Tunica dartos
3 Fascia spermatica externa
4 Anulus inguinalis superficialis
5 N. ilioinguinalis
6 M. cremaster
7 Ramus genitalis des
   N. genitofemoralis
8 Fascia spermatica interna
9 Ductus deferens
10 Plexus pampiniformis
11 A. testicularis
12 Plexus testicularis
13 A. ductus deferentis
14 Periorchium
15 Epiorchium
16 Caput epididymidis
17 Corpus epididymidis
18 Cauda epididymidis
19 Ligamentum epididymidis superius
20 Appendix testis
21 Ligamentum epididymidis inferius
22 Mesorchium
23 Mediastinum testis
24 Ligamentum reflexum

- - - - Schnittführung zur Durchtrennung der Fascia spermatica externa

◻ **Abb. 3.33**   Hoden, Nebenhoden, Ductus deferens sowie ihre Hüllen und Leitungsbahnen, Ansicht von vorn. Schnittführung zur Durchtrennung der Fascia spermatica externa [29]

dominis kommen; diese erworbene Rektusdiastase ist von der physiologischen Rektusdiastase des Neugeborenen abzugrenzen. Zu den Fehlbildungen im Bereich der vorderen Bauchwand zählt die mediane Oberbauchspalte (Laperoschisis), die mit einem Nabelschnurbruch (Omphalocele) kombiniert ist. Oberhalb des Nabels können im Bereich der Linea alba epigastrische Hernien auftreten. Selten kommt es an der Hinterwand der Rektusscheide zur Ausbildung einer Spieghelschen Hernie, deren Bruchpforte zwischen dem lateralen Rand der Linea (Zona) arcuata und der Linea semilunaris des M. transversus abdominis liegt. ◄

3.5 Präparation von Samenstrang, Hoden, Nebenhoden und ihrer Hüllen

Zur Darstellung der Strukturen und der Leitungsbahnen von Samenstrang, Hoden und Nebenhoden (◻ Abb. 3.33, ◻ Abb. 3.34) bei der Hautpräparation das unterschiedliche Verhalten des subkutanen Gewebes im Bereich von Samenstrang und Hodensack beachten (◻ Abb. 3.59/Video 3.21).

⊜ Topographie

Die *Tela subcutanea* (**1**) endet im mittleren Bereich des Samenstranges und geht kontinuierlich in die *Tunica dartos* (**2**) des Hodensackes über.

Zunächst *Fascia spermatica externa* (**3**) unter Kontrolle des tastenden Fingers vom *Anulus inguinalis superficialis* (**4**) bis in den Hodensack freilegen. Im Bereich des Samenstranges das hier noch vorhandene Unterhautbindegewebe scharf oder stumpf von der Fascia spermatica externa trennen, dabei den *N. ilioinguinalis* (**5**) auf oder innerhalb der Faszie aufsuchen.

❶ Fascia spermatica externa als geschlossene Struktur erhalten. N. ilioinguinalis nicht verletzen.

Am Skrotum das Fehlen von typischem, subkutanem Gewebe beachten. Tunica dartos und Fascia spermatica externa stumpf durch Lösen des beide Strukturen verbindenden, lockeren Bindegewebes vollständig voneinander trennen. Anschließend Fascia spermatica externa vom äußeren Leistenring bis zum unteren Pol des

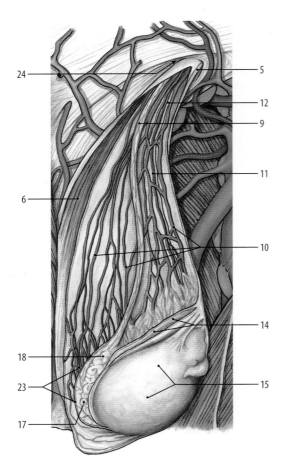

1 Tela subcutanea
2 Tunica dartos
3 Fascia spermatica externa
4 Anulus inguinalis superficialis
5 N. ilioinguinalis
6 M. cremaster
7 Ramus genitalis des N. genitofemoralis
8 Fascia spermatica interna
9 Ductus deferens
10 Plexus pampiniformis
11 A. testicularis
12 Plexus testicularis
13 A. ductus deferentis
14 Periorchium
15 Epiorchium
16 Caput epididymidis
17 Corpus epididymidis
18 Cauda epididymidis
19 Ligamentum epididymidis superius
20 Appendix testis
21 Ligamentum epididymidis inferius
22 Mesorchium
23 Mediastinum testis
24 Ligamentum reflexum

◻ Abb. 3.34 Hüllen und Leitungsbahnen von Samenstrang und Hoden, linke Seite, Ansicht von vorn [29]

Hodens unter Schonung des N. ilioinguinalis spalten; sodann die Fascia spermatica externa mit zwei stumpfen anatomischen Pinzetten von *M. cremaster* (**6**) und seiner Faszie lösen; bei Adhäsionen zwischen den Strukturen die beiden Blätter vorsichtig scharf voneinander trennen. *Ramus genitalis* des *N. genitofemoralis* (**7**) auf der Unterseite des M. cremaster aufsuchen (◻ Abb. 3.33).

❗ Das dünne Blatt der Fascia spermatica externa nicht verletzen.

Danach M. cremaster mit seiner Faszie spalten und teils stumpf, teils scharf von der *Fascia spermatica interna = Tunica vaginalis communis* (**8**) lösen und ihre Ausdehnung studieren. Anschließend Fascia spermatica interna im Bereich des Samenstranges spalten und die von ihr umhüllten Strukturen durch stumpfes Lösen des sie umgebenden Bindegewebes freilegen (◻ Abb. 3.34): *Ductus deferens* (**9**), *Plexus pampiniformis* (**10**), *A. testicularis* (**11**), *Plexus testicularis* (**12**) und -variabel – Vestigium des Processus vaginalis. In dem den Ductus deferens umhüllenden Bindegewebe *A. ductus deferentis* (**13**) und Begleitvenen aufsuchen.

Im Bereich des Hodens die Fascia spermatica interna und die ihrer Innenseite aufliegende *Lamina parietalis* der *Tunica vaginalis testis = Periorchium* (**14**) auf der Vorderseite des Hodens spalten und die Cavitas serosa scroti (Cavum scroti) eröffnen (◻ Abb. 3.60/Video 3.22).

In der eröffneten Hodensackhöhle zunächst die Lamina parietalis = *Periorchium* und *Lamina visceralis = Epiorchium* (**15**) der Tunica vaginalis testis zuordnen und danach die Strukturen innerhalb des Cavum serosum scroti aufsuchen: Anteile des Hodens, Nebenhoden mit *Caput* (**16**), *Corpus* (**17**) und *Cauda epididymidis* (**18**), *Ligamentum epididymidis superius* (**19**), *Appendix testis* (**20**), *Ligamentum epididymidis inferius* (**21**), *Mesorchium* (**22**). Zur Demonstration des Übergangs der Cauda epididymidis in den Ductus deferens auf einer Seite Fascia spermatica interna und Lamina parietalis der Tunica vaginalis testis spalten und den Nebenhoden mit *Mediastinum testis* (**23**) freilegen.

Abschließend die Hüllen von Samenstrang und Hoden sowie die Leitungsbahnen studieren. Den Samenstrang bis zum äußeren Leistenring verfolgen und so weit mobilisieren, dass der Eingang in den Leistenkanal mit dem *Ligamentum reflexum* (**24**) sichtbar wird.

Beim weiblichen Körperspender das Ligamentum teres = rotundum uteri am äußeren Leistenring aufsuchen und bis zu den Labia majora verfolgen (◻ Abb. 3.36).

▶ **Klinik**

Eine Erweiterung der Venen des Plexus pampiniformis (Varikozele) tritt in ca. 80 % der Fälle auf der linken Seite auf. Die Hodentorsion mit Drosselung des venösen Rückflusses und Strangulierung der A. testicularis kann zur

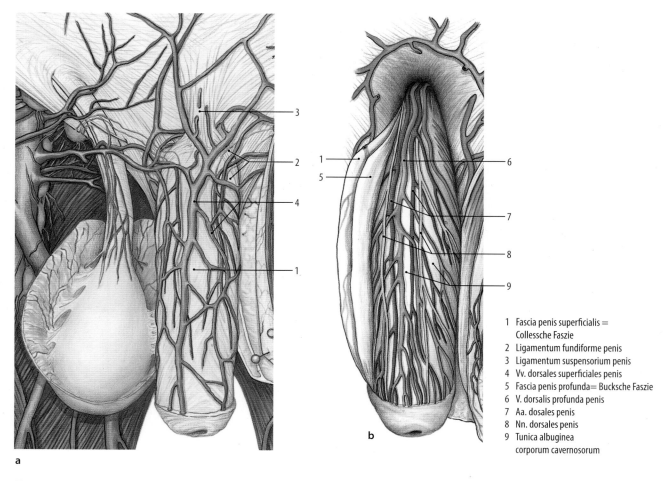

1 Fascia penis superficialis =
   Collessche Faszie
2 Ligamentum fundiforme penis
3 Ligamentum suspensorium penis
4 Vv. dorsales superficiales penis
5 Fascia penis profunda= Bucksche Faszie
6 V. dorsalis profunda penis
7 Aa. dosales penis
8 Nn. dorsales penis
9 Tunica albuginea
   corporum cavernosorum

Abb. 3.35 **a** Penis, oberflächliche Strukturen und Leitungsbahnen, Ansicht von vorn. **b** Penis, tiefe Strukturen und Leitungsbahnen, Ansicht von vorn [29]

Nekrose des Hodens führen (akuter Notfall). Die Ansammlung seröser Flüssigkeit im Cavum serosum scroti zwischen Epiorchium und Periorchium bezeichnet man als Hydocele testis. Eine Hydocele funiculi spermatici ist eine zystische Erweiterung innerhalb von Resten des Processus vaginalis im Samenstrang. Retentionszysten am Nebenhoden nennt man Spermatozele. ◄

3.6 Präparation des Penis

Bevor die stark verschiebbare Penishaut im dünnen subkutanen Bindegewebe von der *Fascia penis superficialis* = Collessche Faszie **(1)** scharf getrennt wird (◘ Abb. 3.35a,b; ◘ Abb. 3.61/Video 3.23), variables Preputium penis, Frenulum preputii und die Verankerung der Haut im Bereich der Corona glandis studieren. Das bereits anpräparierte schlingenförmig zur Peniswurzel ziehende *Ligamentum fundiforme penis* **(2)** vollständig darstellen und die Präparation des *Ligamentum suspensorium penis* **(3)** vervollständigen.

Die auf der Fascia penis superficialis liegenden *Vv. dorsales superficiales penis* **(4)** aufsuchen und bis zur Einmündung entweder in die Vv. pudendae externae oder direkt in die V. femoralis verfolgen. Danach die äußere Penisfaszie spalten und scharf von der *Fascia penis profunda* = Bucksche Faszie **(5)** lösen. Zur Darstellung der *V. dorsalis profunda penis* **(6)** sowie der die Vene begleitenden *Aa. dorsales penis* **(7)** und der *Nn. dorsales penis* **(8)** die Fascia penis profunda spalten und von der *Tunica albuginea corporum cavernosorum* **(9)** scharf lösen. Die Leitungsbahnen bis zur Glans penis verfolgen.

Demonstrationspräparat   –   Mediansagittalschnitt durch den Penis (s. Kapitel Becken, ► Kap. 9, ◘ Abb. 9.7b)

Demonstrationspräparat – Penisquerschnitt (s. Kapitel Becken, ► Kap. 9, ◘ Abb. 9.8)

3

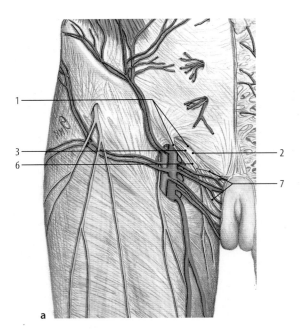
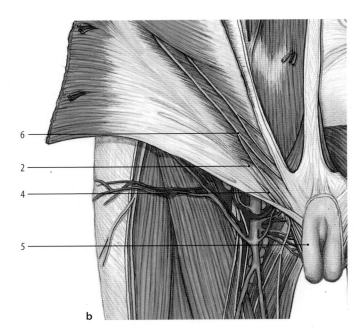

a   b

1 Anulus inguinalis superficialis
2 Ligamentum teres uteri
3 A. ligamenti teretis
4 Ramus genitalis des N. genitofemoralis
5 Labia majora
6 N. ilioinguinalis
7 Nn. labiales anteriores

◨ Abb. 3.36   **a** Leistenregion bei der Frau, rechte Seite, Ansicht von vorn [29]. **b** Strukturen im Leistenkanal bei der Frau, rechte Seite, Ansicht von vorn [29]

3.7   Präparation der Leistenregion bei der Frau

Die bei der Präparation der Bauchwand (◨ Abb. 3.24a,b) bereits dargestellten äußeren Strukturen der Leistenregion vervollständigen: Das aus dem *Anulus inguinalis superficialis* (1) tretende *Ligamentum teres uteri* (2) mit der begleitenden *A. ligamenti teretis* (3) und dem *Ramus genitalis* des *N. genitofemoralis* (4) freilegen und bis zum Eintritt in die *Labia majora* (5) nachgehen (◨ Abb. 3.36a,b). Aufzweigung des *N. ilioinguinalis* (6) präparieren und die *Nn. labiales anteriores* (7) bis zu den großen Schamlippen, zum Mons pubis und bis zur Haut des Oberschenkels verfolgen.

3.8   Präparation der Dammregion

Die Präparation der Dammregion erfolgt aus präparationstechnischen Gründen in mehreren Schritten in den Kapiteln Ventrale Rumpfwand, Untere Extremität (► Kap. 6, s. Fossa ischioanalis, ◨ Abb. 6.12) und Becken (► Kap. 9, ◨ Abb. 9.9 und 9.10).

Die Präparation kann auch am median-sagittal durchtrennten Becken durchgeführt werden.

Als **Dammregion** – *Regio perinealis* – bezeichnet man den rhombenförmigen Bereich kaudal der Strukturen des Beckenbodens. Die Dammregion wird in einen vorderen – *Regio urogenitalis* – und in einen hinteren Abschnitt – *Regio analis* – unterteilt; die Grenze zwischen den beiden Regionen bildet eine Linie zwischen den beiden Sitzbeinhöckern. Strukturen in der Regio urogenitalis bei der Frau sind das äußere Genitale mit Labia majora und minora, Clitoris sowie Scheidenvorhof mit der äußeren Harnröhrenöffnung. Beim Mann liegt in der Regio urogenitalis der Skrotalansatz; von der Raphe scroti zieht die Raphe perinei zum Anus.

Die **Haut** in der Dammregion ist von unterschiedlicher Dicke. Im Analbereich ist die stark pigmentierte Haut dünn, in den angrenzenden Zonen von mittlerer Stärke. Das subkutane Fettgewebe ist meistens kräftig entwickelt (► Kap. 6, s. Fossa ischioanalis, ◨ Abb. 6.12); am Skrotum fehlt das subkutane Fettgewebe (◨ Abb. 3.33).

Tastbare Knochenanteile (◨ Abb. 3.37) sind der kaudale Rand der Symphysis pubica, die unteren Schambeinäste, der Ramus ossis ischii, die Sitzbeinhöcker und das Os coccygis.

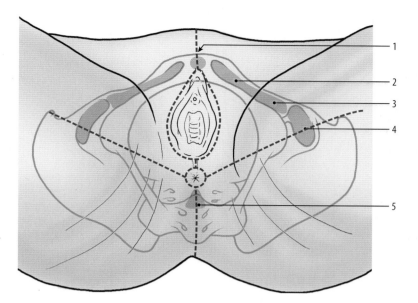

1 Symphysis pubica
2 Ramus inferion des Os pubis
3 Ramus ossis ischii
4 Tuber ischiadicum
5 Os coccygis

----- Schnittführung zum Anlegen der Hautschnitte

Abb. 3.37 Dammregion, tastbare Knochenanteile bei der Frau, Ansicht von hinten-oben, Schnittführung zum Anlegen der Hautschnitte [42]

Topographie

Als Damm bezeichnet man im klinischen Sprachgebrauch bei der Frau den Bereich zwischen Analöffnung und hinterer Scheidenkommissur. Je nach Ausdehnung des Bereiches spricht von einem „hohen" oder von einem „niedrigen" Damm; die Breite des Dammes hat praktische Bedeutung beim Geburtsvorgang.

Beim Mann reicht der Damm von der Analöffnung bis zum Skrotalansatz.

Die unteren Schambeinäste bilden mit dem Unterrand der Schambeinfuge den Schambogen – *Arcus pubicus* -, dessen Winkelmaß – *Angulus subpubicus* – normalerweise bei der Frau 90–100° und beim Mann ca. 70° beträgt. Aus der Größe des Angulus subpubicus lassen sich bei der Frau Rückschlüsse auf die Weite des knöchernen Geburtskanals ziehen.

3.9 Präparation der Dammregion am weiblichen Becken

Bei der Präparation von vorn die unteren Extremitäten so weit wie möglich abspreizen und das Becken durch Unterlegen eines Keiles nach vorn kippen (■ Abb. 3.38).

Zur Präparation des *M. bulbospongiosus* **(1)** und des *M. ischiocavernosus* **(2)** das Fettgewebe auf den Labia majora unter Schonung der zu den großen Schamlippen ziehenden Leitungsbahnen mit der Messerspitze so weit abtragen, bis die Faszien der Muskeln sowie die *Fascia (investiens) perinealis superficialis* (Fascia diaphragmatis urogenitalis inferior – Collessche Faszie) **(3)** auf dem *Diaphragma urogenitale* **(4)** freiliegen. Beim Abtragen

des Fettgewebes auf dem Diaphragma urogenitale die an seinem Hinterrand aus der Fossa ischioanalis kommenden Leitungsbahnen präparieren: *Nn. labiales posteriores* **(5)**, *N. dorsalis clitoridis* **(6)** sowie die aus der *A. pudenda* abgehenden *Rami labiales posteriores* **(7)**, *A. bulbi vestibuli* **(8)** und *A. dorsalis clitoridis* **(9)**.

Anschließend die Faszien auf den Mm. bulbospongiosus und ischiocavernosus abtragen.

Bei der Freilegung des M. bulbospongiosus die Überkreuzung seiner Muskelfasern im Bereich des *Centrum (tendineum) perinei* **(10)** und den Übergang von Muskelfasern in den *M. sphincter ani externus* **(11)**[2] beachten. Auf einer Seite den Bulbus vestibuli demonstrieren; dazu im mittleren Bereich der Schamlippe die Muskelfasern des M. bulbospongiosus in einem ca. 2 cm breiten Streifen abtragen.

Abschließend die Faszie auf dem Diaphragma urogenitale entfernen und *M. transversus perinei profundus* **(12)** und *M. transversus perinei superficialis* **(13)** freilegen.

Da die Muskeln des Diaphragma urogenitale beim alten Menschen in den meisten Fällen atrophisch sind, sollte vor dem Entfernen der Fascia perinealis superficialis die Stärke der Muskulatur durch Palpation geprüft werden; bei schwacher Muskulatur die Faszien nicht entfernen.

> Beim Abtragen des Fettgewebes und beim Freilegen der Muskeln die Leitungsbahnen nicht verletzten.

---

2 Die Freilegung des M. spincter ani externus erfolgt bei der Präparation der Fossa ischioanalis (■ Abb. 6.12).

3

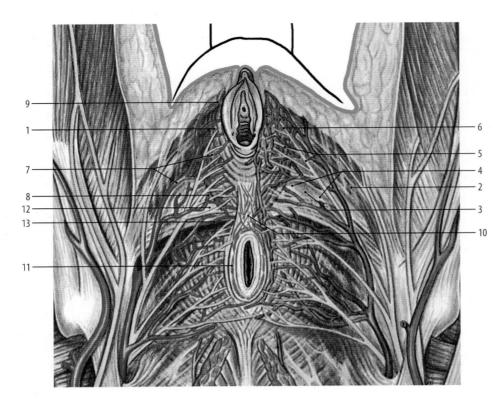

1 M. bulbospongiosus
2 M. ischiocavernosus
3 Fascia diaphragmatis
   urogenitalis inferior
4 Diaphragma urogenitale
5 Nn. labiales posteriores
6 N. dorsalis clitoridis
7 Rami labiales posteriores
8 A. bulbi vestibuli
9 A. dorsalis clitoridis
10 Centrum tendineum
11 M. sphincter ani externus
12 M. transversus perinei profundus
13 M. transversus perinei superficialis

◻ **Abb. 3.38**   Dammregion der Frau, Ansicht von ventral-kaudal [34]

▶ **Klinik**

Bei der Spontangeburt kann es zum Scheiden-Damm-Riss kommen, der nach Beteiligung der Verletzungen von Haut des Dammes und der Vagina sowie von Beckenbodenmuskeln und M. sphincter ani externus in Grade eingeteilt wird. Beim Dammriss dritten Grades ist der M. spincter ani externus betroffen. Bei unzureichender chirurgischer Versorgung kommt es zur Stuhlinkontinenz. Durch den zur Vermeidung von Verletzungen des Geburtskanals durchgeführten Dammschutz wird die Durchtrittsgeschwindigkeit beim „Durchschneiden" des kindlichen Kopfes reduziert.

Zur Erweiterung des Geburtskanals wird bei operativen vaginalen Entbindungen (Vakuumextraktion, Zangenextraktion) ein Scheiden-Damm-Schnitt (Episiotomie) vorgenommen. Je nach Schnittführung zur Durchtrennung von Scheidenhaut, Haut des Dammes und des M. bulbospongiosus unterscheidet man mediane, laterale und medio-laterale Scheiden-Damm-Schnitte. ◀

3.10 Präparationsvideos zum Kapitel

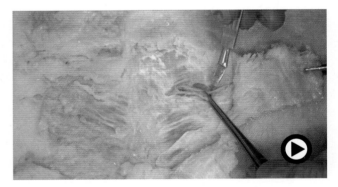

◻ **Abb. 3.39   Video 3.1: Präparation der epifaszialen Leitungsbahnen auf der vorderen Rumpfwand – subkutane Strukturen.** (▶ https://doi.org/10.1007/000-72w), © Institut für Klinische Anatomie und Zellanalytik der Universität Tübingen

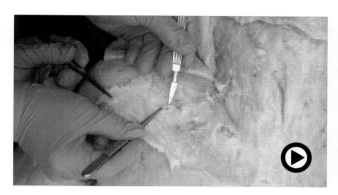

■ **Abb. 3.40** Video 3.2: Nn. supraclaviculares. (► https://doi.org/10.1007/000-728), © Institut für Klinische Anatomie und Zellanalytik der Universität Tübingen

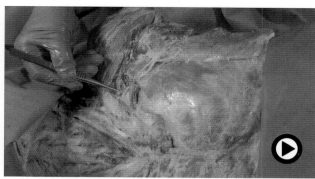

■ **Abb. 3.43** Video 3.5: Fossa clavipectoralis – Präparation des Trigonum clavipectorale. (► https://doi.org/10.1007/000-72b), © Institut für Klinische Anatomie und Zellanalytik der Universität Tübingen

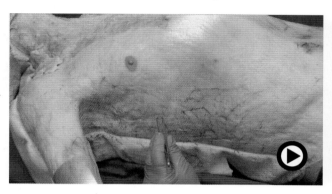

■ **Abb. 3.41** Video 3.3: Präparation der lateralen Thoraxwand. (► https://doi.org/10.1007/000-729), © Institut für Klinische Anatomie und Zellanalytik der Universität Tübingen

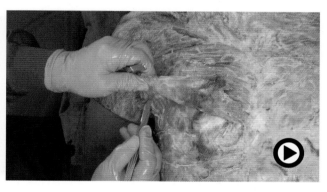

■ **Abb. 3.44** Video 3.6: Ablösen des M. pectoralis major. (► https://doi.org/10.1007/000-72c), © Institut für Klinische Anatomie und Zellanalytik der Universität Tübingen

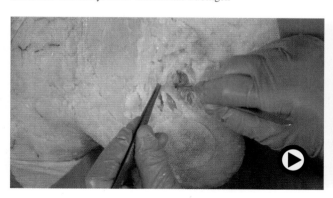

■ **Abb. 3.42** Video 3.4: Präparation der weiblichen Brustdrüse. (► https://doi.org/10.1007/000-72a), © Institut für Klinische Anatomie und Zellanalytik der Universität Tübingen

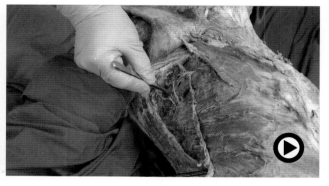

■ **Abb. 3.45** Video 3.7: Seitliche Thoraxwand – Achselhöhle. (► https://doi.org/10.1007/000-72d), © Institut für Klinische Anatomie und Zellanalytik der Universität Tübingen

Abb. 3.46   Video 3.8: Freilegen der Vasa thoracica interna. (► https://doi.org/10.1007/000-72e), © Institut für Klinische Anatomie und Zellanalytik der Universität Tübingen

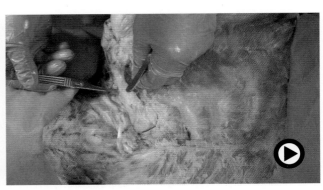

Abb. 3.49   Video 3.11: Exartikulation der Clavicula im Sternoklavikulargelenk. (► https://doi.org/10.1007/000-72h), © Institut für Klinische Anatomie und Zellanalytik der Universität Tübingen

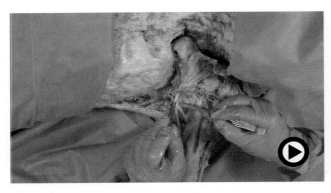

Abb. 3.47   Video 3.9: Präparation des Plexus brachialis in der Achselhöhle. (► https://doi.org/10.1007/000-72f), © Institut für Klinische Anatomie und Zellanalytik der Universität Tübingen

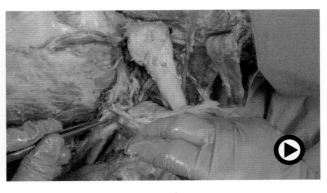

Abb. 3.50   Video 3.12: Strukturen im kostoklavikulären Raum – Plexus brachialis. (► https://doi.org/10.1007/000-72j), © Institut für Klinische Anatomie und Zellanalytik der Universität Tübingen

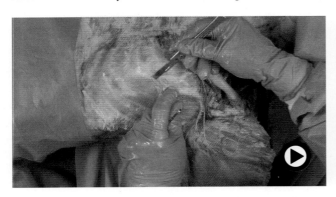

Abb. 3.48   Video 3.10: Ablösen des M. pectoralis minor. (► https://doi.org/10.1007/000-72g), © Institut für Klinische Anatomie und Zellanalytik der Universität Tübingen

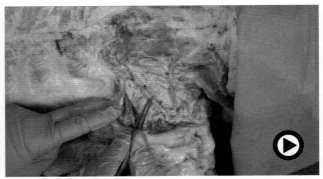

Abb. 3.51   Video   3.13:   Fossa   supraclavicularis. (► https://doi.org/10.1007/000-72k), © Institut für Klinische Anatomie und Zellanalytik der Universität Tübingen

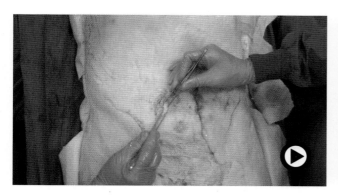

■ **Abb. 3.52** Video 3.14: **Präparation der V. epigastrica superficialis.** (▶ https://doi.org/10.1007/000-72m), © Institut für Klinische Anatomie und Zellanalytik der Universität Tübingen

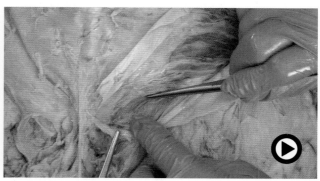

■ **Abb. 3.55** Video 3.17: **Freilegen des Hesselbachschen Dreiecks-Leistenkanal.** (▶ https://doi.org/10.1007/000-72q), © Institut für Klinische Anatomie und Zellanalytik der Universität Tübingen

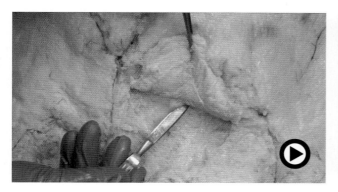

■ **Abb. 3.53** Video 3.15: **Präparation des Stratum membranosum – Campersche Faszie.** (▶ https://doi.org/10.1007/000-72n), © Institut für Klinische Anatomie und Zellanalytik der Universität Tübingen

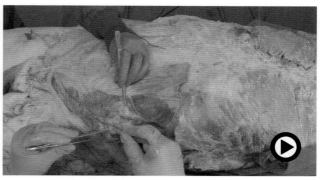

■ **Abb. 3.56** Video 3.18: **Freilegen des M. transversus abdominis.** (▶ https://doi.org/10.1007/000-72r), © Institut für Klinische Anatomie und Zellanalytik der Universität Tübingen

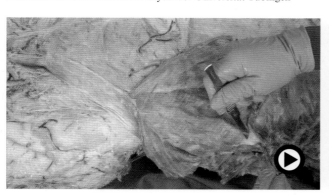

■ **Abb. 3.54** Video 3.16: **Freilegen des M. obliquus internus abdominis.** (▶ https://doi.org/10.1007/000-72p), © Institut für Klinische Anatomie und Zellanalytik der Universität Tübingen

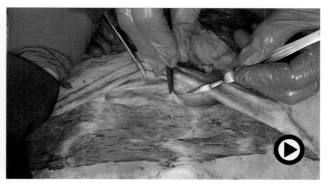

■ **Abb. 3.57** Video 3.19: **Rektusscheide – M. rectus abdominis.** (▶ https://doi.org/10.1007/000-72s), © Institut für Klinische Anatomie und Zellanalytik der Universität Tübingen

3

■ **Abb. 3.58   Video 3.20: Durchtrennen und Ablösen des M. rectus ab-dominis.** (▶ https://doi.org/10.1007/000-72t), © Institut für Klinische Anatomie und Zellanalytik der Universität Tübingen

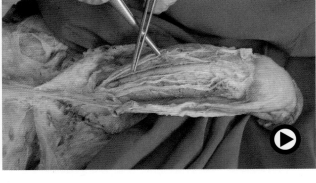

■ **Abb. 3.61   Video 3.23: Präparation der oberflächlichen Strukturen und Leitungsbahnen des Penis.** (▶ https://doi.org/10.1007/000-72x), © Institut für Klinische Anatomie und Zellanalytik der Universität Tübingen

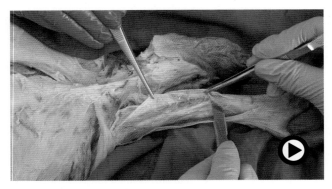

■ **Abb. 3.59   Video   3.21:   Präparation   der   Hodenhüllen.** (▶ https://doi.org/10.1007/000-72v), © Institut für Klinische Anatomie und Zellanalytik der Universität Tübingen

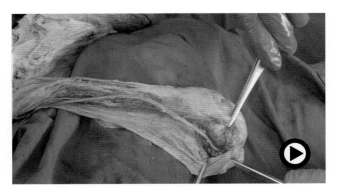

■ **Abb. 3.60   Video   3.22:   Eröffnen   des   Cavum   scroti.** (▶ https://doi.org/10.1007/000-72z), © Institut für Klinische Anatomie und Zellanalytik der Universität Tübingen

Dorsale Rumpfwand

Bernhard N. Tillmann, Bernhard Hirt

Inhaltsverzeichnis

Ergänzende Information
Die elektronische Version dieses Kapitels enthält Zusatzmaterial, auf das über folgenden Link zugegriffen werden kann https://doi.org/10.1007/978-3-662-62839-3_4. Die Videos lassen sich durch Anklicken des DOI Links in der Legende einer entsprechenden Abbildung abspielen, oder indem Sie diesen Link mit der SN More Media App scannen.

© Springer-Verlag GmbH Deutschland, ein Teil von Springer Nature 2022
B. N. Tillmann, B. Hirt, *Präpkurs Anatomie,* https://doi.org/10.1007/978-3-662-62839-3_4

4

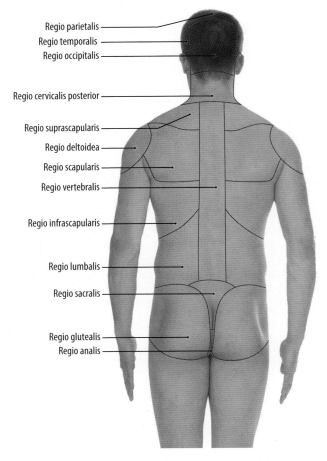

Regio parietalis
Regio temporalis
Regio occipitalis

Regio cervicalis posterior

Regio suprascapularis
Regio deltoidea
Regio scapularis
Regio vertebralis

Regio infrascapularis

Regio lumbalis

Regio sacralis

Regio glutealis
Regio analis

Abb. 4.1 Regionen der dorsalen Rumpfwand, Ansicht von hinten [29]

Zusammenfassung

Das Kapitel befasst sich mit der Präparation der dorsalen Rumpfwand einschließlich der hinteren Halsregion, der Hinterhauptsregion, Gesäß- sowie Schulterregion und der Oberschenkel- und Oberarmrückseite. Wie auch in den anderen Kapiteln dieses Buches werden dezidiert die einzelnen Präparationsschritte beschrieben und mit zahlreichen Abbildungen und Videos veranschaulicht.

4.1 Einführung

In die Präparation der dorsalen Rumpfwand sollten aus inhaltlichen und präparationstechnischen Gründen die hintere Halsregion und die Hinterhauptsregion mit einbezogen werden. Aus Gründen der Kontinuität empfiehlt es sich außerdem, gleichzeitig die Gesäßregion und die Oberschenkelrückseite sowie die Schulterregion und die Oberarmrückseite zu präparieren.

Zu präparierende Anteile:
- Dorsale Rumpfwand einschließlich
  - hintere Halsregion,

  - Hinterhauptsregion,
  - Gesäßregion,
  - Oberschenkelrückseite,
  - Schulterregion,
  - Oberarmrückseite.

An der dorsalen Rumpfwand unterscheidet man verschiedene **Regionen** (■ Abb. 4.1), in deren Zentrum die *Regio vertebralis* mit der Wirbelsäule, mit den autochthonen Rückenmuskeln und deren Leitungsbahnen liegt. Die Wirbelsäule umschließt den Wirbelkanal mit Rückenmark und Rückenmarkshäuten. Seitlich geht die Regio vertebralis in die von den Schultergürtel- und Schultergelenkmuskeln überlagerten Regionen des Rückens über.

Vor Beginn der Präparation sollten das **Oberflächenrelief** der Rückenregionen (■ Abb. 4.2 und 4.3), die klinisch wichtigen **tastbaren Knochenanteile** (■ Abb. 4.6), die **Orientierungslinien** für die hintere Rumpfwand (■ Abb. 4.5) sowie die **Höhenlokalisation der Organe** (■ Abb. 4.4) von Brust- und Bauchhöhle sowie des Retroperitonealraumes studiert werden. Aus Gründen der fixierungsbedingten Veränderungen empfiehlt sich ein Studium am Lebenden.

4.2 Oberflächenrelief

Das Oberflächenrelief (■ Abb. 4.2) des Rückens wird im mittleren Bereich durch die Rückenfurche und durch die seitlich neben ihr liegenden, von den autochthonen Rückenmuskeln aufgeworfenen Muskelwülsten geprägt. Die Rückenfurche beginnt im oberen Abschnitt der Brustwirbelsäule und endet bei der Frau an der Michaelisschen Raute (Venusraute) und beim Mann im kranialen Teil des Sakraldreiecks.

Die **Michaelissche Raute** (■ Abb. 4.3) wird durch die Grübchenbildungen über dem Dornfortsatz des vierten Lendenwirbels sowie über der linken und rechten Spina iliaca posterior superior markiert; die kaudale Begrenzung ist der Beginn der Crena ani. Beim Mann ist in der Sakralregion normalerweise ein spitzwinkliges Sakraldreieck erkennbar, das von den Grübchen über den Cristae iliacae posteriores superiores und dem Beginn der Crena ani begrenzt wird.

Das Oberflächenrelief der seitlichen Regionen der dorsalen Rumpfwand wird durch das Schultergürtelskelett und die Muskeln von Schultergürtel und Schultergelenk geprägt. Konturbildend sind vor allem der M. trapezius mit seinen Anteilen sowie die Mm. latissimus dorsi, teres major und infraspinatus. Beim elevierten Arm zeichnet sich auch der untere Teil des M. rhomboideus major ab. Die Drehung der Scapula im Schulterblatt-Thoraxgelenk wird bei Elevation des Armes an der Verlagerung des Angulus inferior scapulae nach lateral-

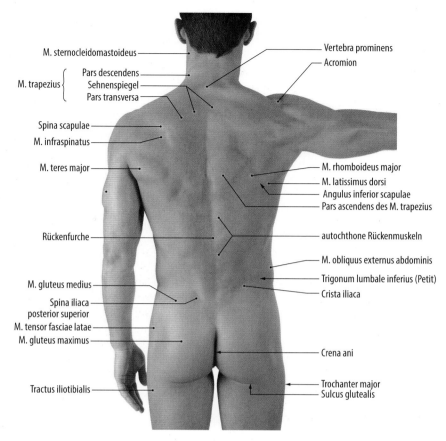

M. sternocleidomastoideus

M. trapezius {
   Pars descendens
   Sehnenspiegel
   Pars transversa

Spina scapulae

M. infraspinatus

M. teres major

Rückenfurche

M. gluteus medius

Spina iliaca posterior superior

M. tensor fasciae latae

M. gluteus maximus

Tractus iliotibialis

Vertebra prominens

Acromion

M. rhomboideus major

M. latissimus dorsi

Angulus inferior scapulae

Pars ascendens des M. trapezius

autochthone Rückenmuskeln

M. obliquus externus abdominis

Trigonum lumbale inferius (Petit)

Crista iliaca

Crena ani

Trochanter major

Sulcus glutealis

☐ **Abb. 4.2**   Oberflächenrelief des Rückens und der angrenzenden Regionen bei einem jungen Mann, Ansicht von hinten [37]

kranial sichtbar. Bei muskelkräftigen Individuen ist häufig die Begrenzung des Lumbaldreiecks durch die Mm. latissimus dorsi und obliquus externus abdominis sowie durch die Crista iliaca sichtbar.

Die mit einem derben Corium ausgestattete **Haut** des Rückens liegt einer vergleichsweise kräftigen Subkutis auf, die mit Ausnahme über den tastbaren Dornfortsätzen verschiebbar ist. In den seitlichen Regionen des Rückens wird die Haut dünner; das betrifft vor allem die Lendenregion am Übergang in die vordere Bauchwand.

☎ Topographie

Die grübchen-förmigen Einziehungen der Haut über den Spinae iliacae posteriores superiores entstehen, da in diesem Bereich das subkutane Fettgewebe fehlt; das dünne subkutane Bindegewebe ist hier fest mit dem Periost verwachsen.

► Klinik

Im Bereich der Spinae iliacae posteriores superiores und über dem Os sacrum kann es bei bettlägerigen Patienten zur Bildung von Druckulzera kommen. ◄

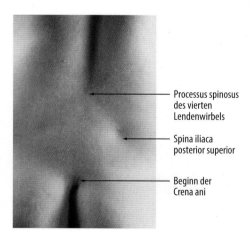

Processus spinosus des vierten Lendenwirbels

Spina iliaca posterior superior

Beginn der Crena ani

☐ **Abb. 4.3**   Michaelissche Raute (Venusraute) bei einer jungen Frau, Ansicht von hinten [37]

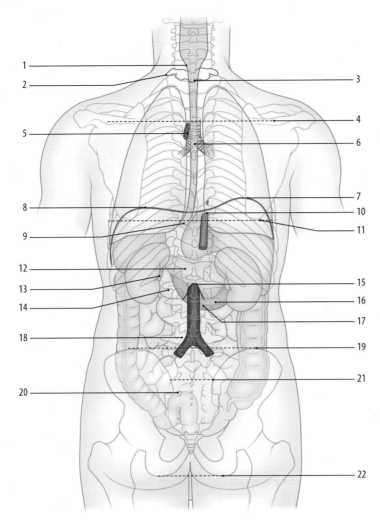

1 Übergang des Pharynx in den Oesophagus – obere Oesophagusenge, Ringknorpelenge – : in Höhe des sechsten Halswirbels
2 Tuberculum caroticum (Tuberculum anterius des Processus transversus des sechsten Halswirbels) ✋: Kompressionsmöglichkeit der A. carotis communis
3 Vertebra prominens ✋: deutlich tastbarer Dornfortsatz des siebten Halswirbels am Übergang der Halslordose in die Brustkyphose in Höhe des ersten Kostotransversalgelenks
4 Spina scapulae ✋: in Höhe des Dornfortsatzes des dritten Brustwirbels
5 mittlere Oesophagusenge, Aortenbogen – Bifurcatio tracheae – Enge: in Höhe des vierten Brustwirbelkörpers
6 Bifurcatio tracheae: in Höhe des vierten (– fünften) Brustwirbelkörpers (s. Rumpf ventral)
7 rechte Zwerchfellkuppel in Exspiration: in Höhe des achten Brustwirbelkörpers
8 linke Zwerchfellkuppel in Exspiration: in Höhe des neunten Brustwirbelkörpers
9 untere Oesophagusenge, Zwerchfellenge: am Hiatus oesophageus in Höhe des zehnten Brustwirbelkörpers
10 Foramen venae cavae: in Höhe des achten Brustwirbelkörpers (Exspiration)
11 Angulus inferior der Scapula ✋: in Höhe des Dornfortsatzes des siebten (achten) Brustwirbels
12 Tuber omentale des Pankreas: vor dem ersten Lendenwirbelkörper
13 Nierenhilus: in Höhe der Zwischenwirbelscheibe zwischen erstem und zweitem Lendenwirbel (rechts etwas tiefer als links)
14 Flexura duodenojejunalis: in Höhe des ersten (– zweiten) Lendenwirbels
15 Hiatus aorticus und Cysterna chyli: in Höhe des ersten Lendenwirbels
16 Pars horizontalis des Duodenum und Pankreaskopf: vor dem zweiten Lendenwirbelkörper
17 Anheftung des Mesocolon transversum: in Höhe des ersten bis zweiten Lendenwirbels
18 Bifurcatio aortae: in Höhe des vierten Lendenwirbelkörpers (Nabelhöhe)
19 Verbindungslinie der höchsten Wölbung der Cristae iliacae ✋: in Höhe des Processus spinosus des vierten Lendenwirbels (s. Michaelisraute, Abb. 4.3)
20 Übergang des Colon sigmoideum in das Rectum: zwischen zweitem und drittem Kreuzbeinwirbel
21 Verbindungslinie der Spinae iliacae posteriores superiores in Höhe des ersten Sakralwirbels
22 Verbindungslinie der Tubera ischiadica in Höhe der Glutealfalten (in Bauchlage)

◘ Abb. 4.4   Höhenlokalisation von dorsal [37]

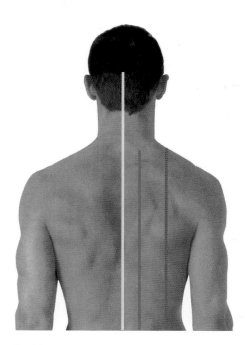

Orientierungslinien

Vertikale Orientierungslinien auf der dorsalen Rumpfwand:

— Linea mediana posterior (mediane Linie über den Dornfortsätzen)

■ Linea paravertebralis (Linie durch den Bereich der Wirbelquerfortsätze, radiologisch bestimmbar)

■ Linea scapularis (vertikale Linie durch den Angulus inferior der Scapula in Neutral-Stellung

◻ **Abb. 4.5**   Vertikale Orientierungslinien auf der dorsalen Rumpfwand [37].

4.3 Orientierungslinien

(◻ Abb. 4.5) Linea mediana posterior (mediane Linie über den Dornfortsätzen), Linea paravertebralis (Linie durch den Bereich der Wirbelquerfortsätze, radiologisch bestimmbar), Linea scapularis (vertikale Linie durch den Angulus inferior der Scapula in Neutral-[Normal-]Stellung). Die tastbaren Knochenanteile (▶ Abschn. 4.5) müssen vor dem Anlegen der Hautschnitte (▶ Abschn. 4.4) kommen.

4.4 Tastbare Knochenanteile

(◻ Abb. 4.6)

Regio occipitalis

— *Squama occipitalis*, *Protuberantia occipitalis externa*, *Ossa parietalia* und *Processus mastoidei*

Regio vertebralis

— *Processus transversus* des Atlas, *Processus spinosus* des Axis, *Processus spinosi* des sechsten und siebten (Vertebra prominens) Halswirbels (bei muskelschwachen und mageren Menschen auch die Dornfortsätze der übrigen Halswirbel); *Processus spinosi* der Brust- und Lendenwirbel; Os sacrum: mittlere Anteile der *Facies dorsalis*, *Crista sacralis mediana*; Os coccygis

Regio scapularis

— Spina, *Margo medialis* und *Angulus inferior scapulae*

Übergang zur Regio deltoidea

— *Acromion, Tuberculum majus* humeri (▶ Kap. 5)

Regio infrascapularis

— Teile der kaudalen Rippen

Regio glutealis

— *Crista iliaca* und *Spina iliaca posterior superior ossis ilii, Tuber ischiadicum ossis ischii; Trochanter major ossis femoris* (▶ Kap. 6).

> ▶ **Klinik**
>
> Fortgeleitete Entzündungen aus der Paukenhöhle führen zu einer Mastoiditis. Die Lokalisation der 12. Rippe ist eine wichtige Orientierungsmarke beim dorsalen operativen Zugang. ◄

4.5 Anlegen der Hautschnitte – Präparation der Haut

Die Präparation (◻ Abb. 4.6) beginnt zeit- und seitengleich auf der rechten sowie linken Köperseite in der hinteren Halsregion und in der Lendenregion; sie wird später auf die Hinterhauptsregion sowie auf die Gesäß- und Schulterregionen ausgedehnt. Beim Anlegen der Hautschnitte die regional unterschiedliche Dicke der Haut berücksichtigen (s. o.).

❶ Unterschiedliche Dicke der Haut im medialen und lateralen Bereich des Rückens beachten!

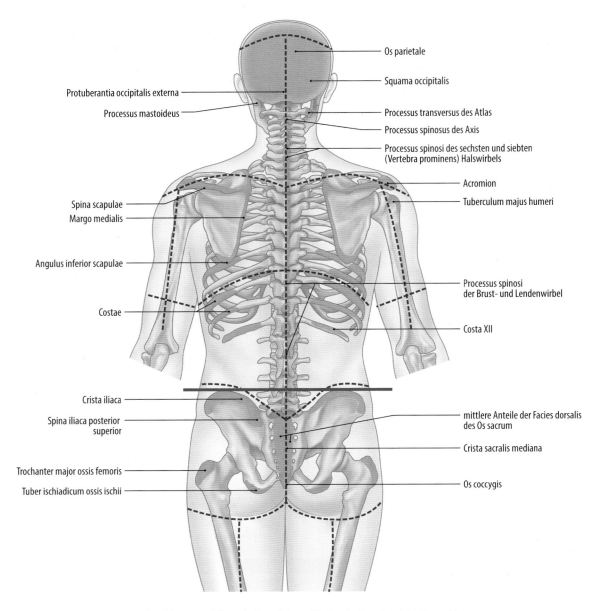

Os parietale

Squama occipitalis

Protuberantia occipitalis externa

Processus mastoideus

Processus transversus des Atlas

Processus spinosus des Axis

Processus spinosi des sechsten und siebten
(Vertebra prominens) Halswirbels

Acromion

Tuberculum majus humeri

Spina scapulae

Margo medialis

Angulus inferior scapulae

Processus spinosi
der Brust- und Lendenwirbel

Costae

Costa XII

Crista iliaca

Spina iliaca posterior
superior

mittlere Anteile der Facies dorsalis
des Os sacrum

Crista sacralis mediana

Trochanter major ossis femoris

Tuber ischiadicum ossis ischii

Os coccygis

---- Schnittführung zum Anlegen der Hautschnitte auf der dorsalen Rumpfwand, Ansicht von hinten

─── Topographie:
Der Dornfortsatz des vierten Lendenwirbels liegt auf einer Verbindungslinie der höchsten Erhebung der Darmbeinkämme; er dient als Orientierungsmarke für die Lumbalpunktion sowie für intrathekale oder epidurale Anaesthesie.

◗ **Abb. 4.6**   Tastbare Knochenanteile und Schnittführung zum Anlegen der Hautschnitte auf der dorsalen Rumpfwand, Ansicht von hinten
[40]

Die Präparation der Haut erfolgt von medial nach lateral, das subkutane Bindegewebe bleibt zur Schonung der
epifaszialen Leitungsbahnen zunächst als geschlossene
Schicht erhalten.

❶ Faszien und epifasziale Leitungsbahnen unbedingt
schonen!

◉ **Topographie (◗ Abb. 4.6)**
Der Dornfortsatz des vierten Lendenwirbels liegt auf
einer Verbindungslinie der höchsten Erhebung der
Darmbeinkämme; er dient als Orientierungsmarke
für die Lumbalpunktion sowie für intrathekale oder
epidurale Anästhesie.

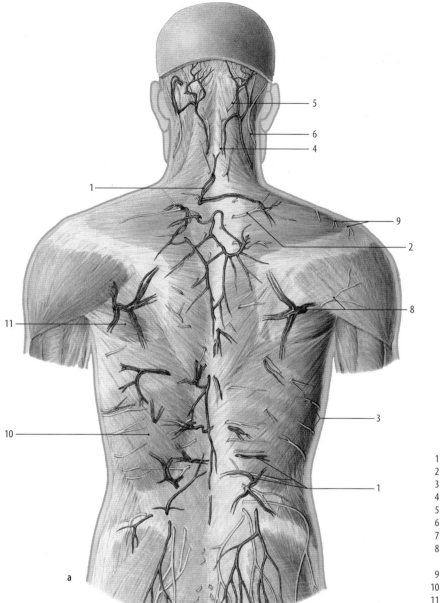

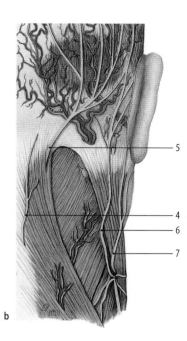

1 Rami dorsales der Aa. intercostales
2 Rami mediales der Rami posteriores der Spinalnerven
3 Rami laterales der Rami posteriores der Spinalnerven
4 N. occipitalis tertius
5 N. occipitalis major
6 N. occipitalis minor
7 N. auricularis magnus
8 N. cutaneus brachii lateralis superior und
Hautäste der Vasa circumflexa humeri posteriora
9 Nn. supraclaviculares laterales
10 M. latissimus dorsi
11 M. teres major

☐ Abb. 4.7 **a** Epifasziale Leitungsbahnen auf der dorsalen Rumpfwand, Ansicht von hinten [33]. **b** Leitungsbahnen der Nackenregion, rechte Seite, Ansicht von hinten [29]

4.6 Präparation der epifaszialen Leitungsbahnen und der Faszien

Vor Beginn der Präparation Ausdehnung und Lage der auf den Rücken verlagerten oberflächlichen Muskeln des Schultergürtels und des Schultergelenks im Atlas studieren. Danach in der kaudalen hinteren **Halsregion** und im **Brustabschnitt der Regio vertebralis** die segmentalen Leitungsbahnen, mediale und laterale Hautäste der *Rami dorsales* der *Aa. intercostales* **(1)** mit ihren Begleitvenen sowie *Rami mediales* **(2)** und *laterales* **(3)** der

Rami posteriores (dorsales) der Spinalnerven beispielhaft in einigen Segmenten freilegen (☐ Abb. 4.7a, siehe auch ☐ Abb. 4.30/Video 4.1).

🖢 Topographie

Die subkutanen Venen bilden im Bereich des Rückens variable Venengeflechte. Von den dorsalen Hautnerven der Spinalnerven sind die medialen Äste im kranialen die lateralen Äste im kaudalen Bereich stärker entwickelt.

4

Dazu das Unterhautfettgewebe in der Mediane spalten und etwas unterhalb des tastbaren Dornfortsatzes durch einen kleinen horizontal geführten Schnitt die etwa 2 cm weiter lateral durch die oberflächliche Faszie tretenden Leitungsbahnen aufsuchen; beim Auffinden sind die Blut gefüllten Venen hilfreich. Die aufgefundenen Leitungsbahnen so weit wie möglich unter Schonung der Faszie nach lateral verfolgen.

In der **Nackenregion** (◻ Abb. 4.7b) den *N. occipitalis tertius* **(4)** und den kräftigen *N. occipitalis major* **(5)** freilegen. Den im Ursprungsbereich des M. trapezius austretenden N. occipitalis major bis zur vorläufigen Präparationsgrenze in die Hinterhauptsregion verfolgen; die vollständige Freilegung des Nervs erfolgt bei der Präparation der tiefen Nackenregion und der Hinterhauptsregion.

Anschließend das gesamte subkutane Gewebe über dem M. trapezius abtragen und die Faszie freilegen. Bei der anschließenden Ausdehnung der Faszienpräparation nach lateral im Nackenbereich den bei der Präparation der seitlichen Halsregion (◻ Abb. 4.7b) freigelegten *N. occipitalis minor* **(6)** beachten, der am Hinterrand des M. sternocleidomastoideus vom Punctum nervosum auf dem Muskel nach kranial in die Okzipitalregion zieht; ebenso den bei der Präparation der lateralen Halsregion freigelegten *N. auricularis magnus* **(7)** aufsuchen, der mit seinem R. posterior zur Hinterhauptsregion gelangt (▶ Abschn. 4.8).

Vor dem Abtragen des subkutanen Gewebes in der **Schulterregion** die Lage der Muskeln der Region im Atlas studieren; danach den am Hinterrand des M. deltoideus austretenden *N. cutaneus brachii lateralis superior* **(8)** und die ihn begleitenden Hautäste der *Vasa circumflexa humeri posteriora* freilegen (▶ Kap. 5). Die bei der Präparation des seitlichen Halsdreiecks freigelegten *Nn. supraclaviculares laterales* **(9)** wieder aufsuchen und in den hinteren Bereich der Regio deltoidea verfolgen.

Im Bereich der **Lumbalregion** innerhalb der Skapularlinie die in dieser Region kräftig ausgebildeten lateralen Hautäste der *Rami posteriores (dorsales)* **(3)** der unteren Thorakalnerven mit ihren Begleitgefäßen aufsuchen und anschließend die Faszie über den *Mm. latissimus dorsi* **(10)** und *teres major* **(11)** freilegen.

Im kaudalen Abschnitt der Regio vertebralis und in der **Sakralregion** die dorsalen Hautäste der Lumbal- und Sakralnerven mit den Begleitgefäßen aufsuchen und ihrem Verlauf in die **Glutealregion** (◻ Abb. 4.8) nachgehen. Vor der Präparation des subkutanen Gewebes in der Glutealregion die Lage der Mm. glutei maximus und medius im Atlas studieren. Den Unterrand des M. gluteus maximus vorher am Präparat lokalisieren.

Die *Nn. clunium superiores* **(1)** (laterale Äste der Rami posteriores [dorsales] der Lumbalnerven 1–3) findet man im kräftig entwickelten subkutanen Fettgewebe zwischen Crista iliaca und dem lateralen Rand des von den autochthonen Rückenmuskeln aufgeworfenen Muskelwulstes. Dazu das Fettgewebe von medial beginnend vorsichtig

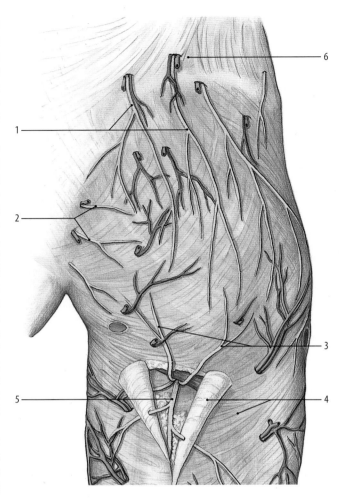

1 Nn. clunium superiores
2 Nn. clunium medii
3 Nn. clunium inferiores
4 Fascia lata
5 N. cutaneus femoris posterior
6 Trigonum lumbale inferius

◻ **Abb. 4.8** Epifasziale Leitungsbahnen der Regio glutea, Freilegung des N. cutaneus femoris posterior, rechte Seite, Ansicht von hinten [29]

teils scharf, teils stumpf entfernen und die Nerven am Fasziendurchtritt lokalisieren; die Begleitvenen erleichtern das Auffinden. Sodann die Nerven aus der Rückenregion in die Glutealregion verfolgen. Die dünnen *Nn. clunium medii* **(2)** (laterale Äste der Rami posteriores [dorsales] der Sakralnerven 1–3) an ihren Durchtrittstellen im Ursprungsbereich des am Kreuzbein entspringenden Teils des Muskels aufsuchen.

Zur Präparation der *Nn. clunium inferiores* **(3)** den Unterrand des M. gluteus maximus und das Tuber ischiadicum ertasten; sodann am Unterrand des Muskels etwas lateral vom Sitzbeinhöcker das derbe subkutane Gewebe durchtrennen sowie durch kleinen Längsschnitt die *Fascia lata* **(4)** spalten und den *N. cutaneus femoris posterior* **(5)** aufsuchen (◻ Abb. 6.80/Video 6.1); sodann die aus dem N. cutaneus femoris posterior abzweigenden Nn. clunium inferiores in ihrem bogenförmigen Verlauf um den Unterrand des M. gluteus maximus nach kranial in die Glutealregion verfolgen. Anschließend das subkutane Gewebe in der Glutealregion abtragen.

❗ N. cutaneus femoris posterior beim Spalten der Fascia lata nicht verletzen. Fascia lata nicht weiter eröffnen. Noch nicht in die Fossa ischioanalis vordringen.

Präparation der Faszien Nach dem Studium der Faszienverhältnisse die oberflächlichen Faszien im gesamten Präparationsgebiet der dorsalen Rumpfwand unter Schonung der freigelegten Leitungsbahnen abtragen. Die Faszien möglichst großflächig mit dem Haut- oder Muskelmesser stets in Richtung der Muskelfaserverläufe vom Muskel lösen. In der Glutealregion das dünne Faszienblatt über dem M. gluteus maximus erst bei der Präparation der unteren Extremität abtragen.

❗ Die tiefer liegenden Faszien der Mm. teres minor und infraspinatus noch nicht entfernen; das äußere Blatt der Fascia thoracolumbalis nicht verletzen.

Nach vollständiger Freilegung der oberflächlichen Muskeln sowie der oberflächlichen Leitungsbahnen Verlauf und Lage der Muskeln nachgehen und auf das Oberflächenrelief übertragen. Sehnenspiegel des M. trapezius sowie Ursprung des M. latissimus dorsi mit seiner aponeurotischen Sehne an Becken und Wirbelsäule aufsuchen. Abschließend das vom hinteren Rand des M. latissimus dorsi, von der Crista iliaca und von Hinterrand des M. obliquus externus abdominis begrenzte *Trigonum lumbale inferius* = Petitsches Dreieck **(6)** studieren.

> ▶ Klinik

Das Trigonum lumbale inferius ist Bruchpforte für die Petitsche Lumbalhernie. ◀

Die vollständige Präparation der Glutealregion erfolgt gemeinsam mit der Präparation der Fossa ischioanalis.

Ablösen des M. trapezius (◘ Abb. 4.9, 4.10, 4.11, 4.31/Video 4.2) Zur Freilegung der tiefer liegenden Muskeln die Ursprungssehne des *M. trapezius* **(1)** von der Protuberantia occipitalis externa und der Linea nuchalis superior bis zum Dornfortsatz des 11. – variable des 12. – Brustwirbels unmittelbar neben dem Nackenband und den Dornfortsätzen durchtrennen.

❗ Beim Ablösen der Trapeziussehne an der Linea nuchalis superior die unter der Sehne hervortretenden *A. occipitalis* **(2)** mit ihren Begleitvenen und den *N. occipitalis major* **(3)** sowie den aus dem Muskel tretenden *N. occipitalis tertius* **(4)** nicht verletzen (◘ Abb. 4.10).

Zur Schonung der medialen segmentalen Leitungsbahnen vor dem Ablösen des Muskels seine Sehne im Bereich der Leitungsbahnenaustritte durch kurzen Querschnitt einkerben und die Nerven und Gefäße mobilisieren. Danach seine Pars ascendens stumpf vom *M. latissimus dorsi* **(5)** lösen und anschließend die Ursprungssehne von kaudal nach kranial fortschreitend bis zum Hinterhaupt mit dem Muskelmesser abtrennen und den Muskel durch teils stumpfes, teils scharfes Ablösen von den Faszien der darunter liegenden Muskeln nach lateral verlagern.

❗ Beim Ablösen des M. trapezius die zu der Unterseite des Muskels ziehenden Leitungsbahnen schonen.

Zunächst die Lage der von Faszien bedeckten *Mm. rhomboidei major* und *minor* **(6)** sowie des *M. levator scapulae* **(7)** studieren. Die durch die Faszie zwischen den Mm. rhomboidei major und minor austretenden Äste der *A. transversa cervicis (colli)* **(8)** und das oberhalb des M. levator scapulae zum M. trapezius gelangte Gefäß-Nerven-Bündel aufsuchen (◘ Abb. 4.11). Die Leitungsbahnen, *Ramus superficialis* der *A. transversa cervicis (colli)* **(9)** mit ihren Begleitvenen sowie *N. accessorius* **(10)** und *Rami musculares* des *Plexus cervicalis* **(11)** auf der Unterseite des M. trapezius durch Spalten der Faszie freilegen. (Die Zurückverfolgung der Leitungsbahnen bis in die seitliche Halsregion erfolgt später.) Zur Stabilisierung des Muskels die Faszie nicht vollständig abtragen.

Ablösen des M. latissimus dorsi *M. latissimus dorsi* **(5)** im Ursprungsbereich durch bogenförmigen Schnitt lateral vom Übergang in die Ursprungsaponeurose durchtrennen (◘ Abb. 4.9, 4.32/Video 4.3). Zur Vermeidung einer Verletzung der von ihm bedeckten Strukturen, die Dicke des Muskels vorher abschätzen und den Schnitt unter Kontrolle des tastenden Fingers ausführen. Anschließend den Ursprungsteil des Muskels an den Rippen und – variabel – am Angulus inferior scapulae unter Erhaltung der durch den Muskel tretenden Leitungsbahnen scharf ablösen und bis zum Ansatz mobilisieren. Auf der Innenseite des Muskels *N. thoracodorsalis* **(12)** und *Vasa thoracodorsalia* **(13)** aufsuchen und ihren Verlauf durch Entfernung der umgebenden Faszie darstellen. Bei schwach entwickeltem Muskel den übrigen Teil der Faszie erhalten; bei kräftig entwickelter Muskulatur die gesamte Faszie auf der Innenseite abtragen.

❗ Zur Erhaltung der durch den M. latissimus dorsi tretenden Leitungsbahnen das Bindegewebe des Nerven-Gefäß-Bündels so weit durchtrennen, dass die Muskulatur ohne Zerreißung der mobilisierten Leitungsbahnen abgelöst werden kann.

> ▶ Klinik

Der vom N. thoracodorsalis (C6 - C8) innervierte M. latissimus dorsi ist aufgrund seines Ursprungs am Becken

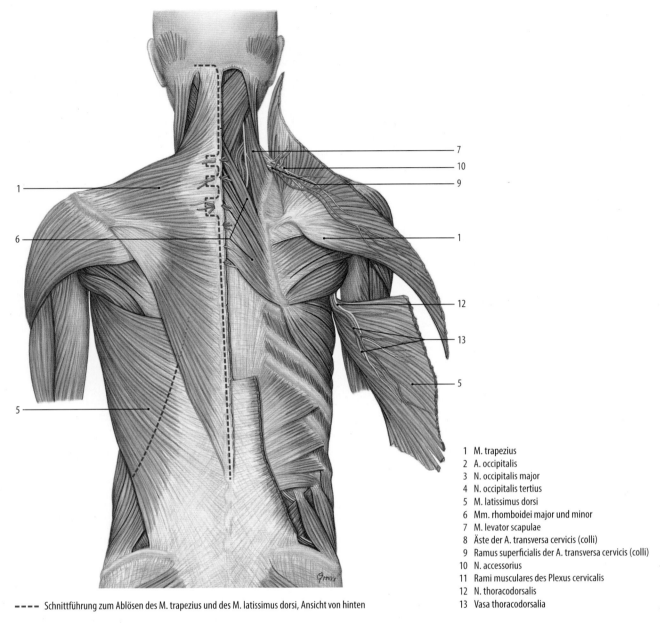

1   M. trapezius
2   A. occipitalis
3   N. occipitalis major
4   N. occipitalis tertius
5   M. latissimus dorsi
6   Mm. rhomboidei major und minor
7   M. levator scapulae
8   Äste der A. transversa cervicis (colli)
9   Ramus superficialis der A. transversa cervicis (colli)
10 N. accessorius
11 Rami musculares des Plexus cervicalis
12 N. thoracodorsalis
13 Vasa thoracodorsalia

◼ **Abb. 4.9**   Schnittführung und Ablösen des M. trapezius und des M. latissimus dorsi, Ansicht von hinten [29]

sowie an Brust- und Lendenwirbelsäule für querschnittsgelähmte Patienten von Bedeutung, z. B. beim Anheben
des Rumpfes im Rollstuhl.

Vor dem Ablösen der Pars vertebralis des M. latissimus
dorsi *M. latissimus dorsi* **(1)** (◼ Abb. 4.12a) den Muskel
von der Schnittfläche aus zunächst stumpf, dann scharf
bis zur Ursprungssehne des M. serratus posterior inferior
mobilisieren; die Faszie auf dem freigelegten *M. serratus
posterior inferior* **(2)** ablösen. Danach das äußere Blatt
der *Fascia thoracolumbalis* **(3)** am Oberrand der Pars
costalis des Muskels durch einen bis zur Wirbelsäule
gelegten Querschnitt durchtrennen, anschließend die

Ursprungssehne der Pars vertebralis des M. latissimus
dorsi (= äußeres Blatt der Fascia thoracolumbalis) vom
siebten Brustwirbel an bis zum Kreuzbein unmittelbar
neben den Dornfortsätzen und der Crista mediana des
Os sacrum durchtrennen; dabei zwischen elftem Brustwirbel und zweitem Lendenwirbel die miteinander verwachsenen Ursprungssehnen von M. latissimus dorsi
und M. serratus posterior inferior gemeinsam ablösen.

Pars iliaca der Ursprungssehne an der Crista iliaca
durchtrennen. Vor Ablösen der Ursprungssehnen der
Mm. latissimus dorsi und serratus posterior inferior im
Bereich des Kreuzbeins zur Erhaltung der Nn. clunium
medii die Aponeurose quer spalten und die Leitungs-

◻ Abb. 4.10 Nackenregion, Freilegen der Nn. occipitalis major, occipitalis tertius und occipitalis minor, sowie der Vasa occipitalia, rechte Seite, Ansicht von hinten [29]

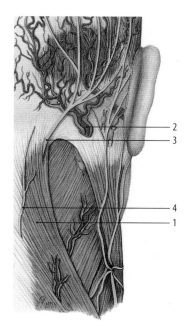

1 M. trapezius
2 A. occipitalis
3 N. occipitalis major
4 N. occipitalis tertius
5 M. latissimus dorsi
6 Mm. rhomboidei major und minor
7 M. levator scapulae
8 Äste der A. transversa cervicis (colli)
9 Ramus superficialis der A. transversa cervicis (colli)
10 N. accessorius
11 Rami musculares des Plexus cervicalis
12 N. thoracodorsalis
13 Vasa thoracodorsalia

1 M. trapezius
2 A. occipitalis
3 N. occipitalis major
4 N. occipitalis tertius
5 M. latissimus dorsi
6 Mm. rhomboidei major und minor
7 M. levator scapulae
8 Äste der A. transversa cervicis (colli)
9 Ramus superficialis der A. transversa cervicis (colli)
10 N. accessorius
11 Rami musculares des Plexus cervicalis
12 N. thoracodorsalis
13 Vasa thoracodorsalia

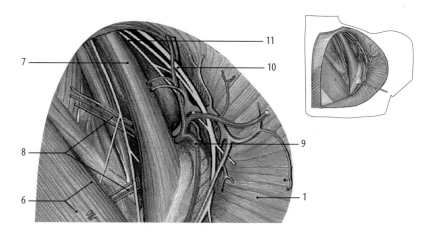

◻ Abb. 4.11 Schulterregion, Freilegen der Mm. rhomboidei und des M. levator scapulae mit ihren Leitungsbahnen, rechte Seite, Ansicht von hinten [38]

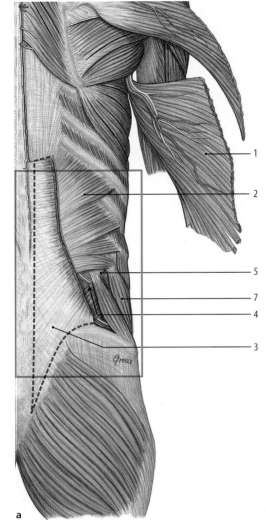

1 M. latissimus dorsi
2 M. serratus posterior inferior
3 Fascia thoracolumbalis
4 Trigonum lumbale (fibrosum) superius
5 12. Rippe
6 M. obliquus internus abdominis
7 M. obliquus externus abdominis
8 M. transversus abdominis
9 N. subcostalis
10 Vasa subcostalia
11 N. iliohypogastricus

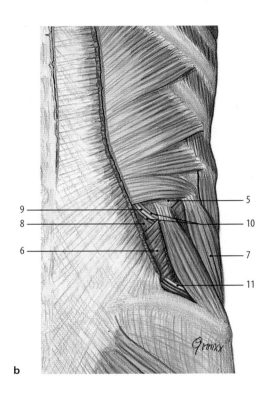

a

b

- - - - Schnittführung zum Ablösen des Ursprungsteils des M. latissimus dorsi

☐ **Abb. 4.12**   **a** Schnittführung zum Ablösen des Ursprungsteils des M. latissimus dorsi [36]. **b** Trigonum lumbale (fibrosum) superius (Grynfeltsches Dreieck), rechte Seite, Ansicht von hinten [36]

bahnen mobilisieren. Die Ursprungssehnen von M. latissimus dorsi und M. serratus posterior inferior an der Wirbelsäule und an der Crista iliaca abtrennen und ihren Ursprungsteil unter Kontrolle des tastenden Fingers scharf von der Faszie der autochthonen Rückenmuskeln lösen; das lockere, fettreiche Bindegewebe auf der Faszie im Lumbal- und Sakralbereich beachten. Im Lumbalbereich die autochthonen Rückenmuskeln von lateral mit dem Finger unterminieren und das tiefe Blatt der Fascia thoracolumbalis palpieren.

🛑 Die gemeinsame Ursprungs-Aponeurose von M. latissimus dorsi und M. serratus posterior inferior beim Ablösen erhalten.

Zum Studium des *Trigonum lumbale (fibrosum) superius* = Grynfeltsches Dreieck **(4)** (☐ Abb. 4.12b) die abgelösten Ursprungs- und Ansatzteile des M. latissimus dorsi zur Seite klappen und die Begrenzungen des Dreiecks aufsuchen: 12. Rippe (kranial) **(5)**, lateraler Rand des M. errector spinae (medial), *M. obliquus internus abdominis* **(6)** (kaudal) und *M. obliquus externus abdominis* **(7)** (lateral); die Aponeurose des *M. transversus abdominis* **(8)** am Boden des Dreiecks palpieren. Unterhalb der 12. Rippe *N. subcostalis* **(9)** und *Vasa subcostalia* **(10)** sowie am lateralen Rand des M. obliquus internus abdominis *N. iliohypogastricus* **(11)** aufsuchen.

▶ **Klinik**

Das Trigonum lumbale (fibrosum) superius ist Bruchpforte der seltenen oberen Lumbalhernie (Grynfeltsche Hernie). ◀

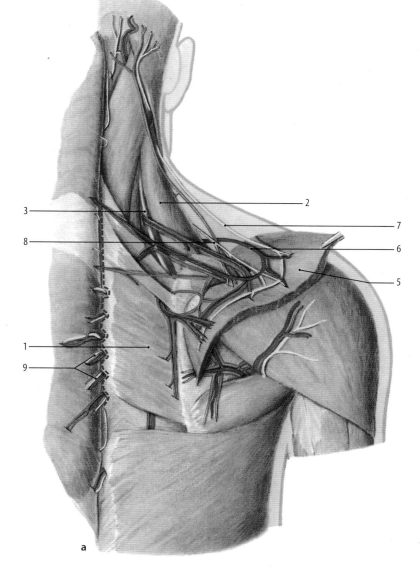

1 Mm. rhomboidei
2 M. levator scapulae
3 N. dorsalis scapulae
4 Ramus profundus der A. transversa cervicis
5 M. trapezius
6 Ramus superficialis der A. transversa cervicis (colli)
7 N. accessorius
8 Rami musculares des Plexus cervicalis
9 Rami mediales der hinteren Spinalnervenäste
10 M. serratus posterior superior

▬▬▬▬ Schnittführung zum Ablösen der Mm. rhomboidei, rechte Seite, Ansicht von hinten

◻ **Abb. 4.13** **a** Tiefe Schulterregion, Aufsuchen des N. dorsalis scapulae, Schnittführung zum Ablösen der Mm. rhomboidei, rechte Seite, Ansicht von hinten [43]. **b** Tiefe Schulterregion, Freilegen der Leitungsbahnen nach Ablösen der Mm. rhomboidei, rechte Seite, Ansicht von hinten [36]

Im lumbalen und sakralen Bereich das lockere Bindegewebe auf der Faszie der autochthonen Rückenmuskeln abtragen und Reste des äußeren Blattes der Fascia dorsalis entfernen. In den Schulter- und Nackenregionen die Faszie über Mm. rhomboidei major und minor sowie M. levator scapulae präparieren.

❶ Die medialen Äste der Leitungsbahnen im Ursprungsbereich der Mm. rhomboidei beim Präparieren der Faszie und beim Ablösen ihrer Ursprungssehne schonen.

Tiefe Schulterblattregion (◻ Abb. 4.13) Zur Präparation der tiefen Schulterblattregion in der Lücke zwischen den freigelegten *Mm. rhomboidei* **(1)** und dem *M. levator scapulae* **(2)** oberhalb des Angulus superior scapulae den *N. dorsalis scapulae* **(3)** und die Äste des *Ramus profundus* der *A. transversa cervicis* (colli) **(4)** oder als Variante der A. dorsalis scapulae aufsuchen. Dazu das Bindegewebe in der Lücke vorsichtig entfernen und den Hinterrand des M. levator scapulae so weit nach außen drehen, bis der N. dorsalis scapulae und die ihn begleitenden Gefäße auf der Rückseite des Muskels sichtbar

werden; sodann den Leitungsbahnen durch die Lücke
bis zu ihrem Verschwinden unter den Mm. rhomboidei
nachgehen.

Auf der Unterseite des abgelösten *M. trapezius* (5) den
Ramus superficialis der *A. transversa cervicis* (colli) (6)
mit ihren Begleitvenen sowie den *N. accessorius* (7) und
die *Rami musculares* des *Plexus cervicalis* (8) vollständig
freilegen und bis in die laterale Halsregion zurückverfolgen (s. Kap. laterale Halsregion).

Anschließend die Ursprungssehne der Mm. rhomboidei an der Wirbelsäule ablösen (◘ Abb. 4.13b, 4.33/
Video 4.4); vor dem Ablösen der Ursprungssehne der
Mm. rhomboidei zur Erhaltung der durch die Sehne tretenden *Rami mediales* (9) der hinteren Spinalnervenäste
und der begleitenden Gefäße diese durch kleine Quer-
schnitte in die Sehne mobilisieren. Danach die Sehne
an den Dornfortsätzen vom sechsten Halswirbel bis
zum vierten Brustwirbel durchtrennen und die Muskeln
stumpf vom darunter liegenden *M. serratus posterior superior* (10) lösen und nach lateral klappen.

❗ Beim Abtrennen der Ursprungssehne der Mm. rhomboidei die Sehne des M. serratus posterior superior
nicht mitablösen.

Auf der Unterseite der *Mm. rhomboidei* (1) Äste des
N. dorsalis scapulae (3) und Ramus profundus der
A. transversa cervicis (colli) (4) durch Spalten der Faszie
freilegen, dazu Muskel nach lateral halten lassen. Danach
das Schulterblatt durch stumpfes Lösen des lockeren Bindegewebes zwischen Thoraxwand und M. serratus anterior mobilisieren und die Muskelschlinge aus Mm. rhomboidei und M. serratus anterior studieren. Abschließend
Faszie über dem M. serratus posterior superior ablösen
und die Ursprungsehne des häufig sehr dünnen Muskels
freipräparieren und nach lateral klappen.

4.7 Präparation der autochthonen Rückenmuskeln

Vor Beginn der Präparation (◘ Abb. 4.34/Video 4.5) Systematik der autochthonen Rückenmuskeln und ihre Zuordnung zum medialen und zum lateralen Trakt wiederholen
sowie Verlauf und Lage der Muskeln im Atlas studieren.

Zunächst die gemeinsame Faszie der autochthonen
Rückenmuskeln vom Kreuzbein bis zum Hinterhaupt
verfolgen.

Vor der Freilegung der Muskeln im Nackenbereich in
der Okzipitalregion (◘ Abb. 4.14) *A. occipitalis* (1) sowie
N. occipitalis major (2) und *N. occipitalis tertius* (3) aufsuchen und bis zum Ansatz der Nackenmuskeln verfolgen; eine Hilfe zum Auffinden der A. occipitalis sind ihre
Blut gefüllten Begleitvenen. Die vollständige Freilegung
der Strukturen erfolgt bei der Präparation der Regio
occipitalis.

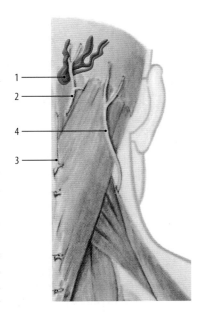

1   A. occipitalis
2   N. occipitalis major
3   N. occipitalis tertius
4   N. occipitalis minor

◘ **Abb. 4.14**   Nackenregion, oberflächliche Leitungsbahnen, rechte
Seite, Ansicht von hinten [33]

❗ Bei der Präparation der autochthonen Rückenmuskeln
im Hals- und Nackenbereich A. occipitalis sowie N. occipitalis major, N. occipitalis tertius und N. occipitalis
minor (4) nicht verletzen.

Lateraler Trakt (◘ Abb. 4.15)   Nach Abtragen der dünnen
äußeren Faszie zunächst die zum lateralen Trakt der
autochthonen Rückenmuskeln gehörenden Muskelindi-
viduen: *Mm. iliocostalis lumborum* (1), *thoracis* (2) und
cervicis (3); *Mm. longissimus thoracis* (4), *cervicis* (5)
und *capitis* (6); *Mm. splenius cervicis* (7) und *capitis* (8)
aufsuchen und präparieren.

🔄 Topographie

Die Eigenfaszie der autochthonen Rückenmuskeln ist
nicht identisch mit der Fascia thoracodorsalis. In der
beschreibenden Anatomie werden die Mm. iliocostalis
und longissimus unter Einbeziehung des M. spinalis
(medialer Trakt) als M. errector spinae zusammen-
gefasst.

Zur Darstellung der Mm. iliocostalis und longissimus
ihre Muskelanteile künstlich voneinander trennen. Dazu
M. iliocostalis teils scharf, teils stumpf vom M. longissimus lösen und nach lateral verlagern. Beispielhaft den
Ursprüngen und Ansätzen der drei Anteile des Muskels
nachgehen, dabei die versorgenden *Rami laterales* (9) der
hinteren Spinalnervenäste und die begleitenden Gefäße
in einigen Segmenten darstellen (◘ Abb. 4.16). Anschließend dem Verlauf des M. longissimus von der Crista
iliaca und vom Os sacrum bis zum Processus mastoideus
nachgehen. Zunächst im Bereich der Brustwirbelsäule
den M. longissimus thoracis durch Abtrennen seiner

◘ Abb. 4.15 Lateraler Trakt der autochthonen Rückenmuskeln, Schnittführung zum Ablösen der Ursprünge der Mm. iliocostalis und longissimus, Ansicht von hinten [29]

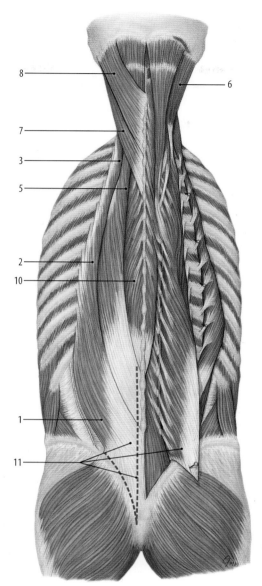

1 M. iliocostalis lumborum
2 M. iliocostalis thoracis
3 M. iliocostalis cervicis
4 M. longissimus thoracis
5 M. longissimus cervicis
6 M. longissimus capitis
7 M. splenius cervicis
8 M. splenius capitis
9 Rami laterales der Rami posteriores (dorsales)
10 M. spinalis thoracis
11 Aponeurosis musculi errectoris spinae

– – – – Schnittführung zum Ablösen der Ursprünge der Mm. iliocostalis und longissimus, Ansicht von hinten

◘ Abb. 4.16 Leitungsbahnen des lateralen Traktes der autochthonen Rückenmuskeln, linke Seite, Ansicht von hinten [36]

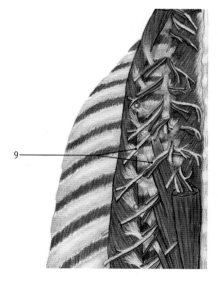

1 M. iliocostalis lumborum
2 M. iliocostalis thoracis
3 M. iliocostalis cervicis
4 M. longissimus thoracis
5 M. longissimus cervicis
6 M. longissimus capitis
7 M. splenius cervicis
8 M. splenius capitis
9 Rami laterales der Rami posteriores (dorsales)
10 M. spinalis thoracis
11 Aponeurosis musculi errectoris spinae

4

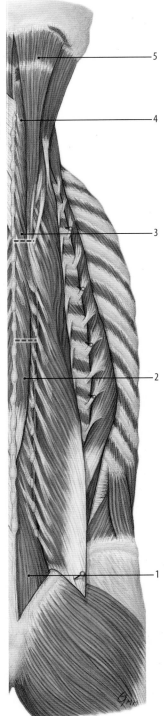

1 M. multifidus lumborum
2 M. spinalis thoracis
3 M. semispinalis thoracis
4 M. semispinalis cervicis
5 M. semispinalis capitis
6 M. multifidus thoracis
7 M. rotator longus
8 M. rotator brevis
9 M. levator costarum brevis
10 M. levator costarum longus
11 Mm. interspinales
12 Rami laterales
    der Rami posteriores (dorsales)
13 Rami mediales
    der Rami posteriores (dorsales)
14 Mm. intertransversarii laterales

- - - - Schnittführung zur Freilegung
       der Mm. multifidus und rotatores

◻ **Abb. 4.17** Medialer Trakt der autochthonen Rückenmuskeln, Schnittführung zur Freilegung der Mm. multifidus und rotatores [29]

Ursprünge an der Wirbelsäule mobilisieren und so weit nach lateral verlagern, bis der *M. spinalis thoracis* (medialer Trakt) **(10)** sichtbar ist.

Zur Freilegung der Muskeln des medialen Traktes im Bereich der Lendenregion die gemeinsame Ursprungsaponeurose (*Aponeurosis musculi errectoris spinae*) **(11)** von M. iliocostalis lumborum und von M. longissimus lumborum an den Dornfortsätzen der Lendenwirbel, an den Cristae sacrales media und lateralis des Kreuzbeins sowie an der Cista iliaca durchtrennen, die Muskelanteile stumpf von den darunter liegenden Muskeln lösen und nach lateral verlagern.

Alternative: Die Präparation nur auf einer Seite durchführen.

Im Bereich der Lendenwirbelsäule *Mm. intertransversarii laterales lumborum* (◻ Abb. 4.19) freilegen.

Die Ursprünge von *M. splenius cervicis* **(7)** und *M. splenius capitis* **(8)** (spinotransversales System) aufsuchen und an den Dornfortsätzen der Brust- und Halswirbel sowie am Ligamentum nuchae durchtrennen. Die Muskeln unter Erhaltung des N. occipitalis tertius und des N. occipitalis major mobilisieren und nach lateral verlagern.

Medialer Trakt   Die durch Verlagerung des lateralen Traktes freigelegten Muskeln des medialen Traktes – *M. multifidus lumborum* **(1)**, *M. spinalis thoracis* **(2)**, *M. semispinalis thoracis* **(3)**, *Mm. semispinalis cervicis* **(4)** und *capitis* **(5)** – studieren (◻ Abb. 4.17).

Zur Demonstration des Verlaufs der kurzen Muskeln des **transversospinalen Systems** auf einer Seite im Bereich der Brustwirbelsäule in einem Segment von etwa 15 cm Länge die M. spinalis thoracis und M. semispinalis thoracis horizontal durchtrennen (◻ Abb. 4.17) und von den darunter liegenden kurzen Muskeln stumpf ablösen. Anschließend beispielhaft *M. multifidus thoracis* **(6)** sowie *Mm. rotatores longi* **(7)** und *breves* **(8)** präparieren (◻ Abb. 4.18). Zur Freilegung des M. rotator brevis Ansätze von M. multifidus und M. rotator longus am jeweiligen Dornfortsatz ablösen und nach lateral verlagern.

In diesem Abschnitt die vom Processus transversus der Brustwirbel zur nächst tieferen Rippe ziehenden *Mm. levatores costarum breves* **(9)** und die an der übernächsten Rippe ansetzenden *Mm. levatores costarum longi* **(10)** aufsuchen (◻ Abb. 4.19).

Im Bereich der Halswirbelsäule und der Lendenwirbelsäule die *Mm. interspinales* **(11)** freilegen (◻ Abb. 4.18). Abschließend beispielhaft *Rami laterales* **(12)** der hinteren Spinalnervenäste mit ihren Begleitgefäßen in die Muskeln des lateralen Traktes verfolgen und entsprechend *Rami mediales* **(13)** zur Versorgung des Muskeln des medialen Traktes aufsuchen (◻ Abb. 4.20).

☐ **Abb. 4.18** Medialer Trakt der autochthonen Rückenmuskeln, Schnittführung zur Freilegung der Mm. rotatores longi und breves [29]

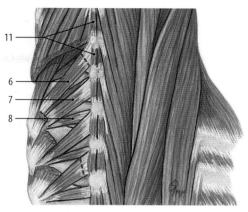

- - - - Schnittführung zur Freilegung
der Mm. rotatores longi und breves

1 M. multifidus lumborum
2 M. spinalis thoracis
3 M. semispinalis thoracis
4 M. semispinalis cervicis
5 M. semispinalis capitis
6 M. multifidus thoracis
7 M. rotator longus
8 M. rotator brevis
9 M. levator costarum brevis
10 M. levator costarum longus
11 Mm. interspinales
12 Rami laterales der Rami posteriores (dorsales)
13 Rami mediales der Rami posteriores (dorsales)
14 Mm. intertransversarii laterales

☐ **Abb. 4.19** Mm. levatores costarum, Ansicht von hinten [2]

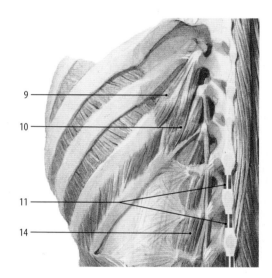

1 M. multifidus lumborum
2 M. spinalis thoracis
3 M. semispinalis thoracis
4 M. semispinalis cervicis
5 M. semispinalis capitis
6 M. multifidus thoracis
7 M. rotator longus
8 M. rotator brevis
9 M. levator costarum brevis
10 M. levator costarum longus
11 Mm. interspinales
12 Rami laterales der Rami posteriores (dorsales)
13 Rami mediales der Rami posteriores (dorsales)
14 Mm. intertransversarii laterales

◻ **Abb. 4.20**   Leitungsbahnen der autochthonen Rückenmuskeln, linke Seite, Ansicht von hinten [36]

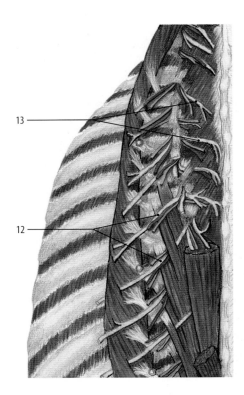

1 M. multifidus lumborum
2 M. spinalis thoracis
3 M. semispinalis thoracis
4 M. semispinalis cervicis
5 M. semispinalis capitis
6 M. multifidus thoracis
7 M. rotator longus
8 M. rotator brevis
9 M. levator costarum brevis
10 M. levator costarum longus
11 Mm. interspinales
12 Rami laterales der Rami posteriores (dorsales)
13 Rami mediales der Rami posteriores (dorsales)
14 Mm. intertransversarii laterales

4.8   Präparation der Nackenregion und der Hinterhauptsregion

Oberflächliche Nackenregion (◻ Abb. 4.21a, 4.35/Video 4.6) In der Nackenregion die Faszie auf dem nach Ablösen von M. trapezius und von *M. splenius capitis* (**1**) (▸ Abschn. 4.6, Präparation des M. trapezius) freigelegten *M. semispinalis capitis* (**2**) entfernen und den Muskel am Os occipitale ablösen und nach lateral verlagern; dabei zur Schonung des *N. occipitalis major* (**3**) den M. semispinalis capitis vom Nervenaustritt bis zur Linea nuchalis superior durch Längsschnitt oder alternativ durch Querschnitt spalten und den Nerven beim Ablösen des Muskels herauspräparieren (◻ Abb. 4.21b). Die über den Ansatzbereich des M. splenius capitis ziehende *A. occipitalis* (**4**) nach lateral bis zum *M. sternocleidomastoideus* (**5**) verfolgen. Zur Darstellung des Arterienverlaufs in die seitliche Halsregion die Ursprungssehne des M. sternocleidomastoideus an der Linea nuchalis superior ablösen.

❶ Zur Vermeidung einer Verletzung der A. occipitalis das Muskelmesser flach führen.

Die zwischen M. semispinalis capitis und *M. semispinalis cervicis* (**6**) in die Nackenregion tretende *A. cervicalis profunda* (**7**) freilegen. Faszie auf dem M. semispinalis cervicis unter Schonung des *N. occipitalis tertius* (**8**) und der weiter kaudal austretenden Rami mediales der hinteren Spinalnervenäste entfernen; dabei das lockere Gewebe des Nackenbandes erhalten.

Okzipitalregion (◻ Abb. 4.36/Video 4.7) Die Präparation in der Okzipitalregion fortsetzen und die bereits aufgesuchte *A. occipitalis* mit ihren Begleitvenen sowie die *Nn. occipitalis major* (**3**) und *minor* (**9**) durch Abtragen des subkutanen Gewebes bis in die Scheitelregionen freilegen. *Venter occipitalis* (**10**) des M. occipitofrontalis, M. temporoparietalis, *M. auricularis superior* (**11**) und M. auricularis posterior und ihre Einstrahlung in die *Galea aponeurotica* (**12**) darstellen. Die variablen Über- und Unterkreuzungen von Gefäßen und Nerven sowie die Verbindungen (**13**) zwischen Ästen der Nn. occipitalis major und minor beachten.

Tiefe Nackenregion Vor der Präparation der tiefen Nackenregion (◻ Abb. 4.22, 4.37/Video 4.8) die zu erwartenden Strukturen im Atlas studieren. Das lockere Bindegewebe und das häufig stark entwickelte Venengeflecht (**1**) nach Inspektion abtragen und die kurzen tiefen Nackenmuskeln durch Entfernen ihrer Faszien freilegen.

Wichtige Knochenanteile, *Processus spinosus* des *Axis* (**2**) und *Processus transversus* des *Atlas* (**3**) ertasten.

Sodann die das **tiefe Nackendreieck** (= Vertebralisdreieck) begrenzenden *M. obliquus capitis superior* (**4**), *M. obliquus capitis inferior* (**5**) und *M. rectus capitis posterior major* (**6**) aufsuchen und in der Tiefe des Dreiecks den hinteren Atlasbogen ertasten. Zur vollständigen Freilegung des *M. rectus capitis posterior minor* (**7**) Ansatzsehne des M. rectus capitis posterior major an der Linea nuchalis inferior durchtrennen und den Muskel unter Erhaltung der ihn versorgenden Leitungsbahnen nach kaudal verlagern.

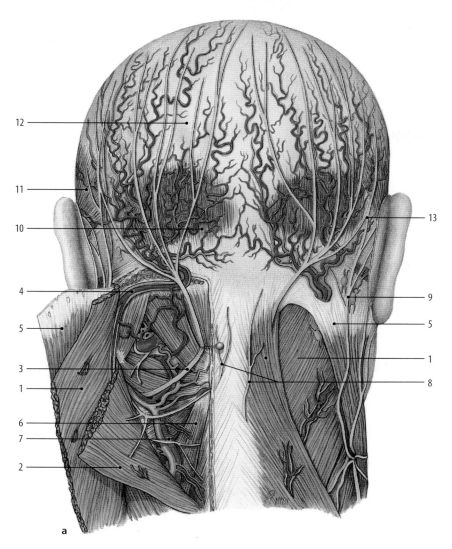
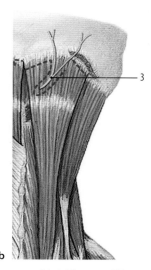

---- Schnittführung zum Ablösen
des M. semispinalis capitis

1 M. splenius capitis
2 M. semispinalis capitis
3 N. occipitalis major
4 A. occipitalis
5 M. sternocleidomastoideus
6 M. semispinalis cervicis
7 A. cervicalis profunda
8 N. occipitalis tertius
9 N. occipitalis minor
10 Venter occipitalis des M. occipitofrontalis
11 M. auricularis superior
12 Galea aponeurotica
13 Verbindung zwischen Nn. occipitalis major
   und minor

▣ Abb. 4.21   a Nacken – und Hinterhauptsregion, oberflächliche Strukturen rechte Seite, tiefe Strukturen linke Seite, Ansicht von hinten [29].
b Nackenregion, – Schnittführung zum Ablösen des M. semispinalis capitis [36]

Alternative: M. rectus capitis posterior major nur auf einer Seite ablösen.

Zur Darstellung des Verlaufs der *A. vertebralis* **(8)** auf dem hinteren Atlasbogen und des unter ihr austretenden *N. suboccipitalis* **(9)** das lockere Bindegewebe und den Venenplexus in der Tiefe des Vertebralisdreiecks vorsichtig entfernen. Muskeläste der A. vertebralis präparieren und die Arterie bis zur Membrana atlantooccipitalis posterior verfolgen.

⊜ Topographie

Das Auffinden der A. vertebralis auf dem Arcus posterior des Atlas ist schwierig oder nicht möglich, wenn der hintere Atlasbogen im Bereich des Sulcus arteriae vertebralis von einer knöchernen Brücke teilweise oder vollständig überbrückt wird (Canalis arteriae vertebralis – Pontikulusbildung).

4

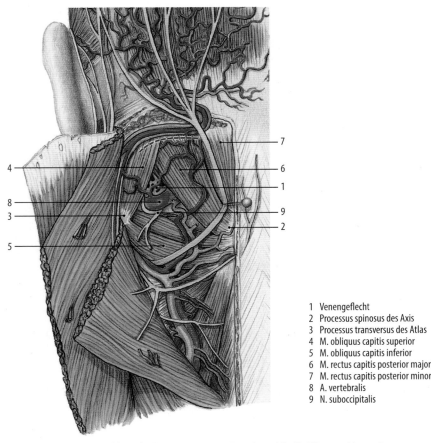

Abb. 4.22 Tiefe Nackenregion, Vertebralisdreieck, – Schnittführung zum Ablösen des M. rectus capitis posterior major [29]

1 Venengeflecht
2 Processus spinosus des Axis
3 Processus transversus des Atlas
4 M. obliquus capitis superior
5 M. obliquus capitis inferior
6 M. rectus capitis posterior major
7 M. rectus capitis posterior minor
8 A. vertebralis
9 N. suboccipitalis

- - - - Schnittführung zum Ablösen des M. rectus capitis posterior major und des M. obliquus capitis superior

4.9 Rückenmarksitus – Situs medullae spinalis

Vor Beginn der Präparation begrenzende Strukturen im präsakralen Teil des Wirbelkanals an Demonstrationspräparaten oder im Atlas studieren: Wirbelkörper, Zwischenwirbelscheiben, Ligamentum longitudinale posterius, Wirbelbögen, Ligamenta flava.

Zum Verständnis des Rückenmarksitus wird empfohlen, in den einzelnen Gruppen unterschiedliche Präparate anzufertigen:

- **Präparation I**: zur Erhaltung der durch die Rückenmarkshäute begrenzten „Räume" die Rückenmarkshäute regional unterschiedlich weit präparieren und den knöchernen Wirbelkanal in einem Bereich der Brustwirbelsäule nicht eröffnen (■ Abb. 4.23b).
- **Präparation II**: den gesamten Wirbelkanal vom Axis bis in den Sakralkanal eröffnen und durch Spalten von Dura mater spinalis und Arachnoidea mater das gesamte Rückenmark und die abgehenden Wurzeln freilegen (■ Abb. 4.24).

Eröffnen des Wirbelkanals Die Durchtrennung der Wirbelbögen wird vom Institutspersonal ausgeführt. Vor dem Eröffnen von Wirbelkanal und Sakralkanal autochthone Rückenmuskeln im Bereich der Dornfortsätze, der Wirbelbögen und Querfortsätze vollständig entfernen; kurze Nackenmuskeln unter Schonung der Aa. vertebrales und der Nerven ablösen; am Kreuzbein Ursprung des M. gluteus maximus abtrennen und die Facies dorsalis des Os sacrum freilegen. Zum Eröffnen des Wirbelkanals die Wirbelbögen im Bereich der Laminae medial der Gelenkfortsätze durchtrennen (■ Abb. 4.23a); dazu den Knochen zunächst leicht ansägen und anschließend mit einem scharfen Meißel vollständig unter Schonung der Spinalnerven durchtrennen.

🛇 Beim Durchtrennen der Wirbelbögen die Spinalnerven nicht verletzen.

Der hintere Atlasbogen bleibt zur Schonung der A. vertebralis und als Orientierungsmarke erhalten. Zum Eröffnen des Sakralkanals den Knochen der Facies dorsalis medial der Foramina sacralia durchtrennen.

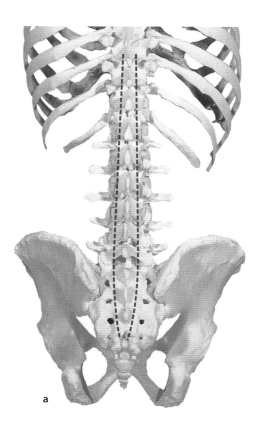

a

---- Schnittführung zur Durchtrennung der Wirbelbögen

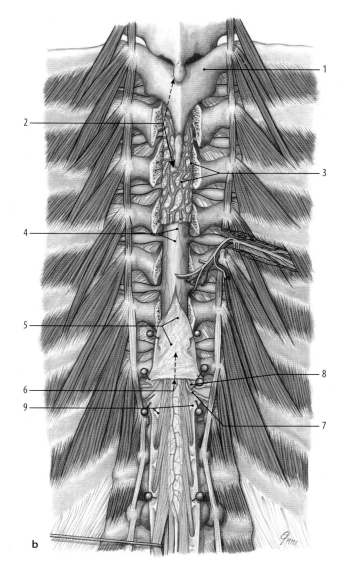

1 Wirbelbogen
2 epiduraler Raum
3 Venengeflecht
4 Dura mater spinalis
5 Arachnoidea mater spinalis
6 Subarachnoidalraum
7 Radix anterior
8 Radix posterior
9 Ligamentum denticulatum

b

○ **Abb. 4.23** **a** Schnittführung zur Durchtrennung der Wirbelbögen [15]. **b** Schichtweise eröffneter Wirbelkanal mit den Strukturen innerhalb des Wirbelkanals, Ansicht von hinten [29]

○ **Topographie**
Unterschiedliche Form und Größe des Hiatus sacralis beachten.

Präparation I (○ Abb. 4.23b): Zur Erhaltung der dorsalen Begrenzung des knöchernen Wirbelkanals und des epiduralen Raumes im Bereich der Brustwirbelsäule in einem Abschnitt von drei bis vier Wirbeln die Wirbel-

bögen **(1)** nicht entfernen. Den erhaltenen epiduralen Raum **(2)** sondieren. Im kaudal folgenden Abschnitt die weitere Präparation zur Demonstration der einzelnen Schichten in vier Schritten durchführen: **a**) Dura mater mit Venengeflecht **(3)** und Bindegewebe in einem Abschnitt von etwa 10 cm belassen; **b**) im kaudal folgenden Abschnitt die *Dura mater spinalis* **(4)** durch Abtragen des Venengeflechts und des Bindegewebes über einen Ab-

◻ Abb. 4.24   Rückenmarksitus, Ansicht von hinten [33]

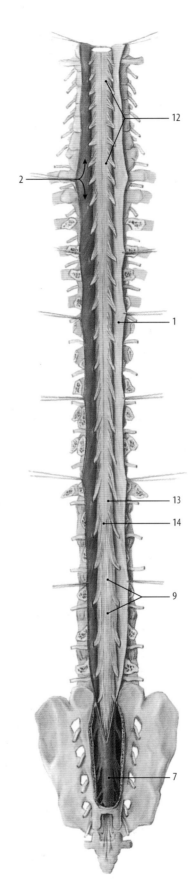

1   Dura mater und Arachnoidea mater spinalis
2   Spatium subarachnoideum
3   Spinalganglion
4   Ramus posterior
5   Ramus anterior
6   Foramen intervertebrale
7   Ende des Durasackes
8   Pars duralis des Filum terminale
9   Cauda equina
10 Rami posteriores der Sakralnerven
11 Foramen sacrale posterius
12 Intumescentia cervicalis
13 Intumescentia lumbosacralis
14 Conus medullaris

schnitt von etwa 10 cm freilegen; **c)** im nachfolgenden Abschnitt die Dura mater vorsichtig spalten und stumpf von der *Arachnoidea mater spinalis* **(5)** lösen und mit Nadeln fixieren.

❗ Arachnoidea mater beim Durchtennen der Dura mater nicht verletzen.

d) Die freigelegte Arachnoidea mater spinalis in einem Abschnitt von etwa 5 cm erhalten und den Subarachnoidalraum **(6)** sondieren; **e)** im anschließenden kaudalen Bereich Dura und Arachnoidea mater spinalis bis zum Ende des Durasackes durchtrennen und mit Nadeln am Rand befestigen. Die zwischen *Radix anterior* **(7)** und *Radix posterior* **(8)** des Spinalnerven ausgespannten *Ligamenta denticulata* **(9)** aufsuchen.

> ▶ **Klinik**
>
> Bei der Spina bifida (posterior) handelt es sich um eine kombinierte Hemmungsfehlbildung mit Beteiligung des Rückenmarks, der Rückenmarkshäute und der Wirbelbögen. Man unterscheidet verschiedene Formen: Spina bifida totalis und partialis sowie Spina bifida occulta. ◀

Präparation II: Nach Durchtrennung sämtlicher Wirbelbögen (außer dem hinteren Atlasbogen) die durch die Ligamenta flava sowie durch die Bänder der Dornfortsätze miteinander verbundenen abgetrennten Anteile der Wirbelbögen und der Dornfortsätze ablösen. Auf der Innenseite des herausgetrennten Präparates die Ligamenta flava studieren (▶ Abschn. 4.10, Präparation Wirbelgelenke und -bänder).

Im eröffneten Wirbelkanal das lockere fettreiche Bindegewebe und den Plexus venosus vertebralis internus posterior im Spatium epidurale inspizieren. Danach Dura mater spinalis durch Abtragen des Bindegewebes und des Venengeflechtes freilegen (▣ Abb. 4.24). Anschließend die *Dura mater spinalis* und die ihr anliegende *Arachnoidea mater* **(1)** nach kleiner Messerstichinzision mit der Schere durch einen median geführten Schnitt eröffnen. Vor der vollständigen Eröffnung des Spatium subarachnoideum den Subarachnoidalraum sondieren.

Nach vollständiger Durchtrennung Dura mater vorsichtig mit stumpfer Pinzette von der Arachnoidea lösen.

🔄 **Topographie**
Häufig löst sich die Arachnoidea aufgrund postmortaler Gewebsveränderungen spontan von der Dura, sodass ein künstlicher Subduralraum entsteht.

Die abgelösten Blätter der Dura mater und der Arachnoidea getrennt zur Seite klappen und mit Nadeln fixieren.

❗ Nadeln nach Präparationsende jeweils entfernen, Verletzungsgefahr!

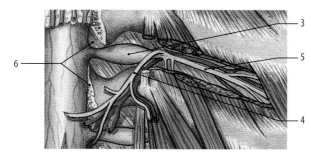

1 Dura mater und Arachnoidea mater spinalis
2 Spatium subarachnoideum
3 Spinalganglion
4 Ramus posterior
5 Ramus anterior
6 Foramen intervertebrale
7 Ende des Durasackes
8 Pars duralis des Filum terminale
9 Cauda equina
10 Rami posteriores der Sakralnerven
11 Foramen sacrale posterius
12 Intumescentia cervicalis
13 Intumescentia lumbosacralis
14 Conus medullaris

▣ **Abb. 4.25** Freigelegter Spinalnerv und seine Äste, rechte Seite, Ansicht von hinten [36]

Die Strukturen im eröffneten *Spatium subarachnoideum* **(2)** studieren. Die zwischen Radix anterior und Radix posterior des Spinalnerven ausgespannten Ligamenta denticulata aufsuchen.

An einigen Segmenten im Hals- und Thorakalbereich Spinalganglien **(3)** und Spinalnerven und ihre Aufzweigung in *Ramus posterior* **(4)** und *Ramus anterior* **(5)** präparieren (▣ Abb. 4.25); dabei zur Freilegung des *Foramen intervertebrale* **(6)** den Knochen der Gelenkfortsätze mit Knochenzange und Meißel abtragen.

❗ Im Halsbereich bei der Präparation der Spinalganglien und der Spinalnerven die A. vertebralis nicht verletzen.

Sakralkanal (▣ Abb. 4.26) Im Sakralkanal intraduralen und extraduralen Teil beachten; variables Ende des Durasackes **(7)** lokalisieren, *Pars duralis* des *Filum terminale* **(8)** aufsuchen und bis zur knöchernen Anheftung am Os coccygis verfolgen. *Cauda equina* **(9)** inspizieren und den Austritt der *Rami posteriores* **(10)** der Sakralnerven aus den *Foramina sacralia posteriora* **(11)** sowie der Rami anteriores aus den Foramina sacralia anteriora aufsuchen.

🔄 **Topographie**
Das unterschiedliche Verhalten der Lage von Spinalganglion, Spinalnerv und seiner Aufzweigungen zwischen Sakralkanal und präsakralem Teil der Wirbelsäule beachten: Die Spinalganglien und die Spinal-

4

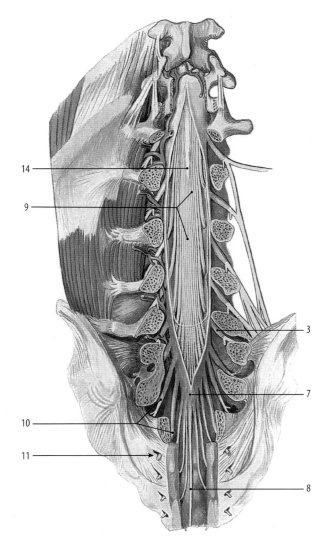

14

9

3

7

10

11

8

1 Dura mater und Arachnoidea mater spinalis
2 Spatium subarachnoideum
3 Spinalganglion
4 Ramus posterior
5 Ramus anterior
6 Foramen intervertebrale
7 Ende des Durasackes
8 Pars duralis des Filum terminale
9 Cauda equina
10 Rami posteriores der Sakralnerven
11 Foramen sacrale posterius
12 Intumescentia cervicalis
13 Intumescentia lumbosacralis
14 Conus medullaris

◻ Abb. 4.26   Distaler Abschnitt des Wirbelkanals mit Cauda equina und Sakralkanal, Ansicht von hinten [9]

nerven liegen im extraduralen Teil des Sakralkanals; die Aufzweigung der Spinalnerven erfolgt noch innerhalb des Sakralkanals.

Abschließend folgende Strukturen aufsuchen: *Intumescentiae cervicalis* (**12**) und *lumbosacralis* (**13**), *Conus me-*

dullaris (**14**); getrennte Duradurchtritte der Radices posteriores und anteriores beachten; Rückenmarkssegmente der Spinalnervenwurzeln dem Foramen intervertebrale der zugehörigen Wirbel zuordnen; Aa. spinales posteriores, V. spinalis posterior, segmentale Arterien (A. radicularis magna = Adamkiewicz-Arterie) aufsuchen.

> **▶ Klinik**
>
> Der Zugang für die lumbale Liquorentnahme sowie für die intrathekale Spinalanaesthesie erfolgt zwischen dem 4. und 5. Lendenwirbel oder zwischen dem 3. und 4. Lendenwirbel (Auffinden des Dornfortsatzes des 4. Lendenwirbels, s. o. tastbare Knochenanteile). Auf dem Weg der Punktionskanüle in den Subarachnoidealraum können „Widerstände" am Ligamentum flavum und an der Dura mater wahrgenommen werden. Bei der häufig im Kindesalter angewandten Kaudalanästhesie erfolgt der Zugang zum Sakralkanal über den Hiatus sacralis. ◀

4.10 Gelenkverbindungen der Wirbelsäule

Vorbereitung: Zur Vorbereitung Muskeln sowie Leitungsbahnen im Bereich von Wirbelsäule und Rippen vollständig entfernen; die Rippen am vorgesehenen Brustwirbelsäulenpräparat etwa 10 cm lateral der Rippenwirbelgelenke durchsägen. Die Präparation sollte möglichst an einer gesamten Wirbelsäule vom Atlas bis zum Os coccygis durchgeführt werden. Zur Präparation von isolierten Wirbelsäulenabschnitten eignen sich am besten die Brust- und Lendenwirbelsäule. Vor der Präparation die knöchernen Strukturen der Gelenke am Skelett wiederholen.

Wirbelsäulenbänder   Präparation der Wirbelsäulenbänder der Wirbelsäule mit dem *Ligamentum longitudinale anterius* (**1**) beginnen (◻ Abb. 4.27a); evtl. noch vorhandene Sehneninsertionen scharf ablösen. Die kurzen zwei Wirbel miteinander verbindenden Bandzüge (**2**) und die sie bedeckenden äußeren langen Bandzüge darstellen; Anheftung der Bänder an den Randleistenanuli (**3**) beachten und die fehlende Verbindung der langen Bandzüge mit den Zwischenwirbelscheiben durch Sondieren prüfen; an den Seitenflächen die kurzen von der Mitte eines Wirbelkörpers zur nächsten Zwischenwirbelscheibe ziehenden Bänder darstellen (**4**). Präparation des Ligamentum longitudinale posterius (◻ Abb. 4.27b), (s. unten).

Rippen-Wirbel-Gelenke   Am Brustwirbelpräparat die Rippen-Wirbel-Gelenke und ihre Bänder präparieren (◻ Abb. 4.27c); an den Rippenkopfgelenken das *Ligamentum capitis costae radiatum* (**5**) darstellen (◻ Abb. 4.27a); an einem Beispiel die Gelenkkapsel entfernen und die Gelenkhöhle eröffnen; den Rippenkopf mit dem Meißel zur Hälfte abtragen und das die

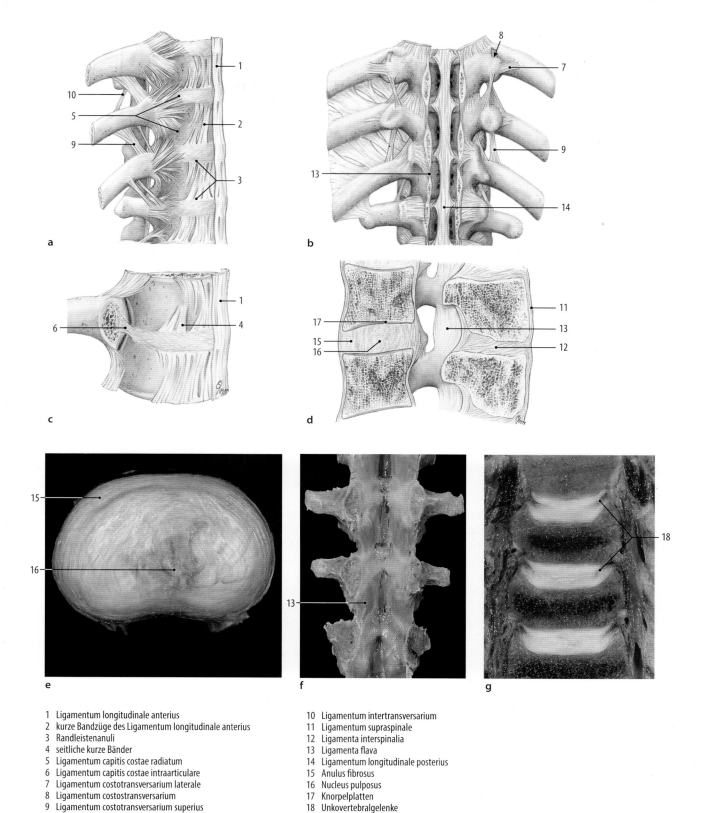

1 Ligamentum longitudinale anterius
2 kurze Bandzüge des Ligamentum longitudinale anterius
3 Randleistenanuli
4 seitliche kurze Bänder
5 Ligamentum capitis costae radiatum
6 Ligamentum capitis costae intraarticulare
7 Ligamentum costotransversarium laterale
8 Ligamentum costotransversarium
9 Ligamentum costotransversarium superius
10 Ligamentum intertransversarium
11 Ligamentum supraspinale
12 Ligamenta interspinalia
13 Ligamenta flava
14 Ligamentum longitudinale posterius
15 Anulus fibrosus
16 Nucleus pulposus
17 Knorpelplatten
18 Unkovertebralgelenke

◻ **Abb. 4.27** **a** Bandapparat und Gelenke der Wirbelsäule, Rippen-Wirbel-Gelenke [29]. **b** Ligamentum longitudinale posterius im eröffneten Wirbelkanal, Ansicht von hinten. **c** Rippen-Wirbel-Gelenke durch Sägeschnitte eröffnet, Ansicht von rechts-seitlich. **d** Mediansagittalschnitt durch die Lendenwirbel I und II, Ansicht der rechten Schnittfläche, Discus intervertebralis, Wirbelbogenbänder [29]. **e** Querschnitt durch einen Discus intervertebralis der Lendenwirbelsäule [29]. **f** Wirbelbogenpräparat mit Ligamenta flava, Ansicht von ventral [16]. **g** Frontalschnitt durch die Halswirbelsäule, Unkovertebralgelenke [16]

Rippenkopfgelenke in zwei Gelenkhöhlen unterteilende *Ligamentum capitis costae intraarticulare* (6) studieren (◼ Abb. 4.27c). Anschließend die vom *Ligamentum costotransversarium laterale* (7) verstärkte Gelenkkapsel der Rippenhöckergelenke aufsuchen und auf der Ventralseite das *Ligamentum costotransversarium* (8) sowie das *Ligamentum costotransversarium superius* (9) und das schwache *Ligamentum intertransversarium* (10) darstellen (◼ Abb. 4.27a, b).

Wirbelbogenbänder Bei der Präparation der Wirbelbogenbänder zunächst das *Ligamentum supraspinale* (11) und am Lendenwirbelpräparat die *Ligamenta interspinalia* (12) darstellen; beide Bänder auch am Mediansagittalschnitt studieren (◼ Abb. 4.27d). Zur Freilegung der Ligamenta flava die Wirbelbögen im Bereich der Laminae durchtrennen (s. Präparation des Wirbelkanals); die *Ligamenta flava* (13) am herausgelösten Wirbelbogenpräparat studieren, gelbliche Farbe beachten (◼ Abb. 4.27f). Zur Freilegung des *Ligamentum longitudinale posterius* (14) den Inhalt des Wirbelkanals vollständig herausnehmen (Rückenmark mit seinen Häuten zum Studium aufbewahren) und das Periost auf den Wirbelkörpern entfernen; die Form des schmalen Bandes mit seiner girlandenförmigen Verbreiterung und Anheftung an den Zwischenwirbelscheiben beachten (◼ Abb. 4.27b).

Die Präparation sollte durch vom Institutspersonal angefertigte Schnitte in verschiedenen Ebenen ergänzt werden: Die Unkovertebralgelenke (18) der Halswirbelsäule an Frontalschnitten demonstrieren (◼ Abb. 4.27g). Zum Studium des Discus intervertebralis Horizontalschnitte durch die Brust- oder Lendenwirbelsäule anlegen; dazu den Schnitt mit dem großen Muskelmesser in der Mitte des Discus intervertebralis zwischen zwei Wirbelkörpern führen. Auf der Schnittfläche *Anulus fibrosus* (15) und *Nucleus pulposus* (16) studieren (◼ Abb. 4.27e). Auf Mediansagittalschnitten (◼ Abb. 4.27d) Discus intervertebralis und die Knorpelplatten (4) auf den Grund- und Deckplatten der Wirbelkörper sowie die Wirbelbogenbänder aufsuchen.

Auf der Innenseite des abgetrennten Wirbelbogenpräparates die *Ligamenta flava* (13) lokalisieren (◼ Abb. 4.27f).

▶ **Klinik**

Degenerative Veränderungen an den Disci intervertebrales treten am häufigsten im Bereich der Lendenwirbelsäule auf. Bei der damit einhergehenden Verlagerung von Diskusgewebe (Protrusion oder Prolaps) nach postero-lateral oder nach postero-medial kommt es zur Beeinträchtigung der Spinalnervenwurzeln. Am häufigsten betroffen sind die Wurzeln der Rückenmarkssegmente S1, L5, L4 oder L3. Bei degenerativen Erkrankungen im Bereich der Zwischenwirbelscheiben kommt es an den Randleistenanuli der Wirbelkörper zu pathologischen Knochenneubildungen (Spondylophyten). ◀

Kopfgelenke **Vorbereitung**: Die Vorbereitung der Präparate erfolgt durch das Institutspersonal: Hinterhauptsschuppe durch keilförmige Sägeschnitte entfernen, hinteren Atlasbogen und Wirbelbögen der Halswirbelsäule im Bereich der Laminae mit der Säge durchtrennen und abtragen. Vor der Präparation des Bandapparates die Gelenkflächen der Condyli occipitales, die Facies articulares des Atlas sowie die Gelenkflächen der Articulatio atlantoaxialis mediana und der Articulationes atlantoaxiales laterales am Skelett zuordnen und studieren.

🔄 **Varia**

Die Facies articularis superior des Atlas ist in einem Drittel der Fälle zweigeteilt. Der Sulcus arteriae vertebralis kann teilweise oder vollständig von einer Knochenspange überbrückt sein (Pontikulusbildung). Spaltbildungen kommen am Atlas im hinteren Bogen und seltener im vorderen Bogen sowie am vorderen Rand des Foramen processus transversi vor. Bei der Atlasassimilation (0,1 bis 0,4 % der Fälle) verschmelzen Os occipitale und Atlas vollständig oder teilweise miteinander.

Bandapparat (◼ Abb. 4.28) Zur Freilegung des Bandapparates der Kopfgelenke das Dura-Periostblatt auf dem Clivus sowie die vom atlanto-okzipitalen Übergang an getrennten Blätter der Dura mater spinalis und des Periostes der Wirbelkörper ablösen; Venenplexus und Bindegewebe im Epiduralraum der Halswirbelsäule entfernen. *Ligamentum longitudinale posterius* (1) aufsuchen und seine kraniale Fortsetzung, die *Membrana tectoria* (2) bis zum Clivus verfolgen. Zur Darstellung des Ligamentum cruciforme Membrana tectoria am Clivus ablösen und nach kaudal verlagern. Anteile des Ligamentum cruciforme mit *Ligamentum transversum atlantis* (3) und *Fasciculi longitudinales* (4) darstellen; anschließend *Ligamenta alaria* (5) von der Seitenfläche des Dens axis bis zum medialen Rand der Condyli occipitales verfolgen; evtl. vorhandenes *Ligamentum apicis dentis* (6) und *Ligamentum atlantoaxiale accessorium* (7) inspizieren. Durch Drehbewegungen die Funktionen der Atlatoaxialgelenke, vor allem der Articulatio atlantoaxialis mediana mit dem Ligamentum transversum atlantis studieren.

Das Studium der Gelenkflächen der Articulatio atlantoaxialis mediana und der Bandstrukturen im zervikookzipitalen Übergangsbereich sollte am Präparat eines Mediansagittalschnittes ergänzt werden (◼ Abb. 4.29).

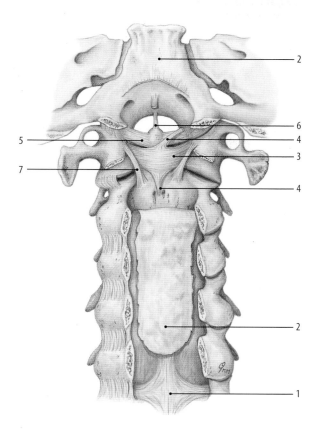

1 Ligamentum longitudinale posterius
2 Membrana tectoria
3 Ligamentum transversum atlantis
4 Fasciculi longitudinales
5 Ligamenta alaria
6 Ligamentum apicis dentis
7 Ligamentum atlantoaxiale accessorium

◘ **Abb. 4.28** Bandapparat der Kopfgelenke, Ansicht von hinten [29]

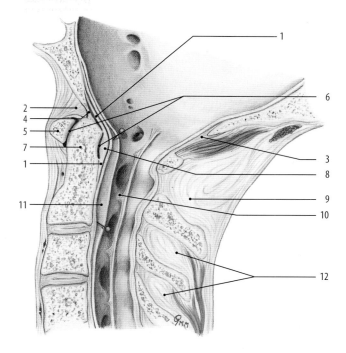

1 Fasciculi longitudinales
2 Membrana atlantooccipitalis anterior
3 Membrana atlantooccipitalis posterior
4 Ligamentum apicis dentis
5 Arcus anterior atlantis
6 Articulatio atlantoaxialis mediana
7 Dens axis
8 Ligamentum transversum atlantis
9 Ligamentum nuchae
10 Ligamentum denticulatum
11 Dura mater spinalis
12 Ligamenta interspinalia

◘ **Abb. 4.29** Mediansagittalschnitt durch die zervikookzipitale Übergangsregion, mittleres Atlantoaxialgelenk und Bandapparat, Ansicht der rechten Schnittfläche [29]

4.11 Präparationsvideos zum Kapitel

◘ **Abb. 4.30** Video 4.1: Präparation der epifaszialen Leitungsbahnen. (▶ https://doi.org/10.1007/000-732), © Institut für Klinische Anatomie und Zellanalytik der Universität Tübingen

◘ **Abb. 4.31** Video 4.2: Präparation und Ablösen des M. trapezius. (▶ https://doi.org/10.1007/000-72z), © Institut für Klinische Anatomie und Zellanalytik der Universität Tübingen

4

■ Abb. 4.32 Video 4.3: Ablösen des M. latissimus dorsi. (▶ https://doi.org/10.1007/000-730), © Institut für Klinische Anatomie und Zellanalytik der Universität Tübingen

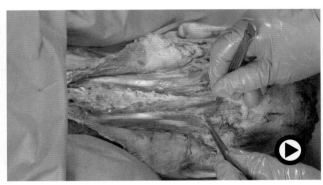

■ Abb. 4.35 Video 4.6: Präparation der Nacken- und Hinterhaupts-region. (▶ https://doi.org/10.1007/000-733), © Institut für Klinische Anatomie und Zellanalytik der Universität Tübingen

■ Abb. 4.33 Video 4.4: Ablösen der Mm. rhomboidei. (▶ https://doi.org/10.1007/000-731), © Institut für Klinische Anatomie und Zellanalytik der Universität Tübingen

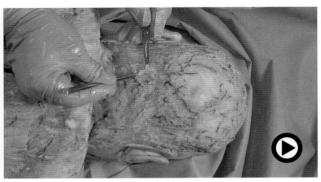

■ Abb. 4.36 Video 4.7: Okzipitalregion – Aufsuchen des N. occipitalis major und der Vasa occipitalia. (▶ https://doi.org/10.1007/000-734), © Institut für Klinische Anatomie und Zellanalytik der Universität Tübingen

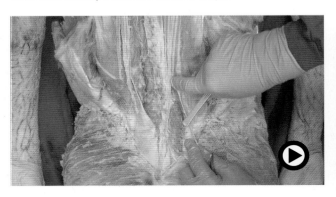

■ Abb. 4.34 Video 4.5: Präparation der autochthonen Rückenmuskeln. (▶ https://doi.org/10.1007/000-72y), © Institut für Klinische Anatomie und Zellanalytik der Universität Tübingen

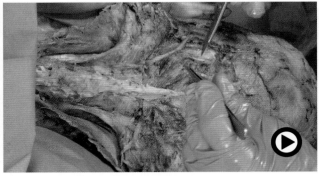

■ Abb. 4.37 Video 4.8: Präparation der tiefen Nackenregion – Vertebralisdreieck. (▶ https://doi.org/10.1007/000-735), © Institut für Klinische Anatomie und Zellanalytik der Universität Tübingen

Obere Extremität

Bernhard N. Tillmann, Bernhard Hirt

Inhaltsverzeichnis

Ergänzende Information
Die elektronische Version dieses Kapitels enthält Zusatzmaterial, auf das über folgenden Link zugegriffen werden kann https://doi.org/10.1007/978-3-662-62839-3_5. Die Videos lassen sich durch Anklicken des DOI Links in der Legende einer entsprechenden Abbildung abspielen, oder indem Sie diesen Link mit der SN More Media App scannen.

© Springer-Verlag GmbH Deutschland, ein Teil von Springer Nature 2022
B. N. Tillmann, B. Hirt, *Präpkurs Anatomie,* https://doi.org/10.1007/978-3-662-62839-3_5

Zusammenfassung

Im Kapitel „Obere Extremität" wird die bei der Präparation der ventralen und dorsalen Rumpfwand begonnene Freilegung der Strukturen im Schulterbereich am abgesetzten Arm abgeschlossen. Bei der Präparation an der freien oberen Extremität werden am Oberarm, in der Ellenbogenregion sowie an Unterarm und Hand auf der Vorderseite und auf der Rückseite des Armes die Muskeln mit ihren Faszien und den sie versorgenden Leitungsbahnen unter topographischen und klinisch relevanten Gesichtspunkten dargestellt. Am Ende des Kapitels wird das Vorgehen bei der Präparation der Gelenke des Schultergürtels, des Schultergelenks, des Ellenbogengelenks sowie der Hand- und Fingergelenke beschrieben.

5.1 Vorbereitung der Präparation

Die Präparation der oberen Extremität sollte aus präparationstechnischen Gründen an der abgesetzten Extremität durchgeführt werden. Das Absetzen erfolgt durch das Institutspersonal.

Situation auf der linken Körperseite nach der Präparation der vorderen und der hinteren Rumpfwand: Mm. trapezius und rhomboidei am Ursprung abgelöst; Mm. pectoralis major, minor, subclavius und sternocleidomastoideus am Ursprung abgelöst. Clavicula im Sternoklavikulargelenk exartikuliert. Zum vollständigen Absetzen des Armes M. serratus anterior am Ursprung vollständig ablösen. V. subclavia, A. subclavia und die Trunci des Plexus brachialis sowie die Nerven der Pars supraclavicularis 2 bis 3 cm distal der Skalenuslücke durchtrennen. Auf der rechten Körperseite identisch vorgehen.

🔁 Topographie

Die oberen Extremitäten haben beim Menschen Greif- und Tastfunktion. Ausführendes Organ ist dabei die Hand; den „Verkehrsraum" für die Gebrauchsbewegungen verschaffen die Gelenkverbindungen des Schultergürtels, das Schulter- und Ellenbogengelenk sowie die Handgelenke.

Der Schultergürtelbereich der oberen Extremität gehört topographisch aufgrund der Verlagerung von Schultergürtel- und Schultergelenkmuskeln sowie deren Leitungsbahnen auf den Rumpf zur ventralen und dorsalen Rumpfwand. Die freie obere Extremität beginnt im Bereich des Schultergelenks (Regio deltoidea und Regio axillaris); sie besteht aus Oberarm, Ellenbogenbereich, Unterarm und Hand.

Aus topographischen Gründen erfolgt die Präparation des Schulterbereichs bei der Präparation von ventraler und dorsaler Rumpfwand. Vor Beginn der Präparation sollten das Oberflächenrelief und die tastbaren Knochenanteile am Lebenden studiert werden.

5.2 Regionen und Oberflächenrelief

(▪ Abb. 5.1a,b; ▪ Abb. 5.2a,b) Den Übergang von ventraler und dorsaler Rumpfwand zur freien oberen Extremität bildet die durch den *M. deltoideus* hervorgerufene Schulterwölbung, *Regio deltoidea*. Die bei abduziertem Arm deutlich sichtbaren Achselfalten werde auf der Vorderseite (vordere Achselfalte) vom Ansatzbereich des M. deltoideus sowie auf der Hinterseite (hintere Achselfalte) vom *M. latissimus dorsi* gebildet. Die Achselhöhlengrube, *Fossa axillaris*, ist nur bei abduziertem Arm sichtbar.

Das Relief auf der **Vorderseite des Oberarms**, *Regio brachii anterior*, wird vom *M. biceps brachii* geprägt; im distalen Bereich wird bei muskelkräftigen Individuen medial und lateral vom Ansatzbereich des M. biceps brachii der Muskelbauch des *M. brachialis* sichtbar. Die Kontur am medialen Rand des Oberarms bilden Caput longum und Caput mediale des *M. triceps brachii*. Zwischen den beiden Trizepsköpfen und dem M. biceps brachii senkt sich die Haut in Form der medialen Bizepsrinne, *Sulcus bicipitalis medialis*, ein. Die laterale Bizepsrinne, *Sulcus bicipitalis lateralis*, ist flacher als die mediale; sie wird erst im distalen Abschnitt am Übergang zur Ellenbeuge deutlich sichtbar, ihre laterale Begrenzung bildet hier der *M. brachioradialis*. Das Oberflächenrelief auf der **Rückseite des Oberarms**, *Regio brachii posterior*, entsteht durch die Köpfe des M. triceps brachii. Die Kontur am lateralen Rand bilden M. biceps brachii und M. brachioradialis.

Die Abgrenzung der **Ellenbogenregion** gegenüber dem Oberarm und dem Unterarm ist fließend. Die sichtbare Verbreiterung am medialen und am lateralen Rand kommt durch die *Epicondyli medialis* und *lateralis* zustande. Die Oberflächenkontur wird auf der Vorderseite, *Regio cubitalis anterior*, auf der lateralen Seite durch den M. brachioradialis und auf der medialen Seite durch den *M. pronator teres* sowie durch die Ursprünge der Unterarmflexoren geprägt. Auf der Rückseite, *Regio cubitalis posterior*, wölbt sich im mittleren Bereich das *Olecranon* vor; medial und lateral davon sinkt die Haut zu kleinen Gruben ein. Lateral wölben sich *M. anconeus* und die Ursprungsbereiche der Unterarmextensoren vor.

Die Form des Unterarms wird durch die Muskeln geprägt; das Oberflächenrelief verändert sich mit der Stellung des Unterarms. In Supinationsstellung werden die Randkonturen auf der **Vorderseite des Unterarms**, *Regio antebrachii anterior*, radial von den *Mm. brachioradialis* und *extensor carpi radialis longus* und ulnar von den Unterarmflexoren, randständig vom *M. flexor carpi ulnaris* gebildet. In der Rinne zwischen den beiden Muskelgruppen ist die Kontur des *M. flexor digitorum superficialis* sichtbar. Im distalen Abschnitt der Unterarmvorderseite tritt vor allem bei gebeugten Handgelenken die Ansatz-

5

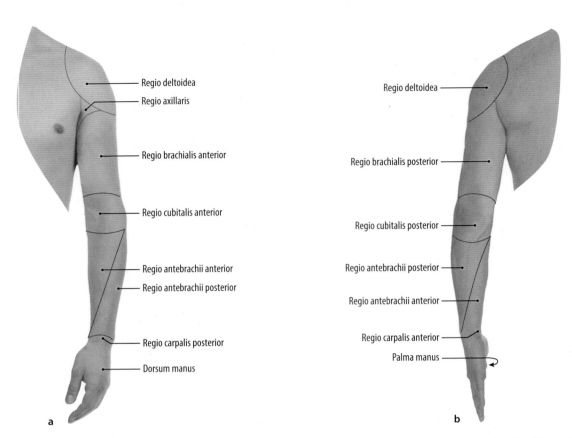

Regio deltoidea
Regio axillaris
Regio brachialis anterior
Regio cubitalis anterior
Regio antebrachii anterior
Regio antebrachii posterior
Regio carpalis posterior
Dorsum manus

a

Regio deltoidea
Regio brachialis posterior
Regio cubitalis posterior
Regio antebrachii posterior
Regio antebrachii anterior
Regio carpalis anterior
Palma manus

b

Abb. 5.1   a Regionen der oberen Extremität, Ansicht von vorn-seitlich. **b** Regionen der oberen Extremität, Ansicht von hinten-seitlich [29]

sehne des *M. flexor carpi radialis* hervor; ulnar davon wird die Ansatzsehne des *M. palmaris longus* (der Muskel fehlt in ca. 20 % der Fälle) sichtbar. In Beugestellung der Hand lassen sich außerdem die Ansatzsehnen des *M. flexor digitorum superficialis* und des *M. flexor carpi ulnaris* identifizieren.

Das Oberflächenrelief auf der **Rückseite des Unterarms**, *Regio antebrachii posterior*, wird durch die Handgelenk- und Fingergelenkmuskeln hervorgerufen. In Supinationsstellung sind die *Mm. extensor carpi ulnaris, extensor carpi radialis longus* und *extensor digitorum* identifizierbar. Distal wölben sich *Caput ulnae* und das distale Ende des *Radius* vor. Die Kontur am ulnaren Rand bildet der *M. flexor carpi ulnaris*. In Pronationsstellung wird die Trennung zwischen der radialen Muskelgruppe und den oberflächlichen Extensoren in Form einer Hautfurche sichtbar.

Im Bereich der **Handwurzelregion**, *Regio carpalis anterior*, (Abb. 5.3a) kann man zwei oder drei Stauchungsfurchen beobachten.

 Topographie
   Die distale Furche, *Sulcus carpalis distalis* = Rascetta, bildet die Grenze zur Hohlhand; sie liegt in Höhe des Gelenksspaltes des distalen Handgelenks. Die mittlere Furche, Restricta, verbindet die Spitzen der Processus

styloidei von Radius und Ulna. Die proximale dritte Furche ist meistens schwach ausgebildet oder fehlt; sie markiert die Lage der distalen Epiphysenfugen der Unterarmknochen.

Die **Hohlhand**, *Palma (Vola) manus* (Abb. 5.3a) beginnt distal von der Rascetta; ihre charakteristische Form entsteht durch die von den kurzen Daumen- und Kleinfingermuskeln hervorgerufenen Wülste des Daumenballens, *Thenar*, und des Kleinfingerballens, *Hypothenar*. Zwischen Thenar und Hypothenar liegt der dreieckige Handteller, in dessen Haut sich drei Furchen abzeichnen. Im distalen Bereich des Handtellers wölben sich bei adduzierten, gestreckten Fingern die sog. Handballen = Monticuli vor, die bei ausgeprägter manueller Tätigkeit stark verhornt sein können.

 Topographie
   Die Liniea vitalis läuft an der Grenze des Daumenballens, die Linea cephalica durch die Mitte des Handtellers zum Zeigefinger; die Linea mensalis zieht quer in Höhe der Grundgelenke der Finger III–V.

Charakteristisch für die **Finger** sind die Kuppen an den Endgliedern und die Faltenbildung im Bereich der Gelenke.

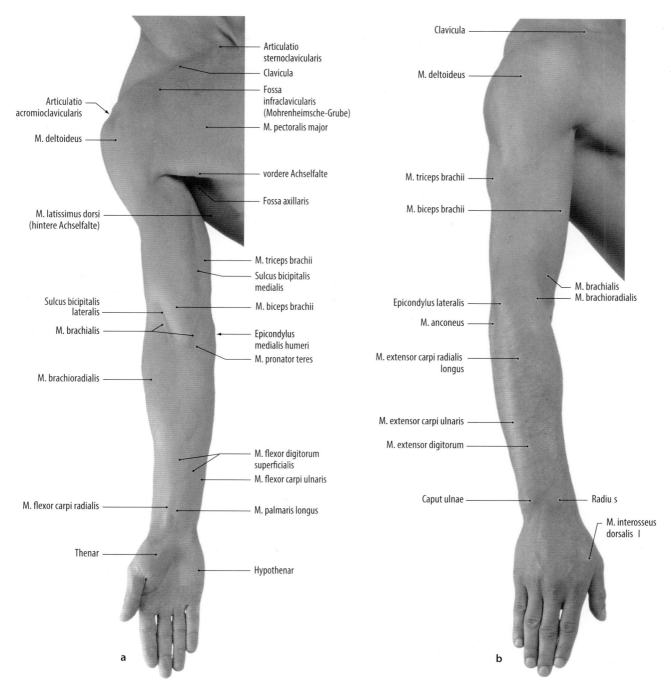

Articulatio
sternoclavicularis

Clavicula

Fossa
infraclavicularis
(Mohrenheimsche-Grube)

M. pectoralis major

vordere Achselfalte

Fossa axillaris

Articulatio
acromioclavicularis

M. deltoideus

M. latissimus dorsi
(hintere Achselfalte)

M. triceps brachii

Sulcus bicipitalis
medialis

Sulcus bicipitalis
lateralis

M. biceps brachii

M. brachialis

Epicondylus
medialis humeri

M. pronator teres

M. brachioradialis

M. flexor digitorum
superficialis

M. flexor carpi ulnaris

M. flexor carpi radialis

M. palmaris longus

Thenar

Hypothenar

Clavicula

M. deltoideus

M. triceps brachii

M. biceps brachii

M. brachialis
M. brachioradialis

Epicondylus lateralis

M. anconeus

M. extensor carpi radialis
longus

M. extensor carpi ulnaris

M. extensor digitorum

Caput ulnae

Radiu s

M. interosseus
dorsalis I

a

b

Abb. 5.2   **a** Oberflächenrelief, rechter Arm eines jungen Mannes in Supinationsstellung, Ansicht der Vorderseite. **b** Oberflächenrelief, rechter Arm eines jungen Mannes in Pronationsstellung, Ansicht der Rückseite [29]

Auf der Streckseite gehen **Handwurzelregion**, *Regio carpalis posterior*, und **Handrücken**, *Regio dorsalis manus* (Dorsum manus) (**Abb. 5.3b**), ineinander über. Bei abduziertem Daumen werden im Übergangsbereich die Sehnenbegrenzungen der Tabatière sichtbar.

Topographie

Die Tabatière wird ulnar von der Ansatzsehne des M. extensor pollicis longus und radial von den Ansatzsehnen der Mm. extensor pollicis brevis und abductor pollicis longus begrenzt. In der Grube sind der Processus styloideus radii und das Os scaphoideum sowie der Puls der A. radialis tastbar (**Abb. 5.27**).

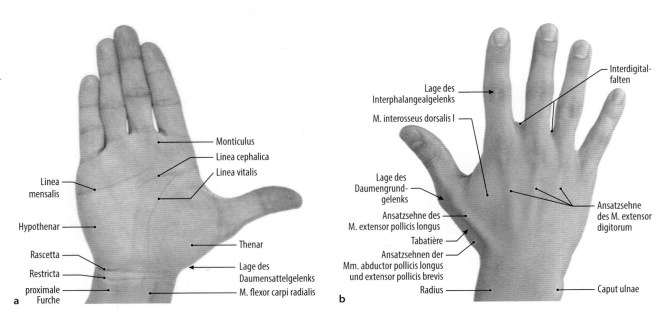

◘ Abb. 5.3 **a** Oberflächenrelief der Palma manus eines jungen Mannes, rechte Seite. **b** Oberflächenrelief des Dorsum manus eines jungen Mannes, rechte Seite

Bei adduziertem Daumen wölbt sich der *M. interosseus dorsalis I* zwischen Daumen und Zeigefinger vor. In Streckstellung der Fingergelenke werden die Ansatzsehnen der Fingerextensoren sichtbar.

5.3   Tastbare Knochen- und Gelenkanteile

(◘ Abb. 5.4a,b) An der freien oberen Extremität können folgende Strukturen palpiert werden:
- Im Schulterbereich: Am Übergang zur Regio deltoidea artikulierende Anteile des Akromioklavikulargelenks; auf der Schulterwölbung *Tuberculum majus* und *Tuberculum minus* des Humerus bei nicht zu kräftig entwickeltem M. deltoideus; bei muskelschwachen Individuen von der Axilla aus in Adduktionsstellung des Armes *Caput humeri* und proximalen Teil des Humerusschaftes.
- Am Oberarm: *Facies anteromedialis* des Humerusschaftes, *Epicondylus medialis*; im distalen-lateralen Bereich *Margo lateralis humeri* und Rückseite des *Epicondylus lateralis*.
- Am Unterarm an der Ulna: *Olecranon* und *Facies medialis ulnae* bis zum *Processus styloideus ulnae*; am Radius: Caput radii, Gelenkspalt des Humeroradialgelenks, distalen Abschnitt des *Corpus radii*, *Processus styloideus radii* und *Tuberculum dorsale*.
- Von den Handwurzelknochen: von dorsal *Os scaphoideum* in der Tabatière, *Os lunatum*, *Os trapezium* und *Os capitatum*, Gelenkspalt des Radiokarpalgelenks; von palmar *Os trapezium*, *Os pisiforme*, *Os trique-*

trum, Hamulus ossis hamati; Gelenkspalt des Daumensattelgelenks.
- An den Mittelhandknochen: von dorsal alle Anteile der Ossa metacarpi, Grundgelenke der Finger; von palmar *Caput ossis metacarpi* der Finger I–V.
- An den Fingerknochen: gesamte Dorsalseite der proximalen und mittleren Phalangen, distaler nicht vom Fingernagel bedeckter Teil der Endphalangen; von palmar artikulierende Anteile der Mittel- und Endgelenke, Sesambeine am Daumengrundgelenk; Seitenflächen der Phalangen; Gelenkspalt der Fingergelenke in Beugestellung von dorsal.

5.4   Anlegen der Hautschnitte – Präparation der Haut

(◘ Abb. 5.4a,b) Vor dem Anlegen der Hautschnitte die unterschiedliche Dicke der Kutis in den einzelnen Regionen studieren.

Im Bereich der Schulterwölbung ist die Haut vergleichsweise kräftig entwickelt, an der freien oberen Extremität an Oberarm und Unterarm hingegen ist sie auf der Beugeseite dünner als auf der Streckseite. Auf der Palmarseite der Hand variieren die Hautdicke und der Zustand der Verhornung individuell in Anpassung an die ausgeübte Tätigkeit stark. Dünn ist die Haut vor allem bei alten Menschen auf dem Handrücken. Das Unterhautfettgewebe zeigt regional Unterschiede; es ist auf der Streckseite von Oberarm und Unterarm dicker als auf der Beugeseite. In der Ellenbeuge, auf der Vorderseite des Unterarms sowie im distalen Bereich der

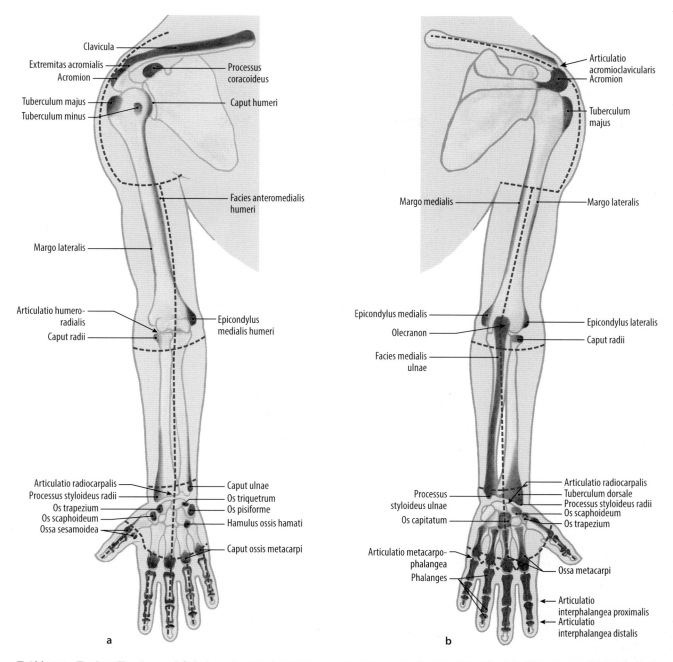

Abb. 5.4 **Tastbare Knochen- und Gelenkanteile sowie Schnittführung zum Anlegen der Hautschnitte. a** Tastbare Knochen- und Gelenkanteile sowie Schnittführung zum Anlegen der Hautschnitte auf der Vorderseite der oberen Extremität. **b** Tastbare Knochen- und Gelenkanteile sowie Schnittführung zum Anlegen der Hautschnitte auf der Rückseite der oberen Extremität [41]

Unterarmrückseite und des Handrückens werden die Hautvenen in der Subkutis durch die Haut sichtbar. Es empfiehlt sich, die klinisch bedeutsamen subkutanen Venen vor der Präparation am Lebenden bei herabhängendem Arm zu studieren. Im Bereich der Palma manus lässt sich die Subkutis wegen der festen Verbindung mit der Palmaraponeurose nur gering verschieben. Locker und leicht verschiebbar ist das Unterhautgewebe auf dem Handrücken.

5.5 Präparation der epifaszialen Leitungsbahnen und der Faszien

Die Strukturen der Regiones pectoralis, deltoidea und axillaris werden bei der Präparation der ventralen Rumpfwand freigelegt. Die Schulterregion wird bei der dorsalen Rumpfwand präpariert. Die Präparation an der abgesetzten freien Extremität beginnt nach Abtragen

◘ Abb. 5.5   Epifasziale Strukturen auf der Vorderseite eines rechten Armes [31]

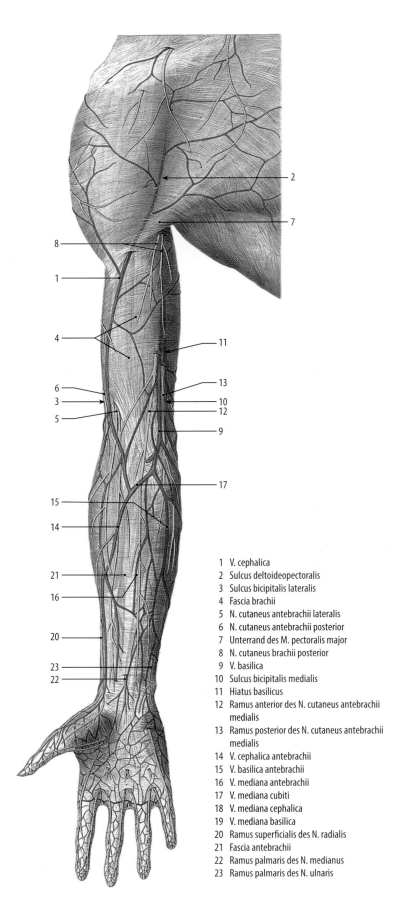

1   V. cephalica
2   Sulcus deltoideopectoralis
3   Sulcus bicipitalis lateralis
4   Fascia brachii
5   N. cutaneus antebrachii lateralis
6   N. cutaneus antebrachii posterior
7   Unterrand des M. pectoralis major
8   N. cutaneus brachii posterior
9   V. basilica
10 Sulcus bicipitalis medialis
11 Hiatus basilicus
12 Ramus anterior des N. cutaneus antebrachii medialis
13 Ramus posterior des N. cutaneus antebrachii medialis
14 V. cephalica antebrachii
15 V. basilica antebrachii
16 V. mediana antebrachii
17 V. mediana cubiti
18 V. mediana cephalica
19 V. mediana basilica
20 Ramus superficialis des N. radialis
21 Fascia antebrachii
22 Ramus palmaris des N. medianus
23 Ramus palmaris des N. ulnaris

der Haut mit der Freilegung der epifaszialen Leitungsbahnen.

❗ Bei der Freilegung der epifaszialen Venen die Hautnerven nicht verletzen. Faszienaustrittsstellen der Nerven
zuvor im Atlas studieren! Subkutanes Bindegewebe erst
dann vollständig abtragen, wenn die Hautvenen sowie
die Nervenaustrittsstellen und die Nervenverläufe dargestellt sind. Oberflächliche Faszien zunächst als geschlossene Schicht erhalten.

Vorderseite des Oberarms (■ Abb. 5.5)   Auf der Vorderseite des Oberarms die proximal bereits bei der Präparation der ventralen Rumpfwand freigelegte *V. cephalica* (1) vom *Sulcus deltoideopectoralis* (2) nach distal in
die Ellenbeugegrube verfolgen.

Alternative: V. cephalica in der Ellenbeugegrube
(■ Abb. 5.6) aufsuchen und nach proximal bis zu ihrem
Anschluss im Sulcus deltoideopectoralis präparieren.

Im Übergangsbereich zur Ellenbeugegrube den
medial von der V. cephalica im *Sulcus bicipitalis lateralis* (3) durch die *Fascia brachii* (4) tretenden Hautast
des N. musculocutaneus, *N. cutaneus antebrachii lateralis* (5) aufsuchen und nach distal verfolgen. Radial von
der V. cephalica am lateralen Rand des Oberarms über
dem Ursprungsbereich des M. brachioradialis den aus
dem N. radialis abgehenden *N. cutaneus antebrachii posterior* (6) aufsuchen. Am Unterrand des *M. pectoralis
major* (7) den durch die Faszie tretenden *N. cutaneus
brachii medialis* (8) freilegen. Sodann die aus der Ellenbeugegrube nach proximal ziehende *V. basilica* (9) im
Sulcus bicipitalis medialis (10) bis zum Fasziendurchtritt
am *Hiatus basilicus* (11) in der Mitte des Oberarms verfolgen. Am Hiatus basilicus den Austritt der *N. cutaneus
antebrachii medialis* mit *Ramus anterior* (12) und *Ramus
posterior* (13) freilegen und den Nervenästen nach distal
bis zum Unterarm nachgehen.

Ellenbeugegrube (■ Abb. 5.6)   In der Ellenbeugegrube die
vom Unterarm kommenden *V. cephalica antebrachii* (14),
V. basilica antebrachii (15) und V. *mediana antebrachii* (16) sowie das sie verbindende sehr variable Venengeflecht mit der *V. mediana cubiti* (17) oder variabel mit
V. mediana cephalica (18) und *V. mediana basilica* (19)
präparieren. Die Präparation der vom Oberarm durch
die Fossa cubiti zum Unterarm ziehenden N. cutaneus
antebrachii lateralis und N. cutaneus antebrachii medialis vervollständigen. Fasziendurchtritte der Venen
beachten.

Unterarmvorderseite (■ Abb. 5.5)   Auf der Unterarmvorderseite die von der Hand kommenden Hautvenen
präparieren (■ Abb. 5.80/Video 5.1). *V. cephalica antebrachii* (14) distal am radialen Rand aufsuchen und
ihrem proximalwärts in die Unterarmmitte tretenden
Verlauf bis zur Ellenbeuge nachgehen. Den distal lateral

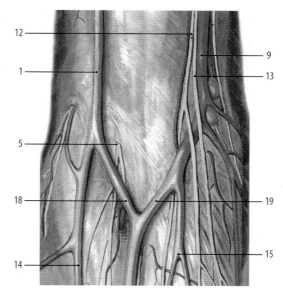

1 V. cephalica
2 Sulcus deltoideopectoralis
3 Sulcus bicipitalis lateralis
4 Fascia brachii
5 N. cutaneus brachii lateralis
6 N. cutaneus antebrachii posterior
7 Unterrand des M. pectoralis major
8 N. cutaneus brachii posterior
9 V. basilica
10 Sulcus bicipitalis medialis
11 Hiatus basilicus
12 Ramus anterior des N. cutaneus antebrachii medialis
13 Ramus posterior des N. cutaneus antebrachii medialis
14 V. cephalica antebrachii
15 V. basilica antebrachii
16 V. mediana antebrachii
17 V. mediana cubiti
18 V. mediana cephalica
19 V. mediana basilica
20 Ramus superficialis des N. radialis
21 Fascia antebrachii
22 Ramus palmaris des N. medianus
23 Ramus palmaris des N. ulnaris

■ Abb. 5.6 Epifasziale Strukturen in der Ellenbeugegrube eines
rechten Armes, Ansicht von vorn [31]

von ihr ziehenden *Ramus superficialis* (20) des *N. radialis* schonen. Im mittleren distalen Abschnitt den durch
die *Fascia antebrachii* (21) tretenden *Ramus palmaris* des
N. medianus (22) freilegen. Bei der Verfolgung des aus der
Ellenbeugegrube kommenden Ramus anterior des N. cutaneus antebrachii medialis die variable *V. mediana antebrachii* (16) beachten. Im ulnaren distalen Abschnitt den
Faszienaustritt des *Ramus palmaris* des *N. ulnaris* (23)
präparieren. Am ulnaren Rand des Unterarms die in
variabler Höhe von der Streckseite auf die Beugeseite
tretenden *V. basilica antebrachii* (15) aufsuchen und bis
zur Ellenbeugegrube verfolgen. Die variablen Verbindungen zwischen den Hautvenen beachten.

5

(Präparation der Hohlhand und der Finger, ► Abschn. 5.12, ◘ Abb. 5.46–5.51)

Rückseite des Oberarms (◘ Abb. 5.7)   Am Unterrand der Pars spinalis des *M. deltoideus* (1) den bereits bei der Präparation der dorsalen Rumpfwand freigelegten *N. cutaneus brachii lateralis superior* (2) mit seinen Begleitgefäßen aufsuchen und seinem Ausbreitungsgebiet in die Regio deltoidea und in die Oberarmregion nachgehen.

Am medialen Rand des langen Trizepskopfes (3) den Faziendurchtritt des *N. cutaneus brachii posterior* (4) aufsuchen und den Nerven nach distal verfolgen. Im *Sulcus bicipitalis lateralis* (5) am distalen Rand des *Caput laterale* des *M. triceps brachii* (6) Austritt des *N. cutaneus antebrachii posterior* (7) aus der Oberarmfaszie (8) präparieren und den Nerven bis auf die Unterarmrückseite freilegen.

Unterarmrückseite (◘ Abb. 5.7)   Auf der Unterarmrückseite den vom Oberarm kommenden *N. cutaneus antebrachii posterior* (7) in seinem Verlauf im mittleren Bereich des Unterarms bis in die Handgelenksregion nachgehen. Unterhalb des *Olecranon* (9) den über den *M. flexor carpi ulnaris* (10) auf die Rückseite des Unterarms tretenden *Ramus posterior* des *N. cutaneus antebrachii medialis* (11) sowie die parallel mit ihm laufende *V. basilica antebrachii* (12) aufsuchen und nach distal verfolgen. An der Grenze zum unteren Unterarmdrittel am radialen Rand den durch die *Fascia antebrachii* (13) auf die Streckseite ziehenden *Ramus superficialis* des *N. radialis* (14) aufsuchen und zunächst bis in die Handgelenksregion prä-

parieren (vollständige Präparation, s. Handrücken). Die vom Dorsum manus kommende *V. cephalica* (15) freilegen und ihrem Verlauf in Begleitung des Ramus superficialis des N. radialis bis zur Beugeseite des Unterarms folgen. Abschließend *Bursa subcutanea olecrani* (16) präparieren sowie *Retinaculum musculorum extensorum* (17) am Übergang zum Handrücken ertasten und begrenzen.

Handrücken und dorsale Seite der Finger (◘ Abb. 5.8, 5.89/ Video 5.10)   Im dünnen, lockeren subkutanen Bindegewebe zunächst die Ausbreitung der Hautnerven aus dem Ramus dorsalis des N. ulnaris und dem Ramus superficialis des N. radialis sowie das Hautvenengeflecht mit den Zuflüssen zur V. cephalica und zur V. basilica darstellen.

🚫 Hautvenen bei der Präparation der Nerven nicht verletzen.

Den am Unterarm bereits freigelegten *Ramus superficialis* des *N. radialis* (1) über die Handgelenksregion hinweg auf den Handrücken verfolgen und seine Aufzweigung in die *Nn. digitales dorsales* (2) präparieren. Die freigelegten Nerven jeweils am ulnaren und radialen dorsalen Rand eines Fingers bis zur Mittelphalanx darstellen. Das häufigste Versorgungsgebiet des N. radialis mit Daumen, Zeigefinger und radialer Seite des Mittelfingers beachten (Varia, s. u.). Anastomose mit den Hautästen des N. ulnaris, *Ramus communicans ulnaris* (3) aufsuchen.

Zur Freilegung des *Ramus dorsalis* des *N. ulnaris* (4) *Processus styloideus* (5) der Ulna ertasten und den Faszienduchtritt des Nervenastes 3 bis 4 cm weiter proximal zwischen Ulnaschaft und M. flexor carpi ulnaris freilegen. Die Aufzweigung des Nerven in die Nn. digitales dorsales zum Kleinfinger, Ringfinger sowie zur ulnaren Seite des Mittelfingers bis zur Mittelphalanx präparieren.

🔄 **Varia**

Die Ausbreitungsgebiete von Ramus dorsalis des N. ulnaris und Ramus superficialis des N. radialis variieren. Das normaler Weise ausgeglichene Versorgungsgebiet von jeweils zweieinhalb Fingern kann sich zugunsten des N. radialis vergrößern; die Nn. digitales dorsales aus dem N. radialis dehnen sich dann „auf Kosten" des N. ulnaris gelegentlich bis zum Kleinfinger aus. Anzahl und Form der Anastomosen zwischen beiden Nerven variiert.

Die subkutanen Venen des Handrückens drainieren häufig in eine akzessorische Vene (V. cephalica accessoria – Vena Salvatelle), die zunächst auf der

◘ Abb. 5.7 Epifasziale Strukturen auf der Rückseite eines rechten Armes, Ansicht von hinten [41]

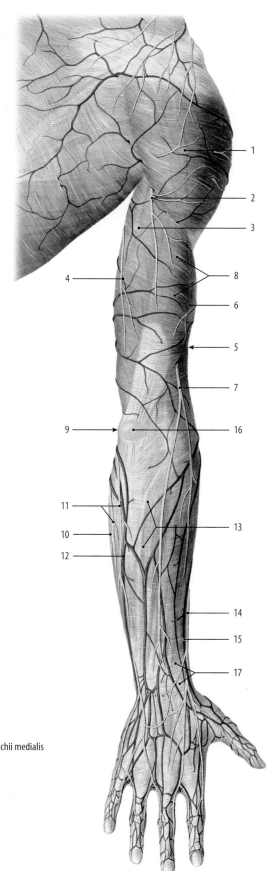

1   M. deltoideus
2   N. cutaneus brachii lateralis superior
3   Caput longum des M. triceps brachii
4   N. cutaneus brachii posterior
5   Sulcus bicipitalis lateralis
6   Caput laterale des M. triceps brachii
7   N. cutaneus antebrachii posterior
8   Fascia brachialis
9   Olecranon
10 M. flexor carpi ulnaris
11 Ramus posterior des N. cutaneus antebrachii medialis
12 V. basilica antebrachii
13 Fascia antebrachii
14 Ramus superficialis des N. radialis
15 V. cephalica antebrachii
16 Bursa subcutanea olecrani
17 Retinaculum musculorum extensorum

1   Ramus superficialis des N. radialis
2   Nn. digitales dorsales
3   Ramus communicans ulnaris
4   Ramus dorsalis des N. ulnaris
5   Processus styloideus ulnae
6   Vv. metacarpales dorsales
7   Vv. intercapitulares
8   Rete venosum dorsale manus
9   V. cephalica antebrachii
10 V. basilica antebrachii
11 Retinaculum musculorum extensorum

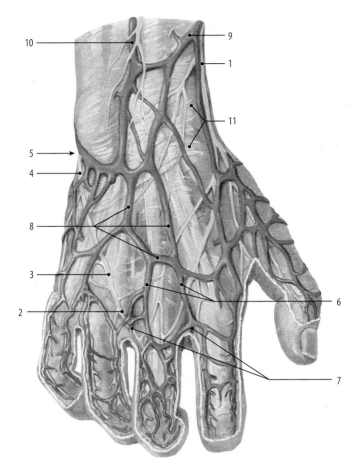

■ **Abb. 5.8**   Epifasziale Strukturen auf einem rechten Handrücken [41]

Rückseite des Unterarms zieht und dann auf der Vorderseite im Ellenbogenbereich in die V. cephalica mündet.

▶ **Klinik**

Zu einer Schädigung des Ramus superficialis des N. radialis kann es, z. B. beim Tragen eines zu engen Uhrarmbandes oder nach Shuntoperationen (Ciminoshunt bei extrakorporaler Dialyse) zwischen V. cephalica antebrachii und A. radialis in Folge der engen Nachbarschaft von Ramus superficialis und V. cephalica antebrachii kommen. Der Ramus dorsalis des N. ulnaris ist bei Ulnaschaftfrakturen gefährdet.

Über die Verbindung der Vv. intercapitulares mit den Venen der Palma manus kann sich ein Ödem von der Palmarseite zum Handrücken ausbreiten (kollaterales Ödem). ◄

Mit der Präparation der Hautvenen an den Fingern beginnen und die Venen am ulnaren und radialen Rand der Finger bis zur Einmündung in die *Vv. metacarpales dorsales* **(6)** verfolgen. Das Venennetz auf der Dorsalseite der Finger beachten. Im Bereich der Interdigitalfalten

die Abgänge der *Vv. intercapitulares* **(7)** aufsuchen und so weit wie möglich nach palmar freilegen.

Vv. metacarpales dorsales bis zur Einmündung in das *Rete venosum dorsale manus* **(8)** verfolgen und das variable subkutane Venennetz des Handrückens freilegen. Anschließend die aus dem Zusammenfluss des Venengeflechts auf dem Handrücken entstehenden *V. cephalica antebrachii* **(9)** und *V. basilica antebrachii* **(10)** präparieren und zum Unterarm verfolgen.

5.6   Präparation der Schultergürtelregion und der Achsellücken von dorsal

Präparation der Achsellücken (■ Abb. 5.9, 5.11)   Vor Beginn der Präparation den bei der dorsalen Rumpfwand freigelegten *N. cutaneus brachii lateralis superior* **(1)** sowie die den Hautnerven begleitenden Äste der Vasa circumflexa humeri posteriora aufsuchen.

Zur Freilegung der Achsellücken Ursprung des *M. deltoideus* **(2)** an der Spina scapulae und am Acromion durchtrennen (■ Abb. 5.10, 5.81/Video 5.2) und anschließend die Pars spinalis und die Pars acromialis

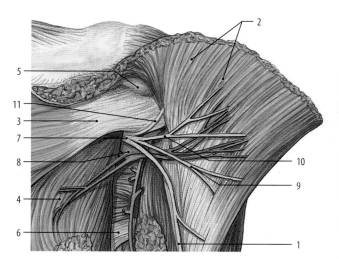

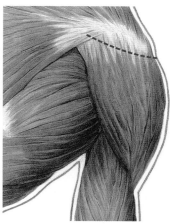

---- Schnittführung zum Durchtrennen des Ursprungs der Pars spinalis und der Pars acromialis des M. deltoideus, rechte Seite, Ansicht von hinten

1 N. cutaneus brachii lateralis superior
2 M. deltoideus
3 M. infraspinatus
4 Caput longum des M. triceps brachii
5 Bursa subdeltoidea
6 Ansatzsehnen der Mm. teres major und latissimus dorsi
7 N. axillaris
8 A. circumflexa humeri posterior
9 hinterer Ast des N. axillaris
10 mittlerer Ast des N. axillaris
11 vorderer Ast des N. axillaris

◘ **Abb. 5.9** Strukturen der lateralen Achsellücke, rechte Seite, Ansicht von hinten [29]

◘ **Abb. 5.10** Schulterregion, Schnittführung zum Durchtrennen des Ursprungs der Pars spinalis und der Pars acromialis des M. deltoideus, rechte Seite, Ansicht von hinten [29]

☸ Topographie

Begrenzung der lateralen Achsellücke: Humerusschaft, M. teres major, M. teres minor, Caput longum des M. triceps brachii; Inhalt: N. axillaris und A. circumflexa humeri posterior mit Begleitvenen.

des Muskels teils scharf teils stumpf von den *M. infraspinatus* (3), M. teres minor und M. teres major sowie vom *Caput longum* des *M. triceps brachii* (4) ablösen. Beim Ablösen der Pars acromialis die *Bursa subdeltoidea* (5) freilegen (◘ Abb. 5.9). Dazu den Muskel so unter kontrollierter Spannung halten, dass sich die Wand des Schleimbeutels vom Humeruskopf abhebt; sodann die Schleimbeutelwand mit flach geführtem Muskelmesser von der Unterseite des M. deltoideus lösen.

❯ Bursa subdeltoidea nicht verletzen und nicht vorzeitig eröffnen (◘ Abb. 5.13, 5.54).

☸ Topographie

Bursa subdeltoidea und Bursa subacromialis, die häufig miteinander kommunizieren, bilden das Gleitlager des subakromialen Nebengelenks.

Abschließend die Faszien von den freigelegten Muskelanteilen unter Schonung der Leitungsbahnen abtragen. Vor Beginn der Präparation der Achsellücken, deren Begrenzung und die hindurchziehenden Leitungsbahnen im Atlas studieren.

Laterale Achsellücke (◘ Abb. 5.9, 5.82/Video 5.3) Zunächst Caput longum des *M. triceps brachii* (4) aufsuchen und bis zum Ursprung am Tuberculum infraglenoidale verfolgen. Die untere Begrenzung mit den Ansatzsehnen von *M. teres major* und *M. latissimus dorsi* (6) lokalisieren. Zur Darstellung der ein- und austretenden Leitungsbahnen den abgelösten Teil des M. deltoideus nach lateral und den langen Trizepskopf nach medial verlagern.

❗ Bei der Verlagerung des M. deltoideus und des langen Trizepskopfes die Leitungsbahnen nicht zerreißen.

N. axillaris (7) sowie *A. circumflexa humeri posterior* (8) und ihre Begleitvenen durch Entfernen des sie umhüllenden lockeren Bindegewebes freilegen; dabei zur besseren Übersicht die Venen bei Bedarf kürzen. Abschließend die drei Hauptäste des N. axillaris – hinterer Ast (9) zur Pars spinalis, mittlerer Ast (10) zur Pars acromialis und vorderer Ast (11) zur Pars clavicularis – freilegen sowie die A. circumflexa humeri posterior bis zum Eintritt in den M. deltoideus verfolgen. N. cutaneus brachii lateralis superior (s. o.) bis zum Hauptstamm des N. axillaris nachgehen. Die aus der A. circumflexa humeri posterior zum langen Trizepskopf ziehenden Äste beachten.

5

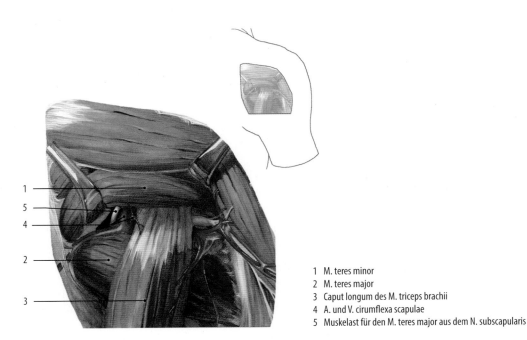

1 M. teres minor
2 M. teres major
3 Caput longum des M. triceps brachii
4 A. und V. circumflexa scapulae
5 Muskelast für den M. teres major aus dem N. subscapularis

◘ Abb. 5.11   Strukturen der medialen Achsellücke, rechte Seite, Ansicht von hinten [41]

> ► **Klinik**
>
> Zu einer Schädigung des N. axillaris kann es nach einer Luxation des Schultergelenks nach vorn-unten oder nach unsachgemäßer Luxationsreposition sowie in Folge einer Fraktur im Bereich des Collum chirurgicum des Humerus oder durch äußeren Druck kommen. Die Abduktion im Schultergelenk ist stark eingeschränkt oder nicht möglich. Das Schultergelenk ist vor allem beim Ausfall weiterer Schultergelenkmuskeln instabil. Ist der N. cutaneus brachii lateralis superior mitbetroffen, besteht eine Sensibilitätsstörung über der Schulterwölbung, vornehmlich im autonomen Hautareal.
>
> Beim ventrokranialen Zugang zum Schultergelenk ist der vordere Ast des N. axillaris gefährdet; eine Verletzung geht mit einer Parese der Pars clavicularis des M. deltoideus einher. Der Ausfall des M. teres minor hat klinisch keine Bedeutung. ◄

☝ Topographie

Begrenzung der medialen Achsellücke: Caput longum des M. triceps brachii, M. teres major, M. teres minor; Inhalt: A. circumflexa scapulae mit Begleitvenen und in der Tiefe der Muskelast aus dem N. subscapularis für den M. teres major.

Mediale Achsellücke (◘ Abb. 5.11)   Im Dreieck zwischen Unterrand des *M. teres minor* **(1)** und Oberrand des *M. teres major* **(2)** sowie dem langen Trizepskopf **(3)** die *Vasa circumflexa scapulae* **(4)** aufsuchen; dabei können die Venen als Leitstruktur hilfreich sein. Zur Präparation der A. circumflexa scapulae die Lücke zwischen M. teres minor und M. teres major durch Verlagerung des M. teres minor nach kranial und des

M. teres major nach kaudal erweitern. Die Begleitvenen im Bedarfsfall kürzen. Zur Vorbereitung der Darstellung der Schulterblattarkade (◘ Abb. 5.12, ► Abschn. 5.7) M. teres minor im Bereich der Überkreuzung der A. circumflexa scapulae am Margo lateralis der Scapula durchtrennen und dem Verlauf der Arterie über den Skapularand in die Fossa infraspinata nachgehen. In der Tiefe der medialen Achsellücke den Muskelast **(5)** aus dem N. subscapularis für den M. teres major aufsuchen und in den Muskel verfolgen.

❶ Beim Durchtrennen des M. teres minor die A. circumflexa scapulae nicht verletzen.

5.7 Präparation der Strukturen in der Fossa supraspinata und in der Fossa infraspinata

Fossa supraspinata   Zur Freilegung der Strukturen in der Fossa supraspinata (◘ Abb. 5.12) den Ansatz der Pars descendens des *M. trapezius* **(1)** an der Spina scapulae ablösen. Präparation des *N. accessorius* **(2)** und der Muskeläste **(3)** aus dem Plexus cervicalis sowie des *Ramus superficialis* der *A. transversa cervicis (colli)* **(4)** auf der Unterseite des Muskels vervollständigen.

Das als Gleitschicht dienende lockere fettreiche Bindegewebe des *M. supraspinatus* **(5)** beachten. Das Ligamentum coracoacromiale ertasten und die in die Fossa supraspinata hineinragende Bursa subacromialis lokalisieren (vollständige Präparation des subakromialen Nebengelenks bei der Präparation der Gelenkverbindungen

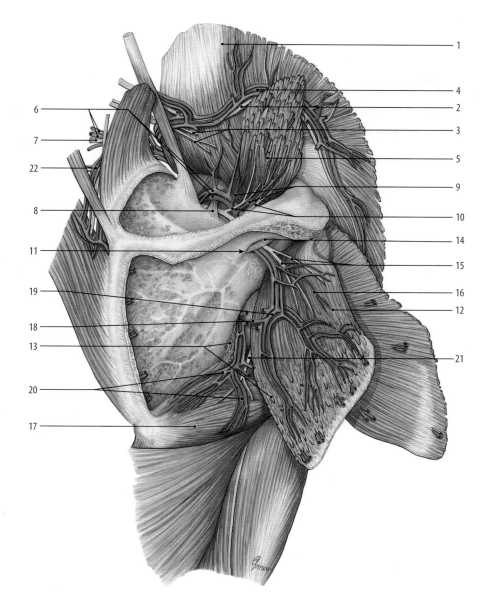

1 M. trapezius
2 N. accessorius
3 Muskeläste aus dem Plexus cervicalis
4 Ramus superficialis der A. transversa cervicis (colli)
5 M. supraspinatus
6 Vasa suprascapularia
7 N. suprascapularis
8 Ligamentum transversum scapulae superius
9 Muskeläste der A. suprascapularis für den M. supraspinatus
10 Muskeläste des N. suprascapularis für den M. supraspinatus
11 Basis der Spina scapulae
12 M. infraspinatus
13 M. teres minor
14 Ligamentum transversum scapulae inferius
15 Muskeläste des N. suprascapularis für die Mm. infraspinatus und teres minor
16 Muskeläste der A. suprascapularis für die Mm. infraspinatus und teres minor
17 M. teres major
18 A. circumflexa scapulae
19 Anastomose zwischen A. suprascapularis und A. circumflexa scapulae
20 Muskeläste des kaudalen Stammes der A. circumflexa scapulae
21 Muskelast aus dem N. subscapularis für den M. teres major
22 Ramus profundus der A. transversa cervicis (colli)

■ **Abb. 5.12** Strukturen in der Fossa supraspinata und in der Fossa infraspinata nach Ablösen der Mm. supraspinatus und infraspinatus, rechte Seite, Ansicht von hinten [29]

des Schultergürtels). Anschließend die Faszie auf dem M. supraspinatus abtragen.

❶ Die dünne Wand der Bursa subacromialis beim Abtragen des lockeren Bindegewebes und der Faszie des M. supraspinatus nicht verletzen. Bei der Faszienpräparation Ligamentum coracoacromiale erhalten.

Sodann die beim Absetzen der oberen Extremität durchtrennten *Vasa suprascapularia* (6) und *N. suprascapularis* (7) aufsuchen und bis zum Oberrand des M. supraspinatus verfolgen. *Ligamentum transversum scapulae superius* (8) ertasten.

Zur Freilegung der in die Fossa supraspinata ziehenden Leitungsbahnen M. supraspinatus an seinem Ur-

sprung ablösen. Dazu zunächst die Ursprungssehnen an Margo medialis, Margo superior und Spina scapulae durchtrennen; danach am Margo medialis beginnend den Muskel mit dicht am Knochen geführten Muskelmesser am Boden der Fossa supraspinata so weit ablösen, bis die Leitungsbahnen an der Unterfläche des Muskels sichtbar werden.

❶ Beim Ablösen des M. supraspinatus aus der Fossa supraspinata die Leitungsbahnen nicht verletzen.

Zunächst die über das Ligamentum transversum scapulae superius in die Fossa supraspinata tretende A. suprascapularis mit ihren Begleitvenen (6) freilegen und die aus der Arterie abgehenden Muskeläste (9) bis

5

zur Unterfläche des M. supraspinatus verfolgen. Anschließend den unter dem Ligamentum transversum scapulae superius ziehenden N. suprascapularis (7) darstellen und den Muskelästen (10) bis zum Eintritt in den M. supraspinatus nachgehen. Abschließend die von lockerem Bindegewebe begleiteten Vasa suprascapularia und N. suprascapularis in ihrem Verlauf durch die Gefäß-Nerven-Straße der Fossa supraspinata bis zur Basis der *Spina scapulae* (11) verfolgen (weitere Präparation, s. u.).

Der N. suprascapularis kann bei Verletzungen im Schulterbereich, durch eine Fraktur des Collum scapulae oder durch Druck von außen geschädigt werden. Die Passage durch den osteofibrösen Kanal zwischen Incisura scapulae und Ligamentum transversum scapulae superius kann, z. B. bei sehr flacher Incisura scapulae oder in Folge einer Verknöcherung des Ligamentum transversum scapulae superius zum Engpass für den Nerven werden (Incisura-scapulae-Syndrom). Bei einer Schädigung des Nerven sind bei einer partiellen oder vollständigen Parese der Mm. supraspinatus und infraspinatus Abduktion und Außenrotation im Schultergelenk eingeschränkt. Es kann außerdem eine Instabilität im Schultergelenk bestehen. Eine Atrophie der Muskeln ist im Oberflächenrelief der Schulter deutlich sichtbar. ◄

Fossa infraspinata Zur Darstellung der Strukturen in der Fossa infraspianata *M. infraspinatus* (12) und *M. teres minor* (13) mit den sie versorgenden Leitungsbahnen aus der Fossa infraspinata herauslösen und nach lateral verlagern (◘ Abb. 5.12). Dazu die Ursprungssehen an Spina scapulae, Margo medialis und Margo lateralis durchtrennen; anschließend am medialen Skapularand beginnend die Mm. infraspinatus und teres minor bei flach geführtem Muskelmesser vom Knochen der Fossa infraspinata in lateraler Richtung zunächst so weit lösen, bis die Leitungsbahnen an der Unterfläche der Muskeln sichtbar werden. Sodann die Präparation in Richtung Skapulahals fortsetzen, bis die aus der Fossa supraspinata kommenden A. suprascapularis mit ihren Begleitvenen und N. suprascapularis an der Basis der Spina scapulae (11) erscheinen. Beim Übergang der Leitungsbahnen in die Fossa infraspinata das inkonstante *Ligamentum transversum scapulae inferius* (Ligamentum spinoglenoidale) (14) beachten, das von der Basis der Spina scapulae horizontal zum Skapulahals zieht und die Leitungsbahnen überbrückt.

❗ Beim Ablösen der Mm. infraspinatus und teres minor die Leitungsbahnen nicht verletzen.

Danach die zur Unterseite der Mm. infraspinatus und teres minor ziehenden Muskeläste des *N. suprascapula-*ris (15) und der *A. suprascapularis* (16) darstellen; Begleitvenen im Bedarfsfall kürzen.

Die aus der lateralen Achsellücke zwischen *M. teres minor* (13) und *M. teres major* (17) tretende *A. circumflexa scapulae* (18) aufsuchen; sodann ihren oberen zur Unterseite des M. infraspinatus ziehenden Ast verfolgen und die Anastomose (19) mit der A. suprascapularis darstellen (Teil der Schulterblattarkade). Sodann den am lateralen Skapularand nach kaudal ziehenden Stamm mit seinen Muskelästen (20) für den M. infraspinatus sowie die Mm. teres minor und major verfolgen; abschließend den in Begleitung der Gefäße ziehenden Muskelast aus dem *N. subscapularis* (21) für den M. teres major aufsuchen.

🔵 **Topographie**

An der Schulterblattarkade, die als Kollateralkreislaufsystem im Bereich der Schulter bei operativen Eingriffen oder bei Verletzungen klinische Bedeutung hat, beteiligen sich: A. suprascapularis (6), A. cicumflexa scapulae (18) und Ramus profundus der A. transversa cervicis (colli) (22) (als Variante: A. dorsalis scapulae).

Über die Schulterblattarkade kann beim Verschluss der A. axillaris ein Kollateralkreislauf über die A. circumflexa scapulae (aus der A. subscapularis) und über die A. suprascapularis (aus dem Truncus thyreocervicalis) zustande kommen. Die A. axillaris darf im Notfall zur Aufrechterhaltung eines Kollateralkreislaufs zwischen A. subclavia und A. axillaris nur proximal des Abgangs der A. suprascapularis unterbunden werden. ◄

5.8 Präparation der Rückseite von Oberarm und Ellenbogenregion

Vor der Präparation der tiefen Leitungsbahnen die oberflächliche Faszie am Oberarm und in der Ellenbogenregion unter Erhaltung der epifaszialen Leitungsbahnen entfernen.

Rückseite des Oberarms (◘ Abb. 5.13) Zur Freilegung der Strukturen auf der Rückseite des Oberarms zunächst die Faszien des *Caput longum* (1) und des *Caput laterale* (2) des *M. triceps brachii* abtragen und anschließend die beiden Trizepsköpfe stumpf voneinander trennen. Danach Ansatzsehnen der *Mm. teres major* und *latissimus dorsi* (3) aufsuchen und am Unterrand der Sehnen *N. radialis* (4) und *A. brachialis* (5) durch Entfernen des sie umhüllenden Bindegewebes freilegen.

Zur Darstellung des Verlaufs des N. radialis und seiner Äste sowie der *A. profunda brachii* (6) im Radialiskanal Caput laterale des M. triceps brachii im mitt-

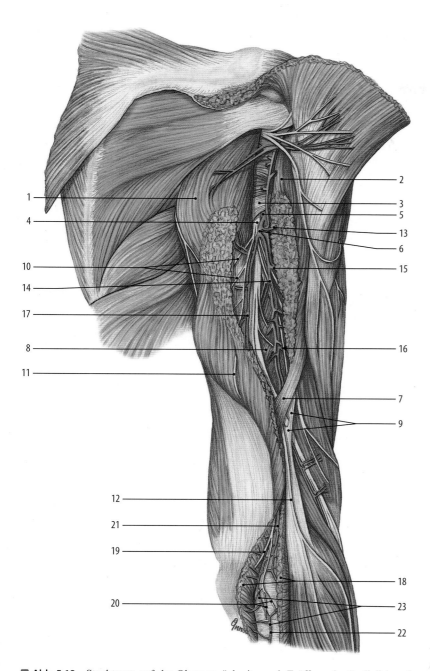

1 Caput longum des M. triceps brachii
2 Caput laterale des M. triceps brachii
3 Ansatzsehnen der Mm. teres major
  und latissimus dorsi
4 N. radialis
5 A. brachialis
6 A. profunda brachii
7 Sehnenbogen zwischen Caput laterale
  und Caput mediale des M. triceps brachii
8 Caput mediale des M. triceps brachii
9 Septum intermusculare brachii laterale
10 Muskeläste für den M. triceps brachii
11 N. cutaneus brachii posterior
12 N. cutaneus antebrachii posterior
13 Muskelast für den M. deltoideus
14 A. collateralis radialis
15 Muskelast der A. collateralis radialis
16 A. nutricia humeri
17 A. collateralis media
18 M. anconeus
19 Muskelast für den M. anconeus
20 sensible Äste für die
   Ellenbogengelenkkapsel
21 hinterer Ast der A. collateralis radialis
22 A. interossea recurrens
23 Rete articulare cubiti

Abb. 5.13 Strukturen auf der Oberarmrückseite nach Eröffnen des Radialiskanals sowie auf der Rückseite der Ellenbogenregion, rechte Seite, Ansicht von hinten [29]

leren Bereich bis zum Sehnenbogen (7) zwischen *Caput mediale* (8) und Caput laterale des *M. triceps brachii* vor dem *Septum intermusculare brachii laterale* (9) durchtrennen; dazu das Muskelmesser zur Schonung der unter dem Muskel liegenden Leitungsbahnen unter Kontrolle des tastenden Fingers senkrecht zum Muskelfaserverlauf von proximal nach distal führen (■ Abb. 5.83/Video 5.4).

⊖ Beim Durchtrennen des Caput laterale des M. triceps brachii darauf achten, dass die unter dem Muskel verlaufenden Leitungsbahnen nicht verletzt werden.

Zunächst die proximal abgehenden Muskeläste des *N. radialis* (10) für den M. triceps brachii freilegen und dem *N. cutaneus brachii posterior* (11) bis zum Durchtritt durch das Caput longum folgen. Sodann dem Verlauf des N. radialis auf dem Humerusschaft im Sulcus nervi radialis bis zum Sehnenbogen nachgehen; die Passage

5

des Nerven unter dem Sehnenbogen studieren und seinen Durchtritt durch das Septum intermusculare laterale zur Beugeseite freilegen (Präparation des weiteren Verlaufs im Radialistunnel s. Präparation auf der Oberarmvorderseite). *N. cutaneus antebrachii posterior* **(12)** am Unterrand des Sehnenbogens aufsuchen und seinem Verlauf auf dem Septum intermusculare brachii laterale in die Ellenbogenregion folgen; dabei den variablen Durchtritt des Nerven durch den lateralen Trizepskopf beachten.

Am Unterrand der Ansatzsehnen der Mm. teres major und latissimus dorsi Abgang der *A. profunda brachii* **(6)** aus der A. brachialis aufsuchen und deren Muskeläste für den M. deltoideus **(13)** freilegen. Sodann die den Verlauf der A. profunda brachii fortsetzende *A. collateralis radialis* **(14)** in Begleitung des N. radialis bis zum Septum intermusculare laterale präparieren und ihre Muskeläste **(15)** für den M. triceps brachii sowie die *Aa. nutriciae humeri* **(16)** aufsuchen (Beteiligung der Arterie am Rete articulare cubiti s. Ellenbogenregion). Die auf dem Caput mediale liegende *A. collateralis media* **(17)** mit ihren Muskelästen nach distal verfolgen.

✆ Varia

Die A. brachialis profunda entspringt in etwa 7 % aus der A. circumflexa humeri posterior; in diesen Fällen läuft die A. cirumflexa humeri nicht durch die laterale Achsellücke. In etwa 10 % der Fälle kommt die A. collateralis ulnaris aus der A. profunda brachii.

✆ Topographie

Verlaufsstrecken des N. radialis, wo der Nerv in Folge von Verletzungen oder durch Druck geschädigt werden kann:

- Auf der Rückseite des Oberarms zieht der N. radialis im Radialiskanal, der vom Sulcus nervi radialis des Humerusschaftes und vom den Sulcus nervi radialis überbrückenden Caput laterale des M. triceps brachii gebildet wird.
- Auf dem Weg von der Streckseite auf die Beugeseite wird der N. radialis unmittelbar vor dem Durchtritt durch das Septum intermusculare brachii laterale von einem Sehnenbogen zwischen Caput mediale und Caput laterale des M. triceps brachii überbrückt.
- Nach der Passage durch das Septum intermusculare brachii laterale zieht der Nerv im Radialistunnel zwischen M. brachialis und M. brachioradialis, wo er von Ästen der A. recurrens radialis und ihren Begleitvenen überkreuzt wird.
- Bevor der Ramus profundus des N. radialis in den Supinatorkanal eintritt, wird er von der weit nach medial reichenden oft scharfrandigen Ursprungssehne des M. extensor carpi radialis brevis überbrückt.

- Auf die Streckseite des Unterarms gelangt der Ramus profundus durch den Supinatorkanal zwischen Pars profunda und der Pars superficialis des M. supinator. Der Nervenast tritt proximal auf der Pars profunda unter die etwas nach distal versetzte scharfrandige Ursprungssehne der Pars superficialis = Frohsesche Arkade und läuft umgeben von lockerem Bindegewebe nach distal – medial durch den Supinatorkanal. Am Ausgang des Kanals wird der Ramus profundus in einigen Fällen ebenfalls von einer derben Sehnenplatte der Pars superficialis überbrückt.

▶ Klinik

Das klinische Bild bei Schädigungen des N. radialis hängt vom Ort der Schädigung ab.

Bei einer Schädigung durch Druck oder Verletzungen im Bereich der Achselhöhle ist auch der M. triceps brachii betroffen; die vollständige oder partielle Parese des M. triceps brachii führt zu einer Streckschwäche im Ellenbogengelenk. Es kommt zu Sensibilitätsstörungen im gesamten Versorgunggebiet des N. radialis.

Am Oberarm kann der N. radialis bei seinem Verlauf im Sulcus nervi radialis bei Humerusschaftfrakturen verletzt werden. Druckschädigungen des Nerven können bei fehlerhafter Lagerung in Narkose oder im Schlaf (sog. Parkbanklähmung – Paralysie des amoreux) auftreten. Es resultieren Lähmungen der Extensoren an Unterarm und Hand – der M. triceps brachii ist wegen des hohen proximalen Abgangs seiner Muskeläste nicht betroffen – mit dem typischen Bild der sog. Fallhand; die Supination ist eingeschränkt. Sensibilitätsstörungen treten im Bereich der Ellenbogenrückseite, auf der Rückseite des Unterarms im mittleren Bereich sowie im radialen Teil des Handrückens und auf der Dorsalseite von Daumen, Zeige- und Mittelfinger (variabel) auf. In Folge vegetativer Störungen kann es zur ödematösen Schwellung im Bereich des Handrückens kommen (Gublersche Schwellung).

Zu einer Druckschädigung kann es auch beim Verlauf des Nerven unter dem Sehnenbogen zwischen Caput laterale und Caput mediale des M. triceps brachii sowie bei seiner Passage durch das Septum intermusculare brachii laterale und durch die Einschnürung von überkreuzenden Gefäßen im Radialistunnel kommen. Es resultiert eine vollständige oder partielle Parese der Unterarm- und Fingerextensoren, der langen Daumenmuskeln auf der Streckseite sowie des M. brachioradialis. Sensibilitätsstörungen betreffen auch das Versorgungsgebiet des N. cutaneus antebrachii lateralis an Hand und Fingern. ◄

Rückseite der Ellenbogenregion Zur Freilegung der Strukturen auf der Rückseite der Ellenbogenregion (◼ Abb. 5.13) zunächst *M. anconeus* **(18)** freilegen; den Muskel anschließend im mittleren Bereich durchtrennen, die Muskelanteile lösen und unter Schonung der

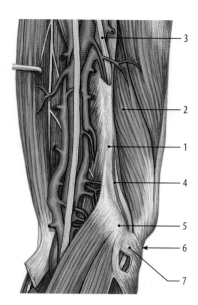

1 Septum intermusculare
  brachii mediale
2 Caput mediale des
  M. triceps brachii
3 N. ulnaris
4 A. collateralis ulnaris superior
5 Epicondylus medialis humeri
6 Olecranon
7 Ligamentum
  epicondyloolecranium

Abb. 5.14 Distaler Abschnitt des Oberarms und anschließende Ellenbogenregion, rechte Seite, Ansicht von medial-seitlich [29]

Leitungsbahnen zur Seite klappen; dabei den Muskelast **(19)** für den M. anconeus und die sensiblen Äste **(20)** für die Ellenbogengelenkkapsel darstellen. Am Unterrand des lateralen Trizepskopfes den hinteren Ast **(21)** der A. collateralis radialis aufsuchen und nach distal bis zur Anastomose mit der *A. interossea recurrens* **(22)** verfolgen; das von beiden Arterien gespeiste *Rete articulare cubiti* **(23)** beachten.

Am Übergang zur Ellenbogenregion zwischen *Septum intermusculare brachii mediale* **(1)** und *Caput mediale des M. triceps brachii* **(2)** den *N. ulnaris* **(3)** und die ihn begleitende *A. collateralis ulnaris superior* **(4)** aufsuchen (■ Abb. 5.14). Dem Nerven nach proximal bis zu seinem Durchtritt von der Beugeseite auf die Streckseite durch das Septum intermusculare brachii mediale und nach distal bis zum *Epicondylus medialis humeri* **(5)** nachgehen (■ Abb. 5.84/Video 5.5). Sodann dem Verlauf des Nerven auf die Rückseite des Epicondylus medialis humeri folgen und das ihn überbrückende Bindegewebe zwischen *Olecranon* **(6)** und Epicondylus medialis humeri, *Ligamentum epicondyloolecranium* **(7)** präparieren (Fortsetzung der Präparation des N. ulnaris auf der Beugeseite des Unterarms).

5.9 Präparation der Vorderseite des Oberarms und der Ellenbeugegrube

Vorderseite des Oberarms An der abgesetzten oberen Extremität die bereits bei der Präparation der ventralen Rumpfwand freigelegten Strukturen in der Achselhöhle

(■ Abb. 5.15) aufsuchen und zuordnen; im Bedarfsfall die Präparation vervollständigen.

Folgende Strukturen aufsuchen: *A. axillaris* **(1)**, *Fasciculi medialis* **(2)**, *lateralis* **(3)** und *posterior* **(4)**, *V. axillaris* **(5)**, *N. medianus* **(6)**, *N. ulnaris* **(7)**, *N. radialis* **(8)**, *N. musculocutaneus* **(9)**, *N. thoracodorsalis* **(10)**, *A. thoracodorsalis* **(11)**, *N. subscapularis* **(12)**, *A. subscapularis* **(13)**.

Laterale Achsellücke und ihre begrenzenden Muskeln wieder aufsuchen (▸ Abschn. 5.6, ■ Abb. 5.9, 5.11) und *N. axillaris* **(14)** und *A. circumflexa humeri posterior* **(15)** soweit wie möglich nach dorsal verfolgen; Begleitvenen im Bedarfsfall kürzen. Präparation der *A circumflexa humeri anterior* **(16)** vervollständigen (■ Abb. 5.85/Video 5.6).

Die Präparation der Strukturen auf der Vorderseite des Oberarms (■ Abb. 5.16) mit dem Abtragen der Faszien auf *M. biceps brachii* **(1)**, *M. coracobrachialis* **(2)** und *M. brachialis* **(3)** unter Schonung des *Septum intermusculare brachii mediale* **(4)** beginnen. Sodann die im *Sulcus bicipitalis medialis* **(5)** in der Gefäß-Nerven-Scheide verlaufenden Leitungsbahnen durch Entfernen des Bindegewebes freilegen. *N. medianus* **(6)** von der Medianusgabel **(7)** bis in die Ellenbeugegrube verfolgen; anschließend *A. brachialis* **(8)** und *V. brachialis* **(9)** freilegen. Abgang der *A. profunda brachii* **(10)** unterhalb der Ansatzsehnen des *M. teres major* **(11)** (▸ Abschn. 5.8, ■ Abb. 5.13) und der *A. collateralis ulnaris superior* **(12)**, im mittleren Abschnitt des Oberarms aufsuchen und die Muskeläste der *A. brachialis* **(13)** präparieren.

⊕ Topographie
Der N. medianus liegt proximal medial von der A. brachialis; er überkreuzt die Oberarmarterie im mittleren Abschnitt des Oberarms und verläuft dann lateral von ihr zur Ellenbeugegrube.

⊕ Varia
Die A. brachialis versorgt in etwa 75 % der Fälle die gesamte obere Extremität. In einem Viertel der Fälle ist eine A. brachialis superficialis ausgebildet, die meistens in Höhe der Achselhöhle aus der A. brachialis entspringt. Die A. brachialis superficialis übernimmt in etwa 15 % der Fälle die Versorgung von Unterarm und Hand. Die A. brachialis ist dann rückgebildet und endet am Ober- oder Unterarm. Die A. brachialis superficialis läuft oberflächlich nur von Faszie und Haut bedeckt vor dem N. medianus (Verletzungsgefahr!). Sind beide Armarterien ausgebildet, so entspringt die A. radialis in den meisten Fällen aus der A. brachialis superficialis; die A. ulnaris kommt aus der A. brachialis.

N. ulnaris **(14)** vom Fasciculus medialis an der medialen Seite der A. brachialis nach distal folgen und die Passage des Nerven in Begleitung der A. collateralis ulnaris superior durch das *Septum intermusculare brachii mediale* **(4)** auf die Streckseite darstellen.

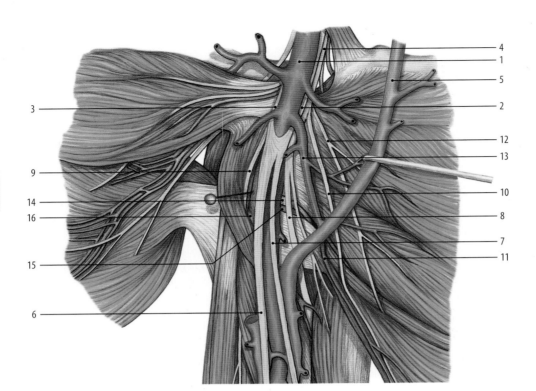

1 A. axillaris
2 Fasciculus medialis
3 Fasciculus lateralis
4 Fasciculus posterior
5 V. axillaris
6 N. medianus
7 N. ulnaris
8 N. radialis
9 N. musculocutaneus
10 N. thoracodorsalis
11 A. thoracodorsalis
12 N. subscapularis
13 A. subscapularis
14 N. axillaris
15 A. cicumflexa humeri posterior
16 A. circumflexa humeri anterior

Abb. 5.15 Aus der Achselhöhle zum Oberarm und zur Schulterregion ziehende Leitungsbahnen, rechte Seite, Ansicht von vorn [36]

Den proximal noch innerhalb der Gefäß-Nerven-Scheide hinter der A. brachialis liegenden *N. radialis* **(15)** freilegen und anschließend seinem Verlauf distalwärts in Begleitung der A. profunda brachii nach dorsal auf die Rückseite des Oberarms nachgehen (□ Abb. 5.16, ▶ Abschn. 5.8).

Abgang des *N. musculocutaneus* **(16)** aus dem Fasciculus lateralis aufsuchen und seinem Verlauf bis zum Eintritt in den *M. coracobrachialis* **(2)** folgen. Zur Darstellung seines weiteren Verlaufs die Köpfe des M. biceps brachii stumpf vom M. coracobrachialis trennen und die Muskeläste **(17)** für den M. biceps brachii und für den M. brachialis freilegen. Seinen sensiblen Endast, *N. cutaneus antebrachii lateralis* **(18)** (s. u., Präparation der epifaszialen Leitungsbahnen) zwischen M. biceps brachii und M. brachialis nach distal verfolgen und die Stelle des Fasziendurchtritts lateral von der Ansatzsehne des M. bicpes brachii wieder aufsuchen.

Ellenbeugegrube (□ Abb. 5.17, 5.18)   Vor Beginn der Präparation die seitlichen muskulären Begrenzungen der Ellenbeugegrube studieren.

🔄 **Topographie**
— medial: Caput humerale des M. pronator teres, M. flexor carpi radialis, M. flexor digitorum superficialis (M. palmaris longus)
— lateral: M. brachioradialis, M. extensor carpi radialis longus

Danach die bereits freigelegten epifaszialen Strukturen der Ellenbeugegrube (□ Abb. 5.5) aufsuchen. Anschließend den in die oberflächliche Faszie einstrahlenden aponeurotischen Teil der Ansatzsehne des *M. biceps brachii* **(1)**, *Lacertus fibrosus* **(2)** begrenzen und zunächst erhalten. Sodann die Faszien auf den die Ellenbeugegrube begrenzenden Muskeln unter Schonung der epifaszialen Leitungsbahnen abtragen. *V. mediana cubiti* **(3)** im Bedarfsfall in der Mitte durchtrennen und die Anteile mit der *V. cephalica* **(4)** und mit der *V. basilica* **(5)** zur Seite verlagern. Ansatzbereich des M. biceps brachii stumpf vom *M. brachialis* **(6)** lösen und der Ansatzsehne **(7)** des M. biceps brachii in die Tiefe zum Radius folgen; Lacertus fibrosus distal und seitlich scharf begrenzen, danach ablösen und nach lateral-proximal klappen (□ Abb. 5.18b).

Die Präparation der tiefen Strukturen (□ Abb. 5.18b) mit dem Aufsuchen des *N. medianus* **(1)** im distalen Bereich des Oberarms beginnen; sodann dem Nerven im Sulcus bicipitalis medialis bis in die Ellenbeugegrube nachgehen. Dazu die Ursprungsbereiche von *M. pronator teres* **(2)**, *M. flexor carpi radialis* **(3)** und *M. flexor digitorum superficialis* **(4)**, nach medial verlagern und anschließend die vom N. medianus abzweigenden *Rami musculares* **(5)** für diese Muskeln bis zu ihrem Eintritt an deren Unterseite freilegen. Sodann *Caput humerale* **(6)** und *Caput ulnare* **(7)** des M. pronator teres aufsuchen und den Eintritt des N. medianus zwischen den beiden Köpfen des Muskels darstellen (Abgang des N. interos-

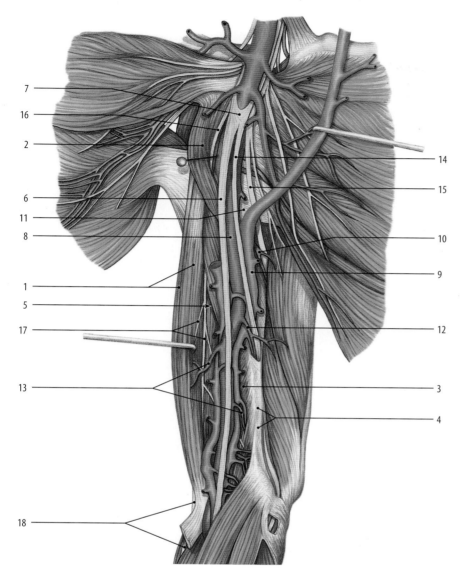

■ **Abb. 5.16**   Strukturen auf der Vorderseite des Oberarms, rechte Seite, Ansicht von vorn [36]

1   M. biceps brachii
2   M. coracobrachialis
3   M. brachialis
4   Septum intermusculare brachii mediale
5   Sulcus bicipitalis medialis
6   N. medianus
7   Medianusgabel
8   A. brachialis
9   V. brachialis
10 A. profunda brachii
11 M. teres major
12 A. collateralis ulnaris superior
13 Muskeläste der A. brachialis
14 N. ulnaris
15 N. radialis
16 N. musculocutaneus
17 Muskeläste des N. musculocutaneus
18 N. cutaneus antebrachii lateralis

■ **Abb. 5.17**   Strukturen der Ellenbeugegrube, Schnittführung zum Ablösen des Lacertus fibrosus und zur Durchtrennung der V. mediana cubiti, rechte Seite, Ansicht von vorn [31]

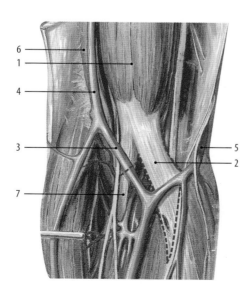

- - - - Schnittführung zum Ablösen des Lacertus fibrosus und zur Durchtrennung der V. mediana cubiti, rechte Seite, Ansicht von vorn

1   M. biceps brachii
2   Lacertus fibrosus
3   V. mediana cubiti
4   V. cephalica
5   V. basilica
6   M. brachialis
7   Ansatzsehne des M. biceps brachii

1 N. medianus
2 M. pronator teres
3 M. flexor carpi radialis
4 M. flexor digitorum superficialis
5 Rami musculares
6 Caput humerale des M. pronator teres
7 Caput ulnare des M. pronator teres
8 A. brachialis
9 A. radialis
10 A. ulnaris
11 M. brachioradialis
12 A. recurrens radialis
13 A. recurrens ulnaris
14 A. interossea communis

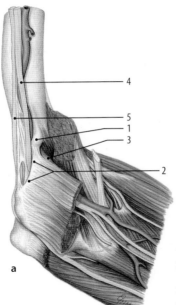
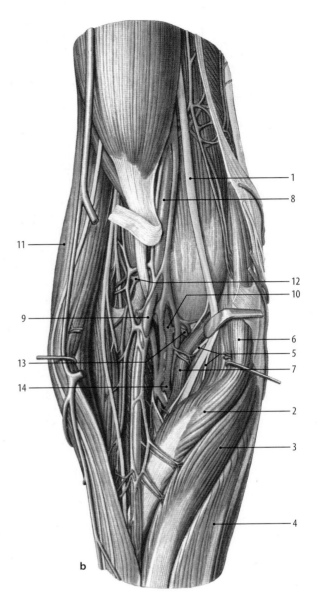

1 Processus supracondylaris
2 Ligamentum supracondyloepicondylicum =
Struthersches Band
3 A. brachialis
4 N. medianus
5 N. ulnaris

■ **Abb. 5.18** **a** Ellenbogenregion, Ausbildung eines Processus supracondylaris, linke Seite, Ansicht von medial [38]. **b** Ellenbeugegrube, N. medianus und A. brachialis, rechte Seite, Ansicht von vorn [29]

seus antebrachii anterior aus dem N. medianus am Ende des Pronatorkanals oder distal vom M. pronator teres bei der Präparation des Unterarms darstellen, ■ Abb. 5.33).

Varia

Der N. medianus gelangt gelegentlich durch das Caput humerale oder selten hinter dem Caput ulnare des M. pronator teres in die Flexorenloge des Unterarms.

▶ **Klinik**

Zur Schädigung des N. medianus im Ellenbogenbereich kann es bei suprakondylären Humerusfrakturen, durch Druck auf den Nerven beim Verlauf unter dem Lacertus fibrosus oder im Pronatorkanal kommen. Sind die Mus-

keläste für den M. pronator teres betroffen, ist die Pronation stark eingeschränkt (Beschreibung weiterer Ausfälle, s. Schädigung des N. interosseus antebrachii anterior und distale Schädigung). ◀

Anschließend *A. brachialis* **(8)** von der medialen Bizepsrinne in die Ellenbeugegrube bis zu ihrer Aufteilung in *A. radialis* **(9)** und *A. ulnaris* **(10)** folgen (■ Abb. 5.18b). Zunächst die den Verlauf der A. brachialis fortsetzende A. radialis zwischen M. pronator teres und *M. brachioradialis* **(11)** präparieren; dazu M. brachioradialis nach lateral verlagern. Abgang der *A. recurrens radialis* **(12)** aufsuchen und die Arterie mit ihren Muskelästen in der Rinne zwischen M. brachialis und M. brachioradialis

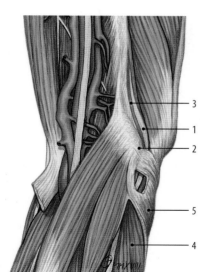

1 N.ulnaris
2 Epicondylus medialis humeri
3 A. collateralis ulnaris superior
4 M. flexor carpi ulnaris
5 M. epitrochleoanconeus

Abb. 5.19 Ellenbogenregion, Verlauf des N. ulnaris, rechte Seite, Ansicht von medial [29]

(s. auch Präparation des N. radialis) freilegen. A. ulnaris nach ihrem Abgang aus der A. brachialis nach ulnar bis zum M. pronator teres folgen, wo sie unter dem Caput ulnare in die Flexorenloge des Unterarms zieht. Abgang der *A. recurrens ulnaris* (13) aufsuchen und bis zur Aufteilung in Ramus anterior und Ramus posterior nachgehen. Die in Höhe der Insertion des M. brachialis aus der A. ulnaris entspringende *A. interossea communis* (14) freilegen; ihre Aufzweigung in A. interossea anterior und in A. interossea posterior unter dem M. pronator teres bei der Präparation des Unterarms darstellen (■ Abb. 5.33).

Varia

In etwa 1 % der Fälle kommt ein *Processus supracondylaris* (1) (■ Abb. 5.18a, atavistische Variante des Canalis supracondylaris oder Foramen entepicondyloideum bei Carnivoren) vor, von dessen Spitze ein Band, *Ligamentum supracondyloepicondylicum*= Struthersssches Band (2) zum Epicondylus medialis zieht. In dem osteofibrösen Kanal zwischen Processus supracondylaris, Struthersschem Band und Humerus laufen *A. brachialis* (3) und *N. medianus* (4); der N. medianus und selten der *N. ulnaris* (5) können hier komprimiert werden.

Abschließend *N. ulnaris* (1) im distalen Abschnitt der Oberarmrückseite bei seinem Verlauf um den *Epicondylus medialis humeri* (2) und die ihn begleitende *A. collateralis ulnaris superior* (3) wieder aufsuchen (■ Abb. 5.19, ► Abschn. 5.8, ■ Abb. 5.85/Video 5.6). Zum Verständnis des Nervenverlaufs von der Streckseite im Sulcus nervi ulnaris um den Epicondylus medialis humeri auf die Beugeseite zunächst die Situation am Skelett studieren; sodann dem Verlauf bis zum Ursprungsbereich

des *M. flexor carpi ulnaris* (4) nachgehen; dabei auf den variablen *M. epitrochleoanconeus* (5) achten. Zur Darstellung des Eintritts des N. ulnaris in den Kubitaltunnel zwischen Caput humerale und Caput ulnare die Ursprungssaponeurose des Muskels spalten.

Bei seinem Verlauf im Sulcus nervi ulnaris auf der Rückseite des Epicondylus medialis humeri kann es aufgrund eines fehlenden oder schwach ausgebildeten Ligamentum epicondyloolecranium zu einer Schädigung des N. ulnaris in Folge von Lageveränderungen (Luxation oder Subluxation) während der Beuge- und Streckbewegungen kommen. Der Nerv ist in diesem Abschnitt auch bei distalen Humerusfrakturen gefährdet. Bei seiner Passage im Kubitaltunnel zwischen den Köpfen des M. flexor carpi ulnaris kann der N. ulnaris komprimiert werden. Bei Schädigung der motorischen Äste für den M. flexor carpi ulnaris und für den radialen Teil des M. flexor digitorum profundus sind die ulnare Abduktion in den Handgelenken und die Beugung der Endglieder des vierten und fünften Fingers eingeschränkt oder nicht möglich. Durch Ausfall des Ramus dorsalis bestehen Sensibilitätsstörungen im ulnaren Bereich des Handrückens und auf der Streckseite des vierten und fünften Fingers (variabel); durch Ausfall des Ramus palmaris ist die Sensibilität über dem Hypothenar gestört. ◄

N. radialis *N. radialis* (1) am Oberarm aufsuchen und nach seinem Durchtritt durch das *Septum intermusculare brachii laterale* (2) auf die Beugeseite in die Ellenbogenregion folgen (■ Abb. 5.20, 5.86/Video 5.7). Zur Freilegung des N. radialis im Radialistunnel zwischen *M. brachialis* (3) und *M. brachioradialis* (4) die beiden Muskeln durch Entfernen des sie verbindenden Bindegewebes voneinander trennen und den Nerven aufsuchen; dabei auf überbrückende Äste der Vasa recurrentia radialia (5) achten. Sodann dem N. radialis in die Ellenbeugegrube nachgehen; dabei seine Muskeläste (6) für M. brachioradialis, *M. extensor carpi radialis longus* (7), *M. extensor carpi radialis brevis* (8) und – variabel – M. brachialis präparieren.

Teilung des N. radialis im mittleren Bereich der Ellenbeugegrube in *Ramus profundus* (9) und in *Ramus superficialis* (10) aufsuchen (■ Abb. 5.21). Dem sensiblen Ramus superficialis nach distal bis zur Unterseite des M. brachioradialis folgen (Fortsetzung der Präparation auf der Rückseite des Unterarms). Muskeläste der A. recurrens radialis und den nach proximal zum Rete articulare cubiti ziehenden Hauptstamm (11) freilegen; im Bedarfsfall Begleitvenen kürzen.

Zur Präparation des Ramus profundus n. radialis Ursprungsbereich des M. extensor carpi radialis longus nach lateral und M. brachialis nach medial verlagern bis die Ursprungssehne des M. extensor carpi radialis brevis sichtbar ist; sodann dem Nerven bis zum Verschwinden

5

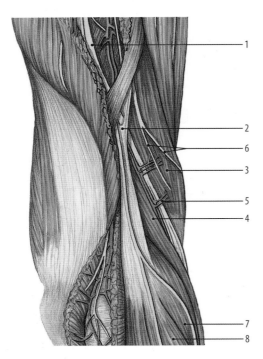

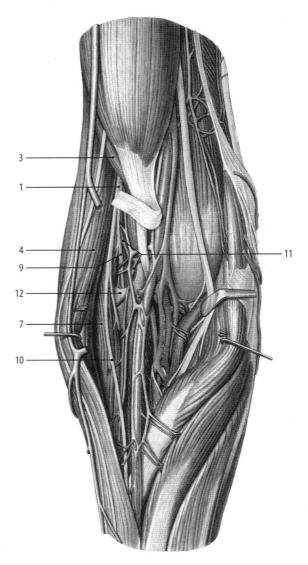

1 N. radialis
2 Septum intermusculare brachii laterale
3 M. brachialis
4 M. brachioradialis
5 Äste der Vasa recurrentia radialia
6 Muskeläste des N. radialis
7 M. extensor carpi radialis longus
8 M. extensor carpi radialis brevis
9 Ramus profundus des N. radialis
10 Ramus superficialis des N. radialis
11 Muskeläste und zum Rete articulare cubiti ziehender Ast der
    A. recurrens radialis
12 Ursprungssehne des M. extensor carpi radialis brevis

◘ **Abb. 5.20**   Ellenbogenregion, rechte Seite, Ansicht von hinten [29]

◘ **Abb. 5.21**   Ellenbeugegrube, Verlauf des N. radialis, rechte Seite, Ansicht von vorn [38]

unter der Ursprungssehne **(12)** des M. extensor radialis brevis folgen (◘ Abb. 5.87/Video 5.8).

❶ Den derben freien proximalen Rand der nach medial ziehenden Ursprungssehne des M. extensor carpi radialis brevis nicht mit der Frohseschen Sehnenarkade des M. supinator verwechseln.

Zur Freilegung des *M. supinator* **(1)** (◘ Abb. 5.22a) die Ursprungssehnen des *M. extensor carpi radialis brevis* **(2)** und des *M. extensor digitorum* **(3)** bis zum *Epicondylus lateralis humeri* **(4)** scharf voneinander trennen. Anschließend Ursprungsbereich des M. extensor carpi radialis brevis unter Erhaltung seines Muskelastes so weit nach medial verlagern, bis der proximale Abschnitt des M. supinator und der *Ramus profundus* des *N. radialis* **(5)** sichtbar werden; Ursprungsbereich des M. extensor digitorum weit nach lateral verlagern. Anschlie-

ßend Ramus profundus n. radialis bis zum Eintritt in den Supinatorkanal freilegen; dabei den Muskelast für den M. supinator erhalten. Zunächst den oberen freien Rand der derben Ursprungssehne der Pars superficialis = Frohsesche Sehnenarkade **(6)** palpieren und dem Nervenverlauf durch vorsichtiges Einführen einer Sonde in den Supinatorkanal folgen.

Zur vollständigen Freilegung des M. supinator und zur Eröffnung des Supinatorkanals die Ursprungsbereiche des M. extensor digitorum sowie des M. extensor carpi radialis brevis und des *M. extensor carpi radialis longus* **(7)** so weit voneinander trennen, bis der gesamte M. supinator frei liegt (◘ Abb. 5.22a). Die dünne Faszie auf dem M. supinator abtragen und anschließend die Pars profunda **(8)** und die nach distal versetzte Pars superficialis **(9)** des Muskels studieren. Sodann den

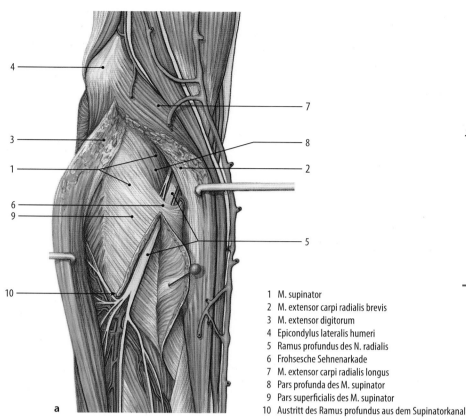

1 M. supinator
2 M. extensor carpi radialis brevis
3 M. extensor digitorum
4 Epicondylus lateralis humeri
5 Ramus profundus des N. radialis
6 Frohsesche Sehnenarkade
7 M. extensor carpi radialis longus
8 Pars profunda des M. supinator
9 Pars superficialis des M. supinator
10 Austritt des Ramus profundus aus dem Supinatorkanal

- - - - Schnittführung zur Durchtrennung der Ursprungssehnen der Mm. externsores carpi radialis longus und brevis und des distalen Teils der Pars superficialis des M. supinator, rechte Seite, Ansicht von hinten

Abb. 5.22 **a** Ellenbogenregion, Verlauf des N. radialis im Supinatorkanal, rechte Seite, Ansicht von hinten [29]. **b** Schnittführung zur Durchtrennung der Ursprungssehnen des M. extensor digitorum und des M. extensor carpi radialis brevis sowie des distalen Teils der Pars superficialis des M. supinator, rechte Seite, Ansicht von hinten [29]

Austritt des Ramus profundus n. radialis **(10)** am Ende des Supinatorkanals aufsuchen; dabei die abgehenden Nervenäste schonen (Fortsetzung der Präparation auf der Unterarmstreckseite). Den distalen Rand der Pars superficialis im Hinblick auf die Stärke des Bindegewebes inspizieren.

Zum **Eröffnen des Supinatorkanals** zunächst Eintritt und Austritt des Ramus profundus lokalisieren; sodann zur Schonung des Ramus profundus schmale stumpfe Pinzette am Ende des Supinatorkanals einführen und unter Tast- und Sichtkontrolle die Pars superficialis proximalswärts bis ca. 1 cm distal der Frohseschen Sehnenarkade durchtrennen (Abb. 5.22b, 5.88/Video 5.9).

Beim Eröffnen des Supinatorkanals den Ramus profundus des N. radialis nicht verletzen. Durchtrennung der Pars superficialis des M. supinator unter Sicht- und Tastkontrolle durchführen.

Alternative: Supinatorkanal vollständig eröffnen; dazu mit der Durchtrennung der Pars superficialis proximal an der Frohseschen Sehnenarkade beginnen.

Abschließend die durchtrennten Anteile der Pars superficialis von der Pars profunda lösen und zur Seite verlagern. Ramus profundus durch Entfernen des ihn begleitenden, lockeren Bindegewebes vollständig freilegen.

▶ **Klinik**

Beim klassischen Supinatorsyndrom entsteht die Schädigung durch Druck von Seiten der Frohseschen Sehnenarkade. Der betroffene Ramus profundus des N. radialis kann auch am Ausgang des Supinatorkanals komprimiert werden. Es kommt neben einer Schmerzsymptomatik im Ellenbogenbereich (Differentialdiagnose: Epicondylose – Epicondylitis humeri lateralis) zur vollständigen oder partiellen Parese des M. extensor carpi ulnaris, der langen Daumenmuskeln auf der Streckseite und der Fingerextensoren. Die Mm. extensores carpi radiales longus und brevis und der M. brachioradialis sind aufgrund ihrer proximal vom M. supinator abgehenden Muskeläste nicht betroffen; außerdem fehlen Sensibilitätsstörungen an Handrücken und Fingern, da der Ramus superficialis des N. radialis proximal des Supinatorkanals vom N. radialis abzweigt (Schädigung des N. cutaneus antebrachii lateralis s. Präparation des Handrückens). Klinisch besteht nicht das Bild einer typischen Fallhand; die Extension in den Handgelenken ist abgeschwächt, aber möglich, wobei die Hand nach radial abweicht. Eine Extension in den Fingergrundgelenken ist bei vollständiger Parese nicht möglich.

Zur Schädigung des N. radialis kann es im Ellenbogenbereich auch in Folge von Luxationen im Ellenbogengelenk oder von Frakturen kommen. ◄

5.10 Präparation der Streckseite des Unterarms

Nach Freilegung des *M. supinator* (1) die Präparation auf der Streckseite des Unterarms fortsetzen. Dazu die oberflächliche Faszie unter Erhaltung der epifaszialen Leitungsbahnen und des *Retinaculum musculorum extensorum* (2) abtragen (◘ Abb. 5.23).

Zunächst die am Ende des Supinatorkanals vom Ramus profundus des *N. radialis* (3) abgehenden Muskeläste (4) und den *N. interosseus antebrachii posterior* (5) aufsuchen. Am distalen Rand der Pars profunda des *M. supinator* (6) die durch die Membrana interossea antebrachii in die Extensorenloge tretende *A. interossea posterior* (7) freilegen.

Vor der Fortsetzung der Präparation der Muskeläste aus dem Ramus profundus n. radialis und aus der A. interossea posterior zunächst die zu versorgenden Muskeln auf der Streckseite durch Abtragen ihrer Faszien freilegen. Mit der Präparation von *M. extensor digitorum* (8) und *M. extensor carpi ulnaris* (9) beginnen.

Zur Freilegung der tiefen Extensoren M. extensor digitorum unter Erhaltung seines Muskelastes mobilisieren und nach medial verlagern; *M. extensor carpi radialis longus* (10) und *M. extensor carpi radialis brevis* (11) wie bei der Freilegung des M. supinator nach medial und nach lateral verlagern. Sodann *M. extensor digiti minimi* (12), *M. extensor indicis* (13) sowie *M. extensor pollicis longus* (14), *M. extensor pollicis brevis* (15) und *M. abductor pollicis longus* (16) aufsuchen; beim Abtragen der Faszien ihre Muskeläste aus dem Ramus profundus n. radialis und aus der A. interossea posterior darstellen. Den Ansatzsehnen der Muskeln nach distal bis zur proximalen Grenze des Retinaculum musculorum extensorum folgen.

❗ Bei der Faszienpräparation N. interosseus antebrachii posterior sowie die Muskeläste aus dem Ramus profundus n. radialis und aus der A. interossea posterior nicht verletzen. Retinaculum musculorum extensorum bei der Freilegung der Muskeln erhalten.

Dem sensiblen *N. interosseus antebrachii posterior* (5) von seinem Abgang aus dem Ramus profundus n. radialis am Ausgang des Supinatorkanals zunächst in der Rinne zwischen *M. extensor indicis* (13) und *M. abductor pollicis longus* (16) nachgehen; im distalen Bereich des Unterarms den Nerv durch Verlagerung des M. extensor pollicis longus nach medial auf der *Membrana interossea antebrachii* (17) freilegen und bis zum Verschwinden unter dem Retinaculum musculorum extensorum folgen.

An der Grenze vom mittlerem zum unterem Drittel des Unterarms den Durchtritt des *Ramus perforans* der *A. interossea anterior* (18) aufsuchen und der Arterie mit ihren Begleitvenen nach distal bis zum Retinaculum musculorum extensorum nachgehen, wo sie sich am Aufbau des *Rete carpale dorsale* (19) beteiligt.

Präparation der Sehnenscheidenfächer des Handrückens Bevor die oberflächliche Faszie auf dem Handrücken und auf der Streckseite der Finger abgetragen wird, die bereits freigelegten epifaszialen Leitungsbahnen nochmals studieren. *Retinaculum musculorum extensorum* (◘ Abb. 5.24) distal begrenzen; dabei die aus den Sehnenscheidenfächern auf den Handrücken tretenden Sehnenscheiden nicht verletzen. Ansatzsehnen der Muskeln in den Sehnenscheidenfächern zuordnen.

🔄 **Topographie** (◘ Abb. 5.24)
1. Fach: *M. abductor pollicis longus* (1), *M. extensor pollicis brevis* (2); 2. Fach: *M. extensor carpi radialis brevis* (3), *M. extensor carpi radialis longus* (4); 3. Fach: *M. extensor pollicis longus* (5); 4. Fach: *M. extensor digitorum* (6), *M. extensor indicis* (7); 5. Fach: *M. extensor digiti minimi* (8); 6. Fach: *M. extensor carpi ulnaris* (9)

▶ **Klinik**

Die Sehnenscheidenfächer am Übergang zum Handrücken sind osteofibröse Kanäle, in denen es zur Einengung kommen kann. Vorrangig betroffen ist das 1. Sehnenscheidenfach mit den Ansatzsehnen der Mm. abductor pollicis longus und extensor pollicis brevis. Die entzündlichen Veränderungen an Sehnenscheide und Sehnen bezeichnet man als Tendovaginitis stenosans de Quervain.

Die Ansatzsehne des M. extensor pollicis longus wird am Tuberculum dorsale des Radius = Listerscher Höcker von ihrer Verlaufsrichtung abgelenkt (Gleitsehne); im Gleitbereich der Sehne kann es zu degenerativen Veränderungen mit nachfolgender Sehnenruptur kommen. ◄

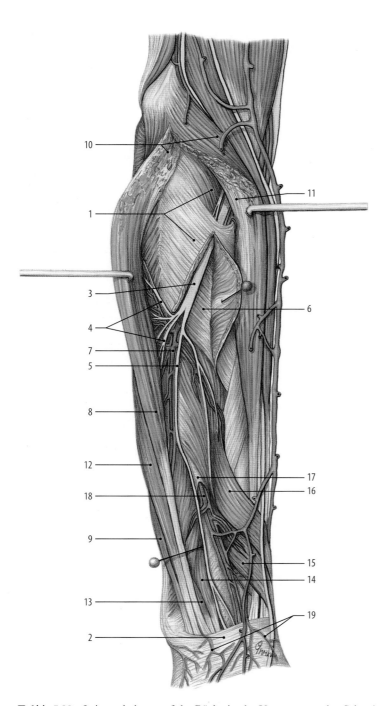

1 M. supinator
2 Retinaculum musculorum extensorum
3 Ramus profundus n. radialis
4 Muskeläste des Ramus profundus n. radialis
5 N. interosseus antebrachii posterior
6 Pars profunda des M. supinator
7 A. interossea posterior
8 M. extensor digitorum
9 M. extensor carpi ulnaris
10 M. extensor carpi radialis longus
11 M. extensor carpi radialis brevis
12 M. extensor digiti minimi
13 M. extensor indicis
14 M. extensor pollicis longus
15 M. extensor pollicis brevis
16 M. abductor pollicis longus
17 Membrana interossea antebrachii
18 Ramus perforans der A. interossea anterior
19 Rete carpale dorsale

◻ Abb. 5.23 Leitungsbahnen auf der Rückseite des Unterarms, rechte Seite, Ansicht von hinten [29]

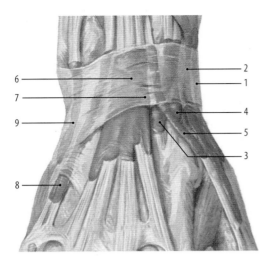

1 M. abductor pollicis longus
2 M. extensor pollicis brevis
3 M. extensor carpi radialis brevis
4 M. extensor carpi radialis longus
5 M. extensor pollicis longus
6 M. extensor digitorum
7 M. extensor indicis
8 M. extensor digiti minimi
9 M. extensor carpi ulnaris

▣ **Abb. 5.24** Sehnenscheiden und Sehnenscheidenfächer auf dem Handrücken, rechte Seite [31]

5.11 Präparation des Handrückens und der Streckseite der Finger

(▣ Abb. 5.25, 5.26) Zum Abtragen des oberflächlichen Blattes der *Fascia dorsalis manus* (1) *Rete venosum dorsale manus* (2) im Bedarfsfall im mittleren Bereich durchtrennen und zur Seite verlagern. Hautäste des *Ramus superficialis* des *N. radialis* (3) und des *Ramus dorsalis* des *N. ulnaris* (4) erhalten (▣ Abb. 5.25).

Präparation der Leitungsbahnen des Handrückens (▣ Abb. 5.26) Oberflächliches Blatt der Fascia dorsalis manus abtragen und die Ansatzsehnen (1) der Extensoren mit den variablen *Connexus intertendinei* (2) darstellen. Die Dorsalaponeurose (3) beispielhaft an Zeige- und Mittelfinger auf der Streckseite durch Entfernen des sie bedeckenden dünnen Bindegewebes freilegen; dabei den mittleren Teil der Dorsalaponeurose (Tractus intermedius) bis zur Grund- und Mittelphalanx, und die seitlichen Züge (Tractus lateralis) bis zur Endphalanx verfolgen. Den seitlichen Einstrahlungen der Ansatzsehnen der Mm. lumbricales und Mm. interossei von palmar in die seitlichen Züge der Dorsalaponeurose bis auf die Streckseite der Finger nachgehen (vollständige Präparation, ▶ Abschn. 5.17).

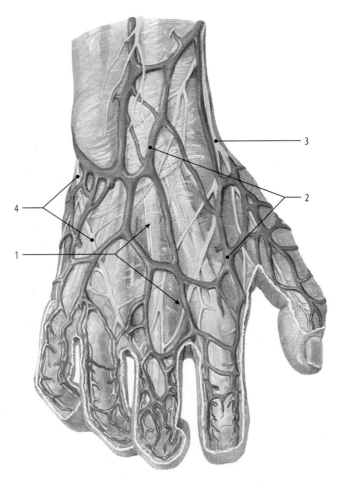

1 oberflächliches Blatt der Fascia dorsalis manus
2 Rete venosum
3 Ramus superficialis des N. radialis
4 Ramus dorsalis des N. ulnaris

▣ **Abb. 5.25** Epifasziale Leitungsbahnen auf dem Handrücken, rechte Seite [41]

⊜ Topographie

Die Arterien des Handrückens stehen wie die Venen mit den Arterien der Palma manus über Rami perforantes in Verbindung.

Zur Darstellung der Arterien des Handrückens und der *Mm. interossei* (4) das tiefe Blatt der Fascia dorsalis manus entfernen. Den unter der Ansatzsehne des *M. extensor pollicis longus* (5) aus der Tabatière anatomique (s. u.) auf den Handrücken tretenden *Ramus carpalis dorsalis* (6) der A. radialis aufsuchen und durch Anheben der Ansatzsehnen der Extensoren nach ulnar verfolgen. Anschließend die aus dem Ramus carpalis dorsalis abgehenden *Aa. metacarpales dorsales II–III* (7) freilegen und die aus diesen hervorgehenden *Aa. digitales dorsales* (8) zu den Fingern verfolgen; die

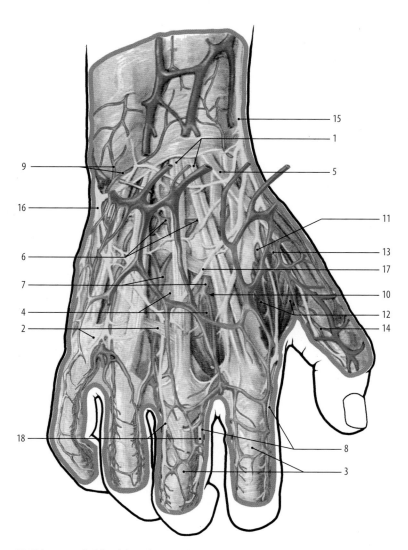

1 Ansatzsehnen der Extensoren
2 Connexus intertendinei
3 Dorsalaponeurose
4 Mm. interossei
5 Ansatzsehne des M. extensor pollicis longus
6 Ramus carpalis dorsalis
7 Aa. metacarpales dorsales
8 Aa. digitales dorsales
9 zum Rete carpale dorsale ziehende Äste
10 Rami perforantes
11 A. radialis
12 M. interosseus dorsalis I
13 A. metacarpalis dorsalis I
14 Aa. digitales dorsales pollicis
15 Ramus superficialis des N. radialis
16 Ramus dorsalis des N. ulnaris
17 Ramus communicans
18 Nn. digitales dorsales

◻ **Abb. 5.26** Subfasziale Leitungsbahnen auf dem Handrücken und auf der Rückseite der Finger, rechte Seite [41]

nach proximal zum Rete carpale dorsale ziehenden Äste **(9)** aufsuchen. Im proximalen Abschnitt der Aa. metacarpales dorsales die über die Spatia interossea mit der Palma manus in Verbindung stehenden *Rami perforantes* **(10)** aufsuchen. Sodann die aus der Fovea radialis unter der Ansatzsehne des M. extensor pollicis longus zum Spatium interosseum I ziehende *A. radialis* **(11)** aufsuchen und ihrem Verlauf zur Palmarseite zwischen den Köpfen des *M. interosseus dorsalis I* **(12)** folgen. Im Spatium interosseum I die in der Tabatière anatomique aus der A. radialis abgehenden *A. metacarpalis dorsalis I* **(13)** aufsuchen (s. u.) und deren Endäste, *Aa. digitales dorsales pollicis* **(14)** auf die Streckseite des Daumens verfolgen.

Abschließend die Präparation der bereits bei der Freilegung der epifaszialen Leitungsbahnen aufgesuchten Hautnerven vervollständigen; dazu das aus dem *Ramus superficialis* des *N. radialis* **(15)** und aus dem *Ramus dor-*

salis des *N. ulnaris* **(16)** hervorgehende variable Nervengeflecht studieren; *Ramus communicans* (Rami communicantes) **(17)** zwischen den beiden Versorgungsgebieten aufsuchen und die Endäste der Nerven des Handrückens, *Nn. digitales dorsales* **(18)** am radialen und am ulnaren Rand der Streckseite der Finger bis in den Bereich der Fingerendgelenke verfolgen.

Fovea radialis – Tabatière anatomique (◻ Abb. 5.27, 5.89/Video 5.11, ◻ Abb. 5.90/Video 5.11)   Zum Aufsuchen der von der Vorderseite des Unterarms durch die Fovea radialis = Tabetière anatomique **(1)** ziehenden *A. radialis* **(2)** zunächst die die Grube begrenzenden Sehnen zuordnen; radial: Ansatzsehnen des *M. abductor pollicis longus* **(3)** und des *M. extensor pollicis brevis* **(4)**, lateral: Ansatzsehne des *M. extensor pollicis longus* **(5)**. Im Boden der Grube Processus styloideus des Radius und Os scaphoideum ertasten.

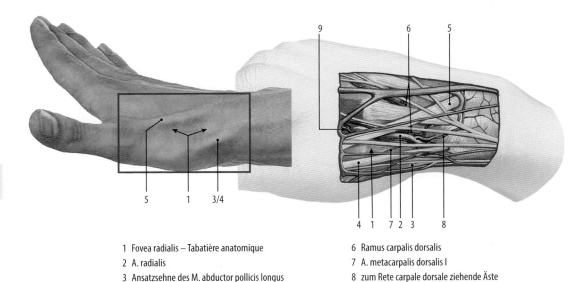

1 Fovea radialis – Tabatière anatomique
2 A. radialis
3 Ansatzsehne des M. abductor pollicis longus
4 Ansatzsehne des M. extensor pollicis brevis
5 Ansatzsehne des M. extensor pollicis longus

6 Ramus carpalis dorsalis
7 A. metacarpalis dorsalis I
8 zum Rete carpale dorsale ziehende Äste
9 Spatium interosseum I

◘ Abb. 5.27 **a** Lage der Fovea radialis – Tabatière anatomique. **b** Strukturen innerhalb der Fovea radialis, rechte Seite, Ansicht von lateral-oben [38]

A. radialis am Boden der Tabatière anatomique durch Entfernen des sie umgebenden Bindegewebes freilegen; sodann den aus der A. radialis abgehenden *Ramus carpalis dorsalis* **(6)** aufsuchen (s. o.) und die innerhalb der Tabatière anatomique aus der A. radialis abgehende *A. metacarpalis dorsalis I* **(7)** sowie die ins Rete carpale dorsale mündenden Äste **(8)** präparieren. Abschließend dem Verlauf der A. radialis nach distal unter der Ansatzsehne des M. extensor pollicis longus aus der Fovea radialis zum *Spatium interosseum I* **(9)** folgen.

5.12 Präparation der Vorderseite des Unterarms

Nach Freilegung der Strukturen in der Ellenbeugegrube die von hier zur Vorderseite des Unterarms ziehenden Leitungsbahnen freilegen (◘ Abb. 5.28). Vor dem Abtragen der *Fascia antebrachii* **(1)** *Ligamentum carpi palmare* **(2)** am Übergang zur Palma manus begrenzen. Sodann die oberflächliche Faszie unter Erhaltung des Ligamentum carpi palmare sowie der Hautnerven und der Hauptstämme der epifaszialen Venen entfernen; kleinlumige Hautvenen im Bedarfsfall entfernen. Anschließend die Muskeln auf der Beugeseite des Unterarms identifizieren und danach ihre Faszien ablösen; dabei die versorgenden Gefäß- und Muskeläste schonen.

❗ Beim Ablösen der Oberflächenfaszie Ligamentum carpi palmare erhalten. Beim Abtragen der Muskeleigenfaszien die versorgenden Gefäß- und Nervenäste schonen.

⊜ Topographie

Die Leitungsbahnen auf der Vorderseite des Unterarms ziehen mit Leitmuskeln in „Straßen" handwärts.

— ulnare Unterarmstraße – Ulnarisstraße: A. ulnaris mit Begleitvenen, N. ulnaris; Leitmuskel: M. flexor carpi ulnaris
— radiale Unterarmstraße – Radialisstraße: A. radialis mit Begleitvenen, Ramus superficialis des N. radialis; Leitmuskel: M. brachioradialis
— Mittelstraße – Medianusstraße: N. medianus; Leitmuskeln: M. flexor digitorum superficialis (proximal), M. flexor carpi radialis (distal)
— palmare Zwischenknochenstraße: A. interossea anterior, N. interosseus antebrachii anterior; Leitmuskeln: M. flexor pollicis longus, M. flexor digitorum profundus

Ulnare Unterarmstraße – Ulnarisstraße (◘ Abb. 5.29) In der Ulnarisstraße zwischen *M. flexor carpi ulnaris* **(1)** und *M. flexor digitorum superficialis* **(2)** *A. ulnaris* **(3)** mit ihren Begleitvenen und *N. ulnaris* **(4)** freilegen. M. flexor carpi ulnaris nach ulnar und *Mm. palmaris longus* **(5)** und *flexor carpi radialis* **(6)** nach radial verlagern. Ursprungsbereich des M. flexor carpi ulnaris nach ulnar drehen, bis der Austritt des N. ulnaris an der Unterseite des Muskels zwischen *Caput ulnare* **(7)** und *Caput humerale* **(8)** sichtbar ist (◘ Abb. 5.84/Video 5.5).

A. ulnaris in der Ellenbeugegrube aufsuchen und ihrem Verlauf unter dem M. pronator teres und dem M. flexor digitorum superficialis zur Ulnarisstraße nachgehen.

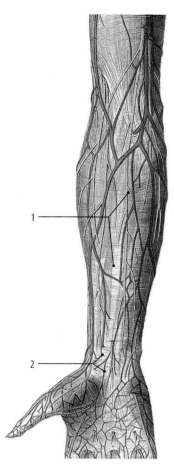

1 Fascia antebrachii
2 Ligamentum carpi palmare

◻ **Abb. 5.28** Epifasziale Leitungsbahnen auf der Vorderseite des Unterarms, rechte Seite, Ansicht von vorn [31]

Lage und Verlauf von N. ulnaris und A. ulnaris mit ihren Begleitvenen zwischen M. flexor carpi ulnaris und M. flexor digitorum superficialis auf dem *M. flexor digitorum profundus* (**9**) studieren. Danach Faszie auf dem M. flexor digitorum profundus sowie das N. ulnaris und A. ulnaris umhüllende Bindegewebe entfernen. Muskeläste (**10**) für den M. flexor carpi ulnaris und für den ulnaren Teil des M. flexor digitorum profundus freilegen. Am Übergang vom mittleren zum unteren Drittel des Unterarms Abgang des *Ramus palmaris* (**11**) aus dem N. ulnaris nach ulnar beachten; etwas weiter distal den Abgang des *Ramus dorsalis* (**12**) des N. ulnaris freilegen und seinem Verlauf unter die Ansatzsehne des M. flexor carpi ulnaris folgen. Die aus der A. ulnaris in die Muskeln tretenden Äste (**13**) schonen; Venen im Bedarfsfall kürzen. Die sich dem N. ulnaris in ihrem Verlauf anschließenden Vasa ulnaria gemeinsam mit dem Nerven nach distal bis zur Guyon-Loge verfolgen, wo sie vom *Ligamentum carpi palmare* (**14**) bedeckt werden (Fortset-

zung der Präparation s. Präparation des Canalis ulnaris, ▶ Abschn. 5.13).

🔋 Muskeläste des N. ulnaris für den M. flexor ulnaris und für den ulnaren Teil des M. flexor digitorum profundus bei dessen Freilegung nicht verletzen.

🎓 **Varia**

Am Unterarm kommen häufig Anastomosen (◻ Abb. 5.30) (**3**) zwischen *N. medianus* (**1**) und *N. ulnaris* (**2**) sowie zwischen *N. interosseus antebrachii anterior* (**4**) und N. ulnaris vor (Martin-Grubersche-Anastomose). Angaben über das Vorkommen der Verbindungen schwanken; sie sollen bei etwa 20 % der Fälle auftreten. Ihre klinische Bedeutung besteht darin, dass bei Schädigungen der Nerven proximal der Anastomose der klinische Befund aufgrund des Austausches motorischer Fasern vom klassischen Lähmungsbild der einzelnen Nerven abweicht und zu Fehldiagnosen führen kann. Die Anastomosenbildung hat außerdem praktisch-klinische Bedeutung für die Leitungsanästhesie von N. ulnaris und N. medianus. Bei einem seltener vorkommenden Faseraustausch im distalen Bereich des Unterarms (**6**) zwischen N. ulnaris und N. medianus sollen auch sensible Fasern betroffen sein.

Radiale Unterarmstraße *A. radialis* (**1**) in der Ellenbeugegrube (◻ Abb. 5.31) aufsuchen und ihren Verlauf am Unterarm (◻ Abb. 5.32) darstellen. *M. brachioradialis* (**2**) nach lateral verlagern und A. radialis mit ihren Begleitvenen zwischen *M. extensor carpi radialis longus* (**3**) und *M. pronator teres* (**4**) freilegen.

Dem Verlauf der *A. radialis* (**1**) nach distal (◻ Abb. 5.32) bis zum *Retinaculum musculorum flexorum* (**2**) folgen; dabei ihre Muskeläste präparieren sowie ihre Lage auf dem *M. flexor pollicis longus* (**3**) und lateral von der Ansatzsehne des *M. flexor carpi radialis* (**4**) beachten. Die im distalen Abschnitt des Unterarms lateral von der Ansatzsehne des M. flexor carpi radialis an die Oberfläche tretende A. radialis mit den aus ihr abgehenden *Ramus carpalis palmaris* (**5**) und *Ramus palmaris superficialis* (**6**) freilegen, dabei den *N. medianus* (**7**) und den *Ramus palmaris* des N. medianus (**8**) schonen.

Dem an der Unterseite des *M. brachioradialis* (**9**) liegenden *Ramus superficialis* des *N. radialis* (**9**) nach distal bis zur Unterkreuzung der Ansatzsehne (**10**) des M. brachioradialis nachgehen und dem Verlauf des Nervenastes bis auf die Streckseite des Unterarms folgen (◻ Abb. 5.91/Video 5.13).

🔋 Ramus superficialis des N. radialis bei der Verlagerung des M. brachioradialis schonen. N. medianus und Ramus palmaris des N. medianus bei der Präparation der A. radialis nicht verletzen.

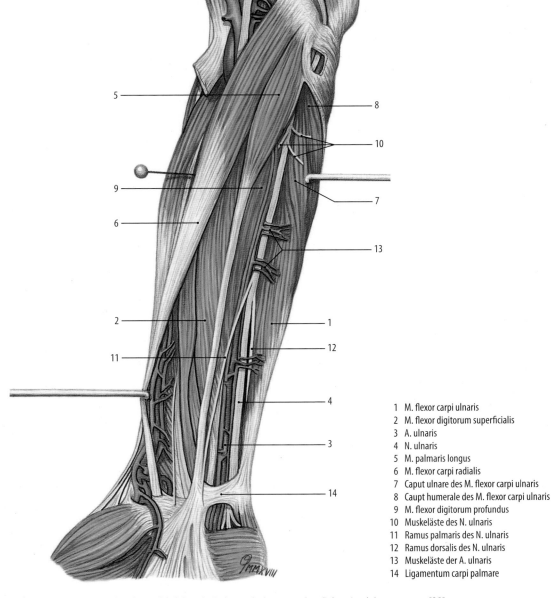

1 M. flexor carpi ulnaris
2 M. flexor digitorum superficialis
3 A. ulnaris
4 N. ulnaris
5 M. palmaris longus
6 M. flexor carpi radialis
7 Caput ulnare des M. flexor carpi ulnaris
8 Caupt humerale des M. flexor carpi ulnaris
9 M. flexor digitorum profundus
10 Muskeläste des N. ulnaris
11 Ramus palmaris des N. ulnaris
12 Ramus dorsalis des N. ulnaris
13 Muskeläste der A. ulnaris
14 Ligamentum carpi palmare

Abb. 5.29   In der Ulnarisstraße ziehende Leitungsbahnen, rechte Seite, Ansicht von vorn [29]

Aufgrund der oberflächlichen Lage kann die Pulsfrequenz der A. radialis oberhalb der Handwurzel lateral von der Ansatzsehne des M. flexor carpi radialis gemessen werden. Die A. radialis dient als arterieller Zugang für Kathetersysteme bei perkutaner Koronarintervention (PCI). ◀

Mittelstraße – Medianusstraße (◘ Abb. 5.33)   Zur Freilegung des *N. medianus* (**1**) am Unterarm Ursprungsbereiche von *M. pronator teres* (**2**) und *M. flexor carpi radialis* (**3**) sowie von *M. flexor digitorum superficialis* (**4**) scharf voneinander trennen. Mm. pronator teres und flexor carpi radialis nach radial, M. flexor digitorum superficialis nach ulnar ver-

lagern (◘ Abb. 5.92/Video 5.13). Sodann den Durchtritt des N. medianus auf der Unterseite des M. pronator teres zwischen *Caput humerale* (**5**) und *Caput ulnare* (**6**) freilegen. Hinter dem M. pronator teres *A. interossea communis* (**7**) und ihre Aufzweigung in *A. interossea posterior* (**8**) und *A. interossea anterior* (**9**) aufsuchen (▶ Abschn. 5.9). Die dünne aus der A. interossea anterior abzweigende *A. comitans nervi mediani* (**10**) zum N. medianus verfolgen.

Zur Präparation des N. medianus M. flexor digitorum superficialis (**4**) vom *M. flexor digitorum profundus* (**11**) stumpf lösen. Sodann den Abgang des *N. interosseus antebrachii anterior* (**12**) und die Muskeläste des N. medianus (**13**) für den radialen Anteil des M. flexor digitorum

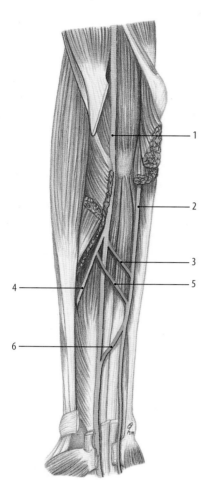

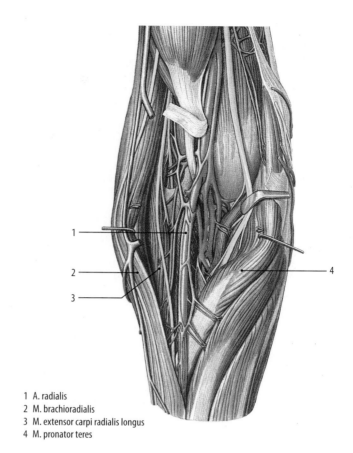

1 A. radialis
2 M. brachioradialis
3 M. extensor carpi radialis longus
4 M. pronator teres

■ **Abb. 5.31**   Eintritt der A. radialis aus der Ellenbeugegrube in die radiale Unterarmstraße, rechte Seite, Ansicht von vorn [38]

1 N. medianus
2 N. ulnaris
3 Anastomose zwischen N. medianus und N. ulnaris
4 N. interosseus antebrachii anterior
5 Anastomose zwischen N. interosseus antebrachii anterior und N. ulnaris
6 distale Anastomose zwischen N. ulnaris und N. medianus

■ **Abb. 5.30**   Variable Anastomosen zwischen den Nn. medianus, ulnaris und interosseus antebrachii anterior am Unterarm, rechte Seite, Ansicht von vorn [29]

superficialis darstellen. Faszie auf dem M. flexor digitorum profundus und das den N. medianus umgebende Bindegewebe abtragen, dabei den Abgang des *Ramus palmaris* (14) im distalen Unterarmdrittel präparieren. Oberhalb der Handwurzelregion die oberflächliche Lage des N. medianus zwischen den Ansatzsehnen von M. flexor digitorum superficialis und M. flexor carpi radialis (3) beachten; abschließend dem Nerven bis zum *Retinaculum musculorum flexorum* (15) folgen.

Palmare Zwischenknochenstraße (■ Abb. 5.34, 5.93/Video 5.14)   Zum Abschluss in der Tiefe der Vorderseite des Unterarms in der palmaren Zwischenknochenstraße die auf der *Membrana interossea antebrachii* (1)

laufenden *A. interossea anterior* (2) *und N. interosseus antebrachii anterior* (3) darstellen. Dazu die in der Rinne zwischen *M. flexor pollicis longus* (4) und *M. flexor digitorum profundus* (5) liegenden Leitungsbahnen durch teils stumpfes teils scharfes Trennen der beiden Muskeln freilegen. Muskeläste (6) der A. interossea anterior sowie des N. interosseus antebrachii anterior für die Mm. flexor digitorum profundus und flexor pollicis longus durch Abtragen des Bindegewebes präparieren. A. interossea anterior und N. interosseus antebrachii anterior auf der Membrana interossea bis zum Verschwinden hinter dem Oberrand des *M. pronator quadratus* (7) verfolgen.

▶ **Klinik**

Der N. interosseus antebrachii anterior kann durch eine scharfrandige Ursprungssehne des Caput ulnare des M. pronator teres oder des M. flexor digitorum superficialis sowie durch Bindegewebsstränge zwischen den Ursprungssehnen der Mm. flexor digitorum superficialis und flexor pollicis longus komprimiert werden; auch das inkonstante Caput humerale des M. flexor pollicis longus kann zur Kompression des Nerven führen. Bei einer Schädigung des N. interosseus antebrachii anterior sind der M. flexor pollicis longus und der radiale Teil des M. flexor

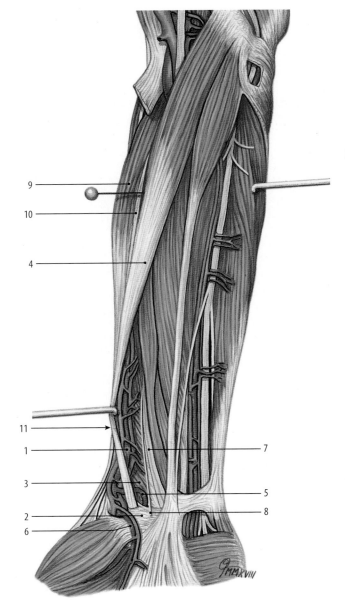

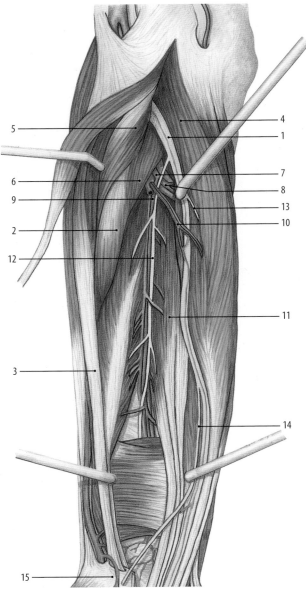

1   A. radialis
2   Retinaculum musculorum flexorum
3   M. flexor pollicis longus
4   M. flexor carpi radialis
5   Ramus carpalis palmaris
6   Ramus palmaris superficialis
7   N. medianus
8   Ramus palmaris des N. medianus
9   M. brachioradialis
10 Ramus superficialis des N. radialis
11 Unterkreuzung der Ansatzsehne des M. brachioradialis durch
    den Ramus superficialis n. radialis

■ **Abb. 5.32**   Verlauf der A. radialis im distalen Abschnitt der Radialisstraße des Unterarms, rechte Seite, Ansicht von vorn [29]

1   N. medianus
2   M. pronator teres
3   M. flexor carpi radialis
4   M. flexor digitorum superficialis
5   Caput humerale des M. pronator teres
6   Caput ulnare des M. pronator teres
7   A. interossea communis
8   A. interossea posterior
9   A. interossea anterior
10 A. comitans nervi mediani
11 M. flexor digitorum profundus
12 N. interosseus antebrachii anterior
13 Muskelast des N. medianus
14 Ramus palmaris des N. medianus
15 Retinaculum musculorum flexorum

■ **Abb. 5.33**   Freilegung des N. medianus in der Mittelstraße – Medianusstraße, rechte Seite, Ansicht von vorn [29]

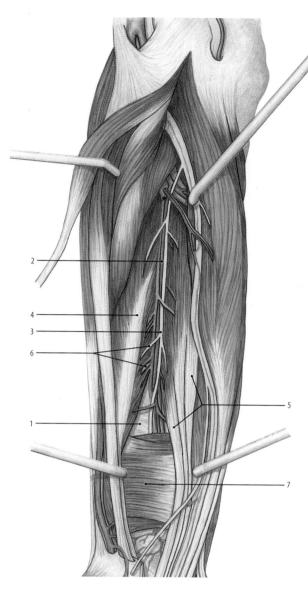

1 Membrana interossea antebrachii
2 A. interossea anterior
3 N. interosseus antebrachii anterior
4 M. flexor pollicis longus
5 M. flexor digitorum profundus
6 Muskeläste der N. interosseus antebrachii anterior und der A. interossea anterior
7 M. pronator quadratus

● **Abb. 5.34** Leitungsbahnen in der Mittelstraße des Unterarms, rechte Seite, Ansicht von vorn [29]

digitorum profundus sowie der M. pronator quadratus betroffen. Die Patienten haben Schmerzen im Unterarmbereich und sind nicht in der Lage, die Endglieder von Zeige- und Mittelfinger zu beugen; die Betroffenen können mit Daumen und Zeigefinger kein „0" bilden. Bei einer vollständigen Lähmung des M. pronator quadratus ist die Pronation eingeschränkt. ◀

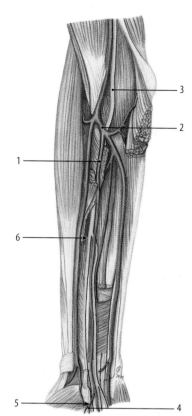

1 A. mediana
2 A. ulnaris
3 N. medianus
4 Arcus palmaris superficialis
5 Karpalkanal
6 hohe Teilung des N. medianus

● **Abb. 5.35** Variante der Unterarmarterien: A. mediana, rechte Seite, Ansicht von vorn [29]

Varia

Eine aus der Embryonalzeit persistierende *A. mediana* (● Abb. 5.35) **(1)** kommt in 4–5 % der Fälle vor. Sie geht aus der *A. ulnaris* **(2)** oder aus der A. interossea anterior hervor. Die A. mediana läuft vor dem *N. medianus* **(3)** nach distal und beteiligt sich am Aufbau des *Arcus palmaris superficialis* **(4)**; die Arterie zieht durch den Karpalkanal **(5)** und ist häufig Ursache für ein Karpaltunnelsyndrom. Liegt als weitere Variante eine hohe Teilung des N. medianus **(6)** vor, so läuft die A. mediana zwischen den beiden Anteilen des N. medianus.

5.13 Präparation der Hand von palmar

(● Abb. 5.36) Das bei der Faszienpräparation am Unterarm begrenzte *Ligamentum carpi palmare* **(1)** lokalisieren und die auf dem Band liegenden Nerven, *Ramus palmaris* des *N. ulnaris* **(2)**, *Ramus palmaris* des *N. medianus* **(3)** sowie den Endast des *N. cutaneus antebrachii lateralis* **(4)** aufsuchen; am radialen Rand Äste des *Ramus superficialis* des *N. radialis* **(5)** beachten. Sodann den aus dem Ligamentum carpi palmare tretenden *Ramus palmaris*

5

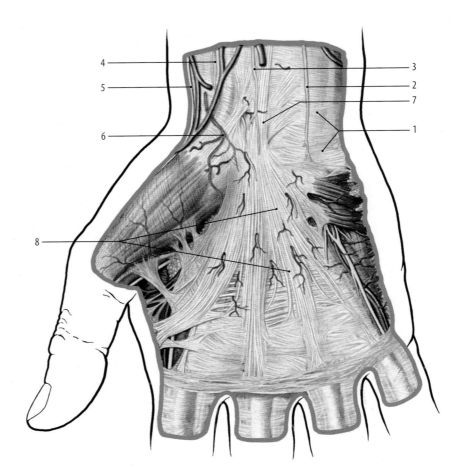

1 Ligamentum carpi palmare
2 Ramus palmaris des N. ulnaris
3 Ramus palmaris des N. medianus
4 N. cutaneus antebrachii lateralis
5 Ast des Ramus superficialis des N. radialis
6 Ramus palmaris superficialis der A. radialis
7 Ansatzsehne des M. palmaris longus
8 Palmaraponeurose

◘ Abb. 5.36   Epifasziale Strukturen der Palma manus, rechte Seite [38]

superficialis (**6**) der A. radialis freilegen. Die Ansatzsehne des M. palmaris longus (der Muskel fehlt in ca. 20 % der Fälle) (**7**) am Unterarm aufsuchen und seine Verbindung zum Ligamentum carpi palmare darstellen.

❶ Strukturen der Guyon-Loge schonen, ihre Präparation erfolgt später.

Präparation des subkutanen Fettgewebes, der Faszien und der Palmaraponeurose   Vor Beginn der Präparation des subkutanen Fettgewebes und der Freilegung der Faszien die regional und individuell unterschiedliche Dicke des subkutanen Fettgewebes auf Thenar und Hypothenar sowie in der Hohlhand und an den Fingern studieren.

Vor der Präparation der Palmaraponeurose (**8**) deren Aufbau mit den zwei schwachen Anteilen zum Thenar und zum Hypothenar sowie mit der kräftigen fächerförmigen mittleren Bindegewebsplatte – der eigentlichen Palmaraponeurose = Dupuytrensche Faszie – beachten (◘ Abb. 5.94/Video 5.15).

Präparation der Palmaraponeurose (◘ Abb. 5.37)   Über dem Thenar beim Abtragen des sukutanen Gewebes den in Bereich der Handwurzel bereits freigelegten *Ramus pal-*

maris superficialis (**1**) der A. radialis zur Hohlhand verfolgen und die variable Verbindung zum oberflächlichen Hohlhandbogen (**2**) aufsuchen. Im Übergangsbereich von Thenar und Hohlhand die an die Oberfläche tretenden *Nn. digitales palmares proprii* (**3**) und die *Aa. digitales palmares propriae* (**4**) für den Daumen freilegen. Den Verstärkungszug der Thenarfaszie durch den radialen Zügel der Palmaraponeurose (**5**) beachten.

Beim Abtragen des Unterhautfettgewebes auf dem Hypothenar den auf der Hypothenarfaszie liegenden Hautmuskel, *M. palmaris brevis* (**6**) freilegen und dessen Einstrahlung in den seitlichen Teil der Palmaraponeurose beachten.

❶ Beim Abtragen des subkutanen Fettgewebes den Ramus palmaris superficialis der A. radialis und den M. palmaris brevis erhalten.

Sodann das Unterhautfettgewebe in der Hohlhand entfernen und den mittleren Hauptanteil der Aponeurosis palmaris darstellen. Im proximalen Bereich der Palmaraponeurose die Einstrahlung der Ansatzsehne (**7**) des *M. palmaris longus* präparieren. Sodann die oberflächliche Schicht mit meistens vier longitudinal aus-

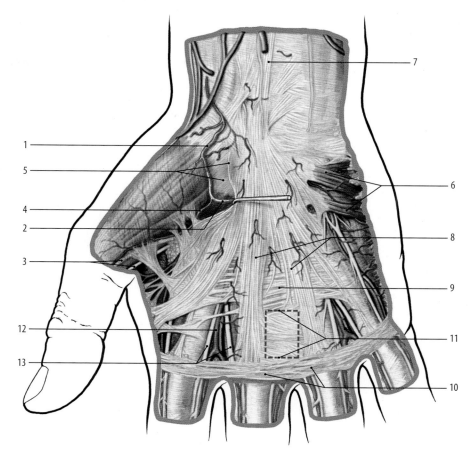

1 Ramus palmaris superficialis der A. radialis
2 oberflächlicher Hohlhandbogen
3 Nn. digitales palmares proprii des Daumens
4 Aa. digitales palmares proprii des Daumens
5 Thenarstrang der Palmaraponeurose
6 M. palmaris brevis
7 M. palmaris longus
8 Fasciculi longitudinales
9 Fasciculi transversi
10 Ligamenta metacarpalia transversalia
   superficialia
11 Lücken in der Palmaraponeurose
12 Aa. digitales palmares communes
13 Nn. digitales palmares proprii

------ Schnittführung zum Abtragen des Bindegewebes zwischen Fasciculi longitudinales, Fasciculi transversi und Ligamenta metacarpalia transversalia superficialia

◨ **Abb. 5.37   Palma manus mit Palmaraponeurose und oberflächlichen Leitungsbahnen, rechte Seite.** Schnittführung zum Abtragen des Bindegewebes zwischen Fasciculi longitudinales, Fasciculi transversi und Ligamenta metacarpalia transversalia superficialia [38]

gerichteten Faserbündeln, *Fasciculi longitudinales* **(8)** mit der Messerspitze herausarbeiten und nach distal bis in den Bereich der Fingergrundgelenke verfolgen. Im distalen Abschnitt der Hohlhand die tiefer verlaufenden queren Faserbündel, *Fasciculi transversi* **(9)** in gleicher Weise präparieren. In Höhe der Grundphalangen – im Bereich der ehemaligen Interdigitalfalten – die aus lockerem Bindegewebe bestehenden *Ligamenta metacarpalia transversalia superficialia* = Ligamenta natatoria **(10)** darstellen. Anschließend das lockere, fettreiche Bindegewebe in den Lücken **(11)** zwischen Fasciculi longitudinales, Fasciculi transversi und Ligamenta metacarpalia transversalia superficialia entfernen und die *Aa. digitales palmares communes* **(12)** und ihre Begleitvenen sowie die *Nn. digitales palmares proprii* **(13)** freilegen (◨ Abb. 5.95/Video 5.16).

▶ **Klinik**

Bei einer Fehldifferenzierung von Fibroblasten zu Myofibroblasten kommt es zu Störungen im Kollagenaufbau in der Palmaraponeurose, in deren Folge die Palmaraponeurose schrumpft (Dupuytrensche Erkrankung). Diese

Erkrankung geht mit einer Beugekontraktur und Fehlstellung der Finger einher. ◀

Faszienlogen der Palma manus   Bevor die Faszien abgetragen und die Palmaraponeurose abgelöst werden, um die tiefen Strukturen der Hand freizulegen, sollten die von Faszien und Mittelhandknochen gebildeten Faszienlogen und deren Inhalt an Querschnitten durch die Hand sowie im Lehrbuch und im Atlas studiert werden.

🔁 **Topographie**

 — Loge des Daumenballens – Thenarloge: M. abductor pollicis brevis, M. flexor pollicis brevis, M. opponens pollicis, M. adductor pollicis, Ansatzsehne des M. flexor pollicis longus
 — Mittelhandloge: Ansatzsehnen des M. flexor digitorum superficialis, des M. flexor digitorum profundus mit den Mm. lumbricales
 — Loge des Kleinfingerballens – Hypothenarloge: M. flexor digiti minimi, M. opponens digiti minimi, M. abductor digiti minimi

5

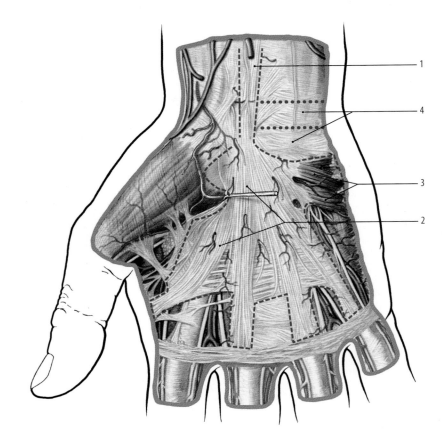

1 M. palmaris longus
2 Aponeurosis palmaris
3 M. palmaris brevis
4 Ligamentum carpi palmare

- - - - Schnittführung zur Ablösung des Ligamentum
carpi palmare und der Palmaraponeurose

• • • • • Alternative Schnittführung zur Erhaltung eines Teils
des Ligamentum carpi palmare über der Guyonloge

◻ **Abb. 5.38**   Schnittführung zur Ablösung des Ligamentum carpi palmare sowie alternative Schnittführung zur Erhaltung eines Teils des Ligamentum carpi palmare über der Guyon-Loge [38]

Zur **Vorbereitung der Präparation der Guyon-Loge und der oberflächlichen Strukturen der Hohlhand** unter der Palmaraponeurose (◻ Abb. 5.38) Ansatzsehne des *M. palmaris longus* (**1**), *Aponeurosis palmaris* (**2**) mit dem *M. palmaris brevis* (**3**) scharf begrenzen und ablösen. Bei der Begrenzung der Ansatzsehne des M. palmaris longus gleichzeitig zu beiden Seiten der Sehne das *Ligamentum carpi palmare* (**4**) durchtrennen (◻ Abb. 5.96/Video 5.17).

Alternative: Auf der ulnaren Seite einen Teil des Ligamentum carpi palmare erhalten. In diesem Fall die Bandanteile proximal und distal der Bindegewebsbrücke über der Guyon-Loge entfernen.

Beim Ablösen der Palmaraponeurose das Muskelmesser zur Schonung des oberflächlichen Hohlhandbogens unmittelbar an der Unterfläche der Palmaraponeurose flach führen; M. palmaris brevis scharf von der Hypothenarfaszie lösen. Sodann Palmaraponeurose mit dem M. palmaris brevis nach radial verlagern.

Fehlt der M. palmaris longus, Palmaraponeurose mit dem radialen Teil des Retinaculum musculorum flexorum nach radial verlagern.

Zur Freilegung der von der Unterarmvorderseite über den Bereich der Handwurzel zur Guyon-Loge und zum Karpalkanal ziehenden Leitungsbahnen die durchtrenn-

ten Anteile des Ligamentum carpi palmare nach radial und nach ulnar verlagern.

❶ Beim Ablösen der Palmaraponeurose und des M. palmaris brevis die Strukturen der Guyon-Loge und den oberflächlichen Hohlhandbogen nicht verletzen.

Präparation des Canalis ulnaris (= Guyon-Loge) (◻ Abb. 5.97/ Video 5.19)   Bevor mit der Präparation der Guyon-Loge begonnen wird, sollten zunächst deren Aufbau mit den begrenzenden „Wänden" und ihr Inhalt anhand von Querschnitten durch die Hand sowie im Lehrbuch und im Atlas studiert werden.

🔄 **Topographie**

Ulnaristunnel – Canalis ulnaris – Loge de Guyon: Die Guyon-Loge ist ein osteofibröser Kanal, der zum Engpass für die hindurchziehenden N. ulnaris und die Vasa ulnaria werden kann. Den Boden des Ulnaristunnels bilden das Retinaculum musculorum flexorum sowie das Ligamentum pisohamatum. Palmar wird die Guyon-Loge proximal vom Ligamentum carpi palmare und distal vom M. palmaris brevis bedeckt. An der medialen Begrenzung beteiligen sich proximal

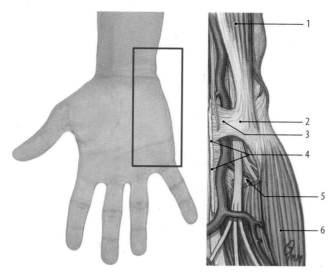

1 M. flexor carpi ulnaris
2 Os pisiforme
3 Ligamentum carpi palmare
4 Retinaculum musculorum flexorum
5 Hamulus ossis hamati
6 M. abductor digiti minimi

Abb. 5.39 **a** Rechte Hand von palmar – Markierung des Ausschnitts in b. **b** Leitungsbahnen der Guyon-Loge [29]

die Ansatzsehne des M. flexor carpi ulnaris mit dem Os pisiforme und distal der M. abductor digiti minimi. Lateral grenzt die Guyon-Loge an das Retinaculum musculorum flexorum und an den Hamulus ossis hamati.

Vor Beginn der Präparation die bereits sichtbaren und die tastbaren Strukturen, die den osteofibrösen Kanal begrenzen, aufsuchen (Abb. 5.39): Ansatzsehne des *M. flexor carpi ulnaris* (1) mit dem in seine Ansatzsehne eingelagerten *Os pisiforme* (2), *Ligamentum carpi palmare* (3), *Retinaculum musculorum flexorum* (4), den tastbaren *Hamulus ossis hamati* (5) und den *M. abductor digiti minimi* (6).

Präparation der Guyon-Loge (Abb. 5.40) mit dem Aufsuchen der *A. ulnaris* (1) und ihren Begleitvenen sowie dem *N. ulnaris* (2) am Unterarm beginnen; dem Verlauf der Leitungsbahnen in der Guyon-Loge durch Entfernen des sie umgebenden Bindegewebes nachgehen. Teilung des N. ulnaris am unteren Rand des Os pisiforme in *Ramus superficialis* (3) und *Ramus profundus* (4) darstellen. Sodann die aus dem Ramus profundus abzweigenden Muskeläste (5) für die Hypothenarmuskeln präparieren. Ramus superficialis nach distal verfolgen und seine Aufspaltung in den *Ramus communicans* (6)

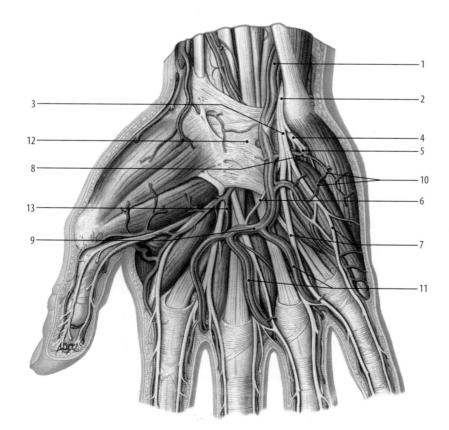

1 A. ulnaris
2 N. ulnaris
3 Ramus superficialis
4 Ramus profundus
5 Muskeläste des Ramus profundus
6 Ramus communicans
7 Nn. digitales palmares communes
8 Ramus palmaris profundus
9 Arcus palmaris superficialis
10 Muskeläste für die Hypothenarmuskeln
11 Aa. digitales palmares communes
12 Retinaculum musculorum flexorum
13 Verbindung mit der A. radialis

Abb. 5.40 Palma manus, freigelegte Leitungsbahnen nach Ablösen der Palmaraponeurose, rechte Seite [38]

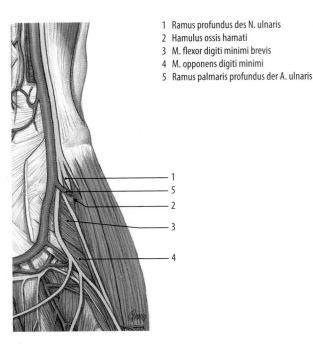

1 Ramus profundus des N. ulnaris
2 Hamulus ossis hamati
3 M. flexor digiti minimi brevis
4 M. opponens digiti minimi
5 Ramus palmaris profundus der A. ulnaris

Abb. 5.41   Guyon-Loge, Aufzweigung des N. ulnaris und der A. ulnaris, rechte Seite [29]

mit dem N. medianus und in die *Nn. digitales palmares communes* **(7)** für den Klein- und Ringfinger freilegen.

Anschließend den unterhalb des Os pisiforme aus der A. ulnaris abgehenden *Ramus palmaris profundus* **(8)** bis zum Hypothenar verfolgen. Sodann den Übergang der A. ulnaris in den *Arcus palmaris superficialis* **(9)** mit den abgehenden Muskelästen **(10)** zum Kleinfingerballen sowie den *Aa. digitales palmares communes* **(11)** durch Abtragen des umgebenden Bindegewebes präparieren; die am Unterrand des *Retinaculum musculorum flexorum* **(12)** aus dem Karpalkanal tretende variable Verbindung des oberflächlichen Hohlhandbogens mit der *A. radialis* **(13)** aufsuchen.

🔁 Varia

Ein geschlossener oberflächlicher Hohlhandbogen kommt in 40–50 % der Fälle vor; bei fehlender Anastomose werden Daumen und Zeigefinger direkt aus der A. radialis versorgt. In ca. 40 % der Fälle wird der Arcus palmaris superficialis ausschließlich aus der A. ulnaris gebildet. Bei Vorliegen einer A. mediana (**Abb. 5.35**) versorgt diese gemeinsam mit der A. ulnaris Daumen und Finger.

Zur weiteren Präparation (**Abb. 5.41**) des *Ramus profundus* des *N. ulnaris* **(1)** die Faszien der Muskeln des Hypothenar entfernen und unter Schonung der sie versorgenden Leitungsbahnen stumpf voneinander lösen. Sodann dem Ramus profundus in seinem Verlauf um den tastbaren *Hamulus ossis hamati* **(2)** bis unter den gemeinsamen Ursprungsbereich von *M. flexor digiti*

minimi brevis **(3)** und *M. opponens digiti minimi* **(4)** nachgehen.

Den *Ramus palmaris profundus* der *A. ulnaris* **(5)** in Begleitung des Ramus profundus des N. ulnaris ebenfalls bis unter die Ursprungssehnen der Mm. flexor digiti minimi brevis brevis und opponens digiti minimi verfolgen (Fortsetzung der Präparation, s. u. Präparation der tiefen Hohlhand).

▶ Klinik

Die Guyon-Loge kann als osteofibröser Kanal zum Engpass für den N. ulnaris werden. Liegt die Schädigung im proximalen Bereich des Kanals sind meistens Ramus superficialis und Ramus profundus betroffen. Bei Ausfall des Ramus superficialis kommt es zu Sensibilitätsstörungen am Kleinfinger und an der ulnaren Seite des Ringfingers; betroffen sind die Palmarseite und die Dorsalseite im Bereich der Endphalanx sowie der distale Teil der Haut des Hypothenar. Die Sensibilität im proximalen Bereich des Hypothenar bleibt erhalten, da der Ramus palmaris des N. ulnaris nicht betroffen ist. Der M. palmaris brevis ist gelähmt. Folge der Kompression des Ramus profundus ist eine Lähmung der Hypothenarmuskeln sowie der intrinsischen Muskeln der Hand (s. Schädigung des Ramus profundus in der Hohlhand). Liegt die Schädigung im distalen Abschnitt der Ulnariskanals, so fällt nur der Ramus profundus aus. Ursache für ein Kompressionssyndrom in der Guyon-Loge können, z. B. chronischer Druck durch Arbeitsinstrumente oder beim Radfahren („Radfahrerlähmung") sein. Der N. ulnaris ist im Handgelenksbereich aufgrund seiner oberflächlichen Lage leicht verletzbar. ◀

Präparation des Karpalkanals (= Canalis carpi) (**Abb. 5.42, 5.43, 5.98/Video 5.19**)   Vor Beginn der Präparation des Karpalkanals die Begrenzung des nicht dehnbaren osteofibrösen Kanals (Retinaculum musculorum flexorum und Handwurzelknochen) sowie die Ansatzsehnen der durch den Kanal ziehenden Muskeln mit ihren Sehnenscheiden und den Verlauf des N. medianus im Atlas und im Lehrbuch sowie an anatomischen Querschnitten durch den Handwurzelbereich studieren.

Am Beginn der Präparation das *Retinaculum musculorum flexorum (= Ligamentum carpi transversum)* **(1)** ertasten und die proximal sowie distal aus dem Karpalkanal herausragenden Sehnenscheiden (*Vagina communis tendinum musculorum flexorum*) **(2)** aufsuchen. Den am Unterarm freigelegten *N. medianus* **(3)** lokalisieren und bis zum Eintritt in den Karpalkanal verfolgen; dabei seine Lage auf den karpalen Sehnenscheiden beachten. Anschließend das Retinaculum musculorum flexorum proximal und distal scharf begrenzen.

❗ Bei der Begrenzung des Retinaculum musculorum flexorum den N. medianus und die Sehnenscheiden nicht verletzen.

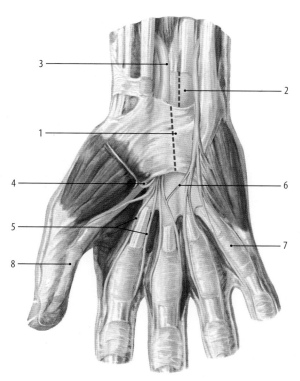

durch Entfernen des umgebenden Bindegewebes freilegen.

Den gemeinsamen karpalen Sehnenscheidensack für die Finger II–V proximal durch einen kleinen Spalt eröffnen und die unterschiedliche Ausdehnung nach proximal und nach distal durch Sondieren austasten; dabei das distale Ende der karpalen Sehnenscheiden des II. bis IV. (V.) Fingers im Bereich der Hohlhand sowie die meistens durchgehende Sehnenscheide am Kleinfinger (7) beachten. Die eigenständige Sehnenscheide des *M. flexor pollicis longus* (8) aufsuchen und ihre Ausdehnung vom Handwurzelbereich bis zum Daumenendglied verfolgen.

Nach dem Studium der karpalen Sehnenscheiden den gemeinsamen Sehnenscheidensack vollständig durch einen Längsschnitt eröffnen und die Sehnen des *M. flexor digitorum superficialis* (9) und des *M. flexor digitorum profundus* (10) durch Entfernen der Vagina synovialis freilegen (◘ Abb. 5.43). Sodann die Sehnen aus dem Karpalkanal nach palmar verlagern und die dabei sichtbar werdenden Mesotendinea zwischen den Sehnen und dem Boden des Karpalkanals zunächst studieren; danach zur vollständigen Mobilisierung der Sehnen die Mesotendinea durchtrennen und das Synovialgewebe scharf entfernen.

Am radialen Rand des Karpalkanals die in einem eigenen Sehnenscheidenkanal ziehende Ansatzsehne des *M. flexor carpi radialis* (11) aufsuchen.

▶ Klinik

Die Kompression des N. medianus im Karpalkanal zählt zu den häufigsten Schädigungen peripherer Nerven. Zu den zahlreichen Ursachen, die ein Karpaltunnelsyndrom auslösen können, zählen Entzündungen der karpalen Sehnenscheiden, z. B. bei der primär chronischen Polyarthritis, sowie Einengungen des Karpalkanals nach Verletzungen der Handwurzelknochen oder in Folge eines durch den Karpalkanal ziehenden aberrierenden *M. lumbricalis* (◘ Abb. 5.44b) (2). Das Karpaltunnelsyndrom tritt häufig in der Menopause oder während der Schwangerschaft auf.

Als Symptome stehen zunächst Sensibilitätsstörungen an Daumen, Zeige- und Mittelfinger insbesondere nachts (Brachialgia paraesthetica nocturna) im Vordergrund. Motorische Störungen betreffen die vom Ramus thenaris innervierten Mm. abductor pollicis brevis, opponens und flexor pollicis brevis (Caput superficiale). In Folge der Schwäche oder des Ausfalls der Muskeln sind die Greifbewegungen der Hand eingeschränkt; wegen der Lähmung des M. abductor pollicis brevis kann die Hand nicht zur „Greifzange" geöffnet werden (positives „Flaschenzeichen"). Nach länger bestehender Parese ist die Atrophie der Thenarmuskeln am Daumenballen deutlich sichtbar. Die Flexoren der Finger und der Handgelenke sind nicht betroffen!

Bei der operativen Behandlung wird das Retinaculum musculorum flexorum gespalten; dabei ist der Thenarast des N. medianus bei variablem Verlauf, insbesondere bei

- - - - Schnittführung zum Eröffnen des Karpalkanals und der Sehnenscheiden, rechte Seite, Ansicht von palmar

1 Retinaculum musculorum flexorum (Ligamentum carpi transversum)
2 Vagina communis tendinum musculorum flexorum
3 N. medianus
4 Ramus thenaris des N. medianus
5 Nn. digitales palmares communes
6 Ramus communicans mit dem N. ulnaris
7 Sehnenscheide des Kleinfingers
8 M. flexor pollicis longus
9 M. flexor digitorum superficialis
10 M flexor digitorum profundus
11 M. flexor carpi radialis
12 durch das Ligamentum carpi transversum tretender Thenarast
13 Verdopplung des Thenarastes

◘ **Abb. 5.42** Distaler Abschnitt des Unterarms und Übergang zur Palma manus, Schnittführung zum Eröffnen des Karpalkanals und der Sehnenscheiden, rechte Seite, Ansicht von palmar [41]

Sodann eine stumpfe Pinzette zwischen Retinaculum musculorum flexorum und karpalem Sehnenscheidensack (◘ Abb. 5.42) von proximal nach distal in den Karpalkanal einführen und das Band im mittleren Bereich ulnar vom N. medianus auf der Pinzette durchtrennen (◘ Abb. 5.99/Video 5.20). Die durchtrennten Anteile des Retinaculum musculorum flexorum nach radial und nach ulnar klappen und mit Nadeln fixieren. Am eröffneten Karpalkanal den Verlauf des N. medianus innerhalb des Kanals studieren und den variablen Abgang des *Ramus thenaris* (4) aufsuchen; anschließend N. medianus, den Thenarast sowie die *Nn. digitales palmares communes* (5) und den *Ramus communicans* mit dem N. ulnaris (6)

5

1 Retinaculum musculorum flexorum (Ligamentum carpi transversum)
2 Vagina communis tendinum musculorum flexorum
3 N. medianus
4 Ramus thenaris des N. medianus
5 Nn. digitales palmares communes
6 Ramus communicans mit dem N. ulnaris
7 Sehnenscheide des Kleinfingers
8 M. flexor pollicis longus
9 M. flexor digitorum superficialis
10 M flexor digitorum profundus
11 M. flexor carpi radialis
12 durch das Ligamentum carpi transversum
   tretender Thenarast
13 Verdopplung des Thenarastes

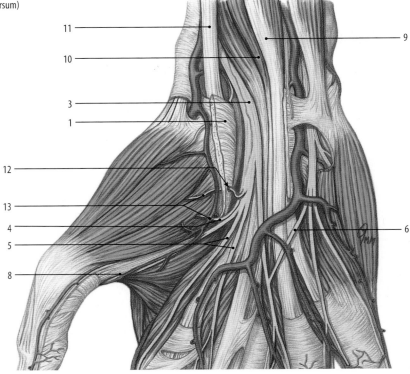

◘ Abb. 5.43   Strukturen des eröffneten Karpalkanals, rechte Seite, Ansicht von palmar [29]

der Ausbildung einer nach ulnar ausgedehnten Schlinge (◘ Abb. 5.44a) **(1)** gefährdet. ◄

⊗ Bei der Mobilisierung der Flexorensehnen im Karpalkanal Nn. digitales palmares communes sowie Arcus palmaris superficialis und Aa. digitales palmares communes nicht verletzen. Zur Vermeidung von Verletzungen müssen die zum Offenhalten des Karpalkanals verwendeten Nadeln nach Beendigung der Präparation entfernt werden.

⊜ **Varia**
Der variable Abgang des Thenarastes hat klinische Bedeutung bei operativen Eingriffen im Bereich des Karpalkanals. In den meisten Fällen zweigt der Ramus thenaris am Ende des Karpalkanals vom N. medianus ab. Der Nervenast kann innerhalb oder oberhalb des Karpalkanals abgehen sowie durch das *Ligamentum carpi transversum* **(12)** zu den Daumenmuskeln gelangen; gelegentlich teilt sich der *Ramus thenaris* in zwei Äste **(13)**. Nicht selten geht er auf der ulnaren Seite des N. medianus ab und zieht in bogenförmigem Verlauf zum Daumenballen (◘ Abb. 5.44a) **(1)**.

Normalerweise liegt der N. medianus bei seiner Passage durch den Karpalkanal ulnar-dorsal auf den Sehnenscheiden des M. flexor digitorum superficialis für den zweiten und dritten Finger; radial von ihm grenzt er an die von einer Sehnenscheide umhüllte

Ansatzsehne des M. flexor pollicis longus. Der N. medianus kann selten in der Tiefe des Karpalkanals verlaufen und vollständig von den Flexorensehnen bedeckt werden.

Präparation der Strukturen des Thenar (◘ Abb. 5.45)   Im Anschluss an die Präparation der Strukturen im Karpalkanal die Muskeln des Daumenballens und ihre Leitungsbahnen darstellen; dazu den *M. abductor pollicis brevis* **(1)** nach radial und das *Caput superficiale* des *M. flexor pollicis brevis* **(2)** nach ulnar verlagern, bis der *M. opponens pollicis* **(3)** und das *Caput profundum* des *M. flexor pollicis brevis* **(4)** sichtbar sind. Sodann den unter dem oberflächlichen Kopf des M. flexor pollicis brevis zum M. opponens ziehenden Muskelast **(5)** des Ramus thenaris und die begleitenden Blutgefäße durch Abtragen der dünnen Faszie freilegen und bis zum M. abductor pollicis brevis verfolgen. Varianten **(6)** bei der Abgabe der Thenaräste beachten (s. o., Präparation des Karpalkanals).

Präparation der Ansatzsehnen der langen Fingerbeuger, ihrer Sehnenscheiden und ihrer Leitungsbahnen (◘ Abb. 5.46, 5.100/**Video 5.21)**   Die bei der Präparation des Karpalkanals freigelegten Ansatzsehnen des *M. flexor digitorum superficialis* **(1)** und des *M. flexor digitorum profundus* **(2)** sowie die Ursprünge der *Mm. lumbricales* **(3)** an den Sehnen der tiefen Fingerflexoren aufsuchen. Die Ansatz-

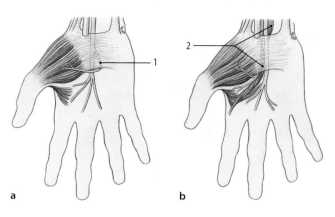

1 bogenförmiger Verlauf des Thenarastes
2 durch den Karpalkanal ziehender M. lumbricalis

□ Abb. 5.44 **a, b** Varianten im Bereich des Karpalkanals, rechte Seite, Ansicht von palmar. (1) bogenförmiger Verlauf des Thenarastes. (2) durch den Karpalkanal ziehender M. lumbricalis [29]

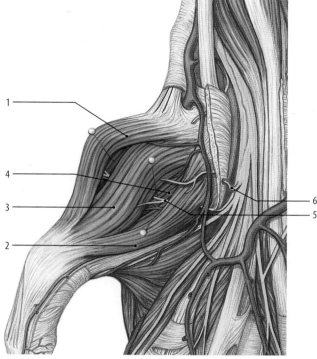

1 M. abductor pollicis brevis
2 Caput superficiale des M. flexor pollicis brevis
3 M. opponens pollicis
4 Caput profundum des M. flexor pollicis brevis
5 Muskelast des Ramus thenaris
6 akzessorischer durch das Ligamentum carpi transversum tretender Thenarast

□ Abb. 5.45 Leitungsbahnen zur Versorgung der Thenarmuskeln, rechte Seite, Ansicht von palmar [21]

sehnen der Fingersehnen bis zum Eintritt in den bindegewebigen Teil der Fingersehnenscheiden (*Vaginae fibrosae digitorum manus*) (4) verfolgen.

Präparation der Leitungsbahnen (□ Abb. 5.46, 5.47) Vor der Präparation der Sehnenscheiden die Leitungsbahnen für die Finger darstellen. Dazu die bereits freigelegten *Nn. digitales palmares communes* (5) des *N. ulnaris* (6) und des *N. medianus* (7) aufsuchen und die aus ihnen hervorgehenden *Nn. digitales palmares proprii* (8) präparieren; im selben Präparationsschritt die aus dem *Arcus palmaris superficialis* (9) oder aus der *A. radialis* (10) abzweigenden *Aa. digitales palmares communes* (11) aufsuchen und die aus ihnen entspringenden *Aa. digitales palmares propriae* (12) mit ihren Begleitvenen darstellen.

○ Topographie

Der N. ulnaris versorgt normalerweise den Kleinfinger und die ulnare Seite des Ringfingers. Der N. medianus innerviert den Daumen, den Zeige- und Mittelfinger sowie die radiale Seite des Ringfingers. Aufgrund des Faseraustausches über den Ramus communicans (variabel: Rami communicantes) cum nervo ulnari überlagern sich die sensiblen Innervationsgebiete zwischen N. medianus und N. ulnaris.

Bevor die Leitungsbahnen bis zu den Fingerkuppen freigelegt werden, noch vorhandene Bandzüge des Ligamentum metacarpale transversum superficiale durchtrennen und die im Bereich der Grundphalanx noch in einem gemeinsamen Bindegewebskanal laufenden Leitungsbahnen beachten; sodann die Leitungsbahnen durch Spalten und Abtragen des Bindegewebes freilegen und die *Aa. digitales palmares propriae* (1) mit ihren Begleitvenen bis

zu den Fingerkuppen verfolgen (□ Abb. 5.47, 5.100/Video 5.21). Die distal der Fingermittelgelenke unabhängig von den Gefäßen laufenden *Nn. digitales proprii* (2) und ihre geflechtartigen Aufzweigungen durch Entfernen des Bindegewebes freilegen; dabei die auf die Dorsalseite der Finger ziehenden Äste (3) bis zu den Fingerendgliedern verfolgen.

▶ Klinik

Eitrige Entzündungen auf der Beugeseite der Finger bezeichnet man als Panaritium. Nach dem Ort der Entzündung unterscheidet man, z. B. Panaritium subcutaneum, Panaritium osseum oder articulare. Vor allem in den Sehnenscheiden kann sich die phlegmonöse Entzündung schnell ausbreiten. Greift die Infektion auf das Nagelbett über, liegt eine Paronychie vor.

Zur Anästhesie der Fingernerven wird nach der von Oberst angegebenen Methode (Oberstsche Leitungsanästhesie) das Anästhetikum auf der ulnaren und radialen Seite des Fingers in Höhe der Basis der Grundphalanx injiziert. ◀

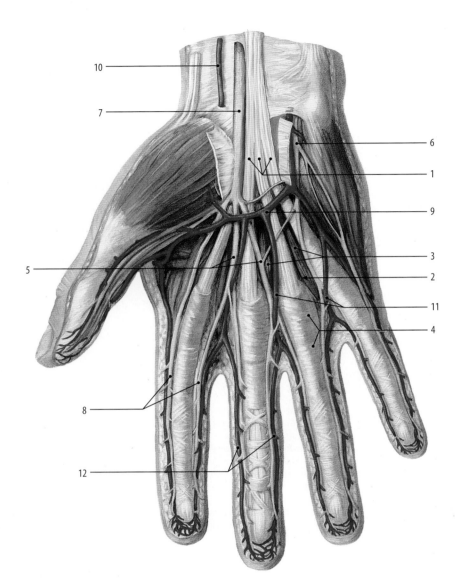

1 M. flexor digitorum superficialis
2 M. flexor digitorum profundus
3 Mm. lumbricales
4 Vaginae fibrosae digitorum manus
5 Nn. digitales palmares communes
6 N. ulnaris
7 N. medianus
8 Nn. digitales palmares proprii
9 Arcus palmaris superficialis
10 A. radialis
11 Aa. digitales palmares communes
12 Aa. digitales palmares propriae

Abb. 5.46   Leitungsbahnen der Finger, rechte Seite, Ansicht von palmar [41]

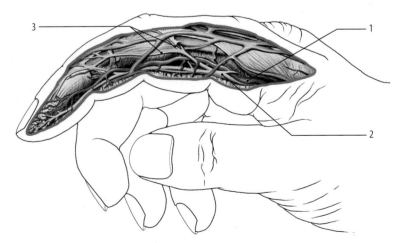

1 A. digitalis palmaris propria
2 N. digitalis palmaris proprius
3 auf die Dorsalseite ziehende Äste

Abb. 5.47   Leitungsbahnen des Zeigefingers, rechte Seite, Ansicht von radial-lateral [41]

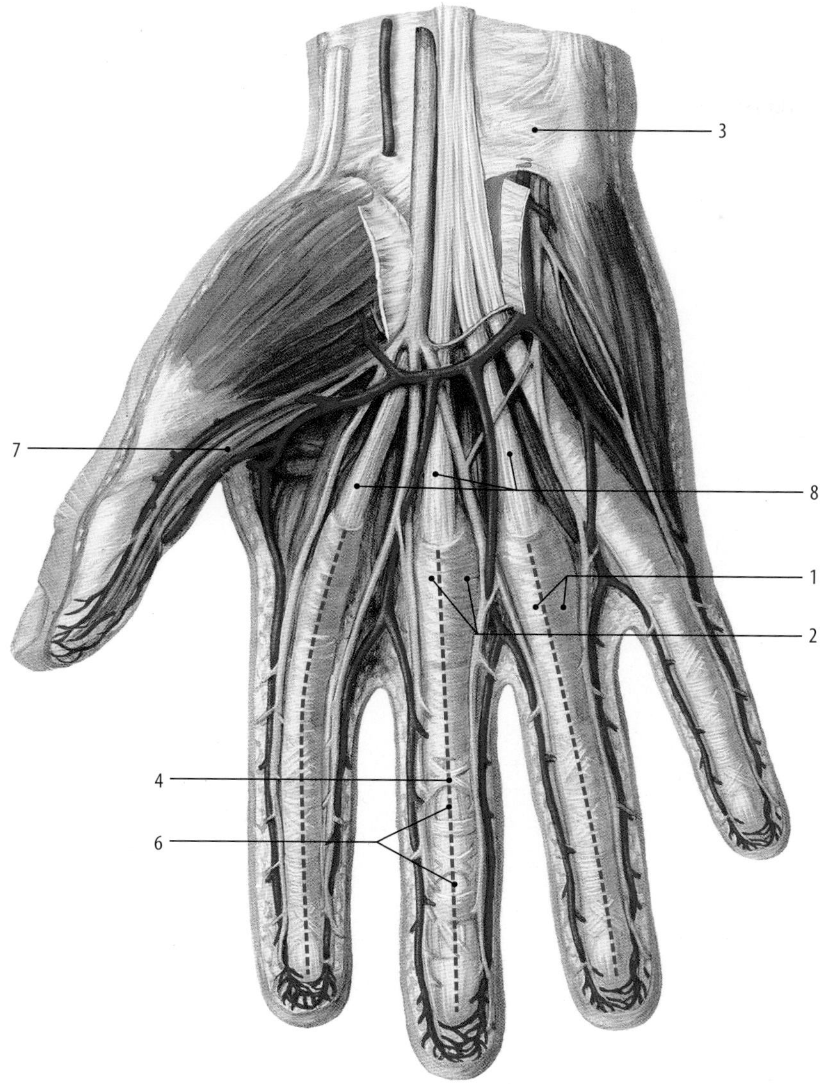

1 Vagina fibrosa digitorum manus
2 Pars anularis vaginae fibrosae
3 Ligamentum carpi palmare
4 Pars cruciformis vaginae fibrosae
5 Y-förmiges Band
6 Vagina synovialis digitorum manus
7 M. flexor pollicis longus
8 M. flexor digitorum superficialis
9 M. flexor digitorum profundus
10 Insertion des M. flexor digitorum superficialis
11 Chiasma tendinum
12 Insertion des M. flexor digitorum profundus
13 Mesotendineum
14 Vinculum breve
15 Vinculum longum
16 Blutgefäße im Vinculum tendinum

- - - - Schnittführung zur Eröfnung der Sehnenscheiden, rechte Seite, Ansicht von palmar

◘ Abb. 5.48 Sehnenscheiden der Finger, Schnittführung zur Eröffnung der Sehnenscheiden, rechte Seite, Ansicht von palmar [41]

Präparation der Fingersehnenscheiden und der Ansatzsehnen der langen Fingerbeuger (◘ Abb. 5.48, 5.49) Im Anschluss an die Präparation der Leitungsbahnen der Finger den fibrösen Teil der Fingersehnenscheiden (*Vaginae fibrosae digitorum manus*) **(1)** darstellen. Zunächst die im Bereich der Grundphalangen besonders kräftig ausgebildeten ringförmigen Verstärkungsbänder (*Pars anularis vaginae fibrosae*) **(2)** – im klinischen Sprachgebrauch: Ligamenta vaginalia – mit der Messerspitze herausarbeiten und dabei ihrer Befestigung am Knochen der Phalangen sowie im Gelenkbereich an den Faserknorpelplatten (*Ligamenta palmaria*) **(3)** nachgehen. Außerdem die inkonstanten, meistens kreuzförmigen Verstärkungszüge (*Pars cruciformis vaginae fibrosae*) **(4)** freilegen und deren Variabilität **(5)** beachten (◘ Abb. 5.101/Video 5.22). Im Bereich der Lücken zwischen den Ringbändern und den kreuzförmigen Verstärkungszügen die freiliegende *Vagina synovialis digitorum manus* **(6)** studieren (◘ Abb. 5.48).

> Bei der Präparation des fibrösen Teils der Sehnenscheiden die in den Lücken zwischen den Verstärkungszügen frei liegende Vagina synovialis nicht verletzen.

Die unterschiedlichen, variablen Verstärkungsstrukturen der Sehnenscheidenhülle zunächst studieren; danach am Daumen, am Zeige- und Mittelfinger sowie im Bedarfsfall am Ringfinger die Sehnenscheiden durch einen in der Mitte geführten Längsschnitt eröffnen. Sodann die Ansatzsehnen des *M. flexor pollicis longus* **(7)** sowie des *M. flexor digitorum superficialis* **(8)** und des *M. flexor digitorum profundus* **(9)** mit einer stumpfen Pinzette greifen und vorsichtig aus der Sehnenscheide nach palmar

5

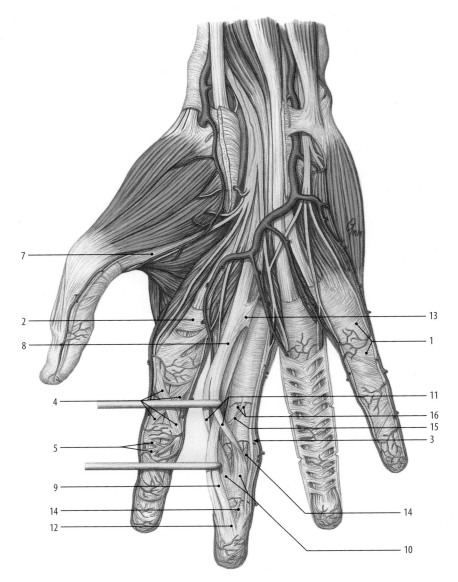

1	Vagina fibrosa digitorum manus
2	Pars anularis vaginae fibrosae
3	Ligamentum carpi palmare
4	Pars cruciformis vaginae fibrosae
5	Y-förmiges Band
6	Vagina synovialis digitorum manus
7	M. flexor pollicis longus
8	M. flexor digitorum superficialis
9	M. flexor digitorum profundus
10	Insertion des M. flexor digitorum superficialis
11	Chiasma tendinum
12	Insertion des M. flexor digitorum profundus
13	Mesotendineum
14	Vinculum breve
15	Vinculum longum
16	Blutgefäße im Vinculum tendinum

■ **Abb. 5.49**   Rechte Hand, eröffnete Fingersehnenscheiden, Ansicht von palmar [29]

verlagern. An den Flexorensehnen des Zeige- und des Mittelfingers die Aufspaltung der Sehne des M. flexor digitorum superficialis (M. perforatus) und die Insertion der beiden Sehnenanteile an der *Phalanx media* (**10**) aufsuchen (■ Abb. 5.49). Anschließend die durch die aufgespaltene oberflächliche Flexorensehne (*Chiasma tendinum*) (**11**) tretende Sehne des M. flexor digitorum profundus (M. perforans) bis zum Ansatz an der Endphalanx (**12**) verfolgen.

> Bei der Mobilisierung der Flexorensehnen nach der Eröffnung der Sehnenscheiden die Vincula tendinum nicht zerreißen.

Sodann die Innenauskleidung der Sehnenscheiden durch das äußere Blatt der Vagina synovalis sowie die

Bedeckung der Sehnen durch das innere Blatt der Synovialmembran studieren; dabei das gekröseartige *Mesotendineum* (**13**) zwischen äußerem und innerem Blatt der Vagina synovialis in Form der normalerweise an drei Stellen ausgebildeten *Vincula tendinum* (**14, 15**) aufsuchen.

🔄 **Topographie**

Am proximalen Ende der Sehnenscheide verbindet ein Vinculum breve die tiefe Flexorensehne mit der Sehnenscheide. Ein zweites breites *Vinculum breve* (**14**) findet man im Bereich des Fingermittelgelenks zwischen oberflächlicher Flexorensehne und Sehnenscheide; von ihm zieht ein Teil als *Vinculum longum* (**15**) zur Sehne des M. flexor digitorum profundus. Am distalen Ende der Sehnenscheide wird

1 Ansatzsehnen des Ring - und Kleinfingers
2 Ansatzsehnen des Zeige - und Mittelfingers
3 Ansatzsehne des M. flexor pollicis longus
4 M. adductor pollicis
5 M. interosseus palmaris
6 Ramus profundus des N. ulnaris
7 Ramus palmaris profundus der A. ulnaris
8 M. opponens digiti minimi
9 Hamulus des Os hamatum
10 Caput obliquum des M. adductor pollicis
11 Caput transversum des M. adductor pollicis

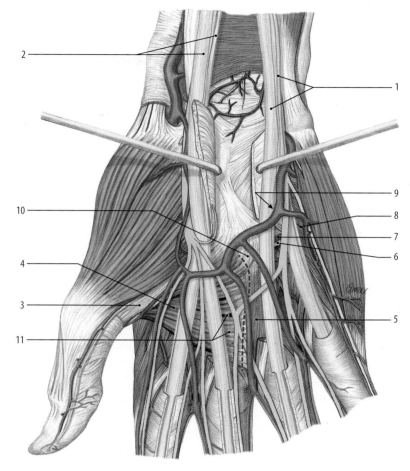

- - - - Schnittführung zum Ablösen des M. adductor pollicis,
rechte Seite

Abb. 5.50 Leitungsbahnen der Hohlhand, Schnittführung zum Ablösen des M. adductor pollicis, rechte Seite [36]

die tiefe Flexorensehne über ein Vinculum breve mit dem Boden der Sehnenscheide verbunden. Über die Vincula tendinum gelangen Blutgefäße (16) und Nerven zu den Sehnen.

▶ **Klinik**

Durch eine Verdickung an den Flexorensehnen kann es innerhalb des osteofibrösen Sehnenscheidenkanals bevorzugt am proximalen ersten Ringband zum Engpass mit dem klinischen Bild eines sog. schnellenden Fingers (Tendovaginitis stenosans) kommen. ◀

Präparation der Strukturen der tiefen Hohlhand (Abb. 5.50, 5.51) Zur Vorbereitung der Präparation der Strukturen der tiefen Hohlhandregion die Ansatzsehnen der Flexorensehnen mobilisieren; dazu vom Karpalkanal ausgehend die Sehnen bis zum proximalen Ende der Sehnenscheiden mit dem Finger stumpf unterminieren.

🛑 Bei der Mobilisierung der Flexorensehnen die Leitungsbahnen der Hand und die Vincula tendinum in den eröffneten Sehnenscheiden der Finger nicht verletzen.

Zur **Freilegung des M. adductor pollicis und der Mm. interossei palmares** die Sehnen des Ring- und Kleinfingers (1) nach ulnar und die Sehnen des Mittel- und Zeigefingers (2) sowie des langen Daumenbeugers (3) nach radial verlagern; zur weiteren Präparation die Sehnen in dieser Position halten lassen (Abb. 5.50).

Zunächst die Faszie auf dem *M. adductor pollicis* (4) und auf den *Mm. interossei palmares* (5) abtragen. Sodann den bereits präparierten *Ramus profundus* des *N. ulnaris* (6) sowie den *Ramus palmaris profundus* der *A. ulnaris* (7) am Hypothenar aufsuchen und ihren Eintritt in die Hohlhand unter dem Ursprungsbereich des *M. opponens digiti minimi* (8) präparieren; dazu den *Hamulus* des *Os hamatum* (9) ertasten und den an ihm entspringenden M. opponens digiti minimi nach ulnar verlagern. Nach Auffinden der unter dem M. opponens digiti minimi austretenden Leitungsbahnen das sie umgebende Bindegewebe entfernen; sodann den Nerven- und Arienast bis zum Verschwinden unter dem M. adductor pollicis verfolgen (Abb. 5.102/Video 5.23, Abb. 5.97/Video 5.18).

Zur vollständigen **Darstellung des Arcus palmaris profundus und des Ramus profundus des N. ulnaris** die

5

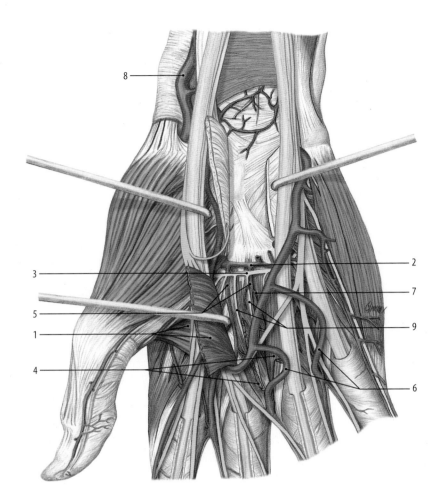

1 M. adductor pollicis
2 Arcus palmaris profundus
3 Ramus profundus des N. ulnaris
4 Mm. interossei
5 Aa. metacarpales palmares
6 Aa. digitales palmares communes
7 Rami perforantes
8 A. radialis
9 Muskeläste für die Mm. interossei

Abb. 5.51   Leitungsbahnen der tiefen Hohlhand, rechte Seite [36]

Ursprünge des *Caput obliquum* **(10)** und des *Caput transversum* **(11)** des M. adductor pollicis an den Ossa metacarpi II und III durchtrennen; anschließend die Muskelköpfe ablösen und so weit wie möglich zum Ansatz klappen (□ Abb. 5.51).

⚠ Beim Ablösen des M. adductor pollicis die Aa. metacarpales palmares und die Muskeläste für die Mm. interossei nicht verletzen.

Nach Ablösen des *M. adductor pollicis* (□ Abb. 5.51) **(1)** den *Arcus palmaris profundus* **(2)** sowie den *Ramus profundus* des *N. ulnaris* **(3)** durch Entfernen des umgebenden Bindegewebes vollständig darstellen. Restliche Faszien auf den *Mm. interossei* **(4)** abtragen. Sodann die aus dem tiefen Hohlhandbogen abzweigenden *Aa. metacarpales palmares* **(5)** bis zu ihrer Verbindung mit den *Aa. digitales palmares communes* **(6)** oder mit den Aa. digitales palmares propriae distalwärts verfolgen; außerdem die in den Zwischenknochenräumen abgehenden *Rami perforantes* **(7)** aufsuchen.

Zum Verständnis des Verlaufs der *A. radialis* **(8)** von der Dorsalseite zur Palmarseite der Hand die Arterie nochmals am Handrücken zwischen den Köpfen des M. interosseus dorsalis I aufsuchen (s. Präparation der Fossa radialis – Tabatière anatomique, ► Abschn. 5.11, □ Abb. 5.27b) und dem Weg zur Palmarseite mittels einer Sonde nachgehen. Anschließend die vollständige Schließung des tiefen Hohlhandbogens zwischen A. ulnaris und A. radialis studieren. Abschließend die variabel aus der A. radialis entspringende A. princeps pollicis unter den Thenarmuskeln aufsuchen.

Die aus den Ramus profundus des N. ulnaris bei seinem Verlauf in Begleitung des tiefen Hohlhandbogens abzweigenden Muskeläste **(9)** bis zu den Mm. interossei nach distal verfolgen sowie seine Endaufzweigung in die Muskeläste für den M. adductor pollicis und für das Caput profundum des M. flexor pollicis brevis darstellen.

⟳ Varianten

Die Anzahl der aus dem Arcus palmaris profundus abgehenden Aa. metacarpales palmares schwankt zwischen drei und vier. Daumen und Zeigefinger können in ca. 20 % der Fälle über Aa. digitales propriae versorgt werden, die aus dem tiefen Hohlhandbogen entspringen. Die Stärke der Verbindungen zwischen oberflächlichem und tiefem Hohlhandbogen unterliegt großen Schwankungen.

Bei fehlendem oder sehr schwach entwickeltem Rete carpale dorsale wird der Handrücken vollständig oder überwiegend von kräftigen Rami perforantes aus den Aa. metacarpales palmares versorgt. Der Abgang der A. princeps pollicis aus der A. radialis kann im Bereich der Passage der A. radialis zwischen den Köpfen des M. interosseus dorsalis I liegen.

▶ Klinik

Bei isolierter Schädigung des Ramus profundus des N. ulnaris, z. B. als Folge berufsbedingten Druckes durch Instrumente im Bereich der Hohlhand kommt es zur Lähmung der Mm. interossei, der Mm. lumbricales III und IV sowie des M. adductor pollicis und des Caput profundum des M. flexor pollicis brevis. Der Ausfall der Mm. interossei führt zu einer starken Einschränkung der Flexion in den Fingergrundgelenken und bei der Streckung in den Interphalangealgelenken. Spreizen der Finger ist aufgrund des Ausfalls der Mm. interossei dorsales nicht möglich (diagnostischer Test). Durch Funktionsausfall des M. adductor pollicis wird das Festhalten eines flachen Gegenstandes zwischen Daumen und Zeigefinger durch den Einsatz des M. flexor pollicis longus bewerkstelligt (Fromentsches Zeichen). Bei länger bestehender Atrophie der Mm. interossei sinken die Zwischenknochenräume ein, was im Spatium interosseum I besonders deutlich sichtbar ist. ◀

5.14 Präparation der Schultergürtelgelenke und des subakromialen Nebengelenks

Die Präparation der Gelenke an der oberen Extremität sollte aus präparationstechnischen Gründen am abgesetzten Arm erfolgen (Absetzen des Armes, ▶ Abschn. 5.1). Die Darstellung der einzelnen Gelenke kann am gesamten Arm im Zusammenhang erfolgen.

Alternative: Aus präparationstechnischen Gründen empfiehlt es sich, die Gelenke der Schulter-, Ellenbogen- und Handregionen an isolierten Präparaten durchzuführen. Dazu den Oberarm und den Unterarm jeweils im mittleren Abschnitt vollständig durchtrennen (Institutspersonal).

Präparation der Schultergürtelgelenke und des subakromialen Nebengelenks Die Präparation der **Articulatio sternoclavicularis** wird bei der Exartikulation der Clavicula beschrieben (▶ Kap. 3, ventrale Rumpfwand, ◼ Abb. 3.22b, 3.23, 3.49/Video 3.11).

Zur Vorbereitung der Präparation des Akromioklavikulargelenks und des subakromialen Nebengelenks

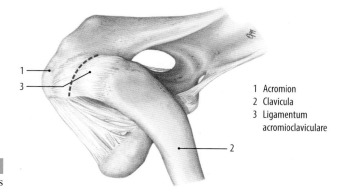

1 Acromion
2 Clavicula
3 Ligamentum acromioclaviculare

- - - - Schnittführung zur Eröffnung des Akromioklavikulargelenks, rechte Seite, Ansicht von oben

◼ **Abb. 5.52** Akromioklavikulargelenk, rechte Seite, Schnittführung zur Eröffnung des Akromioklavikulargelenks, rechte Seite, Ansicht von oben [29]

sämtliche Leitungsbahnen entfernen; vor dem Abtragen der Leitungsbahnen diese nochmals studieren. Anschließend die Schultergürtelmuskeln an Clavicula und Scapula dicht am Knochen ablösen. Danach die Ursprungssehnen des Caput breve des M. biceps brachii und der Mm. coracobrachialis und pectoralis minor am Processus coracoideus scapulae sowie die Ansatzsehnen der Mm. pectoralis major, latissimus dorsi und teres major am Humerus auf ca. 1 cm einkürzen. Caput longum des M. triceps brachii ca. 2 cm distal seines Ansatzes am Tuberculum infraglenoidale ablösen. Sämtliche Schleimbeutel im Ursprungs- und Ansatzbereich der Sehnen eröffnen und studieren.

Präparation des Akromioklavikulargelenks (◼ Abb. 5.52, 5.103/ Video 5.24) Die Lage der *Articulatio acromioclavicularis* durch Palpation zwischen *Acromion* (**1**) und *Clavicula* (**2**) lokalisieren und das die Gelenkkapsel verstärkende *Ligamentum acromioclaviculare* (**3**) mit der Messerspitze darstellen. Vor der Eröffnung der Gelenkhöhle des „Schultereckgelenks" den Gelenkspalt durch Drehen der Clavicula ertasten. Sodann die Gelenkhöhle von kranial eröffnen; dazu das Ligamentum acromioclaviculare mit der Gelenkkapsel über dem Gelenkspalt durchtrennen. Anschließend das akromiale Ende des Schlüsselbeins aus der Gelenkhöhle luxieren und die Gelenkflächen sowie die von der Gelenkkapsel in die Gelenkhöhle ragenden meniskoiden Falten oder – variabel – einen vollständigen Discus articularis inspizieren. Bei der Bewegung der exartikulierten Clavicula die feste Bandverbindung zwischen Schlüsselbein und Processus coracoideus der Scapula in Form des Ligamentum coracoclaviculare (s. u.) beachten.

Anschließend das funktionell zum Akromioklavikulargelenk gehörende *Ligamentum coracoclaviculare* (**1**) (◼ Abb. 5.53) mit seinen beiden Anteilen, *Ligamentum*

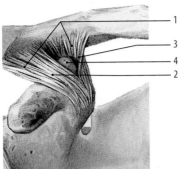

1 Ligamentum coracoclaviculare
2 Ligamentum trapezoideum
3 Ligamentum conoideum
4 Bursa ligamenti coracoclavicularis

Abb. 5.53 Schultergürtelbänder, Ligamentum coracoclaviculare, rechte Seite, Ansicht von vorn [31]

trapezoideum (2) und *Ligamentum conoideum* (3) präparieren und dabei den zwischen den beiden Bändern liegenden Schleimbeutel, *Bursa ligamenti coracoclavicularis* (4) freilegen.

Alternative: Die Präparation des Akromioklavikulargelenks kann auch nach der Darstellung der Bursa subdeltoidea und der Ablösung des M. deltoideus erfolgen.

Präparation des subakromialen Nebengelenks

Topographie

Zu den Strukturen des subakromialen Nebengelenks (subakromiales Gleitlager) zählen als „artikulierende Anteile" im proximalen Bereich Acromion und Processus coracoideus mit dem sie verbindenden Ligamentum coracoacromiale. Sie bilden das Schulterdach (Fornix humeri), zu dem im erweiterten Sinn auch das Schultereckgelenk gezählt wird. Distale Gelenkanteile sind die gesamte Ansatzsehne des M. supraspinatus sowie der kraniale Teil der Ansatzsehne des M. infraspinatus; beide haben Kontakt mit den Strukturen des Schulterdaches. „Gelenkhöhle und Gelenkkapsel" des Gelenks werden von der im Spatium subacromiale liegenden Bursa subacromialis sowie von der meistens mit ihr kommunizierenden Bursa subdeltoidea gebildet.

Vor der Präparation der **Strukturen des Schulterdaches** (Fornix humeri) zunächst dessen knöcherne Anteile, Acromion und Processus coracoideus der Scapula aufsuchen; danach das die die beiden Knochen verbindende Ligamentum coracoacromiale zunächst ertasten (Abb. 5.104/Video 5.25).

Die Präparation der Strukturen des subakromialen Nebengelenks beginnt mit der Freilegung der *Bursa subdeltoidea* (1) des *M. deltoideus* (2). Zunächst die bereits bei der Präparation der Achsellücken abgetrennte Pars spinalis des Muskels wieder aufsuchen (Abb. 5.54). Sodann den Ansatz des Muskels unmittelbar am Knochen des Humerus abtrennen und den Muskel nach kranial

klappen. Zur Freilegung der Bursa subdeltoidea das Präparat in Adduktionsstellung bringen und die Ansatzsehne so straff halten, dass sich die Schleimbeutelwand (3) leicht anhebt. Danach die Schleimbeutelwand bei flach geführtem Messer von der Faszie auf der Unterseite des M. deltoideus lösen. Bei der Präparation die Ausdehnung des Schleimbeutels mit Hilfe leichter Bewegungen im Schultergelenk kontinuierlich kontrollieren. M. deltoideus bis zu seinen Ursprüngen an Acromion und Clavicula ablösen und anschließend die kurzen Ursprungssehnen dicht am Knochen durchtrennen. Die Ausdehnung der Bursa subdeltoidea zunächst bis zum Schulterdach inspizieren.

Sodann die Bursa subdeltoidea im unteren Bereich durch Stichinzision eröffnen und ihre Ausdehnung mit einer Sonde austasten; dabei die häufig vorhandene Verbindung mit der Bursa subacromialis aufsuchen und im gegebenen Falle eine gebogene Sonde bis in den subakromialen Raum führen.

Alternative: Zur Erhaltung des M. deltoideus den Muskel ausschließlich an seinen Ursprüngen ablösen und die Bursa subdeltoidea in gleicher Präparationsweise von proximal nach distal unter Erhaltung des Muskelansatzes freilegen.

> Bursa subdeltoidea beim Ablösen des M. deltoideus nicht vorzeitig eröffnen.

Nach Ablösen des M. deltoideus das nun freiliegende *Caput longum* des *M. biceps brachii* (1) im Bereich des Muskel-Sehnenübergangs durchtrennen und den Austrittsbereich der Sehne aus dem Schultergelenk (2) sowie die Sehnenscheide (3) am Ende des Sulcus intertubercularis aufsuchen (Abb. 5.55). Anschließend die *Vagina synovialis intertubercularis* freilegen und ihre Ausdehnung nach distal studieren. Danach die Sehnenscheide durch eine kleine Stichinzision eröffnen und ihre Verbindung mit der Gelenkhöhle des Schultergelenks durch Einführen einer Sonde demonstrieren (Abb. 5.106/Video 5.27).

Anschließend die vordere (laterale) (4) sowie die hintere (mediale) (5) Begrenzung des *Ligamentum coracoacromiale* palpieren; zur besseren Übersicht die exartikulierte Clavicula nach dorsal drehen. Sodann zunächst nur den vorderen Rand des Ligamentum coracoacromiale scharf von der Fascia subdeltoidea und von der Wand der Bursa subacromialis trennen (Abb. 5.55). Dabei im Bereich des Processus coracoideus den Übergang des vorderen Teils des Bandes in die Ursprungssehne des *Caput breve* des *M. biceps brachii* (6) beachten. Die bei der Begrenzung des Bandes eröffnete Bursa subacromialis vom vorderen Rand aus bis in die Fossa supraspinata mit einer Sonde austasten.

Nach eingehendem Studium der Schleimbeutel zunächst die Bursa subdeltoidea im unteren Bereich durchtrennen und den oberen Teil der Schleimbeutelwand gemeinsam mit der Bursa subacromialis bis zum

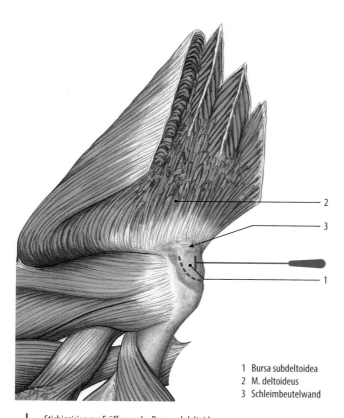

2
3
1

1 Bursa subdeltoidea
2 M. deltoideus
3 Schleimbeutelwand

| Stichinzision zur Eröffnung der Bursa subdeltoidea

---- Schnittführung zur Eröffnung der Bursa subdeltoidea, rechte Seite, Ansicht von hinten-seitlich

◻ Abb. 5.54   Freigelegte Bursa subdeltoidea, Stichinzision zur Eröffnung der Bursa subdeltoidea, Schnittführung zur Eröffnung der Bursa subdeltoidea, rechte Seite, Ansicht von hinten-seitlich [29]

Ligamentum coracoacromiale abtragen. Den in die Fossa supraspinata hineinragenden Teil der Bursa subacromialis von der Ansatzsehne des *M. supraspinatus* (7) lösen und entfernen. Anschließend die Ansatzsehne des M. supraspinatus vom Muskel-Sehnenübergang bis zu ihrem Ansatz am Tuberculum majus freilegen.

☏ Varia

Das Ligamentum coracoacromiale ist bei muskelschwachen älteren Menschen häufig zweigeteilt und besteht aus einem kräftigeren vorderen und aus einem schwächeren hinteren Teil. In etwa einem Drittel der Fälle inseriert der vordere Teil der Supraspinatussehne auch am Tuberculum minus sowie an der Schultergelenkkapsel im Bereich des Sulcus intertubercularis.

Sodann den engen Raum zwischen Ligamentum coracoacromiale und der Ansatzsehne des M. supraspinatus inspizieren und mit einer Sonde untersuchen; dabei die unterschiedliche Weite des subakromialen Raumes bei Innenrotation (enger) und bei Außenrotation (weiter)

beachten. Abschließend das Gleiten der Supraspinatussehne unter dem Schulterdach sowie die Verlagerung des Ansatzbereiches der Supraspinatussehne unter das Ligamentum coracoacromiale und das Acromion durch Abduktion des Humerus am Präparat simulieren (Grundlage für die klinische Beobachtung des schmerzhaften Bogens: Schmerzen im Bereich der Schulter bei Abduktion zwischen ca. 60° und 120°).

Danach das Ligamentum coracoaromiale im mittleren Bereich durchtrennen und anschließend den gesamten Verlauf der Ansatzsehne des M. supraspinatus aus der Fossa supraspinata durch den Engpass des subakromialen Raumes bis zum Ansatz am Tuberculum majus und variabel am Tuberculum minus verfolgen.

Es empfiehlt sich, die Strukturen des subakromialen Nebengelenks und des Schultergelenks an Frontalschnitten durch den Schulterbereich zu studieren.

▶ Klinik

Der osteofibröse Raum zwischen den Strukturen des Schulterdaches und dem Humeruskopf kann zum Engpass für die Supraspinatussehne und für den oberen Bereich der Infraspinatussehne werden. Häufige Ursache für ein Supraspinatusengpasssyndrom sind entzündliche Veränderungen in der Sehne. Zu äußerst schmerzhaften Kalkablagerungen kommt es im oberen dem Schulterdach zugewandten Teil der Sehne (Tendinosis calcarea). Bei der Osteoarthrose im Schultereckgelenk können Osteophyten an der Unterseite von Acromion und Clavicula zur Einengung des subakromialen Raumes und zur mechanischen Schädigung der Supraspinatussehne führen. Die operative Spaltung des Ligamentum coracoacromiale führt zur Entlastung im subakromialen Raum beim Supraspinatusengpasssyndrom.

Eine Ruptur der Supraspinatussehne kann isoliert oder in Kombination mit den übrigen Muskeln der Rotatorenmanschette auftreten. Schwäche oder Ausfall des M. supraspinatus führen zur Dysbalance im Schultergelenk; es kommt zum Hochstand des Humeruskopfes. Dabei tritt der Humeruskopf unter das Schulterdach (Acromion), und es entsteht eine Osteoarthrose im subakromialen Nebengelenk. ◄

5.15 Präparation des Schultergelenks und der Rotatorenmanschette

Die Präparation der Gelenkkapsel des Schultergelenks und der Ansatzsehnen der Muskeln der Rotatorenmanschette erfolgt aufgrund ihrer engen anatomischen Beziehung gemeinsam (◻ Abb. 5.55, 5.105/Video 5.26).

Die bei der Darstellung der Strukturen des subakromialen Nebengelenks freigelegte Ansatzsehne des *M. supraspinatus* (7) aufsuchen. Sodann das von der Basis des Processus coracoideus in die Gelenkkapsel einstrahlende *Ligamentum coracohumerale* (8) darstellen.

5

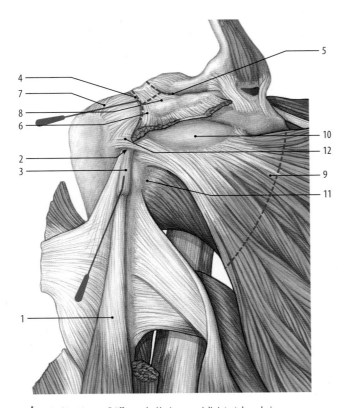

| Stichinzision zur Eröffnung der Vagina synovialis intertubercularis

- - - - Schnittführungen zur Begrenzung und zur Durchtrennung des Ligamentum coracoacromiale und des M. subscapularis, rechte Seite, Ansicht von vorn

1   Caput longum des M. biceps brachii
2   Austritt der Bizepssehne
3   Vagina synovialis intertubercularis
4   vordere Begrenzung des Ligamentum coracoacromiale
5   hintere Begrenzung des Ligamentum coracoacromiale
6   Übergang des Ligamentum coracoacromiale in die kurze Bizepssehne
7   Ansatzsehne des M. supraspinatus
8   Ligamentum coracohumerale
9   M. subscapularis
10 Bursa subtendinea musculi subscapularis
11 Insertion am Tuberculum majus
12 Insertion am Tuberculum minus

◻ Abb. 5.55   Strukturen des subakromialen Nebengelenks, Stichinzision zur Eröffnung der Vagina synovialis intertubercularis, Schnittführungen zur Durchtrennung des Ligamentum coracoacromiale und des M. subscapularis, rechte Seite, Ansicht von vorn [29]

Zur **Präparation des Ansatzbereiches des** *M. subscapularis* **(9)** zunächst die auf dem Oberrand des Muskels liegende *Bursa subtendinea musculi subscapularis* **(10)** durch vorsichtiges Anheben der Schleimbeutelwand mit einer stumpfen Pinzette lokalisieren und ihrer Ausdehnung bis zur Basis des Processus coracoideus nachgehen.

> ❶ Bei der Präparation der Ansatzsehne des M. subscapularis die Bursa subtendinea musculi subscapularis nicht verletzen. Die Gelenkkapsel beim Ablösen der Ansatzsehne des M. subscapularis schonen.

Zunächst den M. subscapularis medial von der Basis des Processus coracoideus durchtrennen (◻ Abb. 5.55) und den medialen Teil des Muskels vollständig bis zum Ursprung entfernen; dabei den fehlenden Ursprung des Muskels am Knochen des Skapulahalses beachten. Sodann die Ansatzsehne mit flach geführtem Messer scharf von der Gelenkkapsel lösen; dazu den Humerus in Außenrotationsstellung halten lassen und die Ansatzsehne straff anspannen. Dem Hauptanteil der Ansatzsehne bis zum *Tuberculum minus* **(11)** nachgehen und den schwächeren Teil der Sehne bis zum *Tuberculum majus* **(12)** verfolgen; dabei die Überbrückung der langen Bizepssehne **(2)** durch die Subskapularissehne im Sulcus intertubercularis beachten.

Präparation der glenohumeralen Bänder (◻ Abb. 5.56, 5.57, 5.106/Video 5.27)   Nach Ablösen der Ansatzsehne des M. subscapularis in der freigelegten Gelenkkapsel die Kapsel verstärkenden Glenohumeralbänder aufsuchen.

Die Präparation der Glenohumeralbänder von außen ist bei muskelschwachen älteren Menschen schwierig oder nicht möglich. Die Bänder sind bei der arthroskopischen Untersuchung deutlich sichtbarer.

Palpatorisch lassen sich die Glenohumeralbänder durch wechselndes Anspannen und Entspannen der Gelenkkapsel bei Abduktion und Adduktion identifizieren. Im mittleren Bereich der Gelenkkapsel das *Ligamentum glenohumerale medium* **(1)** palpieren und anschließend vorsichtig mit der Messerspitze herausarbeiten. Distal vom Unterrand der Subskapularissehne das *Ligamentum glenohumerale inferius* aufsuchen, das mit seinem vorderen Anteil (sog. anteroinferiores Band) **(2)** und mit seinem hinteren Anteil (sog. posteroinferiores Band) **(3)** den *Recessus axillaris* **(4)** V-förmig begrenzt. Die obere Kapselverstärkung, *Ligamentum glenohumerale superius* **(5)** neben dem *Ligamentum coracohumerale* **(6)** aufsuchen.

Zum Abschluss der Präparation von ventral den nicht von Sehnen verstärkten Teil der Gelenkkapsel zwischen den Ansatzsehnen der Mm. supraspinatus und subscapularis, das sog. Rotatorintervall **(7)** lokalisieren, das vom Ligamentum coracohumerale überbrückt wird.

Bei der **Präparation von dorsal (◻** Abb. 5.57, 5.107/ Video 5.28) den Ansatzbereich des M. infraspinatus und des M. teres minor in Höhe der Basis des Acromion durch vertikalen Schnitt durchtrennen. Den Ursprungsteil der Muskeln an der Scapula vollständig entfernen. Zum Ablösen der Ansatzsehnen von der Gelenkkapsel das Präparat in Innenrotationsstellung halten lassen. Sodann die Sehnen bei flach geführtem Messer unter stetiger Anspannung bis zu ihrem Ansatz am Tuberculum majus von der Gelenkkapsel trennen.

Nach vollständiger Freilegung der Gelenkkapsel deren Ausdehnung studieren.

Vor dem **Eröffnen der Gelenkhöhle** das *Labrum glenoidale* **(8)** auf der Rückseite des Gelenks ertasten. Sodann die Gelenkkapsel ca. 2 cm vom freien Rand des Labrum

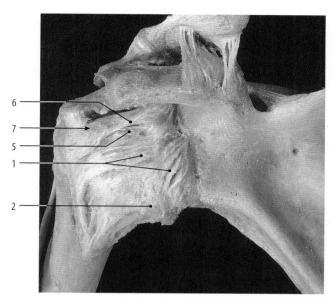

1 Ligamentum glenohumerale medium
2 anteroinferiores Band des Ligamentum glenohumerale inferius
3 posteroinferiores Band des Ligamentum glenohumerale inferius
4 Recessus axillaris
5 Ligamentum glenohumerale superius
6 Ligamentum coracohumerale
7 Rotatorintervall
8 Labrum glenoidale

◘ **Abb. 5.56** Kapsel-Band-Apparat eines rechten Schultergelenks, Ansicht von vorn [17]

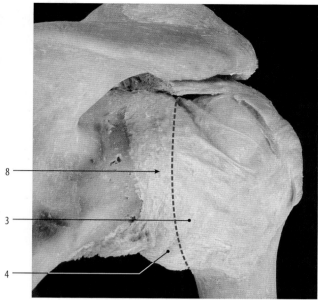

- - - - Schnittführung zur Durchtrennung der Gekenkkapsel
für die Eröffnung der Gelenkhöhle

1 Ligamentum glenohumerale medium
2 anteroinferiores Band des Ligamentum glenohumerale inferius
3 posteroinferiores Band des Ligamentum glenohumerale inferius
4 Recessus axillaris
5 Ligamentum glenohumerale superius
6 Ligamentum coracohumerale
7 Rotatorintervall
8 Labrum glenoidale

◘ **Abb. 5.57** Kapsel-Band-Apparat eines rechten Schultergelenks, Ansicht von hinten, Schnittführung zur Durchtrennung der Gelenkkapsel für die Eröffnung der Gelenkhöhle [17]

glenoidale durch zirkulären Schnitt ausgehend von der Supraspinatussehne über den Recessus axillaris bis zum Unterrand des Ligamentum glenohumerale medium durchtrennen. Anschließend das Caput humeri so weit aus der Cavitas glenoidalis luxieren, bis die artikulierenden Strukturen frei liegen (◘ Abb. 5.108/Video 5.29).

Sodann die **Binnenstrukturen des Schultergelenks** (◘ Abb. 5.58a,b; ◘ Abb. 5.109/Video 5.30) studieren: Zuerst die Gelenkflächen von *Caput humeri* (**1**) und *Cavitas glenoidalis* (**2**) sowie das *Labrum glenoidale* (**3**) inspizieren. Sodann die unterschiedliche Höhe des Labrum glenoidale im hinteren und im vorderen Bereich sowie den Ursprung des *Caput longum* des *M. biceps brachii* (**4**) im Labrum glenoidale im kranialen Teil der Gelenkpfanne beachten. Der Insertion der Gelenkkapsel an der Knorpel-Knochen-Grenze des Humeruskopfes (**5**) und in weiten Teilen an der Spitze des Labrum glenoidale (**6**) nachgehen. Die fehlende Anheftung der Gelenkkapsel an der Labrumspitze im Bereich des unterschiedlich tiefen Recessus (**7**) auf der Vorderseite des Gelenks zwischen dem hier frei liegenden Labrum glenoidale und dem *Ligamentum glenohumerale medium* (**8**) studieren. Den Anschnitt des unteren Glenohumeralbandes (**9**) auf der Schnittfläche der Kapsel inspizieren. Variable Faltenbildungen der Gelenkkapsel beachten (**10**).

Am Oberrand der Ansatzsehne des *M. subscapularis* (**11**) die Verbindung der Bursa subtendinea musculi subscapularis mit der Gelenkhöhle aufsuchen und über die Öffnung, Foramen Weitbrecht (**12**) sondieren; dabei die Ausdehnung des häufig mit der Bursa subcoracoidea verschmolzenen Schleimbeutels (Recessus) bis zur Basis des Processus coracoideus beachten. Abschließend der frei durch die Gelenkhöhle ziehenden langen Bizepssehne von ihrem Ursprung am Labrum glenoidale bis zum Eintritt in den *Sulcus intertubercularis* (**13**) folgen.

▶ **Klinik**

Am Schultergelenk kommt es relativ häufig in Folge eines Traumas zu Luxationen mit einer Luxationsrichtung in ca. 90 % der Fälle nach vorn unten. Zu den Mitverletzungen zählen die Bankart-Läsion, die mit einer Abscherung von Labrum glenoidale und Gelenkkapsel einhergeht, sowie die Hill-Sachs-Läsion, bei der es zu einer Impressionsfraktur am Humeruskopf kommt. Eine häufige Nebenverletzung ist die Schädigung des N. axillaris.

5

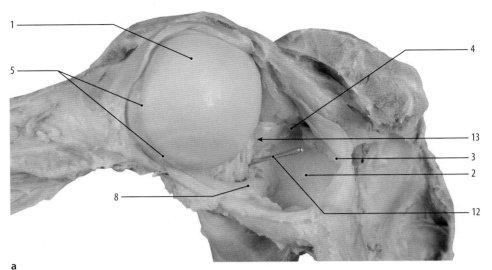

1 Caput humeri
2 Cavitas glenoidalis
3 Labrum glenoidale
4 Ursprung der langen Bizepssehne
5 Knorpel-Knochengrenze am Humerus
6 Anheftung der Gelenkkapsel
  an der Spitze des Labrum glenoidale
7 Recessus
8 Ligamentum glenohumerale medium
9 Anschnitt des Ligamentum
  glenohumerale inferius
10 Falte der Gelenkkapsel
11 Oberrand des M. subscapularis
12 Sonde im Foramen Weitbrecht
13 Eintritt der langen Bizepssehne
   in den Sulcus intertubercularis

a

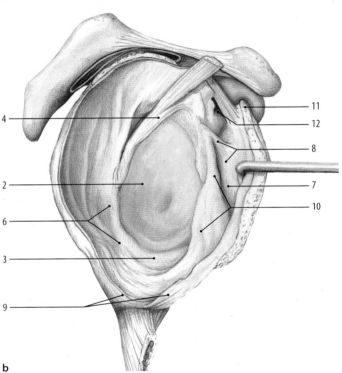

b

■ **Abb. 5.58** **a** Einblick in die von hinten eröffnete Gelenkhöhle eines linken Schultergelenks [21]. **b** Cavitas glenoidalis mit perartikulären Strukturen, rechte Seite, Ansicht von lateral [29]

Multidirektionale Instabilitäten im Schultergelenk sind häufig anlagebedingt.

Mit einer traumatischen Schulterluxation ist meistens eine Abrissfraktur des Tuberculum majus kombiniert. Frakturen im Bereich des Humeruskopfes treten außerdem am Tuberculum minus und am Collum chirurgicum auf.

Rupturen der langen Bizepssehne (Gleitsehne) zählen zu den häufigsten Sehnenverletzungen. Die Sehne kann bei ihrem Verlauf im Sulcus intertubercularis luxieren oder sich entzünden (Tenosynovitis). ◄

5.16 Präparation des Ellenbogengelenks

Vorbereitung Zur Vorbereitung der Präparation des Kapsel-Band-Apparates sämtliche über das Ellenbogengelenk ziehenden Muskeln und Leitungsbahnen ca. 15 cm proximal und distal vom Gelenk durchtrennen.

Alternative: Zur Präparation am isolierten Ellenbogengelenk Oberarm und Unterarm ca. 15 cm proximal und distal des Gelenks durch Sägeschnitte vollständig absetzen (Institutspersonal).

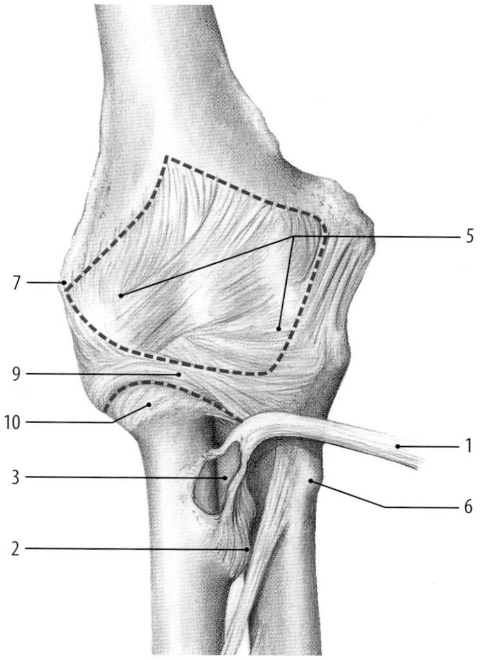
7
9
10
3
2
5
1
6
---- Schnittführung zur Durchtrennung der Gelenkkapsel für die Eröffnung der Gelenkhöhle sowie für die Begrenzung des Bandapparates, rechte Seite, Ansicht von vorn
1 M. biceps brachii
2 Tuberositas radii
3 Bursa bicipitoradialis
4 Olecranon
5 vordere Kapsel
6 Tuberositas ulnae
7 Epicondylus lateralis humeri
8 Ligamentum collaterale radiale
9 Ligamentum anulare radii
10 Recessus sacciformis

◘ Abb. 5.59 Kapsel-Band-Apparat des Ellenbogengelenks, rechte Seite, Ansicht von vorn. Schnittführung zur Durchtrennung der Gelenkkapsel für die Eröffnung der Gelenkhöhle sowie für die Begrenzung des Bandapparates von vorn, s. Präparation des Bandapparates (◘ Abb. 5.61, 5.63) [29]

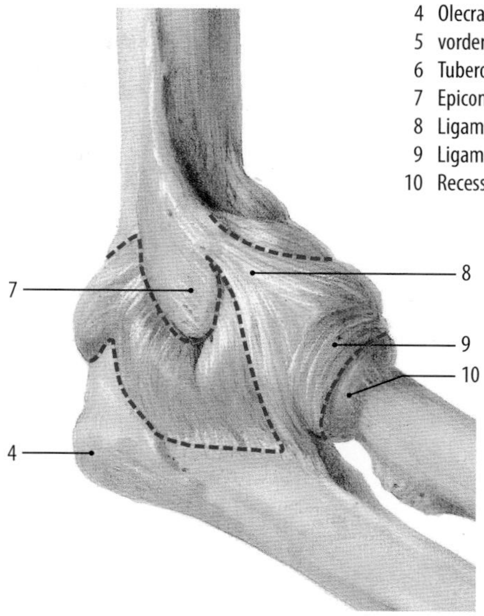
1 M. biceps brachii
2 Tuberositas radii
3 Bursa bicipitoradialis
4 Olecranon
5 vordere Kapsel
6 Tuberositas ulnae
7 Epicondylus lateralis humeri
8 Ligamentum collaterale radiale
9 Ligamentum anulare radii
10 Recessus sacciformis
7
4
8
9
10
---- Schnittführung zur Durchtrennung der Gelenkkapsel für die Eröffnung der Gelenkhöhle sowie für die Begrenzung des Bandapparates, rechte Seite, Ansicht von medial-vorn

◘ Abb. 5.60 Kapsel-Band-Apparat des Ellenbogengelenks, Ansicht von medial-vorn. Schnittführung zur Durchtrennung der Gelenkkapsel für die Eröffnung der Gelenkhöhle sowie für die Begrenzung des Ligamentum collaterale radiale, s. Präparation des Ligamentum collaterale radiale (◘ Abb. 5.63, 5.64, 5.65, 5.66) [31]

Zunächst die Leitungsbahnen entfernen; dabei nochmals Lage und Verlauf der Gefäße und Nerven studieren, anschließend die Muskeln ablösen.

Ablösen der Muskeln (◘ Abb. 5.59, 5.110/**Video 5.31**) *M. biceps brachii* **(1)** stumpf vom M. brachialis lösen und seiner Ansatzsehne zunächst bis zur *Tuberositas radii* **(2)** nachgehen. Anschließend Muskel und Ansatzsehne so weit nach vorn-unten klappen, bis die Kapsel der *Bursa bicipitoradialis* **(3)** sichtbar wird; sodann den Schleimbeutel eröffnen und die Ansatzsehne ca. 10 cm proximal ihres Ansatzes durchtrennen. Mm. brachioradialis und extensor carpi radialis longus am Humerusschaft ablösen und die Muskeln abtragen. Danach die am Epicondylus lateralis humeri sowie am Ligamentum anulare radii und am Ligamentum collaterale radiale entspringenden Mm. extensor carpi radialis brevis, extensor carpi ulnaris und extensor digiti minimi am knöchernen Ursprung sowie am Ringband und am lateralen Kollateralband ablösen.

> **!** Beim Ablösen der Muskelursprünge der Extensoren Ligamentum collaterale radiale und Ligamentum anulare radii sowie die Gelenkkapsel nicht verletzen.

Sodann Ursprungssehnen des M. extensor indicis und des Caput ulnare des M. extensor carpi ulnaris an der Rückseite der Ulna und auf der Membrana interossea antebrachii entfernen.

Ursprung des M. triceps brachii am Humerusschaft ablösen und seine Ansatzsehne bis zum *Olecranon* **(4)** verfolgen (◘ Abb. 5.60), dabei die an der Gelenkkapsel inserierenden Anteile unter Schonung der Kapsel scharf abtrennen; Gelenkkapsel noch nicht eröffnen. Bursa subcutanea olecrani erhalten; Muskel ca. 10. proximal des Olecranon durchtrennen; anschließend die Ansatzsehne bis zum Olecranon verfolgen und so weit nach hinten-unten klappen, bis die Kapsel der Bursa subtendinea musculi tricipitis brachii sichtbar wird. Den Schleimbeutel eröffnen und nach einer variabel vorkommenden Bursa intratendinea olecrani suchen.

M. anconeus und M. supinator erst bei der Präparation der Gelenkkapsel abtragen, s. u.

❗ Bei der Ablösung des M. triceps brachii und der Darstellung der Bursa subtendinea musculi tricipitis brachii die Gelenkkapsel nicht verletzen.

Die Ursprungssehnen des M. pronator teres am Epicondylus medialis humeri und an der Ulna abtrennen; abschließend die Ursprungssehnen der Handgelenks- und Fingergelenksbeuger am Epicondylus medialis sowie an Ulna und Radius unter Schonung des Ligamentum collaterale ulnare ablösen.

▶ Klinik

Frakturen der im Ellenbogengelenk artikulierenden Knochen sind im Kindesalter bei Mitbeteiligung der Wachstumsfugen von großer klinischer Bedeutung. Beim Erwachsenen kommen Frakturen mit Beteiligung der Gelenkanteile im distalen Abschnitt des Humerus, am Olecranon und am Radiuskopf vor. Verletzungen des Ellenbogengelenks können zur Versteifung führen.

Zu den Ellenbogengelenksluxationen zählt auch die im Kleinkindesalter durch kräftigen Zug am gestreckten Arm hervorgerufene Subluxation des Caput radii unter das Ligamentum anulare radii (Pronation douloureuse Chassaignac – Chassaignacsche Pseudolähmung oder „nurse elbow"), bei der die Pronation im schmerzhaft gestreckten Arm nicht möglich ist.

Am Ende der Wachstumsperiode kann sich eine Osteochondrosis dissecans mit Bildung freier Gelenkkörper entwickeln, die zur Einklemmung führen. Bei der primär chronischen Polyarthritis ist das Ellenbogengelenk häufig betroffen. ◀

Präparation der Gelenkkapsel　Zur Präparation der Gelenkkapsel auf der Vorderseite des Ellenbogengelenks (5) (◧ Abb. 5.59) den M. brachialis in Streckstellung am Humerusschaft ablösen, bis die an der Gelenkkapsel entspringenden Anteile des Muskels sichtbar werden. Bei der anschließenden Ablösung des M. brachialis von der Gelenkkapsel die enge Verbindung zwischen Muskel und Kapsel einprägen; dazu den Ansatzbereich des Muskels so straff halten lassen, dass sich die Gelenkkapsel anspannt. Sodann die Muskelfasern mit der Ansatzsehne teils stumpf teils scharf von proximal nach distal bis zum Ansatz an der *Tuberositas ulnae* (6) ablösen. Nach vollständiger Freilegung der Gelenkkapsel die Ansatzsehne des M. brachialis auf ca. 5 cm einkürzen und anschließend die Ausdehnung der Kapsel studieren.

Zur Freilegung der Gelenkkapsel auf der dorsal-lateralen Seite des Ellenbogengelenks (◧ Abb. 5.60, 5.111/Video 5.32) den Ursprung des M. anconeus in Beugestellung am *Epicondylus lateralis humeri* (7) sowie

vom *Ligamentum collaterale radiale* (8) und von der Gelenkkapsel scharf ablösen; Ansatz des Muskels an der Hinterfläche der Ulna abtrennen. Abschließend Ursprünge des M. supinator am Epicondylus lateralis humeri an der Ulna sowie am Ligamentum collaterale radiale, am *Ligamentum anulare radii* (9) und am *Recessus sacciformis* (10) der Gelenkkapsel abtrennen; Ansatz am Radiusschaft ebenfalls entfernen. Distale Anheftung des Recessus sacciformis am Radius lokalisieren und anschließend begrenzen.

❗ Beim Ablösen der Mm. anconeus und supinator Ligamentum collaterale ulnare und Ligamentum anulare radii nicht verletzen; beim Abtragen des M. supinator außerdem den Recessus sacciformis erhalten.

Nach Freilegung der gesamten Gelenkkapsel deren Ausdehnung und Anheftung am Knochen studieren. Anschließend die Kapselansätze am Knochen mit dem Raspatorium oder mit dem Messer scharf begrenzen. Den extrakapsulären proximalen Teil der Fossa olecrani und die extrakapsuläre Lage der Epicondyli medialis und lateralis humeri beachten.

Präparation des Bandapparates　Vor Beginn der Präparation des Bandapparates Ausdehnung und Verlauf der die Kapsel verstärkenden Kollateralbänder und des Ringbandes durch Palpation untersuchen; dabei die Begrenzung der deltaförmigen Kollateralbänder in Beuge- und Streckstellung des Gelenks ertasten. Proximalen und distalen Rand des Ringbandes bei Pronation und Supination lokalisieren. Zur Darstellung der Bänder die Gelenkkapsel im nicht Band verstärkten Teil abtragen.

Zur Präparation des *Ligamentum collaterale ulnare* (1) (◧ Abb. 5.61, 5.113/Video 5.34) dessen hintere Begrenzung in Beugestellung ertasten und die Kapsel am Hinterrand des Bandes (2) vom *Epicondylus medialis humeri* (3) bis zum *Olecranon* (4) durchtrennen. Zur Präparation der vorderen Begrenzung (◧ Abb. 5.59) das Gelenk in Streckstellung bringen und nach Lokalisation des vorderen Randes (5) den Schnitt durch die Kapsel vom Epicondylus medialis humeri bis zum *Processus coronoideus ulnae* (6) führen. Anschließend den fächerförmigen Verlauf des freigelegten Bandes präparieren (◧ Abb. 5.62, 5.114/Video 5.35); dazu mit der Messerspitze den Verlauf der Kollagenfaserbündel in den kräftigen vorderen (7) und hinteren (8) Anteilen des Bandes herausarbeiten sowie den quer verlaufenden Verstärkungszug zwischen Processus coronoideus und Olecranon in Form des Cooperschen Streifens (9) darstellen. Den schwächeren mittleren Teil (10) des Kollateralbandes beachten.

Vor der Präparation des *Ligamentum collaterale radiale* (1) (◧ Abb. 5.63 bis 5.66, 5.115/Video 5.36) noch

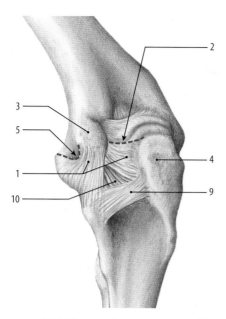

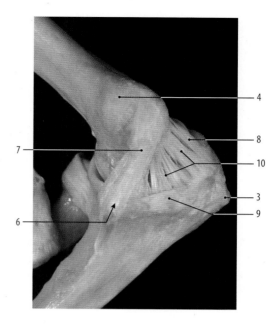

---- Schnittführung zur Durchtrennung der Gelenkkapsel für die Eröffnung
der Gelenkhöhle sowie für die Begrenzung des Bandapparates,
rechte Seite, Ansicht von medial-hinten

1   Ligamentum collaterale ulnare
2   Hinterrand des ulnaren Kollateralbandes
3   Olecranon
4   Epicondylus medialis humeri
5   Vorderrand des ulnaren Kollateralbandes
6   Processus coronoideus ulnae
7   vorderer Teil des Kollateralbandes
8   hinterer Teil des Kollateralbandes
9   Cooperscher Streifen
10 mittlerer Teil des Kollateralbandes

☐ **Abb. 5.61**   Kapsel-Band-Apparat des Ellenbogengelenks, Schnittführung zur Durchtrennung der Gelenkkapsel für die Eröffnung der
Gelenkhöhle sowie für die Begrenzung des Ligamentum collaterale
ulnare, rechte Seite, Ansicht von medial-hinten [29]

1   Ligamentum collaterale ulnare
2   Hinterrand des ulnaren Kollateralbandes
3   Olecranon
4   Epicondylus medialis humeri
5   Vorderrand des ulnaren Kollateralbandes
6   Processus coronoideus ulnae
7   vorderer Teil des Kollateralbandes
8   hinterer Teil des Kollateralbandes
9   Cooperscher Streifen
10 mittlerer Teil des Kollateralbandes

☐ **Abb. 5.62**   Ligamentum collaterale ulnare des Ellenbogengelenks,
rechte Seite, Ansicht von medial [17]

▶ **Klinik**

Nach einer Verletzung der Kollateralbänder des Ellenbogengelenks kommt im Rahmen der Wiederherstellung
der Stabilität der Rekonstruktion des hinteren zur Ulna
ziehenden strangartigen Teils des *Ligamentum collaterale
radiale* (im klinischen Sprachgebrauch: „lateral ulnar
collateral ligament" – „lucl", ☐ Abb. 5.64, 5.66 **(10)** eine
besondere Bedeutung zu. ◀

verbliebene Reste der Ursprungssehnen der Extensoren
am *Epicondylus lateralis humeri* **(2)** abtragen. Sodann das
in Form eines umgekehrten V zum *Ligamentum anulare
radii* **(3)** ziehende Ligamentum collaterale radiale freilegen. Zur Begrenzung des Bandes den Hinterrand **(4)**
(☐ Abb. 5.63) in Beugestellung, den Vorderrand **(5)**
(☐ Abb. 5.59) in Streckstellung ertasten und anschließend scharf vom nicht durch das Band verstärkten Teil
der Gelenkkapsel trennen. Sodann die Einstrahlung des
vorderen und des hinteren Zügels des Kollateralbandes
in das Ringband mit der Messerspitze herausarbeiten.

❗ Bei der Begrenzung des radialen Kollateralbandes das
Ligamentum anulare radii nicht verletzen.

Anschließend das *Ligamentum anulare radii* **(3)** präparieren (☐ Abb. 5.63, 5.64, 5.65, 5.116/Video 5.37). Zunächst
den Oberrand des Bandes ertasten und anschließend die
Gelenkkapsel in den nicht durch das Band verstärkten
Anteilen am proximalen Rand des Ringbandes durchtrennen. Danach den *Recessus sacciformis* **(6)** durch
kleine Stichinzision eröffnen und seine Ausdehnung
sowie Anheftung an Ringband und Radius durch Austasten mit einer Sonde studieren (☐ Abb. 5.63). Sodann
die Kapselanteile des Recessus sacciformis durchtrennen
und abtragen. Abschließend dem Verlauf des Ringbandes
vom Vorderrand **(7)** bis zum Hinterrand **(8)** der Incisura
radialis ulnae des Processus coronoideus nachgehen und

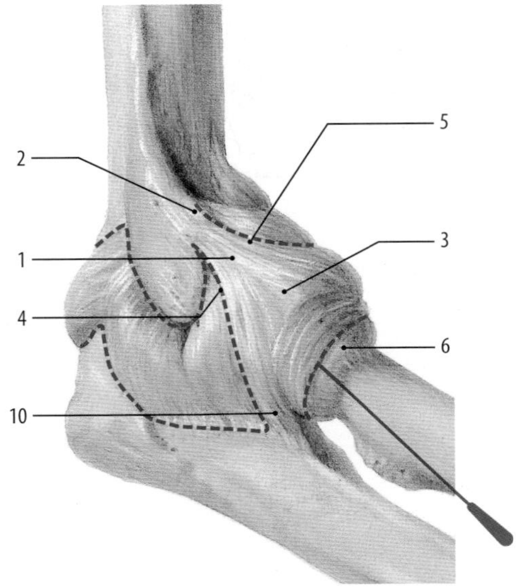

| Stichinzision zur Eröffnung des Recessus sacciformis

---- Schnittführung zur Durchtrennung der Gelenkkapsel für die Eröffnung der Gelenkhöhle und für die Begrenzung des Bandapparates, rechte Seite, Ansicht von lateral-vorn

1 Ligamentum collaterale radiale
2 Epicondylus lateralis humeri
3 Ligamentum anulare radii
4 Hinterrand des Kollateralbandes
5 Vorderrand des Kollateralbandes
6 Recessus sacciformis
7 Vorderrand der Incisura radialis
8 Hinterrand der Incisura radialis
9 Ansatzsehne des M. biceps brachii
10 „lateral collateral ulnar ligament – lucl"

Abb. 5.63 Kapsel-Band-Apparat des Ellenbogengelenks, Stichinzision zur Eröffnung des Recessus sacciformis, Schnittführung zur Durchtrennung der Gelenkkapsel für die Eröffnung der Gelenkhöhle und für die Begrenzung des Bandapparates, rechte Seite, Ansicht von lateral-vorn [31]

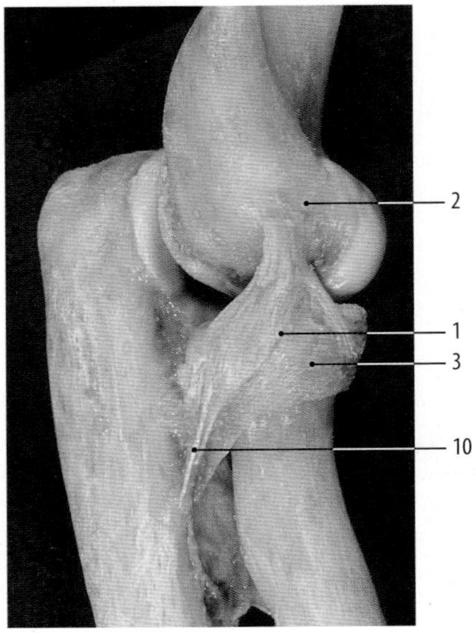

1 Ligamentum collaterale radiale
2 Epicondylus lateralis humeri
3 Ligamentum anulare radii
4 Hinterrand des Kollateralbandes
5 Vorderrand des Kollateralbandes
6 Recessus sacciformis
7 Vorderrand der Incisura radialis
8 Hinterrand der Incisura radialis
9 Ansatzsehne des M. biceps brachii
10 „lateral collateral ulnar ligament – lucl"

Abb. 5.64 Ligamentum collaterale radiale des Ellenbogengelenks, rechte Seite, Ansicht von lateral [17]

dabei die Einstrahlung des radialen Kollateralbandes beachten.

Nach der Präparation des Bandapparates die abgelösten nicht Band verstärkten Anteile der Gelenkkapsel auf der Vorder- und Hinterseite des Gelenks vollständig abtragen; dabei die auf der Innenseite der Gelenkkapsel in die Lücken der Gelenkhöhle ragenden Falten beachten. Beim Abtragen der Gelenkkapsel nochmals die unterschiedliche Ausdehnung der Gelenkhöhle auf der Vorderseite und auf der Hinterseite studieren. Nach vollständiger Darstellung des Bandapparates dessen funktionelle Bedeutung durch Simulation der im Ellenbogengelenk möglichen Bewegungen untersuchen. Bei Beugung und Streckung des Gelenks die unterschiedliche Spannung der vorderen und hinteren Anteile der Kollateralbänder palpieren. Durch Pronation und Supination am Präparat die Drehung des Radius um die Ulna ausführen und dabei die Verlagerung der Ansatzsehne des *M. biceps brachii* (Abb. 5.65) **(9)** beobachten; die Drehbewegung des Radius durch das Ringband ertasten.

Auf eine Darstellung des inkonstanten und funktionell unbedeutenden Ligamentum quadratum kann verzichtet werden.

Präparation der Membrana interossea antebrachii (Abb. 5.67, 5.117/**Video 5.38**) Die Präparation der *Membrana interossea antebrachii* **(1)** erfolgt am vollständigen Arm in Abstimmung mit der Präparation der Handgelenke. Zur Vorbereitung der Freilegung alle an der Membrana interossea antebrachii entspringenden Muskeln auf der Vorder- und der Hinterseite teils stumpf, teils scharf ablösen.

> Beim Ablösen der Muskeln die Zwischenknochenmembran sowie im distalen Bereich die Bandstrukturen des distalen Radioulnargelenks und der Handgelenke nicht verletzen.

Nach Abtragen der Muskeln im proximalen Bereich die von der *Tuberositas ulnae* **(2)** schräg nach distal zum Radius ziehende *Chorda obliqua* **(3)** mit der Messer-

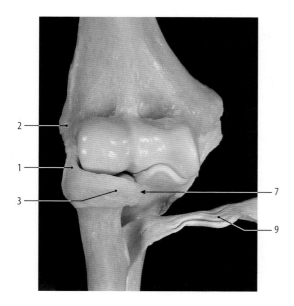

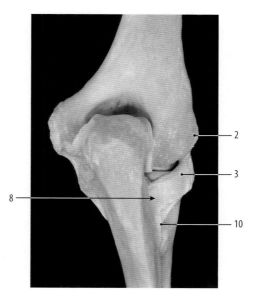

1 Ligamentum collaterale radiale
2 Epicondylus lateralis humeri
3 Ligamentum anulare radii
4 Hinterrand des Kollateralbandes
5 Vorderrand des Kollateralbandes
6 Recessus sacciformis
7 Vorderrand der Incisura radialis
8 Hinterrand der Incisura radialis
9 Ansatzsehne des M. biceps brachii
10 „lateral collateral ulnar ligament – lucl"

1 Ligamentum collaterale radiale
2 Epicondylus lateralis humeri
3 Ligamentum anulare radii
4 Hinterrand des Kollateralbandes
5 Vorderrand des Kollateralbandes
6 Recessus sacciformis
7 Vorderrand der Incisura radialis
8 Hinterrand der Incisura radialis
9 Ansatzsehne des M. biceps brachii
10 „lateral collateral ulnar ligament – lucl"

Abb. 5.65 Ligamentum anulare radii des Ellenbogengelenks, rechte Seite, Ansicht von vorn [17]

Abb. 5.66 Ligamentum anulare radii des Ellenbogengelenks, rechte Seite, Ansicht von hinten [17]

spitze herausarbeiten. Den Faserverlauf und die Durchtrittspforten für die Leitungsbahnen (4) der *Membrana interossea antebrachii* studieren.

An abgesetzten Präparaten den proximalen und den distalen Bereich der *Membrana interossea* freilegen.

Die **Vorbereitung der Präparation der** *Articulatio radioulnaris distalis* (■ Abb. 5.68) erfolgt in enger Abstimmung mit der Freilegung der *Membrana interossea antebrachii* (1) und der Präparation des proximalen Handgelenks. Bei der Präparation von palmar das Präparat in Streckstellung der Handgelenke halten lassen. Zur Darstellung des Kapsel-Band-Apparates *Caput superficiale* (2) und *Caput profundum* (3) des *M. pronator quadratus* scharf am Knochen ablösen; dabei die in die Gelenkkapsel einstrahlenden Muskelfasern (4) beachten und diese anschließend durchtrennen. Zunächst das die Gelenkkapsel verstärkende *Ligamentum radioulnare palmare* (5) darstellen und die Ausdehnung der Kapsel zwischen Radius und Ulna nach proximal in Form des *Recessus sacciformis* (6) aufsuchen. Die Vorbereitung der Präparation von hinten erfolgt gemeinsam mit den Handgelenken in gebeugter Position (s. o.). Zur Freilegung des *Ligamentum radioulnare dorsale* verbliebene Reste des *Retinaculum musculorum extensorum* entfer-

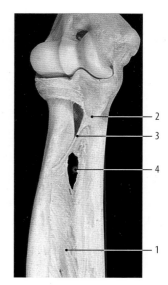

1 Membrana interossea antebrachii
2 Tuberositas ulnae
3 Chorda obliqua
4 Durchtrittspforte für die Vasa interossea posteriora

Abb. 5.67 Membrana interossea antebrachii, proximaler Abschnitt, rechte Seite, Ansicht von vorn [16]

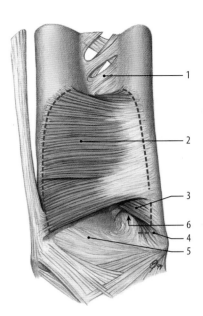

1 Membrana interossea
  antebrachii
2 Caput superficiale des
  M. pronator quadratus
3 Caput profundum des
  M. pronator quadratus
4 in die Gelenkkapsel
  einstrahlende Muskelfasern
5 Ligamentum radioulnare
  palmare
6 Recessus sacciformis

---- Schnittführung zum Ablösen des M. pronator quadratus,
     rechte Seite, Ansicht von vorn

Abb. 5.68 Membrana interossea antebrachii und M. pronator quadratus, Schnittführung zum Ablösen des M. pronator quadratus, rechte Seite, Ansicht von vorn [29]

nen und das Band mit der Messerspitze unter Schonung der Gelenkkapsel darstellen. Die Eröffnung des Gelenks mit Freilegung des Discus articularis (ulnocarpalis) erfolgt gemeinsam mit der Präparation des proximalen Handgelenks.

5.17 Präparation der Hand- und Fingergelenke

Zur **Vorbereitung der Präparation** sämtliche über die Handgelenke zu den Fingern ziehenden Muskeln und die Leitungsbahnen ca. 15 cm proximal der Handgelenke durchtrennen.

Alternative: Für die Präparation am isolierten Objekt den Unterarm ca. 15 cm proximal der Handgelenke durch Sägeschnitt vollständig absetzen (Institutspersonal).

Vor und beim Ablösen der Muskeln und Leitungsbahnen die Strukturen nochmals studieren.

Auf der **Dorsalseite** (Abb. 5.69) die Hand- und Fingerextensoren **(1)** sowie die langen Daumenmuskeln **(2)** am Unterarm zunächst bis zum *Retinaculum musculorum extensorum* **(3)** mobilisieren; sodann die Sehnenscheidenfächer **(4)** eröffnen und die Anordnung und die Reihenfolge der Sehnen in ihren Fächern wiederholen. Dem Verlauf der Ansatzsehne des *M. extensor pollicis longus* **(5)** um sein Widerlager (Gleitsehne) am *Tuberculum dorsale radii* (Listerscher Höcker) **(6)** nachgehen. Anschließend die Sehnen teils stumpf, teils scharf aus ihren Fächern

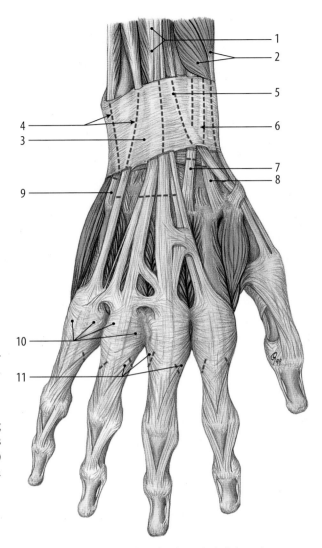

---- Schnittführung zur Eröffnung der Sehnenscheidenfächer und
     zur Durchtrennung der Extensorensehnen sowie der Ansatzsehnen der
     Mm. interossei und der Mm. lumbricales, rechte Seite

1 Extensoren der Hand – und Fingergelenke
2 lange Daumenmuskeln
3 Retinaculum musculorum extensorum
4 Sehnenscheidenfächer
5 M. extensor pollicis longus
6 Tuberculum dorsale radii
7 M. extensor carpi radialis longus
8 M. extensor carpi radialis brevis
9 M. extensor carpi ulnaris
10 Dorsalaponeurose der Finger
11 Ansatzsehnen der Mm. interossei und der Mm. lumbricales

Abb. 5.69 Rückseite des distalen Abschnitts des Unterarms und Rückseite der Hand, Schnittführung zur Eröffnung der Sehnenscheidenfächer und zur Durchtrennung der Extensorensehnen sowie der Ansatzsehnen der Mm. interossei und der Mm. lumbricales, rechte Seite, Ansicht von dorsal [29]

mobilisieren und distalwärts bis zu ihren Ansätzen lösen. Zunächst die Sehnen der *Mm. extensor carpi radialis longus* (7) und *extensor carpi radialis brevis* (8) sowie des *M. extensor carpi ulnaris* (9) ca. 3 cm proximal vom Ansatz durchtrennen. Sodann die Dorsalaponeurose (10) der Fingerextensoren scharf abtrennen; dabei die Einstrahlung der Ansatzsehnen der *Mm. interossei* und der *Mm. lumbricales* (11) nochmals studieren. Dorsalaponeurose bis zu den Endphalangen ablösen und im Bereich der Mittelphalangen durchtrennen.

Alternative: Dorsalaponeurose insgesamt erhalten; dazu die Extensorensehnen in Höhe der Mittelhandknochen durchtrennen und anschließend zusammenhängend nach distal verlagern.

Abschließend das Retinaculum musculorum extensorum scharf abtragen, dabei die Handgelenke in Beugestellung halten lassen und das Messer flach führen.

❗ Beim Ablösen der Dorsalaponeurose die Gelenkkapseln der Fingergelenke noch nicht eröffnen. Den Kapsel-Band-Apparat der Handgelenke beim Abtragen des Retinaculum musculorum extensorum nicht verletzen.

Auf der **Palmarseite** (◻ Abb. 5.70, 5.71) zunächst *M. flexor carpi radialis* (1) mit seiner Ansatzsehne bis zum Eintritt in den Sehnenscheidenkanal (2) in der radialen Wand des Karpalkanals ablösen; den Sehnenscheidenkanal durch Längsschnitt eröffnen und die Sehne bis zum Ansatz am Os metacarpi II freilegen. Die Sehne ca. 3 cm proximal des Ansatzes kürzen.

M. flexor carpi ulnaris (3) mit seiner Ansatzsehne bis zum *Os pisiforme* (4) mobilisieren; sodann die Endsehnen des Muskels, die vom Os pisiforme als *Ligamentum pisohamatum* (5) zum *Hamulus ossis hamati* (6) sowie als *Ligamentum pisometacarpeum* (7) zur Basis des *Os metacarpi V* (8) ziehen, mit der Messerspitze darstellen. Anschließend die Gelenkkapsel der *Articulatio ossis pisiformis* (9) durchtrennen und den M. flexor carpi ulnaris mit dem als Sesambein in seine Ansatzsehne eingelagerten Os pisiforme und mit den Ligamenta pisohamatum und pisometacarpeum nach distal klappen (◻ Abb. 5.118/Video 5.39). Die Gelenkflächen zwischen Os pisiforme und Os triquetrum studieren und die Ansatzsehne des M. flexor carpi ulnaris ca. 3 cm proximal des Os pisiforme abtrennen.

Sodann die Ansatzsehnen der *Mm. flexores digitorum superficialis* (10) und *profundus* (11) sowie des *M. flexor pollicis longus* (12) vom Unterarm bis zum Eintritt in die Fingersehnenscheiden mobilsieren; dazu noch vorhandene Reste der Mesotendinea im Karpalkanal durchtrennen (◻ Abb. 5.71). Anschließend alle Sehnenscheiden der Finger einschließlich des Daumens eröffnen, die Vincula tendinum (◻ Abb. 5.49) studieren und diese dann im proximalen und mittleren Abschnitt scharf vom Knochen lösen; sodann die Sehnen bis zu ihren Ansätzen mobilisieren. *Mm. lumbricales* (13) an den Sehnen des M. flexor digitorum profundus aufsuchen, ihrem Ver-

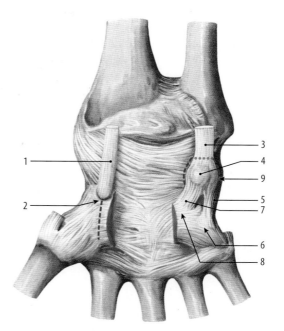

--- Schnittführung zur Eröffnung der Sehnenscheide des M. flexor carpi radialis und zur Eröffnung der Articulatio ossis pisiformis, rechte Seite, Ansicht von palmar

1 M. flexor carpi radialis
2 Sehnenscheidenkanal
3 M. flexor carpi ulnaris
4 Os pisiforme
5 Ligamentum pisohamatum
6 Hamulus ossis hamati
7 Ligamentum pisometacarpeum
8 Basis des Os metacarpi V
9 Articulatio ossis pisiformis
10 M. flexor digitorum superficialis
11 M. flexor digitorum profundus
12 M. flexor pollicis longus
13 Mm. lumbricales
14 Chiasma tendinum

◻ **Abb. 5.70** Ansatzsehnen des M. flexor carpi radialis und des M. flexor carpi ulnaris, Schnittführung zur Eröffnung der Sehnenscheide des M. flexor carpi radialis und zur Eröffnung der Articulatio ossis pisiformis, rechte Seite, Ansicht von palmar [41]

lauf nachgehen und ihre Ansatzsehnen durchtrennen. In den eröffneten Sehnenscheiden das Verhalten der Ansatzsehnen der Mm. flexores digitorum superficialis und profundus nochmals studieren und die Sehnen unter Erhaltung des *Chiasma tendinum* (14) im Bereich der Fingergrundgelenke durchtrennen.

Die kurzen Muskeln des Daumenballens am Ursprung ablösen und bis zu ihren Ansätzen verfolgen. Die Ansatzsehnen auf ca. 1 cm kürzen; dabei die Beziehungen der Sehnen zu den Sesambeinen beachten. In gleicher Weise bei den kurzen Muskeln des Kleinfingerballens verfahren und auch hier die Ansatzsehnen auf einer Länge von ca. 1 cm erhalten. Abschließend die Ursprünge der Mm. interossei an den Ossa metacarpi scharf ablösen

5

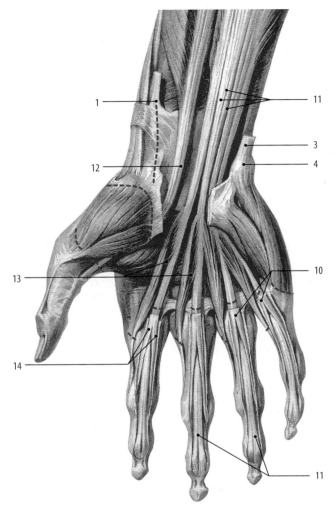

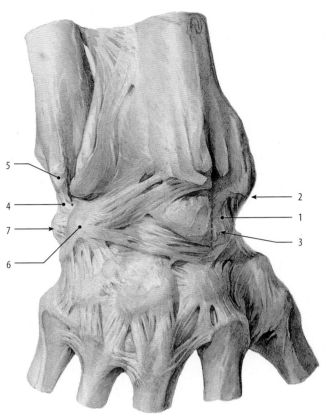

- - - - Schnittführung zur Freilegung der Kollateralbänder, rechte Seite, Ansicht von dorsal

1 Ligamentum collaterale carpi radiale
2 Processus styloideus des Radius
3 Os scaphoideum
4 Ligamentum collaterale carpi ulnare
5 Processus styloideus der Ulna
6 Os triquetrum
7 Os pisiforme

◘ **Abb. 5.72**   Kapsel-Band-Apparat der Hand, Schnittführung zur Freilegung der Kollateralbänder, rechte Seite, Ansicht von dorsal [2]

- - - - Schnittführung zur Eröffnung der Sehnenscheiden, zur Durchtrennung der Ansatzsehnen und zum Ablösen der kurzen Handmuskeln, rechte Seite, Ansicht von palmar

1 M. flexor carpi radialis
2 Sehnenscheidenkanal
3 M. flexor carpi ulnaris
4 Os pisiforme
5 Ligamentum pisohamatum
6 Hamulus ossis hamati
7 Ligamentum pisometacarpeum
8 Basis des Os metacarpi V
9 Articulatio ossis pisiformis
10 M. flexor digitorum superficialis
11 M. flexor digitorum profundus
12 M. flexor pollicis longus
13 Mm. lumbricales
14 Chiasma tendinum

◘ **Abb. 5.71**   Muskeln der Hand, Schnittführung zur Eröffnung der Sehnenscheiden, zur Durchtrennung der Ansatzsehnen und zum Ablösen der kurzen Handmuskeln, rechte Seite, Ansicht von palmar [2]

und die Muskeln aus den Zwischenknochenräumen nach dorsal mobilisieren; ihre Ansatzsehnen am Übergang in die Dorsalaponeurose abtrennen.

Präparation der Handgelenke

🔘 **Topographie**
Vor Beginn der Präparation des Kapsel-Band-Apparates der Handgelenke die miteinander artikulierenden Skelettanteile der Gelenke im Atlas und im Lehrbuch studieren und die Systematik des Bandapparates einprägen:
— Bänder zwischen Radius und Ulna (dorsale und palmare Bänder)
— Bänder zwischen Radius, Ulna und den Ossa carpi (dorsale, palmare und seitliche Bänder)

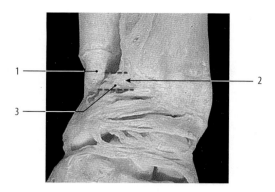

---- Schnittführung zur Freilegung des Discus articularis, rechte Seite, Ansicht von dorsal

1 Processus styloideus der Ulna
2 Incisura ulnaris des Radius
3 Discus articularis (ulnocarpalis)

Abb. 5.73 Proximales Handgelenk, Discus articularis (ulnocarpalis), Schnittführung zur Freilegung des Discus articularis, rechte Seite, Ansicht von dorsal [16]

- Bänder zwischen den Ossa carpi (Ligamenta intercarpalia dorsalia, palmaria und interossea)
- Bänder zwischen des Ossa carpi und den Ossa metacarpi (dorsale und palmare Bänder)
- Bänder zwischen den Ossa metacarpi (Ligamenta metacarpalia dorsalia, palmaria und interossea)

Vor der Präparation des Kapsel-Band-Apparates der Handgelenke empfiehlt es sich, den Verlauf der Bänder am Skelett zu simulieren.

Die Freilegung der Bänder des proximalen und des distalen Handgelenks (■ Abb. 5.72, 5.119/Video 5.40) beginnt mit der **Darstellung der Kollateralbänder**. Vor Beginn der Präparation den Verlauf der Bänder ertasten; dazu das *Ligamentum collaterale carpi radiale* (1) vom *Processus styloideus* des *Radius* (2) bis zum *Os scaphoideum* (3) verfolgen und dem *Ligamentum collaterale carpi ulnare* (4) vom *Processus styloideus* der *Ulna* (5) bis zum *Os triquetrum* (6) und zum *Os pisiforme* (7) nachgehen. Anschließend die Bänder durch am Vorderrand und am Hinterrand geführte Längsschnitte scharf von der Gelenkkapsel lösen; dazu die Hand zur Darstellung des ulnaren Kollateralbandes in Radialduktion und zur Darstellung des radialen Kollateralbandes in Ulnarduktion halten lassen. Unterschiedliche Stärke und Länge der Kollateralbänder beachten.

Die **Präparation des Kapsel-Band-Apparates von dorsal** bei Flexion in den Handgelenken durchführen.

Vor der Freilegung des Kapsel-Band-Apparates zunächst den vom *Processus styloideus* der Ulna (1) zur Incisura ulnaris des Radius (2) ziehenden *Discus articularis* (Discus ulnocarpalis) (3) ertasten (■ Abb. 5.73, 5.120/ Video 5.41); anschließend die Gelenkkapsel am pro-

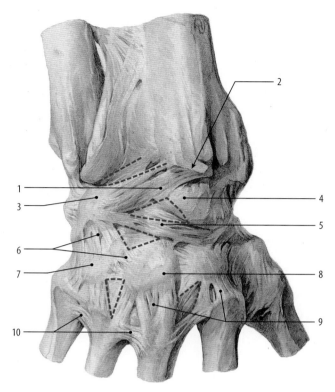

---- Schnittführung zur Freilegung der Handgelenksbänder, rechte Seite, Ansicht von dorsal

1 Ligamentum radiocarpale dorsale
2 distaler Rand des Radius
3 Os triquetrum
4 Os scaphoideum
5 Ligamentum arcuatum
6 Ligamenta intercarpalia dorsalia
7 Os hamatum
8 Os capitatum
9 Ligamenta carpometacarpalia dorsalia
10 Ligamenta metacarpalia dorsalia

Abb. 5.74 Kapsel-Band-Apparat der Handgelenke, Schnittführung zur Freilegung der Handgelenksbänder, rechte Seite, Ansicht von dorsal [2]

ximalen und am distalen Rand des Discus articularis durchtrennen und dabei die Gelenkhöhlen des distalen Radioulnargelenks sowie des proximalen Handgelenks eröffnen. Die Gelenkkapsel des distalen Radioulnargelenks abtragen und die artikulierenden Strukturen studieren. Durch Simulation der Pronationsbewegung die Drehung des Radius um die Ulna demonstrieren.

Die Präparation des dorsalen Kapsel-Band-Apparates mit der Darstellung des *Ligamentum radiocarpale dorsale* (1) beginnen (■ Abb. 5.74). Dazu den Faserverlauf des Bandes vom distalen Rand des Radius (2) bis zum *Os triquetrum* (3) mit der Messerspitze herausarbeiten. Anschließend die Gelenkkapsel zwischen Ligamentum radiocarpale dorsale und dem Discus articularis entfer-

5

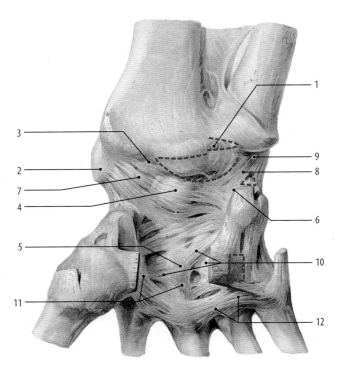

\- - - - Schnittführung zur Freilegung der Handgelenksbänder,
rechte Seite, Ansicht von palmar

1 Discus articularis (ulnocarpalis)
2 Processus styloideus des Radius
3 distaler Rand des Radius
4 Os lunatum
5 Os capitatum
6 Os triquetrum
7 Ligamentum radiocarpale palmare
8 Ligamentum ulnocarpale palmare
9 Processus styloideus der Ulna
10 Ligamentum carpi radiatum
11 Ligamenta carpometacarpalia palmaria
12 Ligamenta metacarpalia palmaria

Abb. 5.75 Kapsel-Band-Apparat der Handgelenke, Schnittführung zur Freilegung der Handgelenksbänder, rechte Seite Ansicht von palmar [2]

nen und die artikulierenden Strukturen des proximalen Handgelenks in der eröffneten Gelenkhöhle studieren. Von den Ligamenta intercarpalia dorsalia zunächst das quer über die Handwurzelknochen vom *Os scaphoideum* (**4**) zum *Os triquetrum* (**3**) ziehende *Ligamentum carpi arcuatum* (**5**) freilegen. Die V-förmige Anordnung von Ligamentum radiocarpale dorsale und Ligamentum carpi arcuatum (dorsales V-Band) beachten. Weitere kurze *Ligamenta intercarpalia dorsalia* (**6**), z. B. das Band zwischen Os triquetrum und *Os hamatum* (**7**) oder die Verbindung zwischen *Os capitatum* (**8**) und Os hamatum aufsuchen.

Danach die von der distalen Reihe der Handwurzelknochen zu den Basen der Mittelhandknochen ziehenden

Ligamenta carpometacarpalia dorsalia (**9**) sowie die zwischen den Basen der Mittelhandknochen liegenden *Ligamenta metacarpalia dorsalia* (**10**) durch Nachgehen des Faserverlaufs mit der Messerspitze freilegen. Abschließend die nicht Band verstärkten Anteile der Gelenkkapsel entfernen (Bänder des Daumensattelgelenks s. Präparation des Daumensattelgelenks, ▶ Abschn. 5.19).

Bei der Freilegung der Bänder mit der Messerspitze die bei alten Menschen oft nur sehr schwach entwickelten Strukturen nicht zerstören.

Bei **Präparation des Kapsel-Band-Apparates von palmar** (◻ Abb. 5.75, 5.121/Video 5.42) das Präparat in Dorsalextension der Handgelenke halten lassen.

Zunächst den bereits dorsal freigelegten *Discus articularis* (**1**) auch von palmar präparieren; dazu den Verlauf des Discus articularis durch Bewegungen in den Handgelenken ertasten; anschließend wie auf der Dorsalseite verfahren, die Gelenkkapsel an den Rändern des Discus carpalis durchtrennen und den proximalen Kapselanteil entfernen.

Zur Präparation der Bänder zwischen den Unterarmknochen und den Handwurzelknochen zunächst das vom *Processus styloideus* (**2**) und vom distalen Rand des *Radius* (**3**) zum *Os lunatum* (**4**), *Os capitatum* (**5**) und zum *Os triquetrum* (**6**) ziehende kräftige *Ligamentum radiocarpale palmare* (**7**) freilegen und die einzelnen Bandzüge mit der Messerspitze herausarbeiten. Anschließend das schwächere *Ligamentum ulnocarpale palmare* (**8**) vom *Processus styloideus* der *Ulna* (**9**) zu den Ossa lunatum und triquetrum verfolgen.

Von den Ligamenta intercarpalia palmaria das *Ligamentum carpi radiatum* (**10**) darstellen; dazu das Os capitatum (**5**) aufsuchen und die strahlenförmig von ihm ausgehenden Faserzüge mit der Messerspitze freilegen. Beispielhaft die *Ligamenta carpometacarpalia palmaria* (**11**) sowie die *Ligamenta metacarpalia palmaria* (**12**) präparieren. Abschließend die nicht Band verstärkten Anteile der Gelenkkapsel abtragen.

Das Studium der Ligamenta interossea an Schnittpräparaten durchführen.

▶ **Klinik**

Als Folge einer nicht korrekt verheilten distalen Radiusfraktur mit Abriss des Discus articularis kann es zur Osteoarthrose im proximalen Handgelenk, häufig mit Perforation des Diskus, kommen. Nach Frakturen der Handwurzelknochen, z. B. am Os scaphoideum, kann sich eine Pseudarthrose bilden. ◀

5.18 Präparation der Gelenke an den Fingern II–V

Bei der **Präparation der Fingergelenke** alternativ vorgehen. Falls noch nicht erfolgt, die Dorsalaponeurose

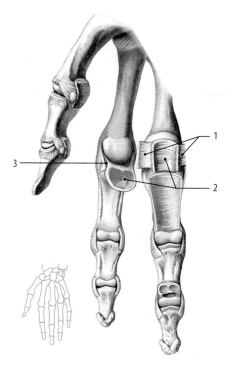

1 Ligamentum metacarpale transversum profundum
2 Faserknorpelplatte (Ligamentum palmare)
3 Ligamentum collaterale
4 Ligamentum collaterale accessorium
5 Ligamentum phalangoglenoidale

◻ Abb. 5.76 Fingergelenke, Kollateralbänder und Faserknorpelplatten, rechte Seite, Ansicht von palmar [41]

bis zur Endphalanx ablösen. Danach am Zeige- und Mittelfinger die Gelenkkapseln der Grund-, Mittel- und Endgelenke auf der Dorsalseite bis zum oberen Rand der Kollateralbänder abtragen. In den eröffneten Gelenkhöhlen die Form der artikulierenden Skelettanteile studieren. Gelenkkapseln am Ring- und Kleinfinger erhalten.

Auf der Palmarseite (◻ Abb. 5.76, 5.122/Video 5.43) im Bereich der Fingergrundgelenke zunächst das *Lig-*

mentum metacarpale transversum profundum* (1) zwischen den Faserknorpelplatten (*Ligamenta palmaria*) (2) darstellen. Anschließend die Faserknorpelplatten am Boden der Sehnenscheiden über den Grund-, Mittel- und Endgelenken begrenzen und scharf vom übrigen Teil der Sehnenscheiden trennen. Danach die Reste der Sehnenscheiden zwischen den Gelenken entfernen.

🔴 Bei der Begrenzung der Faserknorpelplatten die Gelenkkapseln nicht verletzen und die Gelenkhöhlen nicht eröffnen.

Zur Präparation der **Kollateralbänder** (◻ Abb. 5.77) auf der radialen und ulnaren Seite die Finger in der jeweiligen Position halten lassen. Mit der Darstellung des Bandapparates an den Grundgelenken der Finger beginnen. Zunächst das von der Seitenfläche des Caput ossis metacarpi zur Seitenfläche der Grundphalanxbasis und zum Ligamentum palmare ziehende *Ligamentum collaterale* (3) darstellen; anschließend den ausschließlich an der Faserknorpelplatte inserierenden Anteil des Kollateralbandes, *Ligamentum collaterale accessorium* (4), freilegen. Abschließend das von der Seitenfläche der Grundphalanxbasis in die Faserknorpelplatte einstrahlende *Ligamentum phalangoglenoidale* (5) präparieren. Die Präparation der Kollateralbänder an den Mittel- und Endgelenken in gleicher Weise ausführen.

Zur Eröffnung der Gelenke von palmar an Zeige- und Mittelfinger die Faserknorpelplatten proximal mit einem U-förmigen Schnitt durchtrennen und dabei die in sie einstrahlenden Kollateralbandanteile sowie die Gelenkkapsel lösen. Anschließend die Faserknorpelplatten nach distal klappen und die unterschiedliche Form der Gelenkkörper der Grundgelenke sowie der Mittel- und Endgelenke studieren (◻ Abb. 5.76).

▶ **Klinik**

Die Fingergelenke sind häufig bei der rheumatoiden Arthritis befallen. ◀

◻ Abb. 5.77 Kollateralbänder der Finger, rechter Zeigefinger, Ansicht von radial [29]

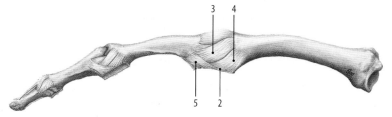

1 Ligamentum metacarpale transversum profundum
2 Faserknorpelplatte (Ligamentum palmare)
3 Ligamentum collaterale
4 Ligamentum collaterale accessorium
5 Ligamentum phalangoglenoidale

5

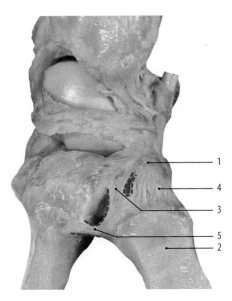

- - - - Schnittführung zur Freilegung der Bänder des Daumensattelgelenks, rechte Seite, Ansicht von dorsal

1 Os trapezium
2 Os metacarpi I
3 Ligamentum trapeziometacarpale
  (Ligamentum carpometacarpale obliquum posterius)
4 (Ligamentum carpometacarpale dorsoradiale)
5 Ligamentum metacarpale dorsale I
6 Ligamentum trapeziometacarpale palmare

🔲 **Abb. 5.78** Kapsel-Band-Apparat des Daumensattelgelenks, Schnittführung zur Freilegung der Bänder des Daumensattelgelenks, rechte Seite, Ansicht von dorsal [16]

5.19 Präparation der Daumengelenke

Die Daumengelenke nehmen unter den Fingergelenken eine Sonderstellung ein. Vor der Präparation des Daumensattelgelenkes (*Articulatio carpometacarpalis pollicis*) die Form der artikulierenden Gelenkkörper am Skelett studieren; danach das Verhalten der sattelförmigen Gelenkflächen von Os trapezium und der Basis des Os metacarpi I bei Flexion und Extension sowie bei Abduktion und Adduktion simulieren; bei diesen Bewegungen den erhaltenen Gelenkflächenkontakt beachten. Bei der anschließend durchgeführten Rotation den weitgehend aufgehobenen Gelenkflächenkontakt und die stark reduzierte Kraft übertragende Fläche studieren.

Bei der **Präparation des Daumensattelgelenkes** (*Articulatio carpometacarpalis pollicis*) auf der Dorsalseite den die Kapsel verstärkenden Bandapparat zwischen *Os trapezium* **(1)** und *Os metacarpi I* **(2)**, *Ligamentum trapeziometacarpale dorsale* **(3)** darstellen (🔲 Abb. 5.78, 5.123/Video 5.44).

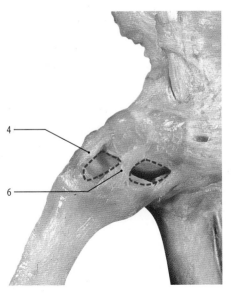

- - - - Schnittführung zur Freilegung der Bänder des Daumensattelgelenks, rechte Seite, Ansicht von palmar

1 Os trapezium
2 Os metacarpi I
3 Ligamentum trapeziometacarpale
  (Ligamentum carpometacarpale obliquum posterius)
4 (Ligamentum carpometacarpale dorsoradiale)
5 Ligamentum metacarpale dorsale I
6 Ligamentum trapeziometacarpale palmare

🔲 **Abb. 5.79** Kapsel-Band-Apparat des Daumensattelgelenks, rechte Seite, Ansicht von palmar [16]

🔄 Topographie

In der Handchirurgie werden die vom Os trapezium zum Os metacarpi I ziehenden Bänder als *Ligamentum carpometacarpale obliquum posterius* **(3)** und als *Ligamentum carpometacarpale dorsoradiale* **(4)** bezeichnet.

Sodann das „Führungsband" des Daumensattelgelenks, *Ligamentum metacarpale dorsale I* **(5)**, freilegen, das von der radialen Seite der Basis des Os metacarpi II zum ulnaren Rand des Os metacarpi I zieht. Auf der Palmarseite das *Ligamentum trapeziometacarpale palmare* **(6)** präparieren (🔲 Abb. 5.79). Nach Darstellung der Bänder die Gelenkkapsel im nicht Band verstärkten Bereich entfernen.

Vor der **Präparation des Daumengrundgelenkes** (*Articulatio metacarpophalangea pollicis*) (🔲 Abb. 5.76) die weite Gelenkkapsel beachten. Nach Ablösen der Dorsalaponeurose der Ansatzsehnen der Mm. extensores pollicis longus und brevis die Gelenkkapsel bis zum dorsalen Rand der Kollateralbänder entfernen. Anschließend die Kollateralbänder wie bei den Fingern präparieren. Auf der Palmarseite zunächst das Ligamentum palmare mit den in die Faserknorpelplatte eingelagerten Sesambeinen aufsuchen. Sodann den gekürzten Ansatzsehnen der kurzen Daumenmuskeln bis zum Ansatz an den Sesambeinen nachgehen; dabei den Ansatzsehnen von M. abductor pollicis und M. flexor pollicis brevis zum radialen Sesambein, und der Ansatzsehne des M. adductor pollicis zum ulnaren Sesambein folgen. Nach dem Studium des Sesambeinkomplexes von außen die Gelenkhöhle durch U-förmigen Schnitt von proximal eröffnen; dazu auch die seitlichen Verbindungen von Kollateralbändern und Faserknorpelplatte scharf lösen. Abschließend die Faserknorpelplatte mit den Sesambeinen nach distal klappen und die miteinander artikulierenden Strukturen studieren.

Die Präparation des Daumenendgelenks (*Articulatio interphalangea pollicis*) erfolgt in gleicher Weise wie bei den Interphalangealgelenken der Finger.

▶ **Klinik**

Das Daumensattelgelenk ist häufig von Osteoarthrose betroffen; Ursache für eine Rhizarthrose ist eine Überbeanspruchung der Gelenkstrukturen in Folge der Drehbewegung bei der Oppositionsbewegung (s. o.), z. B beim Schreiben mit der Hand oder beim Verfassen von Nachrichten mit dem Daumen am Mobiltelefon. ◀

5.20 Präparationsvideos zum Kapitel

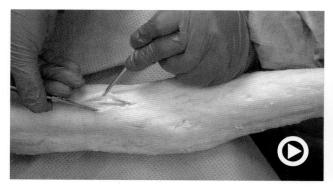

☐ **Abb. 5.80**   **Video 5.1: Aufsuchen und Freilegen epifaszialer Strukturen**. (▶ https://doi.org/10.1007/000-74g), © Institut für Klinische Anatomie und Zellanalytik der Universität Tübingen

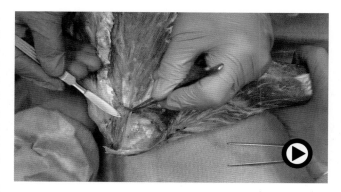

☐ **Abb. 5.81**   **Video   5.2:   Ablösen   des   M.   deltoideus.** (▶ https://doi.org/10.1007/000-737), © Institut für Klinische Anatomie und Zellanalytik der Universität Tübingen

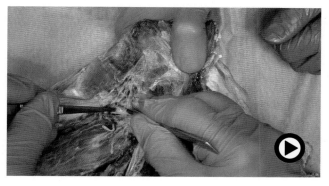

☐ **Abb. 5.82**   **Video   5.3:   Laterale   Achsellücke.** (▶ https://doi.org/10.1007/000-738), © Institut für Klinische Anatomie und Zellanalytik der Universität Tübingen

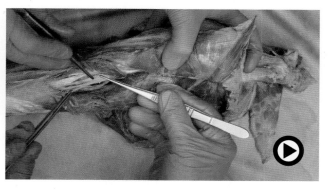

☐ **Abb. 5.83**   **Video 5.4: Freilegen des N. radialis im Radialiskanal.** (▶ https://doi.org/10.1007/000-739), © Institut für Klinische Anatomie und Zellanalytik der Universität Tübingen

5

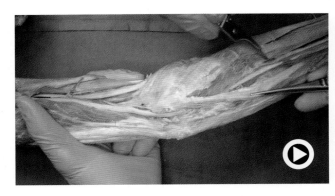

□ **Abb. 5.84   Video 5.5: Verlauf des N. ulnaris vom Oberarm in die Ellenbogenregion.** (▶ https://doi.org/10.1007/000-73a), © Institut für Klinische Anatomie und Zellanalytik der Universität Tübingen

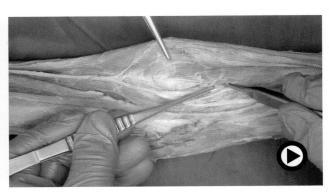

□ **Abb. 5.87   Video 5.8: Verlauf des N. radialis zum Supinatorkanal.** (▶ https://doi.org/10.1007/000-73d), © Institut für Klinische Anatomie und Zellanalytik der Universität Tübingen

□ **Abb. 5.85   Video 5.6: Verlauf des N. ulnaris zur Ulnaristraße.** (▶ https://doi.org/10.1007/000-73b), © Institut für Klinische Anatomie und Zellanalytik der Universität Tübingen

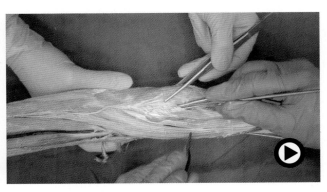

□ **Abb. 5.88   Video 5.9: Freilegen des Ramus profundus des N. radialis im Supinatorkanal.** (▶ https://doi.org/10.1007/000-73e), © Institut für Klinische Anatomie und Zellanalytik der Universität Tübingen

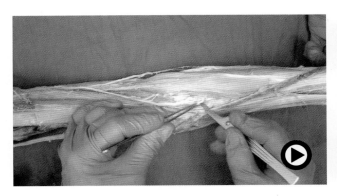

□ **Abb. 5.86   Video 5.7: Verlauf des N. radialis aus dem Radialiskanal in die Ellenbogenregion.** (▶ https://doi.org/10.1007/000-73c), © Institut für Klinische Anatomie und Zellanalytik der Universität Tübingen

□ **Abb. 5.89   Video 5.10: Präparation der Strukturen des Handrückens.** (▶ https://doi.org/10.1007/000-73f), © Institut für Klinische Anatomie und Zellanalytik der Universität Tübingen

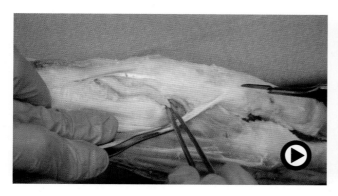

■ Abb. 5.90   Video 5.11: Verlauf der A. radialis durch die Fovea radialis – Tabatière anatomique. (▶ https://doi.org/10.1007/000-73g), © Institut für Klinische Anatomie und Zellanalytik der Universität Tübingen

■ Abb. 5.93   Video   5.14:   Freilegen   der   Interosseusstraße. (▶ https://doi.org/10.1007/000-73k), © Institut für Klinische Anatomie und Zellanalytik der Universität Tübingen

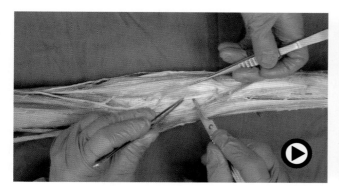

■ Abb. 5.91   Video 5.12: Verlauf des Ramus superficialis des N. radialis. (▶ https://doi.org/10.1007/000-73h), © Institut für Klinische Anatomie und Zellanalytik der Universität Tübingen

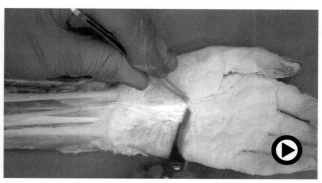

■ Abb. 5.94   Video   5.15:   Präparation   der   Palmaraponeurose. (▶ https://doi.org/10.1007/000-73m), © Institut für Klinische Anatomie und Zellanalytik der Universität Tübingen

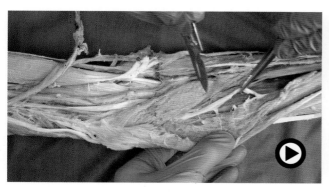

■ Abb. 5.92   Video 5.13: Verlauf des N. medianus durch den Pronatorkanal. (▶ https://doi.org/10.1007/000-73j), © Institut für Klinische Anatomie und Zellanalytik der Universität Tübingen

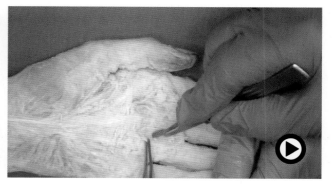

■ Abb. 5.95   Video 5.16: Präparation der Aa. propriae und Nn. digitales palmares proprii. (▶ https://doi.org/10.1007/000-73n), © Institut für Klinische Anatomie und Zellanalytik der Universität Tübingen

5

◲ **Abb. 5.96 Video 5.17: Ablösen der Palmaraponeurose.** (▶ https://doi.org/10.1007/000-73p), © Institut für Klinische Anatomie und Zellanalytik der Universität Tübingen

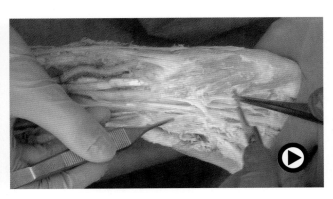

◲ **Abb. 5.99 Video 5.20: Freilegen der Strukturen im Karpalkanal.** (▶ https://doi.org/10.1007/000-73s), © Institut für Klinische Anatomie und Zellanalytik der Universität Tübingen

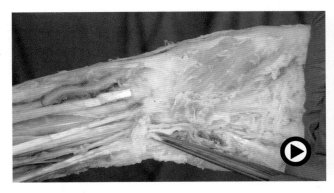

◲ **Abb. 5.97 Video 5.18: Präparation der Gyon-Loge.** (▶ https://doi.org/10.1007/000-73q), © Institut für Klinische Anatomie und Zellanalytik der Universität Tübingen

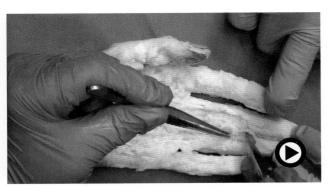

◲ **Abb. 5.100 Video 5.21: Präparation der Leitungsbahnen der Finger.** (▶ https://doi.org/10.1007/000-73t), © Institut für Klinische Anatomie und Zellanalytik der Universität Tübingen

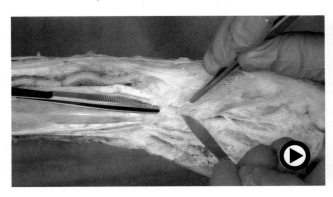

◲ **Abb. 5.98 Video 5.19: Eröffnen des Karpalkanals.** (▶ https://doi.org/10.1007/000-73r), © Institut für Klinische Anatomie und Zellanalytik der Universität Tübingen

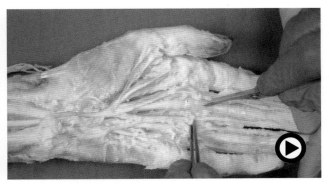

◲ **Abb. 5.101 Video 5.22: Eröffnen der Fingersehnenscheiden.** (▶ https://doi.org/10.1007/000-73v), © Institut für Klinische Anatomie und Zellanalytik der Universität Tübingen

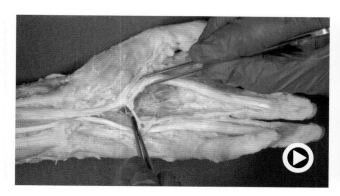

Abb. 5.102   Video 5.23: Freilegen der Strukturen der tiefen Hohlhand. (▶ https://doi.org/10.1007/000-73w), © Institut für Klinische Anatomie und Zellanalytik der Universität Tübingen

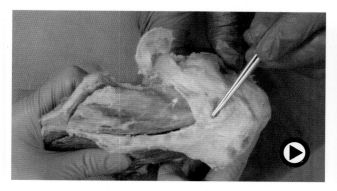

Abb. 5.103   Video 5.24: Präparation des Akromioklavikulargelenks. (▶ https://doi.org/10.1007/000-73x), © Institut für Klinische Anatomie und Zellanalytik der Universität Tübingen

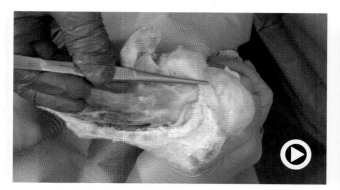

Abb. 5.104   Video 5.25: Präparation des subakromialen Nebengelenks. (▶ https://doi.org/10.1007/000-73y), © Institut für Klinische Anatomie und Zellanalytik der Universität Tübingen

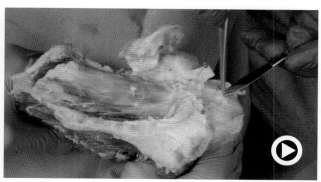

Abb. 5.105   Video 5.26: Präparation der Rotatorenmanschette und der glenohumeralen Bänder. (▶ https://doi.org/10.1007/000-73z), © Institut für Klinische Anatomie und Zellanalytik der Universität Tübingen

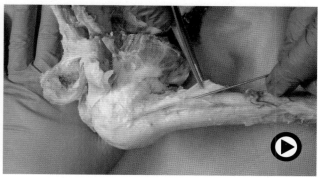

Abb. 5.106   Video 5.27: Präparation der Sehnenscheide der langen Bizepssehne. (▶ https://doi.org/10.1007/000-740), © Institut für Klinische Anatomie und Zellanalytik der Universität Tübingen

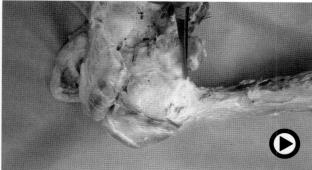

Abb. 5.107   Video 5.28: Präparation der Gelenkkapsel von hinten. (▶ https://doi.org/10.1007/000-741), © Institut für Klinische Anatomie und Zellanalytik der Universität Tübingen

5

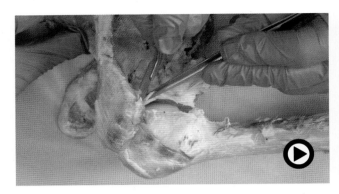

◘ **Abb. 5.108   Video 5.29: Eröffnen der Gelenkhöhle des Schultergelenks.** (► https://doi.org/10.1007/000-742), © Institut für Klinische
Anatomie und Zellanalytik der Universität Tübingen

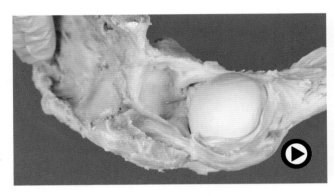

◘ **Abb. 5.109   Video 5.30: Studium der Binnenstrukturen des Schultergelenks.** (► https://doi.org/10.1007/000-743), © Institut für Klinische Anatomie und Zellanalytik der Universität Tübingen

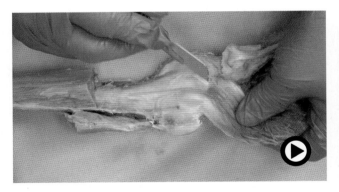

◘ **Abb. 5.110   Video 5.31: Vorbereitung zur Präparation des Ellenbogengelenks von vorn.** (► https://doi.org/10.1007/000-744), © Institut
für Klinische Anatomie und Zellanalytik der Universität Tübingen

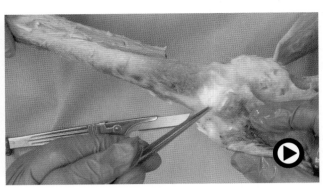

◘ **Abb. 5.111   Video 5.32: Vorbereitung zur Präparation des Ellenbogengelenks von hinten.** (► https://doi.org/10.1007/000-745), © Institut
für Klinische Anatomie und Zellanalytik der Universität Tübingen

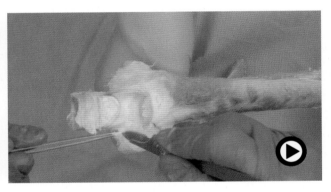

◘ **Abb. 5.112   Video 5.33: Ablösen der Gelenkkapsel und Freilegen der Kollateralbänder des Ellenbogengelenks von hinten.**
(► https://doi.org/10.1007/000-746), © Institut für Klinische Anatomie
und Zellanalytik der Universität Tübingen

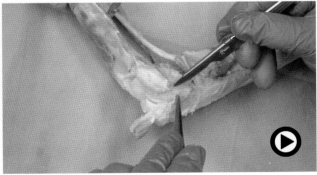

◘ **Abb. 5.113   Video 5.34: Präparation des Ellenbogengelenks Liga-
mentum collaterale ulnare.** (► https://doi.org/10.1007/000-747),
© Institut für Klinische Anatomie und Zellanalytik der Universität
Tübingen

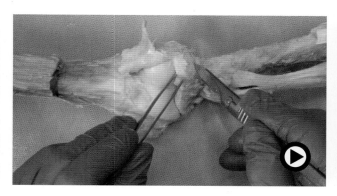

◻ **Abb. 5.114** Video 5.35: **Ablösen der Gelenkkapsel am El-lenbogengelenk und Freilegen des Bandapparates von vorn.** (▶ https://doi.org/10.1007/000-748), © Institut für Klinische Anatomie und Zellanalytik der Universität Tübingen

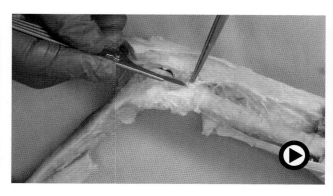

◻ **Abb. 5.115** Video 5.36: **Präparation des Ligamentum collaterale radiale am Ellenbogengelenk.** (▶ https://doi.org/10.1007/000-749), © Institut für Klinische Anatomie und Zellanalytik der Universität Tübingen

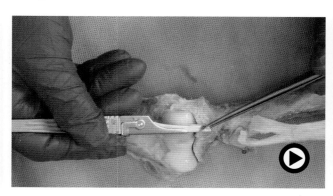

◻ **Abb. 5.116** Video 5.37: **Präparation des Ligamentum anulare radii des Ellenbogengelenks.** (▶ https://doi.org/10.1007/000-74a), © Institut für Klinische Anatomie und Zellanalytik der Universität Tübingen

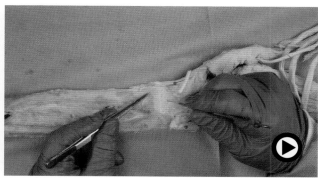

◻ **Abb. 5.117** Video 5.38: **Präparation der Membrana inte-rossea antebrachii und des Ligamentum radioulnare palmare.** (▶ https://doi.org/10.1007/000-74b), © Institut für Klinische Anatomie und Zellanalytik der Universität Tübingen

◻ **Abb. 5.118** Video 5.39: **Präparation der Articulatio ossis pisifor-mis.** (▶ https://doi.org/10.1007/000-74c), © Institut für Klinische Anatomie und Zellanalytik der Universität Tübingen

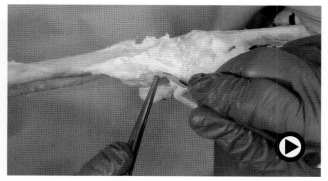

◻ **Abb. 5.119** Video 5.40: **Präparation der Kollateralbänder der Handgelenke.** (▶ https://doi.org/10.1007/000-74d), © Institut für Klinische Anatomie und Zellanalytik der Universität Tübingen

5

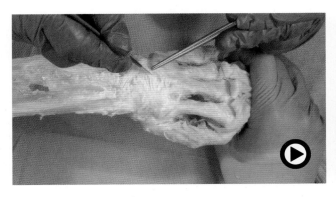

◨ **Abb. 5.120   Video 5.41: Präparation der Handgelenksbänder und des Discus articularis von dorsal.** (▶ https://doi.org/10.1007/000-74e), © Institut für Klinische Anatomie und Zellanalytik der Universität Tübingen

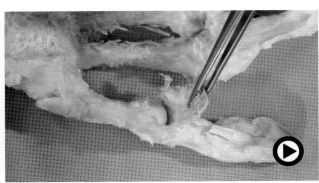

◨ **Abb. 5.123   Video 5.44: Präparation des Daumengrundgelenks und Daumensattelgelenks.** (▶ https://doi.org/10.1007/000-74h), © Institut für Klinische Anatomie und Zellanalytik der Universität Tübingen

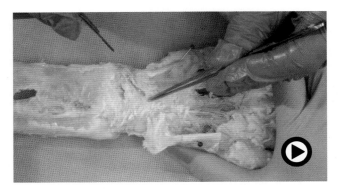

◨ **Abb. 5.121   Video 5.42: Präparation der Handgelenksbänder von palmar.** (▶ https://doi.org/10.1007/000-74f), © Institut für Klinische Anatomie und Zellanalytik der Universität Tübingen

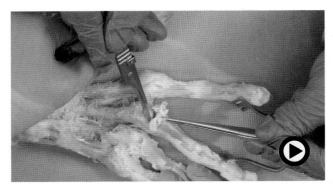

◨ **Abb. 5.122   Video 5.43: Präparation der Fingergrundgelenke.** (▶ https://doi.org/10.1007/000-73б), © Institut für Klinische Anatomie und Zellanalytik der Universität Tübingen

Untere Extremität

Bernhard N. Tillmann, Bernhard Hirt

Inhaltsverzeichnis

Ergänzende Information
Die elektronische Version dieses Kapitels enthält Zusatzmaterial, auf das über folgenden Link zugegriffen
werden kann https://doi.org/10.1007/978-3-662-62839-3_6. Die Videos lassen sich durch Anklicken des DOI
Links in der Legende einer entsprechenden Abbildung abspielen, oder indem Sie diesen Link mit der SN
More Media App scannen.

© Springer-Verlag GmbH Deutschland, ein Teil von Springer Nature 2022
B. N. Tillmann, B. Hirt, *Präpkurs Anatomie,* https://doi.org/10.1007/978-3-662-62839-3_6

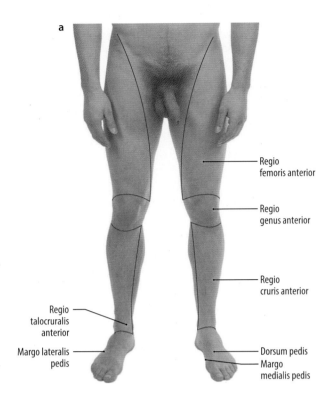

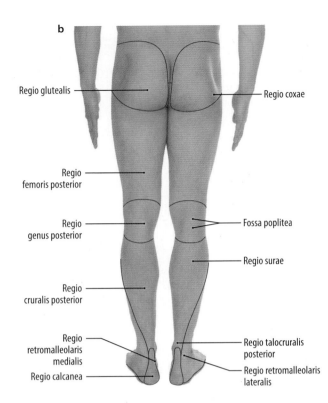

○ **Abb. 6.1**   Regionen der unteren Extremität, Ansicht von vorn (**a**), Ansicht von hinten (**b**) [29]

Zusammenfassung

Die Präparation an der unteren Extremität erfolgt proximal in enger Abstimmung mit dem Vorgehen an der ventralen und dorsalen Rumpfwand. Es wird zunächst die Präparation der Regio glutea und der Fossa ischioanalis sowie anschließend die Präparation auf der Rückseite von Oberschenkel, Kniekehle, Unterschenkel und Planta pedis beschrieben. In die Anleitung zur Vorgehensweise bei der Freilegung der epifaszialen Leitungsbahnen sowie der Muskeln mit ihrer Blut- und Nervenversorgung an der freien unteren Extremität wird im Hinblick auf ihre klinische Bedeutung auch die Darstellung der Faszienlogen (Kompartimente) gezeigt. Bei der Präparation auf der Vorderseite des Oberschenkels stehen die Strukturen im Schenkeldreieck und im Adduktorenkanal im Vordergrund. Nach der Beschreibung zur Freilegung der epifaszialen Strukturen auf der Vorderseite des Unterschenkels und des Fußrückens erfolgt die Anleitung zur Präparation der Muskeln und Leitungsbahnen in der Extensorenloge sowie in der Peroneusloge. Das Kapitel schließt mit einer ausführlichen Beschreibung der Präparation des Kapsel-Band-Apparates und der Binnenstrukturen der Gelenke.

Die unteren Extremitäten sind beim Menschen Fortbewegungs- und Stützorgane. Die Gesäßregion bildet den Übergang zur dorsalen Rumpfwand; die Leistenbeuge ist die Grenze zwischen ventraler Rumpfwand und Oberschenkelvorderseite. Zur freien unteren Extremität gehören Oberschenkel, Knie, Unterschenkel und Fuß.

Die Präparation der unteren Extremitäten erfolgt in Abstimmung mit dem Vorgehen auf der ventralen und dorsalen Rumpfwand (▶ Kap. 3 und 4). Vor Beginn der Präparation sollten das Oberflächenrelief und die tastbaren Knochenanteile am Lebenden studiert werden (○ Abb. 6.2, 6.3, 6.4, 6.5).

6.1   Regionen und Oberflächenrelief

(○ Abb. 6.1, 6.2, 6.3 und 6.4) Die Oberflächenkontur der **Gesäßregion** *(Regio glutealis*, ○ Abb. 6.2, obere Grenze: *Crista iliaca*; untere Grenze: *Sulcus glutealis*; vordere Grenze: *M. tensor fasciae latae*; hintere Grenze: Analfurche) wird durch die Gesäßbacken *(Nates – Clunes)* geprägt, die durch den *M. gluteus maximus* und durch das Unterhautfettgewebe zustande kommen. Im oberen äußeren Quadranten der Glutealregion bilden *M. gluteus medius* und *M. tensor fasciae latae* das Oberflächenrelief.

> ▶ **Klinik**
>
> Die intramuskuläre Injektion in der Glutealregion erfolgt im oberen äußeren Quadranten. ◀

Die Glutealregion setzt sich in Streckstellung der unteren Extremität deutlich von der Oberschenkelrückseite durch die Gesäßfurche *(Sulcus glutealis)* ab.

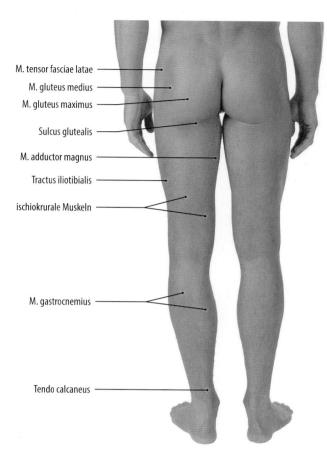

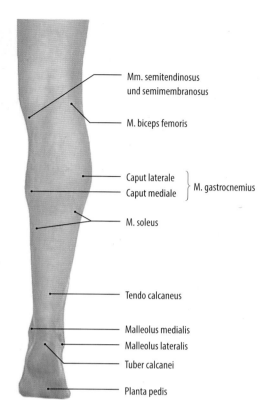

M. tensor fasciae latae

M. gluteus medius

M. gluteus maximus

Sulcus glutealis

M. adductor magnus

Tractus iliotibialis

ischiokrurale Muskeln

M. gastrocnemius

Tendo calcaneus

Mm. semitendinosus und semimembranosus

M. biceps femoris

Caput laterale
Caput mediale } M. gastrocnemius

M. soleus

Tendo calcaneus

Malleolus medialis

Malleolus lateralis

Tuber calcanei

Planta pedis

Abb. 6.3 Oberflächenrelief der unteren Extremität im Zehenstand, rechte Seite Teilansicht von hinten [37]

Abb. 6.2 Oberflächenrelief der unteren Extremität bei einem jungen Mann, Ansicht von hinten [37]

Topographie

Die Gesäßfurche ist nicht mit dem Unterrand des M. gluteus maximus identisch; sie entsteht durch horizontale Verstärkungszüge der Fascia lata.

Das Oberflächenrelief der **Oberschenkelrückseite** (*Regio femoris posterior*) (■ Abb. 6.2) bilden die ischiokruralen Muskeln. Bei schwach entwickeltem Unterhautfettgewebe ist an der lateralen Oberschenkelseite die Kontur des *Tractus iliotibialis* (Maissiatscher Streifen) sicht- und tastbar. Die Ansatzsehnen der ischiokruralen Muskeln begrenzen proximal die **Kniekehle** (*Fossa poplitea*) innerhalb der hinteren Knieregion (*Regio genus posterior*). Die mediale Begrenzung bilden die *Mm. semimembranosus* und *semitendinosus*, die laterale Begrenzung bildet der *M. biceps femoris*. Distal begrenzen der mediale und der laterale Kopf des *M. gastrocnemius* die Fossa poplitea. Die begrenzenden Strukturen sind in Beugestellung des Knies deutlich sicht- und tastbar. In Streckstellung wölbt sich im mittleren Bereich der Kniekehle der Gefäß-Nerven-Strang vor. Der Puls der *A. poplitea* ist tastbar.

Das Oberflächenrelief der **Unterschenkelrückseite** (*Regio cruris posterior*) (■ Abb. 6.2, 6.3) prägen proximal die Muskelbäuche, *Caput mediale* und *Caput laterale* des

M. gastrocnemius; den Bereich über den Gastroknemiusköpfen bezeichnet man als Wadenregion (*Regio surae*). Das Relief der distalen Unterschenkelregion entsteht durch den Muskel- Sehnenübergang des *M. triceps surae* in die Achillessehne sowie deren Verlauf zum Ansatz am Calcaneus. Häufig ist die im subkutanen Bindegewebe der Unterschenkelrückseite die *V. saphena parva* durch die Haut sichtbar. Die V. saphena parva gelangt vom lateralen Fußrand durch die Region hinter dem Außenknöchel (*Regio retromalleolaris*) auf die Rückseite des Unterschenkels und mündet in den meisten Fällen zwischen den Gastroknemiusköpfen in die *V. poplitea*. Unterhalb des lateralen Knöchels sind in Pronationsstellung die Ansatzsehnen der *Mm. peronei longus* und *brevis* sicht- und tastbar. Durch die Region hinter dem Innenknöchel (*Regio retromalleolaris medialis*) ziehen die Leitungsbahnen vom Unterschenkel zum Fuß. In der von Achillessehne, medialem Knöchel und Ferse gebildeten Grube sind im subkutanen Gewebe meistens Hautvenen sichtbar, die über den Knöchel zur *V. saphena magna* ziehen. Hinter dem medialen Knöchel kann der Puls der *A. tibialis posterior* getastet werden.

Das Aussehen der **Fußsohle** (*Planta pedis – Regio plantaris pedis*) wird durch funktionelle Anpassung der Haut an die Beanspruchung geprägt. In den Hauptbelastungszonen an Ferse und über den Köpfen der Mittelfußknochen ist die Haut stark verhornt; in der Tiefe der Fußwölbungen ist sie normaler Weise dünner.

6

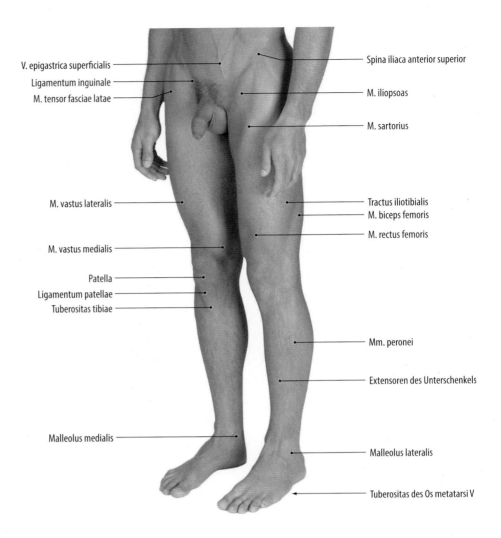

Abb. 6.4 Oberflächenrelief der unteren Extremität bei einem jungen Mann in der Ansicht von vorn-seitlich [37]

V. epigastrica superficialis
Ligamentum inguinale
M. tensor fasciae latae
M. vastus lateralis
M. vastus medialis
Patella
Ligamentum patellae
Tuberositas tibiae
Malleolus medialis

Spina iliaca anterior superior
M. iliopsoas
M. sartorius
Tractus iliotibialis
M. biceps femoris
M. rectus femoris
Mm. peronei
Extensoren des Unterschenkels
Malleolus lateralis
Tuberositas des Os metatarsi V

Die **Oberschenkelvorderseite** (*Regio femoris anterior*) (Abb. 6.4) beginnt proximal in der Leistenbeuge und geht distal in die vordere Knieregion (*Regio genus anterior*) über. Formgebend für die Region sind die Muskeln. Bei schlanken Personen sind proximal-lateral die *Mm. tensor fasciae latae* und *sartorius* unterhalb ihres Ursprungs an der *Spina iliaca anterior superior* sichtbar; zwischen den Ursprungssehnen der beiden Muskeln liegt eine kleine Grube (Schenkelgrübchen). Das Oberflächenrelief im mittleren Abschnitt wird durch die Köpfe des *M. quadriceps femoris* geprägt. Im mittleren Bereich ist der *M. rectus femoris* formgebend, dessen Muskelsehnenübergang oberhalb der Patella in Form einer Einsenkung sichtbar ist. Medial und lateral liegen die Muskelbäuche des *Mm. vastus medialis* und *vastus lateralis*; sie bilden die sichtbaren Suprapatellarwülste. Der Muskelsehnenübergang des M. vastus medialis am oberen Patellapol ist sichtbar. Der Ansatz des M. vastus lateralis am Seitenrand der Patella wird größtenteils vom *Tractus iliotibialis* überdeckt. Der Tractus iliotibialis liegt dem M. vastus lateralis fest an; bei schlanken Personen kann sein Verlauf am Oberschenkel bis zu seinem Ansatz am *Tubercu-*

lum tractus iliotibialis (Tuberculum Gerdy) des *Condylus lateralis tibiae* verfolgt werden. Innerhalb der Regio femoris anterior liegt das **Schenkeldreieck** (*Trigonum femoris* – femorale; Scarpasches Dreieck), das proximal vom tastbaren Leistenband, medial vom *M. gracilis* und lateral vom *M. sartorius* begrenzt wird. Die das Dreieck begrenzenden Muskeln sind bei abduziertem und außenrotiertem Hüftgelenk sichtbar. Im Boden des Schenkeldreiecks wölbt sich der *M. iliopsoas* vor. Die *V. saphena magna* zieht im subkutanen Gewebe vom medialen Rand der Knieregion zum *Hiatus saphenus* innerhalb des Schenkeldreiecks. Bei guter Venenfüllung sind auch die übrigen den Venenstern bildenden Hautvenen, *V. epigastrica superficialis*, *Vv. pudendae externae* und *V. circumflexa ilium superficialis*, innerhalb des Schenkeldreiecks sichtbar. Dort ist auch der Puls der *A. femoralis* (communis) unterhalb des Leistenbandes tastbar.

Topographie

Das Trigonum femoris ist Transitstrecke für die Vasa femoralia zwischen Becken, Adduktorenkanal und Kniekehle.

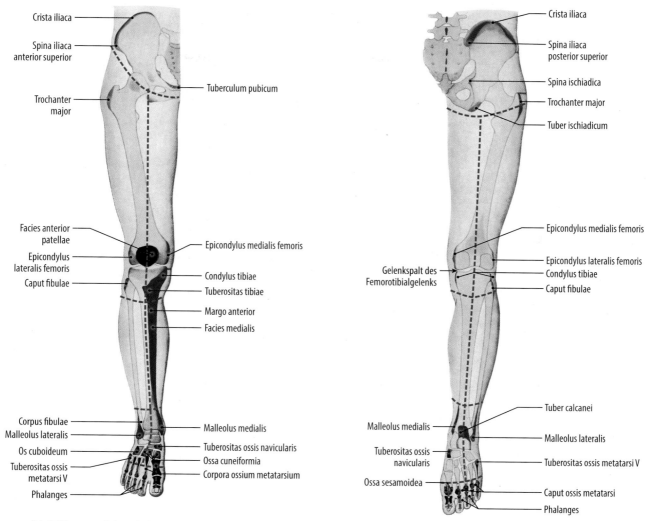

Crista iliaca
Spina iliaca anterior superior
Trochanter major
Tuberculum pubicum
Facies anterior patellae
Epicondylus lateralis femoris
Caput fibulae
Epicondylus medialis femoris
Condylus tibiae
Tuberositas tibiae
Margo anterior
Facies medialis
Corpus fibulae
Malleolus lateralis
Os cuboideum
Tuberositas ossis metatarsi V
Phalanges
Malleolus medialis
Tuberositas ossis navicularis
Ossa cuneiformia
Corpora ossium metatarsium

Crista iliaca
Spina iliaca posterior superior
Spina ischiadica
Trochanter major
Tuber ischiadicum
Epicondylus medialis femoris
Epicondylus lateralis femoris
Condylus tibiae
Caput fibulae
Gelenkspalt des Femorotibialgelenks
Tuber calcanei
Malleolus medialis
Malleolus lateralis
Tuberositas ossis navicularis
Tuberositas ossis metatarsi V
Ossa sesamoidea
Caput ossis metatarsi
Phalanges

- - - - Schnittführung zum Anlegen der Hautschnitte, Ansicht von vorn (links), Ansicht von hinten (rechts)

◻ **Abb. 6.5** Tastbare Knochenanteile und Schnittführung zum Anlegen der Hautschnitte, Ansicht von vorn (links), Ansicht von hinten (rechts) [32]

▶ **Klinik**

Im Schenkeldreieck kann die A. femoralis (communis) punktiert werden. Schenkelhernien treten unterhalb des Leistenbandes aus der Lacuna vasorum in das Schenkeldreieck. ◀

Die Konturen der **vorderen Knieregion** (*Regio genus anterior*) prägen die *Patella* mit den an ihr inserierenden Sehnen des M. quadriceps femoris, das von der Patellaspitze zur sicht- und tastbaren *Tuberositas tibiae* ziehende *Ligamentum patellae* sowie Anteile der *Epicondyli femoris* und der *Condyli tibiae*. Am lateralen Rand der vorderen Knieregion ist das *Ligamentum collaterale fibulare* als derber Strang tastbar.

Auf der **Unterschenkelvorderseite** (*Regio cruris anterior*) ist die Facies medialis der Tibia sicht- und tastbar. Das Muskelrelief bilden die Extensoren und die Mm.

peronei longus und brevis. Im subkutanen Gewebe läuft an der Grenze zur hinteren Unterschenkelregion die *V. saphena magna*.

Das Oberflächenrelief des **Fußrückens** (*Dorsum pedis – Regio dorsalis pedis*) wird von den Ansatzsehnen der *Mm. extensor digitorum longus, extensor hallucis longus* und *tibialis anterior* sowie durch die Muskelbäuche der *Mm. extensor digitorum brevis* und *extensor hallucis brevis* geprägt. Im lockeren subkutanen Gewebe sind die Venen des *Rete venosum dorsale pedis* und des *Arcus dorsalis pedis* sichtbar.

6.2 Tastbare Knochen- und Gelenkanteile

(▣ Abb. 6.5) Tastbare knöcherne Orientierungsmarken in den Gluteal- und Hüftregionen: *Crista iliaca*, *Spina iliaca anterior superior*, *Tuber ischiadicum* und *Spina iliaca posterior superior*, *Tuberculum pubicum*, *Spina ischiadica* (bei mageren Personen). Im Bereich von Oberschenkel und Knie: *Trochanter major*, *Epicondyli medialis* und *lateralis* des Femur, *Facies anterior patellae* sowie der Gelenkspalt des Kniegelenks. Am Unterschenkel an der Tibia: *Condyli tibiae*, *Tuberositas tibiae*, *Margo anterior*, *Facies medialis* und *Malleolus medialis*. An der Fibula: *Caput* und *Collum fibulae* und im distalen Bereich *Corpus fibulae* und *Malleolus lateralis*. Von den Fußknochen: *Tuber calcanei*, *Sustentaculum tali*; *Caput tali* (in Plantarflexion) und *Tuberositas ossis navicularis* (Eingang zur Chopartschen Gelenklinie); auf dem Fußrücken: Teile der *Ossa cuneiformia* und des *Os cuboideum*; Teile der *Ossa metatarsi*, am lateralen Fußrand: *Tuberositas ossis metatarsi V* (Eingang zur Lisfrancschen Gelenklinie); von den Zehen: Teile der Grund-, Mittel- und Endphalangen von dorsal und von plantar, Zehengelenke (in Plantarflexion), *Ossa sesamoidea* am *Caput ossis metatarsi I* (von plantar).

Die Präparation auf der Rückseite der unteren Extremität kann zeitgleich erfolgen; dazu das Vorgehen in den einzelnen Regionen aufeinander abstimmen.

6.3 Präparation der Gesäßregion und der Oberschenkelrückseite

Anlegen der Hautschnitte – Präparation der Haut (▣ Abb. 6.5)   Vor Anlegen der Hautschnitte unterschiedliche Dicke der Haut in den einzelnen Regionen studieren.

Im Bereich der Gesäßregion ist die Haut dick und über Bindegewebssepten fest mit dem subkutanen Bindegewebe verbunden. Über den Sitzflächen ist das Fettgewebe der Subkutis kräftig entwickelt. Auch auf der Rückseite von Oberschenkel und Unterschenkel ist die Haut vergleichsweise dick; sie wird an der Innenseite von Ober- und Unterschenkel sowie in der Kniekehle dünner. Im Bereich der Knöchelregionen sind Haut und Unterhaut dünn und verschiebbar. An der Planta pedis haben Haut und Unterhaut eine feste Verbindung mit den darunterliegenden Strukturen und sind nicht verschiebbar. In den Hauptbelastungszonen ist die Epidermis stark verhornt. Die dünne Haut der Leistenregion wird weiter distal auf der Oberschenkelvorderseite dicker. In der vorderen Knieregion lassen sich Haut und Unterhaut verschieben. Am Unterschenkel sind Haut und Unterhaut vor allem über der medialen Tibiafläche vergleichsweise dünn. Die dünne Kutis und das lockere subkutane Gewebe des Fußrückens lassen sich gut verschieben (die Hautschnitte am Fuß sollten erst gelegt werden, wenn dort präpariert wird).

Im lockeren Bindegewebe auf dem Fußrücken sowie im Bereich der Knöchel kann es zur Ödembildung kommen. ◄

(▣ Abb. 6.6) Aus Gründen der Kontinuität werden die epifaszialen Leitungsbahnen (*Nn. clunium superiores*, *medii* und *inferiores*) der *Regio glutealis* bei der Präparation der dorsalen Rumpfwand freigelegt (▶ Kap. 4). Aus dem gleichen Grund wird auch die Fascia lata im proximalen Abschnitt auf der Oberschenkelrückseite zum Aufsuchen des *N. cutaneus femoris posterior* (1) und der aus ihm hervorgehenden *Nn. clunium inferiores* (2) bereits bei der dorsalen Rumpfwand präpariert (▣ Abb. 6.80/Video 6.1).

Präparation der oberflächlichen Gesäßregion und des proximalen Bereiches der Oberschenkelrückseite   In der Gesäßregion die bei der Präparation der dorsalen Rumpfwand freigelegten Leitungsbahnen (s. oben) aufsuchen und die durch die dünne Faszie des M. gluteus maximus tretenden Gefäße und Nerven beispielhaft darstellen (▣ Abb. 6.6, ▣ Abb. 6.81/Video 6.2). Sodann im proximalen Bereich der Oberschenkelrückseite die Präparation der epifaszialen Leitungsbahnen durch Abtragen des subkutanen Gewebes vervollständigen. Dabei die durch die *Fascia lata* (3) tretenden Hautäste des *N. cutaneus femoris posterior* (4) mit ihren Begleitgefäßen aufsuchen, und die aus der Knieregion zur Innenseite des Oberschenkels ziehende *V. saphena magna* (5) freilegen.

❶ Fascia lata noch nicht eröffnen!

Vor dem **Ablösen der Faszie des M. gluteus maximus (6)** seine Ausdehnung vom Ursprung bis zum Ansatz sowie die Verbindung seiner Faszie am Oberrand mit der Aponeurose des M. gluteus medius **(7)** studieren.

Sodann die dünne Faszie auf dem M. gluteus maximus unter Erhaltung der epifaszialen Strukturen abtragen; dazu das Messer in Richtung der Muskelfaserbündel führen. Beim Ablösen der Faszie die von der Oberflächenfaszie in die Tiefe des Muskels dringenden Bindegewebssepten und das die kräftigen Muskelfaserbündel umhüllende Muskelbindegewebe scharf herauslösen.

❶ Beim Ablösen der dünnen Faszie des M. gluteus maximus seine Muskulatur sowie die aponeurotische Ursprungssehne des M. gluteus medius nicht verletzen.

Präparation der tiefen Gesäßregion (▣ Abb. 6.8)   Zur Freilegung der tiefen Gesäßregion M. gluteus maximus im Übergangsbereich zwischen mittlerem und lateralem Drittel durchtrennen (▣ Abb. 6.7, 6.82/Video 6.3). Zuvor den Oberrand des Muskels scharf von der Aponeurose des M. gluteus medius lösen. Sodann mit dem Finger in den subglutealen Raum eindringen und das lockere Bindegewebe von der Unterseite des M. gluteus maximus

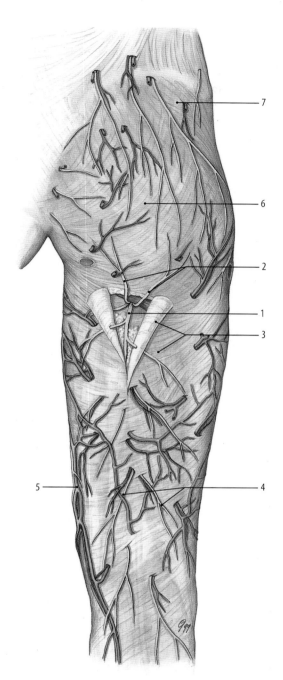

1 N. cutaneus femoris posterior
2 Nn. clunium inferiores
3 Fascia lata
4 Hautäste des N. cutaneus femoris posterior
5 V. saphena magna
6 M. gluteus maximus
7 Aponeurose des M. gluteus medius

Abb. 6.6 Epifasziale Leitungsbahnen der Hüft- und Oberschenkelregion der rechten Seite in der Ansicht von hinten [29]

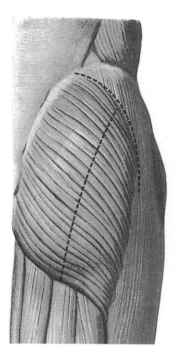

– – – – Schnittführung zur Durchtrennung des M. gluteus maximus und zur Ablösung seines Oberrandes von der Aponeurose des M. gluteus medius.

Abb. 6.7 Schnittführung zur Durchtrennung des M. gluteus maximus und zur Ablösung seines Oberrandes von der Aponeurose des M. gluteus medius [32]

unter Sicht und Kontrolle der tastenden Finger mit dem Muskelmesser durchtrennen. Die in den lateralen Ursprungsteil ziehenden Leitungsbahnen studieren, danach erst Muskel und eintretende Leitungsbahnen vollständig durchtrennen. Im distalen Bereich den Unterrand des Muskels unter Schonung des N. cutaneus femoris posterior sowie der Nn. clunium inferiores scharf von der Fascia lata lösen.

🔴 Beim Durchtrennen des M. gluteus maximus Strukturen der tiefen Gesäßregion und N. cutaneus femoris posterior nicht verletzen. Die in den lateralen Teil des M. gluteus maximus eintretenden Leitungsbahnen erst nach eingehendem Studium durchtrennen.

Nach vollständiger Durchtrennung des *M. gluteus maximus* (**1**) seinen Ursprungsteil nach medial und seinen Ansatzteil nach lateral verlagern. Vor dem stumpfen Ablösen des Ansatzteils noch bestehende Verbindungen der versorgenden Leitungsbahnen (*Vasa glutea inferiora* (**2**) und *N. gluteus inferior*) durchtrennen. Sodann Ansatzsehne bis in die *Fascia lata* und bis zur *Tuberositas glutea* (**3**) verfolgen und dabei die *Bursa trochanterica m. glutei maximi* (**4**) und evtl. vorhandene *Bursa intermuscularis musculorum gluteorum* (**5**) studieren und eröffnen.

lösen; anschließend zur Schonung der Strukturen in der tiefen Gesäßregion den Oberrand des Muskels im medialen Abschnitt umfassen und die kräftige Muskulatur

6

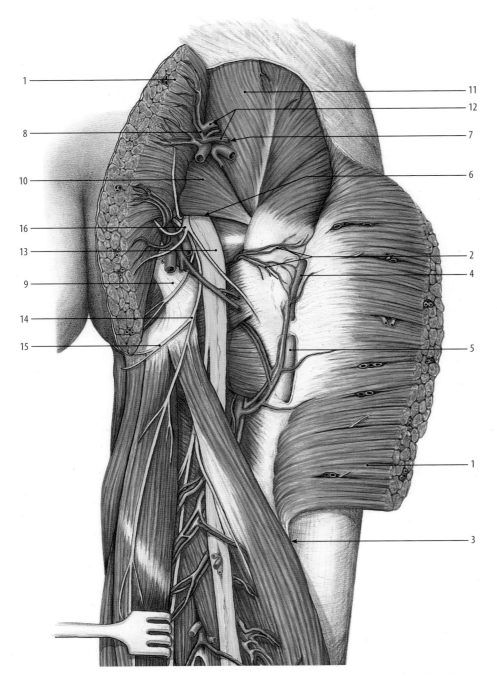

1 M. gluteus maximus
2 Vasa glutea inferiora
3 Ansatz an der Tuberositas glutea
4 Bursa trochanterica m. glutei maximi
5 Bursa intermuscularis musculorum gluteorum
6 Foramen infrapiriforme
7 Foramen suprapiriforme
8 R. superficialis der A. glutea superior

9 Ligamentum sacrotuberale
10 M. piriformis
11 M. gluteus medius
12 Vasa glutea superiora
13 N. ischiadicus
14 N. cutaneus femoris posterior
15 Rr. perineales aus dem N. cutaneus femoris posterior
16 N. gluteus inferior

◻ **Abb. 6.8**   Muskeln und Leitungsbahnen der Glutealregion der rechten Seite in der Ansicht von hinten [29]

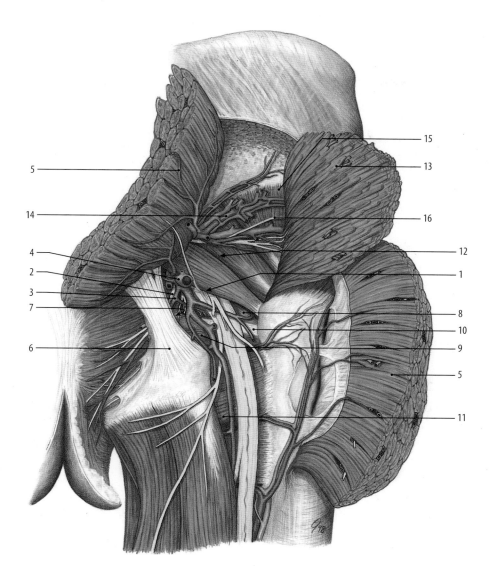

1 Foramen infrapiriforme
2 N. pudendus
3 A. pudenda interna
4 Vv. pudendae internae
5 M. gluteus maximus
6 Ligamentum sacrotuberale
7 Foramen ischiadicum minus
8 M. gemellus superior
9 M. gemellus inferior
10 M. oburatorius internus
11 M. quadratus femoris
12 Foramen suprapiriforme
13 M. gluteus medius
14 Ramus profundus der A. glutea superior
15 M. gluteus minimus
16 Muskelast für den M. tensor fasciae latae

Abb. 6.9 Muskeln und Gefäße der tiefen Glutealregion der rechten Seite in der Ansicht von hinten [29]

▶ **Klinik**

Eine Entzündung der Bursa trochanterica musculi glutei maximi (Bursitis trochanterica) tritt meistens gemeinsam mit einer sog. schnellenden Hüfte (tastbare schnappartige Verlagerung des Tractus iliotibialis nach vorn und nach hinten beim Gehen) auf. ◄

Medialen Ursprungsteil des Muskels teils stumpf, teils scharf lösen (**Abb. 6.83/Video 6.4**); dabei die aus dem *Foramen infrapiriforme* (**6**) (s. u.) in den Muskel einstrahlenden Leitungsbahnen erhalten sowie den aus dem *Foramen suprapiriforme* (**7**) (s. u.) in den Muskel ziehenden *R. superficialis* aus der *A. glutea superior* (**8**) ebenfalls schonen. Muskelursprung am *Ligamentum sacrotuberale* (**9**) vollständig scharf ablösen; dabei die Leitungsbahnen schonend mobilisieren, dass diese nicht zerreißen. Auf dem freigelegten *Tuber ischiadicum* Bursa ischiadica musculi glutei maximi beachten.

🚫 Ligamentum sacrotuberale beim Ablösen des M. gluteus maximus nicht durchtrennen.

Freilegen der Strukturen in der tiefen Glutealregion Vor dem Freilegen der Strukturen in der tiefen Glutealregion die topographische Leitstruktur der Region, den M. piriformis (**10**) aufsuchen; sodann das lockere Bindegewebe im Spatium subgluteale unter Erhaltung der Leitungsbahnen entfernen (**Abb. 6.84/Video 6.5**). Im kranialen Teil des Dreiecks zwischen Oberrand des M. piriformis und Hinterrand des M. gluteus medius (**11**) im Foramen suprapiriforme Austritt der Vasa glutea superiora (**12**) und des N. gluteus superior aufsuchen und bis zum Verschwinden unter dem M. gluteus medius verfolgen (R. superficialis der A. glutea superior, s. oben).

Foramen infrapiriforme Zur Freilegung der aus dem Foramen infrapiriforme (**6**) austretenden Strukturen Faszie

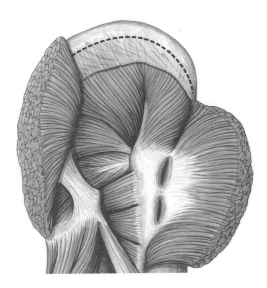

- - - - - Schnittführung zur Ablösung
des M. gluteus medius.

☐ **Abb. 6.10**   Schnittführung zur Ablösung des M. gluteus medius [29]

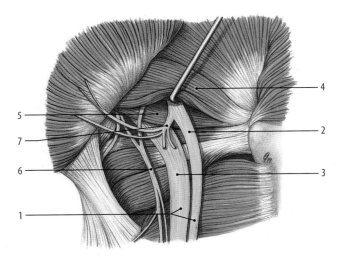

1 N. ischiadicus
2 N. peroneus communis
3 N. tibialis
4 oberflächlicher Teil des M. piriformis
5 tiefer Teil des M. piriformis
6 N. cutaneus femoris posterior
7 N. gluteus inferior

☐ **Abb. 6.11**   Glutealregion der rechten Seite, hohe Teilung des N. ischiadicus, Ansicht von hinten [29]

des M. piriformis abtragen und den Muskel durch Entfernen des umgebenden Bindegewebes vorsichtig mobilisieren. Sodann die ein- und austretenden Leitungsbahnen präparieren.

Topographie

Lage der Leitungsbahnen im Foramen infrapiriforme von medial nach lateral: N. pudendus und Vasa pudenda interna, Vasa glutea inferiora und N. gluteus inferior, N. cutaneus femoris posterior, N. ischiadicus.

Bei sehr kräftiger Ausbildung der Venen zur übersichtlichen Darstellung von Arterien und Nerven einen Teil kürzen oder bei Bedarf nach vorherigem Studium vollständig entfernen. *N. ischiadicus* **(13)** mit der *A. comitans nervi ischiadici* vom Foramen infrapiriforme bis zum Oberschenkel freilegen. Auf hohe Teilung des N. ischiadicus achten (☐ Abb. 6.11). Den medial vom N. ischiadicus austretenden *N. cutaneus femoris posterior* **(14)** durch die tiefe Glutealregion bis Oberschenkel verfolgen, Abgang der *Rr. perineales* **(15)** aus den Nn. clunium inferiores darstellen. Verlauf von Vasa glutea inferiora und *N. gluteus inferior* **(16)** vom Foramen infrapiriformen zur Unterseite des M. gluteus maximus durch Entfernen der Faszie freilegen (Präparation der Vasa pudenda interna und des N. pudendus, s. Präparation der Fossa ischioanalis, ☐ Abb. 6.12).

Präparation der aus dem *Foramen infrapiriforme* **(1)** tretenden Strukturen fortsetzen (☐ Abb. 6.9). *N. pudendus* **(2)** und *A. pudenda interna* **(3)** im oberen-medialen Teil des Foramen infrapiriforme aufsuchen; dazu die *Vv. pudendae internae* **(4)** bei Bedarf kürzen. Der Austritt von N. pudendus und A. pudenda interna aus dem Fo-

ramen infrapiriforme wird erst dann sichtbar, wenn der *M. gluteus maximus* **(5)** vollständig vom *Ligamentum sacrotuberale* **(6)** gelöst ist.

Die Leitungsbahnen sodann in das *Foramen ischiadicum minus* **(7)** verfolgen; dazu das Bindegewebe bis unter das Ligamentum sacrotuberale entfernen.

❗ Noch nicht in die Fossa ischioanalis vordringen!

Anschließend *Mm. gemelli superior* **(8)** und *inferior* **(9)**, *M. obturatorius internus* **(10)** und *M. quadratus femoris* **(11)** durch Abtragen ihrer Faszie freilegen. Zur Veranschaulichung des Verlaufs der Ansatzsehne des M. obturatorius internus (Gleitsehne) um ihr Widerlager an der Incisura ischiadica Mm. gemelli superior und inferior scharf vom Ansatzbereich des M. obturatorius internus trennen; anschließend Ansatzsehne des M. obturatorius internus mit stumpfer Pinzette unterminieren und leicht anheben; dann Bursa ischiadica musculi obturatorii interni am Gleitlager eröffnen und die Strukturen im Gleitbereich studieren.

Foramen suprapiriforme   Zur Freilegung der im *Foramen suprapiriforme* **(12)** austretenden Leitungsbahnen *M. gluteus medius* **(13)** im Ursprungsbereich ca. 2 cm unterhalb der Crista iliaca durchtrennen (☐ Abb. 6.10, 6.85/Video 6.6); anschließend den Muskel vom Foramen suprapiriforme ausgehend unterminieren und von der

Darmbeinschaufel bis zum M. tensor fasciae latae scharf ablösen. Sodann Rami superior und inferior des *Ramus profundus* **(14)** der *A. glutea superior* auf dem *M. gluteus minimus* **(15)** freilegen, dabei die dünne Faszie des Muskels abtragen. Starke Venen im Bedarfsfall kürzen oder entfernen. *N. gluteus superior* bis zum Eintritt in die Muskulatur verfolgen. Muskelast **(16)** für den M. tensor fasciae latae aufsuchen.

> ► **Klinik**
>
> Bei fehlerhafter intraglutealer Injektion oder nach Luxationsfrakturen im Hüftgelenk kann der N. ischiadicus geschädigt werden. Bei Schädigung des N. gluteus superior (bei fehlerhafter intraglutealer Injektion oder nach Hüftoperationen) kommt es im Hüftgelenk zur einer Abduktionsschwäche der kleinen Gluteen (Hüfthinken – Absinken des Beckens auf die Schwungbeinseite = positives Trendelenburgsches Zeichen). Beim antero-lateralen Zugang zum Hüftgelenk ist der Muskelast des N. gluteus superior für den M. tensor fasciae latae gefährdet. ◄

☉ Varia (◨ Abb. 6.11)

Bei der hohen Teilung des *N. ischiadicus* **(1)** (ca. 15 % der Fälle) tritt der *N. peroneus communis* **(2)** getrennt vom *N. tibialis* **(3)** zwischen oberflächlichem **(4)** und tiefem **(5)** Teil des M. piriformis in die Beckenregion. Auch *N. cutaneus femoris posterior* **(6)** und *N. gluteus inferior* **(7)** können teilweise oder vollständig zwischen oberflächlichem und tiefem Teil austreten.

6.4 Präparation der Fossa ischioanalis

Die Präparation der Fossa ischioanalis (◨ Abb. 6.12) sollte aus inhaltlichen und präparationstechnischen Gründen nach der Darstellung der aus der Glutealregion durch das Foramen ischiadicum minus ziehenden Strukturen ausgeführt werden.

☉ Topographie

Vor Beginn der Präparation Begrenzung der Fossa ischioanalis – M. obturatorius internus mit Fascia obturatoria interna und M. levator ani mit Fascia inferior diaphragmatis pelvis = Waldeyersche Faszie – sowie Verlauf der Leitungsbahnen im Pudenduskanal (Alcockscher Kanal) im Atlas studieren.

Voraussetzung für eine übersichtliche Darstellung sind eine maximale Abduktion der Beine sowie die vollständige Lösung des Ursprungs des *M. gluteus maximus* **(1)** vom *Ligamentum sacrotuberale* **(2)** (◨ Abb. 6.12, 6.86/ Video 6.7). Zunächst die aus dem *Foramen infrapiriforme* **(3)** austretenden *A. pudenda interna* **(4)** mit Begleitvenen und *N. pudendus* **(5)** aufsuchen und in das *Foramen ischiadicum minus* **(6)** verfolgen.

> ► **Klinik**
>
> Der N. pudendus kann zur Ausschaltung des Dehnungsschmerzes unter der Geburt in der Austreibungsphase bei seiner Passage durch das Foramen ischiadicum minus durch transvaginale Infiltrationsanästhesie „blockiert" werden. Eine wichtige Landmarke bei der Ausführung des „Pudendusblocks" ist die transvaginal tastbare Spina ischiadica; der N. pudendus tritt zwischen Ligamentum sacrospinale, Ligamentum sacrotuberale und Spina ischiadica aus dem Foramen ischiadicum minus in die Fossa ischioanalis. ◄

Sodann das Fettgewebe **(7)** der Fossa ischioanalis teils stumpf teils scharf unter Schonung der aus dem Pudenduskanal (*Canalis pudendalis* – Alcockscher Kanal) **(8)** durch die Obturatoriusfaszie (*Fascia obturatoria*) **(9)** in die Fossa ischioanalis tretenden *Vasa rectalia inferiora* **(10)** und der *Nn. rectales (anales) inferiores* **(11)** abtragen. Die freigelegten Leitungsbahnen vom Fasziendurchtritt bis zum *M. sphincter ani externus* **(12)** und zum *M. levator ani* (Diaphragma pelvis) **(13)** verfolgen.

Zur Präparation des M. sphincter ani externus zunächst die Analhaut **(14)** und das subkutane Bindegewebe **(15)** zirkulär umschneiden und abtragen; sodann die Muskulatur vorsichtig mit der Messerspitze freilegen. Anschließend das von der Steißbeinspitze zum Analkanal ziehende *Ligamentum anococcygeum* **(16)** präparieren. Sodann die Faszie auf dem M. levator ani (*Fascia inferior diaphragmatis pelvis*) **(17)** unter Erhaltung der Leitungsbahnen abtragen und *M. puborectalis* (Puborektalschlinge) **(18)** und *M. iliococcygeus* **(19)** freilegen (◨ Abb. 6.87/Video 6.8).

☉ Topographie

M. sphincter ani externus und M. puborectalis sind Teil des Kontinenzorgans (s. Becken ◨ Abb. 9.6b).

In der Faszienduplikatur des M. obturatorius internus, dem Canalis pudendalis **(8)** die nach vorn ziehenden Leitungsbahnen zunächst ertasten; anschließend die Faszie in Verlaufsrichtung der Leitungsbahnen spalten und die Äste der A. pudenda interna **(4)** mit ihren Begleitvenen sowie des N. pudendus **(5)** aufsuchen und bis zum *Diaphragma urogenitale* **(20)** verfolgen; dabei die *A. perinealis* **(21)** aus der A. pudenda interna und die *Nn. perineales* **(22)** aus dem N. pudendus freilegen.

Diaphragma urogenitale ertasten und auf einer Seite die *Fascia perinei* (Collessche Faszie) **(23)** abtragen und am Hinterrand den dünnen *M. transversus perinei superficialis* **(25)** und den *M. transversus perinei profundus* **(26)** freilegen (Fortsetzung der Präparation der Dammregion, ◨ Abb. 3.38).

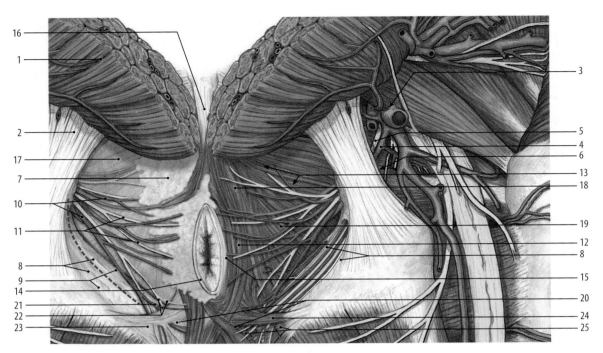

---- Schnittführung zur Eröffnung des Canalis pudendalis (Alcockscher Kanal)

1 M. gluteus maximus	10 Vasa rectalia inferiora	19 M. iliococcygeus
2 Ligamentum sacrotuberale	11 Nn. rectales (anales) inferiores	20 Diaphragma urogenitale
3 Foramen infrapiriforme	12 M. sphincter ani externus	21 A. perinealis
4 A. pudenda interna	13 M. levator ani	22 Nn. perineales
5 N. pudendus	14 Analhaut	23 Fascia perinealis
6 Formanen ischiadicum minus	15 subkutanes Bindegewebe	24 M. transversus perinei superficialis
7 Fettgewebe	16 Ligamentum anococcygeum	25 M. transversus perinei profundus
8 Canalis pudendalis	17 Faszie des M. levator ani	
9 Fascia obturatoria	18 M. puborectalis	

◘ Abb. 6.12   Fossa ischioanalis, Ansicht von hinten-oben. Schnittführung zur Eröffnung des Canalis pudendalis (Alcockscher Kanal) [21]

🔄 Topographie

Die Muskeln des Diaphragma urogenitale sind im Alter häufig atrophisch; das Diaphragma urogenitale besteht dann überwiegend aus Bindegewebe.

Epifasziale Strukturen der Oberschenkelrückseite (◘ Abb. 6.13) Die Präparation der im Zusammenhang mit der Gesäßregion bereits proximal freigelegten epifaszialen Strukturen der Oberschenkelrückseite vervollständigen und aus Gründen der Kontinuität die Kniekehle einbeziehen. *N. cutaneus femoris posterior* **(1)** lokalisieren und seine durch die *Fascia lata* **(2)** sowie durch die *Fascia poplitea* **(3)** tretenden Hautäste **(4)** präparieren (◘ Abb. 6.88/Video 6.9).

V. saphena magna **(5)** am medialen Oberschenkelrand aufsuchen und gemeinsam mit den epifaszialen Venen freilegen; dabei die variable Ausbildung der epifaszialen Venen sowie ihre Verbindungen zwischen V. saphena magna und V. saphena parva sowie mit den subfaszialen Venen (V. femoropoplitea) **(6)** beachten.

Vor Durchtrennung und Abtragen der Fascia lata und der Fascia poplitea die epifaszialen Strukturen nochmals studieren. Danach Fascia lata in Verlängerung des bereits zur Freilegung des N. cutaneus femoris posterior gelegten Schnittes (► Kap. 4) unter Tastkontrolle von den in den subfaszialen Raum eingeführten Zeige- und Mittelfingern bis in die Kniekehle durchtrennen (◘ Abb. 6.14). Anschließend Fascia lata stumpf von der Gruppenfaszie der ischiokruralen Muskeln lösen; das mediale Blatt bis zum Hinterrand des *M. gracilis* **(7)** das laterale Blatt bis zum *Septum intermusculare laterale* **(8)** ablösen (◘ Abb. 6.89/Video 6.10). Sodann die hintere Begrenzung des *Tractus iliotibialis* (Maissiatscher Streifen) **(9)** ertasten und die Fascia lata durch vertikalen Schnitt vom hinteren Rand des Tractus iliotibialis abtrennen. Anschließend das laterale Faszienblatt am Septum intermusculare ablösen. Tractus iliotibialis vom freigelegten hinteren Rand aus stumpf unterminieren.

Fascia poplitea in gleicher Weise spalten.

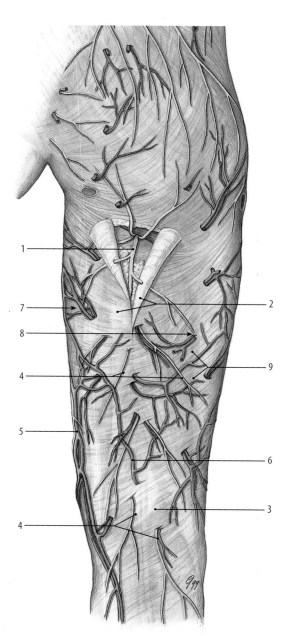

1 N. cutaneus femoris posterior
2 Fascia lata
3 Fascia poplitea
4 Hautäste des N. cutaneus femoris posterior
5 V. saphena magna
6 V. femoropoplitea
7 M. gracilis
8 Lage des Septum intermusculare laterale
9 Hinterrand des Tractus iliotibialis

Abb. 6.13 Epifasziale Leitungsbahnen der Oberschenkelrückseite in der Ansicht von hinten [29]

❗ N. cutaneus femoris posterior beim Abtragen der Fascia lata nicht verletzen. Beim Durchtrennen der Fascia poplitea subfasziale Strukturen in Bereich der Kniekehle schonen.

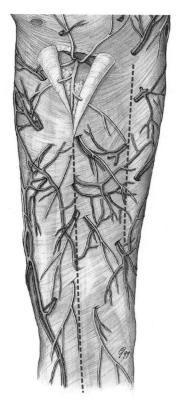

---- Schnittführungen zur Durchtrennung
        von Fascia lata und Fascia poplitea
        sowie zur Begrenzung des Hinterrandes
        des Tractus iliotibialis

Abb. 6.14 Schnittführungen zur Durchtrennung von Fascia lata und Fascia poplitea sowie zur Begrenzung des Hinterrandes des Tractus iliotibialis [29]

6.5 Präparation der tiefen Oberschenkelrückseite und der Kniekehle

Die Präparation der subfaszialen Strukturen auf der Oberschenkelrückseite und der Kniekehle (■ Abb. 6.15) erfolgt gemeinsam in enger Absprache.

Präparation der Oberschenkelrückseite Zur Freilegung der ischiokruralen Muskeln vom Ursprung bis zum Ansatz und ihrer Leitungsbahnen Faszien der Muskeln entfernen. *N. ischiadicus* (**1**) aus der Glutealregion zur Oberschenkelrückseite verfolgen; dabei Überkreuzung des Nervs durch das *Caput longum musculi bicipitis femoris* (**2**) am Übergang zum Oberschenkel beachten (■ Abb. 6.90/Video 6.11). Vor der weiteren Freilegung Lage des N. ischiadicus in der Muskelloge zwischen den *Mm. semitendinosus* (**3**) und *semimembranosus* (**4**) sowie dem *M. biceps femoris* (**5**) studieren. Zur vollständigen Freilegung des N. ischiadicus die Mm. semitendinosus und semimembranosus nach medial und den M. biceps

6

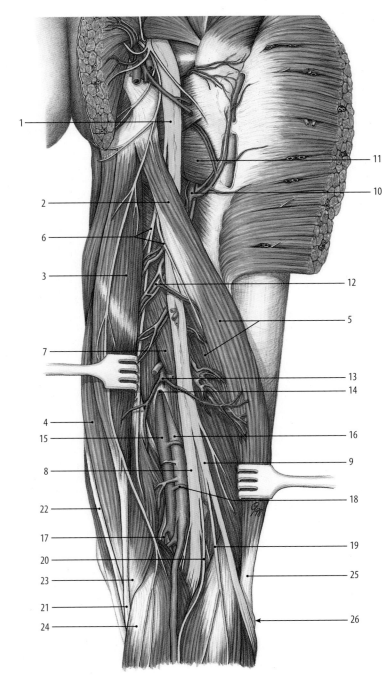

1   N. ischiadicus
2   Caput longum des M. biceps femoris
3   M. semimembranosus
4   M. semitendinosus
5   M. biceps femoris
6   Muskeläste des N. ischiadicus
7   M. adductor magnus
8   N. tibialis
9   N. peroneus communis
10   A. perforans I
11   M. adductor minimus
12   A. perforans II
13   A. perforans III
14   Hiatus adductorius tendineus
15   A. poplitea
16   V. poplitea
17   A. superior medialis genus
18   A. superior lateralis genus
19   N. cutaneus surae lateralis
20   N. cutaneus surae medialis
21   Ansatzsehne des M. semitendinosus
22   Ansatzsehne des M. gracilis
23   Ansatzsehne des M. semimembranosus
24   Caput mediale des M. gastrocnemius
25   Ansatzsehne des M. biceps femoris
26   Caput fibulae

Abb. 6.15   Muskeln und Leitungsbahnen der Oberschenkelrückseite in der Ansicht von hinten [29]

femoris nach lateral verlagern; dazu die Faszien und das lockere Bindegewebe abtragen. Anschließend den Nerv durch Entfernen des umgebenden lockeren Bindegewebes bis in die Kniekehle unter Erhaltung der abgehenden Muskeläste (6) freilegen. In der Tiefe die Lage des N. ischiadicus auf dem *M. adductor magnus* (7) studieren. Teilung des N. ischiadicus in *N. tibialis* (8) und *N. peroneus (fibularis) communis* (9) am Übergang zum distalen Oberschenkeldrittel aufsuchen und die Nerven zur Knieregion verfolgen (▶ Abb. 6.91/Video 6.12).

Varia

Die Höhe der Teilung des N. ischiadicus ist variabel; sie erfolgt oftmals oberhalb der Kniekehle (s. hohe Teilung, ▶ Abb. 6.11).

Zur Darstellung der Blutversorgung der ischiokruralen Muskeln aus den Aa. perforantes der A. profunda femoris die Mm. adductor minimus und adductor magnus durch Entfernen der Faszie auf der Rückseite freilegen. *A. perforans I* (10) am Unterrand des *M. adductor mini-*

mus, **(11)** *A. perforans II* **(12)** im mittleren und *A. perforans III* **(13)** im distalen Abschnitt des M. adductor magnus aufsuchen. Kräftige Begleitvenen im Bedarfsfall kürzen.

Präparation der Kniekehle Vor der Präparation der Blutgefäße von Kniekehle und Unterschenkel *Hiatus adductorius tendineus* **(14)** aufsuchen und den Austritt von der *A. poplitea* **(15)** aus dem Adduktorenkanal sowie den Eintritt der *V. poplitea* **(16)** in den Adduktorenkanal studieren (◘ Abb. 6.92/Video 6.13). Die Gefäße durch Entfernen des perivaskulären Bindegewebes freilegen. Dabei Muskeläste und *Aa. superiores medialis* **(17)** und *lateralis genus* **(18)** darstellen.

> ❶ Die aus der A. poplitea abgehende Arterien beim Abtragen des perivaskulären Bindegewebes nicht verletzten.

Anschließend die unter der abgelösten Fascia poplitea ziehenden Hautnerven freilegen. Abgang des *N. cutaneus surae lateralis* **(19)** aus dem N. peroneus communis und des *N. cutaneus surae medialis* **(20)** aus dem N. tibialis aufsuchen und nach distal nachgehen (vollständige Präparation, s. Unterschenkelrückseite, ▶ Abschn. 6.6). Sodann die Strukturen der proximalen muskulären Begrenzung der Kniekehle darstellen. Ansatzsehne des *M. semitendinosus* **(21)** freilegen und gemeinsam mit der sich ihr distal anlagernden Ansatzsehne des *M. gracilis* **(22)** nach vorn verfolgen. Beim *M. semimembranosus* den Übergang des Muskelbauches in die kräftige Ansatzsehne **(23)** aufsuchen und die Sehne bis zum medialen Gastroknemiuskopf **(24)** freilegen. Auf der lateralen Seite Ansatzsehne des *M. biceps femoris* **(25)** durch Entfernen des peritendinösen Bindegewebes freilegen und bis zum *Caput fibulae* **(26)** verfolgen.

Die vollständige Präparation der Kniekehle erfolgt aus präparationstechnischen Gründen erst nach der Freilegung der oberflächlichen Strukturen auf der Unterschenkelrückseite.

🖰 Topographie

Lageveränderung der Leitungsbahnen in der Fossa poplitea beachten: Am Hiatus adductorius tendineus liegt die A. poplitea medial von der V. poplitea; der N. ischiadicus (N. tibialis) verläuft lateral von den Gefäßen. Im distalen Bereich wird die Arterie größtenteils von der Vene überlagert und der N. tibialis überkreuzt die Gefäße.

6.6 Präparation der oberflächlichen Strukturen auf der Unterschenkelrückseite

Präparation der epifaszialen Strukturen (◘ Abb. 6.16a) Vor Beginn der Präparation der epifaszialen Strukturen die in der Subkutis sichtbaren großen Hautvenen, *V. saphena parva* **(1)** in der Unterschenkelmitte und *V. saphena magna* **(2)** am medialen Unterschenkelrand aufsuchen (◘ Abb. 6.93/Video 6.14). Danach die Hautvenen und die variabel aus der *Fascia cruris* **(3)** tretenden Hautnerven durch Abtragen des subkutanen Gewebes freilegen. Zunächst den im Bereich des Muskel-Sehnen-Übergangs des M. gastrocnemius durch die Faszie tretenden *N. cutaneus surae medialis* **(4)** neben der V. saphena parva aufsuchen. Den die V. saphena parva nach distal begleitenden Nerven bis zur Vereinigung mit dem häufig intrafaszial liegenden *Ramus communicans peroneus* **(5)** darstellen und anschließend den aus der Vereinigung hervorgehenden *N. suralis* **(6)** gemeinsam mit der medial vom Nerven laufenden V. saphena parva bis zum lateralen Knöchel präparieren. Abschließend den intrafaszialen Verlauf des N. cutaneus surae medialis nach proximal durch Spaltung der Faszie bis in die Kniekehle verfolgen.

Bei der Präparation der V. saphena parva ihre Zuflüsse im lateralen Knöchelbereich und am Unterschenkel sowie ihre Verbindungen mit der V. saphena magna über die *V. arcuata cruris posterior* **(7)** erhalten. Den variablen Fasziendurchtritt der V. saphena parva zwischen *Caput mediale* **(8)** und *Caput laterale* **(9)** des M. gastrocnemius aufsuchen und den intrafaszialen Verlauf bis zur Einmündung in die *V. poplitea* **(10)** durch Spalten der Faszienschichten darstellen. Den Abgang von Perforansvenen **(11)** aufsuchen.

Zur Lokalisation des subfaszial aus der Kniekehle (s. u.) zur Unterschenkelrückseite ziehenden *N. cutaneus surae lateralis* **(12)** zunächst seine über dem lateralen Gastroknemiuskopf durch die Fascia cruris tretenden Hautäste aufsuchen; anschließend die Nervenäste durch Spalten der Faszie bis zum Stamm des N. cutaneus surae lateralis zurückverfolgen und dem Nerven bis in die Kniekehle nachgehen. Zur vollständigen Freilegung der Verbindung zwischen den Nn. cutaneus surae lateralis und medialis über den Ramus communicans peroneus diesen durch Spalten der Faszie nach proximal bis zum Abgang aus dem N. cutaneus surae lateralis freilegen.

Am medialen Rand des Unterschenkels V. saphena magna und den sie begleitenden *N. saphenus* **(13)** freilegen und nach distal bis zum medialen Knöchel sowie nach proximal bis Condylus medialis des Femur verfolgen (vollständige Präparation, ▶ Abschn. 6.9, ◘ Abb. 6.40). Abgang von Perforansvenen **(14)** aufsuchen.

6

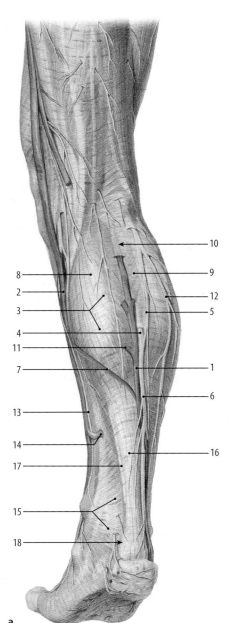

1 V. saphena parva
2 V. saphena magna
3 Fascia cruris
4 N. cutaneus surae medialis
5 Ramus communicans peroneus
6 N. suralis
7 V. arcuata cruris posterior
8 Caput mediale des M. gastrocnemius
9 Caput laterale des M. gastrocnemius
10 V. poplitea
11 Perforansvene der V. saphena parva
12 N. cutaneus surae lateralis
13 N. saphenus
14 Perforansvene der V. saphena magna
15 Stratum superficiale des Retinaculum
    musculorum flexorum
16 Achillessehne
17 M. plantaris
18 Bursa tendinis calcanei

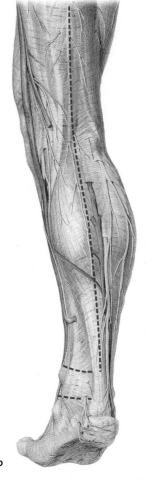

- - - - Schnittführung zur Spaltung
der oberflächlichen Faszie und zur
Begrenzung des Stratum superficiale
des Retinaculum musculorum flexorum.

a   b

◻ **Abb. 6.16**   **a** Epifasziale Leitungsbahnen auf der Unterschenkelrückseite in der Ansicht von hinten [44]. **b** Schnittführung zur Spaltung der oberflächlichen Faszie und zur Begrenzung des Stratum superficiale des Retinaculum musculorum flexorum [44]

❶ Beim Abtragen der Unterschenkelfaszie V. saphena magna und V. saphena parva mit ihren Anastomosen und die Abgänge der Perforansvenen sowie die Hautnerven erhalten.

Die bei der Kniekehle bereits proximal begonnene Faszienpräparation über den Mm. gastrocnemius und soleus nach distal fortsetzen (◻ Abb. 6.16b, 6.94/ Video 6.15). Am medialen Knöchel den vom Tuber calcanei zum Malleolus medialis ziehenden Verstärkungszug der Fascia cruris, *Stratum superficiale* **(15)**

des *Retinaculum musculorum flexorum* proximal und distal scharf begrenzen und erhalten. Das peritendinöse Gewebe der Achillessehne **(16)** abtragen und die Sehne gemeinsam mit der an ihrer medialen Seite verlaufenden Ansatzsehne des *M. plantaris* **(17)** bis zur Insertion am Calcaneus verfolgen. *Bursa tendinis calcanei* **(18)** zwischen Sehne und Calcaneus aufsuchen und eröffnen. Anschließend das lockere Bindegewebe zwischen Achillessehne und dem tiefen Blatt der Fascia cruris entfernen. Torquierung der Achillessehne im Bereich der Sehnentaille beachten.

⊜ Varia

Der Fasziendurchtritt der V. saphena parva erfolgt in den meisten Fällen zwischen den Köpfen des M. gastrocnemius; sie mündet nach intrafaszialem Verlauf in die V. poplitea. Der Fasziendurchtritt kann auch weiter proximal im mittleren Abschnitt der Kniekehle oder weiter distal im mittleren Bereich des Unterschenkels liegen. Lage und Anzahl der Anastomosen zwischen V. saphena magna und V. saphena parva variieren stark.

► Klinik

Eine Insuffizienz der Perforansvenen führt bei der Varikosis zu erhöhtem Venendruck und in der Folge zum Unterschenkelgeschwür (Ulcus cruris). ◄

Präparation der Kniekehle (☐ Abb. 6.17a) Die Vervollständigung der Präparation der Kniekehle erfolgt in Abstimmung mit der Präparation der Unterschenkelrückseite.

Distale Begrenzung der Kniekehle durch *Caput mediale* **(1)** und *Caput laterale* **(2)** des *M. gastrocnemius* sowie *M. plantaris* **(3)** studieren. Muskeläste aus dem *N. tibialis* **(4)** zum M. gastrocnemius nachgehen. Verlauf des *N. peroneus communis* **(5)** bis zum Eintritt in die Peroneusloge freilegen; dabei Verlauf des Nervs am Fibulahals beachten.

► Klinik

In Folge eines zu engen Gipsverbandes oder durch unkorrekte Lagerung, z. B. während der Narkose kann es auf Grund der oberflächlichen Lage des N. peroneus communis beim Verlauf um den Fibulahals zur Druckschädigung kommen. Eine Schädigung des Nervs tritt auch bei Luxationen im Knie- oder im oberen Sprunggelenk sowie bei Fibulafrakturen auf. Bei einer Schädigung fallen sämtliche Extensoren am Unterschenkel aus (Spitzfußstellung, sog. Steppergang); Sensibilitätsstörungen betreffen die laterale Unterschenkelseite und den Fußrücken. ◄

Durch Entfernen des Bindegewebes Aufteilung des N. peroneus communis in *N. peroneus superficialis* **(7)** und *N. peroneus profundus* **(8)** vor dem Durchtritt durch das Septum intermusculare cruris posterior darstellen.

Medialen Kopf des M. gastrocnemius ca. 5 cm distal seines Ursprungs durchtrennen (☐ Abb. 6.17b, 6.95/Video 6.16). Den Ursprungsteil mit den vorsorgenden Leitungsbahnen nach proximal verlagern und bis zur *Bursa subtendinea musculi gastrocnemii medialis* **(9)** scharf von der Kniegelenkkapsel lösen. *A. suralis medialis* **(10)** und *Rami musculares* **(11)** des *N. tibialis* bis zum Eintritt in den Muskel verfolgen. Sodann den Schleimbeutel eröffnen und die häufige Kommunikation mit der Gelenkhöhle durch Sondieren untersuchen.

Distalen Teil der Vasa poplitea **(12)** durch Entfernen des perivaskulären Bindegewebes freilegen und die aus der A. poplitea abgehenden Arterien präparieren. *Nodi poplitei profundi* **(13)** neben der A. poplitea beachten. *A. media genus* **(14)** bis zum Oberrand des *Ligamentum popliteum obliquum* **(15)** freilegen sowie Abgänge der *Aa. inferiores medialis* **(16)** und lateralis genus aufsuchen.

► Klinik

Bei einer Kniegelenksluxation mit Hyperextension kann es zur Verletzung der Intima der A. poplitea kommen. ◄

Zur Präparation der Ansatzsehne des *M. semimembranosus* **(17)** und ihre Aufspaltung in drei Sehnenanteile (Pes anserinus profundus) das bedeckende Bindegewebe entfernen. Medialen Teil **(18)** so weit wie möglich nach vorn verfolgen; mittlerem vertikal verlaufenden Teil **(19)** der Sehne zur Hinterfläche des Tibiakondylus nachgehen und die Verbindung mit der Faszie des *M. popliteus* **(20)** beachten. Den lateralen, als *Ligamentum popliteum obliquum* **(15)** in die hintere Kniegelenkskapsel einstrahlenden Sehnenzipfel aufsuchen (vollständige Präparation beim Kniegelenk). *Bursa musculi semimembranosi* **(21)** inspizieren und eröffnen.

Distalen Teil des medialen Gastroknemiuskopfes **(22)** nach lateral verlagern und die Faszien des M. popliteus und des M. plantaris abtragen; Ansatzsehne des M. plantaris **(23)** unterminieren und freilegen; danach die Faszie des *M. soleus* **(24)** vollständig entfernen. Muskeläste für den M. popliteus und *Ramus articularis* **(25)** aus dem N. tibialis aufsuchen. A. und V. poplitea sowie N. tibialis bis zum Eintritt in die tiefe Flexorenloge des Unterschenkels am Oberrand des M. soleus verfolgen (☐ Abb. 6.96/Video 6.17).

⊜ Varia

Die Ausbildung der Schleimbeutel auf der Rückseite des Kniegelenks variiert. Die Bursa subtendinea musculi gastrocnemii medialis kann mit der Bursa musculi semimembranosi zur Bursa gastrocnemiosemimembranosa verschmelzen.

⊜ Klinik

Eine Erweiterung der Bursa musculi semimembranosi oder der Bursa gastrocnemiosemimembranosa bezeichnet man als Poplitea- oder Bakerzyste; sie kann mit Schmerzen einhergehen und zur Instabilität im Kniegelenk führen.

Präparation der tiefen Flexorenloge

⊜ Topographie

Auf der Unterschenkelrückseite unterscheidet man entsprechend der oberflächlichen und tiefen Flexorengruppe ein oberflächliches und ein tiefes Blatt der Fascia cruris. Der M. triceps surae wird vom oberflächlichen Faszienblatt bedeckt. Die tiefe Flexorengruppe

6

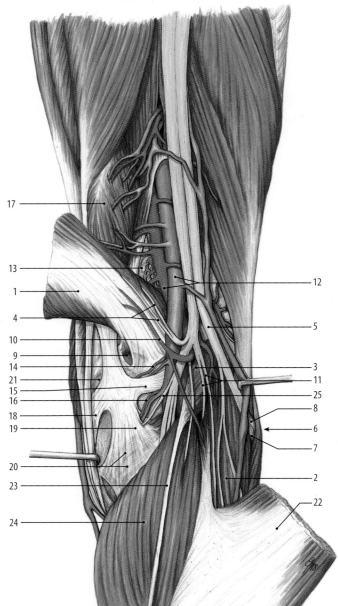

1   Caput mediale m. gastrocnemii
2   Caput laterale m. gastrocnemii
3   M. plantaris
4   Muskeläste des N. tibialis
5   N. peroneus communis
6   Lage des Fibulahalses
7   N. peroneus superficialis
8   N. peroneus profundus
9   Bursa subtendinea m. gastrocnemii
10 A. suralis medialis
11 Rr. musculares des N. tibialis
12 Vasa poplitea
13 Nodi poplitei profundi
14 A. media genus
15 Ligamentum popliteum obliquum
16 A. inferior medialis genus
17 M. semimembranosus
18 medialer Sehnenanteil
19 mittlerer vertikaler Sehnenanteil
20 Faszie des M. popliteus
21 Bursa musculi semimembranosi
22 distaler Teil des medialen Gastroknemiuskopfes
23 Ansatzsehne des M. plantaris
24 M. soleus
25 R. articularis

---- Schnittführung zur Durchtrennung des
     medialen Gastroknemiuskopfes.

☐ **Abb. 6.17**   **a** Muskeln und Leitungsbahnen der Kniekehle in der Ansicht von hinten [29]. **b** Schnittführung zur Durchtrennung des medialen Gastroknemiuskopfes [32]

bedeckt das dünne tiefe Faszienblatt. Die Terminologica anatomica machen diese Unterscheidung nicht; sie ist jedoch aus klinischer Sicht (Kompartementsyndrome) sinnvoll.

Zur Freilegung der tiefen Flexorenloge (☐ Abb. 6.18, 6.19) Oberrand des *M. soleus* **(1)** aufsuchen und mit dem Finger den Sehnenbogen, Arcus tendineus musculi solei an der Unterseite des Muskels ertasten; danach den Muskelursprung an der Tibia ablösen. Dabei zur Erhaltung des dünnen tiefen Blattes der *Fascia cruris* **(2)** das Messer

unter Kontrolle des tastenden Fingers zwischen Muskel und Faszie führen. Die lockere Verbindung zwischen tiefem Blatt der Fascia cruris und der Faszie auf der Unterseite des M. soleus stumpf lösen und den Muskel mit dem *M. gastrocnemius* **(3)** so weit wie möglich nach lateral verlagern.

🛑 Beim Ablösen des Muskelursprungs des M. soleus tiefes Blatt der Fascia cruris nicht verletzen.

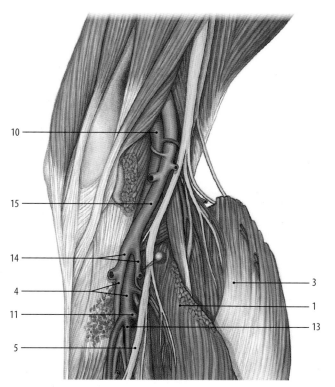

1 M. soleus
3 M. gastrocnemius
4 A. tibialis posterior
5 N. tibialis
10 A. poplitea
11 A. tibialis anterior
13 A. peronea
14 Vv. tibiales posteriores
15 V. poplitea

Abb. 6.18 Übergang der Leitungsbahnen aus der Kniekehle in die Flexorenlogen, rechte Seite in der Ansicht von medial [29]

Anschließend Ausdehnung des freigelegten tiefen Blattes der Fascia cruris studieren und die direkt unter der Faszie liegenden *A. tibialis posterior* (4) mit Begleitvenen und den *N. tibialis* (5) palpieren (■ Abb. 6.97/Video 6.18). Durch einen kleinen Schnitt in die Faszie die tiefe Flexorenloge eröffnen und mit einer Sonde die Ausdehnung des „Kompartimentes" zwischen Tibia und Fibula austasten.

Im distalen Abschnitt hinter dem medialen Knöchel Verstärkungszüge des tiefen Faszienblattes, *Stratum profundum* des *Retinaculum musculorum flexorum* (6) aufsuchen und nach proximal und nach distal über eine Breite von etwa 3 cm scharf begrenzen. Tiefes Blatt der Fascia cruris nach sorgfältigem Studium der Strukturen unter Erhaltung des Stratum profundum des Retinaculum musculorum flexorum abtragen.

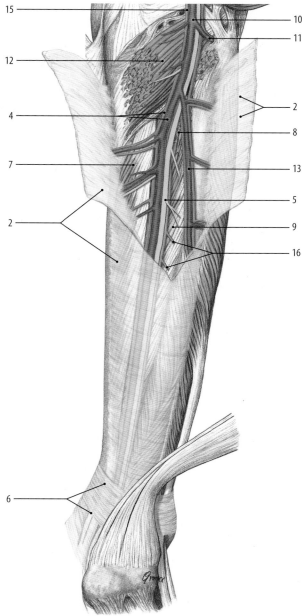

2 tiefes Blatt der Fascia cruris
4 A. tibialis posterior
5 N. tibialis
6 Stratum profundum des Retinaculum musculorum flexorum
7 M. flexor digitorum longus
8 M. tibialis posterior
9 M. flexor hallucis longus
10 A. poplitea
11 A. tibialis anterior
12 M. popliteus
13 A. peronea
15 V. poplitea
16 Vv. perforantes

Abb. 6.19 Muskeln und Leitungsbahnen der tiefen Flexorenloge, tiefes Blatt der Fascia cruris im proximalen Abschnitt gespalten, rechter Unterschenkel in der Ansicht von hinten [36]

❗ Bei der Entfernung der Faszie die teilweise intrafaszial liegenden Vasa tibialia posteriora und den N. tibialis mit ihren Muskelästen nicht verletzen.

⊜ Topographie

Begrenzung der tiefen Flexorenloge: Tibia, Fibula, Membrana interossea cruris und tiefes Blatt der Fascia cruris. Inhalt der tiefen Flexorenloge: Mm. tibialis posterior, flexor hallucis longus und flexor digitorum longus; A. tibialis posterior mit Begleitvenen, A. peronea mit Begleitvenen, N. tibialis.

Zunächst die in der tiefen Flexorenloge liegenden *Mm. flexor digitorum longus* **(7)**, *tibialis posterior* **(8)** und *flexor hallucis longus* **(9)** identifizieren und ihre Faszien unter Schonung ihrer versorgenden Gefäße und Nerven abtragen. Überkreuzung der Ansatzsehne des M. tibialis posterior durch die Ansatzsehne des M. flexor digitorum longus (Chiasma crurale) beachten. Danach den Leitungsbahnen aus der Kniekehle in die Loge nachgehen. Aufteilung der *A. poplitea* **(10)** in die *A. tibialis anterior* **(11)** und in die *A. tibialis posterior* **(4)** am Ausgang der Fossa poplitea in Höhe des distalen Randes des *M. popliteus* **(12)** darstellen. A. tibialis anterior in die Tiefe bis zum Durchtritt durch die Membrana interossea cruris verfolgen. Abgang der *A. peronea* **(13)** aus der A. tibialis posterior aufsuchen.

N. tibialis aus der Kniekehle in die tiefe Flexorenloge verfolgen. Verlauf der aus der tiefen Flexorenloge kommenden *Vv. tibiales posteriores* **(14)** bis zur Einmündung in die *V. poplitea* **(15)** nachgehen. *Vv. perforantes* **(16)** an den Vv. tibiales posteriores aufsuchen.

⊜ Varia

Der Abgang der Unterschenkelarterien aus der A. poplitea variiert. In 90 % der Fälle teilt sich die A. poplitea am Unterrand des M. popliteus in die A. tibialis anterior und in die A. tibialis posterior. Die A. peronea kommt etwas weiter distal aus der A. tibialis posterior. Die drei Arterien können auch gemeinsam aus der A. poplitea entspringen. Die Aufteilung der A. politea liegt selten am Oberrand des M. popliteus (sog. hohe Teilung). Die A. tibialis posterior kann sehr schwach entwickelt sein oder fehlen; ihr Versorgunggebiet übernimmt dann die A. peronea. Die A. tibialis anterior fehlt in ca. 6 % der Fälle; perforierende Äste aus der A. tibialis posterior versorgen dann die Extensoren, und der Ramus perforans der A. peronea zieht zum Fußrücken.

▶ Klinik

Ursache für ein Kompartmentsyndrom der tiefen Flexorenloge können Blutungen aus den Vasa tibialia posteriora und aus den Vasa peronea sein. Betroffen sind die Leitungsbahnen und die Flexoren in der tiefen Flexorenloge.

Eine Kompression des N. tibialis sowie eine Schädigung des Nervs bei Kniegelenksluxation oder bei Operationen im Kniegelenksbereich gehen mit einem Ausfall der Flexoren des Unterschenkels einher. Der Abrollvorgang des Fußes beim Gehen ist gestört; es kommt zur „Hackenfußstellung". Infolge einer Lähmung der kurzen Fußmuskeln an der Planta pedis nehmen die Zehen eine „Krallenstellung" ein. Sensibilitätsstörungen treten im Bereich der Planta pedis auf. ◀

Präparation der Strukturen in der tiefen Flexorenloge (◘ Abb. 6.20) Zur Darstellung der Leitungsbahnen in der tiefen Flexorenloge *A. tibialis posterior* **(1)** und ihre Begleitvenen sowie *N. tibialis* **(2)** am Übergang von der Kniekehle zum Unterschenkel aufsuchen. Im proximalen Abschnitt der tiefen Flexorenloge variablen Abgang der *A. peronea* **(3)** aus der A. tibialis posterior präparieren und die Überkreuzung der Gefäße durch den N. tibialis beachten. Sodann die Leitungsbahnen in der Rinne zwischen *M. tibialis posterior* **(4)** und *M. flexor digitorum longus* **(5)** durch Entfernen des sie umhüllenden Bindegewebes distalwärts freilegen. Dabei die Muskeläste der A. tibialis posterior und des N. tibialis sowie die *Rami perforantes* **(7)** der Vv. tibiales posteriores erhalten. Im distalen Abschnitt die Lage der Leitungsbahnen direkt auf der Facies posterior der Tibia beachten.

▶ Klinik

Bei Tibiafrakturen kann es zur Verletzung der Leitungsbahnen und zum Kompartmentsyndrom kommen. ◀

Die Leitungsbahnen zunächst bis zum Stratum superficiale des *Retinaculum musculorum flexorum* **(8)** verfolgen. A. peronea und ihre Begleitvenen zwischen M. tibialis posterior, M. flexor digitorum longus und Fibulaschaft freilegen; dazu den die Vasa peronea bedeckenden *M. flexor hallucis longus* **(9)** nach lateral verlagern. Muskeläste **(10)** bei der Entfernung des perivaskulären Bindegewebes erhalten und den in die Peroneusloge tretenden Ästen bis zum *Septum intermusculare cruris posterius* **(11)** folgen. Abgang der *A. nutricia fibulae* **(12)** im mittleren Abschnitt aufsuchen.

▶ Klinik

Die Fibula eignet sich als gefäßgestieltes autologes Knochentransplantat. ◀

Oberhalb der Syndesmosis tibiofibularis den durch die Membrana interossea cruris in die Extensorenloge tretenden *Ramus perforans* **(13)** der A. peronea freilegen und weiter distal den *Ramus communicans* **(14)** zwischen A. peronea und A. tibialis posterior auf der Membrana interossea cruris darstellen. Im distalen Bereich Abgang der *Rami calcanei* **(15)** aus dem N. tibialis aufsuchen. Im distalen Bereich die Überkreuzung des M. tibialis pos-

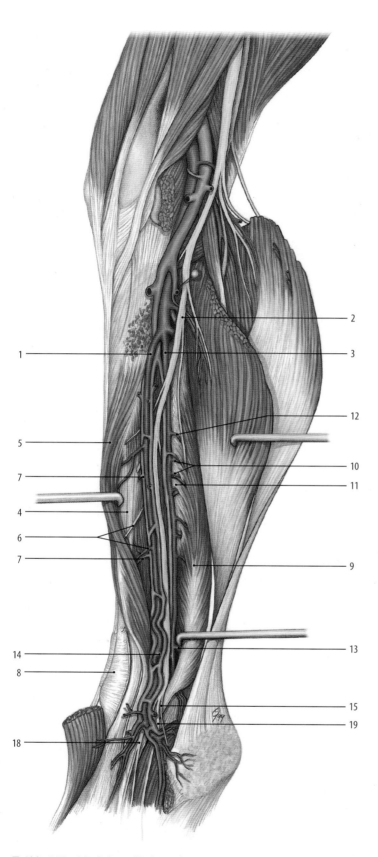

1 A. tibialis posterior
2 N. tibialis
3 A. peronea
4 M. tibialis posterior
5 M. flexor digitorum longus
6 Muskeläste des N. tibialis und der A. tibialis posterior
7 Rami perforantes der Vv. tibiales posteriores
8 Stratum superficiale des Retinaculum musculorum flexorum
9 M. flexor hallucis longus
10 Muskeläste der A. peronea
11 Septum intermusculare cruris posterius
12 A. nutricia fibulae
13 Ramus perforans der A. peronea
14 Ramus communicans
15 Rami calcanei des N. tibialis
18 N. plantaris medialis
19 N. plantaris lateralis

■ **Abb. 6.20**   Muskeln und Leitungsbahnen der tiefen Flexorenloge, rechter Unterschenkel in der Ansicht von medial [29]

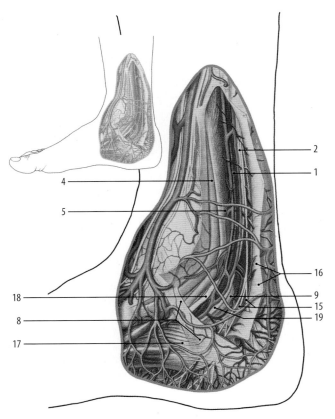

1 A. tibialis posterior
2 N. tibialis
4 M. tibialis posterior
5 M. flexor digitorum longus
8 Stratum superficiale des Retinaculum musculorum flexorum
9 M. flexor hallucis longus
15 Rami calcanei des N. tibialis
16 Stratum profundum des Retinaculum musculorum flexorum
17 M. abductor hallucis
18 N. plantaris medialis
19 N. plantaris lateralis

Abb. 6.21   Ansatzsehnen der Flexoren und Leitungsbahnen in der Knöchelregion der rechten Seite in der Ansicht von medial [45]

terior durch den M. flexor digitorum longus (Chiasma crurale) beachten.

Präparation des Tarsaltunnels (■ Abb. 6.21)   Zur Vorbereitung der Präparation der Strukturen des Tarsaltunnels in der Regio retromalleolaris medialis die Muskelsehnenübergänge der tiefen Flexoren aufsuchen und den Ansatzsehnen der einzelnen Muskeln nach distal nachgehen; dabei die das Retinaculum musculorum flexorum (Ligamentum laciniatum) unterschiedlich weit nach proximal überragenden Sehnenscheiden identifizieren und präparieren. Beispielhaft die Sehnenscheide der unmittelbar hinter dem Malleolus medialis ziehende Ansatzsehne des M. tibialis posterior mit kleinem Schnitt eröffnen und das Cavum sondieren.

Zur Freilegung der Strukturen im Tarsaltunnel *Stratum superficiale* des *Retinaculum musculorum flexorum* (**8**) in der Mitte spalten und zur Seite klappen. Das als Stratum fibrosum die Sehnenscheiden bedeckende *Stratum profundum* (**16**) des Retinaculum musculorum flexorum über den Sehnenscheidenfächern sowie über dem Fach der Leitungsbahnen in Längsrichtung spalten, die in den eröffneten Fächern liegenden Strukturen freilegen und bis zum *M. abductor hallucis* (**17**) verfolgen. Die Aufspaltung des N. tibialis in die *Nn. plantaris medialis* (**18**) und *plantaris lateralis* (**19**) im distalen Abschnitt des dritten Faches beachten; abschließend die Lage der Sehnen und der Leitungsbahnen in den vier Fächern studieren.

▶ **Klinik**

Der Puls der A. tibialis posterior ist im Tarsaltunnel tastbar. ◀

Topographie

Lage der Strukturen im proximalen Abschnitt des Tarsaltunnels

— 1. Fach: *M. tibialis posterior* (**4**)
— 2. Fach: *M. flexor digitorum longus* (**5**)
— 3. Fach: *Vasa tibialia posteriora* (**1**) und *N. tibialis* (**2**)
— 4. Fach: *M. flexor hallucis longus* (**9**)

6.7   Präparation der Fußsohle

Präparation des Druckkammersystems (■ Abb. 6.22)   Bei der Hautpräparation die Unterschiede zwischen der stark verhornten Haut in den Hauptbelastungszonen von Ferse und Zehenballen sowie der dünneren Haut im Bereich der Fußwölbungen beachten. Vor der Präparation des subkutanen Gewebes das Fersenpolster und die kräftige Ausbildung des Unterhautgewebes an den Zehenballen studieren. Zum Verständnis des nach dem Prinzip eines Druckkammersystems aufgebauten subkutanen Gewebes die derbe Subkutis (**1**) über dem Tuber calcanei in Längsrichtung bis auf das Periost spalten; sodann das Fettgewebe aus den wabenartig aufgebauten Bindegewebskammern (**2**) mit der Messerspitze herausschaben (■ Abb. 6.98/Video 6.19). Auf der Schnittfläche die kräftige *Epidermis* (**3**) und *Dermis* (**4**) sowie die *Retinacula cutis* (**5**) inspizieren. Erst dann mit dem Abtragen des subkutanen Gewebes beginnen.

Freilegen der oberflächlichen Schicht (■ Abb. 6.23)   Subkutis an den Zehen zunächst noch belassen. Beim Ablösen der derben Subkutis die feste Verbindung mit der Plantaraponeurose (**6**) beachten. Im Bereich des Tuber calcanei die Äste des *Rete calcaneum* (**7**) erhalten.

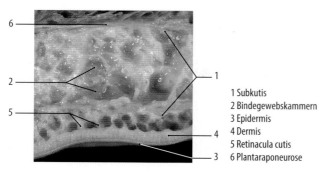

◘ Abb. 6.22 „Druckkammersystem" im Fersenbereich, Sagittalschnitt, das Fettgewebe wurde aus den „Druckkammern" entfernt [21]

1 Subkutis
2 Bindegewebskammern
3 Epidermis
4 Dermis
5 Retinacula cutis
6 Plantaraponeurose

▸ **Klinik**

Bei bettlägerigen Patienten (z. B. Querschnittsgelähmte) kann es in Folge mangelhafter Blutversorgung des Fersenpolsters zu Druckulzera kommen. ◂

Den kräftigen mittleren Teil der Aponeurosis plantaris vom Tuber calcanei nach distal freilegen; die Aufspaltung der Plantaraponeurose im Bereich der Mittelfußknochen in die *Fasciculi longitudinales* **(8)** und ihre Querverbindungen, die *Fasciculi transversi* **(9)** präparieren. Den Verlauf der Bindegewebsfaserbündel vorsichtig mit der Messerspitze herausarbeiten. Die seitlichen dünnen Anteile der Plantaraponeurose über dem Großzehen- und Kleinzehenstrahl unter Schonung der im *Sulcus plantaris medialis* **(10)** und im *Sulcus plantaris lateralis* **(11)** austretenden Leitungsbahnen freilegen (◘ Abb. 6.99/Video 6.20).

> Beim Abtragen der Subkutis die in den Sulci plantaris medialis und lateralis liegenden Leitungsbahnen nicht verletzen.

Sodann im hinteren Teil des Sulcus plantaris medialis Hautäste **(12)** aus der A. plantaris medialis und aus dem N. plantaris medialis präparieren. Im mittleren Abschnitt des Sulcus plantaris medialis die durch die Aponeurose tretenden *Ramus superficialis* **(13)** der *A. plantaris medialis* sowie den aus dem N. plantaris medialis abgehenden und zur Großzehe ziehenden Hautnerven **(14)** aufsuchen. Im hinteren Teil des Sulcus lateralis Hautäste **(15)** aus der *A. plantaris lateralis* freilegen; im mittleren Bereich die durch die Aponeurose tretenden *Ramus superficialis* **(16)** des *N. plantaris lateralis* und die den Nerv begleitende Arterie aufsuchen.

Abschließend das subkutane Gewebe an den Zehen abtragen; dabei die im Bereich der Zehengrundgelenke innerhalb der Subkutis verlaufenden queren Faserzüge, das *Ligamentum metatarsale transversum superficiale* **(17)** präparieren und erhalten. Die Subkutis an den Zehen unter Erhaltung der Leitungsbahnen entfernen; beispielhaft das Bindegebe zur Demonstration der Zehenkuppen über den Endgliedern der vierten und fünften Zehe belas-

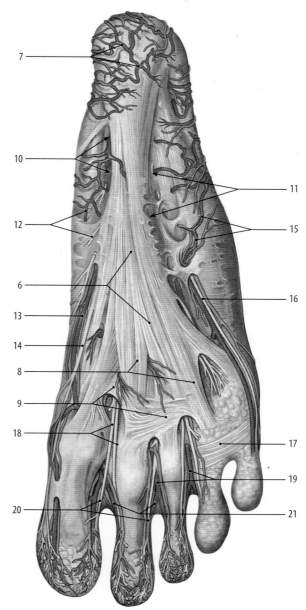

6 Plantaraponeurose
7 Rete calcaneum
8 Fasciculi longitudinales
9 Fasciculi transversi
10 Sulcus plantaris medialis
11 Sulcus plantaris lateralis
12 Hautäste der A. plantaris medialis und des N. plantaris medialis
13 Ramus superficialis der A. plantaris medialis
14 Hautast des N. plantaris medialis
15 Hautäste der A. plantaris lateralis
16 Ramus superficialis des N. plantaris lateralis
17 Ligamentum metatarsale transversum superficiale
18 Nn. digitales plantares communes
19 Aa. digitales plantares communes
20 Nn. digitales plantares proprii
21 Aa. digitales plantares proprii

◘ Abb. 6.23 Plantaraponeurose, Faszien und oberflächliche Leitungsbahnen an der Planta pedis der rechten Seite [45]

sen. Zur Freilegung der Leitungsbahnen für die Zehen, das lockeren Bindegebewebe in den Lücken zwischen Fasciculi longitudinales, Fasciculi transversi und Ligamentum metatarseum superficiale entfernen und in der Tiefe die *Nn. digitales plantares communes* (18) und die *Aa. digitales plantares communes* (19) mit ihren Begleitvenen freilegen und zehenwärts bis zur Aufzweigung in die *Nn. digitales plantares proprii* (20) und *Aa. digitales plantares propriae* (21) verfolgen. Abschließend die plantaren Leitungsbahnen der Zehen präparieren.

Die Präparation der Strukturen der Planta pedis erfolgt nach der Lage der kurzen Fußmuskeln in vier Schichten.

Topographie

Bei der Präparation der Planta pedis die von der Plantaraponeurose, von den Septa plantaria mediale und laterale sowie von den Faszien begrenzten Muskellogen (Kompartimente) beachten: Großzehenloge, Mittelloge, Kleinzehenloge sowie Interosseusloge.

▶ Klinik

Innerhalb der Faszienlogen an der Planta pedis kann sich durch Blutungen nach einer Verletzung oder in Folge einer Überbeanspruchung beim Laufsport ein Kompartmentsyndrom entwickeln. Bei einer Fehlsteuerung der Myofibroblasten in der Plantaraponeurose (Morbus Ledderhose – plantare Fibromatose) führt die vermehrte Produktion von Kollagenfibrillen zu strangartigen Verhärtungen, vor allem in den Fasciculi longitudinales und in der Folge zur Beugekontraktur der Zehen. ◀

Präparation der ersten (oberflächlichen) Schicht (■ Abb. 6.24, 6.25) Zur Freilegung der oberflächlichen Strukturen *Aponeurosis plantaris* (1) ablösen (■ Abb. 6.100/Video 6.21). Dazu die Plantaraponeurose im *Sulcus plantaris medialis* (2) und im *Sulcus plantaris lateralis* (3) vom *Septum plantare mediale* (4) und vom *Septum plantare laterale* (5) trennen. *Fasciculi longitudinales* (6) und *Fasciculi transversi* (7) sowie die über die Großzehen- und Kleinzehenloge ziehenden Ausläufer (8) der Plantaraponeurose unter Schonung der Leitungsbahnen scharf begrenzen. Sodann im Sulcus plantaris lateralis beginnend mit flach geführtem Messer die Plantaraponeurose vom *M. flexor digitorum brevis* (9) bis etwa 2 cm vor dem *Tuber calcanei* (10) abtrennen.

Danach die Präparation vom Sucus plantaris medialis aus fortsetzen und die Plantaraponeurose – mit Ausnahme des Insertionsbereichs am Calcaneus – distalwärts unter Einbeziehung der Fasciculi transversi und der Fasciculi longitudinales ablösen und die Plantaraponeurose nach hinten klappen (■ Abb. 6.25).

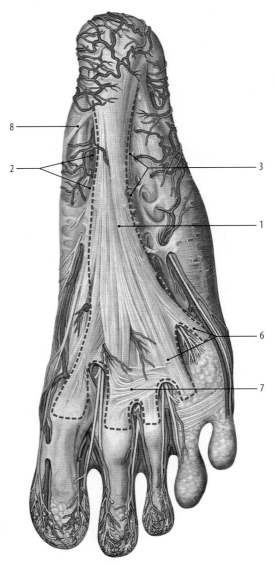

- - - - Schnittführung zum Ablösen der Plantaraponeurose

1 Aponeurosis plantaris
2 Sulcus plantaris medialis
3 Sulcus plantaris lateralis
6 Fasciculi longitudinales
7 Fasciculi transversi
8 Ausläufer der Plantaraponeurose

■ **Abb. 6.24** Schnittführung zum Ablösen der Plantaraponeurose [45]

❗ Messer streng zwischen Plantaraponeurose und Muskel flach führen. Insertionsbereich der Plantaraponeurose nicht ablösen!

Zunächst die freigelegten oberflächlichen Muskeln, *Mm. abductor hallucis* (11), flexor digitorum brevis (9) und *abductor digiti minimi* (12) studieren und die Ränder der die Muskellogen trennenden Septa plantaria mediale

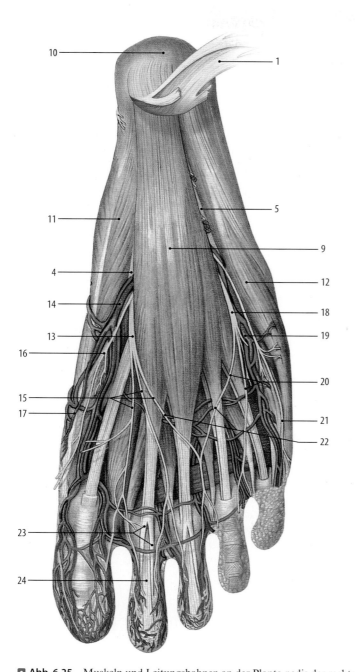

1 Aponeurosis plantaris
4 Septum plantare mediale
5 Septum plantare laterale
9 M. flexor digitorum brevis
10 Tuber calcanei
11 M. abductur hallucis
12 M. abductor digiti minimi
13 N. plantaris medialis
14 A. plantaris medialis
15 Nn. digitales plantares communes
16 N. plantaris hallucis medialis
17 Ramus superficialis der A. plantaris medialis
18 N. plantaris lateralis
19 Ramus superficialis der A. plantaris lateralis
20 Nn. digitales plantares communes
21 N. digiti minimi plantaris lateralis
22 Verbindungen zwischen den Nn. digitales plantares communes
23 Chiasma tendinum
24 Ansatzsehne des M. flexor digitorum longus

Abb. 6.25 Muskeln und Leitungsbahnen an der Planta pedis der rechten Seite, oberflächliche Schicht [45]

und laterale aufsuchen (▪ Abb. 6.25, ▪ Abb. 6.101/ Video 6.12); anschließend die Faszien über der Großzehen- und Kleinzehenloge unter Schonung der Leitungsbahnen abtragen.

Die Präparation der bei der Freilegung der Plantaraponeurose bereits dargestellten Leitungsbahnen fortsetzen. Zuerst die zwischen M. abductor pollicis und M. flexor digitorum brevis austretenden *N. plantaris medialis* (**13**) und *A. plantaris medialis* (**14**) aufsuchen. Aufspaltung des N. plantaris medialis in die *Nn. digitales plantares communes I–III* (**15**) und des *N. hallucis planta-*

ris medialis (**16**) und dem Abgang des *Ramus superficialis* der A. plantaris medialis (**17**) nachgehen.

Im Sulcus lateralis den Austritt des N. plantaris lateralis (**18**) und des *Ramus superficialis* der A. plantaris lateralis (**19**) aufsuchen und nach distal verfolgen; dabei die *Nn. digitales plantares communes IV–V* (**20**) und den *N. digiti minimi plantaris lateralis* (**21**) freilegen. Verbindungen der Nn. digitales plantares communes (**22**) zwischen dritter und vierter Zehe beachten.

Beispielhaft an der zweiten und dritten Zehe die inserierenden Sehnen freilegen; dazu die Sehnenscheide

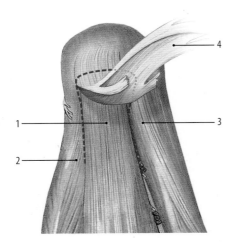

- - - - Schnittführung zur Durchtrennung der Ursprungssehne
des M. flexor digitorum brevis mit der Plantaraponeurose
sowie Schnittführungen zur Trennung der Ursprungsbereiche
von M. abductor hallucis und M. abductor digiti minimi

1 M. flexor digitorum brevis
2 M. abductor hallucis
3 M. abductor digiti minimi
4 Plantaraponeurose

Abb. 6.26   Schnittführung zur Durchtrennung der Ursprungssehne des M. flexor digitorum brevis mit der Plantaraponeurose sowie der
Schnittführungen zur Trennung der Ursprungsbereiche von M. abductor hallucis und M. abductor digiti minimi [45]

durch Längsschnitt spalten, das *Chiasma tendinum* **(23)**
der Ansatzsehne des M. flexor digitorum brevis und die
Insertion an den Seiten der Mittelphalanx aufsuchen;
Ansatzsehne des *M. flexor digitorum longus* **(24)** bis zur
Endphalanx verfolgen (■ Abb. 6.102/Video 6.23).

Präparation der zweiten (mittleren) Schicht   Zur Freilegung
der zweiten Schicht Ursprung des *M. flexor digitorum
brevis* **(1)** mit dem nicht abgelösten Teil der Plantaraponeurose unmittelbar am Processus medialis des Tuber
calcanei unter Sichtkontrolle zur Schonung der darunter
ziehenden Leitungsbahnen scharf ablösen (■ Abb. 6.26,
6.103/Video 6.24). Anschließend seitlich die Ursprungssehnen von *M. abductor hallucis* **(2)** und *M. abductor
digiti minimi* **(3)** vom Ursprungsbereich des M. flexor
digitorum brevis abtrennen.

❶ Leitungsbahnen beim Ablösen des M. flexor digitorum
brevis nicht verletzen.

Sodann M. flexor digitorum brevis unterminieren und
gemeinsam mit der am Muskel hängenden Plantaraponeurose **(4)** teils stumpf teils scharf vom darunter liegenden *M. quadratus plantae* **(5)** und von den Ansatzsehnen
des *M. flexor digitorum longus* **(6)** lösen und nach distal
klappen (■ Abb. 6.27).

❶ Beim Herausklappen des M. flexor digitorum brevis die
Nn. digitales plantares communes nicht zerreißen.

M. quadratus plantae mit seiner Insertion an der Ansatzsehne des M. flexor digitorum longus studieren. Sodann
die Faszien des M. quadratus plantae und der *Mm. lumbricales* **(7)** sowie das pertendinöse Bindegewebe der Ansatzsehen des M. flexor digitorum longus unter Schonung
der Leitungsbahnen entfernen. *Nn. plantares medialis* **(8)**
und *lateralis* **(9)** sowie *Aa. plantares medialis* **(10)** und
lateralis **(11)** mit Begleitvenen vollständig freilegen und
bis zu ihrem Austritt aus dem Tarsaltunnel **(12)** am inneren Rand der Ansatzsehne des M. abductor hallucis
verfolgen (■ Abb. 6.104/Video 6.25).

Den Tarsaltunnel für die Leitungsbahnen am Übergang zur Planta pedis unter dem Ansatzbereich des
M. abductor hallucis vorsichtig mit stumpfer Pinzette
sondieren; sodann bei liegender Pinzette den Ursprung
des M. abductor hallucis **(2)** am Calcaneus ablösen
(Schnittführung, ■ Abb. 6.27) und den Muskel so weit
nach distal klappen, dass die Leitungsbahnen und die
langen Flexorensehnen durch Entfernen des begleitenden Bindegewebes und nach Eröffnen der Sehnenscheiden frei gelegt werden können (■ Abb. 6.28, 6.105/
Video 6.26).

❶ Leitungsbahnen und Flexorensehnen beim Ablösen des
Ursprungs des M. abductor hallucis nicht verletzen.

Abschließend Verlauf der Leitungsbahnen und der langen Flexorensehnen vom Tarsaltunnel bis zur Planta pedis verfolgen und nochmals die Lage der Sehnen in ihren
Sehnenscheidenfächern und die Lage der Leitungsbahnen im dritten Fach studieren (s. Topographie: Lage der
Strukturen im proximalen Abschnitt des Tarsaltunnels,
■ Abb. 6.21).

An der Planta pedis die Überkreuzung der Ansatzsehne des *M. flexor hallucis longus* **(13)** durch die Ansatzsehne des M. flexor digitorum longus (Chiasma
plantare **[14]**) aufsuchen.

▶ **Klinik**

Bei der Passage im Tarsaltunnel kann es zur Kompression
des N. tibialis (im proximalen Abschnitt) oder der Nn.
plantares medialis und lateralis (im distalen Abschnitt)
kommen. Das als mediales oder hinteres Tarsaltunnelsyndrom bezeichnete Engpasssyndrom geht mit Sensibilitätsstörungen im Bereich der Planta pedis und mit einer
Parese der kurzen plantaren Muskeln einher. ◄

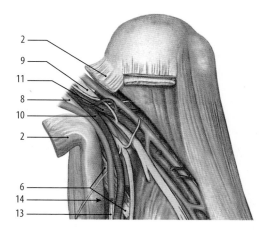

2   M. abductor hallucis
6   M. flexor digitorum longus
8   N. plantaris medialis
9   N. plantaris lateralis
10   A. plantaris medialis
11   A. plantaris lateralis
13   M. flexor hallucis longus
14   Chiasma plantare

Abb. 6.28   Leitungsbahnen und Flexorensehnen im eröffneten distalen Abschnitt des Tarsaltunnels [45]

Präparation der dritten und vierten (tiefen) Schicht

Topographie

Muskeln der dritten Schicht: Mm. abductor und adductor hallucis, M. flexor digiti minimi brevis mit M. opponens digiti minimi; Muskeln der vierten Schicht: Ansatzsehnen der Mm. tibialis posterior und peroneus longus, Mm. interossei dorsales und plantares.

Zur Freilegung der dritten und vierten Schicht der Planta pedis *M. quadratus plantae* (1) und *M. flexor digitorum longus* (2) stumpf von den darunterliegenden Strukturen lösen (■ Abb. 6.29, ■ Abb. 6.106/Video 6.27); sodann zur Schonung der Leitungsbahnen eine stumpfe Pinzette unter Sehnen und Muskel schieben und anschließend die Ansatzsehne des M. flexor digitorum longus im Ansatzbereich des M. quadratus plantae distal des Chiasma plantare (3) quer durchtrennen. Anschließend proximalen Teil der Ansatzsehne des M. flexor digitorum longus mit dem M. quadratus plantae nach hinten verlagern, distalen Teil der Ansatzsehnen des M. flexor digitorum longus gemeinsam mit der Ansatzsehne des M. flexor digitorum brevis so weit wie möglich nach vorn klappen (■ Abb. 6.30).

❗ Leitungsbahnen bei der Verlagerung der Sehnen nicht zerreißen.

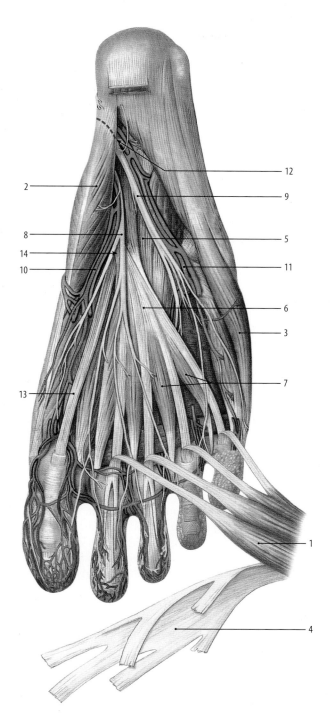

- - - - Schnittführung zur Durchtrennung des M. abductor hallucis

1	M. flexor digitorum brevis	8	N. plantaris medialis
2	M. abductor hallucis	9	N. plantaris lateralis
3	M. abductor digiti minimi	10	A. plantaris medialis
4	Plantaraponeurose	11	A. plantaris lateralis
5	M. quadratus plantae	12	Ausgang des Tarsaltunnels
6	M. flexor digitorum longus	13	M. flexor hallucis longus
7	Mm. lumbricales	14	Chiasma plantare

Abb. 6.27   Muskeln und Leitungsbahnen an der Planta pedis der rechten Seite, zweite Schicht, Plantaraponeurose und M. flexor digitorum brevis wurden abgetrennt und nach vorn verlagert. Schnittführung zur Durchtrennung des M. abductor hallucis [45]

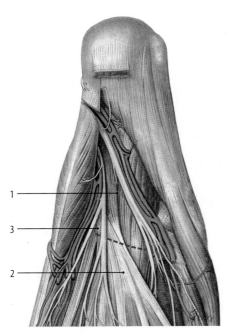

---- Schnittführung zur Durchtrennung
der Ansatzsehne des M. flexor digitorum longus
und des M. quadratus plantae
distal des Chiasma plantare

1　M. quadratus plantae
2　M. flexor digitorum longus
3　Chiasma plantare

Abb. 6.29 Schnittführung zur Durchtrennung der Ansatzsehne des M. flexor digitorum longus und des M. quadratus plantae distal des Chiasma plantare [45]

Nach Fixierung des nach hinten geklappten proximalen Teils der Ansatzsehne des *M. flexor digitorum longus* **(1)** und des *M. quadratus plantae* **(2)** mit einer Nadel sowie nach der Verlagerung des distalen Teils der Ansatzsehne des M. flexor digitorum longus gemeinsam mit dem *M. flexor digitorum brevis digitorum brevis* **(3)** nach vorn zunächst das *Ligamentum plantare longum* **(4)** präparieren; anschließend Verlauf der Ansatzsehne des *M. peroneus longus* **(5)** palpieren sodann die Sehnenscheide **(6)** durch Spalten des Stratum superficiale des Ligamentum plantare longum (= Membrana fibrosa der Sehnenscheide) eröffnen. Verlauf der Sehne vom Os cuboideum bis zum Ansatz an der Basis des Os metatarsi I (II) sowie den Faserknorpel im Bereich des Sehnenverlaufs um das Widerlager am Os cuboideum (Gleitsehne) studieren und ein evtl. vorhandenes Os peroneum ertasten (Fortsetzung der Präparation s. Präparation der Bänder des Fußes von plantar).

Auf den freigelegten *Mm. adductor hallucis* **(7)**, *flexor hallucis brevis* **(8)** und *flexor digiti minimi brevis* **(9)** die Faszien entfernen. Zur Freilegung der tiefen Leitungsbahnen und der *Mm. interossei* **(10)** Ursprung des *Caput*

obliquum **(11)** des *M. adductor hallucis* durchtrennen und den Muskel bis zum Ansatz am lateralen Sesambein lösen und nach vorn verlagern. Anschließend *Caput transversum* **(12)** des *M. adductor hallucis* freilegen; dazu die Flexorensehnenscheiden II–V **(13)** und das *Ligamentum metatarsale transversum profundum* **(14)** mit den Ligamenta plantaria (= Faserknorpelplatten) von proximal mit flach geführtem Messer vom darunter liegenden Caput transversum des M. adductor hallucis scharf ablösen. Zur vollständigen Freilegung des Caput transversum die Sehnenscheiden und die Bandplatten bei Bedarf etwas zurückschneiden. Anschließend Ursprung des Caput transversum am Ligamentum metatarsale transversum profundum und an den Ligamenta plantaria scharf abtrennen und nach lateral verlagern.

Nach Ablösen des Caput obliquum des M. adductor hallucis *Arcus plantaris profundus* **(15)** und die aus ihm abgehenden *Aa. metatarsales plantares* **(16)** mit ihren Begleitvenen sowie den *Ramus profundus* **(17)** des *N. plantaris lateralis* durch Entfernen des umgebenden Bindegewebes darstellen (◻ Abb. 6.107/Video 6.28). Rami perforantes der Aa. metatarsales plantares insbesondere den starken *Ramus perforans* I = *A. plantaris profunda* **(18)** zwischen erstem und zweitem Os metatarsi beachten. Übergang der Aa. metatarsales plantares in die *Aa. digitales plantares communes* **(19)** und der Aa. digitales plantares communes in die *Aa. digitales plantares propriae* **(20)** studieren.

⊜ Varia

Ein vollständiger Arcus plantaris profundus (Verbindung zwischen A. plantaris lateralis und Ramus profundus der A. plantaris lateralis) kommt in etwa einem Viertel der Fälle vor. Die Beteiligung an seinem Aufbau durch die Aa. plantares medialis und lateralis variiert stark, er kann auch durch perforierende Gefäße aus den Aa. metatarsales dorsales, vorwiegend durch den Ramus perforans I = A. plantaris profunda gespeist werden. Auch die Blutzufuhr der Aa. metatarsales plantares variiert; sie hängt vom Aufbau des Arcus plantaris profundus ab. Wenn dieser vorwiegend aus der A. plantaris profunda (Ramus perforans der A. metatasalis I) oder aus den perforierenden Ästen der übrigen Aa. metatarsales dorsales gespeist wird, erhalten die Aa. metatarsales plantares ihr Blut teilweise oder vollständig aus der A. dorsalis pedis.

▶ Klinik

Bei der Mortonschen Erkrankung kommt es in Folge neuromartiger Verdickungen an den Nn. digitales communes III und IV zu Schmerzen im Bereich der Mittelfußknochen (Metatarsalgie). ◀

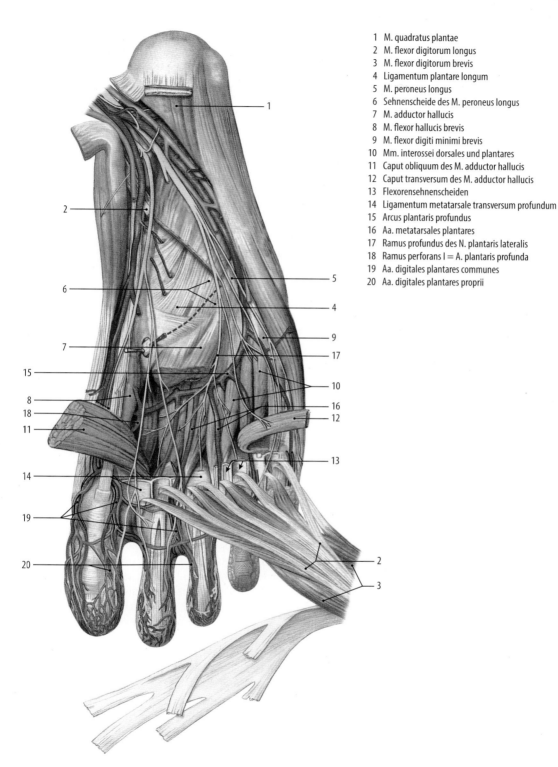

1 M. quadratus plantae
2 M. flexor digitorum longus
3 M. flexor digitorum brevis
4 Ligamentum plantare longum
5 M. peroneus longus
6 Sehnenscheide des M. peroneus longus
7 M. adductor hallucis
8 M. flexor hallucis brevis
9 M. flexor digiti minimi brevis
10 Mm. interossei dorsales und plantares
11 Caput obliquum des M. adductor hallucis
12 Caput transversum des M. adductor hallucis
13 Flexorensehnenscheiden
14 Ligamentum metatarsale transversum profundum
15 Arcus plantaris profundus
16 Aa. metatarsales plantares
17 Ramus profundus des N. plantaris lateralis
18 Ramus perforans I = A. plantaris profunda
19 Aa. digitales plantares communes
20 Aa. digitales plantares proprii

┄┄┄ Schnittführung zum Eröffnen der Sehnenscheide der Ansatzsehne
des M. peroneus longus.

◻ **Abb. 6.30** **Muskeln und Leitungsbahnen der Planta pedis der rechten Seite, dritte und vierte Schicht, Übergang der Leitungsbahnen aus dem eröffneten Malleolenkanal zur Planta pedis, M. flexor digitorum** **longus, M. flexor digitorum brevis und Plantaraponeurose abgelöst und nach vorn verlagert.** Schnittführung zum Eröffnen der Sehnenscheide der Ansatzsehne des M. peroneus longus [45]

6

6.8 Präparation der Oberschenkelvorderseite

Die Präparation des proximalen Abschnitts der Oberschenkelvorderseite erfolgt aus inhaltlichen Gründen gleichzeitig mit der Präparation der ventralen Rumpfwand.

Präparation der epifaszialen Strukturen (⬛ Abb. 6.31, 6.108/ Video 6.29) Vor Beginn der Präparation der auf der *Fascia lata* (1) liegenden Strukturen Spina iliaca anterior superior, Tuberculum pubicum und das die beiden Knochenanteile verbindende *Ligamentum inguinale* (2) ertasten. Die unterhalb des Leistenbandes liegenden *Nodi lymphoidei inguinales superficiales superolaterales* und *superomediales* (Tractus horizontalis) (3) sowie die im subkutanen Bindegewebe sichtbare *V. saphena magna* (4) mit den sie begleitenden *Nodi lymphoidei inguinales superficiales inferiores* (Tractus verticalis) (5) zunächst lokalisieren. Danach mit der Freilegung der V. saphena magna und der in sie einmündenden Hautvenen in Form des „Venensterns" durch Abtragen des subkutanen Bindegewebes beginnen. Zunächst *Hiatus saphenus* (6) im Schenkeldreieck aufsuchen und freilegen; dabei den Durchtritt der V. saphena magna durch die *Fascia cribrosa* (7) präparieren und den hirtenstabähnlichen Verlauf (sog. Krosse) der V. saphena magna im Einmündungsbereich beachten. Zum Studium der Venenklappen im Einmündungsbereich das Lumen der V. saphena magna durch einen Längsschnitt eröffnen und die Venenklappen aufsuchen.

V. saphena magna mit den variabel in sie einmündenden *Vv. saphenae accessoriae* (8) distalwärts bis in die Knieregion freilegen (Absprache mit der Präparation an Unterschenkel und Fußrücken).

> ▶ **Klinik**
>
> Die krankhafte Erweiterung und Elongation der epifaszialen Venen bezeichnet man als Varikosis. Pathophysiologisch kommt es bei der kompletten Stammvarikosis der V. saphena magna zu einer Insuffizienz ihrer präterminalen und terminalen Venenklappen im Einmündungsbereich und damit zu einer refluxbedingten Hypertension mit Insuffizienz der Venenklappen im distalen Abschnitt der unteren Extremität. Infolge der Störung des normalen venösen Rückstromes fließt das venöse Blut nicht mehr zentripetal, sondern zentrifugal, wobei sich über die Perforansvenen ein „Privatkreislauf" zwischen epifaszialen Venen und tiefen Beinvenen entwickelt (Unterschenkelvorderseite ⬛ Abb. 6.40b). Zur Behandlung der Varikosis stehen weiterhin offen-chirurgische und heutzutage auch minimal invasive endovenöse Techniken zur Verfügung. ◀

Sodann die in die V. saphena magna mündenden *V. circumflexa ilium superficialis* (9), *V. epigastrica super-*

ficialis (10) und *Vv. pudendae externae* (11) freilegen und peripherwärts verfolgen. Im gleichen Präparationsschritt die aus der Fascia cribrosa tretenden und die Hautvenen begleitenden *A. circumflexa ilium superficialis* (12), *A. epigastrica superficialis* (13) und *A. pudenda externa superficialis* (14) darstellen. Anschließend die inguinalen Lymphknoten mit ihren zu- und abführenden Lymphgefäßen freilegen; zur Darstellung der größtenteils mit den Hautvenen verlaufenden Lymphgefäße (15) das subkutane Bindegewebe vorsichtig mit der Messerspitze vom Lymphknoten ausgehend peripherwärts entfernen.

🔄 Topographie

Einzugsgebiete der inguinalen Lymphknoten: Untere Extremität, ventrale Rumpfwand bis in Nabelhöhe; Gesäßregion, Anal- und Dammbereich, äußeres Genitale, Tubenwinkel des Uterus.

Beim Freilegen der Hautnerven variablen Fasziendurchtritt des *N. cutaneus femoris lateralis* (16) im Bereich der Spina iliaca anterior superior in der Rinne zwischen M. sartorius und M. tensor fasciae latae beachten.

Neben dem *Margo falciformis* (Burnsches Band) (17) am Hiatus saphenus den *Ramus femoralis* des *N. genitofemoralis* (18) aufsuchen. Im mittleren Bereich der Oberschenkelvorderseite die in unterschiedlicher Höhe durch die *Fascia lata* tretenden *Rami cutanei anteriores* des *N. femoralis* (19) freilegen. Im oberen Teil des mittleren Oberschenkeldrittels tritt über dem M. gracilis der *Ramus cutaneus* des *Ramus anterior* des *N. obturatorius* (20) durch die Faszie; den Hautast nach distal verfolgen. Oberhalb des Epicondylus femoris medialis vor der V. saphena magna den *Ramus* (Rami) *infrapatellaris* des *N. saphenus* (21) aufsuchen und bis in den infrapatellaren Bereich nachgehen.

Auf der Kniescheibe die *Bursa subcutanea prepatellaris* (22) und über der Tuberositas tibiae die *Bursa subcutanea tuberositas tibiae* (23) präparieren.

🔄 Varia

Fasziendurchtritt und Versorgungsgebiet des N. cutaneus femoris lateralis sowie ein Faseraustausch mit dem Ramus femoralis des N. genitofemoralis variieren. Der Nerv tritt in den meisten Fällen medial der Spina iliaca anterior superior durch das Ligamentum inguinale in die Oberschenkelregion und durchbricht die Fascia lata 1–2 cm unterhalb der Spina iliaca anterior superior. Der Fasziendurchtritt kann weiter distal am Oberschenkel erfolgen. Ersetzt der N. cutaneus femoris lateralis den Ramus femoralis des N. genitofemoralis, so tritt der Nerv oberhalb der Spina iliaca anterior superior im Bereich der Bauchwand durch die Faszie. Gelegentlich fehlt der N. cutaneus femoris lateralis; er wird dann durch den Ramus femoralis des N. genitofemoralis und durch die Hautäste des N. femoralis ersetzt.

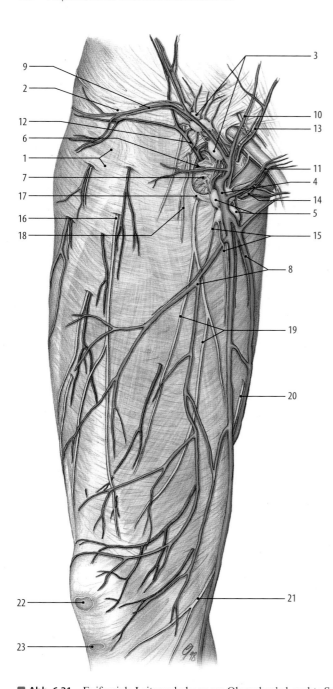

1 Fascia lata
2 Ligamentum inguinale
3 Nodi inguinales superficiales superolaterales und superomediales
4 V. saphena magna
5 Nodi inguinales superficiales inferiores
6 Hiatus saphenus
7 Fascia cribrosa
8 Vv. saphenae accessoriae
9 V. circumflexa ilium superficialis
10 V. epigastrica superficialis
11 Vv. pudendae externae
12 A. circumflexa ilium superficialis
13 A. epigastrica superficialis
14 A. pudenda externa superficialis
15 Lymphgefäße
16 N. cutaneus femoris lateralis
17 Margo falciformis
18 Ramus femoralis des N. genitofemoralis
19 Rami cutanei des N. femoralis
20 Ramus cutaneus des Ramus anterior des N. obturatorius
21 Ramus infrapatellaris des N. saphenus
22 Bursa subcutanea prepatellaris
23 Bursa subcutanea tuberositatis tibiae

▢ Abb. 6.31 Epifasziale Leitungsbahnen am Oberschenkel, rechte Seite in der Ansicht von vorn [29]

► Klinik

Der N. cutaneus femoris lateralis ist beim vorderen Zugang zum Hüftgelenk gefährdet. Der Nerv kann beim Verlauf zwischen Spina iliaca anterior superior und Ligamentum inguinale komprimiert werden. Beim medialen arthroskopischen Zugang zum Kniegelenk besteht die Gefahr einer Verletzung des Ramus infrapatellaris des N. saphenus. Bei berufsbedingter erhöhter Druckbeanspruchung in kniender Position (z. B. Fliesenleger) kann es zur Entzündung der Bursa subcutanea tuberositatis tibiae kommen. ◄

Präparation der Fascia lata (▢ Abb. 6.32)   Vor dem Abtragen der Fascia lata epifasziale Strukturen nochmals studieren und diese möglichst erhalten. Die Präparation der Strukturen des Schenkeldreiecks erfolgt nach dem Abtragen der Fascia lata.

Fascia lata **(1)** einen Querfinger breit unterhalb des *Ligamentum inguinale* **(2)** von der Spina iliaca anterior superior bis zum Tuberculum pubicum unter Schonung der epifaszialen Strukturen durchtrennen.

Den in einer eigenen Faszienhülle liegenden *M. sartorius* **(3)** lokalisieren und dann seine Faszie über der Mitte

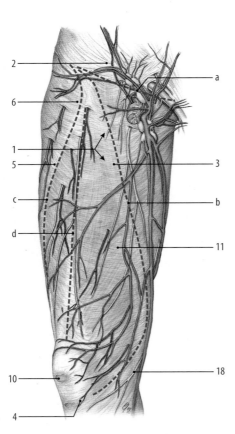

- - - - Schnittführung zur Durchtrennung der Fascia lata
       unterhalb des Leistenbandes (a)

- - - - Schnittführung zur Eröffnung der Faszienloge
       des M. sartorius (b)

- - - - Schnittführung zur Begrenzung des Vorderrandes
       des Tractus iliotibialis (c)

- - - - Schnittführung zur Durchtrennung der Fascia lata
       am Oberschenkel (d)

1 Fascia lata
2 Ligamentum inguinale
3 M. sartorius
4 Tuberositas tibiae
5 Tractus iliotibialis (Maissiatscher Streifen)
6 M. tensor fasciae latae
10 Bursa subcutanea prepatellaris
11 M. quadriceps
18 Ramus infrapatellaris des N. saphenus

Abb. 6.32   Schnittführung zur Durchtrennung der Fascia lata [29]

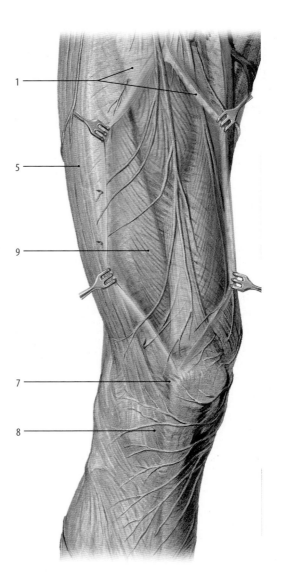

1 Fascia lata
5 Tractus iliotibialis (Maissiatscher Streifen)
7 Retinaculum patellae transversale laterale
8 Tuberculum tractus iliotibialis (Tuberculum Gerdy)
9 M. vastus lateralis

Abb. 6.33   Ablösen der Fascia lata am Oberschenkel, rechte Seite in der Ansicht von vorn [44]

des Muskels von der Spina iliaca anterior superior bis zum Ansatz vor der *Tuberositas tibiae* **(4)** durchschneiden und den Muskel teils stumpf teils scharf von seiner Faszienhülle lösen (■ Abb. 6.109/Video 6.30). Anschließend den *Tractus iliotibialis* (Maissiatscher Streifen) **(5)** palpieren und seinen Vorderrand scharf von der Fascia lata abgrenzen (vergl. Begrenzung des Tractus iliotibialis auf der Rückseite des Oberschenkels); dazu den Schnitt mit dem Muskelmesser von der Spina iliaca anterior superior entlang der Vorderseite des *M. tensor fasciae latae* **(6)**

unter Kontrolle des tastenden Fingers am Vorderrand des Tractus iliotibialis entlang bis zur Knieregion nach distal führen (■ Abb. 6.110/Video 6.31).

Das in Höhe der Kniescheibe vom Tractus iliotibialis ausscherende quer zum lateralen Rand der Patella ziehende *Retinaculum patellae transversale laterale* **(7)** ertasten und schonen (▶ Abschn. 6.12; ■ Abb. 6.33). Anschließend den Tractus iliotibialis bis zur Insertion am *Tuberculum tractus iliotibialis* (Tuberculum Gerdy) **(8)** freilegen. Nach vollständiger Trennung des Tractus iliotibialis von der Fascia lata den Tractus iliotibialis vom

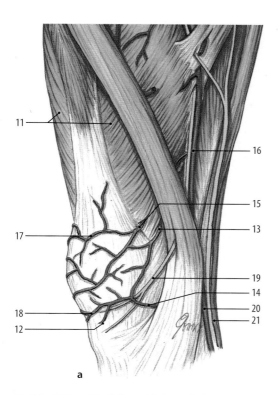

11 M. quadriceps
12 Ligamentum patellae
13 A. superior medialis genus
14 A. inferior medialis genus
15 Ramus articularis der A. descendens genus
16 A. descendens genus
17 A. superior lateralis genus
18 A. inferior lateralis genus
19 Ramus infrapatellaris des N. saphenus
20 Ramus saphenus der A. descendens genus
21 V. saphena magna

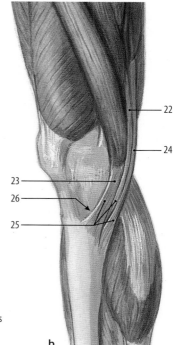

22 Ansatzsehne des M. gracilis
23 Ansatzsehne des M. sartorius
24 Ansatzsehne des M. semitendinosus
25 Pes anserinus superficialis
26 Bursa anserina

Abb. 6.34 **a** Muskeln und Leitungsbahnen in der Knieregion, rechte Seite in der Ansicht von medial-vorn [29]. **b** Sehnen des Pes anserinus superficialis, rechte Seite in der Ansicht von medial [32]

Vorderrand aus stumpf mit den Fingern vom *M. vastus lateralis* **(9)** lösen.

Anschließend Fascia lata unter Erhaltung der epifaszialen Strukturen abtragen (□ Abb. 6.33); Faszie auf der Patella zur Präparation der präpatellaren Schleimbeutel (*Bursa subcutanea prepatellaris*, **(10)**, □ Abb. 6.32, Bursa subfascialis prepatellaris) belassen.

❶ Beim Begrenzen des Tractus iliotibialis N. cutaneus femoris lateralis und Muskulatur des M. vastus lateralis nicht verletzen; im Kniebereich das Retinaculum patellae laterale transversale nicht durchtrennen.

Präparation der subfaszialen Strukturen Sodann die Muskeln der Oberschenkelvorderseite mit den sie versorgenden Leitungsbahnen durch Entfernung ihrer Faszien freilegen und die Muskeln vom Ursprung bis zum Ansatz verfolgen (□ Abb. 6.34a). Beim *M. quadriceps* **(11)** Ursprungssehne des M. rectus femoris tasten; im Ansatzbereich die an der Patellabasis und an den Seitenrändern der Patella inserierenden Sehnenanteile beachten und die von der Patellaspitze zur Tuberositas tibia ziehende Endsehne = *Ligamentum patellae* **(12)** präparieren. Dabei die das Rete patellare bildenden *A. superior medialis genus* **(13)**, *A. inferior medialis genus* **(14)** und *Ramus articularis* **(15)** der *A. descendens genus* **(16)** sowie *A. superior lateralis genus* **(17)** und *A. inferior lateralis genus* **(18)** freilegen. Ramus (Rami) infrapatellaris des

N. saphenus **(19)** so weit wie möglich verfolgen. Ramus saphenus **(20)** der *A. descendens genus, N. saphenus* und *V. saphena magna* **(21)** an der medialen Seite der Knieregion aufsuchen.

Am medialen Oberschenkelrand (□ Abb. 6.34b) die Ansatzsehnen von *M. gracilis* **(22)**, *M. sartorius* **(23)** und *M. semitendinosus* **(24)** (s. Präparation der Oberschenkelrückseite und bei der Kniegelenkspräparation) aufsuchen und ihre gemeinsame Insertion in Form des *Pes anserinus superficialis* **(25)** bis zur Tuberositas tibiae verfolgen. *Bursa anserina* **(26)** zwischen den Sehnen des Pes anserinus superficialis und der Tibia aufsuchen und eröffnen.

▶ **Klinik**

Die genaue Lagebestimmung der Ansatzsehne des M. semitendinosus ist Voraussetzung für ihre korrekte Entnahme als Kreuzbandersatzmaterial. ◄

Präparation der Oberschenkelvorderseite – Schenkeldreieck (□ Abb. 6.35) Vor Beginn der Präparation des Schenkeldreiecks = Trigonum femorale (femoris) = Scarpasches Dreieck dessen oberflächliche und tiefe Begrenzung studieren (□ Abb. 6.111/Video 6.32).

🔄 **Topographie**

oberflächliche Begrenzung des Trigonum femorale durch Leistenband (oben) **(1)**, *M. sartorius* (unten-

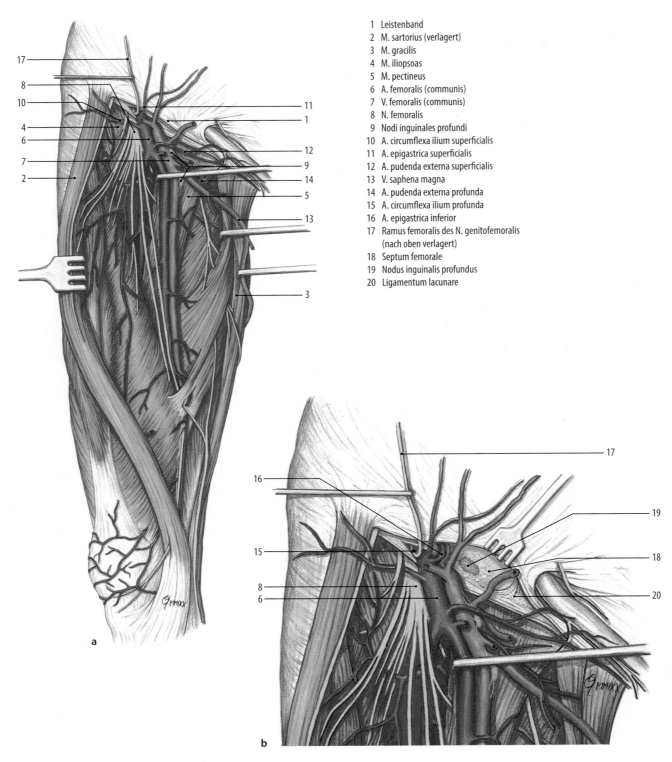

1 Leistenband
2 M. sartorius (verlagert)
3 M. gracilis
4 M. iliopsoas
5 M. pectineus
6 A. femoralis (communis)
7 V. femoralis (communis)
8 N. femoralis
9 Nodi inguinales profundi
10 A. circumflexa ilium superficialis
11 A. epigastrica superficialis
12 A. pudenda externa superficialis
13 V. saphena magna
14 A. pudenda externa profunda
15 A. circumflexa ilium profunda
16 A. epigastrica inferior
17 Ramus femoralis des N. genitofemoralis (nach oben verlagert)
18 Septum femorale
19 Nodus inguinalis profundus
20 Ligamentum lacunare

☐ **Abb. 6.35**   **a** Muskeln und Leitungsbahnen des Oberschenkels der rechten Seite in der Ansicht von vorn [29]. **b** Die Strukturen der Lacuna vasorum werden durch Anheben des Leistenbandes mit der vorderen Bauchwand sichtbar gemacht, Ansicht von vorn [36]

lateral) **(2)** und *M. gracilis* (medial) **(3)**; Begrenzung in der Tiefe durch *M. iliopsoas* (lateral) **(4)** und *M. pectineus* (medial) **(5)**.

Begrenzung der Strukturen des Hiatus saphenus sowie die ein- und austretenden Leitungsbahnen nochmals studieren; sodann zur Freilegung der Vasa femoralia

Lamina cribrosa entfernen und die Lage von *A. femoralis* (communis)* **(6)** und *V. femoralis* (communis) **(7)** sowie des aus der Lacuna musculorum tretenden *N. femoralis* **(8)** lokalisieren. *Nodi inguinales profundi* **(9)** an der V. femoralis (communis) aufsuchen. (*Es werden in Anlehnung an die in der Klinik gebräuchlichen Bezeichnungen unter Abweichung von den Terminologica anatomica im Folgenden die Begriffe A. femoralis communis und A. femoralis superficialis verwendet.)

⬭ Topographie

Die Lacuna vasorum wird vom oberen Schambeinast, dem Arcus iliopectineus, dem Ligamentum inguinale und dem Ligamentum lacunare begrenzt. Die A. femoralis (communis) tritt in der Mitte des Leistenbandes aus der Lacuna vasorum in das Schenkeldreieck, die V. femoralis (communis) liegt medial von der Arterie, der Ramus femoralis des N. genitofemoralis zieht lateral von der Arterie in die Oberschenkelregion.

Anschließend A. femoralis (communis) und V. femoralis (communis) durch scharfes Spalten und Ablösen der perivaskulären Bindegewebshülle (Vagina vasorum femoralium) freilegen.

❗ Beim Entfernen des perivaskulären Bindegewebes die austretenden und einmündenden Gefäße und den Ramus femoralis des N. genitofemoralis nicht verletzen.

Sodann die bereits peripher dargestellten epifaszialen Arterien (*A. circumflexa ilium superficialis*, **(10)**, *A. epigastrica superficialis* **(11)**, *A. pudenda externa superficialis* **(12)**) bis zum Austritt aus der A. femoralis (communis) zurückverfolgen; ebenso den epifaszialen Venen (*V. saphena magna*, **(13)**, V. circumflexa ilium superficialis, V. epigastrica superficialis, Vv. pudendae externae) bis zur Einmündung in die V. femoralis (communis) nachgehen. Abgang die subfaszial aus der medialen Wand der A. femoralis (communis) tretende *A. pudenda externa profunda* **(14)** aufsuchen und freilegen.

Lacuna vasorum (⬛ Abb. 6.35b, 6.112/Video 6.33) Zur Darstellung der durch die Lacuna vasorum tretenden Strukturen Vasa femoralia bis zum Leistenband verfolgen; zur Demonstration des Übergangs der Vasa iliaca externa in die Vasa femoralia Leistenband mit der vorderen Bauchwand nach kranial schieben und in dieser Position halten lassen; sodann die aus dem Endabschnitt der A. iliaca externa lateral abgehende *A. circumflexa ilium profunda* **(15)** und die aus der medialen Wand entspringende *A. epigastrica inferior* **(16)** aufsuchen (s. Ventrale Rumpfwand).
Einmündung der gleichnamigen Venen in die V. iliaca externa ebenfalls darstellen. Anschließend den lateral von der A. femoralis (communis) aus der Lacuna vasorum

tretenden *Ramus femoralis* des *N. genitofemoralis* **(17)** freilegen. Abschließend das medial von der V. iliaca externa/V. femoralis (communis) liegende *Septum femorale* **(18)** mit dem variabel auf ihm liegenden *Nodus lacunaris medialis* **(19)** sowie das *Ligamentum lacunare* (Gimbernatisches Band) **(20)** zunächst ertasten und danach darstellen.

▶ **Klinik**

Die Lacuna vasorum ist die innere Bruchpforte für Schenkelhernien; Schwachstelle ist das Septum femorale. Der Bruchsack kann sich bis zum Hiatus saphenus ausdehnen. Aufgrund der engen Bruchpforte besteht die Gefahr einer Einklemmung. ◀

Lacuna musculorum – Fossa iliopectinea

⬭ Topographie

Durch die Lacuna musculorum verlassen M. iliopsoas, N. femoralis und (variabel) N. cutaneus femoris lateralis das Becken und treten in das Schenkeldreieck. Die Lacuna musculorum wird kaudal vom knöchernen Beckenrand zwischen Spina iliaca anterior superior und der Anheftung des Arcus iliopectineus an der Eminentia iliopubica (iliopectinea) sowie kranial vom Arcus iliopectineus und dem lateralen Teil des Ligamentum inguinale begrenzt.

Lacuna musculorum (⬛ Abb. 6.36) Zur Präparation des *N. femoralis* **(1)** M. sartorius **(2)** mobilisieren und unter Erhaltung der ihn versorgenden Leitungsbahnen **(3)** nach lateral verlagern. Sodann den Nervenstamm unterhalb des Leistenbandes am Ausgang der Lacuna musculorum aufsuchen und durch Abtragen der Faszie des *M. iliopsoas* **(4)** darstellen. Durch Entfernen des perinervalen Bindegewebes zunächst die vorderen sensiblen Hautäste **(5)** freilegen; den medial abzweigenden *N. saphenus* **(6)** lateral von der *A. femoralis* (communis) **(7)** bis zum Eintritt in den Adduktorenkanal (s. u.) verfolgen. Sodann die hinteren motorischen Äste **(8)** bis zum Eintritt in die sie versorgenden Muskeln (*M. quadriceps*, **[9]**, *M. sartorius*) verfolgen.

⬭ Topographie

Den in der Tiefe liegenden Teil des Trigonum femorale bezeichnet man als Fossa iliopectinea; sie wird lateral vom M. iliopsoas und medial vom M. pectineus begrenzt. Die Grube setzt sich nach kaudal rinnenförmig zwischen M. vastus medialis und M. adductor magnus in den Adduktorenkanal fort.

Fossa iliopectinea (⬛ Abb. 6.37, 6.113/Video 6.34) Zur Freilegung der aus der A. femoralis (communis) abgehenden Arterien Faszien von M. iliopsoas und *M. pectineus* **(10)** am Boden der Fossa iliopectinea sowie

6

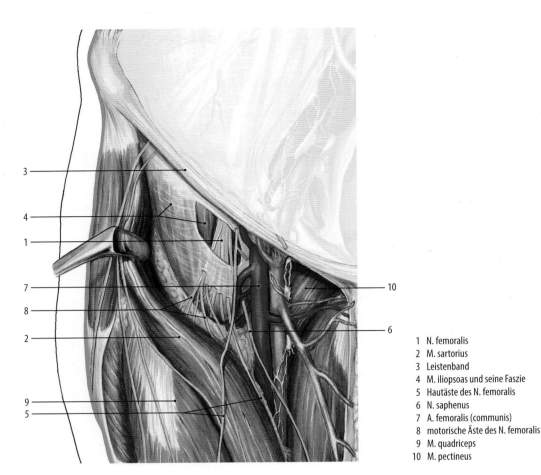

1   N. femoralis
2   M. sartorius
3   Leistenband
4   M. iliopsoas und seine Faszie
5   Hautäste des N. femoralis
6   N. saphenus
7   A. femoralis (communis)
8   motorische Äste des N. femoralis
9   M. quadriceps
10 M. pectineus

☐ Abb. 6.36   Trigonum femorale der rechten Seite, Strukturen der Lacuna musculorum und der Lacuna vasorum in der Ansicht von vorn [45]

das perivaskuläre Bindegewebe vollständig entfernen. Zunächst den variablen Abgang der aus der Hinterwand der A. femoralis (communis) abzweigenden *A. profunda femoris* **(11)**, sog. Femoralisgabel **(12)** aufsuchen. Die den Verlauf der A. femoralis (communis) fortsetzende *A. femoralis* (superficialis) **(13)** mit dem sie begleitenden *N. saphenus* **(6)** bis zum Eintritt in den Adduktorenkanal **(14)** verfolgen. Den am Ausgang der Lacuna vasorum liegenden *Nodus proximalis* (Nodus Rosenmüller) **(15)** aufsuchen. Sodann die variabel aus der A. profunda femoris oder der A. femoralis (superficialis) abgehende *A. circumflexa femoris medialis* **(16)** freilegen und nach medial bis zur Aufzweigung in die *Rami superficialis, ascendens* **(17)**, *descendens* **(18)** und profundus (Ramus acetabularis, s. Präparation des Hüftgelenks) präparieren und den Ästen so weit wie möglich nachgehen; aus Übersichtsgründen die begleitenden Venen entfernen. Sodann den Abgang der *A. circumflexa femoris lateralis* **(19)** aus der A. profunda femoris aufsuchen und ihre Aufzweigung in die *Rami ascendens* **(20)**, transversus und *descendens* **(21)** freilegen. Abschließend die aus der A. profunda femoris abgehenden A. perforantes aufsuchen.

⊕ Varia

Lage und Abgänge der Arterien im Schenkeldreieck variieren stark. In ca. 60 % der Fälle entspringen die Aa. circumflexae femoris medialis und lateralis aus der A. profunda femoris. In ca. 20 % der Fälle kommt die A. circumflexa femoris medialis aus der A. femoralis (superficialis). Der Abgang der A. circumflexa femoris lateralis erfolgt in ca. 15 % der Fälle aus der A. femoralis (communis), sog. hoher Abgang. Selten entspringen beide Aa. circumflexae femoris aus der A. femoralis (superficialis). Einzelne Äste der A. circumflexa femoris lateralis können selten aus der A. femoralis (superficialis) entspringen. Die A. profunda femoris geht in ca. 40 % der Fälle in Höhe des Leistenbandes aus der A. femoralis (communis) hervor, sog. hoher Ursprung. Die A. profunda femoris verläuft etwa in der Hälfte der Fälle lateral von der A. femoralis (superficialis) oder ebenso häufig hinter dieser; selten liegt sie medial von der A. femoralis (superficialis).

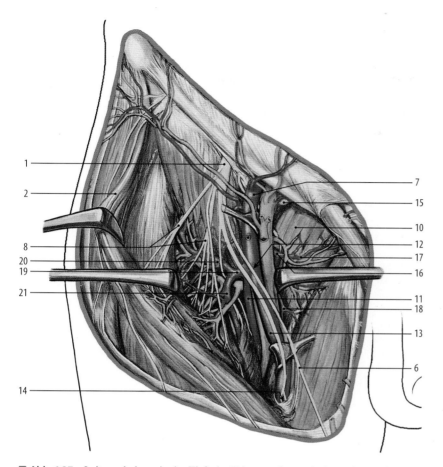

1 N. femoralis
2 M. sartorius
6 N. saphenus
7 A. femoralis (communis)
8 motorische Äste des N. femoralis
10 M. pectineus
11 A. profunda femoris
12 Femoralisgabel
13 A. femoralis (superficialis)
14 Eingang in den Adduktorenkanal
15 Nodus proximalis (Rosenmüller)
16 A. circumflexa femoris medialis
17 Ramus ascendens
18 Ramus descendens
19 A. circumflexa femoris lateralis
20 Ramus ascendens
21 Ramus descendens

Abb. 6.37 Leitungsbahnen in der Tiefe des Trigonum femorale der rechten Seite in der Ansicht von vorn [45]

Bei der Schenkelhalsfraktur kann es zur Zerreißung der auf dem Schenkelhals laufenden Äste der Aa. circumflexae femoris medialis und lateralis und in der Folge zur Femurkopfnekrose kommen. ◀

Regio obturatoria (◻ Abb. 6.38, 6.114/Video 6.35) Zur Freilegung der aus dem **Canalis obturatorius** tretenden *N. obturatorius* (1) und *A. obturatoria* (2) mit Begleitvenen *M. pectineus* (3) und *M. adductor longus* (4) im Ursprungsbereich durchtrennen und die Muskeln nach lateral-distal verlagern.

Alternative: Bei nicht kräftig ausgeprägten Muskeln genügt es meistens, zur Freilegung des Canalis obturatorius nur den M. pectineus zu durchtrennen. Der M. adductor longus wird dann mobilisiert und nach lateral verlagert.

Sodann die Faszie auf dem *M. obturatorius externus* (5) so weit wie möglich entfernen und die aus dem Obturatoriuskanal tretenden Leitungsbahnen freilegen. Aufteilung des N. obturatorius in *Ramus anterior* (6) und *Ramus posterior* (7) aufsuchen. Muskeläste des Ramus anterior bis zum Eintritt in die *Mm. adductor brevis* (8),

adductor longus und *gracilis* (9) nachgehen und den zwischen M. adductor longus und M. gracilis zur Innenseite des Oberschenkels gelangenden *Ramus cutaneus* (10) des *Ramus anterior* verfolgen.

Verlauf des Ramus posterior bis zum M. adductor brevis nachgehen und den Nervenast nach seiner Passage hinter dem Muskel von dessen medialem Rand bis zum *M. adductor magnus* (11) freilegen. Muskeläste der A. obturatoria bis zu den sie versorgenden Adduktoren darstellen; Begleitvenen im Bedarfsfall entfernen.

Alternative: Zum vollständigen Freilegen des Ramus posterior des N. obturatorius den M. adductor brevis im Ursprungsbereich ablösen und nach lateral-distal verlagern.

Der Canalis obturatorius kann zum Bruchkanal für Hernien werden. Bei Kompression des N. obturatorius durch den Bruchinhalt kommt es zu Parästhesien und zu Schmerzen im Bereich des N. cutaneus des Ramus anterior auf der Innenseite des Oberschenkels. Aufgrund des engen Bruchkanals besteht die Gefahr einer Einklemmung. ◀

6

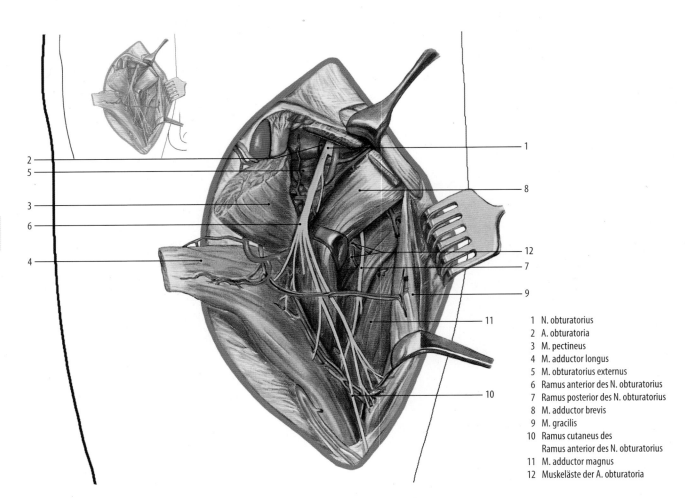

1 N. obturatorius
2 A. obturatoria
3 M. pectineus
4 M. adductor longus
5 M. obturatorius externus
6 Ramus anterior des N. obturatorius
7 Ramus posterior des N. obturatorius
8 M. adductor brevis
9 M. gracilis
10 Ramus cutaneus des
   Ramus anterior des N. obturatorius
11 M. adductor magnus
12 Muskeläste der A. obturatoria

▣ **Abb. 6.38**   Regio obturatoria der rechten Seite, Freilegen des N. obturatorius und der Vasa obturatoria durch Ablösen der Mm. pectineus und adductor longus im Ursprungsbereich und Verlagerung nach lateral in der Ansicht von vorn [45]

⊜ Topographie

Der Adduktorenkanal wird lateral vom M. vastus medialis und medial vom M. adductor magnus sowie am Eingangsbereich vom M. adductor longus begrenzt. Die Rinne zwischen den Muskeln wird vom Septum intermusculare vastoadductorium (Membrana vastoadductoria) überdacht. Über dem Eingang zum Adduktorenkanals verläuft der M. sartorius. Der Ausgang liegt in der Kniekehle in der Lücke zwischen den Ansätzen des oberflächlichen und des tiefen Teils des M. adductor magnus, am Hiatus adductorius.

Canalis adductorius (▣ Abb. 6.39, 6.115/Video 6.36)   Zur Darstellung des Eingangs und der vorderen Begrenzung des Canalis adductorius (Hunterscher Kanal) *M. sartorius* **(1)** nach lateral verlagern und die Bindegewebsverbindung = *Septum intermusculare vastoadductorium* (Membrana vastoadductoria) **(2)** zwischen *M. vastus medialis* **(3)** sowie *M. adductor longus* **(4)** und *M. adductor magnus* **(5)** darstellen. Die am proximalen Rand des Septum intermusculare vastoadductorium in Begleitung

des *N. saphenus* **(6)** in den Adduktorenkanal ziehende *A. femoralis* (superficialis) **(7)** sowie die aus dem Adduktorenkanal tretende *V. femoralis (superficialis)* **(8)** darstellen. Abschließend die im unteren Drittel des Septum intermusculare vastoadductorium durch die Bindegewebsplatte tretenden N. saphenus und *A. descendens genus* **(9)** aufsuchen und bis in die Knieregion verfolgen.

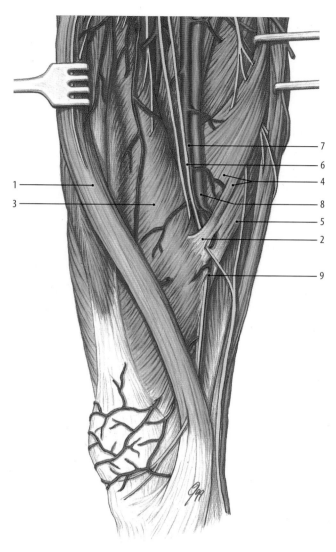

1 M. sartorius
2 Septum intermusculare vastoadductorium
3 M. vastus medialis
4 M. adductor longus
5 M. adductor magnus
6 N. saphenus
7 A. femoralis (superficialis)
8 V. femoralis (superficialis)
9 A. descendens genus

◘ Abb. 6.39 Adduktorenkanal der rechten Seite in der Ansicht von vorn [29]

6.9 Präparation der Unterschenkelvorderseite und des Fußrückens

Präparation der epifaszialen Strukturen (◘ Abb. 6.40a,b und ◘ Abb. 6.41) Die Präparation der epifaszialen Strukturen an Unterschenkel und Fuß erfolgt gleichzeitig. An der lateralen Seite in der Unterschenkelmitte

(◘ Abb. 6.40a) die durch die *Fascia cruris* (1) tretenden Hautäste des *N. cutaneus surae lateralis* (2) und des *N. peroneus superficialis* (3) freilegen (◘ Abb. 6.116/Video 6.37). Handbreit oberhalb des lateralen Knöchels Fasziendurchtritt des Endastes des N. peroneus superficialis (4) aufsuchen und bis zum Fußrücken freilegen; dabei die Aufteilung des Nervs unter Schonung der epifaszialen Venen in die *N. cutaneus dorsalis medialis* (5) und *N. cutaneus dorsalis intermedius* (6) sowie deren Endäste, *Nn. digitales dorsales* (7) präparieren (◘ Abb. 6.41). Unterhalb des lateralen Knöchels den von der Unterschenkelrückseite zum lateralen Fußrand ziehenden *N. suralis* (8) und dessen bis zur Kleinzehe ziehenden Endast, *N. cutaneus dorsalis lateralis* (9) gemeinsam mit der *V. saphena parva* (10) darstellen.

Auf dem Fußrücken (◘ Abb. 6.41) das Venengeflecht, *Rete venosum dorsale* (12), den *Arcus venosus dorsalis* (13) und die Zuflüsse zur *V. saphena magna* (14) und zur V. saphena parva präparieren. Die Verbindungen zwischen oberflächlichen und tiefen Venen, *Vv. perforantes* (16–18) beachten.

Im Bereich zwischen erstem und zweitem Mittelfußknochen den durch die Faszie tretenden Hautast des *N. peroneus profundus* (11) aufsuchen und seine Aufzweigung, *Nn. digitales dorsales* zur lateralen Seite der Großzehe und zur medialen Seite der zweiten Zehe freilegen (◘ Abb. 6.41, 6.117/Video 6.38). Verbindungen zwischen den Hautnerven des Fußrückens beachten.

❗ Bei der Präparation der Hautnerven am Fußrücken das epifasziale Venengeflecht erhalten.

Im Bereich des medialen Knöchels den die V. saphena magna begleitenden *N. saphenus* (15) aufsuchen und bis zur Endaufzweigung am medialen Fußrand freilegen (◘ Abb. 6.40b). Dem Verlauf der V. saphena magna vom Fußrücken vor dem medialen Knöchel zur medialen Seite des Unterschenkels nachgehen.

> ▶ **Klinik**

Die segmentale Zuordnung der Hautnerven am Fuß ist für die Diagnostik, z. B. bei Erkrankungen der Zwischenwirbelscheiben von Bedeutung. Lateraler Fußrand: S1 – N. suralis; medialer Fußrand: L 4 – N. saphenus; mittlerer Teil des Fußrückens: L 5 – Nn. cutanei dorsales medialis und intermedius des N. peroneus superficialis; einander zugekehrte Seiten der Großzehe und der zweiten Zehe: L 5 – Nn. digitales dorsales pedis des N. peroneus profundus. ◀

🔄 **Topographie**

Von den epifaszialen Venen des Unterschenkels ziehen transfasziale Perforansvenen zu den tiefen meist paarigen Leitvenen, die in Begleitung der Arterien laufen: Die Cockett-Perforansvenen (16) ziehen im distalen Bereich des Unterschenkels von der V. saphena magna

6

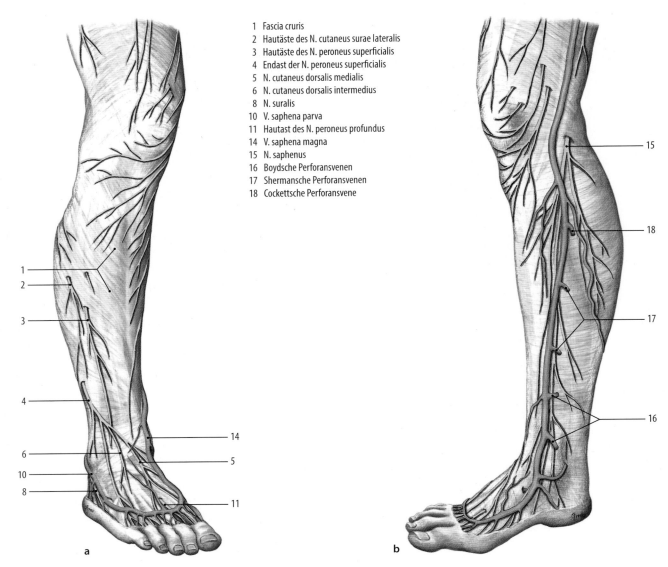

1 Fascia cruris
2 Hautäste des N. cutaneus surae lateralis
3 Hautäste des N. peroneus superficialis
4 Endast der N. peroneus superficialis
5 N. cutaneus dorsalis medialis
6 N. cutaneus dorsalis intermedius
8 N. suralis
10 V. saphena parva
11 Hautast des N. peroneus profundus
14 V. saphena magna
15 N. saphenus
16 Boydsche Perforansvenen
17 Shermansche Perforansvenen
18 Cockettsche Perforansvene

◻ **Abb. 6.40** **a** Epifasziale Leitungsbahnen am Unterschenkel und auf dem Fußrücken, rechte Seite in der Ansicht von lateral [29]. **b** Epifasziale Leitungsbahnen am Unterschenkel der rechten Seite in der Ansicht von medial [29]

zu den Venen der tiefen Flexorenloge; die Sherman-Perforansvenen (**17**) durchbrechen die Faszie im mittleren Abschnitt der Unterschenkelinnenseite; die Boyd-Perforansvene (**18**) tritt im proximalen Bereich des Unterschenkels durch die Fascia cruris.

Unter praktisch-klinischen Gesichtspunkten weicht die heute in der Klinik verwendete Bezeichnung der Venen an der unteren Extremität teilweise von den früher mit Eigennamen (s. o.) versehenen Strukturen sowie von den Terminologica anatomica ab.

▶ **Klinik**

Eine Insuffizienz der Perforansvenen führt vor allem bei den Cockett-Venen zu einer venösen Hypertension, in deren Folge sich ein Unterschenkelgeschwür (Ulcus cruris venosum) entwickeln kann. ◀

Abschließend die Verstärkungszüge der Fascia cruris und der Fascia dorsalis pedis aufsuchen und unter Schonung der Leitungsbahnen scharf begrenzen (◻ Abb. 6.41, 6.42, 6.118/Video 6.39, 6.119/Video 6.40). *Retaculum musculorum extensorum superius* (**1**) oberhalb der Knöchel durch proximalen und distalen Querschnitt von der Fascia cruris trennen. Danach die kreuzförmige Faszienverstärkung am Übergang zum Fußrücken, *Retinaculum musculorum extensorum inferius* (= Ligamentum cruciforme) (**2**) darstellen; zunächst den kräftigen vom medialen Knöchel schräg in Richtung des Sinus tarsi ziehenden Schenkel begrenzen und anschließend den schwächeren vom lateralen Knöchel zum medialen Fußrand ziehenden Teil präparieren.

Abschließend die Verstärkungszüge für die Sehnenscheiden der Ansatzsehnen der Mm. peronei darstellen

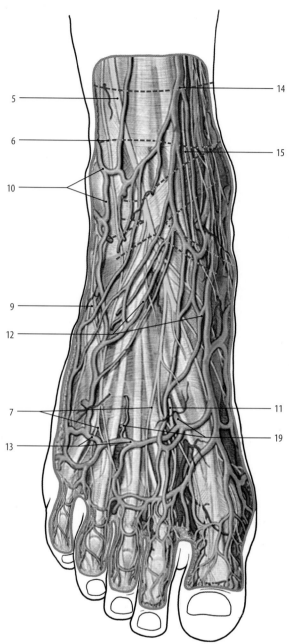

---- Schnittführung zur Begrenzung
der Retinacula musculorum extensorum.

5 N. cutaneus dorsalis medialis
6 N. cutaneus dorsalis intermedius
7 Nn. digitales dorsales
9 N. cutaneus dorsalis lateralis
10 V. saphena parva
11 Hautast des N. peroneus profundus
12 Rete venosum dorsale
13 Arcus venosus dorsalis
14 V. saphena magna
15 N. saphenus
19 Vv. perforantes des Fußrückens

◼ **Abb. 6.41 Epifasziale Leitungsbahnen auf dem Fußrücken, rechte Seite.** Schnittführung zur Begrenzung der Retinacula musculorum extensorum superius und inferius [45]

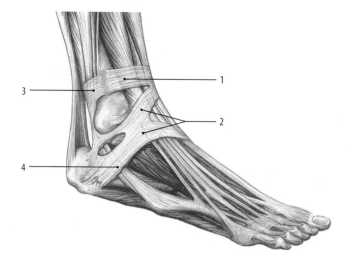

1 Retinaculum musculorum extensorum superius
2 Retinaculum musculorum extensorum inferius
3 Retinaculum musculorum peroneorum superius
4 Retinaculum musculorum peroneorum inferius

◼ **Abb. 6.42** Retinacula der Extensoren und der Mm. peronei longus und brevis, rechte Seite in der Ansicht von lateral [29]

(◼ Abb. 6.42). *Retinaculum musculorum peroneorum superius* **(3)** hinter dem lateralen Knöchel begrenzen. *Retinaculum musculorum peroneorum inferius* **(4)** am seitlichen Fußrand in Höhe des Calcaneus präparieren; Verbindung zum Retinaculum musculorum extensorum inferius beachten.

❗ Bei der Begrenzung der Retinacula die epifaszialen Strukturen nicht verletzen.

Präparation der tiefen Strukturen der Unterschenkelvorderseite – Peroneusloge – Extensorenloge (◼ Abb. 6.43, 6.120/ Video 6.41) Nach Darstellung der Retinacula *Fascia cruris* **(1)** abtragen; Retinacula erhalten.

Zunächst Faszie über der Peroneusloge **(2)** im mittleren Bereich durch Längsschnitt spalten und von den Mm. peronei ablösen; dabei den durch die Faszie tretenden Endast des *N. peroneus superficialis* **(3)** nicht verletzen. Die beiden Faszienblätter am *Septum intermusculare cruris anterius* **(4)** und am *Septum intermusculare cruris posterius* **(5)** scharf abtrennen. Anschließend die Faszie über der Extensorenloge **(6)** in gleicher Weise durch Längsschnitt durchtrennen; die Faszie scharf von den Muskeln lösen und danach an der Tibia und am Septum intermusculare cruris anterius abschneiden.

❗ Beim Abtragen der Fascia cruris epifasziale Strukturen sowie die Septa intermuscularia cruris anterius und posterius als Begrenzung der Muskellogen („Kompartimente") erhalten.

6

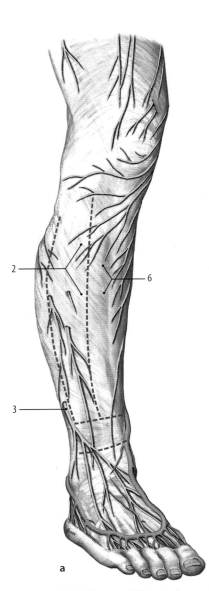

a

b

- - - - Schnittführung zur Eröffnung der Peroneusloge
und der Extensorenloge

1 Fascia cruris	9 N. peroneus communis	17 M. extensor digitorum longus
2 Faszie über der Peroneusloge	10 N. peroneus superficialis	18 M. extensor hallucis longus
3 Endast des N. peroneus superficialis	11 N. peroneus profundus	19 Membrana interossea cruris
4 Septum intermusculare cruris anterius	12 Muskeläste für die Mm. peronei	20 A. tibialis anterior
5 Septum intermusculare cruris posterius	13 Rami perforantes	21 Vv. tibiales anteriores
6 Faszie über der Extensorenloge	14 Muskeläste für den M. tibialis anterior	22 A. recurrens tibialis anterior
7 M. peroneus longus	15 M. tibialis anterior	
8 Fibula	16 Condylus lateralis tibiae	

▪ **Abb. 6.43** **a** Schnittführung zur Eröffnung der Peroneusloge und der Extensorenloge [29]. **b** Muskeln und Leitungsbahnen der Peroneusloge und der Extensorenloge, rechter Unterschenkel in der Ansicht von vorn-lateral [45]

■■ Präparation der Peroneusloge (☐ Abb. 6.43b)

Zur Präparation der Peroneusloge Ursprung des *M. peroneus longus* **(7)** von der *Fibula* **(8)** und vom Septum intermusculare cruris anterius lösen. Eintritt des *N. peroneus communis* **(9)** in die Peroneusloge durch das Septum intermusculare cruris posterius aufsuchen und die Aufzweigung in *N. peroneus superficialis* **(10)** und *N. peroneus profundus* **(11)** beim Verlauf um den Fibulahals durch Entfernen des Bindegewebes freilegen. N. peroneus superficialis auf der Fibula nach distal verfolgen und seine Muskeläste **(12)** für die Mm. peronei präparieren. Die aus der Extensorenloge durch das Septum intermusculare cruris anterius sowie aus der tiefen Flexorenloge durch das Septum intermusculare cruris posterius in die Peroneusloge eintretenden *Rami perforantes* der Aa. tibialis anterior und peronea **(13)** zur Versorgung der Mm. peronei präparieren. Abschließend dem N. peroneus profundus bis zum Durchtritt durch das Septum intermusculare cruris anterius nachgehen und die bereits in der Peroneusloge abgehenden Muskeläste **(14)** für den *M. tibialis anterior* **(15)** beachten.

❗ N. peroneus communis beim Ablösen des proximalen Muskelursprungs des M. peroneus longus nicht verletzen.

🎓 **Topographie**

Die Mm. peronei werden über Rami perforantes aus der A. peronea in der tiefen Flexorenloge sowie über Rami perforantes aus der A. tibialis anterior in der Extensorenloge mit Blut versorgt.

■■ Präparation der Extensorenloge (☐ Abb. 6.43b)

Zur Freilegung der Strukturen in der Extensorenloge Ursprungsbereich des M. tibialis anterior am *Condylus lateralis tibiae* **(16)** ablösen und anschließend den Muskel teils scharf teils stumpf von den *Mm. extensor digitorum longus* **(17)** und *extensor hallucis longus* **(18)** trennen; dabei die durch den M. tibialis anterior in die Extensorenloge tretenden Muskeläste des N. peroneus profundus freilegen. Den durch den Ursprungsbereich des M. extensor digitorum longus tretenden Hauptstamm **(11)** des N. peroneus profundus aufsuchen und in die Bindegewebsstrasse (Canalis tibialis anterior) verfolgen. Sodann in der Tiefe der Extensorenloge die in der Bindegewebsstrasse auf der *Membrana interossea cruris* **(19)** laufende *A. tibialis anterior* **(20)** mit ihren Begleitvenen **(21)** durch Spalten und Abtragen des Bindegewebes freilegen und nach distal bis unter das Retinaculum musculorum extensorum superius verfolgen. Im proximalen Abschnitt die *A. recurrens tibialis anterior* **(22)** aufsuchen.

▶ **Klinik**

Ursache eines Kompartmentsyndroms der Extensorenloge können Blutungen aus den Vasa tibialia anteriora nach stumpfen Traumen oder eine Überbeanspruchung der Muskulatur, z. B. beim Sport sein. Die Druckschädigung des N. peroneus profundus führt zur Lähmung der Extensoren mit Gangstörungen (sog. Steppergang) und zu Sensibilitätsstörungen im Bereich des ersten Zwischenzehenraumes. Der Puls der A. dorsalis pedis ist häufig noch tastbar. ◀

Präparation des Fußrückens – tiefe Schicht und der Regio retromalleolaris lateralis

🎓 **Topographie**

Die Fascia dorsalis pedis besteht aus einem oberflächlichen und aus einem tiefen Blatt. Zwischen den beiden Blättern ziehen oberflächlich die Sehnen der langen Extensoren mit ihren Sehnenscheiden; darunter liegen die Mm. extensores digitorum brevis und hallucis brevis sowie die A. dorsalis pedis mit ihren Begleitvenen und der N. peroneus profundus.

Reihenfolge der Strukturen am Übergang vom Unterschenkel zum Fußrücken von medial nach lateral: 1. Fach: Ansatzsehen des M. tibialis anterior; 2. Fach: A. tibialis anterior mit Begleitvenen und N. peroneus profundus; 3. Fach: Ansatzsehne des M. extensor hallucis longus; 4. Fach: Ansatzsehne des M. extensor digitorum longus.

■■ Präparation der tiefen Schicht des Dorsum pedis (☐ Abb. 6.44)

Nach Begrenzung der Retinacula und Abtragen der Fascia cruris auch das oberflächliche Blatt der Fascia dorsalis pedis unter Erhaltung der epifaszialen Leitungsbahnen entfernen. Unterschiedliche Ausdehnung der Sehnenscheiden der Extensoren durch Sondieren untersuchen; danach am distalen Rand des *Retinaculum musculorum extensorum superius* **(1)** die aus den Sehnenscheiden tretenden Ansatzsehnen der Extensoren durch Spalten ihrer Sehnenscheiden freilegen. *A. tibialis anterior* **(2)** mit ihren Begleitvenen und *N. peroneus profundus* **(3)** zwischen den Ansatzsehen von *M. tibialis anterior* **(4)** und *M. extensor hallucis longus* **(5)** im zweiten Fach darstellen. Die aus der A. tibialis anterior abgehenden *A. malleolaris anterior medialis* **(6)** und *A. malleolaris anterior lateralis* **(7)** präparieren. Am Übergang vom Unterschenkel zum Fußrücken die Lageveränderung von N. peroneus profundus und A. tibialis anterior bei der Passage unter dem *Retinaculum musculorum extensorum inferius* **(8)** beachten, sodann die Leitungsbahnen in ihrer neuen Position zwischen den Ansatzsehnen von M. extensor hallucis longus und *M. extensor digitorum longus* **(9)** freilegen.

Übergang der A. tibialis anterior in die *A. dorsalis pedis* **(10)** am distalen Rand des Retinaculum musculorum inferius markieren und die aus der A. dorsalis pedis abgehenden *A. tarsalis medialis* **(11)** und *A. tarsalis la-*

6

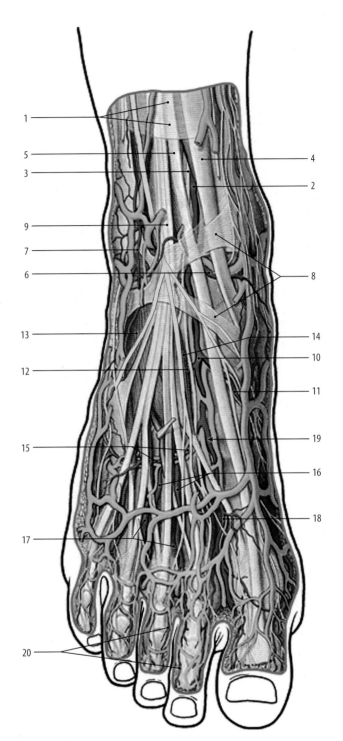

1 Retinaculum musculorum extensorum superius
2 A. tibialis anterior
3 N. peroneus profundus
4 M. tibialis anterior
5 M. extensor hallucis longus
6 A. malleolaris anterior medialis
7 A. malleolaris anterior lateralis
8 Retinaculum musculorum extensorum inferius
9 M. extensor digitorum longus
10 A. dorsalis pedis
11 A. tarsalis medialis
12 A. tarsalis lateralis
13 M. extensor digitorum brevis
14 M. extensor hallucis brevis
15 A. arcuata
16 Aa. metatarsales dorsales
17 Mm. interossei
18 A. metatarsalis dosalis I
19 A. plantaris profunda
20 Aa. digitales dorsales

■ Abb. 6.44   Muskeln und Leitungsbahnen auf dem Fußrücken der rechten Seite [45]

teralis **(12)** freilegen (■ Abb. 6.121/Video 6.42). Sodann Faszie über *M. extensor digitorum brevis* **(13)** und *M. extensor hallucis brevis* **(14)** vollständig abtragen; Ansatzsehnen der kurzen Extensoren bis zur Einstrahlung in die Ansatzsehnen der langen Extensoren und in die Dorsalaponeurose verfolgen. Überkreuzung der Leitungsbahnen durch den Muskelbauch des M. extensor hallucis brevis beachten.

Variablen Abgang der *A. arcuata* **(15)** aus der A. dorsalis pedis in Höhe der Basis des Os metatarsi I aufsuchen und dem bogenförmigen Verlauf nach lateral durch Unterminieren der Mm. extensores hallucis brevis und

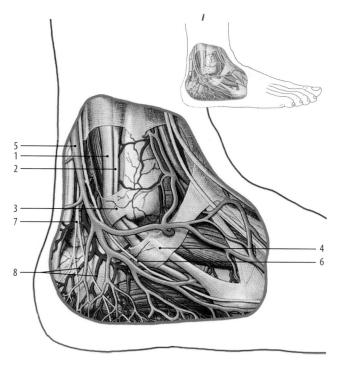

1 M. peroneus longus
2 M. peroneus brevis
3 Retinaculum musculorum peroneorum superius
4 Retinaculum musculorum peroneorum inferius
5 V. saphena parva
6 N. cutaneus doralis lateralis
7 Rami calcanei laterales des N. suralis
8 Rete malleolare laterale

Abb. 6.45 Strukturen der lateralen Knöchelregion der rechten Seite in der Ansicht von lateral [45]

digitorum brevis freilegen. Sodann die aus der A. arcuata abgehenden *Aa. metatarsales dorsales* (**16**) durch Entfernen des die *Mm. interossei* (**17**) bedeckenden tiefen Blattes der Fascia dorsalis pedis darstellen.

> Bei der Mobilisierung der kurzen Extensoren die Strukturen nicht zerreißen.

A. dorsalis pedis und N. peroneus profundus in das Spatium interosseum I verfolgen. Übergang der A. dorsalis pedis in Höhe der Basis des ersten Mittelfußknochens in die *A. metatarsalis dorsalis I* (**18**) studieren und den Abgang der *A. plantaris profunda* (**19**) aufsuchen. A. plantaris profunda als kräftigsten Ramus perforans in die Tiefe nach plantar verfolgen. Beispielhaft die aus den Aa. metatarsales dorsales hervorgehenden *Aa. digitales dorsales* (**20**) an den Zehen präparieren. Aufzweigung des N. peroneus profundus im ersten Zwischenzehenraum nochmals studieren.

■ ■ **Präparation der Strukturen der Regio retromalleolaris lateralis** (☐ Abb. 6.45)
Am lateralen Fußrand Sehnenscheiden der *Mm. peronei longus* (**1**) und *brevis* (**2**) sondieren; anschließend die Sehnen durch Spalten der Sehnenscheiden unter Erhaltung der *Retinacula musculorum peroneorum superius* (**3**) und *inferius* (**4**) freilegen. *V. saphena parva* (**5**), *N. cutaneus dorsalis lateralis* (**6**), *Rami calcanei laterales* des N. suralis (**7**) und Äste des *Rete malleolare laterale* (**8**) aufsuchen.

> ▶ **Klinik**

Der Puls der A. dorsalis pedis ist über dem Os naviculare zwischen dem Muskelbauch des M. extensor hallucis brevis und der Ansatzsehne des M. extensor hallucis longus tastbar. Als vorderes Tarsaltunnelsyndrom bezeichnet man eine Druckschädigung des N. peroneus profundus bei seiner Passage unter dem Retinaculum musculorum extensorum inferius. Es geht mit Schmerzen sowie mit Sensibilitätsstörungen im ersten Zwischenzehenraum und einer Lähmung der kurzen Extensoren einher. ◀

6.10 Präparation von Sakroiliakalgelenk, Schambeinfuge und Bandhaften des Beckens

Zur **Vorbereitung der Präparation** (Institutspersonal) die Wirbelsäule zwischen 3. und 4. Lendenwirbel im Bereich der Zwischenwirbelscheibe durchtrennen und gesamtes Becken vom kranialen Teil des Rumpfes ablösen; Oberschenkel im mittleren Abschnitt durchtrennen. Organe und Leitungsbahnen vollständig entfernen sowie Muskeln mit Ausnahme des M. iliopsoas, des M. rectus femoris und der Mm. obturatorii externus und internus abtragen. Mm. psoas major und minor in Höhe des Promontorium und M. iliacus etwa 5 cm unterhalb der Crista iliaca durchtrennen; Ansatzbereich der Muskeln zunächst belassen, Ursprungsteil abtragen. M. rectus femoris ca. 5 cm unterhalb der Spina iliaca anterior inferior durchtrennen und die Ursprungssehne mit Caput rectum und Caput reflexum (☐ Abb. 6.52b, 6.53) darstellen; distalen Teil des Muskels entfernen. Mm. obturatorii externus und internus zunächst belassen.

Alternative: am abgesetzten Präparat Becken und Wirbelsäule durch median-sagittalen Sägeschnitt durchtrennen; vorher die Ligamenta pubica superius und inferius der Symphysis pubica präparieren.

Präparation der Bandhaften (☐ Abb. 6.46, 6.47) Zur Freilegung der *Membrana obturatoria* (**1**) Ursprünge der Mm. obturatorius externus und obturatorius internus ablösen; *Canalis obturatorius* (**2**) aufsuchen. Verlauf der Ansatzsehne des M. obturatorius internus durch das *Foramen ischiadicum minus* (**3**) verfolgen und Änderung der Verlaufsrichtung der Sehne studieren. Sodann die Ansatz-

6

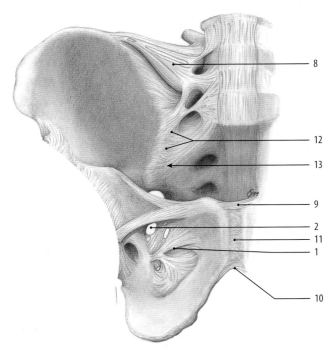

1 Membrana obturatoria
2 Canalis obturatorius
8 Ligamentum iliolumbale
9 Ligamentum pubicum superius
10 Ligamentum pubicum inferius
11 Discus interpubicus
12 Ligamentum sacroiliacum anterius
13 Lage des Gelenkspaltes

◘ **Abb. 6.46**   Gelenke und Bänder des Beckenrings und des Hüftgelenks der rechten Seite in der Ansicht von vorn [36]

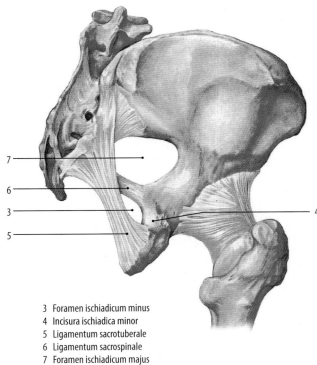

3 Foramen ischiadicum minus
4 Incisura ischiadica minor
5 Ligamentum sacrotuberale
6 Ligamentum sacrospinale
7 Foramen ischiadicum majus

◘ **Abb. 6.47**   Bänder des Beckenrings und des Hüftgelenks der rechten Seite in der Ansicht von hinten [29]

sehne mobilisieren und die Bursa ischiadica musculi ob-turatorii interni im Bereich des Widerlagers eröffnen und den Knorpel auf dem Knochen der *Incisura ischiadica minor* **(4)** beachten; die Faserknorpeleinlagerung in der Gleitsehne ertasten. Mm. gemelli superius und inferius am Ursprung ablösen und bis auf die Ansatzsehnen entfernen. Einstrahlung der Ansatzsehne des M. obturatorius externus in die Hüftgelenkkapsel beachten. Nach dem Studium des Verlaufs Mm. obturatorii externus und internus vollständig abtragen.

❶ Membrana obturatoria beim Ablösen der Muskelursprünge der Mm. obturatorii externus und internus nicht verletzen.

Anschließend *Ligamentum sacrotuberale* **(5)** und *Ligamentum sacrospinale* **(6)** präparieren (◘ Abb. 6.47) bei der Präparation des Ligamentum sacrospinale den auf der Innenseite des Bandes liegenden M. coccygeus (M. ischiococcygeus) freilegen. Begrenzung des *Foramen ischiadicum majus* **(7)** und des Foramen ischiadicum minus **(3)** studieren.

Sodann *Ligamentum iliolumbale* **(8)** zunächst auf der Ventralseite durch vollständiges Entfernen der Ursprungsanteile des M. psoas major darstellen, die Freilegung von dorsal erfolgt mit der Präparation des Ligamentum sacroiliacum posterius (s. u.).

Schambeinfuge (◘ Abb. 6.46)   An der Symphysis pubica *Ligamentum pubicum superius* **(9)** und *Ligamentum pubicum inferius* (Ligamentum arcuatum) **(10)** darstellen. Am geteilten Becken auf der Schnittfläche Spaltbildung im *Discus interpubicus* **(11)** beachten.

Sakroiliakalgelenk (◘ Abb. 6.46, 6.47, 6.48)   Zur Freilegung des Kapsel-Band-Apparates der Articulatio sacroiliaca zunächst von ventral das *Ligamentum sacroiliacum anterius* **(12)** präparieren; dazu den Ansatzbereiche des M. psoas major und des M. iliacus bis in Höhe der Spina iliaca anterior inferior ablösen; Ursprungsbereich des M. iliacus vollständig entfernen. Sodann Ligamentum sacroiliacum anterius mit der Messerspitze darstellen und Lage des Gelenkspaltes **(13)** durch leichte Verschiebebewegungen zwischen Os coxae und Os sacrum lokalisieren.

❶ Beim Ablösen des Ansatzbereiches des M. iliopsoas die Bursa iliopectinea noch nicht eröffnen.

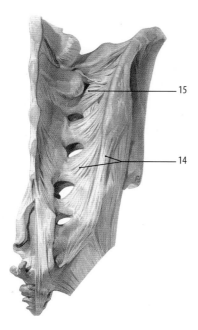

14   Ligamentum sacroiliacum posterius
15   Ligamentum sacroiliacum interosseum

◘ **Abb. 6.48**   Bandapparat des Sakroiliakalgelenks der rechten Seite in der Ansicht von hinten [2]

Zur Präparation des *Ligamentum sacroiliacum posterius* (◘ Abb. 6.48) **(14)** M. multifidus vollständig entfernen; sodann die oberflächlichen Anteile des Bandes mit der Messerspitze herausarbeiten. Auf einer Seite des Beckens einen Teil des oberflächlichen Bandapparates ablösen und die in der Tiefe liegenden Bandzüge des *Ligamentum sacroiliacum interosseum* **(15)** darstellen sowie die dorsalen Bandanteile des Ligamentum iliolumbale präparieren.

Beim geteilten Becken auf einer Seite das Sakroiliakalgelenk eröffnen; dazu den dorsalen Bandapparat vollständig durchtrennen, das Gelenk aufklappen und die höckrigen Gelenkoberflächen der Facies auricularis am Os sacrum und am Os ilium studieren.

> ► **Klinik**
>
> Beckenverletzungen können mit einer Symphysensprengung und Ruptur der sakroiliakalen Bänder einhergehen. Bei der Spondylitis ankylosans (Morbus Bechterew) sind primär die Gelenke des Achsenskeletts befallen; es kann dabei zur Versteifung (Ankylose) der Sakroiliakalgelenke kommen. ◄

6.11 Präparation des Hüftgelenks

Kapsel-Band-Apparat Zunächst Ansatzbereich des M. iliopsoas stumpf bis zur *Bursa iliopectinea* **(1)** ab-

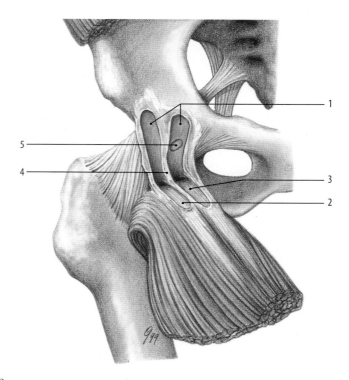

1   Bursa iliopectinea
2   M. iliacus
3   M. psoas major
4   Septum
5   Kommunikation mit der Gelenkhöhle

◘ **Abb. 6.49**   Hüftgelenksregion der rechten Seite, M. iliopsoas abgelöst und heruntergeklappt, septierte Bursa iliopectinea, in der Ansicht von vorn [29]

lösen (◘ Abb. 6.49, 6.122/Video 6.43); anschließend den Schleimbeutel durch zirkulären Schnitt eröffnen und die Sehnen von *M. iliacus* **(2)** und *M. psoas major* **(3)** durch Abklappen der Muskeln bis zum Trochanter minor nach distal verfolgen. Dabei die häufig durch ein Septum **(4)** getrennten Kammern des Schleimbeutels sowie seine in ca. 15 % der Fälle bestehende Kommunikation mit der Gelenkhöhle **(5)** beachten. Im Ansatzbereich des M. iliopsoas die Bursa subtendinea iliaca aufsuchen.

Sodann das schwache *Ligamentum pubofemorale* (pubocapsulare) **(6)** vom oberen Schambeinast bis zur Einstrahlung in den medialen Teil des Ligamentum iliofemorale und bis zur knöchernen Insertion an der Linea intertrochanterica darstellen (◘ Abb. 6.50, 6.123/ Video 6.44).

Vor der Präparation des *Ligamentum iliofemorale* (◘ Abb. 6.50) **(7)** die Y-förmig gespaltene Ursprungssehne des M. rectus femoris mit *Caput rectum* (**(2)** in ◘ Abb. 6.52b und **(3)** in ◘ Abb. 6.53) und *Caput reflexum* (**(1)** in ◘ Abb. 6.52b und **(4)** in ◘ Abb. 6.53) darstellen; das Caput reflexum scharf am Oberrand des Acetabulum lösen. Zur Präparation des V-förmigen Ligamentum iliofemorale Hüftgelenk in maximaler

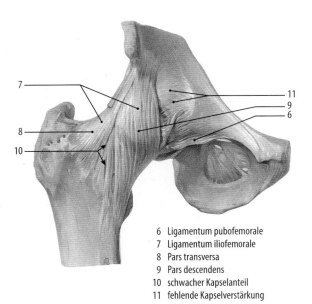

6 Ligamentum pubofemorale
7 Ligamentum iliofemorale
8 Pars transversa
9 Pars descendens
10 schwacher Kapselanteil
11 fehlende Kapselverstärkung

Abb. 6.50 Bänder des Hüftgelenks der rechten Seite in der Ansicht von vorn [2]

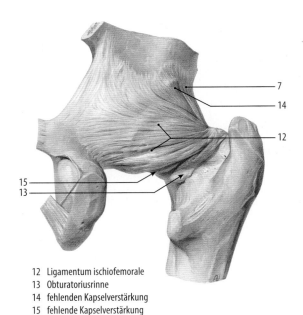

12 Ligamentum ischiofemorale
13 Obturatoriusrinne
14 fehlenden Kapselverstärkung
15 fehlende Kapselverstärkung

Abb. 6.51 Bänder des Hüftgelenks der rechten Seite in der Ansicht von hinten [2]

Extension halten lassen. Sodann den Faserverlauf der Kollagenfaserbündel von *Pars transversa* (8) und *Pars descendens* (9) mit der Messerspitze von der Spina iliaca anterior inferior bis zur Insertion an der Linea intertrochanterica herausarbeiten; dabei den relativ schwachen dreieckigen Teil des Bandes (10) zwischen Pars transversa und Pars descendens beachten. Außerdem die fehlende Bandverstärkung (11) zwischen Ligamentum iliofemorale und Ligamentum pubofemorale im Bereich der Bursa iliopectinea studieren.

Bei der Präparation des *Ligamentum ischiofemorale* (ischiocapsulare) (■ Abb. 6.51, 6.124/Video 6.45) (12) Hüftgelenk in maximaler Flexions- und Adduktionsstellung halten lassen. Dem Band in seinem schraubenförmigen Verlauf vom hinteren-unteren Pfannenrand bis zur Einstrahlung in die Pars transversa des Ligamentum iliofemorale sowie bis zur knöchernen Insertion in der Fossa trochanterica nachgehen. Die rinnenförmige Vertiefung (13) für den Verlauf der Ansatzsehnen des M. obturatorius externus am unteren Rand des Bandes beachten. Auf dem lateralen extrakapsulären Teil des Schenkelhalses das Periost entfernen.

Nach Darstellung der drei Bänder die nicht Band verstärkten Anteile der Gelenkkapsel zwischen Ligamentum ischiofemorale und Ligamentum iliofemorale (14) sowie zwischen Ligamentum ischiofemorale und Ligamentum pubofemorale (15) aufsuchen (■ Abb. 6.52); sodann in diesen Zonen die Gelenkkapsel entfernen und das *Labrum acetabulare* (16) freilegen. Gelenkkapsel im Bereich der Bursa iliopectinea erhalten.

Die nicht Band verstärkten Abschnitte der Gelenkkapsel sind Prädilektionsstellen für traumatisch bedingte Hüftgelenksluxationen. ◄

Eröffnen des Hüftgelenks – Binnenstrukturen (■ Abb. 6.52b, 6.53, 6.125/Video 6.46) Zum Studium der Binnenstrukturen kann das Hüftgelenk alternativ von vorn oder von hinten eröffnet werden.

Beim **Eröffnen von vorn** (■ Abb. 6.52b) Ursprungssehne des M. rectus femoris mit *Caput reflexum* (1) und *Caput rectum* (2) nach oben verlagern; sodann das *Ligamentum iliofemorale* im Bereich der *Pars descendens* (3) vertikal durchschneiden und den Ursprung des Bandanteils unterhalb der Spina iliaca anterior inferior ablösen. *Ligamentum pubofemorale* (4) im Bereich seiner Kapseleinstrahlung durchtrennen.

Anschließend Femurkopf durch Außenrotation so weit aus der Pfanne luxieren, bis das *Ligamentum capitis femoris* (5) sichtbar wird (■ Abb. 6.52b). Abschließend medialen Teil des Ligamentum iliofemorale herausklappen und die ringförmige Struktur der *Zona orbicularis* (6) ertasten; auf dem Schenkelhals mediale Synovialmembranfalte (Plica pectineofovealis) (7) aufsuchen und die Ausdehnung der Gelenkhöhle auf der Vorderseite des Hüftgelenks bis zur Umschlagstelle der Synovialmembran im Bereich der Linea intertrochanterica studieren.

Auf einer Seite das Gelenk nicht eröffnen und den Bandapparat erhalten.

Alternative (■ Abb. 6.52c): Beim Eröffnen des Gelenks von hinten *Ligamentum ischiofemorale* (8) im mittleren Teil durchtrennen und Femurkopf durch Extension,

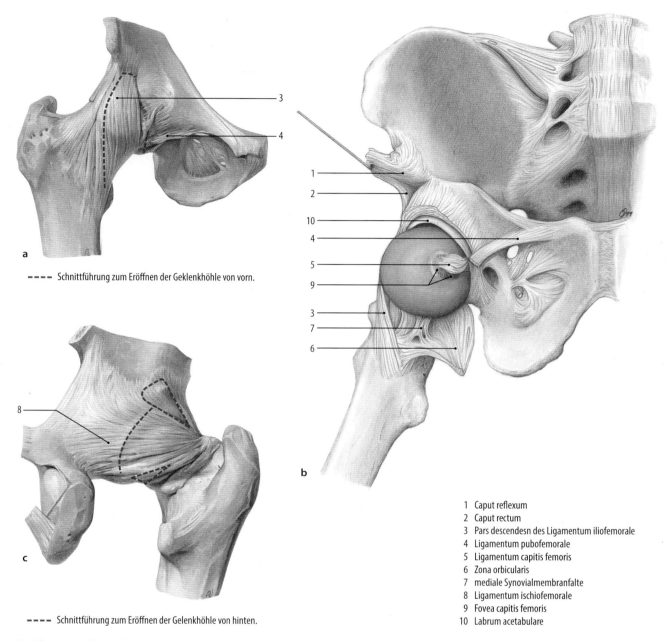

a

- - - - Schnittführung zum Eröffnen der Geklenkhöhle von vorn.

b

c

- - - - Schnittführung zum Eröffnen der Gelenkhöhle von hinten.

1 Caput reflexum
2 Caput rectum
3 Pars descendesn des Ligamentum iliofemorale
4 Ligamentum pubofemorale
5 Ligamentum capitis femoris
6 Zona orbicularis
7 mediale Synovialmembranfalte
8 Ligamentum ischiofemorale
9 Fovea capitis femoris
10 Labrum acetabulare

◘ **Abb. 6.52** **a** Schnittführung zum Eröffnen der Gelenkhöhle von vorn [2]. **b** Eröffnete Hüftgelenkshöhle der rechten Seite in der Ansicht von vorn [29]. **c** Schnittführung zum Eröffnen der Gelenkhöhle von hinten [2]

Außendrehung und Abduktion bis zum Sichtbarwerden des Ligamentum capitis femoris herausdrehen. Sodann Ligamentum capitis femoris durchtrennen und den Femurkopf vollständig aus der Hüftgelenkspfanne luxieren.

Anschließend die Gelenkstrukturen studieren:

◘ Abb. 6.52b – Gelenkfläche des Femurkopfes mit Insertion des Ligamentum capitis femoris (**5**) in der *Fovea capitis femoris* (**9**), *Labrum acetabulare* (**10**).

◘ Abb. 6.53 – variable Form der *Facies lunata* (**1**), *Labrum acetabulare* (**2**), *Caput rectum* (**3**), *Caput reflexum* (**4**) der Ursprungssehne des M. rectus femoris,

Fossa acetabuli mit Pulvinar acetabuli (**5**), *Ligamentum transversum acetabuli* (**6**) über der *Incisura acetabuli* (**7**), *Ramus acetabularis* im Ligamentum capitis femoris (**8**). Zugangsweg der Leitungsbahnen in die Fossa acetabuli zwischen Unterrand des Ligamentum transversum und der Fossa acetabuli sondieren (**9**).

▶ **Klinik**

Die Osteoarthrose des Hüftgelenks (Koxarthrose) zählt zu den häufigsten Erkrankungen des Hüftgelenks und zu den häufigsten degenerativen Gelenkerkrankungen. ◀

6

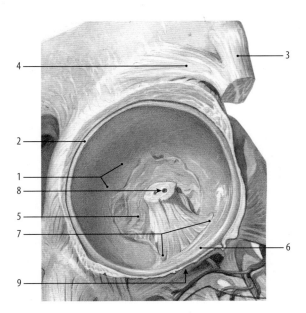

1 Facies lunata
2 Labrum acetabulare
3 Caput rectum
4 Caput reflexum
5 Fossa acetabuli mit Pulvinar acetabuli
6 Ligamentum transversum acetabuli
7 Incisura acetabuli
8 Ramus acetabularis im Ligamentum capitis femoris
9 Zugang zur Fossa acetabuli

◻ **Abb. 6.53**   Strukturen der Hüftgelenkspfanne, rechte Seite [2]

6.12 Präparation des Kniegelenks

Vorbereitung der Präparation am isolierten abgesetzten Präparat durchführen; Oberschenkel an der Grenze zum unteren Drittel, Unterschenkel ca. 20 cm unterhalb der Tuberositas tibiae durchtrennen.

❗ Zur Vermeidung einer Verletzung der Bursa suprapatellaris Oberschenkel nicht zu weit distal absetzen.

Nach Entfernen sämtlicher Leitungsbahnen die über das Kniegelenk ziehenden oberflächlichen Muskeln bis zu ihren Ansätzen verfolgen; bereits freigelegte Schleimbeutel erhalten.

Präparation des vorderen und des seitlichen Kapsel-Band-Apparates (◻ Abb. 6.54, 6.55)   Die Präparation des vorderen und des seitlichen Kapsel-Band-Apparates beginnt mit der Freilegung des *Ligamentum patellae* **(1)** und der *Retinacula patellae longitudinalia mediale* **(2)** und *laterale* **(3)**; dazu die Strukturen nach palpatorischer Lokalisation durch vertikale Schnitte begrenzen (◻ Abb. 6.126/Video 6.47).

❗ Bei der Begrenzung des vorderen Bandapparates die nicht Band verstärkten Anteile der Gelenkkapsel zwischen Ligamentum patellae und den Retinacula lon-

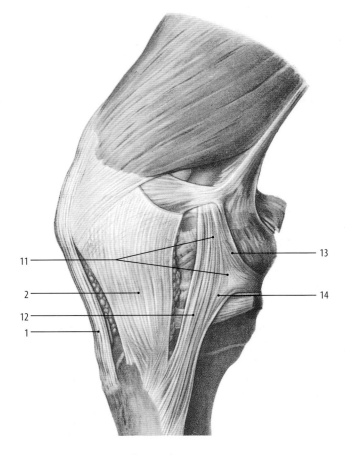

1 Ligamentum patellae
2 Retinaculum patellae longitudinale mediale
11 Ligamentum collaterale tibiale
12 vorderer-oberflächlicher Teil
13 meniskofemorale Fasern
14 meniskotibiale Fasern

◻ **Abb. 6.54**   Kapsel-Band-Apparat des Kniegelenks, rechte Seite in der Ansicht von medial [32]

gitudinalia zur Schonung des Hoffaschen Fettkörpers nicht verletzen.

Sodann *Tractus iliotibialis* **(4)** (◻ Abb. 6.56) vom *M. vastus lateralis* **(5)** lösen und bis zu seiner Insertion am *Tuberculum tractus iliotibialis* (Tuberculum Gerdy) **(6)** verfolgen. In Höhe der Kniescheibe das vom Tractus iliotibialis rechtwinklig abgehende *Retinaculum patellae transversale laterale* **(7)** freilegen und bis zur Insertion am lateralen Patellarand verfolgen (◻ Abb. 6.127/Video 6.48). Beim Lösen des hinteren Traktusteils seinen zum Septum intermusculare laterale ziehenden Fasern (Kaplanfasern) nachgehen und den als antero-laterales Ligament (ALL) bezeichneten inkonstanten tiefen Teil des Tractus iliotibialis präparieren. Sodann die Ansatzsehne des *M. biceps femoris* **(8)** bis zum Fibulakopf verfolgen und die Bursa subtendinea musculi bicipitis femoris eröffnen.

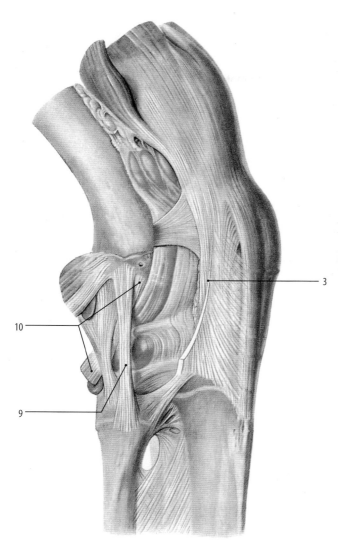

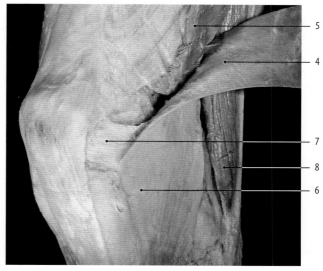

4 Tractus iliotibialis
5 M. vastus lateralis
6 Tuberculum Gerdy
7 Retinaculum patellae transversale laterale
8 M. biceps femoris

◨ **Abb. 6.56** Kniegelenksregion der rechten Seite in der Ansicht von vorn-lateral [21]

3 Retinaculum patellae longitudinale laterale
9 Ligamentum collaterale fibulare
10 M. popliteus

◨ **Abb. 6.55** Kapsel-Band-Apparat des Kniegelenks, rechte Seite in der Ansicht von lateral [32]

Anteile beachten; zunächst den vorderen-oberflächlichen **(12)** vom Epicondylus medialis des Femur zur medialen Fläche der Tibia hinter der Ansatzzone des Pes anserinus superficialis ziehenden Teil darstellen; dazu den vorderen Rand des Bandes durch vertikalen Schnitt begrenzen. Die fehlende feste Verbindung zur Gelenkkapsel durch Einschieben der Pinzettenspitze zwischen Band und Gelenkkapsel studieren. Sodann die schräg verlaufenden tiefen-hinteren Anteile präparieren; dazu mit der Messerspitze die meniskofemoralen Fasern **(13)** von der Gelenkkapsel im Bereich der Meniskusverankerung nach proximal-vorn bis zum Epicondylus medialis des Femur darstellen; in gleicher Weise die meniskotibialen Fasern (Ligamentum coronarium) **(14)** von der Gelenkkapsel bis zur medialen Seite der Tibia freilegen.

▶ **Klinik**

Eine Ruptur der Kollateralbänder führt zur Instabilität in der Frontalebene und seitlicher „Aufklappbarkeit" des Gelenks. ◀

Verspannungsstrukturen der Patella Beispielhaft an einigen Präparaten die tiefen Verspannungsstrukturen für die Patella präparieren (◨ Abb. 6.57, 6.130/Video 6.51). Auf der medialen Seite zunächst prüfen, ob das inkonstante *Retinaculum patellae transversale mediale* **(1)** vorhanden ist; im positiven Fall dem Band vom medialen Patellarand bis zum Epicondylus medialis des Femur nachgehen. Anschließend das die Gelenkkapsel ver-

Anschließend die Lage des strangartigen *Ligamentum collaterale fibulare* **(9)** (◨ Abb. 6.55) ertasten und das vom Epicondylus lateralis des Femur zur Vorder- und Seitenfläche des Fibulakopfes ziehende Band durch vertikale Schnitte freilegen. Die fehlende feste Verbindung zwischen lateralem Kollateralband und Gelenkkapsel durch Einführen einer Pinzette zwischen Band und Gelenkkapsel veranschaulichen und anschließend das lockere Bindegewebe zwischen den Strukturen entfernen; dabei die in die Gelenkkapsel eingelagerte Ursprungssehne des *M. popliteus* **(10)** unter dem lateralen Kollateralband nicht verletzen.

Bei der Freilegung des *Ligamentum collaterale tibiale* **(11)** (◨ Abb. 6.54, 6.129/Video 6.50) seine beiden

◻ Abb. 6.57 Kapsel-Band-Apparat des Kniegelenks, Verspannungsstrukturen der Patella, rechte Seite in der Ansicht von medial [29]

1 Retinaculum patellae transversale mediale
2 meniskopatellares Band
3 tibiopatellares Band

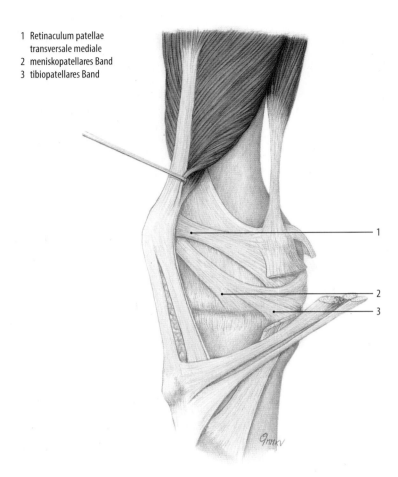

stärkende mediale meniskopatellare Band **(2)** sowie das mediale tibiopatellare Band **(3)** mit der Messerspitze darstellen, dazu im Bedarfsfall den vorderen-oberflächlichen Teil des medialen Kollateralbandes durchtrennen.

Präparation des hinteren Kapsel-Band-Apparates (◻ Abb. 6.58, 6.59, 6.60)　Zu Beginn der Präparation des hinteren Kapsel-Band-Apparates den Ansatzbereich des *M. semimembranosus* **(1)** vom medialen Gastroknemiuskopf **(2)** lösen, Ansatzsehnen auf ca. 10 cm einkürzen. Anschließend Caput mediale und *Caput laterale* **(3)** des M. gastrocnemius ca. 10 cm unterhalb ihres Ursprungs durchtrennen und den distalen Teil des M. triceps surae entfernen. Sodann die Ursprungsköpfe des M. gastrocnemius durch Aufklappen nach proximal teils stumpf teils scharf von der Gelenkkapsel **(4)** trennen (◻ Abb. 6.58, 6.131/Video 6.52); dabei die *Bursa subtendinea musculi gastrocnemii medialis* **(5)** und lateralis eröffnen und die häufige Kommunikation des medialen Schleimbeutels mit der Gelenkhöhle beachten. In der Sehne des lateralen Gastroknemiuskopfes nach dem in 15–20 % der Fälle vorkommenden Sesambein (Fabella) suchen.

Sodann die Strukturen der „postero-medialen Ecke" (◻ Abb. 6.58, 6.132/Video 6.53) mit dem Ansatzbereich des M. semimembranosus und seinen drei Sehnenanteilen in Form des Pes anserinus profundus **(6)** aufsuchen und das schräg nach lateral-proximal in die hintere Kniegelenkskapsel einstrahlende *Ligamentum popliteum obliquum* **(7)** mit der Messerspitze freilegen. Durch Herunterklappen der Ansatzsehne die *Bursa musculi semimembranosi* **(8)** lokalisieren und eröffnen; dabei auf die variable Verbindung zum Schleimbeutel unter dem medialen Gastroknemiuskopf, *Bursa gastrocnemiosemimembranosa* **(9)** achten (◻ Abb. 6.60, Popliteazyste, s. Präparation der Kniekehle).

Abschließend die Stabilisierungsstrukturen der „postero-lateralen Ecke" (◻ Abb. 6.59, 6.133/Video 6.54) mit *M. popliteus* **(10)** und seiner Ursprungssehne sowie mit dem *Ligamentum popliteum arcuatum* (Arkuatumkomplex) **(11)** darstellen; M. popliteus freilegen und seiner in die Gelenkkapsel eingelagerten Ursprungssehne unter das laterale Kollateralband **(12)** folgen. Die Verbindung der beiden bogenförmigen Anteile des Ligamentum popliteum arcuatum mit der Popliteussehne beachten; sodann den medialen nach proximal verlaufenden Teil bis zur Einstrahlung in das Ligamentum popliteum obliquum **(13)** verfolgen und anschließend die nach distal zur Fibula ziehenden Fasern **(14)** darstellen.

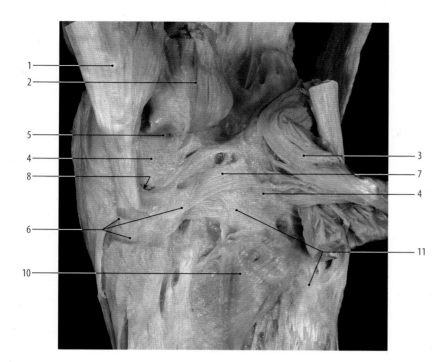

1 M. semimembranosus
2 Caput mediale des M. gastrocnemius
3 Caput laterale des M. gastrocnemius
4 Gelenkkapsel
5 Bursa subtendinea musculi gastrocnemii medialis
6 Pes anserinus profundus
7 Ligamentum popliteum obliquum
8 Bursa musculi semimembranosi
10 M. popliteus
11 Ligamentum popliteum arcuatum

Abb. 6.58 Muskeln und Bandapparat des Kniegelenks der rechten Seite in der Ansicht von hinten [16]

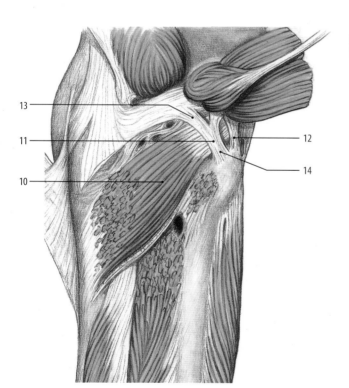

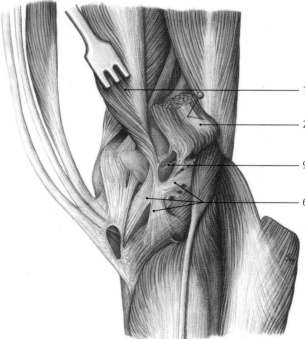

10 M. popliteus
11 Ligamentum popliteum arcuatum
12 Ligamentum collaterale fibulare
13 medialer Teil des Ligamentum popliteum arcuatum
14 lateraler Teil des Ligamentum popliteum arcuatum

Abb. 6.59 Muskeln und Kapsel-Band-Apparat auf der Rückseite des Kniegelenks, rechte Seite [29]

1 M. semimembranosus
2 Caput mediale des M. gastrocnemius
6 Pes anserinus profundus
9 Bursa gastrocnemiosemimembranosa

Abb. 6.60 Schleimbeutel auf der Rückseite des Kniegelenks, rechte Seite in der Ansicht von hinten [29]

6

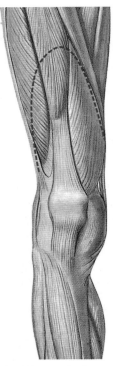

╌╌╌╌ Schnittführung zur Durchtrennung
        des M. quadriceps

■ **Abb. 6.61**   Schnittführung zur Durchtrennung des M. quadriceps, rechte Seite [32]

Eröffnen der Gelenkhöhle – Präparation der Binnenstrukturen

Präparation von vorn (■ Abb. 6.134/Video 6.55)

Bei der Präparation von vorn M. quadriceps ca. 10 cm proximal der Patellabasis in einem bogenförmigen Schnitt durchtrennen und den Muskel so weit vom Femur ablösen, bis Bursa suprapatellaris (da die Bursa suprapatellaris bereits während der Fetalzeit im Regelfall mit der Gelenkhöhle verschmilzt, sollte man korrekterweise vom Recessus suprapatellaris sprechen) und Gelenkkapsel sichtbar werden (■ Abb. 6.61). Sodann die Schleimbeutelwand ca. 3 cm unterhalb ihrer Spitze durch Querschnitt mit dem Messer durchtrennen; zunächst den Recessus und seine Kommunikation mit der Gelenkhöhle mit einer Sonde austasten. Retinaculua transversalia laterale und mediale in der Mitte durchtrennen. Anschließend vom Recessus ausgehend die Gelenkhöhle eröffnen; dabei die Schnitte entlang der hinteren Ränder des medialen und des lateralen longitudinalen Retinaculum bis in den Bereich der Menisken führen (■ Abb. 6.62). Sodann *M. quadriceps* **(1)** mit der *Patella* **(2)** und dem vorderen Bandapparat zunächst bis zum Erscheinen der *Plica synovialis infrapatellaris* (Ligamentum mucosum) **(3)** nach vorn verlagern; nach dem Studium der Plica diese durchtrennen und die abgelösten Strukturen vollständig herausklappen (■ Abb. 6.63).

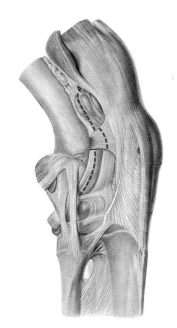

╌╌╌╌ Schnittführung durch die Gelenkkapsel
        zur Eröffnung der Gelenkhöhle, rechte Seite,
        Ansicht von vorn – seitlich.

■ **Abb. 6.62**   Schnittführung durch die Gelenkkapsel zur Eröffnung der Gelenkhöhle, rechte Seite [32]

Folgende Strukturen studieren: Den im Bereich der Spitze des *Recessus suprapatellaris* **(4)** in der Wand des Schleimbeutels inserierenden *M. articularis genus* **(5)** sowie die in die Gelenkkapsel einstrahlenden Anteile des *M. quadriceps* **(6)**; variable Form und Größe des Recessus suprapatellaris; *Plica suprapatellaris* (Rest der ursprünglichen Trennung zwischen Gelenkhöhle und Bursa suprapatellaris) **(7)**; *Plica mediopatellaris* (Plica alaris medialis) **(8)** ertasten; *Corpus adiposum infrapatellare* = Hoffascher Fettkörper **(9)** und *Plicae alares* **(10)**; variable Gelenkflächen des Femoropatellargelenks mit größerer lateraler Facette **(11)** und kleinerer medialer Facette **(12)** an der Patella und den entsprechenden Gelenkflächen des Patellagleitlagers beachten.

Vor **Freilegung der Menisken** (■ Abb. 6.135/Video 6.56) zunächst die Verbindung ihrer Basis mit der Gelenkkapsel studieren (■ Abb. 6.62). Sodann das häufig innerhalb der Basis des Hoffaschen Fettkörpers liegende *Ligamentum transversum genus* **(13)** freilegen (■ Abb. 6.64); das Band ist häufig sehr schwach oder fehlt nicht selten. Anschließend die Gelenkkapsel sowie die meniskopatellaren Bänder scharf am Oberrand der Meniskusbasis abtrennen; dabei die Quadrizepssehne mit den Retinacula longitudinalia sowie den tibiopatellaren Bändern unter Erhaltung des Hoffaschen Fettkörpers bis zur *Bursa infrapatellaris profunda* **(14)** von der Tibia lösen. Abschließend die Strukturen wieder nach proximal klappen und die Gelenkkapsel zwischen Tibia und dem Unterrand der Meniskusbasis bis zu den Kollate-

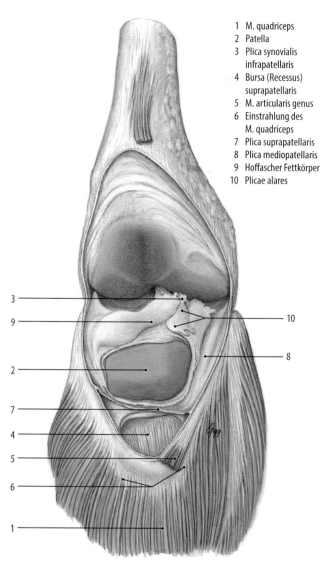

1 M. quadriceps
2 Patella
3 Plica synovialis
   infrapatellaris
4 Bursa (Recessus)
   suprapatellaris
5 M. articularis genus
6 Einstrahlung des
   M. quadriceps
7 Plica suprapatellaris
8 Plica mediopatellaris
9 Hoffascher Fettkörper
10 Plicae alares

Abb. 6.63 Strukturen am eröffneten Kniegelenk der rechten Seite in der Ansicht von vorn [29]

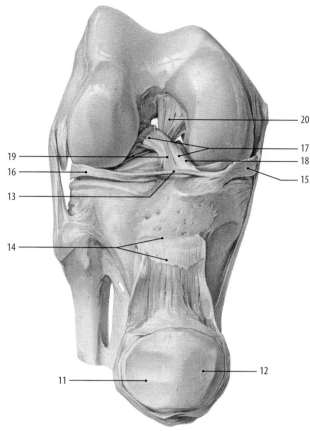

11 laterale Facette
12 mediale Facette
13 Ligamentum transversum genus
14 Bursa infrapatellaris profunda
15 Meniscus medialis
16 Meniscus lateralis
17 Ligamentum cruciatum anterius
18 anteromediales Bündel
19 posterolaterales Bündel
20 Ligamentum cruciatum posterius

Abb. 6.64 Kreuzbänder und Menisken des rechten Kniegelenks in der Ansicht von vorn [2]

ralbändern entfernen. Die bereits sichtbaren Form- und Größenunterschiede des C-förmigen *Meniscus medialis* (Innenmeniskus) **(15)** und des kreisförmigen *Meniscus lateralis* (Außenmeniskus) **(16)** beachten und die knöcherne Insertion des medialen Meniskus in der Area intercondylaris anterior sowie des lateralen Meniskus vor der Eminentia intercondylaris studieren.

Zur **Freilegung der Kreuzbänder** (■ Abb. 6.64) Quadrizepssehne wieder herausklappen und die Synovialmembran auf Vorder- und Seitenflächen der Kreuzbänder studieren. Sodann die Synovialmembran auf dem *Ligamentum cruciatum anterius* **(17)** entfernen und dem Faserverlauf des Bandes von der knöchernen Insertion im vorderen Bereich der Eminentia intercondylaris bis zur Innenseite des lateralen Femurkondylus folgen; dabei das anteromediale **(18)** und das posterolaterale **(19)**

Faserbündel beachten. Sodann den fächerförmigen Insertionsbereich des *Ligamentum cruciatum posterius* **(20)** im vorderen Abschnitt der Fossa intercondylaris an der Innenfläche des medialen Femurkondylus freilegen und dem Band so weit wie möglich nach distal-posterior folgen (vollständig Freilegung bei der Präparation von hinten).

🔄 Varia

Selten bleibt die während der Embryonalzeit noch bestehende Trennung von Kniegelenkshöhle und Bursa suprapatellaris durch das Septum suprapatellare erhalten; es liegt dann eine echte Bursa suprapatellaris vor (■ Abb. 6.65). Gelegentlich bleibt ein Teil des Septums mit einer zentralen Öffnung zur Gelenkhöhle

6

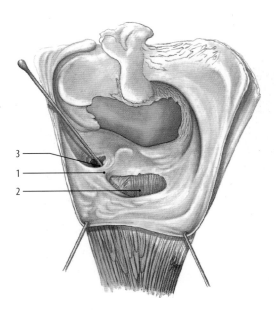

1 vertikales Septum
2 mediale Kammer
3 laterale Kammer

Abb. 6.65 Variante: Unterteilung der Bursa (Recessus) suprapatellaris durch ein vertikales Septum in eine mediale und in eine laterale Kammer, heruntergeklappte Quadrizepssehne mit Patella, rechte Seite [29]

bestehen. In etwa 20 % der Fälle wird die Bursa suprapatellaris durch ein vertikales Septum (**1**) in eine mediale (**2**) und in eine laterale (**3**) Kammern unterteilt. Varia: Große Variationsbreite zeigen die Gelenkflächen des Femoropatellargelenks; der Übergang bei der Reduzierung der medialen Gelenkfacette der Patella und der medialen Kondylenwange im Patellagleitlager des Femur zu pathologischen Formen ist fließend.

> ▶ **Klinik**

Eine Hypertrophie oder pathologische Veränderungen im Bereich der Plica mediopatellaris können Ursache für Beschwerden im Kniegelenk sein (Plikasyndrom). Kreuzbandverletzungen führen vornehmlich zur Instabilität in der Sagittalebene. Bei der häufigeren Ruptur des vorderen Kreuzbandes kann die Tibia passiv nach vorn geschoben werden (sog. vorderes Schubladenphänomen). Beim Riss des hinteren Kreuzbandes lässt sich die Tibia nach hinten verschieben (sog. hinteres Schubladenphänomen). ◀

Präparation von hinten Vor Eröffnen der Gelenkhöhle nochmals den Bandapparat und die Öffnungen in der hinteren Kapsel für die Gefäße zur Versorgung der Kreuzbänder studieren.

Zur Vorbereitung für die Freilegung der Menisken und der Kreuzbänder von hinten (**Abb. 6.136/Video 6.57**) *Ligamentum popliteum obliquum* (**1**) scharf begrenzen und aus der Gelenkkapsel lösen (**Abb. 6.66**). Anschließend Verbindungen des *Ligamentum popliteum arcuatum* (**2**) zum Ligamentum popliteum obliquum

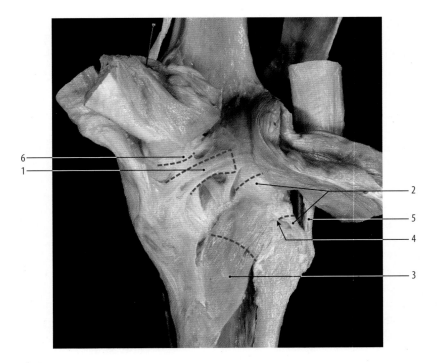

1 Ligamentum popliteum obliquum
2 Ligamentum popliteum arcuatum
3 M. popliteus
4 Recessus subpopliteus
5 Ligamentum collaterale fibulare
6 „Polkappe"

- - - - Schnittführungen zur Begrenzung des Ligamentum popliteum obliquum und des Ligamentum popliteum arcuatum sowie zur Durchtrennung der Gelenkkapsel und des M. popliteus

Abb. 6.66 Schnittführungen zur Begrenzung des Ligamentum popliteum obliquum und des Ligamentum popliteum arcuatum sowie zur Durchtrennung der Gelenkkapsel und des M. popliteus [16]

und zur Fibula durchtrennen und den *M. popliteus* (**3**) im mittleren Bereich durchschneiden. Den Ursprungsbereich des M. popliteus mit den Resten des Ligamentum popliteum obliquum nach proximal-lateral ablösen und der Ursprungssehne des Muskels unter dem Ligamentum collaterale fibulare hindurch bis Epicondylus lateralis des Femur folgen; dabei den *Recessus subpopliteus* (**4**) bei der Passage der Sehne unter dem lateralen Kollateralband (**5**) eröffnen und die fehlende Verbindung der Meniskusbasis mit der Gelenkkapsel in diesem Bereich studieren.

Zur Freilegung der Menisken von hinten zunächst die Gelenkkapsel unter den Gastroknemiusköpfen (sog. Polkappen) (**6**) distal der Schleimbeutel durch bogenförmigen Schnitt über den Femurkondylen durchtrennen (◨ Abb. 6.66, ◨ Abb. 6.137/Video 6.58) und nach proximal klappen; sodann den distalen Teil der Gelenkkapsel bis zum Oberrand der Meniskusbasis scharf ablösen. Anschließend die Gelenkkapsel zwischen unterer Meniskusbasis und Tibia durch Stichinzision eröffnen und das „Meniskotibialgelenk" sondieren; danach die Gelenkkapsel entfernen und die Basis des *Meniscus medialis* (**7**) und des *Meniscus lateralis* (**8**) vollständig freilegen (◨ Abb. 6.67). Am Meniscus medialis die Einstrahlung der menisco-femoralen Fasern (**9**) und der menisco-tibialen Fasern (Ligamentum coronarium) (**10**) des hinteren-tiefen Teils des Ligamentum collaterale tibiale beachten (◨ Abb. 6.68).

> ▶ **Klinik**
>
> Meniskusverletzungen treten am häufigsten am medialen Meniskus auf (z. B. Lappenriss oder Korbhenkelriss); sie gehen mit Schmerzen einher und führen zur Instabilität im Kniegelenk. ◀

Zur Freilegung der Kreuzbänder von hinten (◨ Abb. 6.67) die Reste der Gelenkkapsel und das lockeren subkapsuläre Bindegewebe in der Fossa intercondylaris entfernen.

🛇 Bei der Entfernung des lockeren Bindegewebes in der Fossa intercondylaris das Ligamentum meniscofemorale posterius nicht verletzen.

Nach Abtragen des Bindegewebes die fehlende Synovialmembran auf der Rückseite der Kreuzbänder beachten. Das *Ligamentum cruciatum posterius* (**11**) von seinem fächerförmigen Ursprung im vorderen Bereich des Fossa intercondylaris an der Innenfläche des medialen Femurkondylus bis zu seiner Insertion im hinteren Anteil der Area intercondylaris und auf der Rückseite des Tibiakopfes freilegen; dabei die Abnahme des Bandquerschnittes von proximal nach distal sowie die beiden Faserzüge in Form eines anterolateralen und eines posteromedialen Bündels beachten. Das proximal mit dem hinteren Kreuzband ziehende *Ligamentum menis-*

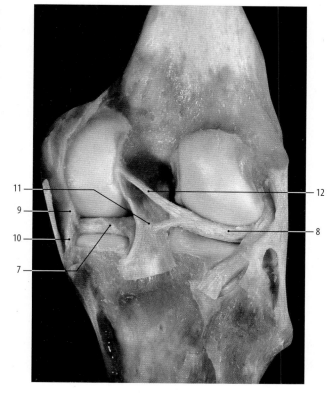

7 Meniscus medialis
8 Meniscus lateralis
9 meniskofemorale Fasern des Ligamentum collaterale tibiale
10 meniskotibiale Fasern des Ligamentum collaterale tibiale
11 Ligamentum cruciatum posterius
12 Ligamentum meniscofemorale posterius

◨ **Abb. 6.67** Kreuzbänder und Menisken der rechten Seite in der Ansicht von hinten [17]

cofemorale posterius (Robertsches oder Wrisbergsches Band) (**12**) von der Fossa intercondylaris bis zur Einstrahlung in den lateralen Meniskus darstellen.

Präparation des Tibiofibulargelenks

Abschließend die *Articulatio tibiofibularis* (**13**) präparieren (◨ Abb. 6.68); dazu den Gelenkspalt und die Gelenkkapsel lokalisieren; sodann das Ligamentum capitis fibulae anterius und das *Ligamentum capitis fibulae posterius* (**14**) durch Entfernen der Gelenkkapsel freilegen.

🖃 **Varia**

Die Gelenkhöhle des Tibiofibulargelenks kann über einen weit nach hinten-unten ausgedehnten Recessus subpopliteus mit der Kniegelenkshöhle kommunizieren.

6

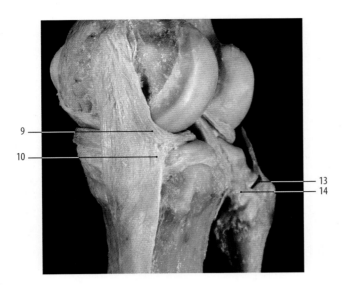

9   meniscofemorale Fasern des Ligamentum collaterale tibiale
10 meniscotibiale Fasern des Ligamentum collaterale tibiale
13   Articulatio tibiofibularis
14 Ligamentum capitis fibulae posterius

□ **Abb. 6.68**   Bandapparat des Tibiofibulargelenks, rechte Seite in der Ansicht von lateral [16]

6.13 Präparation der Fußgelenke

Vorbereitung der Präparation Unterschenkel an der Grenze zum unteren Drittel absetzen. Sämtliche Leitungsbahnen entfernen. Auf der Vorderseite (Dorsalseite) die langen Extensoren am Unterschenkel lösen, die Sehnenscheidenfächer eröffnen – dabei die Lage der Sehnen nochmals studieren –, den Ansatzbereich der Muskeln distalwärts mobilisieren und die Ansatzsehnen ca. 5 cm proximal ihrer Insertion durchtrennen; proximalen Anteil der Muskeln vollständig abtragen. Kurze Extensoren auf dem Fußrücken am Ursprung ablösen und nach distal verlagern; Sehnen ca. 5 cm vor ihrem Ansatz durchtrennen. Mm. peronei in gleicher Weise ablösen; Ansatzsehne des M. peroneus brevis ca. 5 cm oberhalb der Tuberosita ossis metatarsi V durchschneiden. Ansatzsehne des M. peroneus longus bis zum lateralen Fußrand verfolgen und ca. 10 cm proximal des Os cuboideum durchtrennen. Achillessehne ca. 10 cm oberhalb des Tuber calcanei durchschneiden; proximalen Teil des M. gastrocnemius vollständig entfernen. Sodann die langen Flexoren am Unterschenkel ablösen, ihre Sehnenscheidenfächer eröffnen und die Muskeln bis zu ihrem Ansatz verfolgen. Ansatzsehne des M. tibialis posterior auf ca. 10 cm einkürzen und den variablen Ansätzen auf der Plantarseite nachgehen. Ansatzsehnen der langen Flexorensehnen ca. 5 cm proximal der Zehengrundgelenke absetzen. Die kurzen plantaren Muskeln am Ursprung ablösen und bis auf ihre Ursprungssehnen abtragen. Mm. interossei

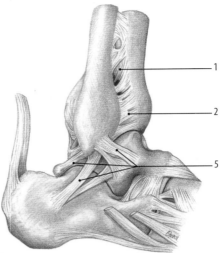

1 Membrana interossea cruris
2 Ligamentum tibiofibulare anterius
5 Ligamentum collaterale laterale

□ **Abb. 6.69**   Bandapparat des oberen und des unteren Sprunggelenks der rechten Seite in der Ansicht von lateral [29]

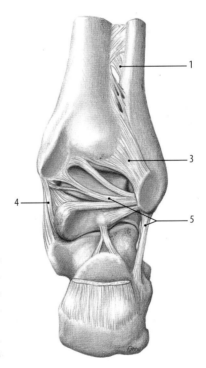

1 Membrana interossea cruris
3 Ligamentum tibiofibulare posterius
4 Ligamentum collaterale mediale
5 Ligamentum collaterale laterale

□ **Abb. 6.70**   Bandapparat des oberen und des unteren Sprunggelenks der rechten Seite in der Ansicht von hinten [29]

Abb. 6.71 Bandapparat des oberen und des unteren Sprunggelenks der rechten Seite in der Ansicht von medial [29]

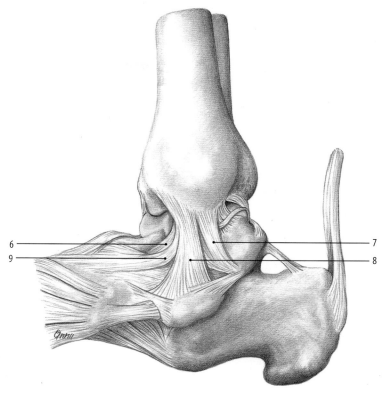

6 Pars tibiotalaris anterior
7 Pars tibiotalaris posterior
8 Pars tibiocalcanea
9 Pars tibionavicularis

zwischen den Ossa metatarsi entfernen und ihre Ansatzsehnen vor der Einstrahlung in die Dorsalaponeurose durchtrennen.

❗ Beim Abtragen der Muskeln die zur Großzehe ziehenden Ansatzsehnen unbedingt erhalten.

Präparation des Kapsel-Band-Apparates des oberen und des unteren Sprunggelenks (▪ Abb. 6.69, 6.70, 6.71) Zur Freilegung des Kapsel-Band-Apparates der Sprunggelenke restliche Anteile der Retinacula und der Sehnenscheidenfächer bei flach geführtem Messer abtragen. Zunächst den distalen Teil der *Membrana interossea cruris* (**1**) vollständig freilegen, sodann die Syndesmosebänder der Malleolengabel, *Ligamentum tibiofibulare anterius* (**2**) und *Ligamentum tibiofibulare posterius* (**3**) präparieren (▪ Abb. 6.138/Video 6.59).

> ► Klinik
>
> Verletzungen der Malleolengabel gehen meistens mit Knochen- und Bandläsionen einher. In der Klassifikation nach Weber wird die Frakturlokalisation mit der Lage der Syndesmose in Beziehung gesetzt. ◄

Vor der **Präparation des Bandapparates** die nicht Band verstärkten Anteile der Gelenkkapsel auf der Vorder- und Rückseite des oberen Sprunggelenks durch Palpation von den Kollateralbändern abgrenzen. Sodann auf der Vorderseite die Gelenkkapsel an der Knorpel-Knochengrenze von Tibia und Talus sowie an den vorderen Begrenzungen des *Ligamentum collaterale mediale* (**4**) und des *Ligamentum collaterale laterale* (**5**) durchtrennen und entfernen; dabei die Faltenbildungen auf der Innenseite der Kapsel beachten. Auf der Rückseite die Gelenkkapsel erst bei der Präparation des Ligamentum talofibulare posterius und der Pars tibiotalaris posterior des Ligamentum collaterale laterale abtragen.

Danach das mediale Kollateralband (Ligamentum deltoideum) (▪ Abb. 6.71, 6.139/Video 6.60) mit seinen vier Bandzügen, *Pars tibiotalaris anterior* (**6**), *Pars tibiotalaris posterior* (**7**), *Pars tibiocalcanea* (**8**) und *Pars tibionavicularis* (**9**) darstellen. Die Präparation der über oberes und unteres Sprunggelenk ziehenden Pars tibiocalcanea in Mittelstellung des Fußes durchführen. Zur Freilegung der teilweise von der Pars tibiocalcanea überlagerten Pars tibiotalaris posterior Fuß in maximaler Extension des oberen Sprunggelenks halten lassen. Zur Präparation der Kapsel verstärkenden Pars tibiotalaris

◻ Abb. 6.72   Bandapparat des oberen und des unteren Sprunggelenks der rechten Seite in der Ansicht von lateral [29]

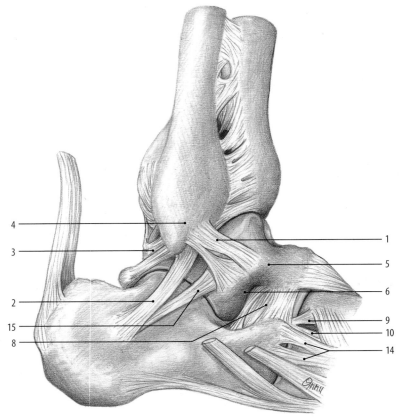

1 Ligamentum talofibulare anterius
2 Ligamentum calcaneofibulare
3 Ligamentum tibiofibulare posterius
4 Malleolus lateralis
5 Collum tali
6 Sinus tarsi
8 Ligamentum talocalcaneum interosseum
9 Ligamentum calcaneonaviculare
10 Ligamentum calcaneocuboideum
14 Ligamentum calcaneocuboideum laterale
15 Ligamentum talocalcaneum laterale

anterior Fuß in maximale Flexionsstellung bringen; zur Freilegung des Bandes die überlagernde Pars tibiocalcanea leicht mobilisieren. Der häufig schwach entwickelten Pars tibionavicularis vom vorderen Rand des Malleolus medialis bis zum Os naviculare mit der Messerspitze nachgehen.

Vor der Präparation des lateralen Kollateralbandes (◻ Abb. 6.72, 6.73, 6.140/Video 6.61) Lage und Verlauf der drei Bänder, *Ligamentum talofibulare anterius* **(1)**, *Ligamentum calcaneofibulare* **(2)** und *Ligamentum talofibulare posterius* **(3)** ertasten. Zunächst das über oberes und unteres Sprunggelenk ziehende Ligamentum calcaneofibulare darstellen; dazu das umgebende lockere Bindegewebe entfernen, und das Band von der Innenseite des *Malleolus lateralis* **(4)** bis zur Insertion an der lateralen Fläche des Calcaneus freilegen. Die fehlende Verbindung zur Gelenkkapsel durch Einführen der Pinzettenspitze zwischen Band und Calcaneus studieren.

Das Kapsel verstärkende kräftige Ligamentum talofibulare anterius in maximaler Beugestellung des oberen Sprunggelenks präparieren; dabei dem Faserverlauf von der Vorderkante des Malleolus lateralis zum *Collum tali* **(5)** und zum *Sinus tarsi* **(6)** folgen. Mit der Freilegung des fest in die Gelenkkapsel eingebauten Ligamentum talofibulare posterius gleichzeitig die Gelenkkapsel auf der Rückseite entfernen; das transversal ausgerichtete Band von der Innenseite des Malleolus lateralis bis zum Tuberculum posterius des *Processus posterior tali* **(7)** freilegen.

▶ **Klinik**

Von den Bandverletzungen der Sprunggelenke ist das Ligamentum talofibulare anterius am häufigsten betroffen. In Folge der Verletzung ist das obere Sprunggelenk nach medial aufklappbar; außerdem besteht ein Stabilitätsverlust in der Sagittalebene. ◀

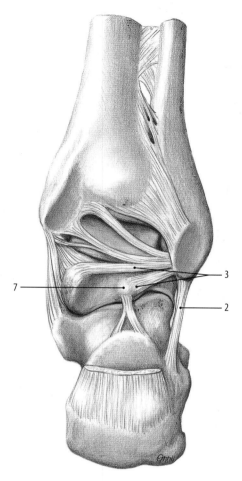

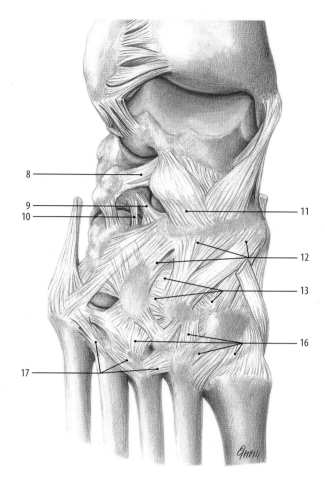

2 Ligamentum calcaneofibulare
3 Ligamentum talofibulare posterius
7 Processus posterior tali

◧ **Abb. 6.73** Bandapparat des oberen und des unteren Sprunggelenks der rechten Seite in der Ansicht von hinten [29]

8 Ligamentum talocalcaneum interosseum
9 Ligamentum calcaneonaviculare
10 Ligamentum calcaneocuboideum
11 Ligamentum talonaviculare dorsale
12 Ligamenta cuneonavicularia dorsalia
13 Ligamenta intercuneiformia dorsalia
16 Ligamenta tarsometatarsalia dorsalia
17 Ligamenta metatarsalia dorsalia

◧ **Abb. 6.74** Bandapparat auf der Dorsalseite des Fußes, rechte Seite [29]

⊜ **Varia**

Die Ligamenta talofibulare anterius und posterius sind häufig zweigeteilt. Liegt ein Os trigonum vor, so inseriert das Ligamentum talofibulare posterius an diesem.

Bänder der Fußwurzelknochengelenke und der Fußknochenwurzel-Mittelfußknochengelenke (◧ Abb. 6.72, 6.74) Beispielhaft die Bänder der Fußwurzelknochengelenke und der Fußwurzelknochen-Mittelfußknochengelenke präparieren. Zur Freilegung des *Ligamentum talocalcaneum interosseum* (**8**) das lockere Bindegewebe im Bereich des Sinus tarsi (6) entfernen und das fächerförmige Band bis in den Canalis tarsi freilegen. Danach Ligamentum bifurcatum mit *Ligamentum calcaneonaviculare* (**9**) und *Ligamentum calcaneocuboideum* (**10**) darstellen. Anschließend dorsale und seitliche Bänder zwischen den Fußwurzelknochen aufsuchen: *Ligamentum talonaviculare dorsale* (**11**), *Ligamenta cuneonavicularia dorsa-*

lia (**12**), *Ligamenta intercuneiformia dorsalia* (**13**), *Ligamentum calcaneocuboideum laterale* (**14**), *Ligamentum talocalcaneum laterale* (**15**). Abschließend *Ligamenta tarsometatarsalia dorsalia* (**16**) und *Ligamenta metatarsalia dorsalia* (**17**) freilegen.

Präparation der Bänder des Fußes von plantar (◧ Abb. 6.75, 6.141/Video 6.42) Die Präparation der Bänder an der Planta pedis mit der Darstellung des *Ligamentum plantare longum* (**1**) beginnen; dabei dem oberflächlichen Teil des Bandes vom Tuber calcanei bis zur Insertion an den Basen der Ossa metatarsi freilegen. Sodann den die Sehnenscheide der Ansatzsehne des *M. peroneus longus* (**2**) überbrückenden oberflächlichen Bandanteil in Verlaufsrichtung der Sehne durchtrennen und die Sehnenscheide

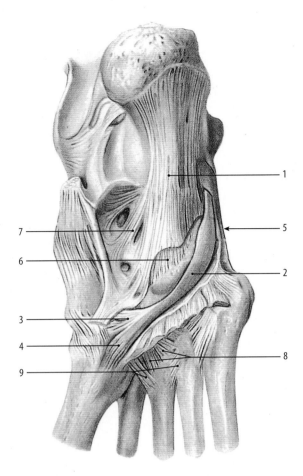

1 Ligamentum plantare longum
2 Ansatzsehne des M. peroneus longus
3 Ansatz am Os cuneiforme mediale
4 Ansatz am Os metatarsi I
5 Widerlager am Os cuboideum
6 Ligamentum calcaneocuboideum
7 Ligamentum calcaneonaviculare plantare
8 Ligamenta tarsometatarsalia plantaria
9 Ligamenta metatarsalia plantaria

◨ **Abb. 6.75** Bandapparat auf der Plantarseite des Fußes, rechte Seite [32]

vollständig eröffnen (s. Präparation der Planta pedis, ▶ Abschn. 6.7). Die Ansatzsehne aus der Sehnenscheide luxieren und bis zum Ansatz am *Os cuneiforme mediale* (**3**) und an der Basis des *Os metatarsi I* (**4**) (variabel auch II) verfolgen. Die Verlaufsrichtungsänderung der Ansatzsehne des M. peroneus longus und die Strukturen der Gleitsehne am Widerlager des *Os cuboideum* (**5**) studieren. Sodann den tiefen zum Os cuboideum ziehenden Anteil des Ligamentum plantare longum, *Ligamentum calcaneocuboideum* (Ligamentum plantare breve) (**6**) freilegen.

Anschließend das in der Tiefe liegende *Ligamentum calcaneonaviculare plantare* (Pfannenband) (**7**) präparieren. Abschließend beispielhaft kurze plantare Bänder

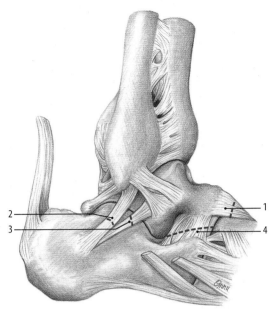

- - - - Schnittführung zur Durchtrennung der Bänder

1 Ligamentum talonaviculare dorsale
2 Ligamentum calcaneofibulare
3 Ligamentum talocalcaneum laterale
4 Ligamentum talocalcaneum interosseum

◨ **Abb. 6.76** **Bandapparat des oberen und des unteren Sprunggelenks der rechten Seite in der Ansicht von lateral.** Schnittführung zur Durchtrennung der Bänder [29]

zwischen den Fußwurzelknochen, zwischen Fußwurzelknochen und Mittelfußknochen, *Ligamenta tarsometatarsalia plantaria* (**8**) und zwischen den Ossa metatarsi, *Ligamenta metatarsalia plantaria* (**9**) aufsuchen.

Eröffnen der Gelenkhöhlen des unteren Sprunggelenks (◨ Abb. 6.142/Video 6.53) Zum Eröffnen der beiden Kammern des unteren Sprunggelenks folgende Bänder durchtrennen (◨ Abb. 6.76): *Ligamentum talonaviculare dorsale* (**1**), *Ligamentum calcaneofibulare* (**2**), *Ligamentum talocalcaneum laterale* (**3**), *Ligamentum talocalcaneum interosseum* (**4**) sowie den nicht Band verstärkten Teil der Gelenkkapsel. Zur Durchtrennung des Ligamentum talocalcaneum interosseum mit spitzem Messer in den Canalis tarsi eindringen und das Band im mittleren Bereich durchtrennen.

Nach Durchtrennung der Bänder Malleolengabel mit dem Talus nach medial klappen (◨ Abb. 6.77) und noch nicht vollständig durchtrennte Fasern des Ligamentum talocalneointerosseum durchschneiden. Anschließend die Gelenkhöhlen der getrennten Kammern, *Articulatio talocalcaneonavicularis* (**1**) und *Articulatio subtalaris* (**2**) studieren und in den Talus ziehende Blutgefäße zwischen dem lateralen (**3**) und dem medialen (**4**) Teil des Ligamentum talocalcaneum interosseum freilegen. Abschließend die miteinander artikulierenden Gelenkflächen zuordnen.

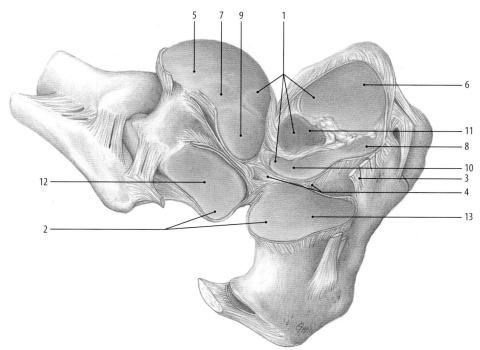

1 Articulatio talocalcaneonavicularis
2 Articulatio subtalaris
3 lateraler Teil des Ligamentum talocalcaneum interosseum
4 medialer Teil des Ligamentum talocalcaneum interosseum
5 Caput tali
6 Gelenkpfanne des Os naviculare
7 Facies articularis calcanea anterior

8 Facies articularis talaris anterior
9 Facies articularis calcanea media
10 Facies articularis talaris media
11 Ligamentum calcaneonaviculare plantare
12 Facies articularis calcanea posterior
13 Facies articularis talaris posterior

Abb. 6.77 Artikulierende Strukturen der Kammern des unteren Sprunggelenks, rechte Seite in der Ansicht von oben [29]

Topographie

Zuordnung der miteinander artikulierenden Gelenk-flächen im unteren Sprunggelenk

— *Articulatio talocalcaneonavicularis* **(1)**: *Caput tali* **(5)** – Gelenkpfanne des Os naviculare **(6)**; *Facies articularis calcanea anterior* **(7)** – *Facies articularis talaris anterior* **(8)**; *Facies articularis calcanea media* **(9)** – *Facies articularis talaris media* **(10)**; *Caput tali* **(5)** – *Ligamentum calcaneonaviculare plantare* (Pfannenband) **(11)**

— *Articulatio subtalaris* **(2)**: *Facies articularis calcanea posterior* **(12)** – *Facies articularis talaris posterior* **(13)**

6.14 Präparation der Zehengelenke

(■ Abb. 6.78, 6.79) Auf der Dorsalseite der Zehen die Extensorensehnen mit der Dorsalaponeurose von der Gelenkkapsel scharf lösen und in den eröffneten Gelenk-höhlen die Kollateralbänder darstellen. Auf der Plan-tarseite (■ Abb. 6.79) beispielhaft an der zweiten und dritten Zehe die bereits eröffneten Sehnenscheiden und die bis zum Ansatz freigelegten Flexorensehnen **(1)** und

das *Ligamentum metatarsale transversum profundum* **(2)** aufsuchen und zunächst an den Grundgelenken die Ge-lenkkapsel durch bogenförmigen Schnitt proximal und seitlich durchtrennen; Kapsel an der Basis der Grund-phalanx nicht ablösen. Sodann die *Ligamenta plantaria* (Faserknorpelplatten) **(3)** mit den Sehnenscheiden nach vorn klappen und studieren. Anschließend Zehenmittel – und Endgelenke eröffnen und die Kollateralbänder freilegen.

Präparation des Großzehengrundgelenks (■ Abb. 6.78, 6.79, 6.143/Video 6.64) Vor der Präparation Lage der Se-sambeine ertasten und dem Verlauf der Ansatzsehne des *M. flexor hallucis longus* **(4)** zwischen den Sesambeinen bis zur Endphalanx folgen. Sodann die zum lateralen Sesambein **(5)** ziehenden Ansatzbereiche des *M. ad-ductor hallucis* **(6)** und des *Caput laterale des M. flexor hallucis brevis* **(7)** freilegen und auf ca. 3 cm einkürzen; in entsprechender Weise die zum medialen Sesambein **(8)** ziehenden Sehnen des *M. abductor hallucis* **(9)** und des *Caput mediale des M. flexor hallucis brevis* **(10)** einkür-zen. Ligamentum metatarsale profundum **(2)** zwischen Großzehe und zweiter Zehe durchtrennen. Die Ge-lenkkapsel durch bogenförmigen Schnitt proximal und

6

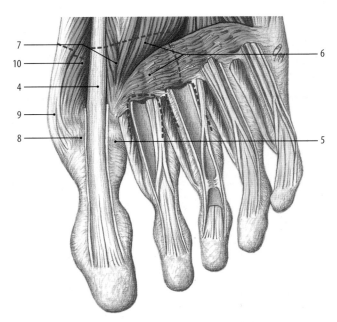

---- Schnittführung zur Freilegung der Zehengrundgelenke

4 M. flexor hallucis longus
5 laterales Sesambein
6 M. adductor hallucis
7 Caput laterale des M. flexor hallucis brevis
8 mediales Sesambein
9 M. abductor hallucis
10 Caput mediale des M. flexor hallucis brevis

☐ **Abb. 6.78** Schnittführung zur Freilegung der Zehengrundgelenke [29]

seitlich durchschneiden und die Faserknorpelplatte mit den eingelagerten Sesambeinen **(11)** und den ansetzenden kurzen Großzehenmuskeln nach distal klappen; abschließend die Gelenkflächen studieren.

❗ Faserknorpelplatte distal an der Basis der Grundphalanx nicht durchtrennen und ablösen.

Der Hallux valgus zählt zu den häufigsten Fehlstellungen am Fuß. Das Os metatarsi I steht in Varusstellung und ist supinatorisch verdreht; dies führt zu einer Dislokation der Sesambeine. Die Großzehe steht in Valgusstellung, das Caput ossis metatarsi I ist subluxiert. Es besteht ein Spreizfuß. Durch die Fehlstellung kommt es zur Fehlbelastung und in der Folge zur Osteoarthrose im Großzehengrundgelenk. ◀

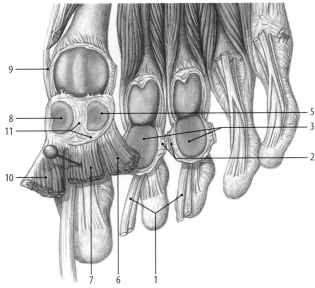

1 Flexorensehnen
2 Ligamentum metatarsale transversum profundum
3 Ligamenta plantaria
5 laterales Sesambein
6 M. adductor hallucis
7 Caput laterale des M. flexor hallucis brevis
8 mediales Sesambein
9 M. abductor hallucis
10 Caput mediale des M. flexor hallucis brevis
11 Faserknorpelplatte mit Sesambeinen

☐ **Abb. 6.79** Strukturen der eröffneten Grundgelenke von Großzehe sowie zweiter und dritter Zehe, rechte Seite in der Ansicht von plantar [29]

6.15 Präparationsvideos zum Kapitel

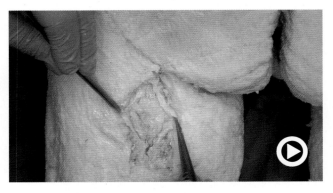

☐ **Abb. 6.80** Video 6.1: Freilegen des N. cutaneus femoris posterior und der Nn. clunium inferiores. (▶ https://doi.org/10.1007/000-76g), © Institut für Klinische Anatomie und Zellanalytik der Universität Tübingen

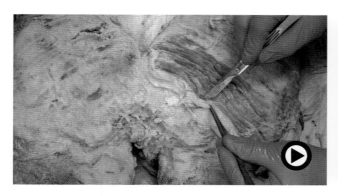

Abb. 6.81 Video 6.2: Freilegen des M. gluteus maximus. (► https://doi.org/10.1007/000-74k), © Institut für Klinische Anatomie und Zellanalytik der Universität Tübingen

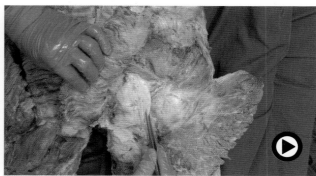

Abb. 6.84 Video 6.5: Präparation des Spatium subgluteale. (► https://doi.org/10.1007/000-74p), © Institut für Klinische Anatomie und Zellanalytik der Universität Tübingen

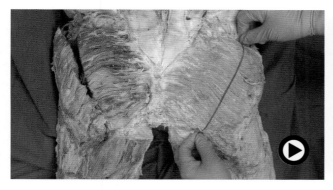

Abb. 6.82 Video 6.3: Ablösen des M. gluteus maximus. (► https://doi.org/10.1007/000-74m), © Institut für Klinische Anatomie und Zellanalytik der Universität Tübingen

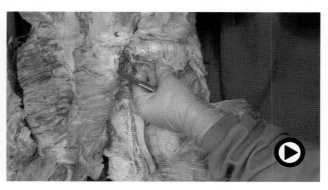

Abb. 6.85 Video 6.6: Präparation der tiefen Gesäßregion. (► https://doi.org/10.1007/000-74q), © Institut für Klinische Anatomie und Zellanalytik der Universität Tübingen

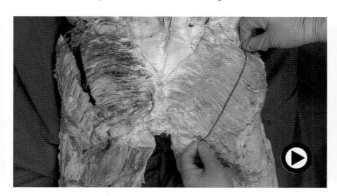

Abb. 6.83 Video 6.4: Ablösen des M. gluteus maximus – Fortsetzung. (► https://doi.org/10.1007/000-74n), © Institut für Klinische Anatomie und Zellanalytik der Universität Tübingen

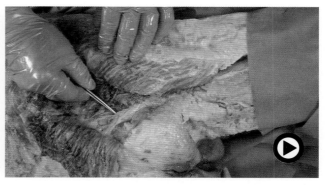

Abb. 6.86 Video 6.7: Präparation der Fossa ischioanalis. (► https://doi.org/10.1007/000-74r), © Institut für Klinische Anatomie und Zellanalytik der Universität Tübingen

6

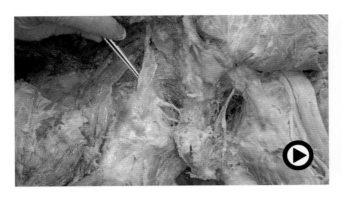

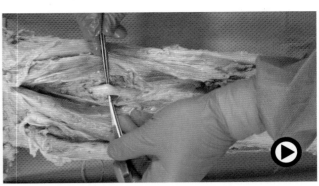

Abb. 6.87   Video 6.8: Präparation der Fossa ischioanalis – Fortsetzung. (► https://doi.org/10.1007/000-74s), © Institut für Klinische Anatomie und Zellanalytik der Universität Tübingen

Abb. 6.90   Video 6.11: Freilegen des N. ischiadicus auf der Oberschenkelrückseite. (► https://doi.org/10.1007/000-74w), © Institut für Klinische Anatomie und Zellanalytik der Universität Tübingen

Abb. 6.88   Video 6.9: Freilegen des N. cutaneus femoris posterior auf der Oberschenkelrückseite. (► https://doi.org/10.1007/000-74t), © Institut für Klinische Anatomie und Zellanalytik der Universität Tübingen

Abb. 6.91   Video 6.12: Präparation der Nn. tibialis und peroneus communis. (► https://doi.org/10.1007/000-74x), © Institut für Klinische Anatomie und Zellanalytik der Universität Tübingen

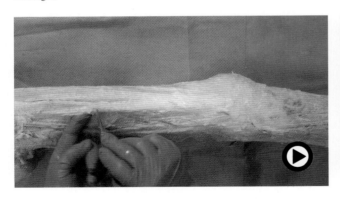

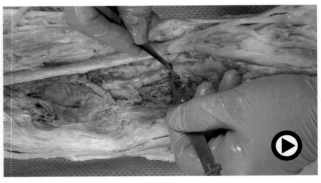

Abb. 6.89   Video 6.10: Begrenzen des Tractus iliotibialis von hinten. (► https://doi.org/10.1007/000-74v), © Institut für Klinische Anatomie und Zellanalytik der Universität Tübingen

Abb. 6.92   Video 6.13: Präparation der A. und V. poplitea. (► https://doi.org/10.1007/000-74y), © Institut für Klinische Anatomie und Zellanalytik der Universität Tübingen

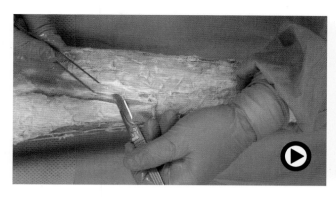

Abb. 6.93 Video 6.14: Präparation der epifaszialen Strukturen auf der Unterschenkelrückseite. (▶ https://doi.org/10.1007/000-74z), © Institut für Klinische Anatomie und Zellanalytik der Universität Tübingen

Abb. 6.96 Video 6.17: Freilegen der tiefen Flexorenloge. (▶ https://doi.org/10.1007/000-752), © Institut für Klinische Anatomie und Zellanalytik der Universität Tübingen

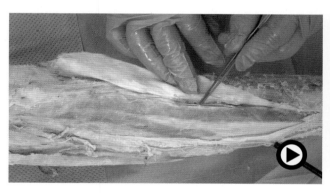

Abb. 6.94 Video 6.15: Freilegen des M. triceps surae. (▶ https://doi.org/10.1007/000-750), © Institut für Klinische Anatomie und Zellanalytik der Universität Tübingen

Abb. 6.97 Video 6.18: Präparation der Strukturen in der tiefen Flexorenloge. (▶ https://doi.org/10.1007/000-753), © Institut für Klinische Anatomie und Zellanalytik der Universität Tübingen

Abb. 6.95 Video 6.16: Präparation des M. gastrocnemius. (▶ https://doi.org/10.1007/000-751), © Institut für Klinische Anatomie und Zellanalytik der Universität Tübingen

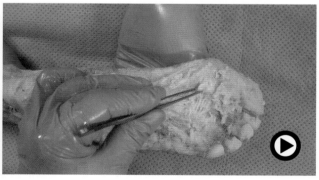

Abb. 6.98 Video 6.19: Präparation der Fußsohle. (▶ https://doi.org/10.1007/000-754), © Institut für Klinische Anatomie und Zellanalytik der Universität Tübingen

6

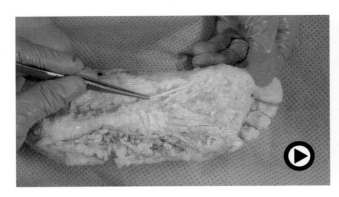

■ Abb. 6.99 Video 6.20: Freilegen der Planta pedis. (► https://doi.org/10.1007/000-755), © Institut für Klinische Anatomie und Zellanalytik der Universität Tübingen

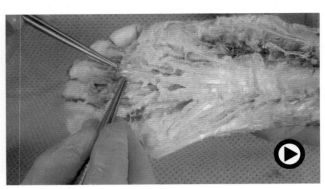

■ Abb. 6.102 Video 6.23: Planta pedis – Eröffnen der Flexorensehnenscheiden. (► https://doi.org/10.1007/000-758), © Institut für Klinische Anatomie und Zellanalytik der Universität Tübingen

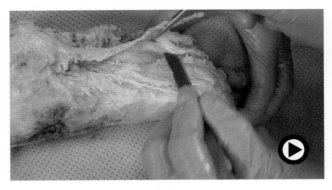

■ Abb. 6.100 Video 6.21: Ablösen der Plantaraponeurose. (► https://doi.org/10.1007/000-756), © Institut für Klinische Anatomie und Zellanalytik der Universität Tübingen

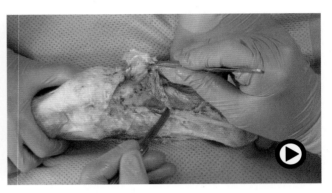

■ Abb. 6.103 Video 6.24: Planta pedis – Präparation der mittleren Schicht I. (► https://doi.org/10.1007/000-759), © Institut für Klinische Anatomie und Zellanalytik der Universität Tübingen

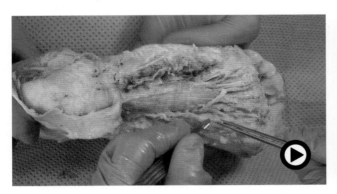

■ Abb. 6.101 Video 6.22: Planta pedis – Präparation der oberflächlichen Schicht. (► https://doi.org/10.1007/000-757), © Institut für Klinische Anatomie und Zellanalytik der Universität Tübingen

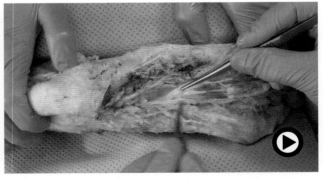

■ Abb. 6.104 Video 6.25: Planta pedis – Präparation der mittleren Schicht II. (► https://doi.org/10.1007/000-75a), © Institut für Klinische Anatomie und Zellanalytik der Universität Tübingen

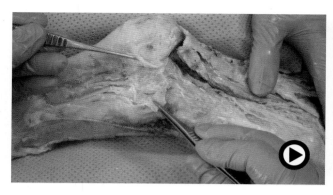

◨ **Abb. 6.105 Video 6.26: Eröffnen des Tarsaltunnels.** (▶ https://doi.org/10.1007/000-75b), © Institut für Klinische Anatomie und Zellanalytik der Universität Tübingen

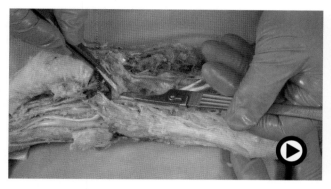

◨ **Abb. 6.106 Video 6.27: Planta pedis – Freilegen der tiefen Schicht.** (▶ https://doi.org/10.1007/000-75c), © Institut für Klinische Anatomie und Zellanalytik der Universität Tübingen

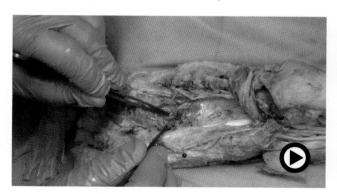

◨ **Abb. 6.107 Video 6.28: Planta pedis – Präparation der tiefen Schichten.** (▶ https://doi.org/10.1007/000-75d), © Institut für Klinische Anatomie und Zellanalytik der Universität Tübingen

◨ **Abb. 6.108 Video 6.29: Epifasziale Strukturen der Leistenregion.** (▶ https://doi.org/10.1007/000-75e), © Institut für Klinische Anatomie und Zellanalytik der Universität Tübingen

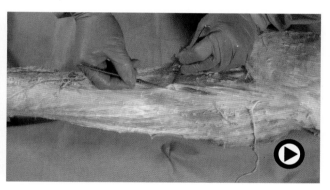

◨ **Abb. 6.109 Video 6.30: Freilegen des M. sartorius.** (▶ https://doi.org/10.1007/000-75f), © Institut für Klinische Anatomie und Zellanalytik der Universität Tübingen

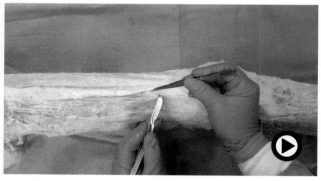

◨ **Abb. 6.110 Video 6.31: Begrenzen des Tractus iliotibialis von vorn.** (▶ https://doi.org/10.1007/000-75g), © Institut für Klinische Anatomie und Zellanalytik der Universität Tübingen

6

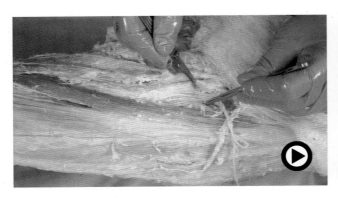

◨ **Abb. 6.111   Video 6.32: Präparation der Vasa femoralia und des N. femoralis.** (► https://doi.org/10.1007/000-75h), © Institut für Klinische Anatomie und Zellanalytik der Universität Tübingen

◨ **Abb. 6.112   Video 6.33: Präparation der Strukturen im Trigonum femorale.** (► https://doi.org/10.1007/000-75j), © Institut für Klinische Anatomie und Zellanalytik der Universität Tübingen

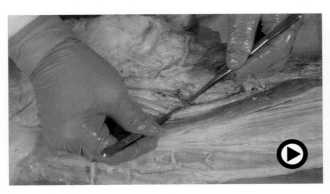

◨ **Abb. 6.113   Video 6.34: Fossa iliopectinea – Präparation der A. profunda femoris und der Aa. circumflexae femoris.** (► https://doi.org/10.1007/000-75k), © Institut für Klinische Anatomie und Zellanalytik der Universität Tübingen

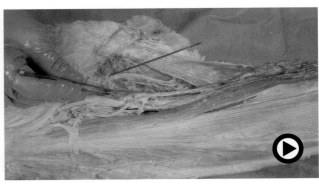

◨ **Abb. 6.114   Video 6.35: Fossa iliopectinea – Präparation des N. obturatorius und der Vasa obturatoria.** (► https://doi.org/10.1007/000-75m), © Institut für Klinische Anatomie und Zellanalytik der Universität Tübingen

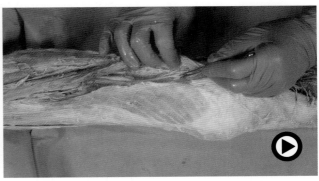

◨ **Abb. 6.115   Video 6.36: Präparation des Adduktorenkanals.** (► https://doi.org/10.1007/000-75n), © Institut für Klinische Anatomie und Zellanalytik der Universität Tübingen

◨ **Abb. 6.116   Video 6.37: Freilegen der epifaszialen Strukturen auf der Vorderseite des Unterschenkels und auf dem Fußrücken.** (► https://doi.org/10.1007/000-75p), © Institut für Klinische Anatomie und Zellanalytik der Universität Tübingen

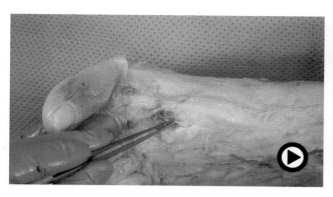

◘ **Abb. 6.117** Video 6.38: Präparation der Hautäste des N. peroneus profundus. (▶ https://doi.org/10.1007/000-75q), © Institut für Klinische Anatomie und Zellanalytik der Universität Tübingen

◘ **Abb. 6.120** Video 6.41: Präparation der Extensorenloge und der Peroneusloge. (▶ https://doi.org/10.1007/000-75t), © Institut für Klinische Anatomie und Zellanalytik der Universität Tübingen

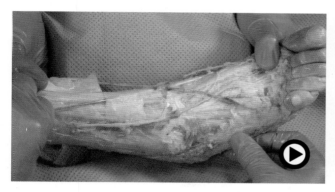

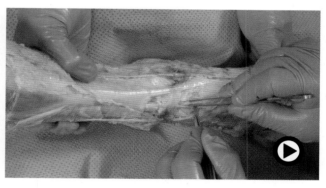

◘ **Abb. 6.118** Video 6.39: Begrenzung der Retinacula musculorum extensorum superius und inferius. (▶ https://doi.org/10.1007/000-75r), © Institut für Klinische Anatomie und Zellanalytik der Universität Tübingen

◘ **Abb. 6.121** Video 6.42: Aufsuchen der A. dorsalis pedis. (▶ https://doi.org/10.1007/000-75v), © Institut für Klinische Anatomie und Zellanalytik der Universität Tübingen

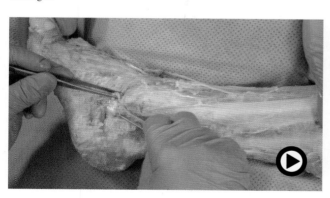

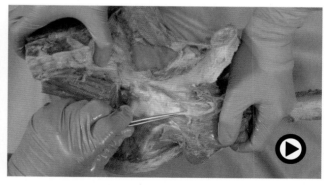

◘ **Abb. 6.119** Video 6.40: Begrenzung der Retinacula musculorum peroneorum superius und inferius. (▶ https://doi.org/10.1007/000-75s), © Institut für Klinische Anatomie und Zellanalytik der Universität Tübingen

◘ **Abb. 6.122** Video 6.43: Hüftgelenk – Vorbereitung der Präparation – Ablösen des M. iliopsoas. (▶ https://doi.org/10.1007/000-75w), © Institut für Klinische Anatomie und Zellanalytik der Universität Tübingen

6

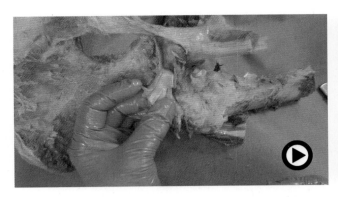

◘ **Abb. 6.123 Video 6.44: Hüftgelenk – Vorbereitung der Präparation – Ablösen des M. obturaturius internus und der Mm. gemelli.** (▶ https://doi.org/10.1007/000-75x), © Institut für Klinische Anatomie und Zellanalytik der Universität Tübingen

◘ **Abb. 6.124 Video 6.45: Hüftgelenk – Präparation des Ligamentum iliofemorale, des Ligamentum pubofemorale und des Ligamentum ischiofemorale.** (▶ https://doi.org/10.1007/000-75y), © Institut für Klinische Anatomie und Zellanalytik der Universität Tübingen

◘ **Abb. 6.125 Video 6.46: Hüftgelenk – Eröffnen der Gelenkhöhle.** (▶ https://doi.org/10.1007/000-75z), © Institut für Klinische Anatomie und Zellanalytik der Universität Tübingen

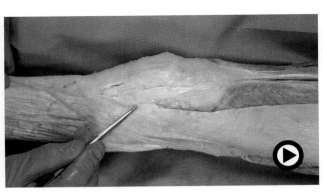

◘ **Abb. 6.126 Video 6.47: Kniegelenk – Präparation des Kapsel-Band-Apparates von vorn und lateral.** (▶ https://doi.org/10.1007/000-760), © Institut für Klinische Anatomie und Zellanalytik der Universität Tübingen

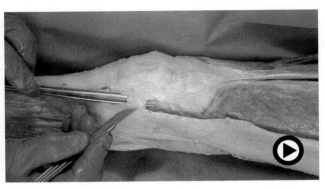

◘ **Abb. 6.127 Video 6.48: Kniegelenk – Präparation der tiefen lateralen Bandstrukturen.** (▶ https://doi.org/10.1007/000-761), © Institut für Klinische Anatomie und Zellanalytik der Universität Tübingen

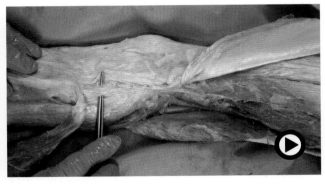

◘ **Abb. 6.128 Video 6.49: Kniegelenk – Präparation des Ligamentum collaterale fibulare.** (▶ https://doi.org/10.1007/000-762), © Institut für Klinische Anatomie und Zellanalytik der Universität Tübingen

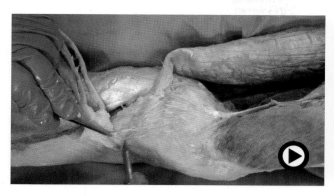

◘ Abb. 6.129   Video 6.50: Kniegelenk – Präparation des Ligamentum collaterale tibiale. (▶ https://doi.org/10.1007/000-763), © Institut für Klinische Anatomie und Zellanalytik der Universität Tübingen

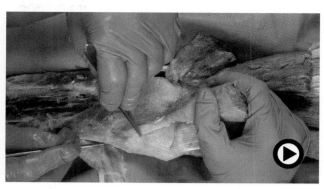

◘ Abb. 6.132   Video 6.53: Kniegelenk – Präparation des Kapsel-Band-Apparates von hinten I. (▶ https://doi.org/10.1007/000-766), © Institut für Klinische Anatomie und Zellanalytik der Universität Tübingen

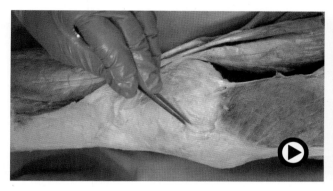

◘ Abb. 6.130   Video 6.51: Kniegelenk – Präparation der tiefen medialen Bandstrukturen. (▶ https://doi.org/10.1007/000-764), © Institut für Klinische Anatomie und Zellanalytik der Universität Tübingen

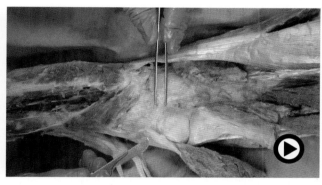

◘ Abb. 6.133   Video 6.54: Kniegelenk – Präparation des Kapsel-Band-Apparates von hinten II. (▶ https://doi.org/10.1007/000-767), © Institut für Klinische Anatomie und Zellanalytik der Universität Tübingen

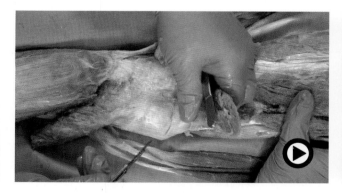

◘ Abb. 6.131   Video 6.52: Kniegelenk – Vorbereitung der Präparation von hinten. (▶ https://doi.org/10.1007/000-765), © Institut für Klinische Anatomie und Zellanalytik der Universität Tübingen

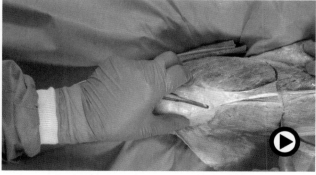

◘ Abb. 6.134   Video 6.55: Kniegelenk – Eröffnen der Gelenkhöhle von vorn. (▶ https://doi.org/10.1007/000-768), © Institut für Klinische Anatomie und Zellanalytik der Universität Tübingen

6

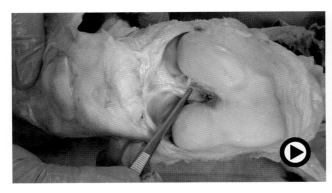

◧ **Abb. 6.135   Video 6.56: Kniegelenk – Präparation der intra-artikulären Strukturen von vorn.** (▶ https://doi.org/10.1007/000-769), © Institut für Klinische Anatomie und Zellanalytik der Universität Tübingen

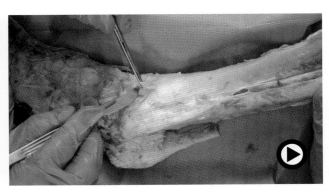

◧ **Abb. 6.138   Video 6.59: Freilegen der Syndesmosenbänder der Malleolengabel.** (▶ https://doi.org/10.1007/000-76c), © Institut für Klinische Anatomie und Zellanalytik der Universität Tübingen

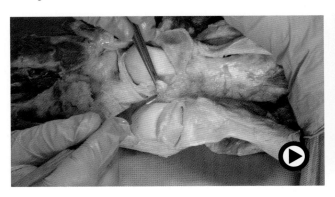

◧ **Abb. 6.136   Video 6.57: Kniegelenk – Eröffnen der Gelenkhöhle und Präparation der intraartikulären Strukturen von hinten.** (▶ https://doi.org/10.1007/000-76a), © Institut für Klinische Anatomie und Zellanalytik der Universität Tübingen

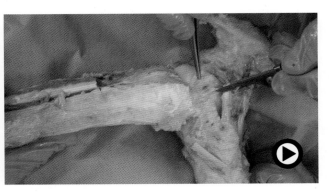

◧ **Abb. 6.139   Video   6.60:   Sprunggelenke – Präparation des Ligamentum collaterale mediale (deltoideum).** (▶ https://doi.org/10.1007/000-76d), © Institut für Klinische Anatomie und Zellanalytik der Universität Tübingen

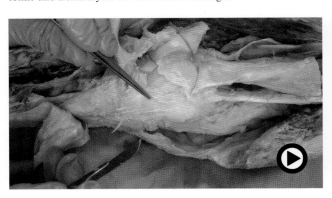

◧ **Abb. 6.137   Video   6.58:   Kniegelenk – Verbindung von Ligamentum collaterale tibiale und Meniscus medialis.** (▶ https://doi.org/10.1007/000-76b), © Institut für Klinische Anatomie und Zellanalytik der Universität Tübingen

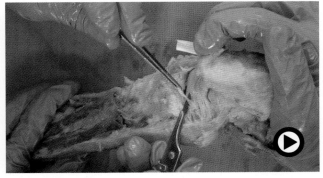

◧ **Abb. 6.140   Video 6.61: Sprunggelenke – Präparation des Ligamentum collaterale laterale.** (▶ https://doi.org/10.1007/000-76e), © Institut für Klinische Anatomie und Zellanalytik der Universität Tübingen

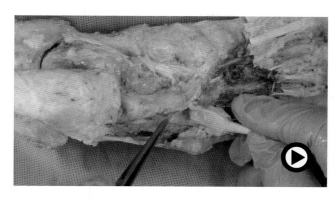

◨ **Abb. 6.141** **Video 6.62: Präparation des Ligamentum plantare longum, des Ligamentum calcaneonaviculare plantare (Pfannenband) und der Sehnenscheide des M. peroneus longus.** (▶ https://doi.org/10.1007/000-76f), © Institut für Klinische Anatomie und Zellanalytik der Universität Tübingen

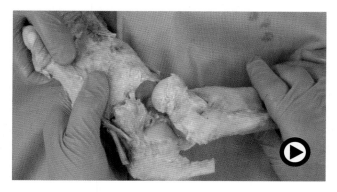

◨ **Abb. 6.142** **Video 6.63: Eröffnen der Kammern des unteren Sprunggelenks.** (▶ https://doi.org/10.1007/000-74j), © Institut für Klinische Anatomie und Zellanalytik der Universität Tübingen

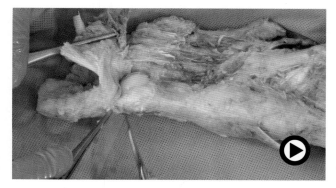

◨ **Abb. 6.143** **Video 6.64: Präparation des Großzehengrundgelenks und der Faserknorpelplatten der Zehengelenke.** (▶ https://doi.org/10.1007/000-76h), © Institut für Klinische Anatomie und Zellanalytik der Universität Tübingen

Situs der Brusthöhle

Bernhard N. Tillmann, Bernhard Hirt

Inhaltsverzeichnis

Ergänzende Information
Die elektronische Version dieses Kapitels enthält Zusatzmaterial, auf das über folgenden Link zugegriffen werden kann https://doi.org/10.1007/978-3-662-62839-3_7. Die Videos lassen sich durch Anklicken des DOI Links in der Legende einer entsprechenden Abbildung abspielen, oder indem Sie diesen Link mit der SN More Media App scannen.

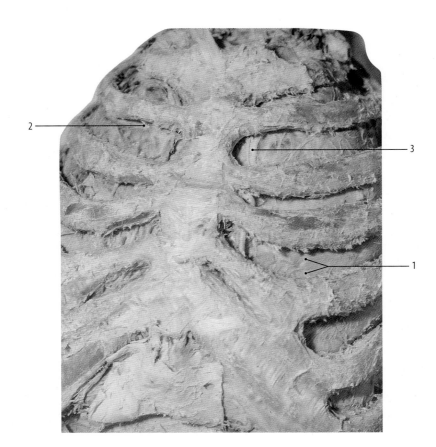

1 Pleura parietalis
2 Interkostalgefäße
3 Vasa thoracica interna

⬛ Abb. 7.1   Freigelegte Pleura parietalis bei erhaltenem Thoraxskelett [16]

Zusammenfassung

Im Kapitel Brustsitus wird die Präparation der Pleura parietalis mit den Recessus costomediastinalis und costodiaphragmaticus sowie der Strukturen des Mediastinums beschrieben. Schwerpunkte sind die Präparation des Herzens, der Lungen sowie die Freilegung der Strukturen im hinteren Mediastinum.

7.1   Vorbereitung der Präparation

❗ Bei der Präparation des Situs ist es ratsam, vor jedem weiteren Präparationsschritt die aktuelle topographische Situation zunächst zu studieren und einzuprägen; erst danach sollte mit dem nächsten Präparationsschritt begonnen werden.

Falls die oberen Extremitäten nicht abgesetzt sind und die Schultermuskeln bei der Präparation der ventralen Rumpfwand nicht abgelöst wurden, die Ursprünge der Mm. pectoralis major, pectoralis minor und serratus anterior vollständig vom Thoraxskelett ablösen. Sodann die bei der Präparation der ventralen Rumpfwand durchgeführte „Fensterung" in den Interkostalräumen auf beiden Seiten fortsetzen (⬛ Abb. 7.26/Video 7.1).

Ziel der Präparation ist es, die Pars costalis und die Pars mediastinalis der Pleura parietalis zunächst als geschlossenen Raum zu erhalten.

Dazu in den Interkostalräumen I–V (VI) die Interkostalmuskeln mit ihren Faszien und die Membrana sterni externa unter Schonung der *Pleura parietalis* (**1**) sowie der interkostalen Leitungsbahnen (**2**) und der *Vasa thoracica (mammaria) interna* (**3**) vom Sternalrand bis zur hinteren Axillarlinie – wie bei der Präparation der ventralen Rumpfwand – herauslösen (⬛ Abb. 7.1). Sodann die Pars costalis der Pleura parietalis stumpf mit dem Finger von den Rändern und der Innenfläche der Rippen lösen (⬛ Abb. 7.27/Video 7.2).

Wenn sich stellenweise an den Rippenrändern die Pleura parietalis nicht stumpf ablösen lässt, die Verbindung zwischen Periost der Rippen und Pleura parietalis mit dem Messer vorsichtig durchtrennen.

❗ Bei der „Fensterung" der Interkostalräume und beim Ablösen der Pleura parietalis diese sowie die Vasa thoracica (mammaria) interna nicht verletzen.

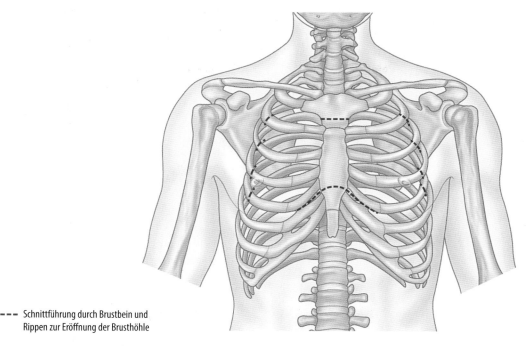

- - - - Schnittführung durch Brustbein und
Rippen zur Eröffnung der Brusthöhle

◨ **Abb. 7.2** Schnittführung durch Brustbein und Rippen zur Eröffnung der Brusthöhle [37]

7.2 Eröffnen der Brusthöhle

Zur Eröffnung der Brusthöhle einen Teil des Sternums mit den an ihm artikulierenden Rippen II–V (VI) als zusammenhängenden „Brustbein-Rippen-Schild" abheben (◨ Abb. 7.2). Dazu das Sternum im Bereich des Manubrium sterni unterhalb der Gelenke des ersten Rippenpaares und im Bereich des Corpus sterni unterhalb der Gelenkverbindungen des fünften Rippenpaares ansägen; anschließend den Knochen mit dem Meißel bis zu den Ligamenta sternopericardiaca durchtrennen.

Sodann die Rippen II–V (VI) mit der Rippenschere in der hinteren Axillarlinie durchschneiden (Institutspersonal).

Danach das Brustbein mit den Rippen im Zusammenhang von den Ligamenta sternopericardiaca und von der Pleura parietalis stumpf lösen (◨ Abb. 7.28/Video 7.3). Vor der Mobilisierung des durchtrennten Teils des Brustbeins müssen die an ihm artikulierenden Rippen vollständig von der Pleura parietalis und im Bereich der Schnittstellen innerhalb der Axillarlinie gelöst sein.

Zum Mobilisieren des Brustbeins im Spalt des durchsägten Manubrium sterni den kaudalen abgetrennten Teil mit einem Meißel so weit anheben, dass das Brustbein mit den Rippen stumpf zwischen der Membrana sterni interna und den Ligamenta sternopericardiaca sowie der Pleura parietalis gelöst werden kann.

Den „Brustbein-Rippen-Schild" für die topographisch-klinische Zuordnung der Brustorgane aufbewahren.

❶ Beim Durchtrennen des Sternums die Vasa thoracica (mammaria) interna nicht verletzen. Zur Schonung der Strukturen im Mediastinum den Knochen nur so weit durchtrennen, dass die Ligamenta sternopericardiaca erhalten bleiben. Bei der Mobilisierung des Sternums die an ihm artikulierenden Rippen nicht abbrechen. Beim Ablösen des „Brustbein-Rippen-Schildes" besteht die Gefahr einer Verletzung der Finger an den Schnittflächen der Rippen.

Nach der Entnahme des „Brustbein-Rippen-Schildes" zunächst die bereits sichtbaren Strukturen des **Mediastinum superius** und des **Mediastinum inferius** studieren (◨ Abb. 7.3, ◨ Abb. 7.29/Video 7.4). Den Übergang **(1)** der *Pars costalis* **(2)** in die *Pars mediastinalis* **(3)** der *Pleura parietalis* aufsuchen und den Verlauf mithilfe des „Brustbein-Rippen-Schildes" auf das Thoraxskelett projizieren. Danach die *Ligamenta sternopericardiaca* **(4)** am *Pericardium fibrosum* **(5)** stumpf oder falls erforderlich scharf ablösen und am kranialen sowie kaudalen Teil des Sternums scharf abtrennen. Im damit freigelegten **Trigonum thymicum** den *Thymus* **(6)** und im Pleura freien *Trigonum pericardium* **(7)** den Herzbeutel aufsuchen.

Nach eingehendem Studium im oberen Mediastinum den Thymus und seine Blutgefäße durch Entfernen des umgebenden Fettgewebes freilegen. Die bei der ventralen Rumpfwand bereits in den Zwischenrippenräumen freigelegten *Vasa thoracica (mammaria) interna* **(8)** in ihrem Verlauf von der ersten Rippe bis zum Verschwinden hin-

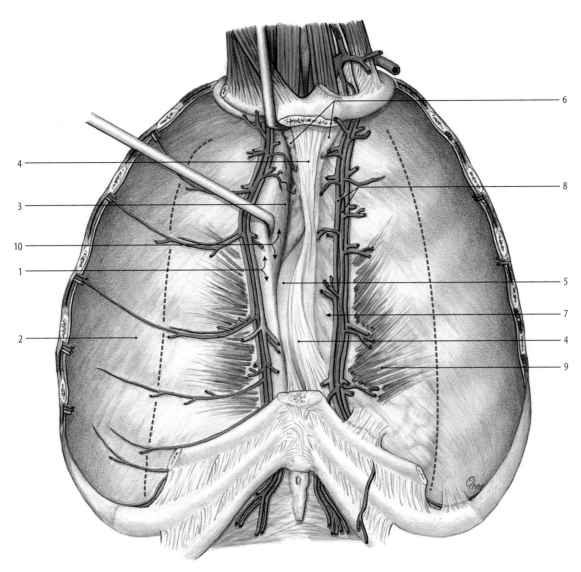

- - - - Schnittführung zur Durchtrennung der Pleura parietalis für die Eröffnung der Pleurahöhlen

1 Übergang der Pars costalis in die Pars mediastinalis der Pleura parietalis
2 Pars costalis der Pleura parietalis
3 Pars mediastinalis der Pleura parietalis
4 Ligamenta sternopericardiaca
5 Pericardium fibrosum
6 Thymus
7 Trigonum pericardiacum

8 Vasa thoracica (mammaria) interna
9 M. transversus thoracis
10 Recessus costomediastinalis
11 N. phrenicus
12 Vasa pericardiacophrenica
13 Recessus costodiaphragmaticus

Abb. 7.3 Freigelegte Brustorgane nach Entnahme des Brustbein-Rippen-Schildes – Pleura parietalis. Strukturen des Mediastinums, Vasa thoracica (mammaria) interna. Schnittführung zur Durchtrennung der Pleura parietalis für die Eröffnung der Pleurahöhlen [29]

ter dem Rippenbogen unter Erhaltung der abgehenden und zuführenden Gefäße darstellen.

7.3 Präparation der Recessus costomediastinalis und costodiaphragmaticus

Vor dem Studium der Recessus costomediastinalis und costodiaphragmaticus (Abb. 7.3, 7.4, 7.5, 7.30/Video 7.5) Reste des *M. transversus thoracis* (**9**) von der

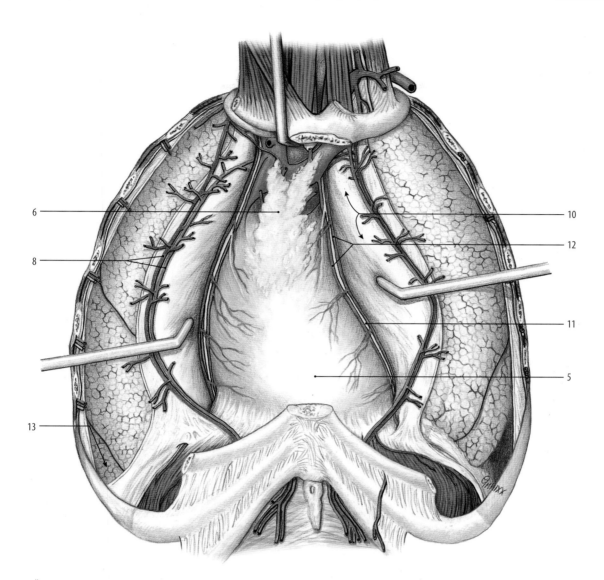

6

8

13

10

12

11

5

1 Übergang der Pars costalis in die Pars mediastinalis der Pleura parietalis
2 Pars costalis der Pleura parietalis
3 Pars mediastinalis der Pleura parietalis
4 Ligamenta sternopericardiaca
5 Pericardium fibrosum
6 Thymus
7 Trigonum pericardiacum

8 Vasa thoracica (mammaria) interna
9 M. transversus thoracis
10 Recessus costomediastinalis
11 N. phrenicus
12 Vasa pericardiacophrenica
13 Recessus costodiaphragmaticus

◻ **Abb. 7.4 Brustsitus nach Eröffnen der Pleurahöhlen** – Recessus costomediastinalis, Recessus costodiaphragmaticus; Strukturen des Mediastinums – Thymus, Perikard, N. phrenicus [29]

Pars costalis der Pleura parietalis abtragen. Sodann etwa 5 cm lateral des Übergangs von der Pars costalis in die Pars mediastinalis das parietale Blatt der Pleura mit einem Längsschnitt durchtrennen und die Pleurahöhle eröffnen. Anschließend die Ausdehnung der *Recessus costomediastinalis* **(10)** auf beiden Seiten durch Austasten mit dem Pinzettengriff und mit einem Finger untersuchen. Sodann den vorderen Rand der Lungen abtasten und die Weite des Recessus abschätzen; dabei die Unterschiede im Verlauf der Pleuragrenzen auf der rechten und linken Seite beachten.

Nach eingehendem Studium die dünne Pars mediastinalis vorsichtig mit dem Finger oder mit dem Pinzettengriff stumpf in Richtung Lungenhilus und Ligamentum pulmonale vom Perikard lösen. Anschließend den Recessus costomediastinalis nochmals austasten und seine Ausdehnung auf der rechten und linken Seite studieren.

Sodann den an der Seitenfläche des freigelegten Herzbeutels verlaufenden *N. phrenicus* (11) und die ihn begleitenden *Vasa pericardiacophrenica* (12) aufsuchen (◻ Abb. 7.31/Video 7.6); die Leitungsbahnen bis zum Zwerchfell freilegen.

✇ Varia

Als „Nebenphrenicus" wird ein häufig vorkommender Nerv bezeichnet, der durch den Zusammenschluss von akzessorischen Wurzeln aus den Zervikalsegmenten 5 und 6 (Rami phrenici accessorii) entsteht und meistens lateral vom N. phrenicus brusthöhlenwärts zieht. Er verbindet sich in Höhe der oberen Thoraxapertur mit dem N. phrenicus, oder er zieht getrennt von ihm bis zum Zwerchfell, sodass ein doppelter N. phrenicus vorliegt. Häufig schließt sich dem „Nebenphrenicus" ein Ast aus dem N. subclavius an.

Zum Studium des *Recessus costodiaphragmaticus* (13) die Interkostalräume VI und VII, im Bedarfsfall VIII durch Entfernen der Interkostalmuskeln fenstern und die Rippen VI, VII und gegebenenfalls VIII am Rippenbogen und in der Axillarlinie durchtrennen. Sodann den Längsschnitt durch die Pars costalis der Pleura parietalis nach kaudal verlagern und anschließend mit flach geführter Hand den Recessus costodiaphragmaticus austasten, die Lage des Unterrandes der Lunge bestimmen und die Größe des Komplementärraumes abschätzen.

❗ Beim Austasten der Recessus die Pleura nicht verletzen. Den Rippenbogen als wichtige topographische Orientierung erhalten.

▶ Klinik

Zur Vermeidung von Verletzungen der Interkostalgefäße wird die Punktion der Pleurahöhle beim Pleuraerguss am Oberrand der Rippen V–VII zwischen Skapularlinie und mittlerer Axillarlinie am sitzenden Patienten vorgenommen.

Die Aa. thoracicae (mammariae) internae können bei einer Einengung der Herzkranzarterien für eine operative Revaskularisation als Bypass verwendet werden. Die A. thoracica (mammaria) interna sinistra wird hierbei in der Regel auf den Ramus interventricularis anterior anastomosiert; die Methode zeichnet sich im Vergleich mit venösen Bypässen durch eine gute Langzeitoffenheitsrate aus.

Eine Schädigung des N. phrenicus (bei operativen Eingriffen im Hals- oder Brustbereich, Kompression durch Tumorgewebe, Beteiligung beim Skalenusblock) führt zum Zwerchfellhochstand auf der betroffenen Seite; eine doppelseitige Schädigung führt zu starken Einschränkungen der Atmungsfunktion. ◀

7.4 Präparation der Strukturen des oberen Mediastinums

Bevor die Präparation im Brustraum fortgesetzt wird, sollten in Abstimmung mit der Präparation am Hals die Strukturen des oberen Mediastinums und deren Übergang in die Halsregionen dargestellt werden. Ein Teil der Strukturen wird bereits bei der Präparation der ventralen Rumpfwand freigelegt (Kap. 3).

Bleibt das Manubrium sterni mit dem ersten Rippenpaar erhalten (in ◻ Abb. 7.5 durchsichtig gezeichnet), muss zur Verbesserung der Sicht auf die zu präparierenden Strukturen das erste Rippenpaar mit dem Manubrium sterni leicht angehoben und in dieser Position gehalten werden.

Wird als alternative Präparation die gesamte vordere Thoraxwand abgelöst (s. beschriebene Alternative zum Eröffnen der Brust- und Bauchhöhle, ◻ Abb. 8.40), lassen sich die Strukturen leichter freilegen.

Zum Einprägen der topographischen Beziehungen zwischen den freizulegenden Strukturen und dem Thoraxskelett sollte die abgelöste Brustwand nach abgeschlossener Präparation wieder in ihre ursprüngliche Lage gebracht werden.

Zu Beginn der Präparation *Thymus* (1) sowie *N. phrenicus* (2) mit den *Vasa pericardiacophrenica* (3) aufsuchen. Sodann die *V. cava superior* (4) vom Eintritt in den Herzbeutel nach kranial bis zur Einmündung der *V. brachiocephalica (anonyma) dextra* (5) und der *V. brachiocephalica (anonyma) sinistra* (6) freilegen. *V. subclavia sinistra* (8) und *V. jugularis interna sinistra* (9) sowie *V. subclavia dextra* (10) und *V. jugularis interna dextra* (10) wieder aufsuchen. Im sog. Venenwinkel (11) zwischen V. jugularis interna sinistra und V. subclavia sinistra die Einmündung des *Ductus thoracicus* (12) lokalisieren (**Varianten**, ▶ Kap. 3, ◻ Abb. 3.23b). Im Einmündungsbereich des Ductus thoracicus *Truncus subclavius sinister* (13) und *Truncus jugularis sinister* (14) sowie *Nodi supraclaviculares* (Virchowsche Drüsen) (15) aufsuchen. (Präparation der seitlichen Halslymphknoten, Kap. 2).

Die Einmündung der *V. thoracica (mammaria) interna* (16), der *V. vertebralis* (17) und der V. cervicalis profunda in die Vv. brachiocephalicae aufsuchen und die Einmündung der *V. thyreoidea inferior* (18)* in die V. brachiocephalica sinistra beachten.

Der *Aorta ascendens* (19) vom Austritt aus dem Herzbeutel zum Arcus aortae nachgehen und die im Regelfall (70 % der Fälle) aus dem Aortenbogen entspringenden *Truncus brachiocephaliscus* (20) sowie *A. carotis communis sinistra* (21) und *A. subclavia sinistra* (22) aufsuchen. Verlauf des *N. laryngeus recurrens dexter* (23) um den Truncus brachiocephalicus im Bereich seiner Aufzweigung in *A. carotis communis dextra* (24) und *A. subclavia dextra* (25) bis zur *Trachea* (26) freilegen.

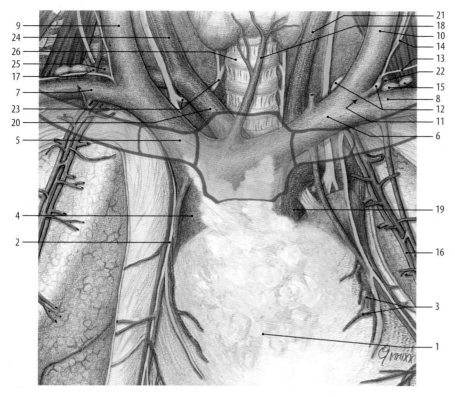

1	Thymus
2	N. phrenicus
3	Vasa pericardiacophrenica
4	V. cava superior
5	V. brachiocephalica (anonyma) dextra
6	V. brachiocephalica (anonyma) sinistra
7	V. subclavia dextra
8	V. subclavia sinistra
9	V. jugularis interna dextra
10	V. jugularis interna sinistra
11	Venenwinkel
12	Ductus thoracicus
13	Truncus subclavius sinister
14	Truncus jugularis sinister
15	Nodi supraclaviculares
16	V. thoracica interna
17	V. vertebralis
18	V. thyreoidea inferior
19	Aorta ascendens
20	Truncus brachiocephalicus
21	A. carotis communis sinistra
22	A. subclavia sinistra
23	N. laryngeus recurrens dexter
24	A. carotis communis dextra
25	A. subclavia dextra
26	Trachea

◘ **Abb. 7.5** Strukturen des oberen Mediastinums – Übergang zur Halsregion [36]

◘ **Abb. 7.6** Oberes Mediastinum – aortopulmonales Fenster [38]

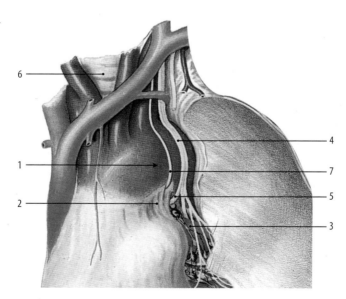

1	Isthmus aortae
2	Ligamentum arteriosum (Botalli)
3	Truncus pulmonalis
4	N. vagus sinister
5	N. laryngeus recurrens sinister
6	Trachea
7	Rami cardiaci cervicales inferiores

Präparation des N. laryngeus recurrens sinister, s. u., ◘ Abb. 7.6

❶ Bei der Präparation der V. brachiocephalica sinistra und ihrer Äste die dünne Wand des Ductus thoracicus nicht verletzen.

🔄 **Varia**

— Auf der linken Seite kann in ca. 1 % der Fälle ein Truncus brachiocephalicus aus dem Aortenbogen entspringen.
— Die Aa. carotides communes dextra und sinistra sowie die A. subclavia sinistra gehen selten aus einem gemeinsamen Stamm hervor.

7

- Die A. subclavia dextra kommt direkt aus dem Aortenbogen und die Aa. carotides communes entspringen aus einem gemeinsamen Stamm.
- Ein Truncus brachiocephalicus fehlt auf der rechten Seite und alle vier Arterien gehen direkt aus dem Aortenbogen ab.
- In ca. 4 % der Fälle entspringt die A. vertebralis sinistra aus dem Aortenbogen.
- Selten kommen beide Aa. vertebrales direkt aus dem Aortenbogen.
- Zwischen Truncus brachiocephalicus und A. carotis communis sinistra kann selten eine A. thyreoidea ima aus dem Arcus aortae abgehen.
- Die A. subclavia dextra entspringt als letzter Ast aus dem Aortenbogen (ca. 1 % der Fälle) und zieht dann in der Mehrzahl der Fälle hinter dem Oesophagus zum rechten Arm = A. lusoria. Eine A. lusoria kann auch zwischen Trachea und Oesophagus oder sehr selten vor der Trachea zur rechten oberen Extremität gelangen.
- Bei der Entwicklung eines doppelten Aortenbogens kommt es zur Ausbildung eines Gefäßringes, der zwischen Trachea und Oesophagus verläuft.

*Die Nomenklatur zu den Venen der Schilddrüse ist im anatomischen Schrifttum unterschiedlich. Als V. thyreoidea inferior wird auch die aus dem Plexus thyreoideus impar hervorgehende Sammelvene – V. thyreoidea impar – bezeichnet, die häufig zweigeteilt in die V. brachiocephalica sinistra oder variabel in die V. brachiocephalica dextra mündet.

Isthmus aortae (1) lokalisieren und das *Ligamentum arteriosum* (Botalli) (2) zwischen Aortenisthmus und *Truncus pulmonalis* (3) freilegen (☐ Abb. 7.6). *N. vagus sinister* (4) aufsuchen und in Höhe des unteren Randes des Aortenbogens den Abgang des *N. laryngeus recurrens sinister* (5) präparieren. Dem bogenförmigen Verlauf des N. laryngeus recurrens hinter dem Ligamentum arteriosum um den Aortenbogen nachgehen und den Nerv in der Rinne zwischen *Trachea* (6) und Oesophagus darstellen. Rami cardiaci cervicales inferiores (7) beachten (☐ Abb. 7.32/ Video 7.7).

🏠 Topografie

Als aortopulmonales Fenster (☐ Abb. 7.6) bezeichnet man in der Thoraxchirurgie den Bereich zwischen Aortenbogen und linker Pulmonalarterie. Bei operativer Entfernung der hier liegenden Lymphknoten sind der N. laryngeus recurrens sinister und der N. vagus gefährdet.

Unter gefäßchirurgischen Gesichtspunkten wird die Aorta in 5 Abschnitte unterteilt:

Abschnitt I – Aorta ascendens; Abschnitt II – Arcus aortae; Abschnitt III – Pars thoracica aortae (Aorta thoracica); Abschnitt IV – Pars abdominalis aortae (Aorta abdominalis) einschließlich der Abgänge

der Nierenarterien („vizerales Aortensegment"); Abschnitt V – Pars abdominalis der Aorta unterhalb der Nierenarterienabgänge („infrarenales Aortensegment")

▶ Klinik

Häufigste Ursache für ein Aneurysma der Aorta ascendens mit der Gefahr einer akuten Aortendissektion ist bei älteren Menschen die Atherosklerose. Bei jungen Menschen kann sich ein Aneurysma bei der Marfan-Erkrankung (Mutation des Fibrillin-1-Gens) entwickeln.

Verschließt sich der Ductus arteriosus (Botalli) nach der Geburt nicht (persistierender Ductus arteriosus), so kann sich eine Links-Rechts-Shunt mit pulmonalem Hypertonus entwickeln.

Eine angeborene Stenose im Bereich des Isthmus aortae (Aortenisthmusstenose – Coarctatio aortae) kann vor der Einmündung des Ductus arteriosus (Botalli) = präduktale Aortenisthmusstenose oder hinter der Einmündung des Ductus arteriosus = postduktale Aortenisthmusstenose liegen. Bei der postduktalen Aortenisthmusstenose entwickelt sich frühzeitig ein Kollateralkreislauf über die Aa. thoracicae (mammariae) internae. Bei der präduktalen Form erfolgt die Blutversorgung von Rumpf und unteren Extremitäten überwiegend über den Ductus arteriosus, wenn dieser offenbleibt. ◀

7.5 Eröffnen der Perikardhöhle

Vor Eröffnen der Perikardhöhle den kranial aus dem Herzbeutel tretenden *Arcus aortae* (1) aufsuchen; dazu den *Thymus* (2) mit seinen Leitungsbahnen nach kranial verlagern. Sodann den Herzbeutel (3) durch einen in Form eines umgekehrten „Y" geführten Schnittes eröffnen (☐ Abb. 7.7, 7.33/Video 7.8). Mit der Schnittführung unterhalb des Aortenaustrittes beginnen.

Zunächst das Perikard mit dem Skalpell durch eine Stichinzision eröffnen und anschließend den Schnitt mit einer Knopfschere bogenförmig bis zur Herzspitze fortsetzen. Den zweiten Schnitt von der Herzmitte nach kaudal zum rechten Herzrand führen.

🛑 Bei der Eröffnung der Perikardhöhle das Epikard nicht verletzen.

Nach Eröffnen des Herzbeutels die durchtrennten Teile nach außen klappen und auf der Innenseite des Perikards die *Lamina parietalis* (1) des Pericardium serosum beachten(☐ Abb. 7.8).

Zunächst die Lage des Herzens in der eröffneten Herzbeutelhöhle studieren und die sichtbaren Strukturen zuordnen. Die *Tunica serosa* (2) des Epikards und die vom Serosablatt bedeckten Herzkranzgefäße mit dem sie begleitenden Fettgewebe beachten.

□ **Abb. 7.7** Schnittführung zum Eröffnen des Herzbeutels [29]

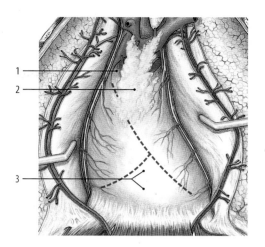

1 Arcus aortae
2 Thymus
3 Herzbeutel

- - - - Schnittführung zum Eröffnen des Herzbeutels

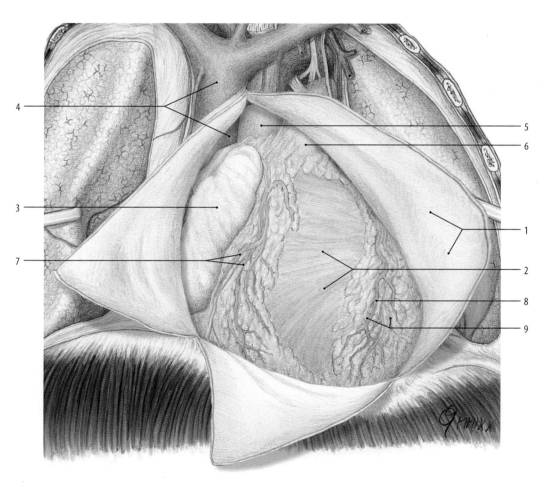

1 Lamina parietalis des Pericardium serosum
2 Tunica serosa des Epikards
3 Auricula dextra
4 V. cava superior
5 Aorta ascendens
6 Truncus pumonalis
7 Vasa coronaria dextra
8 Ramus interventricularis anterior
   der A. coronaria sinistra
9 Sulcus interventricularis anterior

□ **Abb. 7.8** Herz in situ nach Eröffnen des Herzbeutels [36]

Folgende Strukturen innerhalb des Herzbeutels aufsuchen: *Auricula dextra* (3), *V. cava superior* (4), *Aorta ascendens* (5), *Truncus pulmonalis* (6), *Vasa coronaria dextra* (7), *Ramus interventricularis anterior* der *A. coronaria sinistra* (8) mit Begleitvenen im *Sulcus interventricularis anterior* (9); durch weites Zurückverlagern des linken, oberen Perikardanteils: Auricula sinistra; durch Anheben der Facies diaphragmatica des Herzens: V. cava inferior.

Vor den nächsten Präparationsschritten die äußeren Konturen des Herzens und der großen Gefäße in situ einprägen; anschließend die Strukturen zum Thoraxskelett mittels des entnommenen Brustbein-Rippen-Schildes in topographische Beziehung setzen und mit einem entsprechenden Röntgenbild im antero-posterioren Strahlengang vergleichen.

7.6 Herausnehmen des Herzens

Vor dem Herausnehmen des Herzens aus der Herzbeutelhöhle den Sinus transversus pericardii zwischen Aorta und Truncus pulmonalis sowie V. cava superior und Vv. pulmonales mit dem Zeigefinger austasten.

Danach die Gefäße innerhalb des Herzbeutels in folgender Reihenfolge mit dem Messer unter Sichtkontrolle durchschneiden (◨ Abb. 7.34/Video 7.9): V. cava inferior, V. cava superior, Aorta ascendens und Truncus pulmonalis.

Vor dem Durchtrennen der V. cava inferior den kurzen Verlauf der unteren Hohlvene innerhalb des Herzbeutels palpieren; anschließend das Herz nach kranial anheben und unter Tast- und Sichtkontrolle die Vene durchtrennen.

Zum Ablösen der linken Vv. pulmonales das Herz nach rechts-vorn verlagern und die Venen unter Sicht vor ihrer Einmündung in den linken Vorhof durchtrennen; zum Durchtrennen der Vv. pumonales dextrae das Herz nach links-vorn verlagern.

❗ Zur Vermeidung einer Verletzung der Gefäßwand der häufig mit einem Thrombus gefüllten V. cava superior die Venenwand durch einen zirkulär geführten Schnitt durchtrennen und den Thrombus entfernen. Bei der Durchtrennung der Lungenvenen die Wand des linken Vorhofs nicht verletzen.

> ▶ **Klinik**

Bei der Lungenembolie können abgelöste Thromben, z. B. aus dem Beckenbereich, zum vollständigen Verschluss des Lumens des Truncus pulmonalis oder der großen Pulmonalarterien führen, mit der Folge einer akuten Belastung des rechten Herzens. ◀

Nach vollständiger Durchtrennung der Gefäße das Herz aus der Perikardhöhle entnehmen. Damit die Umschlagstellen zwischen Lamina parietalis des Pericardium serosum und der Lamina visceralis des Epicardium im Herzbeutel sichtbar bleiben, müssen diese bei der Entnahme des Herzens scharf gelöst werden. Zunächst durch Anheben des Herzens die Verbindungen zwischen V. cava inferior und Vv. pulmonales dextrae durchschneiden; sodann mit fortschreitender Mobilisierung des Herzens die Umschlagstellen zwischen Vv. pulmonales dextrae und V. cava superior sowie zwischen Vv. pulmonales dextrae und Vv. pulmonales sinistrae lösen.

Nach Entnahme des Herzens die Strukturen der Herzbeutelhöhle studieren (◨ Abb. 7.9, 7.35/Video 7.10): die durchtrennten Gefäße zuordnen, die Ausdehnung der Verwachsung des Herzbeutels mit dem Zwerchfell (1) beachten, *Sinus transversus pericardii* (2) und *Sinus obliquus pericardii* (3) aufsuchen.

Abschließend unterhalb des Sinus obliquus pericardii das Perikard in einer Größe von ca. 2 cm² fenstern und den Oesophagus (4) mit dem auf seiner Vorderseite ziehenden *Truncus vagalis anterior* (N. vagus sinister) (5) freilegen. Zur Veranschaulichung der engen topografischen Beziehung von Oesophagus und linkem Vorhof das Herz in korrekter Position in die Perikardhöhle legen und die Lage der Strukturen durch Palpation untersuchen.

> ▶ **Klinik**

Aufgrund der engen topographischen Beziehung zwischen linkem Vorhof und Oesophagus kommt es bei einer Mitralklappenstenose in Folge der Vergrößerung des linken Vorhofs zur Einengung des hinteren Herzraumes mit Kompression und Lageveränderung der Speiseröhre. (Ein Symptom können Schluckbeschwerden – Dysphagie – sein.) Die topographische Nähe von Speiseröhre sowie linkem Vorhof und Mitralklappe wird diagnostisch bei der transösophagealen Echokardiographie (TEE) genutzt.

Herzbeutelentzündungen können infektiös bedingt sein oder ohne erkennbare Ursachen („idiopathisch") auftreten. Eine seröse Perikarditis geht mit einem Perikarderguss einher. Bei einer konstruktiven Perikarditis kommt es zu narbigen Verwachsungen der serösen Häute mit Kalkablagerungen (sog. Panzerherz) mit Behinderung der Vorhof-Kammer-Füllungen des Herzens.

Als Herzbeuteltamponade bezeichnet man eine Auffüllung der Herzbeutelhöhle mit Exsudat oder mit Blut. Zur Herzbeuteltamponade kann es beim Platzen eines Aneurysmas, nach einem Myokardinfarkt (Kammerwandaneurysma) oder iatrogen im Rahmen von kardiologischen Interventionen kommen. Die Ansammlung von Flüssigkeiten innerhalb der Herzbeutelhöhle beim Perikarderguss oder nach Blutungen führt zur Kompression der Vorhöfe und behindert die Herzfüllung, was zu einem Blutdruckabfall und im Extremfall zum Schockzustand führen kann. ◀

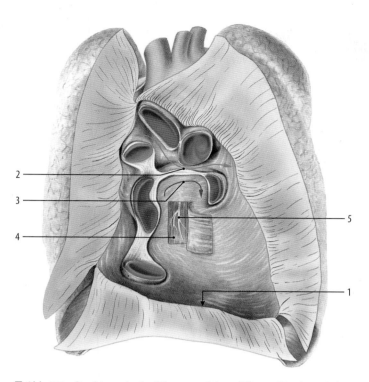

1 Verwachsung des Herzbeutels mit dem Zwerchfell
2 Sinus transversus pericardii
3 Sinus obliquus pericardii
4 Ösophagus
5 Truncus vagalis anterior

⬛ Abb. 7.9 Strukturen in der Hinterwand des eröffneten Herzbeutels nach Entnahme des Herzens [38]

7.6.1 Studium am herausgenommenen Herzen

Nach Herausnahme des Herzens aus der Herzbeutelhöhle zunächst die Form des Herzens studieren. Sodann die zu- und abführenden Gefäße zu Vorhöfen und Kammern in Beziehung bringen: Einmündungen der V. cava inferior und der *V. cava superior* (1) in den rechten Vorhof sowie der Vv. pulmonales in den linken Vorhof aufsuchen; Austritte der *Aorta ascendens* (2) aus dem linken Ventrikel und des *Truncus pulmonalis* (3) aus dem rechten Ventrikel studieren.

Fixierte Blutgerinnsel in den Hohlvenen und im Truncus pulmonalis mit der Pinzette herauslösen.

❗ Beim Herauslösen der fixierten harten Blutgerinnsel die Gefäßwände und die Herzklappen nicht verletzen.

Anschließend die unter dem Epikard (4) (⬛ Abb. 7.10) in fettreiches Bindegewebe (5) gebetteten Herzkranzgefäße aufsuchen und zuordnen. Zum Aufsuchen der Austritte der *A. coronaria dextra* (6) und der A. coronaria sinistra das Bindegewebe zwischen Aorta ascendens und Truncus pulmonalis scharf entfernen.

❗ Beim Entfernen des Bindegewebes zwischen Aortenwurzel und Truncus pulmonalis das Herzskelett nicht verletzen.

7.7 Präparation der Herzkranzgefäße

Sodann die Herzkranzgefäße durch Abtragen des Epikards (4) und des sie begleitenden subepikardialen fettreichen Bindegewebes (5) darstellen (⬛ Abb. 7.10); dabei beachten, dass die Gefäße streckenweise innerhalb der Herzmuskulatur verlaufen können. Mit der Präparation am Bulbus aortae beginnen und die Arterien mit den sie teilweise begleitenden Venen peripherwärts bis in ihre Endaufzweigungen freilegen (⬛ Abb. 7.11, 7.36/ Video 7.11).

A. coronaria dextra (1) vom *Sinus aortae* (2) der rechten Seite durch leichtes Anheben des rechten Herzohres (3) im *Sulcus coronarius* (4) zur Facies diaphragmatica (Facies inferior) verfolgen und den *Ramus interventricularis posterior* (5) im *Sulcus interventricularis posterior* (6) bis in seine Endaufzweigungen präparieren. Dabei die im Sulcus interventricularis posterior ziehende *V. cardiaca (cordis) media* (V. interventricularis posterior) (7) bis zur Einmündung in den *Sinus coronarius* (8) darstellen. Von den Ästen der A. coronaria dextra *Ramus nodi sinuatrialis* (9), *Rami atriales* (10), *Ramus marginalis dexter* (11) und *Ramus nodi atrioventricularis* (12) aufsuchen.

Abgang der **A. coronaria sinistra** (13) durch Anheben des linken Herzohres (14) aufsuchen und die Aufzweigung in ihre beiden Hauptäste, *Ramus interventricularis anterior* (15) und *Ramus circumflexus* (16) darstellen. Zunächst den Ramus interventricularis anterior im *Sulcus interventricularis anterior* (17) mit den beglei-

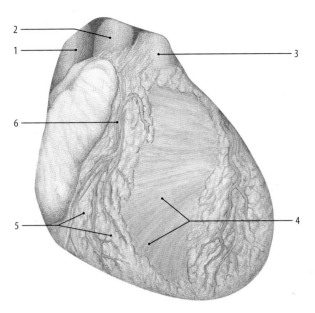

1 V. cava superior
2 Aorta ascendens
3 Truncus pulmonalis
4 Epikard
5 fettreiches subepikardiales Bindegewebe
6 A. coronaria dextra

Abb. 7.10 Vom Epikard bedecktes Herz in der Ansicht von vorn [36]

tenden Venen sowie den *Ramus lateralis* **(18)** und die in die Muskulatur des Ventrikelseptums eintretenden *Rami interventriculares septales* **(19)** präparieren. Verlauf der *V. interventricularis* **(20)** bis zur Einmündung in die *V. cardiaca (cordis) magna* **(21)** verfolgen. Ramus circumflexus der A. coronaria sinistra im Sulcus coronarius **(4)** darstellen und die von ihm abgehenden Äste: *Ramus atrioventricularis* **(22)**, *Rami atriales* **(23)**, *Ramus marginalis sinister* **(24)**, *Ramus nodi sinuatrialis* **(25)** und *Ramus posterior ventriculi sinistri* **(26)** aufsuchen.

V. cardiaca (cordis) magna mit den zuführenden Venen freilegen und den Zusammenfluss der Venen im Bereich des Sinus coronarius vor der Einmündung in den rechten Vorhof studieren. *Ligamentum venae cavae sinistrae* **(27)** beachten.

Nach der Freilegung der Herzkranzgefäße das Epikard mit dem subepikardialen Bindegewebe im gesamten Bereich abtragen; dabei den streckenweise vorkommenden intramuralen Verlauf der Gefäße beachten.

Abschließend zum Studium des Muskelfaserverlaufs im Kammermyokard auf der Facies sternocostalis und auf der Facies diaphragmatica des Herzens in einem ca. 2 cm² großen Bereich die äußere Schicht des Myokards abtragen und in dem gefensterten Ausschnitt **(28)** die Ausrichtung der tiefer liegenden Muskelfasern darstellen.

Vor der weiteren Präparation die freigelegten Strukturen, vor allem den Verlauf der Herzkranzgefäße studieren.

❶ Beim Abtragen des Epikards die Muskulatur und die Herzkranzgefäße nicht verletzen.

Varia

Ramus interventricularis anterior und Ramus circumflexus der A. coronaria sinistra können eigenständig aus dem Sinus aortae abgehen. Aus dem Sinus aortae der Valvula semilunaris dextra kann aberrant der Ramus circumflexus entspringen – mit ca. 1 % die häufigste, klinisch meist folgenlose Koronararterienanomalie.

Topographie

Im Hinblick auf die arterielle Versorgung des Kammerseptums und des Kammerwandmyokards unterscheidet man drei Versorgungstypen:

- Beim **ausgeglichenen Versorgungstyp** (ca. 70 % der Fälle) versorgt der Ramus interventricularis posterior der A. coronaria sinistra etwa zwei Drittel des Kammerseptums;
- beim sog. **Linksversorgungstyp** übernimmt die A. coronaria sinistra die gesamte Versorgung des Septum interventriculare und eines Teils der Hinterwand des rechten Ventrikels;
- beim sog. **Rechtsversorgungstyp** werden das Kammerseptum (über den Ramus interventricularis posterior) sowie ein großer Teil der Hinterwand des linken Ventrikels (über den Ramus posterolateralis) aus der A. coronaria dextra versorgt.

▶ Klinik

In Folge atheromatöser Ablagerungen in den Herzkranzarterien kommt es zur Einengung des Gefäßlumens und als Folge zum Myokardinfarkt. Ein Verschluss des Ramus interventricularis anterior, z. B. führt zum Vorderwandinfarkt. Beim Vorliegen eines Linkstyps führt ein Verschluss des Ramus interventricularis posterior zum Hinterwandinfarkt. ◀

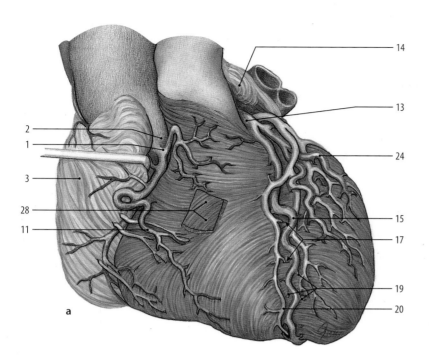

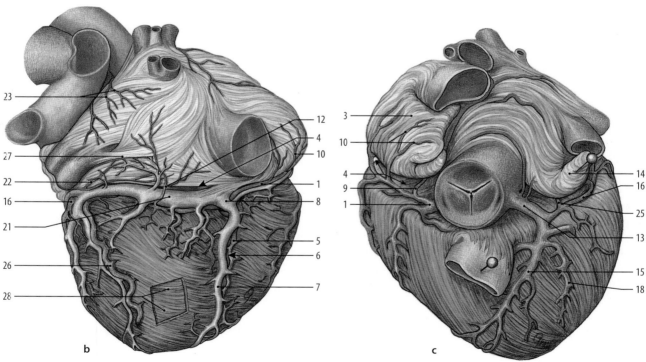

1 A. coronaria dextra
2 Sinus aortae
3 rechtes Herzohr
4 Sulcus coronarius
5 Ramus interventricularis posterior
6 Sulcus interventricularis posterior
7 V. cardiaca (cordis) media
8 Sinus coronarius
9 Ramus nodi sinuatrialis
10 Rami atriales
11 Ramus marginalis dexter
12 Ramus nodi atrioventricularis
13 A. coronaria sinistra
14 linkes Herzohr
15 Ramus interventricularis anterior
16 Ramus circumflexus
17 Sulcus interventricularis anterior
18 Ramus lateralis
19 Rami interventriculares septales
20 V. interventricularis
21 V. cardiaca (cordis) magna
22 Rami atrioventriculares
23 Rami atriales
24 Ramus marginalis sinister
25 Ramus nodi sinuatrialis
26 Ramus posterior ventriculi sinistri
27 Ligamentum venae cavae sinistrae
28 gefensterter Ausschnitt im Myokard

◻ **Abb. 7.11** **a** Herz in der Ansicht von vorn [29]. **b** Herz in der Ansicht von hinten [29]. **c** Herz in der Ansicht von oben [29]

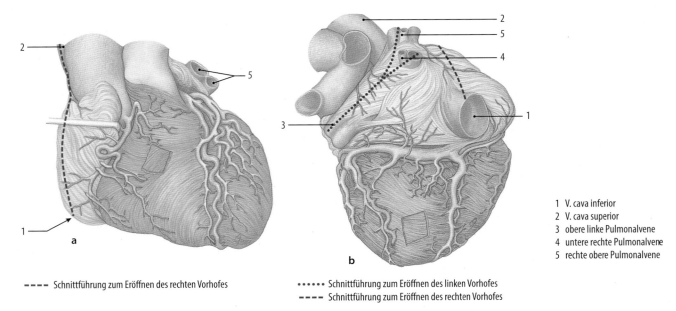

1 V. cava inferior
2 V. cava superior
3 obere linke Pulmonalvene
4 untere rechte Pulmonalvene
5 rechte obere Pulmonalvene

- - - - Schnittführung zum Eröffnen des rechten Vorhofes   · · · · · Schnittführung zum Eröffnen des linken Vorhofes
- - - - Schnittführung zum Eröffnen des rechten Vorhofes

Abb. 7.12   **a** Herz in der Ansicht von vorn [29]. **b** Herz in der Ansicht von hinten. Schnittführung zum Eröffnen des rechten Vorhofes. Schnittführung zum Eröffnen des linken Vorhofes [29]

7.8   Eröffnen der Vorhöfe und der Kammern des Herzens – Herzsektion

Die **Herzsektion** (■ Abb. 7.12, 7.37/Video 7.12) beginnt mit dem **Eröffnen des rechten Vorhofs**; dazu wird die Vorhofwand mit einer Knopfschere zwischen *V. cava inferior* (**1**) und *V. cava superior* (**2**) durchtrennt. Danach die dünne Vorhofwand zur Seite klappen und fixierte Blutkoagel vorsichtig mit der Pinzette herausnehmen.

Anschließend erfolgt das **Eröffnen des linken Vorhofs** durch einen Y-förmigen Schnitt mit der Knopfschere. Ersten Schnitt von der oberen linken Pulmonalvene (**3**) zur unteren rechten Pulmonalvene (**4**) führen; zweiten Schnitt vom Rand des ersten Schnittes in der Mitte des Vorhofes zur rechten oberen Pulmonalvene (**5**) legen.

Strukturen der Vorhöfe   Bevor die Herzsektion fortgesetzt wird, zunächst das Endokard sowie die Strukturen in den eröffneten Vorhöfen studieren.

Rechter Vorhof (■ Abb. 7.13)
Vorhofseptum (**1**) mit *Fossa ovalis* (**2**) und *Limbus fossae ovalis* (**3**) aufsuchen. Die Lage der Fossa ovalis kann man im durchscheinenden Licht leicht lokalisieren, wenn man das Vorhofseptum gegen das Licht hält. Weitere Strukturen im rechten Vorhof (■ Abb. 7.13): *Crista terminalis* (**4**) unterhalb der Einmündung der *V. cava superior* (**5**); *Valvula venae cavae inferioris* (Eustachiosche Klappe) (**6**) an der Einmündung der *V. cava inferior* (**7**); *Sinus venarum cavarum* (**8**) zwischen den Einmündungen der beiden Hohlvenen; *Valvula* des *Sinus coronarius*

(Thebesische Klappe) (**9**) an der Einmündung des *Sinus coronarius* (**10**); die drei Segel der *Valva tricuspidalis* (atrioventricularis dextra) (**11**); *Auricula dextra* (**12**); *Mm. pectinati* (**13**).

🔄 Topographie
Das Kochsche Dreieck (■ Abb. 7.13a) im rechten Vorhof hat für die Herzchirurgie Bedeutung, da hier die Hauptanteile des Erregungsleitungssystems verlaufen. Das Kochsche Dreieck wird von der Todoroschen Sehne (**14**), dem Sinus coronarius (**10**) und dem Trikuspidalklappenanulus (**15**) begrenzt.

🛑 Bei der Entfernung von Blutkoageln im rechten Vorhof die dünne Vorhofwand nicht zerreißen.

Linker Vorhof (■ Abb. 7.14)
Einmündung der Pulmonalvenen (**1**); *Valvula foraminis ovalis* (**2**); Zugang zum linken Herzohr (**3**); Segel der Mitralklappe (**4**) und *Mm. pectinati* (**5**). Nach der Einmündung einer *V. cardiaca (cordis) minima* (Thebesische Vene) (**6**) suchen.

▶ Klinik
Unter den kongenitalen Herzfehlern sind 8–10 % der Fälle Fehlentwicklungen im Bereich des Vorhofseptums (ASD). Sie gehen mit einem Links-Rechts-Shunt einher. Am häufigsten kommen Ostium-secundum-Defekte vor, zu denen auch das offene Foramen ovale zählt. Ein persistierendes Foramen ovale kommt in ca. 30 % der Fälle vor. Es hat in den meisten Fällen keine klinische Bedeutung, kann allerdings gelegentlich durch eine „paradoxe" Embolie zur Ursache eines Schlaganfalls werden. Störungen bei

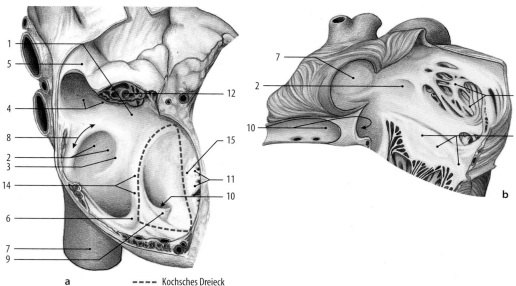

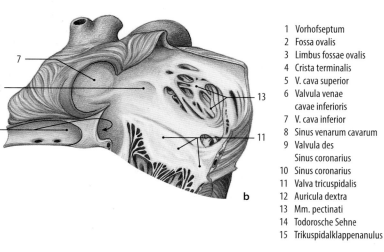

1 Vorhofseptum
2 Fossa ovalis
3 Limbus fossae ovalis
4 Crista terminalis
5 V. cava superior
6 Valvula venae
  cavae inferioris
7 V. cava inferior
8 Sinus venarum cavarum
9 Valvula des
  Sinus coronarius
10 Sinus coronarius
11 Valva tricuspidalis
12 Auricula dextra
13 Mm. pectinati
14 Todorosche Sehne
15 Trikuspidalklappenanulus

a   - - - - Kochsches Dreieck

Abb. 7.13 **a** Rechter Vorhof in der Ansicht von vorn [36]. **b** Rechter Vorhof in der Ansicht von hinten [36]

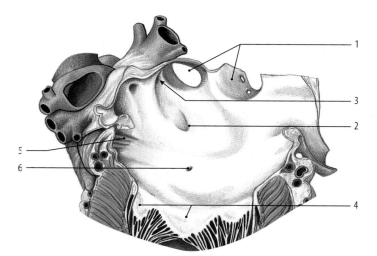

1 Pulmonalvenen
2 Valvula foraminis ovalis
3 linkes Herzohr
4 Mitralklappe
5 Mm. pectinati
6 V. cardiaca minima

Abb. 7.14 Linker Vorhof in der Ansicht von hinten [36]

der Entwicklung des Septum primum bezeichnet man als Septum-primum-Defekt. Vorhofseptumdefekte im Bereich der Einmündung der oberen oder unteren Hohlvene (Sinus venarum cavarum) = Sinus-venosus-Defekt gehen häufig mit einer Fehlmündung der oberen rechten Lungenvene in die obere oder selten in die untere Hohlvene einher. ◄

Vor dem **Eröffnen der Herzkammern** (Abb. 7.15a–d, Abb. 7.37/Video 7.12) die Lage des Kammerseptums **(1)** ertasten, da die Schnittführung entlang des rechten und linken Randes des Septum interventriculare erfolgt. Beim Durchschneiden des Kammermyokards die großen Äste der Herzkranzgefäße schonen.

Vor dem **Eröffnen des rechten Ventrikels** (Abb. 7.15a–c) das Lumen des *Truncus pulmonalis* **(2)**

aufsuchen und die drei Semilunarklappen im Ostium nach ihrer Lage identifizieren. Die Schnittführung beginnt mit der Durchtrennung der Wand des Truncus pulmonalis zwischen *Valvula semilunaris anterior* **(3)** und *Valvula semilunaris dextra* **(4)**; dazu die Gefäßwand mit zwei Pinzetten leicht spreizen und in dieser Position halten lassen. Nach vollständiger Durchtrennung des Truncus pulmonalis den Schnitt durch das Herzskelett auf der Vorderwand der rechten Herzkammer parallel zum *Sulcus interventricularis anterior* **(5)** entlang des rechten Randes des Kammerseptums **(6)** unter ständiger Tastkontrolle eines Fingers bis zur Herzspitze weiterführen. Dabei das Muskelmesser immer parallel zum Kammerseptum führen. Anschließend den Schnitt um die Herzspitze auf der Hinterwand der rechten Herzkammer

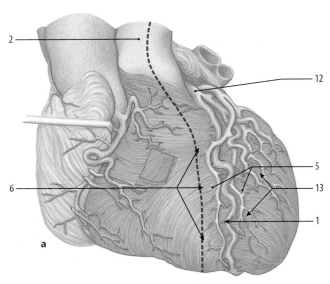

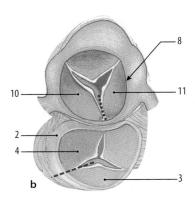

- - - - Schnittführung zum Eröffnen der rechten Herzkammer

•••••• Schnittführung zum Eröffnen der linken Herzkammer

1 Lage des Kammerseptums	8 Aortenlumen
2 Truncus pulmonalis	9 Verlagerung des Truncus pulmonalis
3 Valvula semilunaris anterior	10 Valvula semilunaris dextra
4 Valvula semilunaris dextra	11 Valvula semilunaris sinistra
5 Sulcus interventricularis anterior	12 A. coronaria sinistra
6 Lage des rechten Randes des Kammerseptums	13 Lage des linken Randes des Kammerseptums
7 Sulcus coronarius	

☐ **Abb. 7.15   a** Herz in der Ansicht von vorn [29]. **b** Einblick in das Lumen des Truncus pulmonalis und der Aorta ascendens [29]. **c** Herz in der Ansicht von hinten [29]. **d** Herz in der Ansicht von vorn-oben. Schnittführung zum Eröffnen der rechten Herzkammer (siehe Schnittführung). Schnittführung zum Eröffnen der linken Herzkammer (siehe Schnittführung) [29]

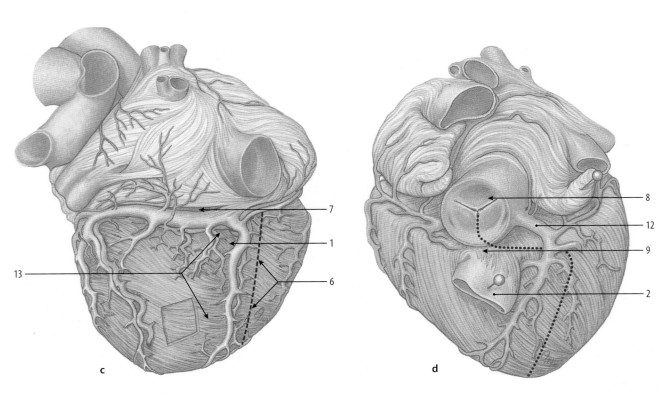

☐ **Abb. 7.15   c, d** (*Fortsetzung*

bis zum Erreichen des Herzskeletts in Höhe des *Sulcus coronarius* (**7**) fortsetzen. Abschließend die fixierten Blutkoagel unter Schonung der Chordae tendineae und der Segel der Trikuspidalklappe entfernen.

❗ Bei der Durchtrennung des Kammermyokards die Herzkranzgefäße schonen. Das Kammerseptum beim Eröffnen der Herzkammern nicht verletzen. Beim Entfernen der Blutkoagel Chordae tendineae und Segel der Trikuspidalklappe nicht zerreißen.

Das **Eröffnen des linken Ventrikels** (■ Abb. 7.15b und d) erfolgt im präparatorischen Vorgehen wie bei der rechten Herzkammer. Zunächst das Aortenlumen (**8**) aufsuchen und die Semilunarklappen identifizieren. Truncus pulmonalis nach vorn verlagern (**9**) und in dieser Position halten lassen. Sodann die Aortenwand zwischen *Valvula semilunaris dextra* (**10**) und *Valvula semilunaris sinistra* (**11**) einschließlich des Herzskeletts durchschneiden. Bei der Durchtrennung des Kammermyokards den Schnitt zur Schonung der *A. coronaria sinistra* (**12**) unter dem Anfangsteil der Arterie zum linken Rand des *Septum interventriculare* (**13**) führen. Anschließend den Schnitt unter Tastkontrolle entlang des Sulcus interventricularis anterior mit parallel zum Septum interventriculare geführtem Messer um die Herzspitze fortsetzen. Abschließend das Kammermyokard am linken Rand des Septum interventriculare (**13**) auf der Hinterwand des Herzens bis zum Sulcus coronarius durchtrennen.

Strukturen der Herzkammern (■ Abb. 7.16, ■ Abb. 7.17) Nach Eröffnen der Herzkammern ihre Strukturen studieren; dazu rechten und linken Ventrikel „aufklappen" und zunächst den Aufbau des *Septum interventriculare* mit *Pars muscularis* (**1**) und *Pars membranacea* (**2**) sowie die unterschiedliche Dicke des Myokards im rechten und linken Ventrikel inspizieren.

Die zum Aufbau einer Segelklappe gehörenden Anteile, *Cuspes* (**3**), *Chordae tendineae* (**4**) und *Mm. papillares* (**5**) sowie den Klappenapparat der Valva pulmonalis und der Valva aortae (■ Abb. 7.15b) untersuchen. *Trabeculae carneae* (**6**) beachten.

Rechter Ventrikel (■ Abb. 7.16)
Folgenden Strukturen in der rechten Herzkammer aufsuchen: *Valva tricuspidalis* mit *Cuspes anterior* (**7**), *posterior* (**8**) und *septalis* (**9**); *Mm. papillares anterior* (**10**), *posterior* (**11**) und *septalis* (**12**); *Crista supraventricularis* (**13**) am Beginn der Ausflussbahn (*Conus arteriosus*) des Truncus pulmonalis (**14**); Valvulae semilunares dextra, sinistra und anterior der Pulmonalklappe (■ Abb. 7.15b); *Trabecula septomarginalis* (**15**).

Linker Ventrikel (■ Abb. 7.17)
Folgende Strukturen in der linken Herzkammer aufsuchen: *Valva mitralis (bicuspidalis)* (**1**) mit *Cuspis an-*

terior (**2**) und *Cuspis posterior* (**3**); *Mm. papillares anterior* (**4**) und *posterior* (**5**); *Vestibulum aortae* (**6**); *Valvulae semilunares dextra* (**7**), *sinistra* (**8**) und *posterior* (**9**); Ostien der *A. coronaria dextra* (**10**) in der Valvula semilunaris (coronaria) dextra sowie *der A. coronaria sinistra* (**11**) in der Valvula semilunaris (coronaria) sinistra.

▶ **Klinik**

Eine aufgrund degenerativer Veränderungen erworbene Aortenklappenstenose führt zur Druckerhöhung im linken Ventrikel und in der Folge zur Hypertrophie des Kammermyokards.

Bei der Aortenklappeninsuffienz kommt es zur Volumenbelastung des linken Ventrikels.

Vitien der Mitralklappe kommen in Form von Stenosen und Insuffizienz oder in Kombination beider Fehler vor. Bei der häufig im Rahmen einer rheumatischen Endokarditis erworbenen Mitralstenose kommt es in Folge der Drucksteigerung im linken Vorhof zur Vorhofdilatation, die zu Vorhofflimmern führen kann. Durch den erhöhten pulmonalen Druck kommt es zum Lungenödem sowie zur Druckerhöhung im rechten Ventrikel mit Rechtsherzhypertrophie und -insuffizienz; der damit einhergehende erhöhte Venendruck führt zur Bildung von Ödemen und zur Stauung, z. B. in Leber, Milz und Niere. Leitsymptom der Mitralklappenstenose ist eine Dyspnoe.

Bei der Mitalklappeninsuffizienz besteht eine Volumenbelastung des linken Vorhofes. Durch den Blutrückstrom während der Diastole kommt es außerdem zur Volumenbelastung des linken Ventrikels, die zu dessen Hypertrophie und Dilatation führt.

Isolierte Defekte des Ventrikelseptums zählen zu den häufigsten angeborenen Herzfehlbildungen. Defekte in der Pars muscularis treten einzeln oder multipel auf. Defekte im Bereich der Pars membranacea kommen in unterschiedlicher Form und Kombination vor. Ventrikelseptumdefekte gehen mit einem Links-Rechts-Shunt einher. ◄

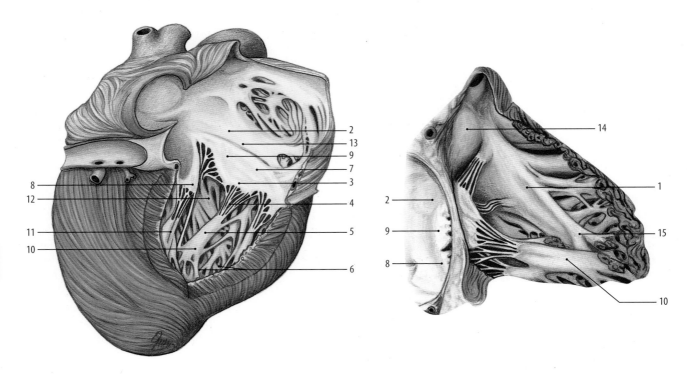

1 Pars muscularis des Septum interventriculare
2 Pars membranacea des Septum interventriculare
3 Cuspes
4 Chordae tendineae
5 Mm. papillares
6 Trabeculae carneae
7 Cuspis anterior
8 Cuspis posterior

9   Cuspis septalis
10 M. papillaris anterior
11 M. papillaris posterior
12 M. papillaris septalis
13 Crista supraventricularis
14 Conus arteriosus des Truncus pulmonalis
15 Trabecula septomarginalis

◻ **Abb. 7.16**   **a** Rechte Herzkammer und rechter Vorhof eröffnet, in der Ansicht von vorn-seitlich [29]. **b** Einblick in die eröffnete rechte Herzkammer von vorn-seitlich [36]

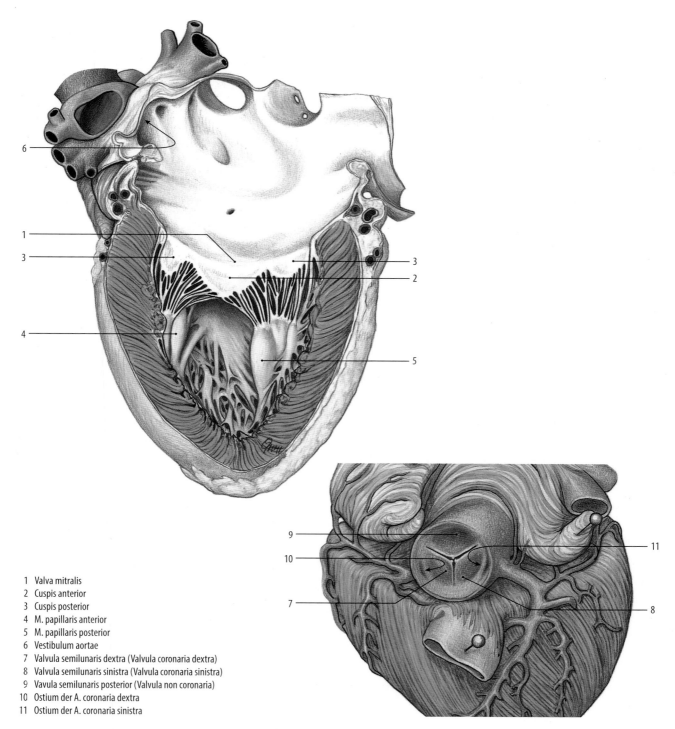

1 Valva mitralis
2 Cuspis anterior
3 Cuspis posterior
4 M. papillaris anterior
5 M. papillaris posterior
6 Vestibulum aortae
7 Valvula semilunaris dextra (Valvula coronaria dextra)
8 Valvula semilunaris sinistra (Valvula coronaria sinistra)
9 Vavula semilunaris posterior (Valvula non coronaria)
10 Ostium der A. coronaria dextra
11 Ostium der A. coronaria sinistra

■ **Abb. 7.17** **a** Einblick in die eröffnete linke Herzkammer von hinten-unten [29]. **b** Ansicht des Herzens in der Ansicht von oben [29]

7.9   Präparation der Lungen

Vor der Präparation der Lungen die Lage der Lungenlappen in den eröffneten Pleurahöhlen in situ studieren und die Lappengrenzen anhand der Fissuren in Beziehung zum Skelett bringen.

Sodann den Übergang der Pars mediastinalis der Pleura parietalis in die Pleura visceralis (pulmonalis) im Hilusbereich nochmals studieren sowie das Ligamentum pulmonale unterhalb des Hilus palpieren und bis zum Zwerchfell verfolgen.

Zunächst auf der rechten Seite durch Spalten der Pleurablätter im Hilusbereich das Lungengewebe freilegen. Lungenarterien, Lungenvenen und Bronchialbaum mit der stumpfen Pinzette durch Herauszupfen des Lungenparenchyms präparieren. Diese Präparation etwa 5 cm weit in die Peripherie ausführen.

❗ Bei der Spaltung der Pleura visceralis Lungengefäße und Bronchien nicht verletzen. Bei der Freilegung der Gefäße und Bronchien hinter dem Hilus die V. azygos schonen.

🔄 Topographie

Die von der Pleura parietalis in Form der Pleurakuppeln (Cupula pleurae) bedeckten Lungenspitzen ragen über die obere Thoraxapertur hinaus in das rechte und linke Trigonum colli laterale (Trigonum cervicale posterius). Verstärkt wird die Pleura parietalis hier in Fortsetzung der Fascia endothoracica durch die Fascia (Membrana) suprapleuralis = Sibsonsche Faszie, an der ein in einem Drittel der Fälle vorkommender M. scalenus minimus inseriert (sog. M. scalenus pleuralis = Sibsonscher Muskel).

Folgende Strukturen haben enge, klinisch bedeutsame topographische Beziehungen zur Pleurakuppel und zu der unter ihr liegenden Lungenspitze: V. und A. subclavia; Plexus brachialis; N. phrenicus; N. laryngeus recurrens; Ganglion cervicothoracicum (=stellatum); A. thoracica (mammaria) interna. Auf der linken Seite zieht der Ductus thoracicus über die Pleurakuppel.

▶ Klinik

Beim Bronchialkarzinom im Bereich der Lungenspitze kann eine Einflussstauung an der oberen Extremität in Folge einer Kompression der V. subclavia durch den Tumor auftreten. Druckschädigungen oder eine Infiltration durch den Tumor führen zu neurologischen Ausfällen des Plexus brachialis, des N. phrenicus sowie des N. laryngeus recurrens; ist das Ganglion stellatum betroffen, kommt es zu Miosis, enger Lidspalte und Enophthalmus (Hornerscher Symptomenkomplex – sog. Horner-Trias). ◀

🔄 Topographie

Im Lungenhilus treten die Bronchien im hinteren-oberen Abschnitt in die Lunge ein (🔲 Abb. 7.38/Video 7.13). Die Lungenarterien liegen im oberen-mittleren Bereich. Die Lungenvenen verlassen die Lunge im unteren-vorderen und im unteren-hinteren Teil des Hilus. Auf der rechten Seite zieht der Oberlappenbronchus über die A. pulmonalis (eparterielle Lage). Mit den Bronchien treten afferente und efferente Fasern des N. vagus sowie efferente Fasern des Truncus sympathicus aus der Lunge oder in die Lunge. Die Lymphe der Lungen wird nach der Passage intrapulmonaler Lymphknoten in die Nn. bronchopulmonales (Hiluslymphknoten) drainiert.

🔄 Varia

Die Anzahl der Lungenlappen weicht häufig vom normalen Befund ab. Die rechte Lunge kann nur aus zwei oder aus vier und mehr Lappen bestehen. Bei der linken Lunge kommen nicht selten drei Lappen vor. Die V. azygos kann von ihrem normalen Verlauf abweichen und in einem bogenförmigen Verlauf nach lateral in einer tiefen Furche über den Oberlappen zur V. cava superior gelangen. Durch den abnormen Verlauf der V. azygos wird der mediale Teil des apikalen Lungensegments vom übrigen Bereich des Oberlappens abgetrennt; man bezeichnet diesen abgetrennten Teil als Lobus venae azygos.

7.9.1   Entnahme der rechten Lunge

Nach Darstellung der drei Lungenlappenbronchien und der sie begleitenden Lungenarterien sowie der getrennt laufenden Lungenvenen den Hilus mit dem Zeigefinger umgreifen und die Strukturen unter Sichtkontrolle durchtrennen (🔲 Abb. 7.38/Video 7.13). Vor dem Herausnehmen der Lunge das Ligamentum pulmonale durchtrennen und evtl. vorhandene (pathologische) Verwachsungen zwischen Pleura parietalis und Pleura visceralis stumpf mit der Hand lösen. Sodann die rechte Lunge in toto aus der Pleurahöhle entnehmen.

❗ Beim Lösen von Verwachsungen und bei der Herausnahme der Lunge besteht Verletzungsgefahr durch die scharfkantigen Schnittflächen an den Rippen.

7.9.2   Studium an der herausgenommenen rechten Lunge

An der herausgenommenen Lunge (🔲 Abb. 7.18) folgende Strukturen aufsuchen und einprägen:

Lobus superior (**1**), *Lobus medius* (**2**), *Lobus inferior* (**3**); *Fissura horizontalis* (**4**), *Fissura obliqua* (**5**); *Apex*

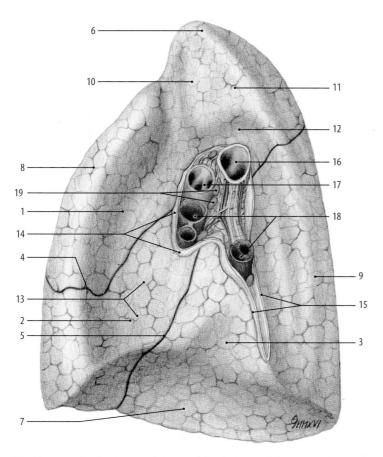

Abb. 7.18   Rechte Lunge mit Lungenhilus in der Ansicht von medial [29]

1 Lobus superior
2 Lobus medius
3 Lobus inferior
4 Fissura horizontalis
5 Fissura obliqua
6 Apex pulmonis
7 Basis pulmonis
8 Margo anterior
9 Margo posterior
10 Sulcus venae cavae superioris
11 Sulcus arteriae subclaviae dextra
12 Sulcus venae azygos
13 Impressio cardiaca
14 Übergang der Pleura parietalis in die Pleura visceralis am Hilus
15 Ligamentum pulmonale
16 Bronchus principalis dexter
17 A. pulmonalis dextra
18 Vv. pulmonales dextrae
19 Nodi bronchopulmonales

pulmonis (**6**), *Basis pulmonis* (**7**), *Margo anterior* (**8**), *Margo posterior* (**9**).

Infolge der Fixierung werden die Abdrücke benachbarter Organe und Strukturen im Lungenparenchym an der Oberfläche der Lunge sichtbar: *Sulcus venae cavae superioris* (**10**), *Sulcus arteriae subclaviae dextrae* (**11**), *Sulcus venae azygos* (**12**) (s. o. Varia – Lobus azygos), Abdruck des Herzens, *Impressio cardiaca* (**13**).

Umschlagstelle der Pleura parietalis in die Pleura visceralis (**14**) am Hilus und am *Ligamentum pulmonale* (**15**) inspizieren. Am Lungenhilus folgende Strukturen aufsuchen: *Bronchus principalis dexter* (**16**), *A. pulmonalis dextra* (**17**), *Vv. pulmonales dextrae* (**18**), *Nodi bronchopulmonales* (**19**).

Alle im Bereich des Hilus sichtbaren Strukturen studieren und ihre Lage einprägen; die eparterielle Lage des Bronchus principalis dexter beachten.

Sodann das Lungenparenchym wie bei der Präparation in situ vom Lungenhilus aus in die Peripherie fortsetzen; dabei das Lungengewebe an der Außenseite der Lunge auf einer Breite von 3 bis 4 cm stehen lassen (Abb. 7.39/Video 7.14).

▶ **Klinik**

Über die im Ligamentum pulmonale zum Zwerchfell ziehenden Lymphgefäße kann es zur Ausbreitung von Metastasen in die dem Diaphragma anliegenden Organe im Bauchraum kommen. Über das Ligamentum pulmonale kann eine Metastasierung zur Gegenseite erfolgen. ◀

Im Segmentbereich das unterschiedliche topographische Verhalten von Lungenarterien (**1**) und Lungenvenen (**2**) beachten (Abb. 7.19): Die Lungenarterien ziehen mit den Bronchien (**3**); die Lungenvenen verlaufen getrennt vom Bronchialbaum an den Segmentgrenzen. Beim Abtragen des Lungengewebes intrapulmonale Lymphknoten (*Nodi intrapulmonales*) (**4**) beachten. Auf den Bronchien die begleitenden *Aa.* und *Vv. bronchiales* (**5**) aufsuchen; Nervenfasern (**6**) auf den Lappenbronchien mit der Messerspitze darstellen.

❗ Durch die Fixierung wird das Lungengewebe – meistens im hinteren Teil des Unterlappens – aufgrund der postmortalen Hypostase sehr hart und fest, sodass bei Freilegung der intrapulmonalen Strukturen vor allem die dünnwandigen Lungenvenen leicht verletzt werden können.

1 Lungenarterien
2 Lungenvenen
3 Bronchien
4 Nodi intrapulmonales
5 Av. und Vv. bronchiales
6 Nervenfasern

▣ **Abb. 7.19**   Frei gelegte Lungengefäße und Bronchien [29]

7.10 Inspektion und Präparation der rechten Pleurahöhle

Vor der Präparation der Pleurahöhle (▣ Abb. 7.20) die Anteile der Pleura parietalis mit *Pars costalis* **(1)**, (Reste der) *Pars mediastinalis* **(2)** und *Pars diaphragmatica* **(3)** sowie die Schnittkanten des Übergangs der Pleurablätter **(4)** am Hilus und am *Ligamentum pulmonale* **(5)** studieren. *Recessus vertebromediastinalis* **(6)** und *Recessus phrenicomediastinalis* **(7)** inspizieren. Mit einer Hand die Pleurakuppel **(8)** austasten und mit der anderen Hand deren Spitze im rechten seitlichen Halsdreieck lokalisieren.

Anschließend die sich unter der Pleura parietalis abzeichnenden Strukturen aufsuchen: *Trachea* **(9)**, *Oesophagus* **(10)**, *V. azygos* **(11)**, *Truncus sympathicus* **(12)** und *N. splanchnicus major* **(13)**; bei Zurückverlagerung des Herzens in die Perikardhöhle: Lage von *Aorta ascendens* **(14)** und rechtem Ventrikel **(15)** lokalisieren.

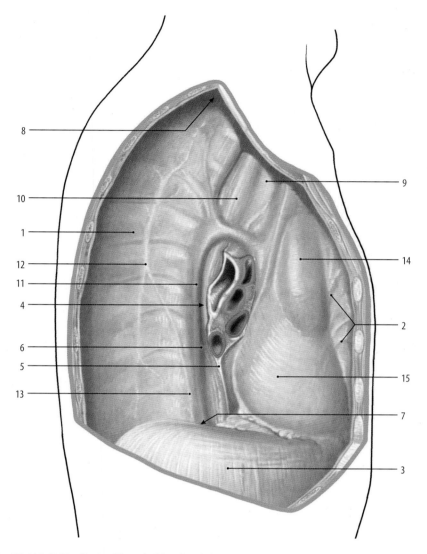

1 Pars costalis
2 Pars mediastinalis
3 Pars diaphragmatica
4 Übergang der Pleurablätter
5 Ligamentum pulmonale
6 Recessus vertebromediastinalis
7 Recessus phrenicomediastinalis
8 Pleurakuppel
9 Trachea
10 Oesophagus
11 V. azygos
12 Truncus sympathicus
13 N. splanchnicus major
14 Aorta ascendens
15 rechter Ventrikel

■ **Abb. 7.20** Rechte Pleurahöhle mit erhaltener Pleura parietalis und den darunter liegenden Organen des Mediastinums in der Ansicht von rechts-seitlich [38]

7.10.1 Präparation der unter der Pleura parietalis liegenden Strukturen und des hinteren Mediastinums

Pleura costalis mit der Fascia endothoracica von der Thoraxwand stumpf ablösen; mit der Präparation am Schnittrand der eröffneten Brusthöhle beginnen (■ Abb. 7.21, ■ Abb. 7.40/Video 7.15). Alternative: s. u..

Zunächst die Mm. intercostales interni sowie die *Nn., Aa.* und *Vv. intercostales* (**1**) bis zum Truncus sympaticus (**2**) freilegen. Ganglien und Verbindungen des Truncus symphaticus mit den Spinalnerven (*Rami communicantes*) (**3**) darstellen sowie die Abgänge des *N. splanchnicus major* (**4**) und des *N. splanchnicus minor* (**5**) präparieren. Die vollständige Präparation der Nn. splanchnici major und minor bis zu ihrem Zwerchfelldurchtritt ist erst möglich, wenn die Oberbauchorgane aus der Bauchhöhle entnommen wurden.

Nach vollständiger Freilegung des Truncus sympathicus die Präparation medialwärts fortsetzen und die *V. azygos* (**6**) mit den Einmündungen der Vv. intercostales sowie der V. hemiazygos aufsuchen (■ Abb. 7.41/Video 7.16). V. azygos bei ihrem Verlauf über den rechten Hauptbronchus (**7**) bis zur Einmündung in die *V. cava superior* (**8**) verfolgen. Rechtem Hauptbronchus bis zur *Bifurcatio tracheae* nachgehen (**9**).

Zum Aufsuchen des Oesophagus (**10**) die Pleura parietalis kaudal des Hilus durch Längsschnitt spalten, sodann zwei stumpfe Pinzetten in den Spalt einführen und den Oesophagus freilegen; *N. vagus* (**11**) im kranialen Abschnitt des Oesophagus aufsuchen und oberhalb des Zwerchfelldurchtritts die Aufspaltung in den *Plexus oesophageus* (**12**) durch Entfernen des lockeren Binde-

7

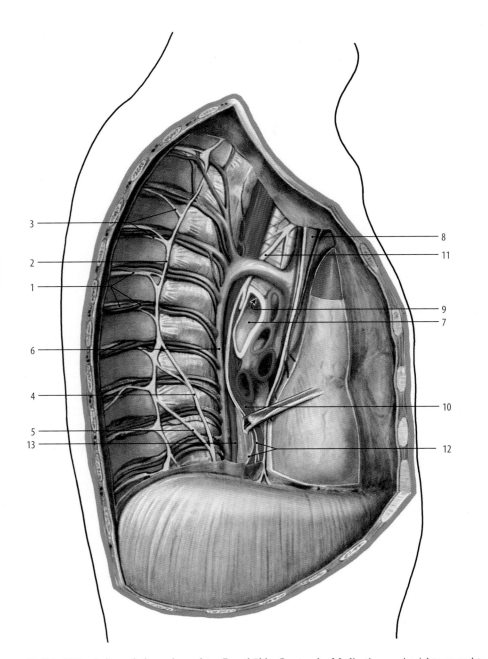

1 Interkostalgefäße und – nerven
2 Truncus sympathicus
3 Rami communicantes
4 N. splanchnicus major
5 N. splanchnicus minor
6 V. azygos
7 rechter Hauptbronchus
8 V. cava superior
9 Bifurcatio tracheae
10 Oesophagus
11 N. vagus
12 Plexus oesophageus
13 Ductus thoracicus

◘ Abb. 7.21   Leitungsbahnen der rechten Brusthöhle; Organe des Mediastinums, Ansicht von rechts-seitlich [38]

gewebes präparieren. Anschließend die gesamte Pleura parietalis im hinteren Mediastinum abtragen.

Zum Aufsuchen des *Ductus thoracicus* **(13)** den Oesophagus im kaudalen Abschnitt leicht anheben und nach links verlagern; sodann den hinter dem Oesophagus auf der Wirbelsäule in lockeres Bindegewebe eingebetteten Ductus thoracicus durch stumpfes Abtragen des Bindegewebes freilegen. Ductus thoracicus anschließend nach kranial bis zum Verschwinden hinter der Aorta thoracica sowie nach kaudal bis zum Zwerchfell verfolgen; dabei auf ihm angelagerte Lymphknoten (Nodi prevertebrales) achten. (Einmündung des Ductus thoracicus

im rechten Venenwinkel, s. Präparation des oberen Mediastinums).

▶ Klinik

Zu Fehlbildungen des Oesophagus zählen die in der Embryonalperiode entstandenen verschiedenen Formen der Oesophagusatresie und ösophagotracheale Fisteln.

Oesophagusdivertikel im Brustabschnitt der Speiseröhre kommen im Bereich der Bifurcatio tracheae als Traktionsdivertikel vor, bei denen die gesamte Oesophaguswand durch Zug von außen ausgebuchtet ist. Bei den seltenen epiphrenischen Divertikeln im unteren Teil der

7.11 Präparation der linken Lunge

Alternative Präparation: Verbleib der linken Lunge in situ.

Verbleibt die linke Lunge in der Brusthöhle, zunächst die sichtbaren Strukturen inspizieren: Lobus superior mit Incisura cardiaca am Margo anterior sowie Lobus inferior; die in Höhe der sechsten Rippe innerhalb der Medioklavilularlinie endende Fissura obliqua; Apex pulmonis unter der Pleurakuppel im linken seitlichen Halsdreieck palpieren.

Anschließend den Hilus der linken Lunge wie auf der rechten Seite präparieren. Zur Freilegung der ein- und austretenden Strukturen den Übergang der Pleura parietalis in die Pleura visceralis aufsuchen und anschließend die Pleura parietalis im Hilusbereich entfernen. Im oberen-vorderen Bereich die A. pumonalis sinistra, im mittleren-hinteren Teil den Bronchus principalis sinister (hyparterielle Lage des linken Hauptbronchus) sowie im hinteren- und vorderen-unteren Abschnitt des Hilus die Vv. pulmonales sinistrae freilegen. Hiluslymphknoten (Nodi bronchopulmonales) beachten.

Sodann wie bei der rechten Lunge zur Freilegung von Gefäßen und Bronchien das Lungenparenchym mit einer stumpfen Pinzette abtragen. Das Lungenparenchym bis auf einen 3 bis 4 cm breiten Streifen an den Außenflächen der Lunge erhalten.

Für die Inspektion der linken Pleurahöhle zunächst die flache Hand in die Pleurahöhle einführen, den Hinterrand der Lunge umgreifen und dabei evtl. vorhandene (pathologische) Verwachsungen lösen; anschließend die Lunge bis zum Hilusbereich mobilisieren und zur rechten Seite verlagern.

Sodann Pleura costalis stumpf abtragen und die Strukturen in der Wand der Brusthöhle – soweit erreichbar – im hinteren Mediastinum freilegen.

❶ Bei der Entfernung der Pleura mediastinalis im Hilusbereich N. phrenicus und Vasa pericardiacophrenica nicht verletzen.

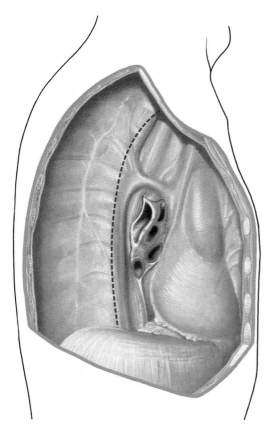

- - - - Schnittführung zum alternativen Ablösen der Pleura parietalis

◻ **Abb. 7.22** Schnittführung zum alternativen Ablösen der Pleura parietalis [38]

Speiseröhre handelt es sich um Pulsionsdivertikel, bei denen sich nur die Schleimhaut vorwölbt. Zu den Pulsionsdivertikeln zählt auch das Zenkersche Hypopharynxdivertikel im Bereich des Killianschen Dreiecks, das durch eine Funktionsstörung des sog. oberen Oesophagussphinkters entsteht (▶ Kap. 2 Hals; Oesophaguskarzinom ▶ Kap. 8 Bauchsitus). ◄

❶ Bei der Freilegung des Oesophagus den Ductus thoracicus nicht verletzen. N. phrenicus und die ihn begleitenden Vasa pericardiacophrenica beim Abtragen der Pleura mediastinalis nicht zerreißen und bei der Präparation des Ductus thoracicus seine dünne Wand nicht verletzen.

Alternative: Mit dem Abtragen der Pleura parietalis kann auch ventral von den Wirbelkörpern im Übergangsbereich zum Mediastinum begonnen werden; dabei lässt sich die Pleura costalis als zusammenhängende Struktur bis zum Schnittrand der Brusthöhle stumpf ablösen (◻ Abb. 7.22).

Abschließend das Ganglion cervicothoracicum (=stellatum) aufsuchen; dazu den Kopf der ersten Rippe ertasten und durch Abtragen der Pleura parietalis das Ganglion freilegen.

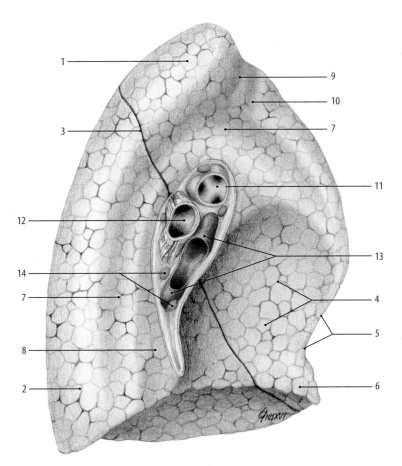

1   Lobus superior
2   Lobus inferior
3   Fissura obliqua
4   Impressio cardiaca
5   Incisura cardiaca
6   Lingula pulmonis sinistri
7   Sulcus aortae
8   Sulcus oesophageus
9   Sulcus arteriae subclaviae sinistrae
10 Sulcus venae brachiocephalicae sinistrae
11 A. pulmonalis
12 Bronchus principalis sinister
13 Vv. pulmonales
14 Nodi bronchopulmonales

Abb. 7.23   Linke Lunge mit Lungenhilus in der Ansicht von medial [29]

7.11.1 Entnahme der linken Lunge

(Abb. 7.23) Bei unzureichender Mobilisierung der linken Lunge in situ die linke Lunge nach Präparation der Strukturen des Hilus aus der Brusthöhle herausnehmen; dazu wie auf der rechten Seite verfahren: Die Strukturen des Hilus mit dem Zeigefinger umfahren und unter Sicht durchtrennen.

An der herausgenommenen Lunge ihre Oberflächenanatomie sowie die bei der Fixierung entstandenen Eindrücke durch benachbarte Strukturen studieren: *Lobus superior* (1), *Lobus inferior* (2), *Fissura obliqua* (3), *Impressio cardiaca* (4), *Incisura cardiaca* (5), *Lingula pulmonis sinistri* (6), Sulcus der *Aorta thoracica* (7), *Sulcus oesophageus* (8), *Sulcus arteriae subclaviae sinistrae* (9), *Sulcus venae brachiocephalicae sinistrae* (10).

Im Bereich des Lungenhilus die *A. pulmonalis sinistra* (11) aufsuchen und die hyparterielle Lage des *Bronchus principalis sinister* (12) sowie die Lage der *Vv. pulmonales* (13) im unteren-vorderen und unteren-hinteren Abschnitt des Lungenhilus beachten. *Nodi bronchopulmonales* (14) freilegen.

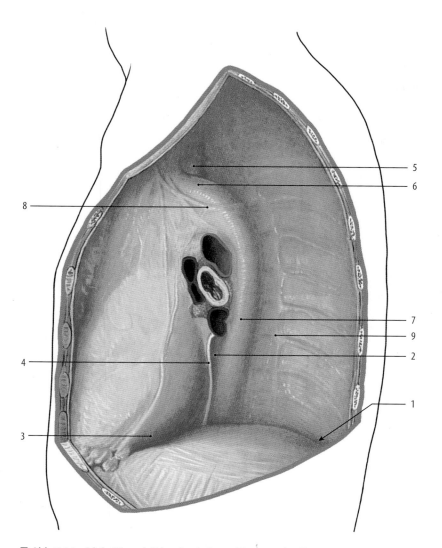

1 Recessus costodiaphragmaticus
2 Recessus vertebromediastinalis
3 Recessus phrenicomediastinalis
4 Ligamentum pulmonale
5 Oesophagus
6 Arcus aortae
7 Aorta thoracica
8 V. hemiazygos accessoria
9 Truncus sympathicus

◼ **Abb. 7.24** Linke Pleurahöhle mit erhaltener Pleura parietalis und den darunter liegenden Organen des hinteren Mediastinum in der Ansicht von links-seitlich [38]

7.11.2 Inspektion und Präparation der linken Pleurahöhle

(◼ Abb. 7.24, 7.25) In der linken Pleurahöhle die *Recessus costodiaphragmaticus* (**1**), *vertebromediastinalis* (**2**) und *phrenicomediastinalis* (**3**) *Ligamentum pulmonale* (**4**) aufsuchen und die sich unter der Pleura parietalis abzeichnenden Strukturen identifizieren: *Oesophagus* (**5**), *Arcus aortae* (**6**) und *Aorta thoracica* (**7**), *V. hemiazygos accessoria* (**8**), *Truncus sympathicus* (**9**).

Bei **Präparation der unter der Pleura parietalis liegenden Strukturen und des hinteren Mediastinums** wie auf der rechten Seite verfahren. Pleura costalis vollständig abtragen und *Truncus sympathicus* (**1**) mit *Nn. splanchnici major* (**2**) und *minor* (**3**) sowie *Arcus aortae* (**4**), *V. hemiazygos accessoria* (**5**) und *Aorta thoracica* (**6**) freilegen. Den linken *N. vagus* (**7**) bei seinem Verlauf über den Aortenbogen sowie den Abgang des *N. laryngeus recurrens sinister* (**8**) wiederaufsuchen (▸ Abschn. 7.4). Dem N. vagus hinter den Hilus bis zum Oesophagus folgen und die *Rami cardiaci cervicales inferiores* (**9**) und Rami bronchiales darstellen; im kaudalen Abschnitt seine Aufzweigung in den Plexus oesophageus beachten.

Nach Entfernung der Pleura mediastinalis *N. phrenicus* (**10**) und *Vasa pericardiacophrenica* (**11**) vollständig darstellen und bis zum Zwerchfell verfolgen.

7

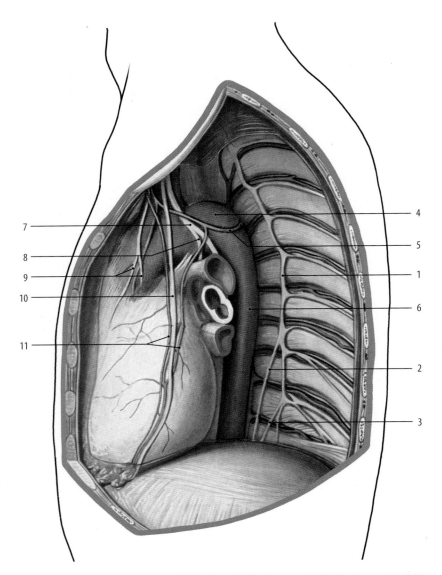

1 Truncus sympathicus
2 N. splanchnicus major
3 N. spanchnicus minor
4 Arcus aortae
5 V. hemiazygos accessoria
6 Aorta thoracica
7 N. vagus sinister
8 N. laryngeus recurrens sinister
9 Rami cardiaci cervicales inferiores
10 N. phrenicus
11 Vasa pericardiacophrenica

◼ **Abb. 7.25**   Leitungsbahnen der linken Brusthöhle; Organe des Mediastinums, Ansicht von links-seitlich [38]

7.12 Präparationsvideos zum Kapitel

◨ **Abb. 7.26** Video 7.1: Vorbereitende Präparation zum Eröffnen des Brustkorbs. (▶ https://doi.org/10.1007/000-770), © Institut für Klinische Anatomie und Zellanalytik der Universität Tübingen

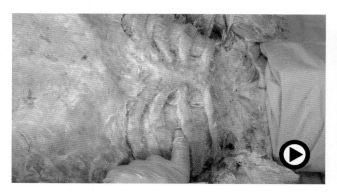

◨ **Abb. 7.27** Video 7.2: Eröffnen der Interkostalräume und Freilegen von Pleura parietalis und Vasa thoracica interna. (▶ https://doi.org/10.1007/000-76k), © Institut für Klinische Anatomie und Zellanalytik der Universität Tübingen

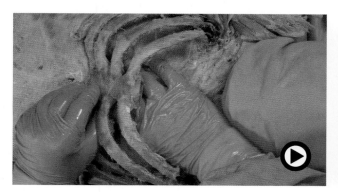

◨ **Abb. 7.28** Video 7.3: Ablösen des Brustbein-Rippen-Schildes zum Eröffnen der Brusthöhle. (▶ https://doi.org/10.1007/000-76m), © Institut für Klinische Anatomie und Zellanalytik der Universität Tübingen

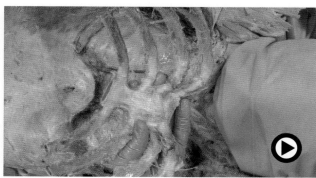

◨ **Abb. 7.29** Video 7.4: Brustbein-Rippen-Schild vollständig abgelöst – Ansicht von Mediastinum und Pleura parietalis. (▶ https://doi.org/10.1007/000-76n), © Institut für Klinische Anatomie und Zellanalytik der Universität Tübingen

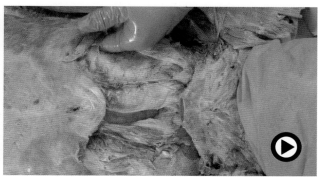

◨ **Abb. 7.30** Video 7.5: Eröffnen der Pleurahöhle und Studium der Recessus costomediastinalis und costodiaphragmaticus. (▶ https://doi.org/10.1007/000-76p), © Institut für Klinische Anatomie und Zellanalytik der Universität Tübingen

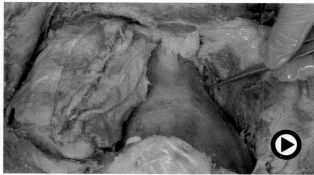

◨ **Abb. 7.31** Video 7.6: Aufsuchen des N. phrenicus und der Vasa pericardiacophrenica. (▶ https://doi.org/10.1007/000-76q), © Institut für Klinische Anatomie und Zellanalytik der Universität Tübingen

7

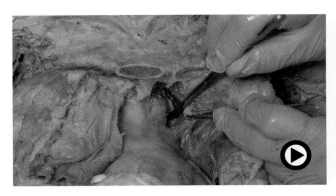

▣ **Abb. 7.32   Video 7.7: N. vagus sinister und N. laryngeus recurrens sinister im aortopulmonalen Fenster.** (▶ https://doi.org/10.1007/000-76r), © Institut für Klinische Anatomie und Zellanalytik der Universität Tübingen

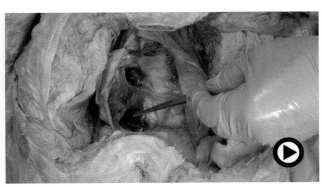

▣ **Abb. 7.35   Video   7.10:   Strukturen   in   der   Perikardhöhle.** (▶ https://doi.org/10.1007/000-76v), © Institut für Klinische Anatomie und Zellanalytik der Universität Tübingen

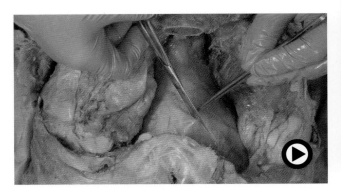

▣ **Abb. 7.33   Video   7.8:   Eröffnen   der   Perikardhöhle.** (▶ https://doi.org/10.1007/000-76s), © Institut für Klinische Anatomie und Zellanalytik der Universität Tübingen

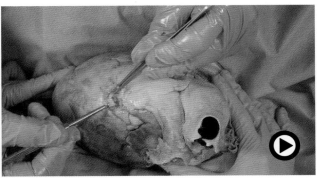

▣ **Abb. 7.36   Video   7.11:   Aufsuchen   der   Herzkranzgefäße.** (▶ https://doi.org/10.1007/000-76w), © Institut für Klinische Anatomie und Zellanalytik der Universität Tübingen

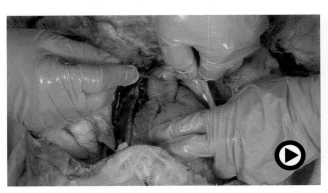

▣ **Abb. 7.34   Video   7.9:   Herausnahme   des   Herzens.** (▶ https://doi.org/10.1007/000-76t), © Institut für Klinische Anatomie und Zellanalytik der Universität Tübingen

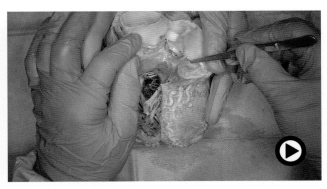

▣ **Abb. 7.37   Video 7.12: Eröffnen der Vorhöfe und der Kammern des Herzens.** (▶ https://doi.org/10.1007/000-76x), © Institut für Klinische Anatomie und Zellanalytik der Universität Tübingen

🔲 **Abb. 7.38** **Video 7.13: Präparation des Lungenhilus und Entnahme der Lunge.** (▶ https://doi.org/10.1007/000-76y), © Institut für Klinische Anatomie und Zellanalytik der Universität Tübingen

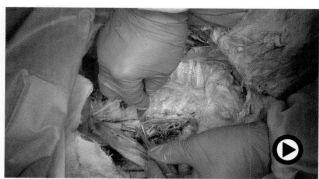

🔲 **Abb. 7.41** **Video 7.16: Präparation der Strukturen im hinteren Mediastinum.** (▶ https://doi.org/10.1007/000-771), © Institut für Klinische Anatomie und Zellanalytik der Universität Tübingen)

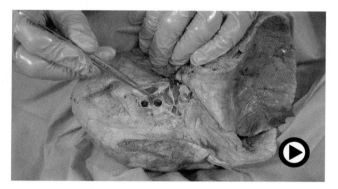

🔲 **Abb. 7.39** **Video 7.14: Präparation an der herausgenommenen Lunge.** (▶ https://doi.org/10.1007/000-76z), © Institut für Klinische Anatomie und Zellanalytik der Universität Tübingen

🔲 **Abb. 7.40** **Video 7.15: Präparation der Pleurahöhlen – Freilegen der interkostalen Leitungsbahnen und des Truncus sympaticus.** (▶ https://doi.org/10.1007/000-76j), © Institut für Klinische Anatomie und Zellanalytik der Universität Tübingen

Situs der Bauchhöhle – Cavitas abdominis

Bernhard N. Tillmann, Bernhard Hirt

Inhaltsverzeichnis

Ergänzende Information
Die elektronische Version dieses Kapitels enthält Zusatzmaterial, auf das über folgenden Link zugegriffen werden kann https://doi.org/10.1007/978-3-662-62839-3_8. Die Videos lassen sich durch Anklicken des DOI Links in der Legende einer entsprechenden Abbildung abspielen, oder indem Sie diesen Link mit der SN More Media App scannen.

Zusammenfassung

Die Beschreibung zur Vorgehensweise beim Studium des „Situs der Peritonealhöhle" erfolgt in zwei Schritten: Zunächst wird die Lagebeziehung der Organe nach eingehender Inspektion und Palpation untersucht. Anschließend wird die Präparation der Organe und ihrer Leitungsbahnen beschrieben. Das Vorgehen bei der Präparation der Organe des Oberbauchsitus und des Unterbauchsitus wird im Anschluss an die Anleitung zum Studium der topographischen Verhältnisse getrennt dargestellt. Bei der Präparation des Oberbauchsitus werden Dünndarm – mit Ausnahme des Duodenum – und Dickdarm bis auf das Colon sigmoideum nach Freilegen der Gefäße aus der Bauchhöhle entnommen. In den anschließend eröffneten Darmabschnitten wird die Struktur der Schleimhaut studiert. Nach der Anleitung zur Präparation der Strukturen des Oberbauchsitus in situ werden die Präparationsschritte für die Herausnahme des „Oberbauchpaketes" erklärt. An den herausgenommenen Organen des „Oberbauchpaketes" wird das Vorgehen für die abschließende Präparation von Leber, Oesophagus, Magen und Duodenum sowie von Milz und Pancreas mit ihren Leitungsbahnen beschrieben.

8.1   Einführung

In der systematischen Anatomie unterscheidet man die Bauchhöhle (Cavitas abdominis = abdominalis) und die Beckenhöhle (Cavitas pelvis, ▶ Kap. 9).

Den von Bauchfell (Peritoneum parietale) ausgekleideten Raum der Bauchhöhle bezeichnet man als **Peritonealhöhle** (Cavitas peritonealis – Cavum peritonei). Die Organe innerhalb der Peritonealhöhle (Magendarmtrakt, Leber, Bauchspeicheldrüse, Milz) werden vollständig oder teilweise von Peritoneum viscerale umhüllt.

Die Tunica serosa des Peritoneum parietale im Bereich der Bauch- und der Beckenhöhle wird durch eine regional unterschiedliche dicke Tela subserosa an der Bauch- und Beckenwand fixiert. In Bereichen mit kräftig ausgebildeter Tela subserosa entstehen von lockerem Bindegewebe ausgefüllte „Räume" ohne direkte Beziehung zum Peritoneum, die als Spatium extraperitoneale bezeichnet werden.

Der hinter der Peritonealhöhle liegende subseröse Raum im Bereich der hinteren Rumpfwand wird als **Spatium retroperitoneale** bezeichnet. Die darin liegenden Organe (Niere, Nebenniere, Ureter, V. cava inferior, Aorta abdominalis, Gonadengefäße, Lymphgefäße und Truncus sympathicus) werden ventral von Peritoneum parietale bedeckt.

Unter praktisch-klinischen Gesichtspunkten liegen Organe „retroperitoneal" oder im „Retroperitonealraum", die auf ihrer Vorderseite von Bauchfell überzogen sind. Entwicklungsgeschichtlich unterscheidet man primär und sekundär retroperitoneal liegende Organe.

Primär retroperitoneal liegende Organe (z. B. Niere) haben sich während der Embryonalperiode außerhalb der Peritonealhöhle entwickelt. Sekundär retroperitoneale Organe (z. B. Pancreas, Teile des Duodenum und des Colon) sind während der Embryonalperiode teilweise wandständig geworden und haben im Bereich ihrer Anheftung an der hinteren Bauchwand die Peritonealbedeckung verloren; sie werden nur auf der der Peritonealhöhle zugewandten Seite von Bauchfell bedeckt.

Die Verbindungen zwischen Peritoneum parietale und Peritoneum viscerale der Organe (Peritoneum mesenteriale) sind an den einzelnen Organen unterschiedlich und variabel (s. Mesenterium des Dünndarms, Anteile des Mesocolon, Omentum minus oder Bänder der Leber). Sie lassen sich entwicklungsgeschichtlich auf das in der Embryonalperiode ausgebildeten Mesenterium ventrale und auf das Mesenterium dorsale zurückführen.

Beim Spatium extraperitoneale der Beckenhöhle wird der Raum hinter dem Schambein als Spatium retropubicum (Retziusscher Raum – Cavum Retzii) und der Bindegewebsraum kaudal des Peritoneum parietale als Spatium retroinguinale (Spatium subperitoneale) bezeichnet (▶ Kap. 9).

8.2   Situs der Peritonealhöhle – Cavitas peritonealis

8.2.1   Vorgehensweise

Die Beschreibung zur Vorgehensweise beim Studium des „Situs der Peritonealhöhle" erfolgt in zwei Schritten: Zunächst wird die Lagebeziehung der Organe nach eingehender Inspektion und Palpation untersucht. Anschließend wird die Präparation der Organe und ihrer Leitungsbahnen beschrieben.

Das Vorgehen bei der Präparation der Organe des Oberbauchsitus und des Unterbauchsitus wird im Anschluss an die Anleitung zum Studium der topographischen Verhältnisse getrennt dargestellt.

Bei der Präparation des Oberbauchsitus werden Dünndarm – mit Ausnahme des Duodenum – und Dickdarm bis auf das Colon sigmoideum nach Freilegen der Gefäße aus der Bauchhöhle entnommen. In den anschließend eröffneten Darmabschnitten wird die Struktur der Schleimhaut studiert.

Nach der Anleitung zur Präparation der Strukturen des Oberbauchsitus in situ werden die Präparationsschritte für die Herausnahme des „Oberbauchpaketes" erklärt. An den herausgenommenen Organen des „Oberbauchpaketes" wird das Vorgehen für die abschließende Präparation von Leber, Oesophagus, Magen und Duodenum sowie von Milz und Pancreas mit ihren Leitungsbahnen beschrieben.

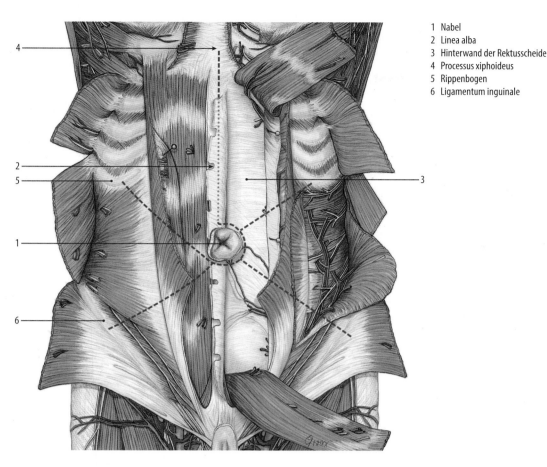

1 Nabel
2 Linea alba
3 Hinterwand der Rektusscheide
4 Processus xiphoideus
5 Rippenbogen
6 Ligamentum inguinale

- - - - Schnittführung durch die vordere Bauchwand zur Eröffnung der Bauchhöhle

Abb. 8.1   Schnittführung durch die vordere Bauchwand zur Eröffnung der Bauchhöhle [38]

8.2.2 Eröffnen der Bauchhöhle

Für die Präparation des Situs der Bauchorgane gilt wie beim Situs der Brusthöhle, dass vor Beginn der Präparation zunächst die Lage der Organe in situ gründlich studiert und eingeprägt werden sollte.

Mit fortschreitender Entnahme und Präparation der Bauchorgane sollte die Ausgangssituation an einem eröffneten Situs im unveränderten Zustand regelmäßig studiert werden.

Eröffnen der Bauchhöhle   Im Zustand nach abgeschlossener Präparation der ventralen Rumpfwand wird die Bauchhöhle mit der in ■ Abb. 8.1 skizzierten Schnittführung eröffnet: Um die Verbindung zwischen Leibeswand und Ligamentum teres hepatis zu erhalten, die Bauchwand unterhalb des Nabels (1) durch eine Stichinzision mit dem Skalpell so weit eröffnen, dass ein Finger eingeführt werden kann; dazu den Nabel nach vorn-rechts ziehen, um die Bauchwand anzuspannen. Sodann den Nabel auf der linken Seite bogenförmig unter Tastkontrolle bis ca. 2 cm lateral von der *Linea*

alba (2) im Bereich des Oberrandes umschneiden. Anschließend den Schnitt zur Erhaltung des Ligamentum falciforme hepatis mit der Knopfschere unter Tastkontrolle auf der linken Körperseite ein bis zwei cm lateral entlang der Linea alba durch die Hinterwand der eröffneten Rektusscheide (3) nach kranial bis zum tastbaren *Processus xiphoideus* (4) führen.

Die vollständige Eröffnung der Bauchhöhle erfolgt durch X-förmig angelegte Schnitte, die vom Nabel nach kranial-lateral bis zum mittleren Abschnitt des rechten und des linken Rippenbogens (5) sowie nach kaudal-lateral jeweils zur Mitte des *Ligamentum inguinale* (6) mit der Schere geführt werden.

Alternative: Mit dem ersten Schnitt auf der linken Körperseite durch eine Stichinzision unterhalb des Processus xiphoideus beginnen und den Schnitt unter Tastkontrolle ein bis zwei Zentimeter lateral der Linea alba durch die Hinterwand der eröffneten Rektusscheide bis zum Oberrand des Nabels mit einer Knopfschere weiterführen; zur Erhaltung des Ligamentum teres hepatis den Nabel sodann auf der linken Seite mit dem Skalpell bogenförmig bis zum Unterrand des Nabels umschneiden.

8

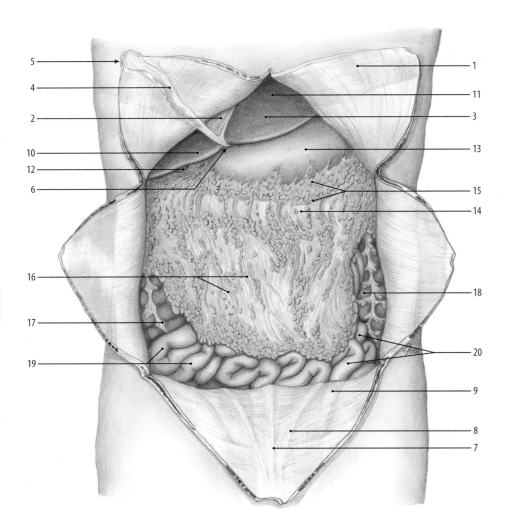

1   Peritoneum parietale
2   Ligamentum falciforme hepatis
3   Fascies diaphragmatica der Leber
4   Ligamentum teres hepatis
5   Nabel
6   Facies visceralis der Leber
7   Plica umbilicalis mediana
8   Plica umbilicalis medialis
9   Plica umbilicalis lateralis (epigastrica)
10 Lobus hepatis dexter
11 Lobus hepatis sinister
12 Vesica biliaris (- fellea)
13 Gaster (Ventriculus)
14 Colon transversum
15 Ligamentum gastrocolicum
16 Omentum majus
17 Caecum
18 Colon descendens
19 Ileum
20 Jejunum

Abb. 8.2   Organe der Peritonealhöhle (Cavitas peritonealis) – intraperitonealer Bauchsitus nach Eröffnen der Bauchhöhle [29]

Wurde die Rektusscheide auf der linken Seite nicht eröffnet, den M. rectus abdominis durchtrennen und den Muskel ablösen (◘ Abb. 8.1 und ▶ Kap. 3, ◘ Abb. 3.32)

❶ Zur Erhaltung des Ligamentum falciforme hepatis und des Ligamentum teres hepatis den Schnitt zum Eröffnen der Bauchhöhle unbedingt auf der linken Seite paramedian entlang der Linea alba führen. Nabel auf der linken Seite umschneiden.

Zusammenhängendes Eröffnen von Brust- und Bauchhöhle ▶ Abschn. „Zusammenhängendes Eröffnen von Brust- und Bauchhöhle".

Inspektion der inneren Bauchwand und der sichtbaren Organe in der Peritonealhöhle Nach abgeschlossener Durchtrennung der Bauchwand die fünf Bauchwandanteile (◘ Abb. 8.2, ◘ Abb. 8.45/Video 8.1) herausklappen und zunächst deren Unterseite mit dem *Peritoneum parietale* **(1)** inspizieren. Auf der Unterseite des rechten oberen „Bauchlappens" *Ligamentum falciforme hepatis* (Teil des

ehemaligen Mesohepaticum ventrale) **(2)** zwischen Bauchwand und *Facies diaphragmatica hepatis* **(3)** aufsuchen und anschließend das *Ligamentum teres hepatis* (obliterierte *V. umbilicalis*) **(4)** vom Nabel **(5)** zur *Facies visceralis* der Leber **(6)** verfolgen; dazu die Leber leicht anheben.

Am unteren mittleren „Bauchlappen" das Relief der Bauchwand mit *Plica umbilicalis mediana* (Urachusrest) **(7)**, *Plicae umbilicales mediales* (obliterierte Aa. umbilicales) **(8)** und *Plicae umbilicales laterales (epigastricae)* (von den Vasa epigastrica aufgeworfene Falten) **(9)** aufsuchen (s. auch ▶ Kap. 9, ◘ Abb. 9.1 und 9.2 und Abschnitt „Gemeinsames Eröffnen von Brust- und Bauchhöhle", ◘ Abb. 8.44).

❶ Beim Herausklappen der Bauchwandanteile auf pathologische Verwachsungen zwischen Peritoneum parietale und Peritoneum viscerale der Organe sowie auf Verwachsungen des *Omentum majus* **(16)** mit der Bauchwand und dem Peritoneum von Organen achten. Beim stumpfen Lösen der Verwachsungen die Strukturen nicht verletzen.

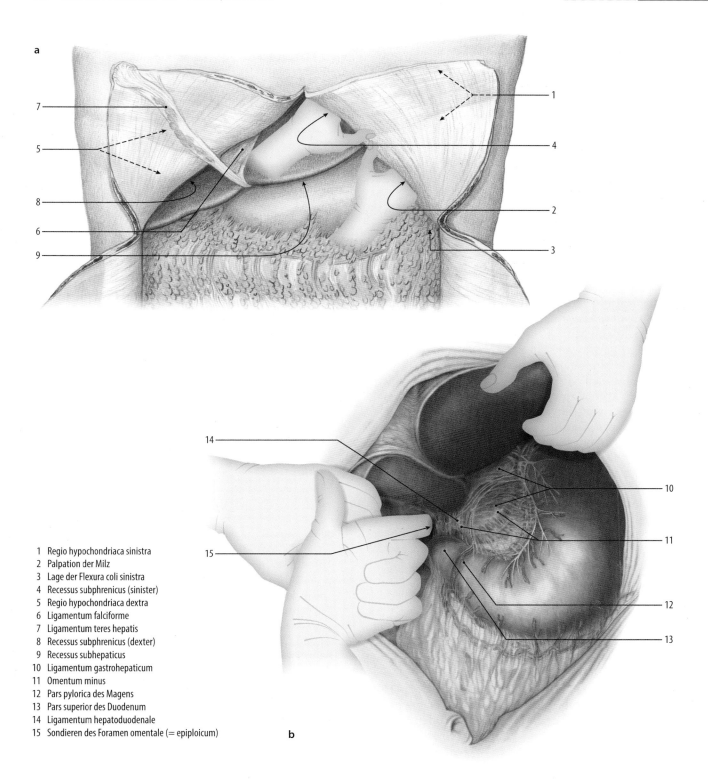

1 Regio hypochondriaca sinistra
2 Palpation der Milz
3 Lage der Flexura coli sinistra
4 Recessus subphrenicus (sinister)
5 Regio hypochondriaca dextra
6 Ligamentum falciforme
7 Ligamentum teres hepatis
8 Recessus subphrenicus (dexter)
9 Recessus subhepaticus
10 Ligamentum gastrohepaticum
11 Omentum minus
12 Pars pylorica des Magens
13 Pars superior des Duodenum
14 Ligamentum hepatoduodenale
15 Sondieren des Foramen omentale (= epiploicum)

Abb. 8.3 Palpation und Inspektion der Strukturen des Oberbauchsitus [36]

Topographie

Die in der Peritonealhöhle liegenden Baucheingeweide werden unter topographisch-klinischen Gesichtspunkten nach ihrer Lage in Organe des Oberbauches (Oberbauchsitus, Situs superior, „Drüsenbauch") und des Unterbauches (Unterbauchsitus, Situs inferior, „Darmbauch") unterteilt. Organe des Oberbauches sind Leber, Milz, Bauchspeicheldrüse, Magen und Pars superior duodeni. Im Unterbauch liegen Pars descendens und Pars horizontalis (=inferior) duodeni,

Jejunum, Ileum und Colon. Die Grenze zwischen Oberbauch und Unterbauch bildet die Wurzel des Mesenteriums (Radix mesenterii) an der hinteren Leibeswand in Höhe des ersten bis zweiten Lendenwirbels.

Höhenlokalisation von Organen der Bauchhöhle s. ◘ Abb. 4.4.

Zunächst die sichtbaren Organe in der Peritonealhöhle aufsuchen und ihre Lage inspizieren (◘ Abb. 8.2): *Lobus hepatis dexter* (10), *Lobus hepatis sinister* (11), *Vesica biliaris (Vesica fellea)* (12), *Gaster (Ventriculus)* (13), *Colon transversum* (14), *Ligamentum gastrocolicum* (15), *Omentum majus* (16), *Caecum* (17), *Colon descendens* (18), *Ileum* (19), *Jejunum* (20).

Inspektion und Palpation der Strukturen im Oberbauchsitus   Im Oberbauchsitus folgende **Strukturen durch Palpation und Inspektion studieren** (◘ Abb. 8.3a und b): In der *Regio hypochondriaca sinistra* (1) die normalerweise nicht sichtbare Milz durch Einführen der flachen Hand zwischen Bauchwand sowie Leber und Magen palpieren (2); die Milz kann inspiziert werden, wenn der Magen nach rechts-seitlich gezogen wird. Die unterschiedlich weit nach kranial reichende *Flexura coli sinistra* (3) kaudal des unteren Milzrandes unter der linken Zwerchfellkuppel palpatorisch lokalisieren. Anschließend zwischen linkem Leberlappen und Diaphragma den *Recessus subphrenicus (sinister)* (4) austasten.

In der *Regio hypochondriaca dextra* (5) *Ligamentum falciforme* (6) *Ligamentum teres hepatis* (7) aufsuchen; anschließend die Ausdehnung des *Recessus subphrenicus (dexter)* (8) palpatorisch untersuchen. Sodann die Leber leicht anheben und den Magen nach unten-vorn schieben und im Spalt zwischen Leber und Magen, *Recessus subhepaticus* (9) das *Ligamentum gastrohepaticum* (10) als Teil des *Omentum minus* (11) zunächst ertasten und anschließend inspizieren. Danach den Übergang der *Pars pylorica* des Magens (12) zur *Pars superior* des Duodenum (13) lokalisieren und das zwischen Leber und Duodenum ziehende *Ligamentum hepatoduodenale* (14) aufsuchen. Abschließend den Zeigefinger durch das hinter dem Ligamentum hepatoduodenale liegende *Foramen omentale* (=epiploicum = Foramen Winslowi) (15) in den Vorhof der Bursa omentalis einführen (Präparation der Strukturen im Ligamentum hepatoduodenale s. Präparation der Organe und Leitungsbahnen des Oberbauchsitus, ◘ Abb. 8.18).

❗ Bei der Palpation des Recessus subphrenicus die Verbindungen zwischen Leber sowie Bauchwand und Zwerchfell (Ligamentum falciforme und Ligamenta coronaria) noch nicht lösen. Beim Anheben der Leber Omentum minus nicht zerreißen.

Inspektion und Palpation der Strukturen im Unterbauchsitus   Bevor zum Studium der Organe des Unterbauches

das *Omentum majus* (1) mit dem *Colon transversum* (2) nach kranial geklappt wird, **Ausdehnung und Struktur des Omentum majus** (◘ Abb. 8.4, 8.46/Video 8.2) studieren. Zunächst seinem kranialen Teil des vorderen Blattes, Ligamentum gastrocolicum (3), zwischen großer Kurvatur des Magens (4) und *Taenia omentalis* des Querkolons (5) nachgehen. Die linksseitige Ausdehnung des großen Netzes zwischen großer Kurvatur des Magens und Milzhilus in Form des Ligamentum gastrolienale (=gastrosplenicum) (6) vom Rippenbogen aus palpieren.

Sodann die variable Form und Ausdehnung des vom Querkolon schürzenförmig herabhängenden freien Teils des großen Netzes inspizieren und seine netzförmige Struktur mit den von Fettgewebe begleiteten Gefäßbündeln der *Rami omentales* (7) aus den *Vasa gastroomentalia (=gastroepiploica)* (8) studieren. Durch Palpation die individuell unterschiedliche Dicke des Omentum majus untersuchen.

Wenn ventrales und dorsales Blatt des Omentum majus nicht miteinander verwachsen sind, kann man den makroskopischen Aufbau des großen Netzes studieren, indem man versucht, die jeweils aus zwei Lagen von Peritoneum bestehenden Blätter vorsichtig mit zwei stumpfen Pinzetten voneinander abzuheben. Der dann entstehende Spaltraum zwischen den beiden Blättern entspricht dem erweiterten Recessus inferior der Bursa omentalis (s. u.).

🔄 **Varia**

Form, Ausdehnung und Stärke des Omentum majus variieren. Das große Netz reicht nicht selten bis ins kleine Becken; es kann rudimentär ausgebildet sein oder vollständig fehlen. Unterbleibt in der Entwicklung die Verwachsung des dorsalen mit dem ventralen Blatt, so kann man mit einer langen biegsamen Sonde vom Foramen omentale durch die Bursa omentalis über den Recessus inferior zwischen Magen und Ligamentum gastrocolicum (ventral) sowie Mesocolon transversum und Colon transversum (dorsal) in den Spaltraum zwischen ventralem und dorsalem Blatt des Omentum majus gelangen; es liegt dann eine echte Bursa omentalis vor.

Im Omentum majus können Nebenmilzen vorkommen.

▶ **Klinik**

Das Ligamentum gastrocolicum dient als bevorzugter Zugangsweg zur Bursa omentalis für operative Eingriffe am Pancreas. Für operative Eingriffe kann die Bursa omentalis auch nach Durchtrennung des Mesocolon transversum erreicht werden.

Das Omentum majus als Organ des spezifischen Abwehrsystems ist innerhalb des Baumraumes passiv beweglich. Es kann bei lokalen Entzündungen zum Entzündungsort verlagert werden und den Entzündungsherd abdecken; dabei kommt es zur Verwachsung mit dem

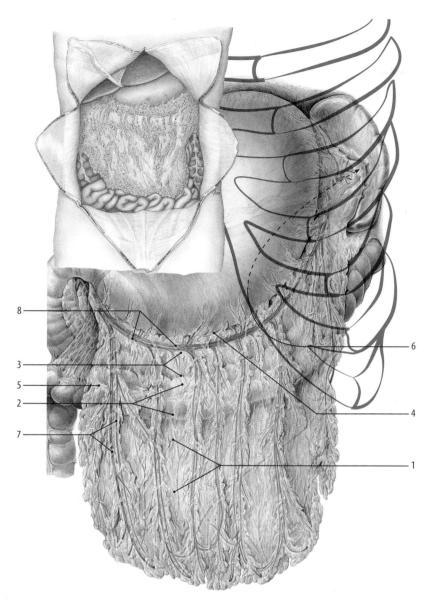

1 Omentum majus
2 Colon transversum
3 Ligamentum gastrocolicum
4 große Kurvatur des Magens
5 Taenia omentalis des Colon transversum
6 Ligamentum gastrolienale (= gastrosplenicum)
7 Rami omentales
8 Vasa gastroomentalia (= gastroepiploica)

Abb. 8.4 Omentum majus, Ansicht von vorn [46]

Peritoneum viscerale des Organs. Das große Netz ist nicht selten Bruchinhalt von Hernien. ◄

Zum weiteren Studium des Unterbauchsitus (Darmbauchsitus) das *Omentum majus* **(1)** mit dem *Colon transversum* **(2)** nach kranial klappen (■ Abb. 8.5a), um die vom Dickdarm umrahmten Dünndarmschlingen (Dünndarmkonvolut) inspizieren zu können. Zunächst die unterschiedliche Oberflächenstruktur des Dünndarms mit seiner glatten Oberfläche und des Dickdarms mit den charakteristischen Merkmalen von Taenien **(3)**, *Appendices epiploicae* **(4)**, Haustren **(5)** und *Plicae semilunares* **(6)** beachten.

Sodann die **Abschnitte des Dickdarms** aufsuchen: *Caecum* **(7)** mit *Appendix vermiformis* **(8)**, *Colon ascen-*dens **(9)** mit *Flexura coli dextra* **(10)** am Übergang zum *Colon transversum* **(2)**, *Mesocolon transversum* **(11)**, *Flexura coli sinistra* **(12)**, *Colon descendens* **(13)** und Übergang zum *Colon sigmoideum* **(14)**.

Durch Verlagerung des Dünndarmkonvolutes nach links die vom Peritoneum parietale bedeckten, zum Situs inferior gehörenden **Anteile des Dünndarms** (*Pars tecta duodeni*) mit *Pars descendens* **(15)**, *Pars horizontalis* (=inferior) **(16)**, *Pars ascendens* **(17)** sowie den Übergang in das *Jejunum* **(18)** an der *Flexura duodenojejunalis* **(19)** studieren. Anschließend Jejunum und *Ileum* **(20)** mit ihrem gemeinsamen *Mesenterium* **(21)** inspizieren. Im Bereich des Ileum auf ein *Diverticulum ilei* (Meckelsches Divertikel, s. u.) **(22)** achten und den Übergang **(23)** des Ileum in das Caecum aufsuchen.

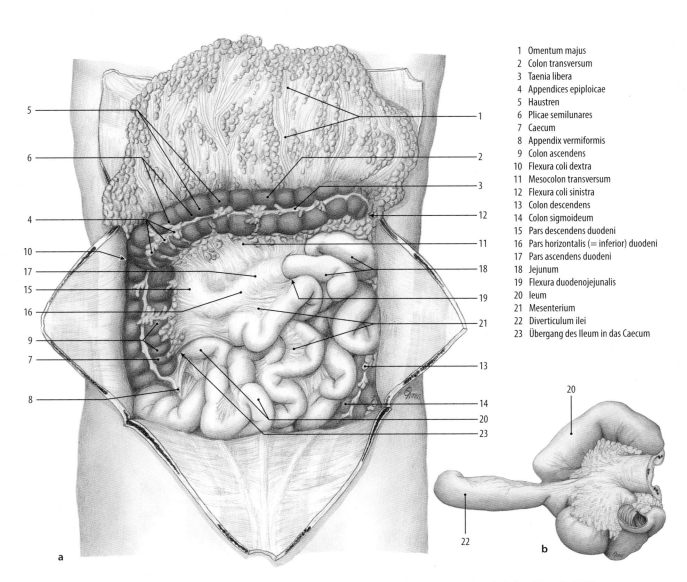

1	Omentum majus
2	Colon transversum
3	Taenia libera
4	Appendices epiploicae
5	Haustren
6	Plicae semilunares
7	Caecum
8	Appendix vermiformis
9	Colon ascendens
10	Flexura coli dextra
11	Mesocolon transversum
12	Flexura coli sinistra
13	Colon descendens
14	Colon sigmoideum
15	Pars descendens duodeni
16	Pars horizontalis (= inferior) duodeni
17	Pars ascendens duodeni
18	Jejunum
19	Flexura duodenojejunalis
20	Ileum
21	Mesenterium
22	Diverticulum ilei
23	Übergang des Ileum in das Caecum

Abb. 8.5   **a** Unterbauchsitus, Omentum majus und Colon transversum nach kranial verlagert. **b** Meckelsches Divertikel [29]

Varia

Ein Diverticulum ilei (Meckelsches Divertikel) (Abb. 8.5b) (Persistenz des inneren Anteils des Ductus omphaloentericus) kommt in 2–4 % der Fälle in variabler Länge vor. Das Divertikel kann 20 bis 100 cm oral von der Valvula iliocaecalis liegen. Bleibt eine strangartige Verbindung des Meckelschen Divertikels mit dem Nabel bestehen, kann es zur Verdrehung (Volvulus) und Strangulation des Dünndarms kommen. Ein Meckelsches Divertikel ist selten Bruchinhalt einer Hernie.

▶ Klinik

Entzündungen innerhalb des Meckelschen Divertikels können eine Appendizitis vortäuschen. Ursache für Entzündungen, Blutungen oder Wandperforationen ist meistens versprengtes Pankreasgewebe oder Magenschleimhaut innerhalb des Divertikels. ◀

Studium von Mesenterien, Plicae und Recessus sowie der reliefbildenden Strukturen von Organen des Retroperitonealraumes Zur Inspektion weiterer Strukturen im Unterbauchsitus die Verlagerung von *Colon transversum* (1) und *Omentum majus* (2) nach kranial belassen (Abb. 8.6; s. auch Abb. 8.5a).

Zum **Studium des gemeinsamen Mesenteriums (3)** von *Jejunum* (4) und *Ileum* (5) das Dünndarmkonvolut nach rechts-seitlich verlagern und die „Mesenterialplatte" von der rechten und linken Seite aus mit beiden Händen halten, um den Verlauf der Ansatzzone der *Radix mesenterii* (6) von links-oben (in Höhe des zweiten Lendenwirbelkörpers) nach rechts-unten (in Höhe des rechten Sakroiliakalgelenks) verfolgen zu können.

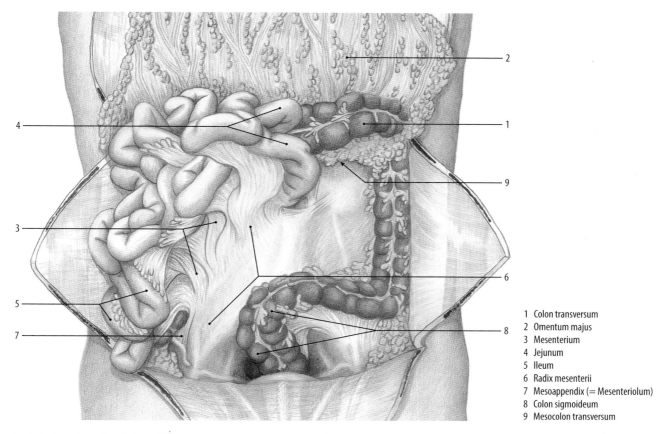

1 Colon transversum
2 Omentum majus
3 Mesenterium
4 Jejunum
5 Ileum
6 Radix mesenterii
7 Mesoappendix (= Mesenteriolum)
8 Colon sigmoideum
9 Mesocolon transversum

◘ Abb. 8.6 Unterbauchsitus, Colon transversum und Omentum majus nach oben verlagert, Dünndarmkonvolut nach rechts-seitlich verlagert, Ansicht von vorn [29]

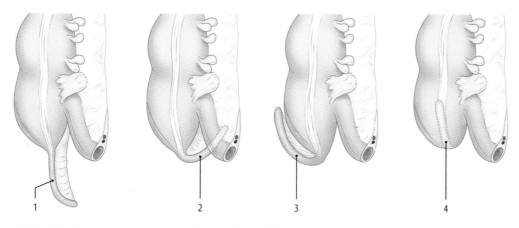

1 Appendix vermiformis ragt ins kleine Becken
2 Lage hinter dem Ileum
3 Lage lateral des Caecum
4 retrocaecale Lage

◘ Abb. 8.7 Lagevarianten der Appendix vermiformis [29]

Anschließend das Mesenterium der Appendix vermiformis, *Mesoappendix* (=Mesenteriolum) **(7)** aufsuchen. Die variable Form und Länge des *Colon sigmoideum* **(8)** und das *Mesocolon transversum* **(9)** studieren.

☻ Varia

Die Lage der Appendix vermiformis (◘ Abb. 8.7) variiert. In einem Drittel der Fälle ragt sie nach kaudal ins kleine Becken **(1)**; in jeweils ca. 2 % der Fälle liegt der Wurmfortsatz vor oder hinter **(2)** dem Ileum; ebenso häufig ist er nach lateral **(3)** verlagert. Eine retrocaecale Lage **(4)** kommt in ca. 65 % der Fälle vor. Beim Caecum fixum (s. u.) liegt der Wurmfortsatz dann außerhalb der Peritonealhöhle im Gewebe der Mesenterialwurzel des Caecum. In Folge einer Störung der „Darmdrehung" während der Embryonalzeit kann

8

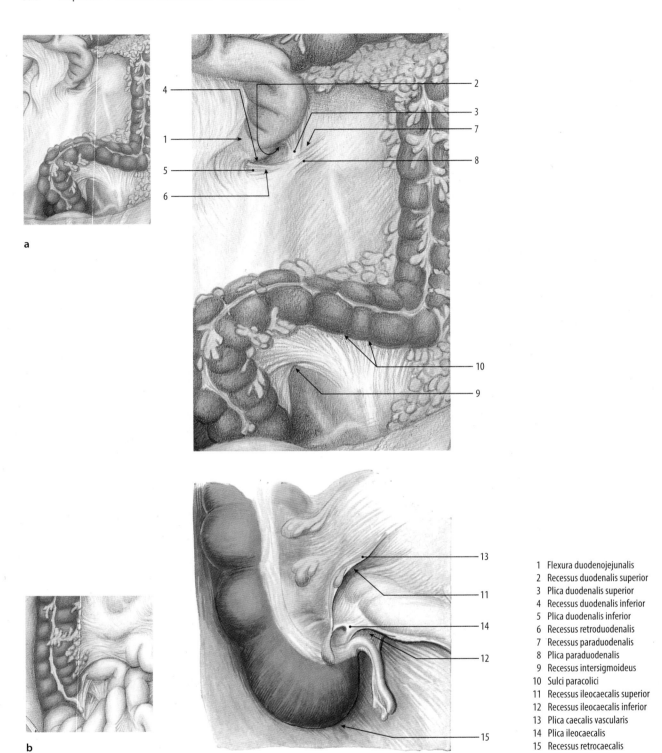

1	Flexura duodenojejunalis
2	Recessus duodenalis superior
3	Plica duodenalis superior
4	Recessus duodenalis inferior
5	Plica duodenalis inferior
6	Recessus retroduodenalis
7	Recessus paraduodenalis
8	Plica paraduodenalis
9	Recessus intersigmoideus
10	Sulci paracolici
11	Recessus ileocaecalis superior
12	Recessus ileocaecalis inferior
13	Plica caecalis vascularis
14	Plica ileocaecalis
15	Recessus retrocaecalis

◻ **Abb. 8.8**   Unterbauchsitus, Recessusbildungen, Teilansichten von vorn [29]

die Appendix vermiformis mit dem Caecum im linken-unteren Bereich der Bauchhöhle liegen.

▶ **Klinik**

Die akute Appendizitis ist die häufigste Ursache für ein „akutes Abdomen". Die Appendektomie zählt in Deutschland zu den am häufigsten durchgeführten Operationen. Hauptsymptome der akuten Appendizitis sind Druckschmerz und Abwehrspannung (Defense musculaire) im Bereich des McBurneyschen Punktes (◻ Abb. 3.3) sowie Loslass-Schmerz (Blumbergsches Zeichen) im rechten Unterbauch und gekreuzter Loss-

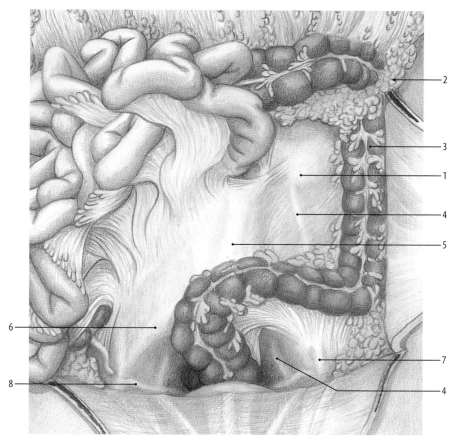

1 linke Niere
2 linke Kolonflexur
3 Colon descendens
4 Ureterfalte
5 Aorta abdominalis
6 A. iliaca communis
7 Vasa testicularia
8 Ductus deferens

Abb. 8.9   Relief der hinteren Bauchwand, Ansicht des Unterbauchsitus von vorn nach Verlagerung von Colon transversum und Dünndarmkonvolut [29]

lass-Schmerz im Bereich des linken Unterbauches. Bei retrocaecaler Lage der Appendix vermiformis (■ Abb. 8.7) fehlt der sonst auslösbare Schmerz bei der rektalen Untersuchung. Ein perityphlitischer Abzess geht von einer Entzündung des Peritoneum viscerale an Caecum und Appendix vermiformis aus. ◀

Sodann die **Recessus des Darmbauches** (■ Abb. 8.8a,b, ■ Abb. 8.46/Video 8.2) aufsuchen und mit stumpfer Pinzette oder Finger sondieren: Im Bereich der *Flexura duodenojejunalis* **(1)** *Recessus duodenalis superior* **(2)** hinter der *Plica duodenalis superior* (=duodenojejunalis) **(3)**, *Recessus duodenalis inferior* **(4)** hinter der *Plica duodenalis inferior* (=Plica duodenomesocolica) **(5)** sowie die variabel ausgebildeten *Recessus retroduodenalis* **(6)** zwischen Duodenum und Aorta und *Recessus paraduodenalis* **(7)** hinter der *Plica paraduodenalis* **(8)**.

Den individuell unterschiedlich tiefen *Recessus intersigmoideus* **(9)** auf der linken Seite unterhalb des Mesocolon sigmoideum austasten. Nischenartige Aussackungen des Bauchfells im Bereich des Colon descendens, *Sulci paracolici* **(10)** beachten.

Im Übergangsbereich von Ileum und Caecum (■ Abb. 8.8b) *Recessus ileocaecalis superior* **(11)** ober-

halb und *Recessus ileocaecalis inferior* **(12)** unterhalb der Einmündung des Ileum in das Caecum aufsuchen und palpieren. Oberhalb des Recessus ileocaecalis superior *Plica caecalis vascularis* (Bauchfellfalte mit Ästen der A. und V. ilieocolica) **(13)** sowie die sich zwischen Ileum, Caecum und Processus vermiformis über dem Eingang zum Recessus ileocaecalis inferior ausspannende *Plica ileocaecalis* **(14)** beachten. Unterschiedliche Ausdehnung des *Recessus retrocaecalis* **(15)** (s. u.) studieren.

Relief der hinteren Wand der Bauchhöhle   Die Deutlichkeit, mit der sich die retroperitonealen Strukturen im Relief der hinteren Wand der Bauchhöhle abzeichnen, ist von der Fetteinlagerung abhängig (■ Abb. 8.9).

Im linken Oberbauch Vorwölbung der linken Niere **(1)** aufsuchen und ihre enge, variable Lagebeziehung zur linken Kolonflexur **(2)** sowie zum kranialen Abschnitt des *Colon descendens* **(3)** studieren. Kaudal des unteren Nierenpols die vom *Ureter* **(4)** aufgeworfene Falte nach kaudal bis ins Becken verfolgen; auf der linken Seite die Ureterfalte in der hinteren Wand des Recessus intersigmoideus beachten. Vorwölbung der *Aorta abdominalis* **(5)** und der *Aa. iliacae communes* **(6)** inspizieren. Falte der *Vasa testicularia (ovarica)* **(7)** seitlich von der

Aorta abdominalis und am Übergang zum Becken aufsuchen. Falte der Pars pelvica des *Ductus deferens (Ligamentum teres (=rotundum) uteri)* **(8)** palpieren (s. auch ◻ Abb. 9.1 und 9.2)

Fixierungsbedingt sind die blutgefüllten Venen (V. cava inferior; Vv. iliacae communes) im Retroperitonealraum tastbar.

⊜ Varia des Unterbauchsitus

Lagevarianten des Caecum und der Appendix vermiformis sind Folge einer Störung der „Darmdrehung" während der Embryonalzeit. Blinddarm und Wurmfortsatz können in unterschiedlicher Höhe zwischen der Fossa iliaca und dem rechten Rippenbogen liegen.

Die Anheftung des Caecum an der Leibeswand variiert. Beim Caecum fixum ist das gesamte Caecum ohne Ausbildung eines „Meso" unverschieblich an der Beckenwand auf dem M. iliacus fixiert. Frei beweglich ist das Caecum bei Ausbildung eines langen „Meso" (Caecum liberum). Entsprechend variabel ist die Ausdehnung des Recessus retrocaecalis. Ein Recessus retrocaecalis fehlt, wenn das Caecum vollständig mit der Wand der Fossa iliaca verwachsen ist. Bei fehlender Anheftung an der hinteren Bauchwand kann sich der Recessus bis zum Colon ascendens ausdehnen.

Die variable Lage der Kolonflexuren in Bezug auf die Nieren hat klinische Bedeutung. Die Flexura coli dextra liegt unterhalb des rechten Nierenpols oder auf dem unteren Pol der rechten Niere. Aufgrund der großen Variabilität des Verlaufs der linken Kolonflexur kann diese in Höhe des unteren oder oberen Nierenpols sowie unterhalb des linken Nierenpols liegen.

Die Länge des Mesocolon transversum variiert; entsprechend variabel ist die Form des Colon transversum (z. B. „U-Form" oder „W-Form"). Bei sehr langem Mesocolon transversum kann das Querkolon ins kleine Becken ragen.

Länge und Form des Colon sigmoideum sind individuell verschieden. Ist das Sigmoid sehr lang, kann die orale Schlinge weit nach kranial in den Bauchraum ragen; bei kurzem Sigmoid fehlt die typische Schlingenbildung.

Durch Hemmung im Ablauf der „Darmdrehung" kommt es je nach dem Zeitpunkt der Entwicklungsstörung zu unterschiedlich ausgeprägten Fehlbildungen in Form eines gemeinsamen Mesenterium von Dickdarm und Dünndarm (Mesenterium [ileocolicum] commune). Aufgrund der fehlenden Anheftung des Kolons an der Leibeswand kann es aufgrund der Beweglichkeit des Darmes zur Torquierung und Strangulation mit der Gefahr eines Ileus kommen.

Die Ausdehnung der Recessus innerhalb der Bauchhöhle variiert (s. u.).

(Lagevarianten der Appendix vermiformis und Diverticulum ilei, s. o.).

Ein erweiterter Recessus duodenalis superior kann zum „Bruchsack" für Dünndarmschlingen werden (Treitzsche Hernie). Intraabdominale (innere) Hernien kommen auch in der Bursa omentalis, in den Recessus ileocaecales superior und inferior sowie im Recessus intersigmoideus vor. ◀

8.2.3 Präparation der Organe und Gefäße des Unterbauchsitus

Vasa mesenterica superiora Zur Präparation der *A. mesenterica superior* **(1)** und ihrer Gefäßabgänge sowie der *V. mesenterica superior* **(2)** mit ihren Zuflüssen (◻ Abb. 8.10a, 8.47/Video 8.3) Colon transversum und Omentum majus wie bei den vorangegangenen Demonstrationen nach kranial klappen. *Jejunum* **(3)** und *Ileum* **(4)** mit dem gemeinsamen Mesenterium nach links verlagern und das Dünndarmkonvolut so weit wie möglich fächerförmig ausbreiten und für die Freilegung der Gefäße halten lassen.

Gefäßstämme der Vasa mesenterica superiora unterhalb der Radix des *Mesocolon transversum* **(5)** rechts von der *Flexura duodenojejunalis* **(6)** ertasten und anschließend das *Peritoneum parietale* **(7)** darüber durch eine Stichinzision vorsichtig spalten (s. Inset). Anschließend das Peritoneum teils stumpf mit stumpfer anatomischer Pinzette teils scharf ablösen und die Gefäße durch Abtragen des subperitonealen Fettgewebes kaudalwärts freilegen. Sodann die Abgänge der aus der A. mesenterica superior entspringenden Arterien sowie analog die in die V. mesenterica superior mündenden Venen präparieren; erst danach den Gefäßen in die Peripherie nachgehen. Beim Abtragen des subperitonealen Fettgewebes im Bereich des Vasa mesenterica superiora die am Stamm der Gefäße liegenden *Nodi superiores centrales* **(8)** beachten.

Zuerst die aus der Vorderwand der A. mesenterica superior abgehende *A. colica media* **(9)** aufsuchen. Die auf der linken Seite der A. mesenterica superior im kranialen Abschnitt entspringenden *Aa. jejunales* **(10)** sowie weiter kaudal die *Aa. ileales* **(11)** mit ihren begleitenden Venen freilegen. Auf der rechten Seite die Abgänge von *A. colica dextra* **(12)** und *A. ileocolica* **(13)** darstellen.

Nach Aufsuchen der abgehenden Arterien und der einmündenden Venen die Gefäße peripherwärts bis zum Darm freilegen. Beim Entfernen des Fettgewebes auf Lymphknoten achten.

Bei der Präparation der Aa. und Vv. jejunales und ileales das Peritoneum parietale mit dem subperitonealen Fettgewebe nur auf der rechten Seite der Mesenterialplatte abtragen; das linke Peritonealblatt **(14)** bleibt erhalten (◻ Abb. 8.48/Video 8.4). Nach Abschluss der Prä-

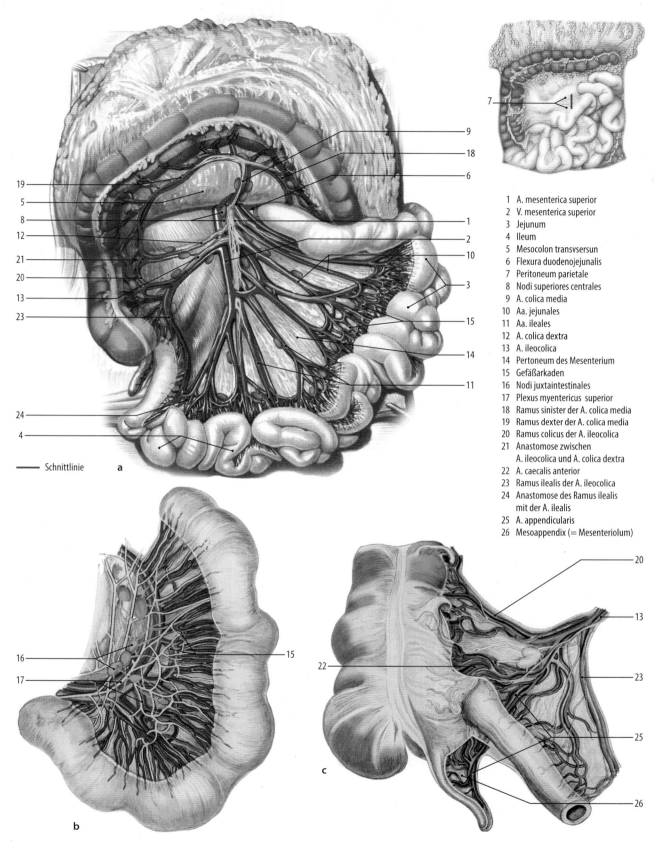

— Schnittlinie   **a**

b

c

1 A. mesenterica superior
2 V. mesenterica superior
3 Jejunum
4 Ileum
5 Mesocolon transvsersun
6 Flexura duodenojejunalis
7 Peritoneum parietale
8 Nodi superiores centrales
9 A. colica media
10 Aa. jejunales
11 Aa. ileales
12 A. colica dextra
13 A. ileocolica
14 Pertoneum des Mesenterium
15 Gefäßarkaden
16 Nodi juxtaintestinales
17 Plexus myentericus superior
18 Ramus sinister der A. colica media
19 Ramus dexter der A. colica media
20 Ramus colicus der A. ileocolica
21 Anastomose zwischen
    A. ileocolica und A. colica dextra
22 A. caecalis anterior
23 Ramus ilealis der A. ileocolica
24 Anastomose des Ramus ilealis
    mit der A. ilealis
25 A. appendicularis
26 Mesoappendix (= Mesenteriolum)

◻ **Abb. 8.10** **a** Freilegen von A. und V. mesenterica superior und ihrer Äste, Colon transversum nach oben und Dünndarm nach linksseitlich verlagert, Ansicht von vorn Inset: Schnittführung zur Freilegung des Abgangs der A. mesenterica superior aus der Aorta abdominalis. **b** Jejunumschlinge mit freigelegten Gefäßarkaden. **c** Arterien und Venen im ileocaecalen Übergangsbereich, Ansicht von vorn [36]

paration sollen die freigelegten Gefäße auf dem linken Peritonealblatt der Mesenterialplatte liegen. Beim Freilegen der Gefäße in der Peripherie die Querverbindungen in Form von Gefäßarkaden **(15)** beachten, die im Bereich der Vv. und Aa. ileales aus bis zu vier Arkadenreihen bestehen können. Die aus der letzten Arkade abzweigenden in gerader Richtung ziehenden Äste bis zum Darm verfolgen (Endarterien) (▣ Abb. 8.10b). Im Endabschnitt der Gefäße auf *Nodi juxtaintestinales* **(16)** achten. Durch vorsichtiges Entfernen des Fett- und Bindegewebes mit der Messerspitze auf dem größeren Gefäßen Äste des *Plexus mesentericus superior* **(17)** freilegen.

Alternative: Die Präparation der Dünndarmgefäße mit Darstellung der Gefäßarkaden und der Endaufzeigungen auf einen Abschnitt von ca. 20 cm im Anfangsteil des Jejunum oder im Endabschnitt des Ileum beschränken. Dabei die Äste der Aa. und Vv. jejunales und ileales nur bis zur Aufzweigung vor der Arkadenbildung freilegen.

Bei der Präparation von *A.* und *V. colica media* **(9)** und ihrer Äste das vordere Peritonealblatt des Mesocolon transversum vorsichtig abtragen und dem in Richtung linker Kolonflexur ziehenden *Ramus sinister* der A. colica media **(18)** sowie dem zur rechten Kolonflexur ziehenden *Ramus dexter* der A. colica media **(19)** nachgehen. Sodann auf der rechten Seite die *A. colica dextra* **(12)** bis zum Colon ascendens verfolgen und die Verbindung mit der A. colica media aufsuchen (▣ Abb. 8.49/Video 8.5).

Zur Freilegung der *A. ileocolica* **(13)** mit den begleitenden Venen Peritoneum und subperitoneales Fettgewebe entlang der Radix mesenterii abtragen, dabei zuerst den *Ramus colicus* **(20)** mit seiner Anastomose **(21)** zur A. colica dextra freilegen. Anschließend die das Caecum versorgenden *A. caecalis anterior* **(22)** und A. caecalis posterior darstellen (▣ Abb. 8.10c). Abschließend dem *Ramus ilealis* **(23)** durch das Mesenterium nachgehen und die Anastomose **(24)** mit der am weitesten kaudal abgehenden A. ilealis präparieren. Abschließend die *A. appendicularis* **(25)** aufsuchen und die Arterie hinter dem terminalen Ileum bis in die *Mesoappendix (Mesenteriolum)* **(26)** verfolgen.

❗ Bei der Freilegung der Aa. und Vv. jejunales und ileales das Peritonealblatt auf der linken Seite der Mesenterialplatte unbedingt erhalten und den Nervenplexus auf den Gefäßen nicht entfernen! Beim Abtragen des subperitonealen Fettgewebes die Strukturen des Retroperitonealraumes noch nicht freilegen.

🔄 **Varia**

Ein Ursprung der A. mesenterica superior aus dem Truncus coeliacus oder aus der A. hepatica communis kommt selten vor. Gelegentlich beteiligt sich die A. mesenterica superior an der Blutversorgung der Oberbauchorgane. So entspringt der Ramus dexter der A. hepatica propria in ca. 10 % der Fälle aus der A. mesenterica superior; selten kommt die A. hepatica propria aus der A. mesenterica superior.

Die Anzahl der aus der A. mesenterica superior abgehenden Aa. jejunales und ileales variiert. Von den zum Colon ziehenden Arterien entspringen A. colica dextra und A. ileocolica oder A. colica dextra und A. colica media gelegentlich aus einem gemeinsamen Stamm. A. colica media und A. colica dextra können fehlen. Die beiden Arterien sind selten verdoppelt oder verdreifacht. Die A. appendicularis kommt meistens aus der Anastomose zwischen A. ileocolica und der am weitesten kaudal liegenden A. ilealis; sie kann auch direkt aus der A. ileocolica sowie aus der vorderen oder hinteren A. caecalis abzweigen.

▶ **Klinik**

Häufigste Ursache einer akuten Ischämie der Bauchorgane ist die arterielle Embolie gefolgt von der arteriellen Thrombose auf dem Boden einer schweren Arteriosklerose (s. Aortenaneurysma). Am häufigsten betroffen von den drei Hauptarterien des Bauchraumes ist die A. mesenterica superior. Bei sich langsam entwickelnden Stenosen kann die Blutversorgung über bestehende Anastomosen und Kollateralkreisläufe zwischen den Hauptarterien (s. u.) kompensiert werden. ◀

Vasa mesenterica inferiora Zur Freilegung der Vasa mesenterica inferiora (▣ Abb. 8.11, 8.50/Video 8.6) das Dünndarmkonvolut nach rechts-seitlich verlagern. *Aorta abdominalis* **(1)** palpieren und den Abgang der *A. mesenterica inferior* **(2)** ca. 5–7 cm unterhalb des Abgangs der A. mesenterica superior aufsuchen und durch Inzision des Peritoneum parietale sowie durch Abtragen des subperitonealen Fettgewebes freilegen. Anschließend wie bei der Präparation der A. mesenterica superior vorgehen und das die Gefäße bedeckende Peritoneum parietale sowie das subperitoneale Fettgewebe abtragen. Dabei beachten, dass die Hauptstämme von A. mesenterica inferior und *V. mesenterica inferior* **(3)** nicht gemeinsam laufen; erst im peripheren Bereich ziehen die Venen in Begleitung der Arterien. Den Hauptstamm der V. mesenterica inferior ca. 5 cm links-seitlich von der A. mesenterica inferior aufsuchen und nach kranial bis zur Grenze des Präparationsgebietes freilegen (die vollständige Freilegung erfolgt bei der Präparation des Oberbauchsitus, s. u.). Beim Abtragen des subperitonealen Fettgewebes auf *Nodi mesenterii inferiores* **(4)** achten.

Alternative: Vasa mesenterica inferiora erst nach der Entnahme von Jejunum und Ileum präparieren.

A. mesenterica inferior bis zur Aufteilung in *A. colica sinistra* **(5)** und *Aa. sigmoideae* **(6)** nachgehen. Sodann dem aus der A. colica sinistra abzweigenden zunächst streckenweise mit der V. mesenterica inferior verlaufenden *Ramus ascendens* **(7)** kranialwärts folgen; seinen bogenförmigen Verlauf zum Colon descendens und die Verbindung (*A. ascendens* **[8]**) zur A. colica media präparieren (Riolansche Anastomose, s. u.). *Ramus descen-*

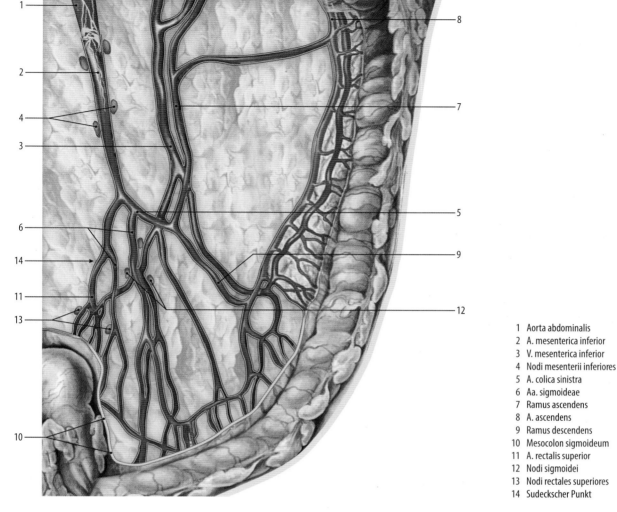

1 Aorta abdominalis
2 A. mesenterica inferior
3 V. mesenterica inferior
4 Nodi mesenterii inferiores
5 A. colica sinistra
6 Aa. sigmoideae
7 Ramus ascendens
8 A. ascendens
9 Ramus descendens
10 Mesocolon sigmoideum
11 A. rectalis superior
12 Nodi sigmoidei
13 Nodi rectales superiores
14 Sudeckscher Punkt

■ **Abb. 8.11** Freilegen von A. und V. mesenterica inferior und ihrer Äste, Ansicht von vorn [46]

dens **(9)** der A. colica sinistra bis zum Colon descendens nachgehen und die Anastomosen mit den Aa. sigmoideae darstellen.

Anschließend die meistens zwei Aa. sigmoideae im *Mesocolon sigmoideum* **(10)** bis zum Colon sigmoideum freilegen. Dem Endast der A. mesenterica inferior, *A. rectalis superior* **(11)** hinter das Rectum bis zum Eingang ins kleine Becken folgen. Im perivaskulären Bindegewebe nach *Nodi sigmoidei* **(12)** und *Nodi rectales superiores* **(13)** suchen. Abschließend die Aufzweigung der Arterien und der begleitenden Venen in Darmwandnähe präparieren und die arkadenartige Anordnung im Bereich der Aa. sigmoideae und des Ramus descendens der A. colica sinistra beachten.

(Anastomosen zwischen A. mesenterica inferior und A. iliaca interna s. u.)

🛑 Beim Freilegen der A. colica sinistra und ihrer Äste die im Retroperitonealraum liegenden Strukturen (Ureter, Vasa ovarica/testicularia) nicht verletzen. Beim Abtra-

gen des subperitonealen Fettgewebes die Lymphknoten studieren.

🔄 Topographie

Als Sudeckschen Punkt **(14)** bezeichnet man die letzte Anastomose der untersten A. sigmoidea mit der A. rectalis superior. Bei einer Unterbindung der A. rectalis superior unterhalb der Abzweigung der letzten A. sigmoidea ist eine ausreichende Blutversorgung des Rectum nicht gewährleistet. Zwischen den Versorgungsgebieten der A. rectalis superior und der A. rectalis media werden intramurale Anastomosen beschrieben.

🔄 Varia

Die aus der A. mesenterica inferior abgehenden Arterien weichen in Astfolge, Form, Verlauf und Anzahl individuell stark voneinander ab. Die A. colica sinistra fehlt nicht selten; Ramus ascendens und Ramus descendens zweigen dann direkt aus der A. mesenterica inferior ab. Eine akzessorische A. colica media entspringt gelegentlich aus der A. mesenterica inferior oder aus der A. colica sinistra.

Der Aufbau der Riolanschen Anastomose zwischen Ramus sinister der A. colica media und Ramus ascendens der A. colica sinistra variiert: Die Verbindung aus der A. mesenterica inferior zur A. colica media kann über einen zentralen oder über einen marginalen aufsteigenden Ast der A. colica sinistra zustande kommen. An der Anastomose können sich eine akzessorische A. colica media und ein akzessorischer Ramus sinister der A. colica media beteiligen.

Anzahl und Arkadenbildung zeigen bei den Aa. sigmoideae eine große Schwankungsbreite; am häufigsten kommen zwei bis drei, selten bis zu fünf Arterien vor. In einem Drittel der Fälle sind Primärarkaden, seltener Sekundärarkaden ausgebildet. Aa. sigmoideae können aus der A. colica sinistra oder aus

der A. rectalis superior in variabler Kombination abzweigen.

Die A. rectalis superior entspringt meistens eigenständig aus der A. mesenterica inferior; sie kann auch aus dem Ramus descendens der A. mesenterica inferior oder aus einem gemeinsamen Stamm mit der letzten A. sigmoidea (A. sigmoidea ima) hervorgehen.

Eine akzessorische A. colica media entspringt gelegentlich aus der A. mesenterica inferior oder aus der A. colica sinistra.

8.2.4 Herausnahme des Darmes – Präparation und Inspektion

Bevor der Darm herausgenommen wird, die einzelnen Versorgungsgebiete der Vasa mesenterica superiora und der Vasa mesenterica inferiora sowie die Anastomosen zwischen den Gefäßen nochmals studieren und einprägen.

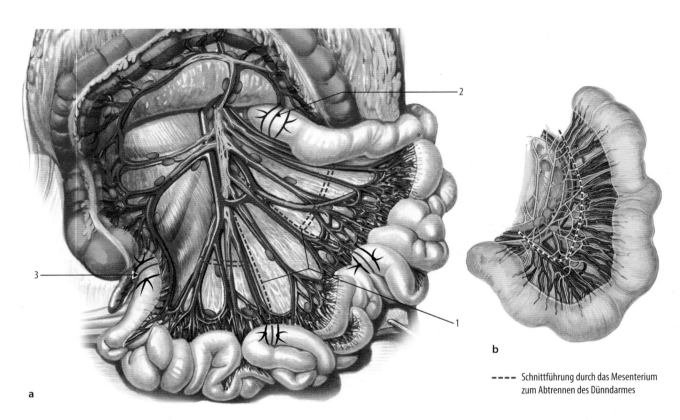

a

──── Schnittführung durch das Mesenterium zum Abtrennen des Dünndarmes

b

────── Schnittführung zum Durchtrennen des Dünndarmes

---- Schnittführung zum Abtrennen des mittleren Dünndarmabschnittes

==== Schnittführung zum Durchtrennen von Mesenterium sowie Vasa jejunalia und ilealia

Abbinden des Darmes

□ **Abb. 8.12   a** Darmbauchsitus, Ansicht von vorn. Schnittführung zur Abtrennung des mittleren Dünndarmabschnittes. Schnittführung zum Durchtrennen des Darmes. Schnittführung zum Durchtrennen von Mesenterium sowie Vasa jejunalia und ilealia. Unterbindungs-

stellen zur Unterbindung des Dünndarmes. **b** Dünndarmabschnitt mit Mesenterium und Leitungsbahnen. Schnittführung durch das Mesenterium zum Abtrennen des Dünndarmes [36]

- - - - Schnittführung zum Eröffnen
des Dünndarmes neben dem Mesenterialansatz

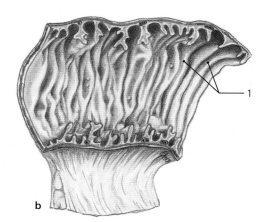

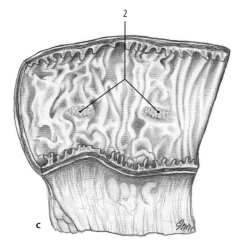

1 Plicae circulares des Jejunum
2 Nodi lymphoidei aggregati
(Peyersche Plaques)

■ **Abb. 8.13** **a** Schnittführung zum Eröffnen des Dünndarmes neben dem Mesenterialansatz. **b** Schleimhaut des Jejunum. **c** Schleimhaut des Ileum [29]

Herausnahme von Jejunum und Ileum Die Vorbereitung der Herausnahme von Jejunum und Ileum richtet sich nach der alternativen Vorgehensweise bei der Präparation der Gefäße.
- Wurden die Gefäße im gesamten Bereich von Jejunum und Ileum bis in die Endaufzweigungen präpariert, sollte das in situ verbleibende ca. 20 cm lange Dünndarmsegment wegen der unterschiedlichen Ausbildung der Gefäßarkaden aus dem Übergangsbereich zwischen Jejunum und Ileum stammen **(1)** (■ Abb. 8.12a).
- Wurde die vollständige Gefäßpräparation auf den Anfangsteil des Jejunum und auf den Endabschnitt des Ileum begrenzt, sollten beide Dünndarmsegmente mit den Gefäßen erhalten bleiben.

Der Dünndarm wird an den Entnahmestellen doppelt abgebunden. Unabhängig von der vorangegangenen Präparation wird das Jejunum ca. 2 cm unterhalb der Flexura duodenojejunalis **(2)** und das Ileum ca. 2 cm vor dem Übergang zum Caecum **(3)** abgebunden (■ Abb. 8.51/Video 8.7).

Nach dem Abbinden den Dünndarm jeweils zwischen den beiden Abbindungsstellen mit dem Messer durchtrennen. Anschließend den Darm am abgebundenen Ende des herauszunehmenden Abschnitts mit der

Hand so halten, dass das Mesenterium straff gespannt ist. Sodann mit dem Messer oder mit der Knopfschere das Mesenterium ca. 1 cm von der Darmwand entfernt durchtrennen (■ Abb. 8.12b, 8.52/Video 8.8); dabei das Mesenterium während des Abtrennens in gespanntem Zustand halten lassen.

Abschließend die gelösten Dünndarmabschnitte herausnehmen und Mesenterium mit den darin verlaufenden Ästen der Aa. und Vv. jejunales sowie der Aa. und Vv. ileales etwa handbreit zurückschneiden.

Die herausgenommenen Dünndarmabschnitte von außen inspizieren und anschließend den Darm mit der Schere neben dem Mesenterialansatz der Länge nach aufschneiden (■ Abb. 8.13a).

Darminhalt unter fließendem Wasser ausspülen und das Schleimhautrelief unter Berücksichtigung der postmortalen Veränderungen studieren. Im Jejunum die hohen *Plicae circulares* (Kerckringsche Falten) **(1)** (■ Abb. 8.13b) beachten, im Ileum gegenüber dem Mesenterialansatz zwischen den flachen Falten nach *Nodi lymphoidei aggregati* (Peyersche Plaques) **(2)** (■ Abb. 8.13c) suchen.

❗ Zur Erhaltung der gegenüber dem Mesenterialansatz liegenden Peyerschen Plaques den Dünndarm neben dem Mesenterialansatz aufschneiden.

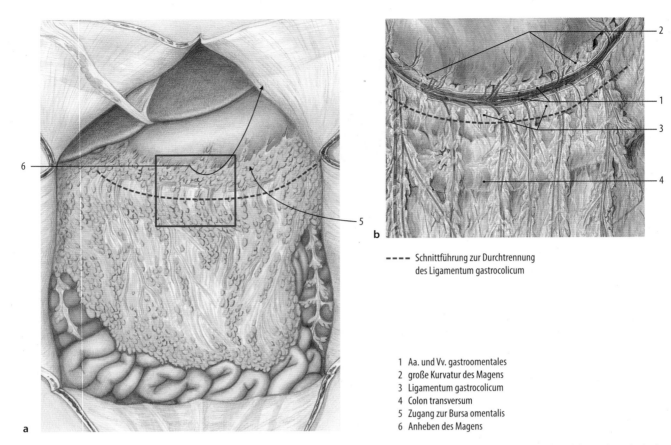

- - - - Schnittführung zur Durchtrennung
des Ligamentum gastrocolicum

1 Aa. und Vv. gastroomentales
2 große Kurvatur des Magens
3 Ligamentum gastrocolicum
4 Colon transversum
5 Zugang zur Bursa omentalis
6 Anheben des Magens

◼ **Abb. 8.14** **a** Bauchsitus, Teilansicht von vorn. Schnittführung zur Durchtrennung des Ligamentum gastrocolicum [29]. **b** Große Kurvatur des Magens und Omentum majus, freigelegte Vasa gastroo- mentalia im Ligamentum gastrocolicum, Teilansicht (s. Ausschnitt in ◼ Abb. 8.14a) von vorn [35]

Herausnahme des Dickdarms   Vor der Herausnahme des Dickdarms (◼ Abb. 8.14a,b) die *Aa.* und *Vv. gastroo- mentales (=gastroepiploicae) dextrae* und *sinistrae* **(1)** (◼ Abb. 8.3) unterhalb der großen Kurvatur des Magens **(2)** freilegen. Sodann *Ligamentum gastrocolicum* **(3)** unterhalb der Vasa gastroomentalia (=gastroepiploica) an seiner Anheftung am *Colon transversum* **(4)** durch- trennen. Den damit geschaffenen Zugang zur *Bursa omentalis* **(5)** durch Anheben des Magens **(6)** inspizieren und anschließend die Bursa omentalis mit der flach ein- geführten Hand austasten: Von dem hinter dem Magen liegenden Teil (Recessus retrogastricus) bis unter den vom Omentum minus bedeckten Abschnitt vordringen; am Boden der Bursa omentalis das Pancreas palpieren.

▶ **Klinik**

Das Ligamentum gastrocolicum dient als bevorzugter Zugangsweg zur Bursa omentalis für operative Eingriffe am Pancreas. Für operative Eingriffe kann die Bursa omentalis auch nach Durchtrennung des Omentum mi- nus oder selten über das Mesocolon transversum erreicht werden. ◀

Zur **Vorbereitung der Herausnahme des Dickdarms** das Colon sigmoideum vor dem Übergang zum Rectum doppelt abbinden (◼ Abb. 8.15a, 8.53/Video 8.9). An- schließend die Gefäße des Dickdarms vom Caecum bis zum Colon sigmoideum unmittelbar an der Darmwand abtrennen (◼ Abb. 8.15b); dabei die Blutversorgung der einzelnen Darmabschnitte wiederholen.

Mit der Herausnahme des Dickdarms am Caecum be- ginnen; dazu das Caecum mit der Appendix vermiformis und dem Stumpf des terminalen Ileum nach Durchtren- nung des Mesenteriums des terminalen Ileumstumpfes (◼ Abb. 8.15a) **(1)** unter Berücksichtigung seiner vari- ablen Anheftung von der hinteren Leibeswand stumpf lösen. Vor dem Herausnehmen des Colon ascendens zu- nächst das Peritoneum im Bereich seiner Anheftung an der hinteren Bauchwand durchtrennen (◼ Abb. 8.15b) und anschließend das Colon ascendens bis zur rechten Kolonflexur von seinem Anheftungsfeld stumpf lösen.

Zum Ablösen des Colon transversum das *Mesocolon transversum* **(2)** darmnah – alternativ an seiner Wurzel – durchtrennen und danach die flache Hand in die Bursa omentalis führen. Das Omentum majus verbleibt am Colon transversum.

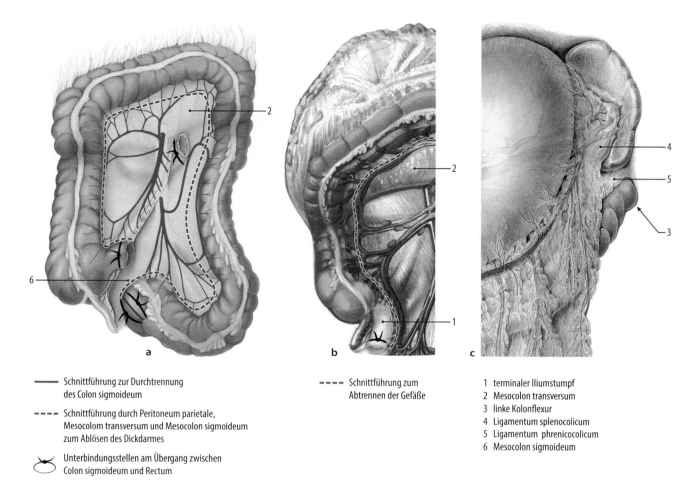

a

b

c

— Schnittführung zur Durchtrennung
   des Colon sigmoideum

---- Schnittführung durch Peritoneum parietale,
     Mesocolom transversum und Mesocolon sigmoideum
     zum Ablösen des Dickdarmes

◯ Unterbindungsstellen am Übergang zwischen
   Colon sigmoideum und Rectum

---- Schnittführung zum
     Abtrennen der Gefäße

1 terminaler Iliumstumpf
2 Mesocolon transversum
3 linke Kolonflexur
4 Ligamentum splenocolicum
5 Ligamentum phrenicocolicum
6 Mesocolon sigmoideum

◻ Abb. 8.15 a Dickdarm mit Blutversorgung, Ansicht von vorn. Unterbindungsstellen am Übergang zwischen Colon sigmoideum und Rectum. Schnittführung zur Durchtrennung des Colon sigmoideum. Schnittführung durch Peritoneum parietale, Mesocolon transversum und Mesocolon sigmoideum zum Ablösen des Dickdarmes [35]. **b** Caecum, Colon ascendens und Colon transversum, Teilansicht von vorn. Schnittführung zum Abtrennen der Gefäße [36]. **c** Linke Kolonflexur mit Verbindungen zu Milz und Zwerchfell, Teilansicht von vorn [35]

Zur Mobilisierung der variablen linken Kolonflexur (◻ Abb. 8.15c) **(3)** die Verbindungen zur Milz das *Ligamentum splenocolicum* **(4)** und zum Zwerchfell, *Ligamentum phrenicocolicum* **(5)** zunächst ertasten und anschließend stumpf lösen. Sodann das Colon descendens herausnehmen; vorher wie beim Colon ascendens die Anheftung an der Bauchwand durchtrennen und anschließend den Darm an seiner Rückseite aus dem Anheftungsfeld stumpf herauslösen. Zum Herausnehmen des Colon sigmoideum das *Mesocolon sigmoideum* **(6)** in Darmwandnähe scharf ablösen und das Colon sigmoideum zwischen den beiden Ligaturen durch einen Querschnitt vom Rectum trennen (◻ Abb. 8.15a, 8.16a).

Den vollständig gelösten Dickdarm mit dem am *Colon transversum* **(1)** angehefteten *Omentum majus* **(2)** aus dem Situs nehmen und auf einem Tablett entsprechend seiner Lage in situ ausbreiten; sodann seine äußere Struktur nochmals studieren: *Taenia libera* **(3)**,

Taenia omentalis **(4)**, *Taenia mesocolica, Appendices epiploicae* **(5)**, *Haustra coli* **(6)**, *Plicae semilunares coli* **(7)**.

Danach Darmwand medial von der Taenia libera aufschneiden, das Darmlumen reinigen und die –postmortal veränderte – Schleimhaut inspizieren.

Im ileocaecalen Übergang **(8)** *Papilla ilealis* (=Valva ileocaecalis, Bauhinsche Klappe) **(9)** mit *Labium superius* **(10)** und *Labium inferius* **(11)**, *Ostium ileale (=valvae ilealis)* **(12)**, *Frenulum ostii ilealis* **(13)** sowie den Eingang zur Appendix vermiformis, *Ostium appendicis vermiformis* **(14)** aufsuchen (◻ Abb. 8.16b).

Nach Entnahme des Darmes die Strukturen auf der hinteren Bauchwand studieren (s. ◻ Abb. 8.28). Das breite Anheftungsfeld des Colon ascendens und das meistens schmalere Anheftungsfeld des Colon descendens beachten. Mesocolon transversum einkürzen und dem Verlauf seiner Wurzel bei der Überquerung von Pancreas und Duodenum nachgehen (◻ Abb. 8.20 und 8.28).

8

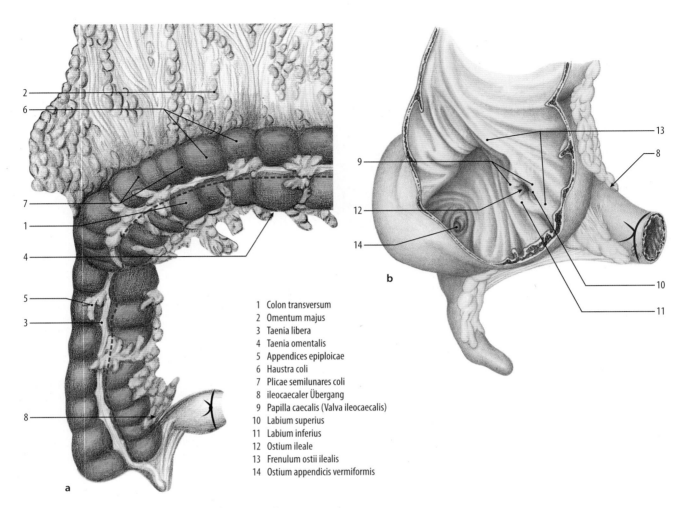

1 Colon transversum
2 Omentum majus
3 Taenia libera
4 Taenia omentalis
5 Appendices epiploicae
6 Haustra coli
7 Plicae semilunares coli
8 ileocaecaler Übergang
9 Papilla caecalis (Valva ileocaecalis)
10 Labium superius
11 Labium inferius
12 Ostium ileale
13 Frenulum ostii ilealis
14 Ostium appendicis vermiformis

– – – – Schnittführung zum Eröffnen des Dickdarms entlang der Taenia libera

◻ **Abb. 8.16**　**a** Colon ascendens und Teil des Colon transversum mit Omentum majus, Ansicht von vorn. Schnittführung zum Eröffnen des Dickdarms entlang der Taenia libera [36]. **b** Ileocaecaler Übergang, Caecum zur Freilegung der Ileocaecalklappe eröffnet, Ansicht von vorn [29]

▶ **Klinik**

Die Koloskopie gehört zu den Standarduntersuchungen zur Diagnostik von Erkrankungen des Dickdarms. Kolondivertikel (Es handelt sich morphologisch um Pseudodivertikel, da sich nur die Schleimhaut in Form eines Prolaps nach außen vorwölbt.) kommen bei alten Menschen in ca. 70 % der Fälle bevorzugt im Colon descendens und im Colon sigmoideum vor; sie bleiben in den meisten Fällen asymptomatisch. Zu den gutartigen Tumoren des Colon zählen Adenome (Polypen), die der Darmwand gestielt oder breitbasig aufsitzen. Das Kolonkarzinom gehört zu den häufigsten bösartigen Tumoren in den westeuropäischen Ländern. Es kann im gesamten Dickdarmbereich vorkommen und metastasiert hämatogen vorrangig in die Leber. ◀

8.2.5 Präparation Oberbauchorgane und ihrer Gefäße in situ

Die Präparation der Oberbauchorgane in situ beginnt mit der Freilegung des Omentum minus. Anschließend werden Truncus coeliacus und die im Ligamentum hepatoduodenale ziehenden Strukturen dargestellt.

Um den Zugang zu den Strukturen (◻ Abb. 8.17) auf Grund der fixierungsbedingten Enge zwischen Leber und Magen zu erleichtern, rechten und linken Leberlappen sowie den Rippenbogen mit den Händen nach kranial verlagern und in dieser Position bei der Präparation halten lassen.

Bei stark – pathologisch – vergrößerter Leber sollte aus Gründen der Übersichtlichkeit ein Teil des linken Leberlappens durch einen keilförmig geführten Schnitt unmittelbar links vom *Ligamentum falciforme hepatis* (**7**) entfernt werden. Im Bedarfsfall kann der gesamte linke Leberlappen herausgenommen werden.

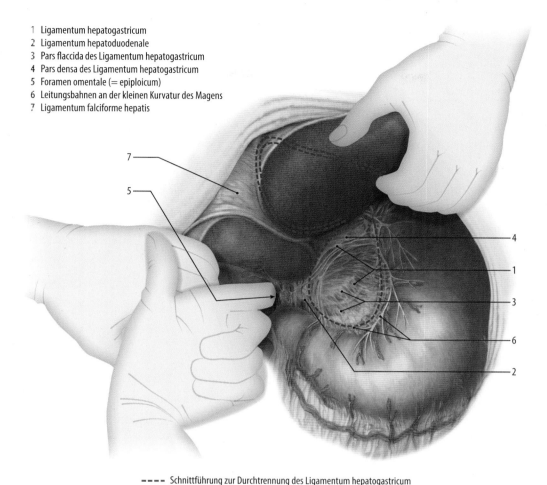

1 Ligamentum hepatogastricum
2 Ligamentum hepatoduodenale
3 Pars flaccida des Ligamentum hepatogastricum
4 Pars densa des Ligamentum hepatogastricum
5 Foramen omentale (= epiploicum)
6 Leitungsbahnen an der kleinen Kurvatur des Magens
7 Ligamentum falciforme hepatis

---- Schnittführung zur Durchtrennung des Ligamentum hepatogastricum
==== Schnittführung zur Entfernung eines Teils des linken Leberlappens

◘ **Abb. 8.17 Oberbauchsitus, Ansicht von vorn. Schnittführung zur Durchtrennung des Ligamentum hepatogastricum.** Schnittführung zur Entfernung eines Teils des linken Leberlappens [46]

Omentum minus Zunächst das Omentum minus mit *Ligamentum hepatogastricum* **(1)** und *Ligamentum hepatoduodenale* **(2)** wieder aufsuchen (s. Palpation und Inspektion der Organe des Oberbauchsitus, ◘ Abb. 8.3a,b, ◘ Abb. 8.54/Video 8.10). Am Ligamentum hepatogastricum den dünnen durchscheinenden Anteil, *Pars flaccida* **(3)** und den dickeren Anteil, *Pars densa* **(4)** inspizieren. Anschließend den Eingang zur Bursa omentalis durch das *Foramen omentale (=epiploicum, Foramen Winslowi)* **(5)** mit dem Zeigefinger sondieren und die im Ligamentum hepatoduodenale ziehenden Strukturen palpieren; dabei kann die Lage der mit fixiertem Blut gefüllten V. portae hepatis lokalisiert werden; aus dem gleichen Grund ist die V. cava inferior an der Rückwand des Foramen omentale = epiploicum hinter dem eingeführten Zeigefinger palpierbar.

Sodann das Ligamentum hepatogastricum unter Erhaltung der Leitungsbahnen **(6)** an der kleinen Kurvatur des Magens entfernen.

❶ Bei der Verlagerung der Leber nach kranial das Lebergewebe, das Omentum minus und die Leitungsbahnen nicht zerreißen. Beim Abtragen des Ligamentum hepatogastricum die Gefäße an der kleinen Kurvatur des Magens und die Strukturen im Ligamentum hepatoduodenale nicht verletzen.

Bursa omentalis – Truncus coeliacus Die nach Abtragen des Ligamentum hepatogastricum eröffnete Bursa omentalis inspizieren und palpieren (◘ Abb. 8.18): Lage des *Pancreas* **(1)**, Recessus superior, splenicus (=lienalis) und inferior (◘ Abb. 8.21) Unter dem Peritoneum parietale die *Aorta abdominalis* **(2)** nach ihrem Durchtritt durch das Zwerchfell am *Hiatus aorticus* **(3)** (◘ Abb. 8.29a) lokalisieren und mit dem Abgang des *Truncus coeliacus (=Tripus Halleri)* **(4)** freilegen; dabei *Plexus coeliacus* **(5)** erhalten (Präparation s. Retrositus, ◘ Abb. 8.29). Anschließend die in ca. 70 % der Fälle aus dem Truncus coeliacus abgehenden *A. hepatica commu-*

8

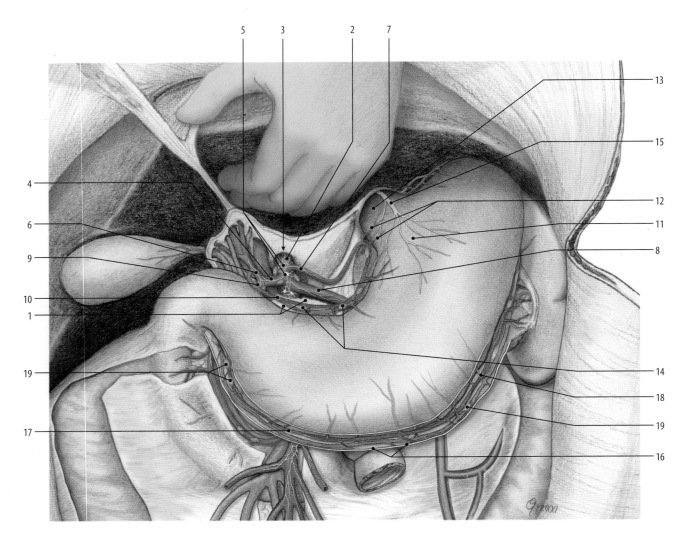

1 Pancreas	8 A. splenica (= lienalis)	15 Truncus vagalis anterior
2 Aorta abdominalis	9 A. gastroduodenalis	16 Ligamentum gastrocolicum (res.)
3 Hiatus aorticus	10 A. gastrica dextra	17 A. gastroomentalis dextra
4 Truncus coeliacus	11 Cardia	18 A. gastroomentalis sinistra
5 Plexus coeliacus	12 Rami oesophagei	19 Nodi gastroomentales dextri und sinistri
6 A. hepatica communis	13 Pars abdominalis des Oesophagus	
7 A. gastrica sinistra	14 Nodi gastrici dextri und sinistri	

Abb. 8.18   Einblick in die eröffnete Bursa omentalis, Freilegung des Truncus coeliacus mit seinen Ästen und der Magengefäße, Ansicht von vorn [36]

nis **(6)**, *A. gastrica sinistra* **(7)** und *A. splenica (=lienalis)* **(8)** präparieren (Varia, s. u.). Gemeinsam mit den Arterien die begleitenden Venen darstellen (▶ Abb. 8.55/Video 8.11).

A. hepatica communis bis zum Abgang der *A. gastroduodenalis* **(9)** und der *A. gastrica dextra* **(10)** nachgehen. Dem Verlauf der A. gastrica dextra bis zur kleinen Kurvatur des Magens folgen. Den bogenförmigen Verlauf der A. gastrica sinistra bis zur *Cardia* **(11)** darstellen und die abzweigenden *Rami oesophagei* **(12)** zur *Pars abdominalis* des Oesophagus **(13)** beachten. Sodann dem Verlauf der A. gastrica sinistra zum linken Teil der kleinen

Kurvatur folgen und ihre Verbindung zur der A. gastrica dextra mit den begleitenden Venen freilegen; dabei auf *Nodi gastrici dextri* und *sinistri* **(14)** achten. Am vorderen rechten Rand von Pars abdominalis des Oesophagus und der Cardia den *Truncus vagalis anterior* **(15)** mit der Messerspitze freilegen.

Anschließend den Verlauf der A. splenica (=lienalis) am Oberrand des Pancreas durch Abtragen des Peritoneum parietale so weit wie zugänglich präparieren.

An der großen Kurvatur des Magens die bereits im Rahmen der Entnahme des Colon transversum aufgesuchten Aa. und Vv. gastromentales im verbliebenen

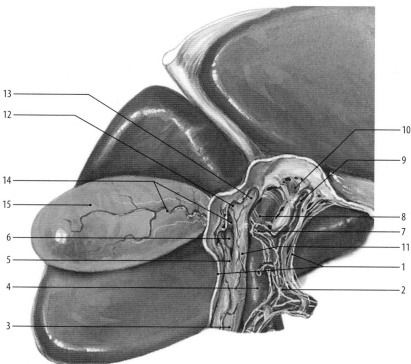

1	Ligamentum hepatoduodenale
2	A. hepatica propria
3	Ductus choledochus
4	V. portae hepatis
5	Ductus cysticus
6	Nodus cysticus
7	Ramus dexter der A. hepatica propria
8	Ramus dexter der V. portae hepatis
9	Ramus sinister der A. hepatica propria
10	Ramus sinister der V. portae hepatis
11	Ductus hepaticus communis
12	Ductus hepaticus dexter
13	Ductus hepaticus sinister
14	A. cystica
15	Vesica biliaris (= fellea)

◻ **Abb. 8.19** Strukturen im Ligamentum hepatoduodenale, Ansicht von vorn [35]

Rest des Ligamentum gastrocolicum **(16)** vollständig freilegen. Die *A. gastroomentalis dextra* **(17)** bis zum Übergang in die A. gastroduodenalis **(9)** und die *A. gastroomentalis sinistra* **(18)** bis zur A. splenica (=lienalis) verfolgen; dabei die *Nodi gastroomentales dextri* und sinistri **(19)** beachten.

🛑 Bei der Freilegung der Arterien den Nervenplexus und die Ganglien nicht entfernen.

😊 **Varia**

In ca. 10 % der Fälle entspringt die A. pancreatica dorsalis aus dem Truncus coeliacus (Tetrapus). Die A. gastrica sinistra kommt in ca. 5 % der Fälle direkt aus der Aorta abdominalis; es liegt dann ein Truncus hepatosplenicus (Bipus) vor. Mit etwa gleicher Häufigkeit kann auch die A. hepatica communis direkt aus der Bauchaorta abgehen, es besteht dann ein Truncus gastrosplenicus (Bipus). (Abgang des Ramus dexter der A. hepatica propria oder der A. hepatica propria aus der A. mesenterica superior, s. Präparation der A. mesenterica superior). Die Aa. phrenicae inferiores können gemeinsam, getrennt oder einzeln aus dem Truncus coeliacus abgehen (s. Spatium retroperitoneale).

Die variablen Arterienabgänge aus dem Truncus coeliacus und aus der A. mesenterica superior sind bei operativen Eingriffen an den Oberbauchorganen von großer praktischer Bedeutung.

Strukturen im Ligamentum hepatoduodenale Zur Freilegung der im *Ligamentum hepatoduodenale* **(1)** laufenden Strukturen – A. hepatica propria, V. portae hepatis, Ductus choledochus = „portale Trias" – umhüllendes Bindegewebe und Peritoneum durch einen Längsschnitt spalten und abtragen (◻ Abb. 8.19, 8.56/Video 8.12). Zunächst die randständig und mehr ventral liegenden *A. hepatica propria* **(2)** auf der linken Seite und den *Ductus choledochus* **(3)** auf der rechten Seite präparieren und anschließend die im mittleren Abschnitt teilweise von der Leberarterie und vom Gallengang überlagerte *V. portae hepatis* **(4)** freilegen. Die Strukturen so weit wie möglich zur Leberpforte verfolgen, dabei die Einmündung des *Ductus cysticus* **(5)** darstellen und in der Gabelung zwischen Ductus choledochus und Ductus cysticus den *Nodus cysticus* (Mascagnischer Lymphknoten) **(6)** beachten. Anschließend Ramus dexter der *A. hepatica propria* **(7)** und *Ramus dexter* der V. portae hepatis **(8)** sowie *Ramus sinister* der A. hepatica propria **(9)** *und Ramus sinister* der V. portae hepatis **(10)** aufsuchen. Danach die aus dem Ductus hepaticus communis **(11)** abzweigenden *Ductus hepaticus dexter* **(12)** und *Ductus hepaticus sinister* **(13)** freilegen. Bei ausreichender Übersicht den Abgang der *A. cystica* **(14)** aus dem Ramus dexter der A. hepatica propria (Varia, s. u.) lokalisieren. Auf der Unterseite des rechten Leberlappens die *Vesica biliaris* (=*fellea*) **(15)** inspizieren.

Die vollständige Präparation der Strukturen erfolgt am herausgenommenen „Oberbauchpaket".

Topographie

Anastomosen zwischen den Arterien der Bauchorgane

- **Bühlersche Anastomose** zwischen Truncus coeliacus und A. mesenterica superior. Im Bereich der Pars horizontalis des Pancreas anastomosieren die Aa. pancreaticoduodenales superiores anterior und posterior aus der A. gastroduodenalis (Truncus coeliacus) mit den Rami anterior und posterior der A. pancreaticoduodenalis inferior (A. mesenterica superior).
- **Riolananastomose** zwischen A. mesenterica superior und A. mesenterica inferior. Im Bereich der linken Kolonflexur anastomosieren A. colica media aus der A. mesenterica superior über die A. (Ramus) ascendens der A. colica sinistra aus der A. mesenterica inferior miteinander.
- Als **Randarkade nach Drumond** bezeichnet man Anastomosen zwischen den Aa. mesentericae superior und inferior über Gefäßarkaden (sog. Marginalarterien) unmittelbar in Darmwandnähe.
- Eine inkonstante **Anastomose nach Williams und Klop** verbindet retroperitoneal die A. mesenterica superior direkt mit der A. mesenterica inferior oder mit der A. colica sinistra.
- Im Bereich des Rectum anastomosiert die A. rectalis superior aus der A. mesenterica inferior mit der A. rectalis media aus der A. iliaca interna. Zwischen den beiden Stromgebieten bestehen auch intramurale Anastomosen.

Präparation von Magen, Duodenum, Pancreas und Splen (Lien) in situ   Zur Präparation von Duodenum, Pancreas und Splen (Lien) in situ den Magen mit der großen Kurvatur nach kranial drehen (■ Abb. 8.20) und gemeinsam mit der ebenfalls nach kranial verlagerten Leber halten lassen. Zur Präparation des Pankreasschwanzes und der Milz den Rippenbogen auf der linken Seite so weit wie möglich anheben und in dieser Position halten lassen.

Vor Beginn der Präparation der Organe und ihrer Gefäße die einzelnen Abschnitte und deren Lage von Duodenum und Pancreas innerhalb der Bauchhöhle studieren.

Am **Duodenum** die intraperitonealen und die extraperitonealen Anteile aufsuchen und den Verlauf der Radix des Mesocolon transversum über die Pars descendens des Duodenum beachten.

Topographie

Am Duodenum unterscheidet man vier Abschnitte. Der Anfangsteil mit dem *Bulbus duodeni, Pars superior* (1) liegt intraperitoneal. Der absteigende laterale Teil, *Pars descendens* (2), der quer verlaufende untere Teil, *Pars horizontalis = inferior* (3) sowie der aufsteigende Teil, *Pars ascendens* (4) liegen (sekundär) retroperitoneal (Pars tecta duodeni). Am Übergang zur *Flexura duodenojejunalis* (5) nimmt das Duode-

num wieder eine intraperitoneale Lage ein. Auf der Konvexität der Flexura duodenojejunalis inseriert der M. suspensorius duodeni (Treitzscher Muskel) mit dem *Ligamentum suspensorium duodeni* (6). Den Übergang von der Pars superior zur Pars descendens bildet die *Flexura duodeni superior* (7). An der *Flexura duodeni inferior* (8) geht die Pars descendens in die Pars horizontalis über. In der Konkavität der C-förmigen Gestalt des Duodenum liegt das *Caput pancreatis* (9). Den mittleren Abschnitt der Pars descendens kreuzt die *Radix* des Mesocolon transversum (10). Über die Pars horizontalis ziehen am Übergang zur Pars ascendens die Vasa mesenterica superiora.

Am **Pancreas** zunächst die einzelnen Abschnitte aufsuchen: *Caput pancreatis* (9), *Collum pancreatis* (11), *Corpus pancreatis* (12) und *Cauda pancreatis* (13). *Tuber omentale* (14) im Bereich des Corpus pancreatis palpieren (■ Abb. 8.57/Video 8.13).

Sodann dem Verlauf der Radix des Mesocolon transversum (10) vom Anheftungsfeld der linken Kolonflexur über das gesamte Pancreas sowie über die Pars descendens des Duodenum bis zum Anheftungsfeld der rechten Kolonflexur nachgehen. Den oberhalb der Radix des Mesocolon transversum in der Hinterwand der Bursa omentalis liegenden Pankreasanteil beachten. Der kaudale Anteil des Pancreas unterhalb der Radix des Mesocolon transversum hat keine Beziehung zur Bursa omentalis.

Am Caput pancreatis die oberhalb des *Processus uncinatus* (15) durch die *Incisura pancreatis* (16) ziehende *A. mesenterica superior* (17) und *V. mesenterica superior* (18) unter dem Peritoneum parietale aufsuchen und anschließend durch Abtragen des Peritoneum mit ihren Abgängen und Zuflüssen freilegen. Danach die über den Pankreaskopf laufende *A. pancreaticoduodenalis superior anterior* (19) mit ihrer Begleitvene präparieren und bis zur Verbindung mit dem Ramus anterior der *A. pancreaticoduodenalis inferior* (20) (Bühlersche Anastomose, s. oben) verfolgen.

A. splenica (=lienalis) (21) am Oberrand der Milz wieder aufsuchen (■ Abb. 8.58/Video 8.14) und die Arterie – bei ausreichender Übersicht – bis zum *Hilus splenicus* (=lienalis) (22) freilegen; dabei die *Rami pancreatici* (23) beachten (vollständige Präparation am herausgenommenen „Oberbauchpaket").

Die Milz lässt sich in situ nur nach Abnahme des Brustwand-Bauchwandschildes vollständig darstellen.

> ▶ **Klinik**
>
> Bei einer Pankreatitis kann es aufgrund des Verlaufs der V. mesenterica superior durch die enge Incisura pancreatis zur Ödembildung und zur Thrombose kommen. ◀

Abschließend nochmals die Strukturen und die Ausdehnung der **Bursa omentalis** (■ Abb. 8.21) studieren: *Ligamentum hepatogastricum* (reseziert) (1), *Recessus su-*

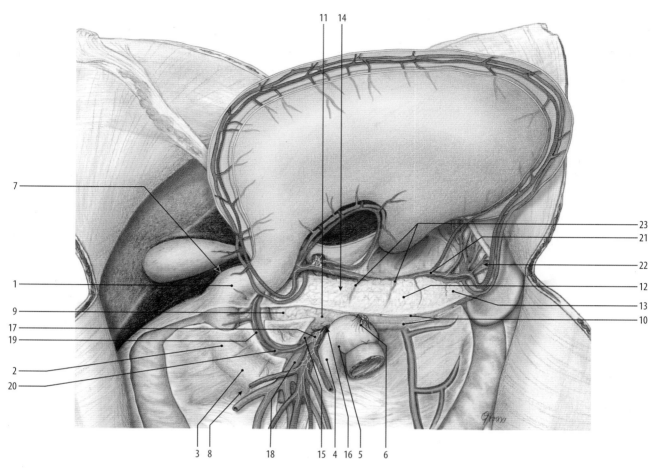

1 Pars superior duodeni
2 Pars descendens duodeni
3 Pars horizontalis (= inferior) duodeni
4 Pars ascendens duodeni
5 Flexura duodenojejunalis
6 M. suspensorius duodeni (Treitzscher Muskel)
  mit dem Ligamentum suspensorium duodeni
7 Flexura duodeni superior

8 Flexura duodeni inferior
9 Caput pancreatis
10 Radix des Mesocolon transversum
11 Collum pancreatis
12 Corpus pancreatis
13 Cauda pancreatis
14 Tuber omentale
15 Processus uncinatus pancreatis

16 Incisura pancreatis
17 A. mesenterica superior
18 V. mesenterica superior
19 A. pancreaticoduodenalis superior anterior
20 Ramus anterior der A. pancreaticoduodenalis inferior
21 A. splenica (= lienalis)
22 Hilus splenicus = lienalis
23 Rami pancreatici der A. splenica (= lienalis)

◻ **Abb. 8.20** Oberbauchsitus, Magen mit der großen Kurvatur nach kranial verlagert, Duodenum, Pancreas und Splen (=Lien), Ansicht von vorn [12]

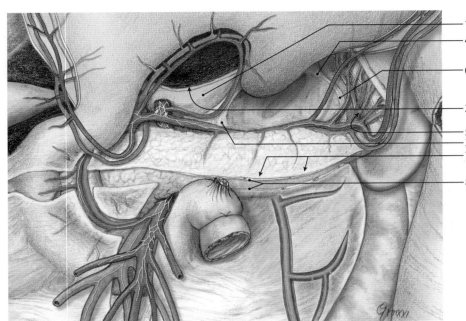

1 Ligamentum hepatogastricum (reseziert)
2 Recessus superior
3 Plica gastropancreatica
4 Ligamentum gastrophrenicum
5 Recessus splenicus (= lienalis)
6 Ligamentum gastrosplenicum (= gastrolienale)
7 Recessus inferior
8 resezierte Radix des Mesocolon transversum

◼ **Abb. 8.21**   Bursa omentalis, Ansicht von vorn [12]

perior **(2)**, *Plica gastropancreatica* **(3)**, *Ligamentum gastrophrenicum* **(4)**, *Recessus splenicus* (=*lienalis*) **(5)**, *Ligamentum gastrosplenicum* (=gastrolienale) **(6)**, *Recessus inferior* **(7)**, resezierte *Radix* des Mesocolon transversum **(8)**.

8.2.6 Entnahme des „Oberbauchpaketes"

Im Anschluss an die Präparation der Organe des Oberbauches mit ihren Leitungsbahnen in situ und nach eingehendem Studium der topographischen Verhältnisse wird das „Oberbauchpaket" bestehend aus Leber, Magen, Duodenum, Pancreas und Milz en bloc aus der Bauchhöhle (durch das Institutspersonal) entnommen.

❶ Das „Oberbauchpaket" nicht zu früh herausnehmen! Erst nach Präparation der Organe in situ und nach eingehendem Studium der topographischen Verhältnisse damit beginnen.

Die **Vorbereitung** zur Entnahme beginnt mit einer Trennung der bereits präparierten Anteile der Arterien und der zur Pfortader ziehenden Venen. **Ziel** ist es, die Pfortader mit ihren zuführenden Hauptstämmen beim Herausnehmen der Leber mit den übrigen Organen des „Oberbauchpaketes" zu erhalten.

Die Abgänge der Arterien aus der Aorta abdominalis für die Bauchorgane – A. mesenterica inferior, A. mesenterica superior und Truncus coeliacus – sowie das isolierte Dünndarmsegment mit den Arterien (◼ Abb. 8.12a) bleiben im Situs.

Zur Ausgangssituation für die präparatorische **Trennung von A. und V. mesenterica superior** und ihrer Äste s. Präparation der Vasa mesenterica superiora (◼ Abb. 8.10a) und Herausnahme des Darmes (◼ Abb. 8.15a).

Zunächst *A. mesenterica superior* **(1)** und *V. mesenterica superior* **(2)** und ihre Äste durch Abtragen des perivaskulären Bindegewebes scharf voneinander trennen (◼ Abb. 8.22a). *Aa.* und *Vv. jejunales* **(3)** sowie *Aa.* und *Vv. ileales* **(4)** im gekürzten *Mesometrium* **(5)** (◼ Abb. 8.12a) bis zur Schnittkante voneinander lösen und dabei das Bindegewebe des Mesometrium vollständig abtragen. Sodann die übrigen Hauptäste der A. mesenterica superior – *A. pancreaticoduodenalis inferior* **(6)**, *A. colica media* **(7)**, *A. ileocolica* **(8)** – mindestens fünf Zentimeter nach ihrem Abgang durchtrennen; dabei auf Varietäten achten, z. B. Abgang von Leberästen aus der A. mesenterica superior (s. Varia zur Präparation der A. mesenterica superior). Von der A. mesenterica superior zu den Organen ziehende Äste des Plexus mesentericus superior vorher durchtrennen.

Im isolierten Dünndarmsegment **(9)** Arterien und Venen ebenfalls scharf voneinander trennen. Die Venen kurz vor der Arkadenbildung quer durchschneiden und vom Mesenterium lösen. Sodann die Hauptäste der frei gelegten Venen bis zur Einmündung in die V. mesenterica superior verfolgen. Das Mesenterium im isolierten Dünndarmsegment zur Stabilisierung der Arterien belassen.

Zur Darstellung des weiteren Verlaufs von A. und V. mesenterica superior zunächst die Gefäße bei ihrer Passage durch die *Incisura pancreatis* **(10)** voneinander

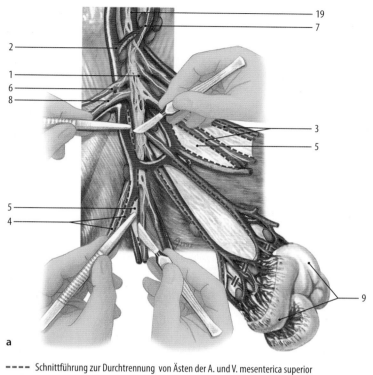

a

---- Schnittführung zur Durchtrennung von Ästen der A. und V. mesenterica superior

==== Schnittführung zur Durchtrennung der Venen im isolierten Dünndarmsegment

1	A. mesenterica superior	11	Caput pancreatis
2	V. mesenterica superior	12	Processus uncinatus
3	Aa. und Vv. jejunales	13	Pars horizontalis des Duodenum
4	Aa. und Vv. ileales	14	unterer Rand des Pancreas
5	Mesenterium	15	Cauda pancreatis
6	A. pancreaticoduodenalis inferior	16	Hilus der Milz
7	A. colica media	17	Facies diaphragmatica der Milz
8	A. ileocolica	18	Ligamentum phrenicosplenicum (= phrenicolienale)
9	isoliertes Dünndarmsegment	19	Aorta abdominalis
10	Incisura pancreatis	20	V. splenica (= lienalis)

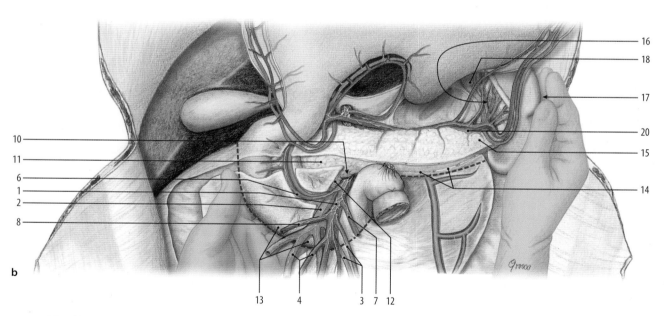

b

---- Schnittführung zur Durchtrennung des Peritoneum parietale zur Mobilisierung von Duodenum und Pancreas

■ **Abb. 8.22** **a** A. und V. mesenterica superior und ihre Äste, Teilansicht von vorn. Schnittführung zur Durchtrennung von Ästen der A. und V. mesenterica superior. Schnittführung zur Durchtrennung der Venen im isolierten Dünndarmsegment [36]. **b** Oberbauchsitus, Magen nach kranial verlagert, Duodenum, Pancreas und Splen (=Lien) sowie Gefäße, Ansicht von vorn. Schnittführung zur Durchtrennung des Peritoneum parietale zur Mobilisierung von Duodenum und Pancreas [12]

8

trennen (◧ Abb. 8.22b); dazu das perivaskuläre Bindegewebe zwischen A. und V. mesenterica superior sowie vom angrenzenden Teil des *Caput pancreatis* (**11**) und des *Processus uncinatus* (**12**) scharf entfernen und anschließend die Gefäße mobilisieren (s. unten).

Um den gesamten Verlauf von A. und V. mesenterica superior sowie der V. mesenterica inferior freilegen zu können, müssen Duodenum und Pancreas von der hinteren Bauchwand gelöst werden (◧ Abb. 8.22b). Dazu das Peritoneum parietale unterhalb der *Pars horizontalis* des Duodenum (**13**) und am unteren Rand des *Pancreas* (**14**) inzidieren. Anschließend mit flach geführter Hand in den Retroperitonealraum eindringen und das subperitoneale Bindegewebe unter Schonung der Gefäße stumpf durchtrennen. Zunächst Duodenum und Pankreaskopf und anschließend das gesamte Pancreas bis zur *Cauda pancreatis* (**15**) am *Hilus* der Milz (**16**) von der hinteren Bauchwand lösen.

Es empfiehlt sich, bereits bei diesem Präparationsvorgang auch die Milz zu mobilisieren. Dazu mit der flachen Hand in die „Milznische" zwischen Zwerchfell und Facies diaphragmatica der Milz (**17**) greifen und die Bindegewebsverbindungen mit dem Zwerchfell, *Ligamentum phrenicosplenicum (phrenicolienale)* (**18**) und dem linken Nierenlager stumpf lösen (◧ Abb. 8.22b).

❗ Beim Lösen der Bandverbindungen der Milz die Gefäße im Bereich des Milzhilus nicht zerreißen.

Da die A. mesenterica superior mit ihren resezierten Ästen in situ verbleibt muss die Arterie vor der Herausnahme des „Oberbauchpaketes" vollständig aus der Inscisura pancreatis herausgelöst und hinter dem Pancreas bis zu ihrem Abgang aus der *Aorta abdominalis* (**19**) isoliert werden. V. mesenterica superior bis zur Vereinigung mit der *V. splenica (=lienalis)* (**20**) und der Mündung in die V. portae hepatis nachgehen (◧ Abb. 8.27).

❗ Beim Isolieren der A. mesenterica superior ihre Äste und die V. portae hepatis mit ihren Zuflüssen nicht verletzen.

✆ Topographie

Möglichkeiten von Kollateralkreislaufbildungen zwischen V. portae hepatis und den Vv. cavae superior und inferior

- Im Bereich des Venenplexus der Pars abdominalis und der Pars thoracica des Oesophagus: Vom Plexus venosus der Pars abdominalis des Oesophagus fließt das Blut über die V. gastrica sinistra (V. coronaria ventriculi) in die Pfortader der Leber; das Venenblut aus der Pars thoracica des Oesophagus gelangt über die Vv. azygos und hemiazygos in die V. cava superior.
- Verbindungen zwischen den in die Vv. epigastricae inferiores (Einzugsgebiet der V. cava infe-

rior) mündenden subkutanen Venen der vorderen Bauchwand, den Vv. paraumbilicales (Sappeysche Venen) und deren Fortsetzung, Borowsche Vene, die im Ligamentum teres hepatis zur Leber zieht und mit dem linken Ast der Pfortader in Verbindung steht.
- Venenplexus im Übergangsbereich von Rectum und Canalis analis über die V. rectalis superior (Pfortader) sowie die Vv. rectales media und inferior (V. cava inferior).
- Verbindungen zwischen Vv. mesentericae superior und inferior (V. portae hepatis) und den Venen im Retroperitonealraum (V. cava inferior).

▶ **Klinik**

Eine Erhöhung des Pfortaderdruckes, z. B. bei fortgeschrittener Leberzirrhose, führt zur Stauung des Venenblutes im Einzugsgebiet der V. portae hepatis. Es kommt zur Schwellung der Organe, z. B. der Milz (Splenomegalie), und zur Bildung von Aszites. Oesophagusvarizen entstehen in der Pars abdominalis des Oesophagus aufgrund der Behinderung des venösen Abflusses über die V. gastrica sinistra (V. coronaria ventriculi, s. oben). Im Bereich des unteren Rectums kommt es zu einer Erweiterung der Venen des Plexus venosus rectalis. Über die unter erhöhtem Pfortaderdruck erweiterte Burowsche Vene (s. o.) kann es über die Vv. paraumbilicales und deren Verbindung zu den subkutanen Venen der vorderen Bauchwand zu deren Erweiterung mit Ausbildung eines sog. Medusenhauptes (Caput medusae) kommen (selten). ◀

Zur vollständigen Präparation der **V. mesenterica inferior** zunächst den Hauptstamm der getrennt von der A. mesenterica inferior laufenden Vene wieder aufsuchen und ca. 15. cm unterhalb des Pancreas durchtrennen. Anschließend Duodenum und Pancreas anheben, in dieser Position halten lassen und die V. splenica (=lienalis) auf der dorsalen Seite des Pancreas aufsuchen (die vollständige Präparation der Vasa splenica (=lienalia) erfolgt am herausgenommenen „Oberbauchpaket) (◧ Abb. 8.27). Danach dem bogenförmigen Verlauf der V. mesenterica inferior in der Plica duodenalis superior (Plica duodenojejunalis) bis zur (variablen, s. u.) Einmündung in die V. splenica (=lienalis) folgen.

✆ Varia

Die V. mesenterica inferior mündet nicht selten in die V. mesenterica superior oder im Gefäßwinkel zwischen V. mesenterica superior und V. splenica (=lienalis). Bei einer in ca. 15 % der Fälle vorkommenden doppelten Mündung zieht eine Vene in die V. mesenterica superior die zweite Vene in die V. splenica (=lienalis).

❗ Bei der Trennung von Arterien und Venen die dünnwandigen Venen nicht verletzten.

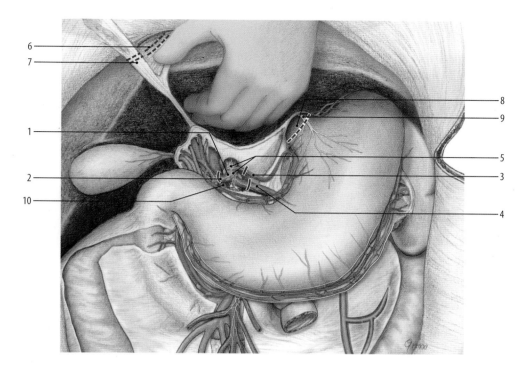

```
1  Truncus coeliacus
2  A. hepatica propria
3  A. gastrica sinistra
4  A. splenica (= lienalis)
5  Plexus coeliacus
6  Ligamentum falciforme hepatis
7  Ligamentum teres hepatis
8  Oesophagus
9  N. vagus
10 V. cava inferior
```

——— Schnittführungen zur Durchtrennung der Äste des Truncus coeliacus

- - - - Schnittführung zur Durchtrennung des Oesophagus

==== Schnittführung zur Durchtrennung von Ligamentum teres hepatis und Ligamentum falciforme hepatis

◘ Abb. 8.23 Oberbauchsitus in der Ansicht von vorn. Schnittführungen zur Durchtrennung der Äste des Truncus coeliacus. Schnittführung zur Durchtrennung des Oesophagus [36]

Bei der Herausnahme des „Oberbauchpaketes" werden die versorgenden Arterien aus dem **Truncus coeliacus** gemeinsam mit den zugehörigen Organen entnommen (◘ Abb. 8.23); das Vorgehen zur Durchtrennung der Gefäße richtet sich nach der Form des *Truncus coeliacus* (**1**). Bei langem Truncus coeliacus können *A. hepatica propria* (**2**), *A. gastrica sinistra* (**3**) und *A. splenica (=lienalis)* (**4**) unmittelbar nach ihrem Abgang aus dem Truncus coeliacus einzeln durchtrennt werden. Ist der Truncus coeliacus kurz, sollte dieser alternativ direkt an seinem Abgang aus der Aorta abdominalis durchtrennt werden, so dass sein peripherer Teil in Kontinuität mit den im Normalfall drei abgehenden Arterien am „Oberbauchpaket" bleibt. Das die Oberbauchorgane versorgende Nervengeflecht aus dem *Plexus coeliacus* (**5**) gemeinsam mit den Arterien durchtrennen.

Zur **Mobilisierung** für die Herausnahme **der Leber** müssen die bindegewebigen Anheftungen zwischen Facies diaphragmatica der Leber sowie Zwerchfell und vorderer Bauchwand gelöst werden. Zunächst das *Ligamentum falciforme hepatis* (**6**) sowie das *Ligamentum teres hepatis* (**7**) scharf durchtrennen. Danach die Umschlagstellen zwischen Peritoneum viscerale der Leber und Peritoneum parietale des Zwerchfells – Ligamentum coronarium dextrum und Ligamentum coronarium si-

nistrum (s. ◘ Abb. 8.24 und 8.28) – nach Einführen der flachen Hand in den rechten und linken Recessus subphrenicus (◘ Abb. 8.3a) stumpf lösen. Außerdem die Ligamenta triangulare dextrum und triangulare sinistrum sowie auf der rechten Seite das Ligamentum hepatorenale durchtrennen.

Danach den Rippenbogen nach kranial ziehen, in dieser Position halten lassen und anschließend den linken Leberlappen so weit nach rechts verlagern, bis der *Oesophagus* (**8**) tastbar und sichtbar ist. Sodann unterhalb des Hiatus oesophageus die Pars abdominalis des Oesophagus gemeinsam mit den Trunci des *N. vagus* (**9**) durchschneiden.

Abschließend die *V. cava inferior* (**10**) freilegen. **Ziel** ist es, die untere Hohlvene nach Abtrennen der in sie mündenden Vv. hepaticae aus dem Sulcus venae cavae der Leber herauszulösen und in ihrem Verlauf bis zum Zwerchfelldurchtritt vollständig in situ freizulegen (s. ◘ Abb. 8.28). Hilfreich für die Lagebestimmung ist es, die V. cava inferior zunächst im eröffneten Herzbeutel (s. Brustsitus, ◘ Abb. 7.9) aufzusuchen.

Zur Durchtrennung der Vv. hepaticae den Rippenbogen so weit wie möglich nach kranial verlagern und anschließend mit der flachen Hand zwischen Leber und Zwerchfell bis zu den Lebervenen vorzudringen. Bei ausreichender Übersicht diese kurz vor ihrer Mündung in die untere Hohlvene scharf durchtrennen. Bei fehlender Sicht die Venen – aufgrund ihrer festen Konsistenz durch das fixierte intravenöse Blut – mit dem Daumen unmittelbar am Austritt aus der Leber stumpf herauslösen.

Alternativ können die Vv. hepaticae bei kleiner Leber auch von kaudal aufgesucht werden, dazu die Leber nach kranial verlagern und die Lebervenen unter Sichtkontrolle durchtrennen.

Zum Abschluss wird die V. cava inferior stumpf aus dem Sulcus venae cavae herausgelöst; dazu die Leber nach kranial verlagern, das Ligamentum venae cavae durchtrennen und das Bindegewebe zwischen V. cava inferior und Leber vorsichtig mit der stumpfen Pinzette durchtrennen (◘ Abb. 8.24).

Wird die V. cava inferior bei ihrem Verlauf im Sulcus venae cavae vom Lobus caudatus der Leber teilweise oder vollständig überlagert, muss die untere Hohlvene scharf vom Lobus caudatus getrennt und herausgelöst werden.

! Beim Abtrennen der Lebervenen die V. cava inferior nicht verletzen. Beim Herauslösen der V. cava inferior aus dem Sulcus venae cavae die Venenwand nicht zerreißen. Lobus caudatus nach Umschneidung beim Herauslösen der V. cava inferior nicht abbrechen.

8.2.7 Studium und Präparation der Organe und Leitungsbahnen am herausgenommenen „Oberbauchpaket"

Nach vollständiger Lösung und Mobilisierung der Oberbauchorgane das „Oberbauchpaket" in toto aus der Bauchhöhle entnehmen und zur Vervollständigung der Präparation in situ die Organe in normaler anatomischer Lage auf dem Tisch oder Tablett ausbreiten.

! Das „Oberbauchpaket" schonend herausnehmen, damit die Gefäße nicht zerreißen. Bei präparationserforderlichen Lageveränderungen der Organe diese immer mit Unterstützung der flach ausgebreiteten Hand durchführen, damit das „Oberbauchpaket" nicht auseinanderfällt.

Studium der äußeren Form der Leber und der Strukturen der Leberpforte Die variable Form der Leber beachten und auf evtl. vorhandene Zwerchfellfurchen achten, die sich fixierungsbedingt durch die Kontraktion von Muskelfaserbündeln des Zwerchfells strangartig in die Facies diaphragmatica eingraben (◘ Abb. 8.24a,b).

Varia

Dreiecksform der Leber in etwa der Hälfte der Fälle, hiläre Einkerbung am Unterrand in ca. 15 % der Fälle, rechteckige Form in ca. 12 % der Fälle, Bumerang ähnliche Form mit Ausbildung eines Riedelschen Lappens ca. 5 % der Fälle.

An der Vorderseite der Leber das von der Bauchwand abgelöste *Ligamentum falciforme* **(1)** aufsuchen. Auf der *Facies diaphragmatica* (◘ Abb. 8.24a) die *Area nuda* **(2)** mit den durchtrennten Umschlagstellen des Peritoneum viscerale der Leber in das Peritoneum parietale des Zwerchfells (Ligamentum coronarium dextrum und *Ligamentum coronarium sinistrum* **(3)**) sowie die *Ligamenta triangularia dextrum* **(4)** und *sinistrum* **(5)** studieren. Am Ausgang des Sulcus venae cavae mit den Resten des *Ligamentum venae cavae* **(6)** je nach Präparationsmöglichkeit (s. o.) die Austrittsöffnungen der Lebervenen oder die Stümpfe der durchschnittenen *Vv. hepaticae dextra* **(7)**, *intermedia* **(8)** und *sinistra* **(9)** beachten.

Varia

In ca. 30 % der Fälle münden die Vv. hepaticae dextra, media und sinistra getrennt in die V. cava inferior. V. hepatica media und V. hepatica sinistra münden in ca. 45 % der Fälle gemeinsam über einen Truncus in die untere Hohlvene. Nicht selten kommen akzessorische Lebervenen **(10)** vor, die auch weiter kaudal im Bereich des Sulcus venae cavae in die V. cava inferior münden.

Auf der Facies visceralis (◘ Abb. 8.24b) rechts neben dem *Ligamentum venosum* (=Arantii, Rest des embryonalen/fetalen Ductus venosus – Verbindung zwischen V. umbilicalis und V. cava inferior) **(11)** den *Lobus caudatus* **(12)** sowie rechts neben dem *Ligamentum teres hepatis* **(13)** den *Lobus quadratus* **(14)** aufsuchen.

An der **Leberpforte** (◘ Abb. 8.24c) die Freilegung der zum Teil schon in situ präparierten Strukturen fortsetzen und vervollständigen (◘ Abb. 8.19): Unterhalb des Processus papillaris das sich segelartig über der Einmündung der V. portae hepatis verbreiternde *Ligamentum hepatoduodenale* **(15)** beachten. Reste des verbliebenen Ligamentum hepatoduodenale (◘ Abb. 8.18a,b) entfernen. Die in situ begonnene Präparation von *V. portae hepatis* **(16)**, *A. hepatica propria* **(17)** und *Ductus hepaticus communis* **(18)** und ihrer Aufzweigungen – *Ramus dexter* **(19)** und *Ramus sinister* **(20)** der V. portae hepatis, *Ramus dexter* **(21)** und *Ramus sinister* **(22)** der A. hepatica propria, *Ductus hepaticus dexter* **(23)** und *Ductus hepaticus sinister* **(24)** des Ductus hepaticus communis – fortsetzen und die Strukturen bis zur Leberpforte durch Abtragen des sie umhüllenden Bindegewebes vollständig freilegen. Dabei die variable arterielle Versorgung der Leber beachten (s. Varia).

An der **Gallenblase** *Corpus* **(25)** und *Collum* **(26)** studieren sowie die in ca. 50 % der Fälle aus dem Ramus dexter der A. hepatica propria abgehende *A. cystica* **(28)** wieder aufsuchen.

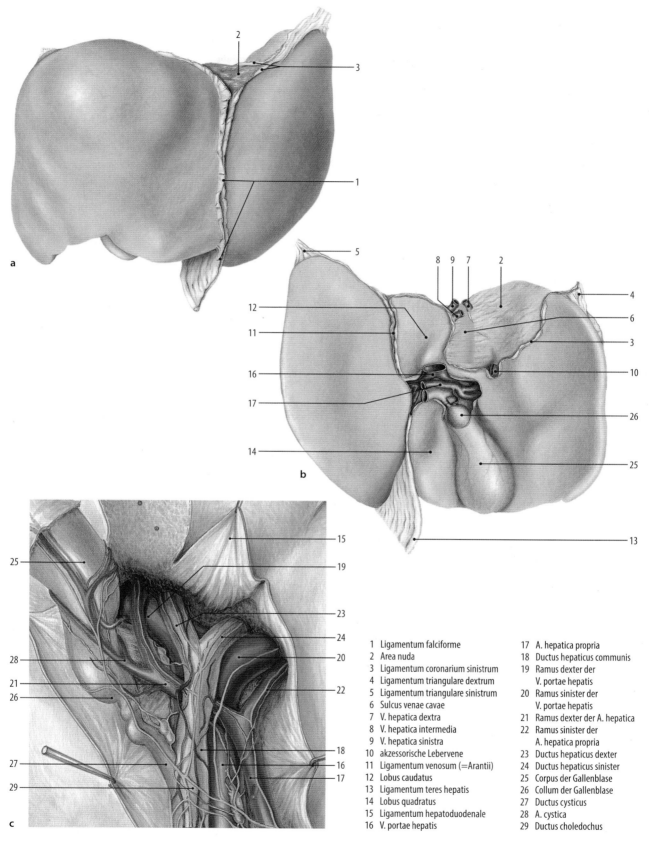

1 Ligamentum falciforme	17 A. hepatica propria
2 Area nuda	18 Ductus hepaticus communis
3 Ligamentum coronarium sinistrum	19 Ramus dexter der
4 Ligamentum triangulare dextrum	V. portae hepatis
5 Ligamentum triangulare sinistrum	20 Ramus sinister der
6 Sulcus venae cavae	V. portae hepatis
7 V. hepatica dextra	21 Ramus dexter der A. hepatica
8 V. hepatica intermedia	22 Ramus sinister der
9 V. hepatica sinistra	A. hepatica propria
10 akzessorische Lebervene	23 Ductus hepaticus dexter
11 Ligamentum venosum (=Arantii)	24 Ductus hepaticus sinister
12 Lobus caudatus	25 Corpus der Gallenblase
13 Ligamentum teres hepatis	26 Collum der Gallenblase
14 Lobus quadratus	27 Ductus cysticus
15 Ligamentum hepatoduodenale	28 A. cystica
16 V. portae hepatis	29 Ductus choledochus

◻ **Abb. 8.24** **a** Facies diaphragmatica der Leber, Ansicht von vorn-oben. **b** Facies visceralis der Leber, Ansicht von unten-hinten. Die Strukturen im Bereich der Leberpforte sind verkürzt dargestellt. **c** Strukturen der Leberpforte und Gallenblase, Ansicht von hinten [35]

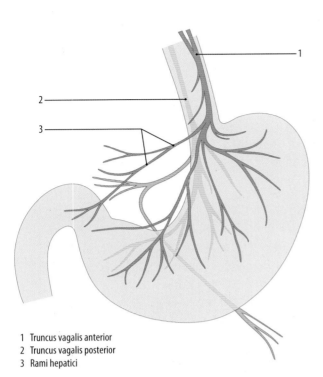

1 Truncus vagalis anterior
2 Truncus vagalis posterior
3 Rami hepatici

Abb. 8.25 Magen in der Ansicht von vorn, Darstellung der Trunci vagales anterior und posterior [29]

Extrahepatische Gallenwege studieren: *Ductus cysticus* (**27**) und Ductus hepaticus communis bis zu ihrer Vereinigung nachgehen und anschließend dem Verlauf des *Ductus choledochus* (**29**) hinter die Pars superior des Duodenum und hinter den Pankreaskopf folgen. Dabei das variable Verhalten des Ductus choledochus beachten, der von hier frei oder durch den Pankreaskopf nach unten zieht und in die dorsomediale Wand der Pars descendens des Duodenum tritt (s. Plica longitudinalis duodeni, ◻ Abb. 8.26c).

Varia
Die Varianten von Gallenblase und Gallenwegen sind für die Durchführung laparoskopischer Operationen von großer praktisch-klinischer Bedeutung.

Das Peritoneum kann das Corpus vesicae biliaris (=felleae) so weit umhüllen, dass die Gallenblase über eine mesoartige Peritonealduplikatur beweglich an der Leber angeheftet ist (sog. Pendelgallenblase). Selten wird die Gallenblase fast vollständig von Lebergewebe umschlossen. Die Länge des Ductus choledochus kann von wenigen Millimetern bis ca. 10 cm variieren.

Varianten der A. cystica haben große praktische Bedeutung (Unterbindung der A. cystica bei der Cholezystektomie). Ramus dexter der A. hepatica propria und die aus ihm abgehende A. cystica laufen in ca. 45 % der Fälle hinter und in ca. 20 % der Fälle vor dem Ductus hepaticus communis. Die A. cystica kann gemeinsam mit dem Ramus dexter der A. hepatica

propria oder direkt aus der A. mesenterica superior entspringen. Selten werden Verdopplungen der A. cystica mit Abgängen aus der A. hepatica propria und aus dem Ramus dexter oder aus dem Ramus dexter der A. hepatica propria und der A. mesenterica superior beobachtet. Die A. cystica kann auch aus der A. gastrica dextra oder aus der A. gastroduodenalis abgehen.

Der Ductus cysticus kann den Ductus hepaticus communis häufig in spiraligem Verlauf über – oder unterkreuzen. Seine Länge variiert je nach Höhe der Mündung in den Ductus hepaticus communis; liegt, z. B. die Mündung sehr tief, ist der Ductus hepaticus communis länger als der Ductus choledochus. Selten mündet der Ductus cysticus in die Hepatikusgabel, in den Ductus hepaticus dexter oder in den Ductus hepaticus sinister.

Topographie
Das cholezystohepatisches Dreieck wird auf der rechten Seite vom Ductus cysticus und vom linken Rand des Gallenblasenhalses sowie auf der linken Seite vom Ductus hepaticus communis und vom Ductus hepaticus dexter begrenzt. Durch das Dreieck läuft die A. cystica. Der Bereich unterhalb der A. cystica wird als Calotsches Dreieck bezeichnet.

▸ Klinik
Gallensteine kommen bei alten Menschen in Europa in ca. 70 % der Fälle vor; sie sind meistens nicht therapiebedürftig. Vor der laparoskopischen Cholezystektomie werden als präoperative Diagnostik mittels Ultraschall Dicke der Gallenblasenwand, Verlauf und Länge von Ductus cysticus, Ductus hepaticus und Ductus choledochus beurteilt. Verletzungen der extrahepatischen Gallenwege im Rahmen der Gallenblasenchirurgie können zu Strikturen oder zu Fisteln führen. ◂

Präparation der Pars abdominalis des Oesophagus, des Magens und des Duodenum An der Pars abdominalis des Oesophagus *Truncus vagalis anterior* (**1**) und *Truncus vagalis posterior* (**2**) aufsuchen, mit der Messespitze deren Aufzweigungen freilegen und bis zum Magen und zur Leber, *Rami hepatici* (**3**) verfolgen (◻ Abb. 8.25, 8.18).

Die in situ begonnene Präparation der Gefäße von Magen und Duodenum (s. ◻ Abb. 8.18) mit ihren Begleitvenen vollständig darstellen; Abgänge der Arterien (Varia, s. vorn) und variable Mündung der Venen aufsuchen.

Am Duodenum die A. gastroduodenalis vom Abgang aus der A. hepatica propria mit ihren Hauptästen – A. gastroomentalis dexter, A. pancreatica und A. pancreaticoduodenalis superior anterior – auf der ventralen Seite (dorsale Seite s. u.) vollständig freilegen. Verbindung der A. pancreaticoduodenalis superior anterior mit der A. pancreaticoduodenalis inferior (Bühlersche Anastomose, s. o.) darstellen.

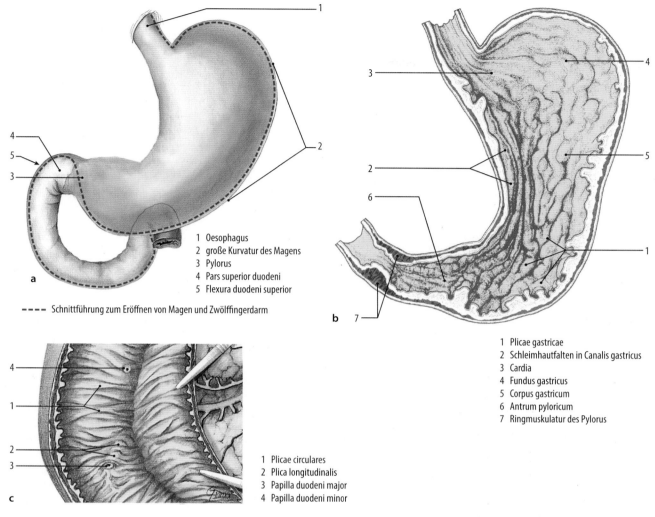

1 Oesophagus
2 große Kurvatur des Magens
3 Pylorus
4 Pars superior duodeni
5 Flexura duodeni superior

– – – Schnittführung zum Eröffnen von Magen und Zwölffingerdarm

1 Plicae gastricae
2 Schleimhautfalten in Canalis gastricus
3 Cardia
4 Fundus gastricus
5 Corpus gastricum
6 Antrum pyloricum
7 Ringmuskulatur des Pylorus

1 Plicae circulares
2 Plica longitudinalis
3 Papilla duodeni major
4 Papilla duodeni minor

Abb. 8.26 **a** Magen und Zwölffingerdarm, Ansicht von vorn. Schnittführung zum Eröffnen von Magen und Zwölffingerdarm [36] **b** Schleimhautrelief des eröffneten Magens [9]. **c** Schleimhautrelief des eröffneten Duodenum, Teilansicht aus der Pars descendens [36]

Topographie

Die V. gastrica sinistra (=V. coronaria ventriculi) führt das Blut aus dem Plexus venosus der Pars abdominalis des Oesophagus in ca. 55 % der Fälle direkt in die Pfortader, in ca. 33 % in die V. splenica (=lienalis) oder in ca. 10 % in den Mündungsbereich von V. splenica (=lienalis) und V. mesenterica superior in die Pfortader (portocavale Anastomosen und portaler Hochdruck, siehe vorn).

Anschließend Magen und Zwölffingerdarm mit der Knopfschere eröffnen (Abb. 8.26a); dazu die Branche mit dem Knopf auf der linken Seite in das Lumen des Oesophagus (1) einführen, seine Wand durchtrennen und den Schnitt am Magen entlang der großen Kurvatur (2) bis zum *Pylorus* (3) fortsetzen. Pylorus zuvor palpieren und erst danach durchschneiden.

Sodann die Verlaufsrichtung der Schnittführung ändern: Schnitt auf der Vorderseite der *Pars superior*

duodeni (4) schräg herüber bis zur *Flexura duodeni superior* (5) führen und von dort aus die Wand des Duodenum auf seiner konvexen Seite durchschneiden.

Zum **Studium der** – postmortal und fixierungsbedingt veränderten – **Schleimhaut** (Abb. 8.26b) das Lumen von Magen und Duodenum unter fließendem Wasser ausspülen.

Im Magenlumen die *Plicae gastricae* (1) im nicht von postmortaler Schleimhautandauung betroffenen Teil studieren; dabei die in Richtung der kleinen Magenkurvatur ziehenden Schleimhautfalten innerhalb des *Canalis gastricus* (Waldeyersche Magenstrasse) (2) beachten.

Am eröffneten Magen *Cardia* (3), *Fundus gastricus* (4), *Corpus gastricum* (5) und *Pars pylorica* mit *Antrum pyloricum* (6), *Pylorus* und *Ostium pyloricum* aufsuchen. Die kräftige Ringmuskulatur am Pylorus (7) palpieren und auf der Schnittfläche inspizieren.

Innerhalb des Duodenum (Abb. 8.26c) das Faltenrelief der *Plicae circulares* (Kerckringsche Ringfalten) (1) studieren. In der Pars descendens duodeni die durch den Verlauf des Ductus choledochus in der Wand des Duodenum aufgeworfene Falte, *Plica longitudinalis* **(2)** und an deren unterem Ende die *Papilla duodeni major* (Papilla Vateri – Mündung von Ductus choledochus und Ductus pancreaticus [Wirsungscher Gang], Präparation s. u.) **(3)** aufsuchen; etwas weiter kranial nach einer häufig vorkommenden *Papilla duodeni minor* **(4)** (Mündung des Ductus pancreaticus accessorius – Santorinischer Gang) suchen.

❶ Bei Eröffnung von Magen und Duodenum die Gefäße schonen. Beim Ausspülen von Magen und Duodenum das Präparat nicht zerreißen.

▶ **Klinik**

Beim gastroduodenalen Ulcus dringt der entzündliche Schleimhautdefekt über die Lamina muscularis mucosae in die tieferen Wandschichten von Magen und Duodenum. Die Ulzera können in die Bauchhöhle durchbrechen und in Nachbarorgane penetrieren. Blutungen sind die häufigste Komplikation bei der Ulkuskrankheit. Beim Ulcus duodeni ist die Blutungsquelle in den meisten Fällen die A. gastroduodenalis. Die Arterie wird bei der Duodenotomie unterbunden.

Eine für das Säuglingsalter typische Erkrankung ist die hypertrophe Pylorusstenose, bei der es durch Hypertrophie des Stratum circulare der Muskulatur des Pylorus zu einer Magenentleerungsstörung kommt, die mit schwallartigem Erbrechen einhergeht.

Magenkarzinome treten am häufigsten im aboralen unteren Abschnitt des Magens auf. Die lymphogene Metastasierung erfolgt nach den anatomisch vorgegebenen Abflusswegen zu den regionalen Lymphknoten, die man unter chirurgischen Gesichtspunkten im Hinblick auf die Resektion in drei Kompartimente unterteilt:

- I – Lymphknoten an der kleinen und großen Kurvatur des Magens
- II – Lymphknoten im Bereich des Truncus coeliacus und entlang von A. gastrica sinistra, A. hepatica communis und A. lienalis
- III – Lymphknoten im Bereich der Aorta abdominalis und der A. mesenterica superior

Die gastroösophageale Refluxkrankheit (GERD) wird durch einen Reflux von Magensaft im unteren Abschnitt des Oesophagus ausgelöst. Ursache für die Erkrankung kann eine Insuffizienz des „unteren Oesophagusspinkters" oder eine Hiatushernie sein. Es kommt zur Entzündung des unteren Oesophagusabschnitts. Klinisch bestehen Sodbrennen und thorakale Schmerzen. In Folge einer gastroösophagealen Refluxkrankheit kann sich das Plattenepithel in Zylinderepithel umwandeln. Man bezeichnet diese in eine der Dünndarmschleimhaut ähnliche Umwandlung als intestinale Metaplasie (Barett-Oesophagus); sie stellt eine Präkanzerose mit dem Risiko des Übergangs in ein invasives Adenokarzinom dar. Das Adenokarzinom im gastroösophagealen Übergang ist die häufigste bösartige Erkrankung der Speiseröhre. Plattenepithelkarzinome kommen eher im oberen Oesophagusabschnitt vor, ihre Entstehung wird durch Noxen wie Tabakrauch und Alkohol begünstigt. ◀

Präparation von Milz und Bauchspeicheldrüse   Zunächst die bereits in situ am Oberrand des Pancreas teilweise frei gelegte *A. splenica* (=*lienalis*) **(1)** von ihrem Abgang aus dem Truncus coeliacus (oder in Abhängigkeit von der Präparation dem freien Stumpf) bis zum Milzhilus mit ihren zur Dorsalseite des Pancreas ziehenden Abgängen *A. pancreatica magna* **(2)**, *A. pancreatica dorsalis* **(3)** und *Rami pancreatici* **(4)** darstellen (◻ Abb. 8.27a). (weitere Äste der A. splenica =lienalis ◻ Abb. 8.18). Den häufig meanderförmigen Verlauf der Arterie beachten.

Am Milzhilus zwischen den Resten des *Ligamentum gastrosplenicum* (=*gastrolienale*) **(5)** und des *Ligamentum phrenicosplenicum* (=*phrenicolienale*) **(6)** die ein- und austretenden Äste der A. und V. splenica (=lienalis) **(7)** durch Abtragen des Bindegewebes freilegen. Dabei auf das Vorkommen von Nebenmilzen **(8)** achten.

Zur vollständigen Darstellung von A. und V. splenica (=lienalis) und des Milzhilus das „Oberbauchpaket" drehen und die Präparation auf der Dorsalseite fortsetzen (◻ Abb. 8.27b). Die auf der Rückseite des Pancreas laufende *V. splenica* (=*lienalis*) **(9)** präparieren und ihrem Verlauf vom Milzhilus bis zum Zusammentreffen mit der *V. mesenterica superior* **(10)** folgen. Mündung der beiden Venen in die *V. portae hepatis* **(11)** beachten. Am oberen Rand des Pankreaskopfes *die A. pancreaticoduodenalis superior posterior* **(12)** aufsuchen und ihrem Verlauf parallel zum *Duodenum* **(13)** folgen.

Abschließend die Anteile des Pancreas – *Caput pancreatis* **(14)**, *Processus uncinatus* **(15)**, *Incisura pancreatis* **(16)** *Corpus pancreatis* **(17)** und *Cauda pancreatis* **(18)** – nochmals von dorsal und von ventral studieren.

🔄 **Varia**

Nebenmilzen (◻ Abb. 8.27a, **(8)**) in unterschiedlicher Anzahl kommen in 6–10 % der Fälle innerhalb des Hilus, am unteren – vorderen Pol der Milz innerhalb des Ligamentum gastrosplenicum (=gastrolienale) oder im angrenzen Teil des Omentum majus vor.

▶ **Klinik**

Eine traumatische Milzruptur ist nach stumpfen Bauchtraumen die häufigste Ursache einer intraabdominellen Blutung. ◀

❶ Bei der Präparation der V. splenica (=lienalis) die meistens in sie mündende V. mesenterica inferior nicht verletzen. Das Bindegewebe auf der Pankreasoberfläche nicht vollständig entfernen, damit das Organ nicht auseinanderbricht.

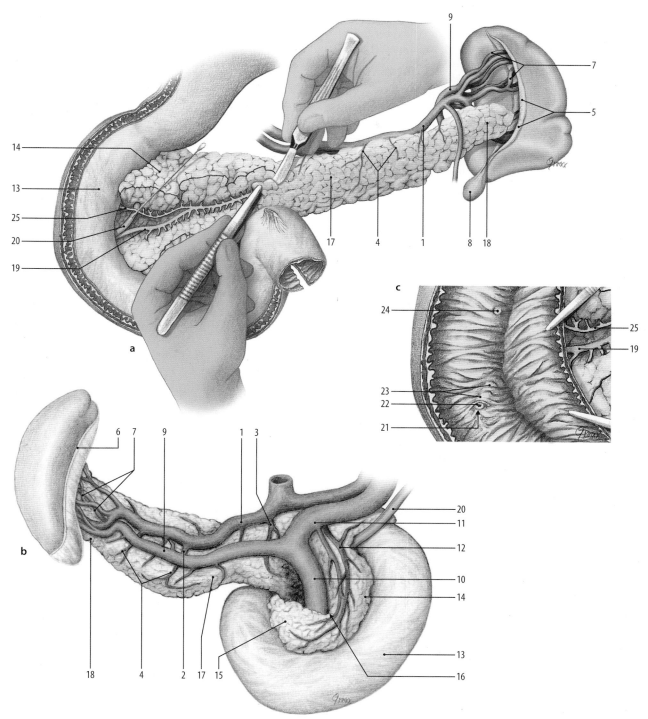

■ **Abb. 8.27 „Oberbauchpaket" Teilansicht mit Pancreas, Duodenum und Milz [36]. a** Ansicht von vorn [21], **b** Ansicht von hinten [21] **c** Schleimhaut der Pars descendens des Duodenum mit Plica longitudinalis duodeni und Papilla duodeni major sowie Papilla duodeni minor, Ansicht von vorn [36]

1 A. splenica (= lienalis)
2 A. pancreatica magna
3 A. pancreatica dorsalis
4 Rami pancreatici
5 Ligamentum gastrosplenicum (= gastrolienale)
6 Ligamentum phrenicosplenicum (= phrenicolienale)
7 Äste der A. und der V. splenica (= lienalis)
8 Nebenmilz
9 V. splenica (= lienalis)

10 V. mesenterica superior
11 V. portae hepatis
12 A. pancreaticoduodenalis superior posterior
13 Duodenum
14 Caput pancreatis
15 Processus uncinatus
16 Incisura pancreatica
17 Corpus pancreatis
18 Cauda pancreatis

19 Ductus pancreaticus
20 Ductus choledochus
21 Mündung von Pankreas – und Gallengang
22 Papilla duodeni major
23 Plica longitudinalis duodeni
24 Papilla duodeni minor
25 Ductus pancreaticus accessorius

Vor dem **Freilegen des Ductus pancreaticus** (Wirsungscher Gang ◻ Abb. 8.27a) seine Lage im Atlas studieren. Damit die Kontinuität des Pancreas gewahrt bleibt, empfiehlt es sich vor allem bei schwach ausgebildetem Organ die Präparation des Pankreasganges auf Pankreaskörper und -kopf zu beschränken.

Mit der Präparation im mittleren Abschnitt des Pankreaskörpers durch Anlegen eines Längsschnittes von 2–3 cm Länge durch das Drüsengewebe in der Organmitte beginnen. Danach unter strenger Sichtkontrolle schichtweise das Drüsengewebe scharf in kleinen „Portionen" durchtrennen und mit der Messerspitze stumpf aus dem Gewebsverband lösen bis der *Ductus pancreaticus* **(19)** sichtbar wird. Anschließend den Pankreasgang bis zum Duodenum freilegen.

Im Mündungsbereich den von kranial durch das Pankreasgewebe ziehenden *Ductus choledochus* **(20)** in gleicher Weise aufsuchen und die in ca. 80 % der Fälle vorliegende gemeinsame Mündung **(21)** von Gallengang und Pankreasgang – meistens über die Ampulla hepatopancreatica – in das Duodenum studieren. In den übrigen Fällen münden die beiden Gänge getrennt dicht nebeneinander auf der *Papilla duodeni major* (Vatersche Papille) **(22)** am Ende der *Plica longitudinalis duodeni* **(23)** (◻ Abb. 8.27c, s. auch ◻ Abb. 8.26c).

Bei Vorliegen einer *Papilla duodeni minor* **(24)** oberhalb des Pankreashauptganges nach einem *Ductus pancreaticus accessorius* (Santorinischer Gang) **(25)** suchen und diesen bis zum Duodenum freilegen.

Da eine Sondierung von Gallen- und Pankreasgang am fixierten Präparat schwierig oder nicht möglich ist, den Ductus choledochus aufgrund seines größeren Durchmessers durch eine kleine Stichinzision eröffnen und anschließend mit einer Knopfsonde bis zur Mündung sondieren (s. auch ◻ Abb. 8.27a).

> ► **Klinik**
>
> Das Pankreaskarzinom geht vom Epithel des Ductus pancreaticus aus (duktales Karzinom) und kommt am häufigsten im Bereich des Pankreaskopfes vor. Der Ductus choledochus kann dabei aufgrund seines Verlaufes durch das Pankreasgewebe in seinem Mündungsbereich durch den Tumor komprimiert werden; ein schmerzloser Ikterus kann aus diesem Grund Erstsymptom eines Pankreaskarzinoms sein. ◄

❶ Beim Freilegen des durch das Pankreasgewebe laufenden Ductus choledochus auf einen akzessorischen Pankreasgang achten und diesen nicht verletzen.

🔄 **Varia**

Ein akzessorischer Ausführungsgang, Ductus pancreaticus accessorius (Santorinischer Gang), kommt häufig vor; er mündet in den meisten Fällen auf der Papilla duodeni minor des Duodenum. In ca. 10 % der Fälle ist der Ducutus pancreaticus accessorius Hauptausführungsgang.

Oft ist ein akzessorischer Ausführungsgang nur rudimentär entwickelt.

Versprengtes Pankreasgewebe kann in der Wand des Duodenum, des Magens, des Jejunum oder innerhalb eines Meckelschen Divertikels (◻ Abb. 8.5b) vorkommen.

Beim Pancreas anulare wird die Pars descendens des Duodenum ringartig von Pankreasgewebe umgeben; dabei kann ein Duodenalstenose bestehen. Ein Pancreas anulare ist auf eine Entwicklungsstörung in der frühen Embryonalzeit zurückzuführen, bei der der ventrale Teil der Pankreasanlage nicht nach dorsal verlagert wurde.

8.3   Situs des Retroperitonealraumes – Spatium extraperitoneale (-retroperitoneale)

Zusammenfassung   Nach Entnahme der Organe der Peritonealhöhle wird die Präparation der Organe und Leitungsbahnen des Retroperitonealraumes beschrieben. Auf die Anleitung zum Studium des noch nicht präparierten Retrositus folgt die Beschreibung des Vorgehens beim Freilegen der großen Leitungsbahnen – Aorta abdominalis und V. cava inferior – der Nieren und ableitenden Harnwege, der Nebennieren sowie der Leitungsbahnen auf der hinteren Rumpfwand mit Plexus lumbalis, Truncus sympathicus und Cisterna chyli.

Am Ende des Kapitels „Situs der Bauchhöhle" wird das alternative Vorgehen beim gemeinsamen Eröffnen von Brust- und Bauchhöhle beschrieben.

❯ Mit der Präparation der Organe des Retrositus erst dann beginnen, wenn die im Situs verbliebenen Strukturen nach der Entnahme des Darms und des „Oberbauchpaketes" gründlich studiert und eingeprägt wurden.

8.3.1   Studium des noch nicht präparierten Retrositus

Beim Studium des noch nicht präparierten Retrositus damit beginnen, die von Peritoneum parietale bedeckten Regionen aufzusuchen sowie die Areale ohne Bauchfellbedeckung zu identifizieren, an denen die sekundär wandständig gewordenen Organe aus dem Situs herausgelöst wurden (◻ Abb. 8.28, 8.59/Video 8.15). Zunächst die bei der Entnahme der Organe freigelegten Anheftungsfelder (Areae fibrosae) von *Caecum* **(1)**, *Colon ascendens* **(2)**, *Flexura coli dextra* **(3)** und *Colon descendens* **(4)** sowie von *Duodenum* **(5)** und *Pancreas* **(6)** wieder aufsuchen.

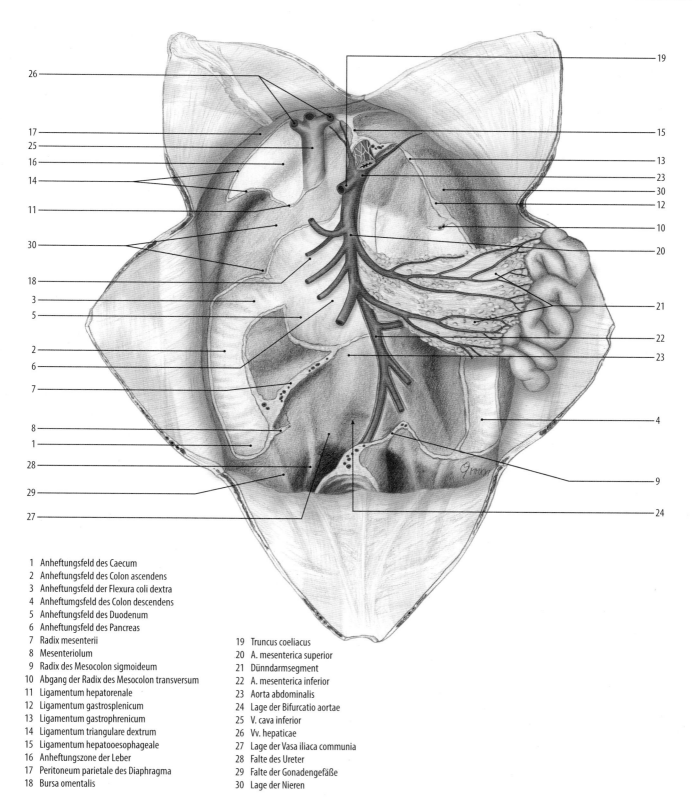

1 Anheftungsfeld des Caecum
2 Anheftungsfeld des Colon ascendens
3 Anheftungsfeld der Flexura coli dextra
4 Anheftumgsfeld des Colon descendens
5 Anheftungsfeld des Duodenum
6 Anheftungsfeld des Pancreas
7 Radix mesenterii
8 Mesenteriolum
9 Radix des Mesocolon sigmoideum
10 Abgang der Radix des Mesocolon transversum
11 Ligamentum hepatorenale
12 Ligamentum gastrosplenicum
13 Ligamentum gastrophrenicum
14 Ligamentum triangulare dextrum
15 Ligamentum hepatooesophageale
16 Anheftungszone der Leber
17 Peritoneum parietale des Diaphragma
18 Bursa omentalis

19 Truncus coeliacus
20 A. mesenterica superior
21 Dünndarmsegment
22 A. mesenterica inferior
23 Aorta abdominalis
24 Lage der Bifurcatio aortae
25 V. cava inferior
26 Vv. hepaticae
27 Lage der Vasa iliaca communia
28 Falte des Ureter
29 Falte der Gonadengefäße
30 Lage der Nieren

◻ **Abb. 8.28** Hintere Bauchwand nach Entnahme der Organe der Peritonealhöhle mit Peritoneum parietale (dunkelgrau) und Anheftungsfeldern der wandständigen Organe (hellgrau), Ansicht von vorn [12]

Die Schnittflächen der *Radix mesenterii* **(7)**, des *Mesenteriolum* **(8)**, der Radix des *Mesocolon sigmoideum* **(9)** und des Abgangs der Radix des *Mesocolon transversum* **(10)** sowie des *Ligamentum hepatorenale* **(11)**, des

Ligamentum gastrosplenicum (gastrolienale) **(12)**, des *Ligamentum gastrophrenicum* **(13)**, des *Ligamentum triangulare dextrum* **(14)** und des *Ligamentum hepatooesophageale* **(15)** studieren.

Am Diaphragma die bauchfellfreie Zone im Bereich der Anheftungszone der Leber, *Area nuda (Pars affixa)* **(16)** und die mit Peritoneum parietale bedeckte Fläche **(17)** beachten.

Die vollständig freiliegende Hinterwand der *Bursa omentalis* **(18)** mit ihren Recessus nochmals inspizieren (◻ Abb. 8.21).

Anschließend die im Situs verbliebenen *Truncus coeliacus* **(19)**, *A. mesenterica superior* **(20)** mit ihren Ästen und dem erhaltenen Dünndarmsegment **(21)** sowie *A. mesenterica inferior* **(22)** aufsuchen. Den Verlauf der noch nicht freigelegten *Aorta abdominalis* **(23)** bis zur *Bifurcatio aortae* **(24)** palpieren.

Den bei der Herausnahme der Leber isolierten kranialen Teil der *V. cava inferior* **(25)** und die *Vv. hepaticae* **(26)** aufsuchen. Im kaudalen Bereich die sich unter dem Peritoneum abzeichnenden *Vasa iliaca communia* **(27)** sowie die durch den *Ureter (Ureterfalte)* **(28)** und durch die Gonadengefäße **(29)** aufgeworfenen Peritonealfalten lokalisieren. Lage der Nieren **(30)** palpieren.

8.3.2 Präparation der Organe und Leitungsbahnen im Spatium retroperitoneale

Die Präparation mit dem Freilegen der Ein- und Austrittspforten am Zwerchfell von *Oesophagus* **(1)**, *Aorta abdominalis* **(2)** und *V. cava inferior* **(3)** beginnen (◻ Abb. 8.29a). Dazu die das Zwerchfell regional unterschiedlich bedeckenden Strukturen – Peritoneum parietale, Bandstrukturen oder Bindegewebe im Bereich der Anheftung der Leber (◻ Abb. 8.28) – abtragen.

Topographie des Diaphragma, ▶ Kap. 4, Präparation der Muskeln und Leitungsbahnen der hinteren Rumpfwand.

Zunächst die den Zwerchfelldurchtritt der Aorta abdominalis, *Hiatus aorticus* **(4)** begrenzenden Muskelanteile der Pars lumbalis diaphragmatis mit *Crus mediale dextrum* **(5)** und *Crus mediale sinistrum* **(6)** präparieren und dabei die als erste aus der Aorta abdominalis abgehenden *Aa. phrenicae inferiores* **(7)** aufsuchen und nach lateral verfolgen. Sodann die sehnenartige Aortenarkade das *Ligamentum arcuatum medianum* **(8)** darstellen (◻ Abb. 8.60/Video 8.16).

Anschließend die Präparation der Pars lumbalis des Zwerchfells nach kranial fortsetzen und den vom Crus mediale dextrum begrenzten *Hiatus oesophageus* **(9)** freilegen.

Die im kranialen Abschnitt im Rahmen der Herausnahme des „Oberbauchpaketes" bereits freigelegte V. cava inferior mit den *Vv. hepaticae* **(10)** sowie ihren Durchtritt durch das *Foramen venae cavae* **(11)** im Centrum tendineum des Zwerchfells durch Abtragen des bedeckenden Bindegewebes vollständig freilegen.

❶ Bei der Präparation der Strukturen des Hiatus aorticus die Aa. phrenicae inferiores nicht verletzen. Die weitere Präparation zunächst auf die Freilegung von Aorta abdominalis und V. cava inferior mit ihren Abgängen und Zuflüssen beschränken. Die Präparation der Nieren erfolgt danach. Bei der Freilegung von Aorta abdominalis und V. cava inferior die Strukturen des autonomen Nervensystems sowie die den Gefäßen anliegenden lumbalen Lymphknoten und Lymphbahnen erhalten.

😁 Varia

Die Aa. phrenicae inferiores kommen in ca. 14 % der Fälle getrennt aus der Aorta abdominalis. In ca. 40 % der Fälle entspringen die Arterien getrennt oder gemeinsam aus dem Truncus coeliacus. Die rechte A. phrenica inferior kann aus der Aorta abdominalis, die linke aus dem Truncus coeliacus abgehen. Selten kommt die rechte A. phrenica inferior aus der A. renalis dextra, die linke aus der Aorta abdominalis oder aus dem Truncus coeliacus.

> ▶ Klinik

In Folge einer Lockerung des Bindegewebes (Laimersche Membran) am Rand des Hiatus oesophageus können Pars abdominalis des Oesophagus und die Cardia des Magens in den Thorax gleiten (Gleithernien oder axiale Hiatushernie). Bei einer paraösophagealen Hernie werden Magenfundus und im Extremfall auch das Corpus gastricum (upside-down-stomach) neben dem Oesophagus durch den Hiatus oesophageus in die Brusthöhle verlagert.

Eine Kompression des Truncus coeliacus durch ein z. B. abnorm weit kaudal liegendes Ligamentum arcuatum medianum kann zu Durchblutungsstörungen im Versorgungsbereich der Organe führen und mit postprandialen abdominalen Schmerzen, Übelkeit und Erbrechen einhergehen (Truncus coeliacus – Kompressionssyndrom, Dunbar-Syndrom).

Aortenaneurysmen entwickeln sich in 80 % der Fälle im infrarenalen Aortenabschnitt, die übrigen 20 % entstehen im Bereich der Brustaorta. Führendes Symptom der sich typischer Weise unbemerkt entwickelnden Erkrankung ist der abdominelle Schmerz, der durch Palpation der pulsierenden Aorta ausgelöst werden kann. Die Ruptur führt zu einer plötzlichen retro- oder intraperitonealen Massenblutung und zum raschen Verblutungstod. Am häufigsten betroffen sind Männer im Alter von über 65 Jahren. Die Ultraschalluntersuchung gilt heute als wichtige Vorsorgeuntersuchung.

Die arterielle Embolie ist eine durch ein Aortenaneurysma ausgelöste Komplikation, die durch Ablösen von parietalen Thromben entsteht. ◀

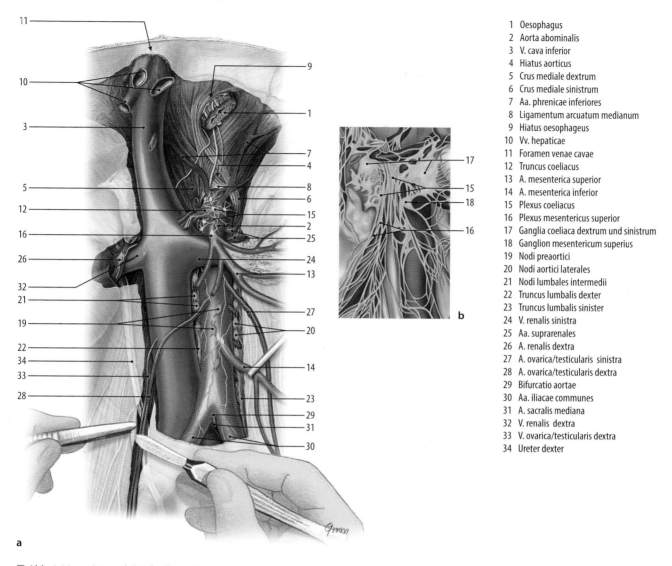

1 Oesophagus
2 Aorta abominalis
3 V. cava inferior
4 Hiatus aorticus
5 Crus mediale dextrum
6 Crus mediale sinistrum
7 Aa. phrenicae inferiores
8 Ligamentum arcuatum medianum
9 Hiatus oesophageus
10 Vv. hepaticae
11 Foramen venae cavae
12 Truncus coeliacus
13 A. mesenterica superior
14 A. mesenterica inferior
15 Plexus coeliacus
16 Plexus mesentericus superior
17 Ganglia coeliaca dextrum und sinistrum
18 Ganglion mesentericum superius
19 Nodi preaortici
20 Nodi aortici laterales
21 Nodi lumbales intermedii
22 Truncus lumbalis dexter
23 Truncus lumbalis sinister
24 V. renalis sinistra
25 Aa. suprarenales
26 A. renalis dextra
27 A. ovarica/testicularis sinistra
28 A. ovarica/testicularis dextra
29 Bifurcatio aortae
30 Aa. iliacae communes
31 A. sacralis mediana
32 V. renalis dextra
33 V. ovarica/testicularis dextra
34 Ureter dexter

a

b

Abb. 8.29 **a** Aorta abdominalis und V. cava inferior mit Abgängen und Zuflüssen, Ansicht von vorn [46]. **b** Ganglien und vegetative Nerven-plexus im Bereich der Bauchaorta, Ansicht von vorn [35]

Zu Beginn der vollständigen **Freilegung der Aorta abdominalis** zunächst die bei der Präparation der Bauch-organe bereits dargestellten *Truncus coeliacus* (**12**), *A. mesenterica superior* (**13**) und *A. mesenterica inferior* (**14**) wieder aufsuchen. Anschließend die Aorta abdominalis mit ihren retroperitoneal abgehenden Arterien durch Abtragen des Peritoneum parietale und des subperitonealen Bindegewebes vollständig freilegen; dabei das den Gefäßen aufliegende Nervengeflecht des *Plexus coeliacus* (**15**) und des *Plexus mesentericus superior* (**16**) sowie die am Rand der Bauchaorta liegenden *Ganglia coeliaca dextrum* und *sinistrum* (**17**) und das *Ganglion mesentericum superius* (**18**) vorsichtig mit der Messerspitze darstellen (☐ Abb. 8.29b). Im gleichen Präparationsgang die auf der Bauchaorta liegenden *Nodi preaortici* (**19**) sowie die *Nodi aortici laterales* (**20**) und die *Nodi lumbales intermedii* (**21**) aufsuchen. Zwischen

Aorta abdominalis und V. cava inferior entlang der Nodi lumbales intermedii den *Truncus lumbalis dexter* (**22**) und auf der linken Seite der Aorta entlang der Nodi aortici laterales den *Truncus lumbalis sinister* (**23**) auf-suchen. Alternative: Die Präparation kann auch mit der Freilegung der V. cava inferior beginnen (☐ Abb. 8.61/ Video 8.17).

Bei der Freilegung der Bauchaorta auf die unmittel-bar unterhalb des Abgangs der A. mesenterica superior quer über die Aorta abdominalis laufende *V. renalis sinistra* (**24**) achten und diese zunächst partiell darstellen.

Seitlich des Abgangs der A. mesenterica superior die Abgänge der *Aa. suprarenales mediae* (**25**) und etwas weiter kaudal die der *Aa. renales* (**26**) (Varianten s. u.) aufsuchen. Die Arterien eine kurze Strecke verfolgen, die vollständige Freilegung erfolgt bei der Präparation der Nieren und der Nebennieren (s. u.).

Unterhalb der V. renalis sinistra die aus der ventro-
lateralen Wand der Aorta entspringenden *Aa. ovaricae/
testiculares sinistra* (27) und *dextra* (28) aufsuchen; dabei
die Überkreuzung der V. cava inferior durch die rechte
A. ovarica/testicularis beachten.

Abschließend die Aorta abdominalis bis zur *Bifurcatio aortae* (29) und den Anfangsteil der *Aa. iliacae
communes* (30) bis zum Beckenrand freilegen. Abgang
der *A. sacralis mediana* (31) aus der Bauchaortengabel
aufsuchen und mit ihrer Begleitvene bis zum Eintritt ins
Becken verfolgen. Die Präparation des Plexus hypogastricus superior erfolgt bei der Freilegung des Truncus
sympathicus (Muskeln und Leitungsbahnen der hinteren
Rumpfwand, ◘ Abb. 8.38).

❶ Bei der Freilegung der Bauchaorta die Überkreuzung
durch die V. renalis sinistra und den Abgang akzessorischer Nierenarterien beachten. Aorta abdominalis und
die abgehenden Gefäße bei der Präparation des Plexus
visceralis schonen. V. cava inferior beim Freilegen der
A. ovarica/testicularis dextra nicht verletzen. Plexus hypogastricus superior bei der Darstellung der A. sacralis
mediana schonen.

Danach die **Freilegung der V. cava inferior** fortsetzen und
zunächst die Einmündungen der *V. renalis dextra* (32)
und V. renalis sinistra (24) präparieren (◘ Abb. 8.61/
Video 8.17). Die in unterschiedlicher Höhe in die laterale
Wand der unteren Hohlvene einmündende *V. ovarica/tes-
ticularis dextra* (33) aufsuchen. (Die Präparation der in
die V. renalis sinistra mündenden V. ovarica/testicularis
sinistra erfolgt später.)

Vor Fortsetzung der Präparation auf der rechten Seite
den parallel zur V. cava inferior nach kaudal ziehenden
rechten Ureter (Ureterfalte) (34) inspizieren und ertasten, der noch nicht freigelegt werden soll. Danach die
V. cava inferior zunächst bis zur Überkreuzung durch die
A. iliaca communis dextra präparieren; dabei noch nicht
zu weit nach lateral vorgehen.

❶ Die auf der rechten Seite der V. cava inferior laufenden
A. und V. ovarica/testicularis dextra sowie den rechten
Ureter unbedingt schonen!

Varia

Die A. ovarica/testicularis kann auf einer Seite, seltener auf beiden Seiten aus der A. renalis abgehen. Eine
Verdopplung der Gonadenarterien kommt in ca. 8 %
der Fälle vor; sie ist auf der rechten Seite häufiger zu
beobachten als links.

Varianten der V. cava inferior sind vergleichsweise
selten. Die untere Hohlvene kann auf der linken Seite
der Aorta abdominalis liegen. Selten unterbleibt die
Vereinigung der Vv. iliacae communes; es kommt dann
zur Ausbildung einer doppelten V. cava inferior. In diesem Fall vereinigen sich die linke untere Hohlvene und

die linke Nierenvene zu einem gemeinsamen Stamm,
der über die Aorta abdominalis zieht und in die rechte
V. cava inferior mündet. Sehr selten mündet die V. cava
inferior nicht direkt in den rechten Vorhof, sondern
zunächst in die V. azygos; von hier gelangt das Blut
aus der V. cava inferior über die V. cava superior in
den rechten Vorhof.

8.3.3 Präparation der Nieren, der Nebennieren und der ableitenden Harnwege

Für die Präparation gibt es alternative Vorgehensweisen:
Entscheidend ist unter klinischen Gesichtspunkten, dass
die Strukturen des Nierenlagers sowie der Nierenkapseln
und Faszien dargestellt werden.

❶ Bevor die Nieren und Nebennieren freigelegt werden,
sollten die topographischen Beziehungen zu den benachbarten Organen und Strukturen sowie der Aufbau
des Nierenlagers mit Nierenkapseln und Faszien im
Atlas studiert werden!

Topographie

Höhenlokalisation von Organen und Strukturen im
Retroperitonealraum (◘ Abb. 4.4). Die Beziehungen
der Nieren zum Rumpfskelett hängen von der indivi-
duellen Größe der Organe ab. Beim Lebenden ändert
sich die Lage der Nieren aufgrund ihrer Verschieblichkeit im Nierenlager im Stehen und Liegen sowie bei
Inspiration und Exspiration.

Beide Nieren erreichen mit ihrem oberen Pol die
11. Rippe; in der Projektion von dorsal überlagert
der obere Bereich beider Nieren den Recessus costodiaphragmaticus. Der Hilus der linken Niere liegt
in Höhe der Zwischenwirbelscheibe zwischen erstem
und zweitem Lendenwirbel; bei der rechten Niere liegt
der Hilus 2–3 cm tiefer. Die rechte Niere hat Kontakt
mit der Facies visceralis des rechten Leberlappens (Impressio renalis am fixierten Präparat). Vor dem rechten
Nierenhilus verläuft die Pars descendens duodeni. Die
Flexura coli dextra berührt den unteren Nierenpol.
Mit ihrem medialen Rand reicht die rechte Niere nahe
an die V. cava inferior.

Die linke Niere hat enge Beziehungen zu Milz,
Magen, Colon descendens und in unterschiedlicher
Ausdehnung zur linken Kolonflexur. Der Pankreas-
schwanz liegt über dem linken Nierenhilus. Der mediale Rand der linken Niere verläuft nahe an der Aorta
abdominalis.

Der Aufbau des Nierenlagers sowie des Verlaufs
der Faszien und Nierenkapseln lässt sich an einem
Querschnitt durch die Region studieren (◘ Abb. 8.30).
Die Nieren sind über die Strukturen des Nierenlagers

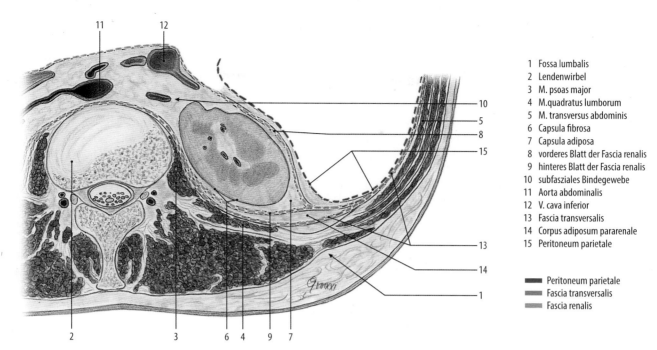

1	Fossa lumbalis
2	Lendenwirbel
3	M. psoas major
4	M. quadratus lumborum
5	M. transversus abdominis
6	Capsula fibrosa
7	Capsula adiposa
8	vorderes Blatt der Fascia renalis
9	hinteres Blatt der Fascia renalis
10	subfasziales Bindegewebe
11	Aorta abdominalis
12	V. cava inferior
13	Fascia transversalis
14	Corpus adiposum pararenale
15	Peritoneum parietale

▬▬ Peritoneum parietale
▬▬ Fascia transversalis
▬▬ Fascia renalis

◨ **Abb. 8.30** Querschnitt durch den Rumpf in Höhe des Discus intervertebralis zwischen erstem und zweitem Lendenwirbel, Nierenlager, Faszien und Nierenkapseln, Ansicht von kranial [29]

an der Wand der *Fossa lumbalis* (1) angeheftet. Die neben der Lendenwirbelsäule (2) liegenden Mulden reichen von der 12. Rippe bis zur Crista iliaca und werden hinten vom *M. psoas major* (3) und vom lateralen Rand des *M. quadratus lumborum* (4) sowie seitlich vom hinteren Rand des *M. transversus abdominis* (5) begrenzt.

Innerhalb des Nierenlagers sind die Nieren von Nierenkapseln und von Faszien eingeschlossen. Auf die Organkapsel der Niere (*Capsula fibrosa*) (6) folgt die regional unterschiedlich dicke *Capsula adiposa* (7), die an die *Fascia renalis* mit einem vorderen Blatt (Zuckerkandlsche Faszie) (8) und mit einem hinteren Blatt (Gerotasche Faszie) (9) grenzt. Der von der Fascia renalis umhüllte Bereich ist nach medial und kaudal offen. So kann man, z. B. vom Nierenhilus unter dem vorderen Faszienblatt nach medial in das Bindegewebslager (10) gelangen, in dem *Aorta abdominalis* (11) und *V. cava inferior* (12) liegen.

Auf das hintere Blatt der Fascia renalis folgt die *Fascia transversalis* (13). Im laterales Bereich liegt zwischen den beiden Faszienblättern lockeres fettreiches Bindegewebe (*Corpus adiposum pararenale*) (14). Ventral verschmelzen vorderes Blatt der Fascia renalis und *Peritoneum parietale* (15) meistens in den Bereichen, die nicht von Organen der Bauchhöhle überlagert werden.

Die Nebennieren werden von der Capsula adiposa und von der Fascia renalis umschlossen.

In der Hinterwand des Nierenlagers verlaufen die Nn. subcostalis, iliohypogastricus und ilioinguinalis (◨ Abb. 8.37).

Präparation der Nierenkapseln und der Fascia renalis Vor Beginn der Präparation von ventral (◨ Abb. 8.31) die variablen Strukturen über dem Nierenlager inspizieren und die von Peritoneum parietale und die vom Bindegewebe der Anheftungsfläche des Kolon bedeckten Areale aufsuchen (◨ Abb. 8.28, 8.62/Video 8.18).

Die Nebennieren können gemeinsam mit den Nieren freigelegt werden. Alternativ kann die Präparation im Anschluss an die Freilegung der Nieren erfolgen.

❶ Bevor die Nieren aus dem Nierenlager gelöst werden, sollten Nierenkapseln und Faszien des Nierenlagers in situ präpariert und studiert werden.

Auf der rechten Seite kann versucht werden, das *Peritoneum parietale* (1) über dem kranialen Abschnitt der Niere scharf vom vorderen Blatt der *Fascia renalis* (2) in lateraler Richtung zu lösen. Da die beiden Blätter meistens miteinander verwachsen sind, empfiehlt es sich, diese gemeinsam von der *Capsula adiposa* (3) zu trennen. Lateral lassen sich in Regionen mit erhaltenem Peritoneum parietale Bauchfell und vorderes Blatt der Fascia renalis aufgrund der Einlagerung von lockerem Binde- und Fettgewebe zwischen den Blättern voneinander trennen (s. Querschnitt, ◨ Abb. 8.30).

In Bereichen ohne Peritoneum parietale das Bindegewebe der Anheftungsfläche des Kolon mit dem darunter liegenden vorderen Blatt der Fascia renalis scharf vom Corpus adiposum abpräparieren.

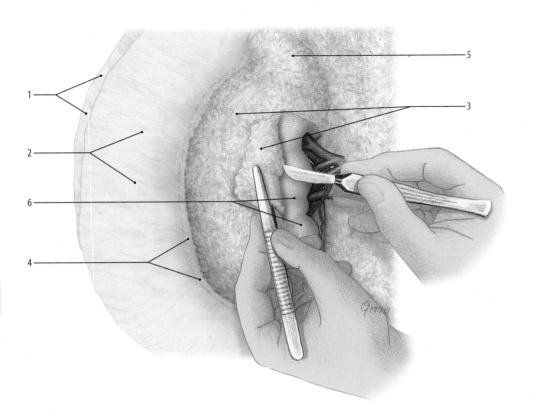

1 Peritoneum parietale
2 vorderes Blatt der Fascia renalis
3 Capsula adiposa
4 hinteres Blatt der Fascia renalis
5 Nebenniere
6 Capsula fibrosa

◻ Abb. 8.31   Faszien und Nierenkapseln, rechte Niere in der Ansicht von vorn [21]

Das gesamte vordere Blatt der Fascia renalis so weit nach lateral ablösen, bis der Übergang in das hintere Blatt der Nierenfaszie **(4)** sichtbar wird.

Anschließend im lateralen Bereich den Übergang der miteinander verschmolzenen Blätter der Nierenfaszie in die Fascia transversalis studieren (◻ Abb. 8.30). Dazu das abgelöste vordere Blatt der Nierenfaszie nach medial zurückklappen und nach Abtragen des Peritoneum parietale auf der Faszie des M. transversus abdominis das Verschmelzen der Strukturen aufsuchen.

Auf der linken Seite identisch vorgehen und von der lateralen Seite der Aorta abdominalis aus die Strukturen schichtweise präparieren.

Am oberen Pol der Nieren die in Fettgewebe eingebetteten Nebennieren **(5)** aufsuchen und ihre Ausdehnung palpieren.

Nach Ablösen von Peritoneum parietale (regional unterschiedlich) und vorderem Blatt der Fascia renalis die freigelegte Capsula adiposa zunächst studieren.

Mit dem **Ablösen der Capsula adiposa** am Übergang zum Hilus beginnen; dazu das Fettgewebe durchtrennen und anschließend die Fettkapsel auf der Vorderseite der Niere bis zum lateralen Rand teils scharf teils stumpf von der *Capsula fibrosa* **(6)** trennen.

❶ Beim Durchschneiden der Fettkapsel die Capsula fibrosa nicht verletzen. Beim Ablösen der Capsula

adiposa die Nebennieren schonen. Die zur Fettkapsel ziehenden Gefäße erhalten.

▶ Klinik

Abszesse im Bereich des Nierenlagers können sich in dem von der Fascia renalis umhüllten nach kaudal offenen Kompartiment ausbreiten (s. o.). ◀

Beim **Ablösen der Fettkapsel (1)** von der *Capsula fibrosa* **(2)** (◻ Abb. 8.31, 8.32) deren lateralen Teil zunächst bis zum lateralen Rand der Niere als geschlossene Schicht erhalten und nach lateral klappen. Dabei die aus den Nieren- und Nebennierenarterien sowie aus der *A. ovarica/ testicularis* **(3)** in die Fettkapsel ziehenden *Rami capsulares* **(4)** darstellen, die in der Peripherie einen Gefäßring „arcade exorénale" **(5)** bilden; die aus der A. ovarica/ testicularis zum *Ureter* **(6)** ziehenden Äste **(7)** beachten.

Den medialen Teil der Fettkapsel abtragen; dabei auf akzessorische und aberrante Nierengefäße achten (◻ Abb. 8.33).

✉ Varia

Die im Kindesalter physiologisch vorhandene renkuläre Lappung der Niere kann in seltenen Fällen bis ins Erwachsenenalter erhalten bleiben; oft ist sie in Form von leichten Einsenkungen auf der Nierenoberfläche beim Erwachsenen noch erkennbar (◻ Abb. 8.33). Die

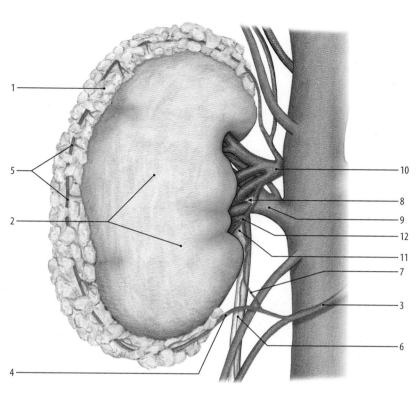

1 Capsula adiposa
2 Capsula fibrosa
3 A. ovarica / testicularis
4 Rami capsulares
5 Gefäßring
6 Ureter
7 Äste aus der A. ovarica /
   testicularis für den Ureter
8 Nierenhilus
9 V. renalis
10 A. renalis
11 Pelvis renalis
12 Ramus uretericus

◘ Abb. 8.32 Rechte Niere mit Capsula adiposa, Capsula fibrosa und Gefäßen, Ansicht von vorn [21]

Furchen markieren die Grenzen der Nierenlappen (Lobi renales – Renculi) auf der Nierenoberfläche.

Anomalien und Fehlbildungen der Nieren treten häufig in Kombination mit Fehlbildungen anderer Organe auf. Anomalien der Nierenform kommen in ca. 2 % der Fälle vor. Bei der sog. Kuchenniere liegt der Nierenhilus infolge einer Fehlrotation der Nierenanlage ventral. Eine Hufeisenniere entsteht durch Zusammenwachsen der unteren Nierenpole.

Bei einseitiger Nierenaplasie ist die vorhandene Niere kompensatorisch vergrößert. Dystope überzählige Nieren sind meistens stark verkleinert (sog. Zwergniere). Durch Störung des Aszensus der Nierenanlage kommt es zur heterotopen Lage in Form einer Beckenniere.

Varianten der Nierenarterien und Nierenvenen kommen häufig vor. Akzessorische Nierenarterien findet man in ca. 25 % der Fälle; sie entspringen aus der Aorta und münden im Bereich des Nierenhilus. Aberrante Nierenarterien kommen aus der Aorta abdominalis oder aus einer A. renalis und treten am oberen und/oder unteren Nierenpol in das Nierengewebe ein. Obere Polarterien sind häufiger als untere Polarterien (◘ Abb. 8.33). Die rechte A. renalis läuft selten vor der V. cava inferior; sind zwei rechte Nierenarterien ausgebildet, ziehen diese ringförmig um die V. cava inferior.

Die linke Nierenvene läuft in ca. 12 % der Fälle hinter der Aorta abdominalis. Nicht selten bilden die Nierenvenen auf der linken Seite einen plexusartigen Ring um die Aorta abdominalis. Wie bei den Nierenarterien kommen auch bei den Nierenvenen obere und untere Polvenen vor.

Die rechte V. ovarica/testicularis läuft in ca. 20 % der Fälle hinter der V. cava inferior und mündet in die linke Nierenvene.

Das **Lösen der Nieren aus dem Nierenlager** erfolgt mit der flach geführten Hand oder mit dem stumpfen Griff der Pinzette vom lateralen Rand aus. Dazu mit der flach geführten Hand, gegebenenfalls mit dem stumpfen Griff der Pinzette, vom lateralen Rand aus zwischen Capsula fibrosa und Capsula adiposa eingehen und die Niere mit der Nebenniere bis zum Nierenhilus von der Fettkapsel trennen. Bei evtl. vorliegenden Verwachsungen Fettkapsel und Organkapsel vorsichtig scharf voneinander trennen. Nebennieren unter Erhaltung ihrer Blutgefäße von den Nieren stumpf lösen.

❗ Beim Lösen der Nebennieren von den Nieren die Gefäße nicht verletzen.

Zunächst die **Strukturen des Nierenhilus von ventral (8)** freilegen: ventral die *V. renalis* **(9)** mit ihren Ästen, dahinter die *A. renalis* **(10)** und dorsal-kaudal das auf der Ventralseite größtenteils von den Gefäßen überlagerte Nierenbecken, *Pelvis renalis* **(11)** mit dem abgehenden Ureter. Den aus der A. renalis abgehenden *Ramus uretericus* **(12)** mit seinen Ästen zum Nierenbecken und Ure-

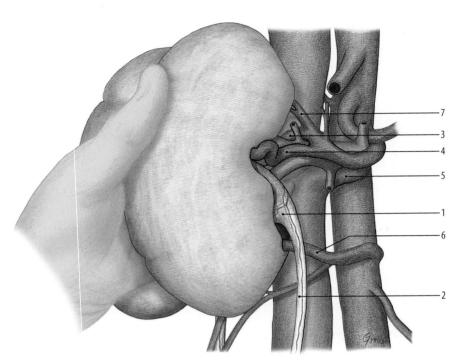

1 Pelvis renalis
2 Ureter
3 Ramus anterior der A. renalis
4 Ramus posterior der A. renalis
5 V. renalis
6 untere Polarterie
7 obere Polarterie

Abb. 8.33   Linke Niere mit den Strukturen des Nierenhilus, Ansicht von dorsal nach Verlagerung der Niere aus dem Nierenlager nach medial [21]

ter verfolgen. Auf der linken Seite die Einmündung der V. ovarica/testicularis in die V. renalis sinistra beachten (■ Abb. 8.35, 8.63/Video 8.19).

Anschließend die **Nieren** mit ihren Leitungsbahnen sowie Nierenbecken und Ureter **von dorsal präparieren** (■ Abb. 8.64/Video 8.20). Dazu die Niere mit den Leitungsbahnen und den ableitenden Harnwegen mit der flachen Hand im Nierenlager anheben und so weit nach medial verlagern, dass der Nierenhilus von dorsal präpariert werden kann (■ Abb. 8.33). Die Strukturen des Nierenhilus durch Abtragen von Resten des lockeren, fettreichen Bindegewebes teils scharf, teils stumpf mit der Pinzette freilegen. Dabei *Pelvis renalis* (1) mit abgehendem *Ureter* (2) sowie *Ramus anterior* (3), *Ramus posterior* (4) der *A. renalis* und die Äste der *V. renalis* (5) darstellen. Bei der Präparation Varianten der Arterien und der Venen (s. oben) beachten, untere Polarterie (6), obere Polarterie (7).

⬤ Bei Verlagerung der aus ihrem Lager gelösten Niere nach medial die Gefäße nicht zerreißen.

Zur Präparation der Nebennieren (■ Abb. 8.34, 8.65/Video 8.21) die Fettkapsel abtragen und die Organkapsel (1) vollständig freilegen; dabei die Gefäßversorgung beachten (Varianten s. u.): *A. suprarenalis superior* (2) aus der A. phrenica inferior (s. ■ Abb. 8.29a), *A. suprarenalis media* (3) aus der Bauchaorta und *A. suprarenalis inferior* (4) aus der *A. renalis* (5). Mündung der *Vv. suprarenales* (6) in die *V. renalis* (7) (■ Abb. 8.29a) und in die V. cava inferior nachgehen.

Die unterschiedliche Form der rechten dreiseitigen und der linken mehr halbmondförmigen Nebenniere sowie ihre Beziehung zu den Nachbarorganen und -strukturen beachten.

🔄 **Varia**

Die Nebennierenarterien können doppelt ausgebildet sein. Häufig fehlt die A. suprarenalis inferior, seltener die A. suprarenalis media. Die Aplasie einer Nebenniere ist meistens mit einer Aplasie der Niere vergesellschaftet. Eine Verschmelzung beider Nebennieren findet man bei der Hufeisenniere (s. u.).

Nach abgeschlossener Präparation der Nieren **Ureter und Vasa ovarica/testicularia vollständig darstellen** (■ Abb. 8.35, 8.61/Video 8.17). Den *Ureter* (1) vom Nierenbecken aus in seinem Verlauf bis zum Eintritt ins Becken durch Spalten des ihn bedeckenden Peritoneum parietale oder Bindegewebes (2) freilegen. Am Übergang zum unteren Verlaufsdrittel die Überkreuzung des Harnleiters durch die Gonadengefäße (3) beachten. Oberhalb des Eintritts ins Becken überkreuzt der Ureter variabel auf der linken Seite und auf der rechten Seite die Vasa iliaca communia oder externa (4) (s. Präparation der Leitungsbahnen des Beckens, ■ Abb. 9.10). Der Ureter ist hier fest mit Peritoneum parietale und subperitonealem Bindegewebe verbunden. Die enge topographische Beziehung zwischen Ureter und M. psoas major beachten.

(Fortsetzung der Präparation, s. ▶ Kap. 9, Becken)

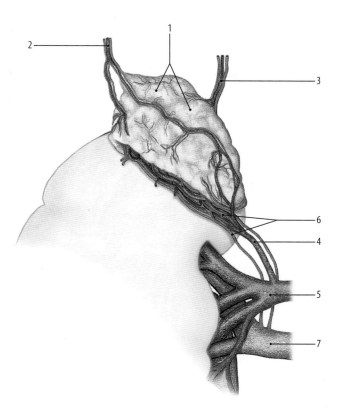

1 Organkapsel der Nebenniere
2 A. suprarenalis superior
3 A. suprarenalis media
4 A. suprarenalis inferior
5 A. renalis
6 Vv. suprarenales
7 V. renalis

◻ Abb. 8.34 Arterien und Venen der rechten Nebenniere, Ansicht von vorn [36]

Die bei Freilegung der *Aorta abdominalis* **(5)** bereits dargestellten Abgänge der *Aa. ovaricae/testiculares* **(6)** sowie die Mündung der *V. ovarica/testicularis dextra* **(7)** in der *V. cava inferior* **(8)** und der linken V. ovarica/testicularis (Vv. ovaricae/testiculares) **(9)** in die *V. renalis sinistra* **(10)** wieder aufsuchen. Sodann die Vasa ovarica/testicularia durch Abtragen von Peritoneum parietale und subperitonealem Bindegewebe **(11)** nach kaudal bis zum Eintritt ins Becken freilegen; dabei die Überkreuzung des Ureter (s. o.) und der Vasa iliaca beachten.

❗ Bei der Präparation des Ureter die ihn überkreuzenden Vasa ovarica/testicularia nicht verletzen!

🔖 **Topographie**
Als Ureterengen werden 1. der Übergang vom Nierenbecken zum Ureter, 2. die Überkreuzung des Ureter durch die Vasa ovarica/testicularia, 3. die Überkreuzung des Ureter der Vasa iliaca und 4. die Einmündung des Ureter in die Harnblase bezeichnet (◻ Abb. 8.66/ Video 8.22).

🔖 **Varia**
Fehlbildungen des Ureter kommen als vollständige Duplikation (Ureter supernummerarius) und in Form eines Ureter bifidus mit Ausbildung von zwei Nierenanlagen und zwei Nierenbecken vor. Eine unvollständige Duplikation liegt beim Ureter fissus vor; die

Spaltung des Ureter kann in unterschiedlicher Höhe liegen. Die beiden Harnleiter münden getrennt in die Harnblase. Bei einer Verdopplung des Ureter kann ein Harnleiter ipsilateral oder bei gekreuztem Verlauf kontralateral nicht in die Harnblase sondern in die Urethra münden. Der rechte Ureter kann hinter der V. cava inferior laufen (s. u.).

In 15–20 % der Fälle sind die Vv. ovaricae/testiculares doppelt angelegt (◻ Abb. 8.35).

▶ **Klinik**
Bei abnormem Verlauf oder bei Verdopplung des Ureter kann es zu Harnabflussbehinderungen mit Ausbildung eines Megaureter und zur Hydronephrose kommen. Abflussstörungen können auch entstehen, wenn der Ureter durch eine untere Polarterie (◻ Abb. 8.34) eingeengt wird. In 15–20 % der Fälle sind die Vv. ovaricae/testiculares doppelt angelegt (◻ Abb. 8.35). ◀

Zum **Studium der makroskopischen Gliederung** großflächigen **medianen Frontalschnitt** durch eine Niere legen (◻ Abb. 8.36, 8.67/Video 8.23). Vorher die Nebenniere von der Niere lösen. Mit der Schnittführung (Assistenz durch das Institutspersonal) mit Hilfe eines Organmessers (Institut) am lateralen Rand beginnen und anschließend den Schnitt mit dem Muskelmesser unter Sichtkontrolle zur Schonung der Gefäße und des Nierenbeckens bis zum Hilus führen.

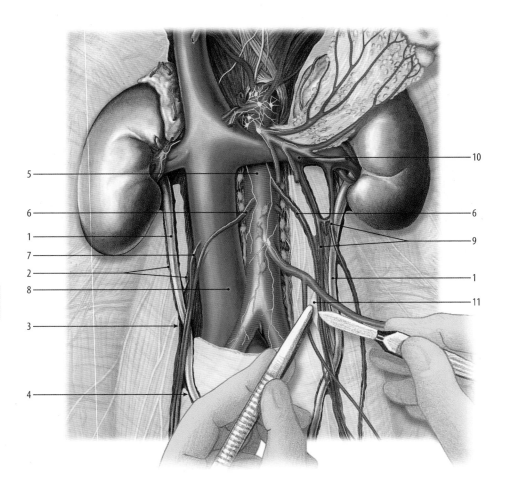

1 Ureter
2 Peritoneum parietale
3 Überkreuzung des Ureter durch die Gonadengefäße
4 Verlauf des Ureter über die Vasa iliaca
5 Aorta abdominalis
6 Aa. ovaricae / testiculares
7 V. ovarica / testicularis dextra
8 V. cava inferior
9 Vv. ovaricae / testiculares sinistrae
10 V. renalis sinistra
11 Abtragen des Peritoneum parietale

◘ Abb. 8.35 Freilegen der Harnleiter und der Gonadengefäße im Retroperitonealraum, Ansicht von ventral [46]

Zunächst den makroskopisch erkennbaren Aufbau der Nieren auf den Schnittflächen studieren: die *Lobi renales* **(1)** mit Nierenrinde (*Cortex renalis*) **(2)**, das pyramidenförmigem Nierenmark (Markpyramiden – *Medulla renalis*) **(3)** und die von der Nierenrinde zwischen die Markpyramiden ragenden *Columnae renales* (Bertinische Säulen) **(4)**. An der Spitze der Markpyramiden Nierenpapillen (*Papilla renalis*) **(5)** und deren Mündung in das Nierenkelchsystem (s. u.) aufsuchen.

Sodann das fettreiche Bindegewebe **(6)** im *Sinus renalis* **(7)** entfernen und die im Nierenhilus ein- und austretenden Strukturen präparieren. Die teils geschlossenen teils angeschnittenen Segmentarterien **(8)** und Segmentvenen **(9)** freilegen; in angeschnittenen Venen das fixierte Blut entfernen. Falls das Nierenbecken (*Pelvis renalis*) **(10)** noch geschlossen ist, dieses mittels Stichinzision öffnen und den Schnitt mit kleiner spitzer Schere erweitern; dabei vom Nierenbecken aus die – beim Schnitt durch die Nieren noch nicht eröffneten – großen Nierenkelche (*Calices renales majores*) **(11)** und kleinen Nierenkelche (*Calices renales minores*) **(12)** aufschneiden. Auf dem Anschnitt nach einer Nierenpapille suchen, die in einen kleinen Nierenkelch hineinragt **(13)**.

Nach eingehendem Studium der Strukturen auf den Schnittflächen die *Capsula fibrosa* **(14)** an der Schnittkante aufsuchen und mit kleinem Skalpell von der Nierenoberfläche trennen; anschließend die gesamte Organkapsel teils stumpf mit zwei anatomischen Pinzetten teils scharf bis zum Nierenhilus von der Nierenoberfläche lösen.

Varia

Das Nierenkelchsystem kann vom typischen dendritischen Typus mit Calices renales majores und minores abweichen; beim ampullären Typus münden die Calices renales minores direkt in ein weites Nierenbecken.

Akzessorisches Nebennierengewebe kann im gesamten Bauchraum vorkommen.

▶ Klinik

Zu einer entzündlichen Nekrose der Nierenpapillen (Papillitis necrotisans) kann es bei Diabetes mellitus oder bei Abusus von Schmerzmitteln (Analgetikanephropathie) kommen. ◄

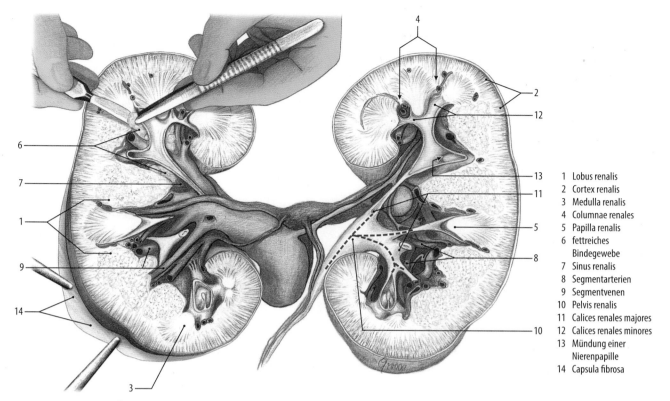

1 Lobus renalis
2 Cortex renalis
3 Medulla renalis
4 Columnae renales
5 Papilla renalis
6 fettreiches
  Bindegewebe
7 Sinus renalis
8 Segmentarterien
9 Segmentvenen
10 Pelvis renalis
11 Calices renales majores
12 Calices renales minores
13 Mündung einer
   Nierenpapille
14 Capsula fibrosa

- - - - Schnittführung zum Öffnen des Nierenbeckens und der Nierenkelche.

☐ Abb. 8.36 Medianer Längsschnitt durch eine linke Niere, Ansicht der Schnittflächen [36]. Ablösen der Capsula fibrosa. Schnittführung zum Öffnen des Nierenbeckens und der Nierenkelche

8.3.4 Präparation der Muskeln und Leitungsbahnen der hinteren Rumpfwand und des Zwerchfells

Nach Abschluss der Präparation der Organe und ihrer Leitungsbahnen im Spatium retroperitoneale werden die Muskeln im Bereich der hinteren Rumpfwand, die Nerven des Plexus lumbalis, der Truncus sympathicus und die Aa. lumbales sowie die Cisterna chyli freigelegt.

Dazu müssen im kranialen Bereich die noch erhaltenen dorsalen Anteile des Nierenlagers abgetragen werden.

Da die Freilegung der Leitungsbahnen bis in den Bereich des großen Beckens erfolgt, gibt es präparatorisch Überschneidungen mit der Beckenpräparation (Kap. 9).

Vor der Entfernung des hinteren Teils der Fettkapsel und des hinteren Blattes der Fascia renalis die Strukturen nochmals studieren. Zum Abtragen von Fettkapsel und hinterem Blatt der Nierenfaszie rechte und linke Niere mit der Nebenniere im Wechsel nach medial klappen **(1)** (Alternative s. o.) sowie *Ureter* **(2)** nach medial verlagern (☐ Abb. 8.37, ☐ Abb. 8.53/Video 8.10).

Zur vollständigen Freilegung des Diaphragma zunächst die Lage der 12. Rippe **(3)** palpieren.

Präparation der Durchtrittspforten von Aorta, Oesophagus und V. cava inferior, s. Abschn. „Präparation der Organe und Leitungsbahnen im Spatium retroperitoneale".

Danach *Pars lumbalis* **(4)** und *Pars costalis* **(5)** des Zwerchfells vollständig darstellen, dabei das muskelschwache, größtenteils von Bindegewebe ausgefüllte *Trigonum lumbocostale* (Bochdaleksches Dreieck) **(6)** beachten, das von der Pars lumbalis und der Pars costalis des Zwerchfells sowie von der 12. Rippe begrenzt wird. Bei der Präparation des Zwerchfells seine Ursprünge am *Ligamentum arcuatum laterale* (Quadratusarkade = äußerer Hallerscher Bogen) **(7)** und am *Ligamentum arcuatum mediale* (Psoasarkade = innerer Hallerscher Bogen) **(8)** freilegen.

Zum **Freilegen der unter den Faszien liegenden Leitungsbahnen** zunächst das je nach Region (☐ Abb. 8.28, 8.68/Video 8.24) noch erhaltene Peritoneum parietale mit dem subperitonealen Bindegewebe sowie das Bindewebe der Anheftungszonen vollständig abtragen. Im lateralen Bereich des Nierenlagers das auf der Fascia transversalis liegende Corpus adiposum pararenale (☐ Abb. 8.30) entfernen.

Wenn die Faszien freiliegen, zunächst die Lage der zugehörigen Muskeln im Atlas studieren. Zum Aufsuchen

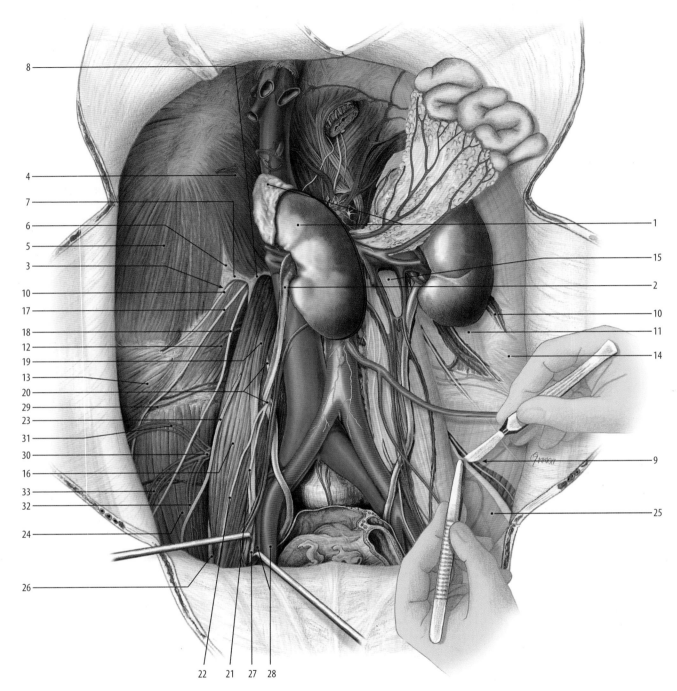

1	rechte Niere und Nebenniere	8	Ligamentum arcuatum mediale (Psoasarkade)	16	M. psoas major	25	Faszie des M. iliacus

1 rechte Niere und Nebenniere
2 rechter Ureter
3 12. Rippe
4 Pars lumbalis des Diaphragma
5 Pars costalis des Diaphragma
6 Trigonum lumbocostale (Bochdaleksches Dreieck)
7 Ligamentum arcuatum laterale (Quadratusarkade)

8 Ligamentum arcuatum mediale (Psoasarkade)
9 Spalten der Faszie
10 N. subcostalis
11 Fascia musculi quadrati lumborum
12 M. quadratus lumborum
13 M. transversus abdominis
14 Fascia transversalis
15 Fascia iliopsoas

16 M. psoas major
17 N. iliohypogastricus
18 N. ilioinguinalis
19 M. psoas minor
20 N. genitofemoralis
21 Ramus genitalis
22 Ramus femoralis
23 N. cutaneus femoris lateralis
24 M. iliacus

25 Faszie des M. iliacus
26 N. femoralis
27 N. obturatorius
28 A. und V. iliaca externa
29 A. lumbalis IV
30 A. iliolumbalis
31 Ramus iliacus
32 Ramus lumbalis
33 Anastomose mit der A. circumflexa ilium profunda

Abb. 8.37 Faszien, Muskeln und Nerven der dorsalen Rumpfwand, Ansicht von vorn, rechte Niere, Nebenniere und Ureter sind nach medial verlagert [46]

der Nerven die Faszien in Verlaufsrichtung der Nerven spalten (9); dabei deren variablen Austritt und intrafaszialen Verlauf beachten.

Die **Präparation der Nerven** mit der Darstellung des 12. Interkostalnerven, *N. subcostalis* (10) beginnen. Dazu die 12. Rippe und den Sehnenbogen der Quadratusarkade (Ligamentum arcuatum laterale) wieder aufsuchen (s. o.) und den Nervenaustritt unterhalb des Sehnenbogens durch Entfernen der *Fascia musculi quadrati lumborum* (11) freilegen; sodann seinem Verlauf parallel zur 12. Rippe über den *M. quadratus lumborum* (12) bis zum Eintritt in den *M. transversus abdominis* (13) durch Entfernen der *Fascia transversalis* (14) nachgehen.

Sodann die **Nerven des Plexus lumbalis** in der Reihenfolge ihres Austretens von kranial nach kaudal präparieren. Dazu die *Fascia iliopsoas* (15) spalten und zuerst den aus dem lateralen Rand des *M. psoas major* (16) tretenden *N. iliohypogastricus* (17) freilegen. Etwas weiter kaudal den Austritt des *N. ilioinguinalis* (18) im lateralen Bereich des M. psoas major aufsuchen (Varianten s. u.). Sodann den parallel zueinander nach lateral-kaudal ziehenden Nerven durch Abtragen der Faszien bis zum Eintritt in den M. transversus abdominis folgen (weiterer Verlauf der Nerven, ▶ Kap. 3, ◻ Abb. 3.29).

Die enge topographische Beziehung der Nn. subcostalis, iliohypogastricus und ilioinguinalis zum Nierenlager studieren; dazu Niere und Nebenniere in ihre ursprüngliche Position zurückverlagern.

Beim Abtragen der Psoasfaszie den variablen *M. psoas minor* (19) beachten und seine dünne Ansatzsehne nach distal verfolgen.

Austritt des *N. genitofemoralis* (20) im Übergangsbereich zwischen oberem und mittlerem Drittel auf der Vorderseite des M. psoas major aufsuchen. Den Nerv durch Entfernen der Psoasfaszie nach distal freilegen; dabei seine Aufzweigung in variabler Höhe in *Ramus genitalis* (21) und *Ramus femoralis* (22) beachten. Ramus genitalis bis zum Anulus inguinalis profundus (s. Becken ◻ Abb. 9.14) und Ramus femoralis bis zur Lacuna vasorum (▶ Kap. 9, ◻ Abb. 9.10) nachgehen.

> **❶** Aufgrund des streckenweise intrafaszialen Verlaufs der Nerven diese beim Entfernen der Faszien nicht verletzen. Die dünne, lange Ansatzsehne des M. psoas minor bei der Faszienpräparation schonen.

In Höhe der Crista iliaca den aus dem vorderen-lateralen Teil des M. psoas major tretenden *N. cutaneus femoris lateralis* (23) aufsuchen und nach lateral über den kranialen Teil des *M. iliacus* (24) durch Abtragen seiner Faszie (25) bis zur Spina iliaca anterior superior freilegen (▶ Kap. 6, ◻ Abb. 6.31).

N. femoralis (26) am lateralen-unteren Rand des M. psoas major aufsuchen; die Fascia iliopsoas spalten und den Nerv durch Abtragen der Faszie in der Rinne zwischen M. psoas major und M. iliacus bis zur Lacuna

musculorum freilegen (Fortsetzung der Präparation am Oberschenkel ▶ Kap. 6, ◻ Abb. 6.35; 6.36a,b).

Zum Auffinden des *N. obturatorius* (27) M. psoas major nach lateral und *A.* und *V. iliaca externa* (28) nach medial verlagern, das Bindegewebe zwischen den Strukturen stumpf lösen und den Nerv in der Tiefe aufsuchen und freilegen (Fortsetzung der Präparation ▶ Kap. 9, ◻ Abb. 9.10 und 9.12; ▶ Kap. 6, ◻ Abb. 6.38).

Abschließend die Beckenwandgefäße präparieren (◻ Abb. 8.68/Video 8.24). Zunächst oberhalb des Beckenkammes die *A. lumbalis IV* (29) mit ihren Begleitvenen darstellen. Anschließend die Fascia iliaca vollständig entfernen und im darunter liegenden lockeren Bindegewebe die am lateralen Rand des M. psoas major austretenden Äste der *A. iliolumbalis* (30) freilegen. Den *Ramus iliacus* (31) nach kranial-lateral verfolgen, sodann den *Ramus lumbalis* (32) sowie den mit dem Ramus ascendens der A. circumflexa ilium profunda anastomosierenden Ast (33) durch Abtragen des Bindegewebes darstellen.

▶ Klinik

Zu ausstrahlenden Schmerzen über die Nn. subcostalis, iliohypogastricus und ilioinguinalis in die sensiblen Versorgungsgebiete von Bauchwand und Leistenregion kann es bei Erkrankungen der Nieren kommen.

Angeborene Zwerchfelldefekte (Hemmungsfehlbildungen) treten am häufigsten auf der linken Seite im Bereich des Centrum tendineum auf. Dabei kommt es durch die in die Brusthöhle verlagerten Bauchorgane zur Verdrängung und Kompression von Herz und Lunge. Das Trigonum lumbocostale kann zur Bruchpforte einer Zwerchfellhernie (Bochdaleksche Hernie) werden. ◀

⊝ Varia

Nicht selten treten N. iliohypogastricus und N. ilioinguinalis gemeinsam aus dem M. psoas major. Die Teilung des N. genitofemoralis in Ramus genitalis und Ramus femoralis erfolgt nicht selten schon innerhalb des M. psoas major; dann treten beide Äste getrennt aus dem Muskel. Der N. cutaneus lateralis kann mit zwei Ästen aus dem M. psoas major treten und subfaszial Fasern mit dem Ramus femoralis des N. genitofemoralis austauschen. Der M. psoas minor fehlt in mehr als der Hälfte der Fälle. Er kann doppelt vorkommen.

⊜ Topographie

In den Terminologia Anatomica unterscheidet man am Diaphragma Pars sternalis diaphragmatis, Pars costalis diaphragmatis und Pars lumbalis diaphragmatis. Die Pars lumbalis wird in Crus sinistrum und Crus dextrum unterteilt.

Im Hinblick auf die durch das Zwerchfell tretenden Strukturen ist die Unterteilung der Pars lumbalis unter anatomischen Gesichtspunkten unzureichend.

Bedingt durch ihre unterschiedlichen Ursprünge lassen sich am Crus sinistrum und am Crus dextrum jeweils ein Crus mediale, ein Crus intermedium und ein Crus laterale sinistrum und dextrum abgrenzen.

Folgende Strukturen treten zwischen den einzelnen Schenkeln aus dem Brustraum in den Bauchraum und vice versa aus dem Bauchraum in den Brustraum:

- Crus mediale sinistrum und dextrum bilden den Hiatus aorticus für den Durchtritt von Aorta und Ductus thoracicus.
- Das Crus mediale dextrum begrenzt den Hiatus oesophageus.
- Zwischen Crus mediale und Crus intermedium zieht der N. splanchnicus major und die V. lumbalis ascendens geht hier auf der rechten Seite in die V. azygos und auf der linken Seite in die V. hemiazygos über.
- Durch die Lücke zwischen Crus intermedium und Crus laterale treten Truncus sympathicus und N. splanchnicus minor.

Zur **Präparation** des lumbalen Teils des **Truncus sympathicus** mit den Ganglia lumbalia sowie der **Vasa lumbalia** auf der linken Seite Niere und Nebenniere nach rechts herüberklappen, *Vasa ovarica/testicularia* (1), *Ureter* (2), *Aorta abdominalis* (3) und *V. cava inferior* (4) ebenfalls nach rechts-medial verlagern (◘ Abb. 8.38, 8.69/Video 8.25). Sodann den *Truncus sympathicus* (5) und die *Ganglia lumbalia* (6) durch Abtragen des umgebenden lockeren Bindegewebes freilegen. Verbindungen der kaudalen Ganglien des Truncus sympathicus mit dem *Plexus aorticus abdominalis* (7) und mit dem *Plexus hypogastricus superior* (8) mit der Messerspitze darstellen.

Anschließend den Abgang der *Aa. lumbales* (9) aus der Hinterwand der Aorta abdominalis aufsuchen und den Arterien mit ihren Begleitvenen bis zu ihrem Verlauf hinter den *M. psoas major* (10) folgen. Die Überkreuzung der Vasa lumbalia durch den Truncus sympathicus beachten. Auf der rechten Seite identisch verfahren.

N. splanchnicus major (11) und *V. lumbalis ascendens* (12) bis zum Verschwinden zwischen *Crus mediale* (13) und *Crus intermedium* (14) der Pars lumbalis des Zwerchfells verfolgen.

Als Hilfe bei der Lokalisation des Zwerchfelldurchtritts den N. splanchnicus major in der Brusthöhle wieder aufsuchen (◘ Abb. 7.21 und 7.25) und kurz vor dem Verlassen der Brusthöhle mit stumpfer Pinzette fassen und leicht nach kranial ziehen, bis die Lageveränderung des Nervs in der Bauchhöhle im Bereich der Pars lumbalis des Zwerchfells sichtbar wird. Sodann die Durchtrittsstelle der Strukturen zwischen Crus mediale und Crus intermedium stumpf oder durch kleine Inzision erweitern und dabei den Übergang der V. lumbalis ascendens in die V. hemiazygos (auf der rechten Seite in die V. azygos) freilegen.

In gleicher Weise bei der Darstellung der zwischen Crus intermedium und *Crus laterale* (15) des Zwerchfells in die Bauchhöhle tretenden Truncus sympathicus (5) und N. *splanchnicus minor* (16) vorgehen.

Zunächst die Strukturen in der Brusthöhle aufsuchen und anschließend den Übergang in die Bauchhöhle freilegen. Verbindungen der Nn. splanchnici zum Plexus coeliacus und zu den *Ganglia coeliaca* (17) beachten.

Abschließend die bei der Entnahme des „Oberbauchpaketes" durchtrennten *Oesophagus* (18) sowie *Truncus vagalis anterior* (19) und *Truncus vagalis posterior* (20) nochmals aufsuchen.

🔵 Topographie und Varia

Die Cisterna chyli ist eine Erweiterung am Zusammenfluss der Lymphkollektoren – Trunci lumbales und Trunci intestinales. Ihre Form variiert zwischen spindelförmig und ampullär. Manchmal fehlt eine zisternenartige Erweiterung und der Übergang in den Ductus thoracicus erfolgt über geflechtartige Erweiterungen der zuführenden Kollektoren. Die Lage der Cisterna chyli variiert zwischen 11. Brustwirbel und zweitem Lendenwirbel. Sie liegt etwas linksseitig hinter der Aorta abdominalis. Bei intrathorakaler Lage beginnt der Ductus thoracicus entsprechend im unteren Thoraxbereich.

Eine dem Namen entsprechende zisternenartige Erweiterung findet man bei der Cisterna chyli nicht regelhaft, sodass sie sich nicht deutlich durch ihr Lumen vom Ductus thoracicus abgrenzen lässt. Gelegentlich sind anstelle einer Zisternenbildung die einmündenden Trunci lumbales und intestinales erweitert.

Vor dem **Aufsuchen und Präparieren der** *Cisterna Chyli* (1) (◘ Abb. 8.39, 8.70/Video 8.26) bereits freigelegte Strukturen: *Trunci lumbales dexter* und *sinister* (2) und *Trunci intestinales dexter* und *sinister* (3) sowie die aus dem *Hiatus aorticus* (4) tretende *Aorta abdominalis* (5) identifizieren. Sodann zwei Pinzetten zwischen *Crus mediale dextrum* (6) und *Crus mediale sinistrum* (7) der Pars lumbalis des Zwerchfells einführen und die beiden Schenkel vorsichtig nach lateral drücken. Anschließend Aorta abdominalis geringgradig mobilisieren und mithilfe einer stumpfen Pinzette leicht nach links verlagern; sodann die Cisterna chyli hinter der Aorta abdominalis lokalisieren und durch Entfernen des sie umhüllenden lockeren Bindegewebes freilegen.

Danach den Trunci lumbales und Trunci instestinales bis zur Einmündung in die Cisterna chyli nachgehen. Abschließend den Übergang der Cisterna chyli in den *Ductus thoracicus* (8) freilegen und dem Verlauf des Ductus thoracicus hinter der Aorta abdominalis durch den Hiatus aorticus in die Brusthöhle so weit wie möglich folgen.

Bei intrathorakaler Lage der Cisterna chyli den Hiatus aorticus mit zwei stumpfen Pinzetten vorsichtig

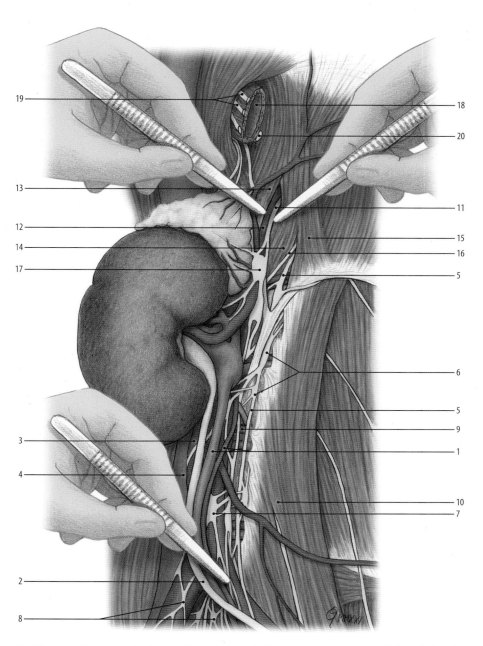

1 Vasa ovarica / testicularia
2 Ureter
3 Aorta abdominalis
4 V. cava inferior
5 Truncus sympathicus
6 Ganglia lumbalia
7 Plexus aorticus abdominalis
8 Plexus hypogastricus superior
9 A. lumbalis
10 M. psoas major
11 N. splanchnicus major
12 V. lumbalis ascendens
13 Crus mediale
14 Crus intermedium
15 Crus laterale
16 N. splanchnicus minor
17 Ganglia coeliaca
18 Oesophagus
19 Truncus vagalis anterior
20 Truncus vagalis posterior

☐ **Abb. 8.38 Strukturen im Retroperitonealraum mit Truncus sympathicus und Vasa lumbalia, Niere und Nebenniere nach medial verlagert [21].** Die Durchtrittspforte für N. splanchnicus major und V. lumbalis ascendens am Übergang in die V. hemiazygos zwischen Crus mediale und Crus intermedium wurde durch Inzision erweitert; ebenso die Durchtrittspforte für N. splanchnicus minor und Truncus sympathicus zwischen Crus intermedium und Crus laterale. Linke Seite in der Ansicht von vorn

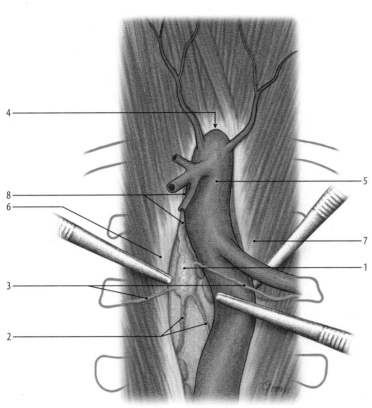

1 Cisterna chyli
2 Trunci lumbales dexter und sinister
3 Trunci intestinales dexter und sinister
4 Hiatus aorticus
5 Aorta abdominalis
6 Crus mediale dextrum
7 Crus mediale sinistrum
8 Ductus thoracicus

Abb. 8.39   Freilegen der Cisterna chyli, Ansicht von vorn [21]

erweitern oder im Bedarfsfall die Schenkel des Hiatus aorticus mit dem Messer spalten. (Aufsuchen des Ductus thoracicus in der Brusthöhle s. ▶ Kap. 7, ▪ Abb. 7.21).

❗ Bei der Verlagerung der Bauchaorta nach lateral zum Aufsuchen der Cisterna chyli die Aortenwand nicht verletzen.

8.3.5 Gemeinsames Eröffnen der Brust- und Bauchhöhle

Als Alternative zum Vorgehen in den ▶ Kap. 7 (Brustsitus) und ▶ Kap. 8 (Bauchsitus) wird das gemeinsame Eröffnen von Brust- und Bauchhöhle sowie die Lage der Organe im freigelegten Situs beschrieben. Die Strukturen auf der Innenseite des abgetrennten „Brust-Bauchwand-Schildes" werden demonstriert und präpariert.

Für die **gemeinsame Präparation von Brust- und Bauchhöhle** durch die zusammenhängende Entnahme von Brust – und der Bauchwand („Brust- und Bauch-wandschild") bleiben nach dem Herausnehmen des größten Teils der zusammenhängenden Brust- und Bauchwand das erste Rippenpaar, die rechte Klavikula (linke Klavikula wird bei der Präparation der ventra-len Rumpfwand exartikuliert, s. ▪ Abb. 3.21) sowie das Manubrium sterni erhalten. Die Schnittführung (▪ Abb. 8.40) verläuft nach Durchsägen des Manubrium sterni seitlich in der mittleren Axillarlinie und wird am Ende des Rippenbogens nach vertikal kaudal durch die Muskeln der Bauchwand bis etwa 5 cm oberhalb der Spina iliaca anterior superior geführt. Von dort läuft die Schnittlinie etwa 10 cm oberhalb des Leistenbandes zur Mediane.

Alternative: Es werden auf beiden Seiten die Claviculae sowie das erste Rippenpaar mit dem Manubrium sterni entnommen.

Nach Durchtrennen der Rippen mit dem Ablösen des „Brust-Bauchwandschildes" an der oberen Thoraxapertur beginnen (▪ Abb. 8.41). Zuvor *A. thoracica (mammaria) interna* **(1)** mit ihren Begleitvenen und die aus ihr abzweigende A. pericardiacophrenica oberhalb ihres Eintritts in die Brusthöhle im Halsbereich durchtrennen. Sodann zweites Rippenpaar mit dem Sternum leicht anheben und mit der dicht an der Thoraxwand geführten flachen Hand die Strukturen des oberen Mediastinums sowie die Pleura parietalis im Spalt zwischen dem lockeren Bindegewebe der Fascia endothoracica und der Pleura parietalis stumpf – im Bedarfsfall – scharf lösen.

Im Bereich der Schnittflächen durch die Rippen verbliebene Muskelreste sowie pathologische Verwachsungen des Lungenfells lösen.

Pars costalis (2) und *Pars sternalis* (3) des Zwerchfells etwa 5 cm vom Muskelursprung an der Brustwand scharf ablösen; Trigonum sternocostale (Morgagnische oder Larreysche Spalte) erhalten (◻ Abb. 8.43). Nach vollständig abgetrenntem Zwerchfell den „Brustwandschild" so weit nach kaudal klappen, bis das *Ligamentum falciforme hepatis* (4) sichtbar wird; Ligamentum falciforme hepatis und *Ligamentum teres hepatis* (5) durchtrennen. Sodann den gesamten „Brust- und Bauchwandschild" vollständig herausnehmen.

❗ Beim Durchsägen des Manubrium sterni die Strukturen des oberen Mediastinums nicht verletzen. Verletzungsgefahr beim Durchtrennen der Rippen mit der Rippenschere an dessen scharfkantigen Enden. Trigonum sternocostale beim Ablösen des Zwerchfells erhalten und Herzbeutel nicht verletzen. Pleura parietalis beim Ablösen der Brustwand schonen.

❗ Beim Durchtrennen der Bauchwand im kaudalen Bereich die Schnittführung zur Erhaltung des Leistenkanals in genügend großem Abstand zum Leistenband führen.

Am freigelegten Situs der Brust- und Bauchhöhle[1] zunächst Lage und Form der sichtbaren Organe studieren (◻ Abb. 8.42). Eine ausführliche Beschreibung der Vorgehensweise für die schrittweise Präparation erfolgt im ► Kap. 7, Situs der Brusthöhle und in diesem Kapitel (s. o.), Situs der Bauchhöhle.

Im **Situs der Brusthöhle** folgende Strukturen aufsuchen: *Pars costalis* (1) und *Pars sternalis* (2) des Diaphragma; *Pleura parietalis* (3) (Vorgehensweise zum Eröffnen der Pleurahöhlen und zum Austasten des *Recessus costodiaphragmaticus* (4) und *Recessus costomediastinalis* (5), s. ► Kap. 7, Brustsitus, ◻ Abb. 7.3 und 7.4); *M. transversus thoracis* (6) (der Muskel wird später entfernt); rechte Lunge mit *Fissura obliqua* (7) und *Fissura horizontalis* (8); linke Lunge mit *Fissura obliqua* (9) und *Incisura cardiaca* (10) (der große Abstand zwischen Lungenoberfläche und Thoraxwand ist ebenso wie die Weite des Recessus costodiaphragmaticus fixierungsbedingt); *Pericardium* (11) (vor Eröffnen der Perikardhöhle die Kontur des Herzens ertasten, Eröffnen der Perikardhöhle, ◻ Abb. 7.7 und 7.8).

Im **Situs der Bauchhöhle** folgende Strukturen und Organe aufsuchen: *Gaster (Ventriculus)* (12), *Hepar* (13)

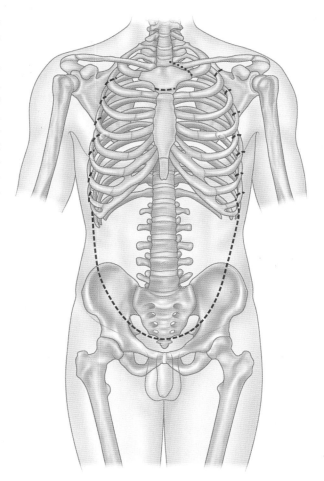

– – – – Schnittführung zum gemeinsamen Eröffnen von Brust- und Bauchhöhle
········· Exartikulation der Klavikula im Sternoklavikulargelenk, s. Abb. 3.23a

◻ **Abb. 8.40 Schnittführung zum gemeinsamen Eröffnen von Brust- und Bauchhöhle.** (Exartikulation der Klavikula im Sternoklavikulargelenk, ◻ Abb. 3.23a) [37]

mit *Ligamentum falciforme hepatis* (14), *Ligamentum teres hepatis* (15) und *Vesica biliaris (fellea)* (16). Unter dem nach kranial verlagerten *Omentum majus* (17) werden *Colon transversum* (18), *Jejunum* (19) und *Ileum* (20) sowie ein Teil des *Colon ascendens* (21) und das *Colon descendens* (22) sichtbar.

---

1 Das Sammlungspräparat in ◻ Abb. 8.42 weicht vom Zustand, wie er nach Entnahme des „Brust- und Bauchwandschildes" vorgefunden wird, ab, da die Pleura parietalis größtenteils entfernt wurde und die Herzbeutelhöhle bereits eröffnet ist.

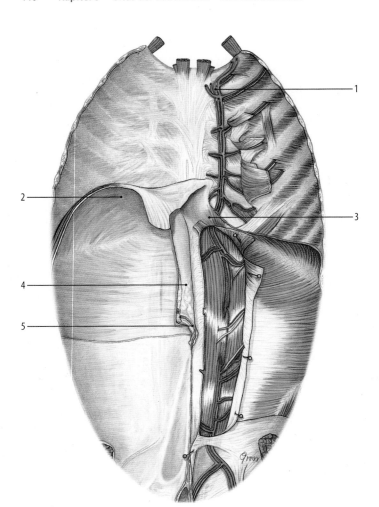

1 A. thoracica (mammaria) interna
2 Pars costalis des Diaphragma
3 Pars sternalis des Diaphragma
4 Ligamentum falciforme hepatis
5 Ligamentum teres hepatis

Abb. 8.41 Innenseite der vorderen und seitlichen Brust- und Bauchwand, Ansicht von hinten [29]

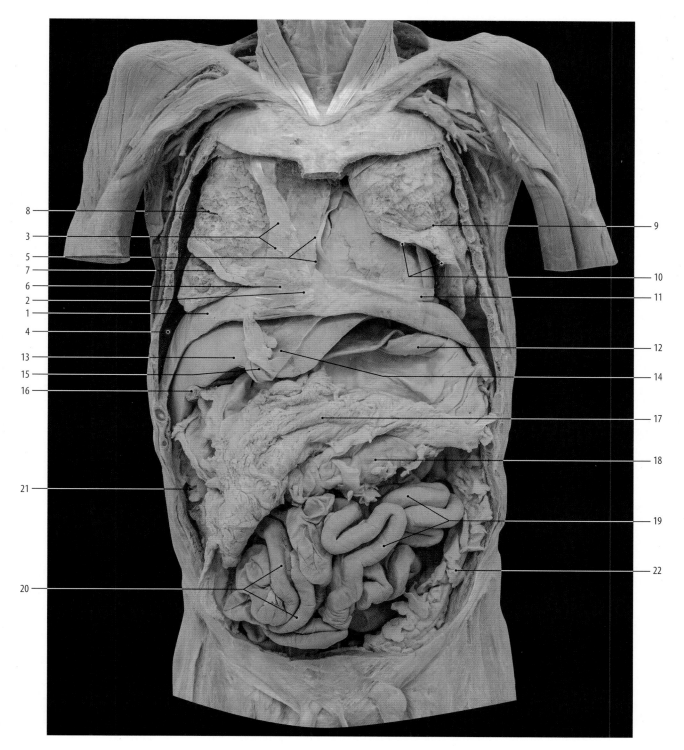

1 Pars costalis des Diaphragma	7 Fissura obliqua der rechten Lunge
2 Pars sternalis des Diaphragma	8 Fissura horizontalis
3 Pleura parietalis	9 Fissura obliqua der linken Lunge
4 Recessus costodiaphragmaticus	10 Incisura cardiaca
5 Recessus costomediastinalis	11 Pericardium
6 M. transversus thoracis	12 Gaster (Ventriculus)

13 Hepar	19 Jejunum
14 Ligamentum falciforme	20 Ileum
15 Ligamentum teres hepatis	21 Colon ascendens
16 Vesica biliaris (fellea)	22 Colon descendens
17 Omentum majus	
18 Colon transversum	

■ **Abb. 8.42 Brust- und Bauchsitus** [14]

* Das Sammlungspräparat weicht vom Zustand, wie er nach Entnahme des „Brust- und Bauchwandschildes" vorgefunden wird, ab, da die Pleura parietalis größtenteils entfernt wurde und die Herzbeutelhöhle bereits eröffnet ist.

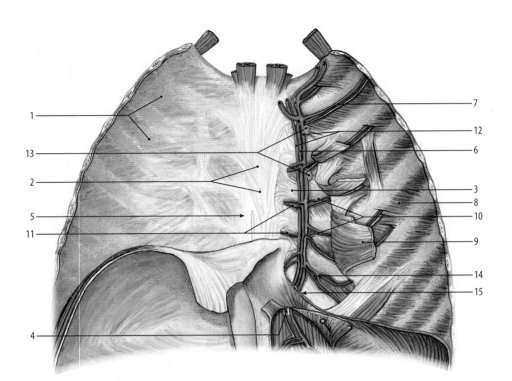

1 Fascia thoracica interna
2 Membrana sterni (interna)
3 Ligamenta sternocostalia radiata
4 Trigonum sternocostale
5 Lage der Vasa thoracica
   (mammaria) interna
6 A. thoracica (mammaria) interna
7 interkostale Leitungsbahnen
8 Mm. intercostales interni
9 M. transversus thoracis
10 Rami intercostales anteriores
11 Rami sternales
12 Vv. thoracicae (mammariae) internae
13 Nodi parasternales
14 A. musculophrenica
15 Durchtritt der A. thoracica
   (mammaria) interna

Abb. 8.43   Innenansicht der vorderen und seitlichen Brustwand, auf der rechten Seite Vasa thoracica (mammaria) interna freigelegt [29]

8.3.6 Studium und Präparation am „Brust – und Bauchwandschild"

Auf der **Innenseite der Brustwand** (Abb. 8.43) *Fascia thoracica interna* **(1)**, *Membrana sterni* (interna) **(2)** und *Ligamenta sternocostalia radiata* **(3)** studieren. *Trigonum sternocostale* **(4)** zwischen Pars sternalis und Pars costalis des Zwerchfells sowie die Lage der von der Faszie bedeckten Vasa thoracica (mammaria) interna **(5)** aufsuchen.

Danach die *A. thoracica (mammaria) interna* **(6)** und die interkostalen Leitungsbahnen **(7)** auf einer Seite durch Ablösen der Fascia thoracica interna freilegen. Mit der Präparation im lateralen Bereich beginnen und dabei zunächst die *Mm. intercostales interni* **(8)**, den *M. transversus thoracis* **(9)** sowie die Rippen freilegen; an den Rippen die Fascia thoracica interna scharf vom Periost lösen. Den beim Abtragen der Faszie freigelegten Leitungsbahnen in den Interkostalräumen medianwärts nachgehen; dabei auf die Lage der Leitungsbahnen im Interkostalraum achten. Sodann die Vasa thoracica (mammaria) interna vollständig darstellen; dazu M. transversus thoracis am Sternum abtrennen und nach lateral verlagern. Sodann die aus der A. thoracica (mammaria) interna abzweigenden *Rami intercostales anteriores* **(10)**, *Rami sternales* **(11)** sowie die in die *Vv. thoracicae (mammariae) internae* **(12)** mündenden Venen freilegen; dabei auf die entlang der Vasa thoracica (mammaria) interna liegenden *Nodi parasternales* **(13)** achten. Parasternal im 6. Interkostalraum den Abgang der *A. musculophrenica* **(14)** aufsuchen und den Endast der A. thoracica (mammaria) interna mit ihren Begleitvenen bis zum Zwerchfelldurchtritt **(15)** im Bereich des Trigonum sternocostale verfolgen.

Topographie

Im vorderen Bereich der Brustwand laufen die interkostalen Leitungsbahnen unterhalb der Rippenunterkante in der Reihenfolge von kranial nach kaudal: Interkostalvenen, Interkostalarterien und Interkostalnerven.

Beim Abtragen der Fascia thoracica interna die Vasa thoracica (mammaria) interna und die interkostalen Leitungsbahnen schonen.

► Klinik

Bei der Aortenisthmusstenose bilden Rami intercostales anteriores und Aa. intercostales posteriores einen horizontalen Umgehungskreislauf zwischen A. thoracica (mammaria) interna und Aorta thoracica. Der erhöhte intraarterielle Druck in den erweiterten Interkostalarterien führt zum umschriebenen Knochenabbau im Bereich des Sulcus costae an der Rippenunterkante, der röntgenologisch in Form von Rippenusuren sichtbar ist. (Umgehungskreislauf über die Aa. epigastricae superior und inferior, ► Kap. 7) ◄

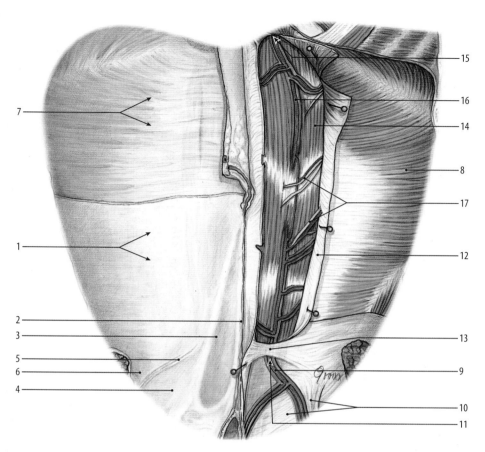

1 Peritoneum parietale
2 Plica umbilicalis mediana
3 Plica umbilicalis medialis
4 Fossa inguinalis medialis
5 Plica umbilicalis lateralis
6 Fossa inguinalis lateralis
7 Fascia transversalis
8 M. transversus abdominis
9 A. epigastrica inferior
10 Ligamentum interfoveolare
11 Eintritt in die Rektusscheide
12 Lamina posterior der Rektusscheide
13 Linea arcuata
14 M. rectus abdominis
15 Trigonum sternocostale
16 A. epigastrica superior
17 segmentale Leitungsbahnen

☐ **Abb. 8.44** Innenansicht der ventralen Rumpfwand, auf der rechten Seite Rektusscheide eröffnet, M. transversus abdominis freigelegt [29]

Auf der **Innenseite der abgelösten Bauchwand** (☐ Abb. 8.44) zunächst das von *Peritoneum parietale* **(1)** bedeckte Relief im kaudalen Bereich studieren (s. Präparation Becken, ☐ Abb. 9.1 und 9.2): unpaare *Plica umbilicalis mediana* (Urachusrest) **(2)**, paarige *Plica umbilicalis medialis* (obliterierte A. umbilicalis) **(3)**, paarige *Fossa inguinalis medialis* **(4)**, paarige *Plica umbilicalis lateralis* (Plica epigastrica – durch die Vasa epigastrica inferiora aufgeworfene Falte) **(5)**, paarige *Fossa inguinalis lateralis* **(6)**.

Die Präparation der Strukturen auf der Innenseite der vorderen und seitlichen Bauchwand erfolgt unter Berücksichtigung der vorangegangenen Präparation der ventralen Rumpfwand auf beiden Seiten unterschiedlich.

━ Auf einer Seite im kranialen Abschnitt das Peritoneum parietale **(1)** ablösen und die *Fascia transversalis* **(7)** freilegen. Im kaudalen Abschnitt die Fascia transversalis zur Erhaltung des Bauchwandreliefs belassen.

━ Auf der anderen Seite die Bauchwandmuskeln freilegen; dabei empfiehlt es sich, die Präparation auf der Seite durchzuführen, auf der die Rektusscheide von vorn nicht eröffnet wurde.

Zunächst Peritoneum parietale und Fascia transversalis in den oberen zwei Dritteln der Bauchwand vollständig abtragen und *M. transversus abdominis* **(8)** freilegen. Im unteren Drittel zur Darstellung der *A. epigastrica inferior* **(9)** mit ihren Begleitvenen nur das Peritoneum parietale abtragen; dabei die Vasa epigastrica inferiora in der Tela subserosa präparieren und die auf dem *Ligamentum interfoveolare* (Hesselbachsches Band) **(10)** der Fascia transversalis liegenden Gefäße bis zum Eintritt in die Rektusscheide **(11)** verfolgen. Anschließend die Rektusscheide durch Spalten der *Lamina posterior* **(12)** eröffnen; dabei den Schnitt vom Zwerchfell bis zur *Linea* (Zona) *arcuata* **(13)** durch die Mitte des hinteren Blattes führen. Anschließend dem Verlauf der Vasa epigastrica inferiora nach kranial folgen und dabei die variable Lage der Gefäße auf der Rückseite des *M. rectus abdominis* **(14)** oder innerhalb des Muskels beachten.

Unterhalb des *Trigonum sternocostale* (Larreysche Spalte/Dreieck oder Mogagnisches Dreieck) **(15)** die *A. epigastrica superior* **(16)** und ihre Begleitvenen aufsuchen; die Gefäße nach kaudal freilegen und die Verbindung zur A. epigastrica inferior aufsuchen. Innerhalb der Rektusscheide die in den M. rectus abdominis eintretenden segmentalen Leitungsbahnen **(17)** der Spinalnerven und der Interkostalgefäße beachten.

⚠ Beim Eröffnen der Rektusscheide durch Spalten des hinteren Blattes Vasa epigastrica superiora und inferiora sowie die segmentalen Leitungsbahnen nicht verletzen.

🔄 **Varia**
Der Verlauf der Vasa epigastrica superiora und inferiora auf der Rückseite des M. rectus abdominis oder innerhalb des Muskels variiert. Auch die Ausprägung der Anastomosenbildung zwischen den Gefäßen ist individuell unterschiedlich.

▶ **Klinik**
Das Trigonum sternocostale kann zur Bruchpforte von Zwerchfellhernien werden (linksseitig: Morgagnische Hernie, rechtsseitig: Larreysche Hernie). ◀

8.4 Präparationsvideos zum Kapitel

◻ **Abb. 8.45 Video 8.1: Inspektion und Palpation der Strukturen in der eröffneten Peritonealhöhle.** (▶ https://doi.org/10.1007/000-77t), © Institut für Klinische Anatomie und Zellanalytik der Universität Tübingen

◻ **Abb. 8.46 Video 8.2: Unterbauchsitus – Strukturen im Bereich der Flexura duodenojejunalis.** (▶ https://doi.org/10.1007/000-773), © Institut für Klinische Anatomie und Zellanalytik der Universität Tübingen

◻ **Abb. 8.47 Video 8.3: Unterbauchsitus – Aufsuchen der A. und V. mesenterica superior.** (▶ https://doi.org/10.1007/000-774), © Institut für Klinische Anatomie und Zellanalytik der Universität Tübingen

◻ **Abb. 8.48 Video 8.4: Präparation der Vasa mesenterica superiora – Freilegen der Dünndarmgefäße.** (▶ https://doi.org/10.1007/000-775), © Institut für Klinische Anatomie und Zellanalytik der Universität Tübingen

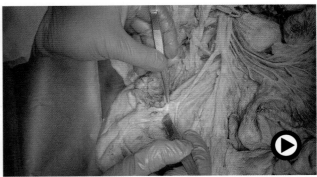

◻ **Abb. 8.49 Video 8.5: Präparation der Vasa mesenterica superiora – Demonstration der freigelegten Dickdarm- und Dünndarmgefäße.** (▶ https://doi.org/10.1007/000-776), © Institut für Klinische Anatomie und Zellanalytik der Universität Tübingen

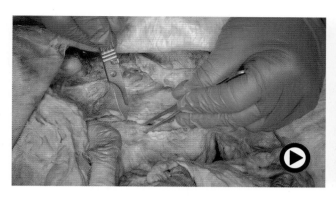

◨ **Abb. 8.50** Video 8.6: **Aufsuchen der A. und V. mesenterica inferior.**
(▶ https://doi.org/10.1007/000-777), © Institut für Klinische Anatomie und Zellanalytik der Universität Tübingen

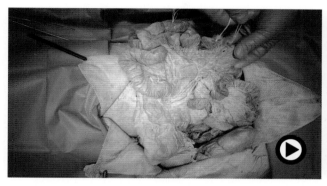

◨ **Abb. 8.51** Video 8.7: **Vorbereitung zur Entnahme des Dünndarms.**
(▶ https://doi.org/10.1007/000-778), © Institut für Klinische Anatomie und Zellanalytik der Universität Tübingen

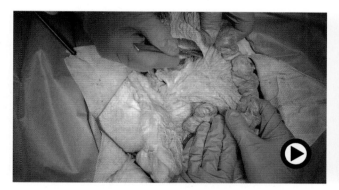

◨ **Abb. 8.52** Video 8.8: **Herausnahme des Dünndarms.**
(▶ https://doi.org/10.1007/000-779), © Institut für Klinische Anatomie und Zellanalytik der Universität Tübingen

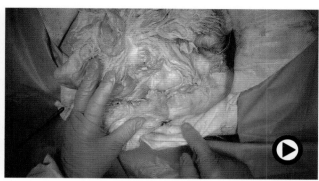

◨ **Abb. 8.53** Video 8.9: **Herausnahme des Dickdarms.**
(▶ https://doi.org/10.1007/000-77a), © Institut für Klinische Anatomie und Zellanalytik der Universität Tübingen

◨ **Abb. 8.54** Video 8.10: **Oberbauchorgane – Präparation in situ.**
(▶ https://doi.org/10.1007/000-77b), © Institut für Klinische Anatomie und Zellanalytik der Universität Tübingen

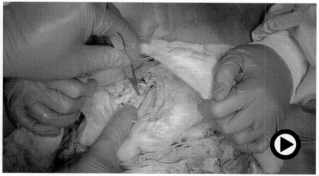

◨ **Abb. 8.55** Video 8.11: **Präparation der Äste des Truncus coeliacus.**
(▶ https://doi.org/10.1007/000-77c), © Institut für Klinische Anatomie und Zellanalytik der Universität Tübingen

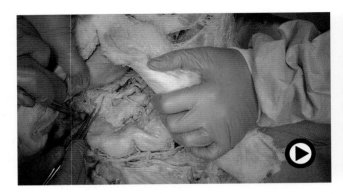

■ **Abb. 8.56   Video 8.12: Präparation der Strukturen im Ligamentum hepatoduodenale.** (▶ https://doi.org/10.1007/000-77d), © Institut für Klinische Anatomie und Zellanalytik der Universität Tübingen

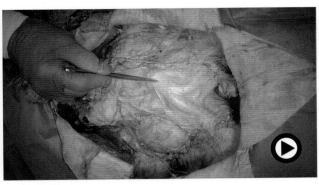

■ **Abb. 8.59   Video 8.15: Hintere Bauchwand nach Entnahme der Organe der Peritonealhöhle – Peritoneum parietale und Anheftungsfelder der Organe.** (▶ https://doi.org/10.1007/000-77g), © Institut für Klinische Anatomie und Zellanalytik der Universität Tübingen

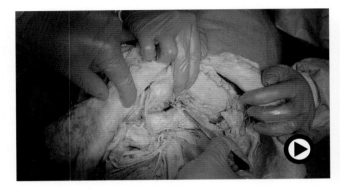

■ **Abb. 8.57   Video 8.13: Pankreas – Topographische Beziehung zu den Vasa mesenterica superiora.** (▶ https://doi.org/10.1007/000-77e), © Institut für Klinische Anatomie und Zellanalytik der Universität Tübingen

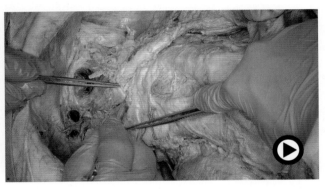

■ **Abb. 8.60   Video 8.16: Präparation des Hiatus aorticus und des Hiatus oesophageus.** (▶ https://doi.org/10.1007/000-77h), © Institut für Klinische Anatomie und Zellanalytik der Universität Tübingen

■ **Abb. 8.58   Video   8.14:   Präparation   A.   splenica   (lienalis).** (▶ https://doi.org/10.1007/000-77f), © Institut für Klinische Anatomie und Zellanalytik der Universität Tübingen

■ **Abb. 8.61   Video 8.17: Präparation von V. cava inferior und Aorta abdominalis.** (▶ https://doi.org/10.1007/000-77j), © Institut für Klinische Anatomie und Zellanalytik der Universität Tübingen

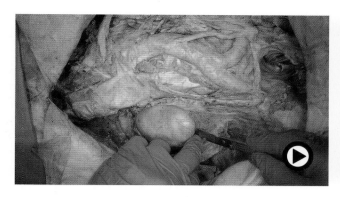

◾ **Abb. 8.62** Video 8.18: **Ablösen der Fascia renalis und Lösen der Niere aus dem Nierenlager.** (▶ https://doi.org/10.1007/000-77k), © Institut für Klinische Anatomie und Zellanalytik der Universität Tübingen

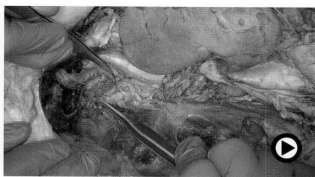

◾ **Abb. 8.65** Video 8.21: **Freilegen der Nebenniere.** (▶ https://doi.org/10.1007/000-77p), © Institut für Klinische Anatomie und Zellanalytik der Universität Tübingen

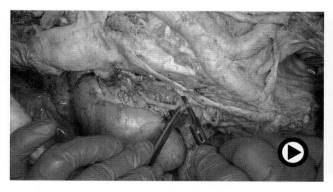

◾ **Abb. 8.63** Video 8.19: **Präparation des Nierenhilus von ventral.** (▶ https://doi.org/10.1007/000-77m), © Institut für Klinische Anatomie und Zellanalytik der Universität Tübingen

◾ **Abb. 8.66** Video 8.22: **Ureterengstellen.** (▶ https://doi.org/10.1007/000-77q), © Institut für Klinische Anatomie und Zellanalytik der Universität Tübingen

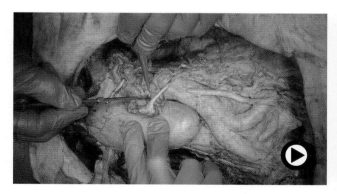

◾ **Abb. 8.64** Video 8.20: **Präparation des Nierenhilus von dorsal.** (▶ https://doi.org/10.1007/000-77n), © Institut für Klinische Anatomie und Zellanalytik der Universität Tübingen

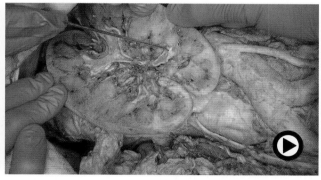

◾ **Abb. 8.67** Video 8.23: **Frontalschnitt durch die Niere – Studium der makroskopisch sichtbaren Strukturen auf der Schnittfläche.** (▶ https://doi.org/10.1007/000-77r), © Institut für Klinische Anatomie und Zellanalytik der Universität Tübingen

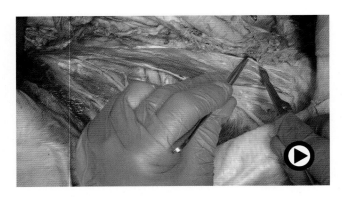

Abb. 8.68   Video 8.24: Präparation der subfaszialen Leitungsbahnen des Retroperitonealraums. (▶ https://doi.org/10.1007/000-77s), © Institut für Klinische Anatomie und Zellanalytik der Universität Tübingen

Abb. 8.69   Video 8.25: Truncus sympathicus und Venen des Retroperitonealraums. (▶ https://doi.org/10.1007/000-772), © Institut für Klinische Anatomie und Zellanalytik der Universität Tübingen

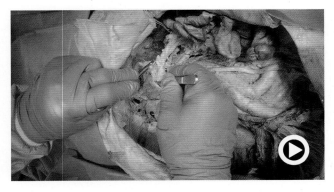

Abb. 8.70   Video 8.26: Aufsuchen und Präparation der Cisterna chyli. (▶ https://doi.org/10.1007/000-77v), © Institut für Klinische Anatomie und Zellanalytik der Universität Tübingen

Becken

Bernhard N. Tillmann, Bernhard Hirt

Inhaltsverzeichnis

Ergänzende Information
Die elektronische Version dieses Kapitels enthält Zusatzmaterial, auf das über folgenden Link zugegriffen werden kann https://doi.org/10.1007/978-3-662-62839-3_9. Die Videos lassen sich durch Anklicken des DOI Links in der Legende einer entsprechenden Abbildung abspielen, oder indem Sie diesen Link mit der SN More Media App scannen.

© Springer-Verlag GmbH Deutschland, ein Teil von Springer Nature 2022
B. N. Tillmann, B. Hirt, *Präpkurs Anatomie*, https://doi.org/10.1007/978-3-662-62839-3_9

Zusammenfassung

Im Kapitel Situs des Beckens werden die Peritonealverhältnisse und Bindegewebsstrukturen sowie die Lage der weiblichen und männlichen Beckenorgane am vollständigen, am median-sagittal durchtrennten und am paramedian abgesetzten Becken beschrieben. Schwerpunkt der Präparation ist die Freilegung der parietalen und viszeralen Leitungsbahnen.

9.1 Einführung zum Studium des Beckensitus und zur Präparation der Organe und Leitungsbahnen

Vor Beginn der Präparation der Beckenorgane und der Leitungsbahnen die Peritonealverhältnisse in situ am vollständigen Becken studieren (◻ Abb. 9.1, 9.2, 9.19/ Video 9.1)

Die Präparation von Organen und Leitungsbahnen des Beckens wird anhand von zwei Vorgehensweisen beschrieben:

- am median-sagittal durchtrennten Becken,
- am paramedian durchtrennten Becken mit vollständiger Erhaltung der Beckenorgane.

Bei beiden Präparationsmethoden werden die topographischen Verhältnisse sowie die Präparation der Geschlechtsorgane beim weiblichen und beim männlichen Geschlecht getrennt dargestellt. Die Beschreibung zur Freilegung der Leitungsbahnen erfolgt – abgesehen von den Gonadengefäßen – bei beiden Geschlechtern gemeinsam.

Die Teilung des Beckens erfolgt bei beiden Vorgehensweisen durch das Institutspersonal.

Zur **Vorbereitung der Präparation** wird die Wirbelsäule im Bereich des Discus intervertebralis zwischen drittem und viertem Lendenwirbel durchtrennt. Autochthone Rückenmuskeln, M. quadratus lumborum und Mm. psoas major und minor auf entsprechender Höhe durchschneiden; Muskeln der Bauchwand so weit oberhalb der Symphyse durchtrennen, dass die Faltenbildungen auf der Innenseite im ventralen Abschnitt erkennbar bleiben. Die bereits präparierten aus dem Retroperitonealraum in das Becken ziehenden Strukturen aufsuchen und einzeln durchtrennen: Ureter; Vasa ovarica/testicularia; Äste des Plexus lumbalis mit Nn. iliohypogastricus, ilioinguinalis, cutaneus femoris lateralis, femoralis, genitofemoralis sowie des Truncus sympathicus. A. und V. iliaca communis unterhalb der Bifurcatio aortae durchschneiden.

Vor dem Freilegen der Leitungsbahnen und der Organe den Beckensitus beim weiblichen und beim männ-

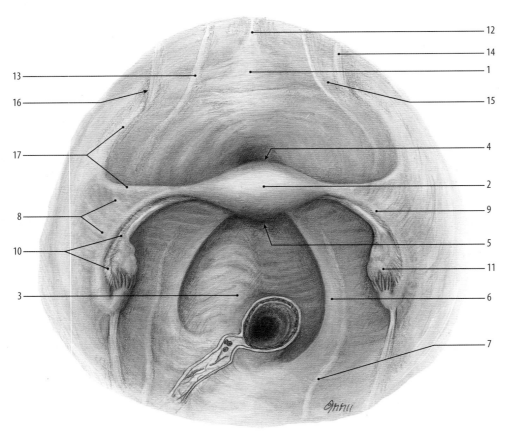

1	Vesica urinaria
2	Uterus
3	Rectum
4	Excavatio vesicouterina
5	Excavatio rectouterina (Douglasscher Raum)
6	Plica rectouterina
7	Ureterfalte
8	Ligamentum latum
9	Tuba uterina
10	Mesosalpinx
11	Ovarium
12	Plica umbilicalis mediana
13	Plica umbilicalis medialis
14	Plica umbilicalis lateralis (Plica epigastrica)
15	Fossa inguinalis medialis
16	Fossa inguinalis lateralis
17	Ligamentum teres (rotundum) uteri

◻ **Abb. 9.1** Beckenorgane und Peritonealverhältnisse im weiblichen Becken in der Ansicht von oben [29]

lichen Becken studieren. An den durch Mediansagittal-schnitt durchtrennten Becken empfiehlt es sich, nur an einer Beckenhälfte die Leitungsbahnen zu präparieren und bei der zweiten Beckenhälfte Organe und Peritoneal-verhältnisse unverändert in situ zu belassen.

9.2 Studium des weiblichen Situs am vollständigen Becken in der Ansicht von kranial

(■ Abb. 9.1) Die von Bauchfell bedeckten Organe, *Vesica urinaria* **(1)**, *Uterus* **(2)** mit Adnexen und *Rectum* **(3)** lokalisieren und die Buchten zwischen den Organen, *Excavatio vesicouterina* **(4)** und *Excavatio rectouterina* (Dou-glasscher Raum) **(5)** austasten. *Plica rectouterina* **(6)** vom Uterus bis zum Rectum nachgehen und den lateral von der Falte unter dem Peritoneum parietale verlaufenden *Ureter* **(7)** (Ureterfalte) palpieren.

Das vom Uterus bis zur Beckenwand ausgespannte *Ligamentum latum* **(8)** sowie *Tuba uterina* (*Salpinx*) **(9)** mit *Mesosalpinx* **(10)** und *Ovarium* **(11)** aufsuchen.

Anschließend das Faltenrelief und die Buchten an der vorderen Bauchwand studieren (s. auch ■ Abb. 8.4):
- vom Blasenscheitel zum Nabel ziehende *Plica umbilicalis mediana* (Urachusrest) **(12)**,

- vom seitlichen Rand der Fossa supravesicalis (**[10]** in ■ Abb. 9.2) zum Nabel laufende (paarige) *Plica umbilicalis medialis* (obliterierte A. umbilicalis) **(13)**,
- von den Vasa epigastrica inferiora aufgeworfene (paa-rige) *Plica umbilicalis lateralis* (*Plica epigastrica*) **(14)**,
- *Fossa inguinalis medialis* **(15)**,
- *Fossa inguinalis lateralis* **(16)**.
- Das vom Tubenwinkel zur Fossa inguinalis lateralis ziehende *Ligamentum teres uteri* (*Ligamentum rotun-dum*) **(17)** ertasten und vom Uterus bis zum Anulus inguinalis profundus in der Fossa inguinalis lateralis verfolgen.

9.3 Studium des männlichen Situs am vollständigen Becken in der Ansicht von kranial

(■ Abb. 9.2) Am männlichen Beckensitus Harnblase **(1)** und *Rectum* **(2)** aufsuchen; die von der Mediansagittal-ebene abweichende Lage des Rectums beachten **(3)**. *Plica rectovesicalis* **(4)** und *Excavatio rectovesicalis* **(5)** palpie-ren. *Ductus deferens* **(6)** durch das Bauchfell ertasten und bis zur *Fossa inguinalis lateralis* **(7)** verfolgen. *Fossa supravesicalis* **(10)** zwischen *Plica umbilicalis mediana* **(9)** und *Plica umbilicalis medialis* **(11)** beachten.

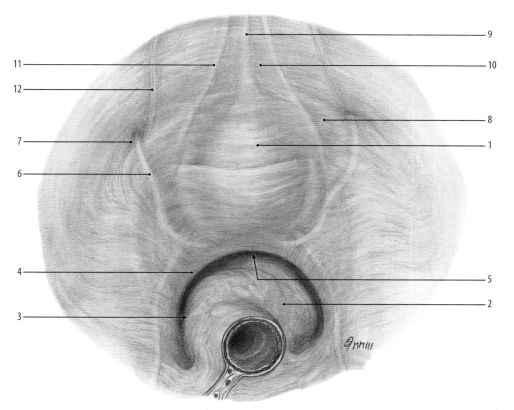

1	Harnblase
2	Rectum
3	paramediane Lage des Rektums
4	Plica rectovesicalis
5	Excavatio rectovesicalis
6	Ductus deferens
7	Fossa inguinalis lateralis
8	Fossa inguinalis medialis
9	Plica umbilicalis mediana
10	Fossa supravesicalis
11	Plica umbilicalis medialis
12	Plica umbilicalis lateralis (Plica epigastrica)

■ **Abb. 9.2** Beckenorgane und Peritonealverhältnisse im männlichen Becken in der Ansicht von oben [29]

Faltenbildungen auf der Innenseite der vorderen Rumpfwand wie beim weiblichen Beckensitus (◼ Abb. 9.1).

9.4 Studium des weiblichen Beckensitus am Mediansagittalschnitt durch das Becken

Zunächst die von Bauchfell bedeckten Organe identifizieren und den Umschlagstellen des Bauchfells auf den Organen nachgehen; anschließend die intra- und extraperitoneale Lage von *Rectum* **(1)**, *Uterus* **(2)**, *Vagina* **(3)** und *Vesica urinaria* **(4)** studieren (◼ Abb. 9.3a). Sodann die zwischen den Organen liegenden Buchten und Spalten aufsuchen:

- zwischen Harnblase und Uterus die *Excavatio vesicouterina* **(5)**
- zwischen Uterus und Rectum die unterhalb der *Plica rectouterina* **(6)** liegende *Excavatio rectouterina* (=Douglasscher Raum) **(7)**

Anschließend das Faltenrelief und die Buchten an der vorderen Bauchwand nochmals aufsuchen (◼ Abb. 9.1, 9.2).

Harnblase – Vesica urinaria   Auf der Schnittfläche des Mediansagittalschnittes zunächst das lockere Bindegewebe zwischen Schambein und Harnblase im *Spatium retropubicum* (Retziusscher Raum) – *Spatium prevesicale* **(8)** (◼ Abb. 9.12) beachten. Sodann das Schleimhautrelief der

Harnblase studieren und anschließend die Einmündung des Ureter (*Ostium ureteris*) **(9)** im *Trigonum vesicae* **(10)** (◼ Abb. 9.3b), die innere Harnröhrenöffnung (*Ostium urethrae internum*) **(11)** und die äußere Harnröhrenöffnung (*Ostium urethrae externum*) **(12)** inspizieren. Verlauf der Harnröhre (*Urethra feminina*) **(13)** mit dem äußeren Schließmuskel (*M. sphincter urethrae externus*) **(14)** und deren enge topographische Beziehung zur vorderen Wand der Scheide sowie unterhalb der Symphysis pubica den Anschnitt des *Corpus cavernosum clitoridis* **(15)** beachten.

> **▶ Klinik**
>
> Der Douglassche Raum kann vom hinteren Scheidengewölbe und vom Rectum aus palpiert werden. Eine Punktion des Douglasschen Raumes kann transvaginal erfolgen. Bei einer Entzündung im kleinen Becken kann es zur Eiteransammlung im Douglasschen Raum kommen (Douglasabszess).
>
> Ein Tiefertreten („Senkung" – Deszensus) der Beckenorgane ist die Folge einer Insuffizienz der Beckenbodenmuskeln und das Halteapparates des Uterus. Wölbt sich bei einem Deszensus der Vagina die vordere Scheidenwand unter Einbeziehung der hinteren Blasenwand vor, bezeichnet man dies als Zystozele. Kommt es gleichzeitig zu einer Verlagerung der Urethra (Urethrozele), führt dies zu Störungen des Blasenverschlusses (Inkontinenz). Bei einer Vorwölbung der hinteren Scheidenwand mit der vorderen Rektumwand spricht man von einer Rektozele; sie geht mit Störungen bei der Stuhlentleerung einher. Tritt die Portio uteri beim Pressen aus der Scheide, liegt ein partieller Uterusprolaps vor. ◀

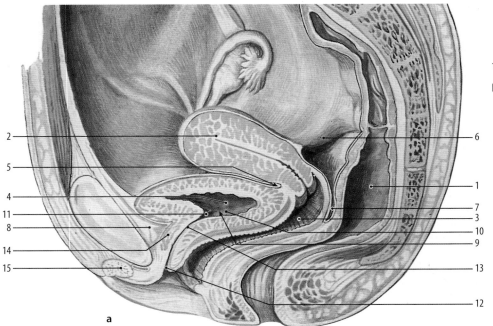

1 Rectum
2 Uterus
3 Vagina
4 Vesica urinaria
5 Excavatio vesicouterina
6 Plica rectouterina
7 Excavatio rectouterina (Douglasscher Raum)
8 Spatium prevesicale
9 Ostium ureteris
10 Trigonum vesicae
11 Ostium urethrae internum
12 Ostium urethrae externum
13 Urethra feminina
14 M. sphincter urethrae externus
15 Corpus cavernosum clitoridis

◼ **Abb. 9.3   a** Mediansagittalschnitt durch ein weibliches Becken, rechte Seite [9]. **b** Trigonum vesicae und Ostium ureteris, Ausschnitt (◼ Abb. 9.3a), rechte Seite [29]

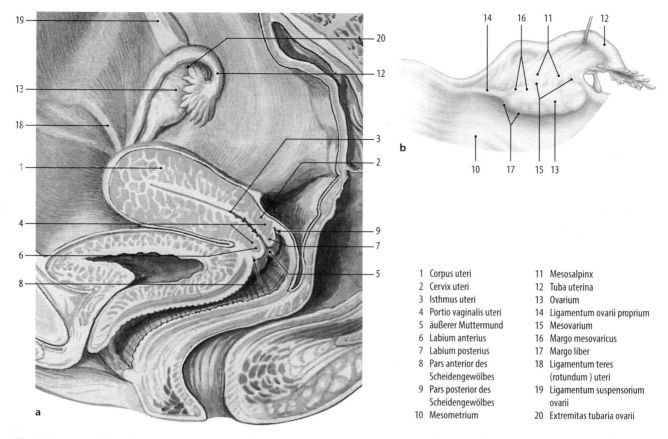

□ Abb. 9.4   a Weibliche Beckenorgane, Mediansagittalschnitt, Ansicht der rechten Beckenhälfte [9]. **b** Eileiter und Eierstock der rechten Seite in der Ansicht von hinten [29]

1	Corpus uteri	11	Mesosalpinx
2	Cervix uteri	12	Tuba uterina
3	Isthmus uteri	13	Ovarium
4	Portio vaginalis uteri	14	Ligamentum ovarii proprium
5	äußerer Muttermund	15	Mesovarium
6	Labium anterius	16	Margo mesovaricus
7	Labium posterius	17	Margo liber
8	Pars anterior des Scheidengewölbes	18	Ligamentum teres (rotundum) uteri
9	Pars posterior des Scheidengewölbes	19	Ligamentum suspensorium ovarii
10	Mesometrium	20	Extremitas tubaria ovarii

Gebärmutter – *Uterus*, Scheide – *Vagina*, Eileiter – *Tuba uterina* – *Salpinx*, Eierstock – *Ovarium*, – Peritonealverhältnisse

Uterus   (□ Abb. 9.4a, 9.19/Video 9.1) Am Mediansagittalschnitt durch den Uterus die Anteflexion des *Corpus uteri* **(1)** gegenüber der *Cervix* (Collum) *uteri* **(2)** sowie den *Isthmus uteri* **(3)** am Übergang zwischen Corpus und Cervix uteri studieren. Anteversion des Uterus gegen die *Vagina* beachten. Sodann die in die Scheide ragende *Portio vaginalis cervicis* **(4)** und die äußere Öffnung des Zervixlumens (*Ostium uteri*, äußerer Muttermund) **(5)** mit vorderer (*Labium anterius*) **(6)** und hinterer Muttermundslippe (*Labium posterius*) **(7)** aufsuchen. Verlauf der Vagina und das Scheidengewölbe (*Fornix vaginae*) mit dem flachen vorderen Teil (*Pars anterior*) **(8)** und dem tiefen hinteren Teil (*Pars posterior*) **(9)** beachten. Die enge topographische Beziehung zwischen hinterem Scheidengewölbe und Douglasschem Raum einprägen.

Ausdehnung des Ligamentum latum (□ Abb. 9.1) vom Uterus zur Beckenwand verfolgen. Die Anteile des Ligamentum latum abgrenzen und ertasten:

— *Mesometrium* **(10)** von Peritoneum bedeckte Bindegewebsplatte zwischen Uteruskörper und Beckenwand

— *Mesosalpinx* **(11)** kranialer Teil des Ligamentum latum zwischen *Tuba uterina* **(12)**, *Ovarium* **(13)** und *Ligamentum ovarii proprium* **(14)** (□ Abb. 9.4b)

— *Mesovarium* **(15)** kurze Peritonealduplikatur zwischen Oberrand des Ovars (*Margo mesovaricus*) **(16)** und Mesosalpinx

Zur Demonstration der „Aufhängung" des Ovars durch das Mesovarium Ovar am freien Rand (*Margo liber*) **(17)** anheben.

Das vom Tubenwinkel zur Fossa inguinalis lateralis ziehende *Ligamentum teres uteri* (Ligamentum rotundum) **(18)** ertasten und vom Uterus bis zum Anulus inguinalis profundus in der Fossa inguinalis lateralis verfolgen (□ Abb. 9.1). *Ligamentum suspensorium ovarii* (Ligamentum infundibulopelvicum) **(19)** von der *Extremitas tubaria ovarii* **(20)** bis zur seitlichen Beckenwand verfolgen.

> ▶ **Klinik**

Unter den Lageanomalien des Uterus kommt die Retroflexio uteri bei ca. 10 % der Frauen vor.

Verwächst bei einer Entzündung oder bei Endometriose das Peritoneum des Uterus mit dem des Rectums, liegt eine Retroflexio uteri fixata vor. Eine Retroflexio uteri

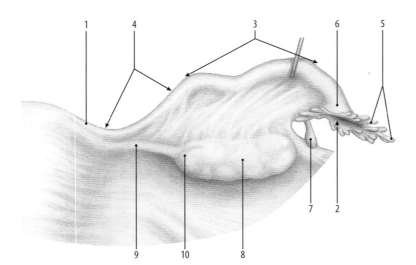

1 Tubenwinkel
2 Ostium abdominale tubae uterinae
3 Ampulla tubae uterinae
4 Isthmus tubae uterinae
5 Fimbriae tubae uterinae
6 Infundibulum tubae uterinae
7 Appendix vesiculosa
8 Ovar
9 Ligamentum ovarii proprium
10 Extremitas uterina

◘ Abb. 9.5   Tuba uterina und Ovarium der rechten Seite in der Ansicht von hinten [29]

kann zu Kreuzschmerzen, Obstipation und Dysmenorrhoe führen; selten ist sie Ursache für einen Abort.

Über die im Ligamentum suspensorium ovarii (Ligamentum infundibulopelvicum) mit den Vasa ovarica ziehenden Lymphgefäße können sich beim Ovarialkarzinom Metastasen im retroperitonealen Raum nach kranial ausbreiten. ◄

Tuba uterina – Ovarium (◘ Abb. 9.5) Abschnitte des Eileiters (Tuba uterina) vom Tubenwinkel **(1)** bis zur Tubenöffnung (*Ostium abdominale tubae uterinae*) **(2)** studieren, dabei *Ampulla tubae uterinae* **(3)** und *Isthmus tubae uterinae* **(4)** abgrenzen; *Fimbriae tubae uterinae* **(5)** an der abdominalen Öffnung am Rand des *Infundibulum tubae uterinae* **(6)** inspizieren und auf das variable Vorkommen von *Appendices vesiculosae* **(7)** achten (◘ Abb. 9.5).

Form und Oberfläche des **Eierstocks** (Ovarium) **(8)** studieren sodann dem *Ligamentum ovarii proprium* (Ligamentum utero-ovaricum, Chorda utero-ovarica) **(9)** von der *Extremitas uterina* des Ovars **(10)** bis zum Tubenwinkel auf der Rückseite des Uterus nachgehen.

Studium und Präparation von Rectum und Analkanal (◘ Abb. 9.8a,b)

> ► **Klinik**

Das Ovarialkarzinom hat unter den Tumoren des weiblichen Genitaltraktes die höchste Mortalitätsrate. Der Tumor geht in 80–90 % der Fälle vom Peritonealepithel (Müllersches Epithel – fälschlicher Weise als „Keimepithel" bezeichnet) aus. Durch Zerrreißen des Oberflächenepithels bei der Ovulation können Epithelzellen von der Oberfläche in das Stroma des Ovars gelangen. ◄

9.5   Studium des männlichen Beckensitus am Mediansagittalschnitt durch das Becken

Relief der vorderen Bauchwand im Beckenbereich (◘ Abb. 9.2, 9.6a,b). Lateral von der *Plica epigastrica* **(1)** zieht beim Mann der *Ductus deferens* **(2)** unter dem Peritoneum zur *Fovea inguinalis lateralis* **(3)**, wo er am Anulus inguinalis profundus in den Leistenkanal tritt. Den Verlauf des tastbaren Samenstrangs verfolgen. Anschließend die *Excavatio rectovesicalis* **(4)** austasten. Dabei die variabel weit in die Excavatio rectovesicalis ragende Kuppe der Bläschendrüse (Glandula vesiculosa) beachten (◘ Abb. 9.10, 9.20/Video 9.2).

Innerhalb der Harnblase das *Trigonum vesicae* **(5)** mit der Uretermündung (*Ostium ureteris*) **(6)** aufsuchen. Unterhalb des Blasengrundes die *Prostata* **(7)** mit ihrer Organkapsel (*Capsula prostatica*) **(8)** sowie die *Pars prostatica* der *Urethra* **(9)** inspizieren. Anschnitte der *Ampulla ductus deferentis* **(10)** im lockeren Bindegewebe zwischen Blasengrund und Hinterfläche der Prostata (*Facies posterior*) **(11)** und das zwischen Prostata und vorderer Rektumwand liegende *Septum rectoprostaticum* (Denonvilliersche Faszie) **(12)** aufsuchen (◘ Abb. 9.21/Video 9.3). Die enge topographische Beziehung zwischen Prostata und Rectum einprägen. Im Anschnitt des *Diaphragma urogenitale* **(13)** den kurzen Abschnitt der *Pars membranacea (intermedia)* der *Urethra* **(14)** beachten.

> ► **Klinik**

Bei der rektalen Untersuchung kann der hintere Teil der peripheren Zone der Prostata palpiert werden. Das Prostatakarzinom zählt zu den häufigsten bösartigen Tumoren beim Mann; es entsteht in den meisten Fällen in der peripheren Zone. Dem Prostataadenom liegt eine Hyperplasie von Drüsen und Stroma in der Transitionszone sowie in

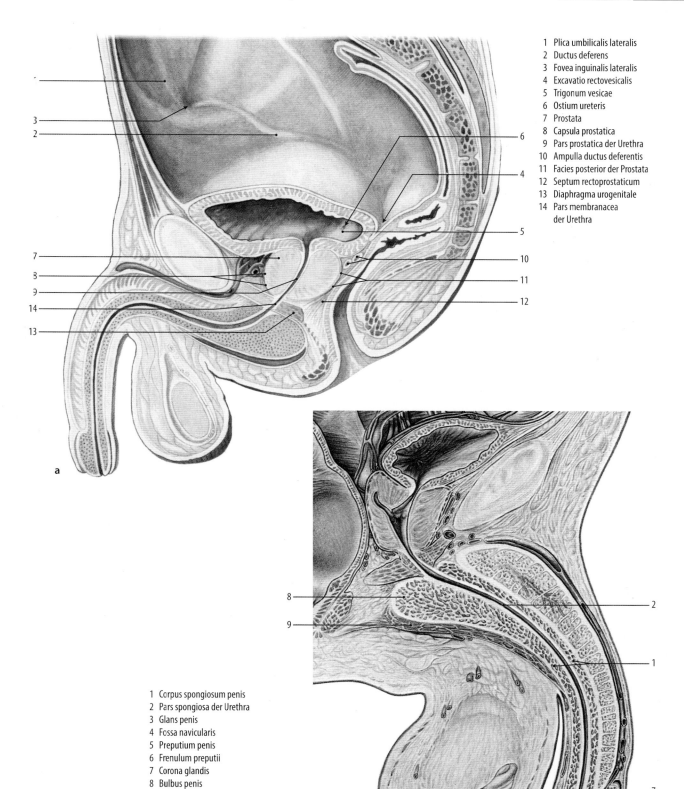

1 Plica umbilicalis lateralis
2 Ductus deferens
3 Fovea inguinalis lateralis
4 Excavatio rectovesicalis
5 Trigonum vesicae
6 Ostium ureteris
7 Prostata
8 Capsula prostatica
9 Pars prostatica der Urethra
10 Ampulla ductus deferentis
11 Facies posterior der Prostata
12 Septum rectoprostaticum
13 Diaphragma urogenitale
14 Pars membranacea
   der Urethra

1 Corpus spongiosum penis
2 Pars spongiosa der Urethra
3 Glans penis
4 Fossa navicularis
5 Preputium penis
6 Frenulum preputii
7 Corona glandis
8 Bulbus penis
9 M. bulbospongiosus

◩ **Abb. 9.6** **a** Mediansagittalschnitt durch ein männliches Becken, rechte Seite [9]. **b** Mediansagittalschnitt durch ein männliches Becken, linke Seite [34]

der Periurethralzone zugrunde. Die endorektale Sonographie, durch die sich die histologisch unterscheidbaren Zonen auch im Ultraschall abgrenzen lassen, ist eine sensible Methode zur Früherkennung des Prostatakarzinoms. ◄

9.5.1 Studium des Penis am Mediansagittalschnitt

Corpus spongiosum penis (1), *Pars spongiosa* der *Urethra* (2) sowie im Bereich der *Glans penis* (3) *Fossa navicularis* (4), *Preputium penis* (5), *Frenulum preputii* (6) und *Corona glandis* (7) aufsuchen. Unter dem *Bulbus penis* (8) Anschnitte des *M. bulbospongiosus* (9) beachten. Beim paramedian geführten Sagittalschnitt wird das Corpus cavernosum penis sichtbar (s. Querschnitt, ◘ Abb. 9.7).

Demonstrationspräparat – Penisquerschnitt (◘ Abb. 9.7) An Demonstrationspräparaten von Penisquerschnitten folgende Strukturen aufsuchen und studieren: Haut, Unterhautgewebe, *Fascia penis superficialis* (1), *Vv. dorsales superficiales penis* (2), *Fascia penis profunda* (3), *V. dorsalis profunda penis* (4), *Aa. und Nn. dorsales penis* (5/6), *Tunica albuginea corporum cavernosorum* (7), *Septum penis* (8), *Corpus cavernosum penis* (9), *A. profunda penis* (10), *Tunica albuginea corporis spongiosi* (11), *Corpus spongiosum penis* (12), *Pars spongiosa* der *Urethra* (13), *A. urethralis* (14). Zur Darstellung der *Trabeculae corporum cavernosorum* (15) das fixierte Blut in den Schwellkörpern mit der spitzen anatomischen Pinzette entfernen und unter dem Wasserstrahl auswaschen, anschließend die Strukturen mit der Lupe studieren.

Präparation des Penis, s. ventrale Rumpfwand, ◘ Abb. 3.35a,b, 3.61/Video 3.23.

9.5.2 Studium von Rectum und Analkanal

Mastdarm – *Rectum*, Analkanal – *Canalis analis* im Mediansagittalschnitt (◘ Abb. 9.8 und 9.9) Das **Rectum (1)** ist aufgrund seiner seitlichen Krümmungen (*Flexurae laterales*) in der Frontalebene (◘ Abb. 9.2) im Mediansagittalschnitt nicht seitengleich angeschnitten. Von den durch die Krümmungen hervorgerufenen Falten in der Darmwand (*Plicae transversae recti*) die größte und konstante Kohlrauschsche Falte (2) auf der rechten Seite aufsuchen und den unterhalb von ihr liegenden Abschnitt des Rectums, *Ampulla recti* (3) lokalisieren. Anschließend den Übergang des Rectums in den *Canalis analis* (4) in Höhe der *Flexura anorectalis (perinealis)* (5) im Bereich des *M. levator ani* (6) aufsuchen.

Auf der Schnittfläche des Analkanals *M. sphincter ani externus* (7) sowie beim weiblichen Becken das Bindegewebsseptum (*Septum rectovaginale*) (8) zwischen Vagina sowie Rectum und Analkanal aufsuchen. Zwischen der Hinterwand des Rectums und der Vorderfläche des Os sacrum das lockere, gefäßreiche Bindegewebe („Mesorectum" im klinischen Sprachgebrauch) (9) beachten, (◘ Abb. 9.13).

▶ **Klinik**

Der vom M. puborectalis gebildete anorektale Ring am Beginn des Analkanals ist bei der rektalen Untersuchung tastbar. ◄

1 Fascia penis superficialis (Collessche Faszie)
2 Vv. dorsales superficiales penis
3 Fascia penis profunda
4 V. dorsalis profunda penis
5 Aa. dorales penis
6 N. dorsalis penis
7 Tunica albuginea corporum cavernosorum
8 Septum penis
9 Corpus cavernosum penis
10 A. profunda penis
11 Tunica albuginea corporis spongiosi
12 Corpus spongiosum penis
13 Pars spongiosa der Urethra
14 A. urethralis
15 Trabeculae corporum cavernosorum

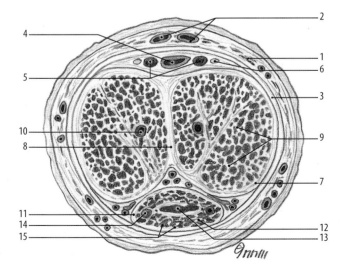

◘ **Abb. 9.7** Querschnitt durch den mittleren Bereich des Corpus penis [29]

1 Rectum
2 Kohlrauschsche Falte
3 Ampulla recti
4 Canalis analis
5 Flexura anorectalis
6 M. levator ani
7 M. sphincter ani externus
8 Septum rectovaginale
9 "Mesorectum"

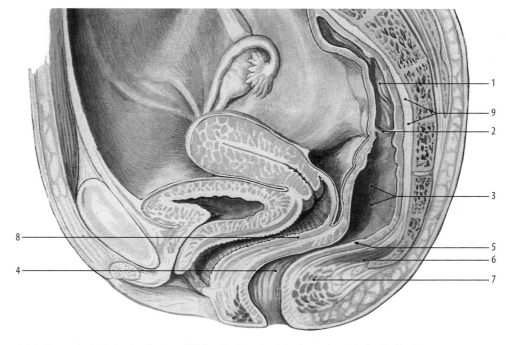

□ Abb. 9.8 Rectum und Analkanal, Mediansagittalschnitt durch ein weibliches Becken, Ansicht der rechten Beckenhälfte [9]

9.5.3 Studium und Präparation des Analkanals

☞ Topographie

Der Analkanal beginnt an der Junctio (Linea) anorectalis oberhalb der Columnae und der Sinus anales in Höhe des vom M. puborectalis gebildeten tastbaren anorektalen Ringes und endet an der Linea anocutanea. Im älteren anatomischen Schrifttum wird als Begrenzung des Analkanals in Anlehnung an die embryologische Entwicklung auch der Bereich zwischen Linea dentata und Anus angegeben.

(□ Abb. 9.9) Auf der Schnittfläche den Endabschnitt des Rectums mit *Ampulla recti* (**1**) und Kohlrauschscher Falte (**2**) sowie die *Junctio (Linea) anorectalis* (**3**) lokalisieren (□ Abb. 9.22/Video 9.4). Anschließend am Übergang zum Analkanal den anorektalen Ring (Levatorschlinge) des *M. puborectalis* (**4**) und die angeschnittenen Anteile von *M. pubococcygeus* (**5**) und *M. iliococcygeus* (**6**) des *M. levator ani* (**7**) sowie die Anteile des *M. sphincter ani externus* (**8**) mit *Pars profunda* (**9**), *Pars superficialis* (**10**) und *Pars subcutanea* (**11**) aufsuchen.

Sodann die makroskopisch erkennbaren Zonen des Analkanals bestimmen:

- *Junctio* (Linea) *anorectalis* (**3**) am Übergang zu den Columnae anales, s. oben,
- *Columnae anales* (Morgagnische Falten oder Säulen) (**12**),

- *Sinus anales* (**13**) zwischen den Columnae anales liegende Nischen
- *Valvulae anales* (**14**) kleine Querfalten am kaudalen Ende der Sinus anales,
- durch die Querfalten hervorgerufene *Linea pectinata (dentata)* (**15**),
- die auf die Linea pectinata folgende helle Zone des *Pecten analis* (Zona alba, Anoderm) (**16**),
- den Übergang zur perianalen Haut (**17**) mit der *Linea anocutanea* (**18**).

Anschließend in einem ca. 1 cm breiten Längsstreifen die Schleimhaut über den Columnae anales abtragen und das Arterien- und Venengeflecht des Corpus cavernosum ani (**19**) freilegen.

Alternative: M. sphincter ani internus durch Ablösen der Schleimhaut vom Schnittrand her ablösen (□ Abb. 9.22/Video 9.4).

Anschließend die Schnitte in Richtung der Analöffnung verlängern und durch Abtragen des Anoderms und der Analhaut das subanodermale Venengeflecht (**20**) präparieren. Abschließend unterhalb der Linea anorectalis in einem ca. 1 cm breiten Längstreifen die Schleimhaut mit dem darunter liegenden Corpus cavernosum ani bis zur Linea pectinata abtragen und den *M. sphincter ani internus* (**21**) freilegen.

❗ Beim Freilegen des M. sphincter ani internus durch Abtragen des Corpus cavernosum ani den dünnen Muskel und die Darmwand nicht verletzen.

9

1 Ampulla recti
2 Kohlrauschsche Falte
3 Junctio anorectalis
4 anorektaler Ring (M. puborectalis)
5 M. pubococcygeus
6 M. iliococcygeus
7 M. levator ani
8 M. sphincter ani externus
9 Pars profunda
10 Pars superficialis
11 Pars subcutanea
12 Columnae anales
13 Sinus anales
14 Valvulae anales
15 Linea pectinata
16 Pecten analis (Anoderm)
17 perianale Haut
18 Linea anocutanea
19 Corpus cavernosum ani
20 subanodermales Venengeflecht
21 M. sphincter ani internus

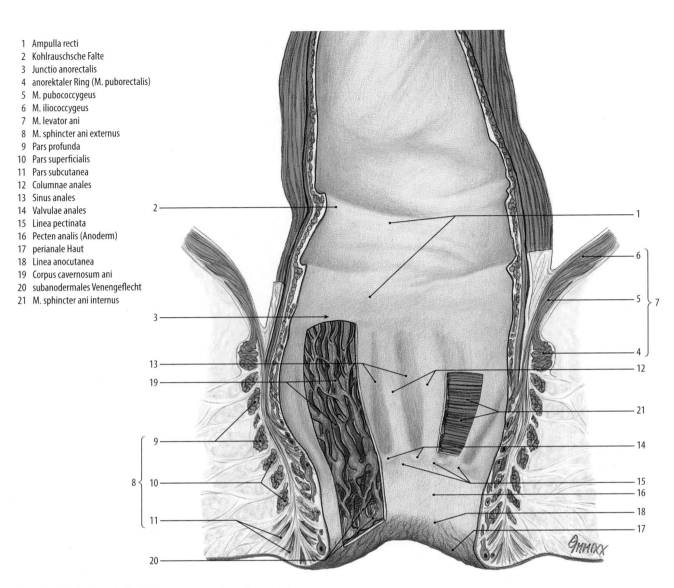

◻ Abb. 9.9   Längsschnitt durch Rectum und Analkanal [36]

🔄 Topographie

Zum Kontinenzorgan (-apparat) des Enddarms gehören folgende Strukturen: Ampulla recti, Columnae anales mit Corpus cavernosum ani, M. sphincter ani internus, M. canalis analis, M. sphincter ani externus, Levatorschlinge (M. puborectalis), Anoderm (Pecten analis) und Perianalhaut. Der M. sphincter ani internus trägt mit etwa 80 % zum Sphinkter-Ruhedruck des Kontinenzorgans bei.

▶ **Klinik**

Beim Hämorrhoidalleiden kommt es zur Vergrößerung und Vorwölbung des Corpus cavernosum ani; es geht mit schmerzhaften Blutungen, Sekretabgabe und Pruritus einher. Beim Grad IV der Erkrankung bleiben die Hämorrhoidalknoten nach der Defäkation extraanal und verlagern sich nicht wieder in den Analkanal zurück. In Folge von Blutungen aus dem subanodermalen Venengeflecht kommt es zu Hämatombildungen am Ausgang des Analkanals. Anorektale Fisteln sind die chronische Phase von anarektalen Abszessen (akute Phase), die in den meisten Fällen von Entzündungen der Proktodealdrüsen ausgehen. Die Erreger dringen über die Ausführungsgänge im Bereich der Krypten an der Linea dentata in das Drüsengewebe ein. Die Klassifikation richtet sich nach der Lage des Abszesses und des Verlaufs des Fistelganges in Bezug zum M. sphincter ani externus und zur Puborektalschlinge. Man unterscheidet intersphinktäre Abszesse und Fisteln, die nach perianal durchbrechen. Transsphinktäre Fisteln dringen unterhalb der Puborektalschlinge durch den M. sphincter ani externus in die Fossa ischioanalis, wo es zur Abszessbildung kommen kann. Extrasphinktäre oder supralevatorischen Abszesse und Fisteln entstehen oberhalb der Puborektalschlinge des M. levator ani. ◀

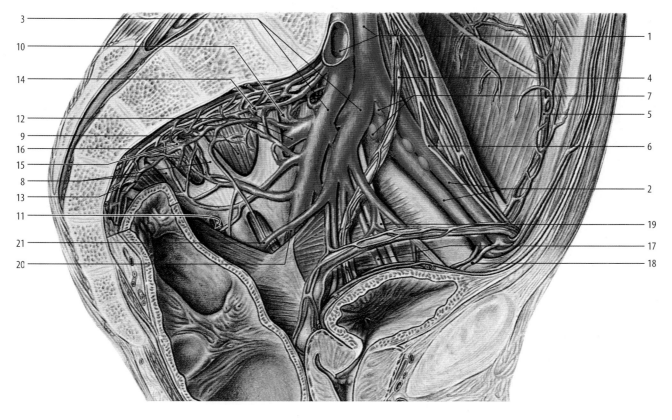

1	A. und V. iliaca communis	8	Rami anteriores (ventrales)	15	Rami spinales der
2	A. und V. iliaca externa		der Sakralnerven		A. sacralis lateralis
3	A. und V. iliaca interna	9	M. piriformis	16	A. sacralis mediana
4	Ureter	10	Foramen suprapiriforme	17	A. obturatoria
5	A. epigastrica inferior	11	Foramen infrapiriforme	18	Ramus pubicus
6	Ramus femoralis	12	A. glutea superior	19	N. obturatorius
	des N. genitofemoralis	13	A. sacralis lateralis	20	A. pudenda interna
7	Nodi iliaci externi	14	Foramina sacralia anteriora	21	A. glutea inferior

Abb. 9.10 Leitungsbahnen des Beckens, Mediansagittalschnitt durch ein männliches Becken, Ansicht der linken Beckenhälfte [34]

9.5.4 Präparation der Leitungsbahnen am durch Mediansagittalschnitt durchtrennten Becken

Die Freilegung der parietalen und der viszeralen Leitungsbahnen des Beckens (■ Abb. 9.10, 9.11a,b) erfolgt im selben Arbeitsgang mit der Präparation des Beckenbindegewebes und der Leitungsbahnen von Rectum, Harnblase und inneren weiblichen Geschlechtsorganen. Aus Gründen der Übersichtlichkeit wird das gleichzeitige Vorgehen bei der Präparation in einzelnen Schritten beschrieben. s. Abschnitte: „Präparation des perirektalen Bindegewebes", „Präparation des Bindegewebes und der Leitungsbahnen im seitlichen und vorderen Beckenbereich" und „Präparation des weiblichen Beckensitus".

Topographie

Das subseröse Bindegewebe, das die Beckenorgane in unterschiedlichem Ausmaß umhüllt, bildet regional zusammenhängende Faszienblätter (Tela und Tunica urogenitalis).

Mit der Präparation im dorsalen Bereich des Beckens an der oberen Präparationsgrenze beginnen.

Zur Freilegung der Leitungsbahnen Peritoneum parietale und subperitoneales Bindegewebe teils stumpf, teils scharf von den der Beckenwand anliegenden Strukturen lösen.

Zunächst das Rectum mobilisieren, dazu die hintere und seitliche Rektumwand mit den umhüllenden Bindegewebsschichten sowie dem lockeren Bindegewebe des „Mesorectum" zwischen Periost des Os sacrum und Fascia presacralis lösen (Beschreibung der schichtweisen

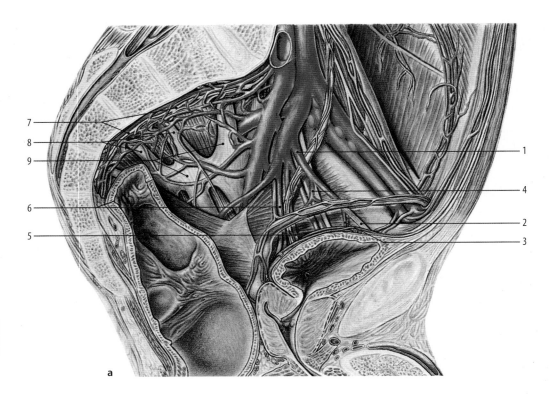

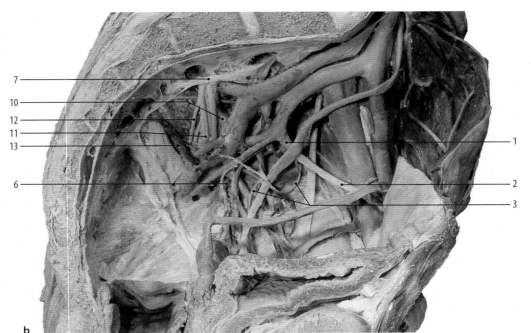

1   A. umbilicalis
2   Chorda arteriae umbilicalis
3   Aa. vesicales superiores
4   A. ductus deferentis
5   A. vesicalis inferior
6   A. rectalis media
7   Truncus sympathicus
8   Rami anteriores (ventrales)
     der Sakralnerven
9   Plexus sacralis
10   N. gluteus superior
11   N. gluteus inferior
12   N. pudendus
13   Foramen infrapiriforme

◻ Abb. 9.11   Mediansagittalschnitte durch ein männliches Becken, Darstellung der Leitungsbahnen, Ansicht der linken Beckenhälfte [34, 16]

Präparation des Bindegewebes, s. „Präparation des perirektalen Bindegewebes", ◻ Abb. 9.13).

⊘ Beim Mobilisieren des Rectums auf die Erhaltung der Bindegewebsschichten achten und die Vasa rectalia superiora und media nicht zerreißen.

Zunächst *A.* und *V. iliaca communis* (1) und ihre Aufteilung in *A.* und *V. iliaca externa* (2) und in *A.* und *V. iliaca interna* (3) aufsuchen (◻ Abb. 9.10). Dabei den lateral von der A. iliaca communis ziehenden *Ureter* (4) beachten, der auf der linken Seite über die Gabelung der

A. iliaca communis und auf der rechten Seite über den Anfangsteil von A. und V. iliaca externa ins Becken gelangt.

Anschließend den Vasa iliaca externa zur vorderen Bauchwand bis zum Verlassen des Beckens durch die Lacuna vasorum nachgehen; Abgang der *A. epigastrica inferior* (5) vor dem Ligamentum inguinale darstellen und mit ihren Begleitvenen zum Hinterrand des M. rectus abdominis verfolgen. *Ramus femoralis* des *N. genitofemoralis* (6) auf dem M. iliopsoas aufsuchen und den Nerv bis zum Eintritt in die Lacuna vasorum lateral von der A. iliaca externa freilegen.

9.5.5 Präparation der A. iliaca interna

Präparation der parietalen Äste der A. iliaca interna (◻ Abb. 9.10)

Zur Freilegung der aus der A. iliaca interna abzweigenden Arterien die begleitenden Venen im Bedarfsfall zur besseren Übersicht nach ihrer Identifikation vor der Einmündung in die V. iliaca interna durchtrennen und entfernen. Bei der Entfernung der Beckenvenen deren plexusartige Struktur beachten. Lymphknoten (7) im Bereich der Gabel zwischen A. iliaca externa und A. iliaca interna sowie entlang der Vasa iliaca interna aufsuchen.

Bei der Präparation der Arterien die *Rami anteriores* (*ventrales*) der Sakralnerven (8) beachten.

M. piriformis (9) im Foramen ischiadicum majus freilegen und *Foramen suprapiriforme* (10) und *Foramen infrapiriforme* (11) lokalisieren.

Als ersten Ast die aus dem dorsalen Hauptstamm der Arterie abgehende A. iliolumbalis aufsuchen und ihrem Ramus lumbalis bis zum M. psoas major nachgehen. Als Fortsetzung des dorsalen Hauptstammes der A. iliaca interna die *A. glutea superior* (12) und die aus ihr abzweigende *A. sacralis lateralis* (13) freilegen. A. glutea superior bis zum Verlassen des Beckenraumes durch das Foramen suprapiriforme folgen und dem Verlauf der A. sacralis lateralis lateral der *Foramina sacralia anteriora* (14) nach kaudal nachgehen; Abgabe der *Rami spinales* (15) der A. sacralis lateralis und Verbindungen zur *A. sacralis mediana* (16) beachten. Am vorderen Stamm der A. iliaca interna die *A. obturatoria* (17) mit dem *Ramus pubicus* (18) sowie mit dem sie begleitenden *N. obturatorius* (19) aufsuchen. Abschließend *A. pudenda interna* (20) und den Endast der A. iliaca interna, die *A. glutea inferior* (21) präparieren. A. glutea inferior bis zum Verlassen des Beckens am Foramen infrapiriforme verfolgen.

❗ Bei der Freilegung der parietalen Äste der A. iliaca interna die aus den Foramina pelvina anteriora austretenden Rami anteriores (ventrales) der Sakralnerven und den Truncus sympathicus nicht verletzen.

🔄 **Varia**

In ca. 20 % der Fälle teilt sich die A. iliaca interna in drei Hauptstämme. Die A. glutea inferior kann aus dem dorsalen Hauptstamm entspringen, Endast der A. ilica interna ist dann die A. pudenda interna. Große Variabilität zeigt der Abgang der A. obturatoria; sie kann direkt aus dem ventralen Stamm der A. iliaca interna oder in etwa einem Viertel der Fälle aus der A. glutea inferior kommen. Die Arterie zweigt gelegentlich von der A. glutea superior, dem Hauptstamm der A. iliaca interna oder von der A. pudenda interna ab. In ca. 20 % der Fälle geht die A. obturatoria über den Ramus pubicus direkt aus der A. epigastrica inferior hervor. Eine in der Mehrzahl der Fälle bestehende Verbindung zwischen den beiden Arterien kommt über den Ramus pubicus der A. obturatoria und über den Ramus obturatorius der A. epigastrica inferior (sog. Corona mortis) zustande. Selten entspringt die A. obturatoria aus der A. femoralis.

Präparation der viszeralen Äste der A. iliaca interna (◻ Abb. 9.11a,b)   Als ersten viszeralen Ast der A. iliaca interna die *A. umbilicalis* (1) aufsuchen und zunächst den zur *Chorda arteriae umbilicalis* (2) obliterierten bindegewebigen Strang (Pars occlusa) bis zur Plica umbilicalis medialis (◻ Abb. 9.1, 9.2) verfolgen. Anschließend die aus dem nicht obliterierten Teil der A. umbilicalis (Pars patens) abgehenden Äste: *Aa. vesicales superiores* (3) und *A. ductus deferentis* (4) (bei der Frau häufig die A. uterina, Abgang der A. uterina aus der A. iliaca interna s. ◻ Abb. 9.15) darstellen. Sodann *A. vesicalis inferior* (5), und *A. rectalis media* (6) freilegen (vollständige Präparation der viszeralen Äste, s. u.).

Präparation des Plexus sacralis und des Truncus symphaticus   *Truncus sympathicus* (7) und die aus den Foramina sacralia anteriora austretenden *Rami anteriores* (*ventrales*) der Sakralnerven (8) darstellen und bis zum *Plexus sacralis* (9) nachgehen.

Abschließend die aus dem Plexus sacralis abgehenden Nerven, *N. gluteus superior* (10) bis zum Foramen suprapiriforme sowie *N. gluteus inferior* (11) und *N. pudendus* (12) bis zum *Foramen infrapiriforme* (13) verfolgen.

Präparation des Bindegewebes und der Leitungsbahnen im seitlichen und vorderen Beckenbereich (◻ Abb. 9.12)   Mit dem Ablösen des *Peritoneum parietale* (1) und des subserösen Bindegewebes (2) beginnen, dabei etagenweise vorgehen und das zu Bandstrukturen verdichtete Bindegewebe beachten. Die Präparation der im subserösen Bindegewebe bereits freigelegten Leitungsbahnen vervollständigen.

Bei der **Mobilisierung der Harnblase** im seitlichen Beckenbereich den oberen Teil *des M. obturatorius internus* (3) freilegen; dabei den von der seitlichen Blasenwand (4) in den *Canalis obturatorius* (5) hineinreichen

1 Peritoneum parietale
2 subseröses Bindegewebe
3 M. obturatorius internus
4 Blasenwand
5 Canalis obturatorius
6 Corpus adiposum obturatorium
7 N. obturatorius
8 A. und V. obturatoria
9 Spatium retropubicum

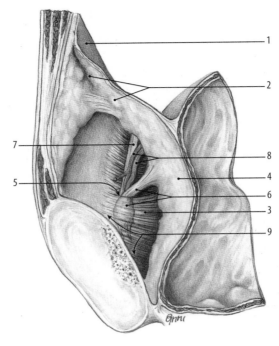

■ **Abb. 9.12**   Mobilisierung der Harnblase, Mediansagittalschnitt durch die vordere Beckenregion eines Mannes, Ansicht der rechten Seite [36]

Bindegewebs-Fettkörper (Corpus adiposum obturatorium) **(6)** aufsuchen und aus dem Obturatoriuskanal herausziehen. Anschließend am Oberrand des M. obturatorius internus *N. obturatorius* **(7)** sowie *A.* und *V. obturatoria* **(8)** präparieren und die Leitungsbahnen bis zum Eintritt in den Canalis obturatorius am Foramen obturatum verfolgen (■ Abb. 9.23/Video 9.5).

Anschließend die Harnblase vollständig mobilisieren; dazu ihren vorderen Teil im lockeren Bindegewebe des *Spatium retropubicum* **(9)** (Retziusscher Raum, *Spatium prevesicale*, s. ■ Abb. 9.8a) von der vorderen Bauchwand und vom Os pubis lösen. Dabei die Plica umbilicalis medialis hervorrufende Chorda arteriae umbilicalis (Pars occlusa der A. umbilicalis) und die aus der A. umbilicalis abgehenden Aa. vesicales superiores wieder aufsuchen (■ Abb. 9.11a,b, 9.24/Video 9.6). Sodann das am Blasengrund liegende Parazystium ertasten und darstellen.

Abschließend die bei der Mobilisierung der Harnblase freigelegten Strukturen präparieren: Den bereits im Beckeneingang bei der Präparation der Vasa iliaca communes freigelegten Ureter (s. ■ Abb. 9.11a) nach kaudal verfolgen und seinen bogenförmigen Verlauf zur Hinterwand des Blasengrundes nachgehen, dabei die Überkreuzung durch den Ductus deferens (s. männlicher Beckensitus, ■ Abb. 9.14) oder durch die A. uterina (s. weiblicher Beckensitus, ■ Abb. 9.15) beachten.

❶ Bei der Mobilisierung der Harnblase Ureter nicht verletzen.

▶ **Klinik**

Obturatoriushernien sind selten. Es besteht die Gefahr einer Einklemmung des Bruchsackes und einer Schädigung des N. obturatorius durch Kompression im Canalis obturatorius. ◄

Zur **Präparation des perirektalen Bindegewebes** (■ Abb. 9.13) die bei der Freilegung der Leitungsbahnen abgelösten Strukturen wieder aufsuchen: *A. rectalis superior* **(1)** und *N. hypogastricus* **(2)**. Zunächst zwischen Periost des Os sacrum **(3)** und *Fascia presacralis* **(4)** die Anschnitte von presakralen Venen **(5)** beachten. Evtl. noch bestehende Verbindungen zwischen presakraler Faszie und *Fascia pelvis parietalis* **(6)** lösen (■ Abb. 9.25/Video 9.7).

Sodann die Bindegewebshüllen des Rectums schichtweise teils stumpf, teils scharf voneinander trennen. Zunächst die Fascia pelvis parietalis von der *Fascia pelvis visceralis* (mesorektale Faszie) **(7)** lösen. Dabei die in der Fascia pelvis parietalis verlaufenden Nervenbündel des *N. hypogastricus* **(2)** sowie die Äste der A. rectalis media beachten. Auf der Schnittfläche im lockeren Bindegewebe des „Mesorectum" **(8)** zwischen Fascia pelvis visceralis und der Tunica adventitia **(9)** des Rectums Anschnitte der *V.* und *A. rectalis superior* **(10)** aufsuchen.

Im unteren Abschnitt des Rectum das als Paraproctium bezeichnete dichte Bindegewebe beachten. Beim weiblichen Becken die vom Rectum zum Uterus ziehende *Plica rectouterina* **(11)** aufsuchen.

(weibliche und männliche Beckenorgane, s. unten)

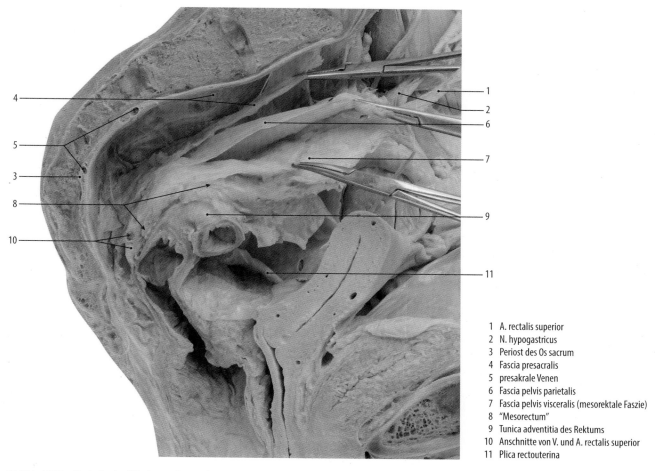

1 A. rectalis superior
2 N. hypogastricus
3 Periost des Os sacrum
4 Fascia presacralis
5 presakrale Venen
6 Fascia pelvis parietalis
7 Fascia pelvis visceralis (mesorektale Faszie)
8 "Mesorectum"
9 Tunica adventitia des Rektums
10 Anschnitte von V. und A. rectalis superior
11 Plica rectouterina

Abb. 9.13 Perirektales Bindegewebe und Faszien, Mediansagittalschnitt durch ein weibliches Becken, Ansicht der linken Beckenhälfte [13]

Topographie

Die Bindegewebshüllen im hinteren und seitlichen Bereich des Rectums sind von großer klinischer Bedeutung. Man unterscheidet folgende Strukturen:

Periost des Os sacrum – Fascia presacralis – Fascia pelvis parietalis – Fascia pelvis visceralis (mesorektale Faszie) – „Mesorectum" – Adventitia der Rektumwand

- Zwischen Periost des Os sacrum und Fascia presacralis verlaufen A. sacralis mediana und Aa. sacrales laterales sowie das presakrale Venengeflecht (Plexus venosus sacralis).

- In der Fascia pelvis parietalis verlaufen die Nn. hypogastrici zum Plexus hypogastricus inferior zur Versorgung von Rectum, Harnblase sowie weiblicher und männlicher Geschlechtsorgane.

- Das lockere Bindegewebe des „Mesorectum" ist „Transitstrecke" für Nerven, Blut- und Lymphgefäße zur Versorgung des Rectums. Über das „Mesorectum" erfolgt der Lymphabfluss des Rectums, regionale Lymphknoten innerhalb des „Mesorectum" sind die Nodi pararectales (Nodi anorectales).

▶ Klinik

Bei operativen Eingriffen im Becken sollten die in der Fascia pelvis parietalis verlaufenden Gefäß-Nerven-Bündel zur Aufrechterhaltung der Kontinenz von Enddarm und Blase sowie der Sexualfunktionen geschont werden.

Bei der operativen Therapie des Rektumkarzinoms muss das „Mesorectum" zur Entnahme der Lymphabflusswege vollständig entfernt werden; dadurch wird die Lokalrezidivrate deutlich gesenkt. ◀

9.6 Präparation des männlichen Beckensitus[1]

Die beim Absetzen des Beckens durchtrennten *Vasa testicularia* **(1)** und den *N. genitofemoralis* **(2)** mit seiner Aufzweigung in *Ramus genitalis* **(3)** und *Ramus femoralis* **(4)** wieder aufsuchen. Vasa testicularia mit dem Ramus genitalis bis zum Eintritt in den Inguinalkanal am *Anulus inguinalis profundus* **(5)** freilegen (Abb. 9.14).

---

1 Es werden nur die speziellen Präparationsschritte für den männlichen Beckensitus beschrieben.

1   A. und V. testicularis
2   N. genitofemoralis
3   Ramus genitalis
4   Ramus femoralis
5   Anulus inguinalis profundus
6   Ductus deferens
7   A. und V. iliaca externa
8   A. und V. obturatoria
9   N. obturatorius
10 Harnblase
11 Ampulla ductus deferentis
12 Prostata
13 Ductus ejaculatorius
14 Colliculus seminalis
15 Überkreuzung des Harnleiters
     durch den Ductus deferens
16 Venengeflecht der Prostata

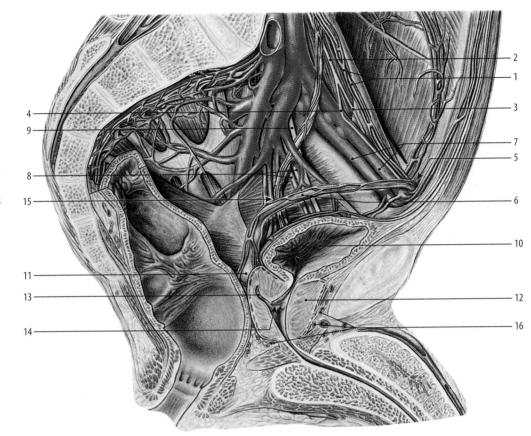

◘ Abb. 9.14   Beckenorgane und Leitungsbahnen beim Mann, Mediansagittalschnitt, Ansicht der linken Beckenhälfte [34]

Ductus deferens **(6)** von seinem Eintritt ins Becken am Anulus inguinalis profundus bei seinem Verlauf zur seitlichen Beckenwand nachgehen und dabei die Überkreuzung von *A.* und *V. iliaca externa* **(7)** sowie von *A.* und *V. obturatoria* **(8)** und *N. obturatorius* **(9)** beachten. Den nach Abtragen des Peritoneum viscerale freigelegten Teil des Ductus deferens bei seinem Verlauf durch das Parazystium entlang der seitlichen Harnblasenwand zum Blasengrund auf der Hinterseite der Harnblase **(10)** folgen. Hier den Übergang zur *Ampulla ductus deferentis* **(11)** und die topographische Nähe zur Glandula vesiculosa beachten. Die Vereinigung des Endstücks des Samenleiters mit dem Ductus excretorius der Bläschendrüse am Eintritt in die *Prostata* **(12)** sowie auf der Schnittfläche den *Ductus ejaculatorius* **(13)** und den *Colliculus seminalis* **(14)** aufsuchen. Vor der Einmündung die Überkreuzung des Harnleiters **(15)** durch den Ductus deferens beachten. Venengeflecht **(16)** im Bereich der Prostata studieren (◘ Abb. 9.26/Video 9.8).

Bläschendrüse durch Längsschnitt eröffnen und die tiefen Falten studieren.

9.7   Präparation des weiblichen Beckensitus[2]

Die Präparation (◘ Abb. 9.15, 9.16) des größtenteils zur Freilegung der Leitungsbahnen bereits von der Beckenwand abgelösten *Peritoneum parietale* **(1)** und *Ligamentum latum* **(2)** mit dem Parametrium bis zum *Uterus* **(3)** fortsetzen. Ligamentum suspensorium ovarii (Ligamentum infundibulo-pelvicum) (◘ Abb. 9.16, **[9]**) von der Beckenwand lösen und dem Band mit den Vasa ovarica bis zum Ovar folgen. *Ligamentum teres uteri* **(4)** vom Tubenwinkel zum Anulus inguinalis profundus in der *Fossa inguinalis lateralis* **(5)** freilegen.

Im kaudalen Teil des Parametrium die Bindegewebsverdichtung zwischen seitlicher Beckenwand und Cervix uteri, das Ligamentum cardinale (Ligamentum transversum cervicis – Ligamentum Mackenrodt) ertasten.

Ursprung der *A. uterina* **(6)** aus dem Anfangsteil der *A. umbilicalis* **(7)** oder aus dem ventralen Hauptstamm der *A. iliaca interna* **(8)** (◘ Abb. 9.15) aufsuchen und Abgang der *Aa. vesicales superiores* **(9)** aus der A. umbilicalis darstellen. *Chorda arteriae umbilicalis* (*Pars occlusa* der

---

2   Es werden nur die speziellen Präparationsschritte für den weiblichen Beckensitus beschrieben.

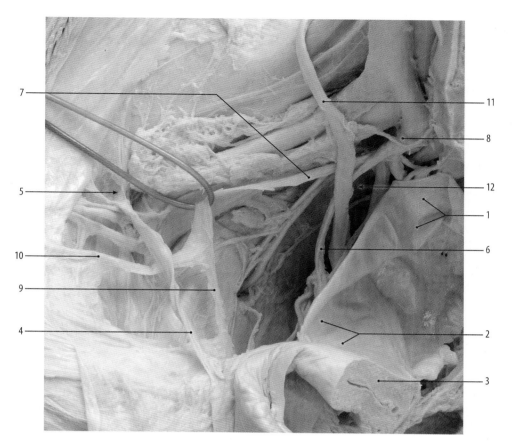

1	Peritoneum parietale
2	Ligamentum latum
3	Uterus
4	Ligamentum teres uteri
5	Fossa inguinalis lateralis
6	A. uterina
7	A. umbilicalis
8	A. iliaca interna
9	Aa. vesicales superiores
10	Chorda arteriae umbilicalis
11	Ureter
12	Überkreuzung des Ureter durch die A. uterina

◻ Abb. 9.15　Medianer Sagittalschnitt durch ein weibliches Becken, Ansicht der rechten Beckenhälfte von medial [13]

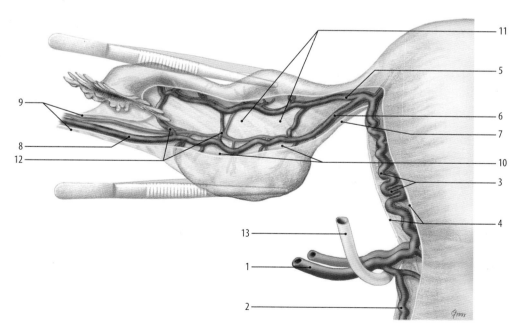

1	A. uterina
2	Rami vaginales
3	Rami helicini
4	abgelöstes Ligamentum latum
5	Ramus tubarius der A. uterina
6	Ramus ovaricus der A. uterina
7	Ligamentum ovarii proprium
8	A. ovarica
9	Ligamentum suspensorium ovarii
10	Margo mesovaricus
11	Mesosalpinx
12	Anastomosen
13	Ureter

◻ Abb. 9.16　Blutversorgung von Uterus, Tuba uterina und Ovar – Eierstocksarkade, Ansicht von hinten [36]

A. umbilicalis) **(10)** (🔲 Abb. 9.11b) bis zur Bauchwand verfolgen (Plica umbilicalis mediana, 🔲 Abb. 9.1, 9.2). Die A. uterina innerhalb des Parametrium bis zum Uterus freilegen, dabei die Überkreuzung des *Ureter* **(11)** durch die A. uterina **(12)** beachten.

🔄 Varia

Die A. uterina kommt in den meisten Fällen aus dem Anfangsteil der A. umbilicalis, nicht selten entspringt sie direkt aus der A. iliaca interna (🔲 Abb. 9.15).

> ▶ **Klinik**

Aus klinischer Sicht ist die enge topographische Beziehung zwischen A. uterina und Ureter von praktischer Bedeutung, da das Zervixkarzinom die Organgrenze überschreiten und ins Parametrium wachsen kann. Die Ummauerung des Ureter durch Tumorgewebe führt zur Harnabflussbehinderung und in dessen Folge zum Mega- und Hydroureter sowie zum Nierenstau.

Häufigster gutartiger Tumor der Frau ist das Myom, eine abgegrenzte knotige Vermehrung der glatten Muskelzellen. Myome werden nach ihrer Lage in subseröse, intramurale und submuköse unterteilt. ◀

Zur Darstellung der **Blutversorgung von Uterus, Tuba uterina und Ovarium** (🔲 Abb. 9.16) im Übergangsbereich von Corpus und Cervix uteri die Aufteilung der *A. uterina* **(1)** in *Rami vaginales* **(2)** und in *Rami helicini* **(3)** darstellen. Dazu am lateralen Rand des Uterus das Bindegewebe des Parametrium und die Blätter des *Ligamentum latum* **(4)** ablösen. Sodann die Rami vaginales zur Cervix verfolgen und den korkenzieherartigen Verlauf der Rami helicini am lateralen Rand des Corpus uteri bis zum Tubenwinkel freilegen. Am Tubenwinkel die Abgänge des *Ramus tubarius* **(5)** und des *Ramus ovaricus* **(6)** aufsuchen. Ramus tubarius so weit wie möglich bis zum Infundibulum der Tuba uterina nachgehen. Ramus ovaricus über das *Ligamentum ovarii proprium* (*Chorda utero-ovarica*) **(7)** bis zum Ovar verfolgen. *A. ovarica* **(8)** im *Ligamentum suspensorium ovarii* (Ligamentum infundibulopelvicum) **(9)** freilegen und die Anastomose mit der A. ovarica auf dem *Margo mesovaricus* **(10)** aufsuchen (🔲 Abb. 9.27/Video 9.9).

🔄 Topographie

Die Eierstocksarkade innerhalb der Mesosalpinx besteht aus Querverbindungen zwischen Ramus tubarius und Ramus ovaricus der A. uterina sowie aus Anastomosen zwischen A. ovarica und Ramus tubarius der A. uterina über Rami tubarii der A. ovarica.

Zur Demonstration und Darstellung der Gefäße der Eierstockarkade die *Mesosalpinx* **(11)** zwischen Tuba uterina und Ovar vorsichtig mithilfe von zwei stumpfen Pinzetten auseinanderziehen und die Anastomosen **(12)** studieren. Aufgrund der blutgefüllten Begleitvenen werden die Gefäße evtl. durch Betrachten im durchscheinenden Licht sichtbar. Anschließend versuchen, einen Teil der Gefäße durch vorsichtiges Ablösen des vorderen (oder hinteren) Blattes der Mesosalpinx freizulegen.

Überkreuzung des *Ureter* **(13)** durch die A. uterina beachten (🔲 Abb. 9.15).

❗ Bei Freilegung der Gefäße von Tuba uterina und Ovar die Mesosalpinx nicht zerreißen.

> ▶ **Klinik**

Bei der Tubenschwangerschaft kann es infolge einer Arrosion der Tubenwand durch die Zotten der Plazenta zur lebensbedrohlichen Blutung aus dem Ramus tubarius der A. uterina kommen. ◀

Studium des Beckensitus am paramedian abgesetzten Becken Präparate zum Studium der vollständig erhaltenen Beckenorgane und der Leitungsbahnen können alternativ erstellt werden:

- Absetzen des Beckens mittels paramedianer Sagittalschnitte durch Kreuzbein und Schambein (🔲 Abb. 9.17, 9.18),
- einseitiges Ablösen des Os coxae durch Exartikulation im Sakroiliakalgelenk und ipsilateraler paramedianer Durchtrennung des Os pubis.

Vor der Präparation sollten ventrale und dorsale Rumpfwand, die unteren Extremitäten mit der Fossa ischioanalis sowie der Situs der Bauchhöhle und des Retroperitonealraumes präpariert sein.

Durchführung und Vorbereitung der Präparation erfolgt durch das Institutspersonal.

Freilegen des Situs der Organe nach Durchtrennung des Beckens durch paramediane sagittale Sägeschnitte Nach Durchsägen von Kreuzbein und Schambein die Beckenorgane unter Erhaltung des sie bedeckenden Peritoneums teils stumpf, teils scharf von den abgetrennten Anteilen des Os sacrum und des Os coxae lösen. Dabei die Leitungsbahnen und Strukturen der kontralateralen Seite (s. weiblicher Beckensitus, 🔲 Abb. 9.17b) scharf durchtrennen.

Zur vollständigen Isolierung von Os coxae und Os sacrum mit der zugehörigen freien unteren Extremität das Präparat so weit wie möglich nach lateral verlagern, dabei das Crus penis/clitoridis vom Ramus inferior des Os pubis lösen. Anschließend das Diaphragma urogenitale am Ramus ossis ischii sowie die Ursprünge der Muskeln des Diaphragma pelvis am Os pubis im Bereich des Sehnenbogens zwischen Vorderrand des Foramen obturatum und Spina ischiadica über dem M. obturatorius internus absetzen.

Nach vollständiger Isolierung der beiden Beckenanteile die Muskulatur der extraperitonealen Anteile der Beckenorgane durch Abtragen des sie umhüllenden Bindegewebes freilegen.

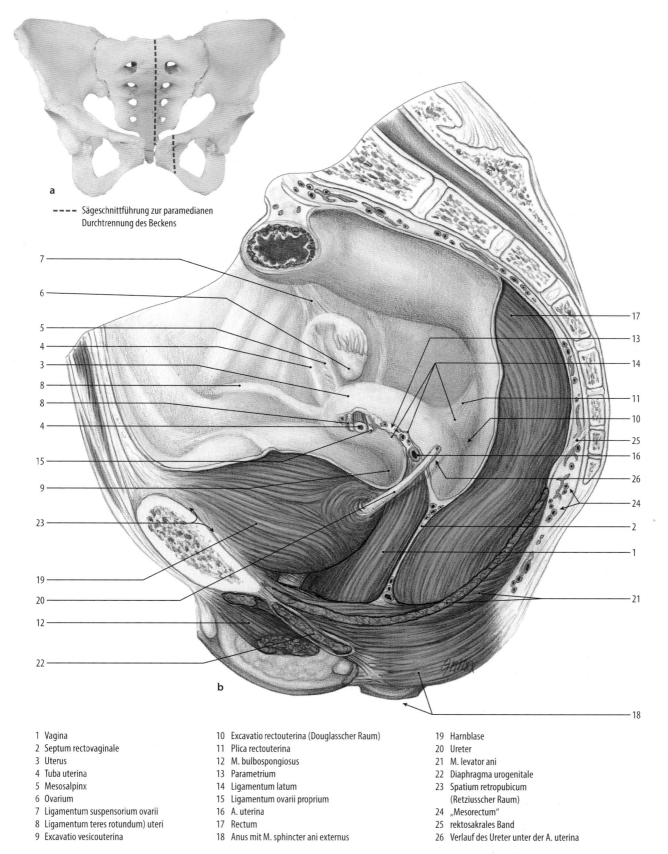

a

---- Sägeschnittführung zur paramedianen
Durchtrennung des Beckens

b

1 Vagina	10 Excavatio rectouterina (Douglasscher Raum)	19 Harnblase
2 Septum rectovaginale	11 Plica rectouterina	20 Ureter
3 Uterus	12 M. bulbospongiosus	21 M. levator ani
4 Tuba uterina	13 Parametrium	22 Diaphragma urogenitale
5 Mesosalpinx	14 Ligamentum latum	23 Spatium retropubicum
6 Ovarium	15 Ligamentum ovarii proprium	(Retziusscher Raum)
7 Ligamentum suspensorium ovarii	16 A. uterina	24 „Mesorectum"
8 Ligamentum teres rotundum) uteri	17 Rectum	25 rektosakrales Band
9 Excavatio vesicouterina	18 Anus mit M. sphincter ani externus	26 Verlauf des Ureter unter der A. uterina

☐ **Abb. 9.17** **a** Weibliches knöchernes Becken in der Ansicht von vorn, Sägeschnittführung zur paramedianen Durchtrennung des Beckens [29].
b Beckensitus bei der Frau, Ansicht des paramedian abgesetzten rechten Beckenteils von links-seitlich [29]

9

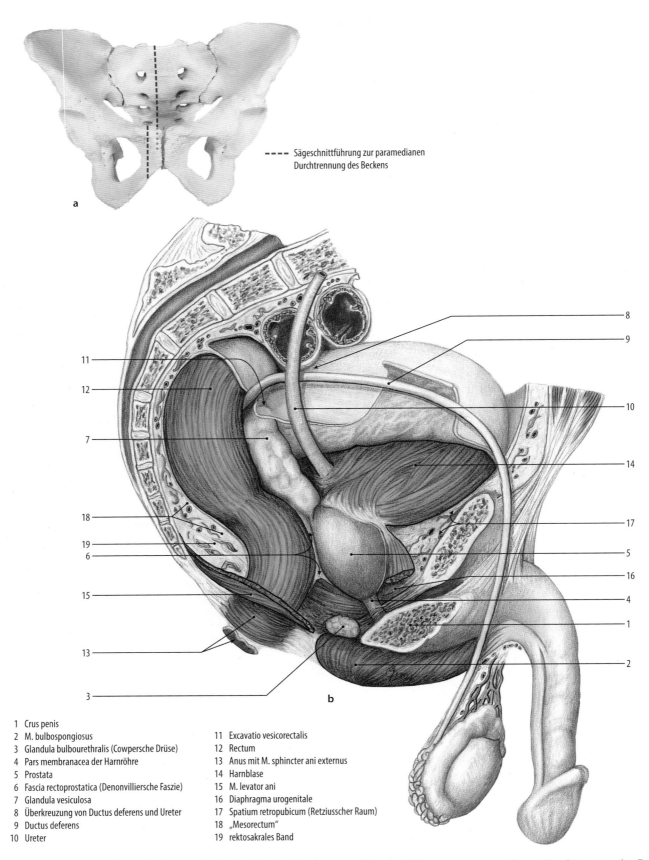

- - - - Sägeschnittführung zur paramedianen
Durchtrennung des Beckens

a

b

1   Crus penis
2   M. bulbospongiosus
3   Glandula bulbourethralis (Cowpersche Drüse)
4   Pars membranacea der Harnröhre
5   Prostata
6   Fascia rectoprostatica (Denonvilliersche Faszie)
7   Glandula vesiculosa
8   Überkreuzung von Ductus deferens und Ureter
9   Ductus deferens
10 Ureter

11 Excavatio vesicorectalis
12 Rectum
13 Anus mit M. sphincter ani externus
14 Harnblase
15 M. levator ani
16 Diaphragma urogenitale
17 Spatium retropubicum (Retziusscher Raum)
18 „Mesorectum"
19 rektosakrales Band

◼ **Abb. 9.18   a** Männliches knöchernes Becken in der Ansicht von vorn, Sägeschnittführung zur paramedianen Durchtrennung des Beckens [29]. **b** Beckensitus beim Mann, Ansicht des paramedian abgesetzten linken Beckenteils von rechts-seitlich [29]

❗ Beim Durchsägen von Os sacrum und Os pubis die Beckenorgane nicht verletzen.

Beckensitus am paramedian durchtrennten weiblichen Becken Am weiblichen Beckensitus (■ Abb. 9.17b) folgende Strukturen studieren (vgl. auch Mediansagittalschnitt, ■ Abb. 9.3a):

Vagina **(1)** *Septum rectovaginale* **(2)** *Uterus* **(3)**, *Tuba uterina* **(4)** mit *Mesosalpinx* **(5)**, *Ovarium* **(6)**, *Ligamentum suspensorium ovarii* (Ligamentum infundibulopelvicum) **(7)** *Ligamentum teres (rotundum) uteri* **(8)**, *Excavatio vesicouterina* **(9)**, *Excavatio rectouterina* (Douglasscher Raum) **(10)**, *Plica rectouterina* **(11)**, *M. bulbospongiosus* **(12)**

Auf der linken Seite im eröffneten *Parametrium* **(13)** unter dem *Ligamentum latum* **(14)** folgende durchtrennte Strukturen aufsuchen: Tuba uterina **(4)**, *Ligamentum ovarii proprium (Chorda utero-ovarica)* **(15)**, Ligamentum teres (rotundum) uteri **(7)**, *A. uterina* **(16)**.

Anschließend weitere Organe und Strukturen des Beckens aufsuchen: *Rectum* **(17)**, *Anus* mit *M. sphincter ani externus* **(18)**, Harnblase **(19)** und *Ureter* **(20)**, die durchtrennten Anteile des *M. levator ani* **(21)**, Harnblase **(19)** und *Ureter* **(20)**, die durchtrennten Anteile des *M. levator ani* **(21)** und des *Diaphragma urogenitale* **(22)** sowie das *Spatium retropubicum* (Retziusscher Raum) **(23)**, das „Mesorectum" **(24)** und den Anschnitt des rektosakralen Bandes **(25)**. Verlauf des Ureter **(26)** unter der durchtrennten A. uterina **(16)** beachten.

> ▶ **Klinik**
>
> Zur Tumorinfiltration in die Scheide kann es bei Karzinomen der Nachbarorgane, z. B. Cervix uteri, Harnblase oder Rectum kommen; primäre maligne Tumore der Vagina sind mit 1–2 % der bösartigen Tumore bei der Frau vergleichsweise selten. ◀

Beckensitus am paramedian durchtrennten männlichen Becken Nach Freilegen der Organe am männlichen Beckensitus (■ Abb. 9.18b) zunächst folgende Strukturen aufsuchen (s. auch Mediansagittalschnitt, ■ Abb. 9.7): *Crus penis* **(1)**, *M. bulbospongiosus* **(2)**, *Glandula bulbourethralis* (Cowpersche Drüse) **(3)**, *Pars membranacea* (Pars intermedia) der Harnröhre **(4)**, *Prostata* **(5)**, *Fascia rectoprostatica* (Denonvilliersche Faszie) **(6)**, *Glandula vesiculosa* **(7)**, Überkreuzung **(8)** von *Ductus deferens* **(9)** und *Ureter* **(10)**, *Excavatio vesicorectalis* **(11)**.

Anschließend *Rectum* **(12)**, *Anus* mit *M. sphincter ani externus* **(13)**, *Harnblase* **(14)**, *M. levator ani* **(15)**, *Diaphragma urogenitale* **(16)**, *Spatium retropubicum* (Retziusscher Raum) **(17)**, „Mesorectum" **(18)** und rektosakrales Band **(19)** studieren.

Exartikulation des Sakroiliakalgelenks Mit der Freilegung des Sakroiliakalgelenks im dorsalen Bereich beginnen (▶ Abschn. 6.10, Präparation von Sakroiliakalgelenk, Schambeinfuge und Bandhaften des Beckens). Zunächst die autochthonen Rückenmuskeln und die Muskeln der Glutealregion abtragen; dabei die Leitungsbahnen in der Gesäßregion nach dem Austritt aus den Foramina ischiadicum majus und ischiadicum minus absetzen. Sodann das Ligamentum iliolumbale, die Bandanteile des Ligamentum sacroiliacum posterius sowie die Ligamenta sacrospinale und sacrotuberale durchtrennen.

Die Exartikulation des Iliosakralgelenks erfolgt von ventral. Zum Aufsuchen des Gelenkspaltes M. iliacus am Ursprung durchtrennen und anschließend gemeinsam mit dem M. psoas sowie den Ästen der A. und V. iliaca communis und des Plexus lumbalis von der Fossa iliaca und von der Ala ossis sacri lösen. Plexus lumbalis sowie die von ihm abgehenden Nerven in der Reihenfolge N. iliohypogastricus, N. ilioinguinalis, N. cutaneus femoris lateralis, N. femoralis, N. genitofemoralis und N. obturatorius freilegen und ablösen. A. iliaca externa sowie die aus der A. iliaca interna abgehenden A. iliolumbalis, A. umbilicalis und A. obturatoria darstellen und von der A. iliaca interna abtrennen.

Anschließend das Ligamentum sacroiliacum anterius freilegen. Den Gelenkspalt mithilfe einer Punktionsnadel aufsuchen und das Ligamentum sacroiliacum anterius über dem Gelenkspalt durchtrennen. Danach die Gelenkkörper mit einem in die Gelenkhöhle eingeführten Meißel auseinanderdrücken und nach Ablösen von Resten des dorsalen Bandapparates das Os coxae vollständig vom Os sacrum trennen.

Zur vollständigen Isolierung des Os coxae und der zugehörigen freien unteren Extremität das Präparat so weit wie möglich nach lateral klappen, dabei das Crus penis/clitoridis vom Ramus inferior des Os pubis lösen. Anschließend das Diaphragma urogenitale am Ramus ossis ischii sowie die Ursprünge der Muskeln des Diaphragma pelvis am Os pubis am Sehnenbogen zwischen Vorderrand des Foramen obturatum und Spina ischiadica über dem M. obturatorius internus absetzen.

9.8 Präparationsvideos zum Kapitel

■ **Abb. 9.19 Video 9.1: Mediansagittalschnitt durch ein weibliches Becken.** (► https://doi.org/10.1007/000-780), © Institut für Klinische Anatomie und Zellanalytik der Universität Tübingen

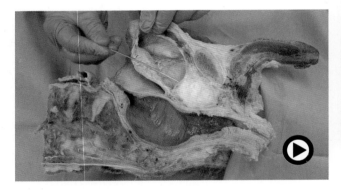

■ **Abb. 9.20 Video 9.2: Mediansagittalschnitt durch ein männliches Becken – linke Seite.** (► https://doi.org/10.1007/000-77x), © Institut für Klinische Anatomie und Zellanalytik der Universität Tübingen

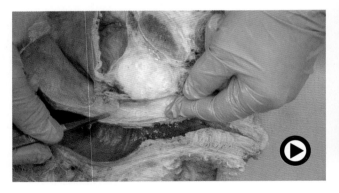

■ **Abb. 9.21 Video 9.3: Fascia rectoprostatica – Denonvilliersche Faszie und Vesicula seminalis.** (► https://doi.org/10.1007/000-77y), © Institut für Klinische Anatomie und Zellanalytik der Universität Tübingen

■ **Abb. 9.22 Video 9.4: Rectum und Analkanal – Präparation des Corpus cavernosum ani und der Mm. sphincter ani internus und externus.** (► https://doi.org/10.1007/000-77z), © Institut für Klinische Anatomie und Zellanalytik der Universität Tübingen

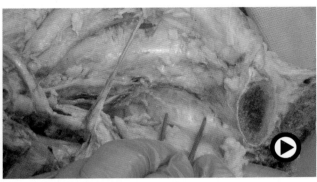

■ **Abb. 9.23 Video 9.5: Präparation des Bindegewebes und der Leitungsbahnen im vorderen-seitlichen Beckenbereich.** (► https://doi.org/10.1007/000-77w), © Institut für Klinische Anatomie und Zellanalytik der Universität Tübingen

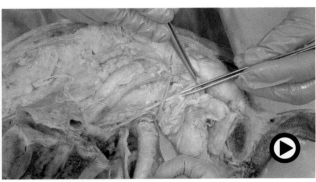

■ **Abb. 9.24 Video 9.6: Präparation der A. umbilicalis.** (► https://doi.org/10.1007/000-781), © Institut für Klinische Anatomie und Zellanalytik der Universität Tübingen

◩ **Abb. 9.25 Video 9.7: Perirektales Bindegewebe und Faszien.** (▶ https://doi.org/10.1007/000-782), © Institut für Klinische Anatomie und Zellanalytik der Universität Tübingen

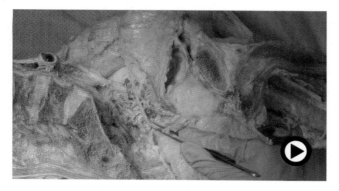

◩ **Abb. 9.26 Video 9.8: Präparation von Ureter, Ductus deferens und Glandula vesiculosa.** (▶ https://doi.org/10.1007/000-783), © Institut für Klinische Anatomie und Zellanalytik der Universität Tübingen

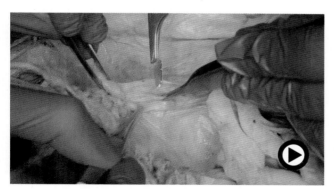

◩ **Abb. 9.27 Video 9.9: Präparation der Eierstockarkade.** (▶ https://doi.org/10.1007/000-784), © Institut für Klinische Anatomie und Zellanalytik der Universität Tübingen

Abbildungen und Videos zur Einführung

Ergänzende Information
Die elektronische Version dieses Kapitels enthält Zusatzmaterial, auf das über folgenden Link zugegriffen werden kann https://doi.org/10.1007/978-3-662-62839-3_10. Die Videos lassen sich durch Anklicken des DOI Links in der Legende einer entsprechenden Abbildung abspielen, oder indem Sie diesen Link mit der SN More Media App scannen.

10

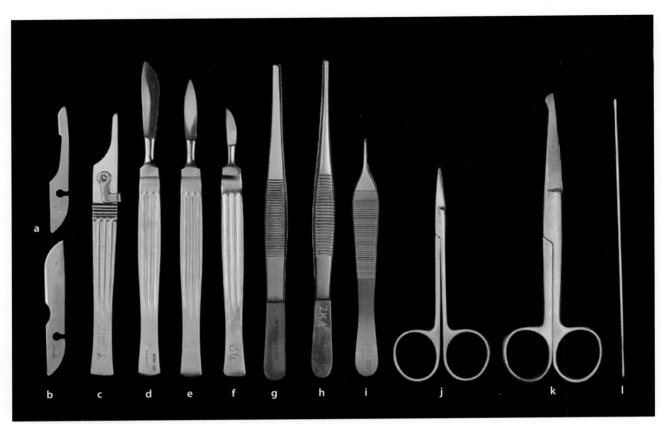

◻ **Abb. 10.1   Bestandteile eines obligatorischen Präparierbestecks.**
a Klinge zum Präparieren von Nerven und Gefäßen. **b** Klinge zum
Präparieren von Haut, zum Durchtrennen von Muskeln, zum großflächigen Ablösen von Strukturen, z. B. Faszien. **c** Klingenhalter.
d Feststehendes Haut- und Muskelmesser. **e** Feststehendes großes
Nerven- und Gefäßmesser. **f** Feststehendes kleines Nerven- und
Gefäßmesser. **g** Stumpfe anatomische Pinzette mit breiten „Maulflächen" *. **h** Stumpfe anatomische Pinzette mit schmalen „Maulflächen". **i** Kleine anatomische Pinzette mit spitzen „Maulflächen".
j Spitze Schere. **k** Knopfschere. **l** Sonde
* Vom Gebrauch chirurgischer Pinzetten wird mit Ausnahme bei der
Hautpräparation abgeraten. Chirurgische Pinzetten haben an ihren
Enden spitze Haken, die das Greifen und Halten, z. B. der Haut,
erleichtern. Bei der anatomischen Präparation an fixiertem Gewebe
besteht jedoch die Gefahr, dass feinere Strukturen wie Gefäße und
Nerven verletzt werden

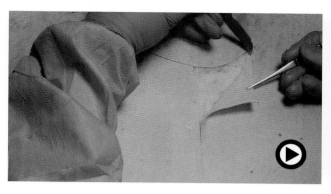

Abb. 10.2 Video 10.1: Anlegen der Hautschnitte und Präparation der Haut. (▶ https://doi.org/10.1007/000-789), © Institut für Klinische Anatomie und Zellanalytik der Universität Tübingen

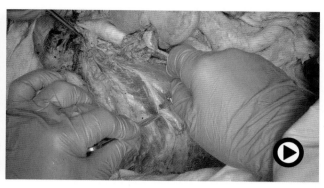

Abb. 10.5 Video 10.4: Präparation von unter der Faszie liegenden Leitungsbahnen. (▶ https://doi.org/10.1007/000-788), © Institut für Klinische Anatomie und Zellanalytik der Universität Tübingen

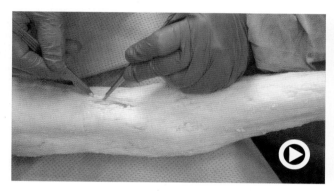

Abb. 10.3 Video 10.2: Aufsuchen und Präparation von Hautvenen. (▶ https://doi.org/10.1007/000-786), © Institut für Klinische Anatomie und Zellanalytik der Universität Tübingen

Abb. 10.6 Video 10.5: Durchtrennen und Ablösen von Faszien. (▶ https://doi.org/10.1007/000-785), © Institut für Klinische Anatomie und Zellanalytik der Universität Tübingen

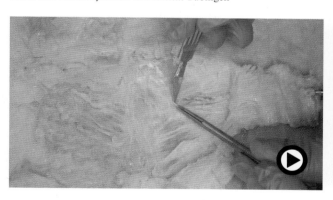

Abb. 10.4 Video 10.3: Aufsuchen und Präparation von epi- und intrafaszial verlaufenden Leitungsbahnen. (▶ https://doi.org/10.1007/000-787), © Institut für Klinische Anatomie und Zellanalytik der Universität Tübingen

Abb. 10.7 Video 10.6: Durchtrennen von Muskeln unterschiedlicher Form und Schichtdicke. (▶ https://doi.org/10.1007/000-78a), © Institut für Klinische Anatomie und Zellanalytik der Universität Tübingen

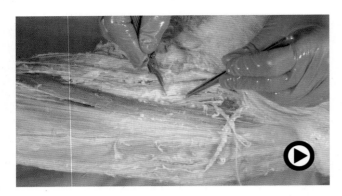

▣ **Abb. 10.8   Video 10.7: Freilegen von Arterien, Venen und Nerven**. (► https://doi.org/10.1007/000-78b), © Institut für Klinische Anatomie und Zellanalytik der Universität Tübingen

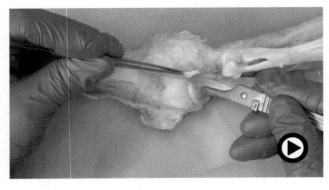

▣ **Abb. 10.9   Video 10.8: Allgemeine Anleitung zur Gelenkpräparation**. (► https://doi.org/10.1007/000-78c), © Institut für Klinische Anatomie und Zellanalytik der Universität Tübingen

10

Serviceteil

© Springer-Verlag GmbH Deutschland, ein Teil von Springer Nature 2022
B. N. Tillmann, B. Hirt, *Präpkurs Anatomie,* https://doi.org/10.1007/978-3-662-62839-3

Bildnachweis und Quellenverzeichnis

Bildnachweis

Fotos

- **Bernhard N. Tillmann, Kiel**
  - **Kapitel 4**: Abb. 4.27
  - **Kapitel 5**: Abb. 5.56, 5.57, 5.62, 5.64, 5.65, 5.66, 5.67, 5.68, 5.74, 5.78, 5.79
  - **Kapitel 6**: Abb. 6.22, 6.56, 6.57, 6.58, 6.66, 6.67, 6.68,
  - **Kapitel 7**: Abb. 7.1
- **Rainer Milling, Kiel:** Abb. 3.2, 6.2
- **Niklas Weber, Kiel:** Abb. 8.42
- **Stefanie Gundlach, Kiel:** Abb. 9.13, 9.15
- **Manfred Mauz, Tübingen:** Abb. 5.58a

Neuzeichnungen und Bearbeitungen

- **Claudia Sperlich, Groß Wittensee**
  - **Kapitel 1**: Abb. 1.4 a/b, 1.5, 1.6, 1.7, 1.13, 1.14, 1.18, 1.20, 1.21, 1.24, 1.25, 1.26, 1.27, 1.28, 1.33, 1.37 a,b, 1.38, 1.39, 1.40, 1.41, 1.42, 1.43, 1.44, 1.45, 1.46 a,b, 1.50, 1.53, 1.55, 1.57, 1.58, 1.60, 1.61, 1.69, 1.70, 1.71, 1.72, 1.73, 1.74 a/b, 1.75, 1.76, 1.77, 1.78, 1.81
  - **Kapitel 2**: 2.7, 2.16, 2.17, 2.23, 2.25, 2.27, 2.28, 2.29, 2.30, 2.31, 2.32, 2.33, 2.33a, 2.33 b
  - **Kapitel 3**: Abb. 3,6, 3.7, 3.8, 3.9a, 3.23 a, 3.28, 3.29 a,b, 3.30 a,b, 3.31, 3.32 a,b, 3.36 b
  - **Kapitel 4**: Abb. 4.9, 4.12 a,b; 4.13b; 4.16; 4.20
  - **Kapitel 5**: Abb. 5.9, 5.12, 5. 13, 5.14, 5.15, 5.20, 5.22 a, 5.23, 5.29, 5.32, 5.33, 5.34, 5.41, 5.43, 5.45, 5.49, 5.50, 5.51,
  - **Kapitel 6**: Abb. 6.12, 6.19, 6.23, 6.24, 6.25, 6.26, 6.27. 6.28, 6.29, 6.34a, 6.35 a,b, 6.40 a,b, 6.43a,
  - **Kapitel 7**: Abb. 7.4, 7.5, 7.7, 7.8, 7.19
  - **Kapitel 8**: Abb. 8.1, 8.18, 8.20, 8.21, 8.22, 8.23, 8. 26c, 8.27, 8.28, 8.29, 8.30, 8.31, 8.32, 8.33, 8.34, 8.35, 8.36, 8.37, 8.38, 8.39, 8.41, 8.43, 8.44
  - **Kapitel 9**: Abb. 9.9, 9.16, 9.17b, 9.18 a,b
- **Mihnea Nicolescu/Bernhard Hirt, Universität Tübingen**
  - **Kapitel 1**: Abb. 1.1, 1.2, 1.3, 1.8, 1.9, 1.10, 1.11, 1.14, 1.15, 1.16, 1.17, 1.18, 1.19, 1.22, 1.23, 1.29, 1.31, 1.36, 1.51, 1.63, 1.64, 1.65, 1.68, 1.77, 1.79 a,b, 1.80
  - **Kapitel 2**: Abb. 2.1, 2.2, 2.3, 2.4, 2.5, 2.6, 2.8, 2.9, 2.10, 2.11, 2.12, 2.13, 2.14, 2.15, 2.18, 2.19, 2.20, 2.21, 2.22, 2.24, 2.26, 2.29, 2.31
- **Mihnea Nicolescu/Bernhard Tillmann, Universität Tübingen, Universität Kiel**
  - **Kapitel 3**: Abb. 3.12b, 3.13, 3.16a, 3.17, 3.18, 3.19, 3.20b, 3.21, 3.23b, 3.37, 3.38
  - **Kapitel 5**: Abb. 5.7, 5.8, 5.11, 5.18a, 5.21, 5.26, 5.27b, 5.31, 5.36, 5.37, 5.38, 5.40, 5.42, 5.46, 5.47, 5.48, 5.71

  - **Kapitel 6:** Abb. 6.21, 6.36, 6.37, 6.38, 6.41, 6.43b, 6.44, 6.45,
  - **Kapitel 7:** Abb. 7.9, 7.20, 7.21, 7.22, 7.24, 7.25
- **L42 Media Solutions, Würzburg:** Bearbeitung zahlreicher Abbildungen

Videos

Sämtliche Videos sowie die Präparationen wurden am Institut für Klinische Anatomie und Zellanalytik der Universität Tübingen erstellt.

Das Scripting, die Präparationen und die Nachvertonung erfolgte durch die Autoren. Die Videoaufnahme, -schnitt und Nachbearbeitung erfolgte durch das Medienteam des Instituts für Klinische Anatomie und Zellanalytik der Universität Tübingen: Klaus Fröhlich, Julia Büchler, cand. med. Renée Arnhold, cand. med. Mirjam Braun, cand. med. Rieka Buchenau, cand. med. Ruth Steigmiller und cand. med. Sebastian Streich.

Dr. Andreas Wagner assistierte die Präparationen und koordinierte die Videoerstellung.

Quellenverzeichnis

[1]   Tillmann B N, Kiel
[2]   Braus H (1954) Anatomie des Menschen. Ein Lehrbuch für Ärzte und Studierende. Fortgeführt von Elze C, 3. Aufl, Bd I. Springer, Berlin Göttingen Heidelberg
[3]   Braus H (1956) Anatomie des Menschen. Ein Lehrbuch für Ärzte und Studierende. Fortgeführt von Elze C, 3. Aufl, Bd II. Springer, Berlin Göttingen Heidelberg
[4]   Braus H (1960) Anatomie des Menschen. Fortgeführt von Elze C, 2. Aufl, Bd III. Springer, Berlin Göttingen Heidelberg
[5]   Corning H K (1907) Lehrbuch der topographischen Anatomie für Studierende und Ärzte, 1. Aufl. Bergmann, Wiesbaden
[6]   Corning H K (1922) Lehrbuch der topographischen Anatomie für Studierende und Ärzte, 12. u. 13. Aufl. Bergmann, München
[7]   Feneis H (1998) Anatomisches Bildwörterbuch der internationalen Nomenklatur, 8. Aufl. Thieme, Stuttgart
[8]   Ferner H (1948) Zur Anatomie der intrakranialen Abschnitte des Nervus trigeminus. Z Anat-Entwickl-Gesch 114: 108–122

[9] Hafferl (1957) Lehrbuch der topographischen Anatomie, 2. Aufl. Springer, Berlin Göttingen Heidelberg

[10] Hirt B, Universitätsklinikum Tübingen (UKT)

[11] Präparat Hirt B, Universitätsklinikum Tübingen (UKT)

[12] Nach Präparaten der Wissenschaftlichen Sammlung des Anatomischen Instituts der Universität Hamburg

[13] Präparat der Sammlung des Anatomischen Instituts der Christian-Albrechts-Universität zu Kiel. Prof. Dr. Thilo Wedel, Gundlach fecit

[14] Präparat der Sammlung des Anatomischen Instituts der Christian-Albrechts-Universität zu Kiel, Gundlach fecit

[15] Präparat der Sammlung des Zentrums für Anatomie der Universität zu Köln

[16] Präparat der wissenschaftlichen Sammlung des Anatomischen Instituts der Christian-Albrechts-Universität zu Kiel

[17] Präparat der wissenschaftlichen Sammlung des Anatomischen Instituts der Christian-Albrechts-Universität zu Kiel, Klaws fecit

[18] Präparat der Wissenschaftlichen Sammlung des Zentrum Anatomie der Universität zu Köln, Foto: I. Koch

[19] Präparat des Anatomischen Instituts der Christian-Albrechts-Universität zu Kiel, Tillmann fecit

[20] Präparat des Anatomischen Instituts der Christian-Albrechts-Universität zu Kiel, Klaws et Tillmann fecerunt

[21] Präparat Tillmann B N, Kiel

[22] Radlanski RJ/Wesker KH. Das Gesicht. Bildatlas klinische Anatomie. 2 A. KVM, 2012

[23] Rauber A, Kopsch F (1987) Anatomie des Menschen. Lehrbuch und Atlas. Leonhardt H, Tillmann B N, Töndury G, Zilles K (Hrsg), Bd II: Innere Organe. Thieme, Stuttgart New York

[24] Rauber F, Kopsch A (1988) Anatomie des Menschen. Lehrbuch und Atlas. Hrsg und bearb. Von Leonhardt H, Tillmann B N, Zilles K, Bd IV Topographie der Organsysteme, Systematik der peripheren Leitungsbahnen. Präparieratlas. Thieme Stuttgart New York

[25] Ritter K, Bräuer H (1988) Exempla otologica. Medical Service München

[26] Schmidt H-M, Lanz U (1992) Chirurgische Anatomie der Hand. Hippokrates Stuttgart und Beobachtungen B. N. Tillmann, Kiel

[27] Spalteholz W, Spanner R (1960) Handatlas der Anatomie des Menschen. Begründet von Spalteholz W, hrsg und bearb von Spanner R, 16. Aufl, Teil 1: Bewegungsapparat. Scheltema & Holkema, Amsterdam

[28] Tillmann B N (1997) Farbatlas der Anatomie: Zahnmedizin – Humanmedizin; Kopf, Hals, Rumpf. Thieme, Stuttgart New York

[29] Tillmann B N (2017) Atlas der Anatomie, 3. Auf, Springer Verlag Berlin Heidelberg

[30] von Lanz T, Wachsmuth W (1955) Praktische Anatomie. Ein Lehr- und Hilfsbuch der anatomischen Grundlagen ärztlichen Handelns, Bd I, Teil 2: Hals. Springer, Berlin Göttingen Heidelberg

[31] von Lanz T, Wachsmuth W (1959) Praktische Anatomie. Ein Lehr-und Hilfsbuch der anatomischen Grundlagen ärztlichen Handelns, 2. Aufl, Bd I, Teil 3: Arm. Springer, Berlin Göttingen Heidelberg

[32] von Lanz T, Wachsmuth W (1972) Praktische Anatomie. Ein Lehr-und Hilfsbuch der anatomischen Grundlagen ärztlichen Handelns. Lang J, Wachsmuth (Hsrg) Bein und Statik. 2. Aufl, Bd I, Teil 4. Springer, Berlin Heidelberg New York

[33] von Lanz T, Wachsmuth W (1982) Praktische Anatomie. Ein Lehr-und Hilfsbuch der anatomischen Grundlagen ärztlichen Handelns, Bd II, Teil 7: Rücken. Springer, Berlin Heidelberg New York

[34] von Lanz T, Wachsmuth W (1984) Praktische Anatomie. Ein Lehr-und Hilfsbuch der anatomischen Grundlagen ärztlichen Handelns, Bd II, Teil 8: Becken. Springer, Berlin Heidelberg New York Tokyo

[35] von Lanz T, Wachsmuth W (1993) Praktische Anatomie. Ein Lehr- und Hilfsbuch der anatomischen Grundlagen ärztlichen Handelns, Bd II, Teil 6: Bauch/von Loeweneck H, Feifel G. Springer, Berlin Heidelberg New York Tokyo

[36] Modifiziert nach Tillmann B N (2017) Atlas der Anatomie, 3. Aufl, Springer Verlag Berlin Heidelberg

[37] Zilles K, Tillmann B N (2010) Anatomie, Springer-Verlag, Berlin Heidelberg New York

[38] Modifiziert nach Hafferl (1957) Lehrbuch der topographischen Anatomie, 2. Aufl. Springer, Berlin Göttingen Heidelberg

[39] Modifiziert nach von Lanz T, Wachsmuth W (1955) Praktische Anatomie. Ein Lehr- und Hilfsbuch der anatomischen Grundlagen ärztlichen Handelns, Bd I, Teil 2: Hals. Springer, Berlin Göttingen Heidelberg

[40] Modifiziert nach Zilles K, Tillmann B N (2010) Anatomie, Springer-Verlag, Berlin Heidelberg New York

[41] Modifiziert nach von Lanz T, Wachsmuth W (1959) Praktische Anatomie. Ein Lehr- und Hilfsbuch der anatomischen Grundlagen ärztlichen Handelns, 2. Aufl, Bd I, Teil 3: Arm. Springer, Berlin Göttingen Heidelberg

[42] Modifiziert nach von Lanz T, Wachsmuth W (1984) Praktische Anatomie. Ein Lehr- und Hilfsbuch der anatomischen Grundlagen ärztlichen Handelns, Bd II, Teil 8: Becken. Springer, Berlin Heidelberg New York Tokyo

[43] Modifiziert nach von Lanz T, Wachsmuth W (1982) Praktische Anatomie. Ein Lehr- und Hilfsbuch der anatomischen Grundlagen ärztlichen Handelns, Bd II, Teil 7: Rücken. Springer, Berlin Heidelberg New York

[44] Modifiziert nach Braus H (1960) Anatomie des Menschen. Fortgeführt von Elze C, 2. Aufl, Bd III. Springer, Berlin Göttingen Heidelberg

[45] Modifiziert nach von Lanz T, Wachsmuth W (1972) Praktische Anatomie. Ein Lehr- und Hilfsbuch der anatomischen Grundlagen ärztlichen Handelns. Lang J, Wachsmuth (Hrsg) Bein und Statik. 2. Aufl, Bd I, Teil 4. Springer, Berlin Heidelberg New York

[46] Modifiziert nach von Lanz T, Wachsmuth W (1993) Praktische Anatomie. Ein Lehr- und Hilfsbuch der anatomischen Grundlagen ärztlichen Handelns, Bd II, Teil 6: Bauch/von Loeweneck H, Feifel G. Springer, Berlin Heidelberg New York Tokyo

Literaturverzeichnis

[1] Braus H (1954) Anatomie des Menschen. Ein Lehrbuch für Studierende und Ärzte, 3. Aufl. Bd. 1. Springer, Berlin Göttingen Heidelberg (Fortgeführt von Elze C)

[2] Braus H (1956) Anatomie des Menschen. Ein Lehrbuch für Studierende und Ärzte, 3. Aufl. Bd. 2. Springer, Berlin Göttingen Heidelberg (Fortgeführt von Elze C)

[3] Braus H (1960) Anatomie des Menschen. Ein Lehrbuch für Studierende und Ärzte, 2. Aufl. Bd. 3. Springer, Berlin Göttingen Heidelberg (Fortgeführt von Elze C)

[4] FCAT. Federative Commitee on Anatomical Terminology (1998) Terminologia anatomica. International anatomical terminology. Thieme, Stuttgart

[5] Hafferl A (1957) Lehrbuch der Topographischen Anatomie, 2. Aufl. Springer, Berlin Göttingen Heidelberg

[6] Hyrtl J (1860) Handbuch der praktischen Zergliederungskunst als Anleitung zu den Sectionsübungen und zur Ausarbeitung Anatomischer Präparate. Wilhelm Braumüller. K.K Hofbuchhändler, Wien

[7] Koebke J, Tillmann B (1986) Das Corpus adiposum des Obturatoriuskanals. Anat Anz 161:317–325

[8] Lanz T von, Wachsmuth W. Praktische Anatomie. Ein Lehr- und Hilfsbuch der anatomischen Grundlagen ärztlichen Handelns – Bd I Teil 1 A Kopf (1985) Fortgf und hrsg von Lang J und Wachsmuth W. Springer Heidelberg New York Tokyo – Bd I Teil 1 B Kopf (1979) Fortgf und hrsg von Lang J und Wachsmuth W. Springer Heidelberg New York Tokyo – Bd I Teil 2 Hals (1955) Hrsg Lanz T von und Wachsmuth W. Springer Berlin Göttingen Heidelberg – Bd I Teil 3 Arm (1959) Hrsg Lanz T von und Wachsmuth W. Springer Berlin Göttingen Heidelberg, 2 Aufl. – Bd I Teil 4 Bein und Statik (1972) Neu bearb von Lang J und Wachsmuth W. Springer Berlin Heidelberg New York (2. Aufl) – Bd II Teil 6 Bauch (1993) Hrsg Loeweneck H und Feifel G. Springer Berlin Heidelberg New York London Paris Tokyo Hong Kong Barcelona Budapest – Bd II Teil 7 Rücken (1982) Hrsg Rickenbacher J, Landolt AM und Theiler K. Springer Berlin Heidelberg New York

[9] Paulsen F, Tillmann B, Christofides Ch, Richter W, Koebke J (2000) Curving and looping of the internal carotid artery in relation to the pharynx: frequency, embryology and clinical implications. J Anat 197:373–381

[10] Petersen W, Tillmann B (2000) Anatomie des hinteren Kreuzbandes. Arthroskopie 13:3–10

[11] Rauber/Kopsch. Anatomie des Menschen. Lehrbuch und Atlas. Hrsg von Leonhardt H, Tillmann B, Töndury G, Zilles K – Bd I (2003) Bewegungsapparat. Hrsg und bearb von Tillmann B, 3. Aufl. Thieme Stuttgart New York – Bd II (1987) Innere Organe. Hrsg und bearb von Leonhardt H. Thieme Stuttgart New York – Bd IV (1988) Topographie der Organsysteme, Systematik der peripheren Leitungsbahnen. Hrsg und bearb von Leonhardt H, Tillmann B, Zilles K. Thieme Stuttgart New York

[12] Siewert JR (2006) Chirurgie, 8. Aufl. Springer, Heidelberg

[13] Spalteholz W (1903) Handatlas der Anatomie des Menschen Bd. 3. Verlag von S. Hirzel, Leipzig

[14] Starck D (1975) Embryologie – Ein Lehrbuch auf allgemein biologischer Grundlage, 3. Aufl. Thieme, Stuttgart

[15] Stelzner S, Heinze T, Nikolouzakis TK, Mees ST, Witzigmann H, Wedel Th (2021) Perirectal fascial anatomy: new insights into an old problem. Dis Colon Rectum 64:91–102

[16] Tillmann B, Schünke M (1993) Taschenatlas zum Präparierkurs. Eine klinisch orientierte Anleitung. Thieme, Stuttgart New York

[17] Tillmann B (1997) Farbatlas der Anatomie. Zahnmedizin – Humanmedizin. Kopf – Hals – Rumpf. Thieme, Stuttgart New York

[18] Tillmann B (2017) Atlas der Anatomie. Mit Muskeltabellen, 3. Aufl. Springer, Berlin Heidelberg

[19] Tillmann B (1979) Verlaufsvarianten des N. gluteus inferior. Anat Anz 145:293–302

[20] Tillmann B, Thomas W (1979) Engpaßsyndrome des N. radialis im Ellenbogenbereich im Rahmen der Epicondylitis humeri. Verh Anat Ges 73:159–162

[21] Tillmann B, Gretenkord K (1981) Verlauf des Nervus medianus im Canalis carpi. Morphol Med 1:61–69

[22] Tischendorf F (1983) Makroskopisch-anatomischer Kurs. Präparieranleitung mit topographisch-klinischen Hinweisen, 4. Aufl. Fischer, Stuttgart New York

[23] Töndury G (1981) Angewandte und topographische Anatomie, 5. Aufl. Thieme, Stuttgart New York

[24] Zidorn T, Tillmann B (1992) Morphological variations of the suprapatellar bursa. Ann Anat 174:287–291

[25] Lanz T von, Wachsmuth W (1955) Praktische Anatomie. Ein Lehr- und Hilfsbuch der anatomischen Grundlagen ärztlichen Handelns, Bd I, Teil 2: Hals. Springer, Berlin Göttingen Heidelberg

Index

A

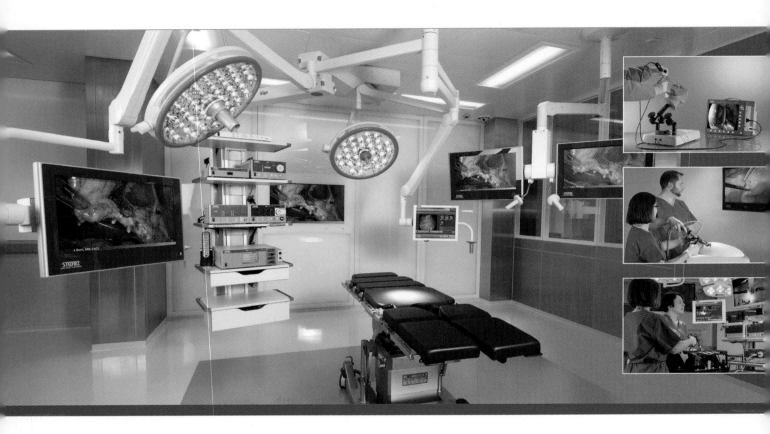

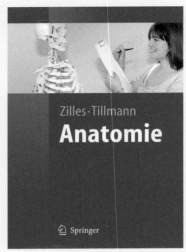

2010.
XVI, 1022 S. 1296 Abb. in Farbe.
Druckausgabe
Geb.
€ (D) 69,99 | € (A) 71,95 |
CHF 77.50
ISBN 978-3-540-69481-6
eBook
€ 42,25 | CHF 57.16
ISBN 978-3-540-69483-0

 Twitter Springer Shop

 Facebook Springer Shop DE

K. Zilles, B. Tillmann (Hrsg.)

Anatomie

- Neue anatomische Nomenklatur
- Schneller Lernerfolg durch vorbildliche Didaktik
- Wissensstoff für IMPP und Prüfungsfragen Zahlreiche komplett neu gezeichnete Abbildungen

Mit der Anatomie legt man die wesentlichen Grundlagen für alle klinischen Fächer! Um Krankheiten, Symptome und Zusammenhänge zu verstehen ist ein gründliches Studium der Anatomie unerläßlich. Immer wieder werden Studierende und Ärzte auf ihre anatomischen Kenntnisse zurückgreifen. Neben einem Anatomie-Atlas ist ein gutes, übersichtliches und didaktisch hervorragendes Lehrbuch absolut notwendig. Mit dem "Zilles / Tillmann" erhalten Sie die komplette Anatomie in einer bestechenden Qualität. Ein Großteil der Abbildungen wurde neu gezeichnet, die Texte sind lerngerecht aufgebaut und die zahlreichen Tabellen helfen bei der schnellen Orientierung. Eine Vielzahl von klinischen Hinweisen und Details machen deutlich, warum und wieso man überhaupt anatomische Strukturen lernen muss. So macht das Lesen und Lernen wirklich Sinn!

Prof. (em.) Dr. med. Bernhard N. Tillmann, ehemaliger Direktor des Anatomischen Instituts der Universität Kiel. Prof. Dr. med. K. Zilles, Direktor des Instituts für Hirnforschung und des Instituts für Neuroanatomie der Universität Düsseldorf; Leiter des Instituts für Medizin im Forschungszentrum Jülich.

Dieses Lehrbuch kann von DozentInnen als kostenfreies Prüfexemplar über unseren Service **DozentenPlus** bestellt werden.

Verpassen Sie mit **SpringerAlerts** keine aktuellen Informationen aus Ihrem Fachbereich!

Online auf springer.com bestellen / E-Mail: customerservice@springernature.com / Tel.: +49 (0) 6221-345-0
€ (D): gebundener Ladenpreis in Deutschland, € (A): Preis in Österreich. CHF: unverbindliche Preisempfehlung.
Alle Preise inkl. gesetzl. MwSt. zzgl. evtl. anfallender Versandkosten.